AF341470

EXPOSITION UNIVERSELLE DE LONDRES. 1862.

CLASSE II. SECTION A.

RAPPORT DE M. A.-W. HOFMANN.

TYPOGRAPHIE DE RENOU ET MAULDE

144, RUE DE RIVOLI, 144

EXPOSITION UNIVERSELLE DE LONDRES. 1862.

CLASSE II. SECTION A.

RAPPORT

SUR LES

PRODUITS ET PROCÉDÉS CHIMIQUES

PAR

M. A. W. HOFMANN, Ph. D.; LL. D.; F. R. S.

PRÉSIDENT DE LA SOCIÉTÉ CHIMIQUE DE LONDRES,
MEMBRE CORRESPONDANT DE L'INSTITUT, PROFESSEUR DE CHIMIE A L'ÉCOLE ROYALE DES MINES, ETC., ETC.

TRADUIT DE L'ANGLAIS

PAR

Mme PAULINE KOPP, née GOLDENBERG.

Au Rapport se trouvent annexés :

1° Une Notice sur les progrès les plus saillants et les plus caractéristiques constatés en teinture et en impression; par M. le docteur P. BOLLEY, professeur de chimie appliquée à l'École polytechnique suisse, etc. ;

2° Un extrait du Rapport sur la teinture et l'impression des tissus; par M. CRACE-CALVERT;

3° Un extrait du Rapport sur les produits chimiques industriels; par M. CHANDELON, professeur de chimie à l'Université de Liége;

4° Un extrait du Rapport sur l'industrie des acides gras; par M. STAS, professeur de chimie à l'École militaire de Bruxelles, etc.

PARIS

AU BUREAU DU MONITEUR SCIENTIFIQUE

55, RUE DE LA VERRERIE, 55

1866

AVANT-PROPOS.

Lorsque, vers la fin de 1862, nous eûmes le plaisir de posséder pendant quelques semaines, comme notre hôte, le célèbre rapporteur du jury pour la classe II de l'Exposition universelle de Londres, M. Hofmann nous exprima le désir de voir son Rapport, auquel il travaillait dans ce temps, traduit et publié par un des journaux périodiques scientifiques de Paris.

Absorbé par de nombreuses occupations industrielles et par d'autres publications, j'hésitais un peu à entreprendre un ouvrage aussi considérable et de si longue haleine. Mme Kopp nous offrit alors de se charger de cette traduction.

Avec cette énergie et cette activité enthousiaste qui constituaient un des caractères saillants de cette nature d'élite, elle se mit à étudier la chimie, afin d'acquérir les connaissances nécessaires à l'accomplissement de la tâche qu'elle avait entreprise.

Ses progrès furent des plus rapides et des plus remarquables, démontrant, une fois de plus, que l'intelligence si vive, l'esprit si fin et si pénétrant de la femme la désignent, au moins autant que l'homme, pour l'étude des sciences expérimentales et d'observation.

Déjà plus de la moitié du Rapport avait été traduit, lorsque, au commencement de 1864, Mme Kopp fut obligée de déposer la plume par suite des progrés de la maladie inexorable qui, quelques mois plus tard, devait nous la ravir et mettre fin prématurément à une belle et noble existence.

J'ai continué et achevé son œuvre ; mais, au moment de la publication, je crois de mon devoir d'exprimer de nouveau à celle qui fut ma compagne la plus aimante, la plus tendre et la plus dévouée, à celle qui est morte sur le champ d'honneur du devoir et du travail, mes sentiments d'affection, de respect et de profonde reconnaissance.

E. Kopp.

Saverne, le 10 mars 1866.

TABLE DES MATIÈRES.

**

NOTICE

SUR LES

PROGRÈS LES PLUS SAILLANTS ET LES PLUS CARACTÉRISTIQUES CONSTATÉS EN TEINTURE ET EN IMPRESSION

à l'Exposition internationale de Londres.

Par M. le docteur P. BOLLEY.

Professeur de chimie appliquée à l'École polytechnique suisse.

L'impression première et permanente que cette exposition a produite sur les membres du jury de la classe 23, et qu'ils exprimèrent dans le rapport adressé au commissaire spécial du jury, en y motivant leurs conclusions, c'est qu'à l'exception de la France, tous les pays dans lesquels la teinture et l'impression forment une branche importante d'industrie n'étaient que très-incomplétement représentés.

En passant en revue la grande variété des produits compris dans cette classe et le nombre des exposants, d'après le Catalogue (qui est à rectifier en quelques points), cette impression se dessine nettement dans l'esprit de celui même qui n'a pas visité personnellement l'Exposition. La classe 23 comprend la teinture de la soie, des fils de laine, des articles en laine peignée et cardée, des fils de coton, des tissus en rouge d'Andrinople et autres couleurs, des canevas et cotonnades, des tissus mixtes, etc.; la teinture des cuirs, poils, fourrures, plumes, papiers, pailles et autres substances; les impressions de chaîne de coton et de soie, des étoffes de lin et de laine, y compris les tapis et les châles; les impressions sur calicots, mousselines, jaconas et autres étoffes de coton; les impressions sur velours, soieries, cuirs et feutres, etc.

Les exposants étaient au nombre de :

Pour la Grande-Bretagne	50
— les Indes orientales	9
— la Belgique	5
— le Danemark	1
— la France	52
— les colonies françaises	2
— l'Autriche	22
— la Bavière	1
— la Hesse (électorale et grand-ducale)	1
— la Prusse	8
— la Saxe (royaume)	7
— — (duchés)	1
— les villes hanséatiques	1
— l'Italie	5
— les Pays-Bas	3
— le Portugal	4
— — (colonies)	2
— la Russie	11
— l'Espagne	4
— la Suède	2
— la Suisse	5
TOTAL	**196**

Les produits exposés témoignent néanmoins d'un progrès très-considérable dans ces industries sous le rapport des perfectionnements mécaniques. Ce progrès, quoique sensible, n'est pas très-marquant; mais ce qui est réellement important, ce sont les découvertes et améliorations chimiques qui ont été faites depuis la dernière exposition universelle de Londres en 1851, et dont on peut juger aujourd'hui dans le palais de l'Exposition.

Nous n'indiquerons que rapidement les premières, puisque les feuilles techniques périodiques en ont déjà parlé, et qu'en outre, il a été impossible d'en prendre des esquisses assez nettes sur les lieux mêmes.

Nous signalerons en première ligne *la machine à graver les rouleaux*, désignée aussi sous le nom de *pentagraphe*, qu'exposa la maison J. Lockett et fils et Leake, de Manchester, maison très-honorablement connue pour la gravure des rouleaux d'impression. Cette machine se trouve parmi les produits de la classe 7, n° 1649, dans l'annexe des machines Elle exécute la gravure désignée sous le nom de gravure excentrique, procédé qui se rapproche le plus de la machine à guillocher. A cet appareil se joint un autre, au moyen duquel on utilise un courant magnéto-électrique pour la reproduction de dessins sur un rouleau d'impression. Des leviers garnis de pointes en diamant exécutent la gravure; ces leviers sont mis en mouvement en faisant glisser un de leurs bras sur un rouleau en zinc, recouvert d'une couche de vernis, dans laquelle on a laissé à nu des parties déterminées du rouleau en métal. Par le contact du levier avec la surface métallique, un courant électro-magnétique se ferme et se rouvre de nouveau, dès que le levier atteint la couche isolante de vernis. On a emprunté cette idée au métier à tisser du chevalier Bonelli. Comme plusieurs pointes fonctionnent simultanément et que les rouleaux tournent assez rapidement, le travail se fait en beaucoup moins de temps qu'il n'en faut avec la molette en acier.

Dans le département français, MM. Onfroy et Comp., à Paris, ont exposé, sous le n° 1061, deux appareils se complétant l'un l'autre, et qui peuvent rendre des services importants dans l'impression des tissus.

L'un d'eux est une brosse à couleur mécanique, qui se distingue de l'appareil ordinaire par la disposition suivante : l'ouvrier, arrivant de la table d'impression au châssis, n'est plus obligé de perdre du temps pour faire apparaître la couleur au moyen d'une pédale, puisqu'il la trouve déjà étendue très-uniformément dans le fond du cadre, le mouvement de la brosse à tirer ayant eu lieu pendant qu'il imprimait la couleur sur le tissu. Le brosseur mécanique consiste en une brosse, tandis que, dans les appareils mécaniques antérieurs, il consistait en une double attelle.

Le mouvement de la brosse à tirer est rapide et très-régulier. La machine a été inventée et brevetée par M. Walch, et est exploitée par M. Onfroy, qui a fait l'acquisition du brevet.

Au même endroit se trouve exposé un châssis à compartiments, au moyen duquel quatre couleurs peuvent être imprimées, non-seulement sous forme de rayures courant en lignes droites, mais avec toutes les alternances et variations possibles.

Avec le châssis à compartiments ordinaire, en prenant à plusieurs reprises *a*, *b*, *c*, la couleur avec la forme ou le bloc gravé, et en la reportant ensuite sur le tissu, les couleurs ne peuvent être juxtaposées que dans la même succession, soit par exemple :

1ª	2ª	3ª	4ª
1ᵇ	2ᵇ	3ᵇ	4ᵇ
1ᶜ	2ᶜ	3ᶜ	4ᶜ

Avec la disposition de Onfroy, on peut imprimer simultanément :

1	2	3	4
2	1	4	3
3	4	1	2
4	3	2	1

On réalise ce genre d'impression, en établissant les couleurs dans de petites boîtes plates des leviers portant des brosses y viennent prendre les couleurs et les transportent dans le même ordre sur le châssis, d'où elles sont reportées par pression sur le bloc gravé.

Les mouvements sont simples et faciles. Nous avons vu des piqués à petits dessins parfaitement réussis, qui avaient été imprimés d'après ce système.

La même maison a exposé dans la classe 23, sous le n° 2253 du Catalogue français, dans la grande cour française, des produits obtenus par un procédé qui n'est pas tout à fait nouveau, mais qui, cependant, n'est pas généralement connu. Au lieu de réserves chimiques ou en général de ces réserves épaisses et grasses (qui agissent pour ainsi dire mécaniquement) pour conserver le blanc sur les tissus de soie et de laine, cette maison emploie pour l'impression au rouleau un moyen mécanique qui fonctionne d'une manière irréprochable. Il consiste en un carton découpé à l'emporte-pièce, c'est-à dire percé à jour aux endroits qui doivent rester blancs ; ce carton forme un cylindre creux dont on recouvre le cylindre à presser de la machine à imprimer à rouleaux, de sorte que pendant le travail de la machine le tissu porte à faux aux endroits qui sont percés à jour (faisant abstraction du drap doublier'. Il en résulte que le rouleau gravé n'agit pas sur ces endroits. On comprend facilement que ce genre de réserve peut s'appliquer à toutes les couleurs. Il est évident que, pour la reproduction exacte du dessin, il importe d'appliquer très-exactement le cylindre en carton au cylindre presseur. Les rapports qu'on peut établir de cette manière ont une longueur correspondante à la péri-phérie du cylindre presseur de 1 mètre à 1 mètre 20.

Sous le point de vue chimique, l'exposition de la classe 23 est beaucoup plus intéressante ; on peut dire qu'une révolution complète s'est opérée pendant ces dernières dix années dans certaines branches de la teinture et de l'impression des tissus. Elle est le résultat d'inventions faites, non-seulement dans le domaine même de la teinture et de l'impression des tissus, mais plus encore dans celui de la fabrication des produits chimiques. Pendant ces derniers dix ans, nous avons vu surgir une série de nouvelles couleurs, qui, par leur pureté, leur éclat et par d'autres qualités importantes, ont éveillé une grande attention, et pour lesquelles les teinturiers et coloristes n'ont eu à chercher que l'application pratique dans leurs industries. Nous n'avons qu'à indiquer leurs noms pour embrasser d'un coup d'œil la quantité innombrable de genres nouveaux créés par elles. La pourpre française, le vert chinois, la murexide, le vert Guignet ou vert de chrome, les violets et rouges d'aniline (Magenta, Solferino, Roséine, Fuchsine, Azaléine, Rosolane, Mauve, Indisine, etc.), les bleus d'aniline, de chinoline, l'azuline, qu'on suppose être un bleu tiré du phénol, les nouveaux produits de la garance, les fleurs de garance, l'alizarine (dans le sens technique et ne devant pas être confondue avec le rouge de garance pur) ou pincoffine ; puis plus récemment les matières tinctoriales pures de la garance. l'alizarine verte, la purpurine, sont toutes des préparations nouvelles apparues coup sur coup dans les diverses branches d'industrie qui sont comprises dans la classe 23.

Notre rapport resterait donc très-incomplet, si, empiétant sur la classe des produits chimiques, nous ne donnions une attention méritée à ces matières tinctoriales. Nous le faisons d'autant plus hardiment, que le jury pour les produits chimiques (Classe II) demanda l'assistance de deux membres de la classe XII. On désigna pour ces fonctions M. le professeur Persoz et le rapporteur (M. Bolley).

Les préparations d'aniline. — Le rouge, le violet et le bleu jouent sans contredit le rôle le plus éminent. Les produits exposés dans le département anglais par MM. Simpson, Maule et Nicholson ont surpassé l'attente de tous les chimistes qui se sont occupés plus particulièrement de ces subtances colorantes. Cette maison, sous la direction technique de M. Nicholson (un ancien élève de M. A.-W. Hofmann, de Londres), a fourni des préparations se composant de cristaux d'une grandeur, d'une netteté et d'un degré de pureté inconnus jusqu'à présent. C'est à la qualité supérieure de ces produits que nous devons d'avoir pu pénétrer plus avant dans la nature chimique des matières colorantes de l'aniline, et que nous pouvons les juger d'une manière plus nette et plus précise. Les produits exposés sont principalement le nitrate de rosaniline et l'acétate de rosaniline. Ces noms se rapportent aux recherches les plus récentes de M. A.-W. Hofmann (voir *Moniteur scientifique* Quesneville, 1862).

La combinaison acétique fournie par M. Nicholson, et qu'il nomme acétate de roséine (baptisée rosaniline par M. Hofmann), fournit la rosaniline de couleur rougeâtre, en précipitant la solution liquide bouillante par un fort excès d'ammoniaque ; ce qui reste dans la solution se dépose peu à peu, comme base pure, en aiguilles incolores.

La rosaniline est difficilement soluble, même dans l'eau chaude ; elle se dissout plus facilement et avec une couleur rouge carminée dans l'alcool ; elle est insoluble dans l'éther. Quand on l'expose à l'air, elle devient d'abord rose, puis rouge foncé ; mais son poids n'augmente pas. A 100° centigrades, elle perd un peu d'eau hygroscopique ; à 1.0 degrés, elle fournit un liquide huileux consistant en aniline pour la majeure partie.

Sa formule est $C^{40}H^{19}N^3, 2HO$. Elle semble pouvoir se combiner à 1, 2 et 3 équivalents d'acide, par exemple :

$$C^{40}H^{19}N^3, HCl$$
$$C^{40}H^{19}N^3, 2HCl$$
$$C^{40}H^{19}N^3, 3HCl$$

Les combinaisons avec un équivalent d'acide sont faciles à obtenir et très-stables. Elles reflètent une belle couleur vert cantharide, mais sont rouges par transparence ; elles fournissent de magnifiques solutions rouges dans l'alcool et cristallisent assez facilement dans l'eau. Les sels à 3 équivalents d'acide possèdent une nuance jaune brunâtre et sont plus facilement solubles dans l'eau et dans l'alcool que ceux à 1 équivalent d'acide. On n'a pas encore produit les sels à 2 équivalents d'acide ; mais il est permis d'admettre leur existence comme conséquence de l'existence des deux autres catégories de sels. L'acétate fournit les cristaux les plus grands et les mieux conformés ; sa formule est $C^{40}H^{19}N^3, C^4H^4O^4$. On l'emploie directement en teinture.

Par divers agents réducteurs, mais le plus facilement par le sulfure d'ammonium, un sel de rosaniline (cette réaction se remarque aussi avec la fuchsine ordinaire) peut, par une digestion prolongée, être transformé en une autre base. C'est celle que M. Hofmann nomme *la leukaniline*. Après le refroidissement, elle se présente en une masse jaune résineuse, qu'on purifie de sulfure d'ammonium par la pulvérisation et le lavage à l'eau ; on dissout ce résidu dans de l'acide chlorhydrique étendu, et on précipite la solution avec le même acide concentré. On lave plusieurs fois le précipité avec de l'acide chlorhydrique fort ; on le redissout ensuite dans l'eau en chauffant, et on le précipite de nouveau avec de l'acide chlorhydrique fort, procédé au moyen duquel on obtient enfin le sel sous forme de poudre blanche cristalline présentant des cristaux rectangulaires et lamellaires. La solution de l'hydrochlorate additionnée d'ammoniaque fournit la leukaniline en poudre blanche, devenant peu à peu rose au contact de l'air. Elle est peu soluble dans l'eau chaude ou froide, ou dans l'éther ; mais se dissout facilement dans l'alcool. Elle devient rouge quand on la chauffe doucement, et à 100° centigrades elle fond en un liquide rouge. Débarrassée d'eau et séchée à 100° centigrades, elle a la formule $C^{40}H^{21}N^3$. La combinaison chlorhydrique contient 3 équivalents d'acide, et, séchée sous la machine pneumatique, présente la formule $C^{40}H^{21}N^3, 3HCl + 2HO$.

M. Hofmann a isolé du rouge brut une troisième base, qu'il désigne sous le nom de *chrysaniline* et dont la formule est $= C^{40}H^{17}N^3$. Ses sels sont d'un beau jaune orangé.

Les rouges connus sous les noms de *fuchsine, magenta, azaléine, roséine*, etc., furent encore exposés en masses très-belles, pour la plupart cristallines, mais aussi en morceaux et sous forme de pâte, par plusieurs fabricants, que nous nommerons plus loin. Nous ne pouvons ici nous étendre longuement sur les avantages que présentent ces produits par la pureté, la richesse et le brillant des nuances, et leur donner tous les éloges qu'ils méritent. Ces qualités sont démontrées par l'importance que cette industrie a acquise en si peu de temps. Le mérite d'avoir appelé l'attention sur une source nouvelle d'une matière colorante rouge aussi précieuse appartient et revient sans contredit à M. A.-W. Hofmann ; mais M. Verguin, qui se mit en relation avec les frères Renard, Franc et Comp., à Lyon, fut le premier dont les essais eurent le bonheur de réussir dans la fabrication en grand. Cependant sa méthode de préparation (par le bichlorure d'étain) est décidément surpassée, tant par celle de Gerber-Keller (emploi du nitrate mercurique), que par celle de R. Heilmann, Girard et Delaire, Medlock, Nicholson (emploi de l'acide arsénique). Cette dernière préparation paraît être généralement employée à cause de la certitude qu'elle offre quant à la quantité et à la nature de la préparation.

Le violet d'aniline, *pourpre indisue*, fut exposé par plusieurs fabricants, presque les mêmes qui avaient aussi exposé les rouges. Le premier fabricant qui produisit le violet d'aniline sur une plus grande échelle (avec de l'acide chromique, tandis qu'aujourd'hui on obtient le violet par la même méthode que le bleu ; voi. plus bas) et qui donna l'impulsion à la fabrication des matières colorantes de l'aniline, M. Perkin, se trouva parmi les exposants. S'il eût été possible d'établir des distinctions dans les récompenses, il aurait fallu décerner à MM Perkin et Nicholson la récompense la plus élevée, pour constater leur mérite exceptionnel dans cette nouvelle branche d'industrie.

Le soi-disant violet de Parme, de M. Fayolle, à Lyon, qui n'est autre chose qu'un violet d'aniline de la nuance pensée, était également exposé. Ce que nous avons fait observer pour le violet existe aussi pour le bleu d'aniline.

Les fabriques qui produisent le rouge ou le violet font généralement aussi le bleu. La découverte de MM. Girard et Delaire, la formation du bleu, en chauffant le rouge d'aniline avec un excès d'aniline, que les frères Renard, Franc et Comp. exploitent en France, grâce à un brevet, est le troisième pas important dans l'industrie des couleurs d'aniline. MM. Persoz, de Luynes et Salvétat observèrent presque en même temps le même fait, et donnèrent à ce produit le nom de *bleu de Paris* (ce qui occasionne en allemand une confusion très-superflue dans la nomenclature des produits chimiques, puisque sous le nom de bleu de Paris on désigne ordinairement le bleu de Berlin, ou bleu de Prusse, de nuance bleue pure).

Parmi les bleus d'aniline, il faut distinguer particulièrement le *bleu lumière* fabriqué par MM. Müller et Comp., à Bâle, bleu qui égale et peut-être surpasse même l'azuline, de laquelle nous parlerons plus loin.

Nous ne pouvons encore porter aucun jugement sur le bleu d'aniline, soluble dans l'eau, que les frères Renard, Franc et Comp., à Lyon, veulent prochainement introduire dans le commerce. Il n'est pas impossible que la nuance de cette couleur soit un bleu très-pur.

Une observation encore assez peu étudiée, mais qui promet et qui serait de la plus grande importance, si les données indiquées se confirment, est celle faite par M. Fol, dans la maison Laurent et Casthelaz, à Paris. D'après elle, par l'action du fer et de l'acide chlorhydrique, on obtiendrait directement du nitrobenzol une matière colorante rouge, qui remplacerait complétement la fuchsine. On sait que, pour transformer le goudron en matière colorante rouge, il faut traverser une assez longue série d'opérations, parmi lesquelles la production de l'aniline par la nitrobenzine est une des plus difficiles ou des plus incertaines. Certainement ce serait un grand progrès, si l'on parvenait à opérer en une seule et unique réaction la réduction de la nitrobenzine en aniline et la réoxydation de cette dernière. (A côté de la perte d'hydrogène, il y a également diminution d'azote, probablement à cause de la formation d'ammoniaque. — Ce n'est donc pas une simple oxydation.) L'exposant nomme son produit *érythrobenzine*. Il faut attendre pour permettre de constater comment cette méthode se soutiendra dans la pratique, tant pour la quantité que pour la qualité du produit.

A la suite des préparations d'aniline, et quoiqu'à la rigueur ce corps n'appartienne pas à la même catégorie de matières colorantes, nous mentionnerons encore l'*azuline*, matière colorante bleue, qu'on prétend préparée avec l'alcool phénylique (acide phénique, acide carbolique). Elle a été exposée par MM. Guinon, Marnas et Bonnet, brevetés en France pour ce produit, et qui ont été les premiers à le fabriquer. Bien qu'on connaisse quelques réactions par lesquelles on obtient avec l'acide phénique des colorations rouges et bleues très-intenses (par exemple celle de Berthelot, avec l'ammoniaque et un peu de chlorure de chaux, qui fournit un bleu très-beau, mais très-éphémère), la préparation de l'azuline est restée un secret jusqu'à présent. Cette substance est parmi les bleus nouveaux un des plus beaux et des plus brillants, supérieur sous ce rapport au bleu d'aniline produit par la plupart des fabriques, et elle possède, en outre, une solidité suffisante (1).

Malheureusement, il n'en est pas de même pour le bleu de chinoline, que M. Greville Williams fut le premier à produire en grand, et qu'on trouve également dans l'exposition de M. Müller et Comp., de Bâle, et dans celle de M. Menier, de Paris. Le mérite d'avoir fait de grands sacrifices et d'avoir offert un prix pour trouver une méthode de fixer ce bleu, appartient à la première de ces maisons. D'après une communication verbale, faite par M. le professeur Staedeler, de Zurich, cette préparation contient une quantité considérable d'iode. Si cet iode forme une partie intégrante de la constitution du bleu de chinoline, et si on ne peut l'en éliminer, nous avons peu d'espoir que ce corps résiste jamais à la lumière. Un fait digne de remarque, c'est qu'en le produisant il se perd des quantités considérables d'iode. Sur soie, par exemple, il n'existe pas de bleu plus brillant ni plus éclatant que celui obtenu avec cette matière colorante.

MM. Petersen et Sichler, de Villeneuve-la-Garenne (Seine), représentèrent également la murexide, qui était si fort en vogue il y a quelques années, et qui, maintenant, est presque passée à l'état d'antiquité. La raison pour laquelle ce corps intéressant a disparu si rapidement de la scène, réside notamment dans la mauvaise qualité suivante : c'est que les tissus revêtent bientôt des tons gris. Il faut l'attribuer, sans aucun doute, à l'influence des mordants (chlorure mercurique), et il ne serait nullement impossible qu'on réussisse à trouver encore d'autres méthodes pour fixer la murexide. Mais, même si l'on y parvenait, cette substance colorante rouge ne pourrait guère lutter avec les couleurs d'aniline. Le jury jugea cependant convenable de décerner une récompense à cet exposant, qui, du reste, avait encore fourni d'autres préparations de matières colorantes. Le mérite de la mise en vogue de cette couleur revient, d'un côté, au docteur Sacc (autrefois à Wesserling, maintenant à Barcelone), qui, le premier, proposa de l'appliquer en grand, et de l'autre à M. Lauth (de Strasbourg), qui découvrit les moyens de la fixer.

De même qu'à la murexide, un rôle plus important eût été réservé à la pourpre française, une laque d'orseille, si elles s'étaient présentées dans d'autres conditions, c'est-à-dire si les couleurs d'aniline n'avaient pas surgi. La très-belle nuance, l'intensité et le brillant de la pourpre, et surtout la solidité comparative de cette laque, la rendaient digne de l'attention générale, et encore maintenant elle joue un rôle très-important dans la teinture de la laine. La maison Guinon, Marnas et Comp., brevetée pour ce corps, l'avait aussi exposé. M. Marnas, s'appuyant principalement sur les recherches de MM. Heeren et Stenhouse, a le mérite d'avoir le premier produit cette laque en grand et de l'avoir introduit dans la pratique industrielle.

Nous présumons que nos lecteurs connaissent l'histoire du vert de Chine ou Lokao. Cette couleur aussi, qui éveilla une si grande attention lorsqu'elle parut et qu'on fixa sur la soie à des prix si extraordinairement élevés, retomba bientôt dans l'ombre. On trouva beaucoup à redire à la solidité de la couleur, et l'on découvrit bientôt qu'on pouvait remplacer par d'autres moyens (bleu de Berlin et acide picrique), sa qualité de conserver la nuance verte à la lumière artificielle. Néanmoins il est très-digne de remarque, qu'on réussit à produire une couleur pareille avec des matières indigènes (rhamnus catharticus). M. Charvin, à Lyon,

---

(1) D'après les renseignements reçus, on préparerait l'azuline en traitant le Phénol par un mélange d'acides sulfurique et oxalique, et chauffant le produit résultant de cette réaction avec de l'aniline.　　　　E. K.

a fabriqué et exposé des préparations de ce genre. Pour ce qui concerne leur apparence extérieure elles sont très-différentes du vert de Chine. Le produit de M. Charvin est gris verdâtre, terreux et friable, tandis que le soi-disant indigo vert chinois, est bleu foncé verdâtre, et d'une apparence dure et feuilletée. Les échantillons de soie teinte, qui accompagnaient la matière colorante, présentaient néanmoins une grande ressemblance avec les soies teintes en véritable vert de Chine.

Le vert de Guignet, sur la préparation duquel des recettes ont été publiées en même temps par MM. Guignet, Salvétat et Binet, est exposé par M. Kestner de Thann, un fabricant de produits chimiques jouissant d'une haute considération, et qui (du moins nous le croyons) est le seul autorisé à fabriquer ce vert pour le marché français. Comme couleur d'impression mécanique (fixée à l'albumine), ce produit trouve un emploi très-varié. Ce vert possède non-seulement la qualité de ne subir aucune modification de teinte par la lumière artificielle, mais il constitue encore une poudre légère, volumineuse, non vénéneuse, couvrant bien le tissu, et inaltérable sous l'influence de l'air et de la lumière.

Parmi les préparations de garance nous signalerons d'abord la soi-disant alizarine, également nommée pincoffine, d'après le fabricant Pincoff breveté pour la fabrication de ce produit. Cette matière fit son apparition en 1852, peu de temps après la publication des recherches de M. E. Schunk sur la garance. Sa production repose sur l'influence des vapeurs surchauffées sur la garance ou plutôt sur la garancine. Ce produit s'est répandu d'une manière extraordinairement rapide surtout à Manchester et à Glasgow Dans ces deux villes on produit presque exclusivement avec de la pincoffine les articles garancés violets à fond blanc, ou violets avec puce, ou violets avec brun de cachou. Le violet est plus pur, se laisse produire dans toutes les gradations de l'échelle des couleurs, exige moins de bains de savon, et le fond non mordancé ne se ternit point, ou du moins beaucoup moins qu'avec la garance ou la garancine. M. Pincoff, autant que nous avons été à même de le remarquer, est le seul exposant de ces produits.

Des matières tinctoriales qui promettent beaucoup, ce sont les préparations de garance faites d'après les instructions de M. E. Kopp, et que MM. Schaaff et Lauth de Strasbourg (fabrique à Wasselonne) ont exposées. C'est dans ces produits que nous trouvons pour la première fois les matières colorantes pures de la garance.

L'alizarine, préparée et livrée par cette fabrique, est désignée sous le nom « d'alizarine verte », puisqu'avec la matière colorante pure, il se précipite en même temps une petite quantité d'un corps brun verdâtre, résineux, qu'il est difficile d'en séparer sans perte de matière colorante. Cette substance résineuse ne fait cependant aucun tort aux qualités tinctoriales de l'alizarine, elle se dépose dans les bains presque épuisés en matière colorante.

La purpurine est chimiquement pure. Dans la plupart des feuilles périodiques techniques, ainsi que dans la nôtre, on a déjà parlé antérieurement de la méthode de préparation de ces deux matières colorantes (voir *Moniteur scientifique* Quesneville, 1861).

Il est reconnu (le rapporteur s'en est convaincu par des expériences personnelles) que les deux produits de la garance, obtenus d'après les instructions de M. E. Kopp, l'alizarine et la purpurine, possèdent une grande force colorante, et que l'alizarine surtout teint les rose, rouge, violet et brun d'une pureté et d'une intensité égales à celles produites par la garance et la garancine ; que ces couleurs supportent sans préjudice le savonnage et l'avivage, que le fond non mordancé des pièces ne se colore que très-peu, et qu'un seul bain de savon les blanchit complétement. La purpurine teint surtout en très-beau rose ; mais la nuance est moins solide que celle produite par l'alizarine. Les bains d'alizarine (ce qui est très-important) se laissent complétement épuiser et ne retiennent plus aucune matière colorante (1).

La teinture s'opère sans le moindre risque de non-réussite avec la plus grande facilité et

(1) M. E. Kopp nous a remis, pour notre collection, des échantillons de purpurine et d'alizarine. D^r Q.

très-rapidement, et nous ne doutons nullement que l'alizarine verte ne se prête parfaitement à la production du rouge d'Andrinople. La force tinctoriale de la purpurine est, d'après M. E. Kopp, égale à environ 50 à 55 fois et celle de l'alizarine verte à environ 18 à 20 fois celle de la garance.

Après l'extraction des deux principes colorants il reste un résidu qui retient encore de la matière colorante et qu'on peut, après le lavage, convertir en fleur de garance ou mieux encore par l'action de l'acide sulfurique en garancine, et qui possède une force tinctoriale égale à peu près à la moitié de celle de la garance fraîche. Ajoute-t-on à cela les pour 100 gagnés en principes colorants décrits ci dessus (près de 1 pour 100 purpurine et à peu près 3 pour 100 d'alizarine), il en résulte qu'en eux seuls (en déduisant les 42 pour 100 de résidu qui peut représenter 21 de garance) on trouve une force colorante d'environ 115 pour 100 ; de manière qu'en chiffres ronds, la force colorante de la garance est portée de 100 à près de 140 si on la remplace par les deux extraits et par le résidu. Comme la pureté et la solidité des couleurs ne laissent absolument rien à désirer, ce n'est donc qu'une question d'économie, savoir : si les frais de fabrication de ces produits ne dépassent pas la plus-value tinctoriale qu'ils présentent comparativement à la garance. Les fabricants eux-mêmes résolvent cette question d'une manière aussi concluante que loyale. La maison offre au prix de la garance une quantité équivalente de produits purs, de sorte que d'un côté l'avantage pour l'acheteur consiste dans l'économie des frais de transport et des pertes d'intérêts pour le long emmagasinage de la garance, outre les avantages que ces produits présentent à l'usage sur la garance, tandis que de l'autre le bénéfice du producteur consiste dans l'augmentation de la valeur qu'éprouve le produit brut. D'après toutes les informations que nous avons prises, nous ne pouvons que poser un heureux pronostic à cette industrie.

A. — TEINTURE.

1° Cotons et calicots. — Les fils de cotons teints en rouge d'Andrinople formaient le groupe le plus complet de toute la teinture. Il s'y trouvait vingt-trois exposants. Toutes les localités principales où l'on fabrique ces articles étaient représentées, quoique pas toujours proportionnellement à leur importance. Ce sujet est tellement connu et varie si peu, qu'il n'y a pas lieu d'en dire grand'chose.

Quoique théoriquement la différence entre les procédés de teinture soit peu importante, et quoiqu'on puisse admettre que chaque teinturier de rouge d'Andrinople eût choisi, pour exposer, sa meilleure marchandise, on remarquait cependant des variations très-sensibles dans la nuance et dans la vivacité de la teinture. En faisant un choix consciencieux parmi un tas d'écheveaux tirés des vingt-trois assortiments, nous avons trouvé que les produits d'une teinturerie de rouge dans le Bas-Rhin et d'une autre en Suisse, étaient ceux qui manifestaient le moins, tant la teinte brune que le ton jaune mat. Plusieurs des marchandises exposées avaient été trop huilées. Il paraît que de nos jours après la teinture en garance on passe quelquefois les articles dans les bains d'autres matières colorantes (fuchsine), pour rehausser leur éclat ; nous n'avons pas remarqué cela pour le rouge, mais nous l'avons constaté pour le violet d'un exposant, teinturier en fil de coton.

Les teinturiers de tissus en rouge d'Andrinople étaient représentés en nombre beaucoup moins considérable. La Suisse, par exemple, qui est un des pays les plus importants pour la production de ces matières, n'a fourni qu'un seul exposant ; l'Autriche, le Lancashire et l'Ecosse, la province rhénane prussienne étaient à peine représentées, surtout si l'on fait abstraction des rouges turc à dessins réservés ou rongés. Le rouge le plus brillant était celui de M. Steiner de Ribeauvillé en Alsace (le célèbre fabricant de même nom d'Accrington n'avait pas exposé). Par contre, les échantillons présentés par des fabricants qui disent connaître et employer le procédé Steiner, peuvent être considérés comme complétement manqués. La nuance est fauve et pas assez nourrie, comme si les étoffes étaient déjà usées. Dans le département russe se trouvaient exposées des toiles de coton teintes en rouge turc très-brillant. Ces articles, d'un si heureuse réussite, devraient nécessairement éveiller notre attention sur les garances du sud de la Russie, particulièrement sur celles ayant cours dans le commerce d'Odessa, désignées sous le nom de garances de Marema, et qu'on emploie pour la production de ces articles.

Dans la teinture de fantaisie sur fils et tissus de coton il n'y avait rien qui fût particulièrement distingué. Parmi les assortiments de couleurs très-variées, il n'en existait que quelques-uns sur canevas et un, mais très-beau, sur velours de M. Tourchelle, à Amiens ; ils manquaient dans les fils. Nous devons mentionner sur des fils appartenant à plusieurs exposants, surtout sur ceux d'un belge, un violet d'aniline très-brillant et très-uni. Nous n'avons pas remarqué d'échantillons teints avec les autres couleurs d'aniline. La collection des Indes se composait d'un assortiment de toiles de coton teintes, dont l'examen nous laisse présumer l'emploi de matières colorantes, encore inconnues chez nous. Très-fréquemment ce n'étaient que des cartes d'échantillons. L'apprêt et en général le « fini » de ces marchandises laissaient beaucoup à désirer.

2° Teinture sur laine. — Des collections complètes de *fils de laine* pour tapisserie, tissage de bas et tissage de fantaisie furent envoyées l'une par M. Bergmann et Comp., à Berlin, l'autre par MM. Kœchlin-Dolfus, à Mulhouse, une troisième par MM. Féan-Béchard, à Paris, une quatrième par M. Gacroult, à Rouen, une cinquième par M. Ravé, à Cureghem près Bruxelles, et une sixième par M. Müller, à Fulda. Chacune d'elles fournit la preuve que les nouvelles découvertes chimiques ne passèrent pas inaperçues pour ce genre de teinture. Les gradations pour une couleur particulière étaient très-bien coordonnées et sans lacunes. On range le plus naturellement dans cette catégorie la teinture de bourre de laine, qui, réduite en poussière, sert dans la *fabrication des papiers peints*. Deux assortiments de ce genre éveillèrent l'attention. Tous les deux venaient de Paris : l'un de MM. Jacques Sauce, l'autre de M. Messier. La pureté et le nourri des couleurs dans la plupart des nuances sur cette matière surpassent de beaucoup ce qu'on rencontre dans les couleurs des laques correspondantes.

La teinture sur tissus de laine n'apparut comme industrie spéciale que dans peu de cas ; généralement on la trouva combinée à la fabrication complète des produits exposés. C'est pour cette raison qu'on ne peut apprécier exactement le rôle de la teinture dans l'industrie des laines ni pour la Prusse rhénane, ni pour l'Autriche, ni pour la Belgique. La fabrication des draps d'Elbœuf se trouve dans le même cas. Dans le département français seulement, les mérinos de Rheims (MM. Delamotte et Faille), ceux de Clichy (M. Boutarel et Comp.), les tissus laine et coton de Clichy-la-Garenne (Rouquès), ceux de Puteaux près Paris (MM. Francillon et Comp. et Guillaumet), et de Flers, département du Nord (MM. Descat frères), furent exposés tant pour la teinture que pour l'apprêt. C'est là qu'on trouve fréquemment les nouvelles méthodes de teinture à côté d'échantillons parfaitement exécutés de teintures avec la cochenille, l'orseille, les matières colorantes du bois, l'indigo et le bleu de Berlin ; pour ce qui concerne les apprêts, on peut dire à juste titre qu'ils n'ont pas encore été surpassés.

3° La teinture sur soie se trouve à l'Exposition dans une condition analogue à celle de la teinture de laine. Dans ses produits les plus divers, étoffes unies et façonnées, velours, rubans, elle apparut dans le plus riche épanouissement de ses progrès, mais peu de collections de soies teintes, avaient été assignées à la classe 23 comme exposées par les teinturiers eux-mêmes.

Cette partie se trouva être le véritable domaine pour les nouvelles couleurs. On pouvait y voir des séries d'une réussite parfaite dans les rouge, violet et bleu nouveaux. Il est regrettable qu'à l'exception de quelques maisons de Lyon, du Bas-Rhin, et de l'Angleterre on n'ait pas plus généralement exposé des échantillons complets et sériés de teinture sur soie. Paris, Bâle, Zurich, Vienne n'avaient rien préparé en ce genre, et, comparativement à l'importance de l'industrie de la soie dans ces localités, ce qui était exposé était réellement insuffisant.

La comparaison des expositions de Lyon (MM. Guinon, Marnas, Bonnet et Comp. et MM. Renard frères et Franc) avec celle de Créfeld (M. Neuhaus) et de Berlin (M. Spindler) ne fut réellement pas trop défavorable aux deux teintureries allemandes, malgré le rang élevé et indiscutable des fabricants lyonnais. Le bleu, dans une foule de gradations, exposé par Créfeld, n'était pas surpassé par les lyonnais. Les échantillons de teinture sur soie de M. Adshead, à Macclesfield, de MM. Handset et Comp. et de MM. Richardson, tous deux à Coventry, nous paraissent être très-remarquables, mais sans que nous nous sentions autorisés à les placer au premier rang. Nous pouvons consigner ici qu'un exposant, nommé Javal, de Paris, prétend avoir trouvé le moyen d'obtenir les teintes les plus pures et les plus brillantes même avec les bleus et violets d'aniline ordinaires du commerce. Il a illustré son invention par l'exposition de fleurs artificielles et des tissus employés pour leur fabrication

Il nous reste encore à mentionner quelques expositions de teintures en noir sur soie, qu'un laïque devait trouver extraordinairement belles quant au brillant et à la richesse de la nuance, et que d'excellents connaisseurs ont déclaré être réellement tout à fait supérieures. Elles avaient été envoyées par M. Drevoz aîné à Lyon, par MM. Gillet et Pierron à Lyon (mis par mégarde dans la 2ᵉ au lieu de la 23ᵉ classe) et par M. Hammers à Créfeld.

B. — IMPRESSION DES TISSUS.

L'observateur de ce groupe fait involontairement la remarque que certains genres, qui jusqu'alors avaient occupé une place proéminente parmi les impressions riches sur calicot, se trouvaient refoulés dans une position comparativement inférieure. Avant qu'on eut perfectionné les méthodes d'impression des substances colorantes insolubles ou laques par l'intermédiaire de substances adhésives (albumine, etc.), les dessins imprimés sur toiles de coton, et fixés directement avec ou sans vaporisage, furent longtemps restreints à un petit nombre d'articles, la plupart assez ordinaires. Les articles dits à fond blanc, ou articles garancés, jouèrent dans cette période le rôle principal, parce qu'ils étaient les plus solides. Depuis la découverte des nouvelles matières colorantes examinées plus haut, la pureté et la fraîcheur de ton sans rivales de ces couleurs rendirent trop grande la tentation de les imprimer comme les laques, ou d'après la méthode des couleurs vapeurs ou d'application. Après qu'on eut fait le premier pas dans l'abandon du genre plus solide, et qu'on ne se sentit plus lié par la simplicité et la raideur naturellement plus grandes des dessins produits par la teinture, on créa des dessins plus riches. Le rose et le rouge de fuchsine, les nuances pensée, violet, bleu-violet et bleu d'aniline, et un vert nourri et pur permirent d'imiter dans leurs riches et fraîches couleurs des fleurs et des guirlandes artistement et légèrement groupées, et rien ne sembla plus naturel que l'exécution de dessins de ce genre. Côte à côte avec ces essais, pour lesquels, sous le rapport des couleurs, le chemin parut tout tracé, on sentit, pour une grande quantité de dessins, la nécessité d'en revenir un peu plus à l'impression à la main de préférence à l'impression au rouleau, cette dernière se prêtant plutôt à la production de grandes masses. C'est pour cette raison que nous voyons à l'exposition, au moins dans l'impression sur mousseline, des dessins, très-riches de couleurs et de nuances, exécutés sur une grande échelle, et qui, nous devons le dire, sont une imitation fidèle de la nature. Pour ces produits, le mérite principal de l'exécution des dessins revient maintenant incontestablement au dessinateur, tandis qu'auparavant, pour les tissus imprimés le mérite avait été partagé assez également entre le coloriste et le dessinateur, c'est-à-dire le praticien et l'artiste.

Nous ne voudrions pas être mal compris, et surtout, nous ne voudrions pas porter atteinte à la vocation du coloriste, que nous regardons comme très-difficile et exigeant beaucoup de talent, en disant que l'art de l'impression sur tissus s'est essentiellement rapproché de nos jours de l'impression sur papiers peints. Dans celle-ci, c'est la composition qui détermine la valeur; l'exécution occupe le second rang, et il en est advenu ainsi de ce genre d'impressions sur tissus, qu'on désigne sous le nom de *hautes nouveautés*.

L'impression à la main et les couleurs d'application avaient de tout temps un champ vaste et assuré dans la fabrication des châles de laine, des tissus pure laine et chaîne coton, ainsi que de quelques articles de soierie. On peut considérer comme un signe caractéristique de l'histoire des évolutions plus récentes de l'impression sur tissus, les efforts faits pour rendre la fibre végétale aussi apte que la fibre animale pour la fixation des nouvelles couleurs substantives, et, bien qu'on n'ait pas encore complétement réussi, on a cependant obtenu des succès satisfaisants, ce qui augmente essentiellement le domaine de l'impression à la main et des couleurs d'application.

Avant que d'examiner séparément les produits des différentes nations exposantes, nous allons passer en revue les inventions faites pour la fixation des couleurs d'aniline, d'abord puisque ces inventions ne sont pas la propriété exclusive d'une de ces nations, et ensuite puisque nous en trouvons l'application dans presque chaque subdivision de l'Exposition.

On sait qu'il existe plusieurs procédés : ceux qui consistent dans l'impression des substances fixantes et la teinture subséquente en couleurs d'aniline, sont probablement appliqués le plus rarement, puisqu'ils occasionnent plus de frais et exigent plus de précautions (à cause de la coloration du fond blanc), tandis que l'impression des matières colorantes elles-mêmes, associées au mordant ou fixées plus tard par un traitement particulier, réunit plus de chances pour une application durable. Plusieurs coloristes et chimistes ont cherché la solution de ce problème.

Le procédé de M. Lightfoot, d'imprégner les pièces avec des décoctions de tanin et de les teindre ensuite dans des solutions de couleurs d'aniline, procédé qui fut breveté le 25 février 1860, paraît se fonder sur des recherches antérieures faites par MM. Ch. Lowe et Calvert, qui observèrent la précipitation de ces matières colorantes au moyen du tannin. L'acide tannique joue un rôle important dans plusieurs indications postérieures des plus dignes de confiance, bien que ce soit dans des conditions essentiellement modifiées. M. Gratrix, à Salfard, et M. Javal, à Thann, prirent, le 25 février 1860, un brevet pour deux procédés complétement différents l'un de l'autre. L'un consiste dans la précipitation de la matière colorante par l'acide tannique, le précipité étant recueilli, lavé et même desséché : on en opère ensuite la solution dans l'acide acétique, l'esprit de vin, l'esprit de bois, etc., puis l'épaississement par la gomme, et enfin l'impression. Les pièces sont préalablement mordancées avec du stannate de soude et vaporisées après l'impression.

Le second procédé est le suivant : mordançage par le stannate de soude, impression de l'acide tannique épaissi par la gomme, vaporisage et nettoyage, passage dans une solution de verre soluble et teinture dans une solution de matières colorantes légèrement acide et chauffée à 60° centigrades. Par le passage dans des bains acidulés, puis traitement par le savon et le son, le fond, légèrement coloré, redevient de nouveau blanc. MM. Lloyd et Dale apportèrent les modifications suivantes à ce procédé : ils mélangent de l'eau de gomme avec de l'acide tannique, ajoutent la matière colorante en proportions suffisantes, vaporisent et passent ensuite par une solution de tartre émétique; ou bien ils impriment l'acide tannique épaissi par la gomme, vaporisent, passent par une solution d'émétique et teignent ensuite dans un bain de matières colorantes légèrement acide, en élevant graduellement la température. On blanchit le fond par lavage et passage par des bains de chlorure de chaux et de savon très-faibles.

La méthode de MM. John et Thomas Miller, à Dalmarnoch, brevetée le 18 mars 1861, en Angleterre, diffère un peu de la précédente. Ils extraient les noix de Galles par l'acide acétique, mordançent les pièces dans la solution limpide délayée par de l'eau, et sèchent. La couleur d'impression se compose soit d'une solution d'acide acétique, soit d'une solution de stannate de soude additionnée d'acide tartrique, de gomme et de matières colorantes d'aniline. Après l'impression, vient le vaporisage. Les mêmes industriels brevetés emploient encore le procédé suivant et différent du précédent : on passe les pièces par une solution de savon , on décompose le savon adhérent par de l'acide sulfurique étendu , pour fixer une couche d'acide gras, on imprime ensuite un mélange de couleurs d'aniline avec une solution de gomme et d'acétate de plomb, et on vaporise. Ce dernier procédé, employé également avec les modifications nécessaires pour la teinture proprement dite en coleurs d'aniline, est décidément le moins recommandable.

A l'Exposition, les impressions d'aniline très-réussies appartiennent d'abord à MM. Butterworth et Brooks, à Manchester, qui se mirent en relation avec MM. Gratrix et Javal pour l'exploitation de leur brevet, et puis à MM. Littlewoods, Wilson et Comp., qui travaillent d'après le brevet de Lloyd et Dale.

Dans le département français, MM. Paraf-Javal, à Thann, qui ont acquis beaucoup de mérite pour la fixation des matières colorantes de l'aniline, et plusieurs autres maisons, qui exposèrent également des étoffes de luxe imprimées, prouvèrent aussi qu'on peut fixer les matières colorantes de l'aniline et qu'elles produisent des résultats remarquables. Dans plusieurs autres catégories, on put remarquer l'emploi des matières colorantes de l'aniline pour l'impression des tissus, bien que ce fût plutôt sur laine que sur coton.

Nous allons maintenant passer en revue les expositions particulières des différentes nations.

Pour la Grande-Bretagne, on remarquait à première vue que le nombre des exposants ne correspondait nullement au rang qu'y occupe cette industrie. Vingt-huit fabricants seulement exposèrent des tissus imprimés, parmi lesquels on remarquait quelques impressions sur laine (tapis, feutres, châles), des impressions sur soie (mouchoirs) et des impressions sur toiles et rubans; de telle sorte que l'imposante impression sur coton de ce pays était à peine représentée par douze à seize maisons (le Catalogue est inexact sous ce rapport). Les fabriques de toile peinte d'Écosse (Glasgow) n'ayant pas exposé pour la plupart, le champ entier resta abandonné aux maisons du Lancashire, et il en résulta partiellement une certaine monotonie dans l'exposition des marchandises imprimées anglaises, puisque les mousselines étaient très-rares, et que les étoffes de coton consistaient en quelques châlis, en jaconas et en calicot. Parmi ces derniers dominèrent de nouveau les articles garancés, surtout ceux pour robes; les nouvelles couleurs, les couleurs vapeurs, les articles pour meubles étaient comparativement en petit nombre

Nous insistons énergiquement sur deux avantages que possèdent la majorité des articles que nous avions sous les yeux :

1° Une grande perfection de travail dans les articles produits par l'impression au rouleau ; 2° dans les articles à fond blanc et à réserves, les roses, les rouges et surtout les violets de garance, de garancine, et ces derniers, produits surtout avec la pincof\`ine, ne sont surpassés par ceux d'aucun autre pays. Ce jugement s'applique surtout aux maisons de Manchester : MM. Bradshaw Hamond et Comp., Butterworth et Brooks, Littlewood, Wilson et Comp., Mac-Naughton et Thom, Newton Bank-Printing-Company, qui furent récompensés tous ensemble et avec raison; puis encore MM T. Hoyle et fils et la Rosendale Printing-Company, deux fabriques qui exposèrent, mais qu'il fallut laisser de côté, puisque MM. Stern et Neilds, associés de ces maisons, étaient membres du jury. Des produits très-remarquables dans les articles de rouge turc à dessins réservés, rongés ou enluminés, furent exposés par MM. J. Orr, Ewing et Comp., à Glasgow, notamment des velours en blanc. rose et rouge, qui sont d'une beauté supérieure, de même pour MM. Monteith et Comp., à Glasgow. Macnab, à Glasgow, et Stead Mac Alpine, à Carlisle. Cette industrie, beaucoup plus répandue autrefois, est restreinte aujourd'hui à quelques districts, et parmi ceux-ci l'Écosse (le Cumberland adjacent) et le Lancashire occupent le premier rang.

Les impressions de couleurs d'aniline, châlis, mousselines plusieurs très beaux articles furent exposés par des marchands en gros de Londres, et non par les fabricants, par exemple, Walter Crum, à Glasgow), jaconas, diffèrent peu des articles de garancine à fond blanc, quant au style du dessin.

Dans le département français, on se rejette beaucoup plus, comme nous l'avons indiqué plus haut, sur les genres des couleurs d'application et des couleurs vapeurs. Les tissus de robes à fond blanc, imprimés avec des rouges et surtout avec des violets d'aniline, se composent en grande majorité d'un parsemé de feuillage très-simple, ou de petits bouquets unicolores. Si nous ne pouvons faire très-grand cas de l'imagination et de l'esprit inventif du créateur de ces dessins, il faut avouer qu'ils s'adaptent adroitement à l'exigence générale. Les articles que nous avons sous les yeux sont tous des produits de l'impression à rouleaux. L'exposition de rouleaux gravés de la fabrique de rouleaux de MM. J. Lockett fils et Leake, à Manchester. est des plus intéressantes, comme preuve de la production considérable de cet établissement. Nous avons encore à faire ressortir de riches collections d'impressions sur tapis et feutres en couleurs fraîches et nourries, quoique de dessins peu compliqués de Leeds, et comme curiosité l'idée suivante, qui n'obtiendra peut-être qu'un succès passager : c'est d'imprimer des rubans en coton blanc avec des couleurs vapeurs et les nouvelles matières colorantes, en imitation de tissus de fantaisie. et de les apprêter pour les faire ressembler d'une manière frappante à des rubans de soie. Ces derniers produits, qui ne répondent pas, à la vérité, à la mode actuelle, qui bannit toute couleur vive des rubans de soie, sont exposés par MM. Ormerod et Comp., à Manchester.

Un assortiment de toiles de lin imprimées de Belfast, qui, à la vérité, est peu remarquable. quant à la production artistique ou à la richesse des dessins. nous parut personnellement intéressant, puisque nous y vîmes un essai assez bien réussi de la coloration de la toile pour mouchoirs et pour chemises, etc., à moins que le goût douteux, qui règne encore pour ces derniers genres dans les produits actuels en toiles de coton, n'ait atteint son apogée. Pour ce qui concerne ces toiles de lin, on s'était abstenu de les surcharger, et on s'était efforcé de faire ressortir convenablement la nature du tissu.

Dans l'exposition de la France, nous trouvons dans certains traits principaux justement l'opposé de ce qui nous frappe dans l'exposition de la Grande-Bretagne : 1° un plus grand nombre d'exposants ; 2° une très-grande diversité de produits et de genres ; 3° des tissus appropriés au goût plus raffiné et au luxe plus grand

Tandis que dans le département anglais les impressions sur laine ne jouent qu'un rôle secondaire, elles forment ici un groupe considérable ; un troisième groupe s'élève à côté de la laine et du coton, c'est l'impression sur soie. Les dessins les plus riches se trouvent appliqués ici sur toute une série d'étoffes, d'un côté les toiles de coton, d'un autre les toiles coton et soie, coton et laine, soie pure et pure laine. M. Persoz, dans son rapport sur l'Exposition de Paris de 1855 (voir *Moniteur scientifique*), les réunit pratiquement sous le titre de *hautes nouveautés Paris*, ce qui indique leur différence avec un autre groupe, les *hautes nouveautés Mulhouse*. Parmi les premiers, on classe les impressions produites au rouleau, à la Perrotine ou à la main sur les barréges de laine, foulards, soie, châles, et parmi les derniers celles sur jaconas, châlis, mousselines unies et façonnées. Après un espace de sept ans, la différence ne se laisse plus établir d'une manière absolue. L'Exposition de Londres nous démontre que les fabriques de Mulhouse aussi (MM. Gros, Odier. Roman et Comp., à Wesserling, exécutent depuis longtemps l'impression sur laine', outre les articles de coton, s'occupent à produire de plus en plus d'autres articles plus précieux par la fibre et le tissu. Nous ajouterons que les impressions sur soie (celles sur foulards exceptées) de Lyon, pratiquées sur une échelle considérable. doivent être classées ici pour ce qui concerne le goût qui préside à leur fabrication. On reconnaît d'une manière incontestable que, sur ce terrain, l'empire de la mode appartient aux fabricants français.

Deux types très-différents se reconnaissent distinctement dans les dessins que nous avons sous les yeux. L'un, vigoureux, luxuriant, très riche, tant pour les couleurs que pour les dessins, ces derniers de grandes dimensions et appliqués principalement à des étoffes légères; l'autre, d'une grande simplicité, à petits dessins, généralement à une seule couleur nuancée et d'un effet merveilleux sur un tissu plus épais. Comme modèles pour ce dernier genre, on s'est servi des petits dessins obtenus par le tissage, qu'on a imités d'une manière très-heureuse. Ainsi, par exemple, sur des reps à fond assez clair, ils se composent de quelques rayures plus foncées. Les deux tendances méritent qu'on leur rende toute justice. L'exécution et le fini de ces étoffes peuvent être proclamés parfaits. Une foule d'innovations, de déviations des méthodes usuelles, d'inventions chimiques et mécaniques se rencontrent sans aucun doute dans ces genres. Nous n'en connaissons guère que la plus petite partie, et nous ne pouvons donner ici communication des autres sans nous rendre coupable d'un abus de confiance. Il nous est cependant permis de rapporter que la maison Onfroy et Comp., à Paris, citée plus haut pour des perfectionnements dans la partie mécanique de l'impression, a exposé de beaux échantillons de noir, produits avec l'acide gallique et l'acide pynagallique. Ce noir est non-seulement plus foncé et plus saturé que celui obtenu avec l'acide tannique, mais il possède encore une qualité souvent utilisable, c'est qu'il disparaît facilement en y imprimant d'autres matières colorantes un peu acides, ce qui permet à ces dernières de conserver toute leur pureté et tout leur éclat.

Nous indiquerons encore un emploi très-ingénieux de la photographie pour la reproduction de dessins qui imitent d'une manière frappante les dentelles cousues sur tissus. Deux fabriques de Paris les exposèrent : MM. Werner et Michnievicz et Mᵐᵉ Chennevière.

L'impression de la trame de soie de MM. Brunet-Lecomte est remarquablement belle. Elle n'a pas cette apparence terne et râpée qu'on remarquait autrefois sur ces articles, mais elle y ressort nettement avec des contours bien arrêtés et des couleurs brillantes.

La maison Petitdidier, à Paris, a acquis une réputation méritée en s'occupant de la restauration artistique et de la teinture à neuf de cachemires des Indes, qui arrivent très-fréquemment dans un très-mauvais état.

Nous devons dire que les exposants des genres *haute nouveauté* ont fourni presque sans exception des produits distingués, et un juge non prévenu ne pouvait avoir d'autre choix que d'honorer la grande majorité de ces exposants en leur accordant des médailles bien méritées.

Malgré quelques divergences, on peut ranger sur la même ligne, pour une exécution supérieure du goût le plus distingué et pour l'application artistique des moyens chimiques et mécaniques, les produits des maisons alsaciennes : D. Eck, à Cernay, O. Gros, Odier, Roman et Comp., à Wesserling, Steinbach, Koechlin et Comp., à Mulhouse, les frères Koechlin, à Mulhouse, Dolfus, Mieg et Comp., à Mulhouse, qui se trouvent tous réunis dans une grande vitrine. Les mêmes maisons ont exposé dans les galeries des collections de marchandises, qui sont plutôt calculées pour la grande consommation, et qui occupent un des premiers rangs, si on les compare aux produits du même genre exposés dans d'autres départements.

Il faut juger de la même manière les produits fournis par les frères Bernoville et les frères Larsonnier et Chenert, à Paris; par MM. Chocquel, à Puteaux, près Paris, Guillaume et fils, à Saint-Denis, Hofer-Grosjean, à Mulhouse, Onfroy et Comp., à Paris, Thierry-Mieg, à Mulhouse.

Un nombre considérable des dessins que nous avons eu l'occasion de juger très-favorablement sortent des ateliers de M. G. Gattiker, à Paris; il a exposé une riche collection de dessins excellents.

Les tapis et étoffes de laine pour meubles étaient représentés par des spécimens d'un goût exquis, par plusieurs maisons, telles que MM. Huguenin-Schwarz et Conilleau et Thierry-Mieg; Claye envoya également une petite collection d'étoffes pour meubles digne d'être remarquée. Pour ce qui concerne les étoffes de meubles en toile de coton, la maison C. Steiner, à Ribeauvillé (Alsace), se distingua par la richesse et l'irréprochable exécution de ses dessins en rouge turc, rouge et blanc (voyez plus haut). Les étoffes de coton pour meubles de M. C. Lefèvre et Comp., à Paris, et celles surtout de MM. Thierry-Mieg captivent l'attention par la variété et l'heureux goût des dessins. On remarquait des *perses* très-artistement exécutées, offrant des imitations très exactes d'étoffes pour meubles, comme celles qu'on employait au siècle dernier, et tout à fait intéressantes pour le goût des antiquaires, mais pour tout le reste une preuve de l'imperfection des moyens d'enluminage de cette époque. Outre les maisons ci-dessus nommées quelques autres encore exposèrent, à côté de leurs autres produits, quelques pièces isolées d'étoffes pour meubles, de sorte que l'exposition de ce groupe était en somme très importante. Ici encore, il faut avouer hautement que, dans aucune autre partie de l'Exposition, on trouva réunis d'une manière aussi brillante que dans le département français la nouveauté et l'originalité pour la production de ce genre d'étoffes au point de vue des genres de tissus, des dessins et de l'exécution.

Plusieurs des maisons alsaciennes déjà nommées prirent part d'une manière marquante à l'exposition des étoffes pour robes pour la grande consommation, comme nous l'avons déjà indiqué du reste.

Ce qu'on y regrette, c'est que la participation de Rouen, de Darnetal et des environs ait été comparativement de peu d'importance

Les articles garance et garancine pour toiles de coton, et les piqués pour chemises forment une section assez considérable dans ce groupe. Quelquefois c'est l'élégance des dessins, et toujours l'exécution soigneuse, qui donnent de l'importance à ces produits. La même chose est vraie pour les jaconas et indiennes pour vêtemens de femmes, exécutées en outre-mer, vert Guignet, laques de garance, rouges et violets nouveaux, Nankin, etc. Les genres indigo, réserves grasses et articles rongés sont restreints à très-peu de pièces. Parmi ces dernières, nous en signalerons quelques-unes très-bien exécutées de MM. Dessaint et Daliphar, à Radepont.

Les articles rouge turc enluminés pour vêtements destinés à l'exportation ne sont pas représentés. L'impression de couleurs d'application et de couleurs vapeurs est également une rareté, lorsqu'on fait abstraction des étoffes pour meubles déjà indiquées. Les mouchoirs, fichus et articles semblables n'étaient représentés qu'en faibles proportions.

Si nous résumons encore une fois la production française pour l'impression des tissus, nous devons dire que dans son ensemble elle occupe le premier rang dans le palais de l'Exposition.

Autriche. — Les traits principaux qui caractérisent les articles d'impression exposés par les pays autrichiens sont les suivants :

A. Un riche assortiment d'impressions sur laine, tant pour le marché en grand que pour les exigences du luxe ;

B. Les impressions sur coton pour les demandes courantes et avec égard pour les spécialités de la consommation indigène.

Quoiqu'il y ait de bons produits dans ces deux parties, nous devons dire cependant qu'en comparant chacune d'elles avec les produits analogues des autres pays, surtout avec ceux de France, nous assignerons un rang plus élevé aux impressions sur laine qu'à celles sur coton.

L'article prépondérant, ce sont des châles, destinés en partie pour les costumes des gens de la campagne, en partie pour les classes élevées ou moyennes des villes. Les dessins appartiennent dans la règle à des types originaux assez bigarrés, mais plaisant à l'œil pour la plupart ; les couleurs sont vives et assez bien assorties, l'exécution technique habile, l'étalage répondant à l'ensemble et généralement excellent. En examinant attentivement ces produits, on acquiert la conviction que les fabricants sont à la hauteur de leur tâche. Il s'y rattache des tapis, surtout des tapis de table, et, relativement à leurs dessins, on peut répéter à peu-près la même chose. Sur les barrèges, thibets, orléans et autres étoffes de laine imprimées pour vêtements de femmes, on constate des dessins modestes, très-bien adaptés aux tissus, et méritant tout éloge relativement à l'exécution. Nous désignons comme occupant un rang proéminent dans les impressions sur laine : MM. François Liebig, de Reichenberg (Bohême), Joh. Liebig et Comp., du même endroit, J. Bossi, de Vienne, F. Hiller, de Junghunzlau (Bohême), F. Schmitt, d'Aicha, en Bohême.

Plusieurs des maisons qui exposèrent principalement des articles de toiles de coton imprimés, y ajoutèrent des spécimens d'impressions sur laine et tissus mélangés. Mais les premières sont caractéristiques. Nous concluons de là que dans ces fabriques les articles de garance ont acquis un développement remarquable. Le rouge, dans plusieurs gradations, est sans défaut dans une série de pièces, les violets brillants, l'impression est presque partout précise, et les prix indiqués modérés. Les dessins sont bien souvent adaptés aux exigences des marchés pour lesquels ces articles sont destinés. D'autres genres nombreux, outre-mer, couleurs vapeurs, prouvent que les fabricants et les dessinateurs possèdent une bonne routine.

Un très-petit nombre seulement de fabricants exposèrent, eu égard à l'état de cette industrie en Autriche. Les honneurs de cette exposition reviennent à MM. Léop. Dormitzer fils, à Koleschowitz, près Prague, et François Leitenberger, à Cosmanos (Bohême). Cette dernière maison était hors de concours, un des sociétaires, M. François Leitenberger, étant membre du jury.

Le Zollverein. — Malheureusement cette association avait fourni si peu de matériaux, qu'on ne peut songer à porter un jugement sur l'état réel de cette industrie. Les établissements importants de Lörrach, d'Augsbourg, de Berlin, d'Elberfeld, de Cologne, d'Eilenburg, la majorité de ceux du royaume de Saxe s'abstinrent entièrement de paraître à l'Exposition. Pour l'impression sur toile de coton, il n'y avait pas même une maison qui eût exposé. Nous ne pouvons dire si cette abstention provenait de déceptions éprouvées à des expositions universelles antérieures, ou de la crainte de la supériorité des fabriques de Mulhouse, ou si elle était l'effet du simple hasard.

Toute l'exposition des articles d'impression consiste en quelques châles et tapis arrivés de Saxe (Leipzig, Chemnitz, Schönheide, Iessnitz). La disposition et l'exécution laissent peu à désirer, les prix sont bas. Ce qui frappa désagréablement, c'est qu'on trouva parmi les tapis de table de Chemnitz un dessin qui se trouvait également exposé dans le département français (Alsace), d'où résultèrent des réclamations de la part du fabricant d'Alsace et le reproche de plagiat.

Suisse. — L'exposition suisse pour les marchandises imprimées était tout aussi faible que l'allemande. Des maisons considérables, qui avaient annoncé l'envoi de leurs articles, se retirèrent avant l'ouverture de l'Exposition. Ce fait est d'autant plus regrettable que certaines spécialités, qui ont toujours joui d'une bonne réputation en Suisse, eussent certainement été accueillies avec approbation. Des impressions à dessins rongés et à dessins enluminés sur rouge turc, qu'on produit en si grand nombre et en telle perfection dans les genres des châles cachemires, des mouchoirs, des rideaux pour l'Orient, des écharpes, des tissus pour meubles, etc., il ne se trouvait qu'un assortiment petit, mais très-bon, d'une maison de Glarus, MM. Luchsinger, Ellmer et Oertli. Relativement à ces produits ainsi qu'à ceux exposés également dans quelques autres départements, nous ne pouvons taire l'observation que nous avons faite : c'est que les couleurs imprimées, surtout le noir, étaient souvent si faux teint. C'est une contradiction grossière d'imprimer des couleurs si peu solides sur le fond le plus solide que puisse produire la teinture, ce qui nécessairement doit bientôt discréditer l'article. Les lapis, qu'on apercevait à peine à l'Exposition, et qu'on fabrique en assez grand nombre en Suisse, n'étaient pas du tout représentés. Les fichus et foulards de coton des maisons de Glarus manquaient complétement. Nous relevons expressément ces derniers genres, puisque, grâce au manque absolu de produits semblables dans le palais de l'Exposition et eu égard aux prix, nous sommes persuadés qu'ils auraient été très-bien notés, malgré les couleurs faux teint et différentes autres imperfections dans l'exécution. La concurrence dans les mousselines, dans les jaconas et batistes à couleurs solides, dans les articles en bleu d'outre-mer et dans les impressions en couleurs nouvelles était certainement très-redoutable, comme nous l'avons déjà dit, de sorte qu'on comprend une abstention dans ces articles.

Russie. — L'exposition d'indiennes n'était pas insignifiante (sept maisons), elle était même importante, si l'on se reporte à ce qu'elle était autrefois dans des occasions semblables, et si on la compare au Zollwerein et à la Suisse. Pour ce qui concerne les couleurs, les articles garancés et garancine étaient pour certaines parties d'une exécution supérieure. Les impressions en rouge turc méritent la même approbation. L'article lapis ne se trouvait que dans ce département. L'examen des dessins n'était intéressant qu'à ce point de vue que beaucoup d'entre eux étaient évidemment destinés à la consommation du pays; la plupart des articles garancés sont très-couverts, peu de blanc, les dessins généralement petits. L'exécution par rouleaux et Perrotine ne constate pas un progrès uniforme chez tous les exposants; mais, en somme, elle annonce la possession et l'habile maniement des moyens mécaniques. Les pièces sont presque toutes de même largeur (85 centimètres), et presque partout les prix sont indiqués en yards et en argent anglais. A en juger par les marchandises présentes, nous croyons pouvoir conclure que cette branche de l'industrie dans ce grand empire de l'Orient se trouve en état de progrès remarquable.

Italie. — Les quelques articles d'impression sur coton du Sud de l'Italie ont été classés par mégarde dans une autre classe du Catalogue; mais ils furent cependant examinés. Parmi les produits exposés, il n'y avait rien qui fût particulièrement digne de mention. Ils se composaient principalement de calicots, teintures en garance et garancine, d'une exécution très-satisfaisante, et destinés au marché indigène. Les hautes nouveautés manquaient, les étoffes pour meubles étaient rares. Les fabricants de tissus d'impression de la haute Italie et du Piémont n'avaient rien exposé.

Les expositions de l'*Espagne* et du *Portugal* se trouvent dans un état analogue. Le premier de ces pays possède depuis longtemps des fabriques d'indiennes très-considérables; les produits exposés, principalement les calicots, les articles garancés, les impressions au rouleau, ne sortent pas des dessins les plus simples; quant à l'exécution, elle laisse à désirer sous le rapport de l'exactitude. Peut-être y a-t-il certaines difficultés qui empêchent les genres de s'étendre. Les connaisseurs prétendent qu'on reste enfoncé dans la vieille routine, tandis que les produits actuels fournis par le Portugal doivent, au contraire, être en progrès sur ce qu'on avait connu autrefois.

La Belgique n'avait envoyé qu'un exposant d'impression sur coton.

Il nous reste encore à mentionner que dans l'exposition de la Hollande, dans la subdivision de ses colonies, se trouva un assemblage extraordinairement intéressant d'appareils, de matériaux et d'échantillons, qui avaient pour but d'expliquer la fabrication des *patiks* par les indigènes de Java. Ils produisent les dessins par une réserve mécanique. Le moyen qu'ils emploient est un mélange de résine et de cire qu'on fait fondre par la chaleur. On n'applique cette colle de sûreté ni par des blocs, ni par le pinceau, mais au moyen de petits godets métalliques, ayant au fond un petit tuyau, ce qui leur donne une certaine ressemblance avec des pipes de Cologne brisées. On échauffe le mélange dans ces vases, et il s'en échappe par les tuyaux. Le manque de ductilité et de faculté couvrante de cette réserve mécanique est cause que le blanc reste imparfait et montre de petites veines fines et des parties coulées. Ces articles paraissent être teints de préférence avec l'écorce de soga ou de choua, qui fournit une couleur rouge brune. Nous considérons comme erronée l'opinion des fabricants européens, qui croient que le jaune rougeâtre qu'on remarque aussi sur ces tissus est également produit par la même matière colorante. Nous espérons pouvoir bientôt com-

3

muniquer nos recherches sur cette matière colorante, qui paraît offrir assez d'intérêt; il nous a été impossible jusqu'à présent d'obtenir une préparation assez bien caractérisée, qui nous permît en même temps de déterminer la composition de la matière colorante, sans quoi nous aurions déjà publié le résultat de ces recherches. Il résulte de cet examen que l'écorce en question fournit abondamment une couleur solide, modifiable en différentes nuances brunes. Outre le rouge brunâtre et ce rouge particulier, vigoureux, mais impur, il paraît qu'on emploie encore l'indigo pour des dessins bleus. L'imperfection des moyens mécaniques et le caractère particulier des matières colorantes rend difficile l'imitation de ces dessins, que la population javanaise demande de préférence.

Note. — A ce rapport si intéressant et si instructif de M. Bolley était jointe la liste des exposants auxquels des récompenses avaient été décernées; nous l'avons laissée de côté, le *Moniteur scientifique* ayant déjà donné cette liste dans un des numéros antérieurs.　　E. Kopp.

RAPPORT SUR LA TEINTURE ET L'IMPRESSION DES TISSUS

exposés dans la Classe XXIII à l'Exposition de Londres.

Par M. Crace-Calvert.

Pour ne pas faire double et même triple emploi avec ce qui a déjà été dit dans le rapport de M. Bolley de Zurich (voyez *Moniteur scientifique*, 1862, p. 713), sur les produits de cette même classe XXIII, ou ce qui se trouvera dans le rapport très-complet de M. Hoffmann sur les produits chimiques de la classe II, nous n'extrairons du rapport fort intéressant de M. Crace-Calvert que ce qui ne se rencontre pas, ou du moins pas avec autant de détails, dans les deux documents que nous venons de citer. Cet extrait n'en sera pas moins très-utile ; M. Crace-Calvert, comme il a, du reste, soin de le déclarer lui même dans l'introduction à son travail, y ayant reproduit, outre les quelques observations rédigées officiellement pour le jury de la 23ᵉ classe et approuvées par lui, les résultats de ses propres investigations, soit sur la valeur intrinsèque des objets teints et imprimés qui étaient exposés, soit sur les progrès accomplis depuis 1851 dans cette branche importante de l'industrie.

1° Teinture.

L'auteur fait observer que c'est l'apparition des nouvelles couleurs artificielles dérivées du goudron de houille, qui constitue pour la teinture la différence la plus caractéristique et la plus importante entre l'exposition actuelle et les expositions précédentes Il trace l'historique succinct de la découverte de ces matières colorantes, du développement de leur fabrication et de l'extension de leur application pour la teinture de la soie, de la laine et du coton ; il rappelle les travaux de MM. Hofmann, Perkin, Verguin, Franck, Renard, Girard, Persoz, etc., sur les *rouges, violets* et *bleus d'aniline* ; il signale l'*erythrobenzine* rouge de MM. Laurent et Castelhaz ; la *phosphéine* jaune (chrysaniline) et la *regina purple* (violet d'aniline) de MM. Simpson, Maule et Nicholson ; l'*azuline* de MM. Guinon et Marnas. Ces derniers (n° 2248), ainsi que MM. W. Adshead et Comp., avaient également exposé des tissus en soie teints avec une autre matière colorante dérivée du goudron, l'*acide picrique*, qui est préparé par l'action de l'acide nitrique sur le phénol. Cette brillante teinture jaune, déjà connue en 1851, est beaucoup employée conjointement avec les bleus d'aniline et d'azuline, pour la production de magnifiques verts, qui conservent leur nuance verte même à la lumière artificielle. Mais les plus beaux verts exposés sont, sans contredit, ceux qui résultent de l'emploi simultané de l'acide picrique et du sulfate d'indigo très-pur. Les teinturiers remplacent néanmoins le sulfate d'indigo par le bleu de Prusse lorsqu'il s'agit de produire un vert qui doit conserver sa teinte à la lumière artificielle. Les couleurs dérivées du goudron sont remarquables, non seulement à cause de leur pouvoir tinctorial (quelques centigrammes suffisent pour colorer fortement plusieurs litres d'eau), mais encore par la facilité de leur application, leur emploi en teinture ne présentant presque pas de difficultés.

Il ne peut être ici question de décrire les procédés nombreux adoptés pour ce genre de teinture; il suffit de signaler ceux qui se faisaient remarquer à l'Exposition par leurs produits. Depuis 1851, et même seulement depuis 1855, des perfectionnements notables ont été apportés à la préparation de la matière colorante importante connue sous le nom d'*orseille*. Quoique l'orseille ordinaire produise facilement de très-belles nuances pourpres et violettes, ces teintes présentent l'inconvénient d'être extrêmement altérables, l'atmosphère acide des villes suffisant pour les faire virer au rouge et passer rapidement. Mais en 1856, M. Marnas, de la maison Guinon, Marnas et Bonnet, atteignit le but tant désiré, de donner de la solidité à ces couleurs brillantes. Il y arriva, en traitant les lichens, comme cela avait été conseillé par M. Stenhouse, par un lait de chaux, filtrant et précipitant de la solution calcique les principes colorables (qui sont d'un caractère acide) au moyen de l'acide hydrochlorique. Le précipité recueilli, filtré et lavé est dissous dans l'ammoniaque caustique, et la solution ammoniacale maintenue pendant 20 à 25 jours à une température de 67°-71° centigrades, au contact de l'air. Sous l'influence de la chaleur, les principes colorables fixent de l'ammoniaque et de l'oxygène et se transforment en matières colorantes, que M. Marnas précipite de la solution colorée, au moyen de chlorure de calcium, sous la forme d'une belle laque violette qui, recueillie, lavée et séchée, est livrée au commerce sous le nom de *pourpre française*. En place de chlorure de calcium, on peut également employer des sels d'alumine, d'étain, etc. Ce qui distingue ces nouvelles couleurs d'orseille des anciennes, c'est qu'elles teignent plus facilement la fibre animale, qu'elles produisent directement des teintes lilas qu'on peut nuancer au moyen de carmin, d'indigo, de ruscine, etc.; mais la différence la plus importante entre la pourpre française et l'orseille ordinaire, c'est que tandis que cette dernière est peu à peu détruite par l'action des acides et de la lumière, la première résiste à ces influences.

Pour teindre de la laine ou de la soie avec la pourpre française, on n'a qu'à broyer la laque avec son poids d'acide oxalique, faire bouillir le mélange avec de l'eau, et filtrer pour séparer l'oxalate de chaux insoluble. La liqueur filtrée limpide est ensuite versée dans de l'eau très-légèrement ammoniacale, et il suffit de manœuvrer dans le bain ainsi préparé la laine, la soie, le coton animalisé avec l'albumine ou huilé (tel qu'on l'emploie pour le teindre en rouge d'Andrinople), pour les voir se teindre en nuances pourpres ou violettes, à la fois riches et solides. De magnifiques dentelles de soie teinte en pourpre française étaient exposées dans la vitrine de MM. Guinon, Marnas et Bonnet (France, 2248). On doit regretter qu'il n'y ait pas eu plus d'échantillons de tissus teints avec une des plus splendides matières colorantes, nous voulons parler de la *murexide* ou *pourpre romaine*, dont plusieurs de nos plus grands teinturiers et imprimeurs firent un si grand usage en 1856 et 1857.

M. Crace-Calvert, après avoir fait rapidement l'historique de la découverte, de la préparation et des applications de la murexide, décrit ainsi la fabrication (maintenant presque abandonnée) de la murexide au moyen du guano du Pérou. On commence par le traiter à plusieurs reprises par l'acide hydrochlorique à chaud qui dissout la plupart des matières étrangères ; le résidu insoluble, qui, après avoir été lavé, consiste principalement en sable et acide urique brut, est traité avec précaution par de l'acide nitrique de 1.40, p. sp. : la réaction étant achevée, on ajoute de l'eau chaude et on filtre : le liquide filtré, de teinte jaunâtre et contenant de l'alloxane, etc., est évaporé graduellement, au point qu'en le laissant refroidir il constitue une masse presque solide violette ou d'un rouge brunâtre, que l'inventeur du procédé a baptisée *carmin de pourpre*, et dont on a pu voir de beaux spécimens dans les vitrines de M. Rumney (592) et de MM. Littlewood et Wilson (4321). Dans la section française, M. Charvin de Lyon (98) avait exposé des échantillons de soie teinte avec cette matière colorante verte intéressante, qu'il extrait du *rhamnus catharticus* et qui est identique avec le *lokao* ou *vert de Chine*, qu'on avait employé en 1855 et 1856, tant en France qu'en Angleterre.

L'attention du public a été attirée par de belles teintures noires sur soie exposées par l'Angleterre, la Prusse et la France; dans ce dernier pays on a remarqué un nouveau noir, exposé par M. Gilet de Lyon, obtenu au moyen du *henné des Arabes*, qu'il importe d'Algérie et qu'il applique avec avantage à la production d'une qualité supérieure de soie teinte en noir et pesante.

Les expositions de la France, de la Prusse et de Hesse-Cassel renfermaient de très-beaux spécimens d'écheveaux de laines teints, mais on remarquait spécialement la superbe collection de fils de laine chinés, remarquables pour la netteté et la précision au point de contact des différentes couleurs.

Quoique les fils de coton teints n'aient pas indiqué de nouvelles découvertes dans cette partie, l'attention de l'observateur était cependant attirée par des assortiments très-complets et très-variés d'une certaine classe de fils dans laquelle on est arrivé à un haut degré de perfection. Ce sont les fils teints en rouge d'Andrinople.

On ne lira peut-être pas sans intérêt la description de l'ancien procédé, souvent perfectionné, par lequel on obtient des nuances rouges aussi solides et aussi brillantes. Sans entrer dans les détails des nombreuses et fastidieuses opérations auxquelles on soumet les fils de coton pour les préparer à la fixation des matières colorantes de la garance, nous rappellerons seulement que le caractère spécial de la teinture en rouge d'Andrinople consiste dans l'huilage de la fibre au moyen d'huiles d'olive de Gallipoli. Les fils, après blanchiment, sont imprégnés avec une qualité particulière de cette huile (huile tournante). Ce qui distingue cette qualité, c'est qu'elle forme une émulsion blanche avec une solution faible d'un carbonate alcalin, et elle doit cette propriété, d'après les recherches de M. Pelouze, à un ferment qui accompagne l'huile lors de son expression des fruits d'olives, et qui peu à peu la décompose partiellement en ses principes constituants, glycérine et acides gras libres. Ce sont les huiles ainsi modifiées qui sont les plus propres à la teinture en rouge d'Andrinople.

Les filés saturés d'huile sont plongés dans une solution faible de carbonate de soude, puis égouttés et exposés humides à l'action de l'air, ou simultanément à l'action de l'air et de la vapeur dans un local chauffé. Après avoir répété ce traitement un nombre de fois suffisant, on passe les filés dans une solution de noix de Galles, puis on les imprègne de mordant d'alumine (« red liquor »). Ils sont alors prêts pour la teinture. A cet effet, on les teint à l'ébullition dans un bain de garance (additionné de sang) et on avive la couleur par des bains de savon bouillant.

De beaux échantillons de coton en fils et tissus étaient exposés par MM. C. Lauezzavi (1725), J.-F. Wolf (1731), Prusse; A.-F. Rikli (368), J.-R. Suter (369), Suisse; F. Legras (2225), France; Foletti, Weis et Comp. (1547), Italie; E. Idiers (603), Belgique; Ganahl et Comp. (961), Seebach Comp. (974), Autriche. — Cette préparation du coton permet de le teindre en rouge d'aniline, et un très-bel échantillon d'une pareille teinture a été exposé par MM. Henry et fils (2230), France.

Pour ce qui concerne les tissus de coton et de laine teints en uni, on n'y remarquait aucune application de procédés nouveaux (excepté, toutefois, leurs teintures en couleurs dérivées du goudron); mais on doit signaler le haut degré de perfection auquel on est arrivé dans ce genre et dont témoignaient les expositions de MM. F. Pourchelle (2237), Boutarel et Comp. (2267), A. Rouquès (2236), A. Guilliaumet (2238), Delamotte et Faille (2259), Francillon et Comp. (2260), en France; S. Smith et Comp. (4338), en Angleterre; Descat frères (2244), en France.

Les deux derniers teinturiers méritent une mention spéciale, car, malgré le mélange de coton et de laine qui constituait les tissus, le brillant et la pureté des teintes étaient égales à ce qu'elles auraient été si le tissu avait consisté en laine pure. On doit aussi signaler la grande perfection de l'apprêt donné à ces tissus, aussi bien que la beauté et la délicatesse des nuances sur tissus d'alpaca exposés dans la vitrine n° 4338.

Les tissus teints de l'Inde méritent d'être examinés, et si l'on considère les moyens limités dont peuvent disposer les teinturiers indiens, il est juste de signaler leurs produits, surtout pour ce qui concerne la beauté et le brillant de certaines nuances ; d'excellents échantillons ont été exposés par MM. Rao Venkata et Rao Papana (364); d'autres objets fabriqués sont également dignes d'attention. Qu'il soit permis d'exprimer ici l'opinion que le gouvernement des Indes pourrait rendre un grand service à l'art de la teinture, s'il prenait des mesures pour expédier en Angleterre des quantités assez considérables des matières colorantes employées par les teinturiers indiens, de manière à pouvoir les soumettre à des essais sérieux.

Si l'on considère les progrès étonnants que la teinture en rouge d'Andrinople a accomplis, avec l'assistance de la chimie, en France et en Angleterre, comparativement à ce qui s'est fait en ce genre pendant des siècles dans l'Inde, il est impossible de dire, quels ne seraient pas les avantages pour l'Indostan, si, par exemple, le nouveau vert du docteur Thompson, le « jackwood » ou (*artocarpus integrifolia*), le kayu kudrang, etc., dont on avait exposé des échantillons dans la section de l'Inde, étaient importés en Europe en quantités assez notables pour recevoir des applications industrielles. Nous reviendrons sur ce point en parlant de l'impression des tissus.

2° Impression sur tissus.

Ce rapport est probablement en harmonie avec l'expression d'un sentiment général, en manifestant le regret qu'a causé l'abstention de beaucoup de fabricants distingués de divers pays, mais surtout de la Grande-Bretagne.

La France, au contraire, n'a rien négligé pour démontrer sa supériorité dans cette branche de fabrication, soit en stimulant l'émulation entre les manufacturiers, soit en faisant un choix judicieux parmi ceux qui étaient les plus capables de soutenir la réputation de leur pays.

Malgré ces grands désavantages, le Royaume-Uni fait cependant reconnaître de grands progrès dans ce genre de produits depuis l'exposition de 1851. Les imprimeurs anglais, quoique en petit nombre, ont montré par de nombreux échantillons qu'ils savent parfaitement utiliser les moyens mécaniques et chimiques à leur disposition pour la fabrication d'articles qui, soit par les dessins, soit par l'exécution, sont adaptés aux besoins, soit du marché indigène, soit des nombreux marchés étrangers ; et l'observateur attentif ne peut manquer de reconnaître à l'inspection des articles exposés par quelques-uns de nos meilleurs imprimeurs, qu'aucune nation ne surpasse les Anglais pour les imprimés à la fois solides et bon marché qui constituent la base principale de notre fabrication, puisqu'ils répondent aux besoins des masses.

Il ne faut pas perdre de vue, en appréciant la valeur comparative des différents genres d'impression sur tissus, que le but principal des manufacturiers anglais est de trouver des procédés à la fois économiques et expéditifs pour la production de grandes quantités de marchandises, qu'on puisse livrer au commerce à des prix très-réduits ; plusieurs de nos fabricants de toile peinte produisent de 1 à 1 1/2 million de pièces par an. Il en résulte que les imprimeurs de la Grande-Bretagne, aussi bien que ceux de plusieurs autres contrées, sont obligés de rechercher à la fois la précision et la rapidité d'exécution, qu'il serait impossible d'obtenir au moyen de procédés pouvant être rémunérateurs pour le fabricant étranger, dont le but est plutôt d'arriver à une exécution des plus soignées et des plus parfaites, mais au moyen desquels on ne produit que des quantités limitées de marchandise.

C'est ainsi, par exemple, que plusieurs des premiers fabricants français ont exposé des tissus avec des dessins qui, à une certaine distance, paraissent être brodés, tandis qu'en réalité ils ne sont qu'imprimés.

Cet effet est obtenu en étendant la pièce sur une large table et y appliquant la couleur avec soin au moyen de planches gravées. Lorsque la pièce est ensuite enlevée, achevée et lavée, les couleurs présentent beaucoup de corps, mais en même temps n'ayant pas pénétré le tissu elles possèdent une transparence qui produit sur l'œil le même effet que si le dessin était en relief. De beaux échantillons de ce genre ont été exposés par MM. Guillaume et fils (2258) et Onfroy et Comp. (2253) en France.

Avant d'examiner en détail les différents genres d'impression sur tissus et les procédés employés pour leur production, il convient de relater sommairement les particularités caractéristiques de la fabrication des pays étrangers.

L'Autriche ne s'était jamais produite si avantageusement dans aucune des expositions précédentes : les dessins sont variés et choisis avec goût ; les couleurs et la netteté de l'impression sont toutes les deux très-satisfaisantes.

Le Zollverein, quoique n'ayant pas exposé des indiennes, possède une belle collection de mouchoirs en soie, de châles bon marché et de tapis imprimés de la *Saxe*.

La Russie offre de bons spécimens de teinture en rouge turc, obtenus surtout avec cette espèce particulière de garance, connue sous le nom de *marena* ; de même une collection satisfaisante d'articles appropriés aux marchés de l'Est, surtout dans le genre *lapis*.

Les meilleurs imprimeurs de la Belgique, de la Suisse, de même que ceux de l'Angleterre et du Zollverein, n'ont pas exposé, et il est par conséquent impossible de se former une idée correcte des progrès de la toile peinte dans ces pays.

Nous devons mentionner ici, quoiqu'il n'y ait point de tissus imprimés indigènes dignes d'attention dans le département indien, que l'Association pour la production du coton (« Cotton Supply Asssociation ») a exposé par l'entremise de M. Cheetham quelques beaux échantillons d'articles imprimés en Angleterre sur coton de Surate ; quoique les détails des procédés suivis dans ces circonstances ne soient pas assez connus pour permettre une comparaison avec les articles similaires imprimés sur coton des Etats-Unis, néanmoins les résultats obtenus sont si satisfaisants qu'ils permettent de prévoir que le coton de Surate pourra être utilisé sur une grande échelle en place du coton américain.

France. Ce qui précède aura déjà fait pressentir que les imprimés français sont généralement de qualité supérieure, et justifient complétement la réputation bien méritée dont jouissent partout les premières maisons de France, surtout dans les genres « fashionables » désignés ordinairement sous le nom de *haute nouveauté*. Dans cette classe d'imprimés, la beauté des couleurs et la parfaite exécution des dessins ne sont approchés par les produits d'aucune autre nation, et les nouvelles matières colorantes de goudron y ont été appliquées avec un tel degré de perfection que, sous ce rapport, il ne reste absolument rien à désirer. Nous aurons occasion de montrer qu'on y a appliqué plusieurs nouveaux perfectionnements d'une grande originalité.

Impression par application directe des couleurs : « Pigment printing. »

(Sous ce titre sont compris quelques genres d'impression qu'on pourrait également désigner par genre vapeur.) Ce genre d'impression s'est développé si extraordinairement dans ces dernières années, qu'il ne sera pas sans intérêt de donner une esquisse historique sommaire des différentes phases par lesquelles on a passé successivement.

L'impression par application directe des couleurs n'avait fait pendant bien des années que très-peu de progrès, d'abord à cause du petit nombre de couleurs qu'on pouvait utiliser et ensuite à cause de la difficulté de trouver un agent fixant convenable, qui donnât à la couleur la consistance nécessaire pour l'impression et qui la fît adhérer en même temps assez solidement au tissu. L'outremer artificiel fut la première couleur dont on essaya l'impression et en 1843 on avait proposé le caoutchouc dissous dans le naphte comme agent fixant ; mais à cause des dangers d'incendie et d'autres inconvénients, son emploi fut abandonné. En 1847, l'albumine du blanc d'œuf commença à être employée en Angleterre dans le même but, mais le peu de finesse de la poudre d'outremer à cette époque et son prix très-élevé (on payait alors 200 francs les 500 grammes qui coûtent actuellement 1 fr. 55) retardèrent beaucoup ce genre d'application. En 1849, M. R.-T. Paterson de Glascow fit breveter l'usage de la caséine du lait, nommée lactarine, et favorisa par là l'emploi de l'outremer et d'autres couleurs minérales dans l'impression des châles.

A peu près à la même époque, l'albumine du sang fit son apparition comme agent fixant. Mais l'impression par application directe ne reçut son principal développement qu'au printemps de 1859, lorsque le violet d'aniline de M. Perkin et la pourpre française de MM. Guinon. Marnas et Bonnet furent introduits dans le commerce et permirent la production de ces magnifiques violets, pourpres et lilas, qui étonnèrent le monde par la beauté et le brillant de leurs nuances. On les obtenait en imprimant de l'albumine ou de la lactarine sur mousseline et les fixant par le vaporisage. Les pièces étaient ensuite passées dans des bains de teinture contenant des solutions de violet d'aniline ou de poupre française ; les matières colorantes étaient attirées uniquement par l'albumine et la lactarine, qui les fixaient sur le tissu, et on n'avait plus qu'à laver la pièce pour dégorger le fond blanc.

Vers le milieu de la même année, le vert de Guignet apparut (breveté en 1859). Cette belle couleur verte est un hydrate d'oxyde de chrome ($C^2 O^3 + 3\,HO$) préparé en calcinant 3 parties d'acide borique avec 1 de bichromate de potasse, lavant, séchant et pulvérisant le produit.

La propriété caractéristique du vert de Guignet, aussi bien que celle d'un autre vert préparé par M. Arnaudon, en calcinant du bichromate de potasse avec du phosphate d'ammoniaque, c'est d'être d'une grande pureté de nuance, même à la lumière artificielle.

En novembre 1859, la fuchsine de MM. Renard frères fut introduite dans la fabrication et fixée par les procédés indiqués : les magnifiques roses ainsi produits furent bientôt suivis des applications de la roséine, de l'azaléine et d'autres rouges d'aniline.

En mai 1859, un nouveau progrès fut accompli par M. Walter Crum, qui produisit une réduction dans les frais de fixation de ces matières colorantes, par l'emploi du gluten des céréales. Lorsqu'on laisse le gluten frais se fluidifier en partie et spontanément à l'air, il devient facilement soluble dans les alcalis faibles et cette solution peut être employée en place d'albumine ou de lactarine.

A peu près à la même époque, M. Scheurer-Rott employa le gluten dissous dans un acide faible et M. W.-A. Perkin et Matthew Gray, de la « Dalmarnock Printing company, » proposa de fixer les couleurs dérivées du goudron au moyen d'un savon à base de plomb.

Dans les premiers mois de 1860, les imprimeurs réussirent à imprimer et fixer des couleurs d'aniline simultanément avec le mordant animal et mélangées avec lui, au lieu d'imprimer d'abord le mordant, de le fixer et de le teindre ensuite dans un bain de teinture. Ils obtinrent ainsi la possibilité d'imprimer à la fois une grande variété de couleurs sur la même pièce, en même temps qu'ils réalisèrent une notable économie, les opérations devenant plus simples et plus rapides.

Ce dernier perfectionnement donna une énorme extension au genre d'impression par application directe des couleurs et le porta pour ainsi dire à son apogée.

La conséquence en fut une telle hausse dans le prix des mordants fixants (principalement de l'albumine) qu'on se mit à rechercher très-activement des procédés différents pour la fixation des couleurs : MM. Calvert et Lowe ayant déjà observé en 1856, que le tannin précipitait certaines couleurs du goudron, constatèrent vers la fin de 1859, qu'en imprimant et vaporisant le tannin sur toile préparée, il se trouvait fixé et pouvait servir de mordant pour les couleurs d'aniline.

Mais ce ne fut qu'en 1860 que cette observation reçut une application industrielle par

M. Gratrix (et M. Javal. E. K.); les violets d'aniline ainsi fixés résistent mieux au savon que ceux fixés à l'albumine, mais par contre ils résistent moins bien à l'action de la lumière.

Le procédé conseillé par M. Gratrix consiste à stanner la toile (comme cela a lieu généralement pour les couleurs vapeur), et à imprimer ensuite le tannin épaissi ; on vaporise, ce qui fixe le tannin ; on bouse, on lave et on teint dans un bain de violet d'aniline légèrement acidifié avec de l'acide acétique. On en élève graduellement la température jusqu'à l'ébullition, et la couleur se combinant au tannin produit les dessins ; le fond blanc étant un peu sali, on passe les pièces dans une eau acidulée ou à travers une solution faible de chlorure de soude, telle qu'elle est employée par les teinturiers en garancine. De beaux échantillons de ce genre ont été exposés par MM. Butterworth et Brooks (4308).

En 1861, MM. Nathaniel Lloyd et E.-G. Dale (exposition de MM. Littlewood, Wilson et Comp.) (4321) préconisèrent l'emploi du tartre émétique pour la fixation des violets d'aniline.

Quoique les chimistes eussent constaté depuis longtemps que l'aniline donne naissance à une matière colorante verte sous l'influence de certains agents oxydants (Voyez nos propres expériences à ce sujet, *Moniteur scientifique*, 1861, p. 75. E. K.), on n'avait pas réussi à teindre industriellement la soie ou la laine par cette réaction. Mais en 1860, MM. Calvert, Clift et Lowe firent connaître un procédé très-facile et très-pratique pour obtenir ce vert, qu'ils appelèrent *éméraldine*, sur coton (on peut en voir des échantillons dans la classe chimique, n° 592).

Il consiste à imprimer une solution épaissie et acide d'hydrochlorate d'aniline sur du calicot foulardé en solution de chlorate de potasse, et au bout de quelques heures il s'y produit des dessins d'un beau vert clair, qu'on n'a plus qu'à laver.

Si le tissu ainsi imprimé en vert est passé en solution de bichromate de potasse, le vert se change en bleu indigo foncé. La production directe de cette couleur sur toile au moyen de l'aniline est très-importante et conduira probablement à la production semblable des autres couleurs d'aniline, ce qui dispenserait de les préparer préalablement. On éviterait ainsi les grandes pertes d'aniline qu'entraîne la fabrication des matières colorantes qui en dérivent et on obtiendrait en outre une notable économie de mordants fixants.

C'est en s'adonnant largement au genre « couleurs d'application » que les imprimeurs français ont réussi à donner un aspect si attrayant à leur exposition de tissus imprimés.

Aidés par le talent remarquable avec lequel ils savent combiner les différents méthodes d'impression à la planche gravée, à la perrotine et au rouleau, les manufacturiers français ont réussi non-seulement à produire des dessins originaux d'un effet admirable, mais encore à imiter de la manière la plus parfaite les genres garancés et couleurs vapeurs, et partout les couleurs imprimées simultanément par les moyens indiqués se juxtaposent avec la plus parfaite précision et netteté.

Nous ne devons pas manquer de signaler cette circonstance, que l'extrême facilité avec laquelle se fait l'application des couleurs d'aniline et des couleurs substantives en général, ramène l'art de l'imprimeur (à l'exception des dessins) bien plus au niveau d'un art mécanique qu'on ne le croirait de prime abord ; en d'autres termes, grâce au brillant de ces couleurs, à leur affinité par les matières animales, à la facilité de pouvoir imprimer un grand nombre de couleurs à la fois, l'exécution de dessins compliqués et leur fixation sur tissus, n'est plus environnée de ces difficultés, qui antérieurement étaient souvent presque insurmontables.

De magnifiques échantillons de ce genre d'application directe des couleurs ont été exposés par MM. Gros, Odier, Roman et Comp. (2211); Steinbach, Koechlin et Comp. (2214); frères Koechlin (2217); Dollfus, Mieg et Comp. (2218); E. Hofer-Grosjean (2252).

La combinaison de ce genre avec d'autres genres, de manière à obtenir de splendides articles pour meubles, était illustrée par les produits de MM. Thierry, Mieg et Comp. (2215), Huguenin, Schwartz et Collineau (2216).

Une méthode d'application très-intéressante et précieuse d'appliquer les couleurs d'aniline

— 25 —

sur tissus a été inventée par M. Onfroy de Paris. Il imprime des rouge, violet et bleu d'aniline sur un fond de couleur solide noire ou brune, pour l'obtention de laquelle on avait fait usage d'acide gallique au lieu de tannin : la conséquence en est que la couleur noire ou brune est plus facilement réduite et rongée, de manière qu'en ajoutant aux couleurs d'aniline mélangées de mordant animal un composé acide et rongeant, tel que l'acide oxalique, le fond noir et brun disparaît et les couleurs d'aniline sont fixées et apparaissent avec toute leur pureté. On produit ainsi de nouveaux effets, comme le démontre la vitrine de MM. Onfroy et Comp. (2253).

Au même fabricant si ingénieux et si distingué on est redevable de deux autres inventions mécaniques, dont l'une est le *Tireur mécanique* et l'autre le *Résiste-tambour*. (Voyez à ce sujet le rapport de M. Bolley, *Moniteur scientifique*, 1862, p. 713).

Il est à présumer que le genre d'impression de couleurs d'application recevra encore une nouvelle impulsion par l'emploi des laques colorées ; cette opinion se base sur la belle exposition de calicots imprimés au moyen de laques d'alumine, sur l'apparition des extraits concentrés de la matière colorante de la garance, alizarine et purpurine, parmi les produits français, et sur la collection si variée de laques, et spécialement de laque de santal, à base d'étain, préparées et exposées par MM. Roberts, Dale et Comp. (588, produits chimiques).

COULEURS VAPEURS.

Quoiqu'on n'ait pu constater de perfectionnement marquant dans ce genre d'impression sur calicot, il est encore produit sur une très-large échelle, surtout pour meubles et pour cette raison il ne sera pas sans intérêt de donner un aperçu des procédés qui le caractérisent.

Les matières colorantes y sont mélangées d'avance avec les mordants, puis imprimées sur tissus et soumis à l'action de la vapeur, soit dans des chambres fermées, soit au-dessus d'un cylindre perforé de nombreux trous : très-souvent les tissus sont préalablement stannés, en les passant d'abord à travers une solution stannique (stannate de soude généralement), puis précipitant l'oxyde stannique sur la toile au moyen d'une réaction chimique. C'est par ce procédé qu'ont été obtenus les beaux produits de MM. Butterworth et Brooks (4308) sur chaîne coton ; par MM. Stead, M. Alpine et Comp. (4339) en Angleterre et MM. Japuis, Kastner et Carteron (2264) en France sur étoffes pour meubles.

Depuis 1855, la production de ces étoffes pour meubles par moyens mécaniques a reçu un très-grand développement par suite des perfectionnements suivants : l'art de graver les rouleaux a fait de grands progrès ; on fabrique et l'on emploie maintenant de très-grands rouleaux en cuivre, dont quelques-uns présentent une circonférence de 43 pouces (1 mètre 075) sur une longueur de 44 pouces (1 mètre 10) ; on se sert très-fréquemment du rouleau à eau de gomme, qui fit sa première apparition à l'exposition de 1855 et dont l'application utile est parfaitement démontrée par les produits de MM. Littlewood, Wilson et Comp. (4321).

Ce rouleau auxiliaire permet de diminuer notablement le nombre de rouleaux gravés nécessaires pour l'obtention d'un certain nombre de couleurs avec leurs dégradations, c'est-à-dire leurs teintes plus ou moins foncées. Quelques mots d'explication feront facilement comprendre le mode d'action de ce rouleau à eau de gomme. On sait que pour obtenir des teintes moins foncées, on délaye la couleur la plus forte au moyen d'eau de gomme ou d'un produit réducteur ; antérieurement c'était le coloriste qui accomplissait cette besogne et il en résultait que pour imprimer quatre couleurs, chacune avec quatre teintes de force différente, il ne fallait pas moins de seize rouleaux. Aujourd'hui les parties du dessin qui doivent être reproduites en teintes plus ou moins foncées, quelle que fût d'ailleurs la couleur sont gravées sur le rouleau à eau de gomme, qui applique celle-ci en premier lieu sur le tissu. Le tissu reçoit ensuite les couleurs des quatre cylindres dans l'ordre habituel ; mais là où la couleur forte s'applique sur une partie de tissu déjà imprégnée de plus ou moins d'eau de

4

gomme, une nuance plus claire est produite par suite de la dilution plus ou moins forte de la couleur sur ces parties.

Cet effet est encore augmenté par une gravure moins profonde aux endroits correspondants du rouleau à couleur, de manière à ce que celui-ci s'y charge d'une quantité moindre de matière colorante.

L'emploi des couleurs du goudron a permis aux imprimeurs sur laine et soie, d'obtenir, à l'aide de la vapeur, d'admirables effets, ce qui les a mis à même d'exposer une nombreuse variété d'articles de la plus grande beauté. On les rencontre surtout en dehors de l'exposition anglaise. Tels sont : en Autriche, les produits de MM. J. Bossi (958), F. Hiller (965), F. Liebig (968), J. Liebig et Comp. (969), F. Schmitt (973) ; en Prusse, ceux de MM. Gressard et Comp. (1547) ; en Saxe, de MM. L. Chevalier et fils (2468), W. Winter (2475 ; en Anhalt-Dessau, de MM. Plaut et Schreiber (18) ; dans le Royaume-Uni, de MM. Wilkinson fils et Comp. (4349) ; en France, ceux de MM. Guillaume et fils (2258), L. Chocquel (2257), Bernoville frères, Larsonnier frères et Chenest (2262), D. Eck (2213).

Un fabricant français, M. Brunet-Lecomte, avait exposé des soies imprimées du plus haut intérêt, qu'il obtient par une nouvelle méthode d'impression de la chaîne en soie ; les dessins quoique imprimés ont l'apparence d'être brochés, car l'impression a un aspect tout différent de celui de l'impression ordinaire sur soie, qui comme on sait donne toujours des dessins un peu nuageux, coulés et d'une apparence chinée.

GENRES GARANCÉS.

Les perfectionnements apportés à ce genre d'impression, sans contredit le plus important pour les calicots, ont facilité et par conséquent rendu plus économique la fabrication, mais n'ont guère contribué à améliorer la qualité et le brillant des couleurs. Ces perfectionnements peuvent être signalés presque pour chaque phase de la fabrication ; mais à l'exception d'une opération très-importante, nous n'en dirons que quelques mots ; nous ne pouvons non plus passer sous silence la garance et ses dérivés, à cause de l'extrême importance des genres garancés, qui occupent le premier rang dans l'art de l'impression sur tissus.

Pour l'impression des indiennes, le calicot blanc, parfaitement blanchi est mordancé au moyen de rouleaux en cuivre gravés, avec un ou plusieurs mordants, tels que pyrolignites ou acétates de fer et d'alumine. Ces mordants, dans les conditions de l'étendage (dont nous parlerons plus loin), sont modifiés ou décomposés par l'action simultanée de l'oxygène et de l'humidité, de manière à abandonner sur la toile et pour ainsi dire combiné avec elle, un oxyde ou sous-sel qui constituent les agents intermédiaires pour fixer les matières colorantes de la garance, connues sous le nom d'alizarine et de purpurine, le mordant de fer fournit des nuances variant du noir violacé au lilas clair, celui d'alumine des nuances rouge foncé au rose, et un mélange de fer et d'alumine les diverses nuances de couleur chocolat ou puce. Les toiles, après cette opération (pour laquelle les Anglais ont adopté le nom très-approprié de « ageing » maturation, donner de l'âge) sont passées à travers des solutions chaudes, soit de phosphates doubles de soude et de chaux, soit d'arsénite ou d'arséniate de soude, soit de silicate de soude qui, comme sels à bouser ont complétement remplacé la bouse de vache, anciennement d'un usage si répandu.

Par ce bousage, le mordant est complétement fixé sur la fibre textile et en même temps tout excès de mordant est enlevé, sans qu'il puisse se précipiter sur les parties blanches ou non mordancées de la toile. Par l'introduction de l'emploi des sels et de cuves perfectionnées à bouser, on a obtenu une grande économie de temps, de main-d'œuvre et de frais, des milliers de pièces pouvant être bousées actuellement dans la même cuve, dans laquelle on ne pouvait traiter antérieurement que des centaines.

Les pièces, après avoir été bien dégorgées, sont maintenant prêtes à entrer dans les cuves de teinture, dans lesquelles elles doivent recevoir les couleurs qui leur sont destinées.

Ici encore on a adopté quelques perfectionnements, au moyen desquels les mordants peuvent être saturés avec l'alizarine et la purpurine en une heure et quart, et avec la garance en deux heures. En quittant les bains de teinture les pièces sont lavées à fond dans des machines à laver également perfectionnées, mais comme les parties blanches ou non mordancées sont toujours encore légèrement colorées ou salies et les couleurs ternes, on introduit les pièces dans un bain de savon assez fort, chauffé à 82° centigrades, qui enlève la matière colorante non combinée, aussi bien du fond blanc que des parties mordancées et solidement teintes.

Pour achever d'aviver les couleurs et d'obtenir un fond d'un blanc parfait, on passe encore les pièces dans une solution faible d'une préparation nommée « chymic, » qui consiste en un mélange d'hypochlorite de soude avec un peu de sulfate de zinc, jusqu'à ce que l'effet désiré soit produit ; dans ces derniers temps, cette opération a été perfectionnée en substituant au bain, un placage rapide dans la solution « chymique » et un passage également rapide à travers une cuve remplie de vapeur.

Pour communiquer enfin aux pièces l'apparence commerciale nécessaire, on leur donne l'apprêt, c'est-à-dire, on les imprègne d'un empois de farine (qu'on a fait fermenter pendant plusieurs semaines), d'amidon, etc., et on les fait passer entre des cylindres ; elles sont ensuite séchées et calandrées.

Toutes ces opérations ont pour but de remplir l'espace vide entre la chaîne et la trame du tissu et de communiquer à ce dernier un certain lustre.

Quoiqu'il eût paru convenable de ne point s'appesantir sur les détails des perfectionnements apportés aux différentes opérations qui se pratiquent dans la fabrication des genres garancés, il y a cependant une opération si importante par ses conséquences pratiques et si intéressante au point de vue scientifique, qu'elle mérite qu'on s'y arrête un peu plus.

On désigne par « ageing » maturation ou oxydation des mordants, l'opération par laquelle ces derniers, après avoir été appliqués sur calicot, sont placés dans des circonstances favorables pour pénétrer la fibre textile, s'incorporer et se combiner avec elle. C'est ainsi qu'on a trouvé nécessaire d'étendre les pièces mordancées pour les soumettre pendant plusieurs jours à l'action de l'athmosphère dans le local de l'étendage ou d'oxydation et de maturation des mordants : l'objet de cette pratique est de faire dégager et évaporer l'acide acétique du sulfate-acétate d'alumine et de l'acétate de fer, et de faire passer l'oxyde ferreux à l'état d'oxyde ferrique.

On croyait longtemps que l'oxygène était le seul agent actif pendant cette phase de la fabrication, et quoique quelques imprimeurs eussent observé que l'humidité facilitait la réaction, on n'y avait pas attaché une importance suffisante, jusqu'à ce que M. John Thom eût indiqué d'une manière spéciale la coopération de l'humidité, comme un agent des plus importants dans les phénomènes d'oxydation ou « d'ageing. »

M. Walter Crum, F. R. S. paraît avoir été le premier fabricant qui eut fait une application pratique de cette observation ; la grande économie de temps et de main-d'œuvre obtenue par l'emploi judicieux de la vapeur d'eau ne peut être mieux comprise, qu'en citant textuellement la description donnée par M. Walter Crum même, des dispositions adoptées à la manufacture de toile peinte de Thornliebank.

Un bâtiment, ayant à l'intérieur 48 pieds de longueur, 40 pieds de hauteur est divisé dans sa longueur par un mur allant du sol au plafond, en deux chambres, ayant chacune 11 pieds de largeur.

Dans la première chambre les pièces reçoivent l'humidité nécessaire. Au-dessus du plancher principal sont disposés deux autres planchers en bois à claire-voie, distants de 26 pieds, auxquels sont fixées des séries de rouleaux en étain, chaque rouleau étant long de deux largeurs de pièces environ. Les rouleaux sont munis de petits tambours, qui servent à la transmission du mouvement engendré par une petite machine à vapeur.

Les pièces à oxyder (« *to be aged* ») qui se trouvaient d'abord disposées sur le plancher principal sont amenées dans le compartiment supérieur, où elles passent successivement au-dessus et au-dessous de chaque rouleau en étain et arrivent finalement à l'autre extrémité de la chambre, où elles sont pliées en paquets et déposées sur l'une des trois plates-formes qui s'y trouvent établies. Ces plates-formes sont un peu isolées du reste de la chambre au moyen de rideaux en laine.

Pendant que les pièces cheminent sur les rouleaux, elles sont exposées à une chaleur humide, provenant de vapeur d'eau qui se dégage doucement de tuyaux évasés en coupe à leur extrémité ouverte.

La température est portée de 27° à 38° centigrades (80° à 100° Fahrenheit) et même plus haut.

Par cet arrangement cinquante pièces, chacune de 20 yards (1 yard = 0.9144? mètre) sont mises simultanément en opération et comme chaque pièce met environ un quart d'heure à passer sur les rouleaux, il en résulte qu'on peut oxyder deux cents pièces en une heure.

Quoique les ouvriers n'aient presque jamais à pénétrer dans la partie la plus chaude de la chambre, on a cependant adapté un ventilateur au plafond, pour le cas où il y aurait un dégagement considérable d'acide acétique.

Les mordants, comme on l'a déjà fait pressentir, ne sont point suffisamment oxydés ou mûris (« *aged* ») par ce passage seul, quoiqu'il produise un effet au moins équivalent à celui d'une exposition des pièces pendant une journée entière à l'étendage.

Elles ont cependant absorbé la quantité convenable d'humidité (environ 7 pour 100 du poids des pièces mordancées) et le mordant de fer est dans de bonnes conditions pour absorber l'oxygène de l'air et pour se transformer peu à peu en sesquiacétate et sesquihydrate ferriques.

Pour que l'oxydation devienne suffisante, les pièces doivent rester encore deux ou trois jours dans une atmosphère un peu chaude et humide.

Heureusement on avait constaté depuis longtemps, à Thornliebank, qu'après l'absorption de l'humidité, il n'était plus indispensable d'avoir les pièces tout à fait étendues et développées

Les expériences de M. Graham, sur la diffusion des gaz à travers de très-petites ouvertures avaient conduit à penser que l'absorption de l'oxygène en si minime quantité, se ferait tout aussi bien si les pièces étaient repliées, enveloppées et entassées les unes sur les autres.

C'est ce qui a lieu en effet, et après la première opération les pièces humides sont transportées en paquets dans la seconde chambre située de l'autre côté du mur mitoyen, où on les dépose sur des planchers à claire-voie à des hauteurs correspondant aux plates formes de la première chambre.

Sur ces planchers on peut déposer sept à huit mille pièces à la fois. Dans cette seconde chambre on maintient une athmosphère humide à une température constante de (76° à 80° Fahrenheit) 20° à 27° centigrades.

A cet effet un large tube en fonte, chauffé modérément à la vapeur, circule au niveau du sol, et à côté de lui de la vapeur est projetée verticalement dans l'air en jets très-minces.

Le bâtiment tout entier est protégé contre le froid extérieur et par conséquent contre les effets nuisibles de la condensation de la vapeur, par une antichambre bien chauffée, par des doubles fenêtres et une toiture double. De petits tuyaux à vapeur sont encore disposés dans tous les endroits où l'on pourrait en avoir besoin et la chambre à rouleaux, lorsqu'elle ne fonctionne pas est cependant toujours entretenue chaude par un calorifère à vapeur placé sous le plancher principal.

Ce procédé d'oxydation (« *of ageing* ») fonctionnait à Thornliebank en automne en 1856.

A peu près une année après il commença à être adopté par d'autres imprimeurs, et maintenant il est en usage dans au moins seize fabriques différentes de l'Ecosse et du Lancashire.

Un des plus grands services qu'a rendu la chimie aux manufacturiers, c'est d'avoir trouvé un emploi avantageux à des résidus qu'on jetait antérieurement.

C'est ainsi que pendant très-longtemps on considérait comme épuisé et sans valeur le résidu de garance des cuves de teinture, jusqu'à ce qu'en 1843 M. Schwartz eut montré, qu'en y ajoutant de l'acide sulfurique et chauffant le tout à la vapeur pendant plusieurs heures, on rendait de nouveau disponible une quantité considérable de matière colorante, qu'après lavage et séchage le produit de ce traitement, qui reçut le nom de *garanceux*, pouvait servir à l'obtention de couleurs, à la vérité pas tout à fait aussi solides que celles de la garance, mais qui en constituent une bonne imitation. Ce traitement est maintenant pratiqué dans presque toutes les fabriques d'indiennes, surtout pour l'obtention de nuances diverses de rouge et de puce.

Si l'on traite d'une manière analogue de la bonne garance, au lieu des résidus de teinture on produit de la *garancine*, dont l'usage s'est beaucoup étendu depuis 1851.

L'avantage résultant de la conversion de la garance en garancine consiste dans l'économie que l'emploi de cette dernière offre aux imprimeurs, les pièces teintes en garancine n'ayant pas besoin des passages en bains de savon, mais seulement d'un léger traitement par chlorure décolorant et lavage subséquent pour présenter des fonds blancs irréprochables.

Le défaut que présentent les pièces teintes en garancine, de ne pas résister suffisamment au savonnage bouillant, a engagé MM. Pincoff et Schunck à chercher une autre préparation. qu'ils trouvèrent en effet en 1853, et qu'ils nommèrent « *alizarine commerciale* » Ce produit qui dans ces derniers temps a commencé à être employé en très-grande quantité par plusieurs manufacturiers, est obtenu, en transformant d'abord la garance en garancine, enlevant à cette dernière les dernières traces d'acide et la soumettant ensuite à l'action de la vapeur d'eau à haute pression; dans cette circonstance, une substance nommée vérantine, qui salit les blancs et les nuances teintes, est décomposée ou altérée, de manière à ne plus affecter les fonds blancs et à ne plus altérer la pureté des teintes lilas que fournit l'alizarine.

Les avantages présentés par l'alizarine commerciale sont : la production économique de beaux violets sans savonnage ; grande régularité et promptitude dans la fabrication ; facilité de produire des dessins offrants des combinaisons de violets avec cachou ou violets avec puce, qu'on n'obtient pas aussi beaux en faisant usage de garance ou de garancine ; production de nuances de violets gradués *ad libitum* proportionnellement aux frais ; enfin économie de mordants.

M. Higgins a découvert récemment une autre méthode de préparation d'alizarine commerciale ; il fait bouillir de la garancine avec du carbonate de soude et un peu d'ammoniaque. Le mélange qui, au début de la réaction, est alcalin devient de nouveau légèrement acide après une ébullition de vingt-quatre heures, qui convertit la garancine en alizarine commerciale.

Une autre préparation de garance, connue sous le nom de *fleur de garance* et employée en grandes masses par les fabricants de toile peinte du continent, fut introduite dans le commerce par MM. Julian et Roquer, en 1852. Pour l'obtenir on fait fermenter la garance et on la lave ensuite, enlevant ainsi non-seulement les matières solubles, telles que sucre, mucilage, acides, matière colorante fauve, etc., qui nuisent plus ou moins à la fixation de l'alizarine sur les mordants, mais augmentent aussi la proportion d'alizarine et de purpurine (en conformité avec les recherches de M. Schunk concernant l'influence du ferment érythrozyme sur la rubiane). On a trouvé que 100 parties de fleur de garance teignent aussi fortement que 200 parties de racines ordinaires de garance pulvérisées, que les teintes sont plus belles, et que les rouges et roses sont plus solides. M. Mucklow a employé récemment un procédé semblable, en faisant alternativement macérer dans l'eau des racines de garance et les exprimant ensuite, de manière à éliminer les matières qui nuisent à la teinture des tissus.

Des spécimens de tissus teints avec garance, garancine, alizarine, etc., tous d'un mérite supérieur, ont été exposés : pour la Grande-Bretagne, par MM. Th. Hoyle et fils (4319), Bradshaw, Hammond et Comp. (4307), Butterworth et Brooks (4308), F.-W. Grafton et Comp. (4316), Littlevood, Wilson et Comp. (4321), M. Naughton et Thom (4325), Newton Bank Printing Company (4328); pour la France, MM. Dessaint et Daliphar (2233); pour l'Autriche, MM. L. Dormitzer et fils (859), F. Leitenberger (967); pour la Russie, Ch. Adam (448); pour l'Espagne, J. Achon ; pour la Belgique, De Smet frères (401).

Purpurine et alizarine vertes. — MM. Schaaff et Lauth ont exposé dans la section française (137) de magnifiques préparations commerciales obtenues avec la garance et désignées sous les noms de purpurine et d'alizarine vertes ; ces substances se trouvent actuellement entre les mains des imprimeurs du continent, et le procédé pour les préparer (indiqué par un chimiste distingué, M. E. Kopp) [voyez *Moniteur scientifique,* III, 1861, page 129] étant très-intéressant, il sera utile de le décrire en quelques mots : 300 kilog. de garance en poudre sont délayés dans 3,000 à 4,000 litres d'une solution aqueuse d'acide sulfureux. On filtre et on lave le résidu avec 800 à 1,000 litres de la même solution. La liqueur claire résultant de ce traitement est additionnée de 3 pour 100 d'acide sulfurique de 1.60 p. sp. : puis chauffée à environ 36 degrés centigrades, ce qui détermine la séparation de la purpurine, qui se dépose au bout de quelques heures sous forme de gros flocons rouges. Les eaux mères sont décantées et soumises à l'ébullition pendant trois à quatre heures; l'alizarine verte se précipite alors. Ces deux produits n'ont besoin que d'être lavés pour pouvoir servir aux imprimeurs. Leur pouvoir colorant est réellement remarquable ; celui de la purpurine étant égal à 40-50 fois celui de la garance, et celui de l'alizarine verte environ 38 fois celui de le garance. (En réalité, la purpurine vaut entre 50 et 60 fois et l'alizarine verte une vingtaine de fois la garance. E. K.) De 300 kilog. de garance on obtient 2 kilog. de purpurine et 8 kilog. d'alizarine verte. Le résidu de gararance obtenu dans ce procédé peut être converti, à la manière ordinaire (par ébullition avec les eaux mères d'alizarine verte, E. K.), en garancine, dont la force tinctoriale est égale à environ moitié de celle de la garancine ordinaire. L'alizarine verte peut être employée comme l'alizarine commerciale. La purpurine donne de très-beaux roses et rouges avec les mordants d'alumine, mais pas de violets avec les mordants de fer. Mais la purpurine sera probablement employée de préférence dans l'impression et comme couleur substantive.

Teinture en rouge d'Andrinople unie ou avec dessins imprimés. — Le procédé pour teinture des tissus en rouge d'Andrinople est à peu près le même que celui suivi pour la teinture des filés, et il est, par conséquent, inutile de répéter ce qui a déjà été dit sur ce sujet.

Mais, à côté des manipulations longues et compliquées qu'exige la teinture en rouge turc, cette teinture présente une autre particularité, c'est que les blancs sont obtenus par un procédé précisément inverse de celui suivi pour les autres genres garancés, où l'on préserve le blanc contre la fixation de la matière colorante, tandis que sur tissus teints en rouge turc le blanc est obtenu en détruisant la couleur après qu'elle avait été parfaitement fixée et avivée. On y arrive en imprimant de l'acide tartrique sur le tissu et passant ensuite dans une solution de chlorure et d'hypochlorite de chaux, ou en forçant une solution faible d'un mélange de chlorure de chaux et d'acide sulfurique étendu à passer entre des plaques en plomb perforées entre lesquelles est pressée fortement la toile colorée ; le résultat est que la couleur est détruite sur les points où la liqueur décolorante a pu réagir sur le tissu.

Ce genre d'impression se trouvait parfaitement représenté dans les vitrines de MM. H. Monteith et Comp. (4326), J.-O. Ewing et Comp. (4329), W. Stirling et fils (4340), dans le Royaume-Uni ; de M. C. Steiner, en France (2249), de M. A. Baranova (450), en Russie ; de MM. Luchsmeyer, Elmer et Oertli (367), en Suisse.

Les teintures en rouge d'Andrinople des fabricants écossais cités méritent l'attention, puisque ces manufacturiers ont réussi à maintenir chez eux une part très-large de cette fabrication importante, qui a cependant disparu de certaines localités, où précédemment elle jouissait de la plus grande réputation.

Avant de terrminer ce rapport, il est nécessaire de mentionner encore un ou deux objets intéressants, qu'il eût été impossible de classer parmi les genres qui précèdent.

C'est ainsi que, dans la section anglaise, MM. Ormerod et Comp. (4330), ont exposé des rubans imprimés en tissu de coton. Ces produits sont intéressants non-seulement à cause de leur bon marché et de l'excellente imitation de la soie qu'ils présentent, mais aussi parce qu'on y a surmonté des difficultés qui doivent exister pour l'impression des rubans en soie : on affirme que, depuis l'apparition de ces rubans si peu dispendieux et cependant exécutés avec beaucoup de goût, on a également introduit avec succès dans cette branche de fabrication des rubans mi-partie soie et laine.

MM. Dewhurst et Comp. (4312) ont exposé une collection de tissus de coton imitant parfaitement le cuir marocain.

Dans la section française, MM. A. Messier (2231) et Jaques-Sauce (2232) ont exposé une belle collection de tontisse de laine et de coton teints, remarquable pour la beauté et le brillant des couleurs. Ces qualités ont contribué à étendre les applications, de cet article, qui est même employé avec succès pour l'impression de robes de bal et de soirées en mousseline, comme on peut s'en assurer en examinant les tissus exposés au rez-de-chaussée de l'Exposition française. On y trouve également des tissus et des rubans imprimés par MM. Werner et Michniewicz (2251) et Chennevière (2097) par un procédé appelé *antophyte*, qui consiste dans l'application de la photographie à la gravure de plaques de zinc, au moyen desquelles on obtient des imitations de dentelles sur tissus.

Nous ferons remarquer, en terminant, que l'industrie de la toile peinte s'est énormément développée depuis 1851, et que beaucoup de fabriques, tant de la Grande-Bretagne que du continent, ont plus que doublé leur production ; nous ajouterons, en nous appuyant de l'autorité de M. E. Potter, M. P., que la quantité de pièces imprimées et exportées, qui, en 1851, n'était que de 6 millions et demi, s'est élevée, en 1857, à environ 27 millions de pièces.

F. Crace Calvert.

Nota. — Au rapport si instructif et si intéressant de M. Calvert était ajoutée la liste des exposants ayant obtenu des médailles à l'Exposition de Londres. Cette liste ayant déjà été publiée par le *Moniteur scientifique,* nous ne l'avons plus reproduite.   E. Kopp.

RAPPORT

SUR

LES PRODUITS CHIMIQUES INDUSTRIELS (CLASSE II, SECTION A)

DE

L'EXPOSITION INTERNATIONALE DE LONDRES EN 1862.

Par M. A.-W. Hofmann,

Professeur de chimie, Directeur du Collége royal de chimie, Président de la Société chimique de Londres.
Membre de la Société royale de Londres, Membre correspondant de l'Institut de France, etc.

Dans ce numéro (15 mai, 154ᵉ livraison du *Moniteur scientifique*, nous commençons la publication de la traduction du Rapport de M. Hofmann. Nous avions d'abord l'intention de n'en donner qu'un extrait très-complet ; mais, en examinant plus attentivement cette œuvre remarquable du célèbre président de la Société chimique de Londres, nous avons de suite reconnu que, dans l'intérêt même des lecteurs du *Moniteur scientifique*, nous ne pouvions rien y laisser de côté et qu'il fallait reproduire intégralement un travail qui est un véritable monument de science et d'érudition.

Le Rapport de l'éminent chimiste anglais pourrait être intitulé à juste titre : HISTOIRE DES PROGRÈS DE LA CHIMIE INDUSTRIELLE PENDANT LES ANNÉES 1851-1862 (*dix ans*).

L'auteur y a accumulé une telle masse de faits et de renseignements, y a exposé avec tant de clarté et de logique les perfectionnements apportés aux industries anciennes et le développement rapide et étonnant de quelques industries toutes nouvelles ; il y a apprécié les nombreuses propositions de modifications de procédés, émanant d'une foule d'inventeurs, avec tant de sagacité et d'impartialité, en y ajoutant dans bien des cas le résultat de ses propres recherches et investigations, que ce travail consciencieux et admirable servira certainement de base à tous les traités de chimie pratique qui seront publiés d'ici à quelques années. Le professeur Hofmann, qui depuis bien des années occupait déjà une place si éminente parmi les chimistes théoriciens, s'est placé par son Rapport, d'un seul coup, au premier rang des chimistes industriels, et son œuvre ne manquera pas d'exercer une influence puissante sur les progrès d'un g.and nombre d'industries des plus importantes.

Son Rapport vient compléter de la manière la plus heureuse les travaux remarquables rédigés par MM. Balard, Wurtz. Decaux, etc., et consignés dans le rapport officiel de la Commission impériale française de l'Exposition universelle de Londres en 1862, dont nous rendrons compte aussi, et fera ressortir davantage l'utilité incontestable de ces grandes solennités des industries de toutes les nations.

Il y a ce mois-ci un an que s'ouvrait l'Exposition universelle de 1862, et aujourd'hui seulement doit paraître à Londres le Rapport actuel. S'il nous a été donné de pouvoir en commencer la publication aussi vite, nous le devons à M. W. Hofmann, qui a bien voulu nous communiquer les épreuves de son travail et qui a la bonté de revoir lui-même avant le tirage les bons à tirer que nous remettons à l'imprimerie. Les lecteurs du *Moniteur scientifique* auront donc dans sa fidélité la plus scrupuleuse le travail de notre illustre ami, que nous ne pouvons trop remercier de l'indulgence qu'il met à corriger toutes les fautes qui nous échappent.

E. KOPP.

Observations préliminaires.

Progrès important et rapide accompli pendant les dix dernières années par toutes les nations et dans toutes les branches des arts et de l'industrie, — tel est, en deux mots, le résultat satisfaisant qui ressort d'une comparaison générale entre l'exposition actuelle et celle de 1851. Parmi les nombreux et admirables perfectionnements qui témoignent du progrès universel, nous osons le dire, avec une légitime satisfaction, ceux que nous devons à la chimie pendant cette décade occupent une place très-éminente. L'observateur, même le plus superficiel, s'assurera de cette vérité en passant en revue non-seulement la section chimique, mais encore toutes les autres classes de l'exposition ; car partout son regard rencontrera les preuves de l'influence la plus puissante et la plus heureuse de la chimie sur le développement de l'industrie. Partout il verra de nouveaux matériaux, élémentaires ou composés, mis par la chimie à la disposition de l'ouvrier ; de nouvelles couleurs, surpassant en beauté et en éclat celles des temps passés, que la chimie prépare à l'usage des arts industriels ; des produits de toute nature, plus fins et plus délicats, obtenus par les connaissances que nous devons à l'investigation chimique.

Si ce résultat est manifeste pour l'observateur superficiel, il le sera doublement pour l'homme instruit, habitué à raisonner, à remonter des effets à la cause et à découvrir les conséquences de faits en apparence éloignés. En parcourant l'exposition de 1862, il ne manquera pas de s'étonner de la rapidité avec laquelle l'industrie actuelle, et plus particulièrement celle de ce pays, s'assimile les découvertes de la science ; cueillant, si nous pouvons nous exprimer ainsi, le fruit mûr du résultat pratique sur la jeune plante de la théorie à peine développée ; s'emparant de nouvelles lois à peine suffisamment constatées pour être énoncées ; et fondant hardiment de grandes industries sur des recherches de laboratoire, qui sont elles-mêmes encore incomplètes. En effet, la pratique suit actuellement la théorie de si près, et la rivalité des fabricants à tirer des conquêtes de la science un profit technique immédiat est si ardente, que le chimiste philosophe est souvent tout à fait devancé et s'étonne de trouver, comme résultat inattendu de ses recherches purement scientifiques, des perfectionnements industriels qu'il ne prévoyait pas, et qu'il ne peut même complétement expliquer. Tandis que les services, que la chimie rend à l'industrie, sont ainsi directs et immédiats, ils sont également d'un caractère si général qu'il est difficile, nous dirions presque impossible, de définir, dans ses ramifications si variées, la dette importante contractée envers cette science par les arts et l'industrie pour les progrès qu'ils ont accomplis pendant ces dix dernières années. Une partie notable de cette dette cependant est d'une nature indirecte, et revient en forte proportion aux autres sciences physiques ; et cela par des gradations si imperceptibles, qu'on ne peut tracer distinctement la ligne de démarcation. En effet, ce fut là une des causes des grandes difficultés qu'on éprouva, tant pour la répartition des produits exposés dans les différentes classes, que pour la définition des classes elles-mêmes ; il a souvent été nécessaire d'adopter une classification plutôt arbitraire que purement systématique.

Ainsi, par exemple, les classes I et II, particulièrement consacrées aux matières brutes et aux produits chimiques aussi bien qu'aux procédés chimiques eux-mêmes, se mélangent, et se croisent sur des centaines de points dans le voisinage de la limite qui les sépare. L'extraction et la première purification d'articles classés comme matières brutes exigent presque toujours des procédés de nature plus ou moins chimique. On range, par exemple, les métaux parmi les matières brutes ; dans beaucoup de cas, cependant, on ne peut obtenir leur extraction du minerai que par une suite d'opérations essentiellement chimiques, qu'on aurait pu traiter d'une manière appropriée dans la classe II. En effet, on ne les a exclus de cette classe que par de simples motifs de convenance, et par la nécessité de s'arrêter quelque part.

De même, la classe III, comprenant les substances alimentaires, et la classe IV, embrassant les matières animales et végétales employées en industrie, se confondent toutes deux très-souvent avec la classe II, qui constitue la section purement chimique. Prenez la fabrication du sucre, par exemple, et voyez comme elle est intimement liée à la chimie ! Sans l'aide du chimiste, comment pourrait-on extraire le jus de la plante, purifier le liquide extrait, séparer le sucre du sirop, et mettre à profit le résidu non cristallisable? Comment ferait-on, sans l'intervention chimique, pour convertir le sucre sous ses différentes formes en divers liquides alcooliques, que nous connaissons sous les noms de vin, bière et eau-de-vie? Comment, enfin, transformerait-on l'alcool en vinaigre? Voyez encore combien sont nombreux et compliqués les procédés chimiques employés dans la fabrication du savon, des bougies, de l'huile, du gaz, en général pour la production de la lumière artificielle! Que feraient le teinturier, le blanchisseur, l'imprimeur sur calicot, s'ils n'avaient la chimie pour guide? En un mot, et pour ne pas multiplier les exemples, les articles compris dans la classe II ne représentent qu'une bien petite section de l'immense domaine de la chimie! Et cependant, toute limitée qu'est réellement la classe II, relativement à la chimie en général, elle se trouva si vaste et si étendue, qu'il devint nécessaire de la subdiviser; on réserva pour la section A les procédés et les substances chimiques proprement dits, et dans la section B, on groupa séparément les substances et les procédés se rapportant plus à la médecine et à la pharmacie.

Le rapporteur n'a donc à s'occuper que des produits et des procédés compris dans la section A de la Classe II; et quoique, jaloux de l'honneur de la chimie, il ait indiqué les limites étroites de la classe et celles plus restreintes encore de la subdivision qui lui est échue, il ne peut que se féliciter personnellement de cette restriction apportée aux obligations qui lui ont été imposées; car si, même dans des limites aussi restreintes, c'est déjà une tâche ardue, comme le sent le rapporteur, de décrire le perfectionnement des arts et des industries chimiques depuis 1851, combien plus il est difficile à une seule plume de tracer, même en rapides et larges contours le grand tableau des progrès chimico-industriels pendant cette période! En effet, il sent profondément combien l'esquisse offerte ici sera incomplète et particlle, malgré le privilége de relations prolongées avec ses confrères du jury, avec beaucoup d'exposants intelligents et très-instruits, et avec les savants distingués, anglais et étrangers, venus pour l'exposition; et dont la plupart lui ont fourni de précieux renseignements, techniques, statistiques et scientifiques sur les divers sujets traités dans ce rapport.

Un pareil rapport, quoique exprimant les appréciations résultant d'un examen fait en commun et de la discussion ultérieure des articles exposés, et représentant ainsi, jusqu'à un certain point, l'opinion collective du jury, ne saurait exclure bien des remarques fondées sur l'observation personnelle, sur des communications reçues de divers côtés, et sur des études spéciales suggérées par l'examen des produits exposés. L'auteur des chapitres qui suivent sent péniblement jusqu'à quel point chacune de ses pages réfléchira les impressions, les idées, les prédilections, et, qui en douterait? même les erreurs du rapporteur; c'est lui seul que le lecteur rendra responsable des omissions, des fausses interprétations et du traitement inégal des différents sujets, attribuant à la science collective du jury et à l'expérience d'amis nombreux et empressés l'utilité des renseignements qu'il a su puiser dans ces pages.

Le rapporteur sent vivement qu'il n'aurait pu accomplir cette tâche ardue sans l'aide de ses amis, auxquels il s'empresse d'exprimer ici sa reconnaissance. Quoiqu'il éprouve quelque difficulté à choisir les noms, là où tous ont été si généreux, il ne peut s'empêcher d'offrir ici ses remerciments les plus chaleureux à ses confrères du jury, et plus particulièrement à MM. Frankland, Gossage, Graham, Kunheim, Ménier, Piria, Schrœtter et Young, et à l'illustre président du jury, M. Balard. Il doit encore ses meilleurs remerciments à ses amis MM. F. Abel, C. Allhusen, E. Bechi, Harrison Blair, A. Bopp, B.-C. Brodie, B.-A. Condy, W. Crum, W. de La Rue, E. Forster, A. Geyger, J.-H. Gilbert, C.-E. Groves, S. Heywood, R. Hoffmann, P. W. Hofmann, D. Howard, F. Kuhlmann, J.-B. Lawes, H. M'Leod, A. Matthiessen, C.-A. Martius, H. Merle, H. Müller, R. Muspratt, W. Odling, A. Price, H.-E Roscoe, A. Scheurer-Kestner, E. Sell, J. Stenhouse, J.-C. Stevenson, E. Thomas, A. Upward, W. Valentin, F. Versmann et H. Watts, pour l'avoir aidé à recueillir et à classer les matériaux contenus dans les pages suivantes.

Tandis qu'il s'occupait de la première partie de ce travail, le rapporteur avait le plaisir de posséder sous son toit le docteur E. Kopp, de Saverne; plus tard, plusieurs chapitres furent écrits pendant qu'il était lui-même l'hôte de son vieil ami, qui avait mis à sa disposition ses connaissances étendues, aussi bien de la philosophie que des détails de la chimie industrielle.

Et enfin, mais non pas le moins cordialement, il exprime ses meilleurs remercîments à son ami, M. F.-O. Ward, qui, outre les explications précieuses sur ses propres procédés exposés, lui communiqua un choix de faits les plus intéressants et lui ouvrit des points de vue philosophiques tout nouveaux, résultats de longues et sérieuses recherches dans les différentes branches de la chimie industrielle. On trouvera réunis dans les pages suivantes tous ces renseignements, plus ou moins résumés et abrégés.

Le rapporteur s'est servi librement de la littérature chimique de l'époque. Parmi les nombreuses publications qu'il a consultées, il désire mentionner particulièrement un opuscule excessivement intéressant de son confrère du jury, M. William Gossage (1), et un rapport très-habile publié à la même occasion par les docteurs Schunck, Angus Smith et Roscoe (2), rapport rempli de renseignements précieux puisés à des sources originales, accessibles comparativement à peu de personnes. Un autre livre, que le rapporteur a trouvé d'un grand secours, est le *Rapport annuel de technologie chimique*, par Wagner (3), ouvrage qui, pour sa précision et sa richesse en faits, n'est surpassé par aucun autre, et qui devrait se trouver entre les mains de tout chimiste industriel.

Avant de terminer ce chapitre préliminaire, le rapporteur désire encore soumettre au lecteur quelques remarques sur les statistiques chimiques comparatives entre l'Exposition internationale actuelle et celle de 1851; indiquer rapidement quelques perfectionnements, qu'il croit possible d'introduire dans l'arrangement et l'établissement du catalogue d'expositions ultérieures semblables, donner un aperçu concis des opérations du jury, et conclure par une énumération succincte des sujets traités dans ce rapport suivant l'ordre de leur arrangement.

Statistiques chimiques. — Le tableau synoptique du nombre des exposants (voy. p. 24) qui ont contribué à l'exposition chimique des différents pays (ainsi que du nombre de récompenses qui leur ont été décernées) aux deux Expositions universelles, a été dressé par le docteur C.-A. Martius.

L'examen de ce tableau comparatif est plein d'intérêt et fait éprouver une satisfaction bien légitime. Le nombre des exposants n'a diminué dans aucun pays ; l'Espagne est le seul qui ait été représenté aux deux expositions par un nombre égal d'exposants ; tandis que dans toutes les autres contrées les chiffres de 1862 ont considérablement dépassé ceux de 1851. Dans le Royaume-Uni le nombre des exposants s'est élevé de 134 à 200 (une augmentation de 49 pour 100) ; en France, de 55 à 115 (une augmentation de 109 pour 100) ; dans les États allemands appartenant au Zollverein, de 35 à 136 (une augmentation de 288 pour 100) ; et, finalement, en Autriche, de 17 à 89 (correspondant à une augmentation non moindre que 423 pour 100). De pareils chiffres n'ont besoin d'aucune interprétation.

Laissant les chiffres pour nous occuper du caractère et de la qualité des objets exposés, nous constaterons un progrès manifeste dans l'exposition chimique actuelle comparée à celle de 1851. Les fabricants ont rivalisé entre eux pour la magnificence des échantillons

---

(1) *History of the soda Manufacture*, travail lu à la section chimique de l'Association britannique pour l'avancement de la science, au congrès tenu à Manchester, septembre 1861 ; par M. William Gossage, Liverpool, 1861.

(2) *On the recent progress and present Condition of Manufacturing Chemistry in the South Lancashire district;* par les docteurs Schunck, R. Angus Smith et H.-E. Roscoe, Londres 1862.

(3) *Jahresbericht über die Fortschritte und Leistungen der chemischen Technologie und technischen Chemie*, herausgegeben von Johannes Rudolf Wagner, sept volumes, 1855 à 1861.

EXPOSITION UNIVERSELLE DE 1862.									EXPOSITION universelle de 1851.			
CLASSE II.									CLASSE II.			
	SUBDIVISION A.			SUBDIVISION B.			TOTAL DES SUBDIVISIONS A et B.						
PAYS.	EXPOSANTS.	MÉDAILLES.	MENTIONS HONORABLES.	EXPOSANTS.	MÉDAILLES.	MENTIONS HONORABLES.	EXPOSANTS.	MÉDAILLES.	MENTIONS HONORABLES.	EXPOSANTS.	GRANDES MÉDAILLES.	MÉDAILLES.	MENTIONS HONORABLES.
Royaume-Uni	173	73	42	27	8	10	200	81	52	134	1	39	33
Allemagne : Autriche.............	81	26	20	8	1	4	89	27	24	17	»	5	9
Zollverein et villes hanséatiques.	120	41	39	16	10	2	136	51	41	35	»	20	10
Belgique	22	11	9	ȷ	»	»	22	11	9	8	»	2	2
Danemark......................	9	1	3	5	1	»	14	2	3	1	»	»	1
Espagne......................	13	7	1	5	»	2	18	7	3	18	»	»	1
France	105	62	18	10	6	»	115	68	18	55	2	20	9
Italie (Rome)..................	34	8	3	19	2	3	53	10	6	11	1	4	4
Pays-Bas......................	23	7	9	3	1	1	26	8	10	6	»	1	2
Portugal......................	6	3	3	18	1	»	24	4	3	»	»	»	»
Russie........................	17	7	1	3	»	»	20	7	1	3	»	2	1
Suède et Norwége..............	26	6	8	12	2	»	38	8	8	7	»	»	»
Suisse........................	4	1	»	3	»	»	7	1	»	2	»	»	»
TOTAUX..............	633	253	156	129	32	22	762	285	178	297	4	93	72

envoyés, et, ce qui mérite d'être signalé en passant, ils ont donné beaucoup plus de soins à l'arrangement et à l'ornementation de leurs vitrines. Dans beaucoup de cas en 1851, mais particulièrement cette année, on a représenté le procédé industriel, dans toutes ses phases depuis la matière brute jusqu'au produit perfectionné, sans avoir égard au soi-disant « secret industriel, » et avec une ardeur à répandre les connaissances utiles, digne de ce congrès international.

Ces louanges s'adressent aux exposants de toutes les grandes contrées manufacturières. Beaucoup d'exemples frappants distinguent les expositions chimiques d'Angleterre, de France et d'Allemagne; cependant, il faut bien l'avouer, il y a dans chaque nation beaucoup d'exposants qui se sont montrés dans les deux occasions plus soucieux d'attirer des chalands par l'étalage de leurs marchandises que d'instruire l'étudiant de la chimie appliquée, par l'exposition appropriée de leurs procédés et de leurs appareils industriels.

Les contributions du Royaume-Uni, et en particulier le splendide étalage chimique dans l'annexe orientale (très-habilement arrangé sous la direction de M. W. Quin), prouvent que les Anglais se sont non-seulement maintenus au premier rang des fabricants chimiques du monde, mais qu'ils ont encore surpassé leur supériorité, démontrée par l'Exposition universelle en 1851.

Améliorations possibles. — En un point seulement, pour lequel cependant les exposants eux-mêmes ne sont pas responsables, l'exposition chimique de 1862 n'a pas gagné autant qu'on pouvait l'anticiper d'après l'expérience acquise en 1851. Nous faisons allusion à un certain manque d'ordre et de méthode dans la disposition matérielle des produits chimiques exposés, et aux moyens insuffisants de renseignements placés à la disposition de celui qui les étudiait. Nos catalogues officiels, avec leurs chiffres consécutifs, n'ont été d'aucun secours, quant à la distribution locale des produits exposés dans le bâtiment; et quoique les produits chimiques de la Grande-Bretagne aient été concentrés pour la plupart dans l'annexe orientale, on pouvait courir pendant la moitié d'une matinée à la recherche de tel ou tel échantillon particulier. Dans le département français, les vitrines chimiques étaient classées, à fort peu d'exceptions près, d'après l'ordre du catalogue officiel; cet arrangement n'était peut-être pas le plus scientifique et le plus logique, mais il avait au moins le mérite de la simplicité, et il trahissait clairement la plus longue expérience de nos voisins dans l'art d'exposer. Dans le département allemand et dans quelques autres départements étrangers, les produits chimiques n'étaient pas même réunis par « cours, » et, dans plusieurs cas, la confusion devint pour cette raison réellement embarassante. Des échantillons, beaux en eux-mêmes, et qui auraient pu servir comme sujets d'études très-utiles, si on les avait convenablement arrangés en séries collectives, avaient perdu leur valeur pratique puisqu'ils se trouvaient disséminés parmi une foule d'autres produits. En effet, en poursuivant, dans un embarras continuel et au moyen de recherches fatigantes, ses études sur les produits chimiques allemands, le rapporteur se rappela souvent ses tourments enfantins lorsqu'il cherchait à graver dans sa mémoire les complications de la géographie politique de son cher pays natal.

Dans cette direction, un vaste champ reste ouvert à des perfectionnements importants; et il faut espérer que l'expérience acquise à l'exposition actuelle ne sera pas perdue pour celles qui suivront.

Le jury de la classe II se réunit en conférences préliminaires les 7 et 8 mai, et nomma son vice-président et son secrétaire, ainsi que les présidents, secrétaires et rapporteurs pour les deux subdivisions A et B. Leur travail régulier commença le 9 mai, et depuis ce jour jusqu'au 18 juin inclusivement, les jurés continuèrent à se réunir, pour la plupart du temps quatre fois par semaine, en conférences de classe, de sections, ou de sous-comités de sections. Le 18 juin, le jury envoya sa liste finale de récompenses et s'ajourna.

Les jurés de la classe II ont travaillé sous le poids de désavantages sérieux, résultant de la durée de temps extrêmement courte qui leur était accordée pour accomplir leurs travaux sur un champ aussi vaste. Ce temps a été relativement plus court que celui qu'on avait alloué pour le même but aux jurés de 1851.

En 1851, le jury avait deux mois pour examiner les produits de deux cents exposants et décider de leur mérite relatif. En 1861, le jury n'avait guère plus d'un mois pour faire ses études et décerner ses récompenses aux exposants, dont le nombre s'était élevé à près de huit cents.

Qu'il nous soit permis, à cette occasion, de plaider les circonstances atténuantes pour les erreurs qui, sous une pression aussi sévère, se sont glissées dans la première édition de la liste des récompenses, dont plusieurs feuilles, entre autres celles relatives à la classe II, ont dû être imprimées très-rapidement, sans attendre la révision finale du secrétaire. Dans la seconde édition et dans la liste qui accompagne ce rapport, on a soigneusement corrigé les omissions et les inexactitudes de la première; et le rapporteur garantit que la liste des récompenses pour la section A, telle qu'elle est donnée maintenant, est parfaitement exacte et fidèle.

Classification des sujets. — En classant les sujets traités dans ce rapport et en déterminant leur ordre de série, le rapporteur éprouva, quoique à un moindre degré, la difficulté sérieuse qu'on avait sentie en classant et en arrangeant les objets dans l'exposition même. Des industries, très-distinctes en théorie, s'entrelacent souvent dans la pratique. Ayant constaté par quelques essais de classification les inconvénients que présenterait le classement des produits exposés d'après les contrées qui les avaient envoyés, ou d'après la série qu'ils occupent dans le catalogue officiel; nous avons adopté comme étant la plus convenable en somme, une méthode d'arrangement mixte, basée principalement sur les affinités pratiques, mais permettant quelques déviations de la règle, pour faciliter et abréger les descriptions. Ainsi traité, le sujet s'est divisé en deux sections principales, comprenant respectivement les produits inorganiques et organiques, auxquelles a été ajouté un chapitre sur les objets d'intérêt scientifique. Chacune des deux sections principales renferme plusieurs subdivisions. En examinant les titres de ces subdivisions, le lecteur verra d'un seul coup d'œil que les différents paragraphes sont d'une importance très-inégale, les uns embrassant beaucoup, les autres peu de sujets, ceux-ci s'occupant d'industries fondamentales, ceux-là ne traitant que de leurs ramifications accessoires.

Sans doute, ces inégalités dépendent en partie du caractère des différents sujets eux-mêmes; mais il faut aussi les attribuer en partie aux circonstances d'urgente pression, sous laquelle ce rapport fut écrit.

C'est ici surtout que le rapporteur voudrait mettre sa responsabilité à couvert, en déclarant qu'on ne devra pas juger de l'importance relative qu'il attribue aux sujets ainsi traités d'après l'espace qu'il a consacré à chacun d'eux.

Dans plusieurs cas, et même pour des sujets, en eux-mêmes très-importants, il ne fait guère que citer ici la liste des récompenses accordées par le jury; la raison en est simplement qu'il ne possédait ni les données nécessaires pour un travail approfondi, ni le temps convenable pour recueillir tous les renseignements qui lui manquaient.

Dans d'autres cas, au contraire, on trouvera plus de détails, soit parce que le rapporteur, par ses études spéciales, connaissait déjà les faits, soit parce qu'on lui avait permis avec autant d'à-propos que de libéralité de puiser à des sources originales les renseignements qui lui manquaient. Quoi qu'il en soit, les limites étroites de temps et d'espace qui lui étaient accordées lui imposaient la plus grande concision; et bien que cette circonstance ait exclu du rapport beaucoup de renseignements utiles, elle a été salutaire à ce point de vue, qu'elle a fixé des limites raisonnables à un domaine presque sans bornes.

En esquissant le plan de chaque chapitre, le rapporteur, dans la limite de son pouvoir, s'est efforcé de retracer, en premier lieu, l'histoire des commencements et du développement ultérieur de l'industrie qu'il examinait; d'expliquer ensuite les principaux perfectionnements qui y furent apportés pendant la dernière décade, et, finalement, d'indiquer la condition actuelle de cette industrie, ses procédés et ses produits les plus importants, les imperfections encore existantes, et la direction dans laquelle devront travailler les inventeurs, afin d'y apporter les modifications les plus avantageuses. Ce qui constitue une difficulté essentielle dans la rédaction des rapports sur ces expositions, c'est le perfectionnement inégal des différentes branches d'industries qui sont à examiner, puisque certaines d'entre elles exigent des explications et des développements qui sont parfaitement superflus pour d'autres. En effet, le rapporteur, en portant alternativement son attention sur les exigences contradictoires de ces différentes industries, s'est demandé bien souvent s'il devait abréger ou développer davantage ses remarques et observations. Il compte sur la bienveillante indulgence de ses lecteurs, et espère qu'on voudra bien reconnaître qu'il a fait tous ses efforts pour remplir consciencieusement et fidèlement la mission qui lui avait été confiée.

Pour faciliter les recherches, voici un tableau synoptique des sujets traités dans ce rapport.

I. — *Produits inorganiques*

Acide sulfurique.
Carbonate de soude et industries qui s'y rattachent.
Acide chlorhydrique, chlore, chlorure de chaux, etc.
Hyposulfite de soude.

Composés potassiques.
    Sources organiques.
    Sources inorganiques.
    Appendice. Note de M. Kuhlmann sur l'extraction des composés potassiques et autres
        sels du salin de betterave.
Sels ammoniques et composés du cyanogène.
Composés barytiques.
Composés aluminiques.
Outremer.
Composés chromiques.
Céruse, blanc de zinc, couleurs d'antimoine.
Composés tungstiques.
Silicates alcalins solubles.
Acide borique.
Graphite.
Bisulfure de carbone.
Phosphore.
Fabrication des allumettes chimiques.
Produits minéraux divers.
Désinfectants.
Engrais.

II. — Produits organiques.

Acides organiques.
    Acide oxalique.
    Acide acétique.
    Acide tartrique.
Essences artificielles.
Dérivés colorants de matières organiques récentes et fossiles.
    Garance.
    Persio, orseille et pourpre française.
    Carthame.
    Murexide
    Couleurs dérivées du goudron de houille.
Produits solides et liquides de la distillation de la houille, du lignite, de la tourbe, etc., des-
tinés au graissage des machines et à l'éclairage.
Amidon.
Vernis.
Nouveau procédé pour la séparation des filaments animaux et végétaux des résidus textiles
mixtes.

Objets d'intérêt scientifique.

En chimie minérale.
En chimie organique.

INDUSTRIES ALLIÉES

DE L'ACIDE SULFURIQUE, DE LA SOUDE CARBONATÉE OU CAUSTIQUE, DE L'ACIDE
CHLORHYDRIQUE ET DU CHLORURE DE CHAUX.

La fabrication du carbonate de soude au moyen du sel ordinaire, d'après l'admirable procédé de Leblanc, est intimement alliée à la fabrication des acides sulfurique et chlorhydrique, et à celle de l'hypochlorite ou chlorure de chaux. En effet, il faut premièrement

transformer le chlorure de sodium en sulfate de soude, et l'addition de l'acide sulfurique nécessaire pour opérer cette transformation entraîne la mise en liberté de l'acide chlorhydrique comme produit accessoire. Ensuite, afin que ce gaz ne vicie pas l'air des environs, il faut le condenser par dissolution dans l'eau, et l'utiliser soit à l'état d'acide chlorhydrique liquide, pouvant servir à beaucoup d'usages, tels que le blanchiment du coton, la préparation du sel ammoniac, du chlorure d'étain, de l'acide carbonique; ou bien son chlore, mis en liberté par le peroxyde de manganèse et absorbé par la chaux, devra trouver son application sous forme de chlorure de chaux.

Qu'il le veuille ou non, le fabricant de soude artificielle devient également fabricant d'acides par la force des choses, et comme l'acide sulfurique est employé en grand dans d'autres industries, il produit une quantité considérable de cet acide pour la vente, en dehors de celle qu'il consomme pour son propre usage. Comme, au contraire, on demande comparativement peu d'acide chlorhydrique, il se voit obligé d'utiliser sinon le tout, au moins une portion considérable de ce produit accessoire, en le convertissant en chlorure de chaux, substance qui trouve un bien meilleur débouché.

Ces quatre fabrications, ainsi naturellement enchaînées par la logique des faits, forment un groupe qui, pris collectivement, peut être considéré comme la base principale de toute la chimie appliquée. Opérant sur le sel commun et sur le soufre, sur la houille et sur la chaux, sur le nitrate de soude et le peroxyde de manganèse, le fabricant de soude produit les matières brutes du verre et du savon, et les agents fondamentaux des changements et des transformations chimiques dans presque toutes les branches des arts et de l'industrie. Ce groupe sert de point de départ naturel à tout rapport concernant les progrès faits par la chimie appliquée, soit prise dans son ensemble, soit étudiée sous un point de vue particulier; c'est donc sur ce groupe que le rapporteur appellera d'abord l'attention du lecteur.

Les industries alliées embrassées par ce groupe sont des branches depuis longtemps en activité.

La fabrication de l'acide sulfurique sur une grande échelle date de 1746, époque à laquelle le docteur Roebuck de Birmingham construisit sa première chambre de plomb à Preston-Pans, en Écosse. La fabrication de la soude au moyen du sel commun est un peu plus récente; la découverte de ce procédé ayant été faite par Leblanc, vers la fin du siècle dernier. Les progrès que fit la fabrication de la soude à son début, et plus particulièrement dans ce pays, furent cependant extrêmement lents, et c'est en 1823 seulement, grâce surtout aux efforts de M. James Muspratt, de Liverpool, que cette branche importante de l'industrie commença à être exploitée en grand. La fabrication du chlorure de chaux fut fondée en 1799, par M. Charles Tennant, de Glascow.

On ose à peine s'attendre à ce qu'un espace de dix ans ait vu s'accomplir des perfectionnements bien remarquables dans des procédés pratiqués depuis si longtemps et si sérieusement étudiés dans la plupart des pays civilisés; et, en réalité, la fabrication de l'acide sulfurique et du carbonate de soude, dans sa base essentielle, est restée ce qu'elle était à l'époque de la première exposition. Cependant les industries en question sont loin d'être demeurées stationnaires. Indépendamment de leur énorme développement, que plusieurs données statistiques citées plus loin feront ressortir d'une manière évidente, des perfectionnements très-considérables ont été apportés aux produits fabriqués, dont le prix a beaucoup diminué sans qu'il y ait eu en même temps réduction sensible du prix des matières brutes employées; évidemment cela ne pouvait se faire sans une amélioration très-sensible dans le mode de fabrication. Dans les remarques suivantes, le rapporteur s'est appliqué à démontrer autant de faits nouveaux se rapportant à l'industrie de la soude et de l'acide sulfurique qu'il a pu en rassembler pendant que le jury s'occupait de l'examen de ces articles.

ACIDE SULFURIQUE.

Les changements qui ont eu lieu dans la fabrication de l'acide sulfurique pendant les dix dernières années sembleront de peu d'importance à première vue ; mais si l'on se rappelle que cet acide est, pour ainsi dire, la clef du plus grand nombre des autres opérations chimiques, un intérêt puissant s'attache, dans ce cas, à des progrès, qu'on aurait à peine jugés dignes de considération pour d'autres produits.

On continue à fabriquer l'acide sulfurique en convertissant le soufre en acide sulfureux aux dépens de l'oxygène atmosphérique, et en exposant l'acide ainsi obtenu à une oxydation atmosphérique ultérieure, par l'intervention de l'un des composés de l'oxygène avec l'azote. Ce procédé s'opère toujours dans les colossales chambres de plomb qui donnent une physionomie si caractéristique aux grandes fabriques de produits chimiques de nos districts manufacturiers.

Si l'ancienne méthode de fabriquer l'acide sulfurique s'est maintenue, ce n'est point par défaut de propositions faites pour y introduire des changements. Un coup d'œil jeté sur les publications périodiques des dernières années suffira pour montrer combien les efforts tentés pour remplacer les anciens procédés ont été nombreux et hardis ; rien, en effet, n'expliquera mieux l'importance de l'acide sulfurique que la longue liste des brevets pris pour perfectionnements apportés dans sa fabrication, et la variété des réactions auxquelles les inventeurs ont eu recours pour atteindre leur but. Cependant une bien faible minorité parmi ces propositions ont été adoptées, ou, si elles l'ont été, ont résisté à la pierre de touche de l'expérience. La majorité semble avoir partagé le sort des innombrables procédés analytiques suggérés annuellement, mais que personne n'emploie jamais, excepté ceux qui les imaginent, et qui ressemblent à une espèce de fantasmagorie chimique, apparaissant un instant seulement pour retomber dans l'oubli.

Un examen, même rapide, de tant de propositions, dont si peu ont laissé de trace, peut à première vue paraître ennuyeux et sans utilité ; on trouvera cependant cette étude intéressante, puisqu'elle indique clairement la direction dans laquelle cette industrie si important a besoin d'être perfectionnée.

Essais pour remplacer les chambres de plomb par des constructions plus économiques. — Le but évident du fabricant d'acide sulfurique est de produire, une quantité de soufre étant donnée, avec la plus faible dépense de capital et de main-d'œuvre possible, le maximum d'acide sulfurique. L'esprit d'invention s'est exercé dans les directions les plus variées pour atteindre ce but. On a fait de nombreux essais pour remplacer les chambres de plomb, si coûteuses, par des constructions plus économiques, ou même pour les supprimer complétement. Ce n'est pas uniquement dans le but de réduire la dépense de l'établissement des chambres, mais encore pour prévenir la présence du plomb dans l'acide sulfurique qu'on a proposé de construire des chambres en matériaux moins chers : en pierre et en grès (1), en gutta-percha vulcanisée, en ardoise et en plaques d'une matière nouvelle composée d'un mélange de 70 pour 100 de grès pulvérisé et de 30 pour 100 de soufre (2). On n'a adopté aucune de ces matières, et l'on a trouvé que la gutta-percha surtout se détériorait beaucoup plus rapidement que les plaques en plomb (3).

A ce sujet, nous mentionnerons que M. Peter Ward (4) proposa tout récemment l'insertion dans les chambres de plomb d'une série de plaques ou tables en verre, dans le but d'augmenter les surfaces et d'accélérer la réaction. Cette idée n'est pas nouvelle, les séparations

(1) M. Leyland (Edmund) et M. Deacon (Henry), brevet n⁰ 2863, 2 décembre 1853 ; *Lond. Journ.*, octobre 1854, p. 269.

(2) M. Simon (Joseph), brevet n° 1586, 4 juillet 1859 ; *Rep. of pat. inv.*, avril 1860, p. 303

(3) M. Krafft, *Répert. de chimie*, I, p. 305.

(4) M. Ward (Peter), brevet n° 1003, 23 avril 1861 ; *Rep. of pat. invent.*, mars 1862.

en verre ayant été employées en France dans les dix dernières années; elle n'est également d'aucune importance pratique, la formation de l'acide sulfurique étant indépendante d'action de surface. L'introduction de séparations en verre dans les chambres de plomb n'a jamais été adoptée d'une manière un peu générale.

Les inventeurs ont faits de nombreux efforts pour supprimer les chambres de plomb, si coûteuses, et pour les remplacer par des appareils moins chers.

Depuis la proposition faite en 1832 par M. Phillips (1) et par M. Kuhlmann (2), d'accomplir la transformation de l'acide sulfur*eux* en acide sulfur*ique*, au moyen d'oxygène atmosphérique chauffé, mis en présence de platine très-divisé, on n'a jamais perdu de vue l'idée de produire de l'huile de vitriol en se passant des chambres de plomb. Le rapport du jury de 1851 (p. 38) publie quelques détails intéressants concernant un système de jarres en grès imaginé par M. Fouché Lepelletier, et qui, à cette époque, aurait fonctionné à la fabrique bien connue de Javel, près de Paris. Dans cet établissement on aurait fait passer les vapeurs acides à travers un grand nombre de larges flacons de Woolf en grès, recouverts d'un vernis au sel qui résiste à l'influence des acides. La puissance condensatrice d'un pareil système de jarres serait, d'après la même autorité, d'un tiers plus grande que celle qu'on obtiendrait d'une seule chambre de capacité égale, tandis que la dépense première de construction serait dans la proportion de 12 à 100 à celle de l'établissement d'une chambre de plomb, et que les frais d'entretien seraient nuls. Enfin un tiers de l'importante production annuelle de 3,600,000 kilogrammes d'huile de vitriol, à la manufacture de Javel, aurait été fabriqué en 1857 par cet appareil. En présence de ces assertions le rapporteur pensa qu'il y aurait quelque intérêt à vérifier comment ces jarres avaient résisté à l'action prolongée des acides. Le résultat de ses informations ne fut guère favorable. Il est certain qu'on a actuellement cessé d'employer à Javel les jarres en grès de M. Fouché Lepelletier (3).

Parmi les efforts tentés depuis dans la même direction, les travaux de MM. Persoz, Kuhlmann, Petrie et Gossage méritent d'être signalés.

M. Persoz (4) accomplit la transformation de l'acide sulfureux en faisant passer le gaz à travers de l'acide nitrique étendu de quatre à six fois son volume d'eau et chauffé à 100 degrés, ou à travers un mélange d'acide nitrique, ou d'un nitrate avec de l'acide chlorhydrique. La réaction s'effectue dans un appareil comparativement petit et construit en matière convenable ; un agitateur facilite le contact intime des gaz et du liquide. Les gaz engendrés

(1) M. Phillips (Peregrine), brevet n° 6036, 31 mars 1831 ; *Ann. chem. pharm.*, IV, p. 171.

(2) Date du brevet de M. Kuhlmann : le 22 décembre 1858. M. Kuhlmann, pour compléter la condensation, propose de faire passer la vapeur sulfurique dans une chambre de plomb ordinaire contenant de l'eau ou de l'acide nitrique

(3) Mon ami, M. Barreswil, a eu l'obligeance d'écrire à ce sujet à M. Fourcade, le directeur actuel de l'usine de Javel. La note suivante est la réponse de M. Fourcade, que M. Barreswil m'a communiquée :

         « Usine de Javel, 24 juillet 1862.

  « Mon cher Monsieur,

 « Je n'ai jamais appris que sérieusement et industriellement on ait fabriqué l'acide sulfurique dans des « tuyaux en poterie. Si bien mastiqués qu'ils puissent être, il est difficile de croire que les joints soient satis-« faisants, étant donné que lesdits tuyaux puissent constituer un appareil, ce qu'une expérience de vingt-« sept ans m'autorise à nier.

 « Croyez-moi, je vous prie, mon cher Monsieur, votre tout dévoué   A. FOURCADE. »

  Monsieur BARRESWIL.

Les renseignements cités plus haut sont évidemment basés sur des données inexactes, le système de jarres ou bonbonnes en grès dont il était question dans le rapport de 1851 n'était qu'un appareil supplémentaire aux chambres de plomb, pour la meilleure condensation des gaz dégagés. Dans beaucoup de fabriques françaises on emploie de pareils condensateurs; dernièrement encore, le rapporteur en a vu à l'usine de M. Kuhlmann, près de Lille.

(4) Persoz, *Technologiste*, XVII, p. 401.

par la désoxydation de l'acide nitrique passent de l'appareil à réaction dans des tours à condensation dans lesquelles ils rencontrent un courant d'air ascendant et un courant d'eau
descendant, de sorte qu'on recueille de nouveau la totalité de ces gaz sous la forme d'acide
nitrique. Le procédé de M. Persoz, utilisant d'une manière logique une série de réactions bien
constatées, paraît à première vue satisfaire à toutes les demandes possibles; non-seulement
il dispense de l'emploi des chambres, mais, en théorie du moins, il fonctionne sans perte d'a-
cide nitrique et permet l'usage d'acide sulfureux d'une origine quelconque, même mélangé à
de l'acide carbonique, à de l'azote et à d'autres gaz. Néanmoins, la pratique n'a jamais adopté
ce procédé, évidemment parce qu'on n'a pas encore trouvé une matière *convenable* pouvant
résister à l'action de deux acides aussi puissants.

Même à une période antérieure, M. Kuhlmann (date de la patente anglaise de M. Kuhlmann :
11 décembre 1850), avait proposé de faire passer un mélange d'hydrogène sulfuré (obtenu
par des moyens convenables des résidus de la fabrication de la soude) et d'air à travers de
l'acide nitrique renfermé dans de petites jarres en grès, ce qui convertit directement presque
tout le soufre en acide sulfurique. La pratique, cependant, n'a pas sanctionné ce procédé.

La même remarque s'applique au système de colonnes en grès remplies de cailloux, imaginé par M. Petrie (1), et dans lesquelles on fait arriver des courants d'acide nitrique d'un
côté, d'acide sulfureux et d'air de l'autre, dont les quantités, par une disposition particulière de l'appareil, sont réglées de manière à éviter presque complétement la perte d'acide
nitrique.

M. Gossage, dont nous citerons fréquemment les importants travaux industriels dans les
pages suivantes, a également porté son attention sur la production de l'acide sulfurique.
Quelques-uns des procédés qu'il a imaginés ont une tendance, sinon à abandonner, en tout
cas à diminuer l'emploi des chambres. On sait que M. Gossage a cherché à recouvrer le soufre
des marcs de soude sous forme d'hydrogène sulfuré, en décomposant le sulfure de calcium
de ces résidus au moyen de l'acide carbonique impur obtenu par la combustion de la houille.
L'hydrogène sulfuré ainsi obtenu est mélangé de tant d'azote et d'autres gaz qu'il ne peut
plus servir à la production d'acide sulfureux utilisable dans les chambres. M. Gossage (2) a
cherché à surmonter cette difficulté en brûlant l'hydrogène sulfuré de ce mélange gazeux,
au moyen de l'air atmosphérique, et en obligeant les produits de la combustion, préalablement bien refroidis, à s'élever dans une colonne ou tour, contenant de petits fragments de
coke humecté par un courant continu d'eau froide. A mesure que les gaz montent entre les
interstices des parcelles de coke, l'acide sulfureux est absorbé par l'eau, et l'on obtient une
solution froide et saturée. Cette solution, qu'on laisse filtrer de haut en bas par une autre
tour remplie de coke et à travers laquelle on fait passer un courant d'air atmosphérique
chaud, s'échauffe et met en liberté de l'acide sulfureux pur qui, se mélangeant avec l'air
ascendant, se convertit en grande partie en acide sulfurique. Les gaz restants sont dirigés
avec du gaz nitreux dans une chambre de plomb où l'acide sulfureux est transformé en acide
sulfurique par la méthode ordinaire. Néanmoins, le rapporteur tient de M. Gossage lui-même
que ce procédé, quelque beau qu'il soit en théorie, ne réussit pas dans la pratique.

Si le procédé de M. Gossage avait eu du succès, il aurait beaucoup diminué la consommation d'acide nitrique, une notable portion d'acide sulfureux s'oxydant, dans son procédé,
directement par l'oxygène de l'air. Ce point de vue nous conduit naturellement à l'examen
d'une autre classe de perfectionnements sur lesquels s'est portée l'attention des inventeurs.
M. Petrie (3) s'est efforcé d'atteindre ce but, c'est-à-dire la consommation moindre d'acide
nitrique, en faisant passer un mélange de gaz acide sulfureux et d'air chauffé à 300 degrés à

(1) M. Petrie (William), brevet n° 1985, 16 août 1860; *Génie industr.*, 1861, II, p. 128.
(2) M. Gossage (William), brevet n° 2336, 19 octobre 1858; *Rep. of pat. inv.*, juin 1858, 458.
(3) M. Petrie, *Lond. Journ.*, février 1855, p. 81.

travers de l'eau très-divisée, qui descend en s'éparpillant sur des cailloux renfermés dans des cylindres en grès ou en fer émaillé ; tandis que MM. Schmersahl et Bouck (1) font passer un mélange d'acide sulfureux, d'air et de vapeur d'eau par des tubes horizontaux en terre cuite ou en fonte, remplis d'amianthe, de pierre ponce ou d'autres substances poreuses, et chauffés dans un four et ensuite condensent, dans des appareils appropriés, les vapeurs d'acide sulfurique formées. En 1852 déjà, M. le professeur Wœhler (2) avait attiré l'attention sur la facilité extraordinaire avec laquelle l'oxyde de cuivre, le sesquioxyde de fer ou le sesquioxyde de chrome, portés au rouge sombre, transforment un mélange d'acide sulfureux et d'oxygène en acide sulfurique, et exprimé l'espoir que cette indication pourrait être utilisée en pratique. La proposition de M. Wœhler a été depuis mise à l'épreuve en grand dans la fabrique d'Oker (3 ; mais les résultats obtenus n'ont guère été satisfaisants.

Essais de produire l'acide sulfurique sans l'emploi d'acide nitrique ou de ses dérivés. — Les propositions faites pour remplacer l'emploi des oxydes d'azote par d'autres agents n'ont pas obtenu plus de succès. L'immense production d'acide chlorhydrique dans la première phase de la fabrication du carbonate de soude, et la difficulté de trouver assez d'applications pour cet acide, ont suggéré l'idée de l'utiliser sous la forme de chlore dans la fabrication de l'acide sulfurique. On sait qu'en présence du chlore et de l'eau, l'acide sulfureux est rapidement converti en acide sulfurique,

$$H^2SO^3 + H^2O + 2Cl = H^2SO^4 + 2HCl \ (4).$$

Cette réaction sert de base à la méthode proposée par M. W. Hæhner (5) pour la fabrication de l'acide sulfurique. Dans les opérations bien dirigées, il ne devrait se dégager ni acide sulfureux ni chlore. L'acide sulfurique ainsi produit contient son équivalent d'acide chlorhydrique, dont on peut le séparer par distillation ; ou bien, sans les séparer préalablement, on peut employer le mélange de ces deux acides pour la fabrication du sulfate de soude. Le rapporteur ignore si jamais ce procédé a été exploité en grand. L'importance qu'il pourrait peut-être posséder dépend évidemment du prix relatif du minerai de manganèse nécessaire à la production du chlore, et du nitrate de soude comme source d'acide nitrique ; aussi bien que de la valeur des produits accessoires, qui, pour le chlorure de manganèse, est, sinon *nulle*, au moins très-minime ; il n'en est pas de même pour le sel de soude, qui, obtenu sous la forme de sulfate, se vend facilement.

On peut constater comme résultat général de l'expérience, que jusqu'à ce jour les fabricants n'ont pu produire de l'acide sulfurique en grand sans recourir à l'acide nitrique ou à ses dérivés. Mais la manière d'utiliser le pouvoir oxydant de ces agents varie considérablement. Dans la plupart des fabriques, les vapeurs acides dégagées des nitrates alcalins au moyen de l'acide sulfurique sont introduites directement dans les chambres ; dans d'autres on emploie de l'acide nitrique liquide obtenu préalablement par distillation. Pendant quelque temps, on trouvait convenable de désoxyder l'acide nitrique au moyen des mélasses, qui fournissaient ainsi de l'acide oxalique comme produit secondaire ; mais cette pratique paraît avoir cessé complétement. Feu M. C. Tennant Dunlop, petit-fils de M. C. Tennant, inventa une modification particulière des procédés ordinaires pour obtenir l'acide nitreux ; cette méthode est employée avec succès dans le célèbre établissement de M. C. Tennant et Comp., à Glasgow. Au lieu de traiter le nitrate de soude seul par l'acide sulfurique et d'utiliser l'acide nitrique ainsi obtenu, ils décomposent un mélange de nitrate et de chlorure sodiques, produisant

(1) MM. Schmersahl (A.-E.) et Bouck (T.-A.), brevet n° 183, janvier 1855 ; *Lond. Journ.*, février 1855, p. 51.
(2) M. Wœhler, *Ann. chem. pharm.*, LXXXI, 255.
(3) *Wagner's Jahresbericht*, IV, 1859, 144.
(4) Les équivalents adoptés dans ce rapport sont :
      $H=1$; $Cl=35.5$; $O\ 16$; $S=32$; $N=14$; $C=12$; $Si=28$; $Sn=118$ etc.
(5) M. Hæhner (William), brevet n° 717, 28 mars 1854 ; *Rep. of pat. inv.*, décembre 1854, p. 503.

ainsi, outre le sulfate de soude, du gaz chlore et de l'acide nitreux ; on sépare ces gaz en les faisant passer à travers l'acide sulfurique concentré (dont la densité ne doit pas être au-dessous de 1.75) ; l'acide nitreux est absorbé et le chlore est utilisé pour la production du chlorure de chaux. On fait ensuite couler la solution sulfurique d'acide nitreux dans les chambres, où, au moyen d'appareils appropriés, elle est mise en contact avec l'eau, qui dégage l'acide nitreux. Les produits de l'action de l'acide sulfurique sur un mélange de nitrate de soude et de chlorure de sodium varient jusqu'à un certain point, selon la concentration de l'acide et la température à laquelle s'effectue la réaction, le produit principal, outre le sulfate de soude et le chlore, étant probablement l'acide nitreux.

$$2\,NaNO^3 + 4\,NaCl + 6\,H^2SO^4 = 6\,NaHSO^4 + 4\,Cl + 3\,H^2O + N^2O^5.$$

Dans l'établissement de MM. Tennant et Comp., on emploie le procédé bien connu de Gay-Lussac pour séparer par absorption l'acide nitreux des gaz qui s'échappent des chambres. Le procédé de M. Dunlop n'est employé que pour fournir une quantité d'acide nitreux égale à la perte qu'on éprouve toujours, malgré l'emploi du procédé de Gay-Lussac. On voit par là que MM. Tennant effectuent leur immense production d'acide sulfurique sans consommer expressément du nitrate de soude pour obtenir de l'acide nitreux qui sert à l'oxydation de l'acide sulfureux.

Dans tous les procédés passés en revue jusqu'à présent, nous avons supposé que l'acide sulfureux dérive de la combustion du soufre par l'oxygène atmosphérique. Mais on peut obtenir l'acide sulfureux par d'autres moyens ; on peut le produire par l'oxydation de beaucoup de sulfures métalliques natifs, sulfure de fer (pyrites ferrugineuses), sulfure de cuivre (pyrites cuivreuses), ou par la décomposition, sous l'influence d'agents appropriés, de quelques-uns des sulfates métalliques natifs, le sulfate de chaux (gypse), ou sulfate de baryte (spath pesant). La production de l'acide sulfureux par les pyrites, qui, disons-le tout de suite, est le perfectionnement moderne le plus saillant apporté à la fabrication de l'acide sulfurique, attirera tout à l'heure notre attention ; et nous nous bornerons donc ici à faire une allusion rapide aux différentes réactions au moyen desquelles les chimistes ont cherché à utiliser les immenses quantités d'acide sulfurique, thésaurisées par la nature sous la forme de sulfates. Lorsqu'on calcine le sulfate de chaux (gypse, anhydrite) ou le sulfate de baryte avec du sable, du quartz ou de l'argile, ils fournissent des silicates plus ou moins fusibles, l'acide sulfurique anhydre se dégageant sous la forme d'acide sulfureux et d'oxygène qu'on peut introduire directement dans les chambres (Frémy) (1). Au premier coup d'œil ce procédé paraît promettre beaucoup, les matériaux nécessaires étant à bon marché et abondants ; il fournit non-seulement l'acide sulfureux, mais encore l'oxygène requis ; ce dernier étant produit exactement dans les proportions nécessaires pour convertir le premier en acide sulfurique. L'immense masse d'azote inutile mélangé à l'oxygène dans l'air ordinaire est ainsi exclue ; et il s'ensuit une réduction proportionnelle de la capacité des chambres. Malheureusement la décomposition

$$Ca^2SO^4 + SiO^2 = Ca^2SiO^3 + SO^2 + O$$

ne s'accomplit qu'avec la plus grande difficulté et aux températures les plus élevées. Pour faciliter la décomposition du gypse, on a proposé l'emploi de l'acide chlorhydrique (Cary-Mantrand) (2) :

$$Ca^2SO^4 + 2\,HCl = 2\,CaCl + H^2O + SO^2 + O,$$

mais ce procédé a également rencontré dans la pratique des difficultés jusqu'ici insurmontables ; car non-seulement il est nécessaire d'obtenir l'acide chlorhydrique à l'état anhydre, mais la réaction est susceptible d'être interrompue par le chlorure de calcium formé, qui, en fondant, protége le gypse non encore attaqué. Toute aussi malheureuse fut la proposition

(1) Barreswil et Aimé Girard, *Dictionnaire de chim. industr.*, I, 37.
(2) Barreswil et Aimé Girard, *Dictionnaire de chim. industr*, I, 37.

de réduire, au moyen de la houille, le sulfate de chaux en sulfure, de décomposer ce dernier par l'acide carbonique, et de convertir en acide sulfureux, par combustion, l'hydrogène sulfuré ainsi dégagé (Kœhsel) (1). Cette proposition n'est même pas nouvelle, puisque l'emploi de l'acide carbonique pour décomposer le sulfure de calcium, — qu'il soit contenu dans les marcs de soude ou qu'on le prépare spécialement au moyen du sulfate par réduction, — et la combustion de l'hydrogène sulfuré ainsi dégagé furent imaginés et brevetés déjà en 1838 par M. Gossage, qui employait l'acide carbonique, obtenu pendant la réduction du gypse, à décomposer le sulfure de calcium produit par l'opération précédente.

Le peu de succès qu'eurent toutes ces tentatives dût naturellement guider le génie de l'invention dans des voies nouvelles. Il parut utile d'essayer la substitution de l'hydrogène aux métaux dans les sulfates métalliques; en d'autres termes, de viser à l'élimination directe de l'acide sulfurique de ces composés. Si ce problème non plus n'a pas encore été résolu d'une manière satisfaisante, ce n'est certes pas faute de tentatives pour le résoudre. Un des premiers efforts tentés dans ce but paraît avoir été celui de M. de Seckendorff (2), et de M. Shanks (3). Ce procédé consiste à décomposer du gypse très-divisé en présence de beaucoup d'eau, par du chlorure de plomb, réaction qui donnerait naissance à du chlorure de calcium et à du sulfate de plomb.

$$Ca^2SO^4 + 2PbCl = 2CaCl + Pb^2SO^4.$$

On traite ce dernier par de l'acide chlorhydrique; l'acide sulfurique est mis en liberté avec reproduction de chlorure de plomb,

$$Pb^2SO^4 + 2HCl = H^2SO^4 + 2PbCl,$$

qui est capable de décomposer une seconde quantité de gypse. Ce procédé lie entre elles certainement d'une manière très-ingénieuse une belle série de réactions, utilisant en même temps un produit (l'acide chlorhydrique) qui, généralement, embarrasse beaucoup les fabricants de soude. Pendant quelque temps on l'exploita sur une assez grande échelle; mais les opérations sont trop compliquées, et la difficulté d'obténir un acide exempt de plomb, est presque insurmontable. Le procédé est donc tombé en désuétude. Nous mentionnerons encore rapidement une suite de réactions d'un ordre à peu près semblable, mais dont le succès est encore beaucoup plus problématique. Le phosphate de plomb, lorsqu'il est décomposé par l'acide chlorhydrique, fournit du chlorure de plomb et de l'acide phosphorique libre ; ce dernier agissant au rouge sur le sulfate de chaux, chasse l'acide sulfurique qui est condensé, tandis que le phosphate de chaux produit simultanément, lorsqu'on le soumet en présence de l'eau, à l'action du chlorure de plomb précédemment obtenu, fournit de nouveau le phosphate de plomb, qui a été le point de départ de la série des réactions (Margueritte) (4). On s'est même efforcé de transformer le procédé ordinaire de laboratoire pour la séparation des acides de leurs sels de plomb en procédé industriel. Le sulfate de plomb, soumis à l'action de l'hyddrogène sulfuré, est facilement converti en sulfure de plomb, avec mise en liberté d'acide sulfurique (Keller) (5) Il est clair que ce procédé suppose une méthode spéciale de préparation de l'hydrogène sulfuré, que l'inventeur propose de produire en exposant au rouge un mélange de gypse et de houille à l'action de la vapeur d'eau, en traitant d'une manière semblable un mélange de spath pesant, de houille et de sable; ou en exposant les marcs de soude à l'action simultanée de la vapeur d'eau et de l'acide carbonique. Ces procédés ne sont évidemment point industriels.

Substitution des pyrites ferrugineuses au soufre de Sicile. — Dans les pages précédentes, nous

(1) Kœhsel, *Wagner's Jahresbericht*, II, 1856, p. 57.
(2) Seckendorff (Robert von), brevet n° 2663, 18 décembre 1854.
(3) Shanks (James), brevet n° 2101, 9 octobre 1854 ; *Rep. of pat. inv.*, 1855, p. 537.
(4) Margueritte (L.-T.-F.), brevet n° 2700, 22 décembre 1854 ; *Lond. Journ.*, octobre 1835, p. 197.
(5) M. Keller, *Génie industr.*, août 1859, p. 110.

venons d'esquisser rapidement quelques-unes des plus ingénieuses parmi les nombreuses méthodes proposées pendant les dix dernières années, dans le but de simplifier, de faciliter et de rendre plus économique la préparation de l'acide sulfurique ; toutes sont intéressantes au point de vue théorique, et quelques-unes pourraient être utilisées en certaines localités et dans certaines conditions particulières ; il nous reste à examiner plus en détail la modification fondamentale qu'a subie la fabrication de l'acide sulfurique pendant cette période.

Nous y avons déjà fait allusion ; on peut la désigner en une seule phrase : « la substitution des pyrites ferrugineuses au soufre employé autrefois ; » tous les autres changements apportés aux appareils ou au mode d'opération ne sont simplement que les conséquences résultant de l'usage du soufre combiné, en place du soufre libre.

Il y a à peine vingt ans, la presque totalité de l'acide sulfurique se fabriquait au moyen du soufre natif, tiré à peu près exclusivement de la Sicile ; actuellement une fraction comparativement petite de la production totale s'obtient encore par le soufre de Sicile ; mais on produit les neuf-dixièmes de l'acide sulfurique, et peut-être même plus, au moyen des pyrites ferrugineuses qu'on trouve en abondance dans presque tous les pays. D'après l'opinion générale l'idée première de tirer du fer sulfuré le soufre nécessaire à la fabrication de l'acide sulfurique serait due à la politique étroite, qui, en 1838, porta le gouvernement napolitain, à entraver l'exportation du soufre de Sicile. Mais, en réalité, l'application indirecte des pyrites ferrugineuses à la production de l'acide sulfurique est beaucoup plus ancienne. Depuis la dernière partie du siècle passé jusqu'à nos jours, on a toujours employé ces minerais comme source du soufre même. Dans plusieurs pays d'Allemagne, dans le district du Hartz, en Prusse (Casselerfeld), en Bohême (Altsattel), en Croatie (Radoboj), on obtient au moyen des pyrites ferrugineuses des quantités appréciables de soufre ; même en Irlande, à une certaine époque, on se servit du fer sulfuré pour en extraire industriellement le soufre ; on le fit surtout pendant les guerres avec la France, lorsque le prix du soufre s'élevait à 20 et même à 30 liv. st. la tonne.

On emploie différents procédés pour extraire le soufre. Dans certains cas on introduit les pyrites dans des tubes coniques (tubes à soufre) ayant une ouverture à chaque extrémité. et placés dans une position inclinée à travers le four, qu'on chauffe sitôt qu'on a bouché l'ouverture supérieure plus large ; le soufre à l'état de vapeur se dégage par l'ouverture inférieure plus étroite et se condense dans des récipients en fer. Ou bien, l'on amoncèle les minerais en couches épaisses. qu'on allume à la partie inférieure, un courant modéré d'air étant ménagé par le bas. La chaleur, qui se dégage pendant la combustion des couches inférieures, suffit pour chasser le soufre des couches supérieures. Néanmoins, la production du soufre par les pyrites, comparée à ce qui est fourni par la Sicile, est insignifiante ; la quantité totale obtenue en Prusse pendant l'année 1858 n'a pas dépassé 500 tonnes (1).

Mais depuis longtemps, l'on a employé les pyrites ferrugineuses à la production directe de l'acide sulfurique. Le minerai grillé, duquel on a dégagé une partie du soufre, est employé dans la fabrication du vitriol vert (sulfate de fer), sel dont on se sert depuis des siècles pour préparer l'acide sulfurique fumant (acide de Nordhausen). En outre, on s'est longtemps procuré l'acide sulfureux, exigé pour l'alimentation des chambres de plomb des usines de Fahlun en Suède, en faisant griller les pyrites ferrugineuses si abondantes dans cette partie de la Suède. En France, l'idée d'employer le fer sulfuré comme source de soufre, paraît avoir émané de Clément Desormes, qui fit beaucoup d'expériences dans ce but. Il échoua, cependant, parce qu'il chercha à augmenter la combustibilité des pyrites par l'addition de houille, produisant de cette manière des quantités considérables d'acide carbonique mélangées à l'acide sulfureux et réagissant d'une manière fâcheuse sur le fonctionnement des chambres. En France, MM. Perret et fils, de Chessy, furent les premiers qui employèrent

(1) *Wagner's Jahresbericht*, V, 1859, 136.

avec succès les pyrites ferrugineuses; ils furent amenés à adopter cette méthode par la nécessité de condenser l'acide sulfureux dégagé dans la désulfurisation d'un minéral dont ils extrayaient le cuivre; ils étudièrent avec le plus grand soin les conditions nécessaires pour la combustion convenable de ce minerai, et c'est à eux que revient l'honneur d'avoir surmonté les difficultés que présentait la solution de ce problème. En 1833 déjà, ces fabricants brûlèrent avec succès des pyrites ferrugineuses, et dans un brevet daté du 20 novembre 1835, ils décrivent leur manière de procéder (1). En 1837, Wehrle et Braun (2, en Bohême, employèrent le fer sulfuré pour produire de l'acide sulfureux; mais ce ne fut qu'en 1838 qu'on commença, en Angleterre, à fabriquer en grand l'acide sulfurique au moyen des pyrites ferrugineuses. Dans cette année, le feu roi de Naples accorda à MM. Taix et Comp., de Marseille, le monopole du commerce du soufre de Sicile, ce qui en fit hausser le prix jusqu'à 14 liv. st. la tonne, tandis qu'auparavant sa valeur commerciale n'était que de 5 liv. st. (3). On aurait pu prévoir les résultats d'une pareille mesure : il devenait absolument nécessaire de découvrir les moyens de se passer du soufre de Sicile; et en moins d'une année, après l'établissement de ce monopole absurde, on avait pris jusqu'à quinze patentes en Angleterre pour des méthodes convenables d'obtenir au moyen des pyrites la quantité d'acide sulfureux nécessaire pour les chambres de plomb. D'après les documents fournis au jury mixte de l'Exposition universelle de 1855, il paraîtrait que M. Thomas Farmer fut le premier en Angleterre qui, en 1839, employa les pyrites ferrugineuses à la fabrication de l'acide sulfurique; mais d'après les renseignements fournis par M. James Muspratt, nous sommes portés à croire qu'on avait brûlé les pyrites dans les fabriques anglaises à une époque bien antérieure.

Le monopole du soufre n'eut qu'une existence éphémère. A la suite de négociations diplomatiques, cette mesure maladroite du gouvernement napolitain fut retirée; mais l'esprit d'indépendance s'était réveillé, et l'emploi des pyrites ferrugineuses est allé toujours en augmentant depuis cette époque, si bien que, dans les dernières années, il a amené un changement complet dans les sources de soufre exploitées par le fabricant d'acide sulfurique.

Presque généralement le fer sulfuré se trouve mélangé à de petites quantités de substances étrangères susceptibles d'altérer la pureté de l'acide sulfurique. Le chimiste se rappellera immédiatement que nous devons la découverte du sélénium à l'emploi des pyrites dans la fabrique d'acide sulfurique à Fahlun; ce corps, qu'on a bien de la peine à constater dans les pyrites mêmes, peut être facilement découvert lorsqu'il s'accumule par la combustion de ces minerais dans la boue des chambres de plomb. De nos jours, nous avons été témoins d'une découverte semblable dans le dépôt d'une chambre d'acide sulfurique : nous voulons parler de la découverte du thallium par M. Crookes (Voyez le chapitre sur les objets d'intérêt scientifique), que nous signalerons dans un autre paragraphe de ce rapport. Mais le sélénium et le thallium sont des corps étrangers comparativement inoffensifs, tandis que, malheureusement, les pyrites ferrugineuses contiennent en outre presque invariablement des composés arsenicaux; et si l'usage du fer sulfuré n'est pas encore devenu universel, il faut l'attribuer principalement à la présence de ces substances dangereuses. L'arsenic est dégagé pendant la combustion sous la forme d'acide arsénieux, qui passe dans les chambres de plomb et y souille l'acide sulfurique. Lorsqu'on utilise cet acide pour la production de la soude (ce qui constitue sa consommation la plus considérable), l'arsenic est de nouveau éliminé dans les phases ultérieures de la fabrication. C'est pour cette raison qu'on produit maintenant au moyen des pyrites ferrugineuses presque tout l'acide sulfurique employé par les fabricants de soude.

Mais il existe aussi beaucoup d'applications de l'acide sulfurique dans lesquelles la pré-

(1) *Exposition universelle de 1855. — Rapport du jury mixte international*, I, p. 468.
(2) Graham-Otto's, *Lehrbuch der Chemie*, 3 Aufl. II, p. 262.
(3) Gossage, *History of the Soda Manufacture*.

sence de l'arsenic ne peut être tolérée. Ainsi, par exemple, dans le procédé d'étamage du fer, le métal, avant d'être plongé dans le bain d'étain, doit être décapé avec de l'acide sulfurique étendu ; si cet acide contient la plus petite quantité d'arsenic, ce dernier se dépose çà et là sur le fer, et l'étain n'adhère pas aux endroits recouverts d'arsenic. (M. Gossage). En outre, l'acide sulfurique dont on se sert pour la production de composés employés en pharmacie (acide citrique ou tartrique), ou dans l'économie domestique (acide acétique), ne doit point contenir d'arsenic. Ce poison est susceptible de s'infiltrer dans les substances où l'on s'attend le moins à le rencontrer. Beaucoup de personnes se rappelleront, sans doute, le cas remarquable qui attira l'attention générale il y a quelques années. On réussit de suivre pas à pas des traces d'arsenic trouvées dans du pain et à remonter ainsi jusqu'aux pyrites ferrugineuses. Le pain était ce qu'on appelle du pain non fermenté ; on avait fait lever la pâte au moyen de carbonate de soude et d'acide chlorhydrique. On constata la présence de l'arsenic dans l'acide chlorhydrique, et l'on démontra que cet acide avait été préparé en traitant du sel ordinaire par l'acide sulfurique obtenu au moyen de pyrites ferrugineuses arsénifères.

Purification de l'acide sulfurique. — Plusieurs fabricants ont cherché à purifier l'acide sulfurique. Par l'ébullition de l'acide avec du sel de cuisine l'arsenic se dégage sous forme de trichlorure d'arsenic. A Chessy on a employé du sulfure de baryum pour atteindre ce but ; dans les fabriques du Hartz, comme aussi dans l'établissement de MM. *Wagenmann* et *Seybel* près de *Vienne* (*Autriche*, 166), dont le jury a pu examiner les produits dans le département autrichien, on emploie l'hydrogène sulfuré pour précipiter l'arsenic sous forme de sulfide arsénieux ; ce procédé possède en outre l'avantage de débarrasser l'acide sulfurique des oxydes d'azote, dont la présence est si fréquente, et en même temps si préjudiciable à la préparation de l'indigo pour la teinture. La méthode de purification par l'hydrogène sulfuré fut brevetée en Angleterre par M. Hunt.

Une méthode très-simple pour séparer l'arsenic, sinon tout à fait, au moins presque entièrement, fut proposée par M. Kuhlmann, manufacturier éminent, dont l'influence sur le développement et les progrès de la chimie appliquée se fait sentir dans tant de branches de l'industrie. Cette méthode, fonctionnant dans toutes ses usines, consiste à faire passer l'acide sulfureux produit par la combustion des pyrites ferrugineuses dans une petite chambre de plomb particulière (d'environ 50 mètres cubes pour une batterie de chambres dont la capacité est de 1,500 mètres cubes) qui communique avec le carneau du four à pyrites au moyen d'un large tuyau en plomb. Afin de prévenir l'affaissement de ce tuyau, il est pourvu d'une série de cerceaus en fer, recouverts de plomb, et fixés de distance en distance dans l'intérieur du tuyau. De cette manière, les vapeurs s'élevant du four se trouvent considérablement refroidies avant d'arriver à la grande chambre, condition qui facilite beaucoup la condensation ultérieure de l'acide sulfurique ; mais, en outre, cette petite chambre reçoit, conjointement avec l'acide sulfurique formé directement, presque tout l'acide arsénieux qui est engendré pendant la combustion des pyrites. Cet acide arsénieux se dépose dans le tuyau et dans la chambre, en même temps que du peroxyde de fer (1), du sélénium et du thallium.

Les fabricants anglais s'efforcent d'atteindre le même but par l'insertion de longs tuyaux en plomb entre les fours à combustion du soufre et les chambres, mais le résultat paraît être moins parfait. En effet, ce fut grâce à l'arrangement particulier des chambres d'acide sulfurique de M. Kuhlmann, que M. Lamy (voyez le chapitre sur les objets d'intérêt scienti-

---

(1) L'acide sulfurique préparé au moyen des pyrites ferrugineuses contient *invariablement* des quantités appréciables de fer. Celui-ci est entraîné sous forme d'oxyde par les vapeurs s'élevant des fours à combustion. L'acide sulfurique monohydraté ne dissous qu'une quantité très-limitée de fer ; pendant l'évaporation de l'acide des chambres, l'excès du fer se dépose dans les alambics en platine sous la forme de petitits cristaux rosés de sulfate ferrique anhydre. La quantité totale de sulfate de fer soluble dans l'acide sulfurique monohydraté ne dépasse pas quelques millièmes du poids de cet acide (M. Scheurer-Kestner).

fique) put préparer le bel échantillon de thallium qu'il a envoyé à l'Exposition, et que
M. Fréd. Kuhlmann fils put obtenir de jolis échantillons de sélénium. L'acide sulfurique, qu'on
recueille dans la petite chambre, est traité séparément, et employé exclusivement pour la production du sulfate de soude. La disposition des chambres de M. Kuhlmann paraît offrir encore
un autre avantage. Beaucoup de fabricants d'acide sulfurique se plaignent de ce que l'emploi des pyrites ferrugineuses détériore les chambres de plomb ; les chambres alimentées
avec l'acide sulfureux arsenical des pyrites ferrugineuses ne résistent, dit-on, que le tiers
du temps, que durent les chambres approvisionnées d'acide sulfureux résultant de la combustion du soufre. M. Kuhlmann a donné au rapporteur l'assurance qu'avec son mode de
combustion il n'observe aucune différence, quand à la durée de ses chambres.

Cependant toutes les méthodes imaginées pour obtenir, au moyen des pyrites ferrugineuses, de l'acide sulfurique exempt d'arsenic paraissant offrir quelques difficultés ; en tout
cas, on emploie toujours le soufre de Sicile pour fabriquer la grande masse d'acide sulfurique qu'on exige pure d'arsenic.

En songeant à l'énorme consommation de soufre tiré des pyrites ferrugineuses dans des
procédés pour lesquels on employait autrefois presque exclusivement du soufre natif, nous
nous demandons naturellement à quel point cette innovation a pu affecter le commerce du
soufre de Sicile ? En examinant cependant, les statistiques sur l'exportation du soufre de
Sicile, nous voyons que le commerce de soufre de ce pays n'est nullement tombé, quoiqu'il
ne se soit probablement pas développé comme il l'aurait fait, sans la mesure nuisible, dont
nous avons parlé plus haut, et sans la réaction industrielle qu'elle provoqua. De 1853 en 1860
inclusivement, on exporta de Sicile les quantités suivantes de soufre :

1853	97,268 tonnes.
1854	111,993 —
1855	101,393 —
1856	121,550 —
1857	125,987 —
1858	163,629 —
1859	152,487 —
1860	137,745 —

Ces nombres prouvent que l'exportation a été soumise à des fluctuations jusqu'à un certain degré, mais qu'elle est loin de diminuer. En effet, une forte augmentation a eu lieu de
1853 à 1860, la quantité exportée n'ayant été, en 1853, que de 97,268 tonnes, tandis qu'en
1860 elle fut de 137,745 tonnes. Cette augmentation dans la quantité de soufre exporté de
Sicile, malgré la substitution du soufre des pyrites au soufre natif, peut en partie être attribuée à la grande consommation de poudre à canon pour le service militaire. Elle le doit être
encore au développement rapide de l'industrie des mines et des chemins de fer, provoquant
une grande augmentation dans la consommation de la poudre de mine. Mais il faut, sans
doute, encore l'attribuer pour une notable partie aux énormes quantités de soufre employées
pour la destruction de l'*oïdium Tuckeri* dans la maladie de la vigne, qui, pendant les dernières années, a dévasté les vignobles du sud de l'Europe. Par la réunion de cette variété de
causes, la quantité totale de soufre employée s'est beaucoup accrue, et son prix a considérablement haussé.

Ce fut en effet cette hausse énorme, plus peut-être que toute autre cause, qui amena les
fabricants d'acide sulfurique à adopter presque universellement les pyrites ferrugineuses.
En 1858 les fabriques de produits chimiques de Saint-Gobain et les usines de Marseille
n'avaient pas cessé de brûler du soufre. Mais depuis ce temps le prix du soufre (qui, d'après
M. Scheurer-Kestner, s'est élevé en Alsace de 15 francs en 1857, à 24 francs en 1860), a haussé
d'une manière si sensible que les fabricants mêmes, qui éprouvaient le plus de répugnance
à modifier leur mode de fabrication, n'ont pu résister plus longtemps. Il est cependant hors

de doute que si l'on n'appliquait plus le soufre à la viticulture, ou si le perfectionnement des moyens de transport en Sicile amenait une baisse de prix considérable, etc., beaucoup de fabricants auraient recours de nouveau au soufre natif pour la production d'une partie au moins de leur acide sulfurique (1).

Mode de combustion du soufre. — Quelle que soit la source d'où l'on tire l'acide sulfureux nécessaire à la production de l'acide sulfurique, que ce soit par la combustion du soufre natif ou par celle du soufre contenu dans les pyrites ferrugineuses, dans toute circonstance le fabricant doit éviter avec le plus grand soin l'introduction dans les chambres d'une quantité d'air plus considérable que celle exigée pour l'oxydation de l'acide sulfureux. Car l'excès d'air occasionne des pertes tant d'acide nitreux que d'acide sulfureux; leur diffusion dans un volume de gaz surabondant met obstacle à leur réaction mutuelle, et ils se trouvent entraînés par le courant avant que l'oxydation du gaz sulfureux par les vapeurs nitreuses ait pu devenir complète.

Dans de pareilles circonstances, le fabricant n'a qu'à augmenter le volume de sa chambre ou à diminuer la quantité de soufre qu'il brûle, afin que son acide sulfureux puisse rester plus longtemps dans la chambre.

De nombreux procédés et des dispositions variées ont été proposés pour régler la quantité d'air admise dans les chambres. Théoriquement, on ne devrait pas laisser pénétrer dans le four à combustion plus d'air qu'il n'en faut pour fournir trois équivalents d'oxygène à chaque équivalent de soufre brûlé, deux pour sa transformation en acide sulfureux, et le troisième pour la conversion de ce dernier en acide sulfurique. Il est possible qu'on n'atteigne jamais cette limite, mais on pourrait en approcher si la combustion du soufre se faisait dans les circonstances les plus favorables. Pour arriver à ce but, on a proposé une grande variété de constructions. On parle très-favorablement d'un nouveau système de combustion du soufre, imaginé par M. Harrison Blair de Kearsley Works, Farnworth, Bolton. Ce qui suit est une description succincte de ce système, que le rapporteur, n'ayant pas eu l'occasion de voir fonctionner lui-même, est en mesure, grâce à l'obligeance de l'inventeur, de reproduire dans les propres termes de ce dernier :

« L'appareil pour la combustion du soufre, dans la fabrication de l'acide sulfurique, se com-
« pose de trois parties : le four à soufre, le four à combustion et le four à nitre ; construit
« dans les dimensions indiquées plus bas, on a calculé qu'il brûlerait de une à quatre tonnes
« de soufre par jour.

« Le four à soufre a neuf pieds de longueur sur quatre pieds six pouces de largeur, mesure
« intérieure; il est recouvert d'une voûte réverbératrice, et sa sole est bien cimentée; ses
« murs ont un pied de haut, l'épaisseur d'une brique et demie, et sont établis solidement. A
« l'extrémité, une porte en fer, fermant hermétiquement et perforée d'une ouverture rectan-
« gulaire d'un pouce sur trois, sur laquelle glisse un registre, sert à charger le four, et à re-
« tirer le résidu, une fois toutes les vingt-quatre heures.

« On peut introduire en une fois la charge entière de soufre pour douze ou vingt-quatre
« heures, ou bien on peut la faire arriver par un entonnoir adapté à la voûte, se continuant en
« un tuyau en fer, passant à travers la voûte et descendant très-près de la sole, alimenté de
« temps en temps à mesure que le soufre fond et s'écoule; mais on donne cependant la pré-
« férence à la première méthode. La rapidité de la combustion est réglée par l'admission de
« plus ou moins d'air au moyen du registre adapté à la porte; plus est grande la quantité
« d'air qu'on laisse pénétrer dans le four, et plus la chaleur devient forte et avec elle la vola-
« tilisation du soufre.

(1) Pendant que ces pages passent à l'imprimerie, le docteur Hermann informe le rapporteur que, dans la fabrique bien connue de Schœnebeck en Allemagne, consommant annuellement de 36,000 à 40,000 quintaux de soufre, on n'a jamais cessé d'employer exclusivement le soufre de Sicile. Et cependant on y prend actuellement des mesures pour l'application des pyrites ferrugineuses.

« A l'extrémité opposée à celle où se trouve la porte , ce four communique avec le four à
« combustion au moyen d'un carneau de neuf pouces carrés, et réglé par un registre en argile
« réfractaire.

« L'intérieur du four à combustion a huit pieds sur six, et est divisé en compartiments
« par deux murs de deux pieds de haut, s'étendant longitudinalement depuis l'extrémité près
« du four à soufre jusqu'à neuf pouces environ de la paroi opposée ; ces compartiments sont
« recouverts par des briques en argile réfractaire qui forment la sole du four à nitre.

« Le four à nitre est placé au-dessus du four à combustion , et est formé par l'élévation
« des murs extérieurs d'un pied et demi au-dessus de la sole en briques ; dans l'une des pa-
« rois, trois ouvertures sont pratiquées qui servent à l'introduction des auges à nitre. Ce
« four est surmonté d'un dôme en fonte, dont le but est de favoriser le refroidissement des
« gaz avant leur admission dans les chambres.

« Près de l'endroit où le carneau du four à soufre communique avec le four à combustion,
« dans l'un des compartiments extérieurs, on pratique, à travers le mur extérieur, une ou-
« verture de six pouces sur trois, fermée par un registre ; elle a pour but l'admission d'une
« quantité bien régularisée d'air atmosphérique devant servir à la combustion des vapeurs de
« soufre, dont la volatilisation a lieu dans le four à soufre.

« Les gaz mélangés, après s'être rendus au fond de ce compartiment, reviennent par l'autre
« vers l'extrémité située près du four à soufre, et s'y élèvent, dans le fourneau à nitre, au
« moyen d'ouvertures pratiquées dans sa sole ; ces ouvertures sont larges de quatre pouces
« et longues de toute la longueur des briques. Du four à nitre un carneau les entraîne vers
« l'extrémité opposée à celle par où ils entrèrent, et les dirige dans une cheminée communi-
« quant avec les chambres.

« Il résulte de l'emploi de cet appareil qu'on peut fabriquer, dans les mêmes chambres, une
« plus grande quantité d'acide sulfurique que celle qu'on obtient lorsque ces chambres sont
« alimentées par des fours à combustion plus intermittente ; et comme on ne se sert que d'un
« four au lieu de douze ou vingt, il y a économie à la fois de capital et de travail. »

Dans les fabriques du continent, on a beaucoup perfectionné, depuis quelques années, les
fours pour la combustion du soufre. M. Kuhlmann , dans ses grandes usines à Loos, la Made-
leine, Saint-André et Amiens, brûlait autrefois le soufre dans de grands fours carrés, divisés
en compartiments et recouverts d'une voûte cylindrique en fer forgé, comme on en emploie
encore ordinairement. Malgré le soin extrême avec lequel on réglait l'admission de l'air dans
ces fours, la température s'y élevait quelquefois assez haut pour entraîner des fleurs de
soufre jusque dans les chambres. Pour éviter cet inconvénient, M. Kuhlmann plaça pendant quelque temps des chaudières à vapeur en fonte directement au-dessus des fours
à soufre, ce qui lui permit non-seulement de maintenir la température dans des limites convenables, mais encore de réaliser une économie considérable de combustible. L'expérience
prouve que la fonte est à peine attaquée dans ces circonstances. Après un espace de sept
ans, les surfaces exposées au soufre en combustion n'étaient que légèrement corrodées,
de sorte qu'on se contenta de tourner ces chaudières pour présenter au feu les côtés opposés. Malgré ces résultats favorables, M. Kuhlmann a renoncé à cette disposition, la production de vapeur de ces chaudières n'étant pas suffisamment régulière. La méthode qu'il
adopta finalement consiste à brûler le soufre dans de grands demi-cylindres en fonte, murés
dans une maçonnerie en briques : on en emploie quatre pour chaque système de chambres
d'une capacité d'environ 1,5C0 mètres cubes. On introduit le soufre par des ouvertures sur le
devant de ces espèces de cornues, dont les portières sont munies d'ouvertures permettant de
régler l'admission de l'air ; la combustion s'effectue sur la sole plate de ces cornues. Leurs
extrémités postérieures communiquent au moyen de longs tuyaux avec une chambre formant
réservoir, d'où l'acide sulfureux est conduit dans le système des chambres de plomb. Grâce à
cet arrangement les gaz subissent un refroidissement préliminaire, qui est encore augmenté

par leur passage à travers les petites chambres de plomb dont nous avons déjà parlé. M. Kuhlmann trouve ces dispositions si satisfaisantes qu'il les recommande avec la plus grande confiance.

Dans d'autres fabriques, on règle l'admission de l'air dans le four à soufre en contrôlant soigneusement la sortie des gaz de la chambre. A cet effet, on se sert d'un tuyau en plomb pour diriger ces gaz dans une cheminée ayant un tirage indépendant. Le tuyau en plomb qui établit cette communication est courbé, de sorte qu'il occupe en partie une position verticale, et cette partie verticale du tube est pourvue d'un diaphragme perforé également en plomb; au moyen d'un disque en plomb, glissant sur ce diaphragme, on peut modifier la section de ce passage ouvert, et régler avec la plus grande précision la quantité d'air qu'on introduit dans la chambre.

M. Scheurer-Kestner arrive au même résultat par l'emploi d'un anémomètre (de préférence celui de M. Combes), qui est fixé dans un tube relié à la devanture du four à soufre, et à travers lequel, par conséquent, on fait passer toute la quantité d'air dont on a besoin.

Dans quelques fabriques de Belgique, on évite l'introduction d'une quantité excessive d'air atmosphérique en adoptant la mesure proposée pour la première fois par M. Stas. Elle consiste à n'admettre dans le four à soufre qu'un peu d'air en excès de la quantité qui est absolument nécessaire pour la combustion du soufre, et à introduire l'oxygène qu'exige la transformation de l'acide sulfureux en acide sulfurique par un tuyau spécial muni d'un registre bien ajusté, qui ne laisse pénétrer dans la chambre qu'un volume d'air rigoureusement mesuré.

Quelle que soit la méthode qu'on emploie pour régler l'admission de l'air, les gaz qui sortent des chambres ne devraient pas contenir plus de 2 ou 3 pour 100 d'oxygène. En réglant soigneusement l'action des fours à soufre, quelques fabricants ont réussi à obtenir un rendement le plus rapproché possible de la quantité théorique d'acide sulfurique que le soufre est capable de produire, c'est-à-dire 306 parties d'acide sulfurique d'une densité de 1.843 au moyen de 100 parties de soufre pur (le soufre du commerce est invariablement plus ou moins impur, circonstance qu'il ne faut pas négliger dans des calculs de ce genre). Avec le mode ordinaire de fabrication, la quantité totale d'acide sulfurique concentré obtenue de 100 parties de soufre dépasse rarement 280 à 290 parties.

Mode de combustion des pyrites ferrugineuses. — La régularisation convenable de l'admission de l'air dans les chambres devient encore plus importante lorsqu'on produit l'acide sulfureux par la combustion des pyrites ferrugineuses. Dans ce cas, une quantité considérable d'oxygène est absorbée pour l'oxydation du fer, et un excès correspondant d'azote augmente le volume des gaz passant dans la chambre; il en résulte que cette dernière renferme non-seulement un volume plus considérable de gaz, mais encore des gaz plus dilués que lorsque l'acide sulfureux est produit avec du soufre. L'introduction de ce volume stérile d'azote ne reste pas sans influence sur la capacité des chambres. Il est évident que pour transformer en un temps donné un poids donné de soufre en acide sulfurique, il faut une chambre beaucoup plus grande en employant les pyrites qu'en se servant du soufre : de là la nécessité ou de diminuer la production, ou d'augmenter la capacité des chambres, qui, malgré les efforts persévérants tentés dans le but de les supprimer, prennent, au contraire, chaque année, un développement de plus en plus considérable. On trouve assez fréquemment dans les districts manufacturiers des chambres d'une capacité de 100,000 à 120,000 pieds cubes (2,800 3,400 mètres cubes) (1). Les fabricants savent bien que la production d'acide sulfurique réalisée par la

(1) Les chambres même des plus grandes fabriques du continent sont généralement de dimensions plus modérées. Les chambres dans l'établissement de M. Kuhlmann sont d'une capacité de 1,500 mètres cubes (52,950 pieds cubes). Elles se composent de six compartiments différents, qui sont : 1° *un tambour refroidisseur et purificateur;* 2° *un tambour dénitrificateur;* 3° *un tambour nitrificateur;* 4° *une grande chambre*

combustion d'une quantité donnée de soufre, sous quelque forme qu'il ait été fourni, augmente (*caeteris paribus*) avec la capacité de la chambre : observation que M. le professeur Stas a de plus confirmée par des expériences précises conduites dans la fabrique de M. de Hemptinne, à Bruxelles.

Une autre difficulté qu'entraîne l'emploi des pyrites ferrugineuses au lieu de soufre, consiste dans la combustion moins facile du soufre en combinaison qu'à l'état libre. Cette difficulté a provoqué de nombreuses expériences ayant pour objet le perfectionnement du four pour la combustion des pyrites. Tout le monde connaît le four usuel, construit d'après le principe du four à chaux ordinaire, qu'on charge par le haut en retirant par le bas le résidu brûlé. Dans différentes fabriques, on a considérablement modifié ce four, et l'on a pris beaucoup de brevets pour des constructions perfectionnées, parmi lesquelles celle de M. Hunt (1), mérite d'être citée. Cependant on se sert encore le plus souvent du four à combustion ordinaire, et il donne des résultats très-satisfaisants lorsque le minerai est en morceaux d'un volume un peu considérable; car les minerais qui contiennent jusqu'à 40 ou 50 pour 100 de soufre retiennent rarement, lorsqu'on les brûle dans ce four, plus de 2 à 3 pour 100 de soufre.

Le four ordinaire à pyrites est cependant mal organisé pour la combustion du minerai en petits fragments ou en poudre, désigné ordinairement sous le nom de *pyrites menues*. C'est ainsi que pour les pyrites menues de la richesse mentionnée ci-dessus, il peut arriver que 8 ou 10 pour 100 de soufre ne soient pas brûlés. Afin de diminuer cette perte, on mélange la poudre des pyrites avec de l'argile humide, et on la façonne en boules de deux à trois pouces de diamètre, qu'on sèche ensuite à la chaleur perdue des fours à soufre. En brûlant ces boules dans des fours, le soufre retenu par le minerai peut se réduire à 2 pour 100 si le grillage est prolongé pendant un temps suffisant; mais, vers la fin, la combustion devient si lente que la valeur du temps perdu commence à dépasser celle du soufre ainsi gagné. Lorsqu'on arrive à ce point, la véritable économie industrielle ordonne la cessation du grillage. On retire donc la charge dès que les pyrites menues ont abandonné tout leur soufre, à l'exception d'environ 4 pour 100. Une combustion plus parfaite des *pyrites menues* peut cependant être faite dans des foyers à briques réfractaires recouverts d'une voûte surbaissée. Ici encore on fait usage de différentes constructions. MM. R. Imeary et Th. Richardson (2) ont pris récemment un brevet pour un four de ce genre. On dit que la construction la plus heureuse est celle imaginée par M. Spence, de Manchester, qui a été déjà adoptée par plusieurs fabricants. Elle est décrite succinctement dans le rapport des docteurs Schunck, Smith et Roscoe (3), auquel nous empruntons quelques-uns des détails suivants.

On commence par passer au crible les pyrites menues, en réservant les gros fragments pour le four ordinaire à combustion. On place ensuite les pyrites menues sur une sole en briques réfractaires de quarante pieds de long sur six ou sept pieds de large; on la chauffe par en bas, et l'on fait passer au-dessus un courant d'air pour brûler le soufre et conduire

---

5° et 6° *deux tambours en queue*. M. Kuhlmann emploie, comme agent ordinaire, l'acide nitrique liquide, qu'on introduit *par cascades* dans le troisième tambour. La circulation de l'acide liquide commence dans le tambour en queue n° 5; de là l'acide se rend dans le tambour en queue n° 6, et se déverse ensuite dans la grande chambre, qui reçoit également l'acide du tambour nitrificateur. L'acide recueilli dans la grande chambre passe finalement dans le tambour dénitrificateur avant qu'il n'arrive dans les chaudières évaporatoires. Afin d'assurer dans tout le système une distribution parfaitement régulière de vapeur, les tuyaux en plomb qui la distribuent dans les chambres sont pourvus, dans l'établissement de M. Kuhlmann, de buses ou d'ajutages en platine, qui empêchent les orifices des tubes de s'affaisser graduellement.

(2) M. Hunt (William), brevet n° 1919, 16 août 1853; *London Journal*, juillet 1854, p. 37.

(2) Imeary (Robert) et Richardson (Thomas), brevet n° 1103, 17 mai 1858; *Rep. of pat. inv.*, décembre 1858, p. 475.

(3) *Sur les progrès récents et la condition actuelle de chimie industrielle dans le sud du Lancashire*, p. 109.

l'acide sulfureux dans les chambres. On introduit la matière à l'extrémité la plus éloignée du feu ; elle n'y est exposée qu'à une chaleur modérée, et on la pousse graduellement vers les parties plus chaudes du four. Si l'on emploie le minerai pulvérisé, on parvient, dit-on, à brûler complétement le soufre dans ce four.

L'air y est admis par une ouverture sur le devant qu'on peut régler à volonté ; le grillage méthodique s'accomplit au moyen d'une succession de douze portes latérales, qui sont généralement fermées hermétiquement. Au bout de vingt-quatre heures, la charge, ayant été poussée au moyen de râteaux de porte en porte, passe du fond du four sur le devant, de telle manière que le minerai, de plus en plus désulfuré, rencontre un air de plus en plus riche en oxygène et à une température qui s'élève régulièrement. En regardant à travers les portes latérales, on peut observer distinctement le développement abondant de vapeurs blanches. Ces vapeurs sont de l'acide sulfurique anhydre ; sa formation a été attribuée à cette circonstance qu'au rouge vif un mélange d'oxygène atmosphérique et d'acide sulfureux passe sur l'oxyde de fer récemment formé, ce qui, d'après les observations de M. Wœhler, déjà indiquées, détermine la combinaison des deux gaz. Il est cependant plus probable que ces vapeurs proviennent de sulfate de fer qui prend naissance dans les parties les moins chaudes du four, et qui, arrivé dans les parties plus chaudes, se décompose comme dans les fabriques d'acide sulfurique de Nordhausen. Quelle que soit l'origine de ces vapeurs blanches, on ne peut douter que, conjointement avec le mélange ordinaire d'air et d'acide sulfureux, ce four ne lance une certaine quantité d'acide sulfurique tout formé dans les chambres. Il en résulte que l'arrangement de M. Spence lui procure le double avantage d'employer le soufre sous sa forme la moins chère, et de diminuer considérablement sa consommation en acide nitrique.

Lorsque, dans les fabriques anglaises, on commença à faire usage des pyrites ferrugineuses, on les tirait toutes des comtés de Wicklow et de Cornouaille. Actuellement on importe des quantités considérables de pyrites de Portugal et d'Espagne, ainsi que de Belgique. La proportion beaucoup plus grande de soufre renfermée dans ces minerais étrangers a motivé, dans certains cas, cette préférence. Les pyrites irlandaises contiennent rarement plus de 33 pour 100 de soufre, tandis que dans le minerai belge et dans celui de la péninsule Ibérique on n'en trouve généralement pas moins de 42 à 50 pour 100. Comme la proportion de soufre dans les différentes espèces de pyrites est très-variable, on analyse toujours le minerai dans les fabriques bien organisées. Le nombre de ces analyses pour le dosage du soufre se trouve encore augmenté par la nécessité de contrôler la marche de la fabrication en faisant de fréquentes déterminations du soufre encore renfermé dans le résidu des pyrites brûlées. Dans ces circonstances, le procédé simple, exact et rapide, indiqué récemment par M. Pelouze (1) constitue une acquisition d'une valeur réelle pour le fabricant d'acide sulfurique. Ce procédé est le suivant : On fait fondre 1 gramme de pyrites, très-divisées, avec 5 grammes de chlorure de sodium, 7 grammes de chlorate de potasse et 5 grammes de carbonate de soude anhydre. L'acide sulfurique formé par oxydation du soufre dégage une quantité proportionnelle d'acide carbonique ; il suffit donc d'extraire tout simplement avec de l'eau chaude le produit de la calcination, et de déterminer, au moyen de la méthode alcalimétrique ordinaire, dans la solution aqueuse ainsi obtenue, la quantité de carbonate de soude qui reste. La différence entre la quantité d'acide exigée pour saturer le liquide et celle qu'il faudrait pour saturer 5 grammes de carbonate de soude est équivalente à la quantité totale d'acide sulfurique formé, et par conséquent à la quantité de soufre contenue dans le minerai. En analysant les résidus de minerai grillé, il faut naturellement prendre une plus grande quantité de minerai pour le dosage du soufre qu'ils renferment encore.

Extraction du cuivre des pyrites de fer grillées. — Beaucoup d'espèces de pyrites ferrugi-

(1) Pelouze, *Compt. rend.*, LIII, 685.

neuses contiennent des quantités notables de pyrites cuivreuses, dont la moyenne est de
1 pour 100 dans le minerai irlandais, et même de 3 pour 100 dans le minerai espagnol. En
1850 déjà, M. Gossage (1) démontra la possibilité de l'extraction du cuivre de ces résidus,
même de ceux des pyrites irlandaises. Une opération, encore praticable en employant des
pyrites contenant seulement 1 pour 100 de cuivre, devient profitable lorsque le minerai en
contient 3, ou, après le grillage, de 5 à 6 pour 100. On a, en conséquence, généralement introduit cette opération lorsqu'on fait usage de pareils minerais. L'extraction du cuivre est
cependant rarement effectuée par le fabricant d'acide sulfurique lui-même, qui préfère vendre ses résidus au fondeur de cuivre. En Angleterre, on extrait le cuivre par la voie sèche et
par des opérations de fusion successives; en France, le minerai grillé est abandonné au contact de l'air, ce qui convertit le sulfure de cuivre graduellement en sulfate, qui est ensuite
extrait par l'eau et précipité par du fer métallique. Plus récemment, les fabricants anglais
ont commencé à extraire le cuivre sous la forme de chlorure de cuivre. Pour y arriver, on
fait fondre les minerais grillés avec de petites quantités de sel marin, et le chlorure de cuivre
qui en résulte est décomposé par le fer. D'après une communication de mon ami M. Richard
Muspratt, MM. Wright et Comp., opérant d'après les procédés du brevet de M. Henderson (2),
extraient ainsi à Mostyn de grandes quantités de cuivre des résidus pyritiques provenant des
fabriques de MM. Muspratt; et M. Henderson s'occupe actuellement de la construction d'u-
sines semblables près de Glasgow, en vue de soumettre au même traitement les résidus de
l'établissement de MM. Tennant.

*Emploi du soufre, absorbé et séparé pendant la purification du gaz de houille, pour la fabrication
de l'acide sulfurique.* — Dans ces dernières années, on s'est servi du soufre des pyrites ferrugineuses pour la fabrication de l'acide sulfurique, en l'employant sous une autre forme. On
sait que la houille contient invariablement des quantités notables de soufre, qui y existe principalement, mais non exclusivement, sous la forme de pyrites ferrugineuses. Pendant la distillation de la houille pour la production du gaz d'éclairage, ce soufre est le plus souvent
dégagé sous forme d'hydrogène sulfuré (voyez le chapitre sur le *bisulfure de carbone*),
et maintenant l'on purifie presque invariablement ce gaz, en suivant le procédé breveté par
M. F.-C. Hill, procédé qui consiste à faire passer le gaz d'éclairage impur sur un mélange de
sciure de bois et de peroxyde de fer hydraté. Ce dernier est converti en protosulfure de fer,
avec formation d'eau et séparation du soufre. Par l'exposition à l'air, le fer du protosulfure
est réoxydé, donnant lieu à une séparation nouvelle de soufre, et le peroxyde de fer ainsi
régénéré est de nouveau employé (3). De cette manière, la même matière peut alternativement être employée et régénérée trente à quarante fois; mais au bout de ce temps elle s'est
chargée d'une quantité de soufre pouvant s'élever jusqu'à 40 pour 100. La présence de cette
masse de soufre entrave l'action ultérieure du mélange épurateur, et on le remplace, par
conséquent, par une nouvelle charge d'oxyde de fer hydraté. La matière mise de côté par
les usines à gaz est employée depuis quelque temps comme source de soufre dans la fabrication de l'acide sulfurique (voyez le chapitre sur les *sels ammoniacaux* et les *composés du cyanogène*), et peut être grillée dans les fours à pyrites ordinaires. M. F.-C. Hills (4), qui a bre-

(1) Gossage, *History of the soda manufacture*, p. 14.

(2) Henderson (William), brevet n° 883, 8 avril 1859, et n° 2900, 20 décembre 1859.

(3) La facilité avec laquelle le peroxyde est régénéré au contat de l'air a fait croire que, par l'action de
l'hydrogène sulfuré, le peroxyde du mélange est tout simplement converti en protoxyde, qui absorbe l'oxygène. Mais il n'en est point ainsi; des expériences faites dans ces derniers temps par le docteur A. Geyger
dans le laboratoire du rapporteur prouvent que le fer existe comme protosulfure dans le mélange au moment
où on l'enlève de l'appareil. Il est remarquable qu'il se forme à peine une trace d'acide sulfurique dans tout
le cours du procédé.

(4) Hills (F.-C.), brevet n° 1873, 6 juillet 1857.

veté cette application du résidu imprégné de soufre, a cependant donné la description d'un four spécial pour sa combustion, dont le principe consiste à étendre la matière sur un certain nombre de tablettes chauffées au rouge, de manière à assurer l'oxydation parfaite du soufre. On emploie des quantités considérables de cette matière dans la grande fabrique d'acide sulfurique de Barking Creek, sur les rives de la Tamise, appartenant à M. J.-B. Lawes. Ce dernier a informé le rapporteur qu'en 1859 la consommation s'élevait à 737 tonnes, en 1860 à 2,035 tonnes, et en 1861 à 2,180 tonnes. On dit qu'une tonne de cette matière fournit une tonne et quart d'acide sulfurique hydraté (1).

Absorption des vapeurs nitreuses d'après le procédé Gay-Lussac. — La substitution progressive des pyrites ferrugineuses au soufre, et la nécessité qui en résulte d'avoir des chambres de dimensions proportionnellement plus grandes, ont donné lieu à une autre modification dans la fabrication de l'acide sulfurique, modification que bien des fabricants semblent accueillir favorablement, quoiqu'elle soit d'une valeur douteuse. On sait que Gay-Lussac, il y a déjà plus de vingt ans, proposa d'éviter la perte d'acide nitrique, en forçant les gaz des chambres, avant qu'ils puissent s'échapper dans l'air, à s'élever dans une colonne remplie de coke, sur lequel on fait couler un courant d'acide sulfurique concentré assez abondant pour l'humecter. L'acide sulfurique concentré, et même l'acide à 1.75, absorbe les vapeurs nitreuses, qu'on dégage de nouveau en affaiblissant la solution à 1.5 et en la chauffant par la vapeur d'eau, et c'est ainsi qu'on peut faire retourner ces vapeurs nitreuses dans les chambres. Le système de Gay-Lussac fut adopté en premier lieu dans les célèbres usines de Saint-Gobain, où il fonctionne encore; on l'introduisit ultérieurement dans un grand nombre d'autres fabriques. On dit qu'il produit une économie de 50 pour 100 sur le nitrate de soude (2) exigé dans les circonstances ordinaires. Quoique la condensation des vapeurs nitreuses au moyen de l'acide sulfurique soit très-désirable au point de vue hygiénique, on y a renoncé dans beaucoup de fabriques où l'on s'en était servi avec succès pendant bien des années. On a attribué ce changement à la difficulté d'absorber les vapeurs extrêmement diluées que renferment les chambres de plomb alimentées par des pyrites; mais probablement il n'est pas moins dû au prix actuel comparativement peu élevé du nitrate de soude (12 liv. st. ou 300 fr. les 1000 kilogrammes) et à la répugnance qu'éprouvent les manufacturiers qui produisent l'acide sulfurique exclusivement pour la transformation du sel marin en sulfate de soude de compliquer leurs opérations en concentrant une partie de leur acide sulfurique. Il est digne de remarque, cependant, que des fabricants, justement célèbres pour l'importance et l'habile direction de leurs établissements, ont conservé le système de Gay-Lussac, et dans le courant de ces derniers mois, l'auteur de ces pages vit fonctionner avec un grand succès les condensateurs de Gay-Lussac dans la fabrique colossale de M. C. Allhusen, à Gateshead. Nous avons déjà

---

(1) Si nous estimons la moyenne totale du soufre dans la houille qu'on emploie pour la fabrication du gaz de houille à 1 pour 100, ce qui est au dessous de la réalité, la houille annuellement distillée seulement à Londres et dans ses faubourgs, contient 10,000 tonnes de soufre, égales théoriquement à 30,625 tonnes d'acide sulfurique hydraté. Dans ce calcul, on évalue à 1 million de tonnes la consommation annuelle de la houille pour la fabrication du gaz à Londres. Mais cette évaluation n'est pas assez élevée. D'après les données que m'a fournies mon ami M. A. Upward, 1,100,000 tonnes ne représenteraient même pas encore la consommation réelle. Les fabricants de gaz de Londres calculent qu'un *bushel* (36 litres) d'oxyde de fer hydraté, pesant à peu près 70 livres, si l'on emploie de l'oxyde natif, et 45 livres, si l'oxyde est mélangé de sciure de bois, suffit pour la purification du gaz produit par 9 tonnes environ de houille de Newcastle. Dans les fabriques de gaz de Londres, l'oxyde saturé de soufre est retourné au fabricant de cet article, qui entreprend la purification du gaz.

Souvent les mêmes industriels qui fournissent et reprennent l'oxyde de fer achètent aussi le goudron du gaz; mais dans la plupart des cas, le goudron passe dans les mains de manufacturiers qui ne s'occupent nullement de la purification ou désulfuration du gaz.

(2) *Report on the recent Progress*, etc., etc., p. 110.

mentionné que M. Kuhlmann recouvre l'acide nitreux encore contenu dans les gaz qui s'échappent, en faisant passer ces gaz à travers une série de *bonbonnes*. Dans quelques cas, ces bonbonnes ne contiennent que de l'eau ; dans d'autres, du carbonate de baryte natif, qui fournit des sels barytiques solubles, utiles dans la fabrication du blanc fixe (voyez le chapitre sur les *composés barytiques*). De plus, M. Kuhlmann oblige ces gaz à s'élever dans des colonnes remplies de coke, à travers lequel filtre un courant de liqueur ammoniacale des usines à gaz. On obtient ainsi des sels ammoniacaux qu'on emploie ensuite pour la fabrication d'engrais artificiels.

Concentration de l'acide sulfurique. — Pour terminer, nous ajouterons quelques observations concernant la méthode de concentration de l'acide sulfurique des chambres. Cet acide subit une concentration préliminaire dans des chaudières en plomb. On sait cependant qu'il faut interrompre cette opération lorsque l'acide a acquis une densité de 1.750. Mais il existe beaucoup de branches d'industrie qui demandent un acide plus concentré ; la concentration est d'ailleurs toujours nécessaire lorsqu'on doit transporter l'acide à de grandes distances. Dans le sud du Lancashire seul, on fabrique par semaine non moins de 700 tonnes d'acide sulfurique concentré d'une densité de 1.85. L'évaporation nécessaire pour atteindre ce degré de densité se faisait originairement dans des vases en verre d'une capacité comparativement assez restreinte ; une casse fréquente et la perte d'acide qu'elle entraînait engagèrent les fabricants à adopter les magnifiques alambics en platine dont nous avons eu l'occasion d'admirer plusieurs dans les départements français et anglais de l'exposition. Le prix de ces vases est énorme : ce qui l'élève encore, c'est l'avantage injuste et peu intelligent que le gouvernement russe semble disposé à retirer de son monopole du minerai de platine, et cette circonstance que l'industrie du platine sera forcément toujours entre les mains de quelques fabricants seulement. De plus, l'expérience a démontré que, sous l'influence de l'acide sulfurique bouillant, le platine même s'use graduellement, surtout en présence d'acides nitreux ou nitrique (1). Les fabricants d'acide sulfurique, désirant naturellement éviter une dépense si

(1) Je dois à mon ami M. Scheurer-Kestner, de Thann, les détails curieux suivants concernant ce sujet. L'usure dans les alambics en platine est très-considérable. Dans un appareil qui produisait, en fonctionnant régulièrement, 4,000 kilogrammes d'acide sulfurique par jour, on trouva que 1,000 kilogrammes d'acide dissolvaient ou détachaient environ 2 grammes de platine. Cette quantité peut augmenter d'une manière très-notable, si l'acide sulfurique contient des vapeurs nitreuses. Dans ces circonstances, 1,000 kilogrammes d'acide sulfurique peuvent enlever 4 et même 5 grammes de platine. On peut cependant facilement remédier à ce dernier inconvénient, en adoptant l'excellent procédé de M. Pelouze, qui consiste à détruire les vapeurs nitreuses par le sulfate d'ammoniaque. La température à laquelle on porte l'acide dans l'alambic en platine détermine une décomposition immédiate, et l'usure du platine diminue considérablement. En suivant cette méthode, l'acide sulfurique peut être si complétement débarrassé des composés nitrés, que le permanganate de potasse n'est pas le moins du monde affecté par l'acide soumis à cette purification. Il est à peine nécessaire de mentionner que d'autres raisons encore rendent très-utile l'expulsion des composés nitreux de l'acide sulfurique, puisque leur présence est nuisible dans bien des applications. L'usure du platine est bien moindre dans les alambics neufs. On a remarqué, en s'en servant pour la première fois, que la perte de platine occasionnée par 1,000 kilogrammes d'acide dépasse à peine 1 gramme. Cette quantité s'élève graduellement à 2 grammes : du platine récemment martelé est plus compacte et beaucoup moins facilement attaqué. M. Scheurer-Kestner a fait quelques expériences intéressantes sur la résistance de vases en platine contenant de l'iridium (*platine iridié*), fabriqués par MM. Desmoutis, Chapuis et Quennesson, à Paris. Deux capsules, l'une en platine, l'autre en alliage de platine et d'iridium, furent introduites dans un alambic en platine et y restèrent exposées pendant deux mois à l'action de l'acide sulfurique bouillant. La capsule en platine pur était complétement déformée et sa surface corrodée ; elle n'avait perdu pas moins de 19.66 pour 100 de son poids. La capsule en iridio-platine, au contraire, avait conservé sa forme ; la surface en était restée brillante, et la perte ne dépassait pas 8.88 pour 100 de son poids. Par conséquent, la perte de la seconde capsule n'est pas plus de 45 pour 100 de la perte éprouvée par le vase en platine pur. Ces résultats sont certainement remarquables, et sans aucun doute l'industrie du platine en fera son profit.

forte, ont essayé successivement une variété de méthodes et de matières pour la concentration de leurs acides. Parmi les différents vases employés dans ce but, nous mentionnerons les grandes cornues en fonte (Seckendorff) (1) remplies partiellement de sable ou de gypse, sur lequel on répand l'acide qu'on veut concentrer. Ces vases s'attaquent moins facilement qu'on ne le craignait; mais peu de fabricants ont essayé cette méthode. On n'a pas accueilli plus favorablement la proposition faite récemment par M. Keller (2), qui consiste à faciliter l'évaporation de l'acide en opérant dans le vide, quoique l'abaissement de température ainsi obtenu permette d'employer pour la fabrication de ces vases des matières dont on ne pourrait pas se servir en d'autres circonstances. Nous devons mentionner que M. Kuhlmann (3) avait proposé l'évaporation dans le vide il y a déjà une série d'années.

Un autre système plus récemment breveté en Amérique mérite d'être mentionné. C'est un fait acquis que l'acide sulfurique, même lorsqu'il est concentré, attaque à peine le plomb à la température ordinaire, tandis qu'au point d'ébullition, il se produit du sulfate de plomb en abondance. Se basant sur cette donnée, et pour empêcher la corrosion des chaudières en plomb, M. Clough (4) propose d'effectuer la concentration de l'acide en ne chauffant que la surface du liquide et en évitant d'élever la température de la chaudière en plomb elle-même. Pour obtenir ce résultat, la chaudière est placée dans un vase en fer rempli d'eau et maintenu froid par un courant non interrompu d'eau froide. L'intérieur de la chaudière en plomb est revêtu de briques, et la chaudière elle-même est recouverte d'une voûte basse en maçonnerie que traverse la flamme d'un foyer, dont la chaleur est réfléchie sur la surface de l'acide. L'acide chaud ne traversant que lentement la couche en briques, l'échauffement et par conséquent la corrosion du plomb sont en grande partie évités. M. Shanks et d'autres encore ont employé pendant quelque temps des procédés basés sur des principes semblables, mais leur usage n'est jamais devenu général.

En 1850, M. Gossage fils (5) prit un brevet pour la concentration de l'acide sulfurique par l'action d'un courant d'air surchauffé. L'appareil consiste en une colonne en plomb remplie de cailloux. L'acide faible répandu à la partie supérieure du lit de cailloux descend en s'éparpillant sur leur surface, tandis qu'en même temps un courant d'air chauffé, produit par la combustion du coke, était forcé de s'élever à travers les interstices existant entre les cailloux. De cette manière, l'acide était présenté en couches minces à l'action évaporante de l'air chauffé, dont l'action était ainsi immédiate. M. Gossage trouva que, par suite de l'évaporation dans une atmosphère d'air, la concentration de l'acide sulfurique à une densité de 1.85 s'effectuait à une température beaucoup plus basse que celle exigée par l'emploi de chaudières en plomb ou de cornues: mais, malheureusement, la même loi s'appliquait tout aussi bien à l'acide sulfurique qu'à l'eau avec laquelle il était combiné, et, comme conséquence, une quantité considérable d'acide se trouvait entraînée avec la vapeur d'eau.

Néanmoins, on n'emploie plus les alambics en platine dans beaucoup de fabriques d'acide sulfurique d'Angleterre, et c'est un fait assez curieux que les fabricants reprennent l'ancienne méthode de concentration dans des vases en verre. Les cornues employées à cet usage sont en verre plombeux; elles sont beaucoup plus grandes que celles employées autrefois, et comme on les fabrique avec beaucoup plus de soin, la perte occasionnée par la casse n'est plus si forte. On les chauffe soit à feu nu, soit dans des vases en fer formant bain de sable. On entretient constamment une température très-élevée dans l'atelier à cornues, afin de protéger les parties supérieures des vases en verre le plus soigneusement possible contre les

(1) Seckendorff, *Wagner's Jahresbericht*, 1, 1855, p. 56.
(2) Keller, *Génie industr.*, août 1859, p. 110.
(3) Kuhlmann, *Compt. rend.*, 3 juin 1844.
(4) Clough, *Amer. pat. off. report.*, I, 495.
(5) Gossage (William Herbert), brevet n° 13,424, 20 décembre 1850.

courants d'air froid. En outre, on fait continuellement fonctionner les cornues, l'acide concentré étant retiré au moyen d'un siphon, et la cornue remplie de nouveau avec de l'acide chaud. Dans le Lancashire, l'emploi des cornues en platine a été abandonné presque entièrement (1). Les fabricants français, au contraire, sont restés fidèles à la méthode de concentration dans le platine. Dans le courant des derniers mois, le rapporteur vit fonctionner ces magnifiques alambics dans les usines si bien organisées de M. Kuhlmann, à Lille, et de M. Kestner, à Thann.

Nous venons de passer en revue quelques-uns des nombreux faits saillants se reliant à la fabrication de l'acide sulfurique et se rapportant spécialement aux progrès faits dans les dernières dix années. Les autres produits compris dans les groupes d'industries énumérés au commencement de ce rapport, tels que le carbonate de soude, l'acide chlorhydrique et le chlorure de chaux, vont successivement fixer notre attention.

CARBONATE DE SOUDE.

Nous devons à l'illustre Leblanc la découverte à jamais mémorable du procédé, universellement employé maintenant, pour la fabrication du carbonate de soude au moyen du sel marin ; cette découverte occupe un rang des plus distingués dans les annales de l'industrie, non-seulement parce qu'elle est de beaucoup la plus importante de toutes les inventions chimico-industrielles, mais encore, et c'est un fait remarquable, parce qu'elle a *été créée parfaite* du premier jet. Toutes les autres grandes industries chimiques se sont perfectionnées lentement, par suite du travail et des efforts des inventeurs qui s'en sont successivement occupés, mais le procédé Leblanc, le plus important de tous, est encore aujourd'hui ce qu'il fut quand cet homme célèbre en dota l'humanité : la meilleure et la plus simple des méthodes pour opérer la plus précieuse de toutes les transformations connues. Quoique quatre-vingt-six années se soient écoulées depuis cette splendide découverte, et quoique de nombreuses recherches aient été entreprises dans le but de la perfectionner, on suit encore presque universellement les indications primitives données par Leblanc et ce ne sont que quelques modifications comparativement peu importantes qui y ont été apportées.

Historique du procédé Leblanc. — On aurait pu croire qu'un procédé qui, dès son début, fut examiné par une commission gouvernementale formée d'hommes les plus compétents; et qui, après avoir été soumis à des essais comparatifs exécutés avec le plus grand soin, fut approuvé et recommandé dans un rapport officiel des plus détaillés, aurait été adopté et pratiqué presque immédiatement dans toute l'Europe, et aurait rapporté à son inventeur des bénéfices proportionnés à sa valeur. Si jamais Leblanc conçut des espérances aussi légitimes, il dut éprouver un cruel désappointement. Leblanc lui-même ne récolta jamais les fruits de son admirable découverte. Cet homme, qui fut certainement un des grands bienfaiteurs de l'humanité, et auquel, depuis longtemps, la France et l'Angleterre auraient dû élever une statue, vécut dans la pauvreté et mourut de désespoir. Créateur d'incalculables richesses pour ses semblables il manqua lui-même de pain : et, « après avoir doté l'humanité de soude à bon marché, c'est-à-dire après avoir mis à sa portée le verre et le savon, la lumière et la propreté à bon marché, et cent autres avantages qui constituent des bienfaits inappréciables, on souffrit, pour la honte de l'Europe, qu'il allât finir ses jours dans un hôpital. Il y languit, triste naufragé de la fortune, de la santé, de l'espérance, jusqu'à ce que la raison elle-même l'abandonna à la fin et que, insensé, il périt de sa propre main (F. O. Ward. » Le Rapporteur sent qu'il n'est que l'organe d'un sentiment universel, en offrant ici le tribut d'un hommage plein de reconnaissance à la mémoire impérissable de Leblanc, et l'expression de la douleur, non exempte de honte, inspirée par son malheureux sort. Il est également persuadé, qu'on partage universellement avec lui l'espoir, qu'avec les progrès de la civilisation ces terribles tragédies, si fréquentes dans les siècles passés, deviendront de plus en plus rares, et que,

(1) *Report on the recent Progress*, etc., etc., 40.

dans l'avenir, les historiens du progrès n'éprouveront ni le regret ni la honte de raconter de pareils outrages commis envers la justice, des martyres si horribles endurés par le génie.

Les grandes guerres dans lesquelles la France était engagée à l'époque de la découverte de Leblanc occasionnèrent une telle disette d'alcalis, que l'attention fut attirée forcément vers cet admirable procédé. En effet, quoique Leblanc ne recueillît point lui-même les fruits de son travail inventif, il est certain que, même avant sa mort, de nombreuses fabriques s'élevèrent à Marseille et dans les environs, pour convertir en soude artificielle le sel marin qu'on y produit à profusion ; et comme conséquence naturelle de cette abondante production de soude, Marseille est devenue dès lors un des grands centres de la fabrication du savon en France.

Ce n'est qu'en 1814 que le procédé Leblanc fut appliqué en Angleterre, mais d'une manière très-limitée, par M. Losh, pour la préparation de « cristaux de soude » (alors vendus 60 livres sterling la tonne). M. Losh, associé au père de feu lord Dundonald, avait obtenu la permission d'utiliser, sans payer d'impôts, le sel contenu dans une source d'eau faiblement salée, à Walker-sur-Tyne, localité où se trouve actuellement la fabrique d'alcali dite de Walker, représentée à l'Exposition (*Royaume-Uni*, 615).

C'est réellement l'année 1823 qui doit être considérée comme l'année natale de l'industrie de la soude artificielle en Angleterre, lorsque, l'impôt fiscal (1) sur le sel marin ayant été aboli, M. James Muspratt créa son usine célèbre à Liverpool. Ce fut avec une satisfaction réelle que le Jury retrouva le vétéran de l'industrie sodique parmi ceux qui contribuèrent à l'Exposition de 1862 ; sa maison (*Royaume-Uni*, 571), représentée par trois raisons de commerce différentes (J. Muspratt et fils, Liverpool ; Muspratt frères et Huntley, Flint ; et Frédéric Muspratt, Woodend), maintient parmi les fabriques de soude actuelles la position élevée qu'elle s'est conquise par ses travaux, il y a presque un demi-siècle. L'exemple de M. Muspratt fut rapidement suivi, et c'est ainsi que se fonda dans la Grande-Bretagne cette fabrication de produits chimiques, qui est devenue la plus grandiose et la plus importante du monde entier.

On se formera une idée de l'importance acquise par cette branche d'industrie en parcourant les chiffres suivants, que le rapporteur a puisés avec soin dans les meilleurs documents statistiques qu'il avait à sa disposition.

Statistiques récentes de la fabrication de la soude en Angleterre.

M. Christian Allhusen, de Newcastle-sur-Tyne, a bien voulu nous fournir le tableau ci-après (voir ce tableau en tête de la page suivante) de l'état de la fabrication et du commerce de la soude dans la Grande-Bretagne en 1852.

Il n'existe pas de tableau statistique pareil pour 1861, mais on pourra juger du développement extraordinaire qu'a pris cette industrie depuis 1852 en comparant quelques-unes des chiffres ci-dessus indiqués avec ceux présentés par les statistiques données par M. Gossage (2) pour 1861 :

	Statistiques pour 1852. M. Allhusen. Tonnes.	Statistiques pour 1861. M. Gossage. Tonnes.
Sel de soude	71,193	156,000
Cristaux de soude	61,044	104,000
Bicarbonate de soude	5,762	13,000
Chlorure de chaux	13,100	20,000

M. Gossage estime à plus de 2 millions de livres sterling la valeur totale de ces produits.

(1) A l'époque de la Révolution française, l'impôt sur le sel dans ce pays était de 16 l. st. par tonne. Comme impôt de guerre, on le porta subséquemment à 30 l. st. par tonne, ou trente fois la valeur du sel à cette époque ; et l'on maintint ce taux pendant toute la durée de la guerre, jusqu'en 1823, époque à laquelle l'impôt fut abrogé. (*Gossage's History of the Soda Manufacture*, p. 9.)

(2) *History of the Soda Manufacture*, p. 26.

Rapport statistique sur le commerce d'alcali dans le Royaume-Uni en 1852,

établi

sur les données complètes de 16 manufacturiers, représentant 46 pour 100 de la fabrication totale; sur des données partielles de 11 manufacturiers, représentant 35 pour 100 de la fabrication totale. Des fabricants représentant 19 pour 100 de cette branche d'industrie n'ont fourni aucune donnée.

			NEWCASTLE ET LA TYNE.	LANCASHIRE.	GLASGOW ET LA CLYDE.	PAYS DE GALLES, IRLANDE ET SUD DE L'ANGLETERRE.	COMTÉS DU MILIEU.	TOTAL.
Principales matières brutes employées..		Soufre..... tonnes	7,580	Nul.	3,000	Nul.	940	11,520
		Pyrites..... —	33,750	10,220	9,000	12,000	5,292	100,262
		Sel........ —	57,905	40,152	19,120	12,000	8,370	137,647
		Houille.... —	232,020	136,400	80,000	36,500	34,500	519,420
Quantité des produits..		Sel de soude............ —	23,100	26,343	12,000	7,000	2,750	71,193
		Cristaux de soude......... —	42,734	3,500	6,000	3,500	5,250	61,044
		Bicarbonate de soude...... —	4,016	1,200	Nul.	No.	516	5,762
		Chlorure de chaux........ —	5,000	1,250	5,000	1,850	Nul.	13,100
Nombre d'ouvriers employés.....................			2,067	1,319	930	470	570	6,326
Sommes dépensées en appareils.................. liv. sterl.			341,000	172,000	100,000	50,000	36,000	702,000
Sommes dépensées annuellement pour les réparer. — —			60,500	23,000	20,000	11.000	6,200	120,700
Tonnage des vaisseaux employés................. tonnes			159,100	71,200	70,000	55,000	8,000	373,300

```
71,193 tonnes sel de soude à 10 liv. sterl......................................................   711,930 liv. sterl.
61,044   —    soude cristallisée à 5 liv. sterl....................................................   305,220
 5,726   —    bicarbonate de soude à 15 liv. sterl..............................................    86,430
13,100   —    chlorure de chaux à 10 liv. sterl..................................................   131,000
                                    VALEUR TOTALE des produits.....................  1,234,580 liv. sterl.

Valeurs de matières importées ⎧ 11,520 tonnes soufre à 6 liv. sterl............   69,120
d'autres pays................ ⎨  4.800   —    nitrate de soude à 15 liv. sterl....   72,000
                              ⎩ 12,000   —    manganèse à 2 liv. sterl. 10 sh....   30,000
                                                                171,120 ci...   171,120

        SOMME TOTALE que le commerce d'alcali contribue au revenu annuel de ce pays........  1,063,460 liv. sterl.
```

fabriqués par 50 établissements environ, qui emploient au moins 10,000 ouvriers. A l'exception de la somme destinée à payer les matières premières tirées d'autres contrées, cette somme est entièrement ajoutée au revenu annuel du pays.

Le commerce de la soude dans la Grande-Bretagne a donc plus que doublé dans l'espace de dix ans. Il paraît avoir pris un développement très-inégal dans les différents districts Les statistiques suivantes sont celles de la production actuelle de Newcastle et de la Tyne comparées à celles de 1852, d'après les rapports de M. Allhusen :

Commerce d'alcali de Newcastle et la Tyne.

Principales matières consommées.

	1852.	1861.
	Tonnes.	Tonnes.
Soufre....................	7,580	10,000
Pyrites......	33,750	67,860
Sel...........	57,905	100,360
Houille	232,020	390,000

Quantité des produits.

	1852.	1861.
	Tonnes.	Tonnes.
Sel de soude,...............	23,100	35,000
Cristaux de soude............	42,794	82,000
Bicarbonate de soude........	4,046	12,C00
Chlorure de chaux..........	5,000	11.400

L'augmentation dans la production du Lancashire a été, proportionnellement, bien plus considérable.

Commerce d'alcali du Lancashire.

Quantité des produits.

	Allhus-u. 1852.	Schunck, Smith et Roscoe (1). 1861.
	Tonnes.	Tonnes.
Sel de soude..........	26,343	93,600
Cristaux de soude......	3,500	8,840
Bicarbonate de soude ..	1.200	11,700
Chlorure de chaux.....	1,250	8,060

Aux quantités produites en 1861, il faut ajouter 4,630 tonnes de soude caustique solide, article qu'on ne fabriquait pas encore en 1852. Si nous prenons la totalité de sel décomposé comme la mesure la plus simple et, en effet, la plus exacte pour juger de l'activité de l'industrie alcaline, nous trouvons que, dans l'espace de neuf ans, cette fabrication a plus que triplé dans le Lancashire, la totalité du sel employé étant de 40,152 tonnes en 1852, tandis qu'en 1861, elle atteignait le chiffre de 135,200 tonnes.

PHASES DIVERSES DE LA FABRICATION DE LA SOUDE.

Le procédé par lequel on opère la transformation de cette énorme quantité de sel en alcali, est sans aucun doute la base de la chimie appliquée. On ne peut lui comparer aucune autre opération chimique, ni pour sa propre importance, ni pour l'étendue de son influence indirecte sur toutes les autres branches de l'industrie chimique. Son caractère fondamental devient encore bien plus évident, si on l'examine conjointement avec les industries alliées des acides chlorhydrique et sulfurique, et du chlore, qui, toutes, tournent autour de la fabrication de la soude artificielle comme autour d'un point central. Pour cette raison, et même au risque d'entrer ici dans des détails déjà publiés dans des manuels technologiques, le Rapporteur pense qu'il sera de quelque utilité de tracer l'histoire de cette industrie fondamentale, telle qu'elle se pratique actuellement dans toute l'Europe, pour que nos successeurs puissent s'en servir comme point de comparaison, lorsqu'ils voudront juger, à l'occasion de futures expositions universelles, des progrès nouveaux qui auront pu être réalisés.

Cette même pensée a influencé l'esprit du Rapporteur, en exquissant quelques autres chapitres de ce travail, dans lesquels il se propose également de retracer des faits et des procédés déjà connus, lorsqu'il s'agissait d'importantes opérations chimiques. Ceci bien établi, nous appellerons successivement l'attention sur les phases principales de la fabrication de la soude, qu'on peut diviser de la manière suivante :

1° Transformation du sel marin en sulfate de soude ;

2° Traitement du sulfate de soude dans les fours à soude, avec un mélange de craie et de houille, pour produire la soude brute, *black-ball* ;

____

(1) *On the recent Progress*, etc., p. 111.

3° Lessivage de la soude brute par l'eau chaude, pour en extraire les produits alcalins solubles ;

4° Évaporation de la solution ci-dessus, connue sous le nom de *liqueur rouge*, pour en obtenir les produits alcalins solides, caustiques et carbonatés, dans une condition pure et vendable.

Ces procédés sont les plus importants de ceux qu'embrasse la fabrication de la soude carbonatée et caustique au moyen du sel marin. Il y a encore quelques opérations secondaires, comme, par exemple, celles qui consistent à faire cristalliser ou à bicarbonater les produits ; et plusieurs méthodes, d'un emploi limité, pour utiliser les résidus de fabrication ; nous les examinerons rapidement. La théorie du procédé de fabrication de la soude sera ensuite l'objet d'une courte notice ; et nous terminerons en esquissant les principales méthodes essayées, mais jusqu'à présent avec peu de succès, pour remplacer le procédé Leblanc.

Fabrication du sulfate de soude. — Le premier terme de cette série d'opérations consiste dans la transformation du sel marin en sulfate de soude, par le traitement du sel au moyen de l'acide sulfurique des chambres de plomb, qui dégage l'acide chlorhydrique. Cette transformation se pratique sur une énorme échelle, puisque 1/2 — 3/4 de tout l'acide sulfurique fabriqué y sont employés.

La production d'acide chlorhydrique étant inévitable dans cette réaction, qu'on en ait l'emploi ou non, il est arrivé qu'au commencement on laissait échapper dans l'air d'énormes quantités de ce gaz si nuisible à la végétation. De là des plaintes, des procès contre les fabricants de soude, dont quelques-uns furent obligés (comme, par exemple, M. Muspratt) de démolir leurs établissements pour les transporter dans d'autres localités. Plus tard, lorsque les usages de l'acide chlorhydrique devenant plus nombreux et plus importants en eurent augmenté la valeur, lorsque la fabrication du chlorure de chaux, en particulier, eut acquis un plus grand développement, on finit par où l'on aurait dû commencer, et l'on chercha des méthodes pour condenser l'acide chlorhydrique. On proposa successivement une série de procédés et d'appareils, dans l'espoir de réaliser ce but. On fit passer le gaz à travers de longs canaux humectés (des tubes en terre poreuse couchés dans l'eau), ou, comme dans les célèbres usines de M. Kuhlmann, à travers une série de récipients en grès, *bonbonnes*, où les courants d'eau et de gaz marchaient en sens inverse. Vers l'extrémité, M. Kuhlmann avait même le soin de mélanger à l'eau du carbonate de baryte naturel (*witherite*) destiné à absorber les dernières portions de gaz chlorhydrique, en donnant naissance à du chlorure de baryum qui servait plus tard à la préparation de blanc fixe ou sulfate de baryte artificiel (voyez le chapitre sur les *Composés barytiques*).

La méthode de condensation employée en Angleterre, et qui se propage de plus en plus sur le continent, est celle que M. Gossage introduisit en 1836 ; elle consiste dans l'emploi de tours à condensation remplies de coke sur lequel on fait couler de l'eau. Cette eau se répand en nappes minces sur le coke, qui présente ainsi une énorme surface humide au gaz, à mesure que celui-ci s'élève à travers ces canaux sinueux. Il y a généralement deux tours à condensation l'une à côté de l'autre. Le gaz acide chlorhydrique entre à la partie inférieure de l'une d'elles, s'y tamise à travers le coke humide, sature l'eau et fournit, par conséquent, de l'acide chlorhydrique liquide très-concentré. Les vapeurs acides non condensées s'élevant dans la tour, rencontrent de l'eau de plus en plus pure, et qui, par conséquent, se montre de plus en plus avide de gaz chlorhydrique, à mesure que ce dernier devient plus dilué et, par conséquent, plus difficile à condenser. Après avoir traversé la première des deux tours, les gaz restants pénètrent dans la seconde, où l'excès d'eau est si grand qu'il peut absorber jusqu'aux dernières traces de gaz acide chlorhydrique. L'eau qui s'écoule de cette seconde tour n'a qu'une légère saveur acide ; ou elle est rejetée, ou elle sert, au lieu d'eau pure, à l'alimentation de la première tour.

Malgré l'excellence de ces tours à condensation, leur fonctionnement n'était cependant jamais assez parfait pour qu'il ne restât des traces sensibles d'acide chlorhydrique dans les gaz qui s'en échappaient, jusqu'à ce que l'on eût introduit une amélioration importante dans la construction des fours à décomposition du sulfate de soude.

Originairement, ceux-ci consistaient en des fours à réverbère ouverts, dans lesquels on faisait réagir l'acide sulfurique sur le sel, de sorte que le gaz acide chlorhydrique s'échappait mélangé avec les gaz provenant de la combustion de la houille. Le gaz acide, ainsi dilué et chauffé, se trouvait dans une condition très-défavorable à la condensation lorsqu'il arrivait en présence de l'eau. En 1836, M. Gossage (1) prit un brevet pour un four à réverbère pouvant fonctionner comme four fermé ou à distillation pendant la première phase de l'opération, et plus tard comme four ouvert, chauffé par l'application directe de la flamme, pour l'achèvement de la transformation du sel marin en sulfate de soude. En employant ce four conjointement avec ses condensateurs, il produisait, pendant la première période de l'opération, un acide concentré pouvant servir à la fabrication du chlorure de chaux, et un acide faible pendant la seconde période.

Feu M. Gamble (2) apporta une amélioration considérable dans la construction de ces fours ; il paraît avoir été le premier qui ait réalisé l'accomplissement des deux phases de la réaction dans deux compartiments différents, appartenant au même four, mais disposés d'une manière spéciale. On adopta très-généralement le principe de ce mode d'opérer ; et pendant bien longtemps les fabricants de soude se servirent du four à réverbère, communiquant, par une ouverture pouvant être fermée et ouverte à volonté, avec une espèce de moufle dont la sole consistait en une plaque en fonte très-épaisse, de forme circulaire ou elliptique. La flamme du foyer, après avoir circulé dans le four à réverbère, passait autour de la moufle, qu'elle échauffait fortement, et se rendait ensuite, à travers les appareils condensateurs, dans la cheminée. La moufle elle-même se trouvait également en communication avec un appareil condensateur fournissant de l'acide chlorhydrique concentré.

D'après ce procédé, on fait tomber le chlorure de sodium sur la sole en fonte, et l'on y laisse couler en même temps l'acide sulfurique, préalablement chauffé. Il s'établit alors une réaction très-vive ; la moitié ou presque les deux tiers de l'acide chlorhydrique se dégagent et sont facilement condensés, puisque les vapeurs acides sont presque pures, n'étant pas mélangées aux produits de la combustion du foyer.

Le produit salin ainsi obtenu étant principalement un mélange de bisulfate de soude et de chlorure de sodium,

$$\text{Na Cl} + \left.{\begin{array}{c}\text{H}\\\text{H}\end{array}}\right\}\text{SO}^4 = \left.{\begin{array}{c}\text{Na}\\\text{H}\end{array}}\right\}\text{SO}^4 + \text{HCl},$$

est ensuite poussé à travers l'ouverture pratiquée à cet effet dans le four à réverbère, et la moufle ainsi vidée peut recevoir une nouvelle charge de sel et d'acide sulfurique. La chaleur dans le four à réverbère étant beaucoup plus élevée que dans la moufle, la réaction s'y achève, et le mélange de bisulfate et de chlorure sodiques est transformé en acide chlorhydrique et en sulfate neutre de soude,

$$\left.{\begin{array}{c}\text{Na}\\\text{H}\end{array}}\right\}\text{SO}^4 + \text{Na Cl} = \left.{\begin{array}{c}\text{Na}\\\text{Na}\end{array}}\right\}\text{SO}^4 + \text{HCl}.$$

Mais l'acide chlorhydrique qui se dégage maintenant (en quantité pouvant varier entre la moitié et le tiers de la quantité totale dégagée) est d'une condensation très-difficile, parce qu'il est mélangé avec tout l'azote, l'acide et l'oxyde carboniques provenant de la combustion de la houille par l'air sur la grille du foyer. Malgré l'emploi des tours à condensation, une partie de l'acide chlorhydrique se dégage toujours dans l'air, et il faut des appareils très-

(1) Gossage (W.), patente, n° 7,267, 24 décembre 1836.
(2) Gamble (J.-C.), patente, n° 8,000, 14 mars 1839.

compliqués et des précautions toutes particulières pour obtenir une condensation satisfaisante avec les fours à décomposition du sulfate de soude, que nous venons de décrire.

Tous les inconvénients ont cependant disparu depuis l'adoption d'un nouveau perfectionnement dans la forme des fours à sulfate, modification qui permet de substituer également à la division du four, autrefois ouverte, une mouffle dans laquelle n'entrent plus les produits de la combustion. Cet appareil fonctionne avec tant de succès qu'il mérite une attention toute particulière.

Cet appareil, disposé comme il l'est généralement maintenant, se compose de deux mouffles, dont l'une en fonte et l'autre en briques. La partie inférieure de la mouffle en fonte représente un segment de sphère creuse, faite de fonte épaisse, ayant neuf pieds de diamètre dans sa partie la plus large, et un pied neuf pouces de profondeur. Elle est placée sur une assise en briques et surmontée d'un couvercle en fonte représentant également un segment de sphère creuse, d'un pied de profondeur environ au centre. Ce couvercle est percé de deux ouvertures fermées par des portes, dont l'une sert à introduire le sel, tandis que par l'autre le mélange peut être poussé dans la mouffle en briques. On place un foyer à côté de la mouffle en fonte et l'on fait passer d'abord la flamme au-dessus du couvercle en fer, pour la diriger ensuite sous la sole en fonte. La chaleur nécessaire est ainsi fournie par transmission aux matières contenues dans la mouffle, et les gaz se dégagent non mélangés d'air, à une température comparativement peu élevée. La mouffle en brique est contiguë à celle en fer, toutes les deux sont assises sur la même pile de maçonnerie et sont chauffées par des carneaux qui communiquent les uns avec les autres. La mouffle en briques est une chambre d'environ trente pieds de long sur neuf pieds de large, et dont la sole, construite en briques, est superposée à une série de carneaux ; la partie supérieure de cette mouffle consiste en une mince voûte en briques, surmontée elle-même d'une autre voûte en briques, l'espace entre les deux formant ainsi un carneau pour la circulation de la flamme. A l'une des extrémités de la mouffle en briques se trouve le foyer, dont la flamme circule d'abord dans l'intervalle situé entre les deux voûtes de la mouffle, pour revenir ensuite par les carneaux qui sont sous la sole en briques. De cette manière, la chaleur est communiquée, par transmission à travers la maçonnerie de la voûte et de la sole, au mélange introduit dans la mouffle.

Pour faire fonctionner cet appareil, on verse une demi-tonne de sel dans la mouffle en fer échauffée, et l'on fait couler sur le sel la quantité nécessaire d'acide sulfurique, d'une densité d'environ 1.7. On facilite le mélange en brassant de temps en temps la matière avec un ringard en fer ; il en résulte un fort dégagement de gaz acide chlorhydrique. Le mélange s'épaissit graduellement, et au bout d'une heure et demie environ (après l'élimination des 2/3 de l'acide chlorhydrique) il est devenu pâteux et est prêt à être transféré dans la mouffle en briques ; pour effectuer cette translation, on pousse le mélange pâteux à travers le canal de communication existant entre les deux mouffles.

Afin de chasser complétement l'acide chlorhydrique du sulfate de soude, il est nécessaire de maintenir la mouffle en briques au rouge vif ; il en résulte que le gaz se dégage de cette partie de l'appareil à une température élevée. Si l'on désire obtenir un acide concentré pendant cette phase de l'opération, il faut refroidir le gaz avant son entrée dans les condensateurs ; mais cette précaution est inutile si l'on ne désire qu'un acide faible. Il y a un arrangement qui sert à fermer la communication entre les deux mouffles, de manière à pouvoir maintenir séparés les gaz provenant de chacune d'elles.

Une modification de cet appareil consiste à remplacer la mouffle fermée en briques par un four à réverbère ouvert et chauffé par le coke. Mais il en résulte un mélange de gaz acide chlorhydrique avec les produits gazeux de la combustion, ce qui exige une condensation bien plus soignée lorsqu'on se sert de cette espèce de four.

Par l'emploi de ces nouveaux fours perfectionnés, avec leurs condensateurs d'une capacité convenable et un approvisionnement suffisant d'eau, il est facile de diriger la fabrication du sulfate de soude, de manière à ne causer aucun préjudice au voisinage de la fabrique.

Depuis vingt ans, M. Tennant, à Glasgow, emploie des fours pareils dans ses magnifiques usines, où l'on décompose jusqu'à 500 tonnes de sel par semaine au sein d'une population très-nombreuse. Dans les dernières années, on a introduit des fours construits sur le même modèle, dans le plus grand nombre des fabriques bien dirigées de ce pays. Grâce à eux et à des appareils condensateurs convenables, il a été possible d'établir des fabriques de soude dans les villes; et nous citerons à cet égard, comme un fait curieux, que M. Muspratt, après avoir été d'abord chassé de Liverpool pour s'établir à Newton, puis chassé de nouveau de Newton, toujours à cause de l'acide chlorhydrique qu'on l'accusait de laisser dégager dans l'air, a pu revenir enfin à Liverpool, sans susciter la moindre plainte et sans occasionner le moindre inconvénient. M. Muspratt a si parfaitement réussi à condenser l'acide chlorhydrique, que peu d'habitants de Liverpool se sont même aperçus de son retour dans leur ville. Ces fours perfectionnés sont maintenant généralement adoptés en Belgique, où ils sont même prescrits par la loi (1), ce qui les a souvent fait nommer sur le continent *fours belges*. On commence aussi à les adopter plus généralement en France. M. Kuhlmann, à Lille, M. Kestner, à Thann, et M. Merle, à Salyndres, près d'Alais, les ont introduits depuis longtemps dans leurs usines; et, sans aucun doute, l'exemple donné par ces manufacturiers éclairés sera bientôt suivi par ceux de leurs confrères qui sont moins avancés.

Il paraît cependant qu'on n'est pas encore parvenu généralement à obtenir une condensation parfaite. Tandis que le jury examinait les magnifiques produits envoyés à l'Exposition par les fabricants de soude d'Angleterre, Lord Derby, dans la Chambre des Lords, insistait fortement sur l'insuffisance de la condensation dans beaucoup de fabriques d'alcali. Lord Derby demanda et obtint la nomination d'une commission d'enquête, dans le but d'appeler l'attention des légistes sur cette question (2).

(1) En Belgique, la condensation de l'acide chlorhydrique dans les fabriques de soude a été l'objet d'une grande enquête publique, dont les résultats ont été publiés dans un rapport volumineux : *Fabriques de produits chimiques. Rapport à M. le Ministre de l'intérieur par la Commission d'enquête, instituée par arrêtés royaux des 30 août 1854, 25 mai et 6 septembre 1855. Bruxelles, 1856.*

(2) Pendant les débats qui eurent lieu devant la Commission instituée par Lord Derby, le Dr Frankland et le rapporteur furent invités par les fabricants de soude de la rivière Tyne, d'examiner l'état de la condensation dans quelques-unes de leurs usines. L'examen se trouva nécessairement limité à un petit nombre d'établissements; mais, partout où l'on put procéder à des vérifications, le gaz acide chlorhydrique se trouvait parfaitement bien condensé. Dans la fabrique de soude de Walker (*Walker alkali Works*), on avait introduit un tuyau en fer dans la cheminée, par laquelle passent les gaz après l'absorption de l'acide chlorhydrique. On aspira au moyen du tuyau une certaine quantité de gaz de cette cheminée, et il se trouva contenir si peu d'acide chlorhydrique qu'on pouvait le respirer sans le moindre inconvénient. La lettre suivante rend compte du résultat de ces observations.

» Londres, 26 mai 1862.

« Messieurs,

» Selon vos désirs, nous avons visité plusieurs des fabriques d'alcali situées sur la rivière Tyne, dans le but d'examiner les moyens employés pour la condensation des vapeurs acides, et nous venons vous rendre compte du résultat de nos observations.

» Limités par le temps que vous avez pu nous accorder pour cette enquête, nous avons surtout dirigé notre attention sur quelques-unes des plus importantes de ces usines. Nous avons visité conjointement les *Tyne Chemical Works*, les *Jarrow Chemical Works*, les *Walker Alkali Works*, et l'un de nous, le docteur E. Frankland, a également visité les *Felling* et les *Bill Quay Alkali Works*.

» D'après les connaissances générales que nous possédons sur les procédés employés ordinairement dans les fabriques d'alcali, nous pensons que la seule émanation gazeuse qui puisse nuire sérieusement à la végétation est le gaz acide généralement désigné sous le nom d'acide muriatique ou chlorhydrique, qui se dégage pendant la transformation du sel marin en sulfate de soude.

» Pendant les premières périodes du développement de l'industrie alcaline, le gaz acide muriatique se dé-

La commission de Lord Derby a tenu ses séances vers la fin de la session actuelle du parlement, et, pendant ces séances, la question a été loyalement discutée et approfondie entre les fabricants d'alcali et les propriétaires fonciers. La commission a déjà fait son rapport, qui conduira sans doute bientôt à un résultat pratique.

Le chlorure de sodium, employé en Angleterre pour la préparation de la soude, est d'une blancheur et d'une pureté remarquables, exempt de chlorure de magnésium et de matières terreuses et non déliquescent (1).

Néanmoins, le sulfate de soude préparé en Angleterre est quelquefois moins pur que celui qu'on fabrique en France, qui contient souvent 99 1/2 pour 100 de sulfate de soude neutre, sans le moindre excès d'acide. Cette différence provient de ce que le sel marin, étant extrêmement bon marché en Angleterre, y est souvent employé en excès. En achetant le sulfate de soude, le fabricant de soude anglais est généralement content s'il marque 96 pour 100 ; quoique ceux, qui le fabriquent pour leur propre usage, produisent ordinairement un article contenant de 97 à 98 pour 100.

Fabrication de la soude brute (ball-soda). — Lorsqu'on a obtenu le sulfate de soude, comme nous l'avons indiqué ci-dessus, on le mélange avec du carbonate de chaux (ou quelquefois avec de l'hydrate de chaux) et du menu de houille, dans des proportions qui sont encore aujourd'hui à peu près les mêmes que celles indiquées primitivement par Leblanc, savoir :

Sulfate de soude	100
Carbonate de chaux	100
Carbone	55

De nos jours, les fabricants anglais, qui substituent la houille bitumineuse au charbon de bois, emploient généralement :

Sulfate de soude	100
Carbonate de chaux	100
Houille	75

« gageait librement dans l'air, et l'on reconnut bientôt, d'une manière évidente, l'influence nuisible qu'il exer-
« çait sur la végétation environnante. Le mal une fois constaté, la science indiqua un remède convenable
« dans la condensation par l'eau de ce gaz délétère. Mais les manufacturiers n'adoptèrent ce remède que len-
« tement, et il semble qu'on ne l'applique pas d'une manière efficace dans toutes les usines.

« Ce principe de condensation fonctionne avec succès dans toutes les fabriques mentionnées plus haut. La
« manière particulière de l'appliquer varie selon les exigences spéciales de chaque usine ; en effet, nous
« avons remarqué jusqu'à trois modifications différentes dans le cours de notre enquête actuelle.

« Nous avons examiné soigneusement et ces procédés de condensation et les gaz qui, après y avoir été
« soumis, se dégagent dans l'air, et nous sommes arrivés à cette conclusion formelle, que la quantité d'acide
« chlorhydrique restant encore dans ces gaz est beaucoup trop insignifiante pour pouvoir nuire à la végé-
« tation, même dans les environs les plus rapprochés.

« Nous ne faisons que rendre hommage à la vérité en ajoutant que nous ne nous attendions guère à trouver
« une condensation si parfaite produite par des moyens aussi simples, et nous sommes convaincus que l'adop-
« tion universelle de méthodes analogues dans les fabriques d'alcali concilierait infailliblement les intérêts du
« manufacturier et ceux du propriétaire foncier.

« Si vous le jugez nécessaire, nous sommes prêts à affirmer devant la commission de la Chambre des Lords
« les faits avancés dans cette lettre.

« Nous avons l'honneur d'être, Messieurs, vos très-obéissants serviteurs.

« *Signé :* A. W. HOFMANN.
« E. FRANKLAND.

« *A Messieurs* C. ALLHUSEN *et* Jas. C. STEVENSON. »

(1) La pureté du sel anglais, et plus particulièrement l'absence du chlorure de magnésium, qui, dans l'atmosphère humide de ce pays, se trahirait rapidement par la déliquescence, ont excité l'étonnement des nombreux visiteurs étrangers de l'Exposition. Un célèbre chimiste du continent avait peine à croire que les cubes blancs et secs, colportés dans les rues de Londres, étaient du sel marin.

Ces proportions varient cependant sensiblement, comme l'indique le tableau suivant, qui donne les proportions actuellement adoptées par différents fabricants anglais, français et allemands (1) :

	1	2	3	4	5	6	7	8	9	10	11
Sulfate de soude....	100	100	100	100	100	100	100	100	100	100	100
Carbonate de chaux.	107.7	110	103	97.5	115	121	115	93.6	100	100	90.2
Houille.............	73	50	61.7	55.6	35	46.6	68	40.4	40.3	37.7	42.1

Les différences dans les proportions s'expliquent par les variations dans la nature et dans la pureté des matières premières employées. Ainsi, par exemple, certaines fabriques se servent de houilles anthraciteuses, donnant jusqu'à 80 pour 100 de coke et ne renfermant que 4 — 9 pour 100 de cendres; tandis qu'à leur propre détriment, d'autres manufacturiers emploient des variétés de houille ne donnant qu'environ 60 pour 100 de coke, et laissant 10 — 15 et même jusqu'à 18 pour 100 de cendres.

Les proportions indiquées sous le n° 10, dans le tableau ci-dessus, sont celles employées dans les usines de M. Kuhlmann, à Lille; ce fabricant se sert d'une houille laissant en moyenne 4 — 5 pour 100 de cendres. La houille employée par les fabricants de soude en Angleterre renferme généralement moins de 5 pour 100 de cendres.

Ce mélange est chauffé au rouge dans les fours à soude (*balling-furnaces*), qui sont généralement à deux étages. L'opération commence sur l'étage le plus éloigné du foyer, et le mélange s'y échauffe graduellement. On pousse ensuite la masse dans l'étage inférieur plus rapproché de l'autel. La chaleur y étant beaucoup plus intense, le mélange commence à entrer en fusion, et l'apparition de nombreuses petites flammes d'oxyde de carbone indique le début d'une réaction énergique. On favorise l'opération en remuant de temps en temps toute la masse avec des ringards en fer, jusqu'à ce qu'elle devienne graduellement pâteuse; la transformation est accomplie lorsque les petites flammes, appelées *chandelles* par les ouvriers, deviennent moins nombreuses. C'est alors, et avant la disparition complète des chandelles (*candles*), que toute la masse est retirée par les portes de travail et reçue dans des chariots en fer de forme rectangulaire, où elle se moule en blocs de soude brute (*black-ash* ou *ball-soda*). La soude encore rouge, telle qu'on la retire du four, dégage des torrents d'ammoniaque, et le dégagement de ce gaz continue jusqu'après le refroidissement de la matière. (Voy. le chapitre sur les composés ammoniacaux et cyanogénés.)

Autrefois on jugeait nécessaire de pulvériser les matières et de les mélanger parfaitement et bien uniformément; mais la pratique opposée l'emporte en ce moment, et la houille en particulier, au lieu d'être introduite sous forme de poussière, l'est en fragments de moyenne grosseur. Ce mode d'opération n'entrave nullement la réaction chimique entre les matières premières, et modifie avantageusement les caractères physiques de la soude brute produite. Cette dernière devient facilement trop dense et trop compacte lorsque les matières sont trop finement pulvérisées; tandis que la pratique moderne fournit les moyens d'obtenir des blocs poreux, se délitant aisément et très-faciles à lessiver.

Les fours à soude brute du continent diffèrent de forme et de grandeur de ceux qu'on emploie en Angleterre. En France et en Belgique plus particulièrement, il existe une tendance à augmenter leurs dimensions. La charge ordinaire, dans ces pays, est, en effet, près de trois fois plus forte que celle généralement usitée en Angleterre, et les fours du continent n'ont ordinairement qu'une seule sole à réaction ; il en résulte qu'on met trois fois plus de temps qu'en Angleterre pour accomplir la réaction, et les pains ou blocs qu'on obtient sont d'une dimension plus considérable. En Angleterre, les matières, préparées à l'étage supérieur par la chaleur perdue, ne restent que pendant une heure environ sur la sole inférieure, qui constitue le four de travail proprement dit (*working furnace*).

(1) Voyez M. Scheurer-Kestner, *Répert. de chim. appl.*, 1862, p. 231.

Il est difficile de décider laquelle de ces deux méthodes est la plus économique. Au point de vue théorique, la méthode anglaise paraît offrir plus d'avantages ; car, en opérant sur moins de matières à la fois, le travail est moins pénible, la manipulation plus facile, et le mélange reste moins longtemps soumis à une chaleur très-intense, qui, dans certaines circonstances, peut occasionner la volatilisation d'une quantité notable de sodium (1).

Il y a dix ans à peu près, MM. Elliot et Russell (2) proposèrent de simplifier la fabrication de la soude brute, en opérant dans des fours rotatoires ; cette méthode a été récemment perfectionnée et mise en pratique par MM. STEVENSON et WILLIAMSON, à la fabrique de produits chimiques de Jarrow, South-Shields (*Royaume-Uni*, 540). D'après cette méthode, le mélange de sulfate de soude, de carbonate de chaux et de houille est introduit dans un cylindre rotatoire en fer, garni à l'intérieur de briques réfractaires, et chauffé par une flamme qui le traverse d'outre en outre. Cette flamme, qui se dégage du foyer placé à l'une des extrémités de l'appareil, se rend dans une cheminée qui communique avec l'autre extrémité.

M. Stevenson a bien voulu nous fournir la description d'un de ces fours rotatoires, dans sa forme la plus récente et la plus perfectionnée. « Le plus commode des trois fours construits aux « *Jarrow Chemical Works*, South-Shields, dit M. Stevenson, se compose d'un cylindre horizontal « en fonte, ayant 11 pieds de long sur 7 1/2 de diamètre, et doublé d'une maçonnerie en briques « ques de 9 pouces d'épaisseur. Deux ouvertures circulaires, d'environ 2 pieds de diamètre, placées « cées aux extrémités, permettent à la flamme du foyer de traverser le cylindre et de chauffer « le mélange qu'il contient. Le cylindre repose sur quatre galets, dont une paire est mise en « mouvement par une force mécanique et produit par là la rotation du cylindre. On introduit « la charge par une espèce d'entonnoir, qui se trouve placé au-dessus de l'ouverture pratiquée « quée dans le milieu du cylindre, et disposée de manière à pouvoir être hermétiquement fermée « mée par une porte en fer. Lorsque la décomposition est complète, on retire le mélange par « cette même ouverture, en ayant soin d'arrêter la rotation du cylindre au moment où la « porte est dirigée vers le sol. »

Parmi les avantages que présente le four rotatoire, M. Stevenson mentionne les suivants : « Comme on n'a pas besoin d'instruments pour remuer le mélange, le four peut être maintenu « tenu fermé ; sa garniture intérieure en briques dure très-longtemps, et l'économie de main- « d'œuvre est considérable. Un four rotatoire, ayant les dimensions données plus haut, dé- « compose 14 quintaux (chacun de 50 kilogr. environ) de sulfate de soude toutes les deux « heures, au prix de 2 sh. et 1 penny (2 fr. 60 c.) par tonne, y compris le transport et le char- « gement des matières. Le mélange, recevant la chaleur, tant de la maçonnerie qui l'entoure « que par la flamme, et étant retourné continuellement, ce qui expose sans cesse de nou- « velles surfaces au feu, s'échauffe graduellement et régulièrement, sans qu'aucune de ses « parties puisse acquérir une température capable de provoquer la volatilisation de l'alcali. »

Cette innovation hardie, introduite par MM. Elliot et Russel, et adoptée par MM. Stevenson et Williamson, a été jugée très-diversement. Quelques fabricants la considèrent comme un perfectionnement important, tandis que d'autres la rejettent comme trop coûteuse, trop susceptible de dérangements, et ne permettant pas assez facilement de contrôler et de régulariser l'opération. Un fait cependant semble parler en faveur de ce nouveau procédé : c'est qu'on a successivement construit trois de ces fours ; d'où l'on conclut naturellement que le premier déjà avait fonctionné d'une manière satisfaisante. Il paraît qu'à chaque nouvelle reconstruction de ce four, MM. Stevenson et Williamson y ont introduit quelques perfectionnements de détail que la pratique et l'expérience avaient indiqués.

Des quantités considérables de soude brute sont employées plus particulièrement en Angle-

---

(1) M. Stromeyer (*Ann. Chem. Pharm.*, CVII, 333) a prouvé que, par une température trop élevée, on peut perdre jusqu'à 3 pour 100 du sulfate employé.

(2) Elliot (G.) et Russell (W.), brevet nᵒ 887, 13 avril 1853.

terre par les fabricants de savon, sans avoir été préalablement soumises à un autre traitement par le fabricant de soude. Si l'on veut convertir la soude brute en sel de soude blanc ou en carbonate de soude cristallisé, il faut la soumettre à la lixiviation.

Lixiviation de la soude brute. — Les blocs de soude brute anglaise sont généralement plus noirs et plus charbonneux que ceux du continent. Avant le lessivage, on les expose ordinairement à l'air pendant un jour ou deux (dans quelques fabriques pendant dix à douze jours), non-seulement pour les laisser refroidir complétement, mais encore pour leur faire subir une sorte de désintégration, qui facilite leur traitement ultérieur.

Le lessivage de la soude brute se faisait autrefois moyennant une série de trois cuves. remplies chacune presque jusqu'au bord de soude brute concassée. Ces cuves étaient placées à différents niveaux, de telle manière que les liqueurs faibles. provenant des cuves supérieures, qui contenaient une matière déjà partiellement lessivée, s'écoulaient dans les cuves inférieures chargées d'une matière moins épuisée. Cet arrangement rendait nécessaire la translation de la soude brute non épuisée des cuves inférieures dans les supérieures, au moyen de baquets ou de pelles. Non-seulement cette manipulation était très-pénible, mais elle rendait la masse très-compacte ou, pour nous servir d'un terme industriel, *très-puddlée;* on altérait ainsi sa perméabilité pour le liquide lixiviateur d'une manière si sensible, que les solutions obtenues dépassaient rarement une densité de 1.15.

Clément Desormes imagina un appareil ingénieux qui remédiait partiellement à ces défauts. Au lieu d'introduire la soude brute dans les cuves, Desormes la concassait en morceaux d'une grandeur convenable et la plaçait dans des paniers en tôle perforée, qu'il immergeait avec leur contenu dans l'eau des différentes cuves. En outre. ces paniers étaient munis d'anses, qui permettaient de les soulever facilement, et de les transporter d'une cuve à l'autre jusqu'à ce qu'ils eussent parcouru la série de cuves. Le transport de la soude brute s'opérait ainsi avec beaucoup moins de peine, et le *puddlage* ou tassement se produisait beaucoup moins que lorsqu'on transférait la soude elle-même par pelletée d'une cuve à l'autre. Le travail de déplacement était donc beaucoup diminué ; et, au lieu de trois cuves seulement, il fut possible d'en employer une série beaucoup plus étenduee. Par ce procédé, on épuisait la soude brute plus graduellement et, par conséquent, d'une manière plus complète. Les paniers contenant la soude brute se succédaient en remontant de cuve en cuve ; chaque panier plein était introduit avec une charge fraîche dans la cuve la plus inférieure. et on le retirait épuisé de celle qui occupait l'extrémité supérieure dans la série. L'eau, coulant dans une direction opposée, était introduite pure dans la cuve supérieure, et descendait en passant de cuve en cuve, rencontrant toujours une soude brute moins épuisée et devenant plus riche en alcali à mesure qu'elle descendait ; arrivée dans la cuve la plus basse, elle filtrait à travers un panier rempli de soude brute toute fraîche et s'écoulait de là à l'état de solution saturée de soude.

Avant Desormes déjà, ce principe de la descente de l'eau de cuve en cuve et à travers la matière en traitement avait été mis en pratique ; mais Desormes apporta un grand perfectionnement à la disposition des cuves au moyen de laquelle se réalisait cette manière de lessiver. Avant lui, pour atteindre ce but, on était obligé de superposer les cuves l'une au-dessus de l'autre de toute la hauteur des cuves. D'après le nouvel arrangement de Desormes. chaque cuve de la série était placée à un niveau seulement de quelques pouces plus élevé que la cuve précédente, et cependant elles étaient disposées de manière à ce que l'eau s'écoulât *du fond* de la cuve supérieure *à la surface* de la suivante inférieure ; cet effet s'obtenait au moyen d'un tuyau en forme de siphon, qui s'élevait depuis la partie inférieure de chaque cuve, et se recourbant forçait l'eau de se déverser à la surface de la cuve suivante. Cet arrangement ingénieux diminua considérablement la hauteur à laquelle il fallait soulever la matière en la transvasant de cuve en cuve ; et l'on put multiplier les cuves à volonté, sans que la supérieure fût placée à une hauteur incommode au-dessus du sol.

Le système de Desormes constituait indubitablement un grand progrès comparativement aux arrangements antérieurs, très-défectueux. Mais il était loin d'être parfait ; il fallait beaucoup de travail et de main-d'œuvre pour soulever les paniers, lorsqu'on opérait sur des centaines de tonnes de matières par semaine. En outre, à chaque déplacement la soude brute, n'étant plus supportée hydrostatiquement par le liquide dans lequel elle était immergée, se tassait en masses de plus en plus compactes, et il en résultait par cela même, quoiqu'à un moindre degré, cette perte de porosité qui constituait l'objection la plus importante au premier procédé. De plus, la méthode de lessivage indiquée par Desormes était très-lente, et l'appareil occupait beaucoup de place comparativement aux résultats obtenus.

Il appartint à un fabricant de soude anglais, M. JAMES SHANKS OF ST-HELENS (1), (*Royaume-Uni*, 598) de mettre en pratique le principe inestimable du lessivage méthodique au moyen d'un appareil qui remédiait complétement aux imperfections des arrangements antérieurs ; rendant inutile surtout la nécessité de transporter la soude brute d'une cuve à l'autre, soit à la pelle, soit au moyen d'un panier ; et par un artifice qui, à première vue, semble être un paradoxe, réunissant les avantages en apparence incompatibles d'une disposition *horizontale* des cuves à lessivage avec l'écoulement *par descente* du liquide lixiviateur à travers chacune d'elles.

Pour arriver à ce résultat, M. Shanks profita du fait que les solutions deviennent plus denses à mesure qu'elles sont plus chargées et plus concentrées, et qu'une colonne d'une solution faible d'une certaine hauteur est contre-balancée par une colonne plus courte d'une solution plus dense.

D'après ce principe, dans une série de cuves disposées horizontalement, à travers lesquelles on fait couler de l'eau qui, dans sa course, opère la lixiviation d'une matière soluble ou partiellement soluble, et qui devient de plus en plus chargée, le niveau de l'eau s'abaissera successivement de cuve en cuve, depuis la première, qui reçoit l'eau pure, jusqu'à la dernière d'où elle s'écoule saturée. Ainsi, quoique les cuves elles-mêmes soient horizontales, les niveaux de leurs eaux représenteront un plan incliné ; et quoique le courant qui traverse ces cuves soit, en un sens, dans un plan horizontal, il sera néanmoins incliné en réalité.

Cette déclivité réelle sera d'autant plus grande que l'eau se chargera plus rapidement en passant de cuve en cuve ; en d'autres termes, elle sera proportionnelle à la différence de densité des solutions dans les différentes cuves. Cette concentration accélérée du liquide sera évidemment produite à mesure qu'il avance dans les cuves, si on le met dans chacune en présence d'une charge toujours plus fraîche et moins épuisée de matières à lessiver.

Les arrangements sont faits en conséquence, et la déclivité utilisable qu'on obtient ainsi n'est pas de moins de 12 à 15 pouces d'un bout à l'autre de la série des cuves, malgré leur disposition horizontale.

Mais cette pente ne serait en elle-même d'aucune utilité pour le but qu'on se propose, si son point le plus élevé et le plus bas ne pouvaient être transféré au gré de l'opérateur à deux cuves contiguës quelconques de la série.

A cet effet, les cuves sont reliées entre elles par des tuyaux, de manière à former une série rentrante, n'ayant, pour ainsi dire, ni commencement ni fin, et fournissant à l'eau un passage non interrompu, qui lui permet de couler sans cesse dans une espèce de cercle.

Cet arrangement met l'opérateur à même de choisir deux cuves contiguës quelconques, et

---

(1) En donnant les détails qui suivent, le rapporteur s'appuie de l'autorité de son ami et confrère du jury, M. William Gossage, qui, peut-être plus que toute autre personne, a étudié et suivi le développement successif de la fabrication de la soude. Nous devons cependant faire remarquer que d'autres réclament l'honneur de l'invention. En parlant de cet appareil, le docteur Muspratt (*Dictionary of applied Chemistry*, p. 926) dit : « L'éditeur sait que l'appareil lixiviateur, adopté maintenant généralement par les fabricants de soude en Angleterre, est une invention étrangère, et qu'en 1843 environ, M. C.-T. Dunlop l'introduisit dans la fabrique de produits chimiques de Saint-Rollox, à Glasgow. »

d'en faire les cuves *d'entrée* et *de sortie* du liquide lessivant; le courant du liquide est naturellement dirigé à travers tout le cercle de cuves intermédiaires, au moyen des tubes qui les font communiquer.

Les cuves étant alternativement vidées et remplies, celle qu'on a chargée en dernier lieu, et qui contient par conséquent la matière la plus riche, est aussi celle dans laquelle le liquide, saturé le plus complétement, devient le plus dense et reste au niveau le plus bas : en conséquence, cette cuve sera, jusqu'à nouvel ordre, *la cuve de sortie*, d'où l'on fait découler la solution saturée.

D'un autre côté la cuve qui, au même moment, renferme la matière la plus épuisée est nécessairement celle qui contient la liqueur la plus faible et qui, pour cette raison, possède le niveau d'eau le plus élevé. Cette cuve forme, par conséquent, le sommet de la déclivité, et est *la cuve d'entrée* pour l'eau pure.

Les cuves entreposées renferment des solutions de saturation et de densité intermédiaires, lesquelles se maintiennent à des niveaux correspondants, et constituent une pente uniforme entre les deux cuves extrêmes de cette espèce de plan incliné.

Lorsque la charge dans la cuve d'entrée, qui reçoit l'eau parfaitement pure, est complétement épuisée, on l'enlève et on remplit la cuve de nouvelle matière à lessiver; alors en ouvrant une série de robinets, on transforme cette cuve en *cuve de sortie*, celle de laquelle la liqueur saturée s'écoule dans le réservoir placé plus bas. Après avoir été le point le plus élevé de la déclivité, cette cuve fraîchement remplie en devient subitement l'extrémité inférieure.

On dirige en même temps le courant d'eau pure dans la cuve la plus voisine, c'est-à-dire dans celle qui contient alors la charge à peu de chose près déjà épuisée; cette cuve se trouve donc à son tour la première et la plus élevée de la série, celle qui, contenant la solution la plus faible, présente la colonne de liquide la plus haute.

Une charge après l'autre étant ainsi épuisée, chaque cuve, à son tour, est vidée et remplie; et, de cette manière, chacune d'elles occupe successivement le point le plus élevé, le plus bas, et tous les points intermédiaires de la déclivité.

On comprendra facilement l'influence qu'exerce cet arrangement sur la matière à lessiver. Quoiqu'on ne la transporte pas de cuve en cuve, comme cela se pratique pour les paniers de Desormes, pour l'immerger chaque fois dans une liqueur plus faible, et pour arriver finalement à l'eau la plus pure et à l'épuisement le plus complet dans la cuve la plus élevée; quoique au contraire elle reste immobile, et qu'on ne l'agite ni dans le sens vertical ni dans le sens horizontal; elle est néanmoins soumise virtuellement à la même méthode de lixiviation que subissent les paniers de soude brute dans l'appareil de Desormes; car, malgré son immobilité réelle, elle entre pour ainsi dire au point le plus bas et ressort au point le plus élevé de ce plan incliné, étant continuellement immergée, pendant la durée de l'opération, dans des eaux toujours plus pures, se maintenant à des niveaux toujours plus élevés; et, comme pour le panier de soude brute qui, dans le système Desormes, vient à être plongé dans la cuve supérieure, elle est enfin soumise à un lessivage final au moyen de l'eau pure qui afflue au niveau le plus élevé.

Cet arrangement admirable et si parfaitement efficace démontre la vérité de ce fait : qu'un changement de position relative entre deux corps s'obtient également, soit que tous les deux, ou l'un d'eux seulement, et, dans ce dernier cas, n'importe lequel des deux, soient déplacés.

Il utilise encore d'une manière remarquable la loi de l'équilibre hydrostatique entre les colonnes liquides de densités différentes, en combinant les avantages en apparence incompatibles d'un courant *déclive* pour l'eau, et d'une disposition *horizontale* des cuves.

On tire, en outre, un excellent parti de cette combinaison en réalisant par elle ce qu'on pourrait appeler *la transférabilité du niveau supérieur* d'une cuve à l'autre, condition essentielle au fonctionnement d'une série *en rotation* qui, elle-même, est nécessaire à *la continuité* des opérations.

Un autre avantage, obtenu par ce système, consiste dans la *continuité* du mouvement descendant du liquide, et dans la tranquillité, que rien ne vient troubler, des couches *descendantes*. Si la filtration était *ascendante*, la couche supérieure du liquide, plus riche et par conséquent plus dense, aurait une tendance à redescendre en traversant la solution plus faible introduite par le bas; un dérangement mécanique dans l'ordre de superposition des couches (par exemple, le dérangement qui serait occasionné par le transport de cuve en cuve de la matière à lessiver) occasionnerait un mélange semblable de portions de solutions plus concentrées avec d'autres plus faibles. Un pareil mélange, qu'il soit produit par l'une ou l'autre cause, retarderait évidemment l'épuisement de la matière, et rendrait les solutions obtenues plus faibles.

Les principes de ce système, réellement magnifique, une fois bien saisis, on comprendra facilement les détails de l'appareil qui permet de le pratiquer et sa manière de fonctionner. Les cuves à lixiviation, habituellement au nombre de quatre à six dans chaque série, sont généralement construites en tôle et pourvues de doubles fonds perforés, qui supportent la matière en traitement et fournissent de la place à une couche de liquide clair, qui se trouve en dessous. C'est dans cette couche, dont la profondeur ordinaire est d'environ trois pouces, que débouche l'extrémité inférieure du tube vertical qui fait passer la liqueur dans la cuve voisine au moyen d'un tube d'embranchement horizontal. Ce dernier s'embranche, non point au sommet, mais généralement à seize ou dix-huit pouces au-dessous; et c'est par conséquent à cette profondeur au-dessous du bord supérieur que le courant d'eau pénètre dans chaque cuve.

De cette manière, on s'est ménagé une certaine marge pour la variation du niveau de l'eau, selon que chaque cuve se trouve être, à un moment donné, soit la plus élevée, soit la plus basse de la série, ou qu'elle occupe une position intermédiaire. Ces tubes de communication, comme nous l'avons déjà expliqué, permettent à l'eau une circulation continue à travers toutes les cuves. Chaque cuve est également pourvue d'un tube d'écoulement à robinet ou obturateur par lequel, lorsque la cuve est la dernière dans la série, on fait écouler le liquide saturé dans une grande citerne faisant fonction de réservoir. Chacun des tubes de communication, reliant les cuves entre elles, est également muni d'un robinet qui permet à l'opérateur d'établir ou d'interrompre à volonté la marche du liquide à travers l'appareil de lixiviation.

L'eau qui alimente la première cuve de la série (c'est-à-dire celle qui contient la matière déjà la plus épuisée) est justement assez chaude pour devenir un dissolvant puissant de la soude carbonatée et caustique, sans favoriser indûment la formation de sulfures solubles par suite de sa réaction sur les sulfures basiques terreux insolubles du résidu. Un tube, muni d'une allonge mobile en fer, sert à introduire l'eau dans l'appareil et la dirige facilement dans celle des cuves qui, à son tour, devient la première de la série. Plus l'introduction de l'eau à l'une des extrémités et l'écoulement de la liqueur saturée à l'autre se feront lentement, et plus la lixiviation sera parfaite; c'est-à-dire qu'il faudra moins d'eau pour opérer l'épuisement complet de la matière, et que la solution alcaline finalement obtenue sera plus concentrée. En outre, plus il y aura de cuves dans une série, et plus on pourra épuiser parfaitement un poids donné de matière dans un temps donné. Il existe cependant des limites pratiques, tant pour la multiplication des cuves que pour le ralentissement du courant d'eau; et il suffit que la solution qui s'écoule possède une densité un peu au-dessous de 1.3; soit par exemple de 1.27 à 1.286; chaque pied cube de solution renferme alors de dix à onze livres de soude réelle, ce qui représente environ 13.5 p. 100 du poids du liquide.

La dimension des cuves varie naturellement dans chaque fabrique, selon la quantité de matières à lessiver. Elles ont généralement cinq à six pieds de profondeur; quelquefois ce sont des cubes, mais plus souvent elles sont aussi larges que profondes, et d'une longueur double. Ces détails sont du reste comparativement de peu d'importance. La marge, qu'on

ménage à la partie supérieure des cuves pour la variation du niveau d'eau, augmente nécessairement avec leur profondeur, parce que la colonne de liquide faible s'élèvera au-dessus
de la colonne du liquide concentré en raison inverse des densités, c'est à-dire dans la proportion de 1.3 à 1.0. Plus la hauteur des colonnes sera grande, et plus grande, évidemment
sera aussi cette différence.

Dans beaucoup de fabriques, les cuves à lessivage forment encore des vases séparés. Mais
le mode de construction le plus simple et le moins coûteux, c'est de produire la série nécessaire de cuves sous forme d'un seul grand réservoir, divisé en compartiments, dont chacun
fonctionne comme une cuve distincte, muni d'un double fond, d'un tube de communication, etc., comme nous venons de le décrire.

Les avantages de ce système de lixiviation, appliqué à la fabrication de la soude, peuvent
se résumer de la manière suivante :

1° On évite le transport de la soude brute de cuve en cuve, et l'on réalise ainsi une grande
économie de main-d'œuvre ; 2° la soude brute demeurant immergée dans le liquide, ses particules (comme cela arrivait avec les anciennes dispositions) ne se déposent pas les unes sur
les autres, de manière à former une masse compacte ou « puddlée », difficile à lessiver, comme
nous l'avons expliqué plus haut. Au contraire, le liquide ambiant les supporte toujours hydrostatiquement, de sorte que la matière devient de plus en plus poreuse à mesure que la
lixiviation avance ; ce qui forme une condition des plus favorables au complet épuisement
de la matière ; 3° le courant descendant du liquide lixiviateur entraîne la portion la plus
dense de la solution, de sorte que l'opération est accomplie avec moins d'eau, en moins de
temps, et d'une manière plus parfaite que si la filtration était ascendante ; 4° la rapidité et
la continuité de la filtration ont pour effet de soustraire promptement l'alcali du contact avec
les sulfures basiques terreux insolubles, et abrégent la durée de la réaction graduelle par
laquelle les sulfures solubles se forment au grand détriment du produit ; 5° la grande concentration des liquides ainsi obtenus abrége l'évaporation à siccité, et économise le combustible
nécessaire pour cette opération.

Malgré les grands et incontestables avantages du procédé perfectionné que nous venons de
décrire, l'ancien système de lixiviation, au moyen des panniers en fer qu'on transporte de
cuve en cuve, est encore, dit-on, en usage dans quelques-unes des fabriques de soude de
France et de Belgique. En Angleterre, le lessivage méthodique se pratique universellement
d'après le procédé si simple et si ingénieux de M. Shanks, procédé qui devient aussi de plus en
plus populaire en France.

Ce n'est pas uniquement à la fabrication de la soude que ce procédé de lixiviation méthodique est applicable. Il offre des avantages dans toutes les branches des arts et de l'industrie.
lorsqu'il s'agit d'extraire et de concentrer économiquement des matières solubles quelconques,
qui se trouvent disséminées en faible proportion dans de grandes masses poreuses et insolubles.

Considérée sous ce point de vue général la Lixiviation méthodique, telle que Shanks l'a
perfectionnée, en continuation des améliorations toujours mémorables de Desormes figurera
incontestablement parmi les plus précieux et les plus beaux des grands procédés généraux
employés dans la chimie appliquée ; elle peut servir de type et de modèle, et la postérité la
considérera certainement comme l'un des legs industriels les plus importants de notre
siècle.

Cette description, plus exacte et plus philosophique qu'aucune des descriptions antérieures
de ce procédé, fut communiquée au rapporteur par son ami M. F.-O. Ward, qui s'est occupé
d'une manière toute spéciale de ce sujet en vue de son procédé d'extraction de la potasse
(Voyez le chapitre sur les composés potassiques), et dont les idées sont exposées dans le
compte-rendu que nous venons d'en donner.

Dans ce qui précède, nous avons examiné trois des principales phases du procédé de fabrication de la soude, savoir : la production du sulfate de soude et son traitement ultérieur avec un mélange de houille et de craie, premièrement par le feu, secondement par l'eau. La quatrième et dernière phase de l'opération, c'est-à-dire l'évaporation à siccité de la solution aqueuse ainsi obtenue, devrait suivre maintenant par rang d'ordre. Mais peut-être sera-t-il convenable d'exposer d'abord nos observations sur la théorie du procédé de la soude artificielle attendu qu'elles s'appliquent particulièrement aux réactions qui ont lieu durant les deux périodes que nous venons de passer en revue, c'est-à-dire pendant la calcination et la lixiviation subséquentes.

Théorie du procédé de fabrication de la soude. — La théorie du procédé qui fournit la soude artificielle participe de cette obscurité qui règne encore sur tout le domaine des opérations par la voie sèche : ces dernières constituent en effet la branche la moins développée de la science chimique, sans doute parce qu'elles sont aussi de beaucoup les plus difficiles à examiner. Les moyens d'investigation dont nous disposons pour observer les phénomènes qui se passent dans les fours à calcination sont limités en raison de l'intensité de la température à laquelle ils se produisent. Il est extrêmement probable que, pendant des opérations par voie sèche, lorsque la température a atteint son plus haut degré d'intensité, il se forme des composés qui peuvent se modifier de nouveau lorsque la température s'abaisse. Le caractère des produits obtenus à la chaleur rouge ou blanche, doit être en grande partie hypothétique, attendu que nous ne possédons que fort peu de moyens pour constater avec précision, à travers la flamme du four, les diverses conditions de leur existence. En effet, on ne peut même pas peser un produit obtenu au rouge vif. Il échappe à l'appréciation de presque tous nos sens, et les yeux mêmes, éblouis et troublés, ne peuvent discerner que très-indistinctement la manière dont se comportent les corps dans l'intérieur d'un four fortement chauffé. Aussi, c'est surtout dans les opérations par voie sèche que nous voyons les résultats pratiques devancer les données de la théorie, et les hypothèses contradictoires se partager l'opinion des chimistes.

L'invention d'instruments de précision et de méthodes d'observations propres à introduire un plus grand degré d'exactitude dans l'étude des opérations par voie sèche ouvrirait, dans cette direction, un horizon plus vaste à nos connaissances jusqu'à présent si limitées. Quel que grandes que soient les difficultés qui s'opposent à ce progrès, espérons qu'elles ne seront pas entièrement insurmontables, et que, parmi les jeunes chimistes dont les noms commencent à être cités avec éloges quelques-uns se sentiront attirés vers ce terrain jusqu'ici stérile, et réussiront, en le cultivant, à y recueillir des fruits destinés à une future exposition.

Laissant là ces remarques générales (qui, nous l'espérons du moins, ne sont pas tout à fait déplacées), pour en revenir au sujet particulier qui nous occupe, nous examinerons premièrement quels sont les changements qui s'opèrent lorsqu'on soumet un mélange de sulfate de soude, de craie et de houille à la chaleur du four, et secondement quelles sont les réactions qui ont lieu parmi les produits provenant des fours à calcination, lorsqu'on les soumet à l'action de l'eau pendant la période de lixiviation. D'habiles chimistes ont exprimé des opinions très-diverses sur ces deux questions ; le rapporteur, sans se laisser entraîner à les passer toutes en revue, et n'ayant d'ailleurs à énoncer sur ce sujet aucune opinion basée sur l'expérience personnelle, sentirait cependant trop vivement l'imperfection de son travail, s'il n'effleurait au moins les principales explications qu'on a données sur ce procédé si éminemment intéressant.

Si l'on s'en rapporte au tableau (voyez p. 69) établissant les différentes proportions de sulfate de soude, de carbonate de chaux et de houille employées par les fabricants d'Angleterre, de France et d'Allemagne, on trouvera que, pour 100 parties de sulfate sodique, on emploie en moyenne 50 parties de houille. On peut considérer cette proportion comme étant nécessaire à la production d'une bonne qualité moyenne. Les déviations de cette moyenne, qu'on observe dans quelques cas particuliers, dépendent probablement des proportions différentes de matières minérales hétérogènes qui se trouvent dans la houille employée, dont quelques variétés contiennent cinq fois plus de cendres que d'autres.

Comme on peut le voir d'après le tableau, la proportion de carbonate de chaux pour 100 parties de sulfate de soude varie de 90.2 à 107.7, et même en supposant que toutes les matières soient, dans chaque cas, d'une égale pureté, les variations dans la proportion du carbonate de chaux ajouté ne dépassent pas 0 125 équivalents. En effet, à $\frac{100}{142} = 0.7042$ équivalents de sulfate de soude, nous trouvons ajoutés comme maximum $\frac{107.7}{100} = 1.077$ équivalents de craie, etc., et comme minimum $\frac{90.2}{100} = 0.902$ équivalents de craie; la moyenne étant 0.9896 équivalents de craie pour 0 7042 équivalents de sulfate de soude. Prenant, comme nous l'avons fait dans le tableau, la proportion de sulfate de soude comme quantité constante, nous trouvons que pour un équivalent de ce dernier les fabricants ajoutent, comme maximum, 1.530 équivalents, et, comme minimum, 1.280 équivalents de carbonate de chaux; la moyenne étant 1.405 équivalents. Les différences qui s'écartent le plus de la moyenne ne sont par conséquent que de $\left. \begin{array}{l} 1.530 - 1.405 \\ 1.405 - 1.208 \end{array} \right\} = 0.125$ ou 1/8 d'équivalent.

Si l'on considère combien la craie des différentes localités peut varier quant aux proportions de matières étrangères qu'elle renferme, telles que : humidité, gypse, silice, argile, sel marin et autres, et si l'on observe encore combien le sulfate de soude produit dans différentes fabriques est susceptible de contenir des quantités variables de sel marin non décomposé, on peut admettre qu'on emploie dans toute l'Europe à peu près les mêmes proportions de sulfate de soude, de craie et de charbon. Cette manière de voir subsiste même en présence de la variabilité incontestée du produit qu'on obtient dans les différentes fabriques d'alcali, par la fusion du mélange presque identique de matières premières.

Il n'est nullement nécessaire de recourir à des différences dans les proportions des matières employées pour expliquer de pareilles variations dans les produits. Beaucoup d'autres conditions dans l'opération de la calcination, telles que, par exemple, la température, le temps employé pour la fusion, et l'exposition plus ou moins longue de la masse liquéfiée à la réoxydation après que le carbone désoxydant a été brûlé, influent sur la nature et sur la composition du produit. Et d'ailleurs, outre ces causes réelles des différences observées dans les analyses que nous mentionnerons, il en existe d'autres, d'un caractère moins absolu, qui dépendent des méthodes particulières d'analyse dont ont fait usage les différents chimistes, et de leurs opinions diverses relativement à la manière dont les principes constituants sont combinés.

Dans un excellent article (déjà cité) sur les opinions les plus généralement admises, concernant la théorie de la fabrication de la soude, M. Scheurer Kestner a publié un tableau synoptique de ces analyses, tableau que nous reproduisons ci-après (p. 78).

La première théorie des réactions qui se passent pendant la fabrication de la soude paraît avoir été donnée par M. Dumas (1). Pendant l'opération de la fusion, ce chimiste, dont l'opinion a été ensuite reproduite par presque tous les manuels de chimie, admet deux phases successives, qu'on peut représenter par les équations suivantes :

$$1° \qquad Na^2 SO^4 + Ca^2 CO^3 = Na^2 CO^3 + Ca^2 SO^4.$$
$$2° \qquad Ca^2 SO^4 + C^4 = Ca^2 S + 4CO.$$

Un pareil mélange, cependant, se composant (comme l'indiquent les formules) de carbonate de soude et de sulfure de calcium en proportions équivalentes, provoquerait, comme le fait

(1) Dumas, *Traité de chimie*, , p. 474.

COMPOSITION DE LA SOUDE BRUTE (*black-ash*).

COMPOSÉS.	UNGER		BROWN	RICHARDSON	MURPHY	KYNASTON	STOHMANN	
	1	2					1	2
Sulfate de soude	1.99	»	1.160	3.64	0.748	0.395	1.54	1.54
Sulfure de sodium	»	»	1.130	»	»	»	»	»
Chlorure de sodium	2.54	0.4	1.913	0.00	1.308	2.528	1.42	1.75
Carbonate de soude	23.57	37.8	35.640	9.89	41.489	36.879	44.41	38.45
Silicate de soude	»	»	»	»	1.162	1.182	»	»
Soude caustique hydratée	11.12	»	»	25.64	»	»	»	3.17
Soude caustique anhydre	»	1.6	0.609	»	»	»	»	»
Aluminate de soude	»	»	2.350	»	0.392	0.689	»	»
Carbonate de chaux	12.90	»	»	»	0.857	3.315	3.20	»
Oxysulfure de calcium ($3\,Ca^2S, Ca^2O$)	34.76	40.0	29.172	35.57	»	»	38.98	36.91
Sulfite de chaux	»	»	»	»	»	2.178	»	»
Chaux	»	8.5	6.301	»	9.320	9.270	0.33	0.64
Magnésie	»	0.8	»	»	»	0.231	0.10	0.51
Silicate de magnésie	4.74	»	»	0.88	»	»	»	»
Alumine	»	1.2	»	»	1.020	1.132	0.79	»
Eau	2.10	»	0.700	2.17	»	0.219	»	6.71
Oxyde ferrique	»	»	»	»	3.020	2.658	1.75	2.40
Sulfure ferreux	2.43	1.2	4.917	1.22	»	0.371	»	»
Silice	»	5.0	»	»	»	»	0.89	1.36
Sable	2.02	»	4.285	0.44	2.259	0.901	2.20	1.16
Charbon de bois	1.59	2.6	7.998	4.28	4.724	7.007	3.32	5 43
Outremer	»	»	0.295	»	»	0.959	»	»
TOTAL	99.68	98.1	96.470	84.37	66.299	69.937	100.93	100.00

observer M. Dumas, pendant la lixiviation subséquente de cette masse par l'eau, la reproduction du sulfure de sodium et du carbonate de chaux par voie humide, de la manière suivante :

$$3° \qquad Na^2CO^3 + Ca^2S = Na^2S + Ca^2CO^3.$$

Pour éviter ce résultat, continue M. Dumas, on emploie une plus forte proportion de carbonate de chaux que celle correspondant à l'équation (1); le résultat de cette augmentation devant causer, d'après lui, la formation d'un composé double *insoluble* de sulfure et d'oxyde de calcium ($2\,Ca^2S, Ca^2O$). C'est par cette espèce d'emprisonnement du soufre dans un composé basique insoluble, qu'il est possible, selon M. Dumas, d'empêcher le carbonate de soude d'être reconverti par double décomposition en sulfure de sodium.

Le résultat final de la fusion, d'après M. Dumas, est représenté par l'équation suivante :

$$4° \qquad 2Na^2SO^4 + 3Ca^2CO^3 + 9C = 2Na^2CO^3 + Ca^2O, 2Ca^2S + 10CO.$$

Les proportions des matières premières correspondant à cette équation seraient les suivantes :

Sulfate de soude 100
Carbonate de chaux 105.6
Carbone 38

Plus tard, M. Unger (1) soumit la théorie de la fabrication de la soude à une série de recherches expérimentales; dans ses premières recherches il obtint des résultats très-con-

(1) Unger, *Ann. chem. pharm.*, LXI, p. 129; LXIII, p. 240; LXVII, p. 28; LXXXI, p. 289.

formes à l'opinion émise par M. Dumas. M. Unger s'accorde à dire avec M. Dumas que la re-
transformation du carbonate de soude en sulfure de sodium, pendant le traitement aqueux
du produit de la calcination, est empêchée par la formation de l'oxysulfure de calcium ; il
est cependant disposé à assigner à ce composé une composition un peu différente de celle
donnée par M. Dumas, et la représente par $Ca^2O, 3Ca^2S$. D'après l'opinion de M. Unger, cette
transformation est le résultat d'une série de réactions assez compliquées. Il n'est pas nécessaire d'insister davantage sur les premières opinions de ce chimiste, puisque plus tard il les
a lui-même essentiellement modifiées, en attribuant à l'eau produite pendant la combustion
du charbon une part dans la réaction. C'est là cependant une hypothèse qui ne paraît pas
être suffisamment justifiée par les faits. Il est reconnu qu'on peut préparer de la soude brute
avec des matières parfaitement sèches, fondues dans un creuset dans lequel il est impossible
à tout produit aqueux de la combustion de pénétrer.

L'existence de combinaisons particulières d'oxyde et de sulfure de calcium dans la soude
brute fut mise en avant par M. Dumas, comme explication d'un fait qu'on n'avait jamais ré-
voqué en doute, c'est-à-dire que d'un mélange de sulfure de calcium et de carbonate de
soude, *en proportions équivalentes*, l'eau dissoudra du sulfure de sodium, tandis qu'avec de la
chaux en excès, le même mélange fournira une solution de carbonate de soude. L'illustre
chimiste français n'a jamais dit qu'il a obtenu et examiné ce composé particulier de sulfure
et d'oxyde de calcium ; et l'ensemble de son explication fait ressortir d'une manière évidente
que lui-même ne la considère guère autrement que comme l'expression, sous une autre
forme, du fait allégué.

Mais dans ces derniers temps plusieurs chimistes ont nié le fait lui-même. M. Gossage entre
autres n'admet pas la formation d'un composé défini d'oxyde et de sulfure de calcium
pendant la fabrication de la soude. Il y a bien des années que, par suite de l'expérience
générale qu'il avait acquise dans la fabrication de la soude, et en conséquence de recherches
faites spécialement à ce sujet, il (1) se prononça très-nettement contre la formation de tout
composé de ce genre. Il affirme que le protosulfure de calcium lui-même est parfaitement insoluble dans l'eau ; et, dans son opinion, l'excédant de chaux est par conséquent superflu
pour fixer le soufre et l'empêcher d'agir sur le carbonate de soude en dissolution. Contredisant d'une manière directe l'opinion généralement reçue, M. Gossage déclare que le produit
de la calcination, la soude brute (*black-ball*), obtenue lorsqu'on n'a employé qu'un équivalent
de craie, *fournit* du carbonate de soude par la lixiviation. Il déclare avoir obtenu ce résultat
en opérant sur une petite comme sur une grande échelle, et il cite deux fabricants de soude
qui ont répété l'expérience avec un succès complet dans la pratique industrielle. Il ne nie pas
que le second équivalent de craie ne soit utile et même nécessaire ; mais, selon lui, « l'avan-
« tage réel qu'on retire de l'emploi d'un excès de chaux provient de ce qu'il augmente la
« surface soumise à la réaction ; de ce qu'il facilite ainsi l'opération de la calcination et em-
« pêche la formation de polysulfure de calcium (2). »

M. Kynaston (3) s'est occupé plus récemment de recherches expérimentales sur cette intéressante question ; et, après une série d'analyses précieuses exécutées dans le laboratoire de
M. Muspratt, il se range à l'opinion de M. Gossage et déclare que la formation de l'oxysulfure de calcium n'a pas lieu.

Les arguments de M. Kynaston sont fondés sur l'analyse du résidu qui reste après épuisement de la soude brute au moyen de l'eau ; il trouve que ce résidu se compose essentiellement de sulfure de calcium et de *carbonate* de chaux. M. Kynaston, en conséquence, est tenté
d'attribuer la non-décomposition du carbonate de soude, lors du traitement de la soude brute

(1) Gossage, *History of the soda Manufacture*, p. 10.
(2) *Loc. cit.*
(3) Kynaston, *Chem. S. Qu. J'.*, XI, p. 155.

par l'eau, à la formation d'un composé particulier de sulfure de calcium avec du carbonate de chaux.

Ici se présente cependant tout naturellement la supposition, et cette explication n'a pas échappé à la sagacité de M. Kynaston, que le carbonate de chaux pourrait bien n'être que le résultat de l'action de l'eau sur la soude brute. On peut concevoir que l'oxysulfure de calcium préexiste dans le produit de la calcination, et que la chaux de ce composé puisse être convertie en carbonate par l'acide carbonique du carbonate de soude, avec formation simultanée de soude caustique. En réalité, on sait que la solution obtenue par l'action de l'eau sur la soude brute contient des quantités considérables de soude caustique. Certains chimistes pensent que la soude caustique constitue un des éléments de la soude brute lorsqu'on la retire du four. L'expérience cependant se trouve en contradiction avec cette opinion ; car, en faisant fondre du carbonate de chaux avec de la soude caustique, il se forme du carbonate de soude et de la chaux caustique. En outre, la soude brute n'abandonne pas une trace de soude caustique à l'alcool (Gossage, Scheurer-Kestner). Il est hors de doute que la formation de la soude caustique n'a lieu que pendant le procédé de lixiviation. L'observation de M. Kynaston ne réfute point, par conséquent, l'existence d'un composé insoluble de sulfure et d'oxyde de calcium dans le produit de la calcination ; pendant la lixiviation, cette substance peut avoir été convertie simplement en une combinaison de sulfure et de carbonate calciques, également capable de résister, au moins pour un certain temps, à l'action de l'eau. Par un contact prolongé avec la solution alcaline, la combinaison calcique, quelle que soit d'ailleurs sa composition réelle, est décomposée, et du sulfure de sodium, en quantités de plus en plus fortes, apparaît dans le liquide. Les fabricants de soude connaissent parfaitement la nécessité d'épuiser la soude brute aussi rapidement que possible, s'ils veulent éviter une perte notable d'alcali sous forme de sulfure.

Nous venons d'énumérer quelques-uns des doutes et des incertitudes qui règnent encore dans la théorie de la fabrication de la soude. On acquerra sans doute une connaissance plus approfondie de cette importante opération industrielle, non par une répétition des analyses de la soude brute, mais par un examen plus exact des produits qui, par l'action de quantités différentes d'eau, ou bien de la même quantité d'eau, mais dont le contact aura été plus ou moins prolongé, pourront être retirés d'une quantité donnée, soit de soude brute, soit de résidu fraîchement lixivié. Des expériences récentes de M. Scheurer-Kestner, tout en démontrant combien l'action de l'eau sur les produits bruts de la calcination est compliquée, indiquent, selon l'opinion du rapporteur, la direction dans laquelle on devrait poursuivre et continuer les recherches. Au moyen d'une série d'expériences analytiques exécutées jour par jour avec le plus grand soin, M. Scheurer-Kestner a fait connaître la succession des changements que subit une solution de carbonate de soude, lorsqu'on l'expose au contact du résidu récemment lixivié de soude brute employé en excès et protégé contre l'action de l'air. Il trouva que, conjointement avec la soude caustique, le sulfure de sodium apparaissait rapidement dans la solution ; mais il n'y avait point de proportionnalité perceptible dans l'augmentation des deux composés, et le fait bien constaté que la quantité de sulfure de sodium continue à augmenter, tandis que la proportion de soude caustique diminue sans cesse, prouve que la soude caustique elle-même est capable de décomposer le sulfure de calcium. En dernier lieu, il ne resta qu'une solution de sulfure de sodium pur, ne contenant plus la moindre trace ni de carbonate, ni de soude caustique. M. Scheurer-Kestner représente les différentes phases de la réaction par les équations suivantes :

$$(Ca^1 O)^A + (Na^2 CO^3)_A = (Ca^2 CO^3)^A + (Na^2 O)^A$$
$$(Na^2 O)^A + (Ca^2 S)^A = (Na^2 S)^A + (Ca^2 O)^B$$
$$(Ca^2 O)^B + (Na^2 CO^3)^B = (Ca^2 CO^3)^B + (Na^2 O)^B$$
$$(Na^2 O)^B + (Ca^2 S)^B = (Na^2 S)^B + (Ca^2 O)^C.$$

Ces expériences intéressantes amenèrent M. Scheurer-Kestner à partager l'opinion déjà exprimée par MM. Gossage et Kynaston quant à la non-formation de l'oxysulfure de calcium. Elles expliquent d'ailleurs l'importance, bien reconnue déjà, d'un procédé de lixiviation aussi rapide que possible.

Mais il est temps de clore cette digression théorique et d'en revenir à l'étude pratique du procédé de fabrication de la soude, dont nous allons examiner la quatrième phase.

Évaporation des lessives de soude, fabrication du sel de soude. — Deux procédés différents sont principalement employés aujourd'hui pour l'évaporation de la solution obtenue par la lixiviation de la soude brute.

L'un de ces procédés consiste dans l'application de la chaleur à la *surface* du liquide; l'autre, dans le jeu de la flamme contre le *fond* de la chaudière dans laquelle on évapore le liquide à siccité.

L'évaporation par la surface s'opère dans des chaudières rectangulaires en tôle, maçonnées dans des fours à réverbère, parcourus dans toute leur longueur par la flamme et les gaz du foyer. Une ébullition superficielle rapide se produit ainsi, et la surface du liquide se recouvre d'incrustations salines que l'ouvrier brise, afin d'exposer sans cesse de nouvelles portions du liquide à l'action de la chaleur. On retire par intervalles, au moyen de portes latérales, le sel qui se précipite au fond, et on le répand sur une surface inclinée pour le faire égoutter: le liquide qui s'écoule est une eau mère contenant beaucoup de sulfure de sodium et de soude caustique. Cette méthode d'évaporation est rapide et économique, mais elle présente le désavantage de mettre les produits acides (sulfureux et carboniques) de la combustion en contact immédiat avec l'alcali en solution, de sorte que la soude caustique est carbonatée, et qu'une partie du carbonate même se convertit en sulfite de soude; une portion notable de ce dernier se change en sulfate par une oxydation ultérieure.

L'évaporation au moyen de la chaleur appliquée par en bas empêche le contact du liquide avec les produits de la combustion; mais elle occasionne plus d'usure des chaudières et nécessite des précautions toutes spéciales pour les empêcher d'être brûlées par le dépôt d'une couche de précipité salin non conductrice de la chaleur, et qui se précipite sur les parties du fond de la chaudière exposées à l'action du feu.

Pour éviter cet inconvénient, M. Gamble de Saint-Helens, un de nos plus habiles fabricants de soude, emploie une chaudière de forme particulière, dont le fond présente au milieu et dans toute sa longueur une dépression longitudinale, ayant les parois inclinées de chaque côté, et qui, par la ressemblance qu'elle offre avec un bateau en section transversale, a reçu le nom de *chaudière-bateau*. On oblige la flamme (ordinairement la flamme perdue des fours à soude) à lécher principalement les parois inclinées, dont la pente facilite l'extraction du sel de soude qu'on retire, ou, pour nous servir du terme technique, qu'on *pêche* au moyen de puisoirs perforés, et qu'on répand sur une surface inclinée pour le laisser égoutter, comme on le fait pour les produits de l'évaporation par surface. Ces chaudières-bateaux sont très-généralement employées (1).

Quel que soit le mode d'évaporation qu'on ait employé, on transporte le produit salin ainsi obtenu dans un four à reverbère, dans lequel il est carbonaté et oxydé, le sulfure de sodium se convertissant pour la majeure partie en sulfite ou en sulfate sodiques. Le sel de soude qui en résulte est grisâtre. Pour le purifier, on peut le redissoudre à la vapeur dans le moins d'eau possible, laisser la solution se clarifier, décanter le liquide limpide et l'évaporer de nouveau à siccité. On obtient de cette manière un sel de soude parfaitement blanc.

On prépare un produit encore plus pur en lavant méthodiquement le sel impur avec une solution froide et saturée de carbonate de soude pur. Cette dernière ne dissout plus que les sels étrangers, tels que chlorure, sulfure et sulfate sodiques, et laisse le carbonate de soude à l'état de grande pureté (Ralston).

(1) *On the recent Progress and present condition*, etc., p. 112.

Une autre méthode, assez communément employée, de purifier ce produit consiste à faire évaporer le liquide ordinaire des cuves et à repêcher les sels qui se déposent jusqu'à ce que le volume primitif A ait été réduit au volume B, déterminé par l'expérience. En variant ces volumes relatifs, on obtient des sels plus ou moins purifiés qui répondent aux exigences des différents marchés. Ainsi, lorsqu'on évapore la lessive ordinaire des cuves, d'une densité de 1.286, aux 7/12 de son volume, et qu'on enlève le sel qui s'est précipité dans cet intervalle, on obtient un produit correspondant à du sel de soude purifié à 57 degrés, c'est-à-dire marquant 57 pour 100 de soude réelle à l'essai alcalimétrique. D'un autre côté, si l'on évapore le reste de la lessive à 3/7 de son volume, et qu'on en retire le sel déposé, ce produit correspond au sel de soude ordinaire du commerce, marquant 50 pour 100. Les eaux mères, évaporées à siccité dans le four, fournissent un produit très-caustique, qui contient toutes les impuretés plus solubles.

M. Kuhlmann obtient ces produits fractionnés en concentrant simplement ses liqueurs jusqu'à des profondeurs données, marquées sur les parois des chaudières à évaporation.

La purification des lessives de soude brute peut également être effectuée sans recourir à l'action du feu. En 1853, M. Gossage (1) prit un brevet pour un procédé très-simple d'opérer l'oxydation du sulfure de sodium contenu dans ces lessives brutes, et de provoquer par là la séparation et la précipitation dans ces liquides du sulfure de fer précédemment maintenu en solution par le sulfure de sodium. On y arrive en faisant filtrer lentement ces liqueurs à travers un lit de coke placé dans une tour assez haute, en même temps qu'un courant d'air atmosphérique s'élève à travers les interstices du lit de coke. De cette manière, la lessive sulfureuse, extrêmement divisée, est exposée à l'oxydation par l'oxygène de l'air, et le liquide, tout à fait débarassé de sulfure, s'écoule par le bas. Les fabricants de savon qui préparent eux-mêmes leur alcali emploient généralement cet appareil.

Il est digne de remarque que les consommateurs de carbonate de soude en Angleterre, — en cela beaucoup plus rationnels que beaucoup d'acheteurs du continent, — ne tiennent pas tant à l'apparence extérieure du produit, pourvu que le prix soit en proportion exacte avec la quantité d'alcali qu'il contient, et que sa qualité convienne à l'emploi auquel on le destine. Le consommateur anglais, lorsqu'il tient à opérer avec un produit bien pur et bien carbonaté, préfère au sel de soude les cristaux de soude, en partie parce que ces derniers deviennent réellement plus purs par la cristallisation, mais aussi (et souvent principalement) parce qu'il est plus facile par la seule apparence de juger de la pureté des cristaux de soude que de celle du sel de soude.

Carbonate de soude cristallisé; cristaux de soude. — Pour obtenir les cristaux de soude, on laisse cristalliser les solutions concentrées et limpides de sel de soude dans des vases en fonte ayant la forme de calottes sphériques. On opère de la même manière dans presque tous les pays. En France cependant les vases à cristallisation sont plus petits que ceux qu'on emploie en Angleterre. Leur petitesse permet aux ouvriers, après qu'on a fait écouler les eaux mères, d'en détacher les cristaux avec la plus grande facilité. Pour cela, on n'a qu'à plonger le vase pour un instant, et de manière à mouiller seulement la paroi extérieure, dans l'eau bouillante; les cristaux commencent à fondre à la paroi intérieure et s'en détachent immédiatement. Mais, d'un autre côté, avec ces petits cristallisoirs, on obtient des cristaux plus petits, et peut-être y a-t-il plus de main d'œuvre.

La consommation des cristaux de soude est bien plus considérable en Angleterre qu'en France, où leur emploi se borne presque exclusivement aux cas où la présence de la soude caustique pourrait être nuisible.

Soude caustique. — La soude brute, le sel de soude et les cristaux de soude ne sont pas les seules formes sous lesquelles l'alcali est livré au commerce. Depuis 1851, la soude caustique

(1) Gossage (W.), brevet n° 1232, 10 mai 1853.

a été produite en quantités de plus en plus grandes, soit sous forme de solution très-concentrée, soit, et plus fréquemment, sous forme d'hydrate de soude fondu. Cet article est déjà d'un usage fréquent en Angleterre, et l'on en fabrique des quantités considérables, soit pour la consommation du pays, soit pour l'exportation en Amérique et dans les colonies.

Pendant assez longtemps, on produisait invariablement la soude caustique en traitant les solutions *non concentrées* de soude brute au moyen de la chaux caustique; car c'est un fait bien connu que les solutions concentrées de carbonate de soude ne peuvent pas être entièrement décarbonatées par la chaux vive. Pour épargner le combustible qu'aurait nécessité l'évaporation de cette énorme quantité d'eau, beaucoup de manufacturiers, imitant l'exemple de M. Dale, de la maison Roberts, Dale et Comp. (Grande-Bretagne, 588), dont le jury a honoré les travaux par la récompense d'une médaille, se servent de cette soude caustique faible en place d'eau pour alimenter leurs générateurs de vapeur, et y concentrent les lessives jusqu'à une densité de 1.24 à 1.25, sans le moindre inconvénient. Elles sont alors écoulées dans des vases en fonte ouverts, et évaporées à une densité de 1.9; à ce degré de concentration, elles se solidifient par le refroidissement.

M. Gossage, dont le rapporteur a si souvent eu l'occasion de mentionner les services importants rendus à la chimie technique, a fait faire tout récemment un nouveau pas à cette branche de l'industrie de la soude, en supprimant tout à fait l'emploi de la chaux vive pour caustifier les liqueurs, évitant ainsi cette pratique réellement peu rationnelle de carbonater d'abord la soude pour la décarbonater de nouveau plus tard. Son procédé, très-généralement pratiqué par les fabricants de soude du Lancashire, utilise la soude caustique qui se trouve déjà formée dans les lessives de soude brute.

Comme la fabrication de la soude caustique n'a été créée que depuis 1851, nous donnerons dans les pages qui suivent (1) une description un peu détaillée des opérations qu'elle nécessite.

Les lessives qu'on obtient en épuisant la soude brute sont évaporées très-fortement, de manière à en séparer la plus grande partie des carbonate, sulfate et chlorure sodiques qu'elles renferment. La liqueur ayant été amenée à une densité de 1.5. presque tous les sels étrangers se sont précipités, et il reste en solution de la soude caustique, un composé rouge particulier de sulfure de sodium avec du sulfure de fer (ce qui a fait donner à ces solutions le nom de *liqueurs rouges*), ainsi que de petites quantités de carbonate, de sulfate, de chlorure, de ferrocyanure et quelquefois de sulfocyanure de sodium.

Dans quelques fabriques, après avoir ajouté une petite quantité de chlorure de chaux ou de nitrate de soude, on fait évaporer les liqueurs rouges encore davantage dans les chaudières-bateaux, dont nous avons déjà parlé, jusqu'à ce qu'on les ait amenées à une densité de 1.6 et à une température de 130 degrés. Pendant cette évaporation, il se précipite une nouvelle quantité de sels qu'on retire au moyen de poches perforées. On écoule ensuite la liqueur concentrée dans les vases à cristallisation, et on la laisse refroidir; elle dépose encore une certaine quantité de sels (2).

On ajoute alors une plus forte proportion de nitrate de soude, et on concentre davantage dans une chaudière en fonte hémisphérique, assez épaisse pour supporter la chaleur rouge. A mesure que l'eau s'évapore, le nitrate de soude réagit sur le sulfure et sur le cyanure de sodium, et il se dégage des masses d'ammoniaque et même de l'azote. Une notable portion

(1) Ce récit est basé sur des communications verbales données par M. Gossage. On trouvera plus de détails dans une brochure : *On the Manufacture of caustic soda*, par A. Norman Tate, F. C. S. Liverpool, écrite avec clarté, et que l'auteur de ce rapport a consultée avec profit.

(2) M. Habich a conseillé dernièrement de mettre les liqueurs, pendant qu'elles sont encore étendues, en contact avec du carbonate de fer naturel pulvérisé, afin d'obtenir par double décomposition du sulfure de fer et du carbonate de soude (*Dingler, Pol. Journ.*, CXL, 370). Cette méthode, brevetée en Angleterre il y a bien des années, ne fut point pratiquée avec succès, et l'on y renonça.

de cette ammoniaque provient de la destruction des cyanures; mais la majeure partie est certainement due à l'oxydation d'une certaine quantité de sulfures, etc., par la décomposition de l'eau, dont l'hydrogène réduit l'acide nitrique à l'état d'ammoniaque. A une température voisine du rouge, on voit apparaître à la surface du graphite très-divisé, provenant du carbone du cyanogène. Ce fait intéressant a été observé tout récemment pour la première fois par le docteur Pauli (1).

D'après les observations du docteur Pauli (2), la nature de la réaction dépend en grande partie de la température du liquide. Entre 138 et 143 degrés, le nitrate est simplement réduit en nitrite; à 155 degrés, l'ammoniaque est dégagé en grande abondance, produisant une violente ébullition. La quantité d'alcali volatil qui se dégage ainsi est, en effet, si considérable, qu'il vaudrait peut-être la peine de la condenser, en faisant communiquer la chaudière à évaporation avec une tour à coke ordinaire. En concentrant davantage la liqueur rouge, de manière à porter le point d'ébullition bien au delà de 155 degrés centigrades, la formation d'ammoniaque cesse, et il se fait à sa place un dégagement tumultueux d'azote pur.

La quantité de nitrate de soude exigée pour faire de la soude caustique au moyen de la liqueur rouge varie suivant la composition de cette dernière. On emploie généralement 3/4 à 1 quintal 1/2 par tonne de soude caustique (Norman Tate).

Pour économiser le nitrate de soude, on fait souvent cristalliser préalablement le carbonate sodique, et après avoir écoulé les eaux mères, on les laisse s'oxyder en les faisant filtrer à travers un courant d'air ascendant, par lequel le sulfure de sodium est converti en sulfate, et le liquide décoloré. Dans quelques fabriques anglaises, on suit une pratique opposée; au moyen d'une pompe à air, mise en mouvement par la vapeur, on y chasse l'air atmosphérique en filets très-déliés à travers la liqueur chaude des cuves. Six ou huit heures de ce traitement suffisent pour oxyder complétement les sulfures et pour décolorer le liquide.

M. Ordway (3) a proposé de mélanger la solution impure de soude caustique encore sulfurée avec du sesquioxyde de fer (hématite) en poudre grossière, qui divise la matière et la rend poreuse lorsqu'on arrive à siccité. Dans cet état, l'oxygène de l'air oxyde les sulfures, les sulfites et les hyposulfites avec la plus grande rapidité. Après calcination, on lessive la masse, on laisse déposer le sesquioxyde de fer, qu'on peut employer un certain nombre de fois (Voy. le chapitre sur *l'acide sulfurique*), on évapore de nouveau à siccité la solution claire et limpide de soude caustique, et on chauffe le résidu jusqu'à fusion ignée.

L'évaporation à siccité de la solution de soude caustique très-concentrée présente quelques difficultés, à cause de la tendance qu'elle présente à un certain moment à bouillonner et à couler par-dessus les bords du vase.

On y remédie d'une manière bien simple, en y appliquant (suivant l'expression si concise et si originale de MM. Schunck, Angus Smith et Roscoe) (4) le principe des sources jaillissantes du Geyser en Islande, c'e t-à-dire en plaçant dans la chaudière une espèce d'entonnoir en tôle renversé et ne s'appuyant que par quelques points sur les parois de la chaudière. La vapeur, à mesure qu'elle se forme, fait mousser le liquide, l'entraîne dans l'intérieur de l'entonnoir et l'amène jusqu'au haut, où il se déverse continuellement, et empêche ainsi l'ébullition trop violente du liquide en dehors de l'entonnoir.

La soude caustique est maintenue assez longtemps en fusion ignée. L'oxyde de fer, comme l'a indiqué M. Ralston (5), se contracte alors et se dépose à l'état anhydre. Il paraît même que l'alumine est complétement éliminée à l'état de silicate alcalin (M. Pauli), insoluble et cristallin, phénomène qui offre un intérêt tout particulier au chimiste analyste.

(1) Pauli (Ph.), *Dingl. Pol. Journ.*, CLXI, 129.
(2) Pauli (Ph.), *Proceedings of the Manchester Lit. and Phil. Society*, session de 1861-62, n° 1.
(3) Ordway, *Sillim. Am. Journ.*, nov. 1858.
(4) *On the recent Progress and present condition*, etc., p. 113.
(5) Ralston (W. H.), brevet n° 2861, novembre 1860; *Rep. pat. inv.* Juin 1861, 496.

Lorsque la soude caustique est assez concentrée pour contenir 60 pour 100 de soude anhydre, on la coule dans des barils en feuilles de tôle très-minces et dont les assemblages sont lutés avec du plâtre. Dans cet état, on l'exporte en quantités considérables en Amérique et en Australie. En Angleterre même, l'emploi de la soude caustique fondue, qui ne nécessite aucune caustification et qui produit une lessive caustique au moyen d'une simple redissolution, devient rapidement plus général. Il paraît qu'elle est employée en grande quantité par les manufacturiers anglais qui utilisent la paille pour la fabrication du papier. La soude caustique solide est d'un usage très-commode pour les fabricants qui n'emploient que de faibles quantités de lessive caustique, puisqu'elle dispense de l'opération de la caustification, si ennuyeuse et si pénible, quand on n'opère que sur de petites quantités de carbonate de soude. Généralement cependant on préfère encore à la soude caustique solide la solution moyennement concentrée, qu'on transporte dans de grands vases en fer.

L'Exposition offre de très-beaux échantillons de soude caustique fondue, fabriquée d'après le procédé que nous venons de décrire; il y en a qui sont parfaitement blancs, tandis que d'autres ont tout au plus une teinte légèrement verdâtre ou jaunâtre. Quelques fabricants ont même exposé des cristaux très-beaux de soude caustique plus hydratés que ne l'est le produit fondu. Ces cristaux qui constituaient jadis des échantillons rares des laboratoires chimiques, sont maintenant des produits industriels ordinaires.

On fabrique actuellement dans le Lancashire le sel de soude et la soude caustique dans la proportion de 19 à 1. La production de cette dernière est évidemment limitée par celle du sel de soude, à moins cependant qu'on n'ait recours au procédé de caustification par la chaux vive.

Telle est l'esquisse rapide du mode actuel de la fabrication de la soude d'après le procédé Leblanc. Tous les efforts tentés en Angleterre, pour y substituer un meilleur n'ont abouti. comme le déclare M. Gossage qu'à dépenser inutilement beaucoup d'argent. Mais cette remarque parfaitement juste en ce qui concerne les pays placés dans une position industrielle comme celle de l'Angleterre, peut cesser d'être applicable à des circonstances essentiellement différentes. Dans ce cas, la production de la soude par des procédés autres que celui de Leblanc, même en partant d'une autre source que le sel marin, peut devenir une opération rationnelle et même lucrative. Il convient donc, comme dans le cas de l'acide sulfurique, de passer rapidement en revue les principaux procédés qui, pendant la dernière décade, ont été proposés et même essayés pratiquement dans le but de remplacer le procédé Leblanc. Souvent ces méthodes, dont le nombre indique suffisamment la vitalité et l'importance de l'industrie sodique, reposent sur des principes nouveaux, qui tous présentent de l'intérêt, et si nul ne possède une utilité immédiate, du moins quelques-uns sont susceptibles d'être adoptés plus tard dans la pratique industrielle.

Préparation de la soude au moyen d'autres substances que le chlorure de sodium. — En tête de ce paragraphe nous placerons la préparation de la soude au moyen de la cryolithe; ce procédé est remarquable non-seulement pour la nouveauté de la matière brute, mais encore, parce qu'on le pratique avantageusement en Danemark et dans le nord de l'Allemagne. M. Spilsbury a patenté en Angleterre la fabrication de la soude au moyen de la cryolithe, mais le brevet n'est pas exploité. L'exposition offre plusieurs beaux échantillons de soude tirée de la cryolithe ; parmi ces derniers on remarque ceux qui font partie de la magnifique collection de produits envoyés par le *docteur Kunheim* (*Prusse, 997*), membre du jury pour la classe II. et ceux qui composent la série exposée par *MM. Weber et Comp., de Copenhague* (*Danemark,* 3). auxquels le jury a accordé l'honneur d'une médaille.

Fabrication de la soude au moyen de la cryolithe. — La cryolithe, minerai qu'on trouve en masses énormes dans les carrières du Groenland, est un fluorure double de sodium et d'aluminium, $Al^2 F^3, 3Na F$. En la réduisant en poudre fine et en la faisant bouillir avec de la chaux vive, il se forme du fluorure de calcium insoluble et de la soude caustique soluble.

tandis que l'alumine est en partie précipitée par la chaux et en partie dissoute par l'alcali. La formule suivante représente la décomposition de la cryolithe :

$$\mathrm{Al^2F^3,3NaF} + 6 \left[\begin{matrix} \mathrm{Ca} \\ \mathrm{H} \end{matrix} \right\} \mathrm{O} \left] = 6\,\mathrm{CaF} + 3 \left[\begin{matrix} \mathrm{Na} \\ \mathrm{H} \end{matrix} \right\} \mathrm{O} \right] + \begin{matrix} \mathrm{Al^2} \\ \mathrm{H^3} \end{matrix} \right\} \mathrm{O^3}.$$

En faisant passer ensuite du gaz acide carbonique dans la solution alumino-sodique, l'alumine est précipitée et le carbonate de soude reste en dissolution. Cette solution, évaporée à siccité, fournit un sel de soude d'une blancheur et d'une pureté parfaites. En dissolvant dans de l'acide sulfurique l'alumine précipitée, on obtient un sulfate d'alumine tout à fait exempt de fer. Pour compléter ce qui a rapport à la cryolithe, rappelons qu'elle peut servir à la préparation de l'aluminium, et que M. Weber (1), à Copenhague, s'en sert comme matière première pour la production du sulfate d'alumine et du sulfate de soude. En effet, en traitant la cryolithe par l'acide sulfurique, on dégage de l'acide fluorhydrique, qui peut être utilisé pour décomposer les silicates ou pour fabriquer de l'acide hydrofluosilicique, en même temps qu'il se forme du sulfate d'alumine et du sulfate de soude, qui restent en dissolution. Le sulfate d'alumine peut être précipité à l'état d'alun, et le sulfate sodique converti à la manière ordinaire en carbonate de soude.

Le procédé suivant est celui auquel se sont arrêtés en dernier lieu MM. Weber et Comp. et le docteur Kunheim de Berlin : on mélange bien intimement la cryolithe finement pulvérisée avec de la craie, réduite également en poudre très-fine ; on calcine le tout dans des vases en fer ou dans des fours à réverbère, opération pendant laquelle il se dégage de l'acide carbonique. La masse est ensuite lixiviée par l'eau, exactement comme dans le procédé ordinaire de la fabrication de la soude ; le fluorure de calcium reste insoluble dans l'eau, mais il se dissout de l'aluminate de soude dont on précipite l'alumine par un courant d'acide carbonique. Le docteur Kunheim se sert dans ce but du gaz acide carbonique dégagé pendant la calcination de la cryolithe avec la craie. L'acide carbonique, ainsi que les produits de la combustion sont entraînés par un aspirateur puissant à travers la solution en traitement, qu'on place pour cette raison dans de grands cylindres horizontaux. La solution, dont on a précipité l'alumine, contient maintenant du carbonate de soude, qu'on peut dessécher par l'évaporation, ou obtenir en cristaux par concentration et refroidissement à la manière ordinaire. On fait dissoudre dans l'acide sulfurique l'alumine précipitée, et la solution ainsi obtenue est évaporée jusqu'à ce que par le refroidissement elle se prenne en masse solide, qui constitue le sulfate d'alumine hydraté du commerce. Ce dernier contient fréquemment une faible proportion de sulfate de soude.

La cryolithe du Groenland appartient au gouvernement danois, qui a concédé le monopole de l'exploitation des carrières à MM. Weber. La quantité de cryolithe annuellement extraite par eux des carrières et exportée s'élève de 60,000 à 70,000 quintaux, dont 20,000 servent à leur propre consommation ; 6,000 quintaux sont livrés, en vertu d'un contrat, à MM. Kunheim et Comp., à Berlin, et 18,000 quintaux sont fournis à une maison de Harburg.

Préparation de la soude au moyen du nitrate de soude. — Il existe dans la nature une autre combinaison sodique, au moyen de laquelle, dans certaines circonstances, on pourrait préparer économiquement le carbonate de soude. C'est le nitrate de soude, qui se trouve en quantités inépuisables dans l'Amérique du Sud. En le faisant déflagrer avec une matière charbonneuse, on convertit ce sel en carbonate de soude.

M. Woehler (2) a proposé la calcination de ce sel sous l'influence du peroxyde de manganèse, pour obtenir de la soude caustique chimiquement pure. On a employé également pour le même but un mélange de nitrate de soude et de cuivre métallique, ou de nitrate de soude et d'oxyde de zinc. Mais actuellement ces procédés n'offrent plus aucun avantage, surtout

(1) Weber, *Polyt. cent.*, 1861, 1165 — 1858, 889
(2) Woehler, *Ann. chem. pharm.*, CXIX, 37, 375.

en Angleterre, puisqu'au moyen des eaux mères de la fabrication de la soude, on produit maintenant la soude caustique en grand et dans un état de pureté suffisante.

Transformation du chlorure de sodium en carbonate de soude, sans la production intermédiaire du sulfate. — On a proposé de nombreux procédés pour transformer le sel marin en carbonate de soude, sans le convertir préalablement en sulfate. Nous en signalerons quelques-uns des plus intéressants :

Au moyen de l'oxyde de plomb. — Nous rappellerons, comme un fait historique, que déjà au siècle dernier on a préparé de petites quantités de soude en utilisant l'insolubilité de l'oxychlorure de plomb, qu'on produisait en traitant du sel marin en solution aqueuse par une certaine quantité de litharge :

$$2\,NaCl + 2Pb^2O + H^2O = 2\left(\begin{matrix}Na\\H\end{matrix}\middle\}O\right) + Pb^2Cl^2,Pb^2O.$$

Au moyen de bicarbonate d'ammoniaque. — Nous ne pouvons refuser de reconnaître une certaine importance pratique à ce procédé, qui est fondé sur la double décomposition du chlorure de sodium et du bicarbonate d'ammoniaque, en vue d'obtenir le bicarbonate de soude et le sel ammoniac, le premier très-peu, le dernier fort soluble dans l'eau. Ce procédé porte généralement le nom de M. Schloesing; mais déjà antérieurement, en 1838, MM. Dyer et Hemming avaient proposé d'utiliser la même réaction. Les conditions particulières nécessaires à la réussite de ce procédé et les difficultés qu'il présente ont été signalées avec soin par M. Heeren (1); et il faut l'avouer, malgré les améliorations importantes proposées par M. Schloesing (2) et les machines perfectionnées qu'il a introduites dans le procédé avec le secours de M. Roland, ce système ne peut encore être rangé parmi les opérations véritablement industrielles.

La théorie de ce procédé est cependant très-simple et très-ingénieuse. En traitant une solution concentrée de chlorure de sodium par du bicarbonate d'ammoniaque, ou, ce qui revient au même, par de l'ammoniaque sous l'influence d'un excès d'acide carbonique, il y a précipitation de bicarbonate de soude, sous forme de poudre très-fine, tandis que le chlorure ammonique reste en solution. Le bicarbonate de soude est séparé des eaux mères et lavé par voie mécanique, soit par un appareil à force centrifuge ou par l'emploi du vide. En le calcinant dans des vases en fer, on le transforme en carbonate de soude neutre d'une grande pureté, et l'acide carbonique qui se dégage peut être de nouveau employé.

Les eaux mères, qui renferment du chlorure ammonique en même temps que du chlorure de sodium et du bicarbonate d'ammoniaque, sont chauffées pour chasser l'acide carbonique et le carbonate d'ammoniaque neutre; en faisant passer les gaz et les vapeurs, qui se dégagent de cette manière, à travers des eaux mères semblables, mais froides, le carbonate d'ammoniaque neutre se condense et l'acide carbonique s'en va plus loin. Enfin les sels ammoniacaux des eaux mères sont décomposés par la chaux, et l'ammoniaque qui se dégage est condensée dans des solutions de sel marin, pour passer de nouveau par le cycle des opérations que nous venons de décrire.

Toute l'ammoniaque ayant été ainsi éliminée on peut évaporer les eaux mères pour en retirer le chlorure de sodium qu'elles renferment encore, et qu'il est facile de séparer du chlorure de calcium, bien plus soluble.

Comme on peut le pressentir d'après la description précédente, c'est le traitement des eaux mères qui forme la pierre d'achoppement de ce procédé. En effet, si la réaction était nette et se faisait d'après l'équation suivante :

$$NaCl + H^3N + H^2O + CO^2 = \begin{matrix}Na\\H\end{matrix}\middle\}CO^3 + H^4NCl,$$

rien ne serait plus simple et plus facile. Mais malheureusement il n'en est pas ainsi. Si

---

(1) Heeren, *Dingl. Pol. Journ.*, CXLIX, 47.

(2) Schloesing (Th.), brevet n° 1425, 28 juin, 1854; *Rep. pat. inv.* Juin 1855, 489.

— 88 —

l'on opère sur des équivalents égaux d'ammoniaque et de chlorure de sodium, quoique
l'acide carbonique soit fourni en excès, on n'obtient que les 2/3 de la soude à l'état de
bicarbonate, et, par conséquent, une grande quantité de bicarbonate d'ammoniaque est
perdue. Si, au contraire, les proportions employées sont celles de 2 équivalents de chlorure de sodium pour 1 équivalent d'ammoniaque, les 4/5 de l'ammoniaque sont utilisés ;
mais il reste une forte proportion de chlorure de sodium non décomposé. En outre, le gaz
acide carbonique n'est pas facilement absorbé par les liqueurs chargées d'ammoniaque, surtout lorsqu'il est mélangé d'autres gaz ; il faut donc l'employer aussi pur que possible, et le
faire absorber à l'aide d'une forte pression.

D'après M. Heeren, ce qu'il y a de plus avantageux c'est de dégager l'ammoniaque à l'état
caustique. Si l'on veut cependant la dégager à l'état de carbonate, on évapore les liqueurs
renfermant le sel ammoniac, et on calcine le résidu avec un mélange de carbonate de chaux
et d'argile. On obtient ainsi, dans les cylindres où s'accomplit la réaction, une masse frittée
et facile à détacher ; tandis que, sans l'addition d'argile, le chlorure de calcium fondrait et
serait très-difficile à enlever.

Pour que ce procédé soit industriellement avantageux, il faut réaliser les conditions suivantes : 1° avoir le sel marin à très-bon marché, pour pouvoir se dispenser de traiter les eaux
mères en vue du sel qu'elles renferment encore ; 2° avoir les sels ammoniacaux également à
bas prix, puisqu'on en perd toujours une quantité assez notable. Pour obtenir de l'ammoniaque économiquement, M. T. Bell (1) emploie les produits bruts de la distillation des substances animales, malgré les impuretés qui, dans ce cas, accompagnent les sels ammoniacaux ;
la calcination du bicarbonate de soude les fait d'ailleurs disparaître. Mais il serait plus avantageux de pouvoir vendre le bicarbonate de soude tel quel, au lieu d'être obligé de le calciner
pour en faire du sel de soude ordinaire.

Au moyen du sulfate d'ammoniaque. — Il y a quelques années, MM. Persoz et Prückner (2) in-
diquèrent les réactions suivantes pour obtenir la soude caustique avec le sel marin : *a.* Par
double décomposition de sulfate d'ammoniaque et de chlorure de sodium on prépare du sulfate de soude et du chlorure ammonique ; *b.* le sulfate de soude ainsi obtenu est réduit en
sulfure par calcination avec le charbon ; *c.* en traitant le sulfure de sodium par du protoxyde
de cuivre, on obtient une solution de soude caustique, en même temps qu'un précipité insoluble de protosulfure de cuivre.

Au moyen du pyrophosphate de plomb ou de zinc. — M. Margueritte (3) propose de calciner le chlorure de sodium avec du pyrophosphate de plomb ou de zinc. Une double décomposition a lieu,
avec formation de chlorure de plomb ou de zinc volatils, et de pyrophosphate de soude fixe.
Le chlorure métallique volatilisé est reçu dans une chambre à condensation ; le pyrophosphate sodique, dissous dans l'eau et bouilli avec de la chaux, donne de la soude caustique soluble et du pyrophosphate de chaux insoluble. On recueille le précipité et on le fait bouillir
avec le chlorure de plomb ou de zinc, résultat de la première opération ; il en résulte du
pyrophosphate de plomb ou de zinc insoluble, qu'on recueille, et du chlorure de calcium soluble, qu'on jette. Le pyrophosphate de plomb ou de zinc ainsi obtenu sert à décomposer une
nouvelle quantité de chlorure de sodium. La soude caustique est, au besoin, traitée par l'acide
carbonique et transformée en carbonate de soude. Ce procédé, quoique théoriquement très-
ingénieux, est évidemment fort peu propre à une application industrielle.

Au moyen de la silice. — MM. Tilghmann (4) et Fritzsche (5) proposent de transformer le chlo-

(1) Bell (T.), brevet n° 2616, 13 octobre 1857 ; *Rep. pat. inv.* Juin 1858, 463.
(2) Persoz et Prückner, *Wagner's Jahresber*, III (1857), 102.
(3) Margueritte (F.), brevet n° 2701, 22 décembre 1854 ; *London Journ.* Oct. 1855, 197.
(4) Tilghmann (R. A.), brevet n° 11556, 1ᵉʳ février 1847 ; *Repert. pat. inv.* Sept. 1847, 100.
(5) Fritzsche, *Polyt. Centralhalle*, 1858, 32.

rure de sodium en silicate de soude en le mélangeant avec de la silice, et en soumettant le mélange porté au rouge à l'influence d'un courant de vapeur d'eau. Il se dégage dans ces circonstances de l'acide chlorhydrique et il se forme du silicate de soude. En décomposant ensuite le silicate au moyen d'un lait de chaux, on arrive à la préparation de la soude caustique. Malheureusement, le précipité de silicate de chaux, qui se forme ainsi, est si volumineux et retient si énergiquement le liquide, que cette opération est très-difficile, même dans les laboratoires, et doit être industriellement tout à fait impraticable. La réaction que nous venons de mentionner, fut d'ailleurs brevetée il y a déjà bien longtemps par Vauquelin, pour la fabrication de l'acide chlorhydrique, mais le brevet ne fut jamais exploité avec succès.

Au moyen du fluor appliqué par voie humide. — En 1858, M. Kessler proposa et breveta en France le procédé suivant. L'acide hydrofluosilicique, qu'on obtient par la calcination d'un mélange de sable, d'argile et de spath fluor. et par la condensation du produit dégagé dans l'eau, sert à précipiter une solution de sel marin. En exposant le fluosilicate de soude qui en résulte à une température rouge sombre, on le transforme en fluorure de sodium. La condensation des produits volatils fournit une quantité additionnelle d'acide hydrofluosilicique. On fait bouillir le fluorure de sodium avec de la craie, et l'on obtient du carbonate de soude et du fluorure de calcium. On mélange ce dernier, ainsi qu'une nouvelle quantité de spath fluor, avec l'acide chlorhydrique et la silice gélatineuse produites dans les phases précédentes de l'opération, et on ajoute du sel marin. On produit ainsi une nouvelle quantité de fluosilicate de soude ; lequel, soit directement tel qu'on vient de l'obtenir, ou après avoir été transformé par la calcination en fluorure de sodium, peut être converti par l'ébullition avec la craie en carbonate de soude.

Transformation du chlorure en sulfate de soude sans l'aide d'acide sulfurique. — Sous ce titre nous comprendrons une série de procédés, au moyen desquels, tout en conservant la transformation préliminaire du sel marin en sulfate de soude, on cherche à atteindre ce but sans l'aide d'acide sulfurique libre ou fabriqué artificiellement.

Au moyen du sulfate de magnésie. — En Espagne, M. Ramon de Luna (1) a préparé des quantités considérables de sulfate de soude très-pur en calcinant 1.75 parties de sulfate de magnésie naturel, légèrement desséché, avec une partie de chlorure de sodium ; il se dégage de l'acide chlorhydrique, et il se forme du sulfate de soude en même temps que de la magnésie. On dissout le produit dans de l'eau à 90° C., et on ajoute de la chaux pour convertir en magnésie et en sulfate de chaux tout le sulfate de magnésie qui n'aurait pas été décomposé. La liqueur claire, décantée du précipité, fournit une cristallisation abondante de sulfate de soude très-pur. Le principe mis en pratique par M. Ramon de Luna avait déjà été breveté antérieurement par MM. Pelouze et Kuhlmann (2), qui, pour la décomposition du chlorure de sodium, employaient les sulfates d'alumine et de fer, séparément ou réunis, naturels ou artificiels, la réaction ayant lieu à la température du rouge sombre sous l'influence de la vapeur d'eau.

Au moyen des sulfates de magnésie ou de chaux à l'aide des sels de plomb. — M. Margueritte (3) a proposé d'utiliser les sulfates de chaux et de magnésie pour la préparation du sulfate de soude, en se servant des sels de plomb comme intermédiaires pour opérer cette transformation. A cet effet, il calcine au rouge un mélange de sulfate de plomb et de chlorure de sodium, d'où résultent du sulfate de soude fixe et du chlorure de plomb volatil, qui se condense en dehors du four à calcination. Le chlorure de plomb, mis en contact avec les sulfates de magnésie ou de chaux sous l'influence de l'eau, reproduit le sulfate de plomb et des chlorures de magnésium ou de calcium, qu'on jette ; le sulfate de plomb ainsi obtenu sert de point de

(1) Ramon de Luna, *Ann. chem. pharm.*, XCVI, 104.
(2) Date du brevet français de MM. Pelouze et Kuhlmann, 11 avril 1850.
(3) Margueritte, *Compt. Rend.*, I, 760.

départ à une nouvelle série d'opérations. La solution de sulfate de magnésie servant à décomposer le chlorure de plomb en sulfate doit être suffisamment étendue (pour le sulfate de chaux cela s'entend de soi-même), puisque le sulfate de plomb est extrêmement soluble dans les solutions concentrées de chlorures alcalins ou terreux. On voit qu'il existe une grande analogie entre ce procédé de M. Margueritte et celui de MM. Shanks et Von Seckendorff (voyez le chapitre sur l'acide sulfurique), qui avaient proposé de décomposer le sulfate de plomb par l'acide chlorhydrique, afin d'obtenir de l'acide sulfurique et du chlorure de plomb; et qui ensuite traitaient le chlorure de plomb par du sulfate de chaux pour reformer du sulfate de plomb, pouvant fournir une nouvelle quantité d'acide sulfurique.

Au moyen des pyrites de fer. — Les procédés de conversion du sel marin en sulfate de soude au moyen des pyrites sont pratiquement beaucoup plus importants que ceux que nous venons de passer en revue. L'idée de l'emploi des pyrites est déjà ancienne, mais elle a surtout été développée et exécutée sur une grande échelle par M. Longmaid, auquel le jury de l'Exposition de 1851 accorda une médaille d'honneur (*council medal*), en signalant dans son rapport (1) les résultats importants et intéressants réalisés par cet industriel.

M. Longmaid mélange des pyrites de fer un peu cuivreuses avec du chlorure de sodium, et grille le tout dans un four à réverbère. Il se forme ainsi du sesquichlorure de fer volatil en même temps que du sesquioxyde de fer et du sulfate de soude fixes, qui sont séparés par lixiviation. On retire ensuite le cuivre de ce résidu d'oxyde de fer par un procédé dont nous n'avons pas à nous occuper ici. Dans une ou deux fabriques on exploite encore le procédé de M. Longmaid, mais, d'après les renseignements recueillis par le rapporteur, les résultats obtenus ne l'ont point encore fait adopter d'une manière plus générale.

MM. Brooman et Mesdach (2) obtiennent également le sulfate de soude au moyen du sel marin et des pyrites de fer, mais par une réaction différente de celle sur laquelle se base le procédé de M. Longmaid. Ils font passer l'acide sulfureux, résultant du grillage de pyrites, blendes ou galènes, conjointement avec de la vapeur d'eau, sur du chlorure de sodium. Il se forme une certaine quantité de sulfate, de sulfite et probablement aussi d'hyposulfite de soude; ces deux derniers sels sont rapidement convertis en sulfate par l'action de l'air. Ce procédé n'est guère pratiqué.

Préparation du sulfate de soude au moyen de l'eau de mer. — M. Merle a perfectionné, et exploite actuellement sur une grande échelle, un procédé pour obtenir du sulfate de soude, qui dispense de l'emploi de l'acide sulfurique fabriqué. Ce procédé, destiné sans doute à un brillant avenir, est dû aux belles et importantes recherches de M. Balard, l'honorable président du jury de la classe II, sur les phénomènes et réactions qui s'observent lors de la concentration des eaux de la mer. On peut le définir brièvement en disant : qu'il consiste dans la double décomposition du chlorure de sodium et du sulfate de magnésie renfermés dans l'eau de mer concentrée, sous l'influence d'un fort abaissement de température. Mais comme le but principal de ce procédé n'est pas tant la production du sulfate de soude que le recouvrement des sels potassiques neutres de l'eau de mer, nous reviendrons plus loin sur la description de cette opération (voyez le chapitre sur les *Composés potassiques*).

Transformation du sulfate en carbonate de soude au moyen de procédés différant de celui de Leblanc. — Ce titre embrasse les procédés qui, partant du sulfate de soude, quel que soit d'ailleurs le moyen par lequel ce sel a été obtenu, le convertissent en alcali caustique ou carbonaté par des méthodes différentes de celle de Leblanc.

Au moyen d'agents réducteurs et d'oxyde de cuivre. — M. Possoz (3) reproduit la réaction déjà

---

(1) *Rapports des jurés*, 1851, p. 41.

(2) Mesdach, *Génie industr.*, 1858, 306. Brooman (R. A.), brevet n° 595, février 28, 1857 (communiqué par M. L. Mesdach.

(3) Persoz, *Compt. Rend.*, XLVII, 848.

indiquée par MM. Persoz et Prückner (1), qui consiste à réduire le sulfate de soude en sulfure de sodium, et à convertir ce dernier en soude caustique en le traitant par l'oxyde cuivrique (Cu^2O). Mais pour cette transformation l'oxyde cuivreux (Cu^4O) convient mieux, d'après M. Possoz, attendu que l'oxyde cuivrique convertit une partie du sulfure de sodium en sulfate et en hyposulfite de soude, qui rendent la soude caustique impure, et en font perdre une partie en la neutralisant. Pour rendre l'exploitation de ce procédé plus avantageuse sur une grande échelle, M. Possoz propose de faire servir la soude ainsi obtenue à la production simultanée de carbonate et d'oxalate de soude (voyez le chapitre sur les *Acides organiques*). A cet effet, il chauffe le son des céréales avec de la soude caustique à 150°-180° C., et obtient ainsi des oxalates et carbonates sodiques faciles à séparer, puisque l'oxalate est insoluble dans les solutions évaporées à une densité de 1.32.

Au moyen d'oxyde de fer et de charbon de bois. — Ce procédé, déjà indiqué en 1775 par Malherbe, et essayé plus tard, mais sans succès, par Alban, a été depuis étudié et soumis à l'expérience par M. E. Kopp (2). Le but de ce procédé est de recouvrer le soufre, employé à l'état d'acide sulfurique, pour convertir le chlorure en sulfate de soude ; et d'éviter ainsi d'obtenir un résidu inutile et gênant, comme celui qu'on produit d'après le système Leblanc.

M. E. Kopp fond le sulfate de soude avec de l'oxyde de fer et du charbon ; il obtient ainsi une soude brute ferrugineuse, qu'il serait impossible de lessiver par l'eau (puisque le sulfure de fer s'y dissoudrait en même temps que le sulfure de sodium), si on ne la soumettait préalablement à l'action de l'humidité et de l'acide carbonique. Sous cette influence, les pains de soude brute ferrugineuse se délitent, et, traités par l'eau, fournissent une solution de carbonate de soude très-pure et très-forte et un résidu de sulfure de fer noir, renfermant toujours une certaine quantité de sulfure de sodium en combinaison insoluble. Les liqueurs évaporées donnent un sel de soude blanc renfermant, si l'opération a été bien conduite, de 90 à 92 pour 100 de carbonate neutre pur. Le résidu de protosulfure de fer desséché brûle avec la plus grande facilité, en dégageant de l'acide sulfureux et laissant pour résidu du sesquioxyde de fer, et une certaine quantité de sulfate de soude correspondant au sulfure de sodium que renfermait le sulfure de fer. Le même sesquioxyde de fer ainsi régénéré, mélangé à la quantité convenable de sulfate de soude et de charbon, sert à la production de nouvelles quantités de soude brute ferrugineuse.

M. Stromeyer (3), qui a étudié avec beaucoup de soin le procédé de M. Kopp en a pleinement confirmé les résultats pratiques, tout en arrivant à une explication théorique un peu différente et peut-être plus correcte que celle de M. Kopp. D'après M. Stromeyer, la réaction serait représentée par l'équation suivante :

$$3Na^2SO^4 + Fe^4O^3 + 11C = 2Na^2CO^3 + 2Fe^2S, Na^2S + 9CO.$$

Le composé $2Fe^2S, Na^2S$, soumis à l'action de l'humidité et de l'acide carbonique, dégage de l'hydrogène sulfuré et le sodium se transforme en partie en carbonate ; mais l'action s'arrête lorsqu'il ne reste plus que 1 équivalent de sulfure de sodium en présence de 3 à 4 équivalents de sulfure de fer.

Ce procédé, irréprochable au point de vue de la conversion du sulfate de soude en carbonate, puisqu'il fournit des sels de soude très-riches, blancs, et peu sulfurés, présente par contre des défauts essentiels pour ce qui concerne la réutilisation du soufre. En effet, le sulfure de fer qu'on obtient par le procédé de M. Kopp renferme encore trop de sulfure de sodium pour pouvoir fournir, par la combustion, une quantité notable d'acide sulfureux. En outre, les sulfures de fer et de sodium, en passant à l'état de sesquioxyde de fer et

---

(1) Prückner, *Ann. chem. pharm.*, VIII, 160.

(2) E. Kopp, *Ann. chim. phys.*, sept. 1856, 81.

(3) Stromeyer, *Ann. chem. pharm.*, CVII, 333.

de sulfate de soude, absorbent et fixent une forte quantité d'oxygène, ce qui nécessite un volume considérable d'air pour entretenir la combustion. Il en résulte que la petite quantité d'acide sulfureux produite ne passe dans les chambres de plomb qu'accompagnée d'un volume énorme d'azote, obstacle des plus grands à la formation de l'acide sulfurique (voyez le chapitre sur l'*Acide sulfurique*).

Au moyen du carbone et de l'acide carbonique. — M. Gossage (1), en vue d'éviter la perte du soufre, a également indiqué un procédé qui, tout à fait rationnel au point de vue scientifique, n'a, malheureusement, pas réussi en pratique. Les réactions constituant le procédé de M. Gossage (déjà mentionné dans le chapitre sur l'*Acide sulfurique*) comprennent (*a*) la décomposition du sulfure de sodium au moyen de l'acide carbonique, donnant naissance à du carbonate de soude et à de l'hydrogène sulfuré ; et (*b*) la transformation de l'hydrogène sulfuré, au moyen du peroxyde de fer, en soufre et en eau, avec réduction du peroxyde à l'état de protoxyde. M. Gossage opère de la manière suivante : le sulfate de soude, produit d'après la méthode ordinaire, est réduit au moyen de houille en sulfure, qu'on traite à l'état solide par de l'acide carbonique et de la vapeur d'eau. Le sulfure se transforme ainsi en carbonate de soude, qu'on dissout par les méthodes de lixiviation ordinaires. Le soufre se combine à l'hydrogène provenant de la décomposition de l'eau, dont l'oxygène se fixe sur le composé sodique en voie de formation. L'hydrogène sulfuré dégagé pendant cette réaction est conduit dans une tour renfermant du peroxyde de fer, qui se transforme en un mélange de protosulfure et de soufre, pouvant servir à son tour à la production de l'acide sulfureux pour les chambres de plomb.

Dans ces derniers temps, M. Hunt (2) a reproduit un procédé dont l'idée première est déjà ancienne, et qui se trouve développé dans le *Traité de chimie* de M. Dumas. Par des moyens pareils à ceux qu'emploie M. Gossage dans le procédé que nous venons de décrire, M. Hunt soumet le sulfure de sodium à l'action de l'acide carbonique et de la vapeur, afin de produire du carbonate de soude et de dégager de l'hydrogène sulfuré ; mais, au lieu de faire passer ce gaz dans une tour renfermant du peroxyde de fer, dans le but de le décomposer et d'y fixer le soufre à l'état solide, il dirige le gaz dans une chambre à combustion et le brûle, mélangé à de l'air atmosphérique qui se renouvelle régulièrement. Immédiatement au-dessus du foyer à combustion, il place une couche de matières perméables incombustibles, telles que des cailloux, des morceaux de briques réfractaires, des fragments de peroxyde de fer. Une grille supporte ces matières, et la flamme, qui se trouve immédiatement au-dessous, les maintient à une chaleur rouge intense. Elles conservent cette température pendant quelque temps, même si la flamme s'éteint, soit par un arrêt survenu dans l'opération, soit pour une autre raison. Elles remplissent les fonctions d'une espèce de réservoir de chaleur, et enflamment le courant du gaz à mesure qu'il se renouvelle. Cet ingénieux arrangement est cependant une ancienne invention, et se trouve décrit en détail dans le traité que nous avons cité plus haut. Un carneau conduit l'acide sulfureux dans la chambre de plomb, où on le transforme en acide sulfurique par la méthode habituelle. On extrait le carbonate de soude au moyen de la lixiviation ordinaire.

Au moyen du traitement de la solution de sulfate sodique par du carbonate de baryte. — MM. Kœlreuter (3) et Kessler (4) ont tous deux proposé de préparer le carbonate de soude en faisant bouillir le sulfate sodique avec du carbonate de baryte artificiel ou naturel. Mais comme on décompose facilement le sulfate de baryte en le faisant bouillir avec une solution de carbonate de soude, il n'est guère probable qu'un procédé basé sur la réaction inverse puisse donner des résultats satisfaisants.

(1) *On the recent Progress of Manufacturing chemistry in Lancashire*, p. 112.
(2) Hunt (W.), brevet n° 1126, 5 mai 1860; *London Journ. of Arts.* janv. 1861, 20.
(3) Kœlreuter, *Wagner's Jahresbericht*, III (1857), 103.
(4) Kessler, *Génie industr.*, août 1859, 109.

Pour que l'emploi du carbonate de baryte puisse réussir, il faudrait opérer comme l'a conseillé M. Wagner, c'est-à-dire mettre ce sel en suspension dans l'eau, et y faire passer de l'acide carbonique, pour le convertir en bicarbonate de baryte soluble, qu'on traite ensuite par le sulfate de soude. Il paraît que, sous l'influence d'un courant d'acide carbonique, la double décomposition peut s'effectuer en petit d'une manière nette et complète; mais, d'après des expériences faites par M. Kuhlmann, cette opération n'est pas réalisable dans la pratique industrielle. En opérant sous une pression de 4 à 5 atmosphères, M. Kuhlmann obtint de meilleurs résultats.

Par la fusion avec le carbonate de baryte. — M. Reiner propose d'employer le carbonate de baryte naturel en place du carbonate de chaux dans le procédé Leblanc, et de se servir du résidu de sulfure et d'oxyde de baryum, ou de carbonate et d'hyposulfite barytiques, pour la préparation de sels de baryte. Il est difficile de comprendre l'avantage qu'il y aurait à remplacer le carbonate de chaux par un composé d'un poids atomique plus que triple, qui obligerait de chauffer et de manier un poids et un volume beaucoup plus considérable de matières, et cela pour obtenir, en définitive, des composés beaucoup moins avantageux pour la préparation des sels barytiques que ne l'est le carbonate de baryte.

Utilisation du résidu d'oxysulfure de calcium. — L'examen des principaux perfectionnements qu'on a essayé d'apporter à la fabrication de la soude serait incomplet si nous ne disions quelques mots des nombreuses tentatives faites pour utiliser le résidu du procédé Leblanc.

Ce résidu s'accumule en énormes quantités autour des grandes fabriques, qui en produisent quelquefois jusqu'à 500 et 600 tonnes par semaine. 15 ou 20 pour 100 de soufre y sont enfouis, et constituent une perte réelle pour l'industrie et une cause d'insalubrité pour l'air environnant, qu'ils infectent par le dégagement de l'odeur si nauséabonde de l'hydrogène sulfuré. Mais son volume seul, joint au peu de valeur des produits qu'on peut en retirer, rend la manipulation de ce résidu très-ingrate, et explique le peu de succès des procédés proposés jusqu'à présent.

M. Delamare a eu l'idée de faire bouillir le résidu avec du soufre, et d'employer le polysulfure de calcium, ainsi produit, à la production des eaux sulfureuses, à la précipitation du cobalt et du nickel, au soufrage de la vigne, etc. M. Deacon (1) (de Widnes) a conseillé d'utiliser ce résidu pour en faire des parquets; M. Varrentrapp (2) pour en faire des cheminées, des murailles, etc.; M. Kuhlmann (3) conseille de le mélanger à du peroxyde de fer impur, constituant le résidu des pyrites brûlées, pour en faire des briques, des tuiles, etc.

MM. Townsend et Walker (4) ont reproduit récemment la proposition de M. E. Kopp (5), d'employer le résidu pour la préparation d'hyposulfites de chaux, de soude, d'alumine, etc. MM. Losh, Noble et d'autres ont également fait breveter des procédés ayant le même but. Des quantités considérables d'hyposulfites de soude employées en photographie, et comme antichlore, paraissent avoir été préparées de cette manière. Comme exemple des procédés proposés à cet effet et paraissant présenter les meilleures conditions pratiques, nous citerons celui pour lequel M. L. Mond (6) a pris tout récemment un brevet. Il expose le résidu sur de grandes claies, pendant dix-huit à vingt jours, à l'action oxydante de l'air, et lessive le produit oxydé; il obtient ainsi l'hyposulfite calcique en solution. En exposant de nouveau sur les claies le résidu lavé, il produit une nouvelle quantité d'hyposulfite. Cette opération ne peut être répétée d'une manière profitable que deux fois; toutefois on réussit

---

(1) Deacon, *Ding. Pol. Journ.*, 1849, CLXII, 279.
(2) Varrentrapp, *Ding. Pol. Journ.*, CLVIII, 420.
(3) Kuhlmann, *Répert. chim. appl.*, III, 290.
(4) Townsend (J.) et Walker (J.), brevet n° 1657, 9 juillet 1860 ; *Repert. pat. inv.*, sept. 1861, 232.
(5) E. Kopp, *Bullet. industr. de Mulhouse*, 1858, n° 143.
(6) Mond (L.), brevet du 13 août 1862.

ainsi à retirer jusqu'à **12** pour **100** de soufre du résidu. Cette solution d'hyposulfite, évaporée à siccité, fournit un sel solide qui, par la distillation seule, abandonne la moitié de son soufre, à l'état d'acide sulfureux. Si l'on distille en ajoutant de l'acide chlorhydrique, on recueille tout le soufre à l'état de soufre et d'acide sulfureux.

MM. Townsend et Walker ont encore proposé d'utiliser le résidu de la fabrication de la soude en le mélangeant avec le résidu provenant de la préparation du chlore. Si le mélange renferme un excès de ce dernier résidu, on obtient un précipité de soufre. Si le mélange contient moins de résidu de manganèse, il fournira un précipité constitué par un mélange de soufre et de protosulfure de fer, et laissera en solution du chlorure de manganèse très-pur et pouvant servir à la préparation du peroxyde régénéré.

Enfin les deux résidus, mélangés dans des proportions convenables pour donner lieu à une double décomposition complète, fournissent une solution de chlorure de calcium et un précipité renfermant un mélange de soufre, de protosulfure de fer et de sulfure de manganèse. Ce précipité grillé peut fournir de l'acide sulfureux.

MM. Favre (1) et Spencer (2), ainsi que plusieurs autres chimistes, ont proposé de décomposer, par l'acide chlorhydrique faible, le résidu des fabriques de soude, et d'en dégager le soufre à l'état d'hydrogène sulfuré. Pour utiliser ce dernier produit, M. Favre le brûle dans une chambre de plomb, ou bien le met en contact avec de l'acide sulfureux humide, en vue d'obtenir un précipité de soufre : $SO^2 + 2H^2S = 3S + 2H^2O$.

M. Spencer fait absorber l'hydrogène sulfuré par le sesquioxyde de fer, et expose le produit à l'air, afin que le sulfure de fer, en s'oxydant, reforme du sesquioxyde de fer et du soufre libre (voyez le chapitre sur l'*acide sulfurique*). Il continue ce traitement jusqu'à ce qu'il y ait accumulation suffisante de soufre; ensuite il grille le mélange dans le but de fournir de l'acide sulfureux aux chambres de plomb.

En définitive, on peut dire que, quoique certains de ces procédés soient utiles et réellement praticables, on ne peut les appliquer qu'à de petites quantités de résidu; la grande masse restera toujours sans emploi pour les raisons citées plus haut. Ce qu'il y aurait de plus désirable, ce serait de trouver un procédé qui dispensât de le produire, ou une application qui permît de l'employer tel quel et sans lui faire subir des opérations et des transformations chimiques.

Au point de vue de cette dernière alternative, M. P. Ward (3) fait observer que le résidu des fabriques de soude, oxydé par l'exposition à l'air ou par la combustion spontanée, se convertit en engrais d'une certaine valeur. On peut provoquer sa combustion spontanée, dit-il, en l'empilant en tas élevés et poreux au moment même où il est mis de côté dans les fabriques ; il s'échauffe alors au bout de peu de temps, s'enflamme spontanément, et brûle avec une flamme pâle et bleue, dégageant des acides sulfureux et carbonique. Le produit, mélangé à de la terre, est considéré comme un excellent amendement pour des terrains légers et sablonneux, et convient particulièrement aux navets. Pour les terrains compacts et pour les céréales, M. Ward recommande de recouvrir les champs, en automne, avec une couche de résidu non brûlé de 3 pouces d'épaisseur; on le laisse exposé à l'air pendant les mois d'hiver, et on l'enterre au printemps par un labour, avant d'ensemencer. D'après M. Ward, un champ ainsi préparé, en 1840, sans y ajouter aucun autre engrais, produisit successivement trois belles moissons moyennes de froment, ainsi qu'une récolte d'avoine dans la quatrième année.

L'oxydation du résidu, soit par une lente action atmosphérique, soit par la combustion spontanée, comme nous venons de le décrire, produit à peu près les mêmes changements dans sa

(1) Favre (P. A.), brevet n° 1298; 7 juin 1855; *Répert. pat. inv.*, février 1856, 161.

(2) Spencer (T.), brevet n° 886 ; 9 avril 1859 ; *Répert. pat. inv.*, mars 1860, 53.

(3) Ward (P.), *Essay on artificial Manures*, Birmingham, 1848.

composition. Le sulfure calcique se convertit en gypse, qui agit comme un absorbant de l'ammoniaque atmosphérique. M. Ward pense que le coke du résidu, en vertu de sa porosité, possède une propriété absorbante semblable, tandis que les sulfate et chlorure sodiques, les traces de carbonate de soude et de silice, etc., sont tous plus ou moins utiles à la végétation. Si l'expérience confirmait l'utilité de cette application agronomique du résidu des fabriques (oxysulfure de calcium), ce serait sans doute la méthode la plus pratique entre toutes celles qu'on a proposées jusqu'à présent pour l'utilisation de ce volumineux et encombrant résidu.

ACIDE CHLORHYDRIQUE ET AGENTS DÉCOLORANTS.

En parlant de la transformation du chlorure de sodium en sulfate de soude par l'action de l'acide sulfurique, le rapporteur a déjà appelé l'attention du lecteur sur les énormes quantités d'acide chlorhydrique qui se dégagent pendant cette opération, et sur la méthode employée pour condenser avec succès cet acide. Dans la plupart des importantes fabriques de soude d'Angleterre, on condense cet acide en le faisant passer à travers des tours remplies de coke ou de cailloux (voyez le chapitre sur le carbonate de soude), et sur le continent même, la condensation au moyen des *bonbonnes*, d'un usage autrefois si répandu (voyez les chapitres sur le carbonate de soude et sur les composés barytiques), disparaît rapidement devant le système des tours. Dans la fabrique modèle de M. Charles Kestner à Thann, la condensation de tout l'acide chlorhydrique s'effectue par les tours à coke.

Quoique le nombre des applications de l'acide chlorhydrique ait considérablement augmenté depuis les dix dernières années, on continue cependant, dans quelques fabriques, à condenser cet acide, dans le seul but de s'en débarrasser. On a adopté dans ce but des moyens très-variés. Dans quelques établissements, on interpose entre les fours et la cheminée de longues galeries, construites en pierres calcaires, remplies de blocs de la même matière, et dans lesquelles on maintient une humidité constante, afin de faciliter l'action de l'acide chlorhydrique sur le carbonate de chaux. On laisse écouler le chlorure de calcium liquide à mesure qu'il se produit, et l'on introduit de nouvelles charges de pierres calcaires dans les galeries chaque fois que cela devient nécessaire.

Entre la cheminée et l'endroit où se forme l'acide, M. Tissier (1) place un four à chaux dont l'appel augmente le tirage de la cheminée; les gaz acides, qu'on fait ainsi passer sur la chaux portée au rouge, se combinent plus facilement avec elle et s'absorbent d'une manière plus complète.

Dans quelques fabriques situées sur les bords de la mer, on fait passer le gaz acide chlorhydrique à travers de longues galeries traversées par un courant d'eau de mer; lorsque cette dernière est chargée d'acide, on la dirige de nouveau vers l'Océan.

Il existe deux espèces d'acide chlorhydrique dans le commerce, savoir : 1° l'acide chlorhydrique ordinaire, et 2° l'acide chlorhydrique incolore, qui ne contient pas de fer. On obtient généralement ce dernier en plaçant entre les fours à sulfate de soude et les tours à coke une série de réfrigérants en pierre ou en poterie. Pendant la condensation partielle qui a lieu dans ces vases, tout le chlorure ferrique se dépose, et l'acide qui s'écoule des tours est tellement exempt de fer que le sulfocyanure de potassium n'y produit pas la moindre coloration rouge.

L'acide chlorhydrique du commerce contient fréquemment de l'acide arsénieux, par suite de la présence de ce corps dans l'acide sulfurique servant à le dégager du sel marin. MM. Filhol et Lacassin (2) ont trouvé jusqu'à 0.5 pour 100 d'arsenic dans l'acide chlorhydrique du commerce (voyez le chapitre sur l'acide sulfurique).

(1) Tissier, *Compt. rend.*, LII, 1045.
(2) Filhol et Lacassin, *Journ. pharm. chim.*, nov. 1862, 403.

Autrefois on recueillait presque toujours l'acide chlorhydrique dans des tourilles en verre; maintenant on emploie très-fréquemment des tourilles en gutta-percha.

L'emploi profitable de l'acide chlorhydrique dégagé pendant la fabrication du carbonate de soude, constituant à lui seul déjà un des problèmes les plus difficiles à résoudre pour le fabricant de soude, il est évident que tous les procédés de fabrications de l'acide chlorhydrique qui ne se rattachent pas à celle de la soude, ne peuvent offrir qu'un intérêt purement scientifique.

Nous avons indiqué plus haut (voyez le chapitre sur le carbonate de soude) qu'on pouvait préparer le sulfate de soude en faisant griller du chlorure de sodium mélangé avec des pyrites ou des schistes pyriteux, en présence de vapeur d'eau. Dans ces circonstances, il se dégage de l'acide chlorhydrique.

En calcinant de l'alun ou des sulfates ferrique et cuivrique avec du chlorure de sodium, on obtient également du sulfate de soude et de l'acide chlorhydrique, pourvu qu'il y ait en présence une proportion suffisante d'eau. En négligeant cette précaution, l'acide chlorhydrique est accompagné de grandes quantités de chlore.

M. Pelouze (1) a montré qu'en chauffant au rouge du chlorure de magnésium hydraté, il se dégage de l'acide chlorhydrique, et la magnésie reste comme résidu. Il a encore prouvé qu'au rouge vif le chlorure de calcium peut être décomposé par la vapeur d'eau, avec dégagement d'acide chlorhydrique. Mais en essayant d'exploiter cette réaction sur une grande échelle, on rencontre des difficultés qui rendent ce procédé impraticable au point de vue industriel.

M. Ramon de Luna (2) a constaté qu'en portant au rouge vif du sulfate de magnésie cristallisé (qui abonde dans certaines mines d'Espagne), mélangé avec la moitié de son poids de chlorure de sodium, il se dégage de l'acide hydrochlorique, et que le résidu se compose principalement de magnésie et de sulfate de soude (voyez le chapitre sur le carbonate de soude). On a fabriqué plus de 12,000 kilogrammes de sulfate de soude très-pur en suivant ce procédé.

Emplois de l'acide chlorhydrique. — Les applications de l'acide chlorhydrique sont très-variées; mais on l'emploie principalement pour la préparation du chlore, du chlorure de chaux et des hypochlorites décolorants en général.

L'industrie cotonnière consomme de grandes quantités d'acide hydrochlorique sous ces diverses formes. Le blanchisseur emploie une quantité considérable de cet acide pour décomposer le savon calcaire qui se forme, lorsqu'on fait bouillir des tissus écrus ou imprégnés de matières grasses avec de la chaux (3); les acides gras mis en liberté sont éliminés ultérieurement au moyen de carbonate de soude. Le teinturier emploie aussi beaucoup d'acide chlorhydrique (de la qualité qui ne contient pas de fer) pour préparer son chlorure d'étain. On fait également une grande consommation d'acide chlorhydrique dans la fabrication du chlorate de potasse, du sel ammoniac, du chlorure d'antimoine et de l'oxychlorure de plomb (voyez le chapitre sur le blanc de céruse, etc.) L'acide chlorhydrique est, en outre, un dissolvant très-convenable du phosphate de chaux des os, en vue de la préparation de la gélatine. Il est un des principaux constituants de l'eau régale. Il sert à dégager l'acide carbonique du carbonate de chaux dans la fabrication du bicarbonate de soude et du carbonate de magnésie (4); on l'emploie encore lorsqu'on veut convertir le carbonate et le sulfure barytiques en chlorure de baryum, servant à la fabrication du *blanc fixe*. A l'aide de cet acide, on peut

____

(1) Pelouze, *Compt. rend.*, LII, 1267.

(2) Ramon de Luna, *Compt. rend.*, XLI, 95.

(3) Dans beaucoup de blanchisseries on emploie l'acide sulfurique, mais en Alsace, les blanchisseurs se servent invariablement de l'acide chlorhydrique, pour éviter la formation d'un sel calcaire insoluble (Scheurer-Kestner).

(4) On emploie presque exclusivement pour la production de l'acide carbonique l'acide chlorhydrique très-

décomposer le sulfate de plomb pour isoler de nouveau l'acide sulfurique et le rendre applicable. On peut utiliser l'action dissolvante de l'acide chlorhydrique pour extraire d'une variété de minerais (1) le carbonate et l'oxyde de cuivre hydraté, et M. Margueritte en recommande l'emploi pour précipiter le sel marin de solutions salines mixtes.

En dernier lieu, on peut utiliser l'acide chlorhydrique dans la fabrication du phosphore (voyez le chapitre sur le phosphore), en soumettant au rouge vif un mélange de phosphate calcique et de carbone à l'action d'un courant de gaz acide chlorhydrique. Il y a désoxydation de l'acide phosphorique, et le phosphore est mis en liberté avec formation de chlorure de calcium et dégagement d'eau et d'oxyde de carbone.

Préparation du chlore. — La préparation du chlore absorbe incontestablement la majeure partie de l'acide chlorhydrique fabriqué.

Le procédé ordinaire de préparation du chlore, c'est-à-dire le traitement du peroxyde de manganèse du commerce par l'acide chlorhydrique, est représenté par l'équation :

$$Mn^2 O^2 + 4HCl = 2Mn\ Cl + 2H^2 O + Cl^2.$$

Cette équation démontre que la moitié seulement du chlore de l'acide chlorhydrique est mise à profit, l'autre moitié restant en combinaison avec le manganèse. On pourrait facilement mettre en liberté tout le chlore, en employant un mélange de peroxyde de manganèse, de chlorure de sodium et d'acide sulfurique, de manière à laisser du sulfate de manganèse dans le résidu ; mais tant que l'acide sulfurique aura plus de valeur que l'acide chlorhydrique, cette méthode ne sera pas économique.

Il paraît cependant que ce procédé s'emploie encore quelquefois, si nous en jugeons d'après les observations publiées par quelques chimistes pratiques. M. Müller (2) a fait ressortir que les meilleures proportions à employer pour cette réaction étaient celles représentées par l'équation

$$Mn^2 O^2 + 2Na\ Cl + 3H^2 SO^4 = Mn^2 SO^4 + 2Na\ HSO^4 + 2H^2 O + 2Cl,$$

le procédé exprimé par l'équation

$$Mn^2 O^2 + 2Na\ Cl + 2H^2 SO^4 = Mn^2 SO^4 + Na^2 SO^4 + 2H^2 O + 2Cl$$

exigeant une température trop élevée. La préparation du chlore au moyen du chlorure de

---

délayé qui, dans beaucoup de fabriques, s'écoule de la seconde tour à condensation. Le gaz acide carbonique trouve ses applications principales dans la fabrication du *bicarbonate de soude* et du *carbonate de magnésie.*

Le premier, qu'on emploie beaucoup dans la préparation de l'eau gazeuse carbonatée (*soda-water*), se prépare de la manière suivante : on dispose les cristaux de carbonate de soude sur des rayons fixés dans de grandes caisses en bois, recouvertes de plomb, et on les y expose à l'action du gaz acide carbonique ; une quantité considérable d'eau est mise en liberté pendant cette transformation.

$$Na^2 CO^3, 10H^2 O + CO^2 = 2 (Na\ HCO^3) + 9H^2 O.$$

Les fabricants emploient généralement des cristaux colorés et de mauvaise apparence, toutes les impuretés étant entraînées par l'eau qui s'écoule des chambres. Le Lancashire, seul, fournit au commerce 250 tonnes de bicarbonate de soude par semaine (*On the recent Progress*, p. 115.)

On prépare le carbonate de magnésie au moyen du procédé Pattinson, qui consiste à soumettre à l'action de l'eau et de l'acide carbonique sous pression le produit obtenu par l'action de la chaleur sur la dolomie (un mélange de carbonate de chaux et de magnésie).

Il se forme une dissolution de bicarbonate de magnésie qu'on décante du carbonate de chaux insoluble, et qu'on décompose par un courant de vapeur, qui détermine la précipitation du carbonate ordinaire de magnésie. Le sel qu'on obtient ainsi est très-blanc, très-léger et d'une texture peu compacte. (Voyez le chapitre sur le blanc de céruse, etc.)

Les appareils dont on se sert pour dégager l'acide carbonique, sont construits en pierres siliceuses, et ressemblent en tous points à ceux qu'on emploie dans la fabrication du chlore.

(1) Dans les fabriques de soude de Ringkuhl, près de Cassel, on produit de grandes quantités d'acide chlorhydrique pour extraire le cuivre des ardoises de Stadtberge en Westphalie.

(2) Müller, *Dingl. Pol. Journ.*, CXVIII, 118.

sodium, du peroxyde de manganèse et de l'acide sulfurique est désavantageuse, en outre, sous ce rapport qu'elle fournit le sulfate de soude mélangé au sel de manganèse. Afin d'éviter cet inconvénient, M. Monod (1) a proposé un appareil à chlore à deux compartiments; le premier contenant le mélange d'acide sulfurique et de chlorure de sodium dégageant l'acide chlorhydrique; le second renfermant une couche de peroxyde de manganèse étendue sur un diaphragme perforé, recouvert d'eau. Le gaz acide chlorhydrique, passant du premier dans le second compartiment, est décomposé par le peroxyde de manganèse, et le chlore est dégagé Cet appareil atteint son but, en ce qu'il maintient séparés les deux sels produits; mais ce n'est pas la première fois qu'on propose le principe qui sert de base à cet arrangement

En Angleterre, autant que le rapporteur a pu s'en assurer, on traite invariablement le minerai de manganèse par l'acide chlorhydrique liquide.

Les seuls perfectionnements réels qu'on ait adoptés dans le procédé de production du chlore au moyen du manganèse ont trait à l'appareil dans lequel se fait la réaction.

Les vieilles tourilles bitubulées en grès ont été depuis longtemps remplacées par des vases dans lesquels le peroxyde de manganèse est renfermé dans un cylindre perforé en grès; de cette manière, l'acide n'agit que graduellement sur le peroxyde, qui ne descend dans le cylindre qu'en proportion de la dissolution des portions inférieures. A cet appareil en grès succédèrent les vases en fonte revêtus de plomb, et ceux-ci, à leur tour, furent remplacés par des vases en pierre beaucoup plus grands, résistant à l'action des acides et du chlore, et chauffés au gré de l'opérateur, soit par un foyer ordinaire, soit par la vapeur.

En France dans les usines de M. Kestner, à Thann, par exemple), on emploie fréquemment des citernes en pierre siliceuse, creusées dans un seul bloc massif. Dans quelques fabriques aux environs de Newcastle, on fait usage de citernes semblables. Dans le Lancashire, ces grandes citernes se composent généralement de six dalles épaisses de la pierre du Yorkshire. On les réunit au moyen de rainures taillées dans ces dalles, et dans lesquelles leurs côtés s'ajustent: les joints sont mastiqués par des lanières en caoutchouc ou par un ciment capable de résister à une chaleur considérable. Les pierres sont maintenues en position au moyen d'écrous en fer qui les relient fortement.

Pour pouvoir vider et nettoyer ces citernes, il existe, à l'une des extrémités de chacune d'elles, une grande ouverture circulaire pourvue d'un couvercle en pierre. Les citernes qu'on emploie actuellement en Angleterre ont de très-grandes dimensions, et peuvent contenir de 400 à 800 livres de manganèse. On les chauffe généralement à la vapeur. Le chlore dégagé est conduit au dehors au moyen de tuyaux en plomb ajustés plus loin à des tubes en gutta-percha, lorsque le gaz, dans son parcours, s'est suffisamment refroidi.

Depuis quelques années, M. Tennant (de Glasgow) fait usage d'un procédé qui lui permet de produire le chlore sans employer le peroxyde de manganèse Ce procédé, déjà mentionné dans le chapitre sur l'acide sulfurique, fut introduit par M. C.-T. Dunlop, et consiste dans la décomposition d'un mélange de chlorure et de nitrate sodiques au moyen de l'acide sulfurique.

Les produits de la réaction sont du chlore, de l'acide nitreux et du bisulfate de soude; on sépare les deux produits volatils et on les emploie séparément, l'un pour la fabrication du chlorure de chaux, et l'autre pour celle de l'acide sulfurique.

L'opération s'exécute dans de grands cylindres en fonte revêtus à l'intérieur de briques enduites d'asphalte de goudron. Ces cylindres ont 5 à 6 pieds de diamètre, 7 à 8 pieds de longueur, et peuvent contenir une demi-tonne de nitrate de soude et une tonne de sel marin, ainsi que la quantité d'acide sulfurique nécessaire à la conversion du sel en bisulfate de soude. On chauffe les cylindres à feu nu et on élève la température à 200 ou 250° C. En trente-six heures, la réaction est terminée.

<hr>

(1) Monod, *Rep. of pat. inv.*, août. 1857, 94.

En quittant l'appareil, les gaz, qui se composent d'un mélange de chlore et d'acide nitreux, avec un peu d'acide chlorhydrique, sont conduits dans de grandes citernes en plomb remplies d'acide sulfurique concentré à une hauteur de deux pieds environ. Ces citernes sont placées les unes à la suite des autres, et les gaz sont obligés de les traverser successivement sous une pression considérable. L'acide sulfurique absorbe l'acide nitreux, et lorsqu'il en est suffisamment chargé, on l'emploie dans les chambres de plomb, afin qu'il fournisse directement son acide nitreux à l'acide sulfureux ; de cette manière, l'acide nitro-sulfurique trouve une application des plus avantageuses. Le mélange restant d'acide chlorhydrique et de chlore passe ensuite dans une petite tour à condensation remplie de coke humecté d'eau. L'acide chlorhydrique est ainsi intercepté et retenu en solution aqueuse, tandis que le chlore purifié arrive dans l'appareil à chlorure de chaux. On emploie le résidu de bisulfate de soude des cylindres soit à la décomposition de nitrate de soude pour la préparation de l'acide nitrique, ou bien on le jette dans le four à sulfate de soude en même temps que le chlorure de sodium, dont il chasse l'acide chlorhydrique, étant lui-même converti en sulfate de soude neutre.

Telles sont les méthodes de préparation du chlore sanctionnées par la pratique en grand ; il ne nous reste qu'à mentionner rapidement quelques réactions proposées pour la production du chlore, et qui, sans importance pratique actuelle, présentent cependant de l'intérêt au point de vue scientifique.

M. Ramon de Luna (1) a proposé de calciner un mélange de sulfate de magnésie hydraté, de sel marin et de peroxyde de manganèse. La réaction doit se faire d'après l'équation suivante :

$$2[Mg^2 SO^4, H^2 O] + 4Na\,Cl + Mn^x O^2 = 2Na^2 SO^4 + 2Mn\,Cl + 2Mg^2 O + 2H^2 O + Cl^2.$$

La réaction qui a lieu entre l'acide chlorhydrique et le chromate de potasse est bien connue. Il y a formation de chlorure de potassium, de chlorure chromique et d'eau, avec dégagement de chlore.

$$K^2 Cr^2 O^7 + 8HCl = 2KCl + Cr^2 Cl^3 + 4H^2 O + Cl^3.$$

M. Péligot (2) et M. Gentele (3) ont recommandé l'emploi de ce procédé pour la préparation en grand du chlore ; mais, à moins de trouver un emploi avantageux pour le chlorure de chrome, cette réaction serait sans doute trop dispendieuse.

Un procédé analogue, breveté par M. Shanks (4), paraît offrir beaucoup moins d'inconvénients pour la pratique.

D'après ce procédé, on fait réagir l'acide chlorhydrique sur le chromate de chaux ; les produits qui en résultent sont du chlorure de calcium, du chlorure chromique, de l'eau et du chlore.

$$2Ca^2 Cr^2 O^4 + 16HCl = 4\,CaCl + 2\,Cr^2 Cl^3 + 8H^2 O + 3\,Cl^2.$$

La solution verte contenant du chlorure de calcium et du chlorure chromique est neutralisée par un lait de chaux qui précipite le chrome à l'état d'oxyde.

$$2Cr^2 Cl^3 + 3Ca^2 O = Cr^4 O^3 + 6Ca\,Cl.$$

On ajoute deux équivalents de chaux en plus, afin de produire les matières qui doivent être employées dans l'opération suivante.

Lorsqu'on a séparé la solution de chlorure de calcium du précipité d'oxyde chromique et de chaux en excès, on la laisse écouler comme déchet ou on l'évapore à siccité ; on grille en-

<hr>

(1) Ramon de Luna, *Compt. rend.*, XLI, 95.
(2) Péligot, *Ann. chim. phys.* (2), LII, 267.
(3) Gentele, *Dingl. Pol. Journ.*, CXXV, 492.
(4) La série de réactions faisant partie de ce procédé fut indiquée originairement par feu M. John Wilson (Gossage).

suite le mélange d'oxyde chromique et de chaux au rouge sombre, en le soumettant à l'action d'un courant d'air; l'oxygène est absorbé, et il se produit du chromate de chaux,

$$2Ca^2 O + Cr^1 O^3 + O^3 = 2Ca^2 Cr^2 O^4,$$

dont on peut se servir immédiatement pour une nouvelle préparation de chlore.

Dans le procédé de M. Shanks, l'oxyde de chrome fait la navette pour transporter l'oxygène de l'air sur l'hydrogène de l'acide chlorhydrique. Cependant il ne produit pas autant de chlore que le peroxyde manganique n'en dégage de la même quantité d'acide chlorhydrique. Tandis que par l'action du peroxyde manganique, 16 équivalents d'acide chlorhydrique dégagent 8 de chlore, le procédé de M. Shanks ne dégage que 6 équivalents de chlore de la même quantité d'acide chlorhydrique.

Les expériences pratiquées en grand pourront seules nous apprendre si la dépense du grillage d'un mélange d'oxyde de chrome et de chaux ne surpasse pas la valeur d'une quantité équivalente de manganèse (qu'on obtient maintenant à des prix extrêmement modérés). Il est également douteux que la précipitation par la chaux et le grillage soient moins dispendieux que la régénération du peroxyde de manganèse au moyen des résidus manganiques.

En prenant en considération toutes ces circonstances, on ne peut guère espérer, quelque ingénieux que soit ce procédé, de le voir adopté généralement par la pratique industrielle.

M. Laurens (1) a proposé l'emploi du chlorure cuivrique pour la préparation du chlore.

Le chlorure cuivrique peut être préparé au moyen d'un des procédés généralement connus, comme, par exemple, en dissolvant l'oxyde de cuivre dans l'acide chlorhydrique, ou le cuivre dans l'eau régale, ou bien encore en décomposant le sulfate cuivrique au moyen du chlorure de baryum ou du chlorure de calcium, etc.

Quelle que soit la méthode qu'on emploie pour obtenir la solution de chlorure cuivrique, on l'évapore à siccité; il faut dessécher parfaitement le résidu solide, qu'on mélange à cet effet avec du sable pour diviser la masse. On introduit le mélange séché dans des cornues ou des cylindres pareils a ceux qu'on emploie dans la fabrication du gaz d'éclairage. Si les cornues sont en fer, on les revêt d'un mélange d'argile et de charbon de bois, afin de protéger le fer. Le chlorure cuivrique, fortement chauffé, se décompose en chlorure cuivreux et en chlore libre.

$$2Cu\, Cl = Cu^2 Cl + Cl.$$

On mélange ensuite le chlorure cuivreux avec de l'acide chlorhydrique, et on expose le tout à l'air; l'oxygène de l'air est rapidement absorbé, et le chlorure cuivrique se reproduit. En évaporant de nouveau ce dernier à siccité et en le calcinant, on obtient du chlore et du chlorure cuivreux, et ainsi de suite :

$$2Cu^2 Cl + 2HCl + O = 4CuCl + H^2 O.$$

Le procédé de M. Laurens n'est pas nouveau; antérieurement déjà, M. Gatty, à Accrington, en Angleterre, et M. Vogel (2), en Allemagne, avaient indiqué et examiné ce procédé. Ce dernier chimiste a émis l'opinion que le chlorure cuivrique calciné en grand ne perd qu'un tiers de son chlore, au lieu d'en perdre la moitié.

Ce procédé paraît avoir peu de chances d'être adopté par la pratique. La manipulation des chlorures cuivreux et cuivriques peut devenir préjudiciable à la santé des ouvriers, ces sels produisant, lorsqu'ils sont très-secs, une poussière extrêmement fine et délétère. Le prix du cuivre est élevé, et une petite perte de sel, qu'il est difficile d'éviter, lorsqu'on opère en grand, enlèverait toute économie au procédé. Enfin, M. Gatty a trouvé que les chlorures de cuivre corrodent et détruisent rapidement les vases en poterie et même les briques les plus

(1) Laurens, *Rép. chim. appl.* (1861), 110.
(2) Vogel, *Dingl. Pol. Journ.* (1859), CXXXVI, 237.

réfractaires; de sorte qu'il serait difficile de trouver des vases dans lesquels la dessiccation et la calcination pourraient être effectuées sans inconvénients.

Tout récemment (depuis l'ouverture de l'Exposition), M. Schlœsing (1) a appelé l'attention des chimistes sur une réaction qui, d'après lui, pourrait être utilisée dans la préparation industrielle du chlore.

En prenant du peroxyde de manganèse préparé par la calcination du nitrate de manganèse, et en faisant réagir sur lui un mélange d'acides chlorhydrique et nitrique, on observe qu'après avoir atteint un certain degré de concentration, l'application de la chaleur produit du chlore mélangé à des vapeurs nitreuses rutilantes; mais, en dessous de ce point de concentration, on peut chauffer le mélange jusqu'à l'ébullition, sans qu'il se dégage un autre gaz que le chlore. Dans cette dernière condition, l'acide nitrique agit sur le peroxyde manganique de manière à former du nitrate de manganèse, tandis que l'acide hydrochlorique est totalement converti en eau et en chlore.

On obtient ce résultat en employant de l'acide nitrique contenant 505 grammes d'acide anhydre par litre et de l'acide chlorhydrique renfermant 397 grammes de gaz acide chlorhydrique par litre; on mélange ces deux acides dans la proportion de 4 équivalents d'acide nitrique pour 3 équivalents d'acide chlorhydrique, et on ajoute à ce mélange un septième de son volume d'eau.

En calcinant le nitrate de manganèse, dont la décomposition commence à 150° C. et est très-active à 195° C., on le transforme en acide nitreux (qu'on peut faire passer dans les chambres d'acide sulfurique, ou qu'on peut reconvertir en acide nitrique par le contact avec l'eau et l'air) et en peroxyde de manganèse très-pur. Le peroxyde de manganèse, régénéré d'après la méthode de M. Schlœsing, contient jusqu'à 93.3 pour 100 d'oxyde pur.

En réunissant tous ces faits, il est facile d'en déduire une méthode pratique pour appliquer ce procédé à la fabrication en grand du chlore. Le peroxyde de manganèse, attaqué par un mélange convenable d'acides nitrique et chlorhydrique, fournira du chlore, ainsi qu'une solution de nitrate de manganèse. Cette solution, évaporée à siccité, fournira du nitrate de manganèse; par la calcination de ce dernier, on obtiendra du peroxyde de manganèse. Les vapeurs nitreuses, mélangées d'air et de vapeur d'eau, n'ont qu'à traverser les tours à condensation pour reproduire de l'acide nitrique.

De cette manière, on peut décomposer une quantité indéfinie d'acide chlorhydrique au moyen d'une succession de réactions dans lesquelles l'acide nitrique fait la navette, pour transporter l'oxygène de l'air sur l'acide chlorhydrique, d'une manière tout à fait semblable à celle qu'on observe dans la fabrication de l'acide sulfurique.

Utilisation du résidu de la préparation du chlore. — On a proposé un grand nombre de méthodes pour l'utilisation des énormes quantités de résidus qu'on obtient dans la fabrication du chlore. Ces résidus contiennent de l'acide hydrochlorique libre, quelquefois une faible quantité de chlore libre, du chlorure de manganèse, du chlorure ferrique, du chlorure de calcium, et de petites quantités de chlorures de cobalt et de nickel; du sulfate de baryte (2) insoluble, des silicates et du sable.

On décante le liquide du résidu sablonneux, et, pendant qu'il est encore chaud, il laisse dégager rapidement tout ce qui y reste de chlore libre. On le sature ensuite avec de la pierre à chaux finement pulvérisée (ou plus généralement avec de la craie) (3). Il se dégage du gaz

---

(1) Schlœsing, *Compt. rend.* (1862), LV, 284.

(2) Le minerai de manganèse de Romanèche (Haute-Saône), qu'on emploie très-généralement en France, contient jusqu'à 10 et 12 pour 100 de carbonate de baryte, qu'on retrouve dans les résidus de la préparation à l'état de chlorure, ou de sulfate si l'acide chlorhydrique employé contenait une forte proportion d'acide sulfurique.

(3) Le liquide ainsi obtenu s'emploie occasionnellement pour la purification du gaz d'éclairage, en vue de lui enlever l'hydrogène sulfuré.

acide carbonique, qu'on peut employer pour la transformation du carbonate de soude en bicarbonate. En même temps tout le fer est précipité, soit a l'état d'oxyde ferrique, soit comme sel basique. L'acide sulfurique, qui se serait trouvé comme impureté dans l'acide chlorhydrique employé et qui eut passé de cette manière dans le liquide, serait précipité en même temps, soit à l'état de sulfate de chaux, soit à l'état de sulfate ferrique basique.

Le liquide décanté est rose, et se compose principalement d'un mélange de chlorures de calcium et de manganèse. En ajoutant un peu d'oxysulfure de calcium (résidu de la fabrication de la soude), les petites quantités de cobalt et de nickel qu'il peut renfermer sont précipitées à l'état de sulfures, ainsi qu'une quantité minime d'oxyde et de sulfure manganeux.

Le docteur Gerland et M. E. Muspratt ont breveté ce procédé en Angleterre et l'exploitent avec succès.

On peut maintenant évaporer le liquide décanté pour obtenir des cristaux de chlorure de manganèse, ou bien l'on peut précipiter le manganèse de la solution à l'état de carbonate. Pour atteindre ce but, M. Balmain (1 emploie les liqueurs ammoniacales provenant de la fabrication du gaz d'éclairage, et contenant du carbonate d'ammoniaque et du sulfure d'ammonium : il se produit ainsi du carbonate et du sulfure de manganèse, et une solution de sel ammoniac.

Régénération du peroxyde de manganèse. — Le procédé le plus important pour utiliser les résidus de la préparation du chlore est celui qui fut proposé par M. Dunlop (2), et qu'on exploite avec succès dans l'établissement de M. C. Tennant a Glascow.

On sait depuis longtemps que les oxydes inférieurs du manganèse, ainsi que son carbonate, lorsqu'ils sont chauffés au contact de l'air atmosphérique, absorbent l'oxygène et sont convertis en peroxydes. Ce fait avait été établi expérimentalement, il y a bien des années, par M. Forchhammer, un des membres du jury pour la classe II. Plus récemment, M. Reissig (3), en reprenant ce sujet, a montré que la température la plus favorable à la conversion du carbonate de manganèse en peroxyde était celle de 260° C. environ; à ce degré de chaleur, la quantité maximum d'oxygène est absorbée, et il se produit le peroxyde de manganèse le plus pur. Il fut réservé à M. Dunlop de prouver que le procédé qu'on n'avait connu que comme une expérience de laboratoire pouvait être exploité avec profit dans la pratique industrielle.

La régénération du peroxyde de manganèse, telle qu'elle est réalisée par M. Tennant, comprend :A la conversion du chlorure de manganèse en carbonate, et (B) la transformation du carbonate en peroxyde.

A. *Conversion du chlorure en carbonate de manganèse.* — La préparation du carbonate au moyen des résidus de manganèse peut être accomplie d'après les méthodes déjà mentionnées. M. Tennant opère d'après le plan suivant :

On recueille dans de grands réservoirs les résidus de la préparation du chlore, et on y ajoute un lait de chaux (qui est la base de beaucoup la plus économique de toutes celles qu'on pourrait employer dans ce but) en quantité suffisante pour saturer l'excès d'acide chlorhydrique et pour précipiter tout le fer On agite bien le liquide afin de produire un mélange intime, et on le laisse se clarifier. Le liquide clair est ensuite pompé dans une grande chaudière cylindrique, qu'on peut fermer hermétiquement, et qui est pourvue d'un agitateur. Dans cette chaudière, on ajoute au liquide, en quantité suffisante pour précipiter le manganèse, un lait de carbonate de chaux très-finement divisé, mais on évite soigneusement d'en mettre un excès. La chaudière étant bien close, on chauffe à la flamme directe, ou, ce qui

(1) Balmain, *London journ. of arts*, janv. 1856, 36.
(2) Dunlop, *Rep. of pat. inv.*, mars, 1856, 263.
3) Reissig, *Ann. chem. pharm.*, CIII, 27.

vaut mieux, on y introduit la vapeur jusqu'à ce que la pression s'élève de 2 à 2 1/2 atmosphères, et l'on a soin de bien remuer le liquide pendant tout ce temps. Après vingt-quatre heures, durée ordinaire d'une opération, la décomposition du chlorure de manganèse est complète; la haute pression et la température élevée provoquent une double décomposition, qui autrement n'aurait pas lieu; il se dépose un précipité blanc de carbonate de manganèse, et le chlorure de calcium reste en solution. On permet au mélange de se clarifier complétement et, après la décantation du chlorure de calcium, on lave bien le précipité, on le presse et on le sèche sur des tablettes en fer.

B. *Transformation du carbonate en peroxyde de manganèse.* — Pour la régénération du peroxyde de manganèse on opère de la manière suivante:

Le carbonate de manganèse, imparfaitement séché, est placé dans des casiers en tôle peu profonds et montés sur des roues; on les introduit dans de grandes galeries voûtées en briques, pouvant contenir quarante huit de ces petits wagons, et munies de rails sur lesquels on les fait glisser. Ces rails sont disposés de manière à ce que le carbonate de manganèse puisse être transporté successivement des étages supérieurs aux étages inférieurs de la construction. On chauffe les galeries à l'extérieur et on en élève la température à 315° C. environ. Un courant d'air, pénétrant par la partie inférieure des fours, traverse les galeries. Sous l'influence de la chaleur, qui devient plus intense à mesure que les wagons descendent, et qui, par cela même, favorise l'action de l'oxygène de l'air atmosphérique, le carbonate de manganèse perd de l'acide carbonique et se combine à de l'oxygène; la présence de la vapeur d'eau accélère considérablement la marche du procédé. C'est pour cette raison que le manganèse est aspergé d'eau pendant le passage des wagons d'un étage à l'autre. Après avoir séjourné pendant quarante-huit heures dans les fours, la matière contient près de 8/10 de peroxyde de manganèse pur (généralement environ 72 pour 100); les 2/10 restants sont formés de composés oxygénés inférieurs du manganèse.

Le peroxyde de manganèse ainsi régénéré, tout en n'étant pas entièrement pur, ne renferme comme impuretés que des oxydes inférieurs du manganèse, et, quoique dans cet état il exige une quantité un peu plus grande d'acide chlorhydrique, il peut cependant rivaliser avec l'oxyde naturel. En effet, le suroxyde naturel, renfermant toujours beaucoup d'impuretés, tels que du sable et de la pierre calcaire, etc., et étant beaucoup plus compacte, exige une température plus élevée pour sa décomposition par l'acide chlorhydrique; il dégage donc une plus petite quantité de chlore dans un temps donné.

La régénération du peroxyde de manganèse, au moyen des résidus de chlore, est un perfectionnement industriel d'une grande importance. M. Tennant et Comp., de Glasgow, exploitent ce procédé sur une très-grande échelle, quoique, d'après les renseignements recueillis par le rapporteur, ils ne l'aient jamais appliqué à tous les résidus fournis par leurs usines colossales. Sur le continent, M. C. Kestner, de Thann, a essayé de suivre cette méthode pendant quelque temps; mais on ne peut l'y pratiquer avec avantage, à cause du prix élevé de la houille. Les substances nécessaires à la régénération du peroxyde sont assez coûteuses, et il est évident que la valeur industrielle du procédé dépendra en grande partie du prix des minérais de manganèse. En présence des bas prix actuels, peu de fabricants se sont sentis disposés à aventurer de grands capitaux dans la construction des énormes marmites de Papin et des fours dispendieux exigés par ce procédé, et c'est pour cette raison que cette méthode n'a été adoptée que d'une manière très-limitée.

Parmi les autres procédés proposés pour l'utilisation des résidus de manganèse, nous mentionnerons le suivant. M. Gatty (1) évapore les résidus jusqu'à ce qu'ils soient réduits en consistance sirupeuse, et les mélange ensuite avec du nitrate de soude. Pour 79 kilogrammes de

(1) Gatty, *Wagner's Jahresb.* 1853). 125.

chlorure de manganèse, il ajoute 106 kilogrammes de nitrate de soude. On fait sécher le mélange à une température modérée, et on le chauffe au rouge sombre dans des cylindres en fer. Les vapeurs nitreuses ainsi dégagées sont employées pendant la fabrication de l'acide sulfurique dans les chambres de plomb, et le résidu restant. se composant de peroxyde de manganèse et de chlorure de sodium, sert immédiatement de nouveau à la préparation du chlore.

Si l'on opère avec un résidu de sulfate de manganèse, on procède de la même manière; seulement il faut mélanger 95 parties de ce résidu salin avec 106 parties de nitrate de soude. On obtiendra alors, comme produit de la calcination. un mélange de peroxyde de manganèse et de sulfate de soude; on dissout ce dernier sel par l'ébullition avec l'eau.

M. Fred. Kuhlmann fils (1) a publié récemment quelques expériences intéressantes concernant cette réaction.

M. Kuhlmann montre que la calcination d'un mélange de nitrate de soude et de chlorure de manganèse ne produit jamais du peroxyde manganique pur, mais une combinaison du peroxyde avec le protoxyde de manganèse, contenant invariablement 64 à 65.5 pour 100 de peroxyde pur. Il se dégage en même temps de l'acide hyponitrique, N^2O^4, et de l'oxygène. M. Kuhlmann, au lieu de les employer pour la préparation de l'acide sulfurique, propose de les transformer en acide nitrique (2), dans un appareil condensateur et sous l'influence de l'eau et de l'air. Il exprime la réaction par l'équation suivante :

$$10\,Mn\,Cl + 10\,Na\,NO^3 = (3\,Mn^2\,O^2, 2\,Mn^2\,O) + 10\,Na\,Cl + 5\,N^2\,O^4 + O^2.$$

D'après M. Péan de Saint-Gilles (3), qui a également examiné cette même réaction, la transformation ne serait pas tout à fait aussi simple. Il a trouvé que le produit de la calcination retenait toujours une forte proportion de chlore, variant entre 11.3 et 20 pour 100 du poids du résidu, et que le résidu manganique est un oxychlorure, ou un mélange de composition variable formé d'oxydes et de chlorures de manganèse.

Les différences qui existent entre les résultats obtenus par ces chimistes trouvent sans doute leur explication dans les proportions différentes qui servirent à faire les mélanges, et peut-être aussi dans la diversité des températures auxquelles ces mélanges furent exposés. Mais tout obstacle qui s'opposerait à un résultat uniforme diminuerait aussi considérablement les chances de réussite industrielle de ce procédé.

L'utilisation des résidus de la fabrication du chlore n'entraîne pas forcément la régénération du peroxyde. On a proposé plusieurs autres applications.

M. Kuhlmann les emploie dans la fabrication du blanc fixe (voyez le chapitre sur les composés barytiques).

En dernier lieu, nous mentionnerons que dans le procédé de MM. E. Kopp et Blythe, pour la fabrication de la soude ferrugineuse, l'oxyde ou le carbonate de fer peut être remplacé par l'oxyde ou le carbonate de manganèse, et que le carbonate de manganèse peut servir, en outre, à la préparation du carbonate de soude, par la double décomposition avec le sulfure de sodium.

Application du chlore : fabrication du chlorure de chaux. — Le chlore trouve son application principale dans la préparation du chlorure de chaux. Le rapporteur ne peut signaler aucun perfectionnement récent et important dans la fabrication de ce composé. En Angleterre, les chambres dans lesquelles on étend la chaux étaient autrefois construites en briques; maintenant, elles le sont généralement en plomb. En France, on donne presque universellement la préférence aux chambres de plomb, en partie à cause de leur propreté, et en partie

(1) Fréd. Kuhlmann fils, *Compt. rend.*, LV, 247; *l'Institut* (1862), août, 253.

(2) En préparant l'acide arsénique pour les applications industrielles, M. E. Kopp avait déjà réalisé en grand, et avec succès, la transformation de l'acide hyponitrique en acide nitrique.

(3) Péan de Saint-Gilles, *Rép. chim. appl.* (1862), 338.

parce qu'elles facilitent la régularisation de la température, prévenant ainsi l'échauffement du chlorure de chaux.

Nous mentionnerons cependant rapidement quelques-unes des expériences faites depuis 1851 dans le but de déterminer les conditions d'hydratation de la chaux les plus favorables à la production d'un composé contenant la plus grande quantité de chlore possible.

On sait que l'hydrate de chaux à l'état solide ne peut absorber autant de chlore que le lait de chaux.

En étudiant cette question, M. Frésénius (1) est arrivé à la conclusion que le chlorure de chaux du commerce est un mélange d'un équivalent d'hypochlorite de chaux, Ca Cl O, avec un équivalent d'oxychlorure de la formule Ca Cl, Ca² O, 2H² O, qui n'absorbe pas davantage le chlore, et que l'eau décompose en chlorure de calcium et en hydrate de chaux.

M. Schlieper (2) a déterminé les circonstances dans lesquelles l'hypochlorite de chaux est décomposé en chlorure de calcium et en chlorate de chaux. Il a démontré qu'en faisant bouillir des solutions concentrées d'hypochlorite, il se dégage de l'oxygène. La même chose n'a pas lieu pour les solutions diluées, dans lesquelles l'hypochlorite est décomposé en chlorure et en chlorate calciques.

Le rapporteur (3) ayant mentionné il y a quelque temps un cas de décomposition spontanée de chlorure de chaux accompagnée d'une explosion très-forte, qui eût lieu dans son laboratoire, l'attention fut appelée à plusieurs reprises sur ce fait, et l'on a décrit plusieurs autres cas du même genre.

Pour conclure, nous rappellerons encore que dans les derniers temps on a soumis les propriétés décolorantes de quelques hypochlorites métalliques à un examens minutieux.

MM. Sacc (4) et Varrentrapp (5) ont démontré que l'hypochlorite de zinc, ou, plus correctement, un mélange d'hypochlorite alcalin avec un sel de zinc, est un agent décolorant très-énergique, avantageusement applicable à la teinture et pouvant servir plus particulièrement à opérer des décharges sur le rouge d'Andrinople.

Dans ces derniers temps, les propriétés décolorantes de l'hypochlorite d'alumine ont de nouveau attiré l'attention des chimistes.

M. Hofmann (6), M. Kunheim (7) et M. Orioli (8) ont publié des expériences très-intéressantes sur ce sujet.

Fabrication du chlorate de potasse. — On prépare maintenant généralement ce composé au moyen du chlorure de potassium, par l'intervention du chlorate calcique obtenu par l'action d'un excès de chlore sur un lait de chaux. L'heureuse idée de soumettre un mélange de carbonate de potasse et d'hydrate de chaux à l'action du chlore appartient à M. Graham (9). Le procédé fut examiné ultérieurement par le docteur Calvert (10), et M. James Young (11) paraît être le premier qui commença à l'exploiter industriellement et qui prouva que le chlorate ne se forme que lorsque la chaux est parfaitement saturée de chlore.

A la solution concentrée du mélange de chlorure et de chlorate calciques ainsi obtenus, on

(1) Frésénius, *Ann. chem. pharm.*, CXVIII, 317.
(2) Schlieper, *Ann. chem. pharm.*, C, 171.
(3) Hofmann, *Qu. J. chem. soc.*, XIII, 84.
(4) Sacc, *Wagner's Jahresber.*, V (1859), 948.
(5) Varrentrapp, *Wagner's Jahresber.*, VI (1860), 189.
(6) Hoffmann, *Ann. chem. pharm.*, LXV, 392.
(7) Kunheim, *Dingl. Pol. Journ.*, CLXII, 158.
(8) Orioli, *Rep. of pat. inv.* (1866), 337.
(9) Graham, *Chem. Soc. Mem.*, I, 7.
(10) Calvert, *Chem. Soc. Qu. J.*, III, 106.
(11) Young, *Dictionary of Chemistry by R. D. Thomson*, article sur le chlorate de potasse. Dans cet article M. Young donne une excellente description du procédé.

ajoute une quantité proportionnée de chlorure de potassium ; une double décomposition a lieu, et il se forme du chlorure de calcium et du chlorate de potasse. Ce dernier, étant très-peu soluble dans l'eau froide et l'étant beaucoup moins encore dans une solution de chlorure de calcium, cristallise presque complétement. On le lave avec de l'eau froide et on le purifie par recristallisation.

Les autres applications industrielles du chlore sont en petit nombre et comparativement peu importantes. On emploie le chlore pour opérer la conversion du prussiate jaune de potasse en prussiate rouge. On accomplit cette transformation par voie sèche ou par voie humide. Dans le dernier cas, l'opération se fait dans des tonneaux en bois pourvus d'agitateurs. On évite avec soin un excès de chlore. On évapore la solution dans des chaudières en cuivre.

Dans la fabrique de M. C. Kestner (de Thann), on opère la transformation du chlorure stanneux en chlorure stannique (tétrachlorure d'étain), en soumettant à l'action du chlore le chlorure d'étain, dissous dans son poids d'eau. L'opération s'effectue dans des bonbonnes, et l'on fait passer le chlore dans la solution au moyen de tubes en verre.

HYPOSULFITE DE SOUDE.

Préparation des hyposulfites. — Les hyposulfites n'étaient pendant longtemps que des produits de laboratoire ; mais, depuis la découverte de la daguerréotypie et des procédés photographiques, leur préparation s'est développée et est devenue une fabrication industrielle.

La photographie, cet art nouveau, qui a pris si rapidement une importance extraordinaire, est basée principalement sur la décomposition des combinaisons haloïdes (chlorure, bromure et iodure) de l'argent sous l'influence de la lumière. Pour empêcher que l'image photogénique ne disparût rapidement sous l'action du jour, il devenait nécessaire d'enlever, après chaque opération, l'excès de sel d'argent sur lequel la lumière n'avait pas encore agi.

Sans ce mode de traitement, on aurait toujours été obligé de conserver les images photogéniques dans l'obscurité la plus complète, de ne les admirer qu'à la clarté d'une faible lumière artificielle, et, même dans ce cas, de s'entourer de précautions extraordinaires.

Pour enlever l'excès de sel d'argent, on eut d'abord recours à l'action dissolvante exercée sur ces composés par une solution de sel marin ; mais on ne tarda pas à découvrir que l'hyposulfite de soude dissolvait les chlorure et iodure d'argent bien plus facilement et plus rapidement. A partir de cette époque, la préparation de l'hyposulfite de soude devint une nécessité industrielle.

Depuis l'Exposition de 1851, les applications et la production des hyposulfites ont pris une extension de plus en plus grande, et de nos jours une seule fabrique dans le Lancashire (1), celle de MM. Roberts, Dale et Comp. (Grande-Bretagne, 588), produit jusqu'à 3 tonnes d'hyposulfite de soude par semaine.

Hyposulfite de soude. — La préparation de ce sel au moyen du sulfate de soude est facile. On opère quelquefois cette conversion par la double décomposition du sulfate de soude avec l'hyposulfite de chaux, procédé qui fut d'abord proposé par M. E. Kopp (2), et plus tard par MM. Townsend et Walker (3). Quelquefois le sulfate de soude est transformé par la calcination avec du carbone en sulfure de sodium, qu'on dissout ensuite dans de l'eau, et qu'on expose à l'action du gaz acide sulfureux, qui le convertit en hyposulfite. Pour atteindre ce but, on peut se servir avec avantage de l'appareil très-simple indiqué par M. Kopp. Cet appareil se compose d'une série de caisses en bois ou en pierre, qui sont munies d'agitateurs pour remuer la solution de sulfure de sodium. Le gaz acide sulfureux, préparé par la combustion de

<hr>

(1) *Report on the recent Progress*, etc., p. 116.
(2) E. Kopp, *Bullet. de la Soc. ind. de Mulhouse*, 1858, n° 143.
(3) Townsend and Walker, *Rep. of Pat. inv.*, septembre 1861, p. 232.

soufre ou de pyrites, est amené dans les caisses par des tuyaux en fonte, et absorbé par la solution. L'opération est complète, lorsque le liquide manifeste une réaction légèrement acide. On fait ensuite écouler le liquide, et on le neutralise au moyen d'une faible quantité de sulfure de sodium ou de soude caustique, qui précipite un peu de soufre. On porte alors le liquide à l'ébullition, et, après avoir laissé déposer, on décante la liqueur claire, et on la concentre suffisamment, pour qu'elle fournisse, en se refroidissant, une belle et abondante cristallisation d'hyposulfite de soude,

$$Na^2 S^2 O^5 + 5H^2 O.$$

On peut également employer des tours remplies de coke; la solution de sulfure de sodium y découle goutte à goutte, tandis que le gaz acide sulfureux s'élève dans l'appareil. En opérant de cette manière, il est nécessaire d'éviter soigneusement l'action du gaz acide sulfureux sur l'hyposulfite déjà formé; puisque cette action donne lieu à la production de sels plus oxygénés, comme, par exemple, le trithionate de soude, $Na^2 S^3 O^6$, et le tétrathionate de soude, $Na^2 S^4 O^6$.

Hyposulfite de chaux. — On peut préparer ce sel d'une manière parfaitement analogue à celle que nous avons décrite plus haut, en substituant seulement à la solution de sulfure de sodium une solution de sulfure de calcium. On obtient facilement ce sulfure en dissolvant dans l'eau le produit de la calcination d'un mélange de sulfate de chaux (plâtre de Paris) et de charbon de bois. M. Kopp a proposé d'employer dans le même but le résidu obtenu dans la fabrication de la soude par le procédé Leblanc (voyez le chapitre sur le carbonate de soude). Ce résidu se compose principalement d'un mélange de sulfure de calcium et de chaux ou de carbonate calcique; on commence par le faire bouillir avec une quantité convenable de soufre, afin de transformer la chaux en sulfure de calcium soluble, et l'on expose ensuite la solution à l'action du gaz acide sulfureux.

On peut encore préparer l'hyposulfite de chaux en utilisant la propriété que possède le sulfure de calcium d'absorber l'oxygène de l'air et de pouvoir être ainsi transformé en sulfure soluble d'abord et ensuite en hyposulfite de chaux.

$$2Ca^2 S + O^4 = Ca^2 S^2 O^5 + Ca^2 O.$$

Préparation des hyposulfites au moyen des marcs de soude. — MM. Townsend et Walker, après avoir exposé les marcs de soude à l'action de l'air pendant un certain temps, épuisent la masse avec de l'eau et obtiennent ainsi une solution étendue d'hyposulfite de chaux. On peut évaporer cette solution pour obtenir des cristaux d'hyposulfite de chaux.

$$Ca^2 S^2 O^5 + 6H^2 O;$$

mais, ainsi que l'a fait observer M. Kopp, à mesure que la solution devient plus concentrée, il est nécessaire de l'évaporer à des températures plus basses. Sans cette précaution, le liquide devient trouble et dépose un précipité abondant, composé d'un mélange de soufre et de sulfite de chaux qui provient de la décomposition totale de l'hyposulfite.

$$Ca^2 S^2 O^5 = Ca^2 SO^5 + S.$$

Il arrive quelquefois que les cristaux d'hyposulfite de chaux subissent spontanément cette décomposition (voyez le chapitre sur le carbonate de soude).

Pour éviter cet inconvénient, la *Walker Alkali Company* (Grande-Bretagne, 615) décompose par du carbonate de soude la solution provenant des marcs de soude oxydés à l'air, et fait évaporer jusqu'à cristallisation la solution d'hyposulfite de soude qui en résulte.

Avec l'hyposulfite de chaux et les sulfates solubles d'autres métaux, comme ceux de fer, de chrome, d'aluminium, etc., on obtient facilement, par double décompositions, les hyposulfites correspondants. C'est ainsi que M. Kopp propose de préparer les hyposulfites, dont il recommande l'emploi comme mordant.

Applications des hyposulfites. — L'application des hyposulfites présente un intérêt considérable, tant scientifique qu'industriel.

Comme antichlore. — Outre l'usage qu'on en fait en photographie et que nous avons déjà signalé, les hyposulfites de soude et de chaux sont généralement employés comme *antichlore* dans le blanchiment de la pâte à papier et quelquefois même des tissus. Lorsque le blanchiment par les composés chlorurants est accompli, il est extrêmement difficile d'enlever les dernières traces de chlore, même par le lavage le plus soigné. Ces traces attaquent graduellement la fibre, et, au bout d'un certain temps, elles rendent le papier ou le tissu fragile et friable.

On prévient cette détérioration en ajoutant une petite quantité d'hyposulfite de chaux à la pâte de papier ou au tissu blanchi (1). Dès qu'on met ce sel en contact avec le chlore, ce dernier réagit aussitôt sur lui, et il y a formation de sulfate de chaux et d'acide chlorhydrique. On neutralise facilement l'acide en ajoutant subséquemment une petite quantité d'alcali.

$$Ca^2 S^2 O^3 + Cl^8 + 5H^2 O = Ca^2 SO^4 + H^2 SO^4 + 8H Cl,$$

ou

$$Ca^2 S^2 O^3 + Ca Cl O = Ca^2 SO^4 + Ca Cl + S\ (?).$$

Dans la fabrication du vermillon d'antimoine. — La préparation du vermillon d'antimoine par l'action de l'hyposulfite de soude sur les sels d'antimoine, et principalement sur le terchlorure, a été décrite par MM. Strohl (2), Matthieu Plessy (3), Boettger (4), et plus particulièrement par M. E. Kopp (5), qui a proposé un procédé pratique pour la fabrication de cette couleur rouge. Ce procédé est basé sur l'emploi de l'hyposulfite de chaux et sur la régénération continue de ce sel au moyen des eaux-mères du vermillon d'antimoine (voyez le chapitre sur le blanc de céruse, sur le blanc de zinc et sur les couleurs d'antimoine).

Outre les composés sodiques et calciques, plusieurs autres hyposulfites ont trouvé des applications.

Comme mordants. — M. Kopp a proposé l'emploi des hyposulfites d'alumine, de fer et de chrome comme mordants dans l'impression sur calicot et dans la teinture sur laine (6).

L'hyposulfite d'alumine est un excellent mordant; il offre non-seulement l'avantage d'être bon marché, mais, en outre, il dépose sur le tissu une alumine très-pure, et peut, par conséquent, fournir des couleurs de garance rouge et rose très-claires, même lorsque le mordant renferme encore un peu de fer. Cela provient de ce que l'hyposulfite ferreux est incapable de passer à l'état de sel ferrique, et par conséquent de mordant de fer, tant qu'il renferme encore des traces d'acide hyposulfureux, parce que cet acide possède la propriété de réduire les sels ferriques à l'état de composés ferreux. Avec les mordants ordinaires (acétate, pyrolignite), l'oxyde ferrique est fixé en même temps que l'alumine; mais avec les mordants d'hyposulfite, on ne peut fixer le fer qu'après l'alumine.

Le mordant d'hyposulfite d'alumine possède l'inconvénient de dégager continuellement de l'acide sulfureux pendant la fixation de l'alumine. Cette propriété, quoique très-fâcheuse en ce qui concerne l'impression sur coton, offre, au contraire, un avantage dans l'impression et dans la teinture sur soie et sur laine, l'acide sulfureux aidant au blanchiment de ces tissus (7).

(1) En fabriquant l'hyposulfite de soude par la décomposition de l'hyposulfite de chaux au moyen de sulfate de soude, il se forme un précipité de sulfate de chaux qui retient ordinairement une certaine quantité d'hyposulfite; c'est pour cette raison qu'on en recommande l'emploi comme antichlore.

(2) Strohl, *Journ. de Pharm.* (3), XVI, p. 11.

(3) Matthieu Plessy, *Dingl. Pol. Journ.*, CXXXVII, p. 198.

(4) Boettger, *Wagner's Jahresber.*, II (1856), p. 154.

(5) E. Kopp, *Bullet. de la Soc. ind. de Mulhouse*, n° 148, p. 379.

(6) E. Kopp, *Rep. of Pat. inv.*, mai 1856, p. 406.

(7) Dans beaucoup de fabriques, on a renoncé au procédé ordinaire de soufrage de la laine. On fait maintenant passer les fils et les tissus à travers une solution de bisulfite de soude, qu'on obtient en exposant le carbonate de soude cristallisé à l'action d'un excès d'acide sulfureux; l'acide sulfureux est ensuite mis en liberté par un acide plus énergique.

C'est pour ces raisons qu'on commence à adopter assez généralement l'emploi de l'hyposulfite d'alumine dans la teinture sur soie et sur laine.

En métallurgie. — L'emploi récent des hyposulfites en métallurgie pour l'extraction de l'argent mérite d'être mentionné.

Cette application fut déjà proposée en 1850 par M. Percy (1). M. Patera (2) exploite ce procédé à Joachimstal, en Autriche. On opère de la manière suivante :

On grille le minerai argentifère avec du sel marin. Pendant l'opération du grillage, on injecte un courant de vapeur dans le four, afin de favoriser la formation du chlorure d'argent. Le minerai ainsi préparé, est retiré du four et lavé, d'abord à l'eau chaude; puis à l'eau froide, afin d'enlever tous les chlorures solubles de fer, de cuivre, etc. On fait ensuite digérer le résidu avec une solution étendue d'hyposulfite alcalin, qui dissout le chlorure d'argent. La solution qu'on obtient ainsi est précipitée par du sulfure de sodium, qui, d'un côté, produit du sulfure d'argent, et, de l'autre, régénère l'hyposulfite de soude. Il est facile de séparer le métal du sulfure d'argent.

D'après un rapport récent de M. von Hauer (3), ce procédé paraît donner des résultats réellement avantageux.

INDUSTRIES DES COMPOSÉS POTASSIQUES.

En jetant un coup d'œil sur l'ensemble des différentes industries basées sur l'emploi de la potasse, les faits qui paraissent les plus saillants et qui attirent le plus notre attention sont : le prix commercial relativement élevé de cet alcali et la tendance qui en résulte de le remplacer par des corps analogues moins chers, tels que l'ammoniaque ou la soude, partout où cette substitution est possible.

Dans plusieurs industries, la substitution de la soude et l'ammoniaque à la potasse est déjà presque complète. Ainsi, par exemple, le savon mou de potasse, qu'on employait autrefois dans les manufactures de laine et d'autres matières textiles. en raison de sa solubilité et de sa puissance détersive plus grande, est maintenant remplacé presque partout par le savon dur de soude; ce dernier, quoique inférieur au savon de potasse comme agent détersif, est cependant le plus économique des deux, si l'on prend en considération le prix relatif des alcalis. De même, et pour des raisons semblables d'économie, l'alun ammoniacal a pris ou prend rapidement la place de l'alun potassique; bien plus, dans plusieurs grandes branches de l'industrie, le tourteau d'alumine, c'est-à-dire le sulfate d'alumine, obtenu par le traitement direct de la terre de Chine ou du kaolin par l'acide sulfurique. sans addition d'aucun alcali, remplace l'alun sous quelque forme qu'on l'ait précédemment employé, et qu'il fût à bon compte ou cher. (Voyez le chapitre sur les composés d'alumine).

La potasse consommée autrefois dans les branches de la chimie industrielle que nous venons d'énumérer est réservée maintenant aux arts et manufactures, dans lesquels son emploi est indispensable. Nous trouvons en première ligne la fabrication du verre cristal ou verre de Bohême, qui ne peut employer la soude. à cause de la teinte verte très-prononcée qu'elle donne au verre, tandis qu'avec la potasse, au contraire, on obtient un verre rivalisant, par sa limpidité et sa pureté, avec le cristal de roche. En outre, pour un grand nombre de plantes, comme la vigne, la betterave, les céréales, etc., l'agriculture exige les engrais potassiques, auxquels on ne peut pas substituer les composés de soude. Pour la fabrication de la poudre, on n'a pas encore réussi à employer le nitrate de soude à la place du salpêtre ordinaire, et pour ce qui concerne la préparation des chlorates, des prussiates (voyez

---

(1) Percy, *Phil. Mag.*, XXXVI, p. 1.
(2) Patera, *Wagner's Jahresber.*, VI (1860), p. 87.
(3) Hauer, *Oestr. Zeitschrift für Berg- und Hüttenwesen* (1860), n° 6.

le chapitre sur les sels ammoniacaux et les composés du cyanogène) et des chromates, etc., la soude et l'ammoniaque n'ont pas remplacé la potasse.

Le développement remarquable que les travaux récents de M. Kuhlmann ont donné à l'industrie des composés barytiques permettra sans doute de réaliser une nouvelle économie de potasse, et nous fait espérer que, même dans la fabrication du tartre et des prussiates, on parviendra à remplacer la potasse par la baryte. (Voyez le chapitre sur les composés barytiques.)

Sources des composés potassiques, passées, présentes et futures. — Soit qu'on ait déjà réalisé les changements que nous venons de décrire, ou qu'ils soient seulement sur le point d'être accomplis, il en résulte clairement que la production de la potasse n'est pas en rapport avec sa consommation et que la matière première des industries potassiques devient de plus en plus rare, et, par conséquent, d'un prix plus élevé. C'est la cendre des végétaux, et particulièrement celle des arbres forestiers, qui constitue cette matière première. L'épuisement progressif de nos forêts et l'augmentation correspondante dans le prix des bois sont des faits malheureusement trop connus; l'emploi de la houille comme combustible devient par conséquent d'un usage de plus en plus général, et il en résulte une diminution graduelle dans la production des cendres potassiques qu'on obtenait autrefois par la combustion du bois.

Malgré la rareté de la potasse, qui en est la conséquence toute naturelle, il est impossible de regretter la substitution progressive de la houille au bois comme combustible; car les applications du bois comme bois sont beaucoup trop utiles et trop précieuses pour qu'on ne soit en droit de considérer comme une perte impardonnable la destruction des plus belles forêts uniquement pour extraire l'alcali de leurs cendres. Les cendres de houille ne renferment que peu de potasse; mais la chimie déjà nous indique d'autres sources naturelles de cet alcali qui, tôt ou tard, fourniront certainement tous les composés potassiques nécessaires à l'industrie.

L'Exposition de 1862 a prouvé, de manière à ne pouvoir s'y méprendre, combien l'attention générale s'est portée sur l'étude de cette question pendant la décade qui vient de s'écouler. On a signalé des matières premières nouvelles renfermant des quantités considérables de potasse; on a perfectionné et développé certains procédés d'extraction de l'alcali qu'on n'avait exploité qu'avec difficulté et sur une petite échelle; et enfin, grâce aux efforts des chimistes, on est à même d'utiliser certaines sources déjà connues, mais négligées jusqu'à ce jour.

La préparation du carbonate de potasse avec les eaux de suint provenant du dégraissage de la laine de mouton d'après le procédé de MM. Maumené et Rogelet, ou par le traitement des résidus des mélasses de betterave d'après les méthodes de M. Kuhlmann et d'autres fabricants, et l'extraction du chlorure et du sulfate potassiques comme produits accessoires des fabrications d'iode et d'acide tartrique, prouvent qu'on utilise avec soin toutes les sources animales et végétales qui peuvent fournir des sels potassiques. L'exploitation active des couches de chlorure potassique qui, dans quelques parties de l'Allemagne, recouvrent les dépôts de sel marin, les efforts qu'on a tentés pour extraire de l'eau de mer des composés potassiques semblables ou leurs dérivés au moyen du procédé de M. Balard, et la découverte récente ainsi que l'exploitation de couches de salpêtre naturel dans le sud de l'Afrique, indiquent le soin qu'on a apporté dans ces dernières années à la recherche des matières minérales s'adaptant à la fabrication des sels neutres de potasse. En dernier lieu, l'extraction récente, à une température peu élevée, de toute la potasse contenue dans le feldspath, au moyen de *l'attaque calcifluorique* de M. F.-O. Ward, nous promet, dans un avenir prochain, et à bon marché, une moisson abondante de cet alcali, dans sa forme la plus utile (à l'état caustique ou carbonaté), par le traitement direct des roches primitives qui en constituent la source la plus inépuisable.

Chacun de ces systèmes présente une valeur et des qualités spéciales qui méritent une considération particulière; mais nous devons surtout fixer notre attention sur les procédés qui se trouvaient représentés à l'Exposition, et nous allons les passer successivement en revue dans l'ordre dans lequel nous venons de les énumérer, en commençant par le procédé de MM. Maumené et Rogelet.

SOURCES ORGANIQUES DES COMPOSÉS POTASSIQUES.

Extraction de la potasse du suint ou du sudorate potassique de la laine de mouton. — On sàit parfaitement qu'avec l'herbe qu'ils broutent sur leurs pâturages, les moutons retirent du sol et absorbent une quantité considérable de potasse qui, après avoir circulé dans leur sang, est excrétée par la peau simultanément avec la sueur en combinaison avec laquelle elle se trouve déposée dans la laine. M. Chevreul a montré que ce composé particulier, nommé *suint* par les Français, ne constitue pas moins du tiers du poids de la laine mérinos brute; on peut l'en retirer facilement par une simple immersion de la laine dans l'eau froide. Le suint est bien moins abondant dans les laines grossières que dans les laines fines, et, d'après MM. Maumené et Rogelet, le sudorate potassique ou suint des laines ordinaires constitue, en moyenne, environ 15 pour 100 du poids de la toison brute.

Autrefois on considérait ce composé comme une espèce de savon, sans doute parce que la laine contient, outre le suint, une proportion considérable (environ 8 1/2 pour 100) de matière grasse (Chevreul). Mais cette graisse se trouve en réalité combinée avec des bases terreuses, principalement de la chaux, à l'état de savon insoluble. D'après MM. Maumené et Rogelet, le sudorate soluble est un sel neutre qui résulte de la combinaison de la potasse avec un acide animal particulier, dont nous ne savons guère autre chose, sinon qu'il est azoté.

Dans les grands centres de manufactures d'étoffes de laine en France, tels que Reims, Elbeuf et Fourmies, l'industrie nouvelle de MM. Maumené et Rogelet a été établie ou est en voie d'être établie. Leur plan consiste à acheter aux fabricants de laine les solutions de suint obtenues par l'immersion des toisons brutes dans l'eau froide; plus ces liqueurs sont concentrées, plus, naturellement, on peut en donner un prix élevé. Ainsi, par exemple, on ne peut payer que 5 fr. 48 c. le suint d'une tonne de laine qui a été délayé dans 27.40 hectolitres d'eau (solution d'une densité de 1.030); tandis qu'on peut donner jusqu'à 18 fr. 47 c. pour la même quantité de suint, si elle a été concentrée dans 3.13 hectolitres d'eau (la solution présentant dans ce cas une densité de 1.250); on paye des prix proportionnels pour les liqueurs de suint d'une concentration intermédiaire.

Ce tarif encourage les fabricants à laver leur laine méthodiquement, de manière à concentrer dans la même eau le suint d'un certain nombre de toisons, qu'elles soient faibles ou concentrées; et ces eaux de lavage, MM. Maumené et Rogelet les font transporter en tonneaux dans leur fabrique (établie dans le voisinage), et les y évaporent à siccité pour obtenir un résidu sec charbonneux; ce dernier est soumis à la calcination dans des cornues fermées. Pendant l'opération, il se dégage beaucoup de gaz (hydrocarburés et ammoniacaux) qu'on fait passer à travers les épurateurs ordinaires, afin de retenir l'ammoniaque et de rendre l'hydrogène carboné propre à l'éclairage. Le résidu charbonneux retient les sels alcalins qui en sont extraits au moyen de la lixiviation par l'eau.

La solution alcaline ainsi obtenue contient un mélange de sels potassiques, carbonate, sulfate et chlorure, qu'on sépare et qu'on purifie par l'évaporation et la cristallisation, en suivant les méthodes ordinaires. Le carbonate de potasse ainsi préparé présente, dit-on, cette particularité remarquable, de ne renfermer aucun mélange de sel sodique; pureté bien précieuse, sans doute, pour les fabricants de verre et de savon potassiques. Le résidu insoluble de la lixiviation contient quelques matières terreuses (chaux, silice et alumine, avec un peu de fer et d'acide phosphorique), outre la matière charbonneuse qui paraît être dans un état de division assez grand pour constituer une bonne couleur noire, possédant, pour nous servir de l'expression technique, un grand pouvoir couvrant.

D'après MM. Maumené et Rogelet, une toison ordinaire, pesant 4 kilogrammes, contient environ 600 grammes de sudorate de potasse ou suint, qui, d'après l'analyse faite par ces messieurs, devrait fournir 33 pour 100 de son poids, c'est-à-dire 198 grammes de carbonate de potasse pur. D'après une autre évaluation (indiquant la quantité de salpêtre qu'on pourrait produire avec la potasse de suint), ils paraissent estimer à 173 grammes la potasse qu'on pourrait recouvrer dans la pratique.

Les fabricants de laine de Reims lavent annuellement 10,000,000 kilogr. de toisons, ceux d'Elbeuf 15,000,000 kilogr., et ceux de Fourmies 2,000,000 kilogr. : en tout 27,000,000 kilogr., qui sont le produit de 6,750,000 moutons. Cette quantité, soumise tout entière au traitement de MM. Maumené et Rogelet, devrait fournir, d'après les proportions déjà indiquées, 1,167,750 kilogr. de potasse pure. La valeur de la potasse, à l'état de carbonate, calculée d'après le prix moyen de la potasse américaine, s'élèverait de 80 à 90,000 livres sterling. En prenant le minimum du prix que payent MM. Maumené et Rogelet, les eaux de suint qui fourniraient cette quantité de potasse représenteraient une valeur de 5,918 livres sterling environ; mais en prenant le prix maximum, ces eaux vaudraient à peu près 19,947 livres sterling. Il semble résulter de ces calculs que le procédé de MM. Maumené et Rogelet pourrait être exploité sur une grande échelle et rapporter de forts bénéfices.

MM. Maumené et Rogelet calculent qu'il existe 47,000,000 de moutons en France, — environ sept fois plus que n'en indiquent les chiffres cités plus haut. Ils démontrent que, si l'on soumettait la totalité de ces toisons au nouveau traitement, la France retirerait de son propre sol toute la potasse nécessaire à sa consommation; ils font observer qu'on en obtiendrait assez pour fournir 12,000,000 kilogrammes de carbonate de potasse du commerce, convertibles en 17,500,000 kilogrammes (environ 17,500 tonnes) de salpêtre, avec lesquels (ajoutant cette observation assez caractéristique) on pourrait fabriquer 1,870,000,000 de cartouches.

La difficulté de recueillir les eaux de lavage des toisons, désuintées en petit nombre par les fermiers sur toute la surface du pays, opposerait certainement une barrière insurmontable à une aussi grande extension de ce procédé.

Ce n'est que dans les grands centres manufacturiers que l'exploitation de ce procédé pourrait offrir les conditions économiques de réussite, du moins aussi longtemps que les fermiers continueront à se dessaisir comme matière d'aucune valeur, avec les toisons qu'ils vendent, de toute la potasse qu'ils retirent de leur sol. On ne peut douter que, dans une agriculture bien entendue, cette potasse ne doive retourner à la source d'où elle dérive. Son exportation, d'année en année, doit nécessairement contribuer à l'épuisement progressif du sol, et tout fermier judicieux devrait faire désuinter ses toisons chez lui et répandre ensuite sur ses champs, comme engrais liquide très-précieux, les eaux de lavage chargées de sels potassiques et de matières nitrogénées ainsi obtenues.

En attendant, le procédé de MM. Maumené et Rogelet offre une méthode utile d'économiser la potasse, dont le fermier n'apprécie pas encore la valeur. En conséquence, le jury a accordé la distinction d'une médaille à MM. Maumené et Rogelet.

Extraction de la potasse des résidus des mélasses de betteraves. — Passant du règne animal au règne végétal, nous trouvons que le phénomène d'absorption ou d'extraction d'une grande quantité de potasse aux dépens des terrains des fermes, que nous venons de signaler pour les moutons, s'observe également pour les diverses moissons qu'on y récolte ; entre autres pour celle des betteraves. Cette plante demande une attention spéciale, par suite de sa relation avec le sujet qui nous occupe, parce que, dans ces dernières années, la potasse qu'elle renferme a été soigneusement recouvrée par les principaux fabricants de sucre de betterave, et qu'elle constitue maintenant un des articles importants de leur commerce.

On sait bien que les alcalis fournis par les plantes se retrouvent en majeure partie dans leurs sucs, et existent, par conséquent, en plus grande abondance dans les plantes herbacées que dans les arbres; dans ces derniers même, les alcalis existent, en effet, en proportion plus forte dans les feuilles et dans les rameaux encore tendres, que dans les troncs comparativement secs. Le saule, dont la sève est beaucoup plus abondante que celle du hêtre, contient aussi le double de potasse ; d'un autre côté, la paille de l'orge renferme deux fois plus de potasse que le bois de saule ; tandis qu'à leur tour, les orties communes fournissent deux fois plus de cet alcali que le chaume de l'orge.

La betterave contient en abondance de la potasse et de la soude ; ce dernier alcali prédominant dans les betteraves récoltées près des bords de la mer, et le premier dans celles récoltées dans l'intérieur du pays. Les sels alcalins qui sont associés au sucre de betterave en rendent une partie non cristallisable ; et cette masse incristallisable et saline constitue l'article qui nous est si familier sous le nom de mélasse. Mais le goût nauséabond de la mélasse des betteraves la rendant complétement impropre à l'alimentation, elle passe entre les mains des distillateurs, qui l'utilisent en la faisant fermenter et en convertissant les principes sucrés en alcool ; ils séparent et rectifient ce dernier d'après les méthodes ordinaires. Les liqueurs constituant le résidu de la distillation étaient autrefois écoulées comme déchet dans les fleuves et rivières, dont elles corrompaient fortement les eaux. Aujourd'hui cependant, dans toutes les distilleries bien organisées d'alcool de betteraves, on évapore à siccité ces liqueurs et on incinère le résidu ; la masse saline carbonisée, qu'on obtient ainsi, est généralement vendue à des raffineurs, qui se chargent d'en extraire le mélange de sels qu'elle renferme : et, particulièrement, de dissoudre et de purifier les sels précieux de potasse et de soude. C'est ainsi que l'on recouvre annuellement de grandes quantités de potasse dans les districts du nord de la France, où l'on trouve le plus de raffineries de sucre, comme, par exemple, dans les environs de Lille et de Valenciennes.

Les liqueurs constituant les résidus de la distillation alcoolique et qui renferment la potasse et autres sels sont très-diluées, et l'on s'est beaucoup ingénié à les évaporer le plus économiquement possible. On pose les chaudières évaporatoires sur les carneaux horizontaux qui mettent en communication les feux de l'établissement avec la base des cheminées, et l'on y concentre les liqueurs au moyen de la chaleur perdue des produits de la combustion. On emploie encore dans le même but de grands bacs en bois, munis d'un serpentin, à travers lequel peut circuler la vapeur d'un générateur ; lorsque les liqueurs ont été évaporées de cette manière à consistence sirupeuse, on les écoule sur la sole d'un four à réverbère, où elles sont exposées à une chaleur rouge-cerise. Elles s'enflamment avant même qu'elles ne soient complétement desséchées, et la masse de la matière organique se brûle, laissant pour résidu le salin carbonisé que nous avons décrit plus haut. Cette inflammabilité remarquable des liqueurs de betterave partiellement desséchées provient de ce qu'une forte proportion de l'alcali y existe à l'état de nitrate, qui naturellement peut fournir en abondance de l'oxygène pour la combustion de la matière organique en présence. Le résidu carbonisé, connu sous le nom de *calcin* ou *salin de betterave*, est généralement vendu à des raffineurs, pour lesquels sa purification constitue une industrie spéciale. Cependant, plusieurs des principaux fabricants de sucre de betterave, après avoir fait fermenter et distillé eux-mêmes leurs mélasses, non-seulement évaporent à siccité et incinèrent les liqueurs qui leur restent, mais, en outre, séparent et raffinent les sels mélangés contenus dans le produit carbonisé ainsi obtenu. A cet effet on utilise, à la manière ordinaire, la différence de solubilité de ces sels dans l'eau ; pendant la concentration, certains produits sont précipités successivement de la solution bouillante ; on laisse ensuite refroidir, pour obtenir une cristallisation ; les eaux-mères sont de nouveau concentrées, puis refroidies, et l'on continue ainsi alternativement jusqu'à élimination complète des sels, obtenus chacun à l'état de produit sec et vendable. Nous mentionnerons en passant que les dernières eaux-mères présentent un intérêt spécial pour le chimiste scientifique, puisqu'elles constituent une matière première pour la préparation des sels du nouveau métal rubidium. (Voyez le chapitre sur les *Objets d'intérêt scientifique.*)

Le rapporteur doit à l'obligeance de M. Kuhlmann une description détaillée du procédé qu'il emploie pour séparer et purifier industriellement un mélange de différents sels ; procédé que sa longue expérience et son jugement pénétrant l'ont mis à même d'adapter avec une grande perfection au cas spécial des liqueurs de betterave. La nature détaillée et volumineuse de ce document nous empêche de le reproduire en entier ; mais sa valeur pratique, qui en fait un guide pour les fabricants ayant de semblables opérations à exécuter, a déterminé le rapporteur à en faire un extrait assez complet, et à l'insérer comme appendice à ce chapitre.

Le rapporteur croit cependant devoir appliquer aux composés potassiques dérivés des résidus de betterave, l'observation qu'il avait faite relativement à la potasse tirée du suint de laine : que leur exportation loin du terrain des fermes est une transgression des lois de l'agriculture, et tend à amener une stérilité progressive du sol. En effet, dans aucune circonstance et par aucun procédé, quelque ingénieux qu'il soit en lui-même, les terres des fermes ne peuvent être transformées légitimement en sources régulières de potasse ; et les quantités de cet alcali que nous retirons des déchets de betterave et du sudorate de la laine doivent être considérées plutôt comme des prêts que l'agriculture fait aux arts industriels, que comme des dons réels de la nature.

Pour trouver des sources de ce dernier genre, sources absolues comme n'ayant pas besoin de restitution, il nous faut détourner nos regards des terres cultivées et les reporter sur les régions inexploitées de la nature, soit terrestres, soit maritimes. Tels sont les dépôts naturels de chlorure potassique, trouvés dans les gisements souterrains qui recouvrent les couches de sel marin ; et tels sont encore les dépôts de nitrate de potasse naturel qu'on rencontre à la surface du sol dans beaucoup de régions tropicales. Mais les plus remarquables et les plus importantes des sources normales de potasse sont les roches alcalifères primitives et les eaux salées de la mer; toutes les deux contenant des quantités inépuisables, les premières à l'état concentré, mais réfractaire ; les dernières en solution aqueuse, mais dont l'exploitation n'est difficile qu'en raison de leur extrême dilution. Plus nous pourrons obtenir de potasse par l'exploitation des roches et des océans, plus nous enrichirons l'humanité, sans appauvrir la nature. Observons encore que l'Océan est le milieu de végétations innombrables, qu'il est peuplé de poissons, qu'il est hanté par des oiseaux se nourrissant de poissons, tous ensemble recueillant et concentrant dans leurs organismes les sels potassiques que renferme l'eau salée. De là résultent deux méthodes pour recouvrer les composés potassiques de l'Océan : la méthode *directe*, que nous allons décrire en détail, proposée par M. Balard et perfectionnée par M. Merle, et la méthode *indirecte*, consistant dans l'exploitation de certains organismes maritimes et de leurs dérivés, tels que : poissons entiers ou leurs débris; oiseaux de mer et phoques, dont les excréments et les carcasses décomposées constituent par leur mélange le guano; algues et fucus, dont les cendres sont connues sous le nom de cendres de varechs.

Nous n'avons pas à nous occuper ici d'une manière spéciale ni des produits préparés au moyen des poissons, ni du guano, parce que la potasse qu'ils servent à extraire de la mer pour la donner à la terre n'y est soumise à aucune préparation chimique. Mais avant de passer des sources végétales aux sources minérales des combinaisons potassiques. le rapporteur a pensé qu'il ne serait pas sans intérêt d'intercaler quelques observations sur l'histoire du guano et sur les composés salins dérivés des plantes maritimes et constituant les produits secondaires de la fabrication de l'iode et du brôme.

NOTICE HISTORIQUE SUR LE GUANO, SON ORIGINE ET SA COMPOSITION.

Humboldt, qui apporta les premiers échantillons de guano du Pérou en Europe (en 1804), le décrit comme un dépôt formé par les excréments d'oiseaux se nourrissant de poissons ; tous les auteurs qui après lui ont traité le même sujet paraissent avoir admis comme hors de doute la nature *exclusivement* excrémentitielle du guano. Quoique cette manière de voir ait été presque universellement adoptée, tant en Angleterre que sur le continent, il existe des raisons sérieuses pour révoquer en doute son exactitude. Il est probable que le guano se compose rarement exclusivement de matières excrémentitielles ; c'est plutôt un mélange à proportions variables d'excréments et de carcasses de phoques, de pingouins, de pétrels, et d'autres tribus produisant du guano. Les couches épaisses de guano, s'élevant en certains endroits à une hauteur de deux cents et même de trois cents pieds au-dessus du niveau de la mer, sont, sans aucun doute, les régions où ces tribus vivent et se multiplient, et sont par conséquent le résultat des dépôts d'une partie, au moins, de leurs éjections. Mais ces solitudes sont aussi les retraites que ces créatures choisissent pour mourir ; leurs cimetières, pour ainsi dire, où s'entassent couches sur couches les carcasses d'innombrables générations successives. D'après les indications fournies par M. F.-O. Ward, la composition du guano du Pérou en fournit la preuve irréfutable. En effet, la proportion relative de l'acide urique aux phosphates terreux dans le guano péruvien n'approche pas le moins du monde de celle observée par les chimistes analystes dans les excréments des oiseaux de mer carnivores ; l'un de ces oiseaux (l'aigle de mer) produit un dépôt dans lequel M. Coindet ne trouva pas moins de 84.65 pour 100 d'acide urique, et seulement 6.13 pour 100 de phosphate de chaux. Dans ce cas, le rapport de l'acide azoté au phosphate terreux est très approximativement comme 14 est à 1 ; tandis que dans le meilleur guano du Pérou la proportion d'acide urique atteint rarement (et plus rarement encore ou jamais ne dépasse) une proportion double de celle des phosphates terreux. Il est vrai que l'acide urique se convertit, par une série de transformations intermédiaires, en acide oxalique, qui reste dans le guano en combinaison avec de l'ammoniaque et de la chaux. Mais la proportion d'acide urique représentée de cette manière dans le dépôt primitif reste beaucoup au-dessous de celle qui serait nécessaire pour justifier l'opinion de sa constitution purement excrémentitielle. C'est ainsi, par exemple, que dans un échantillon de guano de Chincha, contenant 16.66 pour 100 d'ammoniaque (qui constitue un excellent spécimen moyen), le docteur Ure ne trouva que 14.73 pour 100 d'urate d'ammoniaque = 13.5 d'acide urique, et 3.23 pour 100 d'oxalate d'ammoniaque = 2.34 d'acide oxalique, contre 22 parties de phosphate tricalcique ou de phosphate des os. Ces données et bien d'autres analyses fournissent la preuve que le guano des régions privées de pluie n'est pas exclusivement dû à des dépôts d'excréments. Le dépôt récent de véritables excréments de pingouins, recueillis à la main sur les rochers, à Angamos, sur les côtes de Bolivie, semble corroborer cette opinion par le contraste qu'offre sa composition avec celle du guano. Dans les échantillons les plus purs de ce dépôt, M. Nesbit trouva que l'azote représente une quantité d'ammoniaque excédant 25 pour 100 du poids total ; tandis que la proportion de phosphate calcique descend quelquefois à 6 pour 100, et même plus bas. La moyenne de huit analyses, faites sur des échantillons de cet engrais à divers degrés de pureté, indique 20.09 pour 100 d'ammoniaque contre 14.5 de phosphate calcique ; tandis que l'échantillon moyen de guano de Chincha du docteur Ure (voyez plus haut) indique 22 pour 100 de phosphate terreux contre 16.66 d'ammoniaque ; les proportions sont *presque* inverses. Le guano d'Ichaboe, de la Possession et d'autres îles situées sur les côtes occidentales de l'Afrique, est exposé à l'action des rosées et des épais brouillards qui existent presque journellement dans ces latitudes pendant les mois d'hiver ; et, pour cette raison, la preuve analytique ne peut pas s'appliquer à ce genre de guano. En effet, dans le guano exposé à de pareilles influences, l'acide urique, quelque abondant qu'il soit originairement, subirait avec le temps des transformations donnant naissance à des composés solubles dans l'eau. En fait, ces guanos africains ne fournirent au docteur Ure (qui en fit de nombreuses analyses) que des traces d'acide urique, et seulement de faibles proportions d'acide oxalique ; tandis qu'il y trouva 25 à 35 pour 100 de leur poids de phosphate tricalcique. Il trouva également que l'ammoniaque (environ 10 pour 100) y était fixée, pour la majeure partie, à l'état de phosphate d'ammoniaque. Mais, en laissant de côté ces faits, susceptibles évidemment de deux interprétations différentes, nous possédons heureusement le témoignage *direct* d'un observateur très-intelligent sur le sujet en question. M. T.-E. Eden, membre du *College of Purgeons*, à Londres, visita en 1845 les îles de guano de l'Afrique, et publia ses observations dans un ouvrage très-intéressant (*Relation d'un voyage sur les côtes du sud-ouest de l'Afrique, et description des minéraux qui s'y trouvent et des îles de guano de cette partie du monde;* par T.-E. Eden jeune, Londres, Groombridge, 1846). Dans la couche inférieure du guano de ces îles, M. Eden trouva des squelettes de *phoques* dont les os étaient ramollis et dans un état de demi-décomposition. Il remarqua également dans la masse de grandes quantités de fourrures en voie de putréfaction et, par-ci par-là, les restes de poches de phoques, qui leur servent comme réceptacles de lest. Il décrit ce *guano de phoques* comme ayant, pour la consistance, de l'analogie avec de l'argile humide ou du fromage pourri ; l'odeur rappelle également cette dernière substance. Les couches de *guano d'oiseaux* formaient des gisements plus élevés ; elles étaient plus légères et moins humides que les dépôts inférieurs, et contenaient un grand nombre de corps de pingouins dont les peaux, en particulier, étaient coriaces, ou, comme il l'exprime, dans un état *momifié;* il était très-difficile de les déchirer, et elles étaient, pour ainsi dire, *tannées* presque jusqu'à l'état de cuir. Dans les cavités formées par les restes d'oiseaux et de phoques, il trouva en abondance des cristaux de biphosphate d'ammoniaque. M. Eden ajoute que ces carcasses *momifiées* avaient été jetées de côté par milliers sur les îles africaines; les marins occupés du chargement des navires pensaient sans doute qu'elles n'étaient d'aucune valeur. En effet, à Ichaboe, les marins avaient coutume de *pingouiner,* c'est-à-dire de lancer ces *momies* à la tête des nouveaux arrivants qui refusaient de *payer leur bienvenue* en leur offrant libéralement un gallon de grog après leur débarquement. Comme troisième variété, M. Eden mentionne le guano à l'état de *vierre* ou de *tourteau,* une masse dure, comme laminée, recouvrant les roches à la base du guano, et consistant principalement en phosphate tricalcique. M. Eden pense que l'acide phosphorique de ce dépôt de consistance pierreuse avait filtré en dissolution à travers les couches de guano, et avait été amené à sa condition actuelle solide et terreuse, par les lavages que la pluie ou les vagues opéraient en enlevant successivement les ingrédients solubles. Les faits allégués par M. Eden viennent complétement à l'appui de l'opinion qu'il énonça le premier : c'est-à-dire que le guano des îles africaines provient d'une origine mixte, excrémentitielle et cadavéreuse ; et cette démonstration confirme l'hypothèse émise par M. F.-O. Ward et fondée sur l'évidence analytique d'une double dérivation semblable du guano provenant des régions sans pluie. Ces opinions ont une portée très-grande sur la question du temps nécessaire pour garnir de nouveau les îles de guano, après l'épuisement de leurs provisions actuelles. Car, sans aucun doute, une grande partie des excréments des animaux amphibies et des oiseaux hantant la mer tombe dans l'Océan et s'y perd. En effet, le baron de Humboldt calcula que pour produire sur ces immenses étendues une couche de quelques lignes d'épaisseur exclusivement formée de matières fécales, il faudrait au moins trois cents ans. Mais le dépôt de carcasses par couches stratifiées, générations sur générations, doit en accélérer beaucoup le développement et le rendre, en moyenne, bien plus rapide que s'il provenait uniquement d'un dépôt de matières purement excrémentitielles. A moins de connaître la durée moyenne de la vie des oiseaux produisant le guano et le rapport existant entre le poids de leur corps et celui de leurs dépôts journaliers sur les roches, on ne peut computer la valeur *relative* de ces deux sources d'approvisionnement. L'histoire du guano paraît offrir aux naturalistes un champ d'investigations du plus haut intérêt. La production du guano ne serait-elle pas le procédé adopté par la nature pour recouvrer des eaux de l'Océan les richesses de la terre entraînées sans cesse par les fleuves. Il se peut encore que ce procédé, que nous ne connaissons et n'utilisons, pour ainsi dire, que d'hier, puisse être placé plus que nous ne le croyons aujourd'hui sous le contrôle de l'homme. En effet, ce n'est que grâce à des lois empreintes d'une sage sévérité, promulguées par le gouvernement péruvien, que les oiseaux et les bêtes à fourrure des îles de guano sont protégés contre une extermination rapide. Serait-il impossible de concevoir une politique qui passerait, au moyen d'un développement logique, de l'état négatif à une phase affirmative plus élevée, et qui tendrait à développer un système qu'antérieurement elle s'était contentée de préserver de la destruction? Ne pourrait-on pas, en choisissant des endroits convenables sur les côtes de la mer, dans des régions privées de pluie, établir des so-litudes qui ressembleraient en tous points aux repaires actuels des tribus produisant le guano? Et ne pourrait-on, soit par l'action réunie des puissances maritimes, soit par d'autres moyens, appliquer à ces nouvelles réserves des mesures pareilles à celles qu'adopta le Pérou pour pro-téger ses propres îles de guano? Les conditions nécessaires à la réalisation d'une pareille expérience, paraîtraient peu nombreuses et très-simples; il suffirait de lâcher quelques cou-ples d'animaux pour propager leur espèce dans des solitudes bien choisies et suffisamment protégées. Un pareil essai, couronné de succès, serait d'un avantage incalculable pour nos descendants, sinon pour nous-mêmes. Nous ne faisons qu'indiquer ici le projet conçu par M. F.-O. Ward; nous en réservons le développement pour une occasion plus convenable. En effet, le rapporteur ne peut justifier l'énonciation d'une proposition semblable dans ce cha-pitre qu'en se rappelant que le guano constitue déjà maintenant une source importante de composés potassiques, qui pourra devenir plus abondante encore par l'emploi des moyens que nous venons de suggérer.

SELS DE POTASSE DÉRIVÉS DES ALGUES MARINES COMME PRODUITS ACCESSOIRES DE LA FABRICATION DE L'IODE ET DU BROME.

L'incinération des algues fournit un produit brut salin, qu'on obtient en masses fon-dues, à demi vitrifiées, nommées *kelp* par les fabricants anglais, et *varech* ou *vraic* par les français. Les fabricants de cendres de varech distinguent deux espèces d'algues, qu'ils dé-signent sous le nom de varech *venant* et de varech *scié* (*drift* weed and *cut* weed). Elles four-nissent des variétés de *kelp* qui présentent de grandes différences sous le rapport de la com-position et de la valeur industrielle. Le varech scié est celui qui croît sur les rochers et sur les bords de la mer, et qu'on est obligé de détacher et d'enlever pour le livrer à l'incinéra-tion. On distingue principalement deux espèces de fucus, connues populairement sous le nom de varech (wrack) noir ou chêne marin, et de varech jaune ou noduleux, et désignées par les botanistes sous les noms de *fucus serratus* et de *fucus nodosus*. Le premier des deux est de beaucoup le plus riche, tant en potasse qu'en iode; le varech noir fournit environ trois livres de chacun de ces produits, tandisque le jaune n'en contient que deux livres. Le varech *ve-nant*, ou *drift seaweed*, constitue, comme l'indique son nom, la végétation marine que les vagues entraînent et déposent sur nos côtes. Il croît sur les rochers des profondeurs de la mer, et on le connaît vulgairement sous le nom de *fucus zostere*, ou chiendent marin. Les montagnards d'Ecosse l'appellent *bandarrig* ou *stamph*, les Irlandais *sea-rods* (verges de mer). Son nom botanique est *laminaria digitata*. La tige, épaisse et ronde, atteint souvent la taille de l'homme et se divise à l'extrémité en nombreux rameaux feuillés. Il contient envi-ron 25 pour 100 plus de potasse et au moins 300 pour 100 plus d'iode que le varec *scié* des côtes n'en fournit en moyenne. Non-seulement les varechs sciés contiennent moins d'alcali que les varechs venants, mais l'alcali qu'ils renferment est proportionnellement plus riche en soude et plus pauvre en potasse, et par conséquent aussi de moindre valeur que l'alcali retiré des varechs venants. En outre, les varechs venants sont plus riches en chlorures alca-lins qu'en sulfates, ce qui est tout le contraire pour les varechs sciés. La valeur de la potasse étant trois fois plus grande que celle de la soude, et le chlorure potassique valant considéra-blement plus que le sulfate correspondant, on comprendra facilement que les cendres des varechs venants (indépendamment de la plus grande proportion d'iode qu'ils renferment) constituent une source beaucoup plus précieuse d'alcali que les cendres des varechs sciés. Il en résulte que nos côtes occidentales, baignées par l'océan Atlantique et abondamment ap-provisionnées de varechs venants par l'effet des tempêtes, produisent des cendres de varech bien supérieures à celles de nos côtes orientales, qui sont protégées contre la pleine mer et sur lesquelles on trouve surtout en abondance les varechs sciés. Dans beaucoup de localités, cet avantage naturel est cependant en grande partie neutralisé par la négligence des paysans, qui s'occupent de l'incinération des varechs.

Les meilleures cendres de varech connues sont celles que fournit la côte occidentale de l'île de Rathlin, située dans le canal du Nord. Ces cendres de varech, qui peuvent servir comme type, sont faites exclusivement avec des varechs venants, incinérés avec le plus grand soin pour réduire les pertes par volatilisation à un minimum, et soigneusement préservées de tout mélange terreux (1). Aussi les cendres de varech de Rathlin se vendent-elles, à Glasgow, de 7 liv. 10 sh. à 10 liv. 10 sh. par *tonne-de-varech* écossaise (22 quintaux 1/2) (2). Les cendres

(1) Nous ne faisons que rendre justice au Rév. M. Gage, propriétaire de l'île de Rathlin, en mentionnant que l'état de perfectionnement de l'industrie des cendres de varech dans cette île est dû surtout à sa surveillance éclairée et intelligente.

(2) En citant cette unité particulière de poids (la *tonne-de-varech* écossaise de 22 quintaux 1/2 excédant de 1 quintal la *tonne-de-varech* irlandaise), le rapporteur ne peut s'empêcher de faire remarquer la confusion et le désaccord qui caractérisent les différents systèmes de poids et mesures actuellement en usage parmi les nations civilisées. Non-seulement le système légal d'un pays (à l'exception toutefois de ceux qui ont adopté le système métrique français) diffère de celui de chaque contrée voisine; mais il arrive fréquemment que certaines provinces et certaines villes d'un même pays, et souvent même des industries particulières d'une même localité, ont adopté et mis en usage des mesures spéciales qui leur sont propres. Ce qui augmente encore la confusion, c'est qu'on n'a pas cherché à distinguer les unes des autres ces unités locales, en leur donnant des noms particuliers. La plupart du temps elles usurpent les désignations propres aux mesures légales ou impériales, et il en résulte que les dénominations telles que *yard*, *pied*, *tonne*, *livre*, *bushel*, et autres semblables, ont cessé de désigner des mesures fixes. Le rapporteur croit exprimer l'opinion générale de tous ceux qui cherchent soit à recueillir, soit à répandre les connaissances humaines, en déplorant, à l'occasion de l'Exposition internationale actuelle, l'indifférence qui a permis à cette confusion de s'établir, qui la laisse encore subsister sans aucun effort pour supprimer un abus aussi criant. Tous ceux qui, dans une branche quelconque de l'industrie, des sciences ou des arts, cherchent à se maintenir à la hauteur des progrès accomplis dans les différentes parties du monde, connaissent trop bien le travail accablant, qu'exigent ces calculs sans nombre et pourtant absolument nécessaires, si l'on veut résumer en une expression générale et comparable les résultats publiés sous des systèmes de poids et mesures si multipliés et si peu rationnels. Tout travailleur sait combien le champ de ses recherches est limité par cette simple circonstance, qu'il lui manque le temps nécessaire pour effectuer, par centaines, les réductions mathématiques des poids et mesures. Quelques exemples, pris au hasard dans le *Dictionnaire universel des poids et mesures*, par Dourster (Hayez, Bruxelles, 1840), mettront le lecteur à même de juger du développement qu'on a donné à cette multiplication irrationnelle des unités de poids et mesures nationales, locales et particulières. Qu'on prenne, par exemple, dans le livre de Dourster, le mot *aune* (en anglais *yard*).

Sous ce titre, se trouve une liste des différentes mesures portant ce nom, de leurs longueurs respectives en lignes, pouces et millimètres, et des localités où l'on en fait usage; ces mesures sont si nombreuses, que leur simple énumération ne remplit pas moins de dix pages du livre de Dourster, qui est un fort vol. in-8°, d'une impression serrée. La liste correspondante, concernant le *pied* (en anglais, *foot*), occupe dix-sept pages bien remplies du même ouvrage; tandis que la liste comprenant la dénomination de *livre* (en anglais, *pound*) n'occupe pas moins de vingt pages ! Un fait digne de remarque, c'est, qu'en beaucoup d'endroits, on emploie simultanément, et sous le même nom, deux ou plusieurs mesures différentes; de sorte que nous trouvons souvent, dans la même ville ou dans le même district, l'*ancien* pied et le *nouveau*, le pied *légal* et le pied *habituel*, le pied de *maçon*, le pied de *charpentier*, le pied *agricole*, etc. A Liége (pour citer un exemple au hasard), on se sert du *pied de Saint-Hubert* pour mesurer certains articles, pour d'autres on emploie le *pied de Saint-Lambert;* et, pour augmenter l'équivoque, la différence fractionnaire entre ces deux espèces de pieds (3 millimètres environ) est exprimée par deux chiffres différents, dont l'une (2.918 millimètres) se trouve dans l'*Annuaire officiel de l'Observatoire de Bruxelles*, et l'autre (2.902 millimètres) dans l'*Almanach de Liége*.

Pour comparer une expérience faite à Liége avec une autre faite à Birmingham, et ayant rapport à une industrie particulière quelconque, on sera donc obligé de faire une étude préliminaire des mesures locales employées dans ces deux villes, et de la valeur réelle pouvant être assignée à chacune de ces mesures.

de varech faites à Galway (rivage tout aussi favorablement situé pour y recueillir les varechs venants), sont produites au moyen d'un mélange de varechs venants et sciés, incinérés en prenant beaucoup moins de soins pour éviter la volatilisation, et souvent chargés de sable étranger. Aussi le prix des cendres de varech de Galway ne s'élève pas au-dessus de 2 liv. à 3 liv. par tonne écossaise. La valeur moyenne des cendres de varech de Rathlin dépasse en effet celle des cendres de Galway dans la proportion de 9 liv. à 2 liv. 10 sh.; exemple frappant, constaté par les résultats financiers, de la différence entre les opérations industrielles grossières et les résultats d'une fabrication plus soignée.

Quant à la falsification intentionnelle des cendres de varech par le mélange avec du sabl et du gravier, qu'on ajoute souvent dans la proportion de 20 pour 100 et même au delà du poids total du produit, elle est doublement et triplement nuisible à la fois au vendeur et à l'acheteur. Car, non-seulement la matière ajoutée diminue la valeur des cendres de varech, dans un sens qu'on peut appeler négatif, en substituant une substance sans valeur à l'article demandé, mais de plus l'acide silicique agit chimiquement en déterminant la décomposition des iodures et bromures alcalins, et provoquant ainsi la perte par volatilisation des métalloïdes renfermés dans ces composés. En même temps l'acide silicique se combine avec les alcalis, formant un verre insoluble ou peu soluble, et de cette manière le produit en alcali

Après avoir éclairci ces points, on sera encore fréquemment arrêté et embarrassé dans ces recherches par la nécessité de réduire péniblement à un type commun des quantités exprimées par des termes différents. Sous ce rapport, les districts ruraux ne sont pas mieux partagés que les villes. Ainsi, par exemple, celui qui s'occupe de statistique agricole, et qui cherche des renseignements sur le rendement comparatif des blés fournis par une superficie donnée de terre arable dans différents pays, ou même dans plusieurs districts d'un seul pays, trouve, pour exprimer ses rendements en blés, plusieurs centaines d'espèces différentes de *bushel* (*boisseau*), et presque autant de termes divers et variés pour les mesures d'arpentages qui sont souvent d'autant plus différents qu'ils portent les mêmes noms. En vérité, il est temps, du consentement commun de toutes les nations, de balayer ce chaos de types, en conflit les uns avec les autres, et de le remplacer, partout et pour toutes choses, par le système décimal, à la fois si simple et si grandiose, dont l'établissement sera une gloire éternelle pour la France. En 1790, la France invita l'Angleterre à associer aux académiciens français un nombre égal de membres de la Société royale de Londres, pour qu'une commission, formée en commun par les deux nations, pût poser les bases d'un système uniforme de poids et mesures, en déterminant la longueur du pendule simple battant la seconde sexagésimale, au niveau de la mer, sous le 45° de latitude. L'Angleterre refusa, et son refus imprime une tache ineffaçable à sa réputation scientifique. Ce refus de la part de l'Angleterre détermina la France à demander le concours des autres nations de l'Europe, dont plusieurs (principalement les pays occupant le second rang) répondirent à son invitation et envoyèrent des délégués. Mais ces adhésions, de peu d'importance, ne purent compenser l'abstention de l'Angleterre, dont l'adhésion à cette grande réforme métrique, et la coopération avec la France pour sa propagation sur tous les points du globe, aurait certainement provoqué son acceptation à peu près universelle. Déjà plusieurs nations éclairées (la Belgique une des premières) ont adopté le système décimal français; et, quelque grandes et incontestables que soient les difficultés qu'on rencontre en substituant au vieux système arbitraire le nouveau système scientifique, elles n'en sont pas moins graduellement surmontées par une législation ferme et judicieuse. En Belgique on opéra sagement, en laissant, à l'origine, toute liberté aux acheteurs de se servir, pour les marchandises dont ils faisaient emplette, soit des types habituels de l'endroit, soit du nouveau système décimal des poids et mesures. Les marchands arrivèrent ainsi graduellement à posséder et à comprendre les types métriques, quoique au début ils en fissent peut-être rarement usage. Au bout de fort peu de temps, tous les contrats ou soumissions à passer avec le gouvernement durent être formulés en termes du système métrique. On exigea également, sous peine de non-validité légale, que, pour la rédaction des cessions de propriétés, on employât les mesures de surface du système métrique français. Tout fait espérer qu'en procédant ainsi progressivement, on parviendra à remplacer complètement les anciennes et incertaines unités de poids et mesures, et à leur substituer, au bout de quelques générations, le système métrique uniforme et perfectionné. Depuis plusieurs années, l'attention du public anglais a été fortement appelée sur l'importance de ce mouvement par la création de l'*Association internationale pour l'obtention d'un système décimal uniforme de poids, mesures et monnaies;* l'origine de cette Société remonte à la première Exposition universelle, et en

fourni par les cuves à lixiviation se trouve également amoindri. Le résidu insoluble ne peut plus servir qu'à la fabrication de bouteilles en verre noire. En ajoutant à ces pertes le prix très élevé de transport d'une tonne de sable et de pierres absolument sans valeur, pour 5 tonnes de cendres de varech, et en tenant encore compte de l'influence que doivent nécessairement exercer sur les prix la méfiance et le doute, accompagnant ainsi chaque transaction, nous arriverons à nous faire une idée des nombreux préjudices qui résultent de ces falsifications, tant pour le vendeur que pour l'acheteur. A l'époque actuelle on ressent presque dans chaque branche de fabrication et de commerce l'influence d'abus analogues, causant réciproquement du mal et réagissant, en somme, de la manière la plus fâcheuse sur l'industrie en général. Le Rapporteur saisit avec empressement cette occasion pour faire un appel aux chefs éclairés de l'industrie de tout notre globe, et les prier d'examiner si, dans le cours de la prochaine décade, il ne serait pas possible de préparer au moins une organisation et un ensemble de mesures propres à amener la diminution progressive et la suppression définitive de fraudes si généralement pratiquées, si répréhensibles et d'un effet si désastreux pour tout le monde.

Abstraction faite des falsifications, l'incinération des cendres de varech, même pratiquée de la manière la plus perfectionnée, ne constitue cependant qu'un procédé grossier et primitif. On amasse les algues en monceaux sur les côtes, et on les y laisse sécher, sans les protéger contre l'action délétère de la pluie. C'est pour cette raison qu'on ne recueille les algues que pendant la saison d'été. Les milliers de tonnes des varechs venants si précieux, jetés sur les côtes pendant les tempêtes d'hiver, y restent à la merci des éléments et sont entraînés de nouveau par la marée descendante, faute de hangars pour les emmagasiner. Ceux même qu'on recueille et qu'on sèche sont incinérés dans des cavités peu profondes creusées dans la pierre ou dans le sable, qui viennent se mélanger au produit fondu en le détériorant. En outre, on active le feu de manière à provoquer la fusion du produit salin, et l'on provoque ainsi la volatilisation de beaucoup d'iode et d'une proportion assez considérable de potasse. Cet excès de chaleur, en présence d'un excès de carbone, amène la désoxydation d'une forte proportion de sulfates et leur transformation en sulfures, qu'on reconvertit subséquemment en sulfates, en occasionnant une perte d'acide sulfurique dont la valeur est égale *à la moitié du prix total* de fabrication des cendres de varech. Toutes ces causes provoquent des pertes considérables, auxquelles on peut certainement remédier en grande partie.

Dans l'état actuel des choses, nous trouvons qu'il faut à peu près vingt-deux tonnes de varechs (humides) pour produire une tonne de cendres de varech de bonne qualité moyenne, pouvant fournir (outre l'iode, le brôme et les résidus salins sodiques mélangés) environ cinq à six quintaux de chlorure de potassium, et environ trois quintaux de sulfate de potasse du commerce. Le chlorure de potassium du commerce contient à peu près 80 pour 100 de chlorure potassique réel ; le reste consiste principalement en chlorure et en sulfate sodiques et en eau (8 ou 9 pour 100). Le sulfate de potasse du commerce contient à peu près la moitié de son poids de ce sel pur, le reste étant principalement composé d'humidité (environ 20 pour 100) et d'un mélange de chlorure et de sulfate sodiques. Ces deux produits (comme aussi les produits sodiques des cendres de varech) renferment en outre une proportion variable de carbonates sodique et potassique; quelquefois seulement 1 à 2 pour 100, d'autres fois 5 à 6 pour 100 et même le double. Les fabricants de cendres de varech de Glasgow n'estiment pas séparément ces carbonates alcalins, quoique intrinsèquement ils aient plus de va-

est probablement un des premiers fruits. Déjà les efforts de cette Société sont appuyés non-seulement par la majorité des savants du pays, mais encore par un grand nombre des principaux industriels et commerçants. Le rapporteur ne craint pas d'encourir le reproche de présomption, s'il se hasarde à exprimer l'espoir que la nation anglaise tout entière reconnaîtra avant peu la valeur de ce système, si simple et si beau, et coopérera avec la France pour amener graduellement l'adoption universelle.

ieur que les sulfates et les chlorures correspondants; les produits mélangés se vendent en *masse,* soit comme sulfates, soit comme chlorures, sans avoir égard à la proportion de carbonate qui s'y trouve.

Le fabricant d'iode et de brôme lessive les cendres de varech avec de l'eau et concentre, par l'ébullition, la solution saline ainsi obtenue; il produit de cette manière à l'état de précipité cristallin finement divisé le sulfate potassique du commerce, ainsi que les différents mélanges dont nous avons parlé plus haut. Il décante et laisse ensuite refroidir les eaux-mères; cette cristallisation par abaissement de température, continuée pendant plusieurs jours, produit en abondance du chlorure potassique (impur). La liqueur décantée est de nouveau concentrée par l'ébullition, et il se précipite ainsi (par suite d'une cristallisation rapide et à chaud) un dépôt d'un mélange de chlorure et de sulfate sodiques. Ce précipité, recueilli à son tour, on fait refroidir une seconde fois les eaux-mères décantées, qui fournissent de nouveau du chlorure potassique en abondance. On répète plusieurs fois ces opérations successives de concentration par ébullition et de refroidissement, produisant alternativement une cristallisation à chaud et à froid, jusqu'à ce que les sulfates et les chlorures alcalins soient presque entièrement séparés. Il reste une eau-mère concentrée, comparativement riche en iodures et en bromures alcalins très-solubles. On décompose ces derniers, et on en sépare l'iode et le brôme au moyen d'opérations dont nous n'avons pas à nous occuper ici. Par des recristallisations successives faites à la manière ordinaire, on peut obtenir les produits potassiques à un degré de pureté plus ou moins grand. La méthode suivie à Glasgow consiste à placer le sulfate de potasse dans un panier, à l'y laver avec de l'eau froide et à laisser bien égoutter, afin d'en éliminer tous les sels plus solubles qui s'y trouvent mélangés. Lorsqu'il est ainsi partiellement purifié, on l'emploie dans la fabrication de l'alun et du prussiate potassiques. On purifie également le chlorure de potassium au moyen de lavages et quelquefois par recristallisation. Depuis quelques années ce sel, autrefois moins utile que le sulfate, est très-recherché pour servir à la fabrication du salpêtre par sa double décomposition avec le nitrate de soude; son prix a haussé en conséquence.

Il est intéressant d'étudier les prix commerciaux de ces produits potassiques neutres, eu égard, d'un côté, à la proportion relative de potasse réelle qu'ils renferment, et de l'autre à la valeur de la même proportion d'alcali engagée dans des combinaisons moins énergiques.

Le sulfate potassique du commerce, provenant des cendres de varech, contient à peu près la moitié de son poids de sulfate de potasse réel et, par conséquent, environ 27 pour 100 de son poids d'oxyde de potassium anhydre. Au prix moyen actuel du sulfate du commerce, qui est d'environ 7 liv. st. par tonne, la potasse réelle renfermée dans cet article coûte un peu moins de 3 pence (30 centimes environ) par livre.

Il résulte, d'un calcul semblable, que le chlorure de potassium du commerce provenant des cendres de varech, correspond environ à 46 pour 100 de son poids d'oxyde de potassium anhydre et, d'après le prix actuel du chlorure sur le marché, prix qui s'élève en moyenne à 20 liv. st. par tonne (1), la potasse réelle sous cette forme coûte 4 3/4 pence par livre.

La moyenne de ces deux prix, 4 3/4 p. et 3 p., est 3 7/8 p. ou 3.875 p. par livre et peut être considérée comme la valeur moyenne de la potasse réelle, lorsqu'elle est neutralisée par des acides minéraux puissants.

La potasse américaine, contenant la moitié de son poids de potasse réelle, caustique ou carbonatée, coûte actuellement 35 liv. st. en moyenne par tonne; sur ce prix, 3 liv. 10 sh. environ représentent la valeur commerciale du sulfate et du chlorure potassiques qu'elle con-

---

(1) Le dernier cours du chlorure de potassium à 80 pour 100 est de 23 liv. st. par tonne. Ce prix paraît être cependant très-élevé, et provoqué par une cause exceptionnelle, la demande très-active de salpêtre sur le marché. Le chiffre, adopté dans le texte, se rapproche probablement plus exactement de la moyenne réelle.

tient. Il reste donc 31 liv. 10 sh. pour représenter la valeur d'une 1/2 tonne d'oxyde potas-sique dans la potasse ; c'est donc exactement au taux de 6 3/4 p. par livre.

Ces chiffres ne sont pas absolus ; ils sont sujets à fluctuation et dépendent des prix du marché. Mais ils nous prouvent qu'actuellement la valeur de la potasse libre est plus élevée de 125 pour 100 environ que celle de la potasse neutralisée par l'acide sulfurique, et plus grande de 42 pour 100 environ que la valeur de la même quantité de potasse neutralisée par l'acide chlorhydrique. En prenant la moyenne de ces données, nous trouvons que la valeur de la potasse libre, caustique ou carbonatée, est à peu près 83 1/2 pour 100 plus grande que celle du même alcali neutralisé par des acides énergiques.

Le Rapporteur voudrait faire observer en passant que la valeur monétaire des agents chimiques, qui exprime en réalité leur abondance relative, est une condition que le chimiste praticien ne devrait jamais négliger, soit en exploitant industriellement des procédés connus, soit en inventant de nouveaux procédés. Le prix d'un équivalent chimique de chaque réactif constitue, comme l'a fait observer M. F. O. Ward, sa *valeur potentielle* ou la valeur de *l'unité d'activité chimique* qu'il représente. Cette valeur *potentielle* du réactif est souvent extrêmement différente de ce qu'on pourrait appeler sa valeur *barométrique* ou la valeur de la simple unité de poids.

C'est ainsi, par exemple, que l'ammoniaque, dont 17 parties en poids saturent autant d'acide que 47 parties de potasse, est (d'après les prix courants actuels) *potentiellement* 80 pour 100 (et même au delà) meilleur marché que la potasse, quoique, *barométriquement* (c'est-à-dire à poids égal), l'ammoniaque soit le réactif de 40 à 50 pour 100 le plus coûteux.

Les résultats de comparaisons de ce genre exigent évidemment de fréquentes corrections, pour rester en rapport avec les variations de prix à des époques et dans des localités diverses, variations qui indiquent les fluctuations entre la production et la consommation. Ces comparaisons sont néanmoins de la plus haute importance comme données économiques, et l'on ne devrait pas, comme cela arrive si souvent, les passer complétement sous silence dans les traités de chimie appliquée. Une philosophie éclairée, loin de les exclure comme indignes d'occuper une place parmi les faits scientifiques, devrait au contraire leur assigner un rang élevé parmi les éléments des calculs chimico-industriels. C'est précisément pour avoir négligé ces données que tant de chimistes inventeurs, capables et instruits sous tous les autres rapports, se sont laissé entraîner à perdre leur temps en créant des procédés, peut-être très-beaux en théorie et d'une réussite parfaite dans le laboratoire, mais que la première application du criterium économique condamne comme impossible et sans valeur dans la pratique. A la connaissance exacte de la valeur des agents qu'il emploie, le chimiste industriel devrait joindre des notions précises sur l'économie des opérations chimiques exécutées en grand. Sous ce rapport, nous mentionnerons, comme se rattachant plus particulièrement au sujet que nous traitons en ce moment, que le prix de revient du traitement des cendres de varech, en vue d'en retirer l'iode et les produits accessoires salins qu'elles renferment, ne dépasse pas, à Glasgow, 25 sh. à 28 sh. la tonne, sur lesquels 13 sh. ou près de la moitié servent à payer l'acide sulfurique employé. Nous serions entraîné trop loin si nous voulions, actuellement, détailler ici tout ce qui constitue cette dépense, tels que combustible, main-d'œuvre, etc. Le temps et l'espace nous défendent également une description plus circonstanciée des méthodes particulières adoptées par divers fabricants pour séparer et purifier les produits retirés des cendres de varech. Ces méthodes paraissent susceptibles de grands perfectionnements, surtout en vue d'une séparation plus parfaite des produits salins mélangés, qui, par ce mélange même, perdent notablement de la valeur propre à chacun d'eux. Le traitement scientifique et perfectionné auquel M. Kuhlmann soumet ses liqueurs provenant des déchets de betteraves, pour l'élimination successive des principes potassiques et autres produits salins qu'elles renferment, est un chef-d'œuvre d'opérations de ce genre ; et les fabricants de cendres de varech peuvent y puiser plus d'un renseignement précieux (Voyez l'appendice à la fin de ce chapitre.) A ce sujet, nous mentionnerons encore en passant, que MM. Picard et Comp., de Grandville (*France*, 155), trouvent de l'avantage à ajouter du nitrate de soude aux liqueurs de cendres de varech qu'ils traitent, de manière à convertir le chlorure potassique en salpêtre.

Nous ne quitterons point cette question sans ajouter quelques remarques sur l'intéressante proposition de M. E -C. Stanford (1) (Grande-Bretagne, 607), de remplacer par la distillation sèche l'incinération des varechs à feu nu, telle que nous l'avons décrite plus haut ; cette modification ayant pour but, d'un côté, d'obtenir des produits accessoires d'une plus grande valeur, et, de l'autre, d'éviter les pertes d'iode et de brôme par volatilisation.

Traitement des varechs par distillation sèche. — La proposition de M. Stanford est basée sur ce fait général, indépendamment d'autres considérations, qu'au moins la moitié de l'iode, contenu dans les varechs, se volatilise et se perd pendant l'incinération des plantes d'après la méthode habituelle ; tandis qu'on pourrait recueillir le tout en distillant les varechs dans des cornues ordinaires, pareilles à celles qu'on emploie pour la fabrication du gaz d'éclairage. Les varechs, ainsi traités, fourniraient par conséquent, outre l'iode et le brôme, les produits usuels de la distillation sèche des matières organiques; tels que les hydrocarbures, le naphte, l'ammoniaque, l'acide acétique et le gaz d'éclairage. On obtiendrait évidemment les composés potassiques et autres produits salins en lessivant le charbon qui resterait dans la cornue.

D'après la manière d'opérer de M. Stanford, les varechs, recueillis et séchés comme d'habitude, sont comprimés avec force dans les cornues afin de diminuer, autant que possible, leur volume. On procède ensuite à la distillation en opérant à peu près comme pour la tourbe, et en prenant le même soin pour séparer les produits qui se dégagent à des températures différentes. (Voyez le chapitre sur les *Produits solides et liquides de la distillation sèche de la houille*, etc.)

Les obstacles sérieux qui s'opposent à la réalisation du projet de M. Stanford sont : la nécessité de recueillir une substance aussi volumineuse et (lorsqu'elle est mouillée) aussi pesante que les varechs, et d'en transporter d'énormes quantités, à plusieurs milles de distance des côtes de la mer à une fabrique centrale où on les traiterait. Mais le principe sur lequel repose sa proposition est tout à fait rationnel, sans aucun doute ; ses expériences de laboratoire sur la nature et la quantité des produits qu'on peut obtenir des varechs au moyen de la distillation sèche sont intéressantes et précieuses ; et le jury a considéré ce projet comme ingénieux et présentant assez d'avenir pour mériter la distinction d'une médaille.

Nous devons mentionner à ce sujet que le docteur Kemp a proposé d'extraire les sels solubles des varechs, en exprimant leurs sucs par pression hydraulique, de manière à éviter les pertes de potasse et d'iode qu'entraînent les procédés ordinaires d'incinération.

M. M'Crummen, de son côté, avait déjà conseillé, il y a environ seize ans, de ne pas laisser s'élever la température, lors de l'incinération, jusqu'au point de fusion des produits salins ; en observant cette précaution on obtient une cendre friable au lieu d'une masse à demi vitrifiée, et les pertes par volatilisation se trouvent notablement diminuées.

Le docteur Wallace a proposé la construction de hangars le long des côtes, de manière à pouvoir y accumuler et conserver les varechs jetés pendant l'hiver sur les côtes et actuellement perdus.

Toutes ces propositions paraissent excellentes ; et les obstacles principaux à leur mise en exécution sont, d'un côté, la nature volumineuse et la grande diffusion sur de longues distances de la matière brute, et, de l'autre, la pauvreté et l'ignorance des paysans qui s'occupent de la récolter et de l'incinérer.

(1) Stanford, Mémoire lu devant la Société des arts, 14 février 1862.

Maís, dans cette question si importante de la production suffisamment abondante de la potasse pour les besoins industriels, ce n'est ni sur les varechs ni sur toute autre source organique, végétale ou animale, que la chimie moderne dirige en ce moment nos regards.

La source capitale des alcalis fixes réside dans le règne minéral, et c'est sur ces matières premières des combinaisons potassiques que le rapporteur désire maintenant attirer l'attention des lecteurs.

Après avoir mentionné d'abord deux sources d'importance secondaire il insistera sur les grands réservoirs primitifs d'alcalis, l'Océan et les roches feldspathiques.

Les deux sources secondaires dont il est question, sont : 1° certains dépôts souterrains de chlorure potassique récemment trouvés au-dessus des couches de sel gemme ordinaire, et 2° les dépôts superficiels de nitrate de potasse ou de salpêtre natif qu'on vient d'en découvrir dans l'Afrique méridionale.

SOURCES INORGANIQUES DES COMPOSÉS POTASSIQUES.

Découverte et exploitation de dépôts souterrains de chlorure potassique recouvrant le sel gemme ordinaire. — A Stassfurt, petite ville située près de Magdebourg, en Prusse, on a découvert récemment un gisement de sel gemme ordinaire d'une épaisseur de 100 pieds, que recouvre immédiatement une couche d'argile renfermant des veines de sels mélangés, principalement des sulfates et des chlorures terreux et alcalins, désignés en allemand sous le nom de *Abraumsalz* (sel de déblai).

M. Peters (1) a publié l'analyse suivante de ce dépôt salin :

Chlorure de potassium............	**19.16**	correspondant à **12.1** de potasse.
— sodium................	**32.84**	
— magnésium............	**17.08**	
Sulfate de magnésie.............	**15.09**	
— chaux.................	**2.04**	
Sable..........................	**2.71**	
Eau et autres substances.........	**11.08**	
	100.00	

Les sulfates terreux et le sel marin qu'on rencontre en abondance dans la partie inférieure de ce dépôt, recouvrant immédiatement le sel gemme, disparaissent dans les veines supérieures, qui se composent principalement d'un mélange de chlorures potassique et magnésique, fortement hydratés et quelque peu ferrugineux.

La composition, l'aspect et les caractères de cette dernière matière sont assez définis et assez constants pour qu'on puisse l'envisager comme un minerai particulier. Il ressemble fort au sel gemme, dont on le distingue, cependant, par son éclat plus nacré. M. H. Rose (2), qui a étudié ce composé avec beaucoup d'attention, le désigne sous le nom de *carnallite*, et en donne l'analyse suivante :

Chlorure de potassium..........	**24.27**	correspondant à **13.83** de potasse.
— magnésium........	**30.57**	
Eau...........................	**36.26**	
Peroxyde de fer...............	**0.14**	
Sels divers...................	**8.82**	

L'ordre de superposition de ces dépôts est intéressant sous le point de vue scientifique, parce qu'il représente l'ordre dans lequel les sels de l'eau de mer se déposeraient par sa concentration graduelle; la masse du sel marin se solidifierait d'abord ; au-dessus serait une

(1) *Chem. Ackersmann*, 1861, n° 2, p. 102.
(2) Rose, *Pogg. Ann.*, XCVIII, p. 61.

nouvelle proportion de chlorure sodique mélangée avec des sulfates terreux, et avec une portion des chlorures de magnésium et de potassium; enfin, à la partie supérieure, se rencontrerait le reste de ces sels à l'état de combinaison formant un sel double très-hydraté, extrêmement avide d'eau et presque déliquescent. Cette succession de couches salines, apparemment normale, rend extrêmement probable la rencontre de couches potassiques analogues au-dessus des gisements de sel gemme dans d'autres localités (Daubrée). Il faut espérer que l'industrie ne perdra pas de vue une indication scientifique dont nous sommes en droit d'attendre d'aussi importants résultats.

La décade qui s'est écoulée entre 1851 et 1862 a été témoin du commencement de l'exploitation industrielle du sel potassique contenu dans ces dépôts complexes. En 1860, 160 tonnes de cette matière furent recueillies et vendues, principalement pour servir à l'agriculture; en 1861, la production avait doublé et continue toujours à augmenter. Deux maisons allemandes, MM. Andræ et Grüneberg, Stettin, Prusse (Zollverein, Allemagne, 952), et MM. Vorster et Grüneberg, Kalk, près de Cologne, Prusse (Zollverein, Allemagne, 1034), ont exposé des sels de potasse provenant de cette source.

Salpêtre naturel. — On sait que, dans beaucoup de districts des régions tropicales, le sol est imprégné de nitrate de potasse, qu'on peut en extraire par simple lixiviation. On obtient ainsi le salpêtre que nous importons en si grandes quantités des Indes. L'acide nitrique, que renferme ce salpêtre naturel, provient ordinairement de la décomposition de matières organiques dont l'azote, mis en liberté, se combine avec l'oxygène atmosphérique condensé dans leurs pores. Mais on a également supposé que les corps inorganiques de nature poreuse, tels que la craie, possèdent la faculté d'engendrer l'acide nitrique, par la condensation dans leurs pores de l'azote et de l'oxygène atmosphériques, qui se combinent ensuite sous l'influence de circonstances favorables, telles que la chaleur tropicale et les perturbations électriques (Longchamp, Gauthier de Claubry). Des recherches plus récentes permettent cependant de douter de l'exactitude de cette opinion. Du reste, quelle que soit leur origine, il est certain qu'on rencontre souvent de pareils dépôts, et, tout récemment, on en a découvert un nouveau gisement au cap de Bonne-Espérance, dans le district de Clan William. Un échantillon de ce minerai, qui se présente sous la forme d'une masse brune pierreuse, fut soumis à l'examen de M. Abel (qui communiqua ce renseignement au rapporteur), et, d'après ce chimiste, sa qualité équivaut à celle de la moyenne des échantillons du salpêtre indien.

La mention successive du chlorure et du nitrate potassiques, dans les deux derniers paragraphes, nous engage à signaler, en passant, l'importance du premier de ces sels comme moyen d'obtenir le second, par double décomposition avec le nitrate de soude natif. La réaction $Na\,NO^3 + K\,Cl = KNO^3 + Na\,Cl$ s'effectue d'une manière beaucoup plus complète que la double décomposition correspondante opérée entre d'autres sels potassiques et le nitrate de soude; et c'est à la connaissance plus exacte et à l'utilisation de cette propriété du chlorure de potassium qu'il faut attribuer l'augmentation rapide de sa valeur commerciale dans les dernières années. La décomposition du nitrate de soude par l'hydrate potassique est, sans doute, encore plus parfaite, mais, d'un autre côté, le prix de cet hydrate est beaucoup plus élevé que celui du chlorure de potassium. On fait cependant usage des deux procédés. En France, on emploie beaucoup les produits potassiques provenant des résidus des liqueurs de betteraves. A cet effet, on ajoute du nitrate de soude pendant l'évaporation des liqueurs, afin d'effectuer la transformation désirée (1). Ce procédé présente quelques dangers, à cause

(1) Le rapporteur a reçu de son ami M. Abel, chimiste du département de la guerre, le renseignement suivant : Le gouvernement anglais n'a pas encore adopté les procédés de fabrication du salpêtre par décomposition du nitrate de soude, soit par le chlorure, soit au moyen d'hydrate potassique. Mais le salpêtre naturel des Indes, purifié (depuis 1856) d'après la méthode française perfectionnée, est encore la matière qu'on emploie et dont on essaie la pureté, soit d'après la méthode de M. Persoz (fusion du salpêtre avec le bichromate

de la réaction violente qui peut avoir lieu entre les nitrates ajoutés ou formés dans les liqueurs, et les cyanures et les sulfocyanures qu'elles contiennent, en quantité variable et souvent considérable (Persoz). Dans plusieurs cas, il est arrivé que la liqueur a fait soudainement explosion pendant l'évaporation, longtemps avant d'arriver à siccité, et il en est résulté des accidents mortels (Voyez le chapitre sur les sels ammoniacaux et les composés du cyanogène).

Extraction directe des sels neutres de potasse de l'eau de mer, au moyen du procédé Balard modifié par M. Merle. — On peut dire, en termes généraux, que la méthode de M. Balard (1), mentionnée brièvement par le jury dans son rapport de 1851, consiste à concentrer et refroidir alternativement l'eau de mer (ou, plus exactement, les eaux-mères des marais salans), d'après un plan méthodique, arrangé de manière à obtenir, en partie par la décomposition réciproque opérée entre les matières salines, en partie par des précipitations et des cristallisations successives, trois produits salins précieux, savoir : le sel de cuisine, le sulfate de soude et le chlorure de potassium.

Les eaux mères, qui constituent la matière brute de M. Balard, peuvent être considérées comme une solution d'un mélange de trois chlorures et d'un sulfate, savoir : les chlorures sodique, potassique et magnésique, et le sulfate de magnésie. Le traitement a pour but, premièrement de combiner avec le *sodium* tout l'acide sulfurique en présence; en second lieu, de récolter séparément, (a) le sulfate de soude ainsi formé, (b) le chlorure de sodium et (c) le chlorure de potassium. Le chlorure de magnésium, pour lequel on ne connaît pas d'emploi, est écoulé comme déchet dans les liqueurs qui constituent le résidu.

Pour réaliser ces conditions, M. Balard met à profit l'influence générale si connue que les conditions physiques exercent sur les phénomènes chimiques, et il se sert plus particulièrement de l'influence de la *solubilité relative* pour déterminer laquelle des diverses combinaisons possibles entre des acides et des bases mélangés en solution, doit être formée et précipitée à l'état de produits solides par la concentration et le refroidissement de pareilles solutions.

C'est un fait bien connu que, parmi un grand nombre de combinaisons salines possibles (toutes coexistant peut-être dans une solution mixte), on fera déposer successivement à l'état solide, à mesure que s'effectuent la concentration et le refroidissement des liqueurs, celles dont la solubilité est le plus faible et le plus susceptible d'être diminué par le froid. Ainsi, par exemple, Scheele observa longtemps, qu'en faisant dissoudre dans de l'eau du chlorure de sodium et du sulfate de magnésie, et qu'en refroidissant la solution à 0° C. ou au-dessous, une double décomposition a lieu, et qu'il y a formation de cristaux de sulfate de soude hydraté, le chlorure de magnésium restant en dissolution. D'un autre côté, M. H. Rose remarqua plus récemment, que la même réaction a lieu, avec production de sulfate de soude anhydre, lorsqu'on chauffe la solution mixte à 50° C. et au delà. A des températures intermédiaires, les deux sels primitifs cristallisent sans altération. La raison en est qu'à ces températures intermédiaires les sels primitifs sont moins solubles que le sulfate de soude qui, par conséquent, n'a aucune tendance à se former et à passer à l'état solide, tandis qu'à des températures au-dessus et au-dessous de cet intervalle, la solubilité du sulfate de soude est moindre que celle de ces composés, et cette insolubilité relative devient la cause déterminante de sa production et de sa précipitation.

La valeur de cette observation ne pouvait échapper à la pénétration et à l'esprit philosophique de M. Balard. Après une série d'expériences, il adopta finalement *la réfrigération*, comme condition principale du procédé qu'il avait en vue, pour enlever dans l'eau de mer l'acide

de potasse), ou bien, s'il se trouve de la matière organique en présence, en suivant la méthode de Gay-Lussac, telle qu'elle a été modifiée par M. Abel et Bloxam. Dans cette dernière opération, M. Abel trouve qu'il y a avantage à substituer le charbon de bois ordinaire au graphite, purifié d'après le procédé de M. Brodie. (Voyez le chapitre sur le graphite.)

(1) Rapport du jury, 1851, p. 39.

sulfurique à la magnésie, et pour le précipiter à l'état de sulfate de soude. Pour arriver à séparer subséquemment les chlorures mixtes, alcalins et magnésiques, encore en dissolution, M. Balard, en déterminant l'ordre de formation et de précipitation des produits provenant de solutions salines mixtes, devait avoir égard, non-seulement à l'influence de *la solubilité relative*, mais encore à celle de *la quantité relative* des acides et des bases en présence. Ce n'est que par l'étude attentive de ces lois, et par leur application au mélange salin particulier qui existe dans la liqueur-mère des marais salans, que M. Balard parvint à poser les principes de sa méthode pour réaliser le but qu'il s'était proposé et que nous venons d'expliquer.

En passant à la réalisation industrielle de cette méthode, certaines difficultés pratiques se firent sentir, et, tandis que les principes posés par M. Balard furent entièrement confirmés par la mise en pratique de son procédé, le développement de la nouvelle industrie, n'en éprouva pas moins des délais considérables. Nous allons indiquer tout à l'heure le caractère de ces difficultés; nous les mentionnons ici, parce qu'elles ont été surmontées par M. H. Merle France, 139), exposant d'un procédé modifié, basé sur celui de M. Balard, et qui paraît avoir réalisé, avec un succès complet, l'exploitation des sels de l'Océan.

C'est pour ce procédé et pour d'autres services rendus à l'industrie. que le jury a accordé à M. Merle l'honorable distinction d'une médaille.

M. Merle, de même que M. Balard, opère par concentration et par refroidissement de l'eau de mer; seulement, tandis que, pour effectuer la réfrigération, M. Balard utilisait les variations naturelles de température M. Merle emploie des moyens artificiels, préférant dans ce but l'usage du remarquable appareil de M. Carré pour produire la glace au moyen de la distillation de l'ammoniaque en vases clos.

Nous ne nous arrêterons pas à décrire ici l'excellent appareil de M. Carré; il a été exposé dans l'annexe occidentale, et on en trouvera sans doute un examen détaillé dans le rapport sur les machines (France, classe III, 1191). Pour notre étude actuelle, il nous suffit de savoir que l'appareil de M. Carré est un instrument de production de froid très-utile et très-économique.

Mais, pour pouvoir apprécier exactement le procédé de M. Merle, dans ses rapports avec celui de M. Balard, dont il est indubitablement un développement admirable, il est nécessaire d'expliquer avec plus de détails que nous n'en avons encore donné les principes de la méthode-mère, ses difficultés et ses défauts.

M. Balard et M. Merle ont eu la bonté de fournir eux-mêmes au rapporteur, soit verbalement, soit par écrit, les éléments de ces explications.

Procédé de M. Balard. — Dans son traitement de la liqueur-mère, M. Balard se proposait originairement, comme nous l'avons expliqué plus haut, d'opérer la double décomposition entre le sulfate de magnésie et le chlorure de sodium qui s'y trouvent en présence.

Mais une certaine proportion de chlorure de magnésium, préexistant déjà dans la liqueur, formait un obstacle à cette réaction, que M. Balard trouva difficile d'effectuer, par le plus fort degré de refroidissement qu'il pût obtenir, même au cœur de l'hiver, dans ce chaud climat des pays méditerranéens (lieux où cette industrie s'exerce particulièrement). Il fut obligé, par conséquent, de se débarrasser du chlorure de magnésium en excès, et de chercher à obtenir une solution séparée de chlorure de sodium et de sulfate de magnésie, par des moyens adaptés spécialement à la chaleur du climat sous lequel il devait opérer.

Ce résultat fut facilement obtenu pour une portion du sulfate de magnésie. Il suffit, à cet effet, de faire évaporer les eaux-mères sur le sol, depuis 1.284 à 1.32 de densité (32° à 35° B.).

Arrivé à ce degré de concentration, la moitié environ du sulfate de magnésie se dépose, avec une quantité presque équivalente de chlorure de sodium. Ce *sel mixte* redissous dans de l'eau douce et exposé à une température moyenne d'hiver, subit la double décomposition désirée, et fournit presque tout l'acide sulfurique à l'état de sulfate de soude cristallisé, produit qu'on voulait obtenir.

Les eaux-mères, cependant, retiennent en dissolution l'autre moitié du sulfate de magnésie, ainsi que les chlorures restants de sodium, de potassium et de magnésium.

Dans le principe, M. Balard chercha à opérer sur cette liqueur possédant une densité de 1.32(35° B.), en la soumettant à une évaporation ultérieure, qui détermine une réaction entre une partie du sulfate de magnésie et une partie du chlorure de potassium; il en résulte un dépôt de mélanges salins au moyen desquels on obtint, par cristallisation, le sulfate double de potasse et de magnésie. Ce procédé, cependant, laissait encore beaucoup de potasse dans les eaux-mères qui constituaient une dissolution complexe et dont le traitement ultérieur devenait difficile.

En conséquence, au lieu de continuer à concentrer la liqueur en l'exposant à la chaleur de l'été, M. Balard se détermina à utiliser une basse température pour diminuer le pouvoir dissolvant de la saumure sur le sulfate de magnésie, et pour obtenir ainsi une autre précipitation séparée de ce sel. Pour arriver à ce résultat, il renferma les liqueurs, possédant toujours une densité de 1.32 (35° B.), dans des réservoirs bien clos, afin de les soustraire à la dilution par les eaux de pluie, jusqu'à la saison d'automne, époque à laquelle la température, dans le midi de la France, s'abaisse ordinairement à 6° C. Il exposa ensuite les liqueurs à ce degré de froid ; pour cela, il les retirait des réservoirs et les siphonnait dans des réfrigérants en béton, très-vastes et peu profonds, dans lesquels la plus grande partie du sulfate de magnésie se précipita séparément. Ce résultat obtenu, il retirait les liqueurs des réfrigérants peu profonds et les renfermait de nouveau dans les réservoirs.

Après avoir recueilli le sulfate de magnésie ainsi obtenu, il y ajouta 1.5 équivalents de sel marin (toujours très-abondant dans les marais salans); et ces sels mixtes, dissous dans de l'eau douce, éprouvèrent une double décomposition et fournirent une nouvelle quantité de sulfate de soude. Il trouva que l'emploi du sel marin, en léger excès, était un avantage, parce qu'il diminuait la solubilité et favorisait la cristallisation du sulfate de soude.

Quant à la liqueur retirée des réfrigérants peu profonds et reportée dans les réservoirs, elle retenait la totalité du chlorure potassique ainsi que le chlorure de magnésium. Afin d'obtenir ces deux derniers sels à l'état solide, il était nécessaire de soumettre la liqueur à une nouvelle concentration. En conséquence, on la conservait renfermée pendant l'hiver, et, au retour des chaleurs de l'été, on l'exposait en couches minces sur le sol pour la faire évaporer. On obtenait ainsi des cristaux de chlorure double de potassium et de magnésium ; ce dernier, redissous et cristallisé aussi souvent que cela était nécessaire, fournit enfin du chlorure de potassium presque pur à l'état cristallisé, ne laissant en dissolution guère autre chose que du chlorure de magnésium qu'on jetait.

Tel était, en peu de mots, le procédé de M. Balard : véritable triomphe de science et de génie inventif sur une série de difficultés, dont une seule eût suffi pour décourager un esprit moins habile et moins persévérant. Néanmoins, cette méthode présentait encore des imperfections inhérentes à la nature même des opérations successives qu'il fallait exécuter et aux moyens dont on disposait pour les accomplir. La perméabilité du sol, par exemple, entraînait de grandes pertes, par l'absorption de la liqueur exposée en couches minces dans le but d'obtenir une plus forte concentration, cette liqueur ayant déjà acquis de la valeur par suite de la dépense de main-d'œuvre et du degré de concentration auquel elle était arrivée. En effet, plus la liqueur devenait dense et précieuse, plus elle s'évaporait lentement, et plus il fallait la laisser longtemps exposée sur le sol pour l'élimination d'une nouvelle proportion d'eau. Le mal causé par la perméabilité du sol augmentait, par conséquent, en proportion double pendant les dernières phases du procédé : la perte de liqueur, par infiltration, devenant plus considérable tant en *quantité* qu'en *valeur*. Après une concentration pénible, il n'était pas rare de voir la liqueur de nouveau diluée par les eaux de pluie. En outre, le succès

des opérations dépendant uniquement des alternatives de chaleur et de froid dans les différentes saisons, l'essor de cette industrie se trouva comprimé, et le procédé, ne pouvant être
exploité que d'une manière peu suivie, prit un caractère aléatoire, présentant plus d'analogie
avec une exploitation agricole qu'avec une opération industrielle.

Modification apportée par M. Merle au procédé de M. Balard. — Les perfectionnements que
M. Merle a fait subir à ces procédés remédient complétement aux difficultés inhérentes à la
méthode de M. Balard. Ainsi modifié, on peut dire, en peu de mots, que le procédé consiste
dans : *L'extraction des sels des eaux de la mer concentrées par leur exposition à une basse température produite artificiellement.*

Le degré de concentration nécessaire pour rendre les eaux de la mer propres à être traitées
par ce procédé correspond à une densité de 1.24 (28° B.); à ce point de concentration, l'eau
de mer dépose à peu près les quatre cinquièmes du sel marin qu'elle contient.

On obtient ce degré de concentration par le procédé ordinaire d'évaporation sur le sol, tel
qu'on le pratique dans la fabrication du sel marin, dont l'ample moisson dédommage pleinement de cette opération préliminaire.

Les eaux-mères constituent la matière brute du nouveau procédé, s'il est permis de l'appeler ainsi. On les renferme dans de vastes réservoirs clos ; et, à partir de ce moment, elles
ne sont plus exposées ni à la dilution par la pluie, ni à l'absorption par le sol. Là s'arrêtent
les opérations ordinaires des salinières, auxquelles M. Merle n'emprunte que la première,
c'est-à-dire la concentration à une densité de 1.24 (28° B.). Mais l'expérience ayant montré
que ce degré de concentration était un peu supérieur à la densité la plus favorable à la
prochaine phase de l'opération, on ajoute 10 pour 100 d'eau pure aux eaux-mères renfermées
dans les réservoirs.

Après avoir fait subir cette préparation aux eaux de la mer, on leur fait traverser les
appareils réfrigérants, construits d'après les plans de M. Carré, et on les y soumet à un refroidissement de — 18° C.

Cette réfrigération artificielle provoque la double décomposition entre le sulfate de
magnésie et le chlorure de sodium ; le sulfate de soude se dépose dans les eaux-mères à
mesure qu'elles traversent l'appareil, et le chlorure de magnésium, restant en solution, est
entraîné avec les liqueurs.

Le procédé est continu; les liqueurs entrent constamment d'un côté de l'appareil et res-
sortent de l'autre; le sulfate de soude qui se dépose est continuellement extrait au moyen
d'une chaîne à godets. Une essoreuse centrifuge dépouille rapidement ce sel des eaux-mères,
et finalement il est desséché dans un four à réverbère.

L'utilité de la dilution déjà signalée des eaux-mères dans les réservoirs devient maintenant
manifeste. Si on les soumettait au refroidissement avec leur densité primitive (28° B.), elles
abandonneraient beaucoup de chlorure de sodium hydraté simultanément avec le sulfate de
soude, au détriment de la pureté et de la valeur de ce dernier. Mais, moyennant cette addition d'eau, le sel marin, ainsi que les chlorures potassique et magnésique, restent en dissolution dans les eaux-mères qui s'écoulent de l'appareil.

Ces eaux-mères sont ensuite traitées pour en extraire les sels qu'elles contiennent en dissolution.

Pour obtenir le sel marin, on fait écouler les eaux-mères directement de l'appareil réfrigérant dans des chaudières analogues à celles qu'on emploie pour le raffinage du sel gemme.
Dans ces chaudières, les eaux-mères sont évaporées jusqu'à ce qu'elles présentent une densité de 1.331 (36° B.); à ce degré de concentration, presque tout le sel marin s'est déposé à
l'état de poudre fine : ce sel, après dessiccation dans un appareil centrifuge, équivaut en
pureté aux plus beaux sels fins anglais.

Il reste à recouvrer le chlorure de potassium encore en dissolution dans les eaux-mères
bouillantes; dans ce but, on les fait écouler dans des réfrigérants en béton très-grands, mais

peu profonds. Elles y déposent bientôt la totalité de leur potasse sous forme de chlorure double de potassium et de magnésium. On recueille ce dépôt (espèce de carnallite artificielle), et l'on élimine le chlorure de magnésium en ajoutant à la masse saline mixte la moitié de son poids d'eau douce. Celle-ci dissout la totalité du chlorure de magnésium, qui est de beaucoup le sel le plus soluble, et seulement un quart du chlorure de potassium. On obtient ainsi les trois quarts de la potasse sous forme de chlorure, ne contenant qu'un dixième de matière saline étrangère ; l'autre quart, dissous dans les eaux de lavage conjointement avec du chlorure de magnésium, est reporté dans les chaudières.

Ce procédé remarquable fonctionne avec une facilité et une régularité parfaites. L'action énergique du froid artificiel non-seulement dispense des éliminations successives qui sont la base de la méthode de M. Balard, mais elle permet à la double décomposition de s'accomplir avec une telle netteté, que les eaux-mères, ne retenant plus qu'une faible proportion de sulfate de magnésie (1), se prêtent avec une grande facilité au traitement ultérieur, qui a pour but d'obtenir les sels de potasse.

C'est ainsi que, par la concentration des liquides en chaudière, on sépare la presque totalité du chlorure de sodium sans qu'il y ait de la potasse entraînée ; et lorsque le dépôt de chlorure double a lieu ensuite par refroidissement, il ne reste point de potasse dans les eaux qui sont rejetées. Toute la potasse se trouve donc précipitée sous forme de chlorure double ; et, ce sel étant lui-même très-pur, il suffit, pour obtenir séparément le chlorure de potassium, de laver le chlorure de magnésium à l'eau froide, et de dessécher le résidu dans un appareil centrifuge (par un essorage à la turbine).

Un fait très-remarquable dans le procédé de M. Merle, c'est la grande facilité avec laquelle on obtient du chlorure de sodium très-finement divisé par la concentration dans les chaudières. Si l'on soumettait à l'ébullition les eaux à une densité de 1.24 (28° B.), sans qu'il y ait eu élimination préalable du sulfate de magnésie au moyen du procédé de réfrigération que nous avons décrit, il se produirait au fond de la chaudière des croûtes qui, bientôt, entraveraient la marche de l'opération, si elles ne l'arrêtaient même entièrement. Mais la double décomposition qui a lieu sous l'influence du froid, en dépouillant les eaux du sulfate de magnésie, et en les enrichissant de chlorure de magnésium, change toutes ces conditions. En effet, les eaux, soumises à ce traitement, sont non-seulement susceptibles d'être évaporées sans qu'il y ait formation de ces dépôts terreux si fortement adhérents et qui apparaîtraient dans tout autre cas, mais elles sont même exemptes de la formation de ces croûtes légères qui se produisent pendant le raffinage du sel gemme ; de sorte que la préparation du sel fin se fait dans des conditions très-favorables.

La netteté et la régularité ne sont pas, cependant, les seuls caractères distinctifs de ce procédé. Il est encore remarquable pour la grande quantité de produits salins qu'il est susceptible de fournir. En effet, les opérations salinières étant limitées à la production sur le sol d'eaux-mères d'une densité de 1.24 (28° B.), la perte résultant de la perméabilité du sol est tout à fait insignifiante, et ne peut être comparée à la perte sérieuse, provenant de la même cause, qu'on éprouvait dans l'ancienne méthode, dans les marais salans, lorsqu'on poussait le traitement des eaux à un bien plus haut degré de concentration. Ce qui constituait, d'après l'ancien procédé, la première phase du traitement dans les opérations salinières, en devient la fin dans le nouveau.

L'eau-mère amenée à une densité de 1.24 (28° B.), une fois emmagasinée dans les grands réservoirs, reste dans des vases métalliques pendant les phases ultérieures du procédé ; et, comme les opérations suivantes se font dès lors sans aucune perte, on arrive à une production qui peut devenir énorme, si l'on met en action de grandes surfaces évaporatoires.

---

(1) Après le refroidissement, les eaux ne retiennent guère plus de 12 ou 15 pour 100 de l'acide sulfurique qui s'y trouvait originairement.

Un mètre cube d'eaux-mères de 28° B., qui, sans perte, correspondrait à 25 mètres cubes d'eau de mer, mais qui, par suite de la perte résultant des infiltrations, correspond à environ 75 mètres cubes d'eau de mer, traité comme il vient d'être dit, peut fournir :

     40 kilogr. de sulfate de soude anhydre.

    120   —   de sel marin raffiné.

    10   —   de chlorure de potassium.

M. Merle a déjà organisé dans la Camargue le matériel nécessaire pour le traitement de 100,000 mètres cubes d'eau de mer concentrée à 28° B. ; et ce n'est qu'une faible fraction de ce qu'il peut faire avec les surfaces dont il dispose. On peut donc espérer que cette exploitation prendra bientôt un développement tel, qu'elle rendra les sels neutres de potasse abordables à beaucoup d'industries qui ne peuvent les employer actuellement.

En résumé, la méthode nouvelle, basée sur la production artificielle du froid, paraît résoudre d'une manière complète et satisfaisante le problème de l'exploitation systématique de l'eau de mer pour l'obtention des composés neutres de soude et de potasse. Elle n'emprunte aux opérations des salinières que la manière d'obtenir l'eau concentrée à 28° B.; le traitement ultérieur de cette eau se continue, sans interruption, dans des vases imperméables, jusqu'au point où il y a séparation des produits. De cette manière, on évite tous les obstacles qui s'opposaient au succès du mode primitif d'opération, dont les résultats constituaient plutôt une espèce de récolte que des produits manufacturés d'une industrie régulière. Le procédé actuel fournit également les divers dérivés salins de l'eau de mer dans un état de grande pureté ; et l'on peut dire qu'il remplace l'exploitation d'une série d'eaux-mères, par le traitement d'un seul liquide, concentré une fois pour toutes.

Une question, cependant, se présente : ce procédé, avec tous les perfectionnements qui y ont été apportés et qui nous paraît si complet, représente-t-il la solution finale du problème à laquelle M. Balard a travaillé depuis si longtemps? En dirigeant son attention vers les dépôts variés et inépuisables de la mer, cet éminent chimiste fut guidé par une idée tout aussi juste que féconde, quoique sa réalisation pratique ait rencontré des difficultés qui, pour un temps, semblèrent presque insurmontables. Il a lutté avec persévérance pendant des années ; et, maintenant encore, il est à la connaissance du rapporteur que M. Balard poursuit l'étude de ce procédé favori ; car, malgré son apparence parfaite, il le croit encore susceptible de recevoir de nouveaux développements.

Le recouvrement du brôme des eaux-mères encore rejetées comme déchet, sera certainement l'un des prochains perfectionnements apportés à cette exploitation. Cette extension du procédé, qui multipliera les applications d'un agent chimique aussi précieux, rehaussera, sous le double rapport de ses services scientifiques et industriels, le titre de M. Balard à notre reconnaissance. Il semble juste, en effet, que le même esprit supérieur qui, il y a trente-six ans, nous révéla l'existence du brôme, vienne en recueillir actuellement les traces infinitésimales répandues dans l'Océan, et nous doter ainsi en abondance d'un élément qu'il a lui-même découvert.

Une difficulté, cependant, est inséparable de ces procédés océaniques, parce qu'elle est inhérente à la nature même des choses et qu'elle doit nécessairement déjouer les efforts du plus grand génie. Cet obstacle tient à l'excès naturel des composés sodiques sur les composés potassiques dans l'eau de mer ; de sorte que, pour obtenir 10 tonnes de chlorure de potassium, il faut produire 160 tonnes de chlorure de sodium et de sulfate de soude. Ce fait, qui pose en réalité des limites à ce qu'on pourrait appeler la fabrication océanique de la potasse, ne peut être changé, et constitue une barrière naturelle qui s'oppose à l'équilibre normal et désiré entre les prix commerciaux de ces deux alcalis, qui sont l'un et l'autre également abondants dans la nature. C'est certainement cette considération qui, dans ces derniers temps, a déterminé tant de chimistes à chercher la potasse des sources minérales qui la contiennent à l'état plus concentré : telles sont, par exemple, les roches potassifères.

Extraction de la potasse des roches alcalifères primitives. — Dans ce chapitre, le rapporteur aura à parler du nouveau procédé exposé par M. F.-O. Ward, pour extraire des roches primitives la potasse à l'état caustique, ou sous forme de combinaison, facilement caustifiable. Ce procédé, imaginé par M. Ward, a été mis en pratique par lui conjointement avec le capitaine Wynants, de Bruxelles.

Avant de donner la description de cette méthode, que M Ward appelle l'*attaque calcifluorique,* et qui paraît devoir réaliser un succès industriel prompt et complet, il sera utile de passer en revue quelques-unes des propositions principales faites précédemment en vue de la réalisation du même but, en indiquant successivement les causes spéciales qui en ont empêché l'exploitation industrielle. Nous observons d'abord, comme caractérisant la plupart de ces méthodes, cette circonstance que, même en cas de succès, elles ne fournissaient (à l'instar des procédés océaniques), que des sels neutres de potasse (tels que, par exemple, le sulfate potassique et le chlorure de potassium), composés d'une valeur très-inférieure à celle des produits potassiques caustiques ou caustifiables (tels que l'hydrate et le carbonate de potasse) extraits au moyen de l'attaque calcifluorique (1). Nous ferons encore remarquer que, dans certains cas où l'on avait cherché à obtenir l'alcali sous ces formes plus précieuses, les moyens proposés pour y arriver présentèrent un caractère d'intensité si excessive qu'on ne pouvait plus les classer dans la catégorie des applications industrielles économiques.

Ce qui le prouve, de prime abord, c'est qu'aucun de ces procédés, quelque intéressant qu'il puisse être, du reste, au point de vue de la théorie, n'a pu être utilisé pratiquement jusqu'à présent, de manière à augmenter sur le marché les approvisionnements de potasse caustique ou carbonatée, et comme conséquence à en faire baisser les prix. Ces derniers, au contraire, ont augmenté et augmentent toujours encore; ce qui autorise certainement la conclusion, qu'on n'a pas encore réussi à faire jaillir des roches alcalifères les sources inépuisables de potasse qu'elles renferment, et que cet alcali s'y trouve toujours encore emprisonné de manière à être hors de la portée de toutes les industries qui en auraient besoin.

Nous verrons tout à l'heure que M. F.-O. Ward a enfin trouvé le secret pour arriver à ces immenses approvisionnements, et qu'il est parvenu à découvrir la clef véritablement économique et pratique pour « pénétrer dans ces forteresses jusqu'à présent imprenables, et « donner à l'industrie les moyens d'utiliser réellement les sources d'alcali qui s'y trouvent « renfermées. » La nature elle-même indique le chemin qui mène à ce résultat; car la potasse qu'on rencontre dans l'argile des terrains ordinaires provient manifestement de la désintégration lente et naturelle subie par les roches feldspathiques, dans le cours des siècles. Aussi, depuis un quart de siècle, le but que se proposaient les chimistes, c'était de découvrir quelque procédé artificiel analogue aux pouvoirs dissolvants de l'air et de l'eau, mais d'un effet plus rapide, pour amener la désintégration de ces roches si réfractaires et mettre en liberté la potasse qu'elles contiennent.

Procédés proposés par MM. Sprengel, Turner, Kuhlmann, Meyer et autres. — Les premières expériences faites vers ce but, dont le rapporteur ait pu retrouver la trace, sont celles de Sprengel (2), qui, en 1830 déjà, prépara de l'alun en soumettant le feldspath à l'action de l'acide sulfurique. A cet effet, on pulvérisait finement le feldspath, et on le mélangeait avec de l'acide sulfurique concentré de manière à réduire le tout en consistance pâteuse; on laissait ensuite les deux substances en contact pendant plusieurs mois. En lixiviant par l'eau, le mélange fournissait une solution d'alun de potasse qui, généralement, était si pur, qu'on était dispensé de la recristallisation.

Plus tard, M. Turner (3) employa un procédé différent pour obtenir l'alun au moyen du

(1) Voir plus haut, pour la différence moyenne entre les prix de la potasse caustique et ceux des sels de potasse.

(2) Sprengel (C.), *Journ. f. œkon. Techn. Chemie*, t. VIII, p. 220.

(3) Turner (W.-G.), brevet n° 9486, 8 octobre 1842; Wagner's, *Chem. Technologie*, 3 aufl. 140.

feldspath. Le minerai, finement divisé, était fondu avec du sulfate neutre de potasse ; il en résultait, d'un côté, du silicate soluble de potasse, et, de l'autre, un silicate double insoluble d'alumine et de potasse, pouvant fournir, sous l'influence de l'acide sulfurique, de l'alun et de la silice. Le silicate soluble de potasse, mis en digestion avec de la chaux, formait du silicate insoluble de chaux, laissant de la potasse en dissolution.

D'après des expériences faites par M. Kuhlmann, on peut aussi employer le chlorure de calcium pour attaquer le feldspath à une température élevée. En traitant par l'eau la masse fondue, elle abandonne des quantités considérables de chlorure de potassium.

On a proposé une variété de procédés analogues pour obtenir la fusion du feldspath en employant des sels neutres comme fondants ; mais ces procédés, de même que ceux de MM. Turner et de Kuhlmann, ont tous échoués, et par les mêmes causes, savoir : l'intensité de la température exigée pour la réaction et la dépense excessive de combustible, ainsi que la destruction rapide des fours, qui en étaient la conséquence.

En suivant la même voie, on a fait un autre essai, qui consiste à mélanger intimement du feldspath pulvérisé et du fluorure de calcium, et à soumettre ce mélange à l'action de l'acide sulfurique, et, ultérieurement, à une chaleur rouge modérée. Deux réactions différentes se succèdent dans ce procédé. En premier lieu, le fluorure de calcium, en présence de la silice et de l'acide sulfurique, produit du fluorure de silicium, qui se dégage à l'état de gaz, et du sulfate de chaux qui reste fixe. En second lieu, le sulfate de chaux transforme en alun l'alumine et la potasse, ainsi mis en liberté. Mais, en calculant le poids du fluorure de calcium et de l'acide sulfurique qui sont nécessaires pour éliminer ainsi à l'état de gaz toute la silice (de 60 à 70 pour 100) contenue dans le feldspath, et en comparant la dépense à la valeur de l'alun obtenu, il est facile d'apercevoir les causes qui rendent cette proposition industriellement impraticable.

En 1857, M. E. Meyer (1) publia une notice intéressante sur le sujet qui nous occupe. Mettant à profit une observation faite par M. de Fuchs, l'inventeur du verre soluble, observation d'après laquelle le feldspath pulvérisé, après avoir été chauffé à blanc avec de la chaux et après avoir été lessivé ultérieurement avec de l'eau, fournit une faible proportion de potasse en solution, M. Meyer propose de fonder sur cette réaction une méthode pour extraire la potasse des roches potassiques. Il constate que la calcination du mélange de chaux et de feldspath, à une température intermédiaire entre le rouge vif et la chaleur blanche, fournit un produit qui, soumis à l'action de l'eau, aidée d'une pression et d'une température (de 7 à 8 atmosphères) énormes, donne naissance à une solution potassique qui, en peu de temps, est suffisamment alcaline pour que la chaux n'y puisse plus rester en dissolution. Il affirme que des quantités d'alcali, variant entre 9 et 11 pour 100, furent ainsi extraites d'un feldspath contenant 13.6 pour 100 de potasse et 0.36 pour 100 de soude ; mais il n'en indique pas le prix de revient. M. Meyer recommande de prendre les matières premières dans les proportions suivantes : 14 à 19 équivalents de chaux pour l'équivalent de feldspath (ou 139 à 188 parties de chaux pour 100 parties de feldspath), cet excès de chaux étant nécessaire parce que, dans ce cas, l'alumine du feldspath joue le rôle d'acide. Dans son expérience, M. Meyer employa la chaux à l'état d'hydrate ou de carbonate, et l'alcali éliminé pouvait également être obtenu à l'état d'hydrate, à moins d'être carbonaté par l'atmosphère du four. La potasse, extraite ainsi du feldspath dans le laboratoire de M. Meyer, était, dit-il, très-pure, plus pure certainement que la potasse tirée d'une source végétale quelconque. Pour les roches contenant un mélange de potasse et de soude, on ferait évidemment évaporer les eaux jusqu'à ce que, à un certain degré de concentration, le carbonate de soude, moins soluble, se précipite en laissant le carbonate de potasse en solution. Ce dernier serait ensuite obtenu par l'évaporation à siccité et la calcination du produit. M. Meyer propose d'utiliser

(1) Meyer (E.), *Dingler's Pol. J.*, t. CXLIII, p. 274 ; *Wagner's Iahresber*, 1857, p. 124.

pour la fabrication du ciment de Portland la portion insoluble du produit de la réaction. L'intensité de la chaleur (approchant du blanc), nécessaire pour effectuer ainsi la décomposition du feldspath au moyen de la chaux, oppose au succès industriel de ce procédé une barrière analogue à celle qui a rendu impraticables tous les autres procédés par voie sèche, proposés antérieurement dans le même but. La nécessité de lessiver 288 tonnes de produit calciné, à une pression de 7 à 8 atmosphères, afin d'obtenir seulement 9 à 11 tonnes de potasse, constitue un autre obstacle pratique qui s'oppose de la manière la plus formidable à la réalisation de ce procédé. Il paraît, en effet, qu'on n'a pas encore tenté d'exploiter ce procédé industriellement.

Attaque calcifluorique. — La question de l'extraction de la potasse des roches feldspathiques restait donc pendante dans un état fort peu satisfaisant, quand M. F.-O. Ward reprit le problème auquel on s'était attaqué si souvent sans arriver à une solution pratique. C'est au commencement de l'année 1857 qu'il imagina le nouveau mode de traitement auquel nous avons fait allusion plus haut sous la dénomination d'*attaque calcifluorique*, et depuis cette époque il s'occupe, de concert avec le capitaine Wynants, à réaliser ce plan sur une échelle industrielle (1).

L'attaque calcifluorique ressemble, sous plusieurs rapports, à certains des procédés essayés antérieurement sans succès (à celui de Meyer, par exemple), notamment dans l'emploi de la chaux ou de son carbonate pour déplacer la base alcaline de la roche feldspathique en traitement. Elle présente encore de l'analogie avec quelques-unes des méthodes (telles que celles de MM. Turner et Kuhlmann) par l'emploi d'un auxiliaire salin permettant de modérer la chaleur exigée, qui, sans cette addition, serait trop intense et trop destructive pour les fours; mais elle diffère de toutes les méthodes précédentes par la nature de l'auxiliaire employé, — par son activité supérieure, soit comme modérateur de la température, soit comme agent de décomposition, et, par-dessus tout, par sa susceptibilité *d'être complétement séparé des métaux alcalins, au moyen de la chaux et de l'acide carbonique employés par voie humide*, — circonstance essentiellement nécessaire pour la mise en liberté de la potasse à l'état *caustique* ou *carbonaté*, conditions qui lui donnent la valeur de beaucoup la plus considérable.

M. F.-O. Ward annonce sa découverte dans les termes suivants (2) :

« Toutes les fois, dit-il, que la température nécessaire à la décomposition, par voie sèche, des roches alcalifères, au moyen de la chaux, a été abaissée par l'addition d'auxiliaires salins, ceux-ci contenaient toujours quelque acide puissant, de nature à saisir l'alcali au fur et à mesure qu'il échappait à l'acide silicique de la roche, et à l'emprisonner de nouveau dans une combinaison neutre que l'acide carbonique ne pouvait pas décomposer, et que la chaux employée par voie humide ne pouvait rendre caustique.

« La potasse ainsi neutralisée se trouve précisément dans les mêmes conditions que la soude dans le sel marin ; de sorte que ces essais, si même ils étaient couronnés de succès, n'amèneraient la potasse sur sa voie vers la libération parfaite que jusqu'au point d'où le procédé Leblanc prend son départ.

« En outre, les auxiliaires salins employés jusqu'à présent sont comparativement trop peu énergiques pour permettre de réduire notablement la chaleur intense, nécessaire pour la décomposition des roches alcalifères cristallines au moyen de la chaux par voie sèche. Si même d'autres objections ne s'élevaient pas contre l'utilisation de pareils auxiliaires, leur emploi

---

(1) Ward (F.-O.) et Wynants (F.), brevet n° 3185, 30 décembre 1857; *Rep. of Pat. Invent.*, septembre 1858, p. 219.

(2) *Mémoire sur un nouveau procédé proposé par F.-O. Ward, et mis en œuvre par lui de concert avec le capitaine Wynants pour l'extraction de la potasse des roches primitives.* Londres, 1862. Les passages cités sont extraits en partie de ce mémoire, présenté au jury par M. Ward, et en partie d'autres documents qu'il met à la disposition du rapporteur.

laisserait toujours cette partie du traitement beaucoup trop intense et trop prolongée pour être économiquement applicable dans la pratique.

« Il faut donc chercher un agent qui, physiquement et chimiquement, soit plus puissant que les sels qu'on a employés jusqu'à ce jour, si nous voulons réellement nous rendre maîtres des dépôts alcalins renfermés dans les roches potassiques ; et si ce nouvel auxiliaire doit être sérieusement utilisable en pratique, il faut qu'il soit d'un prix très-bas, et que, surtout, il ne contienne aucun principe neutralisant qui ne puisse être éliminé plus tard de la potasse au moyen de la chaux par voie humide.

« Pendant bien des années, je m'étais occupé, par intervalles, du problème ainsi posé, sans avoir pu le résoudre, quand subitement, il y a cinq ou six ans, il me vint l'idée que le *fluor* pourrait être un agent convenable pour atteindre le but désiré.

« Je pensais que le fluor, doué d'affinités si énergiques, qu'on l'employât d'ailleurs par voie sèche ou par voie humide, devait contribuer puissamment à vaincre la cohésion moléculaire si opiniâtre des roches potassiques à structure cristalline très-compacte. Je m'imaginais encore que la volatilité (aux températures de four) des combinaisons du fluor avec les métaux alcalins contribuerait, concurremment avec la fixité (aux mêmes températures) des silicates et des aluminates terreux, à former un ensemble de conditions physiques très-favorables à la réaction que j'avais à réaliser par l'action de la chaleur; tandis qu'en vue de l'attaque ultérieure par voie humide, *l'heureuse susceptibilité du fluor d'être séparé de ses combinaisons avec les métaux alcalins, au moyen de la chaux, sous l'influence de l'eau*, complétait, à mes yeux, l'aptitude presque *spécifique* de cet agent pour atteindre le but proposé. Le bon marché et l'abondance du fluor, qui forment en effet presque la moitié du poids du spath-fluor ordinaire et plus de la moitié du poids de la cryolithe (dont on peut facilement le séparer au moyen de la chaux à l'état de fluorure calcique), étaient, en outre, autant de raisons pour en recommander l'application.

« Je résolus, en conséquence, d'essayer l'emploi de cette substance pour attaquer les roches naturelles alcalifères, et je communiquai mon idée à mon ami et compagnon de travail, le capitaine Wynants. Il approuva ma manière de voir, et nous projetâmes ensemble une première série d'expériences pour la vérifier tant par voie humide que par voie sèche.

« Je dois rappeler que, déjà souvent, nous avions discuté ce sujet et que nous avions résolu d'y travailler en commun; depuis quelques mois, nous avions essayé de décomposer le feldspath potassique d'après une variété de méthodes, tant par voie humide que par voie sèche, dont la plupart nous paraissaient nouvelles à cette époque. Nous découvrîmes seulement plus tard que presque toutes avaient été déjà essayées précédemment par d'autres expérimentateurs, dont les efforts n'avaient pas été couronnés par plus de succès (au point de vue des applications pratiques) que les nôtres.

« Sans insister sur ces résultats négatifs, il me sera peut-être permis de remarquer, en passant, qu'un des premiers procédés essayés et abandonnés par nous consistait à opérer la décomposition du feldspath pulvérisé par la chaux, au rouge blanc, et à extraire l'alcali de la matière frittée, par lixiviation par l'eau, sous une forte pression; nous reconnûmes que la valeur de l'alcali ainsi obtenu (formant une partie seulement de celui contenu dans le feldspath) ne pourrait jamais approcher seulement des frais de combustible et de main-d'œuvre, d'usure de fours et de marmites de Papin, nécessités et occasionnés par ce mode d'extraction. Cependant, quelques mois plus tard, un chimiste allemand, le docteur Meyer, proposa de son côté une méthode presque identique à la nôtre, en la déclarant susceptible d'être utilisée industriellement; mais les résultats auxquels il arriva ne firent que nous confirmer dans l'opinion que ce plan était impraticable.

« Je mentionnerai encore une autre méthode, de prime abord paraissant la plus avantageuse de toutes celles que nous avions essayées dans le but d'abaisser la température nécessaire pour effectuer dans les fours la décomposition du feldspath par la chaux : c'est l'emploi des carbonates (ou hydrates) alcalins comme fondants, et particulièrement l'emploi du produit alcalin, provenant d'une première charge de feldspath, comme fondant, pour l'opération suivante. Nous pensions que l'alcali, ainsi reporté comme fondant dans le four, pourrait être recueilli, au moyen de la lixiviation de la substance frittée, en même temps que l'alcali nouveau qu'il aurait contribué à éliminer de la roche. De ce double produit ainsi obtenu à chaque opération, une moitié eût été reportée dans le four, comme fondant, pour la charge suivante, et l'autre moitié eût été le produit vendable. Il y avait quelque chose de séduisant dans l'idée de dériver ainsi du minerai réfractaire lui-même les moyens d'opérer sa propre réduction. Malheureusement l'expérience prouva que les fondants alcalins, employés même en proportion très-considérable, étaient tout à fait inefficaces pour éliminer, à une température modérée, plus qu'une faible fraction de la potasse contenue dans le feldspath, et cette fraction même ne pouvait être retirée qu'au prix d'une dépense qui devait former un obstacle invincible à l'exploitation pratique de ce procédé.

« Des considérations analogues nous décidèrent à renoncer successivement à plusieurs procédés, qui, parmi les moyens d'attaque, comprenaient l'emploi de la digestion avec l'eau à haute pression, et à abandonner également plusieurs autres méthodes basées sur l'emploi de douces actions désagrégeantes, continuées pendant des temps prolongés.

« Nous commencions déjà à douter de la possibilité de résoudre le problème, quand l'idée d'essayer le fluor, m'arrivant heureusement en temps opportun, mit un terme aux principales difficultés qui s'opposaient à notre plan.

« La toute première expérience que nous fîmes avec cet agent puissant nous prouva combien il pourrait rendre de services, puisque son emploi nous permit d'éliminer du feldspath, à la température seulement d'un feu de cheminée domestique ordinaire, une quantité considérable (non exactement mesurée en ce cas) de potasse caustique.

« Il ne nous restait plus qu'à déterminer les proportions de base terreuse et de fluor, ainsi que celles du temps et de la température, etc., qui, réunies, devaient constituer l'ensemble des conditions [exigées pour l'extraction *de la totalité* de l'alcali d'un échantillon donné de roche potassique.

« Nous fîmes encore en commun plusieurs expériences en suivant cette direction ; ensuite des circonstances particulières nous obligèrent de travailler séparément pendant quelque temps, et pendant cette période le capitaine Wynants fit une longue série d'expériences destinées à trouver la solution finale du problème. Certaines causes, alors obscures, mais aujourd'hui clairement comprises, déjouèrent tous les efforts qu'il tenta pour réaliser ce but. Je profitai donc avec reconnaissance, pendant l'hiver de 1860 et le printemps de 1861, de l'offre que me fit mon ami M. Esselens (de Bruxelles), de disposer de son laboratoire, admirablement organisé, pour faire, à mon tour, une série d'expériences dans lesquelles la manipulation habile de M. Esselens me vint fréquemment en aide. Ces expériences aussi restèrent stériles pendant quelque temps, et, comme dans les essais faits par le capitaine Wynants, le rendement en alcali restait considérablement au-dessous de la quantité totale qu'on aurait dû obtenir. Mais enfin, le 22 janvier 1861, un succès complet couronna mes efforts ce jour-là. Pour la première fois, *la totalité* de l'alcali (13.68 pour 100) contenu dans un échantillon de feldspath ordinaire s'en sépara, au moyen du fluor, à l'état caustique, sans d'autre impureté qu'un peu de silice et d'alumine en dissolution.

« Ce résultat fut obtenu, d'abord, en réglant avec plus de soin la température de l'opération (qui, si elle est trop élevée, provoque la volatilisation d'une partie de l'alcali et emprisonne l'autre dans la masse semi-vitrifiée) ; ensuite, en préservant les substances contre les courants d'air (dont j'avais déjà trouvé l'effet nuisible, qu'ils fussent froids ou chauds : dans le premier cas, à cause de leur influence réfrigérante ; dans le second, parce qu'ils favorisaient la volatilisation) ; et enfin, en mieux réglant, eu égard aux conditions de temps et de température, la proportion de base terreuse à introduire dans le mélange.

« Grâce à la lumière nouvelle ainsi répandue sur la question, et aux nouvelles données obtenues par des répétitions ultérieures de l'expérience en séries consécutives, où les pr

tions des matières étaient variées par gradations, je parvins bientôt à découvrir la loi générale du nouveau procédé, et je fus ainsi en état de déterminer à l'avance les proportions
nécessaires pour opérer sur un feldspath, ou autre silicate alcalifère naturel, d'une composition donnée quelconque.

« Je passe maintenant à la description du procédé; quoiqu'on ait mis bien du temps à le
découvrir, il est cependant d'une extrême simplicité et peut être exposé en très-peu de
mots.

« Le feldspath, ou tout autre silicate alcalifère naturel qu'on se propose de traiter, est pulvérisé jusqu'à ce qu'il soit réduit à la finesse du ciment ordinaire de Portland, et mélangé
ensuite avec une proportion convenable (qui est indiquée plus loin) de spath-fluor, ou d'un
autre fluorure, également réduit en poudre fine. On incorpore dans ce mélange une certaine quantité de craie, ou, de préférence, d'un mélange de craie et de chaux hydratée.
L'introduction d'une partie de la base terreuse sous forme de craie est avantageuse pour
deux raisons : en premier lieu, elle rend la matière frittée poreuse (et par conséquent facile
à lixivier) par suite du dégagement d'acide carbonique pendant la calcination; en second
lieu, elle favorise, par sa fusibilité, le contact des molécules entre lesquelles la réaction doit
s'effectuer. L'hydrate de chaux, sans la craie, met en liberté beaucoup moins d'alcali que ne
le fait la craie sans hydrate de chaux, et la chaux vive, employée seule, en élimine à peine
des traces; mais quand on emploie un mélange de chaux et de craie humecté avec de l'eau,
il se forme peu à peu un carbonate hydraté basique, qui se solidifie ou *se concrète* comme du
mortier, ce qui permet de façonner les matières à traiter en boules ou en briques qu'on soumet ensuite à la calcination. On chauffe le mélange ainsi préparé à la température rouge jaunâtre (assez forte pour ramollir l'argent, mais sans le faire fondre) (1), jusqu'à ce que les
ingrédients dont il se compose s'agglomèrent en une substance frittée poreuse. Le temps
nécessaire pour produire cet effet varie de une à plusieurs heures, selon la masse de la charge
à pénétrer par la chaleur et le caractère plus ou moins réfractaire du feldspath; ce dernier
varie souvent, même dans les différentes parties d'un même dépôt ou d'une même veine,
augmentant, ordinairement, avec la densité de la roche. La substance frittée et poreuse est
épuisée à l'eau bouillante, ou lixiviée méthodiquement avec de l'eau chaude, qui dissout rapidement la totalité de l'alcali préexistant dans le feldspath. La lessive alcaline ainsi obtenue
est plus ou moins carbonatée, et retient en dissolution une certaine proportion de silice, ou
d'alumine, ou des deux réunis; mais elle ne contient aucune substance étrangère qu'on ne
puisse facilement séparer, en ajoutant de la chaux à la solution ; de cette manière, on peut
obtenir de la potasse de la plus grande pureté, soit caustique, soit carbonatée, en employant
les moyens ordinaires. La substance frittée et épuisée contient évidemment la silice et l'alumine du feldspath, ainsi que la chaux et la magnésie, ou toute autre base terreuse qui aurait
pu entrer dans sa composition, ainsi que la totalité de la base terreuse ajoutée. Ce résidu n'est
pas un déchet comme celui du procédé de la soude; on peut l'employer utilement, et, pour
cette raison, il est soumis à un traitement qui sera expliqué tout à l'heure. »

(1) Il résulte d'une série d'expériences faites par M. Ward, depuis la rédaction du rapport anglais, que la
température indiquée dans le texte ci-dessus peut être abaissée de beaucoup, sans diminuer le rendement du
feldspath en alcali. Des résultats excellents ont été obtenus, par exemple, en frittant (avec certaines précautions constamment requises) des quantités industrielles du mélange (des masses pesant plusieurs quintaux, par exemple) dans les fours employés pour déshydrater le gypse, dans les cornues à gaz ordinaires, et
même dans les fours à travail continu où se cuit le ciment romain. Dans chaque expérience, on s'en est tenu
à la température usuelle du four. On est parvenu ainsi à fritter parfaitement le mélange avec 60 pour 100
moins de combustible que n'en demande le carbonate de chaux pour être converti en chaux vive. Pour ce
qui concerne l'abaissement de la température dans ce procédé, l'influence du fluor, comme fondant, ne laisse
rien à désirer.

Ayant assisté récemment (en décembre 1863) à plusieurs de ces essais faits sur une échelle industrielle, le
rapporteur saisit avec plaisir cette occasion d'en constater la réussite.   A.-W. H.

Pour ce qui concerne le dosage des substances constituant le mélange, et en premier lieu celui de la chaux, M. F.-O. Ward continue en disant que « le minimum théorique de la base terreuse doit être augmenté dans la pratique, par suite de l'impossibilité d'effectuer un mélange assez parfait des matières pour assurer le contact entre *toutes* les molécules des substances attaquées et attaquantes. En calcinant, à des températures réglées et pendant un temps déterminé, des mélanges faits avec la matière terreuse ajoutée en excès, et (en tout ou en partie) sous forme de craie; en tenant compte, d'un côté, de la perte de poids et de la quantité de chaux caustique correspondante mise en liberté dans les différents essais, et, d'un autre côté, de la proportion d'alcali extraite des substances frittées respectives, j'ai été amené à conclure que la quantité normale de chaux libre doit être suffisante pour transformer, dans la roche particulière qu'on traite, la silice en silicate bicalcique et l'alumine en aluminate sesquicalcique (1). En effet, dans des expériences de laboratoire, faites dans un creuset en platine, en réglant avec le plus grand soin les conditions de temps, de température, etc., j'ai réussi à extraire la totalité de l'alcali en employant une moindre proportion de chaux, c'est-à-dire en ne prenant que la quantité absolument nécessaire pour produire un silicate bicalcique avec la silice qui s'y trouve. Mais l'alcali extrait par l'ébullition d'une substance frittée ainsi composée contient une proportion démesurément forte d'alumine en solution. En effet, en séchant et en pesant, après lixiviation, la matière frittée épuisée, j'ai trouvé que sa perte de poids était à peu près égale (avec un faible surplus) au poids réuni de l'alcali et de l'alumine du feldspath en traitement. Par conséquent, si l'on se proposait d'obtenir des aluminates alcalins, l'addition de chaux vive, ou plutôt son développement au sein du mélange par l'élimination de l'acide carbonique de la craie employée, pourrait convenablement être restreinte à la proportion nécessaire pour former, avec la silice de la roche, un silicate bicalcique. Mais, dans les conditions ordinaires, les proportions de chaux indiquées, c'est-à-dire 2 équivalents pour la silice et 1 1/2 équivalents pour l'alumine, constituent, à mes yeux, la quantité normale de chaux active à fournir. Et même, je recommande à ceux qui voudraient exploiter ce procédé industriellement d'ajouter 1/9 ou 1/10 de chaux en plus, parce qu'un léger excès de craie ne forme pas d'obstacle à l'opération et n'augmente pas (sensiblement) la dépense, tandis qu'un *manque* de chaux est un mal dont il ne faut courir la chance à aucun prix. Ces proportions, pour de l'orthose pure, représentée (d'après les nouvelles formules) par $K^2 O$, $3 SiO^2$, $Al^4 O^3$, $3 SiO^2$ (2), et ayant, par conséquent, pour équivalent 568.92, soit en chiffres ronds 569, correspondent à 13 1/2 équiv. $= 1350$ parties de craie ($Ca^2 CO^3$ étant égal à 100), ou, avec l'addition de 1/9 en plus, 15 équiv. $= 1500$ parties. »

Quant à la proportion de spath-fluor exigée, M. F.-O. Ward pose cette simple règle générale : « L'addition de fluor doit être proportionnée, équivalent pour équivalent, à la quantité d'alcali existant dans la roche. »

(1) L'acide carbonique retenu par les alcalis doit diminuer *pro tanto* la perte de poids qu'éprouve la substance frittée par suite du dégagement de l'acide carbonique de la craie; et, en faisant des calculs exacts, il faut évidemment tenir compte de cette circonstance, en estimant, d'après la perte de poids, la quantité de chaux libérée, à l'état caustique, dans la masse. Mais, comparativement à la quantité totale de chaux vive développée dans le mélange, celle dont la présence est ainsi masquée par la réabsorption de son acide carbonique est si minime, qu'on peut très-bien ne pas en tenir compte dans les opérations industrielles.

(2) « Cette formule représente de l'orthose typique, conformément à l'ancienne manière de voir concernant sa composition purement potassique. Des analyses récentes ont démontré que, même dans les échantillons d'orthose les plus purs, la soude remplace toujours plus ou moins de potasse; tandis que le contraire a lieu pour les plus purs échantillons d'albite où plus ou moins de soude est remplacée par de la potasse. Quelquefois ces remplacements ne peuvent être évalués que par des nombres fractionnaires; mais, d'autres fois, ils s'élèvent à la moitié de la totalité de l'alcali existant; car on rencontre souvent et de l'orthose et de l'albite renfermant des proportions égales de soude et de potasse. » (Voyez, sur ce sujet, Bischoff's, *Chem. and Phys. Geology*, eng. edition, vol. II, p. 158, *et seq.*).

Il fonde cette recommandation sur les résultats obtenus en calcinant simultanément à une température très-douce des séries de mélanges identiques, quant à leur contenu en feldspath et en craie, et sous tous les autres rapports, et c'est justement celui de leurs proportions respectives de spath-fluor, qui altèrent, en augmentant par degrés.

Ces expériences semblèrent prouver que, dans chaque cas, le fluor est capable de libérer au moins son équivalent d'alcali ; en d'autres termes, que 19 parties de fluor peuvent libérer au moins 47 de potasse, ou 31 de soude.

M. Ward s'exprime à cet égard en ces termes : « A la température basse, à laquelle j'opé-rais, cette proportionnalité sembla se maintenir entre des limites très-distantes l'une de 'autre ; la proportion de spath-fluor ayant été augmentée graduellement à 12 reprises consé-cutives de 0 jusqu'à 21.25 pour 100 de poids du feldspath, le résultat des essais constata une progression correspondante du rendement en alcali, toutes autres choses égales, d'ailleurs, de 0 jusqu'à 13.68 pour 100, c'est-à-dire jusqu'à la quantité totale d'alcali renfermée dans le feldspath.

« Les quantités intermédiaires d'alcali, mises en liberté entre ces deux extrêmes, 0 et 13.68 pour 100, correspondirent à 2.76, 5.12, 6.58 et 8.48 pour 100, correspondant à peu de chose près aux équivalents chimiques des doses progressivement croissantes de spath-fluor.

« En opérant à des températures plus élevées que celles déjà mentionnées, la craie seule, sans l'aide d'aucun fondant, acquiert le pouvoir de réagir sur le feldspath, de manière à libérer plus ou moins de son alcali. En répétant, à de pareilles températures, les premiers termes de la série d'expériences successives mentionnées plus haut, j'ai réussi à mettre en liberté des quantités d'alcali beaucoup plus qu'équivalentes à celles du fluor employé dans les cas respectifs. Ces résultats ne sauraient cependant, en aucun cas, justifier l'emploi d'une température plus élevée, dans le but d'économiser du spath fluor ; toute économie de ma-tière première réalisée de cette manière serait fortement contre-balancée par les désavan-tages qui résulteraient d'une augmentation de chaleur. Au point de vue de la théorie, il faut néanmoins tenir compte 1° de l'effet chimique que la craie seule, à des températures élevées, exerce sur le feldspath ; et 2° de l'influence proportionnée du fluorure calcique à de basses températures, si l'on veut apprécier les influences réunies, physiques et chimiques, au moyen desquelles s'effectue la réaction, en employant conjointement ces deux substances.

« Cependant, pour ce qui concerne la craie, en tant que ce carbonate est plus fusible que l'hydrate calcique, son action est évidemment physique en même temps que chimique. Mais c'est surtout au fluorure calcique que la partie physique de la réaction est due. Par sa puis-sante propriété fondante, ce minéral doit augmenter la mobilité des éléments de la craie et du feldspath, de manière à provoquer entre les molécules attaquées et attaquantes un con-tact plus rapide, sur des points plus nombreux, et à de moindres degrés de chaleur. Les affi-nités puissantes qu'on fait réagir ainsi, d'un côté entre l'acide silicique du feldspath et la chaux de la craie, et d'un autre côté entre les alcalis et l'acide carbonique libérés simulta-nément, devraient, en effet, suffire amplement pour expliquer chimiquement les résultats obtenus, s'il ne fallait tenir compte de la proportionnalité remarquable mentionnée plus haut, qu'on observe dans l'action du fluorure calcique. A moins que ce fait ne soit une simple coïncidence, il indique que l'action du fluor, dans ce procédé, est chimique en même temps que physique ; et il pourrait encore faire supposer la possibilité d'une réaction directe entre le fluor et les métaux alcalins. Je m'occupe, en ce moment, de quelques expériences desti-nées à confirmer ou à réfuter cette opinion ; et, particulièrement, à déterminer l'influence que peuvent exercer la température et la durée de l'opération pour modifier cette propor-tionnalité (1). L'obscurité qui règne encore généralement sur toutes les opérations par voie

(1) Depuis la rédaction de ce chapitre, quelques-unes de ces expériences ont été terminées, et leurs résul-

ignée, en n'exceptant pas même le procédé de la soude de Leblanc, s'étend également à cette question; je pense, cependant, qu'on pourrait alléguer plusieurs raisons en faveur de la justesse de ma manière de voir. »

Après quelques autres remarques sur le caractère de la réaction qui se développe dans les phases ignée et aqueuse du traitement, M. F.-O. Ward fait observer, relativement au résidu lessivé de la substance frittée, que, « d'après sa composition, déjà indiquée précédemment, on pourra facilement juger de ses applications, et du traitement nécessaire à leur développement. Il est évident qu'en soumettant ce résidu à la recalcination, il se dégagera de l'acide carbonique, et il offrira alors, dans ses traits principaux, la composition d'*un ciment hydraulique*.

« On sait parfaitement qu'un ciment hydraulique est un mélange de silice (soluble et insoluble), avec de l'alumine et une ou plusieurs bases terreuses, coexistant dans les proportions nécessaires pour former un silicate ou silico-aluminate terreux, dont la composition est *au moins* bibasique, et souvent tribasique. Même les traces d'alcali, que la lixivation n'aura pas extraites de la matière frittée, auront encore leur utilité; la présence de pareilles traces dans chaque ciment hydraulique est *essentielle* pour faciliter la dissolution de la silice et de l'alumine dans l'eau qui sert à délayer le ciment au moment de l'employer, et pour favoriser ainsi leur combinaison avec la chaux.

« Le résidu fourni par ce nouveau procédé, après avoir été recalciné et pulvérisé, devrait donc former un véritable ciment romain ; et il en serait ainsi sans la présence du fluor, qui, comme je l'ai constaté à mon grand regret, altère les propriétés cimentantes de ce résidu. Des ciments romains et de Portland, soumis à la recalcination avec addition d'un peu de spath-fluor pulvérisé, présentaient des altérations analogues lorsqu'on les comparait à des portions des mêmes ciments recalcinés seuls. J'essayerai de remédier à ce désavantage en expulsant le fluor; et pour réaliser économiquement cette expulsion, je me propose d'essayer la calcination de la matière frittée et lessivée dans une atmosphère ou dans un courant de vapeur, de manière à entraîner le fluor à l'état d'acide hydrofluorique ou plutôt hydrofluosilicique. En attendant, bien qu'il ne soit pas un ciment hydraulique parfait, ce produit présente cependant les caractères d'un ciment de second ordre, pouvant servir avec avantage dans beaucoup de constructions usuelles. On peut encore l'utiliser comme substance à introduire dans les mélanges servant à la fabrication de pierres artificielles, ou de briques d'une dureté égale à celle de la pierre. Il ne sera, par conséquent, nullement nécessaire d'accumuler autour des fabriques des monceaux de ce résidu, comme cela a lieu pour les déchets du procédé de la soude.

« J'espère pouvoir me livrer, d'ici à peu de temps, à une série d'expériences complémentaires, en vue de l'utilisation du résidu. Mais, dans tous les cas, je crois pouvoir affirmer que le problème le plus important, — celui de l'extraction de la potasse du feldspath, — est déjà complétement résolu. Comme procédé de laboratoire, il est évidemment complet, parce qu'il accomplit, à une basse température, l'extraction de *la totalité* de l'alcali, et, sous ce rapport, il est impossible de le perfectionner. En opérant sur des quantités plusgrandes (par exemple, sur la charge d'une cornue à gaz ordinaire), on a extrait du feldspath potassique environ les neuf dixièmes de tout l'alcali qu'il renfermait; et à la fin de quelques essais, à présent en progrès, pour déterminer la forme la plus économique et la meilleure des fourneaux ou fours à calciner de grandes quantités du mélange dans les conditions nécessaires d'uniformité et d'exactitude, on commencera la construction d'une usine pour l'exploitation en grand de ce procédé.

« Pour tous les travaux concernant la réalisation de ce procédé, mon ami le capitaine

tats communiqués au rapporteur, pour qu'il puisse encore les insérer dans ce rapport. Mais l'espace ne le permet pas ; et le rapporteur doit se contenter de mentionner que ces expériences paraissent justifier, entre autres choses, une réduction dans la quantité de fluor à ajouter aux mélanges.

Wynants et moi, nous nous sommes associés à termes égaux dès l'origine. Tout ce qui vient d'être dit à ce sujet doit donc être considéré comme émanant aussi bien de lui (sauf les réserves convenables) que de moi. »

C'est avec le plus vif intérêt que le jury a examiné la communication de M. F.-O. Ward, concernant ce procédé remarquable, et il a exprimé, en même temps, son vif désir de le voir bientôt soumis à l'épreuve de l'exploitation industrielle. Si le jury n'a pu exprimer officiellement la valeur qu'il attache à ce procédé, en l'honorant d'une médaille (comme cela a eu lieu pour une autre invention chimique qui lui a été soumise par le même exposant) (1), la raison en est que l'exposant a omis d'ajouter à sa description du procédé les preuves constatant qu'on avait essayé de l'exploiter industriellement, et que cet essai avait été couronné de succès. Depuis que le jury s'est séparé, le rapporteur a appris que M. F.-O. Ward et son associé ont opéré sur des charges de 240 livres, et ont obtenu les sept huitièmes de l'alcali contenu dans le feldspath en traitement.

Tout en relatant et approuvant la décision du jury, qui ne pouvait apprécier alors que les faits qui lui étaient soumis, le rapporteur s'empresse cependant d'exprimer la haute opinion qu'il a conçue personnellement de la valeur et de l'importance de ce nouveau procédé, et sa conviction que l'*attaque calcifluorique* constituera la solution véritable et définitive du grand problème de la production économique de la potasse.

En effet, cette croyance peut seule justifier le développement, sans cela disproportionné, qui a été donné à la notice précédente. Si le résultat devait répondre à cette espérance, — si M. F.-O. Ward, de concert avec son ami, devait accomplir dans la fabrication de la potasse la même splendide révolution (c'est-à-dire la substitution des sources minérales aux sources végétales pour l'extraction de l'alcali caustique ou carbonaté) qui fut réalisée par l'illustre Leblanc dans l'industrie similaire de la soude, — ils ajouteraient une page nouvelle et mémorable à l'histoire de la chimie industrielle, et acquerraient des droits aux honneurs les plus grands et les plus durables.

APPENDICE.

NOTE DE M. KUHLMANN SUR LA COMPOSITION DES RÉSIDUS LIQUIDES DE BETTERAVES, ET SUR LA MANIÈRE D'EN RECOUVRER LA POTASSE ET LES AUTRES PRODUITS SALINS (2).

Composition du salin brut de betterave. — La mélasse qui forme le résidu des raffineries de sucre de betteraves est soumise à la fermentation, afin de convertir son sucre en alcool, qu'on recueille ensuite au moyen de la distillation. On obtient le salin brut de betterave avec les vinasses laissées dans l'alambic.

Pour faciliter la fermentation de la mélasse, on corrige sa réaction alcaline par l'addition de 0 5 à 1.5 pour 100 d'acide minéral. Autrefois on employait pour cela l'acide sulfurique; mais récemment, sur la recommandation de M. Wurtz (rapport de M. A. Wurtz aux comités réunis d'hygiène publique et des arts et manufactures, dans le département *du Nord*, France), on lui a substitué l'acide chlorhydrique, afin d'empêcher la formation de sulfures par réduction des sulfates sous l'influence de la décomposition des matières organiques.

Le nouveau mode d'acidulation qui substitue des chlorures aux sulfates dans les vinasses de betteraves, en a rendu le traitement plus difficile pour le recouvrement et la séparation des sels qu'elles contiennent; les chlorures, quoique d'une valeur plus grande, étant beaucoup plus difficiles à éliminer que les sulfates.

----

(1) Voyez le chapitre : *Nouveau procédé pour séparer les substances animales des substances végétales*, etc.

(2) Cette note, telle que nous la reproduisons ici, est un extrait détaillé plutôt qu'une traduction littérale du mémoire original de M. Kuhlmann. Aux précieux renseignements fournis par M. Kuhlmann, le rapporteur a ajouté quelques observations puisées à d'autres sources; on a distingué ces intercalations en les mettant entre parenthèses [ ].

La mélasse contient 10 ou 12 pour 100 de son poids de sels, dont 49 à 60 pour 100 sont à base d'alcalis.

Les *vinasses*, ou liqueurs restantes de la fermentation et de la distillation de la mélasse, sont neutralisées par la chaux, évaporées jusqu'à consistance syrupeuse, et calcinées dans un four à réverbère en agitant constamment.

Le four à calciner de M. Kuhlmann est divisé en deux compartiments : l'un, plus éloigné du feu, sert à la concentration des vinasses; l'autre, plus rapproché du foyer, sert à compléter l'incinération de la liqueur épaissie; celle-ci s'enflamme avant d'être entièrement desséchée, et se convertit en une masse charbonneuse.

Ce charbon, s'il est trop brûlé, contient des sulfures qui résultent de la désoxydation des sulfates; si l'incinération est mal faite, il devient dur, et les principes salins qu'il contient sont partiellement fondus, de sorte qu'il faut le broyer afin de pouvoir séparer ses principes solubles au moyen de la lixiviation. Ce cas se présente dans beaucoup d'usines.

Incinéré à point, ce charbon est léger, poreux, d'une nuance grise-noire, presque exempt de sulfures. En le concassant, on remarque dans l'intérieur des fragments de petits cristaux salins brillants.

Il arrive souvent qu'on retire du four la cornue à charbon, pour permettre à la combustion de continuer spontanément à l'air libre; de cette manière, une grande partie de la matière charbonneuse peut encore être brûlée.

On passe ensuite à la lixiviation de la masse carbonisée, et si l'incinération a été bien faite, la solution obtenue est, après filtration, presque incolore. Du charbon imparfaitement brûlé fournit, au contraire, une liqueur chargée d'une matière colorante d'un brun foncé, qui peut être séparée par les acides à l'état de précipité floconneux, et qui se compose sans doute des acides bruns, ulmiques et humiques, maintenus en solution par la liqueur alcaline.

La potasse des *vinasses* y existe principalement à l'état de nitrate; et ces liqueurs contiennent en outre du nitrate ammonique.

Les vinasses sont si riches en salpêtre, que souvent des cristaux de ce sel s'y déposent spontanément pendant la saison d'hiver. M. Kuhlmann a même observé que de la mélasse de betteraves, conservée dans une citerne en pierre, pouvait subir la combustion spontanée, et se convertir en une masse charbonnée et spongieuse.

La matière carbonisée, retirée du four à incinération, constitue une potasse brute, renfermant 10 à 25 pour 100 de matière insoluble (principalement de la craie, du charbon et du phosphate de chaux basique), et de 3 à 4 jusqu'à 10 pour 100 d'humidité; le reste se compose de carbonates sodiques et potassiques en proportions variables, mélangés avec une quantité assez considérable de sulfates et de chlorures alcalins [et quelquefois d'une proportion très-variable de cyanure alcalin].

La betterave paraît assimiler la potasse de préférence à la soude, et n'absorbe les sels sodiques pour satisfaire à son besoin d'alcali que si le terrain dans lequel elle croît est pauvre en composés potassiques. Ce manque de potasse peut provenir de diverses causes : il peut être naturel au sol, ou bien il peut être occasionné par la culture continue de la betterave dans le même terrain et par l'exportation des récoltes successives sans qu'on ait soin de restituer à la terre les sels qu'on lui enlève. Le salin de betterave du département du Nord, en France, est ordinairement moins riche en potasse que celui des départements de l'Oise et de la Somme. [On prétend que la betterave cultivée près des bords de la mer fournit, toutes choses égales d'ailleurs, une cendre plus sodique que celle qui provient des terres de l'intérieur].

Dans les bonnes années, lorsque la proportion de sucre dans la betterave est abondante, les salins de betterave sont fortement alcalins, leur *titre* ou degré d'alcalinité variant de 45 à 50 pour 100 d'alcali sec réel; tandis que la proportion de la potasse à la soude ne change pas. Dans de pareilles années, cependant, la mélasse de betterave est plus riche en sucre que d'ordinaire; de sorte que la proportion de substances salines y est comparativement moindre.

Les deux premières analyses du tableau suivant ont été fournies par M. Kuhlmann; la troisième (ajoutée par le rapporteur) est due à M. Esselens, de Bruxelles. Les numéros I et II représentent des échantillons de salin brut de betterave de qualité médiocre, et contenant de la soude en excès: M. Kuhlmann offre le numéro II comme un type de salin brut de betterave, bien calciné et de belle qualité.

	I. Kuhlmann.	II. Kuhlmann.	III. [Esselens.
Alcalinité totale, titre pondéral........	34.8	44.0	37.86
Carbonate de potasse................	23.6	33.7	28.98
Carbonate de soude.................	20.4	20.5	19.83
Carbonate ammonique..............	»	»	0.07
Chlorure de potassium..............	17.1	17.0	22.54
Sulfate de potasse................ ..	7.7	12.0	6.95
Cyanure de potassium..............	»	»	1.60
Sulfure alcalin....................	»	»	des traces.
Silice.............................	»	»	0.11
Humidité..........................	8.4	6.3	4.61
Matières insolubles.................	22.8	10.5	15.31
	100.0	100.0	100.00]

M. Esselens a trouvé pour la composition des matières insolubles du numéro III :

Phosphate de chaux (tricalcique).............	5.70
Azote..	1.50
Carbonates de potasse et de soude............	0.30
Silicates de potasse et de soude..........	1.60
Carbonate de chaux.........................	57.00
Sesquioxyde de fer.........................	1.30
Carbone.....................................	32.00
Sable......	0.60
	100.00

Extraction des substances solubles du salin brut de betterave. — Après quelques remarques sur les principes généraux à observer dans la séparation de sels mélangés de solubilité différente, M. Kuhlmann donne sur sa propre méthode les intéressants détails qui suivent:

On broie le salin brut de betterave en le faisant passer entre des cylindres à rainures tournant en sens contraire. Un ouvrier qui travaille pendant douze heures peut moudre 2,000 kilogrammes de salin brut de betterave.

Les cuves à lixiviation sont au nombre de huit et peuvent contenir chacune 1,320 kilogrammes de la matière brute écrasée.

Toutes les huit heures on remplit de nouveau l'une des cuves; de sorte qu'on peut lixivier 3,960 kilogrammes de salin brut de betterave dans l'espace de vingt-quatre heures. Quatre hommes, travaillant alternativement pendant douze heures, peuvent accomplir ce travail.

Si la transformation du sulfate en carbonate de potasse, au moyen du procédé Leblanc, se fait conjointement avec l'opération à laquelle on soumet le salin brut de betterave, il y a avantage à lixivier ensemble les deux produits. Dans ce cas, on emploie six cuves, dont quatre sont chargées de salin brut de betterave, comme cela a été décrit plus haut, et les deux autres (la troisième et la sixième) avec les fragments de pains de potasse brute; la charge d'une de ces dernières cuves est de 1,500 kilogrammes. L'opération s'exécute exactement de la même manière que si on lixiviait séparément du salin brut de betterave; on y emploie seulement un peu plus de temps.

[Dans chacun de ces cas, on se sert avec avantage de l'admirable méthode de lixiviation de M. Shanks. (Voyez le chapitre sur le carbonate de soude.)] Dans chacun de ces cas encore, la liqueur des cuves est écoulée à une densité de 1.229 (27° B).

La liqueur des cuves coule dans un réservoir contenant 21,000 litres, et, moyennant une chaleur perdue, on l'y concentre jusqu'à ce qu'elle ait atteint une densité de 1.261 (30° B). Elle laisse précipiter alors une quantité considérable de sulfate de potasse qu'on recueille et qu'on débarrasse aussi bien que possible des eaux-mères adhérentes des cuves. Il en retient cependant encore assez pour marquer cinq à six degrés alcalimétriques ; mais il contient 80 pour 100 de sulfate de potasse pur. M. Kuhlmann utilise ce sulfate de potasse pour le convertir en carbonate d'après le procédé Leblanc. Une matière organique, qui se précipite en même temps que ce sel, lui communique une couleur foncée ; mais, comme ce sulfate est destiné à passer par l'opération du four, avec addition de craie et de charbon, cette impureté n'est d'aucune conséquence.

La liqueur, marquant près de 30° B., passe du réservoir dans des chaudières cylindriques contenant chacune 9,000 litres et chauffées au moyen de serpentins dans lesquels circule de la vapeur à trois atmosphères de pression. Dans ces chaudières, on la concentre jusqu'à ce qu'elle atteigne une densité de 1.408 (42° B.).

Pendant cette concentration, il se précipite du carbonate de soude mélangé à du sulfate de potasse, mais indiquant néanmoins quelquefois 30 degrés alcalimétriques.

Ces sels prennent quelques heures pour se déposer, et l'on arrête le chauffage pendant ce temps. La liqueur, encore presque bouillante, mais complétement claire, est alors siphonnée dans des réservoirs à cristallisation d'une capacité égale à celle des chaudières, et on l y laisse refroidir jusqu'à 30° C., mais *pas au-dessous*. A mesure qu'elle se refroidit, elle laissse déposer du chlorure de potassium qu'on recueille et qu'on fait égoutter, pour le débarrasser de toute lessive adhérente. L'égouttage n'est cependant pas tout à fait complet, et le produit indique encore 3 à 5 degrés alcalimétriques, quoiqu'il contienne 90 pour 100 de chlorure de potassium pur.

Si, par mégarde, la température de la cristallisation s'abaisse au-dessous de 30° C., les cristaux de chlorure de potassium peuvent se recouvrir de grands et durs cristaux de carbonate de soude, mélange qu'il est très-essentiel d'éviter.

La liqueur, présentant maintenant une densité de 42° B., et une température de 30° C., est ensuite évaporée dans des vases d'une capacité de 2,000 litres, jusqu'à ce qu'elle indique en hiver une densité de 1.494 (48° B.), et de 1.51 (49° B.) en été. Quelquefois même on la concentre, en été, jusqu'à ce qu'elle atteigne la densité de 1.54 (51° B.).

Pendant cette concentration, il se précipite une grande quantité de carbonate de soude, les premières portions indiquant 82 degrés alcalimétriques; mais cet état de pureté s'abaisse jusqu'à 50 degrés vers la fin de l'opération.

Le carbonate de soude s'étant déposé, on écoule la liqueur dans de petites cuves à cristallisation, contenant chacune 250 litres, et on l'y laisse refroidir, jusqu'à ce qu'elle ait atteint la température ordinaire de l'atmosphère ; chaque cuve ainsi refroidie fournit à peu près 130 kilogrammes de cristaux d'une composition variable, mais constituant un carbonate double de potasse et de soude, dont la composition est représentée approximativement par la formule :

$$2 \, Na^2 CO^3 + K^2 CO^3 + 12 \, H^2 O.$$

Les eaux-mères qui restent dans les cuves sont très-foncées. On les calcine dans des fours à réverbère, pour chasser l'eau et pour brûler les matières organiques colorantes. Le produit séché et calciné constitue une potasse partiellement raffinée, colorée en rouge par de l'oxyde de fer, et qu'on désigne en conséquence sous le nom de *sel roux*.

On redissout ce produit et on concentre la solution à une densité de 1.51 — 1.525 (49° — 50° B.) ; pendant cette opération il se dépose beaucoup de sulfate de potasse et de carbonate de soude qu'on a soin de recueillir.

On décante de nouveau les eaux-mères dans les réfrigérants, et elles y déposent, comme précédemment, des cristaux en abondance. On les évapore ensuite à siccité, et le produit, calciné dans un four à réverbère, représente une potasse blanche bien raffinée, marquant 70 degrés alcalimétriques et ne contenant que 4 pour 100 de soude (Na² O) au maximum. La composition de ce produit est la suivante :

Carbonate de potasse	91.5
Carbonate de soude	5.5
Chlorure potassique et sulfate de potassse	3.0
	100.0

Quant aux sels précédemment mentionnés et marquant 80 — 85 degrés alcalimétriques, ils se composent principalement de carbonate de soude, avec un peu de sulfate et de chlorure potassiques. On les en débarrasse facilement en les lavant avec une solution froide et saturée de carbonate de soude, qui ne dissout que les sels de potasse. De cette manière, il est facile d'obtenir un carbonate de soude assez pur pour marquer 90 degrés alcalimétriques.

Les fours employés à l'évaporation des liqueurs concentrées, et à la calcination des produits desséchés, doivent être chauffés au rouge avant qu'on fasse couler la liqueur sur leurs soles en briques, et la chaleur doit être parfaitement maintenue. Car, si les fours sont insuffisamment chauffés, les liqueurs filtrent dans la maçonnerie et la détruisent rapidement. Il faut également éviter avec soin une chaleur trop intense.

Dans les usines de M. Kuhlmann, trois fours suffisent pour raffiner journellement 3960 kilogrammes de salin brut de betterave, fournissant 21 pour 100 ;840 kilogrammes) de potasse raffinée.

Purification des sels obtenus pendant le raffinage de la potasse brute de betterave. — Ces sels, qui sont les produits accessoires de l'opération principale, sont, comme nous l'avons déjà dit, le sulfate potassique, le chlorure de potassium, et le carbonate de soude.

Le sulfate de potasse n'exige aucune purification ; on l'emploie tel qu'il a été produit pour le convertir en carbonate de potasse, au moyen du procédé Leblanc.

La purification du carbonate de soude a déjà été incidemment décrite.

Il ne reste, par conséquent, qu'à indiquer brièvement les moyens employés pour la purification du chlorure de potassium.

La quantité de sel étranger mélangé au chlorure de potassium est indiquée par son degré alcalimétrique, qui varie depuis 5° et même moins, jusqu'au-dessus de 80°.

Le chlorure de potassium à bas degrés alcalimétriques, c'est-à-dire ne contenant que peu de sels étrangers à enlever, est tout simplement lavé avec un peu d'eau froide ; l'eau, qui a servi à laver les produits les moins alcalins, sert ensuite à laver ceux qui le sont davantage. Ce traitement suffit pour les variétés de chlorure de potassium marquant de 5° à 20°.

Les chlorures potassiques, marquant de 20° à 40° d'alcalinité, sont redissous dans une quantité d'eau bouillante, de manière à produire une solution d'une densité de 1.295 (33° B.), qu'on fait ensuite refroidir et cristalliser. On obtient ainsi de magnifiques cristaux cubiques de chlorure de potassium, et l'on soumet les eaux-mères au même traitement que celui moyennant lequel on obtient le « sel roux, » ou la potasse à moitié raffinée. Ce produit passe ensuite par le procédé de raffinage déjà décrit.

Le chlorure de potassium dont l'alcalinité varie de 40° à 60° contient une forte proportion de sulfate de potasse. Le mélange de sels est redissous dans de l'eau bouillante, et la solution est évaporée jusqu'à une densité de 1.331 (36° B.) ; à ce degré de concentration il se précipite un produit salin qui contient 50 pour 100 de sulfate de potasse.

On décante ensuite les eaux-mères dans un cristallisoir, et on les y laisse se refroidir jusqu'à 40° C., température à laquelle elles déposent en abondance du sulfate de potasse presque pur.

19

Les eaux-mères incomplétement refroidies sont ensuite décantées dans un second cristallisoir; là, elles se refroidissent complétement jusqu'à la température atmosphérique ordinaire, et déposent en abondance du chlorure de potassium.

Les eaux-mères qui restent sont riches en carbonate de soude; mais on ne pousse pas plus loin leur traitement isolé. On les ajoute à la solution d'une nouvelle quantité de salin brut de betterave, et elles se trouvent incorporées dans une nouvelle opération.

Quant au chlorure potassique dont l'alcalinité varie de 60 à 80 degrés alcalimétriques, son traitement est identique à celui du chlorure de 40° — 60°; seulement, on le concentre un peu plus, c'est-à-dire à la densité de 1.356 (38° B).

(La suite du rapport de M. Hofmann plus loin.)

RAPPORT

SUR

LES PRODUITS CHIMIQUES INDUSTRIELS (CLASSE II, SECTION A)

DE

L'EXPOSITION INTERNATIONALE DE LONDRES EN 1862.

Par M. CHANDELON,

Professeur de chimie à l'Université de Liége.

M. Chandelon, comme membre du jury de la seconde classe de l'Exposition de Londres, a rédigé pour la Belgique, sur les substances et produits chimiques, un rapport qui se distingue par son caractère éminemment pratique, par le grand nombre de données et d'observations industrielles qu'il renferme et par le jugement extrêmement juste et compétent que l'auteur a porté sur les nombreux procédés et appareils qu'il a eu l'occasion d'apprécier.

Comme l'a si bien fait remarquer Hofmann, les chiffres sont d'une importance majeure pour le fabricant, puisque ce sont les prix des matières premières, de main-d'œuvre, d'entretien des appareils, etc., en un mot les prix de revient qui, comparés à la valeur du produit fabriqué, décident de la vitalité d'une industrie.

Eh bien! c'est précisément sous ce point de vue pratique que M. Chandelon a rédigé son rapport avec une supériorité incontestable, et son travail remarquable sera consulté avec grand fruit par tout chimiste manufacturier.

Nous avons pensé faire une chose à la fois utile et agréable aux lecteurs du *Moniteur scientifique*, en extrayant du rapport de l'éminent professeur de l'Université de Liége les faits les plus saillants et en les ajoutant comme complément au savant et magnifique travail de M. Hofmann.

E. KOPP.

INDUSTRIE DU SOUFRE. — SOUFRE RAFFINÉ.

Les blocs de soufre brut de Sicile sont souillés de bitume et de matières terreuses, dans une proportion de 1.5 à 4 pour 100 et qui peut s'élever jusqu'à 25 pour 100, dans la partie qui forme le pied des blocs.

Le raffinage du soufre s'opère par distillation.

Un des appareils les plus répandus à cet usage est celui de M. Lamy (*Institut*, T. XII, p. 71), dont l'invention fut récompensée par un prix de 3,000 fr. décerné le 22 février 1844 par l'Académie des sciences de Paris.

Dans cet appareil, les anciennes chaudières distillatoires en fonte sont remplacées par des cylindres en fonte, formés chacun de deux pièces, l'une droite, l'autre à double courbure, réunies par des brides.

La première partie, qui reçoit l'action du feu, est fermée par un obturateur mobile; la seconde, qui s'engage dans l'épaisseur du mur de la chambre à condensation, se bouche au moyen d'un registre, lorsqu'on veut retirer les crasses du vase distillatoire.

On reproche à ces cornues d'être sujettes à des fuites occasionnées par le contact du soufre liquide avec les joints de l'obturateur et des brides.

L'appareil de M. Dujardin est exempt de ce défaut et fonctionne sous tous les rapports de la manière la plus parfaite.

Il se compose d'une cornue lenticulaire en fonte d'une seule pièce, communiquant avec un manchon, encastré dans la maçonnerie et muni d'une valve, qui sert à empêcher l'air de pénétrer dans la chambre de condensation, lorsqu'on retire les crasses de la cornue.

A la partie supérieure du four se trouve une chaudière ovale, chauffée par la flamme perdue du foyer et communiquant avec la cornue par un tuyau coudé qu'on peut fermer à volonté par une broche.

On y charge 600 kilogr. de soufre brut, et lorsqu'il est fondu, on le laisse écouler dans la cornue avec toutes les matières étrangères qu'il renferme.

On recharge immédiatement la chaudière, et quand le soufre dans la cornue est complétement volatilisé, ce qui prend ordinairement quatre heures, on ferme la valve et l'on retire les crasses pour commencer une nouvelle opération.

On fait ordinairement six opérations par vingt-quatre heures, pendant lesquelles on brûle environ 500 kilogr. de houille demi-grasse.

Au bout de cinq à six jours, on procède au moulage du soufre distillé.

Pour le *raffinage en fleur* on ne distille par jour que 400 kilogr. de soufre brut.

Dans la fabrique de M. de Wyndt-Aerts, cet appareil a donné les résultats suivants :

Soufre brut soumis au raffinage......... .... 1,464,065 kilogr.

Produit. $\left\{ \begin{array}{l} \text{fleurs...} \quad 463,206 \\ \text{canons..} \quad 968,122 \end{array} \right\}$ en tout........... 1,431,328 —

Différence...................... 32,737 kilogr.

soit 2.23 pour 100.

Le soufre brut renfermant en moyenne 1.5 pour 100 d'impuretés, il s'ensuit que la perte n'a été que de 0.73 pour 100.

M. Chandelon pense que pour le raffinage du soufre en canons, on pourrait supprimer les chambres de condensation assez dispendieuses et les remplacer par de simples cylindres en fonte, comme cela a lieu dans l'usine de Risle pour le raffinage de soufre retiré de pyrites.

INDUSTRIE DE L'ACIDE SULFURIQUE, DU SULFATE ET SEL DE SOUDE, DE LA SOUDE CAUSTIQUE ET DU CHLORURE DE CHAUX.

Pour donner une idée de l'importance de cette fabrication en Angleterre, M. Chandelon reproduit la statistique suivante, dressée en mai 1862, par MM. Hutchinson, Deacon et Gamble :

Valeur annuelle des produits fabriqués........ 2,500,000 liv. sterling.

Poids des produits ramenés à l'état de siccité... 280,000 tonnes.

Matières premières employées annuellement :

Sel..............................	254,600 tonnes.
Houille...........................	961,000 —
Calcaire et chaux...................	280,000 —
Pyrites............................	264,000 —
Nitrate de soude...................	8,800 —
Manganèse.........................	33,000 —
Bois pour barriques................	33,000 —
Total...................	1,834,400 tonnes.

Capital engagé dans la fabrication :

Terrain...........................	235,000 liv. st.
Appareils et bâtiments..............	950,000 —
Capital roulant....................	825,000 —
Total...................	2,010,000 liv. st.

Dépense annuelle d'entretien et de réparation (pierres, briques, ardoises, fer, plomb, bois)............ 135,500 liv. st.

La main-d'œuvre, non compris le transport, se subdivise comme suit :

	Nombre d'ouvriers.	Population ouvrière.	Valeur annuelle des salaires.
Fabrication directe.............	10,600	53,000	549,500 liv. st.
Extraction de la houille........	3,100	15,500	112,340 —
— du sel.............	420	2,100	16,880 —
— et cassage du calcaire.	660	3,300	25,740 —
— des pyrites.........	4,030	20,150	157,150 —
Façonnage du bois pour barriques.	330	1,650	10,140 —
Totaux........	19,140	95,700	871,750 liv. st.

Poids des matières premières et des produits expédiés annuellement :

Par navigation intérieure............	481,350	tonnes.
— chemins de fer..................	1,154,300	—
— cabotage.......	722,300	—
— navigation maritime............	182,800	—
Total...................	2,540,750	tonnes.

FABRICATION DE L'ACIDE SULFURIQUE.

1° *Au moyen de soufre.* — En 1860, la quantité de soufre brut importé en Angleterre pour tous les usages ne s'est plus élevée qu'à 50,103 tonnes.

Pour que le fonctionnement des chambres de plomb soit le plus parfait et le rendement le plus considérable possible, il faut y introduire le gaz sulfureux, l'air, l'acide nitrique ou ses dérivés et la vapeur d'eau dans des proportions soigneusement réglées et éviter tout excès de l'une ou de l'autre de ces matières. Il arrive surtout souvent qu'on laisse entrer dans les chambres un excès d'air très-nuisible.

Un four récemment inventé par M. Harrison Blair, en remédiant à ce grave inconvénient, a permis de doubler presque la production en acide sulfurique de la même chambre de plomb.

Ce four se compose en principe de trois compartiments distincts : le premier, où une partie du soufre développe, en brûlant, assez de chaleur pour volatiliser le reste ; le second, faisant suite au premier, où la vapeur s'oxyde entièrement par un courant d'air soigneusement réglé ; enfin, le troisième, superposé au second, où les vapeurs nitreuses sont produites dans des vases de fontes contenant le mélange de nitrate de soude et d'acide sulfurique, et se disséminent dans l'acide sulfureux.

Dans la fabrique de M. de Hemptinne à Bruxelles, l'air supplémentaire destiné à l'oxydation de l'acide sulfureux entre dans la chambre au moyen d'un simple tuyau en tôle à clef, placé au-dessus de la sole à combustion du soufre, au pied de la colonne conduisant le gaz sulfureux dans la chambre. La position de la clef permet de régler l'admission de l'air avec la plus grande facilité.

2° *Au moyen de pyrites.* — En 1860, la quantité de pyrites exploités en Angleterre s'est élevée à 135,670 tonnes (dont près de 100,000 tonnes de pyrites d'Irlande) représentant à peu près la moitié de la consommation des fabriques de soude.

L'autre moitié a été fournie par l'Espagne, le Portugal et la Belgique ; cette dernière figure dans cette importation pour 20,148 tonnes, dont 10,264 proviennent des mines de Rocheux et d'Oneux (province de Liége).

La proportion de soufre dans les pyrites varie de 33 à 50 pour 100, et leur texture est tantôt compacte ou grenue, tantôt radiée ou fibreuse.

Il en est qui sont tellement dures, que, pour les concasser, on a établi dans quelques fabriques des marteaux-pilons.

Quelques-unes, les plus poreuses, se grillent très-facilement; d'autres, lorsqu'elles sont en couches épaisses, supportent difficilement la température du four sans se fondre en scories, ce qui, outre une perte très-notable de soufre, occasionne facilement un dérangement dans le travail des fours et par suite dans celui des chambres.

Il suit de là que les fours à griller les pyrites doivent varier dans leurs formes et dimensions et être appropriées aux qualités de ces pyrites.

Les anciens fours coulants (kilns) ont été généralement remplacés en Angleterre par des fours à grilles, dont la hauteur varie de 5 1/2 à 10 et même 11 pieds. La cuve a ordinairement 4 pieds de côté au sommet, et 3 à la grille, qui est distante de 1 pied 1/2 du sol.

Dans un pareil four, on charge, toutes les douze heures, 4 quintaux de pyrite en roche à 45 pour 100 de soufre ou 5 quintaux de pyrite menue façonnée en boulets ou briques (ces boulets ont 1 ou 2 pouces de diamètre et sont préparés en pétrissant la pyrite fine avec 15 à 25 pour 100 de son poids d'argile; le façonnage et le séchage de ces boulets ou briquettes ne coûte qu'environ 2 fr. par tonne).

Dans quelques usines, la grille est formée de barreaux indépendants de $0^m.03$ d'équarrissage, reposant par les extrémités arrondies à cet effet sur deux fers échancrés, de manière à pouvoir tourner sur eux-mêmes sans se déplacer. Une clef, qui s'adapte à la tête des barreaux, permet de les manœuvrer très-facilement et de faire varier à volonté la section d'admission de l'air, et partant de régulariser la combustion dans toutes les parties du four; lorsque les barreaux sont sur champ, la grille est ouverte, tandis que, placés diagonalement, ils se touchent et ne laissent plus passer d'air.

M. Chandelon ne pense pas que le four à dalles de M. Spence, destiné à griller la pyrite pulvérulente, soit d'un usage avantageux; il est apte à laisser pénétrer un trop grand excès d'air dans les chambres, est coûteux à établir et à entretenir et occasionne une dépense notable de combustible.

Pour brûler le mélange de soufre et d'oxyde de fer provenant des épurateurs du gaz de l'éclairage, M. Hills a construit un four composé d'une série de sole en dalles réfractaires superposées et laissant entre elles un intervalle de 5 à 6 pouces. Sur la face antérieure se trouvent autant de portes qu'il y a d'étages pour charger et décharger la matière et admettre, par une ouverture à glissière, l'air nécessaire à la combustion. L'acide sulfureux s'échappe par des gargouilles, en passant d'un compartiment à l'autre, pour arriver à la cheminée qui conduit les gaz dans les chambres. Pour que la sole inférieure soit également chauffée, l'acide sulfureux descend sous elle depuis le deuxième étage, pour se rendre ensuite par une conduite au troisième étage.

Avant de mettre le four en train, on le chauffe préalablement au rouge en y brûlant du coke; la température s'y maintient ensuite par la combustion même du mélange sulfureux.

Les dimensions des chambres de plomb sont très-variables. On en voit de 80 à 85 pieds de long, sur 18 à 20 de large et 12 à 15 de haut; d'autres de 160 à 190 pieds de long, 20 de large et 20 de haut; d'autres encore de 70 de long, 35 à 40 de large et autant de haut; à Runcorn-Gap, M. Chandelon a vu une chambre de 100 pieds de long, 80 de large et 20 de haut. Il serait cependant très-utile de savoir s'il est préférable de faire ces chambres longues ou courtes, hautes ou basses, larges ou étroites; d'en avoir une seule, comme cela se voit souvent en Angleterre, ou plusieurs comme en France, etc.

Il est très-utile de placer les chambres dans des bâtiments pour les soustraire à des alternatives de températures fortes et fréquentes, très-nuisibles à leur marche régulière. Dans certains établissements, on les abrite vers le nord et le midi à l'aide d'un revêtement en planches attachées aux poutrelles, et l'on donne au ciel une double pente pour en faire découler les eaux pluviales ; dans d'autres, on a soudé aux côtés le fond pour éviter l'introduction des eaux de pluie, poussées par les vents contre les parois perpendiculaires, dans la cuvette où elles abaisseraient le degré de l'acide.

Pour l'absorption des vapeurs nitreuses par de l'acide sulfurique à 64 degrés, M. Chandelon donne la préférence à l'appareil de M. Kunheim, de Berlin (décrit dans la *Revue universelle des mines*, 1860), sur celui de M. Gay-Lussac, à cause de la simplicité de sa disposition.

Les vases en verre dont on se sert pour la concentration de l'acide sulfurique ont généralement la forme d'un cylindre allongé de 0^m.85 de long sur 0^m.45 de diamètre et d'une capacité de 136 litres. Ils donnent par opération environ 160 kilogr. (87 litres) d'acide sulfurique concentré.

Ces vases sont placés dans une marmite de fonte formant bain de sable, et sont protégés contre les courants d'air par une chape en grès. Un tuyau en verre recourbé ou plutôt en plomb s'adaptant sur le goulot du vase, communique à une caisse de plomb où se condensent les petites eaux.

Les appareils en platine de MM. Johnson, Matthey et Comp., de Londres, qui appliquent avec un grand succès les procédés de MM. Sainte-Claire Deville et H. Debray, présentent un perfectionnement notable. Ils ont la forme d'un cône très-large à la base et à parois très-inclinées. Le fond seul de cet alambic étant exposé à l'action directe du feu, les autres parties en ont pu être amincies sans danger à tel point que ce poids a été réduit de 3/4 à 7/8.

Aussi un pareil alambic, exposé sous le n° 161 dans la première classe, qui produisait en vingt-quatre heures trois tonnes d'acide à 66 degrés, n'était coté que 11,625 fr., tandis qu'un appareil, ancien système, de 280 litres, concentrant en vingt-quatre heures 2,900 kil. d'acide et pesant 42 kilogr., avait coûté 52,500 fr.

FABRICATION DU SULFATE DE SOUDE.

M. Chandelon, pour faire juger des conditions respectives où se trouvent placées les fabriques anglaises et les fabriques belges, commence par donner la comparaison des prix de revient fournis d'un côté par deux grands établissements de Belgique, et de l'autre par l'une des principales fabriques de Widnes, près de Runcorn (Angleterre).

Fabrique anglaise. — Compte de fabrication de 1,000 kilog. de sulfate de soude.

A.

531 1/2 kilogr. de pyrites contenant 46 pour 100 de soufre, à 43 fr. 10 c. la tonne	22 fr. 91 c.
30 1/3 — nitrate de soude, à 344 fr. 82 c. la tonne	10 47
875 1/2 — sel, à 8 fr. 93 c. la tonne	7 82
575 — houille, à 5 fr. la tonne	2 87
Main-d'œuvre	8 »
	52 fr. 07 c.
Entretien du matériel.. 4 fr. 93 c. Frais généraux........ 6 16	11 09
	63 fr. 16 c.

B.

582 kilogr. pyrites (46 p. 100 de soufre), à 43 fr. 10 c. la tonne.	25 fr. 08 c.
33 1/2 kilogr. nitrate de soude, à 344 fr. 82 c. la tonne.	10 47
875 1/2 — sel, à 8 fr. 93 c. la tonne	7 82
200 — coke, à 13 fr. 55 c. la tonne	2 71
325 — houille, à 4 fr. 93 c. la tonne	1 60
Main-d'œuvre	8 »
	55 fr. 68 c.
Entretien du matériel.. 4 fr. 93 c. Frais généraux........ 6 57	11 50
	67 fr. 18 c.

Fabriques belges.— Compte de fabrication de 1,000 kilogr. de sulfate de soude.

C.	894 1/2 kilogr. pyrites, à 27 fr. 80 c. par tonne. 24 fr. 87 c.		25 fr. 67 c.
	Argile pour agglomérer la pyrite.......... » 80		
	33 1/2 kilogr. nitrate de soude, à 412 fr. 50 c. la tonne......	13	81
	44 1/2 — d'acide sulfurique, à 65 fr. la tonne..........	2	89
	846 — sel, à 32 fr. 50 c. la tonne...................	27	50
	1,318 — houille, à 9 fr. 65 c. la tonne................	12	72
	Main-d'œuvre..	15	25
	Eclairage..	»	37
			98 fr. 21 c.
	Entretien du matériel.. 6 fr. 02 c.	11	94
	Frais généraux........ 5 92		
			110 fr. 15 c.
	A déduire, valeur du sulfate fourni par le nitrate de soude...	3	89
	Prix de revient des 1,000 kilogr. sulfate de soude....		106 fr. 26 c.
D.	912 kilogr. pyrites (à 36 p. 100 de soufre), à 35 fr. la tonne...		31 fr. 92 c.
	29 — nitrate de soude, à 345 fr. 58 c. la tonne........	10	02
	900 — sel marin, à 35 fr. la tonne....................	31	50
	1,153 kilogr. houille, à 8 fr. 70 c. la tonne.................	10	02
	Main-d'œuvre..	12	90
	Eclairage...	»	35
	Prix des 1,000 kilogr. sulfate, non compris l'entretien du matériel et des frais généraux..............		96 fr. 71 c.

Les comptes de fabrication démontrent que pour produire une tonne de sulfate de soude, les usines anglaises emploient moins de pyrite et de combustible, et que la main-d'œuvre, plus chère pourtant en Angleterre qu'en Belgique, entre dans le prix de revient pour une quantité inférieure.

On voit en effet que le soufre contenu dans les pyrites anglaises est de 256 kilogr., tandis qu'il s'élève à 328 kilogr. pour les pyrites belges.

Cette grande différence provient d'abord de ce que les Anglais, pour décomposer le sel, emploient moins d'acide sulfurique et de ce qu'ils brûlent mieux leurs pyrites, ne laissant dans les résidus que 3 à 4 pour 100 de soufre au lieu de 6 à 12 pour 100 qui existe dans les résidus belges.

En ce qui concerne le combustible et la main-d'œuvre, la grande différence signalée provient du mode de fabrication, qui permet aux Anglais de produire dans le même temps et sans plus de dépense des quantités de sulfate bien plus considérables.

Dans les usines belges, un four à sulfate décompose de 1,500 à 1,800 kilogr. de sel par vingt-quatre heures ; les fours des fabriques du Lancashire en travaillent dans le même temps 11,000 à 12,000 kilogr.

Dans les deux pays on fait usage des fours à double voûte, condition indispensable pour la condensation tant soit peu complète du gaz chlorhydrique.

Mais en Belgique la calcine et la cuvette sont ordinairement chauffées par le même foyer et partant solidaires ; la cuvette y est encore très-souvent en plomb, ce qui oblige d'y opérer avec plus de lenteur et de précaution, mais d'un autre côté, présente l'avantage de produire un sulfate plus beau, moins ferrugineux et plus convenable pour la fabrication du verre blanc. La cuvette ne recevant l'action de la flamme qu'après la calcine, ne marche pas assez vite pour suivre le travail de cette dernière, qui reste fréquemment inactive et chauffée en pure perte. Aussi, dans quelques établissements avait-on imaginé des fours à deux cuvettes, alimentant alternativement la calcine.

Dans les fours du Lancashire, la calcine et la cuvette ont chacune leur foyer. La cuvette, qui est toujours en fonte, est chauffée aussi fort que possible et fonctionne avec tant de rapidité, qu'elle peut décomposer par heure une demi-tonne de sel et desservir deux calcines à la fois.

Pour empêcher l'effervescence, produite par le brusque et énorme dégagement de gaz chlorhydrique, de faire monter et déborder la matière, on introduit à temps dans la cuvette une cuillerée de graisse ou d'huile qui a pour effet de rompre les bulles de gaz et de rabattre le tout.

Le travail d'un four anglais exige six ouvriers, trois de jour et trois de nuit.

Lorsqu'on a soin d'employer de l'acide sulfurique à 60° B., la fonte est peu attaquée et le sulfate ne contient pas beaucoup plus de fer que celui qu'on trouve ordinairement dans le commerce.

Les tours à condensation du gaz chlorhydrique sont construites en grès cimenté au goudron et consolidé par de fortes pièces en bois ou des barres de fer goudronnées. Ces tours ont une hauteur qui varie de 20 à 80 pieds et une section de 4 à 12 pieds.

Elles sont pleines de coke tenu constamment humide par une pluie d'eau.

La première tour fournit l'acide chlorhydrique liquide concentré et commercial ; la seconde tour ne donne qu'un acide très-faible, qu'on utilise quelquefois pour arroser le coke de la première tour. A cet effet, M. R. Calvert-Clapham a imaginé un appareil à air comprimé, semblable au monte-jus des sucreries, formé d'un vaisseau métallique doublé intérieurement de gutta-percha.

Tableau de la composition moyenne des sulfates de soude d'origines belge et anglaise.

| | SULFATE DE SOUDE | | |
| | ANGLAIS | BELGE | |
	Cuvette en fonte.	Cuvette en fonte.	Cuvette en plomb
Eau.	1.277	0.480	0.295
Acide sulfurique.	1.442	2.525	1.303
Sulfate sodique.	93.148	94.098	95.292
— calcique	1.207	0.843	0.863
— magnésique.	» .	0.354	0.772
— aluminique.	0.147	0.162	0.406
— ferrique.	0.753	0.974	0.138
— plombique	»	»	0.050
Chlorure sodique.	1.663	0.141	0.375
Matières insolubles.	0.263	0.423	0.506
	100.000	100.00	100.000

FABRICATION DU SEL DE SOUDE.

D'après M. Chandelon, les grands fours à soude sont généralement abandonnés en Angleterre, parce qu'on leur reproche de ne pouvoir être chauffés assez uniformément pour donner des produits homogènes et de nécessiter de lourds outils difficiles à manier.

Les petits fours consomment à la vérité plus de combustible ; mais la flamme perdue est utilisée pour l'évaporation par surface des lessives de soude brute.

Sur une surface de sole de 10 mètres carrés, un ouvrier fait, en vingt-quatre heures, treize cuites de 403 kilogr. chacune et formée du mélange suivant :

20

Sulfate de soude, tel qu'il sort du four...............   152.3 kilogr.
Calcaire en fragments de 2 à 3 centimètres...........   158.7   —
Houille menue.................................·...........   92.0   —
                                                            403.0 kilogr.

Les ingrédients sont mélangés grossièrement et jetés sur le gradin supérieur où ils restent à peu près une heure ; on fait alors tomber le mélange sur la sole de fusion et l'on recharge immédiatement la sole de chauffe.

Lorsque le mélange est devenu semi-fluide, on le brasse sans interruption jusqu'à fusion complète, puis on le retire vivement du four.

L'intervalle entre le premier ramollissement et la fusion complète ne dépasse pas dix minutes.

MM. Stevenson et Williamson, fabricants à South-Shields, ne placent sur la sole de chauffe que 2 3/4 centim. (137.5 kilogr.) de calcaire + 50 kilogr. de houille menue ; puis, au bout d'une heure, ils amènent le mélange sur la sole de fusion et y ajoutent seulement alors 137.5 kilogr. de sulfate de soude mêlé à 37.5 kilogr. de houille menue, dans le but d'éviter ou de diminuer la perte d'alcali par entraînement ou volatilisation.

On prétend que la soude brute ainsi préparée renferme moins de cyanure.

Le lessivage de la soude brute se fait encore généralement en Belgique d'après le procédé Clément, c'est-à-dire que la soude brute concassée est placée dans des paniers en tôle perforée, qui en reçoivent chacun 200 kilogr. et qu'on immerge par série de quatre ou cinq, dans quatorze cuves rectangulaires en fer disposées en gradins.

Avec un pareil lessivoir on traite ordinairement, en vingt-quatre heures, 3,350 kilogr. de soude brute, qui rendent 5,000 litres de lessive à 28° B. ou 1,240 kilogr. de sel de soude : le marc qu'on jette en retient en moyenne 1/2 pour 100.

Les frais de ce lessivage s'élèvent à environ 5 fr. par 1,000 kilogr. de soude brute.

Le lessivoir de M. Shanks, employé partout en Angleterre, est bien plus rationnel, plus simple et moins coûteux, car le lessivage des 1,000 kilogr. ne revient pas à plus de 72 cent.

Les cuves de MM. Hutchinson et Earle, à Widnes-Docks, près Warrington, mesurent 1ᵐ.73 de haut, 2ᵐ.12 de large et 2ᵐ.64 de long, et portent à 10 centim. du fond un faux fond de tôle perforée, soutenu par une grille solide.

Les ouvertures mettant les cuves en communication se trouvent aux deux-tiers environ de la hauteur.

Au moyen de ce lessivoir, deux ouvriers aidés de deux apprentis peuvent lessiver 1,400 pains de soude brute, pesant chacun 254 kilogr., soit 355,609 kilogr. de soude brute par semaine ou presque 60,000 kilogr. par jour.

Dans plusieurs établissements, des bassins d'évaporation se trouvent placés non-seulement à la suite, mais encore sur la voûte des fours à soude.

Quelques fabriques belges, entre autres celle de Risle, où fonctionne l'appareil à évaporer de M. Del Marmol, ingénieur civil, ont également su tirer dans ces derniers temps un très-bon parti des flammes perdues.

Pour donner une idée plus complète de l'influence qu'exercent sur le prix de revient les perfectionnements apportés à la fabrication du sel de soude, M. Chandelon a mis en regard le compte de fabrication d'une fabrique du Lancashire et celui d'un établissement belge.

Fabrication anglaise.— Prix de revient de 1,000 kilogr. de sel de soude à 52 p. 100.

1,500 kilogr. sulfate de soude à 62 fr. 97 c. par tonne........   94 fr.51 c.
1,550   —   calcaire à 7 fr. 75 c. par tonne..................   10   97
2,250   —   houille à 4 fr. 93 c. par tonne..................   11   07
  37 1/2 —   coke à 13 fr. 53 c. par tonne...................   0   42
Main-d'œuvre...   13   74
                        Total.............................   130 fr. 71 c.

Report................. 130 fr. 71 c.

Entretien du matériel.　4 fr. 93 c. ⎫
Emballage..........　10　45　⎬ .... 24　61
Frais généraux.......　9　23　⎭

Prix de revient net des 1,000 kilogr. de sel de soude... 155 fr. 32 c.

Dans un autre prix de revient, le sulfate étant coté à 66 fr. 97 c. par tonne, il en résulte une augmentation de 5 fr. 94 c.; ce qui porte le prix de 1,000 kilogr. sel de soude à 161 fr. 25 c.

Fabrication belge.

1,669 kilogr. sulfate de soude à 106 fr. 26 c. par tonne....... 177 fr. 34 c.
1,920　—　calcaire à 1 fr. 60 c. par tonne................. 3　07
4,020　—　houille à 9 fr. 65 c. par tonne................. 38　78
Eclairage... 1　08
Main-d'œuvre... 29　81

Total. .... 250 fr. 08 c.

Entretien du matériel.　12 fr. 31 c. ⎫
Frais généraux.......　7　72　⎬ .... 32　03
Emballage..........　12　»　⎭

Prix de revient net des 1,000 kilogr. sel de soude..... 282 fr. 11 c.

Dans une autre fabrique belge, les 1,000 kilogr. reviennent à 245 fr. 79 c. non compris l'emballage, les frais généraux et l'entretien.

Le sel de soude obtenu par l'évaporation à sec des lessives étant déliquescent par suite de la présence d'une quantité notable de soude caustique, qui est nuisible pour certains usages, on est forcé de le passer au four à carbonater et même de lui faire subir une sorte de raffinage en le dissolvant de nouveau et en retirant de la lessive, mise en évaporation, le carbonate, à mesure qu'il se précipite, pour le faire sécher après égouttage.

La lessive de soude brute renferme, en outre de la soude caustique, une quantité plus ou moins notable de sulfure sodique, formée accidentellement et qui favorise la solution d'une certaine quantité de sulfure de fer, dont la séparation se fait aussitôt que le sulfure sodique disparaît.

M. Gossage, pour détruire ce sulfure, a proposé (patente du 15 juillet 1853) et mis à exécution l'emploi des tours oxydantes (*oxydizing tower*).

Ces tours, que M. Chandelon a vu fonctionner avec beaucoup de succès, sont en tôle, d'une hauteur d'environ 30 pieds sur 8 de diamètre, ouvertes aux deux extrémités et pleines de coke en fragments de 3 à 4 centim. de côté, que supporte une grille. Un jet de vapeur lancé à la partie inférieure y détermine un appel d'air qui produit sur la lessive descendante une action désulfurante si énergique, qu'il n'est pas nécessaire de la faire passer une seconde fois dans la tour. La lessive descendante marque de 25° à 29° B. et doit être chaude. Une pareille tour suffit pour désulfurer la lessive nécessaire à la fabrication de cinquante tonnes de sel de soude par semaine.

Il est évident qu'une pareille tour, traversée par un courant d'acide carbonique, peut servir à carbonater une lessive trop caustique, et chez MM. Hutchinson et Earle, à Widnes-Docks, on y fait passer à la fois de l'air et de l'acide carbonique. Ce dernier est produit par la réaction d'acide hydrochlorique très-faible sur du calcaire.

FABRICATION DE SOUDE CAUSTIQUE FONDUE — (PROCÉDÉ DE M. GOSSAGE.)

La lessive de soude brute, au sortir de la tour d'oxydation, est évaporée jusqu'à ce qu'elle ait déposé presque la totalité du carbonate et la majeure partie des autres sels neutres (chlorure, sulfate, etc.). Ce dépôt, traité à la manière ordinaire, donne un produit de bonne qualité.

Les eaux-mères ne contiennent plus que de la soude caustique, avec une faible quantité de cyanure et de sulfure.

Le sulfure provient d'une décomposition qu'éprouve l'hyposulfite sous l'influence de la chaleur, d'après l'équation :

$$4(Na^2 O, S^2 O^2) = Na^2 S^5 + 3(Na^2 O, SO^3).$$

On transvase les eaux-mères dans une grande chaudière en fonte, où l'évaporation se continue et dans laquelle on projette peu à peu du nitrate de soude, qui oxyde les sulfure, sulfate et hyposulfite sodiques, ainsi que le sulfure de fer dissous à la faveur du sulfure alcalin. Cette oxydation est accompagnée d'un assez fort dégagement d'ammoniaque. On emploie 3 à 4 de nitrate de soude pour 100 de soude caustique. Si l'on opère sur les liqueurs rouges, c'est-à-dire sur des lessives n'ayant pas passé par la tour d'oxydation, il faut une quantité plus considérable de nitrate de soude.

Aussitôt que l'eau non combinée a été chassée et que la matière entre en fusion ignée, une nouvelle réaction s'opère entre le nitrate et le restant des cyanures. Il se dégage de l'azote et le carbone de cyanogène vient former à la surface du liquide une mince couche graphiteuse, qu'il faut se hâter d'enlever pour éviter que sa combustion ne reproduise du carbonate de soude.

Lorsque le liquide est en fusion tranquille et a laissé déposer l'oxyde ferrique et du silicate d'alumine à l'état anhydre, on décante avec précaution la partie blanche et on la coule dans des tonnelets en tôle, qui sont ensuite soigneusement fermés pour être livrés au commerce.

La force alcalimétrique des soudes caustiques fondues bien fabriquées peut s'élever à 113 degrés. Une soude pareille, exposée par MM. Gaskell, Deacon et Comp., à Widnes-Docks, contenait :

Oxyde sodique anhydre	50.5
Eau	47.2
Sel marin	1.8
Hyposulfite de soude (?)	0.5
Sulfate et carbonate sodiques.... } Oxyde de fer	traces
	100.0

Cette soude caustique était cotée 12 liv. st., soit 300 fr. la tonne.

Dans la fabrication du chlorure de chaux, dont trois fabriques du Lancashire produisent à elles seules 155,000 kilogr. par semaine, M. Chandelon signale le procédé de préparation du chlore de M. Ch. Tennant Dunlop par l'action de l'acide sulfurique sur un mélange de chlorure et nitrate sodiques, celui de M. Shanks par la réaction de l'acide chlorhydrique sur le chromate calcique, et enfin la revivification du peroxyde de manganèse, due également à M. Dunlop.

FABRICATION DE POTASSE ET DE SELS POTASSIQUES.

Carbonate de potasse. — M. Chandelon signale comme très-intéressante l'industrie fondée à Reims, en 1859, par MM. Maumené et Rogelet, pour retirer la potasse du suint de mouton.

Vauquelin (*Annales de chimie*, 1803, XLVII, p. 276) en considérait la partie soluble comme un savon à base de potasse associé à de l'acétate, du carbonate et du chlorure potassique, à un sel calcique et à une matière animale odorante.

M. Maumené a reconnu que le suint est parfaitement neutre et exempt de carbonate potassique. La potasse qu'il renferme en grande quantité et sans trace de soude est principalement neutralisée par un acide organique azoté (acide sudorique); le sel organique contient près de 33 pour 100 de potasse et peut fournir, par la calcination, environ 45 pour 100 de bonne potasse commerciale. Celle-ci raffinée contient tout au plus 1.2 pour 100 de chlorure potassique et des traces de sulfate. Sa pureté la fait rechercher pour la fabrication des verres de luxe.

La quantité de suint varie suivant la pureté des laines, qui en contiennent d'autant plus qu'elles sont plus fines. Les mérinos en renferment jusqu'à 66 pour 100 ; les laines communes 25 pour 100 seulement.

D'après M. Chevreul, la laine brute de mérinos séchée à 100 degrés, renferme :

Matières terreuses, qui se déposent dans l'eau avec laquelle on lave..	26.06
Suint de laine soluble dans l'eau froide	32 74
Espèce de graisse particulière	8.57
Matières terreuses fixées par les graisses	1.40
Laine proprement dite	31.23
	100.00

Le lavage des laines doit se faire méthodiquement pour éviter les frais d'évaporation.

Le tableau suivant donne, d'après MM. Maumené et Rogelet, la quantité et la valeur des eaux de suint de diverses densités que peuvent fournir 1,000 kilogr. de laine.

EAUX DE SUINT.		PRIX de l'hectolitre.	VALEUR.
Hectolitres.	Densités.		
27.40	1.03	0fr.20c.	5.48
16.07	1.05	0 65	10.45
7.91	1.10	2 10	16.61
5.24	1.15	3 35	17.55
3.92	1.20	4 65	18.23
3.13	1.25	5 90	18.47

Les frais de lavage ne dépassent pas 3 fr. ; on voit qu'on peut retirer d'une matière qui était entièrement perdue, 15 fr. 47 c. sur 1,000 kilogr. de laine.

La France, avec ses 47 millions de bêtes ovines, peut recueillir annuellement 188,000 tonnes de laine en suint, contenant, d'après les calculs des inventeurs, 28,000 tonnes de suintate de potasse, qui correspond à 12,000 tonnes au moins de carbonate.

De 1856 à 1859 on a employé en Belgique 37,440,000 kilogr. de laine, donc en moyenne par année 12,480,000 kilogr. dont les eaux de lavage, en supposant que toute la laine fût en suint, représentaient une valeur de 187,000 fr. et dont on eût retiré 1,858,000 kilogr. de suintate ou 796,580 kilogr. de potasse, soit à peu près le quart de l'alcali que la Belgique reçoit annuellement pour sa propre consommation.

Chlorate de potasse. — Ce sel est employé surtout comme agent oxydant pour l'impression sur calicot des couleurs dites *vapeur ;* on en produit annuellement dans le Lancashire de 200 à 250 tonnes.

M. Chandelon mentionne ce produit, dont la fabrication est connue, pour attirer l'attention des fabricants de produits chimiques sur un article qui, annexé à leur industrie, leur fournirait un moyen de plus d'utiliser l'acide hydrochlorique dont ils ne trouvent pas le placement.

Nitrate de potasse et sels de varechs. — Les cendres de varechs, exploités sur les côtes de l'Irlande, de l'Ecosse, de la Normandie et de la Bretagne, fournissent, par un lavage méthodique et des cristallisations successives, des sels de potasse et de soude, dont les uns (chlorure, sulfate et carbonate) sont versés directement dans le commerce et les autres servent dans l'usine même à la préparation de l'iode et du brôme.

Pour faciliter la séparation des divers sels, M. Picard, à Grandville (Manche), ajoute du nitrate de soude aux lessives des varechs. Il transforme ainsi les divers sels à base de potasse qu'elles renferment, en un seul, le nitrate potassique, qui, par le refroidissement de la liqueur, se cristallise et se sépare des sels sodiques restant dans les eaux-mères. Celles-ci, soumises de nouveau à des traitements convenables, fournissent des sels de soude livrables au commerce et des secondes eaux-mères très-riches en brôme et en iode et servant à leur préparation.

Le salpêtre ainsi obtenu peut être directement employé à la fabrication de la poudre à canon. Son prix est inférieur au prix moyen du salpêtre des Indes, pendant ces dix dernières années. Celui-ci exige un raffinage dont les frais s'élèvent à environ 5 fr. les 100 kilogr.

Prussiate de potasse et ses dérivés. — M. Chandelon, après avoir mentionné en quelques mots les anciens essais de MM. Possoz et Boissière pour préparer les prussiates en faisant passer de l'azote sur des charbons imprégnés de carbonate de potasse et très-fortement chauffés, et ceux plus récents de MM. Lalouël de Sourdeval et Margueritte, qui ont espéré être plus heureux en employant le carbonate de baryte, décrit plus en détail les nouveaux procédés suivants :

1° *Procédé de MM. Gautier-Bouchard, à Aubervilliers, pour la préparation des prussiates au moyen des résidus de l'épuration du gaz de l'éclairage.*

La Compagnie parisienne emploie pour l'épuration du gaz un mélange d'oxyde ferrique hydraté et de sulfate de chaux, obtenu par la réaction de la chaux sur le sulfate de fer et rendu poreux par de la sciure de bois. Pendant l'épuration l'oxyde ferrique enlève l'hydrogène sulfuré et les composés de cyanogène, qui forment au plus les deux septièmes des impuretés, tandis que le sulfate de chaux fixe les composés ammoniacaux à l'état de sulfate ammonique, qu'on retire par lixiviation, lorsque le mélange épurant en est suffisamment chargé.

C'est le résidu de ce lavage (mélange de carbonate de chaux, de soufre, de sulfure, de cyanure et de sulfocyanure de fer, sciure de bois, etc.) qui est livré à M. Gautier-Bouchard.

Après lui avoir fait subir un premier lavage pour lui enlever le sulfocyanure de fer [qui peut également être utilisé, soit pour la préparation du sulfocyanure ammoniaque actuellement très-employé en photographie, soit pour celle de prussiate jaune, en convertissant le sulfocyanure de fer d'abord en sulfocyanure de potassium, évaporant, desséchant et calcinant ce dernier avec du fer métallique. Voyez le procédé de M. Gélis. — E. Kopp.], on mélange le résidu avec de la chaux dans la proportion de 30 kilogr. par mètre cube ou environ 1,600 kilogr. de matières lessivées. Le tout est ensuite soumis à un lavage méthodique, dont le résidu, exposé pendant trois à quatre mois à l'air pour être de nouveau traité, donne une liqueur tenant en solution du prussiate de chaux et de petites quantités de sulfocyanure de fer et de sels ammoniques.

Les plus concentrées de ces solutions sont immédiatement évaporées pour en retirer, par cristallisation, du prussiate de chaux. Ce sel est ensuite transformé, au moyen de carbonate de potasse en prussiate de potasse, dont le prix de revient est d'environ 2 fr. 75 c. Quant aux liqueurs faibles, elles sont directement précipitées par des sels de fer et donnent du bleu de Prusse de qualité inférieure, qui se vend 3 fr. le kilogr.

Enfin, avec le prussiate de potasse, M. Gautier-Bouchard prépare du bleu de Prusse et du bleu de Berlin-flor, dont les prix sont respectivement de 5 fr. 75 c. et 6 fr. 80 c.

La Compagnie parisienne fournit annuellement environ 1,800 mètres cubes de résidus. M. Gautier-Bouchard ne les reçoit que lorsqu'ils contiennent au minimum 10 kilogr. de bleu par mètre cube. En pratique il en retire, dans le premier traitement, de 10 à 15 kilogr.; et dans le second, qui se fait après les trois à quatre mois d'exposition à l'air, 5 à 6 kilogr.

La matière épuisée est vendue à un industriel qui en utilise encore ce soufre.

2° Procédé de M. Gélis pour la fabrication des prussiates par le sulfure de carbone et le sulfure ammonique.

On commence par préparer du sulfocarbonate ammonique [CS^2, H^4NS] en mélangeant à froid et en vase clos du sulfide carbonique, CS^2, avec du sulfure ammonique HS, $H^5N = H^4NS$.

On chauffe ensuite à 100 degrés le sulfocarbonate ainsi obtenu avec du sulfure potassique dans un alambic en tôle ; il en résulte du sulfocyanure potassique fixe et du sulfhydrate ammonique, ainsi que de l'hydrogène sulfuré, qui se dégagent.

$$2(H^4NS, CS^2) + KS = K, C^2NS^2 + H^4NS, HS + 3HS.$$

Sulfocarbonate ammonique.	Sulfure potassique.	Sulfocyanure potassique.	Sulfhydrate ammonique.	Hydrogène sulfuré.

L'alambic communique avec un cylindre également en tôle, entièrement plongé dans l'eau et dans lequel se rendent, d'une part, les produits volatils de la réaction, qui se dégagent de l'alambic, et de l'autre, du gaz ammoniaque fourni par un appareil adjacent. Le gaz, en réagissant sur l'hydrogène sulfuré et le sulfhydrate ammonique, régénère le sulfure ammonique qui se condense dans le cylindre.

Le sulfocyanure potassique de l'alambic, après avoir été préalablement évaporé à siccité et desséché, est calciné dans une chaudière en fonte bien fermée avec une quantité convenable de fer réduit à la température du rouge sombre ; il en résulte du sulfure ferreux insoluble, du sulfure de potassium et du cyanure ferrosopotassique ou prussiate jaune soluble.

$$3(K.C^2NS^2) + 6Fe = [2KC^2N; FeC^2N] + 5FeS + KS.$$

Sulfocyanure potassique.	Fer réduit.	Prussiate jaune.	Sulfure de fer.	Sulfure de potassium.

Le produit de la calcination, parfaitement refroidi, est lessivé et l'on obtient des liqueurs qui donnent par cristallisation du prussiate de potasse et des eaux-mères où reste le sulfure potassique (1).

En théorie, pour produire 100 kilogr. de prussiate de potasse, il faut :

110.87 kilogr.	de sulfure ammonique.
123.91	—	de sulfide carbonique.
89.67	—	de sulfure potassique.
91.30	—	de fer réduit.

Total........ 415.75 kilogr., qui devraient rendre

---

(1) Sans avoir expérimenté le procédé de M. Gélis, il nous semble, en jugeant par analogie, que cette dernière phase de la préparation doit présenter de grandes difficultés. Il n'est d'abord nullement probable qu'il puisse se former de toutes pièces du prussiate de potasse (ferrocyanure de potassium) pendant la calcination du sulfocyanure potassique avec le fer, puisqu'à la température à laquelle le fer commence à réagir, le prussiate de potasse déjà formé serait lui-même décomposé en carbure de fer et en cyanure de potassium.

Il est donc plus rationnel d'admettre que, par la calcination du sulfocyanure de potassium avec le fer, il se forme du cyanure de potassium et du sulfure de fer.

$$3(K.C^2NS^2) + 6Fe = 3(K.C^2N) + 6FeS.$$

Mais des expériences de M. R. Hofmann (*Dingler's polyt. Journ.*, CLI, p. 63) ont démontré que cette transformation, facilement réalisable en petit, offre de grandes difficultés, lorsqu'on veut la pratiquer sur une plus grande échelle, et même par l'emploi d'éponge de fer, c'est-à-dire d'oxyde de fer réduit par des gaz carburés ou par l'hydrogène, on n'y parvenait que d'une manière incomplète. Si l'on chauffe trop fortement, il y a destruction du composé cyanuré.

La masse, convenablement calcinée, lorsqu'on la traite par l'eau, produit une certaine quantité de prussiate de potasse, par suite de la réaction du cyanure de potassium sur le sulfure de fer ;

$$2(KC^2N) + KC^2N + FeS = [2(KC^2N) + FeC^2N] + KS.$$

Mais le sulfure de potassium naissant en présence du sulfure de fer, surtout lorsque ce dernier est en ex-

100.00 kilogr. de cyanure ferrosopotassique.
 83.15   —   de sulfhydrate ammonique.
 83.15   —   d'hydrogène sulfuré.
 29.89   —   de sulfure potassique.
119.56   —   de sulfure ferreux.

Total........ 415.75

d'où il suit qu'on doit retrouver dans les produits secondaires la moitié du sulfure ammonique et le tiers du sulfure potassique primitivement employés.

D'après ces données, on voit que pour condenser l'hydrogène sulfuré et ramener le sulfhydrate ammonique (H⁴NS.HS) à l'état de sulfure simple [H⁴NS = H⁵N, HS], il faut 110 kilogr. 87 d'ammoniaque produisent 221.74 kilogr. de sulfure ammonique, qui, ajoutés à 55.43 kilogr. de sulfure déjà existant dans le sulfhydrate ammonique, donnent en tout 277.17 kilogr.

Or, comme on n'en emploie que 110 kilogr. 87, on a pour 100 kilogr. de prussiate un surcroît de 166.30 kilogr. de sulfure ammonique.

M. Gélis propose d'utiliser cet excès de sulfure ammonique en le traitant par l'oxyde ferrique hydraté, ce qui lui donne de l'ammoniaque caustique et un mélange de soufre, de sulfure ferreux et de sulfure ferrique.

Il réunit ce mélange au sulfure ferreux déjà recueilli précédemment dans le traitement du sulfocyanure par le fer et l'expose à l'air humide, où il ne tarde pas à se transformer en soufre et oxyde ferrique.

$$2\,FeS + 3O = Fe^2O^3 + 2S.$$

L'oxyde ferrique ainsi régénéré sert à la décomposition de nouvelles quantités de sulfure ammonique, jusqu'à ce que le soufre mélangé à l'oxyde de fer se soit accumulé en proportion suffisante pour qu'on puisse en extraire avantageusement par le sulfide carbonique.

D'après un prix de revient approximatif fourni au jury par M. Gélis, 30,000 kilogr. de prussiate de potasse coûteraient 49,801 francs soit 1.66 fr. par kilogr.

INDUSTRIE DE LA BARYTE ET DES SELS BARYTIQUES.

L'industrie de la baryte est une conquête toute nouvelle, dont on est redevable à M. Kuhlmann, savant qui s'est rendu célèbre par les heureuses applications qu'il a su faire de ses connaissances chimiques aux opérations manufacturières.

M. Kuhlmann a non-seulement introduit dans l'industrie de nombreuses applications de composés barytiques, mais il a encore résolu de la manière la plus heureuse le problème de la production à bon marché du chlorure de baryum, sel qu'on peut à juste titre appeler le sel marin de l'industrie barytique.

Son procédé consiste à soumettre à l'action d'une chaleur rouge, un mélange 1° de houille menue, 2° de sulfate de baryte naturel qu'on se procure à bas prix en Belgique (les 1,000 ki-

---

cès, provoquera la formation d'un sel double de sulfure de fer et de sulfure potassique, sel qui se dissout surtout à chaud avec une couleur verte des plus intenses. Au contact de l'air, cette coloration verte finira par disparaître, et il se déposera un précipité noir de sulfure de fer; mais ce sel double n'en constitue pas moins un grand obstacle aux cristallisations de prussiate, et ce dernier présentera toujours une nuance jaune pâle, au lieu de la teinte jaune un peu orangée, qui est le signe assez caractéristique d'un prussiate d'une grande pureté.

En outre, le précipité de sulfure de fer entraînera toujours en combinaison une notable proportion de sulfure potassique, qui, rendu ainsi insoluble, sera perdu pour la fabrication.

Nous avons attiré l'attention sur ces combinaisons insolubles de sulfures alcalins avec le sulfure de fer, et sur les pertes d'alcali qui pouvaient en résulter, dans notre travail sur la fabrication de la soude brute ferrugineuse. (*Ann. de chim. et phys.*, 1856, septembre, p. 5.) — E. KOPP.

logrammes se paient sur place, à Vierves, 10 fr.) et 3° du chlorure de manganèse constituant les résidus liquides de la fabrication du chlore.

L'opération se fait dans un four à réverbère à deux soles superposées et chauffées par un seul foyer. Les résidus de chlore dont l'excès d'acide a été neutralisé par de la craie ou par du carbonate de baryte naturel (withérite) sont d'abord amenés sur la sole supérieure où ils séjournent jusqu'à concentration suffisante.

De là on les fait tomber sur l'extrémité de la sole inférieure, qui est en fonte, où on les incorpore au mélange de houille et de baryte finement pulvérisé. La matière, suffisamment épaissie est poussée progressivement vers l'autel et brassée jusqu'à ce qu'elle soit devenue semi-fluide et que le dégagement d'oxyde de carbone ait cessé. On défourne ensuite et le produit qui se compose essentiellement de chlorure barytique et de sulfures de manganèse et de fer, étant lessivé à chaud et méthodiquement, donne une dissolution d'où l'on retire enfin du chlorure de baryum très-pur et qui peut être obtenu au prix de 150 francs les 1,000 kilogr.

De ce chlorure de baryum dérive maintenant une série de produits :

En traitant une solution de Cl Ba de 24° à 25° Beaumé par de l'acide sulfurique à 30 degrés, on obtient un précipité de sulfate barytique qui, lavé et séché, constitue le blanc fixe ; avec une dissolution saturée et bouillante de nitrate de soude, ajoutée au Cl Ba également saturé et bouillant, on obtient du nitrate de baryte en petits cristaux.

Ce sel, traité par l'acide sulfurique, donne de l'acide nitrique sans distillation et sert, en outre, en Belgique à la préparation d'une poudre de mine, non explosible à l'air, la saxifragine du capitaine Wynands. Cette poudre se compose de :

Nitrate de baryte	76
Nitrate de potasse	2
Charbon	22
	100

Avec une dissolution concentrée de soude caustique, on obtient des cristaux feuilletés d'hydrate de baryte employés pour l'extraction du sucre cristallisable encore contenu dans les mélasses.

Note de la rédaction. — On peut se procurer les sulfate et carbonate de baryte natifs aux prix les plus avantageux et en très-bonne qualité chez M. Vié, commissionnaire en gros, quai de Béthune, 34, à Paris.

INDUSTRIE DE L'ALUMINE ET DES SELS D'ALUMINE.

En parlant de l'alun, qui occupait à l'Exposition une place si importante parmi les produits chimiques, M. Chandelon exprime le regret que Liége ait manqué à ce grand concours, abstention d'autant plus regrettable que la quantité supérieure de l'alun de Liége et surtout la manière ingénieuse dont il y est préparé, eussent infailliblement valu une palme de plus à la Belgique.

La découverte des mines alumineuses au pays de Liége remonte à 1580.

En 1815 on comptait sur les bords de la Meuse dix-huit alunières, dont la production annuelle était d'environ 2 millions de livres.

L'alunière de Saint-Nicolas à Ampsin, la seule qui existe aujourd'hui, a produit, en 1861, 1,194,000 kilogr. d'alun.

On voit encore des terrisses ou restes d'anciennes exploitations à Souvré, près de Visc, à Richelle, près d'Argenteau, à Prayon et à Boncelles.

L'alun de Liége est renommé pour sa pureté. D'après Knapp (*Lehrbuch der chem. Techn.* 1. p. 483) le fer contenu dans les différentes sortes d'alun se répartit comme suit :

Alun de Liége.................   2 dix millièmes.
 — de Javelle...............   8   —
 — d'Aveyron............... 11   —
 — d'Angleterre............. 12   —

Le mode de fabrication suivi à l'alunière de Saint-Nicolas, à Ampsin (Liége), est dû à M. de Laminne.

Utilisant à la fois les terrisses d'anciennes alunières et l'acide sulfureux provenant du grillage des sulfures métalliques, il réalise ces deux grands avantages de mettre en valeur des matières abandonnées et de résoudre de la façon la plus heureuse le problème de la condensation d'un gaz délétère pour la végétation.

Propriétaire d'une usine à zinc, M. de Laminne grille la blende dans des fours installés dans la vallée de Bende, au pied d'une colline couverte d'anciennes terrisses.

Aux produits de la combustion de la houille et du grillage de la blende, composés en grande partie d'acide sulfureux et d'air non brûlé, vient se mêler, à la sortie des fours, la vapeur de décharge de la machine motrice des appareils de préparation mécanique.

Le tout est amené par une cheminée traînante dans une série de galeries creusées dans les terrisses et formant dix ou douze étages, dont le plus élevé est à 40 mètres au-dessus des fours. Ces galeries, consolidées par une maçonnerie à claire-voie, présentent une section d'environ 1^m.50 de haut sur 1 mètre de large et une longueur totale de 2,500 à 3,000 mètres.

Arrivées dans la galerie la plus élevée, les fumées que pousse la force du courant, pénètrent dans les étages inférieurs, et c'est dans ce long parcours que l'acide sulfureux, sous l'influence de l'oxygène et de la vapeur aqueuse, forme l'acide sulfurique que les terrisses absorbent. On obtient ainsi du sulfate d'alumine et cette transformation est si complète, qu'il ne s'échappe pas la moindre émanation sulfureuse au dehors.

Le travail des fours de grillages devant être continu, il faut nécessairement qu'on tienne de nouvelles galeries en réserve pour remplacer celles qu'on démolit, lorsque le schiste est suffisamment *sulfatisé* et propre au lessivage. Cette dernière opération se fait sur le champ même d'exploitation, et les lessives subissent à l'usine de Saint-Nicolas les différentes réactions qui donnent naissance à l'alun.

Par l'ancienne méthode des *fades*, il fallait pour 1 d'alun, 68 de schiste alunifère (ampélite), 8 parties de schiste sulfatisé donnent aujourd'hui le même rendement.

La Société de la Vieille-Montagne a établi à son usine de Flône le travail de sulfatisation qui vient d'être décrit, à l'effet de condenser et d'utiliser l'acide sulfureux, que ses fours à griller la blende répandaient au dehors.

M. Chandelon, après avoir encore décrit en détail le procédé de M. Spence à Newton-head, près Manchester, d'après laquel on traite par de l'acide sulfurique le schiste des houillères pour en obtenir du sulfate d'alumine qu'on transforme en alun par les eaux ammoniacales des usines à gaz, passe ensuite en revue les autres produits aluminiques du commerce.

En parlant du sulfate d'alumine siliceux (alun-cake) de M. Pochin, à Newton-head, près Manchester (produit obtenu en délayant de l'argile très-blanche et réduite en poudre fine dans de l'acide sulfurique à 42° B., et chauffé à 38 degrés et concassant simplement la masse solidifiée) il en cite les analyses suivantes, faites par M. Calvert :

Silice.......................	21.91	19.47
Acide sulfurique.............	31.53	41.93
Alumine.	13.38	17.60
Peroxyde de fer..............	0.13	0.48
Eaux et impuretés............	33.04	20.52
	100.00	100.00

Le chapitre se termine par l'examen rapide de la fabrication de l'aluminate de soude par M. H. Merle et Comp., à Salyndres, et des produits qui en dérivent.

FABRICATION DE LA CÉRUSE.

En Belgique la fabrication de la céruse se fait généralement par la méthode hollandaise, dont M. Chandelon passe en revue les opérations, d'ailleurs bien connues, mais qu'il apprécie principalement au point de vue des dangers qu'ils présentent pour les ouvriers.

Il rappelle à cette occasion que déjà, vers 1842, l'épluchage et le broyage des écailles de céruse, qui constituent les deux opérations les plus dangereuses, se pratiquaient en France, au moyen de jeux de cylindres convenablement disposés dans des coffres ou bâtis fermés, et cette substitution d'appareils mécaniques au travail manuel, partout où elle était possible, ne tarda pas à se répandre.

Le tome LI du *Bulletin de la Société d'encouragement* donne la description des machines et appareils employés dans la fabrique de céruse de M. Théodore Lefebvre, à Moulins-Lille, qu'on cite à bon droit comme un modèle.

Dès 1846, M. Eugène Brasseur, à Gand, a introduit dans son usine des machines du même genre.

On conçoit, cependant, qu'en travaillant à sec il soit difficile, sinon impossible, d'empêcher la poussière très-fine de s'échapper des appareils et de se répandre dans l'air. Aussi, les Anglais ont-ils préféré le travail sous l'eau, qui, tout en évitant la poussière, a l'avantage d'être très-simple.

Voici comment l'on opère dans une fabrique de Newcastle-sur-Tyne.

Les bandes de plomb carbonatées étant apportées au second étage du bâtiment où se font les opérations mécaniques, sont submergées et livrées à la machine à broyer. Celle-ci se compose d'une caisse rectangulaire doublée de cuivre, ayant environ 1 mètre de haut, et au fond de laquelle arrive un courant d'eau qui y maintient un niveau constant.

A la partie supérieure de l'un des grands côtés de cette caisse, sont fixés deux plans inclinés séparés par une tablette et aboutissent à des cylindres horizontaux en bronze, cannelés et ayant environ 25 centimètres de diamètre sur 45 de long.

Deux ouvriers desservant cette machine, versent chacun au sommet du plan incliné sur lequel il travaille, le contenu d'un baquet et à l'aide d'un râcloir et d'un maillet, dépouillent successivement les bandes de leur écailles qu'ils font glisser sur le plan incliné jusqu'aux cylindres broyeurs. Pendant ce travail, l'ouvrier saisit les bandes de plomb avec ses outils et sans les toucher de la main, il les dépose, lorsqu'elles sont décapées, sur la tablette qui sépare les deux plans inclinés, pour les reporter ensuite, soit aux loges (pots placés dans les fosses à fumier), soit à l'atelier de fusion.

La céruse broyée par les cylindres et tenue en suspension par l'agitation que produit l'eau en jaillissant du fond de la caisse, est portée par deux vis d'Archimède dans un chenal, qui, en se bifurquant, la distribue à deux séries de trois moulins à meules horizontales placées en gradins.

L'eau chargée de céruse, en passant de l'un à l'autre, arrive dans un grand labyrinthe établi au premier étage, qui retient les lamelles métalliques ; de là elle descend dans une grande caisse qui se trouve au rez-de-chaussée et où elle ne tarde pas à s'éclaircir en déposant la céruse qu'elle tenait en suspension. Des pompes font remonter cette eau dans les machines à broyer, d'où elle recommence à charrier de nouvelles quantités de céruse vers la caisse de dépôt ; de sorte que c'est toujours la même eau qui circule. Quant à la céruse déposée, elle est distribuée dans des terrines pour être portée à l'étuve, où elle se sèche en masse.

Dans d'autres établissements, la machine à broyer était remplacée par des meules verticales agissant sous l'eau et la vis d'Archimède par des chaînes à godets.

La céruse, qui ne peut être employée qu'en poudre très-fine, ne se vendait anciennement que sous forme de pains, et cet usage n'est encore que trop répandu.

La céruse en poudre suffisamment ténue pour servir directement constitue donc un progrès important, qui dispense le consommateur d'une main-d'œuvre qui n'est pas sans danger.

Le broyage avec 8 à 10 pour 100 d'huile constitue un autre progès.

Ce broyage se fait en France de manière à supprimer la dessiccation.

La céruse broyée à l'eau et égouttée simplement, est introduite dans un pétrin mécanique avec une quantité suffisante d'un mélange formé d'un tiers huile de lin et deux tiers huile d'œillette, cette dernière ayant la propriété de déplacer l'eau en s'incorporant à la céruse.

Sous l'action du pétrin et au bout d'un temps assez court, on obtient une pâte qu'on fait passer entre les cylindres broyeurs, qui lui donnent la ténuité voulue. Quant à l'eau qui s'est séparée de la pâte, elle s'écoule par une ouverture ménagée dans le pétrin.

300 kilogr. de céruse en pâte rendent en général 60 kilogr. d'eau.

Il serait à souhaiter que ce dernier perfectionnement fût universellement adopté, mais ce résultat si désiré des fabricants dépend surtout du consommateur.

M. E. Brasseur l'a introduit en Belgique et il a monté dans sa fabrique, à Gand, des appareils broyeurs d'un nouveau système, qui peuvent produire par jour 5,000 kilogr. de céruse préparée à l'huile.

Le procédé hollandais exige un temps assez long, beaucoup de main-d'œuvre, laisse environ un tiers du plomb non carbonaté, et le travail dans les fosses, échappant à la surveillance, expose à des mécomptes ; on a donc essayé de lui substituer des procédés de fabrication plus expéditifs et plus sûrs ; mais les produits qu'ils fournissent n'ont généralement pas le pouvoir couvrant de la céruse hollandaise.

Ce reproche ne paraît cependant pas s'adresser au mode de fabrication introduit par M. Dalmotte-Hooreman, à Mariakerke-les-Gand.

Il consiste à faire réagir sur des lames de plomb, suspendues dans des chambres closes, de la vapeur d'acide acétique, de l'air et de l'acide carbonique fourni par du coke en combustion. Au bout de trente à trente-cinq jours la carbonatation du plomb est terminée et l'on recueille sur le sol des chambres une belle céruse très-blanche et très régulière. 5 pour 100 seulement de plomb échappent à la transformation en céruse.

Ce procédé présente dans la pratique une difficulté sérieuse, celle de régler convenablement l'introduction de l'acide acétique, dont un excès nuit à la fois au rendement et à la qualité de la céruse.

Les céruses exposées par MM. E. Brasseur et Dalmotte-Hooreman, rivalisent sous tous les rapports avec les plus beaux produits des fabricants de cérese des autres pays.

FABRICATION DE L'OUTREMER.

La fabrication de l'outremer fut introduite en Belgique par M. E. Brasseur, qui fonda en 1851, à Gand, un établissement qui, par son importance et la qualité de ses produits, s'éleva rapidement au premier rang.

Les expériences faites par M. Chandelon sur les plus beaux échantillons exposés au palais de l'Exposition de Londres, lui ont démontré que les produits de la fabrique belge surpassaient en propriété colorante, ceux de tous ses anciens concurrents et que, parmi les nouveaux, ils ne le cédaient sous ce rapport et encore pour une différence très-légère, qu'aux outremers de MM. Deschamps frères, à Vieux-Jean-d'Heures (Meuse).

Mais si l'on tient compte en même temps des prix, M. Brasseur reprend incontestablement le premier rang.

Ses outremers étaient cotés comme suit :

<table>
<tr><td colspan="2" align="center">Outremers pur bleu.</td><td colspan="2" align="center">Outremers violet rosé.</td></tr>
<tr><td>EB....</td><td>1^{fr.}50 le kilogr.</td><td>RA¹....</td><td>1^{fr.}90 le kilogr.</td></tr>
</table>

EB....	1ᶠʳ·50 le kilogr.		RA¹....	1ᶠʳ·90 le kilogr.
A....	1 60	—	RA²....	2 00	—
B....	1 60	—	RA³....	2 00	—
C....	1 70	—	RA⁴....	2 00	—

Les produits de **MM.** Deschamps, d'après le prix courant qui les accompagnait, se vendent *franco*, Paris :

AP....	2ᶠʳ·75 le kilogr.		B²....	2ᶠʳ·25 le kilogr.
AIN....	2 75	—	LA.....	2 50	—
IC....	3 00	—	AO.....	5 00	—
			Y.....	1 50	—

C'est surtout à **M.** Brasseur qu'est due cette baisse étonnante que le prix de l'outremer a subie dans ces derniers temps, et qui a permis d'appliquer cette magnifique couleur à de nombreux usages industriels.

FABRICATION DU MINIUM DE FER.

M. A. de Cartier, à Auderghem, près Bruxelles, produit annuellement environ 200,000 kilogrammes de minium de fer qui, d'après **M.** Payen, est une poudre impalpable d'un rouge-brun foncé, formée de 75 pour 100 d'oxyde ferrique pur et 25 pour 100 d'argile siliceuse.

Ce produit s'emploie, comme le minium de plomb, pour couleur à l'huile et son inocuité le fait préférer dans bien des cas, par exemple, pour la peinture des formes à sucre, etc.

E. Kopp.

RAPPORT

SUR

LES PRODUITS CHIMIQUES INDUSTRIELS (CLASSE II, SECTION A)

DE

L'EXPOSITION INTERNATIONALE DE LONDRES EN 1862.

Par M. A.-W. HOFMANN.

SUITE. — Voir les pages 22 à 146.

SELS AMMONIACAUX ET COMPOSÉS DU CYANOGÈNE.

Conformément à la fois à la théorie et à la pratique, nous résumons en un seul et même chapitre ce qui concerne les industries des sels ammoniacaux et des composés du cyanogène. La préparation des cyanures exige toujours l'emploi de matières animales, comme source d'azote, malgré de nombreux et persévérants efforts pour retirer ce corps simple de sources à la fois plus économiques et plus abondantes. En outre, le traitement préliminaire auquel on soumet dans les fabriques les matières animales, pour les disposer à la production du cyanogène, donne naissance à de grandes quantités d'ammoniaque, de sorte qu'on peut dire de la préparation des composés ammoniacaux qu'elle donne la main à celle des combinaisons cyanurées. Sous un autre point de vue, le cyanogène et l'ammoniaque sont si intimement liées, les composés cyanurés sont si facilement transformés en ammoniaque, et, dans certaines limites, l'ammoniaque en composés du cyanogène, que tout progrès accompli dans la fabrication de l'une de ces espèces de combinaisons doit nécessairement exercer une influence considérable sur la production de l'autre.

En 1862, les industries des composés de l'ammoniaque et du cyanogène reposent encore sur les mêmes bases qu'en 1851. Les matières brutes sont restées les mêmes, et l'on n'a rien changé aux principes fondamentaux de la fabrication ; mais on a introduit des améliorations dans le mode de fabrication, et la production s'est maintenue à la hauteur de l'énorme augmentation de la demande.

Sources des sels ammoniacaux. — On obtient principalement les sels ammoniacaux comme produits accessoires d'autres fabrications ; et, d'après leur caractère volatil, on peut prévoir qu'ils sont le plus souvent le résultat de distillations. C'est ainsi qu'il y a production abondante de sels ammoniacaux pendant la distillation de substances animales, soit pour la préparation du noir animal, soit comme opération préliminaire dans la fabrication du prussiate de potasse. La distillation des *caux vannes*, c'est-à-dire du liquide résultant de la putréfaction des matières fécales en contact avec l'eau, constitue une autre source de sels ammoniacaux. On les obtient également en quantités considérables, ainsi que beaucoup d'ammoniaque libre, pendant la distillation de la houille pour la production du gaz ordinaire. Dans ce dernier cas, on trouve l'ammoniaque libre en dissolution dans l'eau du condensateur ; on obtient, au contraire, les sels ammoniacaux comme produits des différents procédés employés pour la purification du gaz.

Application des sels ammoniacaux et de l'ammoniaque caustique. — L'augmentation de la demande de sels ammoniacaux, dont la consommation s'accroît de jour en jour, doit être principalement attribuée à l'emploi de plus en plus considérable qu'on en fait en agriculture ; quoiqu'elle provienne en partie de la substitution déjà mentionnée de l'ammoniaque à la potasse dans la fabrication de l'alun (Voyez aussi le chapitre sur les composés de l'aluminium).

L'application la plus importante de l'ammoniaque caustique en solution consiste, jusqu'à

présent, dans la préparation de la cochenille ammoniacale et de l'orseille, et dans le dégraissage et le lavage de la laine.

Quant à l'ammoniaque liquide, résultat de la compression mécanique du gaz, l'introduction
des machines réfrigérantes de M. Carré (1) provoquera sans doute une consommation notable
de cet article (Voyez le chapitre sur les composés potassiques).

Une application nouvelle de l'ammoniaque caustique, assez intéressante, mais qui n'est
guère appelée à augmenter la consommation de cette substance, a été proposée récemment
par M. Fournier (2). Afin d'éviter les accidents qui peuvent si facilement arriver lorsqu'on
examine les conduits à gaz au moyen d'une bougie allumée, pour s'assurer s'il y a des fuites,
M. Fournier fait passer le gaz de houille par une solution concentrée d'ammoniaque; on peut
alors facilement reconnaître s'il y a fuite du gaz saturé d'ammoniaque en faisant glisser le
long des tuyaux un morceau de papier de tournesol rougi, ou une baguette en verre humec-
tée avec de l'acide chlorhydrique.

Sels ammoniacaux dérivés de la houille. — Le développement extraordinaire qu'a pris la fabrication du gaz en Angleterre, a principalement contribué à augmenter la production des sels
ammoniacaux dans ce pays. La quantité d'azote contenue dans la houille est très-petite, variant
entre une simple trace et une fraction au-dessus de 2 pour 100, mais, probablement, ne dépassant point en moyenne 0.75 pour 100; et même, sur cette minime quantité, environ un tiers
seulement se dégage sous forme d'ammoniaque pendant la distillation. La fabrication du
gaz se fait, néanmoins, sur une échelle si vaste, qu'elle constitue une source d'ammoniaque
devant laquelle toutes les autres s'effacent. A Londres seul, on distille chaque année un million de tonnes de houille pour la fabrication du gaz d'éclairage (3). Supposons un instant
qu'on obtienne sous la forme de sel ammoniac un tiers seulement de l'azote contenu dans
cette houille; il en résulte que la quantité de ce sel, qui est engendré annuellement comme
produit secondaire dans la manufacture du gaz de Londres, atteindra au moins le chiffre de
9,723 tonnes.

Mais cette abondante provision d'ammoniaque ne suffit même pas aux exigences du commerce, et les fabricants sont toujours à la recherche d'autres sources de production. Une
telle source s'offrirait dans la préparation du coke, à condition d'éviter la perte des produits
volatils. On l'a souvent essayé, mais sans succès; le rapporteur a cependant appris qu'on
avait renouvelé, tout récemment, ces essais dans les grandes fabriques de coke d'Alais, dans
le midi de la France, et qu'ils semblaient promettre d'heureux résultats. Le rapporteur n'a
pu s'assurer de la proportion exacte entre la quantité de houille employée en Angleterre pour
la préparation du coke seul et celle qu'on consomme pour la fabrication combinée du coke et
du gaz; mais il croit encore rester beaucoup au-dessous de la vérité en estimant la quantité
absorbée par la production du coke, égale à celle consommée pour la manufacture du gaz.

(1) On ne saurait attribuer trop d'importance aux appareils réfrigérants, économiques et faciles à manier.
Un temps, comparativement fort court, s'est écoulé depuis que les ingénieurs ont commencé à s'occuper sérieusement et attentivement des machines pour la production en grand de la glace, et déjà elles trouvent
des applications nombreuses. Pendant que le rapporteur rédigeait encore ce travail, son ami M. E. Thomas
l'informa que MM. Renard frères et Franc, de Lyon (voyez le chapitre sur les couleurs dérivées du goudron),
s'occupaient de l'introduction des appareils de M. Carré dans la fabrication de la benzine. Cette dernière,
qui est solide à des températures au-dessous de 5° C., peut ainsi être séparée facilement des homologues liquides auxquels on la trouve associée dans le naphte extrait du goudron des usines à gaz.

(2) Voyez le rapport de M. Silbermann sur l'appareil de M. Fournier, *Bulletin de la Société d'encouragement,* septembre 1861, p. 522.

(3) D'après une donnée statistique, il paraît qu'en 1857 on consomma 840,000 tonnes de houille pour la
fabrication du gaz à Londres et dans ses faubourgs. Nous pouvons donc, sans crainte d'exagérer, estimer à
1 million de tonnes par an la consommation actuelle. D'après des renseignements donnés au rapporteur par
son ami M. A. Upward, le nombre de 1,100,000 tonnes se rapprocherait davantage de la vérité, quoique restant encore au-dessous.

Nous trouvons donc ici la possibilité d'augmenter, au moins du double, la production des composés ammoniacaux.

Une nouvelle branche d'industrie ne peut manquer d'exercer une certaine influence sur la production des sels ammoniacaux : nous voulons parler de la préparation des matières colorantes dérivées du goudron de houille, que nous traiterons dans un des chapitres suivants. La méthode ordinaire de fabrication du coke entraîne la perte, non-seulement de gaz et d'ammoniaque, mais encore des produits liquides condensables, y compris la benzine, dont la valeur, comme matière brute servant à la préparation des couleurs d'aniline, a augmenté si considérablement et d'une manière si inattendue dans ces derniers temps. Il en résulte que le fabricant de coke trouvera un double avantage à abandonne l'ancienne routine et à chercher un procédé de fabrication du coke en vase clos, à condition toutefois de ne pas produire, ainsi qu'on l'a fait jusqu'ici, une qualité inférieure à celle qu'on obtient dans les fours ordinaires.

Il existe encore d'autres branches d'industrie dans lesquelles l'ammoniaque, maintenant perdue, pourrait être recueillie et utilisée. Les gaz qui s'échappent des hauts-fourneaux et qui, antérieurement, brûlaient inutilement au gueulard, sont maintenant recueillis dans un grand nombre d'usines au moyen de dispositions convenables et employés comme combustibles. Ces gaz contiennent des quantités considérables d'ammoniaque ; et MM. Bunsen et Playfair, lors de leurs recherches sur la production de la fonte, trouvèrent que, dans le haut-fourneau d'Alfuton, chauffé à la houille, on pouvait, sans augmentation considérable du prix de la main-d'œuvre et sans qu'on entravât en rien le travail de la fusion, recueillir journellement deux quintaux de sel ammoniac.

La proposition qu'on a faite depuis quelques années de condenser et d'utiliser l'ammoniaque qui se dégage des cheminées des fourneaux ordinaires, chauffés à la houille, serait sans doute beaucoup plus difficile à réaliser. En Allemagne, M. Wagner (2) a cherché à plusieurs reprises à propager cette idée, en invoquant un passage du traité de M. Liébig : *Ueber Theorie und Praxis der Landwirthschaft.* 1856, page 9. Dans cet ouvrage, le célèbre chimiste s'exprime de la manière suivante : — « Tous les foyers, tous les fourneaux et les nombreuses cheminées « des villes et des districts manufacturiers, ainsi que les hauts-fourneaux et autres, sont au- « tant d'appareils distillatoires enrichissant sans cesse l'atmosphère du principe azoté qui a « servi d'aliment à une végétation primordiale. Nous pouvons nous faire une idée de la « quantité d'ammoniaque ainsi versée dans l'atmosphère, en nous rappelant que l'eau du « condensateur des fabriques de gaz fournit souvent plusieurs tonnes d'ammoniaque. »

M. Wagner saisit cette occasion pour appeler aussi l'attention sur les expériences de MM. Erdmann et Marchand, qui démontrent qu'il y a constamment formation d'ammoniaque lorsqu'on fait passer de l'azote et des vapeurs aqueuses sur la houille chauffée au rouge. M. Wagner conclut que chaque four industriel présente les conditions nécessaires à la production de l'ammoniaque en quantité considérable. Il admet même que l'azote de l'atmosphère contribuant à former de l'ammoniaque, toute combustion de houille doit fournir, dans des circonstances favorables, une quantité d'alcali volatil bien plus considérable que celle correspondant à la proportion d'azote qui entre dans la composition de la houille. Comme l'absorption de l'ammoniaque, à cause de son mélange avec les produits gazeux de la combustion, serait effectuée difficilement en les faisant passer à travers le gypse ou le sulfate de fer, M. Wagner propose d'ajouter à la houille des chlorures métalliques, tels que le sel ordinaire, le chlorure de magnésium, ou les eaux-mères des sources salines, etc. ; afin d'obtenir l'ammoniaque sous forme d'un sel facile à condenser. Mais, jusqu'à présent tous les efforts tentés pour réaliser l'exploitation en grand de ces théories n'ont produit que des résultats négatifs.

(2) *Wagner's Jahresber.*, II, 1855, p. 82 ; III (1857), p 122 ; IV (1858), 142.

M. Kuhlmann faisait passer les gaz émanant des fours qui servent à la préparation du noir animal, — et qui contiennent les produits de la décomposition des substances animales en même temps que les produits de combustion de la houille, — à travers une pluie fine d'une solution de chlorure de manganèse (résidu de la préparation du chlore), ou par des appareils contenant une solution de manganèse ou de l'acide chlorhydrique. Le rapporteur a appris de M. Kuhlmann lui-même que le résultat n'a pas répondu à son attente, parce que la suie, en se déposant, faisait rapidement obstacle à l'action des absorbants.

M. Kuenzi (1) poursuivant la même idée, fit des expériences dans le but de condenser, au moyen de l'acide chlorhydrique, l'ammoniaque dégagée pendant la fabrication du coke ; ces essais ne paraissent pas avoir donné un résultat plus favorable; toujours est-il qu'on les a abandonnés

Une tentative analogue, faite par M. Delperdange en Belgique, produisit un jour une explosion dangereuse ; un mélange de gaz hydrocarburés non brûlés avec de l'air ordinaire s'étant enflammé dans la chambre à condensation, destinée à retenir l'ammoniaque.

D'ailleurs nous n'avons aucune expérience directe sur la quantité réelle d'ammoniaque qui se dégage pendant la combustion de la houille. Cette quantité doit varier matériellement selon la disposition du four; et nous ajouterons encore que les conditions les plus favorables à une combustion rapide et parfaite sont exactement celles qui contribuent à empêcher la formation de l'ammoniaque (2). Si même ces conditions garantissaient la production d'ammoniaque en quantité considérable, on éprouverait des difficultés presque insurmontables en cherchant à condenser ce gaz En examinant les chances qu'offrent des expériences de cette nature, on se rappelle involontairement le résultat défavorable d'une spéculation faite, il y a vingt ans à peu près, par une Compagnie de Londres qui s'était proposé de condenser l'alcool formé indubitablement pendant la fermentation du pain, et qui en est tout aussi certainement expulsé pendant la cuisson.

Sels ammoniacaux préparés au moyen des matières fécales des villes. — Sur le continent, où ces résidus sont presque généralement recueillis dans des fosses, on déploie une activité considérable dans la préparation des sels ammoniacaux au moyen de ces résidus. Les arrangements pris à Paris dans ce but méritent d'attirer l'attention par le développement extraordinaire qu'on leur a donné ; en principe, cependant, on peut leur opposer bien des objections, et on ne peut les proposer comme modèles à suivre. Le contenu semi-liquide des fosses d'aisances parisiennes est charrié à La Villette, où on le recueille et où des pompes colossales le chassent dans un conduit qui, prenant la direction du canal de l'Ourcq, va se déverser dans les vastes réservoirs situés dans la forêt de Bondy, à quelques kilomètres de Paris. On permet à ces matières de se clarifier dans ces réservoirs, et le liquide clair surnageant (appelé *eaux vannes*) est écoulé dans d'autres bassins, abandonnant un dépôt comparativement solide, qu'on recueille, qu'on sèche et qu'on vend comme engrais sous le nom de *poudrette.*

Au moment de sa séparation d'avec la poudrette, le liquide clair (*eaux vannes*) ne contient qu'une petite portion d'azote sous forme d'ammoniaque. Mais, dans l'espace d'un mois, il se charge d'une quantité notable d'alcali volatil, par suite de la décomposition de l'urée qui existe dans ce liquide. Par l'action de la chaleur on dégage l'ammoniaque, en opérant avec des appareils convenables (3), comme ceux de M. Mallet, de M. Figuera, ou celui proposé ré-

(1) *Génie indust.*, mars 1858, p. 39.

(2) En faisant des expériences sur les gaz émis par les fours à réverbère dans lesquels on prépare le prussiate jaune, M. Græger (*Wagner's Jahresber.*, IV, 1858, p. 183) trouva que ces gaz ne contenaient pas d'ammoniaque, et cependant chacun sait qu'une partie seulement de l'azote contenu dans la matière animale est fixée par ce procédé sous la forme de cyanogène, le reste se dégageant à l'état d'ammoniaque : uydrogène de l'ammoniaque a donc dû prendre part à la combustion.

(3) Dans le *Dictionnaire de chimie industrielle*, I, p. 271, publié par MM. Bareswill et Girard, on trouve

cemment par MM. Margueritte et de Sourdeval. On fait absorber par de l'acide chlorhydrique ou de l'acide sulfurique le gaz qui se dégage de cette manière, et on livre le produit au commerce à l'état de sel ammoniac ou de sulfate d'ammoniaque.

Le séjour de matières fécales en putréfaction dans les fosses d'aisance, sous les habitations, est une cause si féconde de maladies et de mortalité, que la perte de vie et d'activité qu'entraîne ce système, et les lourdes charges pécuniaires qu'il impose aux communautés, contrebalancent amplement tout profit qu'on pourrait dériver des produits ammoniacaux recouvrés de cette manière. Le système des fosses d'aisance se trouve par conséquent condamné, même au point de vue peu élevé de l'économie pécuniaire, et sans avoir besoin d'invoquer des considérations d'un ordre supérieur, telles que la santé, la propreté et la dignité humaines.

D'un autre côté, si l'on veut opérer les vidanges des fosses d'aisance des villes au moyen de grands *égouts* qui déverseraient les eaux-vannes et les eaux de pluie mélangées dans les fleuves et dans la mer (système qui domine actuellement à Londres et dans toutes les autres grandes villes d'Angleterre), on causerait la perte totale pour l'industrie et pour l'agriculture de l'immense quantité d'ammoniaque produite par les matières fécales putréfiées. Ces substances se détrempent si considérablement dans nos égouts et y sont délayés de tant d'eau de pluie et d'eau de ruisseaux que, jusqu'à présent, toute tentative d'en extraire économiquement l'ammoniaque est restée stérile.

On laisse se perdre de la même manière tous les sels de potasse et les phosphates qui sont maintenus en solution dans le liquide des égouts, et qui seraient d'un grand prix pour l'agriculture ; les égouts des grandes villes les charrient dans les rivières, d'où ils s'écoulent dans la mer, et, pendant des siècles, ils sont ainsi soustraits à la circulation. Jusqu'à présent, tous les efforts qu'on a tentés pour séparer ces substances sous forme d'un engrais solide et portatif sont demeurés sans résultat, parce qu'on ne connaît pas d'agent qui puisse précipiter les sels fertilisants de solutions aussi étendues que le sont les eaux-vannes des égouts des villes.

On sait que les matières insolubles qui se trouvent mécaniquement en suspension dans les eaux-vannes n'ont presque aucune valeur ; à Leicester, on avait essayé de les précipiter au moyen de la chaux, en suivant pour cela une méthode très-ingénieuse, à laquelle on renonça après avoir reconnu qu'il était complétement impossible de vendre un pareil produit.

A la suite d'une expérience coûteuse faite à Fulham, par la Société métropolitaine de vidange, on dut renoncer également à employer à l'irrigation des terres le liquide ordinaire des égouts délayé par la pluie ; les plus grands obstacles qui s'opposaient à ce procédé étaient l'extrême faiblesse du liquide et les dépenses occasionnées par le travail des pompes destinées à distribuer ces matières sur le sol. L'égout dont on avait pompé le liquide à cette occasion charriait, outre les matières fécales, l'eau d'un petit ruisseau naturel : et la dépense en combustible et en main-d'œuvre, pour pomper et distribuer la masse délayée, dépassait la valeur du composé ammoniacal obtenu.

Ces échecs, et d'autres encore, firent sans doute concevoir la proposition hardie débattue d'une manière si véhémente en Angleterre dans ces dernières années ; proposition qui consistait à n'appliquer au sol que le drainage fécal ou la vidange proprement dite des villes ; le séparant, dans ce but, des eaux de *pluie* ou de surface, et conduisant les deux espèces de drainage au moyen de deux systèmes différents de tuyaux, selon la formule aujourd'hui célèbre : *la pluie à la rivière, les matières fécales au sol.* Ce système paraît correct au point de vue théorique, mais la possibilité de le réaliser en pratique est très-contestable, et le rapporteur ne se hasarde pas à émettre une opinion sur le sujet de tant de controverses, et qui est si complétement en dehors de sa compétence comme chimiste.

une excellente description, accompagnée de dessins, d'un appareil à cet usage, employé dans la fabrique d M. Figuera, à Bondy.

Le liquide des égouts possède cependant une valeur intrinsèque comme source de composés ammoniacaux, et la manière inintelligente avec laquelle on la gaspille (malheureusement presque généralement sur le globe) engendre des calamités diverses et terribles pour l'humanité ; telles sont. pour n'en citer que deux, l'épuisement progressif des terres agricoles et l'apparition régulière d'effrayantes maladies pestilentielles ; aussi, le rapporteur s'est il empressé de saisir l'occasion que lui offrait l'Exposition universelle pour appeler l'attention de tous les peuples sur le problème si important à résoudre : de recueillir et d'utiliser les matières des égouts des villes. Les opinions les plus récentes des réformateurs sanitaires anglais sur ce sujet, ainsi qu'une description du *système tubulaire à circulation continue*, avec ses deux divisions, urbaines et rurales, et ses deux subdivisions artérielles et veineuses, se trouvent exposées dans un discours prononcé par le rapporteur anglais (1), lors du *Congrès international de bienfaisance*, tenu à Bruxelles en 1856. (Voir le *Rapport sur leurs transactions*, vol. Ier, p. 67 89). On trouvera encore des renseignements très-importants sur ce sujet, avec des preuves pour et contre les opinions nouvelles, et beaucoup de données expérimentales très-précieuses, dans les rapports du Comité général d'hygiène de l'Angleterre, et dans les témoignages recueillis par les nombreuses Commissions instituées depuis vingt ans dans le but d'examiner et d'étudier les questions de distribution d'eau et d'assainissement des villes, l'irrigation des terres arables au moyen des liquides des égouts et le drainage du sous-sol des fermes, et autres problèmes hygiéniques. Dans les derniers rapports annuels fournis par les officiers de santé en Angleterre, tant par ceux de la métropole que par ceux des provinces, on trouvera également des renseignements statistiques très-précieux sur l'effet bienfaisant que les améliorations modernes, introduites dans l'organisation sanitaire, ont exercé sur la santé publique, et qui sont marquées surtout par la diminution. s'élevant souvent au delà de 50 pour 100, dans les décès causés par les maladies zymotiques.

En recommandant ces documents à l'attention générale, le rapporteur n'hésite pas à déclarer que, de quelque manière qu'on l'envisage, cette question est actuellement la plus importante, soit par les intérêts pécuniaires considérables qu'elle met en jeu, soit. jugée d'un point de vue plus élevé, par son influence sur le bien-être physique et moral des populations ; il n'existe pas une autre question qui réclame d'une manière plus pressante l'attention des gouvernements et des nations sur tout le globe. (Voyez le chapitre sur l'industrie des engrais.)

COMPOSÉS DU CYANOGÈNE.

Ancien procédé de fabrication des composés cyanogénés. — Pour ce qui concerne les composés du cyanogène, le rapporteur doit constater que leur fabrication, pendant ces dernières années, est plutôt caractérisée par une grande augmentation dans les quantités produites que par une amélioration notable dans la qualité des produits, ou dans les procédés de préparation. Cette remarque s'applique particulièrement aux prussiates jaune et rouge de potasse, et au cyanure de potassium. Ce sont encore les anciens procédés qui ont servi à préparer tous les ferrocyanures exposés, parmi lesquels nous citerons les produits envoyés par la Compagnie des mines de Bouxwiller (France, 135), ceux de MM. Bramwell et Comp., New-castle-sur-Tyne (Grande-Bretagne, 484); de MM. Holzapfel, de Grub (Allemagne-Zollverein, 2621); et particulièrement les splendides cristaux de prussiate jaune et rouge de la Compagnie Hurlett et Campsie (Glascow), pour la production de l'alun, qui excitèrent une admiration si grande lors des expositions antérieures de Londres et de Paris. En effet, il est douteux que le procédé ordinaire ait reçu un perfectionnement matériel quelconque, malgré la publication d'une série d'admirables recherches, entreprises dans ce but, et parmi lesquelles

____

(1) M. F.-O. Ward.

nous devons signaler celles de MM. R. Brunquell (1), C. Kamrodt (2), C. Nöllner (3), Græger (4), et R. Hoffmann (5).

On ne peut cependant mettre en doute qu'il est très-urgent de voir introduire des perfectionnements dans cette branche importante de l'industrie. L'imperfection des procédés ordinaires de préparation du prussiate jaune de potasse par la calcination de substances animales avec la potasse, ou plutôt avec le carbonate de potasse, est démontrée suffisamment par la quantité extrêmement petite de sel obtenue proportionnellement à la quantité des matériaux employés. Une forte proportion de l'azote contenu dans la matière animale ne prend aucune part à la formation du cyanogène, et l'on ne recueille sous la forme de ferrocyanure de potassium qu'une quantité comparativement faible de la potasse qu'on avait employée. Les recherches dont nous avons parlé plus haut, et qui confirment entièrement la théorie de la formation du ferrocyanure de potassium déjà émise par M. Liebig, ont indiqué les causes de ces pertes de la manière la plus précise. Néanmoins, tous les efforts tentés pour prévenir ces déperditions n'ont abouti à aucun résultat; et les fabricants ont dû se contenter de chercher d'autres applications pour les portions des matières premières non transformées en prussiate jaune, en recueillant, par exemple, sous forme de sels ammoniacaux, l'azote non employé et en convertissant le résidu de l'opération (quoique toujours avec une grande perte) en sulfate de potasse.

Nouveau procédé de fabrication des composés du cyanogène. — Dans des conditions aussi défavorables de production, il n'est pas étonnant que les fabricants se soient adressés pour obtenir ces composés importants à des sources autres que les matières animales. Pendant la distillation de la houille, la plus grande proportion d'azote se dégage sous forme d'ammoniaque, et une quantité limitée, seulement, de cet élément revêt la forme de cyanogène. On a essayé à plusieurs reprises de l'utiliser comme source de composés cyanogénés. En 1847 déjà, M. Mallet s'occupa d'expériences ayant pour but la préparation des prussiates au moyen des résidus de gaz; mais l'exploitation industrielle régulière de ce procédé n'a été entreprise que récemment par M. Gauthier-Bouchard, d'Aubervilliers (France, 132). Le composé du cyanogène, produit pendant la distillation de la houille, est l'acide cyanhydrique, qui, se combinant avec l'ammoniaque, se dégage sous la forme de cyanure d'ammonium. Une partie de ce cyanure d'ammonium reste dissoute dans l'eau qui se condense avec d'autres produits de la distillation; une autre partie est entraînée par le courant de gaz et condensée ultérieurement par les composés métalliques employés pour la purification du gaz.

Les principaux agents dont on fait usage actuellement dans ce but sont les combinaisons à bases de fer. En Angleterre, on se sert surtout du peroxyde de fer hydraté (avec ou sans sciure de bois), breveté par M. F.-C. Hills. (Voyez le chapitre sur l'acide sulfurique.) En France, on purifie généralement le gaz d'après la méthode de M. Mallet, c'est-à-dire, en employant un mélange de peroxyde de fer, de sulfate de fer et de sable, mélange qu'on rend poreux en y ajoutant de la sciure de bois. Ce mélange fixe le cyanure et le sulfure d'ammonium entraînés par le courant de gaz; l'ammonium à l'état de sulfate, le cyanogène à l'état de cyanure de fer, tandis que le soufre produit en partie du sulfure de fer et se sépare en partie à l'état de soufre. Au contact de l'air, le protosulfure de fer est facilement reconverti en peroxyde fer, de sorte qu'on peut employer ce mélange un grand nombre de fois. (Voyez le chapitre sur l'acide sulfurique.) Par un usage prolongé, les substances étrangères s'y accumulent en quantité suffisante pour altérer profondément l'efficacité de l'oxyde de fer;

(1) Brunquell, *Preuss. Verhandlungen* (1856), p. 30; *Wagner's Jahresbericht*, II (1856), p. 102.
(2) Kamrodt, *Preuss. Verhandlungen* (1857), p. 153; *Wagner's Jahresbericht*, III (1857), p. 139.
(3) Nœllner, *Ann. Chem. Pharm.*, CVII, p. 8; CXVII, p. 238.
(4) Græger, *Wagner's Jahresbericht*, IV (1858), p. 181.
(5) R. Hoffmann, *Ann. Chem. Pharm.*, CXIII, p. 81.

on épuise alors ce mélange par l'eau, qui dissout le sulfate d'ammoniaque, en laissant un résidu qu'on jetait autrefois, et que M. Gauthier-Bouchard utilise maintenant; le jury, pour honorer les efforts de cet industriel, lui a accordé la distinction d'une médaille.

Procédé de M. Gauthier-Bouchard. — Ce procédé est exécuté de la manière suivante : on commence par laver soigneusement les résidus afin d'éliminer une certaine quantité de sulfocyanure de fer (qu'on peut aussi utiliser en le convertissant en sulfocyanure d'ammonium. E. K.). On les mélange ensuite avec une proportion convenable de chaux, et on les lessive à l'eau froide, qui se charge ainsi de ferrocyanure de calcium. On précipite cette solution par le sulfate de fer, et le composé cyanogéné bleu clair, qu'on obtient, est converti en bleu de Prusse au moyen du chlorure de chaux.

Nous ferons observer, à ce sujet, qu'il se produit des quantités très-considérables de sulfocyanure d'ammonium, lorsqu'on purifie le gaz au moyen du peroxyde de fer. Depuis plusieurs années, le rapporteur tire de cette source tous les sulfocyanures employés dans son laboratoire, une grande quantité du sel ammoniacal, dérivé du gaz de houille, ayant été mise à sa disposition par son ami et ancien élève, M. E. Owen. En purifiant le gaz à Marseille, M. Ménier, obtient annuellement de 12,000 à 15,000 kilogrammes de sulfocyanure d'ammonium, qu'il traite tout simplement par la chaux, afin de recouvrer l'ammoniaque. (Le sulfocyanure d'ammonium est maintenant assez fréquemment employé en photographie; il peut d'ailleurs être transformé lui-même en sulfocyanure de potassium, lequel à son tour est converti au rouge par du fer en ferrocyanure de potassium. Voyez plus bas le procédé de M. Gélis.)

M. Pelouze, dont le rapporteur tient ce fait, a fait cette observation remarquable qu'un mélange de sulfate (plus particulièrement de sulfate de potasse) et de charbon de bois, chauffé au contact de l'air, produit des quantités notables de sulfocyanure potassique. Ainsi se trouve confirmé et expliqué le fait intéressant constaté par M. Gossage, que les eaux-mères des cristaux de soude contiennent des quantités considérables de sulfocyanures.

Il est à remarquer que le ferrocyanure de calcium peut cristalliser, et les efforts de M. Gauthier-Bouchard pour substituer ce sel au composé plus cher de potassium sont dignes d'éloges. Au premier abord, la nature de la base paraît n'exercer aucune influence sur les applications du sel. Cependant, Il est très-douteux que ces efforts soient couronnés de succès. Le ferrocyanure de calcium, quoique plus économique étant un sel meilleur marché, remplacera difficilement le prussiate jaune de potasse si magnifiquement cristallisé, et dont l'aspect seul permet de reconnaître immédiatement la pureté. D'ailleurs, le bleu de Prusse produit au moyen du sel de calcium, quoique parfaitement pur, ne présente pas ce reflet particulier, ce lustre métallique qu'on apprécie dans certaines variétés de bleu de Prusse, fabriquées selon les méthodes ordinaires, et qui est dû sans doute à une petite quantité de composés potassiques, retenus opiniâtrement par le précipité produit au moyen du ferrocyanure de potassium. Rien n'est cependant plus facile que de transformer, au moyen du carbonate de potasse, le ferrocyanure de calcium dans le composé correspondant de potassium; ce procédé est actuellement employé dans la fabrique de M. Gauthier-Bouchard.

D'après les renseignements que le rapporteur a pu obtenir, on n'a pas encore imité dans d'autres établissements le procédé mis en usage dans la fabrique d'Aubervilliers : c'est-à-dire l'extraction des composés du cyanogène des résidus provenant de la purification du gaz. Si même on parvenait à surmonter les difficultés qui s'opposent encore à ce procédé, et à résoudre la question du prix de revient, il est évident qu'il ne pourrait suffire à l'augmentation continue de la consommation de prussiates. Les fabricants ont dû nécessairement porter leur attention sur d'autres méthodes. En fait, c'est l'atmosphère qui paraît être la source la plus naturelle de l'azote pour la production des composés du cyanogène; et depuis que la question tant discutée de la formation du cyanure de potassium par l'action combinée du carbone, du potassium et de l'azote à la température rouge, a été décidé affirmativement

par les expériences exactes de M. Fownes (1), et plus récemment par celles de M. Bunsen (2),
de nombreuses expériences ont été faites pour utiliser directement l'azote de l'air.

*Préparation des cyanures au moyen de l'azote atmosphérique. — Procédé de MM. Possoz et Bois-
sière.* — MM. Possoz et Boissière (3) paraissent avoir tenté les premiers d'exploiter en grand
la préparation des cyanures au moyen de l'azote de l'air. Leur premier établissement était à
Grenelle, près de Paris; plus tard, ils cherchèrent en Angleterre des conditions plus favorables à leur entreprise. Nous n'avons pas l'intention de retracer les phases diverses de cette
remarquable expérience industrielle, dont la date est, du reste, antérieure à la période em-
brassée par ce rapport. Qu'il nous suffise de dire que la préparation des prussiates à l'aide de
l'azote atmosphérique n'a pu se maintenir, malgré des efforts soutenus avec une rare persévérance pendant une série d'années, et en dépit d'un sacrifice considérable d'argent. M. Graham, le rapporteur distingué du jury en 1851, dans son rapport, qui contient un grand
nombre de faits remarquables se rapportant à l'histoire des prussiates, a donné une relation
intéressante de cet épisode remarquable de la fabrication du prussiate jaune. Cette communication (4) faite par M. T.-R. Hughes, de Borrowstownness, qui, de 1844 à 1847, conjointement avec MM. Bramwell, de Newcastle, s'était occupé d'expériences sur une grande échelle
pour arriver à la solution de cette question, nous retrace un tableau saisissant non-seulement des expériences faites par ces industriels, mais encore des difficultés auxquelles ils
succombèrent finalement et des motifs pour lesquels ils abandonnèrent leur entreprise.

La fabrication des composés du cyanogène par la réaction de l'azote atmosphérique sur le
charbon potassique a été également tentée en Allemagne, mais sans succès.

M. R. Hoffmann a communiqué au rapporteur que, pendant les années 1858 et 1859, on
avait fait des expériences très en grand et avec des dépenses considérables dans la fabrique
de prussiate de potasse d'Œdenwald, près de Freudenstadt, dans la Forêt-Noire, mais sans
arriver à des résultats plus favorables que ceux antérieurement obtenus en Angleterre. Des
briquettes de coke, de dimensions très-uniformes et saturées avec du carbonate de potasse,
furent chauffées dans des cylindres verticaux en fer revêtus d'un lut en argile réfractaire.
Quoique la température fût celle de la chaleur blanche, c'est-à-dire assez élevée pour déterminer la fusion de la maçonnerie ordinaire derrière le revêtement en briques réfractaires du
four, on n'obtint que des quantités très-minimes de cyanures. M. R. Hoffmann pense que
peut-être la température n'était cependant pas encore assez élevée; car, en soulevant le couvercle on put constater que le coke situé au centre était loin d'être chauffé à blanc, quoique
les cylindres n'eussent qu'un pied de diamètre.

Il ne paraît pas qu'on ait renouvelé l'essai sur une grande échelle, quoique le procédé
semble réaliser d'une manière remarquable les conditions requises pour la production des
composés du cyanogène. Peut-être obtiendrait-on des résultats plus favorables en modifiant
la construction des appareils. On se souviendra que M. Bunsen, s'appuyant sur le fait bien
connu de la formation de grandes quantités de cyanure de potassium dans les hauts-fourneaux, a proposé la construction d'une espèce de haut-fourneau à cyanure de potassium,
dans lequel on chaufferait au rouge, sous l'influence d'un fort courant d'air chaud, des couches alternatives de charbon et de carbonate de potasse; le cyanure résultant s'écoulerait
dans un réservoir placé à la partie inférieure.

Une des principales causes d'insuccès dans la fabrication des prussiates par l'azote atmosphérique est la quantité si minime de cyanure de potassium produite proportionnellement
à la quantité de charbon potassique employée. Ce désavantage est très-sérieux, et ceux qui

(1) Fownes, *Athenæum*, 1841, p. 625; *Journ. Prakt. Chem.*, XXVI, p. 412.
(2) Bunsen, *Report of the British Association for the advancement of science* (1845), p. 185.
(3) Possoz et Boissière; *London Journ. of Arts*, 1845, p. 380; Newton (a), patent n° 9985, déc. 13, 1843.
(4) *Reports by the Juries*, 1851, p. 39.

ont fait des essais en grand l'ont éprouvé à leurs dépens. Un autre obstacle des plus sérieux est l'obligation de lessiver d'énormes masses de produit brut. Dans beaucoup de cas la production du cyanure était si peu considérable, qu'on sentait revivre l'ancien doute, si le cyanure n'était pas plutôt formé au moyen de l'ammoniaque de l'atmosphère ou des principes azotés de la houille, plutôt que de l'azote libre de l'atmosphère. Il est démontré, en effet, qu'on obtient beaucoup plus facilement du cyanure de potassium en faisant passer, à travers le charbon potassique, de l'ammoniaque en place d'air désoxygéné.

Préparation des cyanures au moyen de l'azote dérivé de l'ammoniaque. — Procédé de M. Kamrodt. — L'idée de convertir l'ammoniaque en composés du cyanogène en faisant passer ce gaz à travers le charbon potassique, a été émise à différentes reprises, et sous formes diverses depuis une dizaine d'années. Au lieu d'employer à la préparation de sel-ammoniac les gaz dégagés pendant la carbonisation préliminaire de la matière animale, en suivant la méthode ordinaire de préparation du prussiate jaune, on a proposé, dans le même but, de faire passer ces gaz par une colonne de charbon potassique, et de combiner ainsi en quelque sorte les deux modes de production. A la place des gaz produits par la carbonisation des matières animales, on pourrait employer ceux qui se dégagent pendant la préparation du noir animal, et, mieux encore, le gaz ammoniaque dégagé d'après la manière ordinaire des sels ammoniacaux. M. Kamrodt (1) a conseillé originairement cette méthode, M. Lucas l'a fait revivre, et M. J.-H. Johnson (2) l'a récemment brevetée en Angleterre.

Préparation des cyanures sans recourir aux matières animales ou aux sels potassiques. Procédé de M. Brunquell. — La proposition de M. Brunquell est encore plus hardie ; il supprime non-seulement la matière animale, mais encore les sels de potasse, qui, dans l'opinion de beaucoup de fabricants, constituent la source de pertes la plus considérable. La méthode est basée sur le fait important observé par MM. Langlois et Kuhlmann, que le gaz ammoniaque, passé à travers le charbon, porté à la température du rouge vif, est converti en gaz des marais et en cyanure d'ammonium :

$$4 \text{ H}^3\text{N} + \text{C}^3 = \underbrace{2 \text{ (H}^4\text{N,CN)}}_{\substack{\text{Cyanure} \\ \text{d'ammonium.}}} + \underbrace{\text{CH}^4}_{\substack{\text{Gaz} \\ \text{des marais.}}} \text{ (Kuhlmann).}$$

S'il était possible de préparer du cyanure d'ammonium en grand, d'après ce procédé, sa transformation ultérieure en ferrocyanure de potassium devrait être effectuée par l'intermédiaire du sulfate ferreux (protosulfate de fer). Les produits de cette transformation seraient d'un côté du sulfate d'ammoniaque, qui fournirait de nouveau le gaz ammoniaque nécessaire pour une autre opération, et de l'autre du cyanure ferreux, qui serait ensuite facilement converti en ferrocyanure de potassium ou de sodium, en le traitant par le carbonate potassique ou sodique. De ces deux alcalis, la soude est de beaucoup le plus économique non-seulement parce qu'elle coûte moins que la potasse, à poids égal, dans la proportion de 1 à 3 environ, mais encore parce que l'équivalent de la soude est moins élevé que celui de la potasse dans le rapport de 2 à 3, de manière que l'unité d'activité chimique de la soude (pour nous servir de l'expression de M. F.-O. Ward) coûte environ quatre fois et demie moins que l'unité correspondante de la potasse ; en effet, on a $\dfrac{47 \times 3}{31} = 4.54$.

Le cyanure de sodium ne cristallise cependant pas aussi bien que le cyanure potassique et, de plus, il a le désavantage de renfermer une quantité considérable (41 pour 100) d'eau de cristallisation qui, naturellement, augmente les frais de transport de cette substance. Au moyen de la chaleur on peut cependant le débarrasser facilement de cette eau.

Le principe du procédé de M. Brunquell serait susceptible d'être poussé encore plus loin.

(1) Kamrodt, *Preuss. Verhandlungen* (1857), p. 153.
(2) Johnson (J.-H.), patent, n° 891, avril 9, 1859 ; *London Journal*, feb. 1860, p. 81.

L'ammoniaque, qui constitue son point de départ, pourrait, comme cela est bien constaté, être engendré par l'action de l'air et de la vapeur d'eau sur du charbon porté au rouge vif. Ces séries de réactions pourraient donc nous donner les moyens de produire un prussiate jaune, dont le cyanogène serait complétement dérivé de l'atmosphère ; mais il est à peine nécessaire de faire observer que ces idées théoriques sont consacrées par la pratique, et ne constituent jusqu'à présent que des sujets séduisants de recherches expérimentales.

Très-récemment, deux nouveaux principes ont été mis en avant pour la préparation du prussiate jaune de potasse, et méritent d'autant plus l'attention qu'ils étaient tous les deux représentés par des spécimens à l'Exposition actuelle. L'un d'eux repose sur l'emploi des composés barytiques, et est dû à MM. Margueritte et de Sourdeval (1) ; l'autre, proposé par M. Gélis (2), a pour base l'emploi du bisulfure de carbone.

Substitution de la baryte à la potasse dans la préparation des cyanures. Procédé de MM. Margueritte et de Sourdeval. — Ces inventeurs ont cherché à faciliter la préparation du prussiate jaune en substituant au potassium un autre métal moins cher, le baryum. En traitant de l'industrie barytique, nous mentionnerons comment par suite des procédés simples introduits par M. Kuhlmann, les composés du baryum peuvent maintenant être préparés en quantité illimitée et à très-bon marché. La baryte caustique, qui est meilleur marché que la potasse, possède en outre le très-grand avantage d'être infusible et fixe à des températures très-élevées. La première de ces qualités est d'une importance majeure pour la formation du cyanogène, soit qu'on suive l'ancienne méthode au moyen de substances animales, ou qu'on pratique les procédés récemment proposés pour l'emploi de l'azote de l'atmosphère ou de l'ammoniaque. En effet, en faisant usage de potasse, la formation du cyanogène n'a lieu qu'à la surface de la masse fondante, tandis qu'elle s'opère dans la masse tout entière, lorsqu'on emploie la baryte infusible ; en outre, celle-ci n'attaque pas les cornues en terre, qui peuvent donc servir à un assez grand nombre d'opérations. Enfin, l'on prétend que la formation du cyanure de baryum a lieu à une température plus basse que celle nécessaire à la production du cyanure de potassium.

Le procédé de MM. Margueritte et de Sourdeval, pour lequel un brevet a été pris en Angleterre par M. W. Clark (3), peut être exécuté de différentes manières. On mélange le carbonate de baryte avec des quantités variables (20 à 30 fois son volume) de goudron de houille, de résine, de sciure de bois, de charbon de bois ou de coke, et l'on porte le tout à une température élevée : il y a alors absorption de l'azote par ce charbon barytique et formation de cyanure de baryum ; ou bien l'on fait passer un mélange d'azote et de gaz d'éclairage sur ce charbon barytique ; ou bien on le mélange avec des matières animales, de la même manière que dans le procédé ordinaire de préparation du prussiate jaune. Le cyanure de baryum, obtenu de l'une ou l'autre manière, est ensuite converti par les méthodes bien connues en cyanure, ferro et ferricyanure de potassium, en bleu de Prusse, etc.

Si la formation du cyanogène s'opère réellement d'après ce procédé avec la facilité extraordinaire que lui attribuent les inventeurs, il deviendrait possible — au lieu d'employer l'ammoniaque pour engendrer le cyanogène — d'utiliser au contraire le cyanure de baryum pour la préparation de l'ammoniaque. En fait, on n'a qu'à faire passer de la vapeur d'eau, à une température même inférieure à 300° C., à travers les cylindres dans lesquels s'était formé le cyanure de baryum, pour obtenir un torrent d'ammoniaque représentant la totalité de l'azote, tandis que le baryum retourne à l'état de carbonate de baryte.

Les observations de MM. Margueritte et de Sourdeval sont d'un haut intérêt pour la théorie de la formation des composés cyanogénés. Aussi le jury a-t-il accordé à ces chimistes la dis-

(1) Margueritte (F.) et de Sourdeval (A.-L.), brevet n° 1171, 11 mai 1860, *Compt. rend.*, LIV, p. 1100
(2) Gélis, mémoire présenté au jury.
(3) Clark (W.), *London Journal of Arts*, jan. 1861, n° XXXIX.

tinction d'une médaille, quoiqu'à l'heure présente il soit encore impossible de dire si leurs résultats pourront être utilisés dans la pratique industrielle. Mais nous ferons observer que la Compagnie du gaz parisien se prépare à soumettre le procédé de MM. Margueritte et de Sourdeval à une expérience pratique et sur une grande échelle.

Comme se rattachant à ce sujet si intéressant, — la formation de l'ammoniaque au moyen de l'azote atmosphérique par l'intervention des cyanures terreux, — le rapporteur désirerait appeler l'attention sur le développement remarquable d'ammoniaque qui a lieu au moment où l'on retire la soude brute du four à soude. Quelle est l'explication de ce phénomène qui se continue jusqu'après le refroidissement de la soude brute? L'action de l'alcali sur les constituants azotés de la houille peut donner naissance, sans doute, à une partie de l'ammoniaque. Mais la masse principale de cette ammoniaque n'est-elle pas produite par l'action de l'humidité atmosphérique, au rouge vif, sur les cyanures contenus, on le sait bien, en quantités souvent considérables, dans la soude brute? Lors d'une visite qu'il fit aux usines de M. Kuhlmann, l'attention du rapporteur fut de nouveau fortement attirée vers ce phénomène qui forme le sujet de recherches et d'expériences actuellement suivies dans cet établissement.

Préparation des cyanures par l'intervention du soufre. — Procédé de M. Gélis. — Dans ce procédé intéressant de préparation des cyanures, on emploie encore, comme matière brute, l'ammoniaque, dont la transformation en cyanogène s'accomplit à l'aide du bisulfure de carbone, de la potasse et du fer métallique. Par une série de belles réactions, remarquables par leur simplicité et leur netteté, et n'exigeant ni appareils compliqués, ni température élevée, on convertit successivement l'ammoniaque en sulfure d'ammonium, puis en sulfocarbonate d'ammonium, en sulfocyanure de potassium, et enfin, en ferrocyanure de potassium, le soufre agissant comme intermédiaire pour provoquer la combinaison entre l'azote et le carbone, à peu près de la même manière que l'oxyde nitrique agit par rapport à l'acide sulfureux et à l'oxygène.

La première opération dans ce nouveau procédé est donc la préparation du bisulfure de carbone, qu'on trouvera décrite minutieusement dans un autre chapitre de ce rapport. (Voyez le chapitre sur le bisulfure de carbone.) On a récemment si bien perfectionné les procédés de préparation de ce corps, que son prix ne dépasse que de fort peu celui des deux éléments qui le composent.

On convertit ensuite le bisulfure de carbone en sulfocarbonate d'ammonium $(H^4N)^2 CS^3$, en le mélangeant intimement au moyen d'un agitateur mécanique avec une solution de sulfure d'ammonium, qu'on obtient facilement en faisant passer de l'hydrogène sulfuré dans l'ammoniaque à la température ordinaire. La réaction qui a lieu entre le bisulfure de carbone et le sulfure d'ammonium consiste dans la combinaison directe des deux corps :

$$CS^2 \; + \; (H^4N)^2S \; = \; (H^4N)^2CS^3.$$

Bisulfure   Sulfure   Sulfocarbonate
de carbone.   d'ammonium.   d'ammonium.

Le sulfocarbonate d'ammoniaque ainsi produit est ensuite mélangé avec du sulfure de potassium (qu'on obtient aisément par la réduction du sulfate de potasse au moyen du charbon). On chauffe le mélange à 100°C. dans un alambic, où il se décompose en sulfocyanure de potassium, hydrosulfate d'ammoniaque, et en hydrogène sulfuré :

$$2\,[(H^4N)^2CS^3] \; + \; K^2S \; = \; 2\,KCNS \; + \; 2\,[(H^4N)HS] \; + \; 3\,H^2S.$$

Sulfocarbonate   Sulfure   Sulfocyanure   Hydrosulfate   Acide
d'ammonium.   de potassium.   de potassium.   d'ammonium.   sulfhydrique.

On volatilise l'acide sulfhydrique et l'hydrosulfate d'ammonium, et on les dirige dans un vase dans lequel on fait passer un courant de gaz ammoniaque, dégagé par l'ébullition d'une chaudière contenant les liqueurs ammoniacales du gaz; le sulfure d'ammonium, qui se produit ainsi, sert pour une seconde opération.

23

A l'aide d'un dessiccateur à force centrifuge, on dessèche le sulfocyanure de potassium qui reste à l'état de résidu dans l'alambic; on le mélange ensuite avec du fer métallique finement divisé (qu'on prépare aisément en soumettant l'oxyde de fer natif à l'action d'agents réducteurs), et, finalement, on le fait chauffer, pendant un court espace de temps, au rouge sombre dans un vase en fer parfaitement couvert.

Cette opération demande à être conduite très-délicatement, et il faut régler la chaleur avec le plus grand soin, parce qu'une température trop élevée entraînerait des pertes considérables. On a donc jugé nécessaire de restreindre à 40 kilogrammes la quantité de matière que devra contenir chacun des vases en fer.

En traitant par de l'eau le produit résultant de cette calcination du sulfocyanure de potassium avec le fer, il en résulte une solution d'un mélange de ferrocyanure de potassium et de sulfure de potassium; le sulfure de fer restant insoluble :

$$6 \text{ KCNS} + 12 \text{ Fe} = 2 [\text{K}^2\text{Fe (CN)}^3] + \text{K}^2\text{S} + 5 \text{ Fe}^2\text{S}.$$

Sulfocyanure de potassium.   Fer.   Ferrocyanure de potassium.   Sulfure de potassium.   Sulfure de fer.

En faisant évaporer la solution, décantée du sulfure de fer insoluble, on obtient le ferrocyanure cristallisé, et l'on fait servir à une autre opération le sulfure de potassium qui reste en solution.

Le procédé de M. Gélis est réellement très-ingénieux, et le jury a reconnu le mérite de cet industriel en lui accordant l'honorable distinction d'une médaille (1). Ce procédé présente, il est vrai, des difficultés par suite de l'extrême volatilité du bisulfure de carbone, et à cause des soins minutieux avec lesquels il faut régler la température pendant la seconde phase de l'opération. Mais une vigilance spéciale de la part de l'opérateur peut prévenir ces sources de pertes. Dans ce procédé, du moins tel qu'il est décrit dans le mémoire présenté au jury par M. Gélis, on ne paraît pas s'être préoccupé de l'utilisation de l'excès des résidus de sulfures. Mais M. Balard a obtenu des éclaircissements, d'après lesquelles M. Gélis propose d'utiliser le soufre qui existe en excès dans son résidu, en partie comme source d'acide sulfureux pour être converti en acide sulfurique dans les chambres de plomb (voyez le chapitre sur l'acide sulfurique), et en partie à l'état de soufre libre vendable. Il ne sera pas sans intérêt de calculer l'excès de sulfures constituant ces résidus qui demandent à être traités, et d'indiquer comment s'effectuent ces transformations nécessaires.

Six équivalents de sulfocarbonate d'ammonium, formé par la combinaison directe de six équivalents tant de bisulfure de carbone que de sulfure d'ammonium, contiennent dix-huit équivalents de soufre. Si on les traite, d'après le procédé de M. Gélis, par trois équivalents de sulfure de potassium, ils fournissent six équivalents de sulfocyanure de potassium, six d'hydrosulfate d'ammonium et neuf d'hydrogène sulfuré :

$$6 [(\text{H}^4\text{N})^2\text{CS}^3] + 3 \text{ K}^2\text{S} = 6 \text{ KCNS} + 6 [(\text{H}^4\text{N})\text{HS}] + 9 \text{ H}^2\text{S}.$$

L'hydrosulfate d'ammonium et l'hydrogène sulfuré absorbé par l'ammoniaque, d'après la manière indiquée dans le mémoire de M. Gélis, fourniront quinze équivalents de sulfure d'ammonium; ce qui constitue un excès de neuf équivalents sur les six nécessaires à une nouvelle opération.

Et de nouveau, les six équivalents de sulfocyanure de potassium, traités d'après le procédé par douze équivalents de fer, laisseront (outre deux équivalents de ferrocyanure potassique à l'état de produit, et un de sulfure de potassium pouvant servir à une nouvelle opération) comme résidu cinq équivalents de sulfure de fer.

Ces excès de résidus de sulfures sont donc, d'un côté, du sulfure ammonique, et de l'autre du sulfure de fer, et M. Gélis propose de les traiter de la manière suivante :

Il fait passer le sulfure d'ammonium sur l'oxyde de fer hydraté, d'après la méthode et avec

---

(1) Le gouvernement français a accordé la croix de la Légion d'honneur à M. Gélis.   Dr Q.

l'appareil employés pour la purification du gaz d'éclairage; le soufre est retenu soit en combinaison à l'état de sulfure de fer, soit à l'état de soufre libre, et l'ammoniaque qui se dégage peut être recueilli à l'état de produit accessoire utilisable.

Le mélange de sulfure de fer et de soufre ainsi produit est ajouté au résidu de sulfure de fer, mentionné plus haut, et toute la masse est ensuite exposée à l'action de l'air. De cette manière, le fer est reconverti en peroxyde hydraté, et le soufre est mis en liberté en même temps.

Le mélange de peroxyde de fer hydraté et de soufre libre convient tout aussi bien que le peroxyde de fer hydraté pur pour fixer le soufre d'une nouvelle quantité de sulfure d'ammonium, dans une répétition subséquente de l'opération.

Le mélange de sulfure de fer et de soufre ainsi obtenu peut de nouveau être converti en un mélange de peroxyde de fer hydraté et de soufre, par une simple exposition à l'action de l'air : plus on répète ces transformations réciproques et plus le mélange devient riche en soufre libre.

M. Gélis propose de faire dissoudre le soufre libre au moyen du bisulfure de carbone, et de l'isoler à l'état solide par la distillation du dissolvant volatil.

Une partie du soufre ainsi obtenu est employée par lui à la reproduction de son bisulfure de carbone; le reste constitue un produit accessoire vendable.

La question de savoir si le soufre ainsi obtenu payera son prix de revient est encore pendante. Peut-être trouverait-on plus de bénéfice en utilisant le mélange de sulfure de fer et de soufre comme une source d'acide sulfureux à employer dans la fabrication de l'acide sulfurique. (Voir le chapitre sur cette industrie, page 408 de la 155ᵉ livraison du *Moniteur scientifique.*)

M. Gélis affirme avoir fabriqué environ une tonne (1,000 kilogrammes) de prussiate jaune au moyen de ce procédé, au prix de revient qu'il estime à 1 franc 66 centimes le kilogramme (environ 66 liv. sterl. la tonne). Lorsque des expériences ultérieures auront sanctionné ces résultats, le procédé de M. Gélis possédera une valeur incontestable, et provoquera sans doute des changements industriels d'une haute importance.

INDUSTRIE DES COMPOSÉS BARYTIQUES.

Dans la série des substances alcalines que la nature met si généreusement à la disposition de l'homme, l'oxyde de baryum, ou la baryte, occupe une place éminente. Comme puissance alcaline, cette base terreuse vient se ranger immédiatement à côté des alcalis fixes eux-mêmes (potasse et soude, et elle est d'autant supérieure à la strontiane que celle-ci, à son tour, est supérieure à la chaux. Les affinités de la baryte sont, en outre, si puissamment secondées par ses remarquables propriétés physiques que, dans beaucoup de circonstances, elle se comporte, même dans les opérations par le voie humide, comme si elle était plus alcaline que les alcalis proprement dits. Ainsi, par exemple, la remarquable insolubilité de son sulfate lui permet d'enlever aux sulfates alcalins la totalité de leur acide. De même sa fixité au feu et ses affinités à des températures élevées sont si énergiques que son hydrate, fondu dans un fourneau à vent, retient encore son eau de combinaison ; et cela à une température bien plus élevée que celle à laquelle ses congénères, la strontiane et la chaux deviennent anhydres et où la soude et la potasse se volatilisent complétement. Inutile d'ajouter qu'à de hautes températures, l'affinité de la baryte pour les acides terreux surpasse celle des alcalis fixes eux-mêmes. En outre, la baryte, dont les caractères varient selon ses différents états de combinaison, constitue par cela même une substance très-commode entre les mains du chimiste. Ainsi, tandis qu'à l'état de sulfate, elle est une des substances les plus insolubles que nous connaissions, à l'état de sulfure, au contraire, elle se dissout facilement dans l'eau. Sous forme de carbonate, elle est insoluble dans l'eau, mais soluble dans une dissolution aqueuse d'acide carbonique. Plusieurs de ces particularités donnent à la baryte de l'analogie avec la strontiane et la chaux; mais relativement à certaines autres propriétés, cette terre présente une originalité frappante. Ainsi, par exemple, le nitrate de baryte, au lieu d'être déliquescent comme les nitrates de strontiane et de chaux, peut être mis en parallèle avec le nitrate de potasse lui-même en sa qualité de sel non-hygrométrique. Ce fait donne évidemment une valeur particulière aux pouvoirs fulminants du nitrate de baryte dont nous parlerons tout à l'heure.

Depuis la découverte de la baryte par Scheele, en 1774, ses précieuses propriétés nous ont été peu à peu révélées par les travaux d'un grand nombre de chimistes distingués; parmi les plus éminents, nous citerons H. Davy, Berzélius, Gay Lussac et Thénard. Conformément à la marche ordinaire de l'histoire chimique, l'industrie a commencé dans ces dernières années à recueillir ce que la science avait semé, et la baryte et ses composés, cessant de figurer uniquement comme de simples produits de laboratoire, sont d'année en année plus estimés et plus recherchés dans les fabriques et dans les marchés du monde.

Applications futures des composés barytiques. Baryte; peroxyde de baryum; peroxyde d'hydrogène; extraction de l'oxygène de l'air atmosphérique, etc. — Parmi les nombreuses applications possibles des composés barytiques suggérées par l'aperçu rapide de leurs propriétés qu'on vient de lire, quelques unes ont déjà été adoptées en grand, et d'autres commencent à être exploitées; tandis que, si le rapporteur est bien informé, plusieurs autres n'ont pas même encore atteint cette première phase d'une réalisation industrielle.

A vrai dire, nous n'avons pas à nous occuper ici de ces dernières; et nous ne nous y arrêterons pas longtemps. Qu'on nous permette seulement un mot en passant sur des procédés qui, tout en n'étant pas encore mûris, occuperont, nous l'espérons du moins, une place considérable dans les rapports chimiques de la prochaine exposition décennale.

La baryte caustique possède la propriété précieuse d'absorber l'oxygène de l'air à une chaleur rouge sombre et de le dégager de nouveau à l'état de gaz, sous l'influence d'une température plus élevée; si l'on savait profiter de cette qualité pour fournir aux arts industriels de l'oxygène à bon marché, une puissante impulsion serait donnée à ce qu'on peut appeler la chimie des fourneaux, et notre pouvoir sur les parties les plus réfractaires du règne minéral en serait proportionnellement accru. Cette source d'oxygène, d'abord mentionnée par Thénard, et sur laquelle M. Boussingault, plus récemment, a fortement attiré l'attention, est demeurée jusqu'à présent sans application, à cause du décroissement qu'on observe, après quelques répétitions du procédé, dans le pouvoir que possède la baryte de s'incorporer avec le gaz et de l'exhaler alternativement. Cette diminution provient probablement plutôt d'une modification de l'état physique que d'une altération chimique de la baryte; et, s'il en est ainsi, on trouvera sans doute le moyen de remédier au mal et rendre l'opération parfaite.

Un procédé peu coûteux pour produire la baryte caustique et son dérivé, le peroxyde de barium, conduirait probablement (entre autres choses) à la fabrication en grand du peroxyde d'hydrogène, composé qui, par ses puissantes propriétés oxydantes et décolorantes, deviendrait un auxiliaire si précieux dans beaucoup d'opérations industrielles, mais dont le prix s'oppose souvent à son emploi, même dans les laboratoires.

La baryte caustique à bon marché serait elle-même un instrument d'une valeur inestimable entre les mains du chimiste industriel. Grâce à elle, il pourrait caustifier les sulfates alcalins aussi promptement qu'il opère la même transformation aujourd'hui sur les carbonates alcalins au moyen de la chaux; substitution qui produirait une révolution complète dans la fabrication des alcalis. Bien plus, dans beaucoup d'opérations, une solution de baryte caustique serait probablement assez alcaline pour remplacer les lessives caustiques ordinaires, soit sodiques, soit potassiques.

Il résulte des expériences de MM. Baudrimont, Pelouze et Döbereiner, qu'on peut substituer l'oxyde barytique à l'oxyde de plomb comme principe basique dans la fabrication du verre; le verre barytique ressemblant au verre plombeux (cristal) par sa densité, sa sonorité et sa translucidité brillante. Le plomb est la plus coûteuse des matières qui entrent dans la composition du cristal, et l'on pourrait dès maintenant le remplacer économiquement dans cette fabrication par un composé barytique; quels que soient les obstacles qui se sont opposés jusqu'à ce jour à la réalisation de ce changement, on ne devrait pas renoncer à de nouveaux efforts, que l'avenir sans doute couronnera de succès. On a dit avec raison : « Rien ne semble aussi difficile que l'invention du lendemain, ni aussi facile que l'invention de la veille. » Notre espérance de voir ce problème résolu dans la prochaine décade, n'est certainement pas déraisonnable, et peut-être pourrons-nous admirer à la prochaine exposition un bel étalage de verre barytique, dense et brillant.

La propriété que possède la baryte, sous forme de nitrate, de condenser et de solidifier un grand volume d'oxygène et de le libérer avec explosion; cette propriété, jointe au caractère non-hygrométrique de ce sel et à la détonation pour ainsi dire lente qu'il produit lorsqu'on l'enflamme après l'avoir mélangé avec des substances combustibles, doit inspirer l'idée de l'utiliser pour la préparation, non de la poudre à canon, mais de la poudre de mine. Cette dernière poudre est, sous tous les rapports, la plus importante des deux, d'abord parce qu'elle sert à produire et non à détruire; ensuite parce que (heureusement pour l'humanité) on en fait en moyenne une consommation beaucoup plus grande que de la première. D'après quelques renseignements parvenus au rapporteur, une poudre de mine barytique ne contenant pas de soufre, a été produite et employée avec succès dans le courant de ces derniers mois, et se distingue tant par son bon marché que par son efficacité; son explosion lente déplace de plus grandes masses de rochers que cela n'a lieu par l'action plus prompte de la poudre de mine potassique (Esselens et Wynants).

Nous devons encore indiquer ici plusieurs autres applications de cette précieuse terre alcaline; applications, soit récemment réalisées, soit prêtes à l'être.

Telle est la proposition faite par M. Kuhlmann de substituer la baryte à la potasse, comme base pour l'acide chromique, dont les sels sont maintenant si recherchés en industrie. Cette substitution paraît avoir été faite avec succès, du moins pour plusieurs des applications des chromates alcalins.

Pour la teinture on a aussi proposé de substituer les tartrates barytiques aux tartrates de potasse; il faut ajouter cependant que beaucoup d'hommes pratiques doutent encore de la possibilité d'opérer ces substitutions, malgré les affirmations de M. Kuhlmann qui fut le premier à les proposer, et qui, d'après les renseignements fournis au rapporteur, s'occupe en ce moment d'une série d'expériences sur ce sujet.

M. Kuhlmann insiste encore sur une substitution correspondante de la baryte à la pota·se dans les ferrocyanures alcalins employés en teinture; mais cette proposition, comme celle dont nous venons de parler, reste pour le moment *sub judice*; quelques éminents coloristes (comme par exemple M. E. Kopp) sont d'avis qu'on ne peut se dispenser de l'emploi de la potasse pour la production de certaines couleurs. telles que par exemple les bleus vapeur, sans altérer sensiblement la vivacité et la beauté de la nuance (Voyez le chapitre sur les sels amoniacaux et les composés du cyanogène).

Quoiqu'il en soit, on peut affirmer sans crainte que les récentes recherches de MM. Margueritte et de Sourdeval font pressentir dans l'industrie des composés du cyanogène des changements qui ouvriront un champ très-vaste à de nouvelles applications de la baryte.

Nous ajouterons que cette terre alcaline a déjà donné lieu à une application spéciale, qui consiste dans l'extraction du sucre contenu dans les mélasses, par sa précipitation à l'état de saccharate insoluble, d'après l'ingénieux procédé de MM. Dubrunfaut et Leplay. Cette invention, partiellement, mais non encore généralement adoptée, nous servira de transition entre les applications futures plus ou moins possibles de la baryte, et celles déjà réalisées industriellement en grand ; ces applications sont les suivantes :

Applications déjà réalisées des composés barytiques. Sulfate de baryte artificiel, blanc fixe ; sa fabrication et ses applications. — Parmi les applications déjà réalisées des composés barytiques, nous citerons en premier lieu l'emploi du sulfate de baryte, natif ou artificiel, pour la peinture en blanc ; et en tête des chimistes industriels qui ont étudié la fabrication et encouragé l'emploi du sulfate de baryte pour cet usage, nous devons nommer M. Kuhlmann (de Lille), qui a établi une fabrique capable de livrer jusqu'à 2 tonnes par jour de ce seul article, connu dans le commerce sous le nom de *blanc fixe* ou *blanc permanent*.

Ce nom indique le mérite principal du sulfate de baryte, considéré comme remplaçant du blanc de céruse. La céruse est très-exposée à subir des altérations chimiques, parmi lesquelles il faut signaler le changement rapide de sa nuance, qui passe du blanc au noir sous l'action des émanations sulfurées des égouts des villes, tandis que, au contraire, la couleur barytique conserve, dans les mêmes conditions, sa blancheur primitive, le sulfate de baryte étant une des substances les moins altérables que l'on connaisse.

Mais, de l'autre côté, le *blanc fixe*, surtout celui qu'on prépare en réduisant le sulfate de baryte natif en poudre fine, est d'un caractère cristallin et partiellement transparent ; il n'est ni assez finement divisé, ni suffisamment opaque, pour pouvoir être étendu sur une grande surface et pour la dérober entièrement à la vue. En langage technique, la couleur barytique ne *couvre* pas aussi bien que la céruse.

Le *blanc fixe*, comme couleur à l'huile, possède un autre défaut ; il n'agit pas, comme cela a lieu pour la céruse, à la manière d'une base sur l'huile employée ; il ne lui fournit pas graduellement de l'oxygène de manière à contribuer à la formation d'une couche tenace et résineuse, d'une sorte de vernis recouvrant la surface peinte.

On peut remédier partiellement à ce dernier inconvénient en faisant usage d'un mélange de sulfate barytique et de céruse, au lieu d'employer le composé barytique seul ; mélange porté trop souvent à l'excès, il faut l'avouer, dans un but de falsification frauduleuse, qu'on ne saurait blâmer assez sévèrement. Mais un mélange fait dans des proportions convenables, avoué franchement, et vendu à un prix correspondant, peut être considéré comme un produit commercial légitime et utile.

Ce défaut de ne pouvoir *couvrir* suffisamment, est beaucoup plus frappant dans le sulfate natif de baryte, pulvérisé mécaniquement, que dans le précipité amorphe obtenu, non pas dans un état de division purement mécanique, mais sous forme d'une poudre impalpable d'une finesse presque moléculaire, lorsqu'on ajoute l'acide sulfurique (soit libre, soit combiné) à un sel de baryte quelconque en solution.

C'est pour arriver à ce résultat avantageux qu'a été organisée spécialement la fabrication du blanc de baryte par précipitation chimique ; cependant dans quelques usines, comme, par exemple, dans celles de M. Kuhlmann, le précipité de sulfate de baryte ne constitue qu'un produit accessoire d'opérations ayant pour but principal la fabrication d'autres composés utiles.

Les sels de baryum qu'on emploie le plus habituellement dans le procédé par précipitation, sont le sulfure et le chlorure ; quoique dans plusieurs cas on se serve également de nitrate barytique.

En obtient facilement le sulfure de baryum soluble au moyen du sulfate natif insoluble, en soumettant ce minerai à l'action désoxydante bien connue du carbone sous l'influence d'une haute température. A cet effet, on pulvérise d'abord et on calcine ensuite le sulfate natif avec une proportion convenable de houille pulvérisée ; la masse qui en résulte est soumise au lessivage.

Les procédés employés, pour convertir en blanc fixe le sulfure de baryum ainsi obtenu, varient dans les différentes usines, selon les circonstances locales.

Là où les acides sont à bon marché, on convertit d'abord le sulfure en chlorure par l'addition directe d'acide chlorhydrique; et du chlorure de baryum ainsi formé, on précipite le sulfate de baryte par l'addition directe d'acide sulfurique.

Là où l'on obtient le sulfate de soude à bas prix, il est plus avantageux de présenter l'acide sulfurique sous cette forme, de manière à obtenir par double décomposition du sulfate de baryte précipité et du sulfure de sodium en dissolution; on se sert de ce dernier produit pour préparer l'hyposulfite de soude, qu'on emploie maintenant en grande quantité en photographie (voyez le chap. sur l'hyposulfite de soude).

Dans d'autres localités il est plus économique d'introduire l'acide sulfurique sous forme de sulfate de chaux (gypse); de sorte qu'en précipitant la baryte comme sulfate, le sulfure de calcium reste en solution; on jette généralement ce dernier produit, quoiqu'il soit facile de le convertir, par des procédés bien connus, en hyposulfite vendable.

Lorsqu'on a à sa disposition de l'acide acétique brut, on peut s'en servir pour saturer le sulfure de baryum et purifier ensuite par les méthodes ordinaires la solution d'acétate de baryte qui en résulte. L'addition d'acide sulfurique, en proportions équivalentes exactes, précipite la baryte et laisse l'acide acétique libre en solution. De cette manière, on obtient simultanément le précipité voulu de blanc fixe et de l'acide acétique pur; il faut remarquer qu'on produit ainsi ce dernier acide en économisant les frais habituels de distillation. On est redevable de cet ingénieux procédé à M. Kuhlmann, qui le pratique dans sa fabrique de produits chimiques, située près de Lille.

M. Kuhlmann emploie encore deux autres méthodes pour produire le blanc fixe; le carbonate natif de baryte sert de point de départ à l'une, le sulfate natif à l'autre.

En place de craie, M. Kuhlmann utilise le carbonate de baryte naturel pour absorber les vapeurs nitreuses qui s'échappent des chambres d'acide sulfurique, et le gaz acide chlorhydrique qui se dégage dans le procédé de fabrication de la soude, pendant la conversion du sel ordinaire en sulfate de soude. Les nitrate et chlorure de baryum ainsi obtenus en solution sont traités respectivement par l'acide sulfurique, qui précipite du blanc fixe, et met en liberté les acides nitrique et chlorhydrique (étendus). De cette manière M. Kuhlmann empêche les gaz perdus de son établissement de vicier l'air du voisinage, et, tout en accomplissant un devoir de salubrité, il met à profit un résidu autrement très-pernicieux.

M. Kuhlmann se sert avec la même habileté du sulfate de baryte naturel pour tirer parti d'un déchet d'un autre genre, et produire en même temps du blanc fixe.

Le résidu ainsi utilisé est le chlorure impur de manganèse, qui provient de la fabrication du chlore résultant de la réaction du peroxyde de manganèse sur l'acide chlorhydrique.

Ce produit secondaire, après avoir été mélangé avec du sulfate de baryte naturel et de la houille pulvérisée, est soumis à la calcination. La houille désoxyde le sulfate de baryte comme nous l'avons expliqué plus haut; une double décomposition s'opère en même temps entre le sulfure de baryum ainsi formé et le chlorure de manganèse, de manière qu'en lessivant le produit calciné, on obtient d'un côté, du chlorure de baryum en solution, et de l'autre, du sulfure de manganèse insoluble comme résidu solide. Ce résidu retient le fer et les autres impuretés qui pouvaient se trouver dans le sulfate de baryte naturel; ce dernier peut donc être d'une qualité inférieure à celle qu'il faudrait employer sans cette circonstance.

On obtient ainsi à très-peu de frais le chlorure de baryum, et lorsqu'on le traite ensuite par l'acide sulfurique, en suivant l'une ou l'autre des méthodes que nous venons d'indiquer, il fournit une couleur proportionnellement peu coûteuse.

En démontrant ainsi comment on peut obtenir du chlorure de baryum à peu de frais, par l'emploi de matériaux qui n'ont aucune autre valeur, M. Kuhlmann a rendu un service éminent aux arts et acquis des droits à notre reconnaissance. En effet, ce n'est pas seulement pour la préparation du blanc fixe qu'une production abondante et à bon marché de chlorure de baryum sera précieuse. En ajoutant ce sel en proportion exacte aux eaux séléniteuses, il précipite l'acide sulfurique du sulfate de chaux ; il débarrasse ainsi ces eaux d'une impureté pouvant occasionner l'incrustation des chaudières, et provoquer des explosions désastreuses. Si l'on mélange des solutions bouillantes et concentrées de chlorure de baryum et de nitrate de soude, on peut préparer économiquement le nitrate de baryte ; et ce dernier présente au chimiste scientifique les moyens de préparer une quantité équivalente, et relativement à bon marché, de baryte caustique, qui, pour beaucoup de recherches, est un agent bien plus précieux que son congénère, moins énergique, la chaux.

En somme, on peut affirmer que, parmi tous les produits chimiques envoyés à l'Exposition universelle de 1862, il y en a peu qui, pendant les dix dernières années, aient fourni aux chimistes une moisson plus riche en résultats utiles que la baryte et ses composés ; et nous ajouterons qu'il n'y en a point qui ne présente les mêmes chances de réussite et d'avenir, pour la décade suivante.

Quant aux récompenses décernées par le jury pour les composés barytiques, il faut remarquer que ces composés étaient disséminés dans les différentes expositions de nombreux fabricants, et qu'aucune vitrine ne leur était spécialement réservée. Ainsi, la supériorité, comme invention ou comme fabrication, dans la production des composés barytiques, ne constituait pour le jury qu'un motif accessoire pour accorder des récompenses honorifiques à MM. Kuhlmann (de Lille) et Clemm-Lennig (de Mannheim).

OUTREMER.

Cette couleur splendide, qui se retirait autrefois exclusivement de la lazulite (*lapis lazuli*), et dont la valeur était presque égale à celle de l'or, se prépare aujourd'hui au moyen de procédés si simples, si économiques et si sûrs, que, dans l'intervalle des années 1829 à 1855, son prix a baissé de 240 sh., à 1 sh., et même à 10 pences par livre. Le développement extraordinaire auquel est arrivée cette branche de l'industrie constitue un des plus brillants triomphes de la chimie ; et l'histoire de sa découverte et de ses progrès rapides offre par conséquent un intérêt particulier.

L'analyse chimique avait prouvé que la lazulite se composait principalement de silice, d'alumine, de soude et de soufre ; en 1814, la formation accidentelle d'une couleur bleue minérale avait été observée par Tassaert dans les fours à soude (1) de Saint-Gobain ; et dans le courant de cette même année, l'identité de cette couleur avec la lazulite avait été démontrée par Vauquelin ; lorsqu'en 1824, la Société d'encouragement pour l'industrie nationale de France proposa un prix de 6,000 francs pour la découverte d'une méthode pratique servant à la préparation de l'outremer artificiel. En 1828, ce problème fut résolu simultanément par M. Guimet et par M. Christian Gmelin, professeur de chimie à l'Université de Tübingue, avec cette différence, cependant, que M. Gmelin publia son procédé, tandis que M. Guimet tint le sien secret, et établit une fabrique d'outremer, dont il conserva pendant plusieurs années le monopole presque exclusif. Mais peu à peu d'autres établissements furent fondés, tant en France qu'en Allemagne, et c'est dans ce dernier pays, en effet, que la fabrication de l'outremer a atteint son plus grand développement. C'est aussi à l'Allemagne que nous sommes redevables des mémoires les plus importants publiés sur ce sujet.

Fabrication de l'outremer ; ses variétés ; statistiques de sa production. — Ce sujet a été traité de main de maître par M. Stas, dans son rapport sur l'Exposition de 1855 (2). Son mémoire contient une telle masse de détails expliqués avec tant d'ordre, de clarté et de précision, qu'il sera toujours consulté avec le plus grand avantage par ceux qui cherchent des renseignements exacts sur la fabrication de l'outremer, et sur la manière d'en faire l'essai.

---

(1) Selon M. Kuhlmann, l'outremer se forme aussi quelquefois dans les fours qui servent à la préparation du sulfate de soude.

(2) Page 600. Le *Moniteur scientifique*, livr. 43ᵉ, p. 800 (1858), a publié le rapport complet de M. Stas.

On divise l'outremer en deux classes : les *bleus* et les *verts*. En 1855, ces derniers firent leur première apparition dans l'industrie; mais depuis on les a beaucoup perfectionnés, et on les prépare maintenant en quantité considérable. Le même silicate d'aluminium et de sodium constitue la base principale des outremers bleu et vert, et, la seule influence d'un agent oxydant sur le dernier suffit pour transformer la couleur verte en couleur bleue. On obtient le même résultat en calcinant de l'outremer vert avec du sel ammoniac.

On subdivise les outremers bleus, selon leurs teintes, en bleu pur, en bleu verdâtre, et en bleu violacé avec reflet rose. On les divise, en outre, en bleus pouvant résister pendant quelque temps (d'une demi-heure à quatre heures) à l'action d'une solution d'alun froide mais concentrée (1), et en bleus qui se décolorent immédiatement sous cette influence.

En général, les bleus purs, et ceux qui possèdent beaucoup d'éclat et une teinte légèrement verdâtre, ne résistent pas à l'action de l'alun; tandis que ceux à reflets roses en sont beaucoup moins altérés. Aussi emploie-t-on principalement ces derniers pour donner une couleur bleue au papier (pour le collage duquel on se sert toujours d'alun) et pour l'impression des étoffes préparées avec des mordants à réaction acide.

Tous les outremers, quand ils sont associés à l'albumine et aux huiles, résistent parfaitement à l'influence des alcalis et à l'action de l'air ou de la lumière. Cette propriété si précieuse, jointe à la richesse, à la pureté et à la beauté de leurs teintes, a provoqué leur emploi, non-seulement pour toutes les espèces d'impression sur tissus, et pour les belles impressions lithographiques et typographiques, mais aussi pour les papiers peints, la peinture murale, les peintures à l'huile et à la gouache, etc.

La consommation de l'outremer est devenue énorme, et l'on peut en juger par le fait qu'en 1855 déjà, on estimait sa production annuelle à plus de 50,000 quintaux. On peut se former une idée de la grandeur et de l'importance actuelle de cette industrie, en jetant un coup d'œil sur les statistiques d'une seule fabrique d'Allemagne, celle de MM. Leykauf et Heyne (2), à Nuremberg. Cette manufacture emploie 220 ouvriers habiles, possède des machines soit à vapeur, soit hydrauliques, d'une force réunie de 80 chevaux, et produit annuellement 15 000 quintaux d'outremer, en consommant 24,000 quintaux de matière brute, ainsi que 90,000 quintaux de houille et 40,000 pieds cubes de bois comme combustible.

Différents procédés de fabrication de l'outremer; leurs avantages et produits relatifs. — Le mode de préparation de l'outremer varie selon la localité et selon l'espèce qu'on veut préparer. Dans l'esquisse suivante du procédé, le rapporteur a suivi principalement les indications données par M. Stas en 1855 :

La première opération consiste à faire un mélange intime de kaolin, de soufre et de carbonate de soude; on y ajoute fréquemment une certaine quantité de sulfate de soude, ainsi que du charbon de bois et de la colophane. Tous ces ingrédients doivent être réduits en poudre extrêmement fine, à l'exception de la colophane, qu'on ajoute concassée en morceaux de la grosseur d'une noisette. Pour obtenir un bleu pur et intense, on augmente la proportion de sulfate de soude, et on dirige l'opération de manière à fixer la plus grande quantité possible de soufre (jusqu'à 8 ou 10 pour 100) dans le composé. D'un autre côté, afin d'obtenir des bleus violacés capables de résister à l'action de l'alun, on augmente la proportion du carbonate de soude aux dépens du sulfate, et on mélange le kaolin avec de la silice pulvérisée, de manière à obtenir un mélange dans lequel la silice et l'alumine soient l'une à l'autre dans le rapport de 65 à 35.

---

(1) La lazulite résiste d'une manière permanente à l'action de l'alun et même de l'acide acétique. C'est, en effet, au moyen de ce dernier acide qu'on élimine du minéral le carbonate de chaux avec lequel on le trouve combiné dans la nature. D'après Vauquelin, l'outremer artificiel qui se forme quelquefois dans les fours à soude possède le même degré de solidité. La stabilité imparfaite de la plupart des outremers obtenus artificiellement indique que cette industrie n'a pas encore atteint son point culminant.

(2) *Wagner's Jahresbericht*, VII (1861), 249.

Dans le tableau suivant, nous indiquons la composition de deux mélanges pour la préparation d'un outremer bleu foncé. On remarquera que le premier de ces mélanges, donné par M. Stas dans le rapport de 1855, renferme du sulfate aussi bien que du carbonate de soude. Le second, indiqué par M. Fürstenau (1), directeur d'une fabrique d'outremer à Cobourg, n'exige que l'emploi du carbonate de soude.

	I. M. Stas.	II. M. Fürstenau.
Kaolin	37	33.2
Sulfate de soude (anhydre)	15	»
Carbonate de soude	22	29.8
Soufre pur	18	33.2
Charbon de bois	8	1.9
Colophane	»	1.9
	100	100.0

On mélange parfaitement ces ingrédients, et on les introduit dans un certain nombre de creusets (de 150 à 200) pouvant contenir chacun 24 à 30 livres du mélange, et qui sont empilés les uns sur les autres dans le four; ou bien encore, on introduit le mélange dans de grandes caisses en argile réfractaire, pouvant contenir chacune 6 à 7 quintaux, et rangées deux par deux au-dessus du foyer d'un four à deux étages, dont le compartiment inférieur est chauffé directement par le feu, tandis que l'étage supérieur ne reçoit que la chaleur des gaz produits par la combustion et s'élevant vers la cheminée (2).

Si l'on emploie le mélange n° 1, la température du four, d'après M. Stas, doit être très-lentement portée au rouge sombre, et maintenue à ce point pendant 48 heures. Si, au contraire, l'on veut se servir du mélange n° 2, M. Furstenau recommande l'élévation rapide de la température jusqu'au point de fusion d'un alliage de parties égales d'argent et d'or; il recommande encore de maintenir cette même température pendant 5 ou 6 heures, ou jusqu'à ce qu'un échantillon du mélange retiré du four présente une couleur verte en se refroidissant. On abaisse alors graduellement la température, on mure toutes les ouvertures, et on laisse refroidir le four pendant 28 à 36 heures.

Le point le plus important du procédé c'est de maintenir une température convenable. Une chaleur trop forte fait fondre la masse et détruit l'outremer. D'un autre côté, si la température est trop basse, il n'y a pas réduction de sulfate de soude, il n'y a pas ormation de polysulfure de sodium, et l'on n'obtient pas d'outremer. Une opération réussie fournit une masse verte friable et seulement très-légèrement agglutinée. On la pulvérise, puis on l'introduit dans des caisses en fonte fermées par des couvercles, et on chauffe de nouveau pendant 18 heures à une température modérée, produite par la chaleur perdue d'un four à calcination.

On pulvérise finement le produit ainsi obtenu, et on le lave aussi complétement que possible, afin d'en éliminer tous les sels solubles; après quoi on le dessèche. Si, alors, il ne présente pas encore la couleur bleue désirée, on le soumet à une espèce de torréfaction, qui s'opère généralement dans un four à réverbère, chauffé jusqu'au rouge naissant. De l'oxygène est alors absorbé, et une partie du soufre brûle en produisant de l'acide sulfureux. On soumet

(2) Fürstenau, *Dingler's polytechnisches Journal*, CLIX, p. 63.

(3) Le rapporteur tient de M. Dornemann (de Lille), que, dans quelques fabriques, on introduit le mélange intime de kaolin, de soufre, de carbonate de soude et de colophane dans des moufles pouvant contenir de 1,800 à 2,000 kilogrammes de ce mélange, et qu'on le calcine pendant quatre-vingts heures à une température entre la chaleur rouge cerise et la chaleur blanche. On ferme ensuite hermétiquement toutes les ouvertures, et on laisse le four se refroidir aussi lentement que possible, ce qui dure environ une semaine. Lorsqu'on retire du four la masse refroidie, elle présente une couleur bleue, qui est plus belle quand la substance n'est que légèrement frittée, sans indices de fusion véritable.

l'outremer à ce traitement jusqu'à ce qu'un nouvel échantillon, refroidi et comparé à un échantillon précédemment examiné, ne montre plus d'augmentation dans l'intensité de la couleur. On lave, on moud et l'on sèche ensuite soigneusement le produit.

Pour le broyage on se sert de meules, pareilles à celles dont on fait usage pour la pulvérisation du feldspath employé dans la fabrication de la porcelaine.

Cette opération nécessite les plus grands soins. Une division extrême est, en effet, une qualité indispensable de l'outremer destiné à l'impression des tissus. Plus il est fin, plus il restera longtemps en suspension dans l'eau; plus facile, par conséquent, sera son application, et plus grande sa valeur. L'eau qu'on emploie pour laver l'outremer doit être très-pure et renfermer le moins possible de chaux; parce que cette substance a une tendance à se déposer avec l'outremer, et à en détériorer la nuance.

Depuis l'Exposition universelle de 1855, la fabrication de l'outremer s'est développée d'une manière très-considérable; et les procédés de fabrication, plus particulièrement ceux des variétés les moins décomposables, ont été grandement perfectionnés. M. Reinhold Hoffmann, directeur du *Blauforbwerk Marienberg* (Allemagne, États du Zolverein, 463), a communiqué au rapporteur des renseignements très-intéressants relativement à l'industrie de l'outremer. Selon M. Hoffmann, les méthodes actuelles de fabrication de ce composé peuvent être résumées de la manière suivante.

Classification des procédés de fabrication de l'outremer. — Tous les procédés qui ont été proposés, quelles que soient les différences qu'ils puissent présenter entre eux, quant aux proportions des matériaux, aux constructions de fours, creusets, et autres ustensiles, peuvent être divisés en trois classes principales, savoir :

I. Procédés employant le kaolin, le sulfate de soude et le carbone.

II. Procédés employant le kaolin, le sulfate de soude, le carbonate de soude, le soufre et le carbone.

III. Procédés employant le kaolin, le carbonate de soude, la silice, le soufre et le carbone.

Le produit brut obtenu par le procédé N° I, qui est le plus ancien, est généralement un peu fritté, par suite de la température élevée qu'il nécessite. La couleur de ce produit est *verte* et ne présente qu'une légère teinte bleue toujours superficielle. Il est facile de choisir dans ce produit des portions offrant une coloration verte assez pure et suffisamment uniforme pour qu'après un simple broyage et lessivage elles soient propres aux usages industriels. La variété verte, mélangée avec du soufre et soumise à l'action de la chaleur en présence de l'air, — qui enlève la plus grande quantité de soufre à l'état d'acide sulfureux, — est convertie en outremer bleu. Cette méthode fournit plus particulièrement les variétés bleu clair. L'outremer qu'on obtient de cette manière renferme généralement de 6 à 8 pour 100 de soufre.

Le second procédé ne diffère du premier que par l'addition du soufre et du carbonate de soude. On peut exécuter l'opération à une température beaucoup plus basse. Elle fournit un produit brut de couleur verte, de texture friable, et si poreux qu'il absorbe l'oxygène avec la plus grande facilité. Il en résulte qu'après le refroidissement du four, une grande portion du produit se trouve convertie en outremer bleu. Il est extrêmement difficile de produire, par cette méthode, de l'outremer vert commercial. En ajoutant du soufre à l'outremer imparfaitement bleu qu'on obtient de cette manière, et en traitant le mélange exactement comme le produit du procédé N° I, il se forme un outremer parfaitement bleu et qui ne diffère du produit final du premier procédé que par sa teinte plus foncée et sa plus grande richesse en couleur. Les phénomènes qu'on observe en fabriquant d'après le second procédé varient suivant la quantité de sulfate de soude remplacée par le carbonate de soude et le soufre. Proportionnellement à l'augmentation des deux dernières substances dans le mélange, le produit brut, en se refroidissant, acquiert une coloration bleue de plus en plus intense; et même dans la première phase de l'opération, il est possible d'obtenir un outremer bleu *fini*, n'exigeant plus de traitement ultérieur avec du soufre. Les outremers bleus fabriqués au moyen de ce procédé renferment 10 à 12 pour 100 de soufre.

Les outremers qu'on obtient à l'aide des procédés I et II sont incapables de résister à l'action d'une solution saturée d'alun.

Le procédé N° III ne diffère du procédé II que par l'addition de silice finement divisée. Le produit brut obtenu de cette manière est toujours bleu ; aussi peut-on, dans ce cas, se dispenser du traitement par le soufre. L'outremer fourni par le procédé de la silice diffère des produits résultant des deux premiers procédés, par la manière dont il se comporte vis-à-vis des solutions d'alun, auxquelles il résiste d'autant mieux qu'il contient plus de silice. L'outremer ainsi formé se distingue par une teinte rose particulière, dont l'intensité augmente également avec la proportion de silice. On remarque cette teinte rose plus particulièrement si l'on mélange des échantillons d'outremer fabriqués d'après les trois procédés avec la même quantité de matière colorante blanche. Pour beaucoup d'applications, le procédé N° III fournit un produit décidément supérieur. Mais cette méthode de fabrication offre des difficultés considérables, qui proviennent principalement de ce qu'un mélange riche en silice présente toujours une grande tendance à se fritter dans le four.

Constitution de l'outremer encore incertaine. — Quoique l'on connaisse aujourd'hui très-bien les circonstances les plus favorables à la production de l'outremer, et les conditions exigées pour assurer le succès de sa préparation, il règne encore beaucoup d'obscurité et d'incertitude sur la constitution chimique de cette importante couleur. Il est vrai que nous possédons de nombreuses analyses de l'outremer, tant des variétés bleues que des vertes, analyses qui ont fixé jusqu'à un certain point la composition de cette substance; mais nous ne sommes pas encore arrivés à une théorie satisfaisante concernant sa constitution et sa formation.

Analyses de l'outremer. — Les chimistes qui se sont principalement occupés des analyses de l'outremer pendant les dernières années sont : MM. Brunner (1), Stölzel (2), Breunlin (3), Gentele (4), Wilkens (5), Ritter (6), Böckmann (7), Scheurer-Kestner (8), et Reinhold Hoffmann (9).

Pour plus de détails, le rapporteur est obligé de renvoyer aux Mémoires de ces chimistes. L'examen approfondi de leurs résultats, qui, souvent, s'écartent beaucoup les uns des autres, dépasserait le cadre de ces notes. Mais il sera permis de transcrire ici un tableau synoptique des principales analyses du bleu d'outremer, emprunté à M. Scheurer-Kestner. Le soufre y est désigné comme *soufre a* et *soufre b;* le premier est le soufre abandonné sous forme d'hydrogène sulfuré, l'autre est celui qui est précipité, à un état de division très-grande, lorsqu'on traite l'outremer par un acide. Toutefois, M. Guignet (10) a montré que le bleu d'outre-mer de provenances diverses contient souvent du soufre libre, qu'on peut extraire à l'aide du sulfure de carbone, sans altérer aucunement la couleur de la substance.

Le nombre des exposants est considérable pour cet article. L'Allemagne surtout est fortement représentée (11). En Angleterre, la production du bleu d'outremer paraît être très-

(1) Brunner, *Ann. Chem. Pharm.*, LXVII, p. 541.

(2) Stölzel, *Ann. Chem. Pharm.*, XCVII. p. 35.

(3) Breunlin, *Ann. Chem. Phys.* (3), XLVIII, p. 64.

(4) Gentele, *Dingler's polytechnisches Journal*, CXL, p. 233; CLX, p. 453.

(5) Wilkens, *Ann. Chem. Pharm.*, XCIX, p. 21.

(6) Ritter, *Rép. Chim. App.*, 1861, p. 15.

(7) Böckmann, *Ann. Chem. Pharm.*, CXVIII, p. 212.

(8) Scheurer-Kestner, *Rép. Chim. App*, 1861, p. 420.

(9) R. Hoffmann, *Zeitschrift Chem. Pharm.*, 1861, p. 485.

(10) Guignet, *Répert. de chimie appl.*, 2861, p. 427.

(11) D'après M. Stas (*loc, cit.*), il n'y avait pas en Europe, en 1855, moins de 80 fabriques d'outremer, dont la plupart appartenaient à l'Allemagne.

limitée, car aucun manufacturier anglais n'a exposé un échantillon d'outremer fabriqué par lui-même.

Analyses d'outremer.

	VARRENTRAPP.	ELSNER.	BRUNNER.	DREUNLIN.					WILKENS.	RITTER.	BŒCKMANN.			
Silice.	45.60	40.00	32.54	37.40	40.90	38.47	36.31	36.58	39.28	40.40	28.82	29.32	25.88	26.79
Alumine.	23.30	29.50	25.25	29.99	34.18	28.45	25.88	25.05	26.73	31.88	38.89	37.64	37.96	36.77
Soude.	21.46	23.00	16.91	14.89	16.17	19.23	20.96	17.20	11.97	13.18	16.09	14.14	18.74	17.66
Sodium.	»	»	»	»	»	»	»	»	5.23	2.39	3.11	3.83	4.37	3.20
Soufre *a*	1.68	0.05	11.63	1.98	2.20	1.32	1.43	2.21	13.84	4.80	2.08	2.00	2.36	2.22
Soufre *b*		3.05		7.10	8.43	4.87	5.81	8.68		1.40	7.51	8.21	10.00	9.07
Potasse.	1.75	»	»	»	»	»	»	»	»	»	»	»	»	»
Fer.	1.06	»	»	»	»	»	»	»	»	»	»	»	»	»
Chaux.	0.02	»	»	0.47	0.82	0.06	1.11	1.02	»	»	»	»	»	»
Acide sulfurique.	3.08	3.04	3.37	2.33	1.30	3.47	2.67	1.98	»	»	»	»	»	»
Chlore.	trace.	»	»	»	»	»	»	»	»	»	»	»	»	»
Peroxyde de fer.	»	1.00	3.24	»	»	»	»	»	»	»	»	»	»	»
Oxygène.	»	»	0.04	»	»	»	»	»	2.77	0.55	»	»	»	»
Argile.	»	»	»	2.83	1.46	2.04	2.31	2.79	»	»	2.90	4.31	0.94	3.79

INDUSTRIE DE L'ALUMINIUM ET DE SES COMPOSÉS.

Parmi les éléments qui constituent la croûte solide du globe, le métal aluminium est un des plus généralement répandus. Son oxyde est bien connu sous la forme de rubis, de saphir, de corindon et d'émeri. Combinée avec la silice pour former les différentes variétés d'argile, l'alumine entre pour une forte part dans la composition des matériaux de construction, naturels et artificiels, et constitue, en outre, la base des diverses industries céramiques. On a trouvé d'ailleurs le silicate d'aluminium dans la grande majorité des silicates naturels terreux composés dont on a fait l'analyse. Le sulfate d'alumine, uni aux sulfates alcalins, donne lieu à la formation de cette catégorie importante de substances, qu'on désigne par le nom générique d'aluns et qu'on emploie si généralement en teinture et en impression.

On voit, par ce qui précède, que le métal aluminium se rattache très-étroitement à quelques industries chimiques des plus importantes ; et l'histoire chimico-industrielle de cet élément a été regardée depuis longtemps comme un des épisodes les plus intéressants de la chimie technique.

Le métal aluminium. — Le premier chapitre de cette histoire, celui de la métallurgie de l'aluminium était cependant resté en blanc ; c'est à la décade qui s'est écoulée entre les deux premières expositions universelles qu'a été réservé l'honneur de remplir cette lacune. Dès 1835, le célèbre Wöhler (1) avait réussi à isoler le métal aluminium de son chlorure à l'aide d'un procédé qui, depuis ce temps, est resté le type d'opérations semblables, c'est-à-dire par

(1) Wöhler, *Ann. Chem. Pharm.,* XVII, 43 ; LIII, 422 ; XCIII, 365 ; XCIX, 255.

l'action du sodium métallique. M. Wöhler n'avait cependant réussi à préparer que la quantité d'aluminium justement suffisante pour déterminer les principales propriétés de ce nouveau métal. Ce n'est qu'en 1853, que M. Henri Sainte-Claire Deville (1) eut l'heureuse idée d'examiner et d'étudier l'aluminium au point de vue industriel. Grâce aux recherches de ce chimiste distingué, on fabrique maintenant l'aluminium en grand, et on l'applique à une variété d'objets utiles, dont le nombre augmente rapidement.

La métallurgie de l'aluminium, quoiqu'elle repose sur une série de procédés essentiellement chimiques, est en dehors du cadre assigné à ce rapport. C'est au rapporteur de la classe Iʳᵉ qu'appartient le privilége de faire l'historique des brillants travaux de M. Henri Sainte-Claire Deville. Cependant, l'auteur de ces pages s'acquitterait mal de sa mission, s'il négligeait cette occasion de parler avec reconnaissance des services éminents que M. Deville a rendus à la cause de la science, tout en étendant en même temps le domaine de l'industrie. Les chimistes n'oublieront jamais que, s'ils peuvent employer largement et à peu de frais, dans leurs laboratoires, une quantité quelconque de sodium métallique, c'est aux efforts de ce savant qu'ils le doivent. La simplification du procédé de préparation du sodium et la fabrication en grand de ce métal ont introduit dans nos laboratoires un nouvel agent désoxydant d'une valeur inestimable comme instrument de recherches; nous lui sommes déjà redevables d'un grand nombre de résultats importants, qui, sans doute, ne fera que s'accroître d'année en année.

Tandis que la fabrication de l'aluminium lui-même a donné naissance à une nouvelle branche de la métallurgie, les anciennes industries des composés aluminiques ne sont pas restées stationnaires. Les composés déjà connus du commerce ont été préparés au moyen de procédés perfectionnés; d'autres, dont la production était originairement limitée à l'usage des laboratoires, sont devenus l'objet d'une consommation considérable, au point de se ranger aujourd'hui parmi les produits industriels les plus importants.

Alun — En tête des composés si intéressants de l'alumine se trouve l'alun, qui réclame notre attention non-seulement par son importance dans les arts, mais encore par les changements remarquables que sa fabrication a subis pendant les dix dernières années.

On obtient quelquefois ce sel au moyen de l'alunite ou de la pierre d'alun, composé naturel d'alun et d'alumine hydratée. Ce minéral, soumis à l'action de la chaleur et ensuite à celle de l'air, se désagrége parfaitement et fournit alors, par la lixiviation une solution d'alun. C'est ainsi que l'on obtient l'alun romain de l'alunite existant dans le voisinage de Tolfa; la *Société de l'alun romain* (Rome, 10) en a exposé des échantillons dans le département italien.

La méthode la plus ordinaire de fabrication de l'alun, celle qu'on a employée presque exclusivement jusqu'à ce jour en France et en Allemagne, et jusqu'à ces derniers temps en Angleterre, consiste à soumettre les schistes pyriteux et carbonifères à une combustion atmosphérique lente, qui donne lieu à la formation d'un mélange de sulfate de fer et de sulfate d'alumine; sels qu'on peut isoler facilement. Après avoir fait cristalliser le sulfate de fer aussi complétement que possible, il reste comme eau-mère une solution ferrugineuse de sulfate d'alumine. On convertit ce dernier sel en alun potassique ou ammoniacal, selon qu'on ajoute du sulfate de potasse ou d'ammoniaque; et l'alun ainsi obtenu peut être purifié par cristallisation.

Quelques espèces de schistes pyriteux traités de cette manière, et plus particulièrement ceux qu'on trouve près de Whitby, dans le Yorkshire, contiennent des quantités considérables de magnésie, qu'on extrait des eaux-mères de l'alun sous forme de sulfate. La majeure partie du sel d'Epsom, si généralement employé en Angleterre, provenait autrefois de cette source. Mais ce mode de fabrication du sulfate de magnésie se tranforme en ce moment. On

(1) Sainte-Claire Deville, *Comptes-rendus*, XXXIX, 321; *Dingler's Journal*, CXXXI, 270; CXXXIV, 284; CXXXVII, 125.

importe maintenant en Angleterre de grandes quantités de magnésite, ou carbonate de magnésie naturel, dont on trouve des gisements très-étendus en Grèce, et on le convertit directement en sulfate par l'action de l'acide sulfurique. On extrait aussi des quantités très-considérables de sulfate de magnésie des eaux-mères des salines dans le midi de la France.

Changements introduits dans la fabrication de l'alun. — Les changements les plus importants dans la fabrication de l'alun pendant la dernière décade sont : (*a*) la substitution de l'acide sulfurique, fabriqué d'après la méthode ordinaire, à l'acide sulfurique engendré au moyen des pyrites ferrugineuses par suite d'une exposition prolongée à l'action de l'air; et (*b*) la substitution presque générale de l'ammoniaque à la potasse qu'on employait autrefois.

Fabrication de l'alun par l'action de l'acide sulfurique sur les minéraux aluminifères. — Le traitement direct des minéraux aluminifères par l'acide sulfurique fut breveté par M. Spence (1) en 1845; et MM. Spence et Dickson exploitent ce procédé depuis 1847. On comprendra toute l'importance de ce perfectionnement par ce seul fait, qu'il fallait 60 tonnes de schiste oolithique du Yorkshire pour produire une tonne d'alun potassique, tandis qu'en suivant le nouveau procédé, trois quarts de tonne suffisent pour la production d'une tonne d'alun ammoniacal. La description détaillée que nous donnons de ce procédé est empruntée presque entièrement au mémoire si souvent cité par nous : *Rapport sur les progrès récents de la chimie industrielle dans le Lancashire* (p. 118), dont les auteurs ont eu l'occasion d'assister aux différentes opérations qu'ils ont décrites.

M. Spence emploie les schistes situés au-dessous des couches de houille dans le sud du Lancashire. Ce schiste, dont la couleur noire est due à la matière organique qu'il contient, est accumulé en tas de quatre à cinq pieds de hauteur, et calciné lentement à une température approchant à peine de la chaleur rouge; ce grillage a pour effet de rendre l'alumine du schiste soluble dans l'acide sulfurique. Une température trop élevée empêcherait la réalisation de ce but en provoquant une vitrification partielle de l'argile, ce qui rendrait l'alumine tout à fait insoluble dans l'acide. Cette calcination dure environ dix jours, et l'on ajoute journellement du schiste nouveau aux anciens tas. Après avoir été suffisamment calcinée, la matière est tendre, poreuse et d'un rouge brique pâle. Le schiste calciné est ensuite placé dans des cuves munies d'un couvercle et pouvant contenir chacune 20 tonnes de cette matière; on l'y fait digérer pendant 36 à 48 heures avec de l'acide sulfurique d'une densité de 1.35. On maintient le liquide à une température de 110° C., d'un côté en chauffant les cuves en dessous, et de l'autre en y introduisant les vapeurs d'une chaudière contenant les eaux ammoniacales des usines à gaz. Cette phase du procédé fut brevetée par M. Spence de 1858-59 (2); il avait trouvé qu'il n'était nullement nécessaire de traiter d'abord par l'acide et ensuite par l'alcali, le traitement combiné convenant tout aussi bien, pourvu qu'il y eut un excès d'acide. Les sels ammoniacaux volatils de la liqueur du gaz se dégageant avec les vapeurs pénètrent dans les cuves et y sont décomposés par l'acide sulfurique; en ajoutant de la chaux dans la chaudière, on met en liberté l'ammoniaque que cette liqueur pourrait encore contenir à l'état de combinaison. La solution bouillante d'alun est ensuite écoulée dans des citernes, et l'on a soin de l'agiter continuellement pendant qu'elle se refroidit, afin de favoriser la formation de petits cristaux. On laisse égoutter la farine cristalline, et on la lave avec les eaux-mères des blocs d'alun. On ne trouve pas de fer dans les petits cristaux d'alun, quoiqu'il y en ait en abondance dans les eaux-mères à l'état de sulfate ferrique. A cette opération succède le *rochage* (*rocking*), qui consiste simplement en une recristallisation rapide. M. Spence opère la redissolution par l'action de la vapeur seulement, et sans ajouter de l'eau comme dissolvant. On introduit les cristaux dans une trémie au fond de laquelle arrive un jet de vapeur qui les dissout rapidement; on s'arrange de manière à présenter aux cristaux la vapeur en propor-

(1) Spence (P.), *Patents*, n° 10970, nov. 27, 1843; n° 1896, aug. 20, 1858; n° 474, feb. 21, 1859.
(2) Spence (P.), *Patents*, n° 10970, nov. 27, 1843; n° 1896, aug. 20, 1858; n° 474, feb. 21, 1859.

tion telle que, tandis que les premiers sont complétement dissous, cette dernière est parfaitement condensée. En suivant cette méthode, on peut dissoudre 4 tonnes de cristaux dans l'espace d'une demi-heure à trois quarts d'heure. La solution s'écoule directement dans un réservoir en plomb, où elle s'éclaircit par un repos de trois heures. Elle y dépose en abondance une matière également insoluble dans l'eau et dans les acides, et qu'on suppose être une combinaison renfermant ou constituée par du sulfate basique d'alumine. En écoule ensuite le liquide clarifié dans des tonneaux, dont les fonds sont formés de dalles du Yorkshire ayant chacune 6 pieds de diamètre, et dont les parois sont composées de douves mobiles de 6 pieds de long, qu'on maintient en place au moyen de cercles et de vis. Après un repos de cinq à huit jours, on dévisse les cercles, on enlève les douves, et l'on met à découvert une masse d'alun cristallisé ayant la forme du tonneau. On laisse de nouveau reposer pendant huit jours, puis on perce un trou à une distance de 8 à 10 pouces du fond, d'où il s'écoule une certaine quantité de liquide. Cette masse d'alun présente généralement 18 pouces d'épaisseur au fond, et 1 pied sur les côtés; elle contient 3 tonnes d'alun commercial, tandis que le liquide, qui en contient encore 1 tonne, retourne aux chaudières et sert à une autre opération. Les blocs d'alun, fabriqués d'après ce procédé, présentent quelquefois une teinte violacée, qu'un observateur superficiel pourrait être tenté d'attribuer à des impuretés métalliques. Elle est, cependant, de nature organique, et il est probable qu'elle est due à la présence dans les eaux ammoniacales du gaz de petites quantités d'aniline, qui, pendant le procédé de fabrication de l'alun, se convertit en matière colorante.

De 1850-51, M. Spence fabriquait environ 20 tonnes d'alun par semaine. La quantité qu'il produit actuellement s'élève à 110 tonnes, dont 70 sont produites dans le sud du Lancashire.

D'autres fabricants suivent également la méthode employée par M. Spence. La moitié de la quantité totale d'alun manufacturé en Angleterre (300 tonnes par semaine), est faite d'après ce procédé.

Alun ammoniacal. — La description que nous venons de donner fait ressortir d'une manière évidente que M. Spence ne produit que de l'alun ammoniacal. La substitution de l'ammoniaque à la potasse n'appartient pas, cependant, d'une manière particulière aux fabricants qui emploient le procédé direct par l'acide sulfurique. Par suite de l'élévation toujours croissante du prix des sels potassiques, l'emploi de l'alcali volatil est aussi très-généralement répandu dans les fabriques où l'on suit encore l'ancienne méthode, non-seulement en France et en Angleterre, mais encore en Allemagne, où, jusque dans ces derniers temps, un droit (1) assez fort prélevé sur les sels ammoniacaux étrangers constituait un obstacle puissant à l'emploi de l'ammoniaque. Comme exemple de ce fait, le rapporteur citera une manufacture d'Allemagne (les fabriques d'alun du Bonner Bergwerks- und Hütten-Verein, sous la direction du docteur Hermann Bleibtreu) produisant 1250 à 1500 tonnes d'alun par an. En 1851, cette fabrique ne produisait que de l'alun potassique ; en ce moment sa production annuelle d'alun de potasse n'excède pas 250 à 300 tonnes, tout le reste étant de l'alun ammoniacal. Dans le fait, cette dernière fabrication est devenue si universelle, qu'il n'est pas toujours facile de se procurer de l'alun potassique pour des expériences de laboratoire. Nous ferons observer d'ailleurs qu'un grand nombre d'échantillons d'alun, vendus comme alun potassique, contiennent, avec plus ou moins de potasse, des quantités très-considérables d'ammoniaque.

Sulfate d'alumine. — Le remplacement graduel de la potasse par l'ammoniaque dans la fabrication de l'alun, démontre suffisamment que ni le sulfate de potasse, ni celui d'ammoniaque ne jouent un rôle dans les principales applications de cette matière importante. C'est le sulfate d'alumine qui est le composé réellement utile, et le but qu'on se propose en ajoutant du sulfate de potasse ou d'ammoniaque est simplement de provoquer la formation d'un composé

---

(1) Dans le Zollverein, l'impôt établi sur les sels ammoniacaux étrangers s'élevait autrefois à 3 th. 10 silbg. (10 sh.) par quintal; mais, tout récemment, on l'a réduit à 1 th. (3 sh.) = 3 fr. 75 c.

bien défini, à tendances puissamment cristallines, qu'on peut facilement débarrasser du fer, dont la présence serait très-préjudiciable à son emploi en teinture et en impression. Le traitement direct des minéraux aluminifères par l'acide sulfurique a suggéré naturellement la fabrication du sulfate d'alumine lui-même. En effet, si l'on emploie des argiles exemptes de fer, la production d'un sel assez pur, pour pouvoir servir avantageusement à beaucoup d'usages, n'offre aucune difficulté. On calcine le kaolin et on le traite par l'acide sulfurique bouillant d'une densité de 1.38 (40°B), qui l'attaque rapidement. Pour se débarrasser de l'excès d'acide sulfurique, on évapore à siccité, et l'on rédissout dans l'eau. Cette solution, évaporée de nouveau, fournit un sulfate d'alumine d'une grande pureté.

Tourteaux d'alun (*Alum-cake*). — On désigne sous ce nom un sulfate d'alumine qui retient encore la silice de l'argile employée pour sa fabrication. Ce composé, que M. Pochin, de Manchester [1], fut le premier à introduire dans le commerce, est beaucoup employé dans les manufactures de papiers d'une qualité inférieure, que le fabricant n'est que trop disposé à charger d'une certaine proportion de matières minérales étrangères. Cependant, lorsqu'on le désire, on peut obtenir avec ces tourteaux une solution parfaitement pure de sulfate d'alumine; on n'a qu'à laisser reposer la solution, afin que la silice qui s'y trouve mélangée mécaniquement puisse se déposer. On fabrique les tourteaux d'alun en mélangeant du kaolin finement divisé avec de l'acide sulfurique d'une densité de 1.4, chauffé préalablement à 40° ou 50° C. La pâte liquide ainsi formée est coulée dans des cadres carrés dont les côtés sont mobiles, et où, dans l'espace de quelques minutes, elle se solidifie à l'état de tourteaux. Ces tourteaux se composent de sulfate d'alumine, combiné avec huit équivalents d'eau, et renfermant la silice isolée à l'état de mélange mécanique. La masse devient si dure que, pour en faciliter la pulvérisation, les ouvriers introduisent dans les tourteaux, pendant qu'ils sont encore mous, des coins de fer au moyen desquels, les cadres ayant été enlevés, on brise les tourteaux en gros morceaux, qu'un mécanisme réduit ensuite en fragments plus petits. Les tourteaux d'alun contiennent 13 pour 100 d'alumine

Alumine-alun. — On désigne sous ce nom un nouveau composé aluminique, qu'on a commencé à fabriquer en France dans ces derniers temps, en traitant l'alunite naturelle par l'acide sulfurique. L'alunite qu'on emploie se rencontre au Mont-d'Or (département de la Nièvre), et une Société s'est constituée pour l'exploitation en grand de ce dépôt. 100 kilogrammes d'alunite du Mont-d'Or, traités d'après l'ancienne méthode, fournissent à peu près 50 kilogrammes d'alun ; si l'on soumet la même quantité d'alunite à l'action de l'acide sulfurique, on obtient 200 à 220 kilogrammes d'un mélange d'alun potassique et de sulfate d'alumine, qu'on vend sous le nom d'*alumine alun*, et qui remplace avantageusement tant l'alun que le sulfate d'alumine dans un grand nombre d'applications, plus particulièrement dans la fabrication du papier. MM. Barthe, Durrschmidt, Porlier, et Comp., de Coulanges-lez-Nevers (France, 161), ont exposé des échantillons de ce produit.

Aluminate de soude. — Dans l'industrie des toiles peintes on a longtemps employé une solution d'alumine préparée en ajoutant de la soude caustique à une solution d'alun ordinaire, jusqu'à ce que le précipité d'alumine hydratée produit au commencement se fût redissous dans l'excès d'alcali. Autrefois cette solution était préparée dans les manufactures de toiles peintes; mais l'aluminate de soude, fabriqué d'après une méthode plus directe, et, par conséquent plus économique, est devenu, dans ces dernières années, un article régulier de commerce, tant en Angleterre qu'en France. Les vitrines de MM. Bell et Comp., de Newcastle (Grande-Bretagne, 473), et de MM Merle et Comp., d'Alais (France, 139), renferment de beaux échantillons de cette nouvelle industrie qui, grâce aux efforts de ces derniers manufacturiers, secondés par les conseils et la coopération de MM. Lechatelier, Sainte Claire Deville, Jacquemart, Meissonnier et Morin, a déjà atteint un haut degré de perfection. Cedernier chimiste [2]

[1] Voyez le rapport cité plus haut sur les *Progrès récents*, etc.
[2] Note sur l'aluminate de soude et ses emplois, présentée à la Société d'encouragement dans sa séance

a publié un mémoire intéressant sur cette nouvelle branche d'industrie de l'aluminium; c'est à son rapport que nous empruntons en majeure partie les détails suivants concernant la fabrication et les applications de l'aluminate de soude.

Fabrication de l'aluminate de soude. — La matière qui sert de base à la fabrication de l'aluminate de soude est un minéral particulier, ferrugineux, très-riche en alumine, et ne contenant que de petites quantités de silice. On trouve ce minerai en France, dans les départements des Bouches-du-Rhône et du Var, sur une ligne directe entre Tarascon et Toulon; on le rencontre également en Calabre et au Sénégal.

La composition du minéral varie selon le gisement dont il provient; mais ce qui le distingue, c'est qu'il contient toujours de grandes quantités d'alumine et fort peu de silice. Pendant bien des années on a fait des expériences dans l'espoir de l'employer comme minerai de fer; mais ces essais n'ont jamais réussi, et on le comprendra facilement en examinant la composition du minerai :

<pre>
Alumine........................ de 60 à 75 pour 100.
Peroxyde de fer............... de 12 à 20   —
Silice......................... de 1 à 3   —
Eau........................... quantités variables.
</pre>

Outre ces substances, M. Henri Sainte-Claire Deville a découvert dans le minéral la présence de très-petites quantités de vanadium, de chrome, et peut-être de tungstène. Ces métaux, cependant, ne constituent aucun obstacle à l'extraction de l'alumine, et n'entravent en rien les applications de l'aluminate.

Ce minéral peut être soumis à l'action de la soude en suivant différents procédés; les deux principaux sont le traitement par la soude caustique, et le traitement par le carbonate de soude.

Dans le premier cas, on mélange le minéral pulvérisé avec une solution concentrée de soude caustique, et on chauffe la masse, en la remuant de temps en temps, dans une chaudière en fer ou en fonte; on obtient par lixiviation une solution d'aluminate de soude.

Dans le second cas, on mélange le minéral avec du sel de soude d'une pureté suffisante, on introduit le mélange dans un four à réverbère, et on porte la température au rouge vif. Lorsque la matière frittée ainsi obtenue cesse de faire effervescence par l'addition d'un acide, l'opération dans le four est complète; l'aluminate de soude est extrait par lixiviation.

Dans les deux cas on opère la lixiviation au moyen d'un filtre d'une construction spéciale, sous lequel on peut faire le vide; la vapeur employée sert en même temps à chauffer l'eau destinée à l'extraction, et à aspirer l'eau avec force à travers toute la matière, en se condensant au-dessous de la surface filtrante, et en produisant ainsi le vide.

Pour obtenir l'aluminate de soude anhydre, on n'a qu'à évaporer la solution à siccité.

Le produit prêt pour l'usage industriel se présente sous forme de poudre d'une teinte légèrement vert jaunâtre, sèche au toucher, et par conséquent d'un emballage et d'un transport facile.

Sa composition théorique peut être représentée par la formule :

$$Na^3 Al^2 O^3 = {}^{1}/_{2} (3\, Na^2 O,\ Al^4 O^3).$$

D'après cela, étant composée de trois équivalents de soude pour un d'alumine, elle contiendrait :

<pre>
Soude............................ ...... 47.21
Alumine.......................... .... 52.79
                                         ———————
                                          100.00
</pre>

du 12 février 1862, au nom de MM. Henri Merle et Comp., fabricants de produits chimiques à Alais (Gard); par Paul Morin, fabricant d'aluminium, à Nanterre. Paris, 1862.

Mais l'aluminate de soude du commerce est fabriqué en traitant le minéral avec du sel de soude ordinaire dans un four à réverbère, et contient pour cette raison moins d'alumine que ne l'indique la formule théorique.

En nombres ronds, sa composition est la suivante :

Soude..	43
Alumine......................................	48
Sulfate de soude et chlorure de sodium.....	9
	100

Le sulfate de soude et le chlorure de sodium proviennent du sel de soude, mais ils n'entravent en rien les applications actuelles ou probables du produit. Si l'on voulait, cependant, obtenir l'aluminate ne contenant que des traces de sulfate et de chlorure sodiques, il faudrait tout simplement, en traitant le minéral, employer du carbonate de soude presque pur; comme par exemple les cristaux de soude.

Ce qu'il était essentiel d'obtenir et ce qu'on a obtenu, en effet, c'est un produit dont la composition fût constante, surtout en ce qui concerne sa proportion d'alumine. Une expérience de dix-huit mois, pendant lesquels on a exclusivement fabriqué l'aluminium au moyen d'alumininate de soude, paraît donner, sous ce rapport, une garantie suffisante. Quant à la silice existant dans le minéral, elle reste à l'état de résidu après l'extraction sous forme d'un alumino-silicate de soude insoluble; elle n'occasionne, par conséquent, d'autre inconvénient que la perte d'une certaine quantité de soude qui cependant, ne dépasse pas le tiers du poids de la silice.

L'aluminate de soude est en même temps fixe et infusible à la température la plus élevée du four à réverbère; calciné pendant longtemps, il perd seulement par la volatilisation les sulfates et chlorures renfermés sous forme d'impuretés.

L'aluminate de soude est extrêmement soluble dans l'eau; il se dissout avec la même facilité dans l'eau froide comme dans l'eau chaude.

Lorsqu'on expose à l'air de l'aluminate de soude, sa surface absorbe à la fois de l'humidité et de l'acide carbonique, et il y a séparation d'un peu d'alumine. Cette dernière substance se montre en suspension mécanique, lorsque le produit, ainsi altéré, est dissous dans l'eau. Mais le changement est trop superficiel et s'opère trop lentement pour être d'une importance quelconque.

Si l'on ne concentre pas trop les solutions d'aluminate de soude, elles restent limpides pendant très-longtemps; il en est ainsi, par exemple, lorsqu'elles n'excèdent pas une densité de 1.075 à 1.09 (10° à 12° B.). Dans les solutions plus concentrées, au contraire, il se forme très-rapidement un dépôt d'alumine, qui s'attache aux parois du vase sous forme de concrétions nodulaires. Ce dépôt est dense, granuleux et rude au toucher comme du sable. Dans les solutions d'une densité de 1.32 à 1.384 (35° à 40° B.), il recouvre toute la surface intérieure du vase et constitue une masse creuse, dont on peut séparer le liquide par décantation. La solution obtenue de cette manière contient un sous-aluminate, avec excès de soude, différant considérablement de l'aluminate normal. Il est extrêmement hygrométrique et déliquescent. En effet, en essayant de le dessécher, on parvient à lui faire subir, de même qu'à la soude caustique, la fusion ignée.

Préparation et précipitation de l'alumine au moyen d'aluminate de soude. — Une solution d'aluminate de soude, soumise à l'action de l'acide carbonique, dépose facilement et rapidement son alumine. On emploie dans ce but un cylindre horizontal en fer, dans lequel on fait circuler un courant continu de solution d'aluminate, qu'on a soin d'agiter constamment. On fait passer en même temps dans le cylindre un courant de gaz acide carbonique, qui est complétement absorbé, pourvu que les quantités de gaz et de solution soient exactement proportionnées l'une à l'autre. Le liquide qui s'écoule du cylindre est une solution de carbonate de soude renfermant l'alumine en suspension. Mais l'alumine ainsi préparée retient toujours, malgré les plus longs et les plus soigneux lavages, une certaine quantité de carbonate de soude, probablement à l'état de carbonate double insoluble de soude et d'aluminium.

Le bi-carbonate de soude précipite l'alumine de l'aluminate, le carbonate neutre de soude étant l'autre produit de la réaction. Si l'on emploie avec précaution le bi-carbonate, on peut obtenir de l'alumine complétement exempte de carbonate de soude.

Pour fabriquer l'aluminium, on précipite l'alumine par de l'acide chlorhydrique ajouté en quantité exactement calculée pour saturer la soude. Après la précipitation on fait sécher le mélange et on le calcine au rouge, de manière à produire un résidu mixte d'alumine anhydre et de sel marin, qui convient admirablement à la préparation du chlorure double d'aluminium et de sodium.

On peut aussi précipiter l'alumine au moyen de l'acide sulfurique, qu'on obtient facilement exempt de fer, même lorsqu'il a été fabriqué avec des pyrites.

Il est inutile d'ajouter que tous les acides, minéraux ou organiques, peuvent servir à la précipitation. Il est évident que le choix des acides dépendra des circonstances qui président à l'opération, et de l'usage qu'on voudra faire de l'alumine.

Les sels ammoniacaux, entre autres le carbonate, le bicarbonate et le chlorure d'ammonium, précipitent l'alumine, donnant en même temps des solutions ammoniacales.

En général, tous les sels dont on peut séparer la base correspondante par l'action de la soude peuvent être employés comme précipitants, et on obtient de cette manière des précipités formés d'alumine combinée avec l'oxyde métallique. On peut utiliser ce fait pour la formation de laques métalliques. Cette réaction est également importante pour la préparation de laques organiques, dans lesquelles on emploie ou pourrait employer les sels d'étain.

Les sels d'aluminium eux-mêmes, tels que le chlorure, le sulfate, etc., décomposent l'aluminate, et offrent le curieux exemple d'un élément qui, dans la même réaction, se comporte comme un acide et comme un radical basique. Si, par exemple, on mélange en proportions convenables des solutions de chlorure d'aluminium et d'aluminate de soude, l'alumine des deux composés est précipitée en même temps avec formation de chlorure de sodium.

Préparation de l'aluminate au moyen du sulfate de soude. — On peut encore simplifier la fabrication de l'aluminate. Les procédés que nous avons examinés exigent l'emploi du carbonate de soude; mais la substitution du sulfate au carbonate, substitution déjà réalisée avec d'heureux résultats dans les industries du verre et de l'outremer, semble également devoir réussir dans la fabrication de l'aluminate de soude. On obtient effectivement cet aluminate en calcinant l'un ou l'autre des minerais aluminifères mentionnés ci dessus avec un mélange de carbone et de sulfate de soude. Ce procédé n'a pas encore été suffisamment expérimenté dans la pratique industrielle, mais il a déjà attiré très-vivement l'attention ; car, si l'on parvenait à l'exécuter industriellement, la fabrication de l'aluminate de soude, au lieu d'entraîner la consommation de carbonate de soude, fournirait au contraire ce sel en quantité considérable, comme produit secondaire. En effet, si, pour précipiter l'alumine on traite l'aluminate par de l'acide carbonique, on obtient une solution de carbonate de soude qui ne demande qu'à être évaporée. La production de l'acide carbonique nécessaire pour accomplir cette réaction donnerait lieu à une application utile de l'acide chlorhydrique, et, déduisant le prix du carbonate de soude du prix de revient de l'aluminate, on aurait probablement ce dernier sel a meilleur marché que par tout autre méthode (Balard).

Préparation de l'acétate d'aluminium au moyen d'alumine précipitée. — La facilité avec laquelle on peut obtenir l'alumine au moyen de l'aluminate a suggéré aux fabricants d'acétate d'aluminium, substance si généralement employée dans l'impression sur calicot, un nouveau procédé qu'on exploite déjà sur une échelle assez considérable. Autrefois on préparait toujours l'acétate d'alumine par la décomposition partielle de l'alun au moyen de l'acétate de plomb).

On perdait ainsi les sulfates de potasse ou d'ammoniaque qui restaient dans le liquide et aussi le sulfate de plomb; car toutes les tentatives d'utiliser ce produit accessoire restèrent infructueuses. L'alumine préparée par MM. Bell et par MM. Merle se dissout facilement dans l'acide acétique, et l'acétate d'aluminium, ainsi directement produit contient autant d'alumine, et abandonne cette alumine avec autant de facilité que le fait l'acétate obtenu au moyen de la double décomposition. Pour obtenir de l'alumine facilement soluble dans l'acide acétique, l'agent de précipitation à ajouter à l'aluminate de soude paraît devoir être l'acide chlorhydrique et non l'acide carbonique. L'alumine précipitée par ce dernier acide retient très-énergiquement une proportion de carbonate de soude qui, dit-on, altère fortement, si elle ne détruit pas complétement, sa solubilité dans l'acide acétique.

Application de l'aluminate de soude comme mordant. — C'est M. Chevreul qui le premier démontra la possibilité d'employer l'aluminate de soude comme mordant pour la laine et pour la soie. D'après les expériences de ce célèbre chimiste, les nuances obtenues après le mordançage avec ce composé diffèrent de celles qu'on obtient au moyen de l'alun; la différence est plus ou moins grande selon les matières colorantes employées. Avec l'aluminate les rouges virent au violet, les jaunes à l'orange, et les violets au bleu. (Nous croyons devoir faire observer que c'est principalement sur calicot que l'usage des aluminates alcalins présente le plus d'importance. — E. K.)

Il peut être utile quelquefois de faire usage de cette propriété de l'aluminate, qui est due à son alcalinité; mais si, tout en l'employant, on tient à obtenir les mêmes nuances qu'avec l'alun, il est nécessaire de transformer l'aluminate sodique en mordant acide.

Il suffit pour cela de faire passer l'étoffe, préalablement mordancée avec l'aluminate, dans de l'eau légèrement acidulée; ou bien l'on ajoute à l'aluminate de l'acide sulfurique en quantité juste suffisante pour précipiter et redissoudre l'alumine, et alors le mordançage s'opère au moyen d'un alun véritable, savoir, de l'alun sodique. Dans quelques expériences faites sur cette espèce de mordançage dans le laboratoire de M. Morin, les nuances parurent plus fraîches et plus brillantes que les nuances obtenues dans les mêmes conditions au moyen de l'alun d'ammoniaque. Sous ce rapport l'alun de potasse serait sans aucun doute également préférable à l'alun d'ammoniaque, mais au point de vue de l'économie l'avantage reste à l'alun sodique, dont le prix est comparativement peu élevé. L'aluminate, lorsqu'il est employé seul comme mordant, agit sur les laines avec beaucoup d'énergie. Si, par exemple, un certain poids d'alun est employé pour mordancer un poids donné de laine, tandis que, d'un autre côté, un poids égal de laine est mordancé avec une quantité d'aluminate, renfermant exactement la même proportion d'alumine que l'alun employé; on trouvera, après teinture avec des matières colorantes quelconques, que l'aluminate a produit les nuances les plus riches. La différence est si grande que la teinte obtenue au moyen d'une quantité donnée d'aluminium sous la forme d'alun, peut être produite en n'employant que la moitié de cette quantité sous forme d'aluminate. On peut aisément vérifier ces résultats au moyen des tables chromatiques de M. Chevreul.

Ainsi donc, qu'on emploie l'aluminate tout seul comme mordant, soit avec ou sans acidulation ultérieure; ou qu'on l'emploie concurremment avec une quantité suffisante d'acide pour engendrer de l'alun sodique, il semble prouvé que l'usage de l'aluminate produit des résultats au moins aussi favorables que ceux qu'on obtient au moyen de l'alun ou du sulfate d'aluminium.

Préparation des laques au moyen de l'aluminate de soude. — Dans la préparation des laques minérales, l'aluminate de soude offre un avantage considérable sur l'alun; premièrement, à cause de sa plus grande richesse en aluminium; et, deuxièmement, parce que son alumine peut être précipitée par l'acide sulfurique, — agent beaucoup moins cher que l'alcali nécessaire pour effectuer la précipitation de l'alumine de l'alun. Il résulte d'expériences faites spécialement dans ce but par M. Morin, que l'emploi de l'aluminate de soude réalise une économie de la bonne moitié de la dépense occasionnée par l'alun et par son agent de précipitation.

On sait que les laques métalliques sont formées par la précipitation des deux oxydes, lorsque des solutions d'aluminate et de sel métallique sont mélangées en proportions exactes. Pour faire varier l'intensité de la coloration dans des laques pareilles, il suffit d'ajouter soit du carbonate de soude à l'aluminate, soit un acide à la solution colorante métallique.

Au moyen de l'aluminate de soude on peut encore préparer avec avantage les laques organiques dont l'emploi est tellement répandu dans l'impression sur calicot. Après avoir ajouté la matière colorante à la solution de l'aluminate sodique, on précipite la laque par l'acide sulfurique. Les laques obtenues dans ces conditions présentent généralement des teintes plus riches que celles produites par l'emploi de l'alun. C'est ainsi, par exemple, que les nuances des bois jaunes de teinture se foncent jusqu'à l'orange, et le bleu du bois de Brésil jusqu'au violet. On peut également varier les teintes à volonté en variant la quantité d'acide employé, de manière à conserver le liquide alcalin, ou à le rendre neutre, ou même acide.

Le fait que les sels d'étain et l'aluminate de soude se précipitent mutuellement lorsqu'ils sont mélangés, trouvera probablement son application dans la préparation des laques d'étain, ainsi que des expériences récentes paraissent le démontrer.

CHROME ET COMPOSÉS CHROMIQUES.

L'histoire de la fabrication des composés chromiques, de même que celle de beaucoup d'autres industries, démontre que, si le prix d'une substance peut s'élever d'abord sous l'influence d'applications nouvelles qui en augmentent la consommation, d'un autre côté, la science, aidée de la pratique, non-seulement réussit presque toujours à maintenir la production au niveau de la demande, mais perfectionne encore les procédés au point que les produits, loin de renchérir, deviennent au contraire meilleur marché, et par conséquent de plus en plus employés. En effet, de 1829 à 1850, le prix de la livre de bichromate de potasse est descendu de 2 schellings à 7 pence, et chaque baisse de prix considérable coïncide, d'un côté, avec quelque application nouvelle à ce sel, et de l'autre, avec quelque perfectionnement apporté au procédé de fabrication.

Jusqu'en 1820, on n'utilisait le chromate de potasse que pour la préparation du chromate de plomb, produit employé en peinture. On préparait alors le bichromate de potasse par la voie coûteuse de la calcination du minerai de chrôme avec du salpêtre. A cette époque, M. Kœchlin ayant découvert l'application du bichromate pour opérer les décharges jaunes sur rouge d'Andrinople, donna par là la première grande impulsion à la consommation de ce sel. Puis vinrent successivement diverses autres applications techniques, surtout à la teinture. Parmi ces dernières, nous mentionnerons la production des jaune et orange de chrome sur tissus ; la teinture au noir de campêche ; l'oxydation du cachou et du bleu de Prusse ; la production de décharges blanches ou jaunes sur tissus teints en indigo ; le blanchiment de l'huile de palme et autres corps gras ; la décoloration de l'acide acétique (voyez le chapitre sur les acides organiques), la préparation du chromate de mercure et de l'oxyde de chrome, pour couleurs sur porcelaines et poteries ; et, dans ces derniers temps enfin, la fabrication du vert d'émeraude ou *vert de Guignet*, si généralement employé maintenant comme couleur d'impression sur tissus (calicot). On consomme, en outre, de très-grandes quantités de chromate de potasse pour la production du violet d'aniline (voyez le chapitre sur les couleurs du goudron dérivées de houille). Ces diverses applications ont provoqué une consommation si grande de bichromate de potasse, que sa préparation constitue une branche très-importante de l'industrie.

Fabrication du bichromate de potasse au moyen des minerais de chrome. — Les principaux perfectionnements introduits dans la préparation du bichromate de potasse sont, premièrement, la substitution graduelle du carbonate au nitrate de potasse ; deuxièmement, l'emploi d'un four permettant de régulariser l'accès de l'air au mélange, et par suite l'oxydation du minerai de chrome aux dépens de l'oxygène atmosphérique; troisièmement, enfin, l'addition de chaux (employée pour la première fois par Stromeyer, de Norwège), qui non-seulement réalise une économie notable d'alcali, mais facilite encore l'oxydation en donnant une consistance pâteuse à la masse, ce qui permet de la maintenir à l'état de mélange intime au moyen d'un agitateur. Ce dernier perfectionnement est surtout très-important; car lorsqu'on employait uniquement l'alcali, la fusion convertissait le mélange en liquide si fluide, que le lourd minerai de fer chromé s'y précipitait de manière à être privé de tout contact avec l'air.

On opère habituellement de la manière suivante : on rend le minerai friable en le chauffant au rouge et en le plongeant dans l'eau froide; on le pulvérise et on le mélange avec de la craie et du carbonate de potasse; après l'avoir desséché à 150° C., on introduit le mélange dans des fours à calcination chauffés au rouge vif et traversés par un courant d'air. Lorsque l'oxydation est complète, on laisse refroidir la masse et on la lessive à l'eau bouillante. S'il arrive que le produit contient du chromate de chaux, on ajoute du carbonate de potasse, pour la convertir en chromate de potasse. La solution, légèrement acidulée, fournit des cristaux de bichromate de potasse qui sont souvent d'une grande beauté.

Procédés modifiés. — On a réalisé dans la pratique, avec plus ou moins de succès, les modifications suivantes de ce mode de traitement :

M. Booth, de Philadelphie, afin de faciliter l'oxydation du chrome, calcine préalablement le minerai avec du charbon de bois, du coke, de l'anthracite, ou de la houille bitumineuse, qui réduit l'oxyde de fer à l'état métallique; il dissout ensuite le fer au moyen d'acide sulfurique étendu; et fait chauffer finalement l'oxyde de chrome restant avec de la potasse et de la craie, comme nous l'avons dit plus haut. Le sulfate de fer obtenu en suivant ce procédé, constitue un produit vendable.

Le fer étant ainsi éliminé, l'oxygène qui, dans le procédé ordinaire, se trouve perdu en faisant passer le fer à un plus haut degré d'oxydation, se porte tout entier sur le chrome, dont l'oxydation s'achève par conséquent avec plus de rapidité.

M. Tilghmann mélange le minerai de chrome avec deux fois son poids de craie, et travaille le mélange avec une quantité d'eau juste suffisante pour obtenir une pâte assez consistante, qu'il façonne en petites boules; après les avoir desséchées, il les calcine fortement en présence de sel marin ou de chlorure de potassium dans une cornue cylindrique placée verticalement, et munie de deux tuyaux dont l'un y introduit de la vapeur d'eau surchauffée, et l'autre de l'air atmosphérique. De l'acide chlorhydrique se dégage alors avec la vapeur, et il se forme un chromate alcalin; cette réaction est représentée par l'équation suivante :

$$Cr^4 O^3 + 4 K Cl + 2 H^2 O + 3 O = 2 K^2 Cr^2 O^4 + 4 H Cl.$$

L'opération étant achevée, on jette dans l'eau froide le contenu des cornues, et on laisse cristalliser les chromates de potasse ou de soude.

M. Tilghmann obtient aussi du chromate de potasse en calcinant dans un four à réverbère du feldspath (silicate d'alumine et de potasse), avec de la chaux et du minerai de fer chromé.

M. Jacquelain prépare d'abord du bichromate de chaux au moyen du minerai de fer chromé, et convertit ensuite ce sel par double décomposition en autres chromates. A cet effet on pulvérise très-finement le minerai, on le mélange avec de la craie dans des barils rotatoires, et pendant neuf ou dix heures on calcine la masse au rouge vif sur la sole d'un four à réverbère. Il en résulte un mélange de chromate neutre de chaux et d'oxyde de fer qui est pulvérisé, délayé dans de l'eau chaude, et additionné d'acide sulfurique en quantité suffisante pour convertir le chromate neutre de chaux en bichromate. La solution ainsi obtenue peut contenir du sulfate de fer, qu'on précipite dans le même vase en ajoutant de la craie et agitant le tout. Les matières insolubles s'étant déposées, on écoule la solution claire, et on peut l'employer, sans la soumettre à aucun autre traitement, à la préparation, par double décomposition, soit de bichromate de potasse, de chromate de plomb, neutre ou basique, soit de chromate de zinc.

D'après M. Jacquelain, les avantages de ce procédé sont les suivants : il économise le travail nécessaire pour agiter la masse; il diminue fortement l'usure de la sole du four; il évite la perte de potasse par volatilisation, perte qui, dans le procédé ordinaire, s'élève quelquefois à 9 ou 10 pour 100; enfin, il résout la difficulté de reconnaître le point auquel il faut s'arrêter, dans la méthode ordinaire de conversion du chromate neutre de potasse en bichromate, au moyen d'un acide.

L'exposition de 1862 contient de magnifiques échantillons de composés chromiques exposés par MM. White, Glascow (Grande-Bretagne, 621). Cette maison distinguée a dignement soutenu la réputation justement méritée qu'elle avait déjà acquise, non-seulement par les produits qu'elle livre habituellement au commerce, mais encore par les splendides échantillons qu'elle avait exposés en 1851.

Dans le département français, MM. Delacretaz et Clouet, Havre (France, 151), et dans le département autrichien. M. F. Gosleth, Trieste, et MM. Wagenmann, Seybel et Comp., Liesing, près de Vienne (Autriche, 102 et 166), avaient également exposé de beaux échantillons de bichromate de potasse.

Oxyde vert de chrome. — On connaît les méthodes au moyen desquelles on convertit le chromate et le bichromate de potasse en oxyde vert de chrome, ainsi que la principale app'ication de cet oxyde, qui constitue, une couleur très-précieuse dans la peinture sur porcelaine. A l'état anhydre, cet oxyde est fréquemment employé pour affiler les instruments tranchants; c'est lui, par exemple, qu'on étend souvent sur les cuirs à rasoirs. Mais pour cet usage les fabricants préfèrent la modification cristalline qu'on obtient en calcinant le bichromate de potasse; il se forme alors un chromate neutre, en même temps qu'il se dégage de l'oxygène. L'oxyde cristallin ainsi formé présente en effet des arêtes plus tranchantes que l'oxyde préparé par d'autres procédés, et cette qualité le rend éminemment propre à cette application particulière.

Vert de Guignet. — Cette couleur, dont nous avons déjà parlé, est considérée comme un oxyde de chrome hydraté particulier, et se distingue par sa belle nuance et sa grande intensité de couleur, qui lui ont valu un accueil très-favorable et l'ont fait employer très-généralement dans l'impression sur calicots.

Ce vert est l'un des résultats des nombreux essais qu'on a faits, dans la dernière décade, pour remplacer par des couleurs également brillantes et moins dangereuses les verts arsenicaux vénéneux. M. C. Kestner, Thann (France, 136), fabricant de produits chimiques des plus distingués, et si connu dans le monde scientifique pour sa découverte de l'acide racémique, a exposé de beaux échantillons de vert Guignet; on remarque en outre dans sa vitrine de beaux spécimens de produits chimiques dérivant du sel marin, de l'acide tartrique, de l'acide racémique et du violet d'aniline. M. H. Meyer, Augsbourg (Allemagne-Zollverein, 154), a également exposé de beaux échantillons de vert Guignet, mais sous le nom qu'il porte plus généralement en Allemagne, celui de Mittler's Grün. Un intérêt considérable se rattache à l'histoire de la découverte de ce vert, parce qu'elle constate la valeur du système des brevets pour la société en général.

Depuis plus de vingt-cinq ans déjà, MM. Pannetier et Binet fabriquaient cette couleur en France, à la vérité en quantités assez restreintes, et sous le nom de *vert d'émeraude* (1); mais ils avaient gardé le secret de leur procédé. Beaucoup d'autres, séduits par la grande beauté

---

(1) En Angleterre, on donne ce nom à la couleur arsenicale vénéneuse, connue en Allemagne sous la dénomination de *Schweinfurter Grün* (vert de Schweinfurth). Il faut quelque attention, en vérité, pour ne pas faire de confusion parmi les caprices de la nomenclature industrielle, telles qu'on les rencontre dans les différents pays.

de ce produit, cherchèrent à l'imiter. Mais on ne parvint jamais à en découvrir la nature : en partie, sans doute, parce qu'on avait observé qu'en chauffant la couleur elle devenait plus foncée et qu'il s'en dégageait de la vapeur; circonstances qui firent penser qu'elle contenait une matière organique. Lorsque enfin M. Guignet découvrit la nature de cette substance et la manière de la produire, il s'empressa de faire breveter immédiatement sa découverte ; ainsi protégé, il put se hasarder d'en commencer la fabrication en grand, et produisit alors par tonnes ce que le système du secret n'avait pu fabriquer que par livres. Comme un exemple frappant de la supériorité du système des *brevets* sur le système des *secrets* de fabrication, nous mentionnerons le fait suivant : M. Guignet alloue généreusement une petite proportion de ses bénéfices à titre de compensation aux anciens possesseurs du secret, et cette somme dépasse considérablement le profit que ces derniers retiraient de leurs opérations nécessairement restreintes, parce qu'elles étaient cachées. Les intérêts du public n'en ont point souffert non plus. Car, la concession du brevet nécessitant l'enregistrement d'une description du procédé, ce dernier ne peut plus être perdu, comme cela peut arriver avec un procédé secret, à la mort de son propriétaire. Dans quelques années d'ici, à l'expiration de la patente, tous les fabricants seront libres d'utiliser cette méthode ; et ils jouiront, grâce au système des brevets, de l'avantage considérable de posséder les instructions complètes pour les guider dans leurs opérations. L'abolition de la loi sur les brevets ayant été discutée tout récemment en Angleterre, le rapporteur croit de son devoir d'exprimer ici franchement son opinion, raffermie encore par toutes les recherches nécessitées par ce rapport : c'est que, quelque susceptible de réforme que soit la loi sur les patentes, l'industrie civilisée ne pourrait recevoir de coup plus cruel, ni le progrès subir d'arrêts plus désastreux que ceux qui résulteraient de l'abolition de cette loi, qui garantit aux inventeurs une propriété limitée et conditionnelle des produits de leur génie, assurant en même temps à l'humanité en général la reversion de leur noble héritage.

Mais laissons là une digression pour laquelle le rapporteur demande l'indulgence de ses lecteurs en au produit spécial qui nous occupe, et dont la préparation, restée secrète si longtemps, a lieu de la manière suivante : Un mélange de bichromate de potasse et d'acide borique, dans la proportion de 8 équivalents d'acide cristallisé ($Bo^2 O^3, 3 H^2 O = 124$) pour 1 équivalent du bichromate ($K^2 Cr^2 O^4, Cr^2 O^3 = 296$), ou (par poids) trois parties d'acide borique cristallisé pour une partie de bichromate, est calciné au rouge vif. De l'oxygène et de l'eau se dégagent, et l'on obtient une masse que l'on peut considérer comme un sel double, le borate potassio-chromique. On traite ce dernier par de l'eau, qui dissout l'acide borique et le borate de potasse, en laissant insoluble l'oxyde chromique hydraté, qui, séché à une température modérée et finement pulvérisé, constitue le produit en question.

On recueille naturellement l'acide borique des eaux de lavage par les moyens ordinaires, pour pouvoir s'en servir de nouveau dans les opérations suivantes.

Le mode d'impression du vert Guignet est semblable à la méthode adoptée pour l'impression des outremers; on se sert généralement de l'albumine comme agent fixant. Dans l'origine, l'emploi de ce vert était accompagné de difficultés pratiques considérables, mais M. Kestner paraît les avoir aujourd'hui en grande partie surmontées.

On n'est pas encore bien fixé sur la constitution chimique exacte de cette couleur, surtout quant à la question de savoir si elle retient ou non une portion quelconque d'acide borique. Après avoir décrit son procédé de fabrication, M. Guignet (1) fait observer, à cet égard, que son produit, de même que tous les autres sesquioxydes de chrome hydratés, est converti par la chaleur, premièrement en sesquioxyde noir et ensuite, en portant la température au rouge vif, en sesquioxyde anhydre, $Cr^4 O^3$. Il résulte de trois analyses différentes que la perte d'eau éprouvée pendant cette transformation paraît être de 18.5 pour 100, correspondant, pour

---

(1) Guignet, séance de la Société chimique de Paris du 25 janvier 1859, *Répert. chim. appl.*, I, 198.

l'hydrate, à la formule $Cr^4 O^3, 2 H^2 O$. La proportion d'eau serait donc moins forte que celle de l'hydrate ordinaire, dont il présente cependant les caractères généraux. D'un autre côté, M. Guignet pense que son vert de chrome pourrait peut-être retenir des traces d'acide borique, dont la présence, cependant, est difficile à prouver. L'acide borique, dit-il, agissant à la température du rouge vif sur le bichromate de potasse, peut produire simultanément les borates chromique et potassique, ou même un composé double des deux. Théoriquement, ce dernier devrait abandonner à l'eau du borate potassique soluble, ne laissant que l'oxyde hydraté insoluble ; mais il n'est guère possible d'obtenir dans la pratique un lavage *complet* du mélange qui constitue la masse en traitement.

M. Salvetat (1), qui, dans ces derniers temps, a également étudié le *vert de Guignet*, suppose la formation, par *voie sèche*, d'un composé double de borate potassique et de borate chromique, d'après l'équation :

$$8 (Bo^2 O^3, 3 H^2 O) + K^2 Cr^2 O^4, Cr^2 O^3 = Cr^4 O^3, 6 Bo^2 O^3 + K^2 O, 2 Bo^2 O^3 + 24 H^2 O + 3 O.$$

Il pense que si l'on traite ultérieurement ce composé par de l'eau, il peut se résoudre en borate de potasse, et en sesquioxyde de chrome hydraté.

M. Salvetat n'a cependant produit aucune analyse à l'appui de son opinion, qui est principalement basée sur l'observation d'une élévation considérable de température lorsqu'on traite par l'eau le produit refroidi du four.

Voilà tous les renseignements publiés jusqu'à ce jour que le rapporteur ait pu recueillir sur la nature du *vert de Guignet*.

Ayant constaté que la composition exacte de ce corps était, en fait, encore inconnue et qu'il n'en existait pas d'analyse complète, le rapporteur engagea M. Shipton, jeune chimiste travaillant dans son laboratoire, à analyser l'échantillon exposé par M. Kestner et que ce fabricant avait mis à la disposition du rapporteur.

Dans cet échantillon la présence de l'acide borique fut constatée facilement et d'une manière certaine par l'apparition de la flamme caractéristique à bord vert, lorsque, sur une feuille de platine, on en exposa une parcelle à l'action d'une chaleur rouge intense. Desséchée à 100° C., cette substance perdit une faible proportion d'eau (de 7.43 à 7.46 pour 100); et cette perte augmenta encore par l'ignition. Comme, cependant, la détermination de l'eau au moyen de l'ignition aurait présenté quelque incertitude par suite de la transformation partielle du sesquioxyde en bioxyde de chrome qui aurait fait paraître la proportion d'eau éliminée moindre qu'elle ne l'est réellement, M. Shipton détermina directement la quantité d'eau, en chauffant fortement une portion de vert de Guignet, desséchée à 100° C., dans un courant d'air, et en recueillant l'eau ainsi dégagée dans un tube à chlorure de calcium. Le chrome fut converti par fusion en acide chromique, et l'on détermina ce dernier sous forme de chromate de plomb. L'acide borique, enfin, fut dosé par différence.

M. Shipton arriva de cette manière à la composition suivante :

Composition du *vert de Guignet* desséché à 100° C.

	I.	II.	Moyenne.
Oxyde de chrome	76.39	76.56	76.47
Acide borique	11.89	12.30	12.10
Eau	11.72	11.14	11.43
	100.00	100.00	100.00

On peut traduire ces nombres par la formule :

$$3 Cr^4 O^3, Bo^2 O^3, 4 H^2 O,$$

qui, calculée, fournit les valeurs suivantes :

(1) Société d'encouragement de Paris, séance de juin 1859; *Compte-rendu* de février 1859.

3 équiv. d'oxyde de chrome............	456	76.25
1 équiv. d'acide borique...............	70	11.71
4 équiv. d'eau.......................	72	12.04
	598	100.00

M. Shipton est, cependant, loin de penser que cette formule soit établie d'une manière défi-nitive : d'après lui on n'obtiendra ce résultat qu'en parvenant à déterminer directement le bore. La formule indiquée plus haut est fondée sur la supposition que le bore existe dans le composé à l'état d'acide borique, et que la totalité du chrome s'y trouve sous forme de sesquioxyde ; hypothèse que l'expérience n'a nullement encore confirmée. Mais ayant appris que M. Guignet lui-même s'occupait d'un examen approfondi de cette matière, M. Shipton n'a pas voulu pousser plus loin ses expériences.

M. Shipton a également examiné quelques échantillons allemands du nouveau vert de chrome, dans lesquels la diversité considérable de nuances lui fit supposer la présence de quelque substance étrangère. En les traitant par de l'acide chlorhydrique étendu, il obtint une solution d'un jaune intense, dans laquelle on constata facilement la présence de l'acide chromique et de la baryte ; ce qui démontre que c'est le chromate barytique qui y constitue la matière étrangère employée. Dans un de ces échantillons on ne trouva pas moins de 24 pour 100 de baryum.

Vert de chrome de M. Arnaudon. — Plus récemment M. Arnaudon (1) a trouvé dans le pyro-phosphate ou métaphosphate de chrome un autre vert d'une belle nuance, mais d'une inten-sité de couleur moins grande que celle du vert d'émeraude. On l'obtient en chauffant à 180° C. un mélange intime à équivalents égaux de phosphate ammonique et de bichromate potassique. A cette température le mélange se boursouffle, l'ammoniaque réduit l'acide chromique, et l'on obtient une masse verte, qu'on lave à l'eau chaude et qui constitue une couleur dont la teinte se rapproche un peu de celle du *vert de Schweinfurth*. Si l'on chauffe trop, l'éclat de cette couleur se ternit très-rapidement et passe au vert grisâtre qui caractérise l'oxyde de chrome ordinaire obtenu en calcinant de l'hydrate précipité des sels de chrome par un alcali.

Vert de chrome de M. Matthieu-Plessy. — M. Matthieu-Plessy (2) a proposé un autre vert de chrome nouveau, contenant aussi de l'acide phosphorique. Pour sa préparation ce chimiste recommande le procédé suivant : On fait dissoudre dans 10 litres d'eau bouillante 1 kilo-gramme de bichromate de potasse. On mélange cette solution avec 3 litres de biphosphate de chaux (dont la densité n'a pas été indiquée) et 1.25 kilogrammes de sucre brun. Une réac-tion violente s'établit rapidement, et il se dégage de l'acide carbonique en abondance. On laisse reposer le liquide pendant vingt-quatre heures, et on le sépare ensuite par décantation du précipité qui s'est formé pendant cette période. Ce précipité, lavé, égoutté, et séché dans une étuve, constitue la couleur verte dont nous parlons ; les quantités de matières que nous avons indiquées fournissent généralement 2.5 kilogrammes de couleur. Elle est considérée comme inaltérable, soit au soleil, soit en présence d'émanations sulfureuses, soit par les acides. On peut la fixer au moyen de l'albumine, qui, cependant, lui communique une teinte un peu plus pâle. L'expérience n'a pas encore prononcé sur la valeur industrielle de ce produit.

Acide chromique. — Cet acide, à l'état libre, est employé comme agent oxydant, tant dans les laboratoires de chimie que dans l'industrie. Il se présente sous forme d'aiguilles d'une couleur cramoisie intense, très-solubles dans l'eau. Sa solution décolore les couleurs orga-niques.

On prépare l'acide chromique en grand en décomposant les chromates de plomb, de po-

<hr>

(1) Arnaudon, *Rép. chim. appl.*, I, p. 201.
(2) Matthieu-Plessy, *Rép. chim. appl.*, 1862, p. 453.

tasse ou de baryte par l'acide sulfurique. Le meilleur procédé de préparation est celui de M. Kuhlmann (1), qui consiste à décomposer le chromate de baryte par une quantité d'acide sulfurique équivalente. Il en résulte du sulfate de baryte, qui se dépose rapidement, et une solution d'acide chromique d'une densité de 1.075 qu'on peut concentrer jusqu'à une densité de 1.525 ou 1.70 dans des vases en terre ou en plomb. Le sulfate de baryte précipité dans ces conditions est d'une couleur jaune, et peut être employé comme *jaune fixe*. (Voyez le chapitre sur les composés barytiques.)

BLANC DE CÉRUSE, BLANC DE ZINC, ET COULEURS D'ANTIMOINE.

BLANC DE CÉRUSE.

Les artistes et les peintres en bâtiments ont employé cette substance depuis des temps très-anciens ; et, quoiqu'on ait fait, depuis quelques années, de nombreux essais pour la remplacer par quelque matière moins nuisible à la santé des ouvriers, on n'a pas encore découvert de produit qu'on pût substituer avec avantage au blanc de céruse dans toutes ses applications.

Sa composition. — On considère généralement le blanc de céruse comme un composé de carbonate et d'hydrate de plomb. M. Hochstetter (2) lui assigne la formule $Pb^2CO^3,PbHO$, et attribue la proportion plus forte d'acide carbonique, qu'on trouve dans quelques variétés, à la présence de carbonate neutre de plomb. M. Vlaanderen (3), qui a analysé un grand nombre d'échantillons de blanc de céruse de différentes provenances, indique les formules suivantes comme représentant leur composition :

Deux échantillons correspondaient à la formule suivante :			$Pb^2CO^3\ PbHO$
Dix	—	—	$5\,Pb^2CO^3\,4\,PbHO$
Sept	—	—	$3\,Pb^2CO^3\,2\,PbHO$
Huit	—	—	$2\,Pb^2CO^3\ PbHO$

L'acide carbonique variait entre 11 4 et 13.5 pour 100 ; l'oxyde de plomb entre 84.7 et 86.5 pour 100 ; et l'eau de 1.5 à 2.3 pour 100. Les acétates neutre et basique de plomb, dont on remarque quelquefois la présence, doivent être considérés comme des impuretés provenant d'une fabrication défectueuse.

Sa fabrication. — Dans les rapports sur l'exposition universelle de 1855 M. Stas (4) a publié un travail très-détaillé sur les différentes méthodes de fabrication du blanc de céruse ; et c'est à son excellent mémoire, plein de renseignements utiles, que nous renvoyons le lecteur pour de nombreux et intéressants détails. Les procédés sont au nombre de quatre :

1). La méthode hollandaise, d'après laquelle le plomb est exposé à l'action de vapeurs acides dans des pots entourés de fumier de cheval ou de tan.

2). La méthode allemande ou autrichienne, qui consiste à soumettre le plomb aux vapeurs d'acide acétique, dans des chambres closes chauffées au moyen d'un calorifère et dans lesquelles on introduit les gaz de l'extérieur.

3). La méthode anglaise, d'après laquelle un mélange de litharge et d'acétate neutre de plomb est soumis à l'action d'un courant de gaz acide carbonique.

4). La méthode française ou de Clichy, par précipitation.

Le procédé hollandais. — La fabrication du blanc de céruse n'a subi que peu de changements dans ces dernières années ; le principe fondamental de l'ancienne méthode hollandaise y est

---

(1) Kuhlmann, *Compte-rendu*, XLVII, p. 677.

(2) Hochstetter, *Journ. pr. chem.*, XVIII, 127; XIX, 70.

(3) Vlaanderen, *Mulder's Scheikundige Verhandelingen en Onderzœkingen*, I. Deel. 2, Stuck. Onderz., 69 : *Repert. chim. appl.*, I, 169.

(4) Exposition universelle de 1855, *Rapports du jury mixte international*, I, 581.

encore presque généralement suivi, et l'on n'y a apporté que des modifications comparativement peu importantes. Ce principe consiste dans l'oxydation du plomb métallique dans une atmosphère formée d'air et de vapeur d'acide acétique, et dans la conversion de l'acétate basique de plomb, qui en résulte, en carbonate par l'action de l'acide carbonique.

Pour accomplir cette transformation, on prend un certain nombre de pots en terre, on remplit chacun séparément de vinaigre jusqu'à ¹/₆ environ de sa capacité, et on y introduit soit des spirales de lames de plomb, soit du plomb coulé sous forme d'une espèce de treillage. Les pots ainsi chargés, sont enfouis dans du fumier de cheval, du tan, ou dans un mélange des deux, et empilés en couches superposées, de manière à former une espèce de meule. Le tan ou fumier de cheval fermente et engendre de l'acide carbonique, en dégageant assez de chaleur pour vaporiser l'acide acétique dans les vases. L'emploi du fumier de cheval dans ce procédé est sujet à objection, en partie à cause de sa malpropreté, et en partie parce qu'il s'en dégage quelquefois de l'hydrogène sulfuré, qui noircit le blanc de céruse. Les fabricants ont cherché à le remplacer autant que possible par le tan. Mais on n'est pas parvenu à se passer complétement de fumier, parce que le tan seul ne fermente pas assez vite.

Procédé allemand ou autrichien. — Dans ce procédé on se dispense entièrement de l'emploi du fumier, et l'on se procure la chaleur et l'acide carbonique au moyen de sources externes. On accomplit l'opération dans des chambres construites en dalles de grès réunies par du ciment, les murs ayant 2 pieds d'épaisseur et les chambres mesurant 16 pieds en longueur, en largeur, et en hauteur; les plafonds sont voûtés. Dans ces chambres on élève des châssis en bois semblables à ceux des séchoirs, et l'on y suspend des feuilles minces de plomb obtenues par coulage et ployées en double. Les châssis sont assez solides pour pouvoir porter une charge de 250 quintaux de plomb. Sous la chambre est établie une chaudière en cuivre qui évapore journellement 105 gallons d'eau (477 litres), et 72 quarts (86 litres) de vinaigre renfermant 4 ¹/₂ pour 100 d'acide acétique monohydraté. Les vapeurs entrent dans la chambre en passant sous une table basse, qui les force de se répandre dans toutes les directions. Après un chauffage de 12 heures, le plomb devient chaud et se couvre de gouttes de liquide. On allume ensuite un feu de coke ou de charbon de bois dans un petit four situé sous la chambre; et l'acide carbonique, ainsi produit par la combustion de 30 à 35 livres de charbon de bois, est introduit dans la chambre au moyen d'un long tuyau en fonte, qui lui permet de se refroidir autant que possible. Une ouverture, pratiquée au fond des chambres, entraîne l'azote et tous les autres gaz perdus. Dans l'espace de cinq à six semaines la plus grande partie du plomb est généralement rongée, et le blanc de céruse tombe à terre. Si l'opération a réussi, la quantité de plomb métallique non attaquée ne doit pas dépasser 10 ou 15 pour 100 de la masse totale mise en opération.

Un perfectionnement très-nécessaire dans ce procédé serait une méthode de condensation de l'acide acétique. Cette amélioration serait peut-être réalisable dans des fabriques où l'on aurait à sa disposition la force mécanique nécessaire pour puiser l'air des chambres au moyen de pompes ou de ventilateurs.

Procédés proposés par MM. Trommsdorff, Hermann, Bolley et Chenot. — Le procédé de MM. Trommsdorff et Hermann, également proposé par M. Bolley (1), consiste à couvrir des plaques de zinc d'une couche de sulfate de plomb humide, à appliquer une autre plaque de zinc sur la surface ainsi recouverte, et à déposer le tout sur un plan quelque peu incliné dans une solution de sel marin. Par cette disposition le plomb est réduit à l'état métallique; il en résulte un métal finement divisé ou plomb spongieux, qu'on soumet à l'action de l'acide acétique et d'un courant lent d'air et d'acide carbonique, et qu'on transforme ainsi en blanc de céruse, possédant beaucoup de corps. En 1853, M. Chenot présenta à l'Académie des sciences de Paris un mémoire dans lequel il proposa de convertir premièrement la galène en sulfate

(1) Bolley, *Pharm. centralb.*, 1850, p. 59.

de plomb en la grillant au contact de l'air, de réduire ensuite ce sulfate par l'action de fer ou de zinc et d'eau acidulée; et finalement de transformer le plomb spongieux qui en résulte en blanc de céruse en suivant la méthode que nous venons de décrire.

Procédé anglais. — MM. Gossage et Benson furent les premiers qui, en 1835 (1), brevetèrent la méthode connue sous ce nom. Ce procédé consiste à mélanger l'oxyde de plomb avec de l'acétate de plomb; il en résulte un sel basique qu'on expose à l'état humide à l'action d'une atmosphère imprégnée d'acide carbonique, qu'on se procure moyennant la combustion de coke. On prétend cependant que le blanc de céruse préparé de cette manière présente souvent une teinte jaunâtre; grave défaut qui a fait abandonner ce procédé, d'ailleurs excellent et pratique sous tous les rapports.

Procédé Richardson. — Un procédé, présentant de l'analogie avec le précédent, est celui proposé par M. Richardson (2), qui emploie comme matière première les cristaux de plomb fournis par le procédé Pattinson pour l'extraction de l'argent du plomb argentifère. On mélange ces cristaux avec de l'acétate ou du nitrate de plomb et de l'eau, on étend le tout sur des planches dans une chambre, et on l'expose à l'action de l'acide carbonique qu'on se procure par un moyen quelconque. L'inégalité de volume des granules de plomb constitue un obstacle à ce procédé; il en résulte que l'acide ne peut réagir sur une certaine quantité de plomb, qui communique alors une teinte grise au blanc de céruse ainsi obtenu.

Méthode française. — Cette méthode fut proposée par Thénard, et exploitée à Clichy, près Paris, au commencement de ce siècle. On prépare une solution d'acétate de plomb basique, en dissolvant de la litharge pure (contenant le moins possible de cuivre et de fer) dans une solution d'acétate neutre, et on la décompose en y faisant passer l'acide carbonique. Il en résulte un précipité de carbonate et une solution d'acétate de plomb : cette dernière peut être employée presque indéfiniment pour dissoudre de nouvelles quantités de litharge. Le blanc de céruse qu'on prépare de cette manière est d'un blanc très-pur, mais de structure cristalline, par suite de laquelle il ne *couvre* pas aussi bien, et n'a pas autant de *corps* que celui préparé moyennant la méthode hollandaise. On obtient un meilleur résultat par une modification de ce procédé, que MM. Bischoff et Rhodius ont mise en pratique à Vichy et à Linz sur le Rhin; l'acide carbonique, provenant de sources d'eaux minérales gazeuses, est introduit dans une tour du haut de laquelle la solution plombique tombe sous forme d'averses.

Procédé Pattinson. — En 1841, M. Pattinson (3) prit un brevet pour un procédé très analogue à la méthode française. On concasse finement de la dolomie (carbonate de chaux et de magnésie), on l'introduit dans des creusets en fer ou dans des fours semblables aux fours ordinaires à plâtre, et l'on chauffe de manière à atteindre une température qui décompose le carbonate de magnésie, mais non le carbonate de chaux. Le résidu de magnésie et de carbonate de chaux est ensuite maintenu en suspension dans de l'eau, et soumis sous pression à l'action du gaz acide carbonique, qui dissout la magnésie sous forme de bicarbonate. On décante du carbonate insoluble de chaux la solution obtenue de cette manière, et on la mélange avec une solution de chlorure de plomb; le carbonate de plomb se précipite alors, tandis que le chlorure de magnésium reste en dissolution, et peut être utilisé pour la préparation d'autres sels de magnésie (Voyez le chapitre sur l'acide chlorhydrique, etc., 160ᵉ livraison du *Moniteur scientifique*, p. 602.)

Falsification du blanc de céruse. — Pendant longtemps on avait coutume pour produire des qualités moins chères de blanc de céruse de le mélanger avec d'autres substances blanches,

(1) Gossage (W.) and Benson (E. W.), patent n° 7046, march 29, 1836.
(2) Richardson (T.), patent n° 12246, aug. 21, 1846; *Dingl. Journ.*, CXII, 382.
(3) Pattinson (H. L.), patent n° 9102, sept. 24, 1841.

particulièrement avec le sulfate de baryte naturel ou artificiel. Lorsqu'on emploie dans ce but le sulfate naturel, ou spath pesant, on élimine tout le fer qu'il pourrait contenir en le faisant digérer avec de l'acide chlorhydrique concentré. (Voyez le chapitre sur les composés barytiques.) Pour falsifier le blanc de céruse on emploie encore, quoique moins généralement, d'autres substances, telles que le sulfate de plomb, le spath calcaire, la craie, l'albâtre, le gypse, les os calcinés et l'argile blanche.

En Angleterre, en France et en Belgique, on désigne la qualité d'un échantillon de blanc de céruse comme première, deuxième, troisième ou quatrième qualité, selon la proportion de blanc de céruse pur qu'il contient; en Allemagne on distingue souvent les diverses variétés en leur donnant différents noms, ainsi par exemple :

Le *blanc de Krems* est du blanc de céruse pur, et il se présente ordinairement sur le marché sous forme de morceaux quadrangulaires.

Le *blanc de Venise* est un mélange de parties égales de blanc de céruse pur, et de spath pesant réduit en poudre très-fine.

Le *blanc de Hambourg* contient deux parties de spath pesant pour une partie de blanc de céruse.

Le *blanc de Hollande* contient trois parties de spath pesant pour une partie de blanc de céruse.

On trouve encore dans le commerce des espèces inférieures qui ne contiennent pas plus d'un huitième de leur poids de blanc de céruse réel. Le blanc de céruse qui contient du spath pesant est habituellement livré au commerce sous forme de cônes semblables à de petits pains de sucre.

Les couleurs à base de plomb, envisagées au point de vue de l'hygiène. — L'influence désastreuse que les composés solubles de plomb exercent sur la santé de ceux qui les fabriquent et de ceux qui les emploient, est un fait bien connu. Les procédés de fabrication les plus dangereux sont ceux qui exposent les ouvriers à aspirer ces produits délétères à l'état de poussière fine, flottante dans l'air. Tels sont, par exemple, les procédés de pulvérisation du blanc de céruse, et du façonnage de la poudre en pains compactes, prêts à être livrés au commerce. Afin de remédier un peu à ce dernier mal, beaucoup de fabricants ont commencé récemment à mettre leurs produits en vente soit sous forme de poudre, soit sous celle de fragments irréguliers, tels qu'on les obtient en faisant sécher la masse humide dans l'état dans lequel elle sort de la meule à broyer. Les exigences des consommateurs sont cependant un obstacle à l'adoption générale de cette sage et philanthropique mesure ; on préfère très-généralement le blanc de céruse façonné en pains, parce qu'on considère la fracture conchoïdale comme une garantie de pureté. Mais c'est là une idée erronée, parce que toute substance finement pulvérisée, introduite dans un moule conjointement avec une substance liante, puis fortement desséchée, présente une fracture conchoïdale qui devient de plus en plus apparente en proportion de la finesse de la poudre.

MM. Bezançon frères, de Paris (1), sont parvenus à diminuer très-sensiblement l'insalubrité du procédé de pulvérisation ; ils furent les premiers qui conçurent l'idée de broyer le blanc de céruse en présence des huiles employées en peinture et d'introduire dans le commerce le mélange obtenu de cette manière. Le jury a conféré l'honorable distinction d'une médaille à MM. Bezançon frères (France, 212), pour le service important qu'ils ont ainsi rendu à l'industrie du blanc de céruse.

Néanmoins la fabrication du blanc de céruse est encore, et sera probablement toujours, très-pernicieuse. Malheureusement les ouvriers eux-mêmes sont très-négligents; il leur arrive souvent de prendre leurs repas sans avoir lavé préalablement leurs mains auxquelles adhère toujours plus ou moins de cette substance délétère. Le plomb est ainsi introduit gra-

(1) *Exposition universelle de 1855, Rapports du jury mixte international*, I, p. 585.

duellement dans leur organisme tant par ingérence directe que par absorption, qui est le mode d'introduction le plus subtil et le plus difficile à prévenir. Depuis quelques années les fabricants ont cherché, avec une véritable sollicitude, à découvrir des remèdes prophylactiques et efficaces pour combattre autant que possible des maux aussi sérieux. Parmi les mesures prophylactiques, nous mentionnerons l'usage d'une boisson légèrement acidulée avec de l'acide sulfurique, et dont l'action, dit-on, est assez puissante pour garantir les ouvriers contre l'invasion de la maladie saturnine ; on prône également beaucoup l'iodure de potassium, comme un spécifique dissolvant et éliminant les dépôts de plomb, qui se sont déjà accumulés dans l'organisme et y exercent leur fatale influence. MM. Gossage, Benson, et d'autres fabricants expérimentés, ont affirmé au rapporteur que l'effet prophylactique de la boisson acidulée (qu'on sucre généralement avec de la mélasse) est incontestable. Quelques-uns mettent en doute les propriétés curatives spéciales de l'iodure de potassium, mais d'autres les soutiennent énergiquement. Les effets terribles de l'absorption du plomb, qui paralyse certaines parties de l'organisme humain, détruit la santé, et abrége le terme de l'existence, imposent aux manufacturiers le devoir de chercher sérieusement des remèdes efficaces. C'est encore en grande partie en vue de la question d'hygiène que, depuis quelques années, les chimistes on fait tant d'efforts pour découvrir des matières colorantes blanches d'un caractère comparativement inoffensif, afin de les substituer aux dérivés du plomb. Parmi les composés proposés jusqu'à ce jour dans ce but, ceux qui paraissent soulever le moins d'objections sont le sulfate de baryte artificiel et le blanc de zinc. On a également proposé le blanc d'antimoine comme offrant les mêmes garanties. M. Kuhlmann classe les différentes substances pouvant remplacer le blanc de céruse d'après la pureté de leur couleur dans l'ordre suivant :

Sulfate de baryte.
Blanc de céruse.
Albâtre.
Sulfate de chaux artificiel.
Oxyde de zinc.
Carbonate de chaux (blanc de Meudon).

Nous avons parlé du sulfate de baryte , ou *blanc fixe*, dans un des chapitres précédents (Voyez le chap. sur les composés barytiques) : nous ne nous occuperons ni de l'albâtre, ni de la craie, ni du sulfate de chaux artificiel, parce qu'en réalité on ne les emploie que pour la falsification. Mais nous examinerons rapidement dans ce chapitre les deux autres composés : le blanc de zinc et le blanc d'antimoine.

Pouvoir couvrant ou colorant du blanc de céruse. — On a proposé différentes méthodes pour essayer le pouvoir couvrant des différentes espèces de blanc de céruse ; la plus simple consiste à triturer, avec des quantités égales d'huile de lin, des poids égaux des échantillons qu'on veut comparer, et de déterminer le poids de volumes égaux des couleurs ainsi produites ; celle qui sera spécifiquement la plus lourde couvrira le mieux en peinture.

Chlorure basique, ou oxychlorure de plomb. — Feu M. Pattinson avait (1) pris un brevet pour la préparation de cette substance. On prépare le chlorure de plomb en attaquant la galène finement pulvérisée au moyen d'acide chlorhydrique concentré ; on le dissout ensuite dans de l'eau et on mélange avec de l'eau de chaux en des proportions déterminées. Il faut observer certaines précautions en mélangeant ces deux liquides. On les introduit séparément dans deux réservoirs exactement pareils, ayant chacun une capacité d'environ seize pieds cubes ; de là, on les fait couler simultanément dans un grand tonneau, d'où, pour compléter le mélange, on fait déverser le liquide en minces filets dans une citerne, où se dépose l'oxychlorure de plomb. Pour de plus amples détails sur ce procédé, le rapporteur a eu recours à

(1) Pattinson (H. L.), patent n° 12479, feb. 14, 1849. *Repert. of patent invent.*, 1849, 150.

l'obligeance de M. Balard, qui a vu toute l'opération à la fabrique de MM. Bell et Comp.
(Grande-Bretagne, 473), établissement fondé par M. Pattinson. On écrase et pulvérise la galène en présence d'acide chlorhydrique concentré, dont on élève la température au moyen
d'un jet de vapeur. On opère cette pulvérisation dans un très-grand bassin, dont le fond
est formé par une dalle unique en pierre siliceuse, sur laquelle on fait mouvoir une meule
également en pierre. Les côtés du bassin sont construits en briques pouvant résister à l'action de l'acide. Le chlorure de plomb qui se forme pendant ce traitement, étant peu soluble
dans l'eau froide, et moins soluble encore dans la solution acide, se dépose et s'amasse au
fond du bassin. On décante et on jette le liquide acide et on dissout le dépôt dans de l'eau
bouillante; on traite ensuite la solution chaude avec du lait de chaux en quantité suffisante
pour saturer l'acide libre et pour précipiter le fer qui pourrait exister en solution. On permet au liquide de se clarifier, et l'on empêche la cristallisation du chlorure plombique en
maintenant la température du liquide. La solution claire est transvasée dans un grand bac
en bois, dans lequel on dirige en même temps un courant d'eau de chaux en quantité suffisante pour précipiter la moitié du plomb en solution. On recueille ensuite l'oxychlorure, on
le fait égoutter, on le lave, et on le sèche dans une étuve sur des plats en terre poreuse.

L'immense quantité d'hydrogène sulfuré, qui se dégage pendant que l'acide chlorhydrique agit sur la galène, constituait un embarras véritable à l'origine de cette industrie; les
plus hautes cheminées ne parvenant pas à diffuser ce gaz suffisamment dans l'atmosphère.
MM. Bell condensent actuellement l'hydrogène sulfuré, en le soumettant à l'action de l'eau
et de l'acide sulfureux (produit par la combustion des pyrites de fer). On accomplit l'opération dans de grands vases en bois. Outre la réaction bien connue :
$$2H^2 S + SO^2 = 2H^2 O + 3S,$$
il s'accomplit une autre réaction qui donne lieu à la séparation du soufre avec formation
simultanée d'eau et d'acide pentathionique
$$5H^2 S + 5SO^2 = 5S + 4H^2 O + H^2 S^5 O^6.$$
On emploie le soufre dans la fabrication de l'acide sulfurique; on mélange l'acide pentathionique avec de la magnésie, et on expose le produit à l'action de l'air; sous cette influence il
se forme graduellement du sulfate de magnésie.

M. Brumlen (1) propose de préparer l'oxychlorure en précipitant une solution d'acétate basique de plomb par de l'acide chlorhydrique.

La composition de l'oxychlorure de plomb est exprimée par la formule $2PbCl, Pb^2 O$, avec
ou sans un équivalent d'eau.

BLANC DE ZINC.

En 1781 déjà, Guyton Morveau proposa l'emploi de l'oxyde de zinc comme couleur de peinture; et un peu plus tard Atkinson, en Angleterre, prit un brevet pour sa préparation en
grand et son emploi comme couleur. Fourcroy, Berthollet et Vauquelin, dans un rapport présenté à l'Académie des sciences de Paris, en 1808, recommandèrent l'emploi de l'oxyde de zinc
comme substitut du blanc de céruse.

Mais ces premiers essais pour remplacer le blanc de céruse par l'oxyde de zinc échouèrent,
parce que la peinture au blanc de zinc séchait trop lentement. Ils furent même bientôt ou-
bliés. En 1848, cependant, M. Leclaire, employant une proportion relativement considérable
d'huile *siccative*, réussit à donner à la peinture au blanc de zinc la propriété de sécher aussi
rapidement que celle préparée au blanc de céruse. Il commença immédiatement des expériences en grand, et prouva d'une manière satisfaisante que, dans beaucoup de cas, l'oxyde
de zinc pouvait remplacer avantageusement le blanc de céruse.

Fabrication du blanc de zinc. — Pour préparer le blanc de zinc, on volatilise du zinc métallique dans de grandes moufles en terre, d'où l'on fait passer la vapeur de zinc dans une

<hr>

(1) Brumlen, *Dingl. Journ.*, CLIX, 237.

petite chambre (*guérite*), pour l'y mettre en contact avec un courant d'air, et l'oxyder. L'oxyde de zinc, qui en résulte, passe immédiatement dans une chambre à condensation, divisée en plusieurs compartiments par des toiles tendues à l'intérieur.

On obtient trois espèces principales de blanc de zinc au moyen de ce procéd', savoir : 1° *gris de zinc;* mélange de couleur grise de zinc oxydé et métallique, qui tombe dans la guérite et dans la première chambre; 2° *blanc de zinc;* dépôt blanc, pulvérulent, qui s'amasse dans le compartiment du milieu; 3° *blanc de neige;* produit très-léger et très-floconneux, blanc comme la neige, qu'on recueille dans la subdivision la plus reculée de la chambre à condensation.

Afin d'économiser le combustible, M. Sorel propose de faire fondre le zinc métallique dans une grande moufle, et de le brûler directement dans un courant d'air; en opérant de cette manière, une partie de l'oxyde de zinc est entraînée, et étant recueillie dans des chambres convenables, constitue le *blanc de neige*. Mais la majeure partie de l'oxyde reste, cependant, à la surface du zinc fondu; à mesure qu'il s'y amasse, on l'enlève au moyen d'un ringard en fer, et on le jette dans une caisse. Ce produit brut porte le nom de *blanc de trémie*. Il contient encore de grandes quantités de zinc métallique, qu'on en élimine mécaniquement.

Une autre méthode de préparation consiste simplement à brûler le zinc métallique sur une plaque en argile réfractaire, ou sur la sole d'un four chauffé au rouge.

Le mode d'opérer le plus économique consiste, cependant, à combiner la préparation du zinc métallique avec celle du blanc de zinc, ou, en d'autres termes, à brûler les vapeurs engendrées directement par le traitement des minerais de zinc. Ce mode de procéder est pratiqué sur une très-grande échelle à New-York, où l'on prépare le blanc de zinc au moyen du minerai rouge de zinc, qu'on trouve, mélangé à la franklinite, dans l'Etat de la Nouvelle-Jersey. On pulvérise finement le minerai, on le mélange avec du charbon de bois, et on le calcine dans de grandes moufles; pendant cette opération, l'oxyde est réduit et les vapeurs de zinc métallique se produisent. On dirige ces dernières dans des tubes à travers lesquels on fait également passer de l'air pour oxyder le zinc.

Pouvoir couvrant du blanc de zinc. — Le *blanc de neige* couvre moins bien que le *blanc de zinc*, et ce dernier moins que le blanc de céruse. On prétend que trois couches de blanc de zinc couvrent aussi bien, — c'est-à-dire produisent le même degré d'opacité, — que deux couches de blanc de céruse (1). D'un autre côté, on peindra une plus grande surface avec une livre de blanc de zinc qu'avec une livre de blanc de céruse; ainsi, avec le blanc de zinc on couvrira 355 mètres carrés de planches, tandis que le blanc de céruse ne couvrira que 207 mètres carrés. La peinture au blanc de zinc, soit mate, soit brillante, produit un aussi bon effet que celle au blanc de céruse; et, pour ce qui concerne la stabilité de la couleur, le blanc de zinc possède certainement l'avantage de ne pas noircir au contact de l'hydrogène sulfuré.

Inertie du blanc de zinc à l'égard de l'huile. — C'est là ce qui constitue l'infériorité réelle et irrémédiable du zinc, relativement au blanc de céruse. L'oxyde de plomb est largement soluble dans l'huile de lin; il en est de même des acétates de plomb, neutres et basiques, et du linoléate de plomb. L'oxyde de zinc, au contraire, est presque insoluble dans l'huile de lin; et les combinaisons de zinc avec les acides gras, quoique légèrement solubles dans de l'huile de lin chaude, s'en séparent presque complètement par le refroidissement. En outre, l'oxyde de plomb dissous réagit sur l'huile de lin en favorisant son oxydation et sa solidification (sa *dessiccation* en termes techniques), et en formant avec elle graduellement, lorsqu'on l'étend en couche mince sur la surface qu'on veut protéger, un savon de plomb insoluble, remarquable par sa ténacité, son élasticité, son imperméabilité et son pouvoir de résister aux influences atmosphériques. Aucune réaction pareille n'a lieu

(1) D'après Fink (*Dingl. pol. Journ.*, CXXXVII, 136), 5 couches de blanc de zinc couvrent aussi bien que 3 couches de blanc de céruse.

entre l'huile de lin et l'oxyde de zinc insoluble. Celui-ci reste à l'état de corps inerte étranger, semblable au sulfate de baryte, qu'on mélange si souvent frauduleusement au blanc de céruse. De là résulte la nécessité d'ajouter au blanc de zinc quelque agent oxydant; on choisit de préférence le peroxyde hydraté ou le borate de manganèse, pour fournir l'oxygène à l'huile et favoriser ainsi sa *dessiccation*. La méthode de M. Leclaire consiste à préparer une huile siccative, en faisant bouillir l'huile de lin avec du peroxyde de manganèse hydraté, jusqu'à ce que l'huile prenne une couleur rouge foncé ou brune, et d'ajouter 3 à 5 pour 100 de cette huile à la pâte formée par l'oxyde de zinc et l'huile de lin ordinaire. M. Barruel trouve que l'addition de 0.2 pour 100 de borate de manganèse à la pâte est tout aussi efficace. Mais, quoique de cette manière la peinture au blanc de zinc *sèche* aussi rapidement que la peinture au blanc de céruse, on obtient dans les deux cas un résultat dont le caractère chimique est complétement différent. Dans le cas du blanc de zinc, il n'y a nullement formation d'une peau tenace, adhérente, élastique, d'un véritable savon insoluble, contenant un acide gras et une base métallique en combinaison chimique, comme on la voit se produire lorsqu'on emploie le blanc de céruse. Tout ce qu'on peut espérer, en faisant usage de la peinture au blanc de zinc, c'est la formation d'une pellicule d'huile oxydée semblable à un vernis, et renfermant la couleur pulvérulente sous forme de matière étrangère. En conséquence, la peinture au blanc de zinc ne résiste que pour un temps limité aux influences destructives de l'atmosphère. Elle devient bientôt friable, tombe en poussière par le frottement, ou s'écaille sous l'influence de la chaleur. L'humidité y pénètre bientôt, et fait rouiller les métaux ou pourrir les bois qui se trouvent au-dessous, au lieu de les protéger aussi complétement que le fait une couche d'huile combinée à l'oxyde de plomb.

COULEURS D'ANTIMOINE.

L'importance de l'antimoine dérive surtout de l'usage qu'on en fait pour la préparation de certains alliages métalliques, et de l'emploi de ses composés comme agents pharmaceutiques. Jusqu'à présent, il n'a pas joué de rôle éminent dans la préparation des couleurs; en effet, le rapporteur ne connaît que deux formes sous lesquelles on a proposé d'employer l'antimoine en peinture, savoir : le produit connu sous le nom de *blanc d'antimoine*, et celui dénommé *rouge* ou *vermillon d'antimoine*. On peut obtenir ces deux produits au moyen du sulfure naturel d'antimoine.

Blanc d'antimoine. — Pour la préparation du blanc d'antimoine, MM. Hallet (1) et Stenhouse proposent de faire usage de l'oxyde naturel d'antimoine, qu'on trouve en quantités notables en Espagne, dans l'île de Bornéo et dans d'autres localités, quoique toujours plus ou moins mélangé de sulfure d'antimoine. Cet oxyde impur est grillé pour chasser le soufre sous la forme d'acide sulfureux, tandis que l'oxyde passe à l'état d'acide antimonieux anhydre, $Sb^2 O^4$, qu'on réduit ensuite en poudre impalpable.

On a également proposé de griller le sulfure naturel d'antimoine, d'utiliser l'acide sulfureux dégagé pour faire de l'acide sulfurique, et d'employer l'oxyde qui en résulte comme couleur blanche.

Il est fort douteux, cependant, que l'oxyde d'antimoine puisse faire une concurrence sérieuse au blanc de zinc ou au sulfate de baryte artificiel qui, tous deux, lui sont considérablement supérieurs en blancheur et en opacité. A plus forte raison ne pourra-t-il jamais rivaliser avec le blanc de céruse.

Oranges et rouges d'antimoine. — L'emploi de l'antimoine pour la préparation de couleurs oranges et rouges paraît offrir plus de chances de succès. En effet, les sulfures d'antimoine, obtenus par la décomposition de sels d'antimoine, par les sulfures alcalins ou par l'hydrogène sulfuré, possèdent une nuance jaune orange assez intense, dont on a essayé de

(1) Hallett, *Dingl. Journ.*, CLXII, 373.

tirer parti pour la toile peinte; en 1810 déjà, M. John Mercer les employa dans ce but Il est évident qu'un jaune orange, obtenu sous l'influence de l'hydrogène sulfuré, sera tout à fait permanent dans certaines circonstances ou le jaune de chrome noircira.

Vermillon d'antimoine. — En opérant la décomposition des sels d'antimoine par les hyposulfites alcalins, on obtient un sulfure d'antimoine qui, suivant les circonstances, peut présenter une belle couleur rouge pur, d'où le nom de *vermillon d'antimoine.* (Voyez le chap. sur l'hyposulfite de soude, livr. 164 du *Moniteur Scientifique,* p. 771.)

Cette réaction, signalée pour la première fois par M. Himly en 1842, et indiquée de nouveau en 1849 par M. Strohl (1), a été plus complétement étudiée par MM. E. Kopp (2), Mathieu-Plessy (3), et Böttger (4).

Le procédé de fabrication le plus économique de cette couleur est le procédé continu de M. E. Kopp; on l'exécute de la manière suivante :

On grille le sulfure naturel d'antimoine à l'aide d'un courant de vapeur; on fait réagir l'acide sulfureux, qui se dégage, sur le sulfure de calcium, et l'on obtient de l'hyposulfite de chaux; l'oxyde impur d'antimoine, contenant une petite quantité de fer, est dissous dans de l'acide chlorhydrique; et la solution qui en résulte est versée dans une solution quelque peu étendue d'hyposulfite de chaux où elle se dissout, si ce dernier est maintenu en excès. Le sulfure d'antimoine ne se sépare point immédiatement; mais en chauffant le liquide à 50 60° C. au moyen d'un jet de vapeur, la solution ne tarde pas à se troubler par la formation d'un précipité d'abord jaune, puis orange, et finalement d'un rouge orange très-vif. On arrête ensuite la vapeur, on couvre la cuve, et on laisse déposer le vermillon d'antimoine.

Les eaux-mères limpides, contenant beaucoup d'acide sulfureux libre à côté de chlorure de calcium et d'un peu de chlorure de fer, sont décantées et transvasées dans une cuve qui contient du sulfure de calcium. On reproduit ainsi l'hyposulfite de chaux, que l'on peut facilement obtenir dans un état parfaitement neutre, si l'on a soin de laisser une petite quantité d'hyposulfite de fer dans la solution, et de sulfure de fer dans le précipité insoluble. L'hyposulfite de chaux, ainsi régénéré, peut servir à une nouvelle préparation de vermillon d'antimoine, être régénéré de nouveau et ainsi de suite, jusqu'à ce qu'il soit par trop chargé de chlorure de calcium.

Le vermillon d'antimoine précipité est recueilli, lavé à l'eau chaude, et séché à une chaleur modérée. C'est une couleur très-solide et peu altérable, excepté par l'action d'alcalis énergiques. Broyée avec de l'huile siccative, elle prend beaucoup de feu et d'éclat et constitue une couleur à l'huile pouvant être employée avec avantage pour la peinture en bâtiments et celle des meubles.

L'importance de la fabrication de la céruse est constatée par le grand nombre d'exposants, tandis que le blanc de zinc n'était représenté que par quelques manufacturiers.

COMPOSÉS DU TUNGSTÈNE.

En 1781, Scheele découvrit dans le tungstène (*tung*, lourd; *sten*, pierre) minéral de Suède, un nouvel acide qu'il désigna sous le nom d'*acide tungstique.* Bergmann soupçonna ce nouvel acide d'appartenir à un élément métallique qui, par analogie de dénomination, devait recevoir le nom de *tungstène.* En 1789, les frères d'Elhujart, ayant préalablement retiré le même acide du minéral wolfram, réussirent à isoler le métal qu'ils nommèrent wolfram. Plus tard, on proposa de remplacer les deux noms, tungstène et wolfram, par le nom de Scheele; mais Berzélius combattit cette proposition, en faisant observer avec beaucoup de justesse que le

(1) Strohl, *Journ. de pharm.* (3), XVI, 11.
(2) E. Kopp, *Bull. Soc. ind. Mulhouse,* n° 148, p. 379.
(3) Matthieu-Plessy, *Bull. Soc. ind. Mulhouse,* 1859, n° 130.
(4) Bœttger, *Polyt. Notizbl.,* 1857, p. 81.

nom de son compatriote n'avait nullement besoin d'un pareil artifice pour passer à la posté-rité. En conséquence, ce métal porte encore ses deux noms; en France et en Angleterre, on le connaît plus particulièrement sous celui de tungstène, dans d'autres contrées sous celui de wolfram.

Sources du tungstène. — Les deux minéraux déjà mentionnés, dont on isola l'acide tungstique pour la première fois, il y a soixante-dix ou quatre-vingts ans, sont encore aujourd'hui les sources principales des composés du tungstène.

Le *tungstène* ou scheelite est surtout du tungstate de chaux, contenant 78 à 80 pour 100 d'acide, la chaux y est ordinairement associée à quelques traces de fer (*ferrosum*), de manga-nèse et de silice. On trouve le tungstène en Cornouailles et dans le Cumberland, dans l'Amérique du Sud, en Bohême, en Saxe et en Suède, mais nulle part en quantité consi-dérable.

Le *wolfram* est un tungstate de fer (*ferrosum*) et de manganèse; les deux tungstates, comme l'ont démontré MM. Schneider (1) et Lehmann (2), s'y trouvent associés dans l'une ou l'autre des deux proportions suivantes :

$$4(Fe^2 W^2 O^4), Mn^2 W^2 O^4, \text{ ou } (Fe^2 W^2 O^4), 3(Mn^2 W^2 O^4).$$

Les équivalents de fer et de manganèse étant les mêmes, les deux modifications du mi-néral contiennent la même quantité d'acide, savoir 76 à 76.5 pour 100.

On trouve le wolfram en Cornouailles, dans le Devonshire et dans le Cumberland; en Bohême, en Saxe et dans quelques autres pays d'Allemagne; en France, en Suède et dans l'Amérique du Sud; mais le Cornouailles, le Devonshire, le Cumberland, la Suède et la Bohême sont les seuls pays d'où l'on peut tirer de grandes quantités de ce minéral.

Métallurgie du tungstène. — On sépare facilement le métal tungstène de l'acide tungs-tique en désoxydant ce dernier dans un courant d'hydrogène. Obtenu de cette manière, le tungstène se présente sous forme d'une poudre dense d'un gris foncé, exigeant un tel degré de chaleur pour sa fusion que M. Bernoulli (3), qui a publié tout récemment quelques expé-riences sur ce métal et sur ses alliages, constate qu'il n'a jamais réussi à l'obtenir à l'état fondu, quoiqu'il eût eu de puissants moyens de chauffage à sa disposition. Néanmoins, M. Fréd. Versmann (Grande-Bretagne, 613) a exposé un petit bouton de ce métal pur, qu'il a obtenu en exposant à peu près une once de tungstène en poudre à la chaleur la plus forte d'un fourneau Griffin. M. Versmann assura le jury que, pendant cette opération, les creusets de Hesse ou en graphite ne résistèrent pas à une pareille chaleur. Il parvint enfin à opérer la fusion en chauffant le métal pendant trois heures dans un creuset de chaux vive récemment calcinée.

Le métal tungstène est excessivement dense. Sa densité n'est pas inférieure à 17.9-18.2, et elle vient immédiatement après celle de l'or (19.36) et du platine (21.53). Berzélius fût le premier qui détermina son équivalent, pour lequel il adopta le nombre 94, mais M. Schnei-der (4) le fixa ultérieurement à 92, et M. Dumas a confirmé récemment ce dernier nombre.

L'histoire chimique du tungstène offre un intérêt considérable, et a occupé l'attention de beaucoup de chimistes, parmi lesquels nous citerons particulièrement Berzélius, Wöhler, Laurent et Margueritte. M. Wöhler (5) fut le premier qui obtint le magnifique sel double, composé de tungstate de soude associé avec du tungstate de tungstène, $Na^2 W^2 O^4$, $W^2 O^3$, $W^2 O^3$, dont la préparation et l'application nous occuperont plus particulièrement vers la fin de ce chapitre.

(1) Schneider, *Journ. Pr. Chem.*, XLIX, 133.
(2) Lehmann, *Ibid.*, LXI, 160.
(3) Bernoulli, *Pogg. Ann.*, 1862.
(4) Schneider, *Journ. Pr. Chem.*, L, 152.
(5) Wöhler, *Pogg. Ann.*, II, 350.

Variétés isomériques de l'acide tungstique. — Laurent (1) fut le premier qui indiqua la diffé-rence remarquable existant entre les propriétés de certains sels de l'acide tungstique, lors-qu'on les prépare par des procédés différents. Il attribua ces différences, qui ne sont pas sans importance même pour une exploitation pratique, à l'existence d'une série de modifications de l'acide tungstique. En combinant l'acide tungstique avec l'ammoniaque, et en chassant ensuite l'ammoniaque par la chaleur, il fut à même de fixer plus exactement les conditions dans lesquelles prennent naissance les sels de ces différents acides tungstiques, et de carac-tériser diverses séries de sels tungstiques qu'il distingua comme tungstates, isotungstates, métatungstates, paratungstates et polytungstates.

M. Lotz (2) et M. Riche (3), et plus particulièrement M. Scheibler (4) et M. Bernoulli (5) ont examiné plus récemment les propriétés de l'acide tungstique et des tungstates. Il serait déplacé d'entrer ici dans les détails de ces recherches, qui sont d'un caractère presque exclu-sivement scientifique. Les expériences de M. Bernoulli méritent cependant d'être mention-nées parce qu'elles jettent une vive lumière sur la modification insoluble de l'acide tung-stique. On sait que cet acide présente quelquefois une couleur verdâtre, qu'on attribuait au-trefois à une réduction partielle de l'acide à l'état d'oxyde bleu. M. Bernoulli a réfuté cette opinion ; il a trouvé que l'acide insoluble présente deux modifications isomériques, savoir l'*acide tungstique*, qui est jaune, et l'*acide pyrotungstique*, qui est vert ; on obtient le dernier en chauffant fortement le premier dans un courant d'oxygène.

Développement de l'industrie du tungstène. — Il est certainement étrange que les composés du tungstène aient occupé, depuis tant d'années, l'attention des hommes scientifiques, sans sug-gérer l'idée d'une application pratique quelconque. Il en a été néanmoins ainsi ; et, pendant plus d'un demi-siècle après sa découverte, cet élément précieux est resté une simple curio-sité de laboratoire, inconnu aux industriels, et parfaitement inutile à l'humanité.

Il y a à peu près vingt ans, M. de Boussois prit un brevet (6) pour la séparation du tung-stène du tungstate de chaux, ainsi que du wolfram, et pour la production d'alliages de tung-stène avec l'étain et le cuivre. Mais il ne semble pas que les efforts de M. de Boussois aient été couronnés de succès.

L'exposition de 1851 ne renfermait que deux petits échantillons d'acide tungstique, classés parmi les oxydes métalliques rares. Cependant, le rapport (7) du jury mentionne avec éloge le procédé de M. Oxland pour séparer l'acide tungstique des minerais d'étain, auxquels on le trouve fréquemment associé. Ce procédé consiste à soumettre les minerais d'étain à l'action du sulfure de sodium dans un four à réverbère. Le tungstate de soude qui en résulte, est employé comme substitut du stannate de soude dans l'impression et dans la teinture, plus particulièrement, des laines et des soies. Il a été impossible au rapporteur de vérifier jusqu'à quel point l'usage du tungstate de soude, qui, à une certaine époque, était assez générale-ment employé dans le Lancashire, s'est maintenu parmi les teinturiers et les imprimeurs.

Le tungstène ne paraît pas avoir été représenté à l'exposition française de 1855 ; en tous cas, le rapport officiel n'en fait pas la moindre mention.

La première phase importante de l'industrie du tungstène fut l'emploi des tungstates de plomb, d'étain, de zinc ou de baryte, comme substitut du blanc de céruse. Aussi, pendant un certain temps, la fabrication du tungstate de plomb reçut un développement assez considé-rable. On pulvérisait le wolfram, et on le fondait ensuite avec du sel de soude dans un four à

(1) Laurent, *Ann. Chim. Phys.*, XXI, 54.
(2) Lotz, *Ann. Chem. Pharm.*, XCI, 49.
(3) Riche, *Compt.-rend.*, XLII, 203.
(4) Scheibler, *Journ. Pr. Chem.*, LXXX, 204.
(5) Bernouilli, *Pogg. Ann.*, 1862.
(6) De Boussois, brevet n° 9765, 10 juin 1843.
(7) *Rapports des Jurés*, p. 48.

réverbère, de manière à former du tungstate de soude, qu'on dissolvait dans de l'eau et qu'on décomposait par l'acétate de plomb. Le tungstate de plomb ainsi obtenu servait de peinture blanche, d'une assez belle qualité, mais manquant un peu de corps. On le vendait de 23 à 28 liv. sterl. la tonne, et on en aurait sans doute facilement trouvé un débouché, si la fabrication en avait été assez profitable.

Mais la production du tungstate de plomb est toujours accompagnée de difficultés, occasionnées par la tendance de l'acide tungstique à engendrer différentes espèces de sels, comme nous l'avons déjà expliqué. Il en résulte que le tungstate de soude, obtenu du même minerai et préparé au moyen du même procédé, peut fournir, dans des circonstances en apparence les mêmes, des quantités très-inégales de tungstate de plomb. On affirme que ce sont ces difficultés qui se sont opposées au développement de la fabrication en grand du blanc de tungstène; mais elles paraissent à peine suffisantes pour expliquer la cessation d'une industrie d'ailleurs florissante.

Acier de tungstène. — L'histoire industrielle du tungstène entra dans une nouvelle phase, du moment où l'on proposa d'en faire usage pour l'allier au fer, afin de produire l'espèce d'acier perfectionné connu sous le nom d'*acier wolfram*, ou *acier de tungstène*. Pour obtenir cette variété d'acier, on fait fondre de l'acier fondu avec du tungstène, qu'on a préalablement soigneusement purifié d'arsenic et de soufre. Les premiers essais, faits par M. Kœller dans une fabrique d'aciers en Autriche, parurent si bien réussis, qu'ils semblaient devoir entraîner une révolution complète dans la manufacture de l'acier fondu. Jamais auparavant, disaient les partisans du nouvel alliage, on n'avait produit un acier d'une telle ténacité et de tant de dureté. L'acier fondu ordinaire de la meilleure qualité, trempé par les procédés habituels, pouvait être tourné et foré avec des outils faits en acier de tungstène. On citait des analyses pour prouver que les lames de Damas, si célèbres pour leur dureté et leur élasticité, contenaient des traces de tungstène, auxquelles l'on attribuait les excellentes qualités de l'acier. La question provoqua une controverse très-animée pendant laquelle on délivra beaucoup de brevets pour les applications du tungstène. Dans l'espace d'une seule année (1859), MM. Mushet et Comp., entre autres, ne prirent pas moins de neuf brevets pour le perfectionnement de l'acier fondu et la préparation d'alliages dans chacun desquels le tungstène joue un rôle important.

L'application du tungstène à la fabrication de l'acier, appartient à la classe XXXII, dans laquelle on avait exposé plusieurs articles en acier de tungstène, principalement d'Allemagne. Le rapporteur de la classe II s'abstient de suivre les différentes phases de la controverse sur l'acier de tungstène. Il suffit de constater ici que les opinions des savants et des industriels restent divisées sur ce sujet, et qu'il existe encore beaucoup de doutes relativement à la question de savoir si les qualités incontestables de l'acier de tungstène doivent être réellement attribuées à la présence de ce métal.

Les tungstates comme moyens préventifs contre l'inflammabilité des tissus. — Il y a quelques années, MM. F. Versmann et A. Oppenheim proposèrent d'employer le tungstate de soude pour rendre les tissus non inflammables; application d'une importance incontestable dans tous les temps, mais qui réclame en Angleterre, et de nos jours, une attention toute spéciale.

En Angleterre, l'habitude de brûler des matières combustibles bitumineuses et flamboyantes dans des foyers découverts et nullement protégés, expose tout particulièrement les femmes de ce pays au danger de mettre accidentellement le feu à leurs vêtements. L'ampleur qu'elles donnent à leurs robes, par suite de la mode des crinolines, augmente encore les risques de ces terribles accidents. On ne lit que trop souvent les récits déchirants de pareilles calamités. Tantôt, c'est une jeune et belle personne passant subitement de la salle de bal au lit de mort; tantôt, c'est une vie vénérable qui s'éteint dans un affreux martyre. Bien peu de personnes, cependant, se rendent exactement compte de la fréquence de ces déplorables catastrophes; un plus petit nombre encore se fait une idée de toute la souffrance occasionnée par une *brûlure profonde*.

Pour ce qui concerne le premier point, — le nombre des victimes, — le secrétaire général du bureau des naissances et décès en Angleterre a fait, en 1860, les remarques suivantes :

« Les feux de Smithfield et les bûchers *suttee* de l'Inde sont éteints ; mais le feu de nos propres foyers détruit annuellement des centaines et estropie des milliers de femmes et d'enfants anglais. Assurément, on devrait y porter remède. Pourquoi porte-t-on négligemment des tissus combustibles ? Huit personnes ne devraient pas périr par suite de brûlures dans l'espace de sept jours. Il est difficile de classer de pareils cas de morts dans la catégorie des accidents inévitables. Dans les cinq années qui se sont écoulées de 1852-56, on a relevé sur les registres de l'état civil d'Angleterre et du pays de Galles, 9,998 cas de mort causée par des brûlures, et 2,182 cas de décès occasionnés par l'inflammation des vêtements. »

Nous trouvons encore dans le vingt-troisième rapport annuel du secrétaire général, pour 1860 (1), les observations suivantes du docteur Farr sur les causes des décès en Angleterre :

« En somme, les brûlures et les échaudures sont plus fatales aux femmes qu'aux hommes ; mais, dans les premières années de l'enfance, tant que le costume des deux sexes présente les mêmes chances de combustibilité, le nombre des garçons brûlés et échaudés est plus grand que celui des filles, généralement plus prudentes. De cinq à dix ans, deux fois autant de filles que de garçons sont brûlées ; de dix à quinze, le nombre et la différence diminuent ; de quinze à quarante-cinq ans, les hommes, travaillant dans les mines de houille et dans les usines, sont tellement exposés au danger du feu, que le nombre des décès dans ce sexe dépasse de beaucoup celui des victimes de la crinoline et des vêtements inflammables ; après l'âge de cinquante-cinq ans, le nombre des vieilles femmes, qui maintenant périssent par le feu, excède considérablement le nombre de celles qui subissaient la même torture dans les temps barbares où on les brûlait comme sorcières. »

Un médecin, témoin oculaire (2) de ce qui constitue (nous employons ses propres termes) *le plus horrible entre tous les spectacles horribles*, s'exprime ainsi relativement au second point, le caractère véritablement terrible d'une agonie occasionnée par une *grave brûlure* :

« Pour qui l'a vu une fois, ce hideux spectacle reste à jamais gravé dans la mémoire. La parole est impuissante à dépeindre la victime d'une telle calamité, se tordant dans l'agonie, chaque trait défiguré par la douleur, tout le corps palpitant sous la raideur de la mort. Tantôt ce sont des cris déchirants, tantôt c'est la stupeur de l'épuisement. L'assistance est paralysée par la terreur, et quelquefois la mère de la malade est là folle de douleur et même de remords, à la vue des tristes résultats d'une négligence dont elle est forcée de se reconnaître coupable. Comme médecin d'un hôpital, j'ai dû souvent assister à de pareilles scènes ; mais l'habitude diminue peu l'horreur et n'affaiblit en rien le regret de celui qui est appelé à les contempler. »

L'allusion faite ici aux *remords* des parents et amis de la victime, nous amène immédiatement au point que nous voulons examiner, savoir : les moyens faciles et peu coûteux que les composés du tungstène mettent à notre disposition pour rendre les tissus des vêtements féminins non inflammables, et pour prévenir ainsi la majorité de ces effrayants désastres.

En novembre 1858, l'attention de S. M. la Reine et de feu le prince-époux fut attirée sur ces importantes questions, et M. Graham, directeur de la Monnaie, fut chargé de faire un rapport sur ce sujet ; encouragés par M. Graham, MM. Versmann et Oppenheim, entreprirent une série d'expériences dans le but de s'assurer des meilleurs moyens pour rendre les tissus non inflammables. Les résultats de cette enquête furent publiés dans un mémoire (3), d'où nous extrayons, en résumé, les renseignements suivants :

(1) *Comptes-rendus des naissances et des décès à Londres pour la semaine terminant le 10 mars 1860.*

(2) Nous empruntons ces observations à une lettre précieuse et éloquente, adressée dans ces derniers temps à la presse périodique et portant la signature : *Un médecin.*

(3) *Sur la valeur comparative de certains sels pour rendre les tissus non inflammables ;* mémoire lu devant

« La constitution chimique des fibres animale et végétale, l'une contenant 18 pour 100 d'azote, tandis que l'autre ne renferme que du carbone, de l'hydrogène et de l'oxygène, présente une différence de la plus grande importance pratique. La fibre animale, exposée à l'influence destructive de la chaleur, se charbonne seulement au contact de la flamme, mais elle n'est pas inflammable parce que les produits gazeux de sa décomposition contiennent une quantité de carbonate d'ammoniaque suffisante pour diluer les hydrocarbures inflammables et en empêcher ainsi la combustion. Au contraire, lorsqu'on décompose par la chaleur la fibre végétale, elle dégage des hydrocarbures mélangés d'oxyde de carbone et un peu d'acide carbonique ; mélange susceptible, si on l'allume, de brûler avec flamme. Attribuant la non-inflammabilité de la fibre animale à la forte proportion d'azote qu'elle contient, les auteurs essayèrent d'abord d'introduire ce moyen préservateur dans la fibre végétale sous forme d'une substance animale soluble, telles que la colle ou l'albumine. Ils constatèrent, cependant, que ni l'albumine, ni la solution la plus concentrée de colle de poisson, ne produisirent un résultat satisfaisant. On renonça complétement à cette méthode lorsqu'on eût constaté qu'il ne fallait pas moins de 28 parties d'urée (un des composés organiques les plus riches en azote) pour protéger 100 parties de mousseline contre l'atteinte du feu. Cette expérience démontra que 10 pour 100 était la plus faible proportion d'azote qu'il fallait absolument fixer sur la fibre végétale qu'on voulait garantir. Il en résulta clairement que le remède devait être cherché parmi les composés inorganiques.

On a souvent employé des substances minérales pour rendre les tissus non inflammables.

Avant de donner la description de leurs propres expériences, les auteurs ont résumé les travaux de leurs devanciers.

Il paraît qu'en 1735 déjà, un certain Obadiah Wyld (1) obtint un brevet pour empêcher les substances combustibles, et plus particulièrement le papier, de s'enflammer ; il se servait d'un mélange d'alun, de borax et de vitriol, qu'il proposait d'appliquer sous forme de solution sur le papier terminé, ou de le mélanger à la pâte qui sert à sa fabrication.

Un chimiste belge, M. de Hemptine, publia le premier examen approfondi de ce sujet dans les *Annales de l'industrie*, en 1821 ; et, très-probablement, il fait allusion au mélange de Wyld, en disant que *les Anglais emploient une espèce de papier non inflammable pour la fabrication des cartouches de leur marine*. A cette époque, déjà, cette question paraît avoir attiré une attention sérieuse ; car, dans son traité, M. de Hemptine ne mentionne pas moins de trois composés qui, dans d'autres pays, avaient été proposés, savoir : le silicate de potasse, par Broguatelli ; le sulfate de fer, par Hermbstaedt, et une substance d'une composition inconnue, par Delisle. Dans son mémoire, M. de Hemptine indique une longue liste de substances proposées, soit par lui-même, soit par d'autres, pour rendre le canevas et le bois non inflammables ; mais un grand nombre des sels qu'il mentionne sont entièrement sans efficacité.

Dans le courant de la même année, Gay-Lussac (2) publia une notice importante sur ce sujet. Quelque temps après parut un mémoire de M. Pratis (3) sur l'usage des carbonates de potasse et de soude pour arriver au même but. Subséquemment encore, M. de Fuchs, à Munich, recommanda l'emploi du verre soluble. Vint ensuite un mémoire sur l'application du sulfate de chaux (4) précipité. Et finalement, — sans parler d'un certain nombre de notices moins importantes, — le docteur R. A. Smith (5) publia un mémoire précieux relativement à

la *British Association* lors du congrès à Aberdeen, sept. 15, 1859, par MM. Fred. Versmann, F. C. S., et Alphonse Oppenheim, Ph. D. Londres, Trübner et Comp.

(1) Wyld (O.), brevet n° 551, mars 17, 1735.
(2) Gay-Lussac, *Ann. Chim. Phys.*, XVIII.
(3) Pratis, *Phil. Trans.*, 1839.
(4) *Mittheilungen des Gewerbe-Vereins für Hannover*, 1841.
(5) Smith (R.-A.), *Phil. Mag.* (3), XXXIV.

cette question. Dans cet intervalle, on avait pris un assez grand nombre de brevets pour différents mélanges salins, qui, tous, devaient rendre les tissus végétaux peu ou non inflammables.

Le mémoire de Gay-Lussac est le seul qui discute les quantités relatives de différents sels exigées pour rendre un certain tissu non inflammable. Gay-Lussac employait des solutions contenant 25 grammes de sels pour 250 centimètres cubes d'eau; moyennant ces dissolutions, il fit deux séries d'expériences sur des morceaux de toile pesant chacun 3 grammes. Dans la première série, il imbiba les étoffes avec 3 centimètres cubes, ou 10 pour 100, du sel anhydre. Trouvant que pour chacun de ces sels la proportion était trop faible, il doubla la quantité; en procédant de cette manière, et augmentant toujours les quantités, il trouva qu'on pouvait rendre la toile non inflammable en lui faisant absorber 20 pour 100 d'un des sels suivants : chlorure, sulfate, phosphate ou borate d'ammoniaque, ou borax. Il trouva que des mélanges de deux de ces sels, n'importe lesquels, étaient tout aussi utilisables. Il essaya également les solutions des tartrates de potasse et de soude, et de chlorure de sodium, mais sans obtenir des résultats favorables.

Dans les nombreuses expériences que MM. Versmann et Oppenheim firent sur le même sujet, ils adoptèrent un mode de procéder un peu différent. Au lieu de comparer les quantités de différents sels nécessaires pour garantir un certain tissu, ils comparèrent la concentration relative des différentes solutions salines. Ils firent ressortir ainsi d'une manière plus marquée les différences constatées entre ces divers sels. Le tissu employé était de la mousseline non empesée, et on la considérait comme non-inflammable lorsque cette portion seule du tissu était détruite qui se trouvait exposée au contact immédiat de la flamme.

Le rapporteur ne reproduit point ici tous les détails communiqués par MM. Versmann et Oppenheim, sur leurs expériences qui paraissent avoir été faites avec les plus grands soins et l'attention la plus minutieuse.

Les sels, qui méritaient la préférence soit pour leur efficacité en petites quantités, soit pour d'autres propriétés, furent ensuite soumis à des expériences en grand soit dans les fabriques de mousseline, soit dans des établissements de blanchissage. Mais en employant ces sels dans la pratique, on trouva une grande différence entre la manière d'*apprêter* ces tissus en fabrique et chez les blanchisseuses. Dans les fabriques, les mousselines sont terminées et apprêtées sans qu'on ait recours à l'application de la chaleur, tandis que la blanchisseuse ne peut pas se dispenser de repasser ces articles. Cette circonstance nous explique pourquoi aucun des sels recommandés jusqu'à présent n'a trouvé grâce devant le public; en effet, aucun d'eux ne permet au fer à repasser de glisser facilement sur l'étoffe, laquelle se trouve par conséquent exposée à souffrir de l'excès de chaleur causé par le contact prolongé du fer. Il fallait nécessairement tenir compte de ces difficultés pratiques; car, évidemment, le problème à résoudre consiste non-seulement à rendre les mousselines non-inflammables, mais encore à leur communiquer l'agent protecteur sans intervenir avec les manipulations ordinaires du blanchissage, et sans que ni les fabricants ni le public ne puissent trouver que l'apparence des tissus en souffre.

De tous les sels essayés jusqu'à ce jour, MM. Versmann et Oppenheim préfèrent le sulfate d'ammoniaque pour l'usage des fabriques, et le tungstate de soude pour celui des blanchisseries. Ces deux sels rendent les tissus également non inflammables, mais l'emploi du dernier seul permet de repasser les mousselines sans détriment pour la couleur, la texture et l'apparence générale. Selon MM. Versmann et Oppenheim, le tungstate de soude est le seul sel qui soit applicable dans la blanchisserie. Il doit être mélangé avec une certaine proportion de craie française (stéatite), et appliqué pendant l'amidonnage des tissus. Ce mélange est actuellement livré au commerce. Il est évident qu'en lavant l'étoffe, on enlève en même temps le sel; il faut donc en renouveler l'application après chaque lessivage du tissu. MM. Versmann et Oppenheim ne renoncèrent qu'à regrets à l'idée de fixer un agent quelconque d'une manière permanente; mais ils n'ont point encore réussi dans les expériences qu'ils ont instituées dans ce but.

M. F. Versmann (1) a exposé des échantillons de fabrication et d'application du tungstate de soude; y compris des minerais de tungstène, de l'acide tungstique, du tungstate de soude, le mélange ci-dessus mentionné, et, finalement, des robes préparées par MM. Cochrane et Dewar, apprêteurs à Glascow. Le jury a accordé à M. Versmann l'honorable distinction d'une médaille; et le rapporteur a développé ce sujet plus longuement dans le but de contribuer le plus possible à rendre publics les moyens que l'on possède maintenant de prévenir de terribles accidents.

Couleurs de tungstène. — La vitrine de M. Versmann contient encore quelques autres articles intéressants qui ont contribué à faire obtenir à cet industriel, la récompense dont nous venons de parler. A l'occasion de la préparation en grand du tungstate de soude, il se livra à un examen plus approfondi des qualités industrielles du tungstène, et il fut conduit à penser que quelques-uns des magnifiques composés obtenus dans le cours des recherches déjà citées pourraient être avantageusement employés comme couleurs. Les nouvelles couleurs de tungstène, exposées par M. Versmann, sont les suivantes :

1° *Un nouveau jaune minéral.* — Acide tungstique, $W^2 O^3$, inaltérable par les influences atmosphériques. Prix : 6 p. par livre anglaise de 453 grammes.

2° *Un nouveau bleu minéral.* — Tungstate de tungstène, $W^2 O^2$, $W^2 O^3$, obtenu en faisant passer de l'hydrogène sur de l'acide tungstique. Prix : 6 p. par livre.

3° *Oxyde brun de tungstène.* — $W^2 O^2$, le composé précédent plus complétement réduit par l'hydrogène. Prix : 6 p. par livre.

4° *Bronze safran.* — $Na^2 W^2 O^4 + W^2 O^2$, $W^2 O^3$, obtenu en réduisant partiellement le tungstate de soude acide. C'est un beau bronze composé de brillantes paillettes cristallines dorées; il est meilleur marché que la plupart des autres bronzes. 1 sh. par livre.

5° *Bronze magenta.* — $K^2 W^2 O^4 + W^2 O^2$, $W^2 O^3$. En réduisant partiellement le tungstate de potasse acide, on obtient une matière colorante splendide, d'un aspect velouté, pas aussi brillante que le sel sodique précédemment mentionné, mais peut-être plus belle et plus agréable à l'œil. Ni les alcalis caustiques, ni l'eau régale n'agissent sur ces bronzes. Prix : 1 sh. par livre;

6° *Un violet nouveau.* — Mélange de bronze magenta et d'oxyde bleu. Prix : 10 p. par livre.

Structure cristalline des couleurs dérivées du tungstène. — Lorsqu'on envisage en masse les couleurs du tungstène, elles offrent une remarquable profondeur et splendeur de ton. Elles se recommandent encore par leur prix, en apparence modéré. Mais le rapporteur n'est cependant nullement persuadé que les poudres de bronze, dérivées du tungstène, aient la même valeur que d'autres articles de ce genre, répandus dans le commerce. Il paraît que, pour bien *couvrir*, c'est-à-dire pour pouvoir être étendues en couches minces sur de grandes surfaces, et réfléchir cependant avec une intensité convenable les rayons colorés de la lumière, les poudres de bronze doivent présenter un clivage *lamellaire*. Lorsque leur structure cristalline possède ce caractère micacé, la pulvérisation la plus fine ne fait que réduire les dimensions des lamelles, mais sans altérer leur structure et les laissant toujours à l'état d'*écailles*, propres à bien recouvrir une surface et à réfléchir la lumière. Si, au contraire, elles cristallissent, sous forme cubique, ayant trois directions de clivage, la pulvérisation au lieu de les réduire en lamelles plus minces, les réduit seulement en cubes plus petits. Cette poussière cubique comparée, poids pour poids, aux poudres lamellaires, ne couvre qu'une surface beaucoup moins grande; en outre, la lumière incidente se détruit et s'absorbe en plus grande proportion; et ne produit en conséquence que des effets beaucoup moins brillants.

Tel est, malheureusement, le caractère cristallin de ces poudres de tungstène; et cette

1) Versmann (F.), brevets n° 64, janv. 8; n° 68, janv. 11; n° 277, sept. 12, 1859.

circonstance tend considérablement à réduire leur valeur comme couleurs bronzées. Le rapporteur s'empresse d'exprimer ses remercîments à son ami, le docteur Hugo Müller, pour les judicieuses remarques qu'il lui a fournies, concernant l'influence de la forme cristalline des corps sur leurs propriétés colorantes ; sujet auquel le docteur Muller a toute une attention particulière.

SILICATES ALCALINS SOLUBLES.

Le développement de l'industrie des silicates alcalins solubles appartient essentiellement à la décade qui s'est écoulée depuis la première exposition universelle. Les silicates en question figuraient à peine dans la section chimique de l'exposition de 1851 ; et quoiqu'il en fût brièvemment question (1) dans le rapport sur la classe XXVII (Fabrication de substances minérales employées pour bâtiments ou décoration, etc), on les mentionne à peine dans le rapport chimique. Plusieurs exposants représentèrent la fabrication des silicates alcalins à l'exposition universelle française, de 1855 ; et, en parlant des produits envoyés par le principal exposant, M. Kuhlmann, les rapporteurs (2) des classes X (*Arts chimiques*) et XIV (*Matériaux de construction*), insistent avec une certaine prédilection sur l'avenir probable de cette nouvelle et importante branche de l'industrie. Depuis cette époque la fabrication des silicates alcalins solubles s'est développée d'une manière graduelle et régulière ; et si elle ne se trouve pas représentée par un très-grand nombre d'exposants à l'exposition de 1862, du moins l'y est-elle d'une manière très-convenable et, certainement, proportionnée à son développement.

L'industrie des silicates alcalins doit son origine aux travaux de M. J.-N. von Fuchs, professeur de minéralogie, à Munich, qui, en 1825 (3) déjà, publia un mémoire important sur *le verre soluble*, et y décrivit toute une variété d'intéressantes applications de ces silicates, plus particulièrement celle ayant pour objet de rendre les tissus non inflammables. (Voyez le chapitre sur les composés du tungstène.) A son début cette nouvelle industrie ne fit que des progrès très-lents ; il s'écoula près d'un quart de siècle avant que la production des silicates de potasse et de soude eut pris rang parmi les grandes opérations industrielles. Dans un mémoire publié il y a quelques années, peu de temps avant sa mort (4), le professeur von Fuchs décrit d'une manière saisissante toutes les difficultés qui, comme cela arrive d'ailleurs pour tant d'autres applications nouvelles, s'opposèrent à l'introduction de l'emploi des silicates alcalins. Cet important travail fut traduit, imprimé et livré à une circulation restreinte et privée, sous les auspices du prince-époux, qui prenait un intérêt très-vif aux applications des silicates (5).

Dans la préface de son mémoire, M. von Fuchs s'exprime ainsi :

« En 1825 j'ai eu l'occasion de publier sur le verre soluble un travail qui, à cette époque, n'a pas éveillé toute l'attention que le sujet méritait. On affirma même que le verre soluble ne différait aucunement de la *liqueur des cailloux* si connue, et que, par conséquent, ce n'était rien de nouveau. Quelques voix seulement s'élevèrent en sa faveur, et augurèrent bien de son avenir. On entreprit quelques expériences sur les applications qu'on proposait d'en faire, mais on les abandonna parce qu'elles ne fournirent pas de suite des résultats satisfaisants, ayant été entreprises sans les connaissances et le discernement nécessaires. De grandes espérances se fondèrent sur cette découverte, — plus grandes, souvent, que la nature des choses ne permettait de réaliser. Des échecs, provenant peut-être d'une

---

(1) *Rapports des Jurés*, 1851, p. 576.

(2) *Rapports du Jury mixte international*, t. Ier, p, 469 ; t. II, p. 144.

(3) De Fuchs, *Kœstner's Archiv für Naturkunde*, V, 385. Plus tard, ce mémoire fut imprimé séparément et publié par M. Léonard Schrag. de Nuremberg.

(4) Le professeur von Fuchs mourut le 5 mars 1856, à l'âge de quatre-vingt-deux ans.

(5) *De la fabrication, des propriétés et applications du verre soluble (silicate alcalin soluble), comprenant un procédé de peinture stéréochromique;* par le docteur J.-N. von Fuchs, Londres, 1859.

manipulation défectueuse, la firent abandonner fréquemment avant qu'on ne l'eût soumise à une épreuve équitable. Il se trouve toujours des personnes qui, incapables elles-mêmes de faire convenablement des expériences, sont toujours prêtes à condamner celles des autres sur la foi d'un seul de leurs propres insuccès, chose dont j'ai fait moi-même plus d'une fois l'expérience.

« Une certaine inertie et l'attachement aux habitudes journalières exerçant presque toujours une influence hostile, il semble que ce soit la destinée de toute invention nouvelle d'être considérée avec aversion quelque temps avant qu'on ne commence à l'apprécier.

« Quelques années ont suffi pour opérer de grands changements. On a enfin reconnu que le verre soluble, après tout, n'appartenait pas à la classe des choses superflues, et qu'il y a peu d'autres substances susceptibles de recevoir tant et de si diverses applications. Je m'y suis naturellement beaucoup intéressé; et, ayant moi-même exécuté une série d'expériences dans le but de réaliser ces applications, je me suis décidé à écrire ce mémoire, profitant ainsi des quelques jours qu'il m'est encore donné de vivre, afin que ma propre expérience et celle des autres puissent être utilisées pour des recherches futures. »

Le développement qu'a reçu la fabrication des silicates alcalins solubles doit être principalement attribué aux efforts persévérants de M. Kuhlmann (1) (France, 122), qui en 1841, dans un mémoire sur la chaux hydraulique, les ciments, et les pierres artificielles, indiquait clairement les importants services que les silicates alcalins solubles étaient appelés à rendre à la construction, à l'architecture et aux arts décoratifs. Depuis cette époque M. Kuhlmann a toujours cherché à propager l'emploi de ces matières, qu'il fabrique maintenant sur une échelle immense, et se développant chaque jour davantage et pour lesquelles il a lui-même proposé une variété d'usages nouveaux. En Angleterre, M. Frédérick Ransome (2), d'Ipswich, s'est adonné avec le même zèle à l'exploitation de cette industrie; il a proposé particulièrement plusieurs méthodes de traitement, destinées surtout à obtenir le durcissement complet de la pierre, après son imprégnation avec les silicates alcalins.

Application des silicates alcalins solubles. Durcissement de la pierre. Stéréochromie. — Les développements immenses que peuvent recevoir ces applications sont brièvement indiqués dans le mémoire déjà cité du professeur von Fuchs. Mais ce sujet a été traité d'une manière plus complète et plus large par M. E. Kopp (3), dans un *résumé* rédigé avec grand soin, et comprenant tout ce qui avait été publié concernant le verre soluble jusqu'en 1857, et dans un petit ouvrage publié plus récemment par M. Kuhlmann (4) sur la silicatisation et l'application des silicates alcalins solubles. Tout récemment M. J.-M. Ordway (5) s'est également occupé de l'examen de ce sujet. Les applications qui sont de beaucoup les plus importantes sont, sans

---

(1) Kuhlmann, *Mémoire sur les chaux hydrauliques, les ciments et les pierres artificielles; suivi de Considérations chimiques sur la formation des calcaires siliceux et en général des espèces minérales formées par voie humide. — Mémoires de la Société des sciences, de l'agriculture et des arts de Lille*, année 1841. *Comptes-rendus*, mai 5, 1841.

(2) Ransome (F.), brevet nᵒ 2267, sept. 27, 1856.

(3) Kopp (E.), *Sur la préparation et les propriétés du verre soluble ou des silicates de potasse et de soude. — Moniteur scientifique*, 1857, p. 337.

(4) *Silicatisation, ou Application des silicates alcalins solubles au durcissement des pierres poreuses, des ciments et des plâtrages, à la peinture, à l'impression, aux apprêts, etc.*; par M. Fréd. Kuhlmann, professeur de chimie à Lille, membre correspondant de l'Institut de France; suivi de *Rapports du Jury de l'Exposition universelle de 1855, et d'une Commission spéciale nommée par S. Exc. M. le ministre de l'agriculture, du commerce et des travaux publics*; 3ᵉ édition. Paris, chez Victor Masson, 1858. On trouve quelques-uns des résultats les plus importants contenus dans cet ouvrage dans une notice *sur l'application du verre soluble (silicate alcalin soluble) aux arts*, par F. Kuhlmann; Londres, imprimerie Taylor et Francis, 1859. Cette notice fut également traduite et mise en circulation, d'après le désir de feu le prince-époux.

(5) Ordway, *Sur le verre soluble. — American Journal of science and arts* (2), XXXII, nᵒ 95, sept. 1861.

aucun doute, celles qui ont trait à la conservation et à la préservation des monuments d'architecture, au durcissement de la pierre, taillée ou sculptée; et à la fixation des peintures murales (peinture stéréochromique). Pendant la dernière décade on a soumis toutes ces applications à un grand nombre d'essais, et elles forment encore toujours les sujets de nombreuses expériences, et de beaucoup de controverse. Il est impossible au rapporteur d'entrer dans les détails de ce débat : la place dont il peut disposer ne lui permet pas non plus d'examiner les modifications nombreuses et souvent ingénieuses, qu'on a suggérées dans le mode d'application du verre soluble, soit seul, soit associé à d'autres substances destinées à en augmenter l'effet; comme, par exemple, l'acide hydrofluosilicique et l'aluminate de potasse, proposés par M. Kuhlmann, et les sels de chaux, suggérés par M. Ransome. D'ailleurs, les applications des silicates auront été probablement très-exactement examinées par les rapporteurs des différentes classes où se trouvaient exposés les objets destinés à démontrer ces applications. Il suffira de mentionner que beaucoup de ces applications, et plus particulièrement celles concernant le durcissement de la pierre, sont toujours encore *sub judice*. Mais en considérant le nombre extraordinaire de conditions qui doivent nécessairement influencer les résultats de ces applications, — le caractère particulier de la pierre, l'exposition locale, l'état de dégradation, le mode de traitement, la préparation du silicate alcalin employé, soit potassique, soit sodique, le pays, le climat, le temps, et la saison de l'application; et en se rappelant que le pouvoir de résister aux ravages du temps constitue précisément la question essentielle du débat, il n'est pas surprenant que cette controverse reste encore en suspens (1). Parmi les nombreuses applications des silicates, celle dont le succès est le plus généralement admis, semble être l'emploi pour la fixation des peintures à fresques (peinture stéréochromique); la manière de procéder fut principalement établie, sous les yeux de M. von Fuchs lui-même, par les peintres de l'école bavaroise. On peut juger de la perfection de ces procédés par le fait

---

(1) Les procédés pour le durcissement de la pierre ont été récemment l'objet d'une enquête publique par un comité chargé d'examiner les causes de dégradation qui menacent de détruire la pierre ayant servi à construire le palais du Parlement. (Voyez le Livre bleu : *Rapport du comité sur la dégradation de la pierre du nouveau palais de Westminster*, imprimé par ordre de la Chambre des communes, août 1861.) L'institution de ce comité (dont le rapporteur eut l'honneur de faire partie) par l'honorable M. Cowper fit jaillir un véritable déluge de projets et de propositions; pas moins de soixante-seize communications distinctes furent soumises au comité dans le cours des conférences. Les travaux du comité restèrent sans résultats en ce qui concerne la découverte d'un agent convenable pour la préservation de la pierre employée à la construction du nouveau palais de Westminster. Un sous-comité chimique, nommé par le comité général et composé du docteur Frankland, de M. F.-A. Abel et du rapporteur, se prononça de la manière suivante, dans une lettre adressée, le 17 juin 1861, au président du comité, M. William Tite, M. P. (Livre bleu, p. 95 : « Parmi les procédés proposés, variant très-considérablement quant à leur principe et à leur valeur, il n'en est aucun que nous osérions actuellement recommander au comité d'une manière définitive, comme moyen préservatif, pour une application soit générale, soit locale. » Le sous-comité fit encore les observations suivantes :

« L'examen des caractères des différents procédés proposés conduit à leur classification en deux sections principales :

« (a) Procédés ayant pour but de protéger la pierre d'une manière permanente.

« (b) Procédés ne pouvant réaliser qu'une protection provisoire.

« Parmi les procédés destinés à protéger la pierre d'une manière permanente, et dont l'usage n'est pas exclu par les conditions du cas actuel, il en est plusieurs qui demandent un examen approfondi. Ces procédés peuvent être classés de la manière suivante :

« 1° Application des silicates alcalins à différents degrés de concentration ;

« 2° Application des silicates conjointement avec différents composés salins destinés à produire des doubles décompositions ;

« 3° Application de l'acide hydrofluorique ou hydrofluosilicique, ou de leurs composés salins ;

« 4° Application de l'acide phosphorique et des phosphates acides ;

« 5° Application de solutions aqueuses des terres alcalines ou de leurs bicarbonates. »

que des artistes comme Kaulbach, — le Gœthe des peintres allemands, — et Maclise en Angleterre, se sont décidés, après bien des essais, à leur confier les productions de leur génie (1).

Le mode de fabrication des silicates alcalins solubles est très-simple. Le passage suivant est un aperçu rapide des procédés adoptés par M. Kuhlmann, et que le rapporteur a vus en œuvre à la fabrique de Saint-André, près de Lille.

On prépare les silicates par voie sèche ou par voie humide. En général, on donne la préférence à la voie sèche, les silicates ainsi produits étant moins alcalins et d'une composition plus constante.

Fabrication des silicates alcalins solubles par voie sèche. — On opère dans de grands fours à reverbères pourvus de deux foyers, un à chaque extrémité de la sole où l'on dépose le mélange de sable et de carbonate de potasse (ou de soude). Le choix de l'alcali et les proportions du mélange dépendent de l'emploi auquel est destiné le silicate. Pour la peinture murale, M. Kuhlmann préfère la potasse, à cause de son pouvoir dissolvant plus énergique sur la silice. Pour chaque équivalent de potasse il ajoute deux équivalents de silice ; il obtient ainsi un produit dont la solution peut être concentrée à une densité de 1.32 (35° B.) sans qu'elle se solidifie. Le silicate de soude est cependant beaucoup plus demandé, à cause de son bon marché ; et en réduisant, dans ce produit, la proportion de silice à 1 $\frac{1}{2}$ équivalent, M. Kuhlmann obtient un composé dont la solution peut être concentrée à une densité d'environ 1.532 (50° B.) sans se solidifier. On utilise principalement ce silicate sodique pour remplacer les bains à bouser employés pour la fixation des mordants, dans les manufactures de toiles peintes (Voyez, dans le chapitre sur les *Composés minéraux divers*, le paragraphe : *Substituts au bousage*). Dans le cours de ces dernières années, on a, en outre, consommé, tant en France qu'en Angleterre, des quantités considérables de silicate de soude pour la fabrication du savon. Il paraît qu'on peut l'employer avec avantage comme un substitut de la résine qu'on ajoute abondamment à plusieurs variétés de savon.

Les matériaux que M. Kuhlmann emploie pour cette fabrication sont les plus purs qu'il puisse se procurer dans son voisinage. Il se sert, comme silice, d'un sable pur qu'on trouve dans les environs de Creil, et dont on consomme de grandes quantités dans les manufactures de verres à vitres. Il retire sa potasse, pour la plus grande partie, des résidus liquides de la distillation des mélasses de betteraves ; et il la soumet, pour cette raison, à une purification très-soignée. (Voyez le chapitre sur les *Composés potassiques*.) Il emploie aussi un carbonate de potasse fabriqué moyennant le sulfate potassique d'après le procédé Leblanc. Son carbonate de soude est naturellement fabriqué d'après la méthode de Leblanc; mais M. Kuhlmann le raffine presque jusqu'à pureté chimique. Il prévient la coloration foncée que la fumée charboneuse du combustible pourrait donner aux produits du four en ajoutant au mélange 3 ou 4 pour 100 de nitrate sodique ou potassique.

Les nitrates de soude et de potasse sont encore utilisés plus directement dans cette fabrique d'après un procédé imaginé par M. Kuhlmann jeune : il décompose le nitrate de soude au moyen de sable dans des fours à réverbère, condensant l'acide nitrique, qui se produit en grandes quantités, et obtenant ainsi une masse poreuse qui, suffisamment chauffée, fournit du silicate de soude. On peut également appliquer ce procédé ingénieux à la fabrication du silicate de potasse ; et en substituant de l'alumine (ou de l'argile plastique) au sable, on peut obtenir de la même manière de l'aluminate de soude ou de potasse.

Fabrication des silicates alcalins solubles par voie humide. — La silice employée dans cette opération est la pierre à fusil (*silex pyromaque*), qui abonde dans la craie des environs de Lille. M. Kuhlmann chauffe premièrement ces pierres jusqu'au rouge ; lorsqu'elles ont été

(1) Les fresques magnifiques dont Kaulbach a doté le musée de Berlin sont des peintures stéréochromiques. La même remarque s'applique à *la Bataille de Waterloo*, de Maclise, qui orne la galerie royale de la Chambre des lords, et qui a attiré une attention si générale

portées à cette température élevée, on les jette dans de l'eau froide, ou, pour nous exprimer techniquement, on les *étonne*. Non-seulement cette opération cause la désintégration des pierres à fusil, mais elle détruit encore les matières bitumineuses auxquelles ces silex doivent leur couleur foncée. Les pierres à fusil, préparées de cette manière, sont placées en couches épaisses sur une plaque en fer perforée, et suspendues dans une marmite de Papin autoclave, à une distance d'environ 10 centimètres du fond, de manière à empêcher leur contact avec les parties de la marmite qui sont directement exposées à l'action du feu. On y introduit alors une solution de potasse ou de soude caustique, ayant une densité de 1.16 (20° B.), et on clôt parfaitement la marmite. Cette dernière, qui est faite en tôle d'une épaisseur de 12 à 13 millimètres environ, est ensuite chauffée à feu nu jusqu'à ce qu'on atteigne une pression de six atmosphères ; arrivée à ce point, elle y est maintenue pendant cinq ou six heures. On laisse tomber le feu, ou bien même on l'extrait du foyer au moyen d'un ringard, et on fait écouler la solution de silicate ; sa densité varie de 1.26 à 1.28 (30° ou 32° B.). Par voie humide, et de la manière que nous venons de décrire, il est impossible d'obtenir des solutions plus concentrées ; si l'on essaie de produire des solutions siliceuses plus fortes en employant de lessives alcalines d'une plus grande densité que 1.16, une réaction particulière a lieu ; il se précipite une grande quantité d'un silicate insoluble (probablement très-acide), et le composé qui reste en dissolution paraît être un silicate alcalin avec excès de base.

Pour cette espèce de fabrication, M. Kuhlmann a également essayé d'employer une espèce particulière de silice hydratée, se composant principalement de la carapace siliceuse des infusoires, et dont on trouve des gisements considérables près d'Oberohe, dans le Hanovre. Cette terre d'infusoires a été exactement décrite par MM. Ehrenberg (1) et Wicke (2). A cause de la facilité avec laquelle cette terre se dissout dans les alcalis, M. Liebig (3) a proposé d'en faire usage dans la manufacture du verre soluble, et a donné des indications détaillées pour mettre en pratique sur une grande échelle sa proposition. M. Kuhlmann préfère cependant son procédé reposant sur l'emploi de la pierre à fusil et du sable, parce qu'il obtient ainsi des silicates plus incolores que ceux produits au moyen de la silice infusoriale du nord de l'Allemagne.

M. Kestner de Thann (France, 196), qui fabrique également les silicates alcalins en grand, a communiqué au rapporteur qu'à une certaine époque il s'efforçait de produire ces composés en faisant fondre un mélange de sulfate de soude, de charbon de bois finement pulvérisé et de sable. Mais il fut obligé de renoncer à cette méthode, premièrement parce qu'on ne pouvait pas obtenir le silicate sans une certaine quantité de sulfate de soude non décomposé, et deuxièmement parce que le silicate était invariablement noirci par des sulfures métalliques et contenait, en outre, une petite quantité de sulfure de sodium. Il fallait nécessairement éliminer ce dernier au moyen d'agents oxydants, tels que le chlorure de chaux, ce qui donnait lieu à la formation d'une nouvelle quantité de sulfate, en précipitant en même temps une proportion notable de silice sous forme de silicate de chaux. Mais ce qui constitua encore un très-grave inconvénient de ce procédé, ce fut la dispersion dans l'atmosphère d'un immense volume d'acide sulfureux.

C'est des environs de Fontainebleau que M. Kestner tire la silice employée dans son établissement. Elle est presque chimiquement pure, ne contenant qu'une trace de chaux et d'alumine. On opère la fusion dans des fours à réverbère avec un seul foyer ; on emploie le bois comme combustible, et l'on évite ainsi la coloration foncée que le silicate dérive des produits empyreumatiques de la houille (à moins, toutefois, qu'on n'y ajoute un nitrate).

(1) Ehrenberg, *Berl. Acad.*, Ber. de 1836 à 1845.
(2) Wicke, *Ann. Chem. Pharm.*, XCV, 292.
(3) Liebig, *Ann. Chem. Pharm.*, CII, 101.

ACIDE BORIQUE.

Source principale de l'acide borique. — C'est un fait bien connu que l'acide borique importé en Angleterre provient principalement des *lagoni* de la Toscane. Ces lagoni s'étendent sur un espace d'environ trente milles carrés, dans une région volcanique, fortement disloquée, et remplie de fissures profondes, à Monte-Cerboli, Castelnuovo, Sasso, etc. La circonférence des lagoni varie de 100 à 1,000 pieds ; la profondeur de 4 à 25 pieds. Au fond de ces lagoni existent des orifices ou fissures, qui donnent passage à des jets de gaz et de vapeur, si bien connus sous le nom de *soffioni*. Vus d'une certaine distance, ils s'élèvent sous la forme de nuages dans l'air ; mais, en s'approchant davantage, non-seulement on les voit, mais aussi on les entend se forcer, avec fracas et ébullition violente, un passage à travers les eaux agitées, et remplir l'air de leur vapeur, de leur chaleur, de leur bruit, et de leurs émanations sulfureuses. D'après M. Payen, les gaz des soffioni présentent la composition suivante (indépendamment des vapeurs aqueuses qu'ils entraînent avec eux) :

Acide carbonique	57.30
Azote	34.81
Oxygène	6.57
Hydrogène sulfuré	1.32
	100.00

Les soffioni, en s'échappant avec violence hors de terre, entraînent des matières minérales, principalement des sulfates de chaux, d'ammoniaque, d'alumine et de fer (à l'état ferrique), de l'acide chlorhydrique, etc.; ils sont en outre imprégnés de matières organiques, exhalant une odeur de poisson, qui semblent indiquer une origine *marine* à ces eaux ainsi projetées, et provenant, sans doute, d'infiltrations opérées à de grandes profondeurs. M. Bischoff affirma qu'on trouvait assez rarement de l'acide borique dans les soffioni, et alors seulement en très-petites proportions ; mais des recherches récentes (dont nous parlerons tout à l'heure) ont modifié cette opinion. Quoi qu'il en soit, on parvient heureusement à arrêter et condenser la majeure partie de l'acide borique dans les eaux des lagoni ; tout autour de la margelle on la voit se déposer sous forme de croûte saline contenant, outre l'acide borique, de nombreux sulfates alcalins terreux et métalliques, un peu d'acide sulfurique libre, et pas moins de 8.5 pour 100 de sulfate d'ammoniaque.

La température des soffioni approche toujours de très-près, atteint souvent, et quelquefois, dit-on, dépasse le point d'ébullition de l'eau ; dans quelques cas elle s'élève même à 120°. La température de l'eau des lagoni, refroidie sans doute par une évaporation incessante, dépasse rarement 89°. Quelques-uns de ces soffioni sortent des fissures traversant les roches calcaires, comme à Monte-Cerboli ; quelques-uns sont entourés d'argile, comme ceux du ruisseau de la Passera, qui descend de Castelnuovo ; d'autres traversent un grès granulaire, de l'ardoise, de la marne, etc. On suppose que l'acide borique entraîné provient de roches contenant des borates terreux, qui se décomposent sous l'action de courants de gaz et de vapeur à une température très-élevée. M. Bischoff admet comme probable qu'un borate de magnésie fournit l'acide borique, et que l'acide carbonique en favorise l'élimination par son affinité pour la base terreuse. Nous reparlerons de ce sujet, en nous occupant, un peu plus bas, des recherches les plus récentes sur les soffioni.

Découverte de l'acide borique dans les lagoni de Toscane. — Jusque vers la fin du siècle dernier, on ignorait l'existence de l'acide borique dans ces lacs remarquables. Il fut découvert en 1777, par Pierre Hœffer, pharmacien du grand-duc Léopold Ier, et, deux ans plus tard, ses résultats furent confirmés par le professeur Mascagni.

Développement graduel de la fabrication de l'acide borique. Ses quatre phases. — Les efforts tentés pour utiliser ces eaux dans la production industrielle de l'acide borique ont passé par plusieurs phases bien définies d'insuccès, avant qu'on soit arrivé au résultat prospère actuel.

Période des efforts infructueux. — On pourrait désigner sous le nom de *période aux efforts infructueux*, les premières quarante et une années qui se sont écoulées de 1777 à 1818 ; pendant cette période, on entreprit souvent la production de l'acide borique et on y renonça tout aussi fréquemment, sans doute parce qu'on manquait du capital et de la persévérance nécessaires pour la solution pratique du problème.

Période d'évaporation par la chaleur artificielle. — La seconde période, embrassant un espace de plus de dix ans, fut inaugurée par le comte de Lardarel, qui, en 1818, fonda à Monte-Cerboli, près de Volterra, l'établissement d'acide borique qui porte son nom, et qui, bientôt après, fonda encore deux nouveaux établissements, dont l'un à Lustignano et l'autre à Monte-Rotondo. C'est la période de l'*évaporation par la chaleur artificielle.* A cette époque, les frais de fabrication étaient très-grands et la production très-limitée, n'atteignant pas, en moyenne pendant tout ce temps, plus de 90 tonnes par année. Il est facile de comprendre que la dépense absorbait tout le bénéfice.

Période d'évaporation par la chaleur naturelle. — La troisième ère comprend les vingt-six années écoulées entre 1828 et 1854, et c'est de cette époque que date la phase moderne et prospère de cette fabrication. Ce qui caractérise cette troisième période c'est l'*emploi de la chaleur naturelle des soffioni pour évaporer les eaux boriques des lagoni.* L'idée première de cet heureux perfectionnement appartient au comte de Lardarel lui-même, et elle mérite d'être mentionnée, parce qu'elle nous fournit un exemple de plus de la facilité proverbiale de l'invention d'*hier* comparée à la difficulté de celle du *lendemain.* On comprend difficilement que, dans un pays où des colonnes puissantes de vapeur bouillante jaillissent de terre et se perdent dans l'atmosphère, des hommes aient pu réellement acheter et brûler du combustible pour évaporer de grandes quantités d'eau ; c'est ce qu'ils firent néanmoins pendant trente-six années, avant que la méthode perfectionnée, dont la supériorité est si évidente aujourd'hui qu'elle mérite à peine le nom d'invention, se fût présentée à l'esprit d'aucun de ceux (et on peut les compter par centaines) qui travaillaient dans cet établissement ou qui venaient le visiter. Ceux qui seraient tentés de nier la justesse de cette remarque, feraient bien de se rappeler que, — dans d'autres branches de l'industrie, pendant des périodes guère moins prolongées, — on a laissé subsister des causes importantes de pertes semblables qu'on aurait pu prévenir par des moyens également simples. Il est plus que probable que, même dans le moment actuel, celles qui subsistent encore dans les opérations industrielles sont plus nombreuses que celles qu'on a déjà fait disparaître.

Ne serait-on pas un peu en droit de conseiller à ceux qui, imbus de leur propre sagacité, ont l'habitude de déprécier, comme *sautant aux yeux*, les inventions du passé, qu'ils feraient un meilleur usage de leur intelligence en réalisant une des inventions de l'*avenir*, — inventions qui, à leur tour, deviendront *évidentes*, une fois qu'elles auront été accomplies.

Statistiques de la troisième période. — Les statistiques de la fabrication d'acide borique de la Toscane sont un exemple frappant des résultats splendides qui peuvent être la conséquence d'inventions en apparence insignifiantes. Si nous comparons la moyenne de la production annuelle d'acide borique pendant les dix années qui ont précédé, et les dix années qui ont suivi l'heureux perfectionnement réalisé par le comte de Lardarel, nous trouvons que l'augmentation dans la production a été plus de neuf fois plus grande ; pour la première période, les chiffres indiquent 50,000 kilos ; pour la seconde, au contraire, 466,667 kilos. Le tableau suivant indique la rapidité du développement annuel de cette fabrication.

Production annuelle.

1839	717,333 kilogrammes.
1840	841,584 —
1841	849,268 —
1842	885,046 —
1843	885,067 —
1844	885,000 —
1845	885,066 —
1846	1,000,000 —
1847	1,000,000 —
1848	1,000,000 —
1849	1,000,000 —
1850	1,000,000 —
1851	1,166,666 —
1855	1,333,333 —
1857	1,633,333 —

A l'époque actuelle, les héritiers du *comte Lardarel* (Italie, 158), produisent annuellement plus de 2 millions de kilogrammes d'acide borique, desséché à 100°. Ces chiffres n'exigent aucun commentaire ; en considérant leur importance, on comprend la reconnaissance que toutes les nations doivent au comte de Lardarel pour l'impulsion que lui et ses héritiers ont donné à l'industrie de l'acide borique.

Nous n'avons pas l'intention, dans cette esquisse, d'entrer dans les détails de la fabrication de l'acide borique, qu'on a souvent et très-bien décrite. Il nous suffira de mentionner brièvement le point intéressant qui caractérise le progrès le plus récent accompli par l'industrie de l'acide borique pendant cette troisième phase de son développement ; savoir, le grand perfectionnement apporté aux chaudières évaporatoires. Autrefois elles n'étaient que de simples carrés de dimensions très-restreintes (10 pieds de longueur sur 10 de largeur et 1 de profondeur) ; mais dans ces derniers temps on a porté leur longueur à 390 pieds, on les a subdivisées en compartiments et on les construit systématiquement sous forme de terrasses le long d'un plan incliné. Le liquide qu'on doit évaporer descend de terrasse en terrasse, tandis que la vapeur, utilisée comme source de chaleur, se dirige en sens inverse, de manière que la liqueur, lorsqu'elle est enfin arrivée dans le dernier compartiment, possède le degré de concentration nécessaire à la cristallisation.

Nous nous sommes borné jusqu'ici à indiquer le développement de cette fabrication, phase par phase, jusqu'à sa troisième période, se terminant en 1854.

Période de la création des soffioni artificiels. — La quatrième et dernière période fut inaugurée en 1854 par un autre perfectionnement important, qui, maintenant aussi, apparaît comme *sautant aux yeux*, savoir : *la création des soffioni artificiels.* Cette idée remarquable fut émise par le professeur Garreri, de Florence, et réalisée en 1854 par M. V. Manteri, dans l'établissement de M. H. Durval (Italie, 186).

C'est certainement le trait caractéristique de l'histoire industrielle de l'acide borique pendant la dernière décade. Le mode d'exécution actuel de cette idée est tout aussi simple et efficace que la proposition elle-même était hardie lorsqu'elle fut conçue. Un puits artésien, creusé dans le terrain borifère, constitue un soffione artificiel, autour duquel on établit sans difficulté un *lagone* convenable. Dès la première année de la création d'un soffione artificiel, M. Durval ne produisit pas moins de 60,000 kilogrammes d'acide borique de cette source. Il a été impossible au rapporteur d'apprendre quel est le taux actuel de sa production, mais on peut admettre avec certitude qu'elle a immensément augmenté. Depuis quelques années, le prix de l'acide borique a considérablement diminué (1), et cette réduction doit certainement être attribuée, du moins en partie, à la formation des soffioni artificiels.

---

(1) Des industriels, amis du rapporteur, avaient payé en 1858 la somme de 130 fr. pour 100 kilogrammes

Examen récent des soffioni par le professeur Bechi. — Les phénomènes présentés par les soffioni des Maremmes de Toscane ont formé le sujet de beaucoup de recherches chimiques, et néanmoins on ne s'en rend pas encore parfaitement compte. Presque tous les chimistes qui s'étaient occupés de ces recherches jusqu'à ce jour n'avaient pu recueillir les matériaux devant servir à leurs études que pendant un séjour comparativement assez court dans la localité même, et n'ont eu pour cette raison que des occasions très-limitées d'observations. Dans ces circonstances, on sera heureux d'apprendre que l'examen de ce sujet a été repris récemment avec beaucoup de zèle par le professeur E. Bechi, de Florence, qui a déjà publié plusieurs recherches intéressantes sur les soffioni, et dont la poursuite ne peut manquer de conduire à l'élucidation plus parfaite de leur théorie. Comme nous l'avons déjà mentionné, on admettait antérieurement que l'eau provenant de la condensation des vapeurs sortant des soffioni ne contenait point d'acide borique (1).

Les expériences du professeur Bechi sur la composition des soffioni, plus particulièrement des soffioni de Travale, ont démontré que les observations antérieures sur lesquelles on avait basé cette opinion n'étaient point exactes (2).

Des résultats tout à fait semblables ont été obtenus par M. C. Schmidt (3) lors de l'examen de l'eau de condensation des *fuméroles* du mont Cerboli, dans laquelle il rencontra jusqu'à $0.1^\circ/_0$ d'acide borique. Outre l'acide borique, les soffioni de Travale contiennent un nombre considérable de sels, principalement des sulfates de sodium, potassium, lithium, rubidium, ammonium, calcium, strontium, magnésium, aluminium, fer et manganèse, accompagnés de matières organiques.

Ces substances ne se trouvent cependant pas constamment associées dans le même soffione. On rencontre en effet quelques soffioni qui contiennent à peine autre chose que de l'acide borique, tandis que bien d'autres sont tellement chargés de substances étrangères qu'il est difficile d'y déceler la présence de l'acide borique. Plusieurs des soffioni de l'établissement de M. Durval sont entièrement exempts de sels ammoniques, tandis que d'autres en renferment une si forte proportion qu'on peut les extraire industriellement.

Parmi les produits exposés par cet industriel se trouvait un bel échantillon de sulfate ammonique provenant de cette source. Quelques-uns de ces soffioni renferment en outre des quantités très-appréciables de sels de lithium.

On peut se faire une idée de la quantité de sels ainsi entraînés par les soffioni (4) d'après les résultats d'une expérience faite à Travale.

Quatre soffioni dans le voisinage de Travale fournirent, en 24 heures, pas moins de 5,000 kilogr. de sels, consistant en 150 kilogr. d'acide borique, 320 kilogr. de matières organiques, 1,500 kilogr. de sulfate ammonique, 750 kilogr. de sulfates de fer et de manganèse, 1,750 kilogr. de sulfate de magnésie, et 530 kilogr. de sulfates potassique, sodique, calcique, strontique et aluminique.

Le professeur Bechi, qui avait d'abord attribué la présence simultanée d'acide borique et d'ammoniaque à la décomposition d'azoture de bore dans les couches traversées par les vapeurs d'eau, est maintenant plus disposé à expliquer la formation d'acide borique par la décomposition du borate de calcium.

Des expériences faites *ad hoc* ont prouvé qu'un courant de vapeur d'eau traversant la hayésine (borate de chaux), chauffée au rouge dans un tube en porcelaine, entraîne une forte quantité d'acide borique. L'ammoniaque provient probablement de la décomposition de

d'acide borique livrés à bord des vaisseaux à Livourne. En mai 1862, le prix n'était plus que de 80 fr., les conditions de livraison restant les mêmes.

(1) Exposition universelle de 1855. *Rapports du Jury mixte international*, I, p. 472.
(2) Bechi, *Bulletin de la Société de l'industrie minérale*. Saint-Étienne, III, p. 329.
(3) Schmidt (C.), *Ann. Chem. Pharm.*, XCIII, p. 273.
(4) Communication particulière de M. le professeur Bechi.

matières organiques nitrogénées, dont on a trouvé des quantités considérables dans les roches de la Toscane. La terre, dans le voisinage des lagoni, près Travale, renferme du sulfate d'ammoniaque en abondance, et le même sel se rencontre assez fréquemment associé aux sulfates de fer, de magnésium et de sodium sous la forme d'incrustations, tantôt amorphes, tantôt cristallines, renfermant $(Fe^2, Mg^2, Na^2) SO^4 + 10 [(H^4N)^2 SO^4] + 9 H^2 O$, que M. le professeur Bechi a décrites sous le nom de Boussingaultite.

Des autres sources de l'acide borique. — Malgré le grand développement atteint par la fabrication de l'acide borique en Toscane, dans ces dix dernières années, la production de cette matière si précieuse est à peine en rapport avec l'importance sans cesse croissante de ses applications.

A l'emploi si considérable du borax pour les poteries, pour soudures, pour la préparation de certaines variétés d'émaux et de verres d'optique, dans la fabrication des bougies stéariques, est venue s'ajouter dans ces derniers temps une nouvelle application pour la production industrielle d'un nouveau vert de chrôme, le vert de Guignet. (Voyez le chapitre sur les *Composés du chrôme.*) On ne peut donc être étonné de voir que le tincal, qu'on avait presque cessé d'exporter de l'Inde, a récemment de nouveau fait son apparition sur les marchés de l'Europe. Plusieurs autres minerais boraciques ont également été appelés à rendre des services; la hayésine (1) ou tincalzite et la rhodizite, toutes deux des combinaisons plus ou moins pures de borate de soude avec le borate de chaux, se rencontrent dans différentes localités; la première principalement au Chili, la seconde surtout sur les côtes occidentales de l'Afrique. Lorsque le prix de l'acide borique s'était élevé au maximum, des quantités assez notables de ces minerais, surtout du premier, avaient été employées pour la fabrication du borax. Ce genre de fabrication fût exploité pendant quelque temps sur une assez grande échelle, à Glascow; mais, d'après les renseignements recueillis par le rapporteur, on l'a aujourd'hui complétement abandonné. On a enfin trouvé tout récemment du borax et de l'acide borique en Californie.

Diamant de bore. — Le rapporteur ne peut pas terminer l'histoire de l'acide borique sans faire au moins une courte allusion à l'intérêt scientifique si vif que les magnifiques recherches de MM. Woehler et Deville (2) lui ont valu très-récemment.

En fondant de l'acide borique ou du bore amorphe avec de l'aluminium, ces chimistes ont réussi à obtenir le bore à l'état cristallisé. La forme des cristaux de bore ainsi préparés a été le sujet d'une recherche remarquable de M. Quintino Sella (3). Ses résultats placent cette substance à côté du diamant. On peut prédire avec certitude qu'un produit si précieux ne restera pas longtemps sans applications industrielles.

GRAPHITE.

Le graphite est du carbone sous une forme particulière. Il présente un reflet métallique et une teinte particulière, qui lui a valu le nom populaire, quoique très-incorrect, de *mine de plomb.*

Tout le monde connaît le graphite à cause de son emploi à l'état pulvérulent pour le lus-

(1) D'après l'analyse publiée par M. Salvetat (*Leçons de céramique.* Paris 1857, I, p. 227. — *Répert. chim. appliq.*, I, p. 215), ce minerai présente une composition assez variable, la proportion d'acide borique oscillant entre 12.11 et 34.74 pour 100. La hayésine est employée directement pour la préparation de l'émail ou de la glaçure de la porcelaine de Sèvres; à cet effet, on fond 5 parties de hayésine avec 10 parties de sable et 20 parties de minium.

(2) Wœhler et Deville, *Comptes-rendus*, XLIII, p. 1088, et *Ann. Chem. Pharm.*, CI, p. 113.

(3) Sella (Q.), *Sulle forme cristalline di alcuni sali di platino e del boro adamantino.* Memorie della R. Academia delle science di Torino [2], XVIII.

trage et polissage des grilles de cheminées, et parce qu'il constitue dans les crayons la substance qui sert à tracer les caractères.

Relations du graphite au diamant et au charbon de bois. — Le graphite, sous le rapport de la densité et de la structure moléculaire, occupe le milieu entre les deux principales formes de carbone, le diamant et le charbon. En effet, la densité de diamant $= 3.55$; celle du graphite $= 2.27$ (Regnault); celle du charbon environ 1.57.

Le diamant est toujours cristallisé, le charbon toujours amorphe, le graphite est ordinairement cristallin et lamelleux, mais aussi quelquefois amorphe. L'identité fondamentale du diamant, du graphite et du charbon ou carbone amorphe a été démontrée par l'analyse des produits de leur combustion dans l'oxygène. Quoique très-différents, en ne considérant que le plus ou moins de facilité avec laquelle on parvient à les faire brûler, ils fournissent tous les composés oxydés gazeux du carbone, oxyde de carbone ou acide carbonique, suivant que l'oxygène est plus ou moins abondant. La différence si remarquable entre les propriétés physiques de ces substances qui sont cependant de nature essentiellement identique, constitue un des faits les plus curieux de la chimie.

On sait que le diamant est le corps le plus dur qu'on rencontre dans la nature; il est transparent, extrêmement refringent et non conducteur de l'électricité.

Le charbon, au contraire (même dans sa forme la plus dure), est comparativement tendre et friable et l'opposé du diamant par rapport à la lumière et à l'électricité, interceptant complétement la première et conduisant facilement la dernière.

Le graphite, de même que le charbon, diffère du diamant par son peu de dureté, sa friabilité, son pouvoir conducteur de l'électricité et son opacité.

Mais, d'un autre côté, malgré cette analogie, le graphite se distingue du charbon, par son toucher onctueux, son reflet métallique et sa teinte particulière d'un gris noirâtre.

La ligne de séparation si tranchée que nous venons de signaler entre le diamant et le graphite d'une part, et entre le graphite et le charbon d'une autre, s'efface et se dégrade pour ainsi dire peu à peu dans certaines substances présentant des caractères intermédiaires.

En effet, quelque grande que soit la distance qui sépare le diamant normal du graphite, cette distance devient bien moins appréeiable, lorsqu'on compare les variétés les moins pures du diamant aux échantillons les plus purs de graphite; c'est ainsi qu'on trouve des diamants d'une teinte grise noirâtre, demi opaques, sans éclat et laissant, lorsqu'on les brûle, de 0.05 à 0.15 de cendres (Dumas et Stass, Erdmann et Marchand); d'un autre côté, le graphite le plus pur ne laisse que 0.33 de cendres (Fuchs), et affecte quelquefois, par exemple dans les échantillons trouvés à Bareros, au Brésil, une cristallisation hexagonale qui leur donne, d'après Karsten, l'apparence de diamants dans un certain état de dégradation.

D'un autre côté, on rencontre des dépôts de graphite natif (entre autres localités dans le Nouveau-Brunswick) qui, par leurs caractères et leur aspect, se rapprochent de l'anthracite et ne rappellent que d'une manière très-imparfaite l'éclat métallique et la teinte si caractéristique du graphite normal.

On trouve également des dépôts charbonneux lamellaires, présentant les caractères intermédiaires entre le graphite et le charbon amorphe à la surface intérieure des cornues à gaz.

L'existence de ces corps qui servent de transition entre le diamant et le graphite, puis entre celui-ci et le charbon, et le fait que tous les termes de cette série peuvent être convertis dans le même produit commun, — le gaz acide carbonique, — ont naturellement conduit les chimistes à se poser cette question : s'il n'était pas possible de convertir réciproquement ces substances les unes dans les autres? Si, par exemple, l'on ne parviendrait pas à transformer artificiellement le charbon amorphe en graphite ou même en diamant?

La solution de cette question a été affirmative par rapport au graphite, mais jusqu'ici négative pour ce qui concerne le diamant.

Transformation du charbon amorphe en graphite. — Le métal brut qui s'écoule des hauts-fourneaux n'est autre chose qu'une solution de carbone amorphe, provenant du combustible (et accompagné d'autres impuretés) dans la fonte liquide. Les lingots ou *gueuses*, provenant du refroidissement de la fonte, renferment environ $^1/_{25}$ de leur poids de graphite lamellaire, identique avec le graphite natif, et qu'on peut facilement séparer de son enveloppe métallique.

En effet, pour isoler le graphite de la fonte, on n'a qu'à refondre cette dernière; devenue liquide, elle coule en abandonnant les cristaux infusibles de graphite; ou bien l'on dissout la fonte dans un acide minéral, et le graphite non attaquable se retrouve dans le résidu insoluble.

Production artificielle du diamant; sa probabilité. — La facilité avec laquelle on produit artificiellement le graphite (qui n'est certainement pas un minéral très-répandu dans la nature) par la dissolution du charbon ordinaire dans la fonte, permet de supposer *à priori*, la possibilité d'un nouveau pas dans la même direction, et que l'on arrivera un jour à faire cristalliser le charbon sous la forme plus dense et plus parfaite de diamant. Quoique les nombreux essais tentés dans ce but n'aient point encore été couronnés de succès, il n'existe aucune raison, ni physique ni chimique, qui s'oppose à la possibilité de la réussite finale de pareilles tentatives.

Bien au contraire, la préparation artificielle du diamant, soit par cristallisation du carbone d'une dissolution, soit par son élimination, dans des conditions convenables, d'une de ses combinaisons gazeuses, liquides ou solides, serait en parfaite harmonie avec la marche des découvertes modernes.

En effet, dans ces dernières années, nous sommes redevables à Ebelmen de méthodes pour la préparation artificielle du corindon et du saphir blanc, par la cristallisation de l'alumine dissoute dans le borax fondu; cette solution ignée n'a qu'à être concentrée par évaporation ou volatilisation lente du borax exposé à la température très-élevée d'un four à porcelaine : on peut obtenir le rubis et d'autres pierres précieuses colorées ayant l'alumine pour base, d'une manière tout à fait analogue, en ajoutant de très-minimes quantités d'oxydes métalliques colorants à la solution d'alumine dans le borax fondu.

Quoique les pierres précieuses ainsi artificiellement préparées, n'aient présenté jusqu'ici que des dimensions trop petites pour pouvoir être utilisées autrement que pour les pivots de montres (Gaudin), les lois de la cristallisation permettent d'affirmer qu'en opérant sur de plus grandes masses de solutions alumineuses boraciques, on obtiendrait aussi des cristaux d'alumine beaucoup plus volumineux.

Quelque merveilleuse que puisse paraître la transformation du charbon en diamant, cette circonstance ne doit nullement décourager nos tentatives dans cette direction; car parmi les découvertes chimiques déjà accomplies (même en ne tenant compte que de la dernière décade), nous en trouvons un grand nombre qui, certainement, ne sont pas moins surprenantes.

N'avons-nous pas le droit de dire, en ne considérant même que les substances carbonées, que plusieurs des dérivés artificiels de la houille, qui figurent parmi les merveilles de la présente exposition, sont tout aussi merveilleux dans leur genre que le seront les diamants artificiels, dérivés d'une source analogue, qui espérons-le du moins, embelliront quelque future exposition internationale.

Recherches récentes concernant le graphite. — Abstraction faite des espérances séduisantes que permettent les relations du diamant au graphite, et la reproduction artificielle de ce dernier au moyen du charbon, le graphite est en lui-même si précieux pour les arts, si rare dans la nature et si plein d'intérêt pour le chimiste scientifique, qu'il a droit à toute notre attention : nous devons d'autant plus le considérer dans notre rapport, que dans la période qui s'est écoulée entre la précédente et la présente exposition, les recherches remarquables de M. B. C. Brodie, professeur de chimie à l'Université d'Oxford, ont fourni des renseignements nouveaux très-précieux et très-détaillés concernant les propriétés, les méthodes de préparation et les applications de cette matière remarquable.

Procédé de Brockedon. — Il est intéressant de noter que déjà à l'occasion de la première exposition internationale, en 1851, le jury avait à consigner dans son rapport un perfectionnement capital introduit dans l'industrie du graphite, par W. Brockedon (1). Les dépôts graphitiques (les plombagines) de la Grande-Bretagne à Keswick et Borrowedale, dans le Cumberland, ayant été épuisés au point qu'il était devenu difficile et dispendieux de se procurer des morceaux de plombagine assez gros pour pouvoir être découpés en longueur suffisante pour la garniture des crayons, M. Brockedon imagina une méthode de compression du graphite pulvérisé en blocs aussi homogènes, aussi denses et aussi cohérents que le minéral solide lui-même. Les fragments et les débris de graphite lamellaire, de même que la poudre du graphite amorphe, acquirent par là une nouvelle valeur. On n'avait qu'à les réduire en poudre très-fine et à les soumettre à une puissante presse hydraulique, pour les transformer en blocs aussi bien appropriés à la fabrication des crayons que ne l'est le meilleur graphite natif.

Nous éprouvons une véritable satisfaction de pouvoir signaler, parmi les nombreuses découvertes appartenant à la dernière décade, un nouvel et important perfectionnement apporté à l'industrie du graphite, perfectionnement rendu d'autant plus précieux que sa nature a été expliquée par les recherches scientifiques qui l'accompagnaient. Le jury a proclamé la haute valeur de ce double progrès, à la fois théorique et pratique, en conférant à M. B. C. Brodie la plus honorable distinction dont il pouvait disposer.

Recherches de M. Brodie. — L'exposé rapide des recherches scientifiques de M. Brodie, fera apprécier plus facilement la valeur de leurs résultats industriels.

Dans les observations qui suivent, le rapporteur suppose de la part de ses lecteurs une certaine connaissance de l'*allotropisme* ou de la faculté que possèdent certains corps de pouvoir, sans addition ou perte de poids et uniquement par suite d'une modification intime dont la nature est encore inconnue, acquérir des propriétés toutes différentes de celles qu'ils présentent dans les conditions ordinaires.

Un des exemples les plus connus et les mieux caractérisés d'allotropisme, se rencontre dans le phosphore rouge ou amorphe, qui est le résultat de l'action prolongée de la chaleur sur le phosphore ordinaire translucide. Tout le monde connaît les propriétés caractéristiques du phosphore ordinaire ; son apparence diaphane d'un blanc jaunâtre, sa ductilité, son excessive inflammabilité, sa solubilité dans divers dissolvants, et ses propriétés éminemment toxiques.

Tout le monde sait aussi que le phosphore amorphe ou allotropique est opaque, d'une couleur chocolat rougeâtre foncée, non ductile, dur et cassant ; inflammable seulement à une température comparativement assez élevée, absolument insoluble et par suite enfin entièrement exempt de propriétés vénéneuses.

C'est encore un fait aussi connu qu'il est surprenant que ces deux matières — si foncièrement dissemblables et cependant absolument identiques — sont très-facilement transformées l'une dans l'autre, sans changement de poids, simplement par l'application alternative de différents degrés de chaleur.

Dans les *rêves* de transmutation des métaux des anciens alchimistes, il n'y a certainement rien qui soit essentiellement moins probable ou moins possible que de pareils phénomènes d'allotropisme, qui cependant sont des faits parfaitement constatés.

En effet, les faits d'allotropisme pourraient très-bien, et avec beaucoup de raison, être décrits comme faits de transmutation. Il n'y a au fond que le nom de changé : le phénomène en lui-même est un complet mystère, tout aussi profond et aussi incompréhensible, qu'il soit désigné par un nom dérivé du latin, ou par un nom dérivé du grec.

---

(1) Brockedon (W.), brevet n° 9977, déc. 8, 1843.

Graphon ou *graphium*. — Depuis bien longtemps, les chimistes ont admis, que ces trois substances, charbon de bois, graphite et diamant, ne sont que des modifications allotropiques de la même et unique matière, à laquelle on a donné le nom générique de *carbone*. Mais les recherches de M. Brodie ont démontré que l'allotropisme de ces substances est caractérisé par des différences de propriétés plus essentielles même que celles qui distinguent les deux états allotropiques du phosphore.

En effet, que ce soit l'une ou l'autre de ces deux formes du phosphore qui soit soumise à l'action d'un agent chimique donné, le résultat final est toujours le même. C'est ainsi que le phosphore amorphe aussi bien que le phosphore cristallin, oxydés par l'acide nitrique, produisent dans les deux cas de l'acide phosphorique ; et pareillement l'on obtient le même chlorure de phosphore, quel que soit le genre de phosphore qu'on ait soumis à l'action d'un courant de chlore.

Le graphite, au contraire, d'après les expériences de M. Brodie, diffère tellement du carbone amorphe ou charbon ordinaire, qu'on croirait avoir affaire à un élément distinct ; il forme des composés tout à fait différents et possédant même un autre équivalent.

En un mot, il résulte des expériences de M. Brodie sur le graphite, que cette substance présente des caractères spéciaux si tranchés et des analogies chimiques si marquées et si frappantes, qu'on est en droit de le ranger sous le nom distinct de *graphon* ou *graphium*, côte à côte avec les éléments silicium, bore et zircon.

Le rapporteur, limité par le temps et l'espace, se trouve dans l'impossibilité de relater en détail la partie scientifique des recherches de M. Brodie. Il ne citera donc qu'une seule expérience, destinée à démontrer les différences notables de caractères chimiques qui distinguent le carbone dans le charbon ordinaire, du carbone dans la condition allotropique du graphite.

Lorsqu'on chauffe du charbon ordinaire (noir de fumée ou charbon de sucre calciné en vases clos) avec un mélange oxydant, formé de 1 partie acide nitrique et 4 parties acide sulfurique, il s'oxyde rapidement en donnant naissance à une matière noire, soluble dans le mélange fortement acide, mais qui en est précipitée par l'addition d'eau.

Ce précipité, lavé et séché, est insoluble dans des solutions acides ou salines, mais soluble dans l'eau pure et dans des solutions alcalines.

En traitant de la même manière du graphite (surtout la variété lamellaire), il prend une magnifique teinte violette et se désagrége dans la liqueur acide ; ce produit, lavé avec de l'eau, présente de nouveau l'aspect du graphite, mais d'une couleur plus foncée. Cette substance est insoluble dans tous les réactifs. En l'analysant, on trouve qu'elle renferme (outre le carbone) de l'oxygène, les éléments de l'eau et ceux de l'acide sulfurique.

Même en faisant bouillir ce composé avec une solution concentrée de potasse ou soude caustique, on ne parvien à lui enlever l'acide sulfurique, et il n'éprouve aucune perte sensible de poids.

Parmi les caractères les plus remarquables de ce curieux produit, il faut citer la manière dont il se comporte lorsqu'on le soumet à l'action de la chaleur rouge. Il se boursoufle rapidement, dégage des gaz et se réduit en poudre d'une ténuité extrême, qui n'est que du graphite dans un état de parfaite désagrégation moléculaire.

C'est sur ce phénomène qu'est basé le procédé industriel de M. Brodie, dont nous aurons tout à l'heure à nous occuper.

Les caractères si extraordinaires et si particuliers du graphite ayant été ainsi partiellement reconnus, M. Brodie, désirant obtenir, pour l'étudier, un produit moins complexe, essaya de traiter le graphite par un agent oxydant exempt d'acide sulfurique, en soumettant également le produit à l'influence d'une température élevée. A cet effet, il fit choix d'un mélange de chlorate de potasse et d'acide nitrique fumant.

Acide graphique ou graphitique. — En soumettant à plusieurs reprises le graphite à l'action de ce mélange, M. Brodie obtint un produit se présentant sous forme de petites lames jaunes, transparentes, cristallines et brillantes, qui furent trouvées insolubles dans les acides, mais capables de se combiner aux alcalis, présentant, en un mot, les caractères d'un acide ; de là le nom d'*acide graphique* et *graphitique*.

Pour ce qui a rapport à la composition centésimale de cet acide intéressant et à l'ensemble des recherches, aussi bien inductives que déductives, au moyen desquelles M. Brodie, guidé alternativement par l'expérience et par l'analogie, parvint à déterminer, avec un certain degré de probabilité, l'équivalent du graphon, le rapporteur est obligé de renvoyer le lecteur au mémoire original de M. Brodie, inséré dans les *Philosophical transactions* de l'année 1859.

Ce que nous avons mentionné des recherches théoriques de M. Brodie, suffit pour faciliter la description de son procédé industriel, qui pourra maintenant être expliqué en quelques mots.

Procédé de M. Brodie pour la désagrégation du graphite. — Le procédé a pour but de séparer du graphite natif les impuretés qui s'y trouvent naturellement disséminées, et en même temps de le réduire par désagrégation chimique en poudre impalpable, beaucoup plus fine que celle qui pourrait être obtenue par une pulvérisation mécanique quelconque.

Pour y arriver, on n'a qu'à exposer le graphite (de préférence la variété lamellaire) à l'action du mélange oxydant déjà mentionné plus haut, et de décomposer le produit à la chaleur rouge.

A cet effet, M. Brodie mélange le graphite, préalablement pulvérisé, avec une certaine proportion d'acide nitrique ou d'un nitrate, chlorate, chromate ou bichromate alcalin : il préfère employer le chlorate de potasse, dans la proportion de $^1/_{20}$ à $^1/_{16}$ du poids du graphite.

A ce mélange, il ajoute ensuite de l'acide sulfurique concentré (de 1, 8 p. sp.) en quantité égale à 2 fois le poids du graphite. Après avoir bien mélangé (l'opération peut être effectuée dans un vase en fonte), on chauffe le tout à une température modérée, ce qui détermine un dégagement abondant d'acide chloreux. Dès que les vapeurs d'acide chloreux cessent de se dégager, on laisse refroidir complétement, on jette la masse oxydée et sulfatée dans l'eau, et on la lave par décantation.

Après avoir fait sécher le produit, on le calcine au rouge dans un four, et on en opère ainsi le boursoufflement et la désagrégation déjà signalés.

La poudre formée n'a plus qu'à être agitée avec de l'eau, pour obtenir la séparation du graphite qui est poreux et nage à la surface, de la silice, du peroxyde de fer et d'autres impuretés qui étant plus denses, tombent au fond de l'eau. Le graphite ainsi préparé, est d'une pureté absolue.

Le produit ainsi obtenu au moyen du graphite amorphe ne possède pas la ténuité infinitésimale de celui que fournit la variété lamellaire, et ne peut être lavé avec la même facilité. Pour en achever la purification, on ajoute un peu de fluorure de sodium au mélange contenu dans le vase de fer, dès que les vapeurs d'acide chloreux ont cessé de se dégager. L'acide fluorhydrique, libéré par la combinaison de la soude avec l'acide sulfurique, attaque immédiatement la silice en présence et entraîne cette impureté à l'état de fluorure de silicium gazeux.

Avantages du nouveau procédé ; application du produit perfectionné. — Il est presque inutile de faire ressortir les avantages de ce procédé physico-chimique. Il est d'abord évident que les variétés du graphite, de qualité inférieure, peuvent ainsi être amenées à rivaliser, pour la finesse et la pureté, avec les meilleurs échantillons de graphite naturel. La supériorité des crayons fabriqués avec une matière première ainsi débarrassée de toute impureté dure et rayante, et rendue dans toute la masse uniformément et parfaitement *graphique*, est également incontestable.

Mais le rapporteur pourra encore mentionner, comme un résultat moins apparent de ce procédé perfectionné, la supériorité du graphite purifié et infiniment divisé de M. Brodie, sur le graphite ordinaire, ou la plombagine pour le lustrage de la poudre à canon.

On sait que la rapidité d'inflammation de la poudre dépend de la finesse de la granulation : que plus les grains de poudre sont petits, plus est grande la rapidité avec laquelle se propage l'inflammation de la poudre, et que la poussière de poudre où le pulvérin peut faire explosion avec une rapidité telle, que l'arme court le risque d'éclater (1).

On conçoit aussi que, pour prévenir (ou atténuer) la trituration des grains de poudre par leur frottement mutuel, et par suite la formation du pulvérin, on ait trouvé avantageux de lustrer les grains des variétés de poudres grossières, au moyen d'une substance onctueuse ou douce au toucher : l'expérience a démontré que le graphite (ou plombagine) convient le mieux à cet usage. Le lustrage paraît en outre, présenter cet autre avantage de diminuer la tendance des grains de poudre à l'absorption de l'humidité atmosphérique.

On comprend facilement que le graphite infiniment divisé de M. Brodie, doit envelopper les grains de poudre d'une pellicule beaucoup plus mince que ne peut le faire la poussière, comparativement grossière obtenue par la pulvérisation mécanique du graphite ordinaire. Il en résulte, en premier lieu, une économie notable dans la quantité du graphite (minerai encore assez cher) requise pour cet usage.

D'après des expériences faites dans la fabrique royale de poudre à canon de Waltham Abbey, sous la direction de M. Abel, chimiste du ministère de la guerre, cette économie n'est pas de moins de 50 pour 100; M. Abel est d'opinion qu'avec des appareils perfectionnés, des expériences ultérieures pourront faire constater une économie encore plus considérable; en second lieu, on a trouvé, ce qui d'ailleurs est très-naturel, que la pellicule lustrante plus ténue oppose moins d'obstacle à la propagation rapide de l'inflammation de grain à grain, que ne le fait l'enduit plus grossier; il en résulte, les autres conditions étant les mêmes que la poudre lustrée avec le graphite purifié, est, à égalité de grains, la plus rapidement explosive; comme conséquence, on peut prévoir qu'avec l'adoption du lustrage perfectionné, une granulation un peu plus grossière pourra probablement être appliquée aux différentes variétés de poudre qu'on a l'habitude de lustrer.

La différence de rapidité d'explosion fut constatée en observant l'effet propulsif produit par 3 portions égales de la même poudre; l'une non lustrée, la seconde lustrée avec le graphite de M. Brodie, la troisième avec la plombagine ordinaire.

Le même mortier d'épreuve et des charges égales furent employées dans tous les essais ; la moyenne de 6 coups tirés avec chacune de ces poudres, fournit les valeurs explosives suivantes, exprimées par les portées correspondantes :

> Poudre non lustrée......................... 353 pieds anglais de portée.
>   — lustrée avec le graphite de Brodie.... 327   —   —
>   —   — avec graphite ordinaire...... 295   —   —

Pour mieux faire ressortir la valeur du graphite préparé d'après le procédé de M. Brodie, nous en citerons encore deux autres applications futures très-probables. savoir son emploi pour la fabrication de creusets et son usage comme conducteur de l'électricité dans des batteries galvaniques.

Le graphite purifié paraît devoir primer le graphite ordinaire pour chacune de ces deux applications.

_____

(1) Le fait est exact que la poudre s'enflamme d'autant plus rapidement que le grain est plus petit, mais à la condition que la poudre ne cesse pas d'être grenue. L'inflammation de la poussière de poudre est, au contraire, moins rapide que celle de la poudre en grain. Cela se conçoit facilement. Dans la poudre grenue, l'inflammation se propage rapidement par la flamme qui circule dans les interstices entre les grains, et en allume un grand nombre à la fois ; dans la poussière de poudre, l'inflammation ne peut se propager que de molécule à molécule, et par conséquent avec plus de lenteur.   E. Kopp.

En effet, l'oxyde de fer qui, conjointement avec la silice, se trouve dans les qualités ordinaires de graphite employées à la fabrication des creusets en plombagine, doit nécessairement diminuer les qualités réfractaires de ces creusets, par leur tendance à former un verre fusible. Le graphite absolument pur, simplement protégé par un vernis siliceux superficiel pour le rendre incombustible, doit, sans aucun doute, supporter une température plus élevée que toute autre matière actuellement à notre disposition.

La supériorité du pouvoir conducteur de l'électricité du graphite de M. Brodie, a été démontrée expérimentalement par M. le docteur Mathiessen, lequel, en opérant avec des plaques préparées et solidifiées d'après le procédé Brockdon, a obtenu les résultats intéressants suivants :

Le pouvoir conducteur de l'argent, étant.. 100.000
Celui du graphite de Ceylan, préparé d'après le procédé de M. Brodie, est. 0.0693
— du graphite ordinaire d'Allemagne non préparé................... 0.0039
— du coke des usines à gaz 0.0038
— — employé dans les batteries de Bunsen.................... 0.0024

Il résulte de ce tableau que le pouvoir conducteur électrique du graphite de Ceylan purifié est environ 18 fois plus fort que ceux du graphite ordinaire d'Allemagne et du coke des cornues à gaz, et exactement 29 fois plus grand que celui du coke employé pour les piles de Bunsen.

Il reste cependant à établir, au moyen d'expériences ultérieures, si la cohésion du graphite solidifié artificiellement, est suffisante pour son application à la fabrication des creusets et pour des plaques de piles galvaniques.

Sources de graphite. — Quelques renseignements concernant les sources passées, présentes et futures du graphite, présenteront sans doute quelque intérêt aux lecteurs intéressés dans cette branche d'industrie, et termineront utilement ce chapitre.

En Angleterre, le graphite était anciennement tiré des mines de Keswick et Borrowdale, dans le Cumberland. Ces dépôts, maintenant presque épuisés, fournissaient du graphite amorphe en masses denses et compactes, renfermant environ 95 pour 100 de carbone et 5 pour 100 de cendres (presque exclusivement siliceuses), et très-estimé pour la fabrication des crayons.

Une variété de graphite, presque aussi pure que celui de Cumberland, mais plus amorphe et plus friable, se rencontre à Passau, en Bavière, d'où on l'importe en quantité considérable en Angleterre, surtout comme matière à polir.

Des dépôts de graphite lamellaire se rencontrent dans quelques contrées de l'Indoustan ; au nord, par exemple, dans la chaîne de l'Himalaya ; au sud, à Travancore et (très-abondamment) dans l'île voisine de Ceylan.

Le graphite de Ceylan est remarquable surtout à cause de sa pureté, ne renfermant bien souvent que la minime quantité de 1.2 pour cent de cendre siliceuse.

Dans ces dernières années, l'Espagne a exporté en Angleterre une certaine quantité de graphite de bonne qualité.

Un gisement de graphite, qu'on dit très-abondant, a été découvert récemment par un Français entreprenant, M. Alibert, dans les monts Batougal, au sud de la Sibérie, près des frontières de la Chine. Le département russe de l'Exposition renferme un magnifique étalage d'objets fabriqués avec le graphite de Sibérie, objets qui auront sans doute attiré l'attention du jury de la première classe.

Dans le cas où les dépôts de graphite de Sibérie seraient reconnus aussi riches que les proclame M. Alibert, les manufacturiers anglais pourraient compter sur des fournitures importantes et à prix réduits de cette matière si précieuse. Nous mentionnerons ici que le graphite de qualité supérieure est accompagné, dans les gisements sibériens, d'une variété de graphite de qualité inférieure ; mais cette dernière, d'après quelques essais faits au laboratoire du

— 237 —

rapporteur, par M. W. Valentin, pourront être facilement et complétement purifiée d'après le procédé de M. Brodie.

BISULFURE DE CARBONE.

Sa fabrication et son prix. — Cette substance, dont la composition est exprimée par la formule CS², fut découverte par Lampadius en 1796 (1). Pendant longtemps, on ne la préparait qu'en très petite quantité et seulement comme produit de laboratoire; mais, il y a environ quinze ans, les procédés de préparation furent beaucoup perfectionnés, des applications industrielles furent découvertes, et aujourd'hui on prépare ce composé sur une très grande échelle et on l'emploie à des usages très-variés.

M. Marquart, de Bonn, a préparé le bisulfure de carbone en quantité notable depuis 1850. En 1840, le kilogramme coûtait, à Paris, entre 50 et 60 francs; mais déjà en 1850 M. Deiss fut en état de le livrer à 8 francs, et depuis 1856, où il en fabrique environ 500 kilogrammes par jour, il le vend à 50 centimes le kilogramme.

En 1858, M. Seyfferth (Allemagne) vendait les 500 grammes à raison de 7 à 9 kreutzer (25 à 30 centimes). Les prix actuels de M. Deiss sont: par kilogramme 40 centimes à Pise, 45 centimes à Paris, et 50 centimes à Séville. L'Exposition de 1862 renferme des spécimens de ce corps fabriqués par MM. Bayley, de Wolverhampton (Royaume-Uni, N° 465), et par M. E. Deiss (France, N° 193). Les deux exposants ont obtenu la distinction d'une médaille.

Le bisulfure de carbone peut être produit par la combinaison directe du soufre et du carbone à une haute température et aussi par la décomposition d'un certain nombre de composés organiques. En chauffant simplement un mélange de soufre et de carbone, il n'y a pas combinaison, parce que le soufre se volatilise avant qu'on ait pu atteindre la température nécessaire à la réaction; mais lorsqu'on chauffe au rouge du charbon de bois et qu'on fait passer sur la masse incandescente de la vapeur de soufre, le carbone brûle dans cette vapeur en produisant le bisulfure de carbone.

Appareils employés dans la fabrication du bisulfure de carbone. — Les premiers appareils pour la préparation de ce composé consistaient en un tube de porcelaine rempli de fragments de charbon, et placé dans une position inclinée au centre d'un fourneau de laboratoire. L'extrémité supérieure du tube était bouchée par un obturateur en argile ou en craie, et l'ouverture inférieure communiquait, par un tube en verre recourbé, avec un flacon à moitié rempli d'eau; ce tube traversait le bouchon du flacon et ne plongeait que très-peu dans l'eau. Ayant chauffé le charbon au rouge, on débouchait l'ouverture supérieure un instant pour y introduire un fragment de soufre. Celui-ci commençait par fondre, et, coulant dans le tube, arrivait sur le charbon rouge, s'y volatilisait et s'y combinait en même temps, formant du bisulfure de carbone qui se dégageait à l'état de vapeur pour se condenser dans l'eau froide et s'y accumuler au fond sous forme liquide. Tel était le procédé imparfait et fort peu productif dont on faisait usage dans les laboratoires pour préparer le bisulfure de carbone. Le rapporteur se souvient qu'étant encore préparateur de M. Liebig, à Giessen, il était très-heureux d'avoir pu obtenir environ 250 grammes de bisulfure comme résultat d'une longue journée de travail.

Comme nous l'avons déjà fait observer, la préparation se fait maintenant très en grand, mais le principe des nombreux appareils usités est toujours le même, c'est-à-dire qu'on fait toujours passer la vapeur de soufre à travers du coke ou du charbon de bois chauffé au rouge vif, condensant les vapeurs de bisulfure aussi rapidement et aussi complétement que possible. Le premier perfectionnement apporté à cette préparation fut l'emploi d'une grande cornue tubulée en terre cuite, pour y chauffer le charbon. Un tube en verre peu fusible, ou en porcelaine, passait à travers la tubulure, descendant jusqu'à peu de distance du fond de la cor-

(1) Lampadius, *Gehlen's N. Allgem. Journal der Chemie*, II, p. 192.

nue, et servait à l'introduction du soufre. Le col s'adaptait à un condensateur refroidi par un courant d'eau et communiquant avec un récipient analogue à celui déjà décrit. Cet appareil permettait déjà d'obtenir de plus fortes quantités de produits. Les différents appareils actuellement en usage pour la fabrication industrielle du bisulfure de carbone sont construits d'après le même principe et ne diffèrent que par la forme de la cornue, le mode d'introduction du soufre et la construction différente du condensateur. Il est impossible, sans dessins, de donner une description intelligible des détails de ces appareils ; mais nous tâcherons néanmoins de faire ressortir rapidement une ou deux de leurs dispositions les plus caractéristiques.

M. Péroncel (1), qui a introduit en France la fabrication de cette substance sur une large échelle, porte le coke au rouge dans un grand cylindre en fonte haut de 2 mètres et de 30 centimètres de diamètre, placé verticalement dans le four. Le tube pour l'introduction du soufre débouche presque au fond de ce cylindre. La partie supérieure du cylindre est en communication avec une tourie en terre cuite refroidie, dans laquelle se condense la majeure partie du bisulfure, qui coule dans un vase fermé placé au-dessous de la tourie ; les vapeurs non condensées sont conduites, par un tube adapté à la partie supérieure de la tourie, dans un serpentin réfrigérant où s'achève la condensation ; le serpentin aboutit également à un récipient clos. Cet appareil peut fournir environ 100 kilogrammes du bisulfure par jour. Le cylindre est très-rapidement attaqué et détruit par le soufre en vapeur. Il résiste rarement plus d'une semaine. L'emploi des cylindres en terre réfractaire, analogues à ceux des usines à gaz, peut donc être considéré comme un progrès important.

M. Gérard, de Grenelle (2), fait usage de cylindres en fonte hauts de 2 mètres, de section elliptique (les diamètres étant 1 mètre et 40 centimètres). Ils sont remplis de coke, et le soufre y est introduit au moyen d'un tube incliné passant par la paroi du four et aboutissant au fond des cylindres. La vapeur de soufre est ainsi obligée de passer par toute la masse de coke chauffé au rouge. Les vapeurs de bisulfure ainsi engendrées sont conduites dans un premier récipient où il s'en condense une quantité considérable ; les vapeurs non condensées se rendent dans un appareil réfrigérant composé de trois grands cylindres métalliques superposés et communiquant par des tubes. Le tout est entouré d'eau froide. Les vapeurs passent d'abord dans le cylindre inférieur, où il s'en condense une grande partie immédiatement ; le reste monte et se condense dans les cylindres supérieurs, coule dans le cylindre inférieur, et de là à travers un tube dans un récipient tout à fait clos.

Cet appareil fournit en vingt-quatre heures 200 litres de bisulfure de carbone brut, pesant 248 kilogrammes, avec une dépense de 41 kilogrammes de coke et 230 kilogrammes de soufre. La perte est d'environ 5 pour 100.

MM. Galy-Cazalat et Huillard ont pris en Angleterre un brevet (3) pour un autre appareil pouvant servir à la fabrication de très-grandes quantités de bisulfure de carbone. Il consiste en un grand four cylindrique divisé horizontalement en deux compartiments à peu près égaux au moyen d'une grille en terre réfractaire ; celle-ci porte le nom de calorifère, comme formant le réservoir principal de chaleur. La partie supérieure du four est voûtée et supporte une cheminée verticale peu élevée, qui peut être fermée exactement par un couvercle ou par un registre. Autour de la cheminée se trouve un réservoir annulaire dans lequel on place le soufre, qui est maintenu liquide par la chaleur perdue de la cheminée. De ce réservoir on peut faire couler à volonté le soufre dans la cheminée, au moyen d'un robinet. Au fond du compartiment inférieur se trouve latéralement une ouverture où aboutit le tuyau conduisant aux appareils condenseurs. On commence par allumer un feu de coke dans ce

(1) Peroncel, *Précis de chimie industrielle*, par A. Payen, 4e édition, 1859, I, 128.
(2) Gérard, *Précis de chimie industrielle*, par Payen, I. 128.
(3) Galy-Cazalat (Ant.) et Huillard (Ad.), patente : 31 juillet 1857, n° 2085.

compartiment inférieur, qu'on remplit graduellement de coke, lequel est remplacé à mesure qu'il se consume. On entretient la combustion jusqu'à ce que tout l'intérieur du four soit au rouge vif. On ferme alors toutes les ouvertures, et, au moyen de l'arrangement indiqué, on fait couler le soufre dans le four ; le soufre liquide tombant sur la grille en briques réfractaires s'y réduit instantanément en vapeurs qui descendent de haut en bas à travers la masse de coke incandescent ; les vapeurs du bisulfure ainsi engendrées se rendent de là aux condensateurs, où elles se liquéfient.

On peut encore obtenir le bisulfure de carbone en calcinant en vases clos des sulfures métalliques, comme ceux d'antimoine, de plomb, et les pyrites, intimement mélangés avec de la poussière de charbon.

Purification du bisulfure de carbone. — Toutes ces méthodes de préparation fournissent du bisulfure de carbone brut, c'est-à-dire contenant de l'hydrogène sulfuré et un excès de soufre.

On l'en débarrasse par rectification. M. Bonière (1) emploie pour cela une série d'appareils distillatoires chauffés au bain-marie et renfermant successivement des solutions de potasse caustique, de sels de plomb, de cuivre, de fer, etc. La vapeur de bisulfure, en les traversant successivement, y abandonne l'hydrogène sulfuré et d'autres substances étrangères, et se condense ensuite à l'état de pureté.

Propriétés du bisulfure de carbone. — Le bisulfure de carbone pur est un liquide incolore, très-fluide, plus lourd que l'eau. Sa densité = 1.272. Il est très-volatil, bouillant déjà à 46° C., et s'évapore rapidement à la température ordinaire, en produisant un grand froid. Son odeur est à la fois éthérée et alliacée, tandis que celle du bisulfure brut est extrêmement fétide, ayant de l'analogie avec l'odeur de choux pourris. Il est insoluble dans l'eau, mais miscible en toutes proportions avec l'alcool et l'éther. Il dissout le phosphore, le soufre, l'iode, les huiles, le camphre, les résines, les substances bitumineuses et aromatiques. Il est très-inflammable, brûlant avec une flamme bleue, et produisant de l'acide carbonique et de l'acide sulfureux ; sa vapeur, mélangée avec l'air, constitue un mélange explosif dangereux. Cette propriété, jointe à sa grande volatilité, nécessite des précautions minutieuses dans le maniement et l'emmagasinage du bisulfure de carbone. Les différentes opérations doivent être effectuées dans des bâtiments séparés et bien aérés. Ces précautions sont encore indispensables à cause de l'action lente, mais extrêmement pernicieuse que l'inhalation, longtemps continuée, des vapeurs de bisulfure exerce sur la santé des ouvriers, produisant de la faiblesse, de l'anémie et la perte de la mémoire.

On considère l'usage interne d'une solution de carbonate de fer dans de l'eau chargée d'acide carbonique comme un antidote contre ces effets délétères.

Applications du bisulfure de carbone. — Le bisulfure de carbone a reçu dans les arts un certain nombre d'applications, fondées presque toutes sur son pouvoir dissolvant. Un de ses premiers usages industriels a été pour la sulfuration ou la vulcanisation du caoutchouc d'après le procédé Parkes, perfectionné plus tard par MM. Péroncel et Gérard.

M. Gérard s'en est également servi avec avantage pour la préparation de caoutchouc ramolli en pâte qu'on interpose entre deux tissus pour la fabrication de surtouts et autres objets d'habillement imperméables. On en a également fait usage comme dissolvant de la gutta-percha.

Dans la fabrication du phosphore amorphe, les petites quantités de phosphore ordinaire qui auraient échappé à la transformation sont éliminées par un traitement au moyen de bisulfure de carbone, dans lequel ce dernier se dissout. (Voyez le chapitre sur le *Phosphore*.)

Le bisulfure de carbone peut remplacer avec avantage l'éther comme dissolvant de la quinine et de plusieurs autres alcaloïdes végétaux. (Squire.)

---

(1) Bonière, *Wagner's Jahresbericht*, 1860, p. 176

Une application importante du bisulfure introduite par M. Deiss (1), c'est l'extraction des matières grasses des tissus végétaux ou animaux.

Pour l'obtention de l'huile retenue dans les tourteaux d'olives et d'autres graines, ou dans la sciure de bois ayant servi à la filtration des huiles épurées, le bisulfure de carbone rend d'excellents services; il en est de même pour l'extraction des matières grasses retenues dans les parties spongieuses des os, du tissu cellulaire des moutons, bœufs, etc.

M. Deiss a déjà établi plusieurs usines importantes, l'une à Paris, une seconde à Bruxelles, et une troisième à Londres, pour l'extraction des matières grasses de résidus au moyen du sulfure de carbone. Dans ces usines, on traite environ 8,000 kilogrammes de résidus par jour, et la quantité de matière grasse ainsi récupérée s'élève déjà à 600 kilogrammes par jour (2).

En outre, M. Deiss a établi un quatrième établissement à Pise (sous la raison commerciale Daninos et Comp.), dans lequel il traite en quarante-huit heures pas moins de 35,000 kilogrammes d'olives déjà pressées, produisant dans chaque opération pas moins de 3,400 kilogrammes d'huile d'olive.

Les corps gras obtenus au moyen du bisulfure de carbone possèdent toutes les propriétés de ceux qu'on extrait par pression; cependant, d'après M. Deiss, ils sont, dans quelques cas, plus riches en stéarine.

C'est ainsi que l'huile qui, après plusieurs expressions, reste encore dans les tourteaux d'olives et qu'on en extrait ensuite par le bisulfure, est décidément plus riche en stéarine que l'huile d'olive ordinaire, et, en raison de cette circonstance, se prête plus avantageusement à la fabrication du savon.

M. Deiss a eu jusqu'ici à combattre des préventions contre l'emploi comme engrais des tourteaux ainsi épuisés ; des expériences faites en grand lui ont cependant prouvé que les tourteaux traités par le bisulfure ne sont pas moins efficaces que les tourteaux ordinaires.

Pour donner une idée de l'importance de cette extraction des matières grasses des résidus, nous mentionnerons que, d'après les calculs de M. Deiss, la quantité d'huile perdue annuellement à Marseille s'élève à 3 millions de kilogrammes, et qu'on peut évaluer au double ce qui se perd dans les départements du Calvados et du Nord.

Le sulfure de carbone peut encore être employé pour dissoudre le bitume et le soufre de certaines roches, dans lesquelles ils existent en trop petite quantité pour en être extraits par d'autres procédés, comme l'a proposé M. Moussu. Le pouvoir dissolvant de cet agent précieux peut également être utilisé, en place de la presse hydraulique, pour extraire des huiles essentielles et des principes aromatiques de semences. M. Millon en a même fait usage pour l'extraction et l'isolement du parfum des fleurs. D'excellents échantillons de parfums préparés d'après ce procédé ont été exposés par M. Piver. (France, 239.)

Mode d'application du bisulfure de carbone. — Des appareils d'extraction de diverses formes ont été inventés pour toutes ces applications.

Celui qui paraît susceptible d'être employé le plus généralement, est peut-être celui de M. Moussu (3). Son appareil consiste en un réservoir fermé pour le sulfure de carbone, surmonté d'un vase ou serpentin réfrigérant pour condenser les vapeurs de bisulfure après qu'il a opéré l'extraction de la matière soluble de la substance en traitement.

De ce réservoir, le bisulfure liquide est conduit par des tuyaux dans deux grands cylindres filtrants qui contiennent les pierres bitumineuses, les os, etc.; ces derniers sont placés sur un double fond percé de trous. Les cylindres sont fermés hermétiquement au moyen de couver-

(1) Deiss (E.), *Comptes-rendus*, XLII, 207. — *Rep. of Patent Inventions*, 1856, p. 431. — Pat. n° 390, fol. 14, 1856. — *Dingl. Journ.*, CXLVI, p. 433.

(2) *Mémoire adressé à MM. les membres du Jury international de l'Exposition universelle de Londres*, 1862.

(3) Moussu-Payen, *Précis de Chimie industrielle*, I, 135.

eles à la partie supérieure, et le bisulfure, arrivant par le bas, s'élève graduellement à travers les matières placées dans les cylindres, en extrayant les parties solubles, et finit par se déverser en haut par des tubes dans une chaudière chauffée à la vapeur et qui est en communication avec le réfrigérant que nous avons mentionné plus haut. Le bisulfure de carbone se réduit en vapeurs qui passent de la chaudière dans le serpentin réfrigérant, s'y condensent en liquide qui repasse une seconde fois par les cylindres, tandis que les huiles ou autres matières dont il avait opéré la dissolution, sont retenues dans la chaudière.

De cette manière, le même sulfure de carbone peut être employé indéfiniment sans perte sensible. M. Moussu, au moyen de cet appareil, parvient à extraire 12 pour 100 de bitume de roches, qui, par l'ancien procédé de distillation, n'en fournissent pas plus de 7 ou 8 pour 100. On peut se servir du même appareil pour l'extraction de l'huile des graines.

M. Seyferth (1) a cependant inventé pour cet usage une disposition spéciale, qui consiste en une série de cylindres renfermant les graines, communiquant l'un avec l'autre et avec un réservoir de sulfure de carbone, de manière que lorsque ce dernier est devenu saturé d'huile dans l'un de ces cylindres, il est déplacé par une portion non encore saturée venant d'un autre cylindre, et poussé dans un appareil distillatoire où le sulfure de carbone est volatilisé pour se rendre par un condensateur de nouveau dans le réservoir primitif, tandis que l'huile extraite reste dans l'appareil distillatoire. Ce n'est là, comme on le reconnaîtra facilement, qu'une application du système bien connu de la *lixiviation méthodique*.

On a remarqué que l'huile ainsi obtenue retient une légère saveur ou odeur de bisulfure de carbone, qu'on peut cependant lui enlever en l'agitant avec 10 pour 100 d'alcool. Cette dernière purification n'est cependant nullement nécessaire, lorsque l'huile est destinée à l'éclairage ou à la peinture, comme cela est le cas pour les huiles de colza, de lin, etc., ou si l'huile doit être plus tard épurée par l'acide sulfurique, le chlorure de chaux, le chromate de potasse, etc.

La quantité d'huile extraite par le bisulfure de carbone est supérieure de 40 à 50 pour 100 à celle obtenue par la méthode ordinaire d'expression, et les tourteaux sont de qualité nutritive supérieure, puisqu'ils conservent intacts tous les principes azotés de la graine. Mais il est bien évident qu'ils ne peuvent plus servir à l'engraissement.

Le sulfure de carbone, bien purifié par rectification et mélangé d'une petite quantité d'huile essentielle pour l'aromatiser et lui communiquer une odeur agréable, est un excellent détersif pour enlever dans les ménages des taches de graisse, d'huile, etc.

M. Bonière (2) a construit un appareil pour extraire, au moyen du bisulfure de carbone, les principes aromatiques actifs du poivre, des épices et d'autres substances employées comme condiments, tels que les ognons, l'ail, etc.

Les principes aromatiques sont ensuite utilisés pour en imprégner le sel de cuisine, la gomme, le lait, etc., constituant ce qu'on appelle les *épices solubles*.

Une des conditions essentielles que doivent remplir ces appareils, c'est de protéger les ouvriers contre les émanations du bisulfure, et d'en réduire la quantité nécessaire pour l'extraction à un minimum, en écartant en même temps presque toutes les chances de perte.

Les propriétés toxiques du bisulfure de carbone ont été utilisées pour la destruction d'insectes nuisibles. D'après M. Doyère (3), le grain des céréales peut en être facilement garanti ou débarrassé, en le conservant dans des réservoirs clos avec addition d'une petite quantité de bisulfure de carbone (2 grammes de CS^2 pour 100 kilogr. de grains). Le bisulfure de carbone fait périr non-seulement les insectes, mais encore leurs larves et leurs œufs. Le grain ainsi préservé perd toute trace d'odeur par l'exposition à l'air pendant très-peu de temps.

(1) Seyferth, *Bayerisches Kunst- und Gewerbeblatt*, 1857, p, 735. *Dingl. polytech. Journ.*, CXLVIII, 268. — Hannov. Mittheil, 1858, p. 25.

(2) Bonière, *Wagner's Jahresbericht*, VI, 1860, p. 446.

(3) Doyère, *Technologiste*, août 1857, p. 573.

L'une des plus curieuses applications du sulfure de carbone, dont il a été fait mention à l'occasion de l'Exposition de 1851 (1), c'est son emploi dans l'argenture galvanique : quelques gouttes de ce composé, ajoutées à la solution argentique, donnent un brillant très-vif en dépôt d'argent. Ce fait paraît avoir été découvert à la fois et indépendamment les uns des autres, par MM. Elkington et par M. Lyons de Birmingham. Le rapporteur n'a pu constater si ce procédé est encore suivi dans la pratique.

M. Seyfferth a également construit une machine à vapeur mise en mouvement par la vapeur du sulfure de carbone (2).

Quoiqu'il ne se soit écoulé qu'un temps comparativement assez court depuis que le bisulfure de carbone est devenu un agent industriel, cependant ses applications sont déjà aussi nombreuses qu'importantes. La carrière industrielle de ce corps si intéressant vient seulement de commencer, et il est probable qu'il est appelé à rendre encore bien des services importants dans les arts chimiques. Dans le chapitre traitant des sels ammoniacaux et des composés du cyanogène, nous avons décrit un nouveau procédé de fabrication de prussiate jaune de potasse récemment proposé, qui, s'il est confirmé par des expériences ultérieures, donnera une nouvelle impulsion à la fabrication du sulfure de carbone.

On trouvera peut-être une nouvelle application de ce composé dans la préparation des chlorures de carbone. En effet, en faisant passer simultanément les vapeurs de chlore et de bisulfure de carbone à travers un tube porté au rouge, il se forme du tétrachlorure de carbone, en même temps que du bichlorure de soufre.

$$CS^2 + 8\,Cl = CCl^4 + 2\,SCl^2.$$

Avec le tétrachlorure, on peut ensuite préparer le bichlorure et le protochlorure de carbone ; si jamais, ce qui n'est nullement impossible, ces composés devaient trouver des applications utiles, il en résultera pour le bisulfure de carbone, comme matière première de leur préparation, une augmentation de son importance.

Présence du bisulfure de carbone dans le gaz d'éclairage de la houille. — Le bisulfure de carbone se forme quelquefois dans des opérations où l'on se passerait très-volontiers de sa présence. Dans la fabrication du gaz de l'éclairage, se trouvent réalisées les conditions de formation du bisulfure, et, en effet, il constitue une impureté très-gênante et très-nuisible du gaz d'éclairage. On peut en constater la présence en faisant passer le gaz d'abord à travers une solution aqueuse de potasse, qui fixe l'acide sulfhydrique, et ensuite dans une solution de potasse alcoolique, qui absorbe le bisulfure de carbone en le convertissant en xanthate de potasse ; ce sel produit dans les solutions de sels cuivriques le précipité jaune très-caractéristique de xanthate de cuivre, et à l'ébullition avec des solutions de sels plombiques un précipité brun ou noir.

Un autre procédé beaucoup plus sensible pour démontrer dans le gaz de l'éclairage la présence du bisulfure de carbone, a été décrit, il y a quelque temps, par le rapporteur (3). Il consiste à faire passer le gaz à travers une solution éthérée de triéthylphosphine, qui forme, avec le sulfure de carbone, une combinaison cristalline très-caractéristique se présentant sous forme de magnifiques prismes d'un rouge rubis.

La séparation complète du sulfure de carbone et du gaz de l'éclairage est un problème qui n'a pas encore reçu une solution tout à fait satisfaisante. Tandis qu'il est très-facile de se débarrasser de l'hydrogène sulfuré au moyen du peroxyde de fer (voyez le chapitre sur l'*acide sulfurique*), au point que le gaz de Londres n'en renferme jamais, ou tout au plus des traces à peine appréciables ; par contre, ce gaz contient toujours du sulfure de carbone, dont la proportion de soufre, d'après des expériences faites en 1859 et 1860 par le rapporteur (4),

(1) *Rapport des Jurys*, p. 38.
(2) Seyferth, loc. cit., p. 92.
(3) Hofmann, *Chem. Soc. Qu. J.*, XIII, p. 87.
(4) Hofmann, *ibid.*, p. 85.

s'élève de 17 gr. 25 — 22 gr. 754 par 100 mètres cubes (7.54 à 9.94 grains dans 100 pieds cubes).

Or, ce soufre, en brûlant, produit de l'acide sulfureux qui non-seulement possède une odeur désagréable, mais exerce, en outre, une action destructive sur les différents articles de décoration artistique,. les reliures des livres, etc.

Si l'on parvenait à éliminer complétement ces composés sulfurés, on écarterait l'objection principale contre l'usage du gaz de l'éclairage dans les maisons privées.

Un grand nombre de procédés ont été proposés pour l'élimination du sulfure de carbone du gaz d'éclairage ; mais aucun n'a été employé avec un succès complet. M. W. R. Bowditch (1) a essayé d'arriver au but désiré, en faisant passer le gaz impur à travers de la chaux caustique chauffée à 280-320° centigrades, qui devait transformer le sulfure de carbone en hydrogène sulfuré et en acide carbonique qu'on éliminait ensuite, soit par la chaux hydratée, soit par d'autres moyens.

Le résultat d'expériences entreprises à cet égard par le rapporteur a été que, par ce procédé, la proportion de soufre est à la vérité notablement diminuée, mais que le gaz en retient toujours encore une faible quantité.

Le docteur A. Smith a proposé d'atteindre le même but, en faisant passer le gaz de l'éclairage à travers de la sciure de bois, imprégnée d'une solution d'oxyde de plomb dans la soude caustique.

D'après M. James Young, ce procédé a été appliqué avec un succès complet dans les usines à gaz de Littleborough.

Des spécimens de bisulfure de carbone ont été exposés dans différents départements de l'Exposition, mais un seul exposant (M. Deiss) a reçu la distinction d'une médaille exclusivement pour le bisulfure de carbone et ses applications.

SUR L'INDUSTRIE DES ACIDES GRAS.

Par M. J.-S. Stas,
Professeur de chimie à l'École militaire, etc.

—

(Extrait des rapports belges sur l'Exposition universelle de Londres en 1862.)

Comme nous avons déjà eu occasion de le faire remarquer, et comme l'a aussi constaté avec tant d'autorité M. Hofmann, M. Stas occupe, parmi les rapporteurs des Expositions universelles, un des premiers rangs. Ses rapports sont rédigés de main de maître et méritent d'être étudiés avec une attention toute particulière ; les procédés et les conditions économiques des industries y sont examinés et jugés au point de vue scientifique avec tant de clarté, de méthode et de sagacité, qu'il devient très-facile d'en apprécier ensuite d'une manière exacte la valeur comparative, d'autant plus que les jugements portés par M. Stas sont souvent appuyés et confirmés par des expériences originales extrêmement instructives. Pour les manufacturiers, ses rapports sont un guide des plus sûrs pour le perfectionnement de leur industrie, et à ce point de vue nous croyons entreprendre une chose utile en contribuant à faire connaître davantage en France les remarquables publications de cet éminent chimiste.

E. Kopp.

1° Fabrication des acides gras par la saponification calcaire ordinaire.

A l'Exposition de Londres, sur 100 exposants de bougies, 61 avaient encore employé la

---

(1) Bowditch, *Proceedings of the Royal Society*, XI, p. 2.

saponification calcaire ordinaire. Elle est encore généralement pratiquée en France, en Autriche et en Italie; mais en Angleterre, en Belgique, en Hollande et en Suède elle est presque entièrement abandonnée. Aucune modification au procédé bien connu n'a été révélée. Ses avantages et ses inconvénients sont parfaitement constatés. Son emploi est certain et facile, et il donne des produits excellents, mais il exige *l'emploi exclusif* de matières premières d'un prix élevé, il est d'une exécution coûteuse et d'un rendement relativement très-inférieur. M. Stas n'hésite pas à proclamer que les usines dans lesquelles on continue à pratiquer ce procédé *doivent succomber dans un avenir très-prochain*, par suite de la concurrence des produits plus économiquement fabriqués.

2° Fabrication des acides gras par la saponification alcaline du suif, à haute pression,
avec réduction de la quantité de chaux employée.

Ce procédé, dû à M. de Milly, présente de grands avantages, en ce sens, qu'il réalise une économie de 75 pour 100 sur la quantité d'acide sulfurique nécessaire à la composition du savon calcaire. Mais il est entaché des inconvénients inhérents au procédé de la saponification calcaire, savoir, de nécessiter l'emploi exclusif de matières premières de qualité supérieure et de donner un rendement beaucoup moins élevé en acides solides que le procédé de la saponification sulfurique modifiée ou même ordinaire. A l'origine M. de Milly employait pour 1000 kilogrammes de suif., 300 litres d'eau contenant 40 kilogrammes de chaux vive, la plus pure possible.

Le mélange, introduit dans un autoclave convenable, était porté à la température de 150 à 155 degrés à l'aide d'un jet de vapeur émané d'une chaudière, et maintenu dans cet état pendant huit à dix heures consécutives. M. de Milly a successivement réduit la quantité de chaux à 33 et même 25 pour 1000 de suif, mais il a élevé en même temps la température usqu'à 170 à 180 degrés, continuée pendant huit heures. (Des détails plus circonstanciés sur ce procédé se trouvent insérés dans les *Annales du Conservatoire des arts et métiers.*)

3° Fabrication des acides gras par la saponification aqueuse à haute pression
et à une température élevée.

M. Richard Tilghmann a indiqué le premier une méthode pour opérer la saponification du suif ou de l'huile de palme par la seule intervention de l'eau et de la chaleur. Mais les procédés décrits dans ses brevets, ont échoué entre les mains de tous les autres fabricants.

En Autriche, il se trouve par contre dans l'usine de M. Sarg, à Liesing-lez-Vienne, plusieurs autoclaves de MM. Wright et Fouché, dans lesquels on saponifie 10 quintaux de suif à la fois, à l'aide de l'eau et d'une température de 200 degrés environ (15 atmosphères de pression).

Dans les usines de la Société d'Apollon, à Vienne, il fonctionne également des autoclaves chauffés à une température de 180 à 190 degrés (10 à 12 atmosphères), où la saponification du suif s'accomplit, soit par la seule intervention de l'eau et de la chaleur, soit avec l'adjonction de 1 à 1 ¼ pour 100 de chaux.

Le système d'appareil de MM. Wright et Fouché consiste en deux forts cylindres terminés à chaque bout par une calotte hémisphérique, et ayant l'un et l'autre 2 mètres de hauteur sur 0ᵐ80 de diamètre. Ces deux cylindres, placés verticalement l'un au-dessus de l'autre et séparés par un intervalle de 2 mètres, sont en communication à l'aide de gros tubes en S, de telle manière que les bas et les hauts des cylindres sont réciproquement en communication.

L'appareil est muni de soupapes de sûreté, manomètre et d'ajutages pour le remplissage et la vidange des matières.

Le cylindre inférieur placé dans une maçonnerie est chauffé directement, et la température s'équilibre dans les deux cylindres par la circulation continuelle qui s'accomplit dans leur intérieur.

On chauffe à 180 à 190 degrés environ pendant dix heures.

Un appareil semblable, construit d'après les indications de M. le professeur Melsens, a fonctionné en 1856 à Anvers, dans l'usine de MM. de Roubaix et Oudenkoven. Mais après avoir marché pendant une année, il fut abandonné à cause de la difficulté de le conduire et des accidents qui naissaient des fuites fréquentes d'un autoclave chauffé à 10 jusqu'à 12 atmosphères.

Les acides gras obtenus dans cet appareil étaient irréprochables sous tous les rapports.

Mais pour leur donner ces qualités, on était obligé d'ajouter à l'eau 1 à 2 pour 100 d'*acide sulfurique*.

Sans cette addition, les liquides produits n'avaient point l'aspect cristallin, se pressaient mal et conservaient un toucher gras, au lieu du toucher sec, caractéristique des acides gras dépouillés absolument des corps gras neutres (On observe dans les usines qu'en faisant bouillir pendant quelques heures de l'eau contenant 10 à 15 pour 100 d'acide sulfurique avec des acides gras dépourvus de la faculté de cristalliser, ceux-ci acquièrent cette propriété et se laissent facilement presser après cette opération.)

M. Melsens avait déjà constaté, en 1854, que la présence d'une très-petite quantité d'acide favorisait singulièrement la production des acides gras.

Mais l'intervention de l'acide sulfurique nécessite l'emploi d'autoclaves doublés de plomb. Or, le réservoir intérieur de plomb est très-sujet à se déformer et même à se déchirer, et l'enveloppe extérieure est ainsi exposée aux atteintes du liquide acide, grave inconvénient, à cause du danger pour ceux chargés de faire fonctionner l'appareil.

Le nouveau procédé de M. de Milly, qui n'est au fond que la saponification aqueuse, effectuée sous l'intervention de 1 ½ à 3 pour 100 de chaux, produit des acides gras renfermant nécessairement des savons calcaires. Pour pouvoir être pressé, le produit saponifié exige donc un traitement à l'acide sulfurique, ce qui est un désavantage, mais qui est très-bien compensé par la possibilité d'exécuter la saponification dans un autoclave unique en cuivre rouge.

Tant qu'on n'aura pas trouvé le moyen de garantir contre les déformations et les déchirures des autoclaves doublés de plomb, ou qu'on ne sera pas parvenu à faire réagir l'eau acidulée d'acide sulfurique dans un autoclave unique formé d'un métal inattaquable aux acides, le procédé de la saponification aqueuse de M. de Milly sera, quoique moins économique, plus favorable au point de vue pratique, que la méthode de la saponification aqueuse, telle que M. de Melsens l'a établie.

4° Fabrication des acides gras par la saponification sulfurique suivie de la distillation.

A l'exposition de Paris en 1855, sur 61 exposants d'acides gras, il n'y avait qu'un seul (*Price's patent Candle C*ᵉ), qui employât exclusivement la saponification sulfurique suivie de la distillation ; 16 exposants la pratiquaient concurremment avec la saponification calcaire. A l'exposition de Londres en 1862, sur 100 exposants, 40 fabriquaient exclusivement leurs acides gras à l'aide de la saponification sulfurique, et 7 seulement s'en servaient concurremment avec la saponification calcaire.

Ce sont MM. G. Gwynne, G. Wilson et W. Colley Jones qui ont introduit la saponification sulfurique, suivie de la distillation dans l'industrie stéarique. Dans l'origine on versait graduellement, dans le corps gras préalablement fondu, 37 pour 100 de son poids d'acide sulfurique à 66°, on élevait lentement la température du mélange à 86° — 92°. et on l'y maintenait pendant 24 et même 36 heures. L'emploi d'un pareil excès d'acide sulfurique et d'une chaleur si longtemps continuée, entraînait la destruction de ⅕ des éléments du corps gras: cette destruction portait notamment sur toute la glycérine, sur 12-15 pour 100 d'acide oléique, enfin sur une certaine quantité d'acides gras solides. La majeure partie des matières altérées se séparait sous forme de goudron noir, qui primitivement était tout à fait perdu.

Pour éviter cette perte, on a successivement diminué la quantité d'acide sulfurique, en tenant toutefois compte de la nature des corps gras, qui sont les uns plus, les autres moins attaquables par l'acide.

La dose de ce dernier a été successivement abaissée à

15 pour 100 pour un mélange de suif et beurre de palme. (Usine de MM. Moinier et Jaillon en 1855.)

10 pour 100 pour le beurre de palme. (Usine de M. de Milly, à La Chapelle, près Paris.)

7.5 pour 100 pour un mélange de suif et d'huile de palme. (M. Motard, à Berlin.)

5.5 pour 100 pour un mélange de suif et de palme ou de palme seulement. (*Price's patent Candle C*, *à Battersea, près Londres*).

A mesure qu'on économisait l'acide, on élevait la température du mélange; on l'a portée successivement à 100°, 105°, 110° et enfin à 115° centigrades. La quantité de goudron a diminué, mais non dans le rapport de la réduction de la dose d'acide sulfurique.

Les fabricants ne sont d'ailleurs pas d'accord ni sur les proportions de déchets, ni sur les rendements en acides gras bruts, distillés et solides.

En opérant sur un mélange de suif et de palme, les uns accusent 13 à 14 pour 100, d'autres jusqu'à 18 pour 100 de matière goudronneuse; les uns 85 pour 100 d'acides gras bruts, d'autres 88, fournissant 77 à 82 d'acides distillés pour 100 de matière grasse neutre mise en opération.

Pour élucider ces questions, M. Stas a fait exécuter dans une usine, avec tous les soins possibles, l'expérience suivante :

1,500 kilogr. de suif bien épuré, bien déshydraté, dont le point de solidification était à 32°, introduits dans une chaudière en cuivre rouge et chauffés à 105° par la vapeur circulant dans une double enveloppe, furent additionnés de 240 kilogr. d'acide sulfurique à 42° Baumé, représentant 8 pour 100 d'acide à 66° Baumé. Le mélange, continuellement mis en mouvement à l'aide d'un agitateur mécanique, fut maintenu pendant 10 heures à une température intermédiaire entre 105 et 110°. Pendant tout ce temps, il y eut à peine coloration et dégagement de traces d'acide sulfureux.

La température ayant ensuite été élevée pendant 16 heures à 115°-118°, l'acide sulfurique se concentrant, tant par évaporation que par la fixation des éléments de l'eau sur la matière grasse, le corps gras, déjà en partie saponifié, se colora fortement avec dégagement très-prononcé d'acide sulfureux et d'acroléine.

La matière abandonnée au repos, pour laisser parfaitement déposer le goudron, fut reçue dans la moitié de son volume d'eau bouillante et entretenue à 100° pendant 3 heures, par un jet de vapeur, qui produisit encore un dégagement considérable d'acide sulfureux et d'une odeur de corps gras brûlé.

Abandonnée de nouveau au repos, elle fut décantée de l'eau acide, qui s'en était séparée, entraînant une nouvelle quantité de matière goudronneuse. Les acides gras étaient noirs, mais transparents ; ils furent soumis à de nouveaux traitements à l'eau et à la vapeur jusqu'à neutralité sensible des eaux de lavage. Après avoir été chauffés à 150°, ils pesaient 1305 kilogr. = 87 pour 100 du suif employé.

Les goudrons réunis furent lavés complétement à l'eau bouillante, séchés et mêlés à la température de 100° dans la chaudière même, avec 4 fois leur poids de sciure de bois préalablement traitée au naphte de schiste. Le mélange, introduit dans un appareil de déplacement en plomb, fut ensuite épuisé de toute matière soluble par du naphte pur.

Le résidu de l'évaporation de la solution fournit 37 kilogr. 5 de matière noire, fusible à 46° 5, ce qui porte le poids total des acides gras bruts produits par 1500 kilogr. de suif à 1342.5 kilogr. ou 89.5 pour 100.

Ces acides gras noirs, très-cristallins, dont le point de solidification était de 42°.8 à 43°, furent soumis à la distillation à la vapeur à une température comprise entre 225° et 240°; ils produisirent 1264.5 kilogr. d'acides gras très-cristallins, dont le point de solidification était 42° - 42°.5.

Pendant tout le temps de la distillation, le volume de l'eau par rapport au volume de l'acide gras, fut comme 6.55 est à 1. Dans les usines le rapport est presque toujours comme 2 : 1 ou même 3 : 2 et 1 : 1, parce que dans la plupart des ateliers la température s'élève entre 290° et 325°. On avait distillé à dessein à une plus basse température, pour être certain de ne pas altérer les acides gras.

Ces 1254.5 kilogr. d'acides distillés représentent donc un rendement de 94 pour 100 d'acides gras et un rendement de 84.3 pour 100 de matière première. La distillation provoque donc une perte de 6 pour 100 du corps gras acidifié, et comme on ne peut pas opérer industriellement avec tant de précautions, cette perte doit être considérée comme un minimum et le rendement de 84.3 comme un maximum.

Ce rendement constitue néanmoins une perte de 12.3 pour 100, puisqu'il est connu que 100 de suif produisent 95.8 à 96 pour 100 de mélange d'acides gras par saponification alcaline ou aqueuse.

Cette perte qui dans l'expérience représente $^1/_8$ du suif employé et qui dans certaines usines s'élève à $^1/_6$ et même à $^1/_5$, provient de l'action destructive de l'acide sulfurique sur les acides gras, et surtout sur l'acide oléïque.

C'est là l'origine du nouveau mode d'opérer la saponification sulfurique.

5° Saponification sulfurique des corps gras, dite instantanée.

M. Knab est le premier qui ait remis à profit les faits publiés par MM. Braconnot, Chevreul et Fremy sur la saponification des corps gras par simple contact avec l'acide sulfurique concentré. Déjà en 1855 on opérait dans quelques usines d'après son principe, en mélangeant dans une chaudière à bascule 60-80 kilogr. de corps gras neutres avec environ 30 pour 100 d'acide sulfurique concentré, les deux chauffés d'avance à 90° et versant le mélange après 4 minutes de réaction dans l'eau bouillante.

La proportion d'acide sulfurique a été diminuée successivement de 50 pour 100 (Knab), à 30 pour 100 (Petit et Lemouet, à Paris); 15 pour 100 (de Milly, pour la saponification du palme seul); 10 - 12 pour 100 (de Roubaix et Oudenkoven, à Anvers), et même à 3.75 - 4 pour 100 chez MM. de Roubaix-Jenar et Janssens et Cᵉ, à Cureghem-lez-Bruxelles.

En employant 30 pour 100 d'acide sulfurique, la température des matières réagissantes doit être au plus de 80° et le temps à peine suffisant pour les mettre en contact.

En employant 10 pour 100 d'acide, le contact doit se prolonger pendant 1 $^1/_2$ à 2 minutes et la température doit être de 100° au moins.

Le poids des acides gras bruts ainsi obtenus est de 94 pour 100 et le rendement en acides distillés est de 89 environ.

Chez MM. de Roubaix-Jenar et Janssens, on opère de la manière suivante :

Les 3.75 à 4 pour 100 d'acide sulfurique préalablement chauffés à 100° sont ajoutés très-lentement à un mélange à poids égaux environ de suif et de beurre de palme, chauffé à 110°-115°, et qui est agité pendant 10-12 minutes, temps que dure la réaction.

L'acidification accomplie, la matière, dont s'est séparé 1.75 à 2 pour 100 de substance poisseuse contenant de l'acide sulfurique et une certaine quantité d'acides gras solides, est reçue dans un volume d'eau bouillante égal au tiers du volume du corps gras. Ce mélange est entretenu en ébullition pendant deux heures pour décomposer les acides sulfo-gras produits et saponifier les matières neutres qui ont échappé dans la première opération.

Les acides gras sont lavés ensuite à l'eau bouillante; abandonnés au repos, ils déposent encore une très petite quantité de goudron. Ils se présentent avec une couleur d'ambre-jaune foncé, très-légèrement teintée de noir.

Le rendement accusé par MM. de Roubaix-Jenar et Janssens est de 90 à 91 et même de 92 d'acides distillés par 100 de matière de première qualité, en tenant compte, bien entendu, des acides gras retenus dans les goudrons et qu'on a séparés par le sulfure de carbone.

Ces résultats et rendements ayant été contestés par beaucoup d'industriels, entre autres par MM. de Milly et Motard, qui n'admettaient pas la possibilité d'opérer la saponification sulfurique en employant moins de 7.5 à 7 pour 100 d'acide sulfurique à 66° Baumé, M. Stas a soumis à un examen rigoureux toutes les questions qui se rattachent à la saponification sulfurique.

En opérant sur les corps gras neutres, tels que les suifs de bœuf et de mouton, graisse de cheval, beurre de palme, il a constaté que le simple contact de l'acide sulfurique porté à 80°-100° ne suffit pas pour transformer ces substances en acides gras; en employant 28 pour 100 d'acide, $1/_5$ au plus et $1/_6$ au moins échappe à son action. Mais en laissant bouillir pendant 5-6 heures, la matière grasse incomplétement acidifiée avec une très-petite quantité d'eau, une nouvelle quantité de matière grasse s'acidifie sous l'influence de l'acide sulfurique dilué et de la chaleur, et on peut ainsi obtenir aisément l'acidification des $^{93}/_{100}$ de la matière grasse employée.

C'est le beurre de palme qui s'acidifie le plus facilement et les suifs le plus difficilement. L'addition de l'huile de palme au suif paraît faciliter singulièrement la saponification sulfurique de ce dernier. La saponification des corps gras par l'acide sulfurique concentré n'est point possible sans déchet sur la matière grasse, et la quantité de substance organique détruite est en rapport avec la dose de l'acide et la température. Lorsque celle-ci ne dépasse pas 80°, la matière altérée reste en solution dans le corps gras; c'est une substance élastique ne fournissant plus des acides gras par la saponification alcaline. Lorsqu'on a dépassé 100°, elle s'en sépare sous forme de goudron plus ou moins dur, entraînant avec lui des acides gras solides, que les dissolvants, tels que le naphte et le sulfure de carbone, enlèvent aisément. La graisse du cheval éprouve le plus promptement l'action destructive de l'acide sulfurique.

M. Stas, voulant déterminer le rendement maximum obtenu par la saponification sulfurique, a cherché à procéder à l'acidification au moyen de l'acide sulfurique dilué.

Ayant recherché quelle est la concentration et la dose de l'acide, capable de produire, vers la température de 110° environ et dans le temps le plus court, la saponification sans déchet du suif et du beurre de palme, il trouva que l'acide, d'un poids spécifique de 1.38, soit 40° Baumé, peut remplir cette condition, pourvu qu'on empêche, pendant la réaction, l'évaporation de l'eau.

En employant de 12.5 à 10 pour 100 de cet acide représentant 6 à 4.8 d'acide à 66 degrés, et prolongeant l'action pendant six à huit heures à une température de 110 à 115 degrés l'acidification des 7/8 de la matière grasse a lieu avec production totale d'un dépôt s'élevant à 3.5 pour 100, mais auquel les dissolvants enlèvent, après le lavage à l'eau bouillante, le quart de son poids d'acides gras solides.

On a fait dans l'usine les deux déterminations de rendement suivantes :

On a pris un mélange de 1000 kilog. suif épuré, se solidifiant à 31°.8, et 1000 kilog. beurre de palme épuré dont le point de solidification était à 34 degrés. A la moitié de ce mélange on a ajouté 12.5 pour 100 d'acide sulfurique à 40 degrés, représentant 6 pour 100 d'acide à 66 degrés, et à l'autre moitié, 10 pour 100 d'acide à 40 degrés, représentant 4.8 pour 100 d'acide à 66 degrés.

Le premier mélange a été chauffé à 110 degrés pendant six heures, et le second à 115 degrés pendant huit heures.

Les acides gras fortement brunis ont été reçus dans le tiers de leur volume d'eau bouillante et le mélange a été entretenu en ébullition pendant deux heures. Les acides gras ont été ensuite parfaitement lavés.

Le premier mélange a donné 17 kilog., et le second 18.5 kilog. de goudrons, qui, lavés et traités au naphte ont cédé chacun 3 kilog. environ d'acides gras noirsqui ont été ajoutés à la masse.

Les acides gras refroidis étaient bien cristallins, noirâtres : soumis à la distillation entre 225 et 250 degrés, ils ont fourni pour le premier mélange 90 kilog., et pour le second 917 kilog. d'acides gras, dont les 4/5 étaient absolument blancs, et le cinquième restant très-légèrement jaunâtre.

Le rapport du volume d'eau condensé à celui d·s acides a été en moyenne, comme 6.5 : 1

Comme ce même mélange fournit 35.6 d'acide gras par la saponification alcaline, il résulte de ces deux essais industriels, que la saponification sulfurique, suivie de la distillation, peut s'effectuer sans occasionner une perte supérieure à 5 pour 100.

MM. de Roubaix et Oudenkoven, à Anvers, ont trouvé que 10 pour 100 d'acide à 60 degrés, représentant 7.7 d'acide à 66, maintenus en contact pendant une demi-heure, suffisent pour opérer l'acidification, surtout si on a soin de tenir les acides gras au contact de l'eau bouillante pendant dix heures.

Ils ont obtenu ainsi, pour 100 de graisse, 94 d'acides gras bruts.

A quelle cause doit-on attribuer la perte constatée de 5 pour 100.

On peut l'attribuer, soit au système de saponification, soit à la distillation elle-même, soit aux deux opérations réunies.

Pour résoudre cette question, M. Stas a fait soumettre à la distillation, en employant toutes les précautions imaginables, les acides gras tout formés. qui interviennent dans la fabrication des bougies.

1° Acides de la saponification alcaline du suif.

Point de solidification du suif, 32 degrés, des acides 41 degrés.

1000 kilog. d'acides gras ont fourni 946 kilog. d'acides distillés, fusibles à 42°.5, perte 5.4 pour 100.

2° Acide oléïque de la saponification alcaline du suif.

1000 kilog. ont fourni 942 d'acide oléïque distillée. Perte 5.8 pour 100.

3° Acides gras de la saponification alcaline de l'huile de colza.

1000 kilog. ont fourni 954 d'acides distillés. Perte 4.6 pour 100.

4° Acides gras de la saponification alcaline du beurre de palme.

Point de solidification du beurre avant a saponification 34°; après, 43°.5-44°.

1000 kilog. ont fourni 958 kilog. d'acides distillés, fusibles à 44°-45°. Perte 4-2 pour 100.

5° Acides gras pressés, provenant de la saponification sulfurique et de la distillation du suif.

Point de solidification des acides 51°5.

1000 kilog. ont fourni 992 kilog. d'acides redistillés, fusibles à 51°.3. Perte 6.8 pour 100.

6° Acide oléïque distillée.

1,000 kilog. de cet acide ont fourni 989 kilog. d'acide liquide redistillée. Perte 1.1 pour 100.

Si l'on excepte les acides déjà soumis à la distillation et qui peuvent être redistillés presque sans déchet, on voit, contrairement à ce qui est généralement admis, que tous les acides gras bruts utilisés par l'industrie stéarique, perdent par la distillation en moyenne 5 p. 100.

D'ailleurs, l'examen des produits condensés démontre que ceux-ci éprouvent une légère altération en se vaporisant.

En effet, quelque soin que l'on prenne, le dernier cinquième de la matière distillée est toujours légèrement coloré en jaune, et d'autant plus que le mélange d'acides gras distillés renferme une plus forte quantité d'acide gras liquide.

6° De la température la plus convenable pour la distillation industrielle des acides gras.

M. Stas recommande de pratiquer cette opération à une température plus basse que celle généralement appliquée.

Dans un courant de vapeur d'eau divisée, les acides margarique et palmique passent à la distillation vers 170°-180°.

L'acide oléïque exige 200 degrés, et l'acide stéarique 230 degrés; dans ce cas, le rapport du volume de l'eau à celui de l'acide est ∷ 7 : 1.

A mesure que la température s'élève, la volatilité des acides gras augmente; vers 250°-260°, ce rapport est déjà ∷ 3 ou 4 : 1; 290° ∷ 2 : 1, et à 325°-350 ∷ 1 : 1.

Aussi longtemps que la température est comprise dans la limite de 220°-240°, les 4/5 des acides gras distillés sont toujours incolores; quand la température dépasse 260°, l'acide liquide commence à se colorer, dès ce début de la distillation; vers 290° la coloration est très-sensible, et à 320°-335° la coloration est d'un jaune brun.

De plus, vers 300 degrés les acides gras, et notamment les acides oléïque et stéarique, sont altérés par la chaleur.

Il se produit, aux dépens de l'acide oléïque, des hydrocarbures et des matières colorantes qui communiquent aux acides distillés la propriété dichroïque bien connue, et les rendent infects.

Pour purifier ces acides, on est obligé de les soumettre longtemps à un traitement à la vapeur d'eau, qui entraîne les hydrocarbures, avec une perte de 5 et même 10 pour 100, ou de redistiller l'acide oléïque.

Quelle est la cause qui force souvent les industriels à appliquer une température trop élevée pour pouvoir achever la distillation? Cette cause est presque toujours l'imperfection de la saponification qui laisse dans les acides gras 25 à 30 pour 100 de matière grasse neutre.

Comme l'ont démontré M. Dubrunfault et G. Wilson, les corps gras neutres ne se saponifient et ne distillent dans un courant de vapeur d'eau qu'à 290 degrés environ, s'il s'agit de beurre de palme, et à 315°-320° pour le suif; mais à cette température l'acide oléïque et la glycérine se détruisent avec formation d'hydrocarbures et d'acroléïne.

Pour obvier aux inconvénients signalés, il faut donc, ou *perfectionner le système de saponification, ou arrêter la distillation au moment où l'acroléïne apparaît,* et soumettre la matière grasse restée dans l'alambic à une nouvelle saponification.

M. Stas pense que l'acide oléïque et probablement aussi l'acide stéarique ne peuvent passer à la distillation sans se modifier profondément; il ne croit pas à leur volatilité intégrale.

On sait d'ailleurs depuis longtemps que l'acide oléïque distillé ne fournit plus d'acide solide (acide élaïdique), ni sous l'influence des vapeurs nitreuses, ni sous celle du nitrate de mercure chargé de vapeurs nitreuses, ni par l'acide sulfureux.

Cependant, d'après MM. de Roubaix et Oudenkoven, il est capable de produire une grande quantité d'acides gras solides par un traitement à l'acide sulfurique concentré.

En effet, si l'on examine l'acide oléïque distillé, on y trouve des acides gras solides qui n'y préexistaient point avant sa volatilisation. De même les produits de la distillation de la saponification sulfurique du suif contiennent des acides gras solides, qui, dépouillés intégralement d'acide liquide par un traitement à l'éther de leur sel de plomb, ont un point de solidification ne dépassant guère de 28 à 30 degrés centigrades. Jamais aucun expérimentateur n'a signalé dans le suif un acide solide d'un point de solidification aussi bas, et ce sujet, qui intéresse si vivement l'industrie stéarique, mériterait d'être élucidé par des travaux exacts.

7° Des acides gras bruts provenant de la saponification sulfurique.

Les acides sont ordinairement colorés en noir, mais à structure cristalline, lamellaire, conditions favorables pour céder, par la pression à froid et à chaud, l'acide liquide qu'ils contiennent.

M. Stas émet l'opinion (à vérifier par la pratique), qu'il serait avantageux d'opérer ainsi, c'est-à-dire, d'effectuer la séparation la plus complète possible des acides solides et des acides liquides, et de les soumettre ensuite séparément à la distillation, surtout lorsqu'on a pour but, d'un côté d'obtenir des acides d'un point de solidification très-élevé, applicables aux bougies de qualité supérieure, et qu'on peut faire passer dans des bougies de qualités inférieures, des acides solides d'un point de fusion relativement bas.

Dans l'usine de Battersea, M. Wilson fait soumettre à une pression énergique à froid certains acides noirs, et il distille ensuite à part les produits solides et liquides séparés. Les acides solides, ainsi obtenus, sont, après un léger lavage à l'eau acidulée par l'acide sulfurique, coulés en bougies. Quelquefois ils sont convertis en *bougies composites*, après avoir été mélangés d'une certaine quantité de beurre de coco ou de palme blanchi pressé. Il semble probable que les acides solides, d'un point de solidification peu élevé, qui se produisent dans le procédé de la saponification sulfurique suivie de la distillation, prennent leur source dans l'acide oléique, et qu'une partie de ces acides, peut-être même la totalité, prend naissance dans les modifications qu'il subit lors de l'acte de la distillation.

8° Fabrication des acides gras par la saponification aqueuse combinée avec la distillation ;
glycérine.

Ce système de saponification, dû à M. G. Wilson, n'est applicable qu'au beurre de palme, et son usage doit être évidemment restreint à l'emploi exclusif de l'acide palmitique et de la glycérine pure. Il consiste à chauffer la matière grasse dans un appareil distillatoire à une température comprise entre 290 et 315 degrés, et d'y faire passer, par barbotage, de la vapeur d'eau surchauffée à la température de 315 degrés. Au-dessous de 290 degrés, la saponification et la distillation des produits sont fort lentes ; au-dessus de 315 degrés la distillation est plus rapide, mais dans ce cas il y a décomposition de glycérine et production d'acroléine.

Presque toutes les glycérines exposées à Londres en 1862, à deux ou trois exceptions près, contenaient des impuretés, telles que sels de chaux, chlorures, traces de plomb et de cuivre, ainsi que des matières colorantes et odorantes. Tant que la glycérine n'est pas destinée à l'usage médicinal, la présence de ces matières étrangères est assez indifférente ; mais depuis son emploi comme excipient dans une foule de matières médicamenteuses, depuis qu'elle a été même administrée pour l'usage interne, la fabrication économique, et par conséquent en grand, devenait indispensable. C'est ce problème que M. Wilson a résolu d'une manière fort ingénieuse.

La solution diluée de glycérine, qu'il obtient par la saponification aqueuse suivie de la distillation de l'huile de palme, il la concentre à l'air libre, en la chauffant jusqu'à 150 à 155 degrés, à l'aide de la vapeur portée à 5 atmosphères, circulant dans un tube contourné en spirale et terminant par un retour d'eau.

Lorsque la solution commence à émettre des vapeurs sensibles de glycérine, on l'introduit dans un appareil distillatoire, chauffé à l'aide d'un bain d'air à la température de 280 à 290 degrés, et on procède à sa volatilisation en y faisant passer un courant de vapeur d'eau chauffée à la même température.

Dans ces conditions, la glycérine se vaporise sans altération.

Dans l'usine de Battersea, ces vapeurs sont condensées à l'aide d'un réfrigérant à air libre, qui consiste en un tuyau métallique de 8 à 15 centimètres de diamètre, suivant les dimensions de la chaudière distillatoire, recourbé de huit à dix fois sur lui-même, et terminé par un réfrigérant à eau ordinaire.

Au bas de chaque courbure du tube se trouve un trop plein qui déverse continuellement, dans des récipients placés au-dessous, les liquides provenant de la condensation des vapeurs circulant dans le tube. La glycérine étant plus facilement condensable que l'eau, on conçoit qu'à mesure qu'on s'éloigne de la source d'où émanent les vapeurs, les tubes réfrigérants, qui sont verticaux, doivent avoir des températures de moins en moins élevées, et que par conséquent les vapeurs condensées doivent contenir de plus en plus d'eau et de moins en moins de glycérine.

Aussi il n'y a guère que la glycérine obtenue au bas des deux premiers réfrigérants qui soit de concentration convenable ; là elle est assez concentrée pour contenir les 7/8 de son poids de glycérine normale. Les liquides condensés plus loin sont concentrés de nouveau et soumis à une nouvelle distillation à la vapeur.

Abstraction faite de 10 à 12 pour 100 d'eau, la glycérine ainsi obtenue est absolument pure. Toute celle qui sort de Battersea présente cette qualité.

Rien ne serait plus facile que d'appliquer le système de purification de M. Wilson à toutes les glycérines impures produites par l'industrie.

9° Du rendement des corps gras neutres en acides gras.

Le suif purifié fournit de 95.5 à 96 pour 100 d'acides gras ; le beurre de palme récent en produit 93.5 à 94 pour 100, et le palme fermenté et déjà en partie acidifié, après lavage convenable à l'eau et dessiccation à 150 degrés, de 97 à 97.5 pour 100 d'acide gras.

En fabrique la saponification calcaire du suif ne fournit que 93.5 à 94 pour 100 d'acides gras bruts, qui pressés convenablement donnent en moyenne 45 pour 100 d'acides solides capables d'être transformés en bougies de première qualité. Exceptionnellement, des suifs très-riches peuvent fournir 47 pour 100 d'acide stéarique ; il reste donc 46 à 48 pour 100 d'acides liquides, en comptant une perte de 0.5 à 1 pour 100 dans le travail des presses.

D'après M. Motard, de Berlin, le suif de première qualité, produisant un rendement en acides solides de 47 pour 100 par la saponification calcaire, donne, par l'ancienne méthode de la saponification sulfurique suivie de distillation, de 60 à 64 pour 100 d'acides solides, dont le point de solidification est en moyenne de 3 degrés inférieur à celui des acides de la saponification calcaire.

Les renseignements au sujet du rendement en acides solides obtenu par la saponification sulfurique dite instantanée, ne sont pas concordants.

Un mélange de suif et de palme bruts fournit, d'après les uns 55 pour 100, d'après les autres 56 à 58 pour 100 ; d'après MM. de Roubaix-Jenar et Jaussens jusqu'à 61 à 62 p. 100 d'acides solides.

Voici le résultat de deux opérations provoquées en usine par M. Stas.

a) 1500 kilog. de suif fusible à 32 degrés ont produit par la saponification sulfurique 1342.5 kilog. d'acides noirs de 42°.8, et 1264.5 d'acides distillés, fusibles à 42°-42°.5, soit 84.3 pour 100 du suif.

Les 1264.5 kilog. ont été soumis, à la température de 13°-14°, à une pression lente, mais la plus énergique possible.

Les gâteaux ainsi produits ont été pressés à chaud. Les produits liquides de la pression à chaud, refroidis pendant un jour et deux nuits, ont été soumis à une nouvelle pression à froid et à chaud.

En renouvelant ces opérations un grand nombre de fois, on a obtenu :

<pre>
1° 580 kilogrammes d'acides fusibles à 52°)
2° 245   —   —   50° } 55 pour 100 fusibles à 51°
3° 90   —   —   47°.7 6   —   47°.7
    ───────   ─────
    915 kilogrammes d'acides équivalent à   61 pour 100, fusibles à 50°.6
</pre>

b) 1,000 kilog. d'un mélange de suif et de beurre de palme à poids égal ont produit 917 kil. d'acides gras distillés, qui pressés à froid et à chaud, comme précédemment, ont donné :

<pre>
1° 378 kilogrammes d'acides gras fusibles à 51°.8)
2° 152   —   —   50°.3 } 53 pour 100 fusibles à 51°.3
3° 86   —   —   43°.5   8.6   —   43°.5
    ───────   ─────
    616 kilogrammes d'acides gras équivalent à   61.6 pour 100, fusibles à 50°.1
</pre>

Les acides liquides exprimés vers 13°-14° des gâteaux qui ont fourni les 90 kilog. et les 86 kilog. d'acides gras solides, se sont solidifiés vers 10 degrés ; ils conservaient donc encore une quantité considérable d'acides solides, mais dont le point de fusion était peu élevé.

Les expériences ayant été faites avec des matières premières d'une pureté exceptionnelle, on peut estimer que les industriels qui obtiennent 58 pour 100 d'acides fusibles de 50°.5 à 51 degrés travaillent bien, et que le rendement de 59 à 60 pour 100 doit être réalisé rarement.

En partant de ces données, on peut évaluer à 13 pour 100 au minimum et à 15 pour 100 au maximum l'augmentation du rendement en acides solides, produite par l'emploi de la saponification sulfurique en remplacement de la saponification calcaire.

Les 13 à 14 pour 100 d'augmentation, rapportés au poids de la matière première, constituent une augmentation de 30 pour 100 environ sur le poids des acides gras destinés à être convertis en bougies. Cet énorme avantage n'est que légèrement diminué par les inconvénients suivants :

Les acides gras de la saponification sulfurique, soit de suif, soit de beurre de palme, présentent un point de solidification de 3 degrés plus bas que ceux de la saponification calcaire. Les bougies sont donc plus sujettes à couler dans les climats chauds, mais dans un climat tempéré et surtout dans les pays du Nord, cela n'a plus lieu, et les bougies présentent même l'avantage de brûler avec une flamme plus blanche.

Ensuite l'acide oléique de la saponification calcaire vaut dans le commerce environ 10 pour 100 de plus que l'acide distillé, ce qui provient de ce que le savon de soude fait avec ce dernier ne retient pas autant d'eau que l'autre, et que les savons d'acide oléique sont vendus au poids, et non en raison de leur richesse en matière détergente.

Il paraît d'ailleurs que pour le travail des laines l'acide oléique distillé possède également une valeur tant soit peu moindre.

Le procédé de la distillation ne produisant guère que 28 à 30 pour 100 d'acide liquide, la diminution de la valeur est peu sensible eu égard à l'augmentation considérable de la production des acides solides, dont la valeur dépasse du double celle de l'acide liquide.

M. Stas termine ce chapitre par ces paroles, qui méritent une sérieuse considération : « Les « faits que je viens d'analyser expliquent pourquoi la saponification sulfurique tend partout « à remplacer la saponification calcaire.

« Que les industriels français, autrichiens et italiens, qui n'ont pas encore réalisé ce pro-« grès y réfléchissent ; s'ils ne veulent courir des chances ruineuses, ils doivent s'attacher à « transformer au plus tôt leur système de fabrication. »　　　　　　　E. Kopp.

RAPPORT

SUR

LES PRODUITS CHIMIQUES INDUSTRIELS (CLASSE II, SECTION A)

DE

L'EXPOSITION INTERNATIONALE DE LONDRES EN 1862.

Par M. A.-W. Hofmann.

PHOSPHORE.

Le phosphore est l'une des substances les plus répandues dans la nature. On le rencontre, à la vérité en petite quantité, dans presque toutes les roches ignées ou sédimentaires qui aient été examinées par les chimistes modernes en vue de rechercher la présence de cet élément.

On en a découvert des traces dans l'eau de bien des sources et de beaucoup de rivières ; et en effet il doit nécessairement se rencontrer dans toutes les eaux qui filtrent à travers ces roches phosphorifères et qui finissent par les dissoudre par leur action lente mais continuée pendant des siècles. Comme conséquence naturelle de l'existence du phosphore dans l'eau des rivières, on doit également le retrouver dans l'eau de la mer; MM. Clemm (1) et Forchhammer (2) y ont en effet constaté sa présence.

Le phosphore est en outre un des principes constituants essentiels de tous les sols fertiles : ces derniers n'étant que le résultat de la délitation lente et graduelle des roches phosphorifères.

Le phosphore est encore un élément indispensable de tous les organismes vivants végétaux ou animaux. L'organisme végétal a pour mission naturelle de puiser et de retirer cet élément du règne minéral dans lequel il se trouve disséminé, de le combiner ensuite avec d'autres éléments, de manière à constituer, par l'effet de la force vitale, ces composés organiques qui rendent les plantes propres à servir de nourriture aux bestiaux et d'aliments à l'homme.

On trouvera quelques détails sur le rôle joué par le phosphore en agriculture, dans le chapitre des engrais (voyez plus loin le chapitre: *Désinfectants*).

De grandes quantités de phosphore sont de nouveau rendues par le règne organique au règne minéral, par le procédé lent de fossilisation dans le cours des révolutions géologiques, qui se sont accomplies pendant des périodes de temps extrêmement prolongées : c'est ainsi que les tissus végétaux se sont transformés graduellement en tourbe, en lignite, en houille; les sécrétions animales se sont pétrifiées en coprolites, qui avec le temps ont donné naissance à l'apatite cristallisée.

Après avoir été ainsi mis en réserve et immobilisé pendant des séries de siècles, le phosphore, par suite de nouvelles perturbations géologiques, se retrouve de nouveau exposé à l'action de ses dissolvants naturels, l'eau et l'acide carbonique ; il redevient capable d'un service actif dans l'organisme des plantes et des animaux inférieurs, qui servent d'intermédiaires, pour lui faire de nouveau parcourir et compléter ce cycle étendu et important de transformations, qui aboutit à son passage dans le sang et les tissus de l'organisme humain.

Pendant qu'il circule ainsi, d'âge en âge, à travers les trois règnes de la nature, le phosphore ne se trouve jamais, même pour un instant, à l'état libre. Il reste toujours en combinaison avec l'oxygène et avec les métaux alcalins ou terreux, pour lesquels il possède les affinités les plus puissantes.

Deux siècles ne se sont pas encore écoulés depuis que le phosphore a été obtenu pour la première fois à l'état isolé. C'est le chimiste Brandt, de Hambourg, qui, en distillant avec du charbon en poudre, le résidu sec provenant de l'évaporation de l'urine, accomplit accidentellement l'isolement du phosphore. Depuis cette époque le phosphore libre, sa nature et ses propriétés, ses sources et les procédés pour sa préparation ont été étudiés avec une activité et une persévérance incessantes par toute une série d'hommes illustres. Le succès a couronné leurs efforts ; et la magnifique découverte, faite de nos temps, de l'applicabilité et de l'utilisation du phosphore, pour obtenir à volonté et instantanément par le simple frottement, du feu et de la lumière, n'a pas peu contribué à donner une impulsion puissante à la fabrication du phosphore. En effet, cette fabrication a pris dans ces dernières années une telle extension qu'elle peut être rangée, à juste titre, parmi les industries les plus importantes.

Exactement un siècle après la découverte du phosphore dans l'urine par Brandt, Gahn démontra, en 1769, que cet élément était un des principes constituants des os ; Scheele, six

<hr>

(1) Clemm, *Journal für praktische Chemie*, XXXIV, p. 185.
(2) Forchhammer. *Berzelius Jahresbericht*, XXVI, p. 393.

années plus tard, mit à profit cette observation, pour fonder sur elle le procédé suivant de préparation du phosphore : après avoir calciné à blanc les os, il les fit dissoudre dans l'acide nitrique faible par une digestion prolongée pendant plusieurs jours ; de la solution ainsi obtenue, il précipitait la chaux par l'addition d'acide sulfurique, évaporant ensuite la liqueur filtrée et enlevant soigneusement une nouvelle quantité de sulfate de chaux qui se déposait pendant cette évaporation, il obtint enfin un liquide sirupeux qui, mélangé à du charbon en poudre et soumis à la distillation ignée, fournit le phosphore libre.

Ce procédé publié pour la première fois en 1775, dans la *Gazette salutaire de Bouillon*, fut simplifié plus tard par Nicolas et Pelletier (1), qui décomposèrent directement par l'acide sulfurique étendu les os calcinés et pulvérisés. Les quantités de phosphore préparées d'après ce procédé n'étaient guère considérables ; un grand nombre de chimistes, tant français qu'allemands, tels que Chaptal, Crell, Richter, et autres, s'efforcèrent de trouver des méthodes plus économiques de préparation du phosphore : toutes ces méthodes ressemblaient cependant en principe à celle de Nicolas et Pelletier et n'en différaient que par les proportions différentes d'os et d'acide sulfurique employées.

Fourcroy et Vauquelin (2) déterminèrent enfin les proportions exactes d'acide sulfurique indispensables pour la décomposition complète du phosphate de chaux des os et purent, en conséquence, indiquer le procédé le plus avantageux pour la préparation du phosphore.

Plus tard, d'autres méthodes furent indiquées par plusieurs chimistes, entre autres, par Berzelius (3) et Wœhler (4) ; mais ces procédés, quoique reposant sur des réactions chimiques très-simples, ont tous présenté des difficultés pratiques qui en ont empêché l'adoption dans la fabrication industrielle.

Fabrication moderne et applications du phosphore.

La grande impulsion donnée à la consommation du phosphore par son application à la fabrication des allumettes chimiques, a rendu infiniment plus importante la simplification des procédés de fabrication du phosphore, et les manufacturiers ont travaillé avec une grande persévérance dans cette direction.

Mais jusqu'à ce jour, l'expérience a démontré la supériorité pratique du procédé de Nicolas et Pelletier, qui continue à être employé, sauf quelques légères modifications provoquées par des découvertes récentes.

Procédé de Nicolas et Pelletier. — Le principe de ce procédé consiste dans la réduction du phosphate monocalcique par le carbone. Les os calcinés, qui constituent la matière première de la fabrication du phosphore, étant formés essentiellement de phosphate tricalcique, il devient nécessaire de commencer par convertir ce phosphate neutre (ou basique) en sel acide. C'est ce qui s'effectue par l'action de l'acide sulfurique, qui enlève de la chaux au phosphate tricalcique.

En admettant que les os calcinés soient constitués uniquement par le phosphate tricalcique, la réaction peut être représentée par l'équation suivante :

$$Ca^3 PO^4 + H^2 SO^4 = Ca H^2 PO^4 + Ca^2 SO^4.$$

La solution acide de phosphate monocalcique étant concentrée en consistance sirupeuse, la petite quantité de phosphate tricalcique qui se sépare encore (conjointement avec un peu de sulfate de chaux) étant enlevée et le résidu calciné au rouge, l'eau basique du phosphate acide de chaux se dégage, et il reste un résidu de métaphosphate de calcium (phosphate monocalcique).

Ce sel est mélangé avec du charbon et le tout chauffé à une température très-élevée. Il y

(1) Nicolas et Pelletier, *Journal de physique*, XI et XXVIII.
(2) Fourcroy et Vauquelin, *Journal de pharmacie*, I, n° 9.
(3) Berzelius, *Journal chim. phys.*, III, 30.
(4) Wœhler, *Poggénd. Ann. phys.*, XVII, 178.

a alors réduction à l'état de phosphore d'une quantité d'acide phosphorique telle, qu'il se produit du phosphate tricalcique — c'est-à-dire exactement le même composé qui avait servi de point de départ aux réactions successives.

$$3\ Ca\ PO^3 + C^5 = Ca^3\ PO^4 + 5\ CO + P^2.$$

Les différentes opérations que nous venons d'indiquer varient jusqu'à un certain point, quant aux détails, suivant les conditions industrielles particulières dans lesquelles se trouve placée chaque fabrique ; mais pour ce qui concerne les réactions fondamentales, la fabrication du phosphore peut être divisée en quatre phases distinctes :

1° Préparation des os calcinés ;

2° Décomposition par l'acide sulfurique des os pulvérisés et mélange de la solution très-concentrée avec du charbon (préparation de la « masse »);

3° Distillation du phosphore dans des fours à galères ;

4° Purification, emmagasinage et emballage du phosphore.

D'après le calcul, le rendement en phosphore d'après ce procédé devrait s'élever à 11 pour 100 du poids des os calcinés, et, en effet, on l'obtient là où les opérations sont exécutées avec beaucoup de soins : mais, d'un autre côté, les frais de la distillation, comprenant la grande consommation de combustible, les pertes résultant de casses fréquentes des cornues en terre en usage, s'élèvent à près de la moitié de la dépense totale.

Quoique ces inconvénients aient constamment excité l'attention et la sollicitude des manufacturiers, il a été impossible d'y remédier jusqu'ici.

Les progrès dans la fabrication du phosphore, réalisés dans ces dernières vingt années, ont presque uniquement été limités à des perfectionnements dans les procédés de purification.

D'un autre côté, les manufacturiers se sont toujours efforcés, par l'emploi rationnel des produits secondaires, de diminuer les pertes inévitables qu'entraîne la fabrication du phosphore.

Dans les fabriques dans lesquelles la préparation du phosphore constituait le but principal, on avait longtemps l'habitude de calciner les os dans des fours à combustion, brûlant ainsi et détruisant la totalité du tissu gélatineux, dont la proportion s'élève à plus de 30 pour 100 du poids des os. On abandonnait aux fabricants de colle forte l'utilisation de la gélatine des os.

Mais, avec l'extension de l'industrie du phosphore, cette, qu'on peut à juste titre qualifier de barbare, d'un produit utilisable, ne tarda pas à cesser ; et quoiqu'il puisse encore exister quelques fabriques dans lesquelles on brûle et détruit les principes constituants organiques des os, ces fabriques irrationnelles ne peuvent être considérées que comme de rares exceptions.

De nos jours, les manufacturiers non-seulement s'efforcent d'obtenir tous les produits utilisables qu'on peut extraire de la matière première brute, mais ils préparent eux-mêmes les agents nécessaires pour en isoler le phosphore.

L'opération s'effectue généralement de la manière suivante :

Les os frais sont d'abord débarrassés de la matière grasse, en les faisant bouillir avec de l'eau et enlevant ou décantant la graisse liquide qui nage à la surface.

Les os dégraissés sont ensuite traités de l'une ou de l'autre des deux manières suivantes : tantôt on extrait la matière gélatineuse au moyen de vapeur surchauffée, et la substance terreuse insoluble restant comme résidu, après avoir été séchée et calcinée, est employée à la fabrication du phosphore.

D'autres fois, on fait digérer et l'on épuise les os par l'acide chlorhydrique étendu et froid : la substance cartilagineuse qui ne se dissout pas dans ces conditions est utilisée pour la préparation de la gélatine.

La solution chlorhydrique acide des os est à son tour précipitée par un lait de chaux ou, plus rationnellement, par du carbonate d'ammoniaque brut.

Le phosphate tricalcique ainsi obtenu, après avoir été calciné au rouge, est maintenant prêt à être utilisé pour la préparation du phosphore.

Une autre manière d'opérer consiste à soumettre les os frais à la distillation sèche; il en résulte des sels ammoniacaux et du noir d'os (charbon animal).

Ce dernier est d'abord utilisé dans les raffineries de sucre pour la décoloration des sirops et ce n'est qu'après être devenu impropre à cet usage, qu'il retourne dans les fabriques de phosphore; quelquefois le noir animal brut est épuisé par de l'acide chlorhydrique à chaud, et la solution acide, séparée du résidu insoluble qui constitue le noir purifié, est transformée en phosphate tricalcique, d'après le procédé déjà indiqué plus haut.

Dans ces dernières années MM. Cary-Mantrand (1) et Hugo Fleck (2) ont proposé des procédés de préparation du phosphore, qui diffèrent beaucoup de la méthode de Nicolas et Pelletier; ces nouveaux procédés ont pour but d'éviter la nécessité de décomposer les os par l'acide sulfurique.

Procédé de M. Cary-Mantrand. — En exposant un mélange de phosphate tricalcique (os calcinés) et de charbon au rouge, à l'action d'un courant de gaz chlorhydrique, la totalité du phosphore renfermée dans les os est mise en liberté et la réaction est représentée, d'après M. Cary-Mantrand, par l'équation

$$Ca^3\, PO^4 + C^4 + 3\, HCl = 3\, CaCl + 4\, CO + H^5 + P.$$

Le procédé de M. Cary-Mantrand (3), basé sur cette réaction et patenté par lui en France et en Angleterre, est le suivant :

Les os, entiers et calcinés à blanc, sont traités par de l'acide chlorhydrique concentré, jusqu'à ce qu'ils soient réduits en une espèce de pulpe : cette pulpe est mélangée avec du charbon de bois pulvérisé en quantité suffisante pour pouvoir s'emparer de tout l'oxygène de l'acide phosphorique, en donnant naissance à de l'oxyde de carbone : ce mélange évaporé à siccité est introduit dans des cylindres en argile réfractaire, vernis intérieurement et posés horizontalement dans un four à réverbère. Ces cylindres ou cornues sont remplis aux trois quarts avec ce mélange; ils sont ouverts aux deux extrémités, l'une des ouvertures étant mise en communication avec un appareil dégageant du gaz acide chlorhydrique, tandis que l'autre aboutit à une allonge en cuivre qui plonge légèrement dans un réservoir rempli d'eau.

Aussitôt que les cornues se trouvent portées à une température suffisamment élevée, on y fait passer le courant de gaz chlorhydrique.

Il se forme du chlorure de calcium et l'acide phosphorique est réduit en même temps par le charbon à l'état de phosphore dont les vapeurs se dégagent en même temps que de l'oxyde de carbone. Les vapeurs phosphorées sont condensées par l'eau du réservoir, qui absorbe en même temps l'excès du gaz chlorhydrique.

L'opération est terminée lorsqu'il ne se dégage plus d'oxyde de carbone.

Le résidu dans la cornue consiste en charbon et en chlorure de calcium ; ce dernier peut être utilisé en le décomposant par l'acide sulfurique, de manière à fournir le gaz acide chlorhydrique servant à l'opération suivante ; l'eau du réservoir condensateur chargée de gaz chlorhydrique sert à désagréger une nouvelle quantité d'os calcinés.

D'après M. Cary-Mantrand, on peut aussi employer les os calcinés en poudre, qu'on mélange de charbon pulvérisé et qu'on expose directement à l'action du gaz chlorhydrique ; mais en exécutant le procédé indiqué, il est plus économique d'utiliser la solution acide pro-

(1) Cary-Mantrand, — *Comptes-rendus*, 1854, p. 864.
(2) Hugo Fleck, *Procédés perfectionnés de préparation du phosphore*, Leipzig, 1855.
(3) Cary-Mantrand (E.), patente n° 1166, mai 25, 1854.

venant de la condensation du gaz chlorhydrique dans l'eau du réservoir et d'épargner par là les frais de pulvérisation des os calcinés.

Procédé de M. Hugo Fleck. — Le procédé de M. Fleck est basé : *a)* sur la solubilité du phosphate tricalcique dans l'acide chlorhydrique, et *b)* sur la possibilité de le séparer de cette solution acide sous la forme de phosphate acide de chaux.

Les os dégraissés sont macérés avec de l'acide chlorhydrique étendu et froid ; la solution décantée des os, qui sont maintenant devenus translucides, est évaporée de manière à marquer 1.143 pesanteur spécifique (18° Beaumé). Cette évaporation s'exécute dans des vases en grès vernis ou dans des terrines en argile bien cuite.

La solution concentrée laisse déposer par le refroidissement des cristaux ténus du phosphate acide de calcium : en évaporant les eaux-mères et les laissant refroidir on recueille une nouvelle quantité de ces cristaux.

La masse cristalline recueillie, étant trop soluble pour permettre la purification par le lavage, est débarrassée d'eaux-mères par expression entre des pierres poreuses. Le produit purifié se présente sous forme de masse blanche nacrée, rude au toucher.

Pour en extraire le phosphore, on la mélange avec le quart de son poids de charbon de bois, et on distille le tout au rouge dans des cornues de forme particulière, dont la description exacte exigerait le concours de figures.

Les eaux-mères, additionnées d'un lait de chaux, laissent déposer du phosphate tricalcique insoluble ; en redissolvant ce dernier dans l'acide chlorhydrique, faisant évaporer et refroidir cette solution, on obtient de nouveau le phosphate acide de chaux sous forme cristalline.

C'est à l'expérience pratique à décider si l'un ou l'autre des procédés proposés remplissent le but si désiré — de constituer une méthode simple et économique de préparation du phosphore. — D'après les enseignements recueillis par le rapporteur, ni l'un ni l'autre de ces procédés n'a encore été adopté dans la fabrication industrielle.

On a fait contre le procédé de M. Fleck les objections suivantes : 1° qu'il est difficile de se procurer des vases en terre appropriés à l'évaporation de liquides fortement acides ; et 2° que le phosphate ainsi obtenu n'est point du phosphate acide de calcium pur, mais une combinaison en proportions variables de ce sel avec du chlorure de calcium.

Purification du phosphore. — Le phosphore brut obtenu par la première distillation est souillé par des oxydes de phosphore, du phosphore rouge amorphe et d'autres impuretés, qui lui communiquent une couleur rouge ou brune.

On le purifie soit par filtration mécanique ou par pression à travers une peau, soit par redistillation, soit vers la fin par des procédés chimiques, c'est-à-dire, par fusion et oxydation partielle.

L'ancienne méthode de purification en pressant le phosphore à travers les pores d'une peau ou de cuir paraît être abandonnée ; la masse de phosphore fabriquée de nos jours est si considérable, qu'il serait difficile de se procurer une quantité de peaux, appropriées à cet usage, suffisante pour ce mode de purification.

La filtration à travers des plaques poreuses d'argile à charmottes, ou à travers des couches de charbon de bois, essayée dans quelques fabriques françaises, a été abandonnée comme beaucoup trop lente.

La purification par redistillation est plus simple, mais elle occasionne des pertes et entraîne une dépense assez notable de combustible.

Dans la plupart des fabriques, la purification du phosphore est maintenant effectuée économiquement et avec plein succès, d'après la méthode indiquée par M. Wœhler, qui consiste à traiter le produit brut par de l'acide sulfurique et du bichromate de potasse.

A cet effet un mélange de bichromate de potasse et d'acide sulfurique est ajouté au phosphore brut fondu. Le phosphore rouge paraît s'oxyder le premier, les impuretés se rendent à la surface sous forme d'écume, et le phosphore pur parfaitement incolore et transparent reste au fond du vase.

La méthode de purification de Reich, qui consiste dans l'ébullition du phosphore brut avec une solution de potasse ou soude caustique, ne paraît pas avoir été adoptée par la pratique, quoiqu'elle ait la réputation de fournir un produit extrement pur.

Moulage, emballage et emmagasinage du phosphore. — Une forte proportion de tout le phosphore fabriqué est livrée au commerce en baguettes. Cette forme paraît remonter jusqu'à la première introduction du phosphore sur le marché, puisque les données les plus anciennement connues concernant la préparation du phosphore parlent déjà de son moulage en baguettes.

La méthode de moulage primitive, si dangereuse, qui consistait à aspirer le phosphore liquide avec la bouche dans des tubes de verre, a été partout remplacée par l'appareil si connu et si ingénieux inventé par M. Seubert (1).

Cependant un certain nombre de manufacturiers se dispensent de l'opération un peu longue et fastidieuse de mouler le phosphore en baguettes, et le livrent au commerce en larges masses ou gâteaux de la forme des vases dans lesquels on les expédie et qu'ils remplissent le plus complétement possible : cette méthode diminue les frais à la fois de l'emballage et du transport.

L'emballage et l'emmagasinage du phosphore exigent des précautions spéciales, d'abord à cause de son extrême inflammabilité et ensuite parce qu'il a une tendance à se couvrir d'une croûte colorée, lorsqu'il reste exposé à la lumière.

On l'enferme ordinairement dans des vases en tôle bien étamée, renfermant de l'eau presque jusqu'au goulot et qu'on soude hermétiquement avec le plus grand soin. Les vases en tôle sont ensuite placés dans des caisses en bois ou dans des barils parfaitement liés et couverts avec des nattes ; ainsi garantis, on peut les expédier sans le moindre danger par tous les moyens de transport ordinairement usités.

D'autres fabricants, surtout ceux du continent, expédient le phosphore dans des fûts à vin goudronnés intérieurement et parfaitement clos.

Ce mode d'expédition est certainement dangereux et ce n'est pas sans raison que certaines Compagnies de chemins de fer refusent de transporter le phosphore ainsi emballé ! Pour remédier le plus possible aux dangers que peut présenter le transport du phosphore, M. C. Kessler propose de l'emballer dans des barils ou fûts en bois ; on les remplit d'eau (à laquelle on a ajouté un peu d'alcool, pour en empêcher la congélation pendant les froids de l'hiver), on les recouvre ensuite de poix, puis on les roule dans de la paille hachée pour les en recouvrir uniformément, enfin on les entoure d'une toile d'emballage grossière : 150 à 200 kilogr. de phosphore doivent pouvoir être embarillés de cette manière, à la fois avec sécurité et économie.

Développement de la fabrication du phosphore. — L'industrie des allumettes chimiques occasionne certainement la plus forte consommation de phosphore. L'extension que cette branche d'industrie a prise sur le continent (surtout en Allemagne) a rendu la fabrication du phosphore étranger proportionnellement plus importante que celle du phosphore anglais. Cependant, dans ces derniers temps la production du phosphore a pris un essor extraordinaire ; au point que, tandis qu'en 1845 presque tout le phosphore consommé en Angleterre était importé du continent, aujourd'hui le phosphore anglais fait concurrence à celui des fabriques étrangères, sur presque tous les marchés du continent.

La cause de ce changement réside probablement presque uniquement dans le bon marché du combustible et l'excellente qualité des appareils distillatoires employés en Angleterre.

____

(1) Seubert, *Ann. chim. phys.*, XLIX, 346.

Le rapporteur regrette de ne pouvoir communiquer de données sur la quantité de phosphates actuellement fabriquée. On peut cependant se faire une idée de l'importance de cette branche d'industrie, en ne considérant que ce seul fait, que dans la fabrique de MM. Coignet, à Lyon (France, 178), la production du phosphore est de 7,000 kilogr. par mois ou de plus de 1,680 quintaux (de 50 kilogr.) par an.

La fabrication de MM. Albright et Wilson, à Oldbury (Royaume-Uni, 460), est réputée comme plus importante encore.

Le prix du phosphore est maintenant très-bas. Tandis qu'en 1730, une once de cette matière était vendue pour 10 ducats $^1/_2$ et qu'en 1838 encore le prix était de 25 fr. par kilogr., aujourd'hui le kilogr. de phosphore ne vaut plus que 5 fr. 50 c.

Phosphore amorphe.

Partie historique. — Les premières indications sur cette modification remarquable du phosphore sont dues à l'illustre Berzelius, qui observa que le phosphore ordinaire, sous l'influence de la lumière colorée, acquiert une teinte rouge et perd en même temps la propriété de luire dans l'obscurité, et cela sans changer de poids.

Plus tard, en 1844, M. Emile Kopp (1), en préparant de l'éther iodhydrique par le traitement de l'alcool au moyen d'iode et de phosphore, observa la formation de la modification rouge du phosphore, qu'il décrivit comme amorphe, insipide et inodore, extrêmement peu oxydable à la température ordinaire et même à la chaleur du bain-marie, et pouvant de nouveau être reconverti en phosphore ordinaire par la distillation sèche. Ces résultats furent confirmés par Berzelius (2) et par Marchand (3).

Cette observation de M. E. Kopp, probablement parce qu'elle se trouvait relatée dans un mémoire sur un sujet en apparence tout à fait différent, ne paraît pas avoir attiré toute l'attention qu'elle méritait ; et en effet, ce n'est qu'au moment de rédiger ce chapitre, que le rapporteur a eu connaissance des circonstances qui viennent d'être signalées (4) ; aussi, lorsque plus tard, en 1848, M. le professeur Schrœtter (5) annonça l'existence de cette même modification du phosphore, cette publication, accompagnée de beaucoup de détails sur sa préparation et ses propriétés, surprit le monde scientifique avec toute la force d'une découverte inattendue.

Le professeur Schrœtter, par une série d'expériences tout à fait indépendantes et très-exactes, prouva que le phosphore rouge ou amorphe pouvait être préparé avec le phosphore ordinaire, non-seulement par l'action de la lumière, mais plus rapidement en exposant le phosphore pendant quarante à cinquante heures, dans une atmosphère exempte d'oxygène, à une température voisine de son point d'ébullition. Son mémoire classique sur ce sujet contient, en outre, une description détaillée des propriétés du phosphore amorphe et de ses applications pratiques probables.

Propriétés chimiques. — Les propriétés chimiques du phosphore rouge amorphe diffèrent tellement de celles du phosphore ordinaire, qu'elles lui donnent l'apparence d'une substance tout à fait différente. (Comparez le chapitre traitant du GRAPHITE.) Le phosphore rouge amorphe se trouve ordinairement sous forme de morceaux irréguliers, cassants, facilement friables, ayant la cassure conchoïdale et présentant toutes les nuances depuis le rouge carmin jusqu'au rouge-brun foncé ; il ne prend pas feu à l'air, ni par la friction, ni par la percussion ; il ne luit pas dans l'obscurité et il est considéré comme inaltérable à

<hr>

(1) Kopp (E.), *Comptes-rendus*, XVIII, 871.
(2) Berzelius, *Rapport annuel.* 1846, p. 435.
(3) Marchand, *Journal für praktische Chemie* (1844), XXXIII, 182.
(4) Nicklès, *Sur l'histoire du phosphore amorphe.* — *Journ. pharm. chim.*, 1862, 389.
(5) Schrœtter, *Poggend. Ann.*, LXXXI, 276.

l'air à la température ordinaire (1) : on peut le broyer avec d'autres substances, telles que le nitre, le sucre, etc., sans provoquer de détonation ; il ne prend pas feu à l'air avant d'avoir atteint une température de 240° centigrades. Il est en outre à peu près insoluble dans les dissolvants du phosphore ordinaire, tels que le sulfure de carbone, l'huile de schiste, le pétrole, etc., et il ne possède pas la volatilité du phosphore ordinaire.

C'est à ces propriétés et surtout à son insolubilité, à sa non-volatilité et à sa résistance à l'action de l'oxygène, que le phosphore amorphe doit son exemption caractéristique des propriétés toxiques que présente le phosphore ordinaire ; on sait trop bien combien les vapeurs mortelles de ce dernier tourmentent et souvent font périr les ouvriers qui le manipulent, en leur attirant cette terrible maladie de l'os de la mâchoire inférieure, connue sous le nom de *phospho-nécrose.*

La découverte si importante du phosphore amorphe fut en conséquence accueillie avec le plus haut intérêt par ceux qui, comme les fabricants d'allumettes chimiques, sont exposés aux influences délétères et toxiques du phosphore ordinaire ; il en résulte que la préparation du phosphore amorphe sur une grande échelle prit naissance dans l'année même de la publication complète des recherches théoriques de M. le professeur Schrœtter sur ce sujet.

Fabrication et purification du phosphore amorphe. — Le mérite de l'établissement de la fabrication du phosphore amorphe, comme une branche d'industrie spéciale, appartient à M. A. Albright, de Birmingham (2) ; ce manufacturier prit en 1851 une patente pour l'exécution en grand de la conversion du phosphore ordinaire en phosphore amorphe et décrivit l'appareil maintenant généralement employé pour cette transformation (3).

Nous pouvons nous dispenser de donner ici une description détaillée de ce procédé, parce qu'il est parfaitement connu et qu'aucun perfectionnement important n'a depuis été apporté ni aux appareils, ni au mode d'exécution : le rapporteur se contentera de décrire en quelques mots quelques-uns des procédés récemment proposés pour la purification du phosphore amorphe.

Le phosphore rouge, quelque prolongée que puisse avoir été l'application d'une haute température, contient presque toujours une certaine quantité, à la vérité très-restreinte, de phosphore ordinaire, dont il faut le débarrasser complétement pour faire acquérir au phosphore amorphe toute sa valeur. Différents modes de purification ont été proposés.

Le procédé originairement employé consistait dans la digestion du phosphore rouge brut avec du bisulfure de carbone. (Voyez le chapitre BISULFURE DE CARBONE.) Mais ce procédé présentait assez de dangers, à cause de la grande masse de liquide si éminemment inflammable qu'il fallait employer à cet usage (4). Pour obvier à ce grave inconvénient, M. E. Nicklès (5) a proposé un autre mode de séparation, qui consiste à humecter simplement le phosphore amorphe avec du bisulfure de carbone et de délayer ensuite le tout dans un liquide d'une densité moindre que celle du phosphore amorphe (2.106), mais plus grande que celle d'une solution de phosphore ordinaire (1.83) dans le bisulfure de carbone (1.2). — Une solution de chlorure de calcium de 1.26-1.38, pesanteur spécifique

(1) Cependant, d'après les observations de Personne (*Comptes-rendus*, XLV, 113) [confirmant celles de M. E. Kopp], le phosphore amorphe s'oxyde lentement à l'air, donnant naissance à un liquide acide renfermant les acides phosphorique et phosphoreux ; cette oxydation paraît être facilitée par la présence de l'humidité. Des observations semblables ont été publiées par feu le docteur George Wilson (*Pharm. Journ.*, 1858, XVII, 410). Le rapporteur peut complétement confirmer ces données d'après sa propre expérience sur plusieurs échantillons différents de phosphore amorphe *commercial.*

(2) Albright (A.), Patente n° 13693, juillet 17, 1851.

(3) *Dingler's polytechnisches Journal*, CXXIV, 271. Richardson et Watts, *Technologie chimique*, I, part IV.

(4) D'autant plus que le bisulfure de carbone chargé de phosphore devient quelquefois spontanément inflammable à l'air.

(5) Nicklès (E.), *Journ. pharm.* (3), XXIX, 334.

(30°-40° Beaumé), remplit parfaitement ce but. En chauffant le mélange, le bisulfure de carbone chargé de phosphore ordinaire se rend à la surface du liquide et peut être facilement enlevé.

D'après une autre méthode décrite par M. Coignet (1) en 1859, le phosphore rouge brut est soumis à l'action d'une solution de soude caustique bouillante ; cette dernière dissout le phosphore ordinaire, en le convertissant avec dégagement de gaz hydrogène phosphoré en hypophosphite de sodium soluble.

Dès que le dégagement d'hydrogène phosphoré a cessé, on lave le résidu pulvérulent avec de l'eau et on le fait sécher.

Le phosphore rouge, livré actuellement au commerce, et tel qu'il est représenté à l'Exposition de 1862, par des échantillons de la fabrication de MM. Albright et Wilson (Royaume-Uni, 460) et de MM. Coignet frères et Comp., à Lyon (France, 178), laisse à peine quelque chose à désirer sous le rapport de la pureté.

Application et prix du phosphore amorphe. — La substitution du phosphore amorphe au phosphore rouge a eu à lutter contre des difficultés inattendues.

Des expériences répétées et continuées avec persévérance paraissent cependant avoir écarté la plupart des obstacles, et il faut espérer que l'emploi du phosphore amorphe deviendra de plus en plus général.

Le rapporteur se trouve dans l'impossibilité de présenter une statistique tant soit peu exacte des quantités de phosphore amorphe actuellement fabriquées. MM. Albright et Wilson ont informé le jury que depuis qu'ils ont commencé à fabriquer cette matière, il y a de cela onze ans, il n'en ont produit qu'environ 5 tonnes. Dans la manufacture de MM. Coignet frères et Comp., cette fabrication paraît avoir été exécutée sur une échelle un peu plus grande. M. Coignet a établi qu'un seul de ses appareils était capable de transformer à la fois plusieurs quintaux de phosphore ordinaire en phosphore rouge.

Le prix actuel du phosphore amorphe, en Angleterre, est de 4 sh. (5 francs) la livre (453 grammes). Ce prix diminuerait cependant, très-probablement, avec l'augmentation de la consommation.

FABRICATION DES ALLUMETTES CHIMIQUES.

Tout rapport sur l'industrie du phosphore libre serait évidemment incomplet, s'il n'était suivi de quelques renseignements sur la branche d'industrie qui constitue son application la plus importante ; le rapporteur résume donc, dans le présent chapitre, les progrès les plus récents de l'industrie des allumettes chimiques.

Notices historiques antérieures à 1855. — Pour l'histoire des débuts de cette industrie, le rapporteur n'a qu'à renvoyer aux données insérées sur ce sujet dans le rapport sur l'Exposition de 1851 (2) et plus particulièrement au travail si complet et si instructif fourni par M. le professeur Stass et qui figure dans les rapports officiels de l'Exposition internationale de Paris en 1855 (3). Il suffit donc, dans le cas présent, de continuer l'histoire de cette fabrication jusqu'à l'époque actuelle en décrivant brièvement les perfectionnements qu'on y a apportés dans ces dernières années. Dans l'accomplissement de cette tâche, le rapporteur a été favorisé par les nombreux et précieux renseignements qui lui ont été fournis par son ami et collègue au jury, M. le professeur Schrœtter, de Vienne, dont les études spéciales sur le phosphore donnent une très-grande autorité à ses vues sur cette question et sur toutes

(1) Coignet. Payen, *Précis de chimie industrielle*, II, 551.

(2) *Rapport des Jurys.* Rapport sur la classe XXIX : Fabrications diverses, par W. de la Rue et A.-W. Hofmann. V. Allumettes chimiques, p. 632.

(3) *Rapport du Jury international*, I, 507.

celles qui s'y rattachent; le rapporteur profite de cette occasion pour lui en exprimer sa sincère reconnaissance.

Progrès accomplis depuis 1855. — En examinant les progrès réalisés dans la préparation des allumettes chimiques, on est frappé en premier lieu de l'immense extension qu'a prise la fabrication des allumettes préparées avec le phosphore ordinaire.

Ce qui le démontre, c'est que dans les contrées dans lesquelles cette branche d'industrie avait déjà atteint un haut degré de développement, comme en Allemagne et plus particulièrement en Autriche, de nouvelles fabriques sont continuellement créées, tandis que les anciennes s'agrandissent sans cesse et augmentent leur production; on remarquera, en outre, que des fabriques importantes s'établissent dans des pays comme, par exemple, la Belgique et la Russie, où cette branche d'industrie n'existait pas antérieurement.

Lors de l'Exposition de 1851 et de nouveau à l'Exposition de Paris en 1855, les allumettes chimiques des fabricants autrichiens se distinguaient favorablement de toutes les autres par l'excellence de leur qualité et l'élégance de leur forme.

Leur prompte inflammabilité, leur combustion régulière, l'absence de détonations, de projections de masses enflammées et de l'odeur si désagréable de l'acide sulfureux les faisaient considérer à juste titre comme les plus commodes et les plus parfaites de toutes celles en usage.

A l'Exposition actuelle, l'Autriche a encore conservé le premier rang; cependant elle voit s'élever tout autour d'elle, et particulièrement en Belgique, en France et en Suède, des rivaux qui ne sont nullement à dédaigner.

Les allumettes chimiques fabriquées avec le phosphore ordinaire, si elles n'ont guère fait de progrès pour ce qui concerne la bonne qualité, laquelle, pour dire la vérité, n'était plus guère susceptible d'amélioration, ont par contre réalisé des perfectionnements sensibles, sous le rapport de l'élégance et de l'emploi commode et facile. De nouvelles formes (entre autres choses) ont été inventées pour des usages spéciaux, tels que, par exemple, pour allumer les cigarres.

Perfectionnements dans les procédés de fabrication. — La réduction au minimum de la proportion du phosphore dans la masse inflammable constitue un perfectionnement important dans la préparation des allumettes à friction. Elle a été réalisée en amenant le phosphore à un état de division extrême. Non-seulement la fabrication est rendue par là plus économique, mais les allumettes, lorsqu'elles sont enflammées, répandent beaucoup moins l'odeur si désagréable du phosphore.

Une bonne méthode pour obtenir cet état de division du phosphore a été proposée par M. le professeur R. Wagner (1) et recommandée récemment par M. C. Walger ; elle consiste dans la préparation de la masse inflammable avec du phosphore dissous dans du bisulfure de carbone. Non-seulement on réalise ainsi la division moléculaire la plus parfaite du phosphore, mais on jouit en outre d'un autre grand avantage, celui de pouvoir préparer la masse *sans l'emploi de la chaleur.*

D'après les expériences de M. E. Mack (2), cette simple modification permet de réduire la proportion de phosphore à $^1/_{300}$ de celle ordinairement employée.

Le bas prix actuel du bisulfure de carbone (voyez le chapitre BISULFURE DE CARBONE) est un puissant argument en faveur de cette proposition de M. R. Wagner, qui mérite de fixer au plus haut degré l'attention des manufacturiers.

Quant à la proposition de MM. C. Puscher (3) et Th. Reinsch (4) de substituer au phos-

(1) *Wagner's Jahresbericht*, I (1855), 503.
(2) Mack, *Verhandlungen des Vereins für Naturkunde in Presburg*, 1858, I, 17.
(3) Puscher, *Dingler's polytechnisches Journal.* CLVI, 214.
(4) Reinsch, *Fürther Gewerbezeitung*, 1858, p. 56.

phore pur le sulfure de phosphore [PS] dans la préparation de la masse, c'est encore à l'expérience à décider si elle mérite d'être adoptée.

Allumettes anhygrométriques. — Pour soustraire le plus possible les allumettes chimiques à l'influence de l'humidité atmosphérique, on les recouvrait anciennement, d'après l'exemple de Preshel, avec une légère couche de vernis. M. J. Ginzky (1) a proposé récemment, pour atteindre le même but, de recouvrir les têtes des allumettes avec une couche mince de sulfure de plomb, en les plongeant dans une solution étendue d'acétate ou de nitrate de plomb et les exposent encore humides à l'action de l'hydrogène sulfuré.

De pareilles allumettes se trouvent dans le commerce et portent le nom très-impropre d'*Allumettes* ou *Lucifères galvanisées.*

Allumettes exemptes de soufre. — Un autre progrès dans la fabrication des allumettes, c'est la tentative d'éviter le plus possible l'emploi du soufre pour communiquer au bois la combustion déterminée d'abord dans la masse inflammable.

Antérieurement ce n'était que dans les allumettes fines et d'un prix plus élevé, qu'on remplaçait le soufre par de la cire, de l'acide stéarique ou de la résine ; aujourd'hui ce perfectionnement est appliqué même aux allumettes bon marché, surtout à celles fabriquées en Allemagne.

Allumettes paraffineuses de Letchford (2). — L'idée de Letchford de substituer aux substances que nous venons de mentionner la paraffine ou l'huile paraffineuse mérite une mention spéciale. Les allumettes patentées pour l'Angleterre par Letchford se distinguent par la régularité de leur combustion et par leur bon marché, quoiqu'elles laissent beaucoup à désirer sous le rapport de l'élégance de la forme, reproche qu'on peut adresser en général aux allumettes anglaises confectionnées avec du bois.

Prix réduit actuel des allumettes chimiques. — Le prix des allumettes phosphorées a baissé dans ces dernières années d'une manière remarquable : à Vienne, par exemple, une boîte de 50 paquets d'allumettes ordinaires (dont chaque paquet renferme 70 allumettes, donc en tout 3,500 allumettes) d'une qualité nullement inférieure à celle d'allumettes d'une forme plus élégante ne coûte que 35 *kreuzers*, c'est-à-dire environ 1 *kreuzer* ou 1 *farthing* (2.6 centimes) le cent.

Fusées de Bode. — Parmi les différentes variétés d'allumettes faites avec le phosphore ordinaire, on a remarqué à l'Exposition de 1862 les boîtes portatives à amadou si élégantes et si ingénieuses exposées par M. F.-M. Bode, de Vienne (Germanie, Autriche, 1229). Dans ces petits appareils, un grain de poudre est placé, par suite d'un arrangement particulier, dans une position convenable et enflammé par friction de manière à mettre le feu à une espèce de fusée. Les grains de poudre, de la grosseur d'un grain de millet, dont on n'use qu'un seul dans chaque opération, sont fabriqués avec la même composition dont on garnit les têtes des allumettes chimiques ordinaires.

Les fusées ne produisent pas de flamme, leur usage ne convient qu'aux fumeurs de tabac, auxquels elles offrent l'avantage de ne jamais rater, même au milieu de la pluie et par le vent le plus violent.

C'est là un avantage qui seul suffira pour assigner à ces fusées une place bien distincte parmi les moyens pour se procurer du feu, et une popularité très-étendue parmi la classe si nombreuse de consommateurs à l'usage desquels elles sont spécialement destinées.

Objections contre les allumettes phosphorées ordinaires. — Parmi les objections qu'on a élevées contre les allumettes à phosphore ordinaire, il en existe une, parfaitement fondée, qui cependant ne paraît nullement nuire à leur usage si généralement répandu. Nous faisons allu-

(1) Ginzky, *Dingler's polytechnisches Journal*, CLVI, 309.
(2) Letchford (R. M.), Patente n° 1338, mai 29, 1861.

sion aux propriétés vénéneuses et toxiques du phosphore ordinaire, qui (comme nous l'avons déjà fait observer) non-seulement exercent l'influence la plus défavorable sur la santé des ouvriers engagés dans cette branche d'industrie, mais ont encore occasionné bien des cas d'empoisonnements accidentels dans le public, surtout parmi les enfants, qui sont assez enclins à mettre dans la bouche les têtes d'allumettes imprégnées de poison.

Une autre objection invoquée avec beaucoup de raison, c'est le danger d'incendie, soit dans les ateliers soit dans les maisons particulières, que présente l'usage des allumettes phosphorées ordinaires.

Les procédés perfectionnés ont sans doute diminué, mais non écarté complétement les risques d'incendie dans les fabriques d'allumettes. Les risques inhérents à l'emploi des allumettes sont certainement augmentés par l'habitude contractée par beaucoup de personnes de la classe ouvrière, de porter des allumettes chimiques isolées et non enveloppées dans les poches de leur gilet. Les allumettes s'en échappent souvent accidentellement, tombent dans de la paille ou dans des copeaux, où elles séjournent prêtes à prendre feu dès qu'on marche dessus.

Il est inutile d'insister sur le danger que présente une pareille coutume.

Quant aux risques que courent la santé et même la vie de ceux qui travaillent dans les fabriques d'allumettes à phosphore ordinaire, ils sont provoqués non-seulement par les allumettes déjà terminées, mais aussi et surtout par la masse, qui exerce une action délétère sur les ouvriers occupés à y plonger les extrémités des allumettes.

Toute cette fabrication est en somme très-pernicieuse pour tous ceux qui y sont engagés, même jusqu'aux ouvriers qui ne font qu'emballer les allumettes.

Allumettes à phosphore rouge ou amorphe. — La découverte du phosphore amorphe paraissait fournir un moyen facile de remédier aux inconvénients inhérents à l'emploi et à la fabrication des allumettes à phosphore ordinaire : et déjà en 1850 plusieurs manufacturiers firent des tentatives pour produire des allumettes garnies d'une composition renfermant du phosphore amorphe en place du phosphore ordinaire ; des allumettes de cette nature furent envoyées à l'Exposition de 1851 par MM. Dixon fils et Comp., de Manchester (1) ; mais elles ne furent jamais goûtées par le public et ont même disparu du commerce dans ces dernières années. Il paraît qu'on leur reprochait principalement de n'être pas assez inflammables et de cracher en brûlant.

Allumettes avec frotteurs séparés, préparés au phosphore. — M. Preshel essaya de vaincre les difficultés que présentait la substitution directe du phosphore amorphe au phosphore ordinaire, en réalisant l'idée émise par M. Boettger en 1848, de préparer des allumettes à friction spéciale, capables seulement de s'enflammer lorsqu'on les frottait contre une surface préparée d'une manière particulière.

De pareilles allumettes à friction, exemptes elles-mêmes de phosphore, mais livrées dans des boîtes revêtues d'une surface de friction contenant du phosphore amorphe furent, pour la première fois, livrées au commerce en 1854 par M. Preshel. A l'Exposition de Paris, des allumettes fabriquées d'après ce principe furent exposées par trois manufacturiers, qui étaient MM. Preshel, de Vienne ; MM. Fürth de Schüttenhofen et M. Lundstrœm, de Jœnkœping.

Cette espèce d'allumettes, quoique exempte de tous les inconvénients reprochés aux allumettes à phosphore ordinaire, ne s'enflammait ni aussi facilement, ni d'une manière aussi certaine que celles préparées par la plupart des fabricants avec le phosphore ordinaire ; leur combustion était beaucoup moins tranquille et silencieuse, et l'on trouva que les frotteurs présentaient une tendance à devenir humides et à perdre leur efficacité, avant que la provision d'allumettes qu'ils étaient appelés à enflammer ne fût épuisée.

Le public, accoutumé à l'usage des allumettes préparées avec le phosphore ordinaire, qui

(1) *Rapports des Jurys*, p. 45, 635.

prennent facilement feu par le frottement contre une surface rude quelconque, ne put être amené à accepter cette innovation ; la conséquence fut que les manufacturiers ingénieux cités plus haut se trouvèrent obligés, après bien des sacrifices, à abandonner la fabrication de ces nouvelles allumettes.

Les défauts présentés par ces allumettes à frotteurs spéciaux n'étaient cependant pas si graves, pour faire bannir tout espoir de les faire accepter finalement par le public ; il était rationnel d'espérer qu'on parviendrait à remédier à ces défauts, en apportant des modifications appropriées, soit à la composition de la masse inflammable destinée à former les têtes d'allumettes, soit à celle de la surface de friction.

C'est vers ce but que se dirigea, dans ces cinq dernières années, l'attention persévérante de plusieurs manufacturiers français, et ils réussirent, en effet, à faire acquérir à ces sortes d'allumettes un certain degré de popularité en France. Dans le chapitre précédent, nous avons parlé de MM. Coignet frères et Comp., à Lyon (France 178), en leur qualité de fabricants en grand de phosphore amorphe. Nous mentionnerons ici que cette même maison a exposé d'excellents échantillons d'allumettes, préparées d'après le système du docteur Boettger et livrées au commerce sous le nom d'*allumettes hygiéniques de sûreté au phosphore amorphe*. Les sortes fines de ces allumettes ne laissent rien à désirer et supportent parfaitement la comparaison avec les meilleures allumettes au phosphore ordinaire. Les sortes plus communes, quoique constituant un perfectionnement des produits antérieurs de ce genre, n'auraient qu'à gagner par une préparation plus soignée.

Antérieurement déjà, en 1855, des allumettes fabriquées en Allemagne, d'après le principe du docteur Boettger, et emballées dans des boîtes en bois, avaient été introduites dans le commerce par M. Sebold de Durlach et M. Rapp de Baden-Baden ; elles sont de bonne qualité et consommées en grande quantité en Suisse.

En Angleterre, MM. Bryant et May (1) ont pris des patentes pour la fabrication d'allumettes d'après le système Boettger.

Allumettes androgynes. — MM. Devilliers et C. Dalemagne (2) ont livré au commerce, en 1859, des allumettes préparées au phosphore amorphe, qui peuvent être considérées, jusqu'à un certain point, comme intermédiaires entre les allumettes qui exigent une surface de friction particulière et celles qui s'enflamment en les frottant contre une surface rude quelconque.

Chacune de ces *allumettes androgynes* est garnie à l'une des extrémités d'un mélange renfermant du chlorate de potasse, mais point de phosphore, tandis que l'autre bout présente une très-petite surface de friction au phosphore amorphe. Pour se servir de ces allumettes, on les casse en deux morceaux de longueur inégale, celui garni de phosphore amorphe devant être le plus court, et l'on frotte les deux extrémités préparées l'une contre l'autre.

A l'Exposition de 1862, on ne retrouvait cependant aucune allumette androgyne, et il ne paraît pas qu'elles aient eu beaucoup de vogue.

Allumettes instantanées de Achleitner. — M. L. Achleitner, de Salzbourg (Allemagne, Autriche 82), a exposé un arrangement très-ingénieux d'allumettes chimiques, dans des boîtes en bois, garnies de surfaces de friction au phosphore amorphe disposées de telle manière, que chaque allumette prend feu lorsqu'on la retire un peu brusquement de la boîte.

La disposition au moyen de laquelle on produit cet effet est à la fois simple et efficace. On colle au fond de la boîte, qui est de forme cylindrique, une bande de papier, large d'environ 18 millimètres, roulé en spirale et recouvert de phosphore amorphe sur une largeur d'environ 3 millimètres à la partie supérieure de la surface extérieure. L'un des bouts des allumettes est garni avec la masse ordinaire renfermant du chlorate de potasse et ces bouts sont

(1) May (F), Patente n° 1854, 15 août 1855.
(2) Devillers et Dallemagne, *Technologiste*, décembre 1859, 140.

disposés entre les circonvolutions de la spirale en papier, mais de manière que le bout garni de chaque allumette soit du côté de la surface de friction phosphorée; on a soin de placer l'extrémité inflammable, non pas immédiatement *en contact* avec la couche phosphorée du papier roulé en spirale, mais à environ 3 millimètres *au-dessous*, de manière que c'est seulement en retirant l'allumette qu'on fait frotter la masse inflammable contre la surface phosphorée, ce qui produit l'ignition.

Il est évident qu'on laisse un intervalle suffisant entre les allumettes, pour éviter la communication de l'inflammation de l'allumette retirée à celles qui ne le sont pas. Une autre garantie contre un pareil accident, consiste dans une disposition telle, que le bout inflammable de l'allumette retirée soit déjà à une certaine distance des bouts similaires des autres allumettes, avant qu'il puisse toucher la surface de friction et prendre feu.

Ces allumettes brûlent sans bruit et sans cracher et leur disposition ingénieuse, ainsi que la petite quantité de phosphore amorphe nécessaire pour l'arrangement décrit, rendent ce système d'allumettes instantanées très-probablement pas plus dangereux, soit pour l'usage, soit pour les transports, que tout autre système actuellement en pratique. Les boîtes d'allumettes d'Achleitner, malgré leur arrangement ingénieux, sont en outre livrées à la consommation à des prix qui sont tout aussi bas que ceux des allumettes à friction de qualité semblable. L'inventeur réalisera une chose très-utile et très à désirer, s'il parvient à adapter son excellent arrangement aux sortes d'allumettes plus communes, sans toutefois en élever le prix.

Sur l'avenir de la fabrication des allumettes au phosphore amorphe. — Les résultats indiqués plus haut, déjà réalisés par MM. Coignet, Achleitner et autres, sont une réfutation pratique de l'erreur de ceux qui affirment l'impossibilité du remplacement du phosphore ordinaire par le phosphore amorphe dans la préparation des allumettes chimiques.

Cette assertion erronée se basait surtout sur la difficulté réellement existante d'enflammer le phosphore amorphe par la chaleur; mais les conclusions qu'on a déduites de ce fait n'en sont pas moins incorrectes, puisque la manière dont un corps chauffé dans l'air se comporte par rapport à l'oxygène de cet air, ne permet nullement d'en conclure la manière dont ce même corps se comportera lorsqu'on le frotte en contact avec des substances plus riches en oxygène que l'air atmosphérique et renfermant cet oxygène sous forme solide.

Le sulfure d'antimoine, par exemple, ne s'oxyde que lentement, même à la température du rouge naissant, et cependant, lorsqu'il est mélangé avec du chlorate de potasse, composé riche en oxygène solidifié, il en résulte une poudre qui, par un léger frottement, détonne avec une extrême violence.

Il en est de même du phosphore amorphe, qui, malgré la difficulté qu'on éprouve de l'enflammer à l'état isolé, forme au contraire, lorsqu'il est intimement associé au chlorate de potassium, un mélange auquel on peut communiquer tout degré d'inflammabilité désiré, par un choix judicieux des proportions des matières mélangées.

Il résulte de là que l'opinion erronée mentionnée plus haut repose sur une appréciation inexacte des faits; et de ce que le phosphore amorphe n'est pas facile à enflammer par la chaleur seule, il n'est nullement permis de conclure que des allumettes fabriquées avec lui doivent présenter le défaut de prendre feu difficilement.

Quant aux allumettes préparées avec des mélanges renfermant du phosphore amorphe en place de phosphore ordinaire et possédant par conséquent la propriété de s'enflammer par le frottement contre une surface rude quelconque, c'est à de futures expériences à décider si les manufacturiers feront bien d'en poursuivre la réalisation pratique, au moyen de nouvelles recherches.

M. le professeur Schrœtter a eu l'obligeance de fournir au rapporteur des renseignements qui permettent à peine de douter que ces allumettes ne soient susceptibles d'être suffisamment perfectionnées; en effet, d'après M. Schrœtter, on parvient à communiquer à de pareilles allumettes toutes les qualités désirables, en déterminant avec le plus grand soin les proportions des substances servant à préparer la masse inflammable; les mêmes ingrédients, mais employés dans des proportions défectueuses, ne produisent que des allumettes de mauvaise qualité, qui s'enflamment avec explosion et brûlent en projetant au loin les matières enflammées. La condition essentielle du succès repose donc dans la découverte des voies et moyens qui assurent sous ce rapport *l'uniformité constante* de fabrication.

Allumettes exemptes de phosphore. — Avant de terminer, nous devons attirer l'attention sur les efforts persévérants et très-dignes d'encouragements qui ont été faits pour la préparation d'allumettes à friction, ne contenant aucun phosphore, ni ordinaire, ni amorphe. La solution de ce problème difficile a été tentée par plusieurs manufacturiers éminents, tels que MM. Hochstaetter (1), Luz (2), Canouil (3), Vaudaux et Paignon (4), Rimmer, Günther et autres; mais jusqu'ici ces tentatives n'ont pas fourni de résultats satisfaisants.

Les recherches très-étendues et systématiquement conduites de M. Wiederhold (5) ont cependant commencé à jeter quelque lumière sur cette branche de chimie technologique, qui jusqu'alors avait été traitée d'une manière un peu superficielle.

Il résulte de ses expériences qu'on peut préparer des allumettes de bonne qualité au moyen de chlorate de potassium et d'hyposulfite de plomb; ce résultat serait très-important, si la pratique démontrait qu'il peut être réalisé dans la fabrication industrielle.

L'élimination absolue du phosphore de la fabrication des allumettes serait en effet un bien grand progrès, non-seulement au point de vue sanitaire et comme moyen de diminuer les risques d'incendies, mais encore parce qu'il permettrait immédiatement de réserver pour les besoins de l'agriculture l'énorme quantité d'os actuellement employés pour la fabrication du phosphore.

Peu de sujets sont plus dignes de fixer l'attention d'une catégorie de fabricants des plus honorables.

Le rapporteur exprime ici l'espoir bien sérieux, qu'avant l'époque de la future exposition de 1872, il ne sera plus question d'allumettes *phosphorées* qu'au point de vue historique.

PRODUITS MINÉRAUX DIVERS.

Dans les chapitres précédents, on a surtout dirigé l'attention sur les produits les plus importants de la fabrication chimique appartenant au règne inorganique; et même sur des procédés et produits de moindre importance, lorsqu'on pouvait y signaler des perfectionnements assez notables réalisés dans la dernière décade. Mais en dehors de ces catégories, il reste encore à mentionner quelques produits qu'il suffira de passer rapidement en revue. En effet, sur la plupart d'entre eux, le rapporteur ne peut fournir aucun renseignement d'un intérêt un peu général, et, en tous cas, il ne lui reste à remplir que le devoir très-agréable de citer le nom des exposants auxquels le jury a accordé des distinctions.

Pour ne pas multiplier inutilement le nombre des chapitres, tous ces produits ont été réunis en un seul, sous le titre commun de : *Produits minéraux divers.*

Sels à bouser. — C'est un fait bien connu que les toiles de calicot, après l'impression des mordants, le séchage sur des cylindres chauffés à la vapeur et l'étendage pendant plusieurs jours, pour oxyder ou amener à maturité (*to age*, terme anglais), ont besoin d'un passage à travers un bain de bouse ou d'un traitement équivalent, pour achever le mordançage et

---

(1) Hochstætter. *Génie industriel*, mars 1857, p. 124.
(2) Luz, *Würtembergisches Gewerbeblatt*, 1858, n° 43.
(3) Canouil, *Comptes-rendus*, XLVII, 1268, et *Génie industriel*, 1859, p. 51.
(4) Paignon. Payen, *Précis de chimie industrielle*, II, p. 738.
(5) Wiederhold, *Dingler's polytechnisches Journal*, CLXI, 268; CLXIII, 203, 269.

rendre le tissu imprimé convenablement préparé pour le bain de teinture. Le bousage constitue un de ces procédés empiriques qui, parfaitement acceptables pendant les premières phases encore informes d'une industrie naissante, deviennent surannés et sont abandonnés dès que les recherches scientifiques ont jeté leur lumière sur les procédés manufacturiers.

La bouse de vache ordinaire peut être considérée comme composée d'environ 70 pour 100 d'eau et 25 pour 100 de fibre végétale (inerte pour le teinturier), tandis que les autres matières salines et organiques, qui jouent un rôle plus ou moins actif dans le bousage, constituent les 5 pour 100 restants.

Ces quelques pour 100 comprennent :

a) Les matières salines entrant dans la composition des cendres de la nourriture du bétail, savoir : des sulfates, carbonates, chlorures et silicates alcalins et terreux avec environ 0.5 pour 100 de phosphate de chaux ;

b) Des matières organiques albumineuses, résineuses, grasses, etc.

Le tout formant un mélange extrêmement complexe et variable, dont le mode d'action sur les mordants ne peut être apprécié que de la manière la plus confuse et la plus incertaine.

Ce qui augmente encore l'incertitude, c'est la variabilité dans la composition de la bouse, qui peut se modifier, suivant le genre de nourriture de l'animal et suivant son état sanitaire. C'est ainsi que des vaches nourries avec du fourrage vert ou avec des betteraves ne fournissent qu'une bouse très-pauvre en phosphates et en acides gras, comparativement à celle des animaux qui consomment du fourrage sec. Aussi la bouse de ces derniers est-elle considérée avec raison comme préférable pour l'usage manufacturier.

La bouse de vaches bien portantes possède une réaction légèrement alcaline ; celle de vaches affectées de diarrhée est, au contraire, fortement acide, etc.

D'après cela, il n'y a rien d'étonnant à ce que l'opération du bousage des pièces soit considérée par l'imprimeur sur calicot comme l'une des plus *délicates* ou difficiles, ce qui veut dire en réalité et plus conformément à la vérité, que son opération est exposée à des chances de non-réussite, parce qu'elle est une des plus grossières et des plus entachées d'empirisme.

En cherchant à apprécier l'effet que la bouse peut exercer sur les mordants imprimés sur les pièces de calicot, on arrive à l'explication suivante, comme la plus probable : Les principes albumineux et mucilagineux de la bouse détachent et enveloppent en même temps l'excès des mordants salins, qui n'adhère que mécaniquement à la fibre textile, au lieu d'y être combiné chimiquement. Si cet excès de mordant n'était pas pour ainsi dire saisi et retenu par la bouse, il se répandrait sur les parties blanches, s'y fixerait, et, attirant ensuite la couleur dans le bain de teinture, donnerait des blancs salis et colorés, et les dessins eux-mêmes seraient abîmés. L'alcalinité du bain de bouse a pour effet de neutraliser plus ou moins l'acide du mordant ; ce dernier rendu plus basique, se fixe plus facilement et plus intimement sur le tissu. On suppose que la présence du phosphate de chaux, ainsi que des principes amers et résineux, contribue à augmenter cet effet fixant de la bouse.

On sait que les sels basiques en général et les phosphates basiques en particulier possèdent une attraction puissante pour les matières colorantes, et il est hors de doute que leur combinaison avec les mordants ne produise des teintes plus saturées et plus brillantes.

MM. Walter Crum et Scheurer-Kestner et d'autres chimistes prétendent que les oxydes basiques des mordants sont sujets à éprouver une transformation allotropique qui leur fait perdre toute affinité pour les matières colorantes, et que cette transformation est empêchée (d'une manière non encore expliquée) par l'opération du bousage.

Quels que soient les avantages du bousage, il présente par contre l'inconvénient de communiquer aux mordants une teinte jaune verdâtre qui nuit au brillant et à la pureté des couleurs, surtout de celles d'une nuance délicate.

Pour remédier à cet inconvénient et pour arriver à des résultats moins incertains et moins irréguliers, on a proposé dans ces dernières années l'emploi de bien des substances en remplacement de la bouse. Parmi elles, il faut citer le son des céréales, qui, dans bien des cas, rend d'excellents services, mais dont l'usage est bien plus dispendieux que celui de la bouse.

Depuis 1850, on emploie beaucoup dans les manufactures un mélange de phosphates préparés avec des os calcinés, avec ou sans l'addition d'une petite quantité de gélatine (pour remplacer les principes albumineux de la bouse). MM. Mercier, Prince et Blythe paraissent avoir introduit les premiers ce mélange dans la fabrication. Ils le préparent en traitant les os calcinés avec de l'acide sulfurique étendu, séparant par filtration le précipité de sulfate de chaux, saturant la liqueur filtrée avec du carbonate de soude, et évaporant presque à siccité les sels, tant solubles qu'insolubles, qui en résultent. Si l'on fait usage de gélatine, qui doit être exempte de graisse, on l'ajoute à la liqueur constituée par les sels, soit dissous, soit en suspension, immédiatement avant d'y passer les pièces. Cette liqueur doit être chauffée à une température de 60 à 70° centigrades.

En place de gélatine, on peut enfin faire usage d'arséniate de soude ou d'arséniate de chaux récemment précipité. Le liquide renfermant le mélange de matières salines peut être employé soit comme bain, dans lequel on plonge et manœuvre les tissus imprimés de mordants, ou bien on l'épaissit et l'on en plaque les pièces.

En 1851, le verre soluble fut proposé comme surrogat de la bouse, et en 1852 on commença à l'employer en cette qualité.

Au commencement, sa composition variable et l'excès d'alcali qu'il renfermait toujours furent des obstacles à son adoption plus générale. Les mordants d'alumine souffraient surtout de cet excès d'alcali, qui, dissolvant l'alumine, affaiblissait le mordant et produisait par suite des teintes râpées et peu intenses.

M. Higgin et autres suggérèrent cependant bientôt des moyens pour neutraliser l'excès d'alcali par l'addition d'acides convenables Les combinaisons salines ainsi formées provoquèrent une précipitation abondante, soit de silice gélatineuse, soit de silicates, et l'inconvénient disparut complétement.

L'usage du silicate de soude, soit seul, soit mélangé avec des arséniates ou phosphates sodiques ou calciques, pour précipiter et fixer les mordants sur le tissu, est maintenant devenu assez général.

Ce substitut de la bouse se recommande à la fois par son bon marché et par sa propreté, et il a remplacé presque entièrement tous les autres sels à bouser. Il agit en fixant le mordant sous forme d'un silicate basique, produisant des nuances très-belles et très-solides.

M. le docteur Bolley (1) et M. Grüne (2) ont publié des mémoires intéressants sur les effets chimiques du verre soluble, considéré comme un remplaçant de la bouse. D'après M. Bolley, c'est avec le silicate alcalin le plus neutre possible qu'on obtient les meilleurs résultats.

Arséniate de sodium. — Dans un des chapitres précédents (Voyez *Composés du chrome*), le rapporteur a attiré l'attention sur les efforts, dignes d'éloges, de plusieurs chimistes pour substituer une couleur inoffensive au dangereux vert de Schweinfurth, qui, malgré ses propriétés toxiques et son caractère de poison mortel, a été malheureusement employé sur une très-grande échelle.

Ces efforts ont déjà eu pour résultat d'enlever à la circulation une forte proportion d'ar-

(1) Bolley, *Schweizerisches Gewerbeblatt*, 1854, p. 130.
(2) Grüne, *Dingler's polytechnisches Journal*, CXL, p. 287.

senic, et l'on est en droit d'espérer que cette proportion sera encore augmentée, lorsque les différents substituts du vert de Schweinfurth, tels que le vert de Guignet, etc., seront mieux connus.

Malgré cela, l'emploi des combinaisons arsenicales dans l'industrie n'a nullement été diminué. Pendant la dernière décade, l'acide arsénique a commencé à jouer un rôle très important dans la fabrication du rouge d'aniline (voyez plus loin le chapitre sur les matières colorantes artificielles dérivées du goudron de houille); car, parmi les nombreux procédés proposés pour la préparation de cette splendide couleur, c'est celui par l'acide arsénique auquel les fabricants donnent généralement la préférence.

Le rapporteur, en parlant de ces matières colorantes, aura l'occasion de donner quelques détails sur la préparation de l'acide arsénique. Dans le chapitre présent, il se borne à signaler brièvement le mode de préparation de l'arséniate de sodium, dont l'emploi très-fréquent comme sel à bouser a déjà été mentionné. Le procédé ordinaire pour préparer l'arséniate de sodium consiste à faire fondre ensemble de l'acide arsénieux anhydre avec du nitrate de sodium.

Un équivalent de nitrate renfermant assez d'oxygène pour oxyder une molécule d'acide arsénieux anhydre, on ne pourrait obtenir de cette manière un arséniate neutre sans sacrifier inutilement une quantité assez considérable de nitrate.

Pour cette raison, on ajoute toujours une proportion convenable de soude caustique.

Ce mode de préparation paraît cependant entraîner la perte d'une quantité assez notable d'acide arsénieux anhydre, qui se volatilise avant que la réaction donnant naissance à l'acide arsénique puisse s'accomplir. Pour éviter cette perte, M. Higgin (1), de Manchester, ne laisse commencer l'oxydation qu'après la transformation de l'acide arsénieux anhydre (anhydride arsénieux) en un composé salin.

A cet effet, l'anhydride arsénieux est préalablement dissous dans la soude caustique, l'arsénite sodique ainsi formé est mélangé avec le nitrate de soude, et le tout est ensuite chauffé au rouge dans un four à réverbère.

On continue de chauffer jusqu'à ce que le mélange soit devenu sec. Pendant la réaction, il se dégage d'abord de l'ammoniaque, et plus tard de l'oxyde nitrique.

Il paraît qu'en procédant ainsi, non-seulement on prévient entièrement la volatilisation d'anhydride arsénieux, mais on économise également du nitrate de soude, une partie de l'oxygène nécessaire pour la transformation de l'arsénite en arséniate de sodium étant fournie par l'air atmosphérique qui traverse le four à réverbère.

Un autre procédé de préparation de l'arséniate de sodium, plus économique, consiste à employer l'anhydride arsénieux, en place d'acide sulfurique, pour chasser l'acide nitrique du nitrate de soude employé dans la fabrication de l'acide sulfurique.

Au moyen de cet artifice, on obtient l'arséniate sodique, comme produit secondaire, en place du bisulfate de soude, ordinairement obtenu.

Le grand inconvénient de ce mode de procéder (irréprochable du reste au point de vue économique) réside dans la production d'un acide sulfurique arsenical ne pouvant être employé que pour des préparations communes et grossières.

La consommation de l'arséniate de sodium est très-considérable; on n'en prépare pas moins de 10 à 12 tonnes par semaine dans le sud du Lancashire seulement.

Stannate de sodium. — Ce composé salin constituait une des nouveautés de l'Exposition de 1851 (2). M. James Young y avait exposé de très-beaux échantillons obtenus en faisant fondre du minerai d'étain avec du sel de soude. Le stannate de sodium continue à être employé

(1) *Sur les progrès récents,* etc., p. 117.
(2) *Rapports des Jurys,* p. 41.

sur une très-large échelle pour préparer (stanner) les pièces de calicot imprimées avec des couleurs vapeurs.

La fusion du minerai d'étain avec du nitrate de soude est toujours encore le procédé de préparation le plus fréquemment employé. Les imprimeurs trouvent un certain avantage d'associer au stannate de sodium une petite quantité (5 pour 100) d'arséniate de sodium.

Il paraît que l'oxyde d'étain déposé dans cette circonstance sur la fibre textile est dans une meilleure condition pour résister à l'action de l'acide sulfurique faible, à travers lequel les toiles doivent passer dans une des phases subséquentes de l'opération (1).

M. Higgin (2), de Manchester, tire parti de l'étain qui recouvre les rognures de fer-blanc (fer étamé) pour la fabrication du stannate de sodium.

Lorsqu'on traite du fer étamé par de l'acide chlorhydrique, le fer, comme métal plus électro-positif, est attaqué de préférence; mais par contre, si l'on ajoute à l'acide chlorhydrique une certaine quantité de nitrate de sodium, on forme ainsi une espèce d'eau régale qui dissout l'étain plus rapidement que le fer. Il en résulte du tétrachlorure d'étain (chlorure stannique), et la solution renferme en même temps des chlorures de sodium et d'ammonium.

$$2\,Sn + 10\,HCl + Na\,XO^{5} = 2\,Sn\,Cl^{4} + Na\,Cl + H^{4}\,N\,Cl + 3\,H^{2}\,O.$$

Mais, en présence d'étain, le chlorure stannique passe à l'état de chlorure stanneux; la petite quantité de fer qui se dissout invariablement en même temps est également réduite à l'état de sel ferreux. La séparation de ces deux métaux est opérée par l'addition de craie ou de carbonate calcique, qui précipite l'étain à l'état d'oxyde stanneux et laisse le fer en solution. L'oxyde stanneux est ensuite converti en stannate de sodium par le procédé ordinaire de fusion, avec de la soude et du nitrate de soude.

Les rognures de fer-blanc, débarrassées par cette méthode de leur étain, sont employées plus tard pour précipiter le cuivre de ses dissolutions salines. (Voyez plus loin : *Sels de cuivre.*

Cœruleum. — Les arts sont redevables à MM. Rowney et Comp. (Royaume-Uni, 591) d'un nouveau bleu minéral, auquel ils ont donné le nom de *cœruleum* (3), et qui est employé aussi bien dans la peinture à l'huile que dans celle à l'aquarelle. Cette couleur, que les peintres paysagistes utilisent déjà en quantité considérable, est essentiellement un stannate de cobalt [Co^{2}O, SnO^2], mélangé avec plus ou moins d'acide stannique, de sulfate de chaux et de silice.

M. Bleekrode (4), qui en a fait l'analyse, y a trouvé :

Acide stannique	49.66
Oxyde cobaltique	18.66
Sulfate de chaux	} 31.60
Silice	}
	100.00

D'après cette analyse, le rapport de l'acide stannique à l'oxyde de cobalt est comme 3 est à 4, et M. Bleekrode est disposé à attribuer au cœruleum la formule :

$$3(Co^2\,O,\ Sn\,O^2) + Sn\,O^2.$$

Il reste cependant à vérifier si les autres principes constituants peuvent être considérés comme non essentiels. A en juger d'après la composition, le cœruleum est probablement préparé en calcinant un mélange de sulfate de cobalt, de peroxyde d'étain et de chaux vive,

(1) *Sur les progrès récents*, etc., p.119.
(2) *Ibid.*
(3) *Mechanic's Magazine*, mai 1860, p. 304.
(4) Bleekrode, *Rép. chim. appliq.*, 1861, p. 13.

ou peut-être commence-t-on par précipiter un sel de cobalt par du stannate de sodium. Le stannate de cobalt qui en résulte est ensuite mélangé avec du sulfate d'étain et de la chaux vive, et le tout est calciné en observant la précaution d'employer l'oxyde de cobalt et l'acide stannique dans le rapport de 3 à 4 équivalents respectifs.

Le cœruleum est une matière colorante d'un bleu clair avec une légère teinte verdâtre. Il est inaltérable à l'air, à la lumière et aux acides et alcalis à la température ordinaire. Les acides bouillants l'attaquent. Il couvre bien et conserve sa nuance à la lumière artificielle. Cette dernière propriété lui donne une valeur particulière, parce que beaucoup d'autres couleurs bleues présentent dans ces conditions une nuance violacée.

Pink colour (couleur rose). — Une autre matière colorante, comparativement nouvelle et qui renferme dans sa composition une proportion considérable d'acide stannique, est la substance connue commercialement sous le nom de *pink colour*. Jusqu'ici, elle n'a été utilisée exclusivement que sur porcelaine et sur des objets en terre cuite; mais son inaltérabilité et son pouvoir tinctorial considérable lui procureront un emploi dans la peinture à l'huile et dans l'aquarelle. La pink colour, qui est une combinaison d'acide stannique avec l'oxyde de chrome, présente une teinte analogue à celle d'une laque de garance d'un rose-rouge clair. Son mode de préparation est le suivant: à un mélange de peroxyde d'étain, de carbonate de chaux et de quartz, on ajoute environ $1/40$ en poids de chromate de potassium.

On dessèche le tout, on pulvérise et on calcine dans un creuset à une chaleur rouge intense. Après refroidissement, la masse frittée est de nouveau pulvérisée et calcinée une seconde fois. On n'a plus alors qu'à la réduire une dernière fois en poudre fine, qu'on lave et qu'on fait ensuite sécher.

Sulfate de fer (couperose verte). — C'est un fait bien connu, qu'on obtient de grandes quantités de ce sel comme produit secondaire de la fabrication de l'alun, par suite de l'oxydation de la pyrite disséminée dans les schistes alumineux, lorsque ces derniers sont exposés à l'action de l'oxygène de l'air atmosphérique. Malgré cela, cette source est insuffisante pour fournir tout le sulfate de fer nécessaire pour ses nombreuses applications industrielles, et une proportion assez considérable de ce sel est fabriquée directement.

Divers procédés sont mis en œuvre pour sa préparation.

En France, on utilise pour cela l'oxydation lente d'une espèce de *terre noire* de Picardie et même l'action directe d'acide sulfurique étendu sur des rognures de tôle (Balard). Dans le Lancashire (1), des masses énormes de sulfate de fer (environ 80 tonnes par semaine) sont produites par l'oxydation de pyrites fournies par les gîtes houillers. Ce minerai, appelé en langage vulgaire *laiton* ou *bronze de houille (coal brasses)*, à cause de la couleur jaune de bronze de la pyrite, est réuni en grands tas qu'on arrose de temps à autre.

L'oxygène est lentement absorbé, avec production d'un mélange de sulfate de fer neutre et d'acide sulfurique libre. Ce dernier est neutralisé par digestion avec des rognures et des déchets de fer ou de fonte.

Le sulfate de fer ainsi produit est purifié par recristallisation; les eaux-mères fournissent un sel de qualité inférieure renfermant une certaine quantité de sulfate d'alumine.

Sels de cuivre (vitriol bleu). — A la méthode ordinaire de fabrication du vitriol bleu, consistant dans la réaction de l'acide sulfurique étendu sur du cuivre oxydé dans un four à réverbère, plusieurs nouveaux procédés ont été ajoutés. Certains minerais, schistes, grès, etc., renfermant de petites quantités de cuivre sous forme de carbonate ou d'arséniate, sont épuisés par un traitement à l'acide sulfurique. Des minerais ne renfermant pas plus de 1.25 pour 100 de cuivre ne peuvent être traités avantageusement de cette manière.

En évaporant la solution, on obtient des cristaux de sulfate de cuivre.

Les eaux-mères de ces cristaux, et même plus fréquemment la solution primitive, sont

____

(1) *Sur les progrés récents*, etc., p. 119.

évaporées dans un four dont la sole en briques est chauffée par-dessous. Sous l'influence d'une haute température, l'acide sulfurique est chassé, et les vapeurs sont conduites dans les chambres en plomb d'une fabrication d'acide sulfurique.

Il reste pour résidu un oxyde de cuivre impur dont on extrait le métal.

La température nécessaire pour la décomposition du sulfate de cuivre étant assez élevée, les manufacturiers trouvent de l'avantage à ajouter au sel un peu de charbon, qui en facilite beaucoup la décomposition.

Le soufre dégagé dans ce cas à l'état d'acide sulfureux est évidemment mélangé avec une certaine proportion d'acide carbonique. Mais il paraît que la présence de ce dernier gaz n'est point un obstacle à la conversion de l'acide sulfureux en acide sulfurique dans les chambres de plomb.

Lorsque les minerais renferment le cuivre à l'état de sulfure, M. W. Henderson grille le minerai finement pulvérisé et mélangé de sel marin; il se volatilise du chlorure de cuivre qui est condensé dans une tour à coke. Le liquide cuprifère s'écoulant de la tour est précipité par du fer métallique. Le résidu du grillage renferme du sulfate de soude qu'on extrait par l'eau et qu'on fait cristalliser.

Lorsqu'il y a un peu d'argent dans le minerai, on le retrouve à l'état de chlorure d'argent dans le carneau qui relie le four à griller avec la tour condensatrice. On applique le même procédé au résidu cuprifère des pyrites grillées pour la fabrication de l'acide sulfurique (Voyez plus haut ce chapitre).

Le rapporteur a déjà eu occasion de mentionner l'emploi de l'acide chlorhydrique sur une large échelle pour l'extraction du cuivre de pyrites peu cupriques (Voyez le chapitre consacré à l'*Acide chlorhydrique*).

SUR LES MANUFACTURES DE PRODUITS CHIMIQUES.

Par M. Chandelon,
Professeur de chimie à l'Université de Liége.

AMIDON DE RIZ.

Depuis une vingtaine d'années on utilise en Angleterre le riz, qui, de toutes les céréales, est la plus riche en substance amylacée, pour la préparation économique d'un amidon d'excellente qualité, dont l'exposition anglaise offrait de très-beaux spécimens.

Pour séparer le gluten on peut employer soit les alcalis, soit les acides étendus.

M. Orlando Jones, qui le premier a fabriqué l'amidon de riz, fait usage d'une solution de soude caustique contenant 287 gr. d'alcali par hectolitre. Il opère avec cinq séries de cuves ; les deux premières sont en cuivre, en fer étamé ou en toute autre matière résistant à l'action alcaline des liquides qu'on y introduit; les trois autres séries sont en bois.

On introduit dans les cuves de la première série le riz en grains et la solution alcaline, dans le rapport de 5 litres de liqueur par kilogrammes de riz. On laisse macérer vingt-quatre heures. On transvase dans les cuves de la quatrième série, la liqueur surnageante et on la remplace par de la fraîche, afin de laver le riz. Cette eau de lavage, dont le volume doit être double de celui du liquide alcalin siphonné, étant soutirée à son tour, est recueillie dans les cuves de la cinquième série, et le riz complétement égoutté, est écrasé entre des cylindres ou broyé sous des meules, puis passé par des tamis à brosses, qui retiennent le son et les corps étrangers.

Le produit de ce tamisage, auquel on réunit le dépôt abandonné par les eaux de lavage dans les cuves n. 5, est soigneusement délayé dans une nouvelle solution alcaline de la force indiquée.

Cette manipulation se fait dans les cuves étamées n. 2 ; on y verse 10 litres de liqueur pour chaque kilogramme de riz.

Le mélange est agité à plusieurs reprises pendant vingt-quatre heures, puis abandonné pendant environ trois jours ; après quoi l'on transvase dans les cuves n. 4, la liqueur alcaline surnageante, qui tient le gluten en dissolution et l'on délaie de nouveau l'amidon dans de l'eau fraîche en quantité double de la solution alcaline retirée.

Au bout d'une heure, les débris de tissu végétal des plus lourds s'étant précipités, on siphonne le liquide qui tient en suspension la moyenne partie de l'amidon, en ayant soin d'enfoncer peu à peu le siphon, au fur et à mesure que le niveau baisse et de s'arrêter aussitôt qu'on arrive aux impuretés.

La liqueur décantée, après avoir passé par de fins tamis de soie, est reçue dans les cuves de la série n. 3, d'où après un repos de trois jours, l'amidon est recueilli pour subir les opérations ordinaires destinées à lui donner la forme commerciale.

Le produit obtenu par ce procédé est de qualité supérieure.

On n'obtient qu'un amidon de seconde qualité en remplaçant le siphonnage méthodique par un simple tamisage.

Dès que la solution de gluten a été soutirée dans les cuves n. 4, on neutralise la soude par l'acide sulfurique ; le gluten se précipite, on laisse déposer pendant douze heures, on décante et le gluten, après lavage et dessiccation, est moulu pour servir à l'alimentation du bétail.

Ce procédé a été modifié par MM. Stiff et Fry (Redcliff St-Bristol) ; le riz est nettoyé, moulu et sa farine délayée directement dans la solution faible d'alcali caustique. On agite pendant quelque temps, on laisse déposer, puis on décante la liqueur surnageante qui contient le gluten.

On sépare ensuite, par des décantations successives, l'amidon de la fibre ligneuse.

M. S. Berger de Bromley-by-Bow, qui a remplacé les alcalis caustiques par leurs carbonates, opère de la manière suivante :

Le riz est nettoyé et trempé dans de l'eau froide pendant deux jours, puis passé à travers un tamis ayant 60 mailles par pouce carré (6.45136 centimètres carrés). Le produit, qui a la consistance de la crème, est mis en macération pendant cinquante à soixante heures dans une solution de 5 kilogr. de carbonate de soude par hectolitre d'eau. Le gluten étant dissout, on décante et on termine par des lavages et tamisages ordinaires.

M. J. Colman (Brevet. fév. 1842) a substitué à l'alcali l'emploi d'acide hydrochlorique. Le riz trempé et réduit en bouillie est délayé dans 5 parties d'eau acidulée par $\frac{1}{2}$ kilogr. d'acide par hectolitre.

On laisse macérer pendant cinq jours, en agitant le tout toutes les quatre heures. On décante après un repos de dix-huit heures et l'amidon subit une nouvelle macération avec une eau acidulée fraîche, ne renfermant que le $\frac{1}{4}$ de l'acide hydrochlorique précédemment employé.

DEXTRINE. — LÉIOCOME. — GOMMELINE.

La matière amylacée, seule ou imprégnée de quelques millièmes d'acides nitrique ou hydrochlorique, lorsqu'on la chauffe à une certaine température, se transforme en un produit nouveau isomère, la *dextrine*, complétement soluble dans l'eau, jouissant de propriétés agglutinatives dont l'industrie tire parti pour les apprêts et encollages, l'épaississage des mordants et le gommage des couleurs.

Le produit qu'on obtient en torréfiant l'amidon à une température de 160 à 200° centigrades et auquel on donne le nom de *léiocome*, possède une couleur qui varie du jaune clair au jaune brunâtre ; celui qui se forme sous l'influence des acides et qu'on vend sous les noms de *gommeline, amidon soluble*, etc., est au contraire très-blanc.

On le fabrique en arrosant 1000 kilogr. de fécule ou d'amidon, de 300 litres d'eau renfermant 2 kilogr. d'acide nitrique à 40° Baumé.

On laisse sécher, on écrase et la poudre est chauffée dans une étuve à une température d'environ 110° centigrades jusqu'à ce que tout l'acide soit évaporé, ce qui arrive ordinairement en 1 heure $^1/_2$.

On peut remplacer l'acide nitrique par l'acide hydrochlorique mais délayé seulement dans 200 litres d'eau.

Le prix des gommes factices est de 75 cent. à 1 fr. le kilogr.

ACIDE PYROLIGNEUX.

M. A. P. Halliday a remplacé, en Angleterre, le bois en bûches ou en fagots ordinairement soumis à la distillation sèche, par de la sciure de bois, des résidus de bois de teinture, de la tannée et autres déchets analogues.

Il fait passer la matière à distiller d'une manière continue dans des cylindres horizontaux en fonte, au moyen d'une vis sans fin, dont la vitesse de rotation est réglée de manière qu'au sortir de l'appareil, le bois est carbonisé et débarrassé de tous ses principes volatils.

Le charbon tombe par des tuyaux plongeurs dans une bâche pleine d'eau, tandis que les produits volatils se rendent par d'autres tuyaux dans l'appareil de condensation.

100 kilogr. de sciure de bois rendent de 45 à 54 litres de liquide, à 4 pour 100 d'acide acétique monohydraté et 6 à 8 litres de goudron.

D'après M. Rumney (Ardwick, *Chemical Works*, Manchester), il ne se produit pas d'alcool méthylique.

Dans l'ancien système de distillation de bois, on obtenait avec 100 de bois de 3 $^1/_2$ à 4 pour 100 d'acide acétique, 25 à 30 pour 100 de charbon de bois, de 1 $^1/_2$ à 2 pour 100 d'alcool méthylique (esprit de bois) et environ 10 pour 100 de goudron.

M. W.-H. Bowers, attribuant cette différence de rendement à la décomposition qu'éprouvent les premiers produits volatils de la distillation au contact des parois de la cornue rouge de feu, a cherché à remédier à cet inconvénient, en opérant dans des cylindres inclinés de 22 à 23 degrés et chauffés principalement à la partie inférieure.

Par cette disposition, la sciure de bois, entraînée par une chaîne sans fin (en place d'une hélice), est amenée peu à peu jusqu'au bas du plan incliné et subit une carbonisation graduée et méthodique.

Le charbon pulvérulent, produit dans ce procédé, est rejeté, en Angleterre, comme étant sans valeur ; mais il est évident qu'on pourrait l'agglomérer en péras, pour le convertir en combustible ou le faire entrer dans la composition des engrais, en utilisant la propriété désinfectante qu'il possède à un haut degré.

Pour l'obtention d'acide acétique cristallisable, on peut employer avec avantage le procédé de M. Melsens, basé sur la préparation et la distillation du biacétate de soude ou de potasse.

ACIDE OXALIQUE.

MM. Roberts, Dale et Comp., se servent depuis 1856, pour la préparation de cet acide, de sciure de bois, qu'on commence par amener à l'état de pâte en la mélangeant avec une solution alcaline caustique, marquant 37 à 38 degré Baumé et renfermant sur 1 équivalent de potasse, 2 équivalents de soude (30 à 40 parties de sciure pour 100 d'alcali réel tenu en solution).

Cette pâte est étendue en couche mince sur des plaques en fer, qu'on chauffe graduellement par dessous et à feu nu, jusqu'à la température d'environ 200 degrés en ayant soin de retourner constamment la masse.

L'eau s'évaporant, la matière se gonfle en dégageant de l'hydrogène et des hydrocarbures et finit par se transformer en une substance d'une couleur brune foncée, entièrement soluble dans l'eau, mais ne contenant que de 1 à 4 pour 100 d'acide oxalique et 0.5 pour 100 d'acide formique.

On fait passer la matière sur d'autres plaques un peu moins chauffées que les précédentes et l'on a soin de remuer continuellement jusqu'à siccité complète. Le produit contient alors 28 à 30 pour 100 d'acide oxalique cristallisé et un peu plus d'acide formique qu'auparavant. Après cette opération, dont la durée est de quatre à six heures, la matière refroidie est traitée par de l'eau à 16° centigrades qui dissout les alcalis carbonatés ou caustiques et laisse l'oxalate sodique, sel peu soluble.

La liqueur décantée est évaporée à sec et le résidu calciné dans un four à reverbère donne un mélange de carbonates de potasse et de soude, qu'on caustifie pour de nouvelles opérations, après y avoir ajouté de la soude pour remplacer celle qui s'est combinée à l'acide oxalique.

Quant à l'oxalate sodique, il est lavé d'abord avec un peu d'eau froide, puis mis en ébullition avec de la chaux ; ce qui donne une liqueur renfermant de la soude caustique à employer et de l'oxalate calcique, qui, après lavage, est décomposé par de l'acide sulfurique faible, mais en grand excès (3 équivalents d'acide pour 1 équivalent de sel). La liqueur claire est évaporée et mise en cristallisation dans des vases en plomb. Les cristaux d'acide oxalique encore un peu colorés, sont purifiés par recristallisation.

100 parties de sciure de bois rendent ordinairement 50 parties d'acide oxalique, dont le kilogramme se vend de 1 fr. 75 c. à 1 fr. 97 c., c'est-à-dire la moitié du prix auquel il se vendait en 1851.

Dans ce procédé, où les alcalis sont constamment employés, la plus forte dépense est celle du combustible, dont il faut jusqu'à 40 kilogr. pour produire 1 kilogr. d'acide oxalique.

PURIFICATION DE LA COLOPHANE.

MM. Hunt et Pochin de Salford ont réussi à transformer la colophane brune ordinaire (Arkanson), en une résine brillante, presque incolore, solide, friable et propre à servir à la préparation de savons, vernis, laques, etc.

On obtient ce résultat en chauffant la colophane dans un appareil distillatoire en fonte, au fond duquel on amène, par des tuyaux perforés, de la vapeur à la tension de 10 livres (4 kilog. 530), qui agite violemment la masse et entraîne la résine dans un récipient où elle se dépose. La volatilisation commence vers 200° environ et se termine à 300°; mais on peut diminuer notablement cette température en faisant le vide dans l'appareil distillatoire.

Pour un alambic contenant 6 $^1/_2$ tonnes de résine, on donne au tuyau de vapeur un diamètre de 5.08 centimètres.

Dans le Lancashire, on purifie environ 60 tonnes de colophane par semaine d'après ce procédé.

REVIVIFICATION DU NOIR ANIMAL.

D'après MM. H. Leplay et J. Cuisinier, le noir animal joue dans la filtration des jus et sirops un rôle multiple, en ce qu'il absorbe les matières visqueuses, sapides et odorantes qui nuisent à la fluidité des sirops et à leur cristallisation, les alcalis libres et les matières salines qui contribuent surtout à leur coloration, enfin les matières colorantes organiques.

Ces trois pouvoirs absorbants s'exercent indépendamment les uns des autres et ne s'épuisent pas tous en même temps.

Dans les circonstances ordinaires de filtration, le premier dure environ 4 heures, le second de 24 à 32 heures et le troisième de 5 à 6 jours. On conçoit donc qu'en régénérant successivement ces pouvoirs, on arrive à employer le charbon méthodiquement et avec économie.

MM. Leplay et Cuisinier rendent au charbon épuisé le premier pouvoir absorbant en faisant passer à travers les grains un courant de vapeur qui entraîne les matières visqueuses sapides et odorantes; le second, en le lavant avec de l'acide hydrochlorique faible qui dissout les alcalis et les matières salines; enfin le troisième, en lui enlevant les principes colorants, au moyen d'une dissolution étendue et bouillante d'alcali.

ALLUMETTES CHIMIQUES SANS PHOSPHORE.

D'après M. Wiederhold, le plus avantageux parmi de nombreux mélanges inflammables par friction, est le suivant :

Chlorate potassique	52
Hyposulfite plombique	26
Gomme	8

Ce mélange prend feu entre 136° et 176° centigr.

En diminuant de moitié la dose de chlorate, on obtient une pâte plus économique; mais elle ne s'enflamme qu'entre 168° et 200° centigr.; elle n'est pas hygroscopique.

UTILISATION DES CHIFFONS DE TISSUS MIXTES.

M. Chandelon, après avoir décrit le procédé de MM. Ward et Winands (qu'on trouvera relaté avec plus de détails dans le Rapport de M. Hofmann), qui soumettent les chiffons de tissus mélangés de laine et de coton à la vapeur d'eau surchauffée, conservent ainsi le coton et transforment la laine en un engrais pulvérulent (ulmate d'ammoniaque), mentionne qu'un établissement de Liége procède d'une manière inverse. Les chiffons, préalablement macérés dans de l'eau contenant 5 à 6 pour 100 d'acide sulfurique, puis passés au séchoir, donnent d'une part de la laine à l'état de filaments, qu'on fait rentrer dans la fabrication des tissus, sous le nom de laine régénérée, et d'autre part, du coton réduit en poudre, qu'on vend aux agriculteurs comme engrais. Mais pour subir ce traitement, les chiffons doivent être de dimension convenable, et de 1000 kilogr. de chiffons bruts, on ne retire par triage que 432 kilogr. susceptibles d'être utilisés et qui rendent environ 145 kilogr. de laine régénérée.

PRÉPARATION DES SELS AMMONIACAUX.

Déjà anciennement on était parvenu à préparer des sels ammoniacaux au moyen des eaux d'égouts ou des liquides des fosses d'aisances. Cette industrie, qui avait été abandonnée, lorsqu'on eut appris d'utiliser dans le même but les eaux de condensation des usines à gaz, a été reprise avec succès par MM. Margueritte et Lalouël, de Sourdeval, au moyen de l'emploi d'appareils perfectionnés et d'acides moins coûteux.

L'appareil est une colonne en fer à rétrogradation, ayant de l'analogie avec l'appareil Derosne pour la distillation du vin. Les eaux vannes y sont traitées sans addition de chaux, et pour éviter les obstructions par les cristaux de carbonate d'ammoniaque, on a soin de conduire la distillation de manière à n'obtenir qu'un produit liquide marquant 25° Baumé.

La liqueur est ensuite saturée, non par de l'acide sulfurique, mais par l'acide sulfureux provenant du grillage de pyrites; il se produit ainsi du sulfite ammonique, que l'air change peu à peu par oxydation en sulfate.

Cette substitution de l'acide sulfureux à l'acide sulfurique donne lieu à une grande économie, car pour 100 kilogr. de sulfate d'ammoniaque, la dépense en acide sulfurique est d'environ 12 francs, tandis qu'elle se réduit à 3 francs lorsqu'on fait usage d'acide sulfureux. Dans le but de diminuer encore cette dépense, MM. Margueritte et Lalouël ont eu recours à l'acide carbonique, qu'ils obtiennent en chauffant dans une cornue en fonte un mélange de 6 parties de charbon de bois avec 100 parties d'oxyde cuivrique ou de tout autre oxyde réductible par le charbon et réoxydable à l'air, de manière à servir indéfiniment.

Le bicarbonate d'ammoniaque ainsi obtenu produit, dit-on, des effets très-remarquables sur la végétation.

On peut aussi l'employer mélangé avec du plâtre, qui fixe l'ammoniaque à l'état de sulfate.

A Bondy, chaque colonne distille par jour 100 mètres cubes d'eaux vannes, qui rendent 1000 kilogr. de sulfate ammonique, et la voirie de Bondy, recevant par jour 1500 mètres cubes de ces eaux, il s'en suit qu'en les employant intégralement, on en retirerait annuellement 5,400,000 kilogr. de ce sel.

On assure que le prix de revient de 100 kilogr. de sulfate est de 22 fr. 50 cent. Les prix de vente des sels ammoniacaux ont subi une réduction considérable, résultant à la fois des perfectionnements apportés aux procédés et de la grande extension qu'a prise cette industrie.

De 1840 à 1862, la baisse des prix du sulfate et du chlorure ammoniques a été de 300 p^r 100. En 1855, le sulfate et le chlorure se livraient respectivement à 45 et 55 francs les 100 kilogr. En 1862, le premier était coté à 32 fr. et le second à 45 francs.

RAPPORT

SUR

LES PRODUITS CHIMIQUES INDUSTRIELS (CLASSE II, SECTION A)

DE

L'EXPOSITION INTERNATIONALE DE LONDRES EN 1862.

Par M. A.-W. HOFMANN.

DÉSINFECTANTS.

Le terme de désinfectant est employé pour désigner une certaine classe de corps, capables de *déodoriser* (c'est-à-dire d'enlever l'odeur) plus ou moins complétement, et en même temps (du moins on le suppose), de rendre inoffensives les matières organiques en voie de décomposition.

Des différents genres de décomposition organique. — L'explication complète, tant de la nature que du mode d'action des diverses espèces de désinfectants, nécessiterait l'étude préalable des différentes réactions par suite desquelles les composés organiques plus ou moins compliqués se résolvent (soit partiellement, soit d'une manière complète) en ces mêmes combinaisons inorganiques bien plus simples, qui originairement leur avaient donné naissance.

Décomposition avec accès continuel d'air. — *Erémacausie.* — *Combustion.* — Dans une étude semblable, on devrait considérer en premier lieu les phénomènes de décomposition organique résultant de *procédés d'oxydation.* Ils sont caractérisés par la nécessité de fournir continuellement à la matière organique de *l'air* ou de *l'oxygène,* ainsi que de *l'humidité,* et en outre de la mettre dans certaines conditions de *température.* Les procédés d'oxydation peuvent être rangés en deux catégories principales, distinguées surtout par les différents degrés de rapidité et d'intensité de l'action oxydante; l'une comprend l'oxydation lente, désignée aussi par les noms de *décomposition, combustion lente,* ou *d'érémacausie;* l'autre l'oxydation rapide, manifestée par les divers phénomènes de *combustion* et *d'inflammation.* C'est par ces procédés d'oxydation que s'effectue la résolution complète des combinaisons organiques en combinaisons inorganiques.

Décomposition avec accès limité d'air. — *Fermentation.* — *Putréfaction.* — En second lieu viendrait l'examen des procédés de décomposition organique, capables de s'effectuer sans accès continuel de l'air, par la seule intervention de l'eau et d'une certaine température. Dans ce cas l'on peut également distinguer deux types principaux :

L'un, comparativement simple, est désigné sous le nom de *fermentation;* l'autre, plus complexe, donnant naissance à des exhalaisons beaucoup plus incommodes et délétères, est connu sous le nom de *putréfaction*. Ces réactions ne représentent que la résolution *partielle* des combinaisons organiques en inorganiques. Elles constituent les premiers termes de cette série de transformations, que l'oxydation ou l'érémacausie sont appelées à compléter définitivement.

Théories chimiques et vitales de la fermentation. — L'étude de ces diverses réactions et de leurs causes originaires respectives nous amènerait à l'étude de la controverse très-intéressante, mais toujours encore indécise (ranimée dans ces derniers temps par les recherches étendues et minutieuses de M. Pasteur), entre ceux qui font dépendre la fermentation et la putréfaction de la présence et de l'action de certains organismes végétaux, développés pendant ces réactions, et ceux qui admettent, avec M. Liebig, que ces transformations sont provoquées par des *ferments* chimiques, c'est-à-dire par des composés dans un état d'altération ou de modification chimique, dont les molécules possèdent la faculté de communiquer ce mouvement d'altération à d'autres combinaisons organiques, avec lesquelles elles sont en contact.

Les partisans de cette dernière manière de voir, à laquelle on a donné le nom de théorie chimique de la fermentation, admettent parfaitement le fait du développement simultané d'organismes végétaux, mais ils le considèrent simplement comme une coïncidence et non comme une condition *causative*. Leurs adversaires, au contraire, soutiennent énergiquement que sans l'arrivée et l'admission de germes végétaux provenant de l'atmosphère (dans laquelle des sporules flottent par myriades), aucune fermentation ne peut être déterminée.

Principes contagieux et miasmes. — L'étude du nombre considérable d'expériences intéressantes instituées et des raisonnements invoqués à l'appui de ces deux théories contradictoires, concernant cette intéressante question, nous amènerait à l'examen d'un problème encore beaucoup plus important, et malgré cela nullement résolu, savoir la nature réelle des *principes contagieux* et des *miasmes;* on sait, à la vérité, puisque c'est un fait pratique, qu'ils s'engendrent, se développent et s'étendent d'une manière véritablement effrayante, là où des immondices en putréfaction s'accumulent au sein des populations agglomérées; mais quant à l'explication théorique des miasmes, les opinions sont aussi divisées et aussi vivement contestées que celles concernant la putréfaction elle-même.

Un volume entier ne suffirait pas pour l'étude, même assez sommaire, de ces questions, qui s'enchaînent l'une à l'autre : le rapporteur, n'ayant que quelques pages à sa disposition, se trouve donc dans la nécessité absolue de présumer, de la part de ses lecteurs, une connaissance assez approfondie de ces questions préliminaires; il se contentera donc de rappeler seulement de temps à autre, un très-petit nombre de données isolées, mais nécessaires, pour rendre plus intelligibles ses propres remarques concernant l'action des composés désignés sous le nom de *désinfectants*.

La décomposition par oxydation, délitation organique (1), ou *érémacausie* des composés organiques non azotés, ne donne pas lieu (il faut s'en rappeler) à des émanations fétides, nécessitant l'emploi de désinfectants. C'est ainsi, par exemple, que le bois mort ou les racines restant en terre (la fibre ligneuse ou cellulose), lorsqu'ils se transforment graduellement en terreau ou humus, ne donnent naissance qu'à de l'acide carbonique et à de l'eau. Et en effet, le terreau ordinaire est en lui-même un *désinfectant* énergique; on en trouve la preuve dans la pratique bien connue de la ménagère, qui, pour purifier ses couteaux et ses fourchettes, imprégnés de l'odeur de certains aliments fortement odoriférants (tels que ognons, harengs, jambon, etc.,) les plonge dans le terreau de son jardin, où ils sont promptement débarrassés de toute senteur.

---

(1) Ce terme de *délitation organique* pourrait convenablement et par analogie être appliqué aux phénomènes produits par l'action simultanée de l'oxydation lente et de la fermentation.　　　　E. Kopp.

Le nom de *fermentation* est réservé ordinairement pour ce genre de transformations qui, analogues sous tous les autres rapports à la putréfaction, ne donnent point naissance à des produits fétides; telle est, par exemple, la réaction par laquelle le sucre se transforme en alcool et acide carbonique, et en quelques autres produits d'importance secondaire, sous l'influence de la levûre.

La putréfaction proprement dite se différencie de ces réactions comparativement inoffensives par le caractère fétide des substances, tant intermédiaires que finales, qui sont le résultat des groupements successifs formés par les éléments du composé organique pendant sa transformation graduelle en combinaisons inorganiques.

Plus la composition des matières organiques est complexe, plus l'équilibre des éléments est instable, plus aussi sont généralement infects les produits de leur putréfaction. Les tissus animaux, par exemple, qui contiennent (outre le carbone et les éléments de l'eau), de l'azote, du soufre et du phosphore, sont si instables après la mort, qu'ils entrent spontanément en putréfaction et produisent des émanations d'une fétidité insupportable. Même les produits derniers et définitifs de la putréfaction, lorsque l'air est exclu et qu'il n'y a intervention que de l'eau, sont extrêmement fétides et délétères, puisqu'on y rencontre l'hydrogène sulfuré, l'hydrosulfate d'ammoniaque et les sulfures de composés analogues et homologues de l'ammonium, et en outre différents composés phosphorés (Calvert) également fétides, dont le nombre et la nature n'ont jusqu'ici point encore été déterminés expérimentalement. Parmi les docteurs en médecine, c'est une opinion assez généralement admise, que les produits derniers de la putréfaction, et spécialement l'hydrogène sulfuré et l'hydrosulfate d'ammoniaque, n'engendrent pas directement la fièvre, quoiqu'ils en déterminent ou facilitent indirectement l'invasion en altérant la composition normale du sang et en déprimant les forces vitales.

C'est plutôt aux produits intermédiaires de la putréfaction, et spécialement aux émanations organiques encore en état de transformation, qu'on attribue ordinairement le pouvoir d'agir comme ferments, de manière à développer la *zymosie* ou l'action fébrile dans le sang des animaux et de l'homme. Pour expliquer le même fait conformément à la théorie opposée, on admet que les produits intermédiaires de la putréfaction charrient le plus facilement dans le sang en circulation, ces organismes microscopiques, qui, d'après cette manière de voir, ou bien constituent eux-mêmes des principes contagieux, ou bien en provoquent le développement.

Du reste, quelle que soit la nature de ces produits fétides et délétères de la putréfaction, c'est pour mettre un obstacle à leur développement qu'on recommande d'avoir recours à l'usage des désinfectants.

Aspect sanitaire de la question. — En abordant cette phase de son sujet, le rapporteur croit devoir se mettre en garde contre toute fausse interprétation, en intercalant quelques observations générales concernant le côté sanitaire de la question. Il ne voudrait pas qu'on puisse lui supposer l'intention de recommander, d'une manière absolue et sans restriction, l'usage des désinfectants, comme une sauvegarde contre ces terribles contagions pestilentielles engendrées par les immondices en putréfaction, qui produisent, à des intervalles périodiques trop fréquents, de si grands ravages parmi les plantes, les animaux et les hommes.

Choléra asiatique. — Quelque calamiteux que fussent au moyen âge les fléaux pestilentiels ainsi produits, — la mort noire, la suette, la lèpre, etc., — leurs horreurs ont été égalées, sinon surpassées, de nos temps, par l'invasion si subite et l'extension si mystérieuse du *choléra asiatique* : cette épidémie maligne, « dont les coups, rapides comme l'éclair (pour nous servir des expressions d'un écrivain contemporain), abattent des milliers de personnes frappées mortellement. A tel moment, c'est encore un organisme humain, chaud et palpitant ; le moment suivant, c'est une espèce de cadavre galvanisé, à souffle glacé, à pouls suspendu, à sang congelé, bleu, contracté, convulsionné ; le mécanisme de la vie arrêté subitement ; le corps privé de sérum par quelques évacuations rapides et abondantes, réduit à l'état d'une masse humide, morte, froide comme de l'argile, et dans cette masse l'âme, intacte et en possession de toutes ses facultés, se manifestant d'une manière étrange à travers les yeux vitreux, une flamme vivace et nullement obscurcie, un esprit glacé de terreur, vous fixant avec les yeux d'un cadavre. »   (F.-O. WOOD., — *Times*, 12 septembre 1849.)

Conditions favorisant le développement des épidémies. — Quoique les *causes* réelles de ces formidables calamités aient jusqu'ici échappé à toutes les tentatives de les découvrir, on a cependant réussi à établir, d'une manière très-certaine, plusieurs des conditions qui en favorisent le développement et l'extension.

Parmi ces conditions, l'une des plus importntates et des mieux constatées, c'est l'accumulation des matières fécales en putréfaction dans les fosses d'aisances fixes et dans les égouts semi-stagnants, situés au-dessous et à l'entour des maisons encombrées par les populations urbaines.

Il en est résulté la nécessité, maintenant universellement reconnue en Angleterre, de ce qu'on a appelé très-rationnellement *la réforme souterraine,* c'est-à-dire une modification de l'organisation souterraine des villes et cités, capable de remédier aux dangers de la putréfaction, avec toutes ses fatales conséquences.

Mesures radicales et palliatives déjà proposées. — Parmi les nombreuses propositions déjà faites dans ce but, nous en signalerons deux pouvant servir comme types : l'une, constituant une réforme *radicale* et *balayante ;* l'autre, employant des mesures moins énergiques et appartenant à la classe des *palliatifs.*

Les partisans de la réforme sanitaire radicale posent en principe que chaque ordure putrescible, au moment même de sa production dans une ville, devrait être reçue dans un courant d'eau, entraîné par lui avec une vitesse d'au moins 3 milles par heure (4,836 mètres) et ne pas cesser d'avancer jusqu'à l'arrivée dans un réservoir à engrais approprié, situé au milieu de la campagne bien loin de la ville, d'où ces eaux chargées de détritus organiques seraient ensuite distribuées (par un système de pompes et de conduits d'irrigation dont nous n'avons pas à nous occuper ici) aux terres qu'elles seraient appelées à fertiliser.

Ce système a été dénoncé par les champions des mesures sanitaires palliatives, comme beaucoup trop absolu et trop théorique pour pouvoir être réalisé pratiquement. Un pareil système entraînerait, d'après eux, l'abolition entière de toutes les fosses d'aisances existantes et la construction, tant dans la ville que dans la campagne, de tout nouveaux réseaux de conduits tubulaires, destinés à éloigner de la première et à distribuer à la seconde les courants d'eau chargés de matières fertilisantes.

Après avoir énuméré avec une certaine insistance les énormes dépenses qu'entraînerait une entreprise aussi colossale, ils proposent divers autres expédients, moins coûteux et, selon eux, tout aussi efficaces ; parmi ces expédients, il faut citer l'emploi des *désinfectants* pour rendre inoffensives les immondices putrescibles des villes.

Ces systèmes rivaux ont été soumis à un examen des plus minutieux et des plus prolongés de la part de plusieurs municipalités anglaises et de leurs conseillers scientifiques, surtout depuis les deux grandes invasions du choléra asiatique en 1836 et en 1849.

Quoique les débats ne puissent point encore être considérés comme définitivement clos, il apparaît cependant que l'opinion publique, en Angleterre, se montre de plus en plus favorable au système des mesures de réforme sanitaire radicales, comme étant plus efficaces et à la longue même plus économiques que les expédients palliatifs. En d'autres termes, l'entraînement continu des immondices putrescibles de la ville dans les campagnes, *avant que la putréfaction ait eu le temps de se développer,* semble préférable aux Anglais, à la détention de ces immondices dans leurs réservoirs habituels, quoique associée à l'emploi de désinfectants ayant pour effet de prévenir la putréfaction ou de l'arrêter dans le cas où elle aurait déjà commencé.

Utilité provisoire des désinfectants. — Malgré cela, on reconnaît cependant très-généralement que pendant la période transitoire à travers laquelle il faut passer avant que la réforme radicale ait pu s'accomplir, l'emploi provisoire des désinfectants peut rendre souvent de grands services pour arrêter les progrès d'une épidémie et de la mortalité, contre lesquelles on ne peut pas réagir immédiatement d'une autre manière.

Le jury a donc cru devoir examiner avec un soin tout particulier les désinfectants envoyés à l'Exposition internationale de 1862.

Il y a environ trois ans, le rapporteur, conjointement avec son ami et collègue du jury, le docteur Frankland, avait été chargé de déterminer la nature et les propriétés de divers désinfectants proposés au conseil métropolitain des bâtiments, pour la déodorisation des matières des égouts de Londres, en vue de mettre un terme à l'infection produite par leur écoulement dans la Tamise (1).

Les expériences, auxquelles contribua alors activement le rapporteur, lui permettent de se prononcer à cette occasion avec plus d'assurance que cela n'eût été possible sans cette circonstance.

Il n'a cependant nullement l'intention de passer en revue les nombreuses substances désinfectantes et déodorisantes qui ont été brevetées dans ces dernières années et dont la plupart ont été alors soumises à son examen.

Un grand nombre de ces poudres ou liqueurs étaient d'une composition à peu près empirique. Leur énumération seule prendrait plus de place que celle que nous pouvons consacrer au sujet tout entier.

Quelques observations concernant les classes les plus importantes de désinfectants nous tiendront lieu de préface ; et un ou deux des meilleurs exemples de chaque classe seront choisis pour en donner une description plus détaillée, ce qui sera sans doute le meilleur moyen d'utiliser l'espace limité dont nous pouvons disposer.

PRINCIPALES CLASSES DE DÉSINFECTANTS. — Les désinfectants peuvent être rangés en trois catégories : les fixants, les antiseptiques et les oxydants.

Les désinfectants *fixants* opèrent, comme l'indique leur nom, en entrant en combinaison avec les produits volatils infects de la putréfaction, de manière à empêcher la viciation de l'air par leur échappement dans l'atmosphère.

Les désinfectants *antiseptiques* diffèrent considérablement, par leur *mode d'action*, des désinfectants fixants. Au lieu de permettre à la putréfaction de s'accomplir, en arrêtant au passage les produits fétides qui, sans cela, se dégageraient, les antiseptiques possèdent la propriété d'arrêter plus ou moins complétement la décomposition elle-même.

Les désinfectants *oxydants* peuvent être considérés comme présentant un caractère intermédiaire. Ils n'arrêtent pas la décomposition, comme le font les antiseptiques, mais en changent le caractère ; ils n'empêchent pas le dégagement des produits volatils, comme cela arrive en employant les fixants, mais ils le rendent comparativement inoffensif, en modifiant le caractère de ces produits et les assimilant aux produits résultant de l'érémacausie. Examinons en peu de mots, et successivement, chacune de ces catégories.

Désinfectants fixants. — Cette catégorie comprend les sels métalliques (sels de fer, de zinc, de plomb, de cuivre, formant des mélanges en proportions variables de sulfates, nitrates et chlorures) qui constituent la base d'un grand nombre de désinfectants patentés. Ces sels métalliques réagissent principalement sur les produits gazeux les plus infects de la putréfaction, tels que l'hydrogène sulfuré et les sulfures d'ammonium et de ses homologues. Ses réactions sont néanmoins un peu différentes, suivant la nature particulière du sel employé. C'est ainsi que le chlorure de zinc (offert sous le nom de « désinfectant Burnett ») ne réagit

(1) *Rapport sur la déodorisation des matières des égouts*, par le docteur Hofmann et le docteur Frankland, présenté le 12 août 1859.

point sur l'hydrogène sulfuré libre, mais il décompose le sulfure d'ammonium (et les sulfures homologues) donnant naissance, par l'échange des éléments, à du sulfure de zinc et du chlorure d'ammonium (ou de ses homologues), d'après les formules suivantes :

$$2ZnCl + (H^4N)^2S = 2H^4NCl + Zn^2S.$$

Le perchlorure de fer (Fe² Cl³) décompose à la fois l'hydrogène sulfuré libre et celui en combinaison, mettant en liberté dans les deux cas du soufre, conformément aux équations :

$$(1)\ 2Fe^2Cl^3 + H^2S = 4FeCl + 2HCl + S$$

$$(2)\ 2Fe^2Cl^3 + 3[(H^4N)^2S] = 2(Fe^2S) + 6H^4NCl + S.$$

La première de ces réactions ne se présente que dans quelques cas particuliers : lorsque, par exemple, des liquides imprégnés d'hydrogène sulfuré s'écoulant des fabriques ont besoin d'être déodorisés. Dans la désinfection ordinaire des matières organiques en décomposition, telles que les matières fécales, les produits des égouts, etc., où de l'ammoniaque est généralement dégagé en abondance, c'est sur du sulfure d'ammoniaque que le sel désinfectant réagit, conformément à la seconde équation. Cette équation montre qu'il en résulte un précipité de sulfure ferreux (Fe² S), et c'est à cette phase que s'arrête ordinairement l'explication. Mais, en considérant la tendance énergique du sulfure *ferreux* de se convertir par oxydation en oxyde *ferrique* (Fe⁴ O³) avec séparation du soufre (voyez la note concernant la fabrication de l'acide sulfurique avec le soufre obtenu au moyen des épurateurs du gaz de l'éclairage), le rapporteur a lieu de penser que, en vertu de cette transformation. une action oxydante énergique succède à l'effet fixant du perchlorure de fer, qui possède par suite une double influence purifiante. L'explication de cette seconde réaction (action oxydante) sera trouvée dans le paragraphe suivant traitant des désinfectants oxydants.

Les sulfates métalliques décomposent les sulfures ammoniques et analogues, et fixent le soufre par sa combinaison avec la base métallique du désinfectant. Ainsi :

$$Zn^2SO^4 + (H^4N^2)S = (H^4N^2)Zn^2S.$$

Plusieurs de ces sels, comme, par exemple, le sulfate de cuivre, décomposent même l'hydrogène sulfuré libre, en formant un sulfure métallique et de l'eau. Ainsi :

$$Cu^2SO^4 + H^2S = Cu^2S + H^2SO^4.$$

Le désinfectant Lanxudé (mélange de sulfates de zinc et de cuivre) agit de cette manière ; mais l'introduction de l'acide sulfurique dans les masses en putréfaction est accompagnée de très-grands inconvénients, sur lesquels le docteur Medlock a insisté avec raison, dans un Mémoire récemment publié. Les sulfates, par suite de réduction, sont convertis en sulfure, et l'on est obligé de procéder à une nouvelle désinfection.

Les nitrates métalliques, comme, par exemple, celui de plomb (désinfectant Ledoyen), ne donnent point prise à une objection aussi sérieuse. Leurs réactions, sous tous les autres rapports, ressemblent à celles des sulfates métalliques ; mais leur prix élevé constitue un grand obstacle à leur emploi.

Dans les limites assignées plus haut. et en tenant compte des objections indiquées, les sels métalliques peuvent être utilisés comme désinfectants. Mais les matières en putréfaction dégagent, outre les combinaisons du soufre avec l'hydrogène et l'ammonium (ou ses homologues), des émanations organiques délétères sur lesquelles les désinfectants métalliques sont sans action ; en outre, ces sels métalliques ne réagissent que sur les produits sulfurés et ammoniacaux *déjà tout formés*, de manière qu'après avoir ainsi parfaitement déodorisé en apparence les matières en putréfaction, la décomposition peut reprendre et provoquer un nouveau dégagement de gaz délétères, qui nécessitent une seconde application de sels métalliques pour leur déodorisation.

En dernier lieu, il ne faut pas oublier que le soufre et l'ammonium, etc., déjà fixés, restent toujours dans la masse et peuvent reprendre leur caractère de volatilité et de fétidité : l'hydrogène sulfuré, par le contact avec un acide ; l'ammoniaque, et ses congénères, par suite de la présence d'une substance à réaction alcaline.

Par ces raisons, cette classe de désinfectants (les sels métalliques), quoique se recommandant par son bon marché respectif, ne peut être considérée comme opérant la déodorisation *parfaite* ou *permanente* de matières en cours de putréfaction.

Les désinfectants métalliques sont néanmoins précieux, dans les cas où de grandes masses d'immondices en putréfaction doivent être déodorisés *économiquement* et pour un temps *limité* ; et c'est à ce point de vue qu'ils furent recommandés par les rapporteurs, dans le cas particulier des opérations métropolitaines dont il a été question plus haut. Dans ce cas, la masse sur laquelle il fallait opérer chaque jour était si considérable, qu'il n'y avait possibilité d'emploi que pour un désinfectant excessivement bon marché ; d'un autre côté, il était indispensable de ne maintenir la déodorisation que le temps nécessaire pour permettre aux immondices de descendre la Tamise dans une condition inoffensive, jusqu'à son embouchure dans la mer, où, évidemment, le renouvellement de la putréfaction et de ses émanations devenait parfaitement imperceptible et de la plus entière innocuité.

Le pouvoir oxydant subsidiaire, dont nous avons parlé plus haut comme appartenant au perchlorure de fer, après l'accomplissement de sa première action fixante, constituait une autre raison pour en conseiller le choix. En effet, en vertu de ce pouvoir oxydant, il devenait apte à favoriser la transformation complète des combinaisons de forme organique en composés de forme inorganique, en faisant succéder à la transformation partielle et putride la phase complète et définitive d'érémacausie ou de combustion lente, comme cela a déjà été expliqué plus haut. En conséquence, les deux rapporteurs tombèrent d'accord pour conseiller en cette circonstance l'usage du perchlorure de fer, non comme le meilleur, mais, dans les conditions spéciales et provisoires données, comme le plus approprié et le plus convenable des désinfectants.

Désinfectants antiseptiques. — La nature et le mode d'action de cette catégorie de désinfectants ne sont qu'imparfaitement élucidés et interprétés diversement suivant les manières de voir des théoriciens controversant sur la nature et la genèse de l'acte même de putréfaction. Les antiseptiques appartiennent pour la plupart à la classe des *produits empyreumatiques*, c'est-à-dire que ce sont des composés engendrés pendant la distillation sèche et destructive des produits organiques, tels que le bois, le goudron, et autres substances semblables. En brûlant du bois, comme combustible, de petites quantités de produits empyreumatiques sont distillées, s'élèvent avec la fumée et communiquent à cette dernière sa propriété bien connue de préserver les matières animales contre la corruption.

La valeur de cette propriété est démontrée par la grande variétés d'aliments ainsi préparés, tels que jambons et lards fumés, langues, saucissons, harengs et autres poissons, etc., qui constituent des objets de commerce si importants. Des produits distillés empyreumatiques semblables prennent naissance pendant la combustion du goudron ; de là l'usage populaire de brûler des tonnelets de goudron dans les rues, pour désinfecter l'atmosphère des villes ravagées par des épidémies pestilentielles. La coutume très-répandue de brûler du papier d'emballage brun (fabriqué avec les débris de cordages goudronnés), pour annihiler les mauvaises odeurs diffuses dans l'air des habitations, a une origine semblable et tout à fait rationnelle, quoique probablement ignorée par la plupart de ceux qui profitent de ses effets bienfaisants.

Dans la combustion lente du tabac, de semblables produits antiseptiques sont sans doute engendrés et accompagnent les fumées de nicotine, si agréables à certaines constitutions, si antipathiques à d'autres. Sous ce rapport les fumées de tabac pourraient bien être provisoirement de quelque utilité, tout aussi bien pour l'homme de la civilisation la plus raffinée, que pour le sauvage le plus inculte, chez lequel (fait assez curieux) cette coutume artificielle est également extrêmement répandue.

Le premier y trouve peut-être une défense partielle contre les miasmes, dont il imprègne l'air de sa demeure en conservant les matières fécales en putréfaction dans une fosse attenante à sa maison ; le dernier peut y trouver d'une manière semblable et jusqu'à un certain point une protection contre les miasmes naturels engendrés par la végétation en décomposition, et par les marécages des forêts et plaines qu'il fréquente.

Signalons encore les produits empyreumatiques qui distillent avec l'acide pyroligneux, et qui sont la cause de l'effet extraordinaire de cet acide, qui préserve de corruption des aliments de nature animale, sur lesquels on l'a étendu, même en minime quantité, par un simple badigeonnage au moyen d'une plume.

Dans la distillation sèche, soit de goudron de gaz pour l'obtention de composés éclairants ou lubréfiants, soit d'hydrocarbures utilisables pour la fabrication de matières colorantes (voyez plus loin le chapitre concernant les couleurs d'aniline), des produits secondaires, impurs ou goudronneux distillent, renfermant des quantités notables de composés empyreumatiques qui jouissent de propriétés antiseptiques très-puissantes.

Dans cet état goudronneux impur, ces liqueurs sont à très-bas prix, et elles constituent, depuis quelques-années, des désinfectants parfaitement utilisables, et dont le commerce a pris une certaine extension ; elles sont vendues sous le nom d'acides phénique et carbolique de créosote, etc. L'acide carbolique liquide et un mélange de carbolate de calcium sec avec du sulfite de magnésium sont préparés et livrés au commerce en grandes quantités par M'Dougal et Comp., de Manchester, et servent pour des opérations de désinfection.

Une quantité d'acide carbolique liquide impur, à 8 d. le gallon (environ 20 centimes le litre), correspondant à la capacité d'un verre à vin, délayée avec un peu de chaux vive dans un baquet d'eau, et le tout versé dans une fosse d'aisances fétide, produit une diminution notable de la mauvaise odeur.

Le mélange pulvérulent de carbolate et de sulfite terreux répandu dans les lieux d'aisances, dans des écuries sentant l'urine, dans des étables à porcs et autres endroits infects, y purifie l'air très-sensiblement. L'acide carbolique liquide est aussi employé pour déodoriser les liquides organiques putrescibles déversés par des fabriques dans les rivières et les matières fétides des égoûts de villes écoulées également dans des cours d'eau.

Le mode d'action de l'acide carbolique est enveloppé des mêmes ténèbres, qui subsistent toujours encore comme nous l'avons déjà fait remarquer, relativement à l'action des antiseptiques en général. Ceux qui croient à l'origine fungique ou zoophytique de la fermentation et de la putréfaction, admettent, que les antiseptiques additionnés à des résidus organiques les convertissent en un milieu impropre au développement de ferments organiques, et préservent ainsi ces résidus de toute décomposition. Les partisans des théories chimiques de la zymosie attribuent évidemment le pouvoir que possèdent les agents antiseptiques pour arrêter la putréfaction, à leur réaction chimique sur les substances organiques en état de transformation ; mais la nature de cette réaction supposée reste, il faut l'avouer, à être démontrée expérimentalement.

Quoi qu'il en soit, on peut admettre les désinfectants antiseptiques, de la même manière que ceux que nous avons désignés sous le nom de désinfectants fixants, pour des usages partiels et provisoires ; mais on ne peut se fier ni aux uns, ni aux autres, pour remédier d'une manière parfaite et permanente aux maux, que leur usage parvient seulement à diminuer. Il serait intéressant et nullement en dehors de la question, de considérer comme relative à cette partie de notre sujet l'influence antiseptique du sel, du sucre, de l'alcool, du vinaigre et d'autres agents employés pour la conservation des substances alimentaires. Mais le terme « désinfectant », dans sa signification ordinaire, ne s'applique pas à de pareils antiseptiques. D'un autre côté, on pourrait montrer, comment les deux autres catégories de désinfectants (les fixants et les oxydants) se rapprochent graduellement des désinfectants antiseptiques, en ce sens qu'ils attaquent et détruisent l'activité des ferments, et par cela même arrêtent les altérations dues à la fermentation et à la putréfaction. Mais l'espace me manque pour la discussion de ces détails, et le rapporteur a hâte d'aborder l'examen de la dernière des trois catégories citées, celle des *désinfectants oxydants*.

Désinfectants oxydants. — Comme nous l'avons déjà expliqué, les désinfectants de cette catégorie diffèrent beaucoup, quant à leur nature et à leur mode d'action, de ceux compris parmi les fixants et les antiseptiques. En premier lieu, les désinfectants oxydants altèrent entièrement le caractère des phénomènes de putréfaction ; ils l'assimilent aux phénomènes de délitation ou d'érémacausie, mais en rendant la décomposition beaucoup plus rapide que cela n'a lieu dans la nature par suite de l'abondance d'oxygène qu'ils fournissent. Cet oxygène transforme promptement le soufre et le phosphore présents en acides ; en même temps et de la même manière, ils *minéralisent* par oxydation, d'une manière complète et permanente tous les éléments de la matière putride ou putrescible. Leur action, une fois complète, est par conséquent définitive. Ils sont donc en réalité des déodorisants beaucoup plus parfaits et permanents, que les sels métalliques, l'acide carbolique, etc.; mais, par contre, ils leur cèdent le pas au point de vue de l'économie.

Sous ce rapport, il faut cependant ne point perdre de vue que, par une application continue sur une large échelle, comme par exemple celle requise pour les matières fécales d'une ville, *tous* les désinfectants, quels qu'ils soient, les plus chers comme les meilleur marché, sont beaucoup trop coûteux pour qu'on puisse en recommander l'emploi.

Pour des applications plus restreintes, il arrive fréquemment qu'un résultat permanent et complet est un objet d'une importance bien plus grande que l'économie (souvent minime en opérant sur une petite échelle) réalisée sur le prix du désinfectant; ces considérations ouvrent aux désinfectants oxydants, malgré leur prix plus élevé, une sphère étendue d'applications utiles : il en sera surtout ainsi pendant la période transitoire qu'il faudra nécessairement traverser, avant que les arrangements sanitaires plus parfaits, dont il a été question plus haut, puissent être réalisés.

Parmi les désinfectants oxydants, plusieurs, tels que le charbon de tourbe, se présentent sous forme de masse solide, poreuse et volumineuse ; d'autres, tels que les gaz sulfureux et nitreux. sont volatils ; d'autres, tels que les manganates et hypermanganates sont des sels solubles, qu'on emploie de préférence à l'état liquide.

Désinfectants oxydants poreux. — Ces substances sont employées le plus avantageusement dans les réservoirs renfermant des résidus putrescibles de consistance assez solide, comme, par exemple, dans les fosses d'aisances. Elles agissent en vertu de leur porosité, de leur pouvoir absorbant pour les gaz et par l'action oxydante spéciale qu'elles possèdent en conséquence de ce pouvoir absorbant.

Dans ce que l'on appelle les *middensteads* de Manchester, c'est-à-dire, les fosses recevant à la fois les matières fécales et les cendres et fraisils de houille, produits journellement dans chaque impasse (*court*, en anglais) l'on observe que ces derniers résidus exercent une influence considérable pour amoindrir les exhalaisons fétides des matières fécales.

La terre elle-même possède un pouvoir semblable, la pratique des inhumations en est la preuve. L'addition de 1 tonne de charbon de tourbe à 2 tonnes de matières fécales peut être considérée comme une espèce d'enterrement de ces dernières.

L'éponge de platine de l'appareil de Doabereiner retient, condensé dans ses pores, une grande quantité d'oxygène ; lorsque le jet d'hydrogène l'enveloppe, une certaine proportion de ce gaz y est également condensée ; les deux gaz ainsi condensés se combinent maintenant en dégageant une chaleur suffisante pour enflammer le jet d'hydrogène. Une action absorbante et oxydante semblable, quoique beaucoup moins intense et rapide, est également attribuée au charbon de tourbe, à la terre et à d'autres désinfectants poreux.

Dans certaines limites, cette action produit un effet complet ; mais les émanations nauséabondes de certains cimetières, par trop peuplés, démontrent qu'à un certain point de saturation la terre perd son pouvoir déodorisant. Des expériences faites avec des couches filtrantes de charbon de tourbe, en vue de désinfecter les produits des égouts de villes qu'on y faisait passer, ont également démontré que ces filtres étaient rapidement saturés et perdaient leur efficacité. Quoique sur une petite échelle et dans des cas spéciaux, pendant la période transitoire, précédant la mise en activité des mesures de réforme radicale du système de drainage des villes, l'emploi des désinfectants poreux puisse rendre des services, leur volume, leur prix d'achat et de transport, etc., empêcheront leur adoption pour la désinfection régulière des défécations urbaines.

Filtres à air poreux. — Pour les filtres à air, les désinfectants poreux, surtout le charbon de bois, possèdent une valeur réelle et permanente. C'est à M. Stenhouse (1) que nous sommes redevables de l'excellente idée de faire servir le charbon de bois à cet usage.

Son point de départ furent les recherches faites vers la fin du dernier siècle, par un chimiste allemand, M. Lowitz, qui démontrèrent l'influence déodorisante énergique du charbon de bois sur les corps en putréfaction. Il avait été également frappé par l'observation suivante de M. John Turbull, de Glascow, que le cadavre d'un animal, en le recouvrant de quelques pouces seulement de charbon de bois en poudre, se décomposait rapidement sans émettre la moindre odeur désagréable.

En vérifiant ce résultat, en 1853, sur les cadavres d'un chat et de deux rats morts, il constata qu'une couche de charbon de bois en poudre, épaisse seulement de deux pouces, suffisait pour empêcher le dégagement de la moindre émanation fétide pendant leur rapide décomposition.

Tenant compte de l'extrême porosité du charbon du bois (évaluée par M. Liebig à 100 pieds carrés de surface par pouce cube de charbon de bois de hêtre) et considérant que le charbon de bois absorbe et retient, condensé dans ses pores, entre neuf et dix fois son volume d'oxygène, M. Stenhouse arriva bientôt à la conclusion que le charbon de bois, loin d'être (comme on le suppose ordinairement) un *antiseptique* ou antagoniste de décomposition, était, au contraire, un puissant *accélérateur* de cette opération (de ce phénomène), en vertu même de sa propriété oxydante.

Considérant, en outre, les quantités extrêmement minimes de matières putrides qui, en nageant dans l'air respirable, sont capables de le rendre malsain et délétère, il fut conduit à l'idée d'interposer une couche de charbon de bois grossièrement pulvérisé entre deux toiles métalliques, arrangées de manière à faire fonction d'un filtre à air.

Sans poursuivre davantage le développement, pas à pas, de cette invention, constatons simplement qu'elle fut entièrement couronnée de succès.

Placés dans les ventilateurs d'égouts présentant les conditions les plus insalubres ; fixés, à la manière d'un couvercle, au-dessus de grandes fosses remplies d'immondices en pleine décomposition ; employés d'une manière semblable pour la ventilation de conduits, à travers lesquels passent des liquides chargés d'hydrogène sulfuré, s'écoulant des fabriques : dans tous ces cas, et dans une multitude d'autres, ces filtres de charbon de bois ont complétement rempli le but et détruit des émanations qui, auparavant, avaient suscité les plus fortes récriminations comme étant absolument intolérables. Ces filtres ont été adaptés à un grand nombre d'égouts de Londres, par M. l'ingénieur Haywood, et M. Rawlinson, qui est également un ingénieur sanitaire éminent, les adapte maintenant régulièrement à tous les égouts des villes qu'il est chargé de drainer.

Le charbon de bois, lorsqu'on le maintient sec et garanti contre la poussière et la saleté (qui en oblitéreraient les pores), conserve son efficacité, sans aucune diminution, pendant toute une série d'années, et dans le cas même où, finalement, il faudrait le renouveler, l'extrême bon marché de la matière première fait de ce renouvellement un objet de bien peu d'importance au point de vue de la dépense.

(1) Stenhouse, *Leçon sur les applications économiques du charbon de bois aux mesures sanitaires*, professée à l'Institution royale, 8 mars 1855. — De même : *L'application avantageuse des filtres à air au charbon de bois pour la ventilation des égouts ;* lettre adressée au très-honorable lord-maire William Cubitt, M. P., par John Stenhouse, L. L. D., F. R. S. London, John Churchill, 1861.

Le docteur Stenhouse a également recommandé l'usage de petits filtres à air semblables, pour protéger la bouche et les narines, et de pareils « respirateurs à charbon de bois » sont maintenant fabriqués et vendus par milliers à Londres (1).

Le rapporteur a appris que les infirmiers de l'hôpital de Guy font toujours usage de ces respirateurs oxydants lorsqu'ils ont à panser des plaies gangréneuses, et que dans ces cas, de même que dans les hôpitaux établis sur le Bosphore et dans la Crimée pendant la dernière guerre d'Orient, ces appareils ont procuré à ceux qui les emploient une immunité complète contre toutes les contagions et tous les miasmes, quelque délétères qu'ils fussent.

Le rapporteur est en réalité tellement pénétré de la valeur de cette nouvelle méthode de purification de l'air, par de pareils filtres, tant fixes que mobiles, qu'il pense n'avoir nullement besoin de s'excuser pour leur avoir attribué une importance proéminente dans ces pages. Avant d'aborder un autre sujet, il mentionne, en passant, la publication très-opportune d'un mémoire de M. le docteur R.-A. Smith : *Sur l'absorption des gaz par le charbon de bois.* Dans ce mémoire, dont un extrait seulement a paru, l'auteur relate ce fait important, que le pouvoir absorbant des corps poreux ne s'exerce point indistinctement, mais qu'il présente un caractère électif. Le charbon de bois, par exemple, sépare l'oxygène de l'air atmosphérique ou de son mélange avec l'hydrogène et l'azote ; en effet, l'azote et l'hydrogène, après avoir été absorbés par le charbon de bois, se diffusent dans l'atmosphère d'un autre gaz d'une manière si prononcée, qu'ils dépriment la colonne barométrique d'une quantité qui n'est pas moins de trois quarts de pouces. Ces excellentes observations confirment et complètent celles de de Saussure, qui avait trouvé que le charbon de bois absorbe 9.25 volumes d'oxygène, pas plus de 7.5 vol. d'azote et seulement 1.75 vol. d'hydrogène.

L'observation intéressante du docteur Smith, que le charbon de bois, après avoir absorbé de l'oxygène, dégage de l'acide carbonique lorsqu'on le chauffe, est une autre démonstration des conditions d'activité que présente l'oxygène par suite de sa condensation ; elle nous explique et nous fait comprendre le pouvoir désinfectant si énergique et si durable des filtres à air du docteur Stenhouse.

Après avoir considéré les purificateurs atmosphériques fixes, nous pouvons passer, par une transition naturelle, aux purificateurs volatils de l'air par oxydation.

Désinfectants oxydants volatils. — Les gaz sulfureux, nitreux et le chlore peuvent être choisis comme les représentants principaux de ce groupe. L'acide sulfureux détruit l'hydrogène sulfuré en oxydant l'hydrogène et mettant le soufre en liberté. [Voyez les chapitres : *Utilisation des résidus de soude* et *Couleurs d'antimoine* (*préparation de l'oxychlorure de plomb*).]

L'acide nitreux, $N^2 O^3$, abandonne facilement 1 équiv. d'oxygène, donnant naissance à $N^2 O^2$, qui de son côté se combine de nouveau tout aussi facilement avec un nouvel équiv. d'oxygène ; il en résulte que ce gaz agit comme un fournisseur d'oxygène aux matières organiques flottant dans l'air et en provoque la destruction rapide.

Le chlore agit également par l'intervention d'oxygène naissant, qu'il met en liberté en décomposant l'eau, dont l'hydrogène se combine avec le chlore pour former de l'acide hydrochlorique. Le chlore détruit les miasmes organiques exactement de la même manière qu'il détruit aussi les matières colorantes organiques dans les opérations de blanchiment. Ses propriétés désinfectantes si énergiques sont trop connues pour qu'il soit nécessaire d'y insister davantage.

Une des fortes objections qu'on peut faire contre l'usage des désinfectants volatils, c'est qu'ils exercent tous une action plus ou moins pernicieuse sur les organes de la respiration.

C'est en outre un mode de procéder irrationnel et à contre-sens (s'il est permis de s'ex-

---

(1) Il sera peut-être intéressant, pour un grand nombre de nos lecteurs, de connaître le nom et l'adresse du fabricant : c'est M. W.-B. Rooff, 7, Willow Walk, Kentish Town.

primer ainsi), de permettre la génération et l'échappement des émanations délétères et de les poursuivre ensuite au moyen de désinfectants volatils pour les saisir et les détruire, pour ainsi dire, au vol, lorsqu'il est au contraire très-faisable d'appliquer les agens oxydants à la source même du mal au moyen de désinfectants salins solubles appartenant à la catégorie oxydante ; ce sont ceux dont nous allons nous occuper brièvement.

Sels solubles oxydants agissant comme désinfectants. — Parmi les divers désinfectants oxydants appartenant à ce groupe, les manganates et hypermanganates alcalins peuvent être considérés comme les meilleurs exemples ; et dans cette revue rapide, ils nous serviront de types auxquels seuls nous nous arrêterons un peu.

Un autre motif de ce choix est qu'une médaille (la seule donnée pour les désinfectants) a été accordée par le jury à M. H.-B. Condy (1) (Royaume-Uni, 500), pour avoir été le premier a fabriquer en grand les manganates et hypermanganates, en vue de leur emploi comme désinfectants.

Manganates et hypermanganates alcalins. — Depuis très-longtemps les chimistes connaissent et utilisent, dans les opérations de laboratoire, les propriétés oxydantes énergiques des sels de l'acide hypermanganique.

La rapidité et la netteté de leur action et le changement si prononcé de coloration qui accompagne l'enlèvement de leur oxygène donnent à ces sels une haute valeur comme réactifs dans des recherches analytiques. Les mêmes propriétés, jointes à leur parfaite innocuité, les prédestinent admirablement pour servir de désinfectants.

Leur action est certainement supérieure à celle du chlorure de chaux et des hypochlorites alcalins. Car ces derniers, quoiqu'ils constituent également des désinfectants oxydants, n'agissent qu'indirectement en décomposant l'eau, leur chlore se combinant à l'hydrogène pour faire de l'acide hydrochlorique, tandis que l'oxygène mis en liberté se porte sur la matière organique en putréfaction (2).

Les manganates et hypermanganates, au contraire, sont des agents d'oxydation directe, puisqu'ils cèdent une partie de leur propre oxygène aux éléments combustibles des matières putrescibles.

Les manganates cèdent un quart, et les hypermanganates même les trois huitièmes de l'oxygène qu'ils renferment ; dans les deux cas il se précipite du suroxyde manganique et la base alcaline reste en solution à l'état de carbonate.

Leur efficacité comme désinfectants. — Le rapporteur a eu fréquemment l'occasion de constater l'efficacité de ces sels, comme désinfectants. De l'eau, puisée dans des marais stagnants, fortement chargée de matières organiques en pleine putréfaction et répandant l'odeur la plus repoussante, fut instantanément déodorisée par une quantité comparativement très-petite d'hypermanganate ou même de manganate de potassium ou de sodium.

La déodorisation des eaux par le chlorure de chaux fut également trouvée rapide et permanente ; mais quoique ayant entièrement perdu leur odeur putride primitive, les eaux traitées par les composés chlorés conservent une faible odeur particulière, due probablement à du chlorure d'azote, engendré par l'action du chlore libre sur les composés ammoniacaux. Pour débarrasser les eaux de rivière et autres de principes ammoniacaux, les manganates et hypermanganates se recommandent, parce que leur coloration particulière disparaît au fur et à mesure qu'ils agissent comme oxydants. Par l'affaiblissement graduel de la coloration (qui est verte dans le cas d'un manganate, et pourpre lorsqu'on fait usage d'un hypermanganate), l'opérateur peut suivre les progrès de l'oxydation et graduer ses additions de sels

(1) Condy (H.-B.), Patente nᵒ 1798, 7 juillet 1856.
(2) Nous ne pouvons admettre cette explication ; il nous paraît plus simple d'expliquer l'action oxydante des hypochlorites en admettant qu'ils cèdent à la fois l'oxygène de l'acide et de la base pour former des chlorures, sans qu'il y ait décomposition d'eau.
E. KOPP.

avec la plus grande exactitude. En manipulant avec soin, il peut débarrasser l'eau complètement de toute impureté organique, en n'y introduisant, en échange, qu'une minime quantité
d'un carbonate alcalin. Cette addition de carbonate est rarement un inconvénient; au contraire, elle est plus souvent avantageuse, surtout dans le cas d'eaux dures et calcaires, qui
par là sont rendues plus douces.

Applications moins importantes de ces sels. — Nous avons déjà mentionné le caractère de parfaite innocuité de ces sels, et ce n'est pas la moins précieuse de leurs qualités. Cette innocuité
permet leur emploi dans un grand nombre de cas, pour lesquels on n'avait jusqu'à ce jour
presque jamais pu utiliser les désinfectants.

Plusieurs de ces applications sont d'une haute valeur, comme, par exemple, la désinfection
de toutes les parties du corps d'un être vivant (déodorisation de l'haleine, désinfection des
plaies, d'ulcères, etc.). Aux organismes végétaux, attaqués de bruine et d'influences perni-
cieuses semblables, ces sels rendent des services à peine moins importants. On peut également les employer avantageusement pour la purification des provisions déjà un peu attaquées, etc.

Il sera peut-être intéressant pour des fumeurs de tabac de savoir qu'en rinçant la bouche
avec une solution étendue d'hypermanganate de sodium, ils font disparaître presque instantanément toute trace d'odeur de tabac. Parmi les nombreuses applications de moindre portée
des désinfectants manganiques proposées par M. Condy, on peut citer leur emploi par les dé-
gustateurs de vins pour rafraîchir leur palais pendant l'exercice de leurs importantes fonctions professionnelles. On leur attribue aussi la propriété de calmer l'irritation causée par les
piqûres des moucherons et d'autres insectes encore plus désagréables. On voit par là que les
désinfectants manganiques possèdent un ensemble de propriétés qui rend leur emploi préférable dans bien des cas à celui des hyperchlorites.

Ces derniers sont néanmoins supérieurs comme désinfectants atmosphériques, par suite
du dégagement de chlore, plus ou moins abondant et plus ou moins délayé, qu'ils fournissent
sous l'influence d'acides, de sels acides, ou même simplement de l'atmosphère. Cette propriété du chlorure de chaux lui assurera toujours une certaine série d'applications, pour lesquelles il n'est guère probable qu'on pourra lui substituer des désinfectants non volatils
d'aucune espèce.

Leur préparation. — Il ne nous reste plus qu'à dire quelques mots sur la préparation des
manganates et hypermanganates alcalins, qui s'effectue par un procédé aussi simple que
facile. Pour les usages des laboratoires, on préfère généralement l'hypermanganate potassique, parce que, cristallisant très facilement, il est aisé à purifier. Mais, par contre, pour les
applications industrielles, où le bon marché prime la pureté absolue, on donne toujours la
préférence aux manganate et hypermanganate de sodium.

M. Condy prépare le manganate de sodium d'une manière très-simple, en mélangeant de la
soude caustique avec du peroxyde de manganèse en poudre fine et exposant ce mélange, dans
des vases peu profonds, à une chaleur rouge sombre pendant quarante-huit heures.

Les proportions employées par M. Condy sont 1 $^1/_2$ tonne de sel de soude, caustifié à la
manière ordinaire, sur 7 cwt de peroxyde de manganèse (350 kilog.). Le produit ainsi obtenu
est traité par une quantité d'eau suffisante pour convertir (au moins en partie) le manganate
en hypermanganate : la solution décantée est ensuite concentrée jusqu'à un certain point ou
évaporée à siccité. Dans quelques cas, M. Condy transforme le manganate en hypermanganate
par l'addition d'une certaine quantité d'acide sulfurique. En évaporant la solution ainsi traitée, il y a séparation de cristaux de sulfate de soude; après les avoir retirés, on évapore la
liqueur restante à siccité.

DEUXIÈME PARTIE. — PRODUITS ORGANIQUES.

ACIDES ORGANIQUES.

Le rapporteur a rassemblé sous ce titre plusieurs faits nouveaux, mis en évidence par l'Exposition de 1862 et concernant la production, sur une échelle industrielle, de plusieurs des acides les plus importants.

ACIDE OXALIQUE.

Préparation de l'acide oxalique au moyen de la sciure de bois. — La nouveauté la plus frappante que la décade écoulée ait produite dans cette branche de la chimie appliquée, est, sans contredit, la fabrication de l'acide oxalique au moyen de sciure de bois, par l'action des alcalis caustiques. Ce nouveau procédé remplacera, sans doute, entièrement l'ancienne méthode de préparation de cet acide par oxydation de fécule ou de sucre, à l'aide de l'acide nitrique.

Ce nouveau mode de fabrication de l'acide oxalique a été breveté et mis en pratique par MM. Roberts, Dale et Comp. (1) (Royaume-Uni, 588), dont les travaux couronnés de succès, tant dans cette partie que dans d'autres branches de chimie industrielle, ont été appréciés par le jury, qui a éprouvé une véritable satisfaction en leur décernant la plus haute récompense dont il pouvait disposer.

La vitrine de MM. Roberts, Dale et Comp., contenait une très-belle série d'échantillons de produits, démontrant les différentes phases du procédé.

Ces fabricants ont en même temps invité le jury à visiter leurs usines, et plusieurs des membres de ce corps ont profité avec empressement de cette offre obligeante. Des circonstances particulières ont empêché le rapporteur de prendre part à cette visite; mais plusieurs de ses collègues, qui ont vu pratiquer le nouveau procédé, lui en ont donné une relation verbale, et ils ont été tous unanimes à faire l'éloge de la netteté et simplicité avec laquelle s'effectuent les différentes opérations, et a admirer la grande échelle sur laquelle elles sont exécutées.

Une description très-détaillée de ce procédé a été donnée par MM. Schunck, Angus Smith et Roscoe (2), qui ont également eu l'occasion de le voir fonctionner. Les détails qui suivent sont extraits, en grande partie, de leur rapport, que nous avons déjà si souvent cité.

Depuis longtemps, les chimistes savaient que de l'acide oxalique prend naissance dans cette réaction; mais ce n'est que dans ces dernières années qu'on a réalisé l'utilisation pratique de ce fait remarquable. En 1829, Gay-Lussac (3) avait publié un petit mémoire dans lequel il annonçait qu'on obtenait de l'acide oxalique en chauffant du coton, de la sciure de bois, de la fécule, de la gomme, de l'acide tartrique et quelques autres acides organiques, avec de la potasse caustique, dans un creuset en platine. Plus tard, M. Possoz fit voir qu'un mélange de potasse et de soude produisait cette réaction plus aisément que chacun des alcalis pris isolément (Balard; voyez le chapitre sur le carbonate de sodium). MM. Roberts, Dale et Comp. furent les premiers manufacturiers qui réussirent à introduire ce procédé dans la pratique sur une large échelle.

Gay-Lussac avait proposé dans son mémoire, comme susceptible d'une application pratique, la conversion, par cette méthode, de la crème de tartre en oxalate de potassium.

L'acide tartrique était alors meilleur marché que l'acide oxalique, et cette proposition pouvait en effet présenter à cette époque et dans ces circonstances une valeur pratique.

Mais, de nos jours, le procédé n'aurait pu réussir, si l'on n'avait fait usage de matières

---

(1) Roberts (T.), Dale (J.) et Pritchard (J.-D.), Patente, n° 2767, 21 nov. 1856.

(2) *On the recent Progress*, etc., p. 120.

(3) Gay-Lussac, *Ann. chim. phys.* [2], t. XII, p. 398.

premières bien plus économiques. MM. Roberts, Dale et Comp. ont trouvé que le ligneux, sous forme de sciure de bois, s'y adaptait parfaitement. Gay-Lussac avait annoncé, comme résultat de ses expériences, que la potasse caustique pouvait être remplacée par la soude caustique.

M. Dale trouva, au contraire, que le ligneux ne produisait, avec ce dernier alcali, que des traces d'acide oxalique. D'un autre côté, l'emploi de la potasse caustique seule rend le procédé trop coûteux. Cette difficulté disparut par l'emploi du mélange de potasse et de soude caustiques, dont l'efficacité avait déjà été constatée par M. Possoz.

MM. Roberts, Dale et Comp. emploient un mélange de 2 équivalents de soude sur équivalent de potasse caustique; ce mélange réussit tout aussi bien que ce dernier alcali seul.

On ne peut qu'émettre des hypothèses sur le rôle joué par la soude dans cette réaction : son utilité peut dépendre soit de ce qu'elle peut prendre la place de la potasse lorsqu'elle se trouve associée avec cette dernière, soit de ce qu'elle favorise la fusibilité du mélange.

M. F.-O. Ward suppose que la potasse, en vertu de son pouvoir dissolvant plus fort, commence la désintégration de la cellulose, et celle-ci, par suite de sa décomposition particlle ou préliminaire, devient ensuite susceptible d'être attaquée par la soude caustique, moins énergique : cette dernière serait donc apte à compléter la dissociation et la dissolution de la fibre ligneuse, quoique incapable de la commencer. Si cette théorie était confirmée par l'expérience, elle serait susceptible d'applications assez étendues; elle conduirait, pour d'autres cas, à la recherche et à l'emploi de mélanges attaquants, renfermant, en diverses proportions, dépendantes des circonstances, un agent plus énergique pour commencer, et un agent plus faible pour compléter et achever une réaction désirée.

Quoi qu'il en soit, c'est un fait que le mélange des alcalis produit, dans le cas présent, un effet, que la soude seule est incapable de produire. La manière dont on fait réagir ce mélange sur la sciure de bois est très-simple. Dans la solution alcaline mixte, concentrée à environ 1.35 pes. spécif., on introduit la sciure de bois, tant qu'elle est dissoute.

La pâte est ensuite étalée en couches minces sur des plaques en tôle, et on l'y chauffe graduellement en remuant constamment. L'élévation de température provoque d'abord un dégagement de vapeurs d'eau; la masse se boursoufle ensuite et dégage une grande quantité de gaz inflammables, formés d'hydrogène et d hydrogène carburé, en même temps qu'une odeur aromatique particulière. La température ayant été maintenue pendant une à deux heures à 252° C., la première phase du procédé, qu'on pourrait appeler la phase de décomposition, peut être considérée comme achevée.

La totalité de la fibre ligneuse est maintenant convertie en une masse pulpeuse, d'une couleur brun foncé, entièrement soluble dans l'eau.

Elle ne contient cependant que de 1 — 4 pour 100 d'acide oxalique, environ 0.5 pour 100 d'acide formique et pas d'acide acétique. La nature du produit principal, intermédiaire entre la fibre ligneuse et l'acide oxalique, n'a pas encore été déterminée ; il serait cependant intéressant d'en faire un sujet de recherches.

La masse est exposée maintenant pendant un temps prolongé à la même température de 250° environ, en évitant toute carbonisation qui entraînerait une perte d'acide oxalique. Arrivée à siccité, elle contient la quantité maximum, c'est-à-dire de 28 à 30 pour 100 d'acide oxalique [$H^2C^2O^4 + 2H^2O$], point d'acide acétique et un peu plus d'acide formique que précédemment. L'absence d'acide acétique est assez remarquable, puisqu'on admet généralement que c'est un des produits principaux de ce genre de décomposition. Il est possible que l'acétate soit converti en oxalate à fur et à mesure qu'il prend naissance; mais, d'un autre côté, M. Gay-Lussac a constaté que les acétates chauffés avec les alcalis caustiques se transforment essentiellement en carbonates et ne produisent que des traces d'oxalates. M. Dale est arrivé à la même conclusion en expérimentant directement sur des acétates (1).

---

(1) Ce mode de décomposition s'opère tout aussi bien en vases clos qu'à l'air libre. Ce fait démontre qu'il doit y avoir en même temps décomposition de l'eau.

Le produit final de l'opération par voie sèche est une matière pulvérulente grisâtre qu'on délaye dans de l'eau froide à 15° C. Le tout s'y dissout à l'exception de l'oxalate de soude, qui, ou bien préexiste dans la matière, ou bien est formé après l'addition de l'eau par double décomposition (de l'oxalate de potasse par le carbonate de soude) et se dépose à cause de son peu de solubilité. L'utilité de la soude dans cette phase du procédé est suffisamment apparente. La liqueur surnageante est décantée, évaporée à siccité et le résidu calciné dans un four à réverbère pour détruire la matière organique et récupérer les alcalis à l'état de carbonates, qui, après avoir été d'abord rendus caustiques sont employés de nouveau pour réagir sur de la sciure de bois.

Il est cependant évident que la proportion respective des alcalis est devenue différente de ce qu'elle était précédemment, par suite de l'élimination d'une certaine quantité de soude à l'état d'oxalate sodique. Il est donc nécessaire, avant de réemployer les alcalis récupérés, de déterminer par une analyse les quantités respectives de potasse et de soude et de rajouter la quantité de soude qui manquerait.

L'oxalate de sodium, après avoir été lavé, est décomposé par ébullition avec un lait de chaux. Il se dépose de l'oxalate de chaux et il reste en solution de la soude caustique utilisable pour toute espèce d'application. L'oxalate de chaux lavé est décomposé par l'acide sulfurique étendu, dont il faut employer 3 équivalents pour 1 équivalent d'oxalate. Les liqueurs décantées du sulfate de chaux formé sont évaporées au point de cristallisation dans des vases en plomb. Les cristaux d'acide oxalique ainsi obtenus, qui sont encore légèrement colorés par une matière organique, sont purifiés par recristallisation.

Deux parties de sciure de bois peuvent fournir environ une partie d'acide oxalique cristallisé. On ne perd aucune portion de cet acide; la seule perte qu'on éprouve est celle d'alcali.

La quantité d'acide oxalique actuellement fabriquée par MM. Roberts, Dale et Comp., s'élève à 9 tonnes par semaine, et leur usine est disposée de manière à pouvoir au besoin agrandir la fabrication et produire jusqu'à 15 tonnes par semaine, quantité probablement égale à celle de tout l'acide oxalique consommé dans le monde entier.

L'installation a été coûteuse et organisée sur une très-grande échelle ; elle témoigne d'un esprit d'entreprise peu ordinaire de la part de ces manufacturiers.

Pour donner une idée de l'influence que la mise en pratique de ce procédé a exercée sur les prix commerciaux de l'acide oxalique, nous n'avons qu'à rappeler que cet acide se vendait, en 1851, 15 à 16 pences la livre (1 fr. 55 à 1 fr. 65 les 453 grammes, 3 fr. 40 à 3 fr. 60 le kilog.), tandis que le prix de vente actuel est de 8 à 9 d. la livre (1 fr. 75 à 2 fr. le kilog.).

L'acide oxalique est employé en quantité considérable pour l'impression des calicots, dans la teinture et l'impression des laines et dans la teinture de la soie avec les extraits de bois colorés ; on en fait également usage dans le blanchiment de la paille et pour la préparation du bioxalate de potassium, le soi-disant « sel de limon ou citrons » (*salt of lemons*).

La fabrication de l'acide oxalique, d'après ce nouveau procédé, exigeant une consommation très-considérable de combustible, il est probable que cette nouvelle branche d'industrie constituera, pour cette raison, pendant une série d'années, un monopole pour l'Angleterre. En effet, la production d'une tonne d'acide oxalique exige la combustion de pas moins de 40 tonnes de houille.

ACIDE ACÉTIQUE.

Comme on devait s'y attendre, des perfectionnements ont été introduits, pendant ces dernières dix années, dans la fabrication de l'acide acétique, par suite de la consommation considérablement augmentée de cet acide ; cette augmentation est due en partie à l'extension donnée à d'anciennes industries, mais en partie aussi à la création de nouvelles, telles que, par exemple, la préparation de l'aniline (et l'emploi des couleurs d'aniline en impression et teinture. E. K.).

Purification de l'acide acétique. — L'acide acétique obtenu par la distillation du bois (acide pyroligneux) et les différents acétates qu'on prépare avec lui pour l'usage des arts et manufactures, sont produits maintenant généralement dans un état de pureté beaucoup plus grand que cela ne se faisait lors de la première Exposition. Cette pureté supérieure est due principalement à des perfectionnements apportés à la première et à la dernière phase de la préparation. Le pyrolignite calcique brut obtenu par la saturation du liquide impur (provenant de la distillation du bois) avec la chaux est purifié de nos jours par une meilleure méthode. On le soumet d'abord à l'influence d'une chaleur modérée qui carbonise une certaine quantité d'impuretés ; le résidu est dissous dans l'eau et la solution clarifiée au moyen d'albumine, au lieu du sang dont on faisait usage précédemment. La transformation finale du sel calcique en sel sodique est réalisé actuellement presque partout en distillant le pyrolignite de chaux avec de l'acide sulfurique et saturant l'acide distillé avec du carbonate de sodium (sel de soude), au lieu de la double décomposition, anciennement employée, avec le sulfate de soude. Cette double décomposition, lorsqu'on n'avait pas la précaution d'employer équivalents égaux des deux sels, occasionnait souvent des pertes très-considérables, dues à la formation d'un sel double, le sulfate sodico-calcique,

$$\mathrm{Ca\,C^2\,H^3\,O^2} + \left.{\mathrm{Na} \atop \mathrm{Na}}\right\} \mathrm{S\,O^4} = \left.{\mathrm{Na} \atop \mathrm{Ca}}\right\} \mathrm{S\,O^4} + \mathrm{Na\,C^2\,H^3\,O^2}$$

Ce fait ne paraît pas avoir été suffisamment connu.

Un perfectionnement plus important consiste dans l'addition de bichromate ou de permanganate de potassium, lors de la dernière distillation de l'acide acétique ; cette addition a été patentée en Angleterre par M. H.-B. Condy (Royaume-Uni, 500). Ces agents oxydants détruisent les dernières traces de matières organiques étrangères, qui communiquent si facilement une odeur empyreumatique à l'acide acétique provenant de la distillation du bois, et qu'il est bien difficile d'enlever par d'autres moyens.

Le rapporteur a eu lui-même plus d'une fois l'occasion de constater l'efficacité de ce procédé. Un acide acétique ainsi purifié a été exposé par MM. Foot et Comp. (Royaume-Uni, 518), qui ont été honorés d'une médaille pour la pureté de leurs produits.

Cet acide est maintenant employé en grandes quantités, en place d'acides minéraux, pour « donner de la force » au vinaigre de Malt.

Pendant la dernière décade, plusieurs patentes ont été prises en Angleterre pour perfectionnements apportés à la distillation du bois. L'une de ces patentes, celle de M. Halliday (1), a rapport à l'emploi de la sciure de bois au lieu de bois en bûches pour la distillation sèche. La manière dont cette distillation est conduite est très-ingénieuse ; elle est décrite en ces termes dans le rapport que nous avons déjà si souvent cité (2).

Préparation de l'acide acétique au moyen de la sciure de bois. — La sciure de bois est introduite par une espèce de trémie sur le devant de la cornue, et est entraînée graduellement vers l'autre extrémité au moyen d'une vis sans fin, mise mécaniquement en mouvement. Pendant sa marche, elle se carbonise complétement ; les produits gazeux et liquides se dégagent à travers un tuyau, tandis que le charbon tombe dans un vase rempli d'eau. Cette dernière précaution est nécessaire, puisque le charbon est tellement divisé, qu'aucune espèce de refroidissement, ni à l'air, ni en vases clos, ne pourrait en empêcher la combustion. Sous tous les autres rapports, le procédé ne diffère pas essentiellement de celui où le bois en bûches est employé. On n'obtient pas plus d'acide pyroligneux qu'avec ce dernier, et on recueille moins d'esprit de bois et de naphte de goudron. La quantité d'acide varie cependant suivant la température. On opère généralement à la chaleur rouge sombre. Une tonne de

---

(1) Halliday (A.-P.). Patente n° 12275, sept. 28, 1848.
(2) *On the recent Progress*, etc., p. 122.

sciure de bois fournit 100 à 120 gallons de liquide, renfermant 4 pour 100 d'acide acétique cristallisable (monohydraté), et 15 gallons de goudron (le gallon $= 4.5$ litres) fournissant 3 pour 100 de naphte.

L'avantage du procédé repose sur le bon marché de la matière première; mais, d'un autre côté, l'un des produits, le charbon très-divisé, est comparativement sans valeur.

M. Bowers a pris une patente relative à des arrangements mécaniques un peu différents pour l'introduction de la sciure de bois dans la cornue; il l'effectue au moyen d'un plan incliné et d'une série de palettes qui entraînent la sciure.

Les renseignements suivants concernant la fabrication de l'acide acétique au moyen du bois, telle qu'elle est pratiquée dans plusieurs des principales manufactures de France, et en particulier dans celle de M. Ch. Kestner, à Thann, ne seront probablement pas sans quelque intérêt pour le lecteur. Le rapporteur les doit à l'obligeance de son ami M. Scheurer-Kestner.

Procédé actuel de fabrication de l'acide acétique en France. — Les fabricants d'acide acétique produisent généralement deux espèces d'acide acétique : *a*, celui dit de bon goût, qui possède une saveur agréable et est parfaitement pur; *b*, un acide ordinaire, qui, quoique à peu près incolore, renferme encore des substances empyreumatiques.

Le produit connu sous le nom d'acide pyroligneux est toujours plus ou moins coloré en jaune et contient de grandes quantités de matières goudronneuses. Il est généralement le résultat de la simple redistillation de l'acide brut directement obtenu du bois.

Pour la fabrication de l'acide acétique, on donne la préférence aux bois de hêtre et de bouleau; les bois résineux produisent une quantité beaucoup plus considérable de goudron.

Le bois, scié et fendu, est introduit dans de grandes cornues ou cylindres en tôle, qui sont chauffés au rouge : les produits volatils de la distillation, condensés dans des réfrigérants appropriés, se rendent dans des citernes où le liquide se sépare en deux couches. La supérieure, formée de goudron, est enlevée; l'inférieure constitue l'acide pyroligneux brut, fortement coloré en brun; sa densité varie entre 1.028 et 1.042, suivant que le bois avait été plus ou moins sec.

Cet acide est employé, sans autre purification, à la préparation du pyrolignite ferrique (et ferreux, E. K.), employé en si fortes quantités dans la teinture et l'impression, et spécialement pour les noirs et violets garancés. Ce mordant est produit en soumettant de la vieille ferraille à l'action de l'acide dans de larges cuves en bois; on accélère l'oxydation du fer en soutirant la liqueur acide de temps à autre. L'acide se sature graduellement, et l'on obtient une liqueur d'une pesanteur spécifique de 1.105 à 1.120.

C'est là le mordant de fer du commerce.

Une autre application très-importante de l'acide pyroligneux consiste dans la préparation de l'acétate de plomb. On dissout de la litharge dans l'acide brut; on évapore la solution à 2.2 de densité, et par le refroidissement elle dépose des cristaux d'acétate de plomb.

Ce sel n'est pas moins important pour l'impression et la teinture des tissus, puisque c'est lui qu'on emploie pour transformer l'alun en mordant rouge (acétate d'alumine).

La transformation de l'acide pyroligneux en acide acétique peut s'opérer de deux manières, en passant soit par l'acétate de soude, soit par l'acétate de chaux.

Pour préparer un acide acétique parfaitement pur, l'acide pyroligneux brut est redistillé dans un alambic en cuivre : on isole alors une quantité assez notable d'alcool méthylique, qui passe en premier lieu; une forte proportion de matières goudronneuses reste comme résidu dans l'alambic.

L'acide distillé est ensuite saturé par du carbonate de soude, et la solution d'acétate sodique évaporée à cristallisation. Les cristaux ainsi obtenus sont bruns, coloration provenant de la présence de matières huileuses et goudronneuses. Pour détruire ces impuretés, les cristaux sont chauffés, dans des vases peu profonds en tôle, à une température voisine du rouge sombre; on carbonise ainsi les matières étrangères. Ce frittage doit être exécuté avec beaucoup de précautions, pour éviter la destruction d'une partie de l'acétate lui-même.

Après refroidissement, la masse frittée est dissoute dans l'eau ; la solution filtrée est évaporée et amenée à cristallisation. Les cristaux d'acétate de sodium ainsi obtenus sont tout à fait incolores. On les décompose par l'addition d'un équivalent d'acide sulfurique. La majeure partie du sulfate de sodium est éliminée par cristallisation; la liqueur mère est distillée. L'acide acétique ainsi préparé est purifié encore davantage par digestion et filtration avec du charbon animal, et rectification au-dessus de bichromate (ou manganate) de potasse.

L'acide acétique ordinaire est préparé en saturant l'acide pyroligneux avec de la chaux hydratée. L'acétate de calcium ainsi obtenu est décomposé (après évaporation à siccité) soit par l'acide sulfurique, soit par l'acide chlorhydrique. Cette opération est effectuée dans des cylindres en fonte semblables à ceux employés pour la fabrication de l'acide nitrique. L'acide produit est rendu incolore par rectification, en présence du bichromate de potasse; mais il renferme néanmoins encore des quantités appréciables de substances empyreumatiques. Pour la dernière distillation de l'acide acétique, il faut faire usage de serpentins en terre cuite.

En Angleterre, on emploie des serpentins en étain fin et quelquefois même en argent.

Préparation d'acide acétique monohydraté au moyen du biacétate de potassium. — Il y a déjà environ vingt ans que M. L. Melsens (1), chimiste belge très-distingué, avait observé ce fait, que l'acétate de potasse ordinaire, sursaturé par l'acide acétique, fournit par la concentration un sel acide renfermant, d'après ses analyses, $KC_2 H_3 O_2$, $HC_2 H_3 O_2$.

La solution concentrée de ce sel se solidifie par le refroidissement en une masse cristalline.

Les cristaux peuvent être chauffés dans le vide à 120 degrés, sans altération et sans perdre de poids.

A 148° C., le sel fond en perdant une minime proportion d'acide ; à 200° C., il commence à entrer en ébullition, dégageant des vapeurs d'acide acétique monohydraté et cristallisable; à 300° C., la cornue ne renferme plus que de l'acétate neutre de potassium, qui, lui-même, n'est décomposé que si la température est élevée encore davantage.

M. Melsens avait déjà fait remarquer, à cette époque, qu'on pourrait utiliser son observation par la production en grand de l'acide acétique monohydraté.

En effet, en distillant de l'acétate neutre de potasse avec un excès d'acide acétique moyennement étendu, le sel fixe une partie de cet acide, tandis qu'il distille un acide acétique beaucoup plus faible. La concentration de l'acide augmente graduellement et elle arrive finalement à un point où l'acide distillé se solidifie.

Il est indispensable de maintenir la température au-dessous de 300 degrés, parce que le produit distillé se colore et acquiert une odeur empyreumatique si la chaleur est poussée au delà de ce point.

L'exposition de 1862 a démontré la justesse de la prévision et de l'observation de M. Melsens. MM. Roques et Bourgeois (France, 114) avaient exposé de l'acide acétique dérivé du biacétate de potassium ; le jury leur a accordé pour ce motif la distinction d'une médaille.

ACIDE TARTRIQUE.

Procédés de fabrication de l'acide tartrique. — On obtient l'acide tartrique libre, en suivant l'ancien procédé bien connu, qui consiste à décomposer le tartrate de chaux par l'acide sulfurique; on précipite ainsi du sulfate de chaux, en mettant l'acide tartrique en liberté. Le tartrate de chaux est lui-même préparé par deux opérations différentes: d'abord en saturant à chaud le bitartrate de potasse en solution au moyen de craie, de manière à précipiter

(1) Melsens, *Journ. pharm.* (3), VI, 415.

38

la moitié de l'acide tartrique en combinaison avec la chaux; en second lieu, en traitant le tartrate neutre potassique restant en solution dans l'opération précédente par le chlorure de calcium, de manière à obtenir par double décomposition, d'un côté du tartrate de calcium et de l'autre du chlorure de potassium.

A une époque où l'acide hydrochlorique était beaucoup plus cher qu'aujourd'hui, et où par conséquent le chlorure de calcium avait plus de valeur, on employait le procédé suivant :

On commençait par neutraliser le bitartrate de potassium au moyen de craie, et on décomposait ensuite le tartrate neutre potassique par de l'acétate de calcium. L'acétate de potassium résultant de cette opération était ensuite décomposé par l'acide sulfurique, pour mettre de nouveau l'acide acétique en liberté. Le procédé servait surtout comme moyen de purifier l'acide acétique et de le rendre vendable, en se servant du potassium du tartre en place du carbonate de sodium. Le potassium était finalement obtenu à l'état de sulfate. Ce procédé fut employé avant 1820 par M. Ch. Kestner de Thann (France, 136). Mais il est évidemment dispendieux et ne pourrait plus être suivi économiquement de nos jours.

Plus tard on en revint à l'ancien procédé. Le chlorure de calcium s'obtenait par saturation des résidus du chlore avec de la craie.

Il y a bien longtemps, M. le baron Liebig conseilla à M. Kestner de traiter la crème de tartre par de l'acide hydrochlorique concentré; il se forme du chlorure de potassium qui cristallise par le refroidissement de la liqueur, et de l'acide tartrique reste en solution. Mais dans une série d'expériences entreprises pour apprécier la valeur de ce procédé, on trouva que le bitartrate de potassium n'est pas entièrement décomposé; la réaction étant incomplète, il en résultait une perte considérable, ce qui obligea M. Kestner de renoncer à cette méthode.

Plusieurs autres procédés proposés pour la fabrication de l'acide tartrique méritent d'être mentionnés en quelques mots : Pendant quelque temps, on croyait que la préparation de l'acide tartrique pouvait être associée avantageusement avec la fabrication de l'alun et des expériences furent exécutées dans ce but sur une assez grande échelle, mais sans succès.

Le procédé était exécuté de la manière suivante :

On mélangeait la crème de tartre avec du sulfate d'ammonium renfermant un assez grand excès d'acide sulfurique pour saturer le potassium. On obtenait ainsi une cristallisation d'alun, et les eaux-mères évaporées fournissaient de l'acide tartrique. Mais dans ce cas aussi les réactions étaient incomplètes et pas assez tranchées; on arrivait à un point où de l'acide tartrique et de l'alun cristallisaient ensemble. Il en résultait un acide tartrique très-impur, qui nécessitait des frais de purification proportionnellement trop considérables.

Dans un brevet pris en 1858 par M. Kessler, pour l'utilisation des acides hydrofluorique et hydrofluosilicique, la décomposition de la crème de tartre par ce dernier acide est recommandée pour la préparation de l'acide tartrique.

On obtient d'un côté de l'acide tartrique soluble et de l'autre du fluosilicate de potassium insoluble. En faisant bouillir ce sel avec du carbonate de calcium, il se forme par double décomposition du carbonate de potassium et du fluosilicate de calcium. Ce dernier sert à la préparation de l'acide hydrofluosilicique destiné à une nouvelle opération.

Ce procédé présente l'avantage de fournir le potassium de tartre à l'état de carbonate, dont la valeur commerciale est bien supérieure à celle du chlorure (voyez le chapitre sur les combinaisons du potassium et l'extraction des sels des varechs).

M. Kessler fut amené à proposer cette méthode à l'occasion de la préparation de l'acide hydrofluorique sur une large échelle pour la gravure sur verre; mais la difficulté de produire l'acide hydrofluosilicique par de simples opérations manufacturières et à un prix assez bas, a empêché jusqu'à ce jour l'exploitation industrielle de ce procédé très-ingénieux.

Nous avons déjà mentionné la méthode de préparation de l'acide tartrique au moyen de la baryte, due à M. Kuhlmann (voyez, plus haut, le chapitre concernant les composés barytiques). Les fabricants font à ce procédé l'objection que le tartrate de baryum est plus soluble que le tartrate de calcium, et que la nécessité de laver le tartrate précipité entraîne une perte assez considérable.

En 1852, le docteur A. P. Price (1) fit patenter un procédé ingénieux de fabrication de l'acide tartrique. Il propose de dissoudre le tartre dans l'ammoniaque et, après filtration, pour séparer des matières colorantes et autres impuretés, de décomposer le tartrate double de potassium et d'ammonium contenu dans la solution, au moyen de chaux vive.

L'ammoniaque éliminée est conduite dans un nouveau mélange de tartre brut et d'eau, et l'on obtient d'un côté du tartrate de calcium insoluble et de l'autre du tartrate neutre de potassium soluble qu'on précipite par le chlorure de calcium, en continuant l'opération à la manière ordinaire.

On peut aussi ajouter à la solution de tartrate neutre de potassium une quantité de nitrate de sodium correspondante à la moitié du potassium renfermé dans le tartrate. En évaporant ensuite, on obtient d'abord du nitrate de potassium, et plus tard du tartrate double sodico-potassique, qu'on parvient à obtenir séparés par des cristallisations conduites avec beaucoup de soins. Une autre variante consiste à décomposer le tartrate neutre de potassium par son équivalent de nitrate de sodium, de manière à produire du nitrate de potassium et du tartrate neutre de sodium, sels faciles à séparer par cristallisation. En suivant ce procédé, quelque impur que soit le tartre, le tartrate de calcium se présente toujours sous forme de précipité bien cristallin et presque entièrement débarrassé de matière colorante, conditions très-favorables pour l'obtention d'un acide tartrique très-beau et pur, en le traitant suivant les méthodes ordinaires.

Plusieurs fabricants ont essayé de décomposer le tartrate neutre de potassium par le sulfate de chaux; mais cette opération occasionne des pertes considérables de tartrate de calcium, qui reste dissous dans le sulfate de potassium.

Nous devons encore mentionner qu'on a essayé de convertir le bitartrate de potassium en tartrate de baryum ou de calcium au moyen de sulfures barytique ou calcique. Le sulfure de potassium ainsi obtenu était transformé en hydrate potassique par l'oxyde de cuivre. Mais l'expérience démontre que tous les appareils métalliques, quel que soit le métal, sont toujours attaqués par les sulfures; l'emploi de l'oxyde de cuivre comme agent de décomposition est dispendieux, et l'on éprouve toujours une perte sensible en convertissant de nouveau le sulfure de cuivre en oxyde.

Présence du tartrate de calcium dans le tartre brut. — Un fait important pour la fabrication de l'acide tartrique, et auquel on paraît ne pas avoir eu égard dans plusieurs des procédés décrits plus haut, est la présence de quantités considérables de tartrate de calcium dans le tartre brut.

M. Scheurer-Kestner (2) a démontré que le tartre brut peut contenir jusqu'à 45 pour 100 de sel de calcium, et qu'il est extrêmement rare d'en rencontrer qui n'en renferme pas. Le tartre contient généralement de 4 à 8 pour 100 de tartrate de calcium.

Il est évident que, pour utiliser ce sel, le manufacturier ne doit jamais baser sa fabrication sur la dissolution de tartre brut dans l'eau. Il lui faut, ou bien décomposer directement le tartre brut pulvérisé par un lait de chaux et par le chlorure de calcium, ou bien traiter séparément le résidu qui reste après la dissolution du tartre dans l'eau. On doit certainement considérer comme un progrès accompli, dans cette branche d'industrie, de ce que, depuis quelques années, on tient de ces résidus de tartrate de calcium; ils sont devenus réellement un article de commerce, et le jury a été heureux de pouvoir reconnaître, en leur décernant une médaille, les efforts dignes d'éloges de MM. H. Cazalis et Comp. (France, 142) pour l'uti-

(1) Price (A.-P.), patente, n° 141, oct. 1, 1852.
(2) Scheurer-Kestner, *Repert. chim. appliq.*, 1861, p. 39.

lisation d'une matière première d'une certaine valeur, qui auparavant avait été souvent jetée et perdue.

Le rapporteur a eu l'avantage de pouvoir examiner la préparation de l'acide tartrique, telle qu'elle se pratique actuellement dans la célèbre fabrique de M. Charles Kestner, à Thann. On y opère de la manière suivante : Le tartre brut est dissous dans l'acide hydrochlorique, qui laisse pour résidu insoluble la majeure partie des impuretés organiques et une certaine quantité de matière colorante. La solution acide est précipitée par un lait de chaux, et le tartrate de calcium en résultant est décomposé, après lavage, par l'acide sulfurique. La solution d'acide tartrique est évaporée au bain-marie au point de cristallisation ; les cristaux impurs d'acide tartrique sont purifiés par redissolution dans l'eau pure et décoloration au moyen de charbon animal. Précédemment, on décolorait l'acide tartrique en le soumettant à froid à un courant de chlore ; mais, par cette opération, une petite quantité d'acide tartrique était toujours détruite avec formation d'acide hydrochlorique qui corrodait les appareils évaporatoires.

Les eaux-mères des cristaux d'acide tartrique se trouvent peu à peu fortement chargées de fer ; elles renferment en outre de l'acide sulfurique et des sels de magnésium, d'aluminium et de calcium. Ces eaux-mères présentent un intérêt tout spécial pour le chimiste scientifique, puisque M. Charles Kestner en a retiré des quantités considérables d'acide paratartrique ou racémique, dont il fit la découverte déjà en 1822 (1).

ESSENCES PARFUMANTES.

Huiles essentielles, éthers, etc. — L'exposition de 1862 a fourni son contingent d'essences naturelles et artificielles, dont les dernières surtout étaient de la compétence du jury de la classe II. Le rapporteur dans la présente occasion n'a que très-peu de chose à ajouter au rapport qui avait été rédigé par M. Warren de la Rue et par lui-même pour l'Exposition de 1851, au sujet des essences de fruit artificielles qui, à cette époque, constituaient une nouvelle branche d'industrie chimique.

Comme on pouvait s'y attendre, le prix de ces substances a été beaucoup réduit pendant la décade écoulée.

Le rapporteur a en outre été informé, par M. H. B. Condy, qui s'est occupé très-spécialement de cette question, que le formiate et le butyrate d'amyle constituent des essences parfumantes remarquables par la suavité de leur odeur, qui présente une certaine analogie avec celle de l'acétate correspondant ; le prix plus élevé des acides formique et butyrique est cause que ces substances ne sont point encore produites sur une assez grande échelle. M. Condy a également fait connaître une nouvelle huile essentielle parfumante, l'*essence à mûrier*, dont la base est l'éther subérique.

L'Exposition bavaroise présentait une collection remarquable (Lichtenberger. Zollverein, Bavière. 153) d'éther œnanthique, employé pour donner du bouquet aux qualités inférieures de vins. A en juger d'après les quantités exposées, cet article paraît être fabriqué d'une manière systématique et sur une assez grande échelle. La substance en question est solide et constitue, selon toutes les apparences, une combinaison définie pure, dont l'examen chimique présenterait certainement un intérêt considérable. Le jury a récompensé, par une médaille, les connaissances chimiques et l'habileté dont M. Lichtenberger a fait preuve dans la fabrication de cette substance intéressante.

MATIÈRES COLORANTES DÉRIVÉES DES MATIERES ORGANIQUES, RÉCENTES ET FOSSILES.

Les matières colorantes, en ayant égard aux sources dont elles dérivent, peuvent être divisées en deux classes :

(1) *Comptes-rendus*, XXIX, p. 526 et 557 ; XXXI, p. 7, 18 et 19.

1° Matières colorantes d'origine *minérale*, auxquelles plusieurs chapitres précédents ont déjà été consacrés (voyez ceux concernant l'outremer, les composés du chrôme, les blancs de plomb et de zinc, les couleurs d'antimoine et les produits divers, *pinkcolour, cœruleum*);

2° Matières colorantes d'origine organique, animale ou végétale, dont traiteront les chapitres suivants.

Dans cette classification, on observera que la dénomination matières colorantes de « sources organiques » comprend tout aussi bien les résidus fossiles animaux et végétaux, tels que le guano et la houille, que les produits récents de la vie animale et végétale, tels que certains insectes, les bois de teinture, les pétales des fleurs et autres matières organiques proprement dites.

A la rigueur, les matières fossiles devraient peut-être constituer une classe à part, intermédiaire entre les règnes organique et inorganique et participant aux caractères des deux règnes. Mais la classification n'étant en réalité qu'une affaire de convention et de convenance, et l'entête du chapitre ne pouvant donner lieu à aucune fausse interprétation, le rapporteur espère qu'on l'admettra sans autre objection. Comme il serait impossible de parler ici de toutes les matières colorantes organiques, en variété presque innombrable, dont on fait usage dans les arts, on n'a choisi que celles qui, pendant les dernières dix années, ou bien ont été ajoutées comme nouveautés à la liste de celles qui sont à la disposition du teinturier, ou bien ont été rendues d'une application plus parfaite par des perfectionnements apportés à leur fabrication.

L'ordre suivi dans la description de ces matières colorantes est de minime importance. Le rapporteur s'est proposé de parler d'abord de la garance et de ses dérivés; puis des matières colorantes extraites des lichens, orseille, persio et pourpre française, enfin du carthame; passant ensuite du règne végétal au règne animal, il consacrera quelques pages à la murexide; enfin, abordant le règne fossile, il s'étendra davantage sur cette nouvelle et magnifique série de couleurs, — une des conquêtes chimiques les plus brillantes de l'époque actuelle, — qui, dans ces dernières années, ont été dérivées des produits de la distillation de la houille et sont désignées ordinairement sous le nom de matières colorantes artificielles du goudron.

GARANCE.

Composition chimique incertaine de la garance. — Il est probable qu'aucune autre matière colorante n'a provoqué autant de recherches et d'expériences et n'a été le sujet d'autant de mémoires réellement intéressants que la garance, et cependant, malgré ces travaux, nos connaissances sur la garance, comparées à celles que nous possédons à l'égard d'autres principes colorants, sont toujours encore extrêmement incertaines et diffuses.

On serait presque tenté de dire que les travaux successifs des chimistes sur ce sujet ont plutôt eu pour résultat de le compliquer que de le simplifier.

Cette assertion est suffisamment confirmée par ce fait que, d'après quelques chimistes (M. Sacc, par exemple), et beaucoup de praticiens, il n'y a qu'un seul principe colorant dans la garance, tandis que d'autres en admettent au moins deux, l'alizarine et la purpurine; d'après les uns, la matière colorante existe toute formée dans la garance, tandis que d'autres supposent que la garance fraîche contient seulement un principe colorable qui, plus tard, par une espèce de fermentation ou de dédoublement, donne naissance à la matière colorante proprement dite.

On n'a qu'à parcourir les recherches publiées par MM. Robiquet et Colin, Henri Schlumberger, Gaultier de Claubry et Persoz, Kuhlmann, Runge, Schunck, Schiel, Higgins, Debus, Strecker, Rochleder, Sacc et Emile Kopp, pour se convaincre de la difficulté de présenter un aperçu tant soit peu satisfaisant de l'état actuel et de l'étendue de nos connaissances concernant la garance.

Ce qui augmente encore la difficulté, c'est l'existence dans le commerce de diverses espèces de garances, différentes suivant les pays et les terrains dans lesquels elles ont été cultivées.

Ces garances ne se comportent pas de la même manière avec les dissolvants ordinairement employés ; mais jusqu'à ce jour, hormis quelques données sur l'état d'acidité ou de neutralité, et sur la composition des cendres, on n'a pas encore signalé, d'une manière un peu précise, la cause des différences observées.

Constitution probable de la garance, rubiane; acide rubérythrique. — La manière de voir, concernant la constitution de la garance, qui, d'après les travaux les plus récents, paraît la plus probable, c'est qu'il existe dans les racines fraîches et n'ayant subi encore aucune espèce de transformation ou d'altération, une matière incolore, amère (la rubiane de Schunck, l'acide rubérythrique de Rochleder), à réactions assez indifférentes et appartenant probablement à la famille des *glucosides*, qui soit par une espèce de fermentation, ou sous l'influence d'acides, d'alcalis, de terres alcalines ou de leurs carbonates, se transforme en alizarine, purpurine et en d'autres produits encore assez mal définis.

On ne peut considérer cette opinion que comme une supposition probable, puisque l'équation de transformation n'a pas encore été établie; il est néanmoins permis de l'admettre provisoirement, comme servant à expliquer et à relier un certain nombre de phénomènes observés dans la pratique; tels sont l'augmentation graduelle de la valeur tinctoriale de la garance pendant deux à trois années, les précautions à prendre dans l'acte de la teinture, la lenteur avec laquelle il faut l'opérer, le soin qu'il faut apporter à ne pas laisser baisser la température pendant l'opération, etc. Elle est d'ailleurs la manière de voir qui explique le mieux le procédé, récemment proposé par M. E. Kopp et réalisé pratiquement par MM. Schaaff et Lauth, pour la préparation économique de la purpurine et de l'alizarine.

Alizarine et purpurine. — Les propriétés de l'alizarine et de la purpurine, qui sont sans contredit les principes constituants essentiels de la garance, ont été assez bien décrites : ces deux matières se distinguent surtout en ce que la purpurine est plus soluble dans l'eau, l'alcool et les solutions de sels aluminiques que l'alizarine et parce qu'elle se dissout dans les alcalis étendus en donnant naissance à une solution d'un rouge groseille très-belle, d'où les terres alcalines précipitent des laques rouges. L'alizarine, au contraire, se dissout dans les alcalis avec une couleur violette bleuâtre et forme avec les terres alcalines des laques violettes.

D'après M. Strecker, les formules de l'alizarine et de la purpurine sont :

$$\text{Alizarine, } C^{10} H^6 O^3$$
$$\text{Purpurine, } C^9 H^6 O^3$$

Mais on n'est guère d'accord sur le rôle que ces matières colorantes jouent dans la teinture.

MM. Robiquet et Schunck admettent que c'est surtout l'alizarine qui fournit les teintes les plus belles et les plus solides, tandis que MM. Strecker et Runge pensent que c'est au contraire la purpurine qui donne les nuances les plus vives et les plus brillantes, et que c'est elle qui joue le rôle principal dans la teinture en rouge turc ou rouge d'Andrinople.

D'après M. E. Kopp, c'est réellement l'alizarine qui constitue la base du rouge turc; il affirme même que la purpurine, qui du reste teint parfaitement les toiles mordancées, ne donne pas de couleurs aussi solides et n'a pas pour la toile huilée une affinité aussi grande que l'alizarine.

Perfectionnements apportés au traitement de la garance. — Il serait très-inopportun de vouloir considérer ici les procédés de teinture ou d'impression en garance, ces procédés étant soumis à l'examen du jury d'une autre classe. Le rapporteur doit se borner à relater brièvement les différents perfectionnements apportés dans ces dernières années au traitement de cette matière colorante.

Ces perfectionnements ont presque tous en vue la purification de la garance; leur but est d'obtenir la matière colorante proprement dite débarrassée le plus possible de matières sucrées, gommeuses, pectineuses, de sels terreux, de fibre ligneuse et de matières colorantes d'une nuance terne jaunâtre ou brunâtre.

Plus l'alizarine et la purpurine sont pures et exemptes de matières étrangères, plus la teinture se fait facilement et rapidement, plus les nuances sont vives et brillantes et exigent moins d'avivages, moins le fond blanc a de tendance à se salir et moins il faut observer ces précautions minutieuses qui prolongent les opérations et exigent le concours d'ouvriers habiles et expérimentés. En outre, l'emploi d'extraits purs permet de tirer parti dans la teinture de presque toute la matière colorante disponible, tandis qu'en teignant avec la garance non purifiée, près d'un tiers de la matière colorante, tant alizarine que purpurine, reste non utilisée dans le résidu.

Garanceux. — On en trouve la preuve dans la fabrication du garanceux d'après le procédé de MM. Schwartz et Gatty. Ce procédé consiste à faire bouillir le résidu de garance, retiré des cuves à teinture, avec une certaine quantité d'acide sulfurique, et à filtrer, laver, presser, sécher et pulvériser le produit.

Le garanceux teint encore passablement et peut être employé pour certains genres de dessins. exempts de nuances roses et lilas.

Les efforts tentés pour employer de la garance purifiée en teinture ont donné naissance aux préparations suivantes :

Charbon sulfurique ; colorine. — On a ainsi nommé le produit du traitement de la garance en poudre ou moulue, à froid ou à une température peu élevée, par une quantité considérable d'acide sulfurique assez concentré.

MM. Gaultier de Claubry et Persoz avaient montré que les matières colorantes proprement dites de la garance sont solubles sans altération dans l'acide sulfurique concentré, et c'est sur cette observation, dont M. Robiquet a fait une application pratique, qu'est basée la préparation du charbon sulfurique.

Sous l'influence de l'acide, beaucoup de matières étrangères, résineuses, ligneuses et pectineuses sont carbonisées et rendues inertes. Après une réaction prolongée pendant quelques heures, la masse est délayée dans de l'eau, filtrée, et le résidu bien lavé et séché. Le charbon sulfurique teint très-fortement et en belles nuances ; mais, étant difficile et coûteux à préparer en grand, sa fabrication a été abandonnée.

On s'en sert encore quelquefois pour la préparation de la *colorine*, matière tinctoriale introduite dans le commerce par MM. Lagier et Thomas, et qui n'est que le produit obtenu en épuisant le charbon sulfurique par l'alcool, et distillant la solution en consistance d'extrait.

Garancine. — Ce produit, préparé pour la première fois par MM. Lagier, Robiquet et Colin, ressemble au précédent et est obtenu d'une manière semblable ; seulement, on prend moins d'acide (moins du tiers du poids de la garance), qu'on étend d'une quantité d'eau beaucoup plus considérable, et l'on fait bouillir pendant plusieurs heures. On lave, on sèche et on fait moudre avec addition de quelques pour 100 de craie ou de carbonate de soude, pour neutraliser l'acide qui pourrait encore rester dans le ligneux.

On enlève par ce traitement les matières gommeuses, sucrées, une matière colorante fauve, une certaine quantité de substances pectineuses, des sels minéraux, etc. La garance fournit environ 33 à 36 pour 100 de son poids de garancine.

Les couleurs de garancine sont considérées comme un peu moins solides que celles obtenues avec la garance : mais, si la garancine a été bien préparée, elle donne généralement sans avivages des teintes vives et brillantes, et les fonds blancs restent intacts.

Cependant, les violets laissent souvent à désirer, et il est très-difficile de produire de bons roses avec la garancine.

Alizarine commerciale, ou pincoffine. — Depuis quelques aunées, MM. Pincoff et Comp., Manchester (Royaume-Uni, 582), ont introduit sous ce nom dans le commerce une garancine, qui teint de très-beaux violets, sans avoir besoin d'avivage, et dont les autres couleurs sont également satisfaisantes.

La pincoffine est une garancine préparée et, surtout, lavée avec le plus grand soin. Il faut la rendre aussi neutre que possible et l'exposer ensuite à une chaleur supérieure à 100°, en la soumettant à la vapeur à haute pression.

Dans ces circonstances, une certaine quantité de matière colorante fauve se trouve détruite ou rendue inerte, et ce produit, séché, donne immédiatement des nuances pures.

La vitrine MM. de Pincoff et Comp. renfermait non-seulement de beaux spécimens de leur produit, mais également une riche collection de calicots imprimés et teints en couleurs garancines, et surtout en violets très-purs et très-vifs, obtenus avec leur *alizarine commerciale*.

Fleur de garance. — On désigne sous ce nom, dans le commerce, une garance lavée, préparée pour la première fois à Avignon par MM. Julien et Rocquer. La préparation est très-simple. On délaye la garance dans de l'eau très-légèrement acidulée, tant pour saturer les carbonates terreux que pour diminuer la solubilité de la matière colorante dans l'eau. On prolonge le contact de la garance avec l'eau pendant plusieurs heures, pour permettre à l'alizarine et à la purpurine de se former et de devenir insolubles ; quelquefois même il s'établit une véritable fermentation. On lave ensuite, de manière à enlever toutes les substances facilement solubles, en évitant d'employer un trop grand excès d'eau, qui causerait une perte de matière colorante, puis on fait sécher. Les premières liqueurs étant fortement chargées de sucre, on les soumet à la fermentation vineuse, et, par distillation, on en retire une quantité assez notable d'alcool.

La fleur de garance, étant débarrassée des matières sucrées, gommeuses, et surtout de la matière colorante jaune fauve qui salit les mordants, fournit des teintes beaucoup plus belles que la garance. 100 de garance donnent environ 50 de fleur de garance.

On peut dire que la moitié de la garance récoltée est aujourd'hui convertie en *fleur de garance* et en *garancine*, qui sont en réalité les dérivés les plus importants de la garance.

Tous ces produits, que nous venons de passer rapidement en revue, ont ce caractère commun, qu'ils renferment tous presque la totalité du ligneux de la racine, ce qui empêche leur emploi comme couleurs d'application, dans l'impression des tissus. En fait, les 2 à 3 pour 100 de véritables substances colorantes contenues dans les racines de garance y sont accompagnés de 10 à 20 fois leur poids d'une matière non-seulement inutile, mais quelquefois gênante, et qui augmente dans la même proportion les frais de transport.

Préparation d'extraits de garance — Pour se débarrasser de ces impuretés, on a essayé, à plusieurs reprises de préparer des extraits de garance, c'est-à-dire de la garancine et de la purpurine plus ou moins pures, comme cela est le cas pour la colorine, que nous avons déjà citée. Si l'on fait abstraction des procédés qui ne présentent qu'un intérêt scientifique ou historique, la fabrication des extraits a eu pour base les méthodes suivantes : extraction de la garance, soit par des sels aluminiques, soit par des alcalis caustiques ou des sels alcalins, soit par les spiritueux.

Observons d'abord qu'on a rapidement abandonné le traitement de la garance elle-même pour lui substituer des produits plus purs, soit la fleur de garance, la garancine ou le charbon sulfurique.

Emploi de sels d'aluminium. — La préparation des extraits de garance par un sel d'alumine (qui est presque toujours l'alun) est très-simple. On fait bouillir la garancine, etc., à plusieurs reprises avec une solution aqueuse d'alun qu'on filtre et dont on précipite ensuite les matières colorantes par l'addition d'acide sulfurique. On recueille le précipité, on le filtre et on le lave.

On obtient ainsi des extraits qui renferment presque toujours un peu d'alumine, mais qui, sans cela, sont très-purs et fournissent à la teinture ou à l'impression des couleurs très-vives et brillantes.

Ce procédé est coûteux, parce qu'il exige, comparativement à la proportion d'extraits obtenus, de fortes quantités d'alun et d'acide sulfurique : et si l'on veut récupérer l'alun, il faut évaporer très-fortement les eaux-mères dans des chaudières en plomb, pour faire cristalliser l'alun et le séparer ainsi de l'acide. Après deux ou trois traitements semblables, les eaux-mères deviennent si impures qu'il faut les jeter.

Ensuite, le résidu de garance, dont il est pratiquement impossible d'extraire toute la matière colorante, est complétement perdu, puisque l'alun dont il est imprégné empêche qu'il serve encore à la teinture.

Emploi des alcalis et sels alcalins. — Les extraits par les alcalis s'obtiennent en épuisant la garance ou ses dérivés, à plusieurs reprises, à chaud, avec des solutions de soude caustique, carbonate, phosphate de soude, ou par l'ammoniaque liquide, etc., filtrant, précipitant les matières colorantes avec un acide minéral, filtrant de nouveau, lavant et séchant. Ce procédé est plus économique que celui par l'alun, mais les extraits sont très-impurs, résineux, pectineux, de couleur foncée, et teignent en nuances qui sont loin de pouvoir se passer de bains de savon et d'avivage.

On les améliore en les faisant bouillir encore humides avec de l'acide sulfurique étendu, filtrant et lavant. Probablement, cette ébullition avec l'acide enlève ou, du moins, rend inoffensives les matières résineuses et pectineuses.

Dans le résidu de garance, il reste une quantité très-notable de matière colorante utilisable, mais dans un état impropre à la teinture. Pour en tirer parti, il faut traiter le résidu par des liqueurs acides bouillantes et en faire de la garancine ou du garanceux, et ce n'est qu'après cette opération que les alcalis peuvent de nouveau en extraire de la matière colorante utilisable. Les nuances obtenues avec les extraits alcalins ne peuvent se passer d'avivages très-soignés, ce qui diminue beaucoup l'intensité des nuances ; c'est là la raison pour laquelle il est si difficile d'obtenir avec eux des rouges d'application, tandis que des roses d'application sont assez faciles à réaliser.

Emploi de dissolvants spiritueux. — Pour les extraits alcooliques ou méthyliques, on emploie toujours soit de la fleur de garance, soit de bonnes et fortes garancines. Plus la matière première soumise à l'ébullition avec les spiritueux est déjà pure et sèche, plus la préparation est facile. On obtient de beaux extraits jaunes ou jaunes-bruns, qui teignent très-bien, surtout si on les conserve à l'état de pâte. On doit éviter de les dessécher complétement parceque, dans ces cas, les matières résineuses enveloppent si fortement les matières colorantes, que ces dernières ne s'humectent plus que très-difficilement et ne se dissolvent presque plus, même dans l'eau bouillante.

Azale. — MM. Gerber et Kœchlin, de Mulhouse, ont préparé, pendant quelque temps, un extrait méthylique, auquel ils avaient donné le nom d'*azale*. Ils employaient pour matière première la fleur de garance ; ils observèrent que l'esprit de bois ne dissout qu'environ la moitié de la matière colorante renfermée dans la fleur ; pour obtenir l'autre moitié, il faut faire usage d'esprit de bois acidifié d'acides chlorhydrique et sulfurique, acides dont il faut se débarrasser de nouveau. On remarque encore que l'esprit de bois, en contact avec la fleur de garance et l'air, s'oxyde avec une extrême facilité, donnant naissance à de l'acide formique ; aussi les extraits obtenus étaient-ils toujours fortement acides, et il fallait y ajouter, pour les neutraliser, des quantités de craie variables et difficiles à déterminer. En ajoutant trop de craie, on perdait à la teinture de la matière colorante ; en en mettant trop peu, on teignait mal, et les mordants étaient attaqués.

Ces difficultés pratiques, jointes au prix élevé du liquide extracteur, sont la cause que la préparation des extraits alcooliques de garance n'a jamais pris un grand développement.

Extraction directe de la rubiane de la garance. — L'Exposition de 1862 contenait des échantillons d'extraits de garance obtenus d'après un nouveau procédé de préparation, réalisé par MM. Schaaff et Lauth, de Strasbourg (France, 137), et basé sur un travail de M. E. Kopp sur la garance d'Alsace.

Ce procédé consiste dans le traitement de la garance par une solution aqueuse d'acide sulfureux.

En principe et en pratique, il est très-différent des précédents.

En effet, dans ce procédé, ce n'est point sur de la fleur de garance ou de la garancine qu'on peut opérer, il faut employer nécessairement de la garance en nature et aussi peu altérée que possible, dans laquelle, en un mot, la matière colorable, la rubiane, ne se soit point encore transformée en alizarine et en purpurine. Ces dernières une fois formées ne sont plus solubles dans l'eau chargée d'acide sulfureux.

Il faut donc que la garance ait été conservée, après la mouture, à l'abri de toute humidité; car, dès qu'elle est en présence de l'eau, soit pure, soit alcaline, soit acide, la transformation de la rubiane en matières colorantes se fait avec une extrême rapidité et est accomplie en quelques heures.

En traitant la garance par de l'eau chargée d'acide sulfureux, cette transformation, grâce à la propriété antiseptique de l'acide sulfureux, ne s'accomplit pas, ou du moins seulement avec une extrême lenteur.

M. Kopp ne pense pas que l'acide sulfureux puisse être facilement remplacé par un autre corps; il a essayé sans succès le phénol, la créosote, l'acide arsénieux, les huiles essentielles; et quant aux sels antiseptiques, comme, par exemple, ceux d'alumine, de mercure, de cuivre, de plomb, etc., une considération pratique assez importante empêche d'en faire usage.

En effet, il est industriellement impossible d'extraire absolument toute la matière colorante de la garance; ce qui y reste doit pouvoir être rendu utilisable par la teinture, soit comme garancine, soit comme garanceux, et pour cette raison il faut éviter de souiller ce résidu avec des oxydes métalliques.

L'acide sulfureux, au contraire, en quelque excès qu'il soit employé, ne peut jamais faire de mal; il suffit de faire bouillir le résidu avec une eau rendue acide par l'addition d'acides hydrochlorique ou sulfurique pour chasser l'acide sulfureux et transformer le résidu en garancine ou garanceux, suivant qu'il renferme encore plus ou moins de matière colorante.

Procédé de M. E. Kopp, mis en pratique par MM. Schaaff et Lauth. — On délaye la garancine moulue dans 10 à 12 fois son poids d'eau chargée d'environ 2 à 3/1000 d'acide sulfureux. Après 8 à 10 heures de contact, on filtre et on exprime le résidu.

La liqueur filtrée renferme la matière colorable. On y ajoute 3 pour 100 de son poids d'acide sulfurique à 50° Baumé, ou 1.52 pesanteur spécifique, et on chauffe à 30-40° centigr.

On voit alors la purpurine se séparer en gros flocons rouges ou oranges; on l'isole par décantation, filtration et lavage.

Les eaux mères de purpurine portées à l'ébullition laissent dégager de l'acide carbonique, et il se précipite de l'alizarine, colorée en vert noirâtre par une matière étrangère, qui se forme également par l'action d'un acide sur la xanthine de MM. Kuhlmann et Higgins. Cette alizarine verte est recueillie, filtrée et lavée.

Les eaux mères d'alizarine verte renferment évidemment tout l'acide sulfurique employé, plus les matières sucrées, gommeuses, etc., que l'eau a extraites de la garance. Cette liqueur acide est employée à transformer en garancine faible le résidu, épuisé par l'eau sulfureuse et exprimé. On opère exactement comme lorsqu'on transforme de la garance lavée en garancine.

Les eaux mères encore acides, mais sucrées, de la garancine, après avoir été neutralisées par de la chaux ou de la craie, sont mises en fermentation et fournissent de l'alcool.

On ne peut nier que ce procédé ne soit très-simple et très-peu coûteux, puisqu'on n'y fait usage que d'acide sulfurique, en quantité à peu près égale à celle employée dans la fabrication de la garancine ordinaire, et de la petite quantité de soufre ou de pyrite nécessaire pour préparer l'acide sulfureux.

Produits accessoires du procédé par l'acide sulfureux. — Une légère modification du procédé décrit permet d'obtenir, outre la purpurine et l'alizarine verte, d'autres produits utilisables par l'industrie des toiles peintes.

Le résidu de garance, traité par l'eau sulfureuse, mais non encore épuisé, retient assez d'acide sulfureux pour qu'en le lavant avec de l'eau bouillante il fournisse une liqueur jaune renfermant encore une quantité notable de matière colorable ou de rubiane. Cette liqueur, additionnée d'un sel d'alumine, plus ou moins neutralisé, fournit par l'ébullition de belles laques rouges ou roses, suivant qu'on a employé moins ou plus de sel aluminique.

La même liqueur additionnée d'un lait de chaux fournit par l'ébullition une laque calcaire violette (combinaison d'alizarine et de purpurine avec la chaux), qui peut servir à produire, par doubles décompositions, d'autres combinaisons de matière colorante avec des oxydes métalliques, ou qu'on peut décomposer à chaud par l'acide chlorhydrique, et mettre en liberté les matières colorantes, sous forme d'extrait jaune brunâtre, semblable à la colorine, et dans lequel l'alizarine n'est plus accompagnée de la matière verte signalée plus haut.

Il serait à désirer que ce premier pas fait dans la voie de la préparation économique, soit de matières colorantes presque pures, soit d'extraits très-concentrés, ne restât pas isolé et qu'il pût contribuer à amener dans la grande industrie de l'impression sur calicots la substitution de l'impression à la place de la teinture des couleurs garancées, substitution qui permettrait de produire ces genres d'étoffes si répandues, avec plus de rapidité, d'une manière plus simple et à moins de frais.

Laques de garance. — Ces laques qu'on prépare en nuances diverses et de différentes manières, en employant soit des sels d'aluminium, soit des sels de fer, d'étain, mais surtout les premiers, sont d'une solidité à toute épreuve et peuvent être comparées sous ce rapport aux couleurs minérales.

On ne les emploie guère pour toiles peintes ou pour papiers de couleur, à cause de leur prix élevé, mais elles constituent des couleurs d'artistes très-importantes et très-recherchées.

On a constaté des progrès notables dans la qualité des échantillons exposés en 1862; ils ont gagné beaucoup quant à l'intensité et à la pureté de la nuance.

Comme nouveautés ont apparu : une laque de garance cramoisie ou nuance pourpre de Cassius (*crimson or Cassius madder*) d'une couleur très-intense; une laque brun de châtaigne (*chesnut madder*): un extrait de laque de garance carminée (*extract of madder carmine*) d'une nuance rouge très-fine. Ces couleurs démontrent les perfectionnements considérables introduits dans la préparation des laques de garance.

Plusieurs procédés ont été publiés dans ces dernières années, ayant surtout en vue la production des laques rouges et roses.

Ils reposent tous sur la préparation préalable d'une garancine forte et pure, qu'on épuise à une température voisine de l'ébullition, au moyen de solutions aqueuses de sels d'aluminium très-purs, généralement d'acétate ou de chlorure. La laque se dépose par le refroidissement de la liqueur, ou bien elle est précipitée par l'addition d'un sel alcalin, dont la quantité est facile à déterminer par quelques essais préalables.

ORSEILLE, EXTRAIT D'ORSEILLE, PERSIO, POURPRE FRANÇAISE.

Traitement ordinaire des lichens tinctoriaux. — Depuis longtemps on savait que certaines espèces de lichens exposées simultanément à l'action de l'air, de l'ammoniaque, de l'humidité et d'une température modérée, acquéraient peu à peu une couleur pourpre très-intense et la propriété de teindre la soie et la laine en nuances très-pures et très-brillantes. En opérant sur les plantes entières, seulement débarrassées d'impuretés étrangères, on obtient après la transformation une masse pâteuse et ligneuse qui constitue le *cudbear* ou *orseille* en pâte; en extrayant la matière colorante ou colorable par un alcali et de préférence par l'ammoniaque, de manière à la séparer de la partie ligneuse et évaporant la solution en consistance d'extrait on obtient l'*extrait d'orseille* ou *archil*.

Orcine et orcéïne. — On sait, par les travaux de MM. Kane, Dumas, Schunck, Stenhouse, Gerhardt et autres chimistes, que les lichens renferment des acides particuliers, de caractères chimiques extrêmement semblables qui, sous l'influence des alcalis, se dédoublent en *orcine*, laquelle, en présence d'ammoniaque et d'air, se convertit en *orcéïne*; l'*orcéïne* est une matière colorante véritable et forme la base des couleurs d'orseille.

Suivant les proportions d'ammoniaque, plus ou moins additionnée de potasse ou de chaux, suivant la température, le degré d'humidité, le temps plus ou moins prolongé et l'énergie plus ou moins grande de la réaction, on obtient des orseilles plus ou moins riches en matière colorante, et cette dernière de nuances plus ou moins belles et pures.

Perfectionnements apportés au mode d'extraction. — Un des principaux perfectionnements apportés à cette fabrication, il y a plusieurs années, a été l'extraction préalable des acides colorables des lichens par digestion de ces derniers avec un alcali (potasse, soude ou lait de chaux), précipitation et isolement de ces acides, qui par là étaient entièrement séparés des matières ligneuses et d'autres impuretés. M. le docteur Stenhouse, auquel on doit cet excellent conseil, recommande de faire macérer les lichens, sur le lieu même de provenance, avec un lait de chaux, de décanter la liqueur claire et de la précipiter au moyen d'un acide, tel que l'acide hydrochlorique ou l'acide acétique. On sépare et recueille ainsi à part les acides colorables. En faisant réagir sur ces acides plus ou moins purs, simultanément l'ammoniaque et l'air, on obtient des produits, non-seulement exempts de ligneux, mais offrant des nuances plus vives et plus intenses, abstraction faite de l'économie et de la facilité que présentent les manipulations d'un volume de matière beaucoup moins considérable pendant la phase la plus importante de la fabrication.

L'orseille préparée d'après les méthodes ordinaires, malgré sa belle nuance, présente l'inconvénient d'être extrêmement impressionnable à l'action des acides et alcalis, et de changer facilement de teinte en se dégradant, après avoir été appliquée sur soie, laine ou coton animalisé.

Plus récemment on a introduit, dans le commerce, une nouvelle espèce d'extrait d'orseille, désignée sous le nom de *pourpre française*, qui se distingue d'abord par sa belle nuance mauve ou dahlia très-pure, et ensuite parce qu'elle est beaucoup plus solide que l'orseille ordinaire et beaucoup moins sensible à l'action des acides.

Pourpre française. — La pourpre française a surtout été exploitée à Lyon par MM. Guinon, Marnas et Bonnet, de Lyon (France, 167). Cette magnifique matière colorante est préparée de la manière suivante:

On extrait les acides lecanorique, erythrique, evernique, etc., des lichens par digestion avec l'ammoniaque; on exprime la masse, on précipite la solution par un acide minéral, on recueille le précipité et on le lave. On le redissout de nouveau dans l'ammoniaque liquide à chaud, et l'on obtient ainsi une solution qui prend peu à peu par l'exposition à l'air à une température de 15 à 20° centigrades, une teinte rouge très-vive. Lorsque la teinte a atteint une intensité suffisante, la liqueur est introduite dans des capsules très-plates et évaporée lentement à une température qui peut varier entre 40°-60° centigrades, mais en ne dépassant pas cette dernière limite. Par cette évaporation au contact de l'air, la liqueur, au bout de quelques jours, prend une teinte violette pourpre très-foncée, qui n'est plus modifiée même par l'influence d'un acide.

La solution violette, sursaturée par un acide énergique, donne naissance à un précipité floconneux abondant, d'une couleur grenat très-belle et très-riche qui, recueilli sur un filtre et lavé pour enlever l'eau-mère saline, constitue la pourpre française.

Mais la matière colorante ainsi préparée n'est pas encore tout à fait aussi belle et aussi pure qu'il est possible de l'obtenir; lorsqu'elle sert directement à teindre la laine et la soie, ce qui se fait sans l'aide de mordants, en dissolvant simplement la matière colorante dans de l'ammoniaque et étendant la solution d'une quantité d'eau convenable, elle leur communique une teinte violette à nuance un peu rougeâtre.

Pour préparer la matière colorante dans un plus grand état de pureté, on la convertit en laque calcaire ou aluminique. A cet effet, on précipite la solution ammoniacale de pourpre par du chlorure de calcium ou de l'alun; la matière colorante rouge reste presque entièrement en solution; on recueille les laques, on les lave avec précaution avec de l'eau froide et on les fait sécher à une douce température. Elles présentent alors une apparence violette ou bleuâtre et prennent par le frottement un reflet métallique cuivré.

C'est généralement à l'état de laque calcaire que la pourpre française est livrée au commerce. Pour la teinture on décompose la laque et on remet la matière colorante en liberté.

A cet effet, on réduit la laque en poudre impalpable; on la fait bouillir d'abord avec de l'acide oxalique, qui se combine à la chaux, et on ajoute ensuite de l'ammoniaque pour dissoudre la matière colorante.

On peut aussi décomposer la laque directement par l'ébullition avec le carbonate d'ammoniaque.

Pour l'impression, on dissout la laque dans l'acide acétique, on ajoute de l'alcool à la solution et on épaissit.

On obtient ainsi des nuances mauve ou dahlia extrêmement belles et pures, surtout sur soie, et sans aucune intervention de mordant proprement dit. La pourpre française s'associe d'ailleurs facilement à d'autres matières colorantes, comme l'outremer, le carmin d'indigo, la cochenille, le rouge d'aniline, et permet de produire ainsi les nuances les plus variées et les plus délicates.

Nous devons cependant ajouter que dans ces derniers temps la fabrication de la pourpre française, par suite de la concurrence redoutable que lui font les violets d'aniline, a perdu une partie assez considérable de son importance. L'issue finale de cette lutte est une question de beauté et de pureté de nuances, ainsi que de prix de revient, car, sous le rapport de la stabilité et solidité à la lumière, on ne peut pas dire que la pourpre française soit inférieure au violet d'aniline. La vitrine du docteur Stenhouse (Royaume-Uni, 608) renfermait une collection de substances extraites des lichens, ainsi que de leurs dérivés colorants, qui très-certainement était plus complète et plus admirable que toute autre collection de ce genre antérieurement rassemblée.

PRÉPARATION ET PROPRIÉTÉS DE L'EXTRAIT DE CARTHAME OU CARTHAMINE, CARMIN DE SAFRANUM.

La carthamine (extraite des fleurs du *carthamus tinctorius*) était considérée avec raison, avant la découverte du rouge d'aniline, comme la couleur rose la plus pure, et quoiqu'elle fût peu propre à la teinture de la laine, on l'employait néanmoins en très-grande quantité pour la teinture de la soie et du coton. Nous devons même signaler, comme un fait remarquable et exceptionnel, cette particularité de la carthamine de se fixer, sans mordant, avec la plus grande facilité sur le coton. Le carthame renfermant à la fois une matière colorante jaune, soluble dans l'eau et tout à fait sans valeur, et une matière colorante rose, la carthamine, insoluble dans l'eau pure ou dans l'eau très-légèrement acidulée; on commençait par laver le carthame à grande eau pour dissoudre la matière colorante jaune. La carthamine, qui joue le rôle d'un acide très-faible, étant un peu soluble dans l'eau, surtout dans l'eau calcaire, un premier perfectionnement fut l'abréviation de ce lavage à l'eau en y joignant une expression très-énergique. On put opérer ainsi beaucoup plus rapidement et employant beaucoup moins d'eau, on pouvait l'aciduler très-légèrement.

Le carthame lavé à l'eau était ensuite mis en digestion avec une liqueur alcaline faible (solution de carbonate de sodium et de potassium très-étendue), qui dissolvait la matière colorante rose, formant un carthamate alcalin incolore et très-soluble.

En ajoutant un acide à cette solution, on précipite la matière colorante qui vient ensuite se fixer sur le fil ou tissu de coton qu'on y plonge. Longtemps on n'employait que les acides tartrique ou citrique pour précipiter la carthamine, mais plus tard on a également fait usage d'autres acides étendus moins coûteux et même des sels, comme par exemple l'alun, qui saturent l'alcali, précipitent également la carthamine. Pour la teinture de la soie, qui attire facilement la matière colorante jaune sale du carthame, ce dernier même, bien lavé, n'était jamais assez pur pour donner des teintes aussi vives que possible.

Purification de la carthamine. — Pour obtenir la carthamine exempte de matière colorante jaune, on commençait par la précipiter sur du coton, qui est tout à fait indifférent à la matière colorante jaune ; le coton teint en carthame après avoir été encore lavé et exprimé, et ne retenant par conséquent plus que la carthamine pure, était à son tour soumis à l'action d'une solution alcaline, qui le dépouillait de sa matière colorante rose en la dissolvant, et c'est dans cette nouvelle solution très-pure qu'on teignait ensuite la soie en précipitant de nouveau la carthamine par l'addition d'un acide ou d'un sel acide.

La fabrication des extraits de carthame, carthamine liquide, ou carmin de safranum, qui s'était développée de plus en plus depuis 1851-1859, reposait sur un traitement analogue. On chargeait de l'ouate de coton bien lavée et purifiée le plus possible de carthamine, on extrayait ensuite la carthamine par une solution alcaline, et de cette solution très-riche en carthamate alcalin, on précipitait la carthamine par un acide ou sel acide, on filtrait et on conservait la matière colorante à l'état de pâte ou de liquide épais d'une couleur rouge magnifique. Dans cette opération, on avait généralement soin d'adjoindre à l'alcali une petite quantité d'un corps réducteur, comme par exemple l'hydrogène sulfuré, pour éviter l'oxydation et la détérioration de la carthamine pendant qu'elle se trouve sous l'influence de la liqueur alcaline.

Substitution du rouge d'aniline à la carthamine. — On peut dire que la fabrication des extraits de carthame, dont M. Jaeger, de Barmen (Allemagne, Zollverein, 992), avait été un des premiers fondateurs, avait acquis un haut degré de perfection, et permettait la teinture du carthame en couleurs très-pures et très-vives, d'une manière si facile, qu'elle s'était même introduite dans l'économie domestique. — Eh bien, le commerce du carthame, l'industrie de son application à la teinture et la fabrication de son extrait ont été, sinon presque entièrement ruinés, du moins extrêmement diminués en importance par la découverte des rouges d'aniline.

Le carthame n'est plus guère employé, de nos jours, que pour teindre la soie en une nuance rouge cerise toute particulière.

L'histoire des applications du carthame à notre époque est très-instructive ; elle démontre combien le commerce et l'industrie ont intérêt à suivre attentivement les progrès de la science qui, à un moment donné, peut opérer les changements les plus importants dans leur situation, influencer leur prospérité et décider de l'existence même d'une industrie. Elle prouve, et le rapporteur aura encore l'occasion d'insister sur cette vérité, qu'il signale à l'attention de ses lecteurs, que des travaux et recherches, qui en apparence n'avaient aucun caractère utilitaire, peuvent acquérir tout à coup une importance industrielle extraordinaire, par suite de la découverte d'une ou de deux réactions : elle est enfin une leçon pour ceux qui n'apprécient volontiers et exclusivement le mérite d'un travail ou d'une découverte que d'après les applications qu'on peut en faire dans l'état actuel de nos connaissances, sans tenir compte de celles qu'un avenir peut-être peu éloigné est capable de leur réserver.

MUREXIDE.

Notice historique. — Depuis 1851 a paru à l'horizon industriel et chimique une matière très-belle, qui longtemps ne constituait qu'une rareté et curiosité de laboratoire, où on l'admirait à cause du brillant de son éclat métallique et de la beauté élégante de ses cristaux, mais qui du reste n'était guère importante. Mais, par suite de la découverte de ses applications à la teinture et à l'impression des tissus, elle a été tout d'un coup beaucoup recherchée, a pris une grande importance et a été préparée en quantités extrêmement considérables.

Cette matière est la *murexide*, entrevue par Prout (1), mais réellement découverte, préparée à l'état de pureté, analysée et décrite par MM. Liebig et Woehler (2) dans leur admirable travail sur l'acide urique et ses dérivés.

Mais son règne n'a été qu'éphémère. Après avoir brillé pendant quelque temps avec un grand éclat, elle a été tout d'un coup éclipsée, de nos jours, par des rivaux encore plus brillants et plus éclatants, les magnifiques rouges et violets d'aniline et de ses homologues.

Malgré cela la murexide mérite, à plus d'un titre, une attention sérieuse, pusiqu'il n'y a peut-être pas de substance dont l'histoire soit plus instructive : certainement, dans aucune autre circonstance, les ressources de la chimie moderne n'ont été aussi admirablement mises en évidence que par la promptitude avec laquelle on est parvenu à satisfaire, de la manière la plus complète, les demandes si soudaines et si considérables de murexide; une préparation qui, même comme simple opération de laboratoire, avait été toujours considérée comme délicate, difficile et compliquée, fut rendue exécutable sur une échelle industrielle.

Ceux qui n'avaient jamais vu la murexide, autrement que comme une rareté constituant un véritable ornement des rayons du Musée où elle figurait, ont pu éprouver à bon droit un mouvement de surprise et d'admiration en trouvant dans le commerce, et par quintaux, de la murexide à peu près aussi pure que le produit de laboratoire, et à des prix de vente d'une modicité presque incroyable.

Le rapporteur avait été assez heureux d'être étudiant dans le laboratoire de M. Liebig, au moment où cet illustre chimiste s'occupait, avec M. Woehler, de ses célèbres et brillantes recherches sur l'acide urique, recherches qui ont jeté une lumière si vive sur la nature et la composition de la murexide; il fut ainsi assez souvent témoin des difficultés que présentait la préparation de ce corps, et il se souvient encore très-bien de la satisfaction et de l'espèce de triomphe que ressentit tout le laboratoire lorsqu'on fut parvenu à en obtenir, pour la première fois, quelques grammes à l'état de pureté.

La murexide a pour formule : $C^8 H^8 N^6 O^6$; on la considère ordinairement comme du purpurate ammonique, mais l'acide purpurique ne peut être isolé; dès qu'on essaie de le mettre en liberté par un acide plus puissant, il se décompose immédiatement en d'autres produits, alloxane, murexane, dialuramide, etc.

Préparation de la murexide. — La préparation de la murexide peut être ramenée à deux opérations très-distinctes, qui sont :

1° L'extraction et la purification de l'acide urique;

2° La transformation de l'acide urique en murexide.

Sources de l'acide urique. — L'acide urique se rencontre dans les excréments des serpents, des oiseaux et dans le guano, à l'état d'urate d'ammoniaque. Les excréments des serpents renferment de l'acide urique presque pur, soit libre, soit combiné à de l'ammoniaque, mais ils sont trop rares pour servir autrement qu'à des expériences de laboratoire.

C'est au moyen du guano qu'on a obtenu presque tout l'acide urique utilisé par l'industrie.

(1) Prout, *Ann. of Philos.*, XIV, 363.
(2) Liebig und Wöhler, *Ann. Chem. Pharm.*, XXVI, 319.

D'après le procédé patenté par M. Brooman (1), on épuise à chaud le guano par l'acide chlorhydrique étendu qui dissout des carbonates, oxalates et phosphates d'ammoniaque, de chaux, de magnésie, etc. On laisse déposer les matières insolubles et on soutire le liquide clair, qui sert à traiter de nouvelles quantités de guano jusqu'à ce que l'acide soit saturé; il constitue alors un excellent engrais.

Le résidu insoluble, qui renferme surtout de l'acide urique mélangé de sable, argile, sulfate de chaux, albumine, mucus, etc., est de nouveau traité à chaud par de nouvelles quantités d'acide chlorhydrique, puis lavé, égoutté et séché. Il peut servir directement à la préparation de la murexide.

Si l'on veut obtenir un acide urique plus pur, on dissout l'acide urique brut à l'ébullition dans des solutions étendues d'alcali caustique, et en précipitant la solution limpide par un acide, on obtient de l'acide urique presque pur, qu'on n'a plus qu'à filtrer, laver et sécher.

On peut aussi dissoudre l'acide urique dans de l'acide sulfurique assez concentré et chauffé à 60-80° centigrade, et le reprécipiter par une addition d'eau, puis filtrer, laver et sécher. 100 de bon guano fournissent de $2\,^{1}/_{2}$ à 3 pour 100 d'acide urique.

Transformation de l'acide urique en murexide. — Pour cette transformation, on commence par dissoudre l'acide urique dans de l'acide nitrique froid.

On place ce dernier dans des pots en terre d'environ 4 à 5 litres de capacité, qu'on refroidit extérieurement, et on y introduit graduellement l'acide urique par petites portions à la fois, attendant que la portion précédente ait été entièrement dissoute.

L'opération dure de dix à douze heures et donne pour résultat un liquide d'une couleur brun foncé, renfermant surtout du nitrate d'urée, de l'alloxane et de l'alloxantine, etc. Souvent ces deux dernières substances forment une croûte cristalline à la surface de la liqueur, et c'est leur présence simultanée qui est une des conditions les plus favorables pour que la murexide se forme abondamment.

Le liquide ainsi obtenu peut être traité de deux manières différentes :

1° Si l'on veut obtenir du purpurate de sodium, on l'étend d'eau et on le mélange avec du carbonate de soude à chaud ;

2° Si, au contraire, on tient à obtenir le purpurate ammonique ou la murexide, on ajoute du carbonate d'ammonium, et l'on évapore le liquide dans des vases en fonte émaillée très-larges, en ayant bien soin de ne pas dépasser 80° centigrades, et de ne pas opérer sur beaucoup de liqueur à la fois.

A mesure que la concentration s'opère, et que la matière devient pâteuse, l'ammoniaque provenant de la décomposition du nitrate d'urée ou de l'urée libre réagit en naissant sur l'alloxane et l'alloxantine pour former de la murexide : on obtient ainsi, par le refroidissement, une matière brune rougeâtre ou violacée, quelquefois à reflets verdâtres, qui constitue le *carmin de pourpre* de M. Brooman.

Il vaut cependant mieux faire intervenir l'ammoniaque ou le carbonate ammonique, qu'on ajoute par petites portions à la fois à la liqueur nitrique, jusqu'à ce qu'elle soit neutre ou légèrement alcaline et conserve cette réaction d'une manière permanente. La liqueur ainsi préparée est ensuite chauffée à 60-77° centigrades, et donne des cristaux de murexide par le refroidissement.

Les eaux-mères sont de nouveau traitées à froid par de petites portions d'ammoniaque et chauffées ; elles fournissent de nouveau des cristaux de murexide par le refroidissement.

Murexide cristallisée. — Dans ces dernières années, les teinturiers et imprimeurs ont peu à peu abandonné l'usage des pâtes de murexide pour n'employer que de la murexide cristallisée, et la fabrication de ce corps s'est tellement perfectionnée, qu'on a livré au commerce,

---

(1) Broomann (R.-A.), patente n° 1068, 6 mai 1856. (*Repertory of patent invent.*, mai 1857, p. 425.)

à des prix très-réduits, de la murexide cristallisée en magnifiques aiguilles dont la beauté et la pureté ne laissaient rien à désirer.

Statistique de la fabrication. — On peut se faire une idée de l'extension qu'avait prise cette fabrication au moment de son apogée, puisque nous trouvons dans l'excellent rapport de MM. Schunck, Angus Smith et Roscoe (1), que M. Rumney, de Manchester, à lui seul, fabriquait 12 quintaux de murexide par semaine, provenant du traitement d'environ 12 tonnes de guano. Le prix de la murexide en pâte était primitivement de 30 shellings la livre, mais elle est tombée successivement à moitié prix.

Isopurpurate d'ammonium. — Daprès une communication particulière de M. E. Kopp, l'isopurpurate d'ammonium de M. Hlasiwetz (2), obtenu par la réaction du cyanure de potassium sur l'acide nitro-picrique, est non-seulement isomère, mais identique avec la murexide obtenue par l'acide urique.

En effet, les mêmes procédés de teinture sur laine et sur soie, appliqués comparativement à la murexide préparée par l'acide nitro-picrique et à celle obtenue par l'acide urique, ont donné des résultats tout à fait semblables, et les nuances ne présentaient pas de différences plus sensibles que celles observées avec les rouges d'anilines de diverses préparations.

La préparation de la murexide, au moyen de l'acide nitro-picrique et du cyanure de potassium, est extrêmement simple ; on dissout le cyanure dans le moins d'eau chaude possible et on y ajoute une solution d'acide nitro-picrique dans 7-8 parties d'eau bouillante. On fait bouillir le mélange pendant quelque temps, et par le refroidissement il se précipite un magma cristallin, constitué surtout par du purpurate de potassium encore impur. On filtre à travers une toile ; on exprime fortement ; on dissout dans de l'eau chaude, et dans la solution on ajoute du carbonate de potassium, qui précipite de nouveau le purpurate de potassium, peu soluble dans une liqueur alcaline. On le filtre et on l'exprime ; on le redissout dans l'eau chaude avec addition de sel ammoniac, et par le refroidissement on obtient de beaux cristaux de murexide.

Teinture et impression avec la murexide. — La première idée de l'application industrielle de la murexide paraît appartenir à M. le docteur Sacc (3), précédemment chimiste à Wesserling (Haut Rhin), actuellement à Barcelone. Les procédés d'applications de la murexide à la teinture de la laine et de la soie sont dus à M. Depoully, et ceux pour l'impression sur coton à M. Ch. Lauth (4). Ils reposent principalement sur l'emploi comme mordants des sels de mercure, de plomb et de zinc.

Pour teindre la soie en pourpre, on prépare séparément des solutions aqueuses de murexide et de sublimé corrosif, renfermant 4 à 5 pour 100 de matière colorante et de sel. On mélange ensuite à froid la solution de murexide avec une certaine quantité de bain de sublimé corrosif acidulé d'acide acétique ; on teint à froid en agitant continuellement la soie, jusqu'à ce qu'on soit arrivé à la nuance désirée. On avive ensuite dans un bain de sublimé renfermant 3 pour 100 de sel, pour donner à la couleur ce brillant et cet éclat qui la caractérisent et qui l'ont fait rechercher si longtemps, avant que les couleurs d'aniline, encore plus brillantes et plus faciles à appliquer, se soient substituées à la murexide.

Pour teindre la soie en jaune brillant, on substitue au sel de mercure un sel de zinc, en opérant du reste comme précédemment. Après teinture, on passe la soie en eau très-légèrement alcalinisée par un peu de carbonate de sodium, et on lave.

(1) *On the recent progress and present condition of manufacturing chemistry in the south Lancashire district,* p. 127.

(2) Hlasiwetz, *Ann. Chem. Pharm.,* CX, p. 289.

(3) Bolley, *Progrès les plus saillants, etc., en teinture et en impression à l'Exposition internationale de Londres.* (*Moniteur scientifique,* 1863, p. 718.)

4) Depouilly et Lauth, *Moniteur scientifique,* 1859, p. 968.

40

Pour teindre la laine avec la murexide, on peut opérer de diverses manières :

Ou bien mordancer en sublimé corrosif et teindre ensuite en murexide;

Ou bien teindre d'abord en murexide et fixer la couleur par un passage en solution aqueuse et un peu chaude de sublimé corrosif, additionné d'acétate de soude;

Quelquefois on ajoute au bain de teinture, renfermant en dissolution la murexide, une certaine quantité de nitrate de plomb, qui facilite la fixation de la matière colorante.

Pour des impressions pourpres ou roses de murexide sur coton, on dissout ensemble du nitrate de plomb et de la murexide dans l'eau ; on épaissit la couleur et on imprime. Les toiles, après l'impression, sont suspendues d'abord dans un local humide ; puis introduites dans une chambre dans laquelle règne une atmosphère légèrement ammoniacale, qui fixe le purpurate plombique.

On avive enfin et on solidifie la couleur en passant dans un bain de sublimé corrosif, renfermant 1 1/2 pour 100 de sel.

Ces procédés peuvent être modifiés de diverses manières, mais sont toujours basés sur l'emploi du nitrate de plomb et du sublimé corrosif.

Les couleurs de murexide sont très-vives, très-brillantes, et supportent assez bien la lumière sans se dégrader ; mais elles sont excessivement sensibles à l'action de l'acide sulfureux, qui les ternit et les décolore avec une extrême rapidité. C'est là un des plus graves inconvénients, surtout dans les localités où l'éclairage au gaz est devenu général. Pendant la combustion du gaz, même bien épuré, il y a toujours production d'un peu de gaz sulfureux, qui finit par réagir sur la murexide des étoffes teintes en cette couleur. (Voyez le chapitre : *Sur le bisulfure de carbone.*)

De magnifiques échantillons de murexide étaient exposés par MM. Petersen et Sichler, Villeneuve la Garenne, Saint-Denis (France, 116), et par M. Rumney, Manchester (Royaume-Uni, 592, 593). La vitrine de M. Rumney renfermait, en outre, une série choisie et fort belle des principales applications de la murexide.

Quoique, de nos jours, l'industrie de la murexide ne soit plus que l'ombre de ce qu'elle était il y a quelques années, son histoire restera toujours un des épisodes les plus intéressants et les plus instructifs de l'histoire chimique des matières colorantes.

COULEURS DÉRIVÉES DU GOUDRON DE HOUILLE.

Près de l'entrée de l'annexe orientale, dans cette partie du palais de l'Exposition spécialement affectée aux produits et procédés chimiques, on remarquait plusieurs vitrines qui paraissaient attirer d'une manière extraordinaire l'intérêt et exciter l'admiration du public.

Dans ces vitrines se trouvaient exposées des séries de produits extrêmement attrayants et d'une beauté remarquable, offrant un contraste des plus saillants avec une matière particulièrement laide et repoussante qui les accompagnait.

Cette dernière était noire, gluante, demi-fluide, fétide, également désagréable à la vue, à l'odorat et au toucher; elle constitue une des matières les plus infectes et en même temps des plus abondantes, par conséquent aussi des plus embarrassantes, parmi les produits secondaires de la fabrication du gaz. En un mot, c'est le goudron des usines à gaz.

Les objets réellement splendides au milieu desquels se trouve placé ce goudron, sont des étoffes de soie, des cachemires, des plumes d'autruches, etc., teintes de la manière la plus variée en nouvelles couleurs proclamées unanimement les plus belles et les plus brillantes qui aient jamais fait les délices de l'œil de l'homme. La langue ne possède réellement pas de termes pour décrire dignement la splendeur de ces admirables teintes. Parmi elles on distinguait en première ligne des rouges cramoisis de la plus éclatante intensité, des pourpres d'une magnificence plus que tyréenne, des bleus passant de l'azur le plus délicat au bleu cobalt le plus foncé.

Contrastant avec ces couleurs, on admirait des teintes rosées des plus pures et des plus suaves, passant par gradations presque insensibles aux nuances les plus douces de violet et de mauve.

Du reste, les objets teints en couleurs si splendides n'absorbaient point exclusivement l'intérêt des visiteurs.

A côté, se trouvaient exposées les matières colorantes elles-mêmes, dont plusieurs étaient admirablement cristallisées et ressemblaient par le lustre métallique vert émeraude de leurs facettes, aux ailes brillantes de la cantharide ou du scarabé de roses.

Toutes ces couleurs d'une beauté merveilleuse sont dérivées par des transformations chimiques, peut-être plus merveilleuses encore, de la même matière originaire, qui n'est autre que le goudron si infect.

C'est là indubitablement un fait étrange et des plus remarquables; une des plus admirables parmi les nombreuses conquêtes que la chimie a accomplies sur la nature pour en doter les arts; et cette découverte constitue certainement le perfectionnement industriel le plus saillant parmi tous ceux que la période écoulée entre les deux expositions de 1851 et de 1862 peut invoquer en son honneur.

Le spectacle offert par ces vitrines justifiait donc de la manière la plus complète la curiosité et l'étonnement que manifestaient ouvertement tous ceux qui les examinaient.

En effet, si, comme enfants, nous avons pu nous extasier sur le pouvoir apparent du prestidigitateur, qui, de la même bouteille, semblait capable de verser à volonté et tour à tour une douzaine de liqueurs différentes; ne nous est-il pas permis, comme hommes, de rester en admiration devant la puissance réelle du chimiste industriel, qui, du même baril de goudron, peut produire maintenant à son choix et en réalité une centaine de teintures diverses.

Le rapporteur essaiera, du moins autant que l'espace limité qui lui est assigné le permettra, d'expliquer à ses lecteurs cet exemple réellement surprenant de métamorphoses chimiques; mais auparavant il fera quelques observations préliminaires sur la portée économique de ce sujet et sur ses conséquences commerciales probables.

Formulée d'une manière générale, nous devons y reconnaître la transition au remplacement d'un grand nombre de substances végétales ou animales, élaborées par les activités vitales, par une seule matière fossile, transformée par des procédés chimiques artificiels, comme source de toutes les couleurs dont peuvent avoir besoin les arts et manufactures.

Quelque nombreuses que soient déjà actuellement les matières colorantes dérivées du goudron de houille, on peut dire qu'on n'est qu'au début de l'exploitation de cette nouvelle source : les résultats déjà acquis permettent de formuler l'espoir que le développement et les perfectionnements futurs de cette industrie naissante nous mettront en état d'obtenir exactement, dans un dérivé de goudron de houille, chacune des nuances de couleur qu'on produisait jusqu'ici au moyen de matières végétales ou animales coûteuses, telles que cochenille, kermes, bois, écorces et racines colorantes, fleurs, etc.

Cette transition des matières colorantes naturelles aux matières colorantes artificielles, n'est pas un simple rêve scientifique ; c'est une prévision chimique basée sur des vues théoriques parfaitement correctes ; c'est même quelque chose de plus, puisque, dans plusieurs cas, c'est déjà un fait accompli.

Prenons, par exemple, le rouge cramoisi de murexide, matière colorante dérivée, comme nous l'avons montré dans l'un des chapitres précédents, d'une matière animale, l'acide urique.

Non-seulement la murexide, dont les applications à la teinture avaient excité un si vif intérêt dans le monde industriel, est-elle surpassée de beaucoup sous le rapport de la beauté et du brillant des nuances par les matières colorantes rouges dérivées du goudron ; mais il résulterait même de recherches chimiques récentes, qu'on pourra se passer de l'acide urique lui-même pour la préparation de la murexide, puisque l'un des dérivés du goudron de houille (l'acide nitropicrique) peut être transformé en une substance très-probablement identique avec la murexide, et dans tous les cas présentant la même composition et des propriétés analogues.

Cette transition du règne animal ou végétal au règne minéral ou fossile pour les matières premières de l'industrie constitue un des signes caractéristiques des perfectionnements modernes dans toutes les branches des arts et manufactures.

C'est ainsi que la soude caustique ou carbonatée ne provient plus de plantes marines, mais du sel marin minéral.

Pour la potasse caustique ou carbonatée, nous commençons de même à détourner nos yeux des forêts pour diriger nos regards vers le feld-spath minéral; pour les sulfates et chlorures de potassium, nous pouvons même déjà remonter à leur source originaire (l'eau de mer) au lieu de nous adresser à la source dérivée, c'est-à-dire aux varechs et fucus maritimes. Pour ce qui concerne l'azote des prussiates, les chimistes font des efforts pour le retirer de sa source première, l'atmosphère, au lieu de l'extraire, d'une manière très coûteuse, de ses combinaisons secondaires, les corps organiques azotés. Enfin, les matières grasses qu'on retirait antérieurement presque constamment des organismes animaux, et plus récemment des végétaux, commencent à être recherchés dans les produits de la distillation de l'asphalte minéral, du bitume, etc.

Les substances odoriférantes mêmes et les parfums commencent à être de provenance minérale, et, sans multiplier trop les exemples, on peut bien dire qu'à l'époque actuelle l'industrie considérée dans son ensemble se meut dans cette direction.

Plusieurs chapitres de ce rapport en fournissent des exemples saillants, et l'industrie des couleurs ne semble, sous ce rapport, qu'obéir à une impulsion plus générale.

Influence probable de l'industrie des matières colorantes dérivées du goudron sur les relations commerciales des peuples. — Ces considérations font ressortir une série de conséquences économiques imminentes, de la plus haute importance pour le monde en général, et comme l'a fait remarquer M. Playfair, destinées à exercer une influence remarquable sur la fortune industrielle de l'Angleterre.

En effet, si la houille est prédestinée, un peu plus tôt ou un peu plus tard, à remplacer comme source première des matières colorantes, toutes les autres couleurs employées jusqu'ici pour l'ornementation des fils et tissus; si cette révolution chimique remarquable, au lieu d'être à son apogée, ne fait que commencer et marche en ce moment vers une extension et un développement graduels; s'il en est ainsi, ne sommes-nous pas à la veille de modifications profondes dans les relations commerciales entre ces régions du globe, dont les unes sont les grands producteurs et les autres les grands consommateurs des matières colorantes?

Il est certainement permis et prudent de prévoir comme probables, des éventualités, qu'il serait peut-être en ce moment encore un peu présomptueux de prédire comme certaines. Il existe de bonnes raisons pour considérer comme probable, qu'avant l'arrivée de l'époque d'une autre exposition décennale, l'Angleterre aura appris à ne dépendre, pour les matières colorantes qu'elle emploie en si grande quantité, sinon complétement, du moins en majeure partie de ses propres richesses fossiles. Certainement, dans l'esprit du chimiste il ne peut plus exister le moindre doute, que dans la houille gisant sous son sol reposent, prêts à en être retirés, de même que la statue existe virtuellement dans la carrière d'où le bloc sera extrait, les équivalents fossiles d'une longue série de matières colorantes précieuses, pour lesquelles la Grande-Bretagne avait été jusqu'à nos jours tributaire de contrées éloignées.

Au lieu de débourser annuellement des millions pour ces matières, l'Angleterre, dans un temps non éloigné, deviendra incontestablement la contrée productrice des matières colorantes la plus importante du monde, et même, par la plus étrange des révolutions, elle enverra peut être avant bien longtemps ses bleus dérivés du goudron à l'Inde, la patrie de l'indigo; ses rouges d'aniline au Mexique, producteur de la cochenille; ses autres colorants fossiles, substituts du quercitron et du carthame, à la Chine, au Japon et aux autres pays, d'où ces matières colorantes naturelles sont actuellement tirées. Quelque hardies que puissent paraître ces vues anticipées, il existe des précédents nombreux qui les justifient.

Et il est certainement très-instructif de faire ressortir à quel point des révolutions industrielles similaires ont modifié et changé les relations commerciales de nations et de contrées. Depuis longtemps l'Orient a cessé de fournir à l'Europe les sels ammoniacaux; la petite quantité de sel ammoniacal actuellement consumée par les ouvriers en métaux de l'Egypte et de l'Asie Mineure est maintenant fournie amplement et à bon marché par les usines à gaz de l'Angleterre et du continent.

Le commerce des soudes de varechs (Barille), anciennement si florissant sur les côtes du sud de l'Espagne, a cessé d'exister.

Le fabricant de savon d'Alicante prépare sa lessive caustique avec le sel de soude manufacturé dans le Lancashire ou à Glascow. Avant que la production de la soude factice eût atteint son complet développement, et lorsque la saponification potassique était encore généralement pratiquée en Allemagne, le chlorure de potassium obtenu comme produit secondaire de la fabrication du savon suffisait aux fabricants d'alun, tant d'Allemagne que d'Angleterre, et ce chlorure de potassium constituait un article d'exportation régulière de l'Allemagne.

La substitution générale de la soude à la potasse dans la savonnerie changea bientôt complétement la position réciproque de producteur et de consommateur, et les fabricants d'alun se virent obligés de s'adresser à l'Angleterre pour leur approvisionnement en chlorure de potassium; en effet, ce sel avait été obtenu, dans l'intervalle, en quantités d'années en années plus considérables, comme produit secondaire de l'extraction de l'iode. L'exportation de sels de potassium d'Ecosse en Allemagne continue toujours encore, quoique ces sels soient appliqués maintenant à d'autres préparations, la fabrication de l'alun potassique ayant actuellement cessé presque complétement.

Nous pourrions citer encore beaucoup de changements analogues; il suffira d'ajouter qu'une fraction importante du commerce du sucre a été enlevé aux pays tropicaux par l'industrie du sucre de betteraves; que les suffioni de la Toscane fournissent de nos jours presque exclusivement le borax, importé précédemment des Indes orientales sous forme de Tincal; et que dans ces dernières vingt années nous avons été témoins d'une transformation non moins remarquable par la substitution des pyrites au soufre natif, substitution qui, certainement, ne restera pas sans influence sur la prospérité commerciale de la Sicile.

En présence de pareils faits, le rapporteur ne sera sans doute pas taxé d'exagération en signalant les conséquences qui résulteront probablement des transformations de la houille en matières colorantes (1).

(1) Pour montrer avec quelle rapidité ces changements pourraient bien s'accomplir, le rapporteur se permet de citer le passage suivant, extrait d'un article éloquent, sorti de la plume de M. Ménier, *Considérations sur les produits chimiques, à l'occasion de l'Exposition de Londres.* Cet article, publié primitivement dans *l'Avenir commercial* (août, 24), a été reproduit dans *le Moniteur scientifique* du docteur Quesneville (15 septembre 1862, p. 601), que le rapporteur a reçu au moment où ces pages étaient sous presse.

« Malgré les prix énormes auxquels sont vendus les couleurs formées avec l'aniline, le commerce de la cochenille en a été ébranlé. Du prix de 13 fr. 50 cent., la cochenille est descendue à 8 fr. le kilogramme. Le Guatemala, encombré de son produit principal, délibère sur les moyens de remplacer cette source de revenu qui va lui manquer. Il a donc suffi d'une expérience du chimiste Hofmann, habilement développée par Verguin, pour mettre en désarroi les peuples chez lesquels la cochenille est un élément de richesse. Le safranum est aussi maltraité que la cochenille; sa vente est aujourd'hui difficile à tel point qu'on ne trouve pas à placer la préparation connue sous le nom de carmin de safranum, au prix de 25 francs le kilogramme. Il y a deux ans, elle se vendait 45 francs.

L'acide picrique a réduit l'importation des bois jaunes. Malgré le premier rang qu'il occupe comme cou-

« La houille et le fer sont les rois de la terre,» dit un proverbe anglais; nos derniers succès chimiques semblent destinés à ajouter une autre vaste province au domaine de la houille et un nouvel élément de supériorité commerciale à ses heureux possesseurs.

Quoi qu'il en soit, et abandonnant à l'avenir la solution de toutes les questions encore incertaines, c'est un fait que nous possédons, à l'heure qu'il est, un nouveau point de départ pour les manufactures de produits textiles, point de départ pour obtenir une beauté supérieure de coloris et (relativement à cette beauté) une diminution des prix de revient.

Nous sommes donc en droit d'assigner à la production artificielle des matières colorantes une place, et même une place éminente, parmi les perfectionnements caractéristiques d'une époque qui s'est imposé la tâche et aspire au triomphe, de diffuser parmi les masses d'une manière continue et progressive, ces éléments de richesse et de bien-être qui, dans des temps antérieurs, ne constituaient que le privilége exclusif d'une infime minorité.

Si ces points de vue sont corrects, le goudron de houille et ses dérivés sont certainement dignes d'une étude sérieuse, et le rapporteur peut espérer d'être suivi par un assez grand nombre de lecteurs attentifs, dans l'esquisse rapide qu'il essayera de tracer (en évitant tout détail non indispensable) les principales phases de notre grande découverte industrielle.

Distillation de la houille. — En thèse générale, c'est à la distillation· sèche ou destructive de la houille, à l'isolement exact et à l'étude spéciale de chacun de ses nombreux produits volatils, que nous sommes redevables de la découverte de ces magnifiques matières colorantes, communément désignées sous le nom de *couleurs dérivées du goudron de houille* ou *couleurs d'aniline.*

Lorsqu'on distille la houille à des températures graduellement plus élevées, elle fournit, outre l'hydrogène, l'eau et l'ammoniaque, un certain nombre de substances plus complexes, résultant de la substitution, dans les produits précédents, de un ou plusieurs atomes d'hydrogène par des molécules hydrocarbonées simultanément engendrées.

On obtient ainsi une longue série de composés, les uns neutres, d'autres acides, d'autres basiques, dont le nombre peut être aussi considérable, pour nous servir d'une comparaison, que les variations qu'on peut réaliser avec les cloches d'un carillon.

Le rapporteur a énuméré, dans le tableau suivant, les substances déjà connues, avec leurs formules chimiques et leurs points d'ébullition, lorsqu'ils ont été déterminés; le tableau comprend en même temps les oxydes et sulfures de carbone et quelques composés du cyanogène, qui sont produits en même temps pendant la distillation de la houille

Produits de la distillation sèche de la houille.

Noms.	Formules.	Points d'ébullition.
Hydrogène	HH	—
Gaz des marais, ou hydrure de méthyle	$(CH^3)H$	—
Hydrure d'hexyle	$(C^6H^{13})H$	—
Hydrure d'octyle	$(C^8H^{17})H$	—
Hydrure de décyle	$(C^{10}H^{21})H$	—
Gaz oléfiant, ou éthylène	C^2H^4	—
Propylène, ou tétrylène	C^3H^6	—
Caproylène, ou hexylène	C^6H^{12}	55° C.
Œnanthylène, ou heptylène	C^7H^{14}	—

leur grand teint, l'indigo lui-même a été atteint par l'apparition du bleu de Renard et Franck, de l'azuline Guinon et des violets Perkin, qui lui sont supérieurs par l'éclat et le brillant des nuances. Il est déjà écarté de la teinture pour les articles de soie. Ainsi, sur trois produits agricoles, considérés comme les éléments indestructibles de la prospérité des contrées chaudes, voilà l'indigo amoindri, puis la cochenille et le safranum (carthame) sous le coup d'une dépréciation très-notable, par le seul fait du travail des chimistes, »

Noms.	Formules.	Points d'ébullition.
Paraffine	$C^n H^{2n}$ (?)	—
Acétylène	$C^2 H^2$	—
Benzol (benzine)	$C^6 H^6$	80°
Parabenzol	$C^6 H^6$	97°.5
Toluol	$C^7 H^8$	114°
Xylol	$C^8 H^{10}$	126°
Cumol	$C^9 H^{12}$	150°
Cymol	$C^{10} H^{14}$	175°
Naphtaline	$C^{10} H^8$	212°
Paranaphtaline, ou anthracène	$C^{14} H^{10}$	—
Chrysène	$C^6 H^4$ (?)	—
Pyrène	$C^{15} H^4$	—
Eupione	(?)	—
Eau	$\left.\begin{matrix} H \\ H \end{matrix}\right\} O$	100°
Hydrogène sulfuré (acide sulfhydrique)	$\left.\begin{matrix} H \\ H \end{matrix}\right\} S$	—
Acide acétique	$\left.\begin{matrix} H \\ C^2 H^3 O \end{matrix}\right\} O$	120°
Acide ou alcool phénylique (phénol)	$\left.\begin{matrix} H \\ C^6 H^5 \end{matrix}\right\} O$	188°
Acide ou alcool crésylique (crésol)	$\left.\begin{matrix} H \\ C^7 H^7 \end{matrix}\right\} O$	203°
Acide ou alcool phlorylique (phlorol)	$\left.\begin{matrix} H \\ (C^8 H^9) \end{matrix}\right\} O$	—
Acide rosolique	$C^{12} H^{12} O^3$ (?)	—
Acide brunolique	(?)	—
Ammoniaque	$\left.\begin{matrix} H \\ H \\ H \end{matrix}\right\} N$	33°
Aniline	$\left.\begin{matrix} (C^6 H^5) \\ H \\ H \end{matrix}\right\} N$	182°
Toluïdine	$\left.\begin{matrix} (C^7 H^7) \\ H \\ H \end{matrix}\right\} N$	198°
Cespitine	$(C^5 H^{13})''' N$	96°
Pyridine	$(C^5 H^5)''' N$	115°
Picoline	$(C^6 H^7)''' N$	134°
Lutidine	$(C^7 H^9)''' N$	154°
Collidine	$(C^8 H^{11})''' N$	170°
Parvoline	$(C^9 H^{13})''' N$	188°
Coridine	$(C^{10} H^{15})''' N$	211°
Rubidine	$(C^{11} H^{17})''' N$	230°
Viridine	$(C^{12} H^{19})''' N$	251°
Leucoline	$C^9 H^7 N$	235°
Lepidine	$C^{10} H^9 N$	260°
Cryptidine	$C^{11} H^{11} N$	—
Pyrrol	$C^4 H^5 N$ (?)	133°
Acide hydrocyanique	HCN	26°.5

Aniline. — **Vers** le milieu du tableau, on remarquera dans la liste des substances dont le
point d'ébullition est supérieur à celui de l'eau, l'aniline, bouillant à 182 degrés, et dont la
formule démontre qu'elle est un produit de substitution de l'ammoniaque.

Cette matière est des plus intéressantes sous un double point de vue :

Industriellement, parce qu'elle est la source immédiate de la série de couleurs dont nous
allons nous occuper, et qui, en effet, portent son nom ;

Théoriquement et *scientifiquement,* comme étant le composé type de son groupe et celui
choisi de préférence par les chimistes, à cause de son caractère merveilleusement bien prononcé et de ses réactions nettement définies, comme sujet de recherches destinées à mettre
en évidence l'histoire de tous ses congénères.

Les limites de cette esquisse ne permettent pas de tracer l'historique scientifique complet
de l'aniline ; mais le rapporteur ne rendrait pas justice à ce corps remarquable, s'il négligeait
d'examiner avec soin et en détail les circonstances relatives à la découverte de l'aniline.

En 1826, Unverdorben (1), chimiste allemand, découvrit parmi les produits de la distillation sèche de l'indigo une substance huileuse qu'il désigna par le nom de *crystalline.* à cause
de la facilité caractéristique qu'elle possédait de former avec les acides des combinaisons
bien cristallisées.

Quelques années après, un autre chimiste allemand, Runge (2), observa dans l'huile du
goudron de houille la présence d'une substance capable de former des combinaisons salines,
et possédant la propriété de développer, sous l'influence du chlorure de chaux, une coloration violette bleuâtre d'une beauté si caractéristique qu'elle détermina le nom qui fut donné
à la substance nouvellement découverte ; on l'appella, en effet, *kyanol* ou *huile bleue.*

Ces observations d'Unverdorben et de Runge appartiennent à la première période du développement de la chimie organique, où les procédés d'analyse élémentaire commençaient
seulement à être élaborés. La cristalline et le kyanol ne furent donc pas analysés, et personne ne soupçonnait la moindre connexion entre ces deux substances.

Quelque temps après, M. Fritzsche (3), en étudiant les produits de l'action de la potasse
sur l'indigo, observa parmi eux une abondante quantité d'une huile basique, qu'il analysa
avec soin. Il lui donna le nom d'*aniline,* comme étant un dérivé de l'indigo, que les Portu-
gais désignent sous le nom d'*anil.*

Presque simultanément, M. Zinin (4), au moyen d'une réaction, maintenant très-célèbre
en chimie, qu'il découvrit et qui porte son nom, parvint à produire une huile basique, laquelle reçut le nom de *benzidam,* pour rappeler les circonstances qui lui avaient donné naissance et que nous relaterons plus loin.

L'auteur de ces lignes (5) eut l'occasion, il y a déjà bien des années, pendant qu'il était
encore étudiant dans le laboratoire de M. Liebig, de contribuer pour sa part à élucider le
sujet en question. Ayant soumis la cristalline, le kyanol, l'aniline et le benzidam à une
étude comparative et minutieuse, il démontra que ces quatre substances étaient identiques ;
à partir de cette époque, elles ne furent plus désignées en chimie que par le nom d'*aniline.*

L'aniline peut donc être retirée de sources différentes ; mais ces dernières ne sont point
toutes également à la portée du chimiste. L'indigo, soit qu'on le soumette à la distillation
sèche ou qu'on le traite par la potasse caustique, est une matière trop chère pour pouvoir
devenir une source pratique pour la production de l'aniline ; et même le goudron de houille,
malgré son bon marché, ne fournit par la distillation sèche qu'une proportion d'aniline trop
faible pour qu'il puisse servir de matière première *directe* pour cette fabrication. Mais, très-

(1) Unverdorben, *Poggdf. Ann.*, VIII, 397.
(2) Runge, *Poggdf. Ann.*, XXI, 65 et 513 ; XXXII, 331.
(3) Fritzsche, *Journ. prakt. Chem.*, XX, 453 ; XXVII, 153 ; XXVIII, 202.
(4) Zinin, *Journ. prakt. Chem.*, XXVI, 149.
(5) Hofmann, *Ann. Chem. Pharm.*, XLVII, 37.

heureusement, le goudron de houille est capable de fournir *indirectement* de l'aniline en aussi grande quantité qu'on puisse le désirer.

Benzol et ses transformations. — Parmi les substances énumérées dans le tableau précédent, nous ferons remarquer l'hydrocarbure *benzol,* dont le point d'ébullition est inférieur à celui de l'eau, et qui est remarquable par l'abondance avec laquelle on le retrouve parmi les produits de la distillation de la houille. Par une succession de transformations chimiques, le benzol peut être converti en aniline.

A cet effet, le benzol est d'abord soumis à l'action de l'acide nitrique fumant, qui le transforme en *nitrobenzol* (nitrobenzine), bien connu sous le nom d'essence d'amandes amères artificielle (essence de mirbane), dont on a fait un si grand usage pour parfumer les savons de toilette. Ce fait fut découvert par l'illustre Mitscherlich (1).

Le nitrobenzol ainsi obtenu, lorsqu'on le soumet à l'action d'agents réducteurs, tels que l'hydrogène sulfuré, par exemple, est converti en aniline. C'est à Zinin qu'est dû l'honneur d'avoir découvert cette remarquable transformation ; aussi, croyant que la substance ainsi produite était nouvelle, lui donna-t-il le nom de *benzidam,* c'est-à-dire ammoniaque dérivée du benzol. Ces transformations successives du benzol sont exprimées par les équations suivantes :

Première transformation. — Conversion du benzol en nitrobenzol :

$$C^6 H^6 \;+\; HNO^5 \;=\; C^6 H^5 NO^2 \;+\; H^2 O.$$

Benzol.   Acide nitrique.   Nitrobenzol.   Eau.

Seconde transformation. — Conversion du nitrobenzol en aniline :

$$C^6 H^5 NO^2 \;+\; 3 H^2 S \;=\; C^6 H^7 N \;+\; 2 H^2 O \;+\; 3 S.$$

Nitrobenzol.   Hydrogène sulfuré.   Aniline.   Eau.   Soufre.

C'est par ces transformations successives, qui longtemps ne furent connues que des chimistes, qu'ont produit les énormes quantités d'aniline, que l'industrie consomme actuellement.

Parmi les nombreux agents réducteurs qui sont à la disposition du chimiste, l'hydrogène sulfuré, à cause de son état gazeux, n'est nullement celui qu'il soit avantageux d'employer. Le rapporteur (2) avait montré que le nitrobenzol en contact avec du zinc métallique et de l'acide chlorhydrique était facilement transformé en aniline.

Plus tard, M. Béchamp (3) produisit la réduction d'une manière tout à fait analogue en soumettant le nitrobenzol à l'action de l'acide acétique et du fer métallique.

C'est par cette dernière méthode, qui, sous le rapport pratique, présente des avantages notables, qu'on effectue maintenant, d'une manière presque exclusive, la transformation du nitrobenzol en aniline.

L'aniline est donc un dérivé du nitrobenzol, qui, à son tour, est un dérivé du benzol : c'est donc évidemment à l'homme qui, le premier, a découvert le benzol, que nous sommes redevables virtuellement de l'aniline et de toute sa magnifique progéniture de matières colorantes.

Qui donc a découvert le benzol ? L'Angleterre peut être fière de pouvoir répondre par le nom de Michel Faraday.

La découverte du benzol remonte déjà à trente-sept ans. Ce fut en 1825, lorsqu'il s'occupait de l'examen des matières huileuses déposées dans les récipients renfermant le gaz à l'huile comprimé, dont on faisait alors un assez grand usage à Londres, que Faraday isola pour la première fois le benzol.

(1) Mitscherlich, *Poggdf. Ann.*, XXI, 625.

(2) Hofmann, *Ann. Chem. Pharm.*. LV, 200.

(3) Béchamp, *Comptes-rendus*, XXXIX, 26.

Dans la description détaillée de ses expériences, publiée dans les *Philosophical Transactions* de la même année, il décrivit ce corps, conformément aux théories chimiques de cette époque, comme du bicarbure d'hydrogène.

Pendant une série d'années le benzol, nouvellement découvert, n'offrait qu'un intérêt purement scientifique.

Dans ce travail, de même que dans toute la série de ses immortelles recherches, Faraday n'avait en vue que la recherche de la vérité pour sa seule beauté et valeur intrinsèque : c'est dans le même esprit que l'œuvre a été continuée par ceux qui, après Faraday, se sont occupés de l'examen scientifique ultérieur du même sujet.

Personne, dans les premiers temps de l'existence du benzol, lorsque cette substance ne constituait qu'une simple curiosité de laboratoire, ne pouvait soupçonner la carrière brillante qu'elle serait un jour appelée à fournir, ni les merveilleuses transformations auxquelles elle était destinée.

Mais, sous ce rapport, l'expérience de ces dernières années n'a fait que confirmer et corroborer ce vieil adage (qu'on ne peut répéter trop souvent), que la recherche du vrai pour lui-même peut conduire à la découverte de ses corollaires naturels, l'utile et le beau.

Ces derniers sont pour ainsi dire renfermés latents dans le vrai, n'attendant que le moment favorable pour s'en dégager, exactement comme l'arbre gigantesque sort et se développe de la graine minime qui le contenait. Mais revenons à l'histoire de notre hydrocarbure : quelques années après la découverte de Faraday, Mitscherlich (1), de Berlin, trouva que l'acide benzoïque, lorsqu'on le distille avec un excès de chaux vive, formait un liquide incolore, volatil et identique avec la substance précédemment obtenue par Faraday. De là le nom de *benzol* ou *benzine*, qu'elle porte encore actuellement.

En 1845, le rapporteur (2) démontra expérimentalement la présence du benzol dans l'huile du goudron de houille; mais ce ne fut qu'en 1848 que Charles Mansfield (3), à la suite d'un travail expérimental exécuté dans le laboratoire du rapporteur, fit voir que le goudron de houille pouvait fournir des quantités pour ainsi dire inépuisables de benzol.

Ce fut Mansfield (3) qui, le premier, isola des quantités considérables de cette substance dans un état de pureté absolue, du goudron de houille, et c'est à lui que revient surtout l'honneur d'avoir ouvert une source *pratique* de cet hydrocarbure, c'est à lui que nous sommes redevables des avantages industriels, qui, plus tard, ont été dérivés de cette source (4).

Après cette esquisse de l'histoire du benzol, nous devons maintenant examiner les conditions de sa fabrication. Cette dernière se pratique actuellement sur une vaste échelle, avec tous ces arrangements destinés à économiser la main-d'œuvre, qu'on retrouve généralement dans les grandes industries.

Le goudron brut, tel qu'il est fourni par les usines à gaz, est d'abord soumis à une distillation régulière, de manière à obtenir séparément : 1° le naphte, essence ou huile légère (liquide huileux plus léger que l'eau); 2° l'huile lourde ou pesante, qui passe après que le naphte a distillé (liquide huileux qui tombe au fond de l'eau); l'asphalte ou la poix, qui constitue le résidu dans la cornue.

C'est du naphte qu'on isole le benzol par une nouvelle distillation fractionnée. Le produit, qui est loin d'être absolument pur, constitue cette préparation bien connue, qu'on emploie pour enlever les taches de graisse accidentelles des étoffes, robes et articles de toilette.

---

(1) Mitscherlich, *Poggdf. Ann.*, XXIX, 231.

(2) Hofmann, *Ann. Chem. Pharm.*, LV, 200.

(3) Mansfield (C. B.), patente n° 11960, 11 novembre 1847. (*Chem. Soc. Quat. Journ.*, I, 244.)

(4) Ces avantages, malheureusement, nous sont restés comme un legs que nous a laissé Mansfield; car ils ont coûté la vie à leur auteur, justement regretté. C'est pendant la préparation d'une quantité de benzol

On l'emploie également en quantité considérable pour dissoudre le caoutchouc et les résines.

C'est du mode de purification et rectification du benzol, avant de le soumettre à d'autres opérations, que dépend en grande partie la valeur de l'aniline, qu'il sert à fabriquer. Le point d'ébullition du benzol pur est à 80° centigrades (1).

Transformation du benzol en nitrobenzol. — La transformation du benzol (ou benzine) en nitrobenzol (ou nitrobenzine) se fait très-facilement lorsqu'on opère en petit. En effet, il suffit de dissoudre le benzol avec de l'acide nitrique fumant et d'ajouter à la solution limpide une certaine quantité d'eau, pour voir le nitrobenzol se précipiter sous forme d'une liqueur jaune assez dense. Mansfield, qui fut le premier à préparer, en Angleterre, le nitrobenzol sur une large échelle, employait pour cela un tube en verre d'assez fortes dimensions, recourbé en serpentin et divisé, à sa partie supérieure, en deux tubes séparés, sur montés chacun d'un entonnoir.

L'un recevait un filet d'acide nitrique concentré, tandis que dans l'autre coulait lentement le benzol. Ces deux liquides se mélangeaient au point de jonction des deux tubes et se combinaient avec dégagement de beaucoup de chaleur; mais le nitrobenzol nouvellement formé, en descendant dans l'intérieur du serpentin, y abandonnait sa chaleur et se refroidissait assez pour s'écouler presque froid à la partie inférieure où il était reçu dans un récipient. Depuis qu'on se trouve dans l'obligation de préparer des quantités énormes de nitrobenzol, on a simplifié à la fois l'appareil et le procédé. Des vases et tubes en terre cuite ont remplacé le verre, et très-souvent l'on substitue à l'acide nitrique concentré fumant, dont le prix est assez élevé, un mélange d'acide nitrique ordinaire avec moitié de son volume d'acide sulfu-

plus considérable qu'à l'ordinaire, et cela en vue d'une purification plus parfaite, que ce jeune chimiste, doué d'une intelligence peu commune et d'un noble cœur, éprouva le terrible accident qui causa sa mort. La science a perdu en lui un de ses adeptes les plus ardents et donnant les plus belles espérances. L'homme distingué qui a écrit sa biographie s'est exprimé sur Mansfield (*Chem. Soc. Quat. Journ.*, VIII, p. 111) en ces termes : « Il ne serait pas équitable de vouloir apprécier son mérite uniquement d'après les services qu'il avait déjà pu rendre au monde. Il fut enlevé à un âge où, doué comme il l'était, il eut rapidement accompli l'œuvre d'une vie ordinaire. Il s'était imposé une tâche si grande que le temps lui a manqué de faire autre chose que d'en poser les fondations. » Le lecteur bienveillant pardonnera certainement au rapporteur d'avoir payé en passant ce tribut au génie et aux efforts de celui qui perdit la vie en gagnant ces victoires que son ami est chargé aujourd'hui de décrire dans les pages de ce rapport. H.

A partir du prochain numéro, nous publierons le travail de M. Mansfield, sur le benzol, d'après une conférence faite par lui à l'Institution royale de la Grande-Bretagne, le vendredi 27 avril 1849. Ce mémoire a été traduit de l'anglais par M. Depouilly. Dr Q.

(1) Le point d'ébullition du benzol commercial varie entre 80° et 120° centigrades. Ce benzol est donc loin d'être pur; il renferme, outre le benzol pur, du parabenzol, du toluol, du xylol et probablement plusieurs autres produits. Il en résulte que le nitrobenzol commercial, préparé avec le benzol du commerce, doit aussi renfermer des composés nitrés résultant de l'action de l'acide nitrique sur les hydrocarbures associés au benzol. Par suite, l'action des agents réducteurs doit engendrer, outre l'aniline, une grande variété de composés basiques. C'est ainsi, par exemple, que la toluidine accompagne toujours l'aniline commerciale. D'autres bases, dont le point d'ébullition est beaucoup plus élevé que celui de l'aniline, constituent ce qu'on désigne dans les fabriques d'aniline sous le nom de *queues d'aniline*. Le rapporteur est redevable à l'obligeance de MM. Collin et Coblenz, fabricants d'aniline à Labriche, dans le voisinage de Saint-Denis, près Paris, d'une quantité assez considérable de ces résidus.

Il y a découvert un certain nombre de nouveaux corps, la plupart admirablement cristallisés, dont plusieurs pourraient bien acquérir un certain intérêt pratique.

La présence du nitrotoluol et en général des composés nitrés appartenant à une série plus élevée peut être décelée dans le nitrobenzol par l'addition de soude caustique au mélange. Le nitrotoluol provoque dans l'alcali une coloration rouge très-foncée. H.

— 324 —

rique concentré. Le produit de la réaction, après avoir été lavé d'abord avec de l'eau (1), et finalement avec une solution étendue de carbonate de sodium, constitue le nitrobenzol brut de commerce. Cette méthode de préparation paraît avoir été employée d'abord par M. C. Collas, de Paris (2), (France, 203), qui fut un des premiers producteurs industriels de nitrobenzol, qu'il fabriquait et vendait sous le nom de fantaisie d'*Essence de Mirbane*.

Transformation du nitrobenzol en aniline. — L'opération de réduction du nitrobenzol commercial en aniline est généralement pratiquée de la manière suivante :

On mélange ensemble le nitrobenzol et de l'acide acétique dans des vases en fonte, et l'on y ajoute graduellement de la tournure ou de la limaille de fer ou de fonte, en évitant que la chaleur dégagée par la réaction ne puisse trop élever la température du mélange. Parties égales de ces trois matières constituent des proportions très-convenables. Le mélange se transforme bientôt en une masse demi-solide et même solide, consistant principalement en acétate de fer, acétate d'aniline et aniline.

On la distille soit seule, soit, comme cela se pratique chez quelques fabricants, avec addition de chaux, dans de grands cylindres en fonte, qu'on chauffe graduellement jusqu'au rouge. Ces cylindres ont à peu près la forme, mais seulement la moitié de la capacité des cornues à gaz ordinaires.

Le produit de la distillation peut présenter une composition variable ; il consiste généralement en acétone, aniline, nitrobenzol non altéré et plusieurs autres produits dérivés des impuretés du nitrobenzol.

Lorsqu'on emploie un trop grand excès d'acide acétique et de fer, la réduction du nitrobenzol, comme l'a observé récemment M. Scheurer-Kestner, peut aller trop loin, et il peut se reproduire de nouveau du benzol avec formation simultanée d'ammoniaque.

L'aniline brute ainsi obtenue est redistillée et l'on obtient une aniline suffisamment pure en recueillant séparément ce qui distille entre 175° et 190° centigrades. Cette aniline se présente sous forme d'un liquide brunâtre, un peu plus dense que l'eau. Dans cet état elle est maintenant suffisamment connue, puisque la plupart des exposants de couleurs d'aniline avaient eu soin de placer, à côté des matières colorantes nouvelles, un échantillon d'aniline, qui avait servi de matière première immédiate à cette industrie naissante.

Lorsque l'aniline est à peu près pure, elle constitue un liquide incolore de 1.028, pesanteur spécifique, dont ce point d'ébullition est à 182° centigrades. Lorsqu'on l'expose à la fois au contact de l'air et de la lumière, elle devient rapidement brune.

COULEURS DÉRIVÉES DE L'ANILINE.

La tendance de l'aniline ainsi préparée à produire des réactions colorées est connue depuis longtemps : en fait, elle a été observée par tous ceux qui ont eu l'occasion de manipuler cette substance. La coloration violette bleuâtre que prend l'aniline en réagissant sur le chlorure de chaux et qui, comme nous l'avons fait observer plus haut, lui a valu le nom de *kyanol*, a été pendant une série d'années la réaction ordinaire par laquelle on caractérisait l'aniline dans les laboratoires. Cette réaction colorée fut observée pour la première fois en 1835 par le professeur Runge, l'un des exposants (Allemagne, Zollverein, 1019. A.) dont les recherches ont contribué de bonne heure à éclaircir l'histoire du goudron. Le jury a été très-heureux d'en proclamer et reconnaître le mérite en décernant la médaille à M. Runge.

Plus tard, M. Fritzche fit voir qu'une solution aqueuse d'acide chromique produisait

(1) Il en résulte de grandes quantités d'acide nitrique étendu (pesanteur spécifique, 1.28) ou de mélanges d'acides sulfurique et nitrique faibles (pesanteur spécifique, 1.49), qui ne sont plus jetés, mais qu'on vend aux fabricants d'acide sulfurique. Le rapporteur a vu employer en grandes quantités ces liqueurs pour l'alimentation des chambres en plomb des usines de M. Kuhlmann.

(2) Collas, *Revue scientifique*; par Quesneville, XL, 1851, volume des *Secrets des arts*, t. VI, p. 215.

— 325 —

avec l'aniline un précipité bleu noirâtre, et, en 1853, M. Beissenhirtz (1) décrivit la couleur
bleue résultant du mélange de l'aniline avec du bichromate de potasse additionné d'acide
sulfurique concentré. En fait, c'est là la réaction même qui constitue le point de départ de
toute l'industrie anilique.

Cependant, les années s'écoulaient et personne ne songeait à faire une application pratique
de ces couleurs. Cette indifférence, autrement inexplicable, doit sans doute être attribuée
au caractère fugitif de ces colorations, dans les circonstances dans lesquelles avait lieu leur
production à cette époque. Et lors même que ces colorations eussent été plus persistantes,
les difficultés qui paraissaient s'opposer alors à la préparation de l'aniline sur une large
échelle auraient suffi pour décourager la plupart des chimistes de concevoir même l'idée
de pareilles applications.

C'est à un jeune chimiste anglais, M. W.-H. Perkin, que revient l'honneur, d'avoir le premier mis en évidence la valeur industrielle de l'aniline. Son attention se fixa en premier lieu
sur la coloration pourpre et, c'est lui qui, pour la première fois, isola la substance produisant
cette coloration et démontra qu'elle constituait une matière colorante capable d'être fixée
sur tissus.

Le succès complet des applications industrielles de l'aniline et la révolution extraordinaire
occasionnée par là dans les différentes branches de la teinture sont des faits suffisamment
prouvés par l'Exposition internationale de 1862.

C'est avec un véritable plaisir que l'auteur de ces pages, qui a eu la bonne fortune de servir de
guide à l'éducation chimique de M. Perkin, complimente bien sincèrement son jeune ami sur
les résultats industriels splendides qu'il a obtenus ; il exprime en même temps l'espoir que
le succès commercial de son entreprise, et les soins et le temps que réclame une affaire aussi
grandiose, ne le détourneront pas de la voie des recherches scientifiques, pour lesquelles il
possède une aptitude si éminente et si bien démontrée en plus d'une occasion.

Après ces observations générales, nous pouvons procéder à l'examen successif, l'une après
l'autre, des différentes matières colorantes dérivées de l'aniline. Cette revue nous a été beaucoup facilitée par le mémoire récemment publié par M. E. Kopp (2) sur ce sujet.

Ce travail, d'une grande valeur, renferme tous les faits se rapportant à cette nouvelle
industrie, qui étaient connus à la date de sa publication.

Dans les pages suivantes, le rapporteur suivra principalement les indications de M. Kopp;
la couleur violette ayant été la première matière colorante produite industriellement, c'est
par elle qu'il commencera cette partie de son rapport.

A. — VIOLETS D'ANILINE.

Fabrication de violet d'aniline au moyen de l'acide sulfurique et du bichromate de potasse. — Le
violet d'aniline, auquel on a donné une grande variété de noms (aniléine, indisine, mauve,
phénaméine, violine, rosolane, tyraline, etc.) date du 26 août 1856, jour de la prise de la
patente de M. Perkin (3). Le procédé de préparation est le suivant.

Une solution froide et étendue de sulfate (ou d'un autre sel quelconque) d'aniline commerciale est mélangée avec une solution également froide et étendue de bichromate de potassium. On remue bien et l'on abandonne le tout pendant dix à douze heures.

Il se produit un précipité noir, qui est rassemblé sur un filtre, lavé à l'eau froide et séché.

Ce résidu noir est ensuite mis en digestion dans de l'huile légère de houille, qui en extrait

(1) Beissenhirtz, *Ann. Chem. Pharm.*, LXXXVII, p. 376.
(2) *Examen des matières colorantes artificielles dérivées du goudron de houille*, par M. E. Kopp. Saverne,
1861. (Extrait du *Moniteur scientifique* du docteur Quesneville.)
(3) Perkin (W.-H.), patente n° 1984, 26 août 1856.

une matière goudronneuse brune et ne dissout point la matière colorante contenue dans le précipité.

Le résidu insoluble est séché de nouveau et traité par l'alcool, l'esprit de bois ou tout autre liquide possédant la propriété de dissoudre le principal colorant. La solution limpide est séparée, par filtration ou par décantation, du résidu insoluble, et soumise à la distillation pour récupérer l'alcool ou l'esprit de bois. Le résidu qui reste dans l'alambic constitue le violet d'aniline de M. Perkin.

Le procédé, comme c'était à prévoir, a été modifiée notablement par les différents manufacturiers qui se sont adonnés à la fabrication du violet d'aniline.

La durée de la réaction doit varier jusqu'à un certain point, suivant l'échelle de production ; tandis que plusieurs fabricants opèrent le mélange des matières en quelques minutes, d'autres les laissent réagir plus longtemps et même jusqu'à trente-six heures.

Quelques-uns préfèrent opérer avec des solutions plutôt un peu chaudes et concentrées ; la température et le degré de concentration les plus convenables paraissent également dépendre des quantités mises en opération.

On fait souvent usage d'hydrochlorate d'aniline tel qu'on l'obtient en dissolvant l'aniline dans l'acide hydrochlorique du commerce ; le sulfate d'aniline est employé à l'état de pâte, telle qu'elle résulte du traitement de l'aniline par de l'acide sulfurique concentré, étendu de très-peu d'eau.

M. Scheurer-Kestner recommande les proportions suivantes :

1 kilogr. d'aniline ;

Une solution saturée à froid de 800 à 1,200 gr. de bichromate de potassium ;

500 gr. d'acide sulfurique concentré de 1,840 pes. spécif. (66° Beaumé).

La purification du produit brut se fait également de plusieurs manières, en vue surtout d'éviter l'usage de dissolvants trop coûteux.

Le précipité noir, après avoir été lavé à l'eau froide, est épuisé par des ébullitions prolongées avec de grandes quantités d'eau (souvent acidulées avec 1 à 2 pour 100 d'acide acétique) pour dissoudre la matière colorante. Les solutions filtrées et concentrées le plus possible sont précipitées bouillantes par l'addition de soude caustique.

Le précipité obtenu est filtré et lavé pendant quelque temps avec de l'eau alcaline, qui non-seulement facilite l'extraction de l'excès de bichromate, mais dissout encore une matière colorante rougeâtre, qui ternit l'éclat brillant du violet. Le précipité est ensuite lavé avec de l'eau pure, jusqu'à ce que tout l'alcali ait été enlevé et que les eaux de lavage commencent à se colorer.

On laisse égoutter le précipité qui constitue alors le violet d'aniline en pâte. Très-souvent on répète l'épuisement par l'eau bouillante et la précipitation par la soude caustique, en vue d'obtenir la matière colorante dans un plus grand état de pureté.

La solution de la pâte dans l'alcool, l'esprit de bois, l'alcool méthylé (1) fournit par l'évaporation au bain-marie un résidu d'apparence résineuse présentant un reflet métallique particulier, rappelant à la fois celui de l'or et celui du cuivre.

Il est soluble dans l'eau, plus soluble encore dans l'acide acétique et dans les alcools et possède une puissance tinctoriale extraordinaire.

Autres procédés pour la production du violet d'aniline. — Le violet d'aniline peut encore être obtenu d'après les méthodes suivantes :

a. Oxydation d'une solution froide et étendue d'hydrochlorate d'aniline par une solution

___

(1) Mélange d'alcool et d'esprit de bois dont le fisc anglais permet l'emploi aux manufacturiers sans exiger d'eux le fort impôt dont serait passible l'alcool seul ; l'addition d'esprit de bois dénature l'alcool et le rend impropre à servir comme boisson. — E. K.

étendue de chlorure (ou hypochlorite) de chaux (Bolley (1) Beale et Kirkham) (2). L'aniline est transformée en une matière noire, poisseuse, dont le poids ne s'élève pas à plus de $^1/_{10}$ de celui de l'aniline employée.

Cette masse contient du violet d'aniline, une matière colorante brune, soluble dans des liqueurs alcalines, une substance résineuse soluble dans l'alcool, l'éther et le bisulfure de carbone. On en extrait le violet, par épuisement de la masse, au moyen d'eau bouillante; sa purification est plus difficile que celle du violet d'aniline préparé avec le bichromate de potassium.

Le procédé au chlorure de chaux est plus économique, mais la nuance du produit est moins belle et présente une teinte plus rougeâtre que celle du violet d'aniline obtenu d'après la méthode précédente.

b. Oxydation d'un sel d'aniline en solution aqueuse par le peroxyde de manganèse (Kay) (3) ou par le suroxyde plombique (Price) (4) sous l'influence d'un acide.

c. Oxydation d'un sel d'aniline par une solution de permanganate de potassium (Williams) (5) ou de ferricyanure de potassium (Smith) (6).

d. Oxydation d'une solution aqueuse d'un sel d'aniline par le chlore libre ou l'acide hypochloreux libre (Smith) (7) ou par le chlorure double de cuivre et de sodium (Dale et Caro) (8).

De tous ces procédés, ceux au bichromate de potassium, au chlorure de chaux et au chlorure de cuivre, sont les seuls qui aient eu de l'importance pratique. Les méthodes de purification du produit brut sont à peu près les mêmes, quel que soit le procédé de préparation.

Les matières résineuses sont quelquefois séparées de la matière colorante violette par l'ébullition avec de l'alcool faible, dans lequel le violet se dissout de préférence, tandis que les impuretés restent insolubles.

Une réaction caractéristique du violet d'aniline est la suivante : En y ajoutant de l'acide chlorhydrique très-concentré ou de l'acide sulfurique, la nuance passe d'abord au bleu, puis, en ajoutant plus d'acide, au vert. L'addition d'eau ramène la teinte d'abord au bleu et finalement au violet primitif.

Le violet d'aniline fut obtenu cristallisé pour la première fois en 1860, par M. Scheurer-Kestner (9), qui avait employé l'acide acétique monohydraté comme dissolvant. La substance cristalline a depuis été reproduite à différentes reprises.

La vitrine de MM. Perkin et fils renfermait de beaux échantillons de violet d'aniline cristallisé, ressemblant beaucoup par l'apparence aux sels de rosaniline.

Malgré cela, la constitution chimique de cette substance intéressante n'a pas encore été établie. Elle a bien été analysée par MM. Willm (10) et Scheurer-Kestner (11), mais leurs recherches ne sont pas, jusqu'à présent, assez complètes pour qu'on puisse déjà considérer la composition du violet d'aniline comme parfaitement établie.

(1) Bolley, *Schweiz. Polyt. Zeitchr.*, 1858, III, p. 124.

(2) Beale (J.-T.) et Kirkham (T.-N.), patente n° 1205, 13 mai 1859. (*Lond. Journ. Arts*, décembre 1859, p. 357.)

(3) Kay (R.-D.), patente n° 1155, 7 mai 1859. (*London Journ. Arts*, 1860, 29 janvier.)

(4) Price (D.-S.), patente n° 1238, 25 mai 1859. (*Dingl. Journ.*, CLV, p. 306.)

(5) Williams (C.-H. Greville), patente n° 1000, 30 avril 1859. (*Rep. Pat. Inv.*, janvier 1860, p. 70.)

(6) Smith (R.), patente n° 1945, 11 août 1860. (*Lond. Journ. Arts*, avril 1861, p. 224.)

(7) Smith (R.), patente n° 1599, 5 mars 1860, et n° 1990, 17 août 1860.

(8) Dale (J.) et Caro (H.), patente n° 1307, 26 mai 1860. (*Chem. News*, 1861, février, p. 79.)

(9) Pendant l'impression de ces pages, le rapporteur a reçu de M. Scheurer-Kestner des prismes splendides et parfaitement définis de violet d'aniline absolument pur, que ce chimiste avait obtenu en opérant sur des quantités assez considérables.

(10) Willm, *Bulletin de la Société chimique de Paris*, séance du 27 juin 1860.

(11) Scheurer-Kestner, *Bulletin de la Société industrielle de Mulhouse*, juin 1860.

Rien de plus aisé que la description des procédés employés pour teindre la soie et la laine en violet d'aniline. Pour teindre la soie, on étend la solution alcoolique de la matière colorante avec huit fois son volume d'eau chaude légèrement acidulée d'acide tartrique. Cette solution est versée dans le bain de teinture, qui consiste tout simplement en eau froide très-légèrement acidulée. On y passe la soie jusqu'à ce qu'elle présente la nuance désirée. La teinte est rendue quelquefois un peu plus bleuâtre par l'addition de carmin d'indigo ou en teignant préalablement la soie en bleu de Prusse. En ajoutant de l'acide sulfurique au bain de teinture, le violet prend une teinte grisâtre qui, par l'augmentation de la proportion d'acide, peut même être convertie en une nuance gris-perle d'une grande beauté. Les teinturiers en soie, de Lyon, ont assez largement utilisé cette propriété.

La teinture de la laine se fait généralement à une température de 50 à 60° centigrades et le bain consiste simplement en une solution aqueuse étendue de la matière colorante. On évite très-soigneusement l'intervention des acides.

Pour l'impression sur soie ou laine, on dissout la pâte de violet d'aniline dans environ cinq fois son poids d'acide acétique de 1.060 pes. spécif. (8° Beaumé) et l'on épaissit convenablement la couleur avec la gomme. Après l'impression, les tissus sont vaporisés puis lavés.

La fibre du coton ne présente aucune affinité pour le violet d'aniline; pour fixer la couleur, les imprimeurs font usage de préférence, soit d'albumine, soit d'un des surrogats, tels que la glutine (gluten soluble); soit de tannin, quelquefois pur, d'autrefois associé avec des oxydes métalliques, comme par exemple ceux d'aluminium, de plomb, d'antimoine ou d'étain. La présence de l'acide sulfurique a également pour effet de favoriser la fixation de violet d'aniline sur coton.

Les mordants animalisés ou à base de tannin sont imprimés sur calicot, puis vaporisés de manière à les fixer et enfin teints dans une solution acidulée de violet d'aniline.

Quelquefois aussi une solution acétique et légèrement alcoolique du violet est épaissie à l'albumine, imprimée et vaporisée; l'albumine, en se coagulant, fixe complétement la couleur.

Le violet d'aniline est peut-être la plus importante de toutes les couleurs d'aniline, il est de toutes les matières colorantes dérivées du goudron la plus solide et résiste assez énergiquement à l'action de la lumière ; cependant, comme l'a fait observer avec raison M. Chevreul (1), le violet d'aniline est inférieur sous ce rapport à la garance, à la cochenille et à l'indigo.

Les nuances de violet d'aniline, bien préparé et purifié avec soin, sont d'une pureté et d'un éclat admirables ; il ne sera pas facile de surpasser les échantillons exposés par MM. Perkin et fils (Royaume-Uni, 581), dont les produits magnifiques ont excité une admiration universelle et bien méritée. Nous ne pouvons en dire autant des procédés de préparation.

On ne peut révoquer en doute qu'on parviendra finalement à obtenir une plus forte proportion de matière colorante que celle produite actuellement avec un poids donné d'aniline.

Lorsqu'on considère qu'avec 100 parties d'aniline l'on n'obtient pas plus de 4 à 5 parties de violet et que tout le reste se trouve converti en matières résineuses, à peu près sans valeur; que le procédé actuel ne peut s'exécuter avantageusement que sur une échelle comparativement assez restreinte ; on ne peut s'empêcher de penser que le procédé réellement rationnel et convenable pour la transformation de l'aniline en violet ou mauve est encore à découvrir.

Violet impérial. — Une matière colorante violette, tout à fait différente de celle produite avec le bichromate de potassium, prend naissance par suite de modifications introduites dans les procédés de préparation des rouges et bleus d'aniline, dont nous aurons à parler plus

(1) Chevreul, *Comptes-rendus*, 1861, LII, p. 942.

loin. On l'obtient en chauffant poids égaux d'hydrochlorate de rosaniline sec et d'aniline à une température de 180° centigrades.

Si l'on n'opère que sur 4 kilogr. du mélange à la fois, l'opération est terminée dans l'espace de quatre heures. Des quantités considérables de ce violet, connu sous le nom de *violet impérial*, et patenté par MM. Girard et de Laire, sont maintenant employées pour la teinture et l'impression. Cette matière colorante rivalise en beauté avec la mauve, mais est moins solide. Sa composition est tout à fait inconnue.

M. Nicholson (1) a fait patenter récemment une autre matière colorante violette. Elle est produite en chauffant avec soin du rouge d'aniline, dans des appareils convenables. à une température de 200 à 215° centigrades. La substance assume rapidement l'apparence d'une masse foncée demi-solide : la transformation de la couleur rouge en la matière de nuance foncée est accompagnée d'un dégagement d'ammoniaque. Cette masse, étant épuisée par l'acide acétique, fournit une solution d'un violet très-riche qu'on n'a qu'à étendre d'alcool pour obtenir une solution colorée d'une force tinctoriale convenable pour les applications industrielles.

B. — ROUGES D'ANILINE.

Découverte du rouge d'aniline. — Le rouge d'aniline. qui a reçu les noms de *fuchsine*, azaléine, solférino, magenta, roséine et rosaniline (cette dernière dénomination, quoique la plus récente, étant peut-être la mieux appropriée) peut être considéré comme ayant été découvert à deux époques différentes, suivant qu'on envisage la question au point de vue scientifique ou sous le rapport industriel.

Formation du rouge d'aniline au moyen du tétrachlorure de carbone. — La plupart des chimistes qui ont manipulé l'aniline avaient remarqué qu'elle pouvait présenter dans certaines circonstances une coloration rouge foncé. Le rapporteur (2), entre autres, avait observé, en 1843, cette coloration rouge, en étudiant l'action de l'acide nitrique fumant sur l'aniline, et elle se trouve mentionnée de nouveau par Natanson (3), en 1856, lorsqu'il s'occupait de l'examen de l'action de la liqueur des Hollandais sur l'aniline.

Mais ce n'est qu'en 1858 que la formation d'un *principe colorant rouge cramoisi* et plusieurs de ses propriétés furent pour la première fois signalées définitivement par le rapporteur : celui-ci, en étudiant l'action du tétrachlorure ou perchlorure de carbone sur l'aniline, avait observé et décrit la formation d'une substance basique qui, dissoute dans l'alcool, communique à ce liquide une magnifique couleur rouge cramoisi d'une grande richesse (4).

Au point de vue industriel, la découverte du rouge d'aniline fut faite par MM. Verguin et

(1) Nicholson (E.-C.), patente n° 147, 20 janvier 1862.

(2) Hofmann, *Ann. Chem. Pharm.*, XLVII, p. 73.

(3) Natanson, *Ann. Chem. Pharm.*, XCVIII, p. 297.

(4) Hofmann, *Proceedings of the Royal Society*, vol. IX, p. 284. (*Comptes-rendus*, t. XLVII, p. 492, 20 septembre 1858.) — Voici le passage des *Proceedings of the Royal Society* qui a rapport à ce sujet : « La solution aqueuse fournit, par l'addition de potasse caustique, un précipité huileux renfermant encore une portion considérable d'aniline non altérée. En faisant bouillir ce précipité avec de la potasse caustique étendue dans une cornue, l'aniline passe à la distillation, tandis qu'il reste un produit huileux visqueux qui peu à peu se solidifie en présentant une structure cristalline. Des lavages avec de l'alcool froid et deux ou trois cristallisations dans l'alcool bouillant rendent la matière cristalline parfaitement blanche et pure, tandis qu'une *substance très-soluble d'une magnifique couleur rouge cramoisi* reste en solution.

« La portion de la masse noire qui est insoluble dans l'eau se dissout presque complétement dans l'acide chlorhydrique étendu, d'où elle est de nouveau précipitée par un alcali sous forme d'un précipité amorphe d'une nuance rose ou terne, mais soluble dans l'alcool, avec une *riche coloration cramoisie*. La majeure partie de cette matière consiste dans le même *principe colorant* qui accompagne la substance cristalline blanche. »

42

Renard frères, de Lyon, qui donnèrent, au commencement de l'année 1859 (1), la description d'un procédé pour la transformation de l'aniline en une matière colorante rouge au moyen de tétrachlorure ou perchlorure d'étain ; ce sont eux qui, incontestablement, furent les premiers à signaler l'importance du rouge d'aniline pour la teinture et l'impression des tissus et à démontrer qu'au moyen de ce produit il était possible d'obtenir des colorations d'un brillant, d'une richesse et d'une pureté supérieures à tout ce qui avait été produit précédemment.

Fabrication du rouge d'aniline au moyen du perchlorure (tétrachlorure) d'étain. — Le procédé décrit par MM. Renard frères est le suivant :

Un mélange de 10 pour 100 d'aniline et de 6 à 7 pour 100 de perchlorure d'étain, soit anhydre ou hydraté, est porté à l'ébullition pendant quinze à vingt minutes. Le mélange liquide devient d'abord jaune, puis graduellement de plus en plus rouge, jusqu'à ce que la coloration soit parvenue à un tel degré d'intensité que toute la masse paraît noire. On la laisse refroidir et on l'extrait par une grande quantité d'eau bouillante qui se colore en rouge magnifique. La solution, sans autre préparation, constitue un splendide bain de teinture pour laine et soie.

On a cependant trouvé qu'il est plus avantageux de soumettre la matière colorante rouge à une purification préalable ; on utilise, à cet effet, sa propriété d'être insoluble dans des solutions salines.

En saturant partiellement la solution rouge concentrée avec du carbonate de sodium et en ajoutant ensuite une certaine quantité de sel marin ordinaire, le rouge d'aniline est précipité à l'état solide. Ce précipité constitue la *fuchsine,* qu'on n'a plus qu'à dissoudre dans l'eau, l'alcool ou l'acide acétique pour obtenir un bain de teinture capable de communiquer à la laine et la soie les teintes roses les plus remarquablement belles.

MM. Renard et Franc annoncèrent en même temps qu'en place de perchlorure d'étain, on pouvait faire usage des chlorures anhydre, mercurique, ferrique et cuivrique, pour la préparation de leur matière colorante.

Les résultats obtenus, d'un côté par M. Perkin avec le violet d'aniline et de l'autre par MM. Renard frères avec le rouge d'aniline, produisirent une sensation extraordinaire dans le monde industriel ; on le comprend facilement, en considérant l'importance des industries de la soie, de la laine et du coton, dans lesquelles ces nouvelles couleurs furent immédiatement appliquées. De tous côtés, l'aniline devint le sujet de recherches expérimentales en vue de la transformer en matière colorante ; cette substance si intéressante ne se montra point ingrate à l'égard des chimistes et manufacturiers, qui lui faisaient une cour si assidue, et plusieurs d'entre eux, auxquels elle voulut bien accorder ses faveurs, acquirent par suite de très-grandes fortunes.

Autres procédés pour la production du rouge d'aniline. — Le nombre des procédés pour la préparation du rouge d'aniline se multiplie très-rapidement ; cela ressort de l'énumération suivante dans laquelle le rapporteur a cherché autant que possible à les classer par ordre de date, ou en cas de simultanéité d'après leur importance.

Procédé Gerber-Keller (2) (Alb. Schlumberger). — *Traitement de l'aniline par les nitrates de mercure secs.* — M. Gerber-Keller emploie principalement le nitrate mercurique ; l'opération s'accomplit au bain-marie, parce qu'une température trop élevée pourrait provoquer une réaction violente et explosive. Pour 10 parties d'aniline, on emploie 7 à 8 parties de nitrate mercurique sec et pulvérisé, qu'on ajoute graduellement, en remuant constamment. L'opé-

---

(1) Renard (F. et J.). Date de la patente française, 8 avril 1859 ; de la patente anglaise, n° 921, 12 avril 1859.

(2) Gerber-Keller. Date de la patente française, 29 octobre 1859 ; patente anglaise, Smith (C.-L.), n° 2746, 3 décembre 1859. (Communication d'Alb. Schlumberger.)

ration dure huit à neuf heures, au bout desquelles la masse acquiert une coloration rouge violacée magnifique.

Elle constitue dans cet état l'*azaléine* du commerce. Pendant l'opération, l'oxyde de mercure du nitrate est réduit à l'état métallique et peut resservir pour la préparation de nitrate. Ce procédé peut être considéré comme appartenant à la catégorie des procédés réellement utiles et pratiques.

Procédé Lauth et Depoully (1). — *Traitement de l'aniline par l'acide nitrique.* — Ce procédé devrait proprement être intitulé : *Traitement du nitrate d'aniline par l'aniline*, parce que pour réussir il faut toujours opérer avec un excès d'aniline. Le mélange est chauffé à environ 150 ou 160° centigrades. ayant bien soin d'enlever le feu dès que la réaction est un peu vive. Au bout de quelques heures, on obtient une masse d'un violet rouge superbe, qu'on peut livrer au commerce après y avoir ajouté une petite quantité de carbonate de sodium dissous dans l'eau et avoir précipité la matière colorante par l'addition de sel ordinaire.

Ce procédé donne de bons résultats et réussit bien, surtout lorsqu'on opère sur une petite échelle ; en opérant sur de plus grandes quantités de matières, il devient plus difficile de régulariser la réaction ; elle dégénère souvent en combustion et déflagration, et toute l'opération se trouve alors perdue.

Pratiquement, ce procédé paraît être moins avantageux que celui au nitrate mercurique, avec lequel il est au point de vue chimique, parfaitement identique. Le rouge d'aniline préparé par le nitrate mercurique et l'acide nitrique présente une teinte plus violacée que celui préparé au moyen des chlorures anhydres.

Pendant que la question des couleurs d'aniline était ainsi travaillée en France, l'Angleterre ne la négligeait non plus et ne restait point en arrière dans cette course aux découvertes.

En fait, six mois avant la date de la patente française de MM. Lauth et Depoully, que nous venons de mentionner, deux chimistes anglais, MM. Medlock et Nicholson, avaient séparément fait patenter, à quelques jours d'intervalle seulement, le résultat de leurs expériences.

Ils mirent à la disposition de l'industrie le procédé qui, bientôt après, fut également essayé et patenté en France par MM. Girard et de Laire.

Fabrication du rouge d'aniline au moyen de l'acide arsénique. — *Procédé de Medlock* (2), *suivi par ceux de Nicholson et de Girard et de Laire.* — Traitement de l'aniline par l'acide arsénique.

Ce procédé qu'il faut classer parmi les meilleurs et les plus avantageux, consiste à combiner l'acide arsénique (3) avec un léger excès d'aniline et de chauffer la masse cristalline

(1) Lauth (Ch.) et Depoully (P.), patente n° 176, 24 janvier 1860. (Patenté par E.-J. Hughes.)

(2) Medlock, patente provisoire, 18 janvier 1860 ; Nicholson, patente provisoire, 26 janvier 1860 ; patente française de Girard et Delaire, 26 mai 1860.

(3) L'acide arsénique, actuellement presque exclusivement employé pour la fabrication de la rosaniline, est devenu tout d'un coup un article de grande consommation. Cet acide fut préparé pour la première fois sur une large échelle par M. E. Kopp. (*Ann. chim. phys.* (3), XLVIII, p. 106.) L'acide tartrique ayant atteint des prix très-élevés pendant les années 1853 et 1854, M. E. Kopp eut l'idée de lui substituer l'acide arsénique pour opérer des enlevages blancs sur rouge d'Andrinople. Cette application s'est maintenue à un certain point jusqu'aujourd'hui, quoique les prix de l'acide tartrique eussent de nouveau baissé. M. Kopp emploie l'acide nitrique pour convertir l'acide arsénieux par oxydation en acide arsénique. En faisant passer les vapeurs nitreuses dégagées, mélangées à de l'air, sur du coke humecté avec de l'eau, il recouvre de nouveau des deux tiers aux trois quarts de l'acide nitrique employé. Les proportions qu'il adopte sont : 303 kilogrammes d'acide nitrique de 1.35 pes. spéc. sur 400 kilogrammes d'acide arsénieux en poudre. En ajoutant l'acide nitrique graduellement, il trouve que l'action oxydante peut s'accomplir sans l'application de chaleur extérieure.

Ce procédé est employé avec avantage par les manufacturiers qui fabriquent l'acide arsénique pour la production de la rosaniline.

Le rapporteur put voir fonctionner récemment l'opération dans l'usine célèbre de M. Ch. Kestner, à

au moyen d'un feu modéré (et mieux encore au bain d'huile, E. K.) à environ 120 ou 140° centigrades, en ayant soin de ne pas dépasser 160° centigrades. Les proportions recommandées sont :

12 parties d'acide arsénique sec du commerce (constitué principalement par l'acide arsénique bihydraté renfermant 13.5 pour 100 d'eau) sur 10 d'aniline, avec ou sans l'addition d'un peu d'eau.

L'opération, suivant les quantités avec lesquelles on travaille, exige de quatre à neuf heures pour être achevée. On obtient une masse parfaitement homogène, liquide au-dessus de 100° centigrades, qui, par le refroidissement, se solidifie en une masse dure à reflets métalliques bronzés.

Dissoute dans l'eau bouillante, elle fournit une solution d'une grande richesse et pureté de nuance. On peut précipiter la matière colorante, presque exempte d'acide arsénique, de cette solution, en y ajoutant un léger excès de soude. Le précipité est filtré, lavé avec une petite quantité d'eau froide et redissous dans l'acide acétique.

Nous transcrivons les détails de l'opération, telle qu'elle est exécutée dans l'usine de MM. Renard et Franc, à Lyon (1).

Une solution très-concentrée d'acide arsénique, renfermant 76 pour 100 d'acide solide (hydrate ou anhydre ? le rapporteur) est mélangée avec de l'aniline, préparée au moyen de benzine anglaise ou belge.

Sur 20 parties de l'acide arsénique sirupeux, on prend 12 parties d'aniline commerciale, qui n'est pas anhydre, et l'on introduit 40 kilogr. de ce mélange dans des cornues en fonte, dont la capacité, à cause du boursouflement considérable qui accompagne la réaction, doit être bien plus grande que le volume du mélange. La cornue est placée au-dessus de la voûte d'un four et se trouve chauffée dans un bain d'air, dont la température ne doit pas dépasser 150 à 170° centigrades. De temps à autre, un ouvrier plonge une baguette en fer dans la masse, et dès que la matière adhérente présente en se refroidissant une apparence bronzée et une cassure brillante, l'opération est terminée. Il faut pour cela de trois à quatre heures.

Le produit de la fusion est ensuite coulé sur des plaques de fonte, dont on le détache, après sa solidification, pour le concasser et l'amener dans un autre atelier où s'opère la lixiviation.

A cet effet, on fait digérer le produit dans de grandes bassines en fonte (émaillée, E. K.) avec deux fois son poids d'acide hydrochlorique. L'opération dure de deux à deux heures et demie et pendant tout ce temps on fait passer un jet de vapeur d'eau à travers la liqueur, qui se charge rapidement de matière colorante. Dès que le résidu insoluble est devenu pulvérulent, on jette le tout sur des filtres en laine. Le liquide filtré coule dans de grands réservoirs en fonte contenant un excès de solution de carbonate de sodium.

La matière colorante se précipite immédiatement en flocons ou granulations qui, sous l'influence d'un courant de vapeur, se réunissent et montent à la surface de la liqueur d'où

Thann. Là, 100,000 kilogrammes d'acide arsénique, commandés par un seul fabricant de rouge d'aniline (MM. J.-J. Müller et Comp., de Bâle), étaient en cours de fabrication. L'oxydation avait lieu dans de grandes bonbonnes en verre communiquant avec un tuyau en plomb, au moyen duquel les vapeurs nitreuses, dégagées en grande quantité, étaient conduites dans l'une des chambres de plomb de l'usine.

M. E. Kopp, pendant qu'il manipulait l'acide arsénique, fit l'observation curieuse qu'il en était résulté une tendance considérable à prendre de l'embonpoint, sans que du reste la santé générale en fût affectée. En dix semaines, le poids de son corps avait augmenté de 10 kilogrammes, qu'il perdit de nouveau après qu'il eut discontinué ses expériences avec l'acide arsénique. Le rapporteur a été informé que le même fait s'observe auprès des ouvriers occupés à la fabrication de la rosaniline.

(1) *Matières colorantes dérivées du goudron de houille*; par M. Ad. Wurtz. — *Rapports des membres de la section française du jury international sur l'ensemble de l'Exposition de 1862*, publiés sous la direction de M. Michel Chevalier, président de la section française du jury international, vol. 1, p. 295.

on les enlève au moyen d'écumoires. On les porte dans de grandes chaudières en fonte, remplies d'eau bouillante, dont l'ébullition est entretenue par un jet de vapeur.

Une grande quantité de matière colorante se dissout dans le liquide, qu'on décante d'un nouveau dépôt et qu'on laisse refroidir dans de grands cristallisoirs en tôle, où il dépose des cristaux verts à éclat métallique cuivré ou doré.

Si, dans le traitement de l'aniline par l'acide arsénique, on augmente la quantité de ce dernier considérablement au delà des proportions indiquées, il se produit des matières colorantes violettes et même bleues, qui ont été patentées par MM. Girard et de Laire (1).

Production directe du rouge d'aniline au moyen du nitrobenzol. — Dans ces derniers temps, MM. Laurent et Casthélaz (2) (France, 206) ont fait usage d'un procédé particulier qui permet de transformer le nitrobenzol (nitrobenzine) directement en matière colorante rouge, sans qu'il soit nécessaire de le convertir préalablement en aniline isolée.

A cet effet, on traite le nitrobenzol par un mélange de fer et d'acide hydrochlorique ou par du chlorure ferreux. Dans cette opération, le nitrobenzol se convertit en aniline en même temps qu'il se forme du chlorure ferrique. En chauffant le tout, le chlorure ferrique réagit sur l'aniline contenue dans le mélange et la transforme en rouge d'aniline.

MM. Laurent et Casthélaz ont donné le nom d'*érythrobenzol* à la matière colorante ainsi produite ; mais il est très-probable qu'elle consiste essentiellement en rosaniline.

Ce procédé est ingénieux et si le produit (ce qui est, pour le moins, encore très-douteux) est égal en quantité et en qualité à celui obtenu avec l'aniline préalablement isolée, il doit être en même temps économique, puisqu'il dispense entièrement d'une opération qui ne laisse pas que d'être encore assez délicate, et qu'il diminue encore par là les frais de main-d'œuvre.

Les procédés décrits plus haut sont les meilleurs de ceux imaginés pour la préparation du rouge d'aniline brut : mais cette substance peut prendre naissance dans une foule d'autres réactions, telles que l'ébullition de l'aniline avec les sulfates stanneux, stannique, mercureux et mercurique ; avec les nitrates ferrique, uranique et argentique ; avec les bromures stannique et mercurique ; avec l'iode, l'iodure stannique et l'iodoforme ; avec les chlorate, bromate et iodate mercurique.

Toutes ces substances, à l'exception de l'iode, sont énumérées dans le brevet et dans les additions au brevet de MM. Renard frères (3).

MM. John Dale et Caro (4) ont, en outre, fait patenter l'action du nitrate de plomb sur l'aniline ou l'hydrochlorate d'aniline.

M. Smith (5) revendique, dans sa patente, l'ébullition de l'aniline avec le perchlorure d'antimoine ou l'action de l'acide antimonique, du peroxyde de bismuth, des oxydes stannique, ferrique, mercurique et cuivrique sur l'hydrochlorate ou le sulfate d'aniline à une température de 180° centigrades.

M. Gerber-Keller (6) (Heilmann, en Angleterre) a décrit, comme générateurs du rouge d'aniline, tous les sels métalliques des oxacides de l'azote, du soufre, du chlore, du brôme, de l'iode, du phosphore, de l'arsenic, du chrôme, etc., etc.

Dans les quelques lignes qui forment sa spécification provisoire, ce patenté a donné une liste de composés embrassant presque tout le domaine de la chimie ; mais sa patente renferme un grand nombre de fausses indications, une proportion considérable des substances

---

(1) Girard et Delaire, patente française datée du 6 juillet 1860.
(2) Laurent et Casthélaz, Quesneville, *Moniteur scientifique*, 1862, IV, p. 717.
(3) Renard (F. et J.), patente n° 2461, 27 octobre 1859, et n° 2694, 20 novembre 1859.
(4) Dale (J.) et Caro (H.), patente n° 1307, 26 mai 1860.
(5) Smith, patente n° 1943, 11 août 1860. (*Lond. Journ. Arts*, avril 1861, p. 224.
(6) Keller (J. Gerber), patente n° 2800, 10 décembre 1859.

qu'il a cherché à monopoliser étant incapables de transformer l'aniline en matière colorante rouge. Un homme de science ne peut parler qu'en termes de réprobation d'une pareille patente. Les revendications qu'elle contient sont fondées, non sur le résultat de recherches patientes, mais sur des affirmations au hasard. De semblables patentes constituent des tentatives d'accaparer le champ entier et de s'attribuer d'avance toutes les rémunérations qui, de droit, n'appartiennent qu'au génie inventif réel, ayant travaillé pour les gagner. Dans l'opinion du rapporteur, il serait à désirer que de pareilles patentes, dont le caractère aurait été dûment constaté, fussent déclarées nulles et mises de côté par les tribunaux.

La liste précédente de patentes en renferme plusieurs de bien minime importance ; mais leur nombre même démontre avec quelle ardeur le champ d'investigations nouvellement ouvert a été cultivé.

Nous venons d'esquisser ce que l'on pourrait appeler la *première phase de la fabrication industrielle du rouge d'aniline.*

La seconde phase est caractérisée par les efforts tentés pour purifier le produit brut et pour offrir au commerce et à l'industrie la matière colorante dans un plus grand état de pureté.

En effet, les teinturiers et imprimeurs qui, au début, n'étaient que trop heureux de pouvoir employer le produit brut, devinrent de plus en plus exigeants et réclamaient des produits plus purs, à mesure que le nombre des procédés de préparation se multipliait et que la concurrence entre les fabricants devint plus active.

Le produit brut disparut graduellement du marché ; et effectivement, on n'en a envoyé comparativement qu'une petite quantité à l'Exposition.

Tous les fabricants de rouge d'aniline complètent actuellement leur procédé par la purification de la matière colorante, de manière à l'obtenir, sinon à l'état cristallisé, du moins dans une forme qui en approche extrêmement.

Parmi ceux qui ont le mieux réussi, nous devons signaler : en France, MM. Renard frères et Franc (France, 175), et MM. Fayolle et Comp. (France, 171), cessionnaires des brevets de MM. Renard, de Lyon, qui ont exposé des rouges, violets et bleus d'aniline d'une grande beauté, et auxquels un juste tribut d'éloges a été donné.

En Allemagne, M. R. Knosp, de Stuttgard (Allemagne, Zollverein, 2,687) et en Suisse, MM. J.-J. Müller et Comp., de Bâle (Suisse, 16) qui ont également acquis une réputation bien méritée.

Mais c'est en Angleterre que les plus beaux produits ont été obtenus; à l'appui de cette assertion, le rapporteur renvoie avec confiance à la splendide exposition de MM. Simpson, Maule et Nicholson (Royaume Uni, 600) qui a attiré une attention si générale.

Ce n'est que justice à établir, que si la France a eu le mérite d'inaugurer la production industrielle du rouge d'aniline, l'Angleterre, grâce à l'activité, à la science et aux efforts infatigables de M. Nicholson, peut revendiquer l'honneur d'avoir poussé cette branche de fabrication au haut degré de perfection qu'elle présente actuellement.

En effet, rien ne peut surpasser la splendeur de ces magnifiques couronnes de cristaux à reflets métalliques verts dorés que M. Nicholson a envoyées à l'Exposition ; elles représentent incontestablement les produits les plus raffinés de la nouvelle industrie, qui aient encore été vus ; elles sont en même temps les symboles très-significatifs des succès qui ont été la récompense des efforts et des travaux de ce fabricant distingué.

Sans trop entrer dans des détails techniques, le rapporteur essayera de décrire, en quelques mots, le procédé de purification applicable à presque tous les rouges bruts d'aniline.

Les couleurs brutes contiennent encore de l'aniline non décomposée, surtout sous la forme de sels ; elles contiennent, en outre, des matières résineuses ou goudronneuses, les unes insolubles dans l'eau et dans les acides étendus, d'autres solubles dans le bisulfure de carbone, le naphte ou dans les solutions alcalines caustiques ou carbonatées.

En faisant bouillir le rouge brut avec un excès d'alcali, on chasse l'aniline non décomposée, l'acide existant dans le produit se trouvant fixé par l'alcali. Une très-petite quantité seulement de matière colorante rouge est dissoute dans cette phase du traitement.

En traitant le résidu, légèrement lavé à l'eau froide, par de l'eau bouillante, acidulée avec un acide minéral, le rouge d'aniline est dissous, tandis que les matières goudronneuses restent insolubles.

En filtrant la solution bouillante et en saturant l'acide par cet alcali, la matière colorante est précipitée dans un état de pureté déjà assez tolérable. Cette précipitation peut être facilitée et améliorée en dissolvant du sel marin dans la solution saturée.

En dissolvant de nouveau le précipité rouge (qui maintenant a atteint un degré de pureté déjà très-satisfaisant) dans un acide, non employé en excès, on obtient une solution qui très-fréquemment cristallise, et dont on peut précipiter le rouge pur par une nouvelle addition de chlorure de sodium ou d'un autre sel alcalin.

En France c'est l'hydrochlorate et en Angleterre l'acétate de rouge d'aniline ou de rosaniline qui est généralement employé en teinture.

Recherches sur la nature du rouge d'aniline. — Pendant que la préparation et la fabrication du rouge d'aniline avaient fait des progrès si signalés, les opinions des chimistes concernant sa composition et sa constitution étaient restées on ne peut plus discordantes.

Cette substance intéressante fut examinée successivement par MM. Guignet (1), Béchamp (2), Willm (3), Schneider (4), Persoz, de Luynes et Salvetat (5), Bolley (6), Jacquemin (7), E. Kopp (8), Jaquelain et autres chimistes.

D'après les uns, la matière colorante doit être considérée comme un produit d'oxydation de l'aniline; d'après d'autres, elle résulte simplement d'un changement dans l'arrangement de ses molécules. Plusieurs chimistes admettent que les matières colorantes préparées d'après les différents procédés sont identiques, tandis que d'autres, au contraire, ont signalé avec une conviction entière des différences essentielles dans leur manière de se comporter. Plusieurs affirment que la substance rouge, obtenue par l'action du perchlorure de carbone sur l'aniline, est le rouge d'aniline véritable, identique avec la fuchsine préparée d'après le procédé de MM. Renard et Franc, tandis que d'autres contredisent positivement cette manière de voir : de même, plusieurs observateurs considèrent le rouge d'aniline comme possédant les propriétés d'un acide, tandis que d'autres lui attribuent, au contraire, le caractère d'une base parfaitement définie.

Telle était la divergence des opinions sur cette question compliquée, lorsque M. E. Kopp, dans le travail admirable que nous avons déjà cité, élucida les différentes phases de l'histoire scientifique du rouge d'aniline, et, après avoir examiné et discuté les observations et recherches des autres chimistes, présenta à son tour une série d'expériences et de recherches originales.

M. Kopp considère le rouge d'aniline comme une triamine, formée par la condensation de trois molécules d'aniline en une molécule unique, et qui, lorsqu'elle a été préparée sous l'influence des chlorures anhydres, renferme du chlore substitué à de l'hydrogène, tandis

---

(1) Guignet, *Bulletin de la Société chimique*, séance du 23 décembre 1859.

(2) Béchamp, *Annales de chimie et de physique* (3), t. LIX, p. 396.

(3) Wilm, *Bulletin de la Société chimique*, séance du 27 juillet 1861.

(4) Schneider, *Comptes-rendus*, LI, p. 1807.

(5) Persoz, de Luynes et Salvetat, *Comptes-rendus*, LI, p. 538.

(6) Bolley, *Dingler's polytechnisches Journal*, CLX, p. 57.

(7) Jacquemin, *Sur les rouges d'aniline*. Paris, 1861.

(8) E. Kopp, *Mémoire sur le rouge d'aniline*. Paris, 1861. — *Annales de chimie et de physique*, XII, p. 222.

que, lorsqu'elle est obtenue par l'action de l'acide nitrique, elle renferme les éléments et la vapeur nitreuse substituée à de l'hydrogène.

Ces manières de voir discordantes, et souvent presque contradictoires, doivent être attribuées jusqu'à un certain point à la difficulté extraordinaire que présente la purification complète de cette nouvelle matière colorante : mais elles proviennent certainement aussi, et pour la majeure partie, de l'admission préconçue et nullement justifiée, d'une analogie, quant aux relations chimiques entre le rouge d'aniline et d'autres matières colorantes, telles que la carthamine et le carmin de cochenille.

Le rapporteur a été assez heureux de pouvoir contribuer, pour une humble part (! ! E. K.) à l'élucidation de la question de la matière colorante rouge dérivée de l'aniline (1). Lorsque, dans le cours de ses recherches sur l'action du tétrachlorure de carbone sur l'aniline, il avait observé la formation du rouge d'aniline, ce dernier se trouvait mélangé avec un assez grand nombre d'autres substances. Cette formation, au moyen du chlorure de carbone, exige par dessus le marché une régularisation très-exacte de la température.

Néanmoins, les recherches de M. Charles Dollfus-Galine (2), de MM. Monnet et Dury (3), et en dernier lieu de M. Lauth (4), ont prouvé que ce procédé peut fournir du rouge d'aniline en grand et sur une échelle industrielle ; d'un autre côté, des expériences faites dans le laboratoire de M. Chevreul par M. Depouilly (5) ont démontré que le rouge d'aniline ainsi préparé, lorsqu'on l'applique à la teinture, offre exactement les mêmes résultats que la matière colorante produite par d'autres procédés (6).

Malgré cela, la grande quantité de produits secondaires qui accompagne dans cette réaction le rouge d'aniline, avait déjoué toutes les tentatives du rapporteur pour obtenir le nouveau produit dans un état de pureté convenable pour l'analyse, et lui avait fait abandonner momentanément ces recherches. Plus tard, le rouge d'aniline ayant été obtenu par des procédés nouveaux, plus avantageux, et étant devenu dans fort peu de temps l'objet des préparations manufacturières décrites dans les pages précédentes, il arriva bientôt que l'industrie put payer avec intérêts la dette de reconnaissance qu'elle avait contractée vis-à-vis de la science. Des préparations et des purifications qui, exécutées sur une petite échelle, n'ont point de succès, malgré l'adresse et la persévérance de l'opérateur, réussissent souvent bien plus facilement lorsqu'on opère sur de grandes quantités ; c'est ce qui arriva dans cette occasion. La préparation industrielle du rouge d'aniline et l'état de pureté parfaite que cette matière présenta bientôt entre les mains habiles de M. Nicholson, mirent le rapporteur en état de reprendre ses recherches au commencement de la présente année ; c'est avec un

(1) Hofmann, *Proceedings of the Royal Society*, vol. XII, p. 2.

(2) Dollfus-Galine, *Répertoire de chimie appliquée*, 1861, p. 11.

(3) Monnet et Davy, *ibid.*, p. 12.

(4) Lauth (Ch.), *Bulletin de la Société chimique*, séance du 23 décembre 1859.

(5) Depouilly, *Répertoire de chimie appliquée*, 1862, p. 278.

(6) La Société industrielle de Mulhouse avait chargé, en décembre 1860, un comité chimique d'examiner l'action du tétrachlorure de carbone sur l'aniline. Les expériences instituées par les membres de ce comité (MM. Schültzenberger, Charles Dollfus-Galine et Camille Koechlin) furent répétées plus tard, avec des résultats semblables, par douze membres d'un autre comité, auquel avait été adjoint M. Schneider, professeur de chimie au collége de Mulhouse. Les résultats de ces expériences furent formulés dans les deux propositions suivantes, reproduites dans les *Annales de la Société*.

1° On peut, en répétant l'expérience de Hofmann, préparer sans danger et avec certitude de succès du rouge d'aniline ayant les mêmes propriétés tinctoriales que celui du commerce.

2° Le comité de chimie déclare, en outre, qu'il ne voit aucun obstacle à l'application industrielle et en grand du procédé Hofmann, et s'être convaincu que, tout en suivant ce même procédé, mais en employant un appareil très-simple et d'un usage journalier (le réfrigérant de M. Payen), on peut opérer en vase ouvert, et, par conséquent, sans aucune pression. (Extrait de la séance du 29 octobre 1862. — Voyez *l'Industriel alsacien*, dimanche 9 novembre 1862)

grand plaisir qu'il exprime ici sa reconnaissance envers son ami et ancien élève, pour avoir placé à sa disposition, avec la plus grande libéralité, non-seulement une quantité considérable de son rouge d'aniline cristallisé et pur, mais encore un bon nombre d'observations très-importantes, que M. Nicholson avait été à même de faire dans ses nombreuses expériences exécutées sur une large échelle.

Le rapporteur reconnaît et regrette vivement l'imperfection de ses recherches sur ce sujet; jusqu'à ce jour, ce n'est qu'un coin seulement du voile cachant la vérité qui a pu être soulevé. Le mode de formation et la constitution du rouge d'aniline restent à être établis (Voyez le chapitre *Formation du rouge d'aniline*), quoique la nature chimique et la composition de cette substance ne puissent plus être l'objet d'un doute.

Rosaniline et ses sels. — On peut maintenant considérer comme parfaitement démontré que les rouges d'aniline sont les sels d'un composé particulier et extrêmement remarquable, qui joue le rôle d'une base parfaitement définie, pour laquelle le Rapporteur a proposé le nom de *rosaniline*.

La rosaniline à l'état anhydre est représentée par la formule
$$C^{20} H^{19} N^3$$
à l'état hydraté et telle qu'on l'obtient en l'isolant de ses combinaisons, elle a pour formule :
$$C^{20} H^{21} N^3 O = C^{20} H^{19} N^3 + H^2 O.$$
Elle est une triamine, capable de se combiner avec 1, 2 et 3 équivalents d'acides.

Les rouges d'aniline purs sont des sels de rosaniline à 1 équivalent d'acide.

Un fait très-intéressant est que la rosaniline isolée, récemment préparée, est par elle-même tout à fait incolore. Elle est presque insoluble dans l'eau, légèrement soluble dans l'ammoniaque liquide, plus soluble dans l'alcool, avec une couleur rouge intense, insoluble dans l'éther. Lorsqu'elle reste exposée au contact de l'air, la rosaniline prend rapidement une teinte rose, qui finalement devient rouge foncé, probablement par suite de la formation d'un carbonate. Elle est une base assez puissante, et donne naissance à des sels qui sont presque tous très-remarquables pour leur beauté et la facilité avec laquelle ils cristallisent.

Les sels à un équivalent d'acide présentent pour la plupart, à la lumière réfléchie, l'éclat métallique vert doré des élitres du scarabée d'or ; examinés par transmission, les cristaux sont rouges et deviennent opaques lorsqu'ils acquièrent des dimensions plus considérables.

D'après M. Chevreul (1), qui, dans le cours de ses recherches si étendues et si remarquables sur l'art de la teinture, a été amené à examiner récemment les matières colorantes dérivées du goudron de houille, la couleur verte réfléchie par les sels de rosaniline est exactement complémentaire de la coloration que ces sels communiquent à la laine et à la soie.

Les sels que la rosaniline forme avec 3 équivalents des acides énergiques présentent, au contraire, une teinte brun jaunâtre, tant à l'état sec qu'en dissolution. Ils sont beaucoup plus solubles dans l'eau et dans l'alcool que les sels monacides, qui pour la plupart sont comparativement très-peu solubles.

Les deux catégories de sels, monacides et triacides, cristallisent facilement, mais surtout les premiers; M. Nicholson a obtenu plusieurs d'entre eux en cristaux très-bien définis, comme le démontrent ses magnifiques couronnes de rouge magenta, qui sont de l'acétate de rosaniline à peu près pur.

La formule de la rosaniline a été confirmée par l'examen et l'analyse des sels, dont les plus importants sont les suivants :

Hydrochlorates de rosaniline. — Ces composés, et surtout le sel monacide, furent particulièrement utiles pour la fixation de la formule de la rosaniline.

Préparé soit par la combinaison directe de la base avec l'acide hydrochlorique, soit par

(1) Chevreul, *Comptes-rendus*, 1861, LIII, p. 984.

décomposition du chlorure ammonique au moyen de la rosaniline, le sel monacide se dépose de sa solution bouillante en lames rhombiques bien définies, affectant fréquemment la forme d'étoiles. Le monohydrochlorate de rosaniline est peu soluble dans l'eau, plus soluble dans l'alcool, insoluble dans l'éther.

Ce sel retient une petite quantité d'eau à 100° centigr., mais devient anhydre à 130° centigr.; à cette température, il est représenté par la formule

$$C^{20} H^{19} N^3, H Cl.$$

Ce sel, de même que la plupart des sels de rosaniline, est très-hygroscopique.

L'hydrochlorate monacide se dissout plus facilement dans l'acide hydrochlorique de concentration moyenne que dans l'eau pure. Cette solution, chauffée doucement, étant mélangée avec de l'acide hydrochlorique fumant, très-concentré, se solidifie par le refroidissement en une masse cristalline, formée de très-belles aiguilles entrelacées d'un rouge brunâtre. On lave ces aiguilles avec le même acide hydrochlorique très-concentré et on les fait sécher dans le vide au-dessus d'acide sulfurique et de chaux vive. L'eau les décompose en reproduisant le sel monacide.

Le sel précipité par l'acide chlorhydrique concentré est le trihydrochlorate de rosaniline.

$$C^{20} H^{19} N^3, 3 H Cl.$$

Ce sel, exposé à la température de 100°, perd graduellement de l'acide, et les cristaux bruns prennent la teinte bleu d'indigo : si l'on continue l'exposition dans ces conditions jusqu'à ce que le poids reste constant, le sel monacide primitif à coloration verte se trouve reproduit.

Sulfate de rosaniline. — Ce sel s'obtient facilement en dissolvant la rosaniline libre dans de l'acide sulfurique étendu. Par le refroidissement, il se dépose des cristaux à reflets verts métalliques, qui deviennent parfaitement purs par une seule recristallisation. Le poids du sel devient constant à 140°. A cette température sa formule est :

$$\left. \begin{array}{l} C^{20} H^{19} N^3, H \\ C^{20} H^{19} N^3, H \end{array} \right\} SO^4.$$

Le sulfate acide cristallise difficilement.

Acétate de rosaniline. — Ce sel est probablement le plus beau de toute la série. M. Nicholson l'a obtenu en cristaux de plus d'un pouce (3 centimètres) de diamètre qui, par l'analyse, furent trouvés être l'acétate monacide pur, ayant pour formule :

$$C^{20} H^{19} N^3, C^2 H^3 O^2.$$

Les cristaux de ce sel, récemment préparés, présentent de la manière la plus remarquable ce magnifique reflet métallique vert doré, déjà plusieurs fois signalé ; mais, lorsqu'on les laisse longtemps exposés à la lumière, ce lustre disparaît et les cristaux prennent une teinte rouge brune foncée.

Vers la fin de l'exposition, les cristaux formant les splendides couronnes exposées par M. Nicholson s'étaient altérés si complétement, qu'à une certaine distance ils ressemblaient à des cristaux d'alun de chrome.

L'acétate de rosaniline est un des sels les plus solubles, tant dans l'eau que dans l'alcool ; en opérant en petit, il est assez difficile d'en obtenir la recristallisation.

Nitrate de rosaniline. — Ce sel se prépare facilement en dissolvant la base dans de l'acide nitrique étendu et chaud. Par le refroidissement le sel cristallise en petits cristaux, ayant l'apparence des autres sels de rosaniline. Le *nitrate* renferme :

$$C^{20} H^{20} N^4 O^3 = C^{20} H^{19} N^3, HN O^3.$$

Parmi les autres sels de rosaniline, nous mentionnerons encore le *chromate*, qu'on obtient sous forme d'un précipité rouge brique en mélangeant des solutions aqueuses de chromate de potassium et d'acétate de rosaniline ; ce précipité se convertit par l'ébullition avec l'eau en une poudre cristalline, presque insoluble, à reflets verdâtres.

Le *trinitrophénate* (nitropicrate) *de rosaniline* mérite également d'être cité : il cristallise en belles aiguilles rougeâtres, également très-peu solubles dans l'eau, qui contiennent :
$$C^{26} H^{22} N^6 O^7 = C^{20} H^{19} N^3, H C^6 H^2 [N O^2]^3 O.$$

Les *tannates de rosaniline*, récemment décrits par M. E. Kopp (1), constituent également de très-beaux sels ; ce sont de véritables laques carminées, qui rivalisent parfaitement avec les célèbres laques carminées fournies par la cochenille. Ces tannates sont tout à fait insolubles dans l'eau, mais solubles dans l'alcool, l'esprit de bois, l'acide acétique. A l'état sec, ils ne présentent point le reflet métallique vert doré des autres sels de rosaniline, mais conservent au contraire leur magnifique coloration rouge carmin.

Le tannate de rosaniline présente une importance industrielle notable, non-seulement parce que c'est lui qu'on retrouve sur presque tous les tissus de coton, teints ou imprimés en rouge et rose au moyen de la rosaniline, mais encore parce que, en raison de son insolulubilité, il permet au fabricant de tirer parti de ces dissolutions aqueuses de rouge d'aniline extrêmement étendues, qu'on n'obtient que trop souvent dans les manufactures pendant les opérations de purification des sels de rosaniline.

En effet : le meilleur moyen de traiter ces solutions, qui sont trop pauvres en matière colorante pour pouvoir être utilisées avantageusement d'une autre manière, consiste à y ajouter une solution aqueuse récemment préparée de noix de galle.

Au bout de peu de temps, toute la rosaniline se trouve précipitée sous forme de laque d'un rouge magnifique, tandis que les eaux-mères sont presque complétement décolorées.

Leucaniline. — Une solution de rosaniline dans l'acide hydrochlorique, lorsqu'on la laisse en contact avec du zinc métallique, ou lorsqu'on la traite par l'hydrosulfate d'ammoniaque, est rapidement décolorée. La rosaniline disparaît et est transformée en une nouvelle base remarquable qui a reçu le nom de *leucaniline*, et qui peut être obtenue en aiguilles complétement incolores, à peine solubles dans l'eau, très-peu solubles dans l'alcool. Sa formule est :
$$C^{20} H^{21} N^3.$$

Les sels de leucaniline sont également incolores, facilement cristallisables et très-solubles dans l'eau, mais précipitables de cette solution par l'addition d'un excès d'acide.

Il existe une relation entièrement remarquable entre la composition de la leucaniline et celle de la rosaniline.
$$\text{Rosaniline} = C^{20} H^{19} N^3$$
$$\text{Leucaniline} = C^{20} H^{21} N^3$$

La leucaniline diffère donc de la rosaniline simplement par 2 équivalents d'hydrogène qu'elle renferme en plus.

Ces deux bases présentent l'une à l'égard de l'autre les mêmes relations que celles qui existent entre l'indigo bleu et l'indigo blanc.
$$\text{Indigo bleu} = C^{16} H^{10} N O^2$$
$$\text{Indigo blanc} = C^{16} H^{12} N O^2$$

La leucaniline, comme on pouvait s'y attendre d'après ces relations intéressantes, peut être reconvertie en rosaniline sous l'influence d'agents oxydants.

En chauffant avec précaution une solution incolore d'hydrochlorate de leucaniline avec du peroxyde de baryum, du perchlorure de fer ou de platine, du chromate de potassium, la liqueur reprend à l'instant la teinte splendide des sels de rosaniline.

Formation du rouge d'aniline. — Le rapporteur s'est livré à un grand nombre d'expériences en vue d'apprendre à connaitre la nature de la réaction qui détermine la transformation de l'aniline en rosaniline. Mais il avoue très-franchement n'avoir pas réussi à obtenir des résultats parfaitement satisfaisants.

---

(1) E. Kopp, *Répertoire de chimie appliquée*, juillet 1862, p, 257.

Cependant ses derniers essais (entrepris depuis la rédaction de ce chapitre) paraissent jeter une certaine lumière sur cette réaction, jusqu'à ce jour énigmatique, et méritent pour cette raison d'être relatés brièvement, d'autant plus qu'ils pourraient aider aux progrès de cette nouvelle branche d'industrie. Bien des manufacturiers avaient observé que certaines variétés d'aniline commerciale fournissaient sensiblement plus de rosaniline que d'autres. Des échantillons d'aniline, dont le point d'ébullition était beaucoup plus élevé que celui de l'aniline chimiquement pure, avaient été trouvés plus particulièrement aptes à la production du rouge d'aniline. Cette observation détermina le rapporteur à examiner très-attentivement la manière dont l'aniline *tout à fait pure* se comporterait sous l'influence des différents agents qui transforment l'aniline *commerciale* en rosaniline. Il soumit donc à cet examen un échantillon d'aniline pure préparé avec de l'indigo et d'autres échantillons obtenus avec de la benzine chimiquement pure; cette dernière avait été préparée soit au moyen d'acide benzoïque cristallisé, soit au moyen du goudron de houille.

Ces expériences mirent en évidence ce fait remarquable, *que l'aniline chimiquement pure, quelle que fût sa source, était incapable de produire du rouge d'aniline.* Ce résultat fut complétement confirmé par M. E. C. Nicholson, qui connaissait d'ailleurs depuis longtemps cette circonstance. Il en résultait, comme conséquence, que l'aniline commerciale devait contenir une autre base, dont la présence pouvait déterminer la formation de la matière colorante rouge. Il devait maintenant se présenter très-naturellement à l'esprit cette idée que la toluidine qui, à cause de la difficulté qu'on éprouve de séparer le toluol du benzol, est toujours présente dans l'aniline commerciale, pourrait bien être la source réelle de la matière colorante. Des expériences, faites avec de la *toluidine pure*, prouvèrent cependant que cette base n'est pas plus apte que l'aniline pure à se transformer en rosaniline.

Mais la matière colorante rouge est formée instantanément, lorsqu'on fait réagir sur un mélange d'aniline pure et de toluidine pure, soit les chlorures mercurique et stannique, soit l'acide arsénique; ce fait démontre clairement qu'il faut la coopération de ces deux bases pour la formation du rouge d'aniline.

Ce résultat, dans l'opinion du rapporteur, fournit la clef de l'explication de la génération, non-seulement du rouge d'aniline, mais de toutes les ammoniaques tinctoriales en général. Il indique en outre la nécessité de constater jusqu'à quel point la formation du violet et des autres principes colorés, qu'on admettait jusqu'ici comme dérivés exclusivement de l'aniline, exigeait le concours simultané de la toluidine.

Le rapporteur s'occupe en ce moment d'expériences sur ce sujet et sur quelques questions collatérales. Pour en revenir aux diverses matières colorantes rouges dérivées de l'aniline, qui sont produites par les différents procédés décrits plus haut, nous pouvons déclarer, en thèse générale, qu'elles sont toutes essentiellement constituées par des sels de rosaniline.

Le rouge d'aniline, préparé d'après le procédé de MM. Renard et Franc, c'est-à-dire la fuchsine, consiste en majeure partie en hydrochlorate de rosaniline.

L'azaléine, ou le rouge d'aniline préparé par l'acide nitrique est principalement du nitrate de rosaniline.

Dans le produit brut résultant de la réaction avec l'acide arsénique on trouve de l'arséniate de rosaniline; celui-ci, dans les opérations subséquentes de purification, est converti en hydrochlorate ou acétate de rosaniline.

Nous devons mentionner ici ce fait que, pendant quelque temps on a livré au commerce une pâte incolore ou légèrement colorée en rose, fabriquée à Mulhouse, en France : cette pâte n'a qu'à être traitée par l'acide acétique, dans lequel elle se dissout avec la plus grande facilité pour produire une solution rouge carminée extrêmement riche et belle, capable d'être employée directement à l'impression des tissus.

Maintenant qu'on connaît les caractères et propriétés de la rosaniline, il ne peut exister le moindre doute, que cette pâte incolore consistait presque entièrement en rosaniline isolée plus ou moins pure, et qu'elle avait été préparée en précipitant une solution d'un sel (nitrate de rosaniline), par un excès d'une base puissante telle que la soude ou la chaux vive.

Remarques sur les phénomènes observés dans les applications du rouge d'aniline. — Nous pouvons maintenant nous rendre parfaitement compte de ce qui a lieu lorsqu'une étoffe teinte en rouge d'aniline est soumise à l'action d'un acide énergique ou d'un alcali.

En imprimant un acide puissant, l'étoffe est décolorée, et il se produit une tache jaunâtre, par suite de la formation d'un sel de rosaniline à 3 équivalents d'acide.

En effet, tous les sels triacides de cette base sont jaunes et ne possèdent qu'une faible intensité colorante. En lavant le tissu dans de l'eau, l'excès d'acide est enlevé, et le sel monacide se reproduisant, la coloration rouge est rétablie.

En imprimant une base fixe, énergique, par exemple de la soude caustique, la couleur rouge disparaît également, parce que le sel rouge de rosaniline est décomposé et la rosaniline mise en liberté à l'état incolore. En enlevant la soude caustique par des lavages à l'eau, une coloration rouge réapparaît probablement parce que la rosaniline se carbonate.

En faisant usage d'un alcali volatil puissant, tel que l'ammoniaque, la coloration rouge disparaît également, encore par suite de la mise en liberté de la rosaniline incolore; mais au fur et à mesure que l'ammoniaque s'évapore, le rouge se reproduit, surtout en chauffant légèrement, parce que la rosaniline, qui est une base fixe, chasse l'ammoniaque et reconstitue le sel primitif de rosaniline avec sa coloration caractéristique.

Si l'on abandonne un tissu teint en rouge d'aniline pendant un temps prolongé (douze à vingt heures) dans une eau ammoniacale, la coloration, comme l'a fait observer M. W. Crum, se rétablit très-incomplétement, lorsqu'on lave ensuite dans l'eau pure. Cela provient évidemment de la solubilité plus grande de la rosaniline dans de l'eau renfermant de l'ammoniaque, qui enlève la matière colorante même à ses mordants.

Les sels de rosaniline, employés presque exclusivement pour la teinture de la soie et de la laine sont l'acétate, l'hydrochlorate et le nitrate : le mode d'application est extrêmement simple.

La soie est teinte en la manœuvrant dans une solution aqueuse froide du sel ; pour la teinture de la laine, la solution est chauffée à une température variant entre 50 et 60 degrés centigrades.

L'énergie et la rapidité avec lesquelles la rosaniline est attirée et fixée par la soie et la laine est la seule difficulté qu'on rencontre dans cette branche de la teinture. En effet, cette magnifique couleur est précipitée et fixée avec une telle avidité et promptitude par la soie et la laine, qu'il devient nécessaire de prendre des précautions particulières et d'opérer avec des solutions qui sont comparativement faibles et qu'on ne renforce que graduellement, pour empêcher une teinture inégale par suite de la coloration plus intense des portions de tissus immergées en premier lieu dans le bain.

Le coton présente également des difficultés à être teint en sels de rosaniline, mais par une raison exactement opposée : il ne possède aucune affinité pour cette matière colorante. La fixation du rouge d'aniline ne peut donc s'effectuer qu'en combinant la fibre du coton préalablement avec un mordant animal ou avec le tannin.

A cet effet, on peut procéder de deux manières différentes :

1° Le tissu est plaqué ou imprimé avec le mordant organique épaissi; pour des articles destinés à être teints, on répand le mordant uniformément sur toute la surface du tissu et on l'y fixe par dessiccation ou par vaporisage avant de le plonger dans le bain de teinture.

Sa couleur ne se fixe que sur les parties mordancées, et les nuances peuvent être variées suivant la nature et la composition du mordant.

Les substances pouvant servir comme mordants organiques pour la rosaniline sont : l'albumine, soit des œufs, soit du sang; le gluten préparé ou glutine; la caséine préparée ou lactarine, la gélatine et le tannin; ce dernier est employé soit en combinaison avec des oxydes métalliques, tels que oxydes antimonique, stannique, plombique, aluminique, etc., soit à l'état de tannate de gélatine. Pendant quelque temps on avait enfin fait usage de préparations huilées, telles que les acides sulfomargarique et sulfo-oléique.

2° Le mordant est épaissi et l'on y dissout en même temps une certaine quantité de rouge d'aniline; on imprime sur le tissu, on sèche et on vaporise; la couleur se trouve alors fixée, et on n'a plus qu'à laver et à faire sécher.

Cette méthode est surtout employée, lorsqu'on fait usage d'albumine, dans laquelle on dissout de l'acétate de rosaniline.

Dans ces derniers temps, on a employé de préférence le tannin, pour la fixation de rouge d'aniline, surtout pour des articles ordinaires : le mordançage au moyen d'albumine, quoique donnant des résultats plus satisfaisants, étant plus dispendieux pour ces articles.

C'est à M. Perkin (1) que nous sommes redevables des premières applications du tannin pour la fixation des couleurs d'aniline sur coton.

MM. Kuhlmann et Lightfoot ont appelé l'attention sur les avantages présentés par le tannate de gélatine, et M. Walter Crum (2) a indiqué avec détail le procédé au moyen duquel la glutine, le remplaçant le meilleur marché de l'albumine, peut être rendue utilisable pour l'impression et la teinture en couleurs d'aniline.

C. — JAUNE D'ANILINE.

Chrysaniline. — Comme nous l'avons déjà mentionné, la préparation du rouge d'aniline donne naissance à un nombre considérable de produits secondaires : plusieurs d'entre eux, lorsqu'ils auront été examinés plus exactement, présenteront probablement des relations intéressantes soit entre eux, soit avec la rosaniline.

M. Nicholson a déjà réussi à extraire du produit brut une matière colorante jaune qui a été examinée dans ces derniers temps par le rapporteur (3).

Cette matière jaune est également une base bien définie, et sa coloration jaune, extrêmement riche et brillante, justifie amplement le nom de *chrysaniline* qui lui a été donné.

La préparation de la chrysaniline est extrêmement simple. — Le résidu dont la rosaniline a été extraite est soumis pendant quelque temps à un courant de vapeur, qui provoque la dissolution d'une certaine quantité de chrysaniline. Celle-ci est précipitée de cette solution par l'addition d'acide nitrique, sous forme de nitrate de chrysaniline, extrêmement peu soluble dans l'eau.

Il résulte de recherches récentes, que la chrysaniline est en relation très-intime avec la rosaniline et la leucaniline, ne différant de la première que par 2 équivalents, et de la seconde par 4 équivalents d'hydrogène.

En effet, ces trois bases présentent la série suivante :

$$\text{Chrysaniline} \dots \dots \dots \quad C^{20} H^{17} N^3$$
$$\text{Rosaniline} \dots \dots \dots \quad C^{20} H^{19} N^3$$
$$\text{Leucaniline} \dots \dots \dots \quad C^{20} H^{21} N^3.$$

La chrysaniline forme deux séries de sels dont la plupart sont très-bien cristallisées. — Les deux hydrochlorates de chrysaniline sont :

$$\text{L'hydrochlorate monacide} \dots \quad C^{20} H^{17} N^3,\ HCl$$
$$\text{L'hydrochlorate biacide} \dots \dots \quad C^{20} H^{17} N^3,\ 2HCl.$$

Le sel de chrysaniline le plus intéressant est le nitrate. Il est si peu soluble dans l'eau, qu'on peut précipiter de l'acide nitrique, même d'une solution aqueuse assez étendue, au

---

(1) Perkin, *Chem. Soc. Quat. Journ.*, XIV, p. 251.

(2) Crum (W.), patente n° 1263, 23 mai 1859, et n° 1319, 28 mai 1859; *Repert. of patent inv.*, février 1860, p. 159.

(3) Hofmann, *Comptes-rendus*, LV, p. 817.

moyen de l'hydrochlorate ou de l'acétate plus solubles : ceux ci, lorsqu'on les verse dans la solution nitrique, donnent rapidement naissance à la formation d'un précipité cristallin rouge orange de nitrate de chrysaniline.

La chrysaniline et ses sels teignent la laine et la soie en jaune d'or splendide. De magnifiques échantillons de soie teinte de cette manière avaient été exposés par MM. Simpson, Maule et Nicholson.

D. — Vert d'aniline.

Eméraldine. — Dans plusieurs circonstances, l'aniline donne naissance à des matières colorantes bleues, qui, sous l'influence de divers agents, peuvent présenter une teinte verte.

Il est difficile de manipuler des sels d'aniline, sans les voir se recouvrir d'efflorescences bleues ou verdâtres. — L'aniline prend une belle teinte bleu indigo sous l'action du chlorate de potasse, auquel on a ajouté une certaine quantité d'acide hydrochlorique, de même que sous l'influence d'une solution d'acide chloreux.

Les recherches déjà anciennes sur l'aniline, tant de M. Fritzsche (1) que du rapporteur (2), mentionnent fréquemment cette coloration bleue.

Elle est également produite pour l'action du peroxyde d'hydrogène (eau oxygénée), Ch. Lauth (3); du chlorure ferrique et du ferricyanure de potassium, E. Kopp (4); de l'acide hydrochlorique et du peroxyde de manganèse, du nitrate ferrique et de l'acide hydrochlorique, Scheurer-Kestner (5.

Les produits de cette nature ont été étudiés plus spécialement par MM. Crace-Calvert, Lowe et Clift (6), qui les décrivent sous le nom d'*azurine*. Presque toutes ces substances possèdent la propriété d'acquérir, sous l'influence des acides, une teinte verte nommée *éméraldine*, et de redevenir bleues par l'action des alcalis.

Le docteur Calvert (7) obtient l'éméraldine directement sur tissus, en y imprimant un mélange d'un sel d'aniline et de chlorate de potassium et laissant sécher ; au bout de douze heures environ, la couleur verte est développée, et si l'on veut la convertir en bleu, on n'a qu'à faire passer le tissu à travers une solution alcaline très-étendue et chaude ou à travers un bain de savon bouillant.

La teinte verte ainsi produite peut être rendue assez foncée pour paraître noire, en ajou au chlorate de potassium un sel métallique.

MM. Wood et Wright (8) font usage dans ce but de sels ferriques. Du *noir d'aniline* peut encore être produit en traitant la couleur sur le tissu par des solutions faibles de bichromate de potassium et de chlorure de chaux. Enfin, l'on peut aussi imprimer un mélange de nitrate de cuivre et d'hydrochlorate d'aniline, sans l'addition de chlorate de potassium sur le tissu, et il s'y produit ensuite graduellement une coloration vert foncé ou noire.

E. — Bleu d'aniline.

Des matières colorantes bleues, d'un caractère beaucoup plus stable et d'une importance infiniment supérieure au point de vue industriel, ont été obtenues par des procédés tout à fait différents.

(1) Fritzsche, *Journ. prakt. chem.*, XXVIII, p. 202.
(2) Hofmann, *Ann. chem. pharm.*, XLIII, p. 66.
(3) Ch. Lauth, *Examen des matières colorantes artificielles;* par E. Kopp, p. 68.
(4) E. Kopp, *ibid.*, p. 66.
(5) Scheurer-Kestner, *Bulletin de la Société industrielle de Mulhouse*, 27 juin 1860.
(6) Calvert, Lowe et Clift, patente nº 1426, 11 juin 1860.
(7) Calvert, *Repert. of patent. inv.*, novembre 1861, p. 384.
(8) *Leçons faites sur les couleurs dérivées du goudron de houille et sur les perfectionnements et les progrès de la teinture et de l'impression sur calicot;* par le docteur F. Crace-Calvert. Manchester, 1861, p. 63.

La réaction qui donne naissance à ces matières a été découverte par deux jeunes chimistes français, MM. Girard et De Laire (1), qui travaillaient dans le laboratoire de M. Pelouze ; MM. Persoz, de Luynes et Salvétat publièrent plus tard des résultats semblables ; dans une communication postérieure, ils reconnurent cependant la priorité des observations de MM. Girard et de Laire.

La réaction importante par laquelle ces deux chimistes ont enrichi l'industrie des couleurs d'aniline, consiste à chauffer un sel de rosaniline ou un mélange de substances capables de l'engendrer, pendant plusieurs heures, avec un excès d'aniline. La matière colorante bleue ainsi produite est le *bleu de Paris* ou *bleu de Lyon* ; on en fait aujourd'hui un usage des plus étendus dans la teinture et l'impression des tissus.

Fabrication du bleu de Paris ou du bleu de Lyon. — En opérant en grand, on fait digérer un sel de rosaniline avec un excès d'aniline pendant un temps assez prolongé à la température de 150° à 160° C. En employant un mélange de 2 kilogr. hydrochlorate d'aniline sec et 4 kilogr. d'aniline commerciale, l'opération est achevée en 4 heures. Outre le bleu d'aniline, qui constitue le produit principal de la réaction, plusieurs autres matières colorantes, violettes (voyez la section du violet d'aniline) et vertes, et quelques autres substances sont formées ; il se dégage en même temps toujours une quantité considérable d'ammoniaque. Le bleu d'aniline brut est purifié en l'épuisant à plusieurs reprises d'abord par de l'eau bouillante acidulée d'acide hydrochlorique, puis par de l'eau ordinaire, jusqu'à ce que la teinte soit devenue aussi pure que possible.

D'après MM. Persoz, de Luynes et Salvétat (2), cette matière colorante bleue peut être obtenue de sa solution alcoolique bouillante en aiguilles brillantes, solubles avec une couleur jaune dans l'acide sulfurique et reprécipitables de nouveau en bleu par l'addition d'eau.

A l'état solide, le bleu d'aniline présente un reflet métallique cuivré, presque sans nuance de vert ou de jaune ; il diffère sous ce rapport du violet d'aniline sec, qui possède également un reflet métallique, mais plus jaune doré, et du rouge d'aniline solide dans lequel prédomine le reflet vert métallique.

Pour opérer la dissolution du bleu d'aniline, on emploie généralement les alcools éthylique ou méthylique, souvent acidulés par l'acide acétique ; la faible solubilité du bleu d'aniline ne laisse pas que d'occasionner quelques difficultés pour les applications, mais les procédés de teinture et d'impression sont du reste à peu près les mêmes que ceux employés pour le violet d'aniline.

Purification du bleu d'aniline. — Très-récemment M. Nicholson (3) a inventé et fait patenter un procédé de purification du bleu d'aniline : il consiste à le dissoudre (après l'avoir bien desséché) dans de l'acide sulfurique concentré, et à faire digérer la solution pendant une demi-heure à 150° C. En ajoutant de l'eau à cette solution, la matière colorante bleue est précipitée, mais modifiée, puisque maintenant elle est devenue soluble dans l'eau pure.

Recherches sur la nature du bleu d'aniline. — La constitution du bleu d'aniline est restée inconnue jusque dans ces derniers temps ; mais, de même que pour les autres couleurs d'aniline, la lumière commence à se faire. Entre les mains de M. Nicholson, cette matière colorante a atteint rapidement un état de pureté chimique. Ayant reçu de son ami les matériaux nécessaires, le rapporteur a été mis très-récemment en état de déterminer par l'analyse la composition du bleu d'aniline.

Ces matières colorantes bleues, comme on était en droit de s'y attendre, sont les sels d'une base incolore qui peut être obtenue parfaitement pure, en dissolvant l'un des sels,

(1) Girard et Delaire, brevet français portant la date du 2 janvier 1861 ; patente anglaise, n° 97, datée du 12 janvier 1861.

(2) Persoz, de Luynes et Salvétat, *Comptes-rendus*, LII, mars, p. 450, et 8 avril, p. 700, année 1861.

3) Nicholson (E.-C.), patente n° 1857, 24 juin 1862.

l'hydrochlorate par exemple, dans l'alcool, filtrant et laissant couler la liqueur filtrée dans de l'alcool ammoniacal. La teinte bleue foncée disparaît immédiatement et la solution légèrement rougeâtre fournit, par l'addition d'eau, la base libre sous forme d'un précipité blanc, caillebotté, qui graduellement acquiert une légère apparence cristalline. Desséchée dans le vide, cette matière reste incolore ou n'acquiert qu'une faible teinte bleuâtre; à 100° elle s'agglutine et devient brune; l'analyse a démontré qu'elle était représentée par la formule :

$$C^{38} H^{33} N^3 O = C^{38} H^{31} N^3, H^2 O.$$

Cette formule fait ressortir une relation extrêmement simple entre le bleu et le rouge d'aniline.

Rouge d'aniline.... $C^{20} H^{19} N^3, H^2 O$ rosaniline.

Bleu d'aniline..... $C^{20} \left\{ \begin{matrix} H^{16} \\ (C^6 H^5)^3 \end{matrix} \right\} N^3, H^2 O \Big\{$ rosaniline tryphénylique.

Les sels du dérivé triphénylique correspondent aux sels de rosaniline.

La composition de l'hydrochlorate de triphényl rosaniline, que M. Nicholson prépare à l'état de pureté absolue, est analogue à celle de l'hydrochlorate monacide de rosaniline.

Hydrochlorate de rosaniline....... $C^{20} H^{19} N^3, HCl.$

Hydrochlorate de rosaniline triphé-nylique ou de triphényl-rosaniline. $C^{20} \left\{ \begin{matrix} H^{16} \\ (C^6 H^5)^3 \end{matrix} \right\} N^3, HCl.$

La formation du bleu d'aniline est représentée par l'équation suivante :

$$\underbrace{C^{20} H^{19} N^3, HCl}_{\substack{\text{Hydrochlorate} \\ \text{de} \\ \text{rosaniline.}}} + 3 \underbrace{\left(\begin{matrix} C^6 H^5 \\ H^2 \end{matrix} \right\} N}_{\text{Aniline.}} = \underbrace{C^{20} \left(\begin{matrix} H^{16} \\ (C^6 H^5)^3 \end{matrix} \right) N^3, HCl}_{\substack{\text{Hydrochlorate} \\ \text{de rosaniline triphénylique.}}} + \underbrace{3(H^5 N)}_{\text{Ammoniaque.}}.$$

Le bleu d'aniline soumis à l'action d'agents réducteurs, tels que l'hydrogène naissant, le sulfure ammonique, est converti en une substance incolore difficilement cristallisable, dont la composition correspond à la leucaniline. En effet, elle renferme $C^{38} H^{33} N^3$. La connaissance de la nature du bleu d'aniline a engagé le rapporteur à tenter quelques autres expériences qui paraissent pouvoir acquérir une certaine importance industrielle.

Ayant reconnu que la substitution de 3 atomes de phényl à 3 atomes d'hydrogène dans la rosaniline fait changer la couleur rouge en bleu, l'idée se présente très-naturellement de remplacer l'hydrogène par d'autres radicaux, tels que le méthyle, l'éthyle et l'amyle. L'expérience fournit des résultats présentant un certain intérêt.

La rosaniline est facilement attaquée par les iodures de ces radicaux; il se produit une série de nouveaux composés, qui sont évidemment des sels de triméthyl-triéthyl-traamyl-rosaniline, dont la coloration est semblable à celle du composé triphénylique. Ces nouvelles matières colorantes sont encore en ce moment le sujet de recherches.

Procédés différents pour la production du bleu d'aniline. — On connaît plusieurs autres réactions par lesquelles le rouge d'aniline peut être converti en bleu d'aniline. Les sels de rosaniline lorsqu'on les fait bouillir avec des solutions d'aldéhydes (Ch. Lauth) (1) ou même avec de l'esprit de bois brut (E. Kopp) (2) acquièrent une coloration bleue permanente.

Il paraîtrait que les tannates de rosaniline sont surtout aptes à subir cette transformation. La nature des matières colorantes bleues ainsi produites est encore inconnue; il n'est nullement probable qu'elles soient identiques avec celle obtenue par l'action de l'aniline sur la rosaniline. Tous ces différents principes colorants bleus méritent un examen chimique approfondi. La même observation s'applique à une matière colorante bleue, décrite par

(1) Ch. Lauth, *Moniteur scientifique-Quesneville*, 1861, IV, 338.
(2) E. Kopp, *ibid.*, p. 332.

MM. Gros-Renaud et Schaeffer (1), de Mulhouse, sous le nom de *bleu de Mulhouse*. Elle prend naissance en faisant bouillir une solution d'un sel de rosaniline (généralement le nitrate) avec une solution de gomme laque dans le carbonate de sodium.

Telle est, esquissée en traits rapides, l'histoire industrielle de l'aniline et de ses dérivés colorés. Alliée intimement avec les grandes industries de la laine et de la soie, et gagnant de jour en jour une influence plus considérable dans celle du coton, cette nouvelle industrie a déjà atteint des proportions d'une grandeur extraordinaire (2.)

Les nouvelles couleurs, mauve et magenta, n'avaient pas plutôt fait leur apparition, qu'elles étaient partout vivement demandées, surtout par la plus belle moitié du genre humain. La toilette féminine, éclatante de ces nouvelles splendeurs, a réellement changé la physionomie et l'aspect de nos rues publiques.

Applications variées et usages divers des couleurs d'aniline.

Ces couleurs ne sont plus seulement utilisées exclusivement pour la teinture des fibres textiles; on a déjà proposé de nombreuses applications d'importance secondaire, et de nouvelles surgissent chaque jour. Une promenade à travers l'exposition ne peut manquer de faire ressortir la vérité de cette assertion. En examinant la collection du Zollverein (association allemande), on rencontre des cuirs vernis de couleur bronzée, exposés par le grand-duché de Hesse, et l'on n'est nullement surpris de trouver que ce reflet doré est dû à des couleurs d'aniline.

C'est cette même matière colorante qui communique une si belle teinte carminée aux bougies transparentes de paraffine exposées par MM. J.-C. et J. Field dans l'annexe orientale.

On peut encore admirer, dans l'exposition autrichienne, le vinaigre couleur rouge de sang, destiné aux marchés de l'Italie; en questionnant, l'on est informé que cette riche coloration est due à l'addition de quelques gouttes seulement d'acétate de rosaniline.

Presque chaque pays adopte les nouvelles couleurs pour quelque usage spécial en rapport avec le goût particulier de la contrée; un voyageur a déjà découvert la rosaniline sur les joues de quelques beautés de l'Arabie.

La teinte pourpre, présentée occasionnellement par des cristaux d'alun ammoniacal, et qu'on avait attribuée jusqu'ici à la présence de minimes quantités d'impuretés métalliques, a été trouvée produite par des dérivés colorés de l'aniline, qui accompagne l'ammoniaque (provenant du traitement des eaux goudronneuses des usines à gaz) employée dans la fabrication de ce sel. (Voyez le chapitre sur les composés aluminiques.)

La coloration rose que prennent quelquefois les savons de toilette, parfumés avec le nitrobenzol, est supposée due à la formation de petites quantités de rosaniline.

On a même attribué à la présence de l'aniline la coloration bleue que certaines variétés de champignons, récemment découpées, acquièrent au contact de l'air.

De même, les produits secondaires consistant en matières charbonneuses et en oxyde de chrôme, qu'on obtient dans la fabrication du violet d'aniline, sont maintenant largement employés pour la préparation d'une encre noire d'impression, à laquelle on peut prédire beaucoup de succès. Parmi les encres à écrire envoyées à l'exposition, il y en avait une, remarquable par son indélébilité, qui provenait de France.

Ce liquide fut soumis à l'examen d'un des amis du rapporteur, M. Warren de la Rue, qui, avec son esprit pénétrant si remarquable, ne tarda pas à le reconnaître comme un des produits secondaires de la fabrication de couleurs d'aniline. Le rapporteur n'a pu se procurer

---

(1) Gros-Renaud et Schæffer, *Moniteur scientifique-Quesneville*, 1861, III, p. 292.

(2) Le rapporteur connaît une maison de Londres qui produit par semaine pas moins de 3,000 kilogrammes (3 tonnes) d'aniline. La production de plusieurs des manufacturiers du continent n'est nullement inférieure.

de plus amples informations concernant la nature et le mode de production de cette matière. Ce n'est que dans ces dernières semaines qu'il a appris de M. Dale, à Manchester, que la préparation du violet d'aniline au moyen du chlorure cuivrique (voyez plus haut le chapitre violet d'aniline) fournit comme produit secondaire une matière colorante noire et soluble, remarquable pour l'énergie avec laquelle elle résiste aux agents chimiques les plus énergiques. Il semble parfaitement inutile de faire observer qu'on peut obtenir, comme pendant de l'encre noire d'aniline, une encre rouge, en dissolvant simplement un cristal de magenta. En effet, des encres à écrire de toute couleur ou nuance, préparées avec des couleurs d'aniline, deviennent rapidement d'un usage assez général.

Mais même l'aniline n'est pas utilisable seulement pour la production de matières colorantes; cette matière paraît se prêter à d'autres applications utiles. M. le professeur Bolley a trouvé que la vapeur d'aniline est d'un excellent emploi comme antidote pour calmer la violente irritation provoquée par l'inhalation accidentelle de gaz chlore dans les laboratoires.

La médecine même n'a pas dédaigné l'assistance de ce nouvel agent. On a recommandé l'usage des sels d'aniline dans plusieurs maladies, et plus spécialement contre la danse de Saint-Guy (Saint-Vit). Les malades présentent, à la suite d'un pareil traitement, une coloration bleue éphémère, mais le rapporteur n'a pu apprendre s'il en était résulté un bénéfice permanent pour l'organisme (1).

La récolte si splendide qui a récompensé les efforts des travailleurs dans le domaine de l'aniline, ne pouvait manquer d'attirer l'attention des investigateurs sur des champs de recherches avoisinants. Il en est résulté la découverte d'un certain nombre de nouvelles substances, toutes intéressantes, au point de vue de la science pure, et dont plusieurs promettent de donner un jour lieu à des applications utiles. Mais aucune d'entre elles n'a acquis jusqu'à ce jour une importance industrielle comparable à celle des dérivés colorés de l'aniline.

Il n'y a qu'un petit nombre de ces nouveaux composés qui méritent ici une mention spéciale.

Bleu de chinoline. — Le rapporteur (2), dans l'une de ses recherches déjà anciennes sur les substances contenues dans le goudron de houille, avait prouvé que le *leucol* ou la *leucoline*, une huile basique, dont l'existence dans le goudron avait été signalée par Runge (3), était identique quant à sa composition, son point d'ébullition et ses principales propriétés chimiques et physiques avec une base huileuse, la chinoléine ou chinoline, découverte peu de temps auparavant par Ch. Gerhardt (4), parmi les produits résultant de l'action de la potasse caustique sur la cinchonine.

Cependant, malgré cette identité de composition, elles diffèrent sous le rapport de leur aptitude à donner naissance à des dérivés colorés, qui est surtout prononcée pour l'huile obtenue au moyen de la cinchonine. Ce qu'on appelle le *bleu de chinoline* a été produit jusqu'ici exclusivement avec la base dérivée de la cinchonine; ce bleu n'est donc pas, rigoureusement parlant, une couleur dérivée du goudron de houille.

Malgré cela, le rapporteur demande la permission d'exposer ici les quelques remarques qu'il a à présenter sur cette substance.

(1) Le rapporteur a pu constater par expérience personnelle (voyez Hofmann, *Ann. chem. pharm.*, XLVII, p. 53) que l'action de l'aniline sur l'organisme animal est très-énergique. La vapeur du nitrobenzol exerce également un effet très-délétère, et la même remarque s'applique à la poussière des couleurs d'aniline finement pulvérisée, dont les ouvriers paraissent avoir à souffrir considérablement. Les fabricants de couleurs d'aniline ont commencé à prendre ces faits en sérieuse considération, et apportent la plus grande attention à établir une bonne ventilation. La pulvérisation est généralement faite mécaniquement et sous l'eau.

(2) Hofmann, *Ann. chem. pharm.*, XLVIII, p. 37.

(3) Runge, *Pogg. ann. phys.*, XXXI, 68.

(4) Ch. Gerhardt, *Revue scientifique de Quesneville*, X, p. 186.

C'est aux recherches de M. Greville-Williams (1), que nous sommes redevables du procédé au moyen duquel la chinoline (la variété obtenue par la cinchonine) peut être convertie en une matière colorante bleue, d'un éclat, d'une richesse et d'une pureté admirables. Malheureusement cette couleur, peut-être la plus belle de toutes celles connues jusqu'à ce jour, est d'un caractère tellement fugace, et si impressionnable à la lumière, qu'elle est détruite au bout de fort peu de temps. Son emploi, qui de prime abord avait produit une très-grande sensation, a été presque entièrement abandonné pour cette raison.

Il est réellement bien regrettable qu'on n'ait point encore réussi à donner plus de stabilité et de solidité au bleu de chinoline, puisque les tissus en soie, teints avec cette matière colorante, tandis qu'ils présentent une coloration bleue superbe au jour, reflètent à la lumière de la bougie et du gaz des teintes violettes d'une beauté extraordinaire.

L'importance attachée par les teinturiers à la découverte si intéressante de M. G. Williams est bien attestée par ce fait, qu'une médaille d'or jointe à un prix de 10,000 francs a été proposée par la Société industrielle de Mulhouse, pour la découverte d'un moyen donnant de la solidité à cette couleur.

Quoi qu'il en soit, et quoique le bleu de chinoline ne possède plus, ou peut-être faut-il dire, pour rester davantage dans le vrai, ne présente pas encore une importance pratique, il n'en constitue pas moins une combinaison chimique des plus intéressantes et qui mérite de ne pas être passée sous silence.

Le bleu de chinoline est préparé de la manière suivante :

Une partie de chinoline rectifiée et 1 $\frac{1}{2}$ parties d'iodure d'amyle sont mélangés ensemble et le tout soumis à l'ébullition pendant 10 minutes. La liqueur présente alors une coloration rouge brun foncé et se solidifie, par le refroidissement, en une masse cristalline.

Cette matière est dissoute dans l'eau, la solution filtrée et, après y avoir ajouté de l'ammoniaque liquide, on fait bouillir jusqu'à ce que la matière colorante soit précipitée sous forme de masse résineuse. Cette dernière, dissoute dans l'alcool, donne une solution d'une couleur bleue violacée très riche.

Si, au lieu d'ammoniaque, on emploie une solution de potasse caustique, l'on peut obtenir, par précipitation partielle, une substance d'une couleur bleue plus pure, la matière colorante rouge n'étant précipitée que plus tard par un excès de potasse caustique.

Rien de plus simple que la teinture de la laine et de la soie en bleu de chinoline; il suffit de plonger les tissus dans un bain de solution de la matière colorante; pour l'impression, on dissout le bleu de chinoline dans l'acide acétique, on épaissit la solution incolore et l'on imprime. A mesure que l'acide acétique se volatilise la coloration bleue apparaît.

Des échantillons de ce bleu, qui a aussi reçu le nom de *cyanine*, étaient exposés tant sous forme cristalline qu'en solution, par MM. J. Miller et Comp., de Glasgow (Royaume Uni, 568); mais les spécimens les plus magnifiques de cette remarquable substance, qui excitaient l'admiration non-seulement du jury, mais encore de tous les chimistes qui visitaient l'exposition, faisaient partie de la riche et brillante collection des préparations chimiques et pharmaceutiques, envoyée par M. Ménier (France, 204). Le jury a décerné à MM. Miller et Comp., de Glasgow, la distinction honorable d'une médaille. Le jury ne pouvait pas récompenser M. Ménier, puisqu'il était lui-même membre du jury, comme juré adjoint de la classe II.

C'est à son collègue du jury que le rapporteur est redevable des cristaux splendides de cette matière, qui l'ont mis à même de la soumettre à quelques essais de laboratoire.

Le résultat de ces expériences a établi la composition chimique de cette remarquable couleur, dont la formule était restée jusque-là inconnue, quoique la découverte de la couleur remonte déjà à l'année 1856 (2). Quoiqu'ils ne présentent qu'un intérêt purement scientifique, on nous permettra cependant de mentionner brièvement ces résultats (3).

(1) Greville-Williams, *Chem. New's*, 11 octobre 1860, p. 219.

(2) *Chemical Gazette*, 1856, vol. XIV, p. 283.

(3) Hofmann, *Proceedings of the Royal Society*, vol. XII, 22 janvier 1863.

Recherches sur la nature du bleu de chinoline. — Les cristaux de cyanine, exposés par M. Menier dans la division française de l'Exposition, étaient des prismes bien définis, assez volumineux, à reflet vert métallique d'une teinte dorée, ce qui les distingue aussi bien que leur forme des cristaux d'acétate de rosaniline, exposés par MM. Simpson, Maule et Nicholson, dans l'annexe orientale. Les cristaux de cyanine sont difficilement solubles dans l'eau et presque insolubles dans l'éther anhydre, mais facilement solubles dans l'alcool.

Les solutions de cyanine présentent une magnifique coloration bleue, avec des reflets irisés cuivrés à la surface.

Les acides détruisent la coloration; les alcalis et l'ammoniaque ne produisent en apparence aucun changement, mais en réalité ils isolent le principe colorant sous forme de précipité extrêmement divisé, flottant dans une liqueur incolore.

L'analyse démontre que les cristaux sont un mélange mécanique de deux iodures, représentés respectivement par les deux formules :

$$C^{28} H^{35} N^2 I \text{ et } C^{30} H^{39} N^2 I.$$

Ce dernier est prédominant au point d'exclure presque entièrement le premier.

Ces combinaisons sont dérivées de la *chinoline* $C^9 H^7 N$ et de la base homologue, la *lépidine* $C^{10} H^9$, qui sont rencontrées toutes les deux dans le goudron de houille et parmi les produits obtenus par la distillation sèche de la cinchonine sous l'influence de la potasse caustique. Les deux différentes phases de formation de ces composés (en prenant pour exemple les combinaisons lépidiques), sont représentées par les équations suivantes :

Première transformation.

$$C^{10} H^9 N + C^5 H^{11} I = C^{15} H^{20} N I.$$

Lépidine.   Iodure d'amyle.   Iodure d'amyl-lepidyl-ammonium.

Seconde transformation.

$$2 C^{15} H^{20} N I + K HO = C^{30} H^{39} N^2 I + K I + H^2 O$$

Iodure d'amyl-lepidyl-ammonium.   Potasse.   Principe constituant principal des cristaux verts.   Iodure de potassium.   Eau.

En traitant ces iodures par divers sels d'argent, on peut les transformer en combinaisons correspondantes avec d'autres acides. Le chlorure $[C^{30} H^{39} N^2 Cl]$ et le bromure rivalisent en beauté, si même ils ne le dépassent pas, avec l'iodure. Ils se comportent d'une manière semblable avec les dissolvants. En soumettant à l'action de l'oxyde d'argent les solutions alcooliques de ces sels, on obtient l'oxyde correspondant; il est un peu soluble dans l'eau, mais beaucoup plus dans l'alcool; il se sépare de sa solution alcoolique par évaporation lente en une masse indistinctement cristalline, présentant un reflet métallique vert.

La disparition de la couleur de ces sels par l'addition d'acides provient de la formation d'une série de sels acides, qui sont tout à fait incolores. En dissolvant l'iodure ou le chlorure verts dans les acides hydriodique ou hydrochlorique chauds, on obtient des solutions incolores, qui, par le refroidissement déposent des aiguilles jaunes, représentées respectivement par les formules :

$$C^{30} H^{40} N^2 I^2 = C^{30} H^{39} N^2 I, H I,$$

et

$$C^{30} H^{40} N^2 Cl^2 = C^{30} H^{39} N^2 Cl, H Cl.$$

Ces sels sont solubles dans l'eau froide sans décomposition; l'eau bouillante et l'alcool les décomposent avec reproduction des sels primitifs colorés.

Le même effet est produit par la chaleur; même par le séjour au bain-marie, ils se colorent de nouveau en bleu, avec dégagement du second équivalent d'acide, qui, dans l'un des cas, est l'acide hydriodique, et dans l'autre l'acide hydrochlorique.

Il paraît que tous les homologues de la chinoline et de la lépidine sont capables de donner naissance à des composés colorés semblables, et que l'iodure d'amyle peut être remplacé jusqu'à un certain point par les iodures d'éthyle ou de méthyle.

Nous devons faire remarquer que les équations précédentes ne représentent que les principales phases de la transformation ; il se produit simultanément des réactions secondaires, qui compliquent et rendent obscurs les procédés comparativement assez simples qui président à la génération de ces singulières et intéressantes matières colorantes.

Matières colorantes dérivées du phénol.

Phénol (acide phénique, acide carbolique, hydrate de phényle, etc.). — La constitution chimique du phénol est intimement alliée à celle de l'aniline. En effet, les chimistes admettent dans ces deux substances la présence du même radical *phényl* [$C^6 H^5$], le phénol étant de l'eau phénylée, et l'aniline (phénylamine) de l'ammoniaque phénylé.

$$\text{Phénol...} \quad C^6 H^6 O = \left. \begin{array}{c} C^6 H^5 \\ H \end{array} \right\} O.$$

$$\text{Aniline..} \quad C^6 H^7 N = \left. \begin{array}{c} C^6 H^5 \\ H \\ H \end{array} \right\} N.$$

La tendance à donner naissance à des matières colorantes, qui caractérise tous les membres de la série phénilique, sans aucune exception, est un fait du plus haut intérêt, tant pour sa portée philosophique que pour son importance industrielle.

Le phénol ou acide carbolique fut découvert par Runge; mais ce fut surtout Laurent qui, par ses recherches scientifiques, a plus tard illustré l'histoire de cette substance.

Le phénol se rencontre en quantité considérable dans le goudron de houille, et on l'en extrait facilement en quantité suffisante, non-seulement pour la préparation de l'acide picrique, mais encore pour d'autres applications, telles que la conservation des substances alimentaires, etc.

Le phénol fut produit pour la première fois sur une échelle industrielle par feu le docteur Ernest Sell, chimiste manufacturier allemand très-distingué par ses connaissances et prédilections scientifiques. Le docteur Sell substitua l'usage du phénol, — dont la nature bien définie permet de l'obtenir toujours d'une forme et d'une qualité uniformes,— à celui de la créosote de composition si variable. Malgré de nombreuses recherches auxquelles cette dernière a été soumise, elle ne paraît pas encore définitivement qualifiée à être considérée comme une individualité chimique incontestable. En effet, un grand nombre de chimistes considèrent la créosote comme n'étant en définitive qu'un mélange de phénol avec des quantités plus ou moins grandes de ses homologues crésol et phlorol.

La fabrication de la créosote du goudron de houille fut pratiquée sur une assez large échelle par le docteur Sell, dans son usine d'Offenbach, sur le Mein : le rapporteur (1), qui avait été assez heureux de pouvoir rassembler, sous les auspices du docteur Sell, les matériaux pour ses recherches sur les bases du goudron de houille, avait vu à l'usine, il y a déjà vingt années de cela, des quintaux de phénol, aussi blanc et aussi bien cristallisé que les échantillons qui ont excité l'admiration des visiteurs de l'Exposition actuelle.

Le phénol est obtenu, en traitant les huiles lourdes du goudron, dont le point d'ébullition est situé entre 150 et 250 degrés, par une solution de soude caustique ou par un lait de chaux.

Le phénol possédant les propriétés d'un acide, est capable de former des combinaisons solubles dans l'eau lorsqu'on le met en présence d'alcalis puissants, et peut être séparé ainsi des huiles neutres ou basiques.

Après la séparation, on remet le phénol en liberté, en le déplaçant par un acide minéral.

(1) Hofmann, *Ann. chem. pharm.*, XLVII, p. 37.

Il est éliminé sous forme d'un liquide huileux, qu'on n'a plus qu'à déshydrater et à rectifier pour qu'il soit suffisamment pur pour toutes les applications industrielles. Une forte proportion de la créosote commerciale n'est autre chose que du phénol mélangé de plus ou moins d'eau. Le bas prix du phénol paraîtrait devoir lui attirer de plus nombreuses et importantes applications que celles qu'il a déjà reçues. Les chimistes ont réussi à transformer l'aniline en phénol; mais la transformation inverse du phénol en aniline (qui constituerait un résultat bien autrement précieux), n'a point encore été accomplie, au moins industriellement.

De beaux échantillons de phénol cristallisés ont été exposés par le docteur Crace-Calvert (sous le nom de la « Tower chemical Company »), dans la vitrine de M. R. Rumney (Royaume-Uni, 592-593), et par MM. Guinon, Marnas et Bonnet (France, 167).

Bleu de phénol. — *Azuline.* — Dans certaines circonstances, le phénol concourt à la formation d'une matière colorante bleue, qui est employée en assez grande quantité pour la teinture. Cette matière est connue dans le commerce sous le nom d'*azuline;* sa nature est actuellement encore inconnue. L'azuline est préparée et exposée par MM. Guinon, Marnas et Bonnet.

Le procédé employé pour la préparation de l'azuline est tenu secret; mais il paraît qu'on y fait usage de phénol : c'est un fait bien connu, que le phénol ammoniacal, sous l'influence du chlorure de chaux et d'autres corps chlorurants ou oxydants, donne facilement naissance à une coloration bleue très-intense. (Berthelot.)

Le mystère qui enveloppe encore en ce moment l'azuline sera sans doute éclairci bientôt, peut-être même encore avant la publication de ce rapport. En effet, le rapporteur tient de M. Guinon que MM. Guinon, Marnas et Bonnet sont à la veille de faire patenter la préparation de cette belle matière colorante (1).

L'azuline est généralement livrée au commerce sous forme de solution alcoolique; elle est insoluble dans l'eau; à l'état sec elle ressemble aux violet et bleu d'aniline par son reflet métallique cuivré.

Pour teindre la soie, on acidule le bain d'azuline avec un peu d'acide sulfurique. Lorsque la nuance est devenue assez intense, on chauffe le bain à l'ébullition et l'on y manœuvre de nouveau la soie. Elle est ensuite lavée dans de l'eau jusqu'à disparition des dernières traces d'acide et passée par un bain de savon.

On lave de nouveau la soie et on finit en la passant dans de l'eau très-légèrement acidulée.

Procédé de fabrication de l'azuline. — *Matière colorante rouge, première opération.* — *Préparation de la matière colorante instable.* — 10 kilogr. de phénol sont chauffés avec 4 à 8 kilogr. d'acide oxalique et avec 3 à 4 kilogr. d'acide sulfurique jusqu'à ce que la consistance et la couleur du mélange indiquent la fin de l'opération.

Le produit est lavé avec de l'eau pour enlever l'excès d'acide, tandis que la matière colorante reste sous forme de pâte, présentant cet éclat métallique verdâtre qui distingue cette classe de composés : par une longue exposition à l'air ou dans une étuve, la pâte se dessèche et la matière colorante peut par suite être obtenue sous forme pulvérulente.

Seconde opération. — *Transformation de la matière colorante instable en matière colorante stable.* — 1 kilogr. de la matière colorante instable ainsi obtenue est chauffé dans un digesteur avec 1.5 kilogr. d'ammoniaque liquide ordinaire du commerce pendant trois heures à 150 degrés.

(1) Pendant que ces pages étaient sous presse, le rapporteur a reçu quelques nouvelles informations additionnelles concernant l'azuline. Il paraîtrait que c'est M. Persoz qui a indiqué le premier un procédé pour transformer le phénol en une matière colorante utilisable. (Ad. Wurtz, *Rapports des membres de la section française du jury international,* I, 303.)

Nous donnons dans les lignes qui suivent les détails du procédé patenté par MM. Guinon, Marnas et Bonnet. (*Répertoire de chimie appliquée,* 1862, IV, p. 450.)

Après refroidissement, on trouve que toute la matière colorante est devenue soluble dans l'ammoniaque, produisant un liquide dense, possédant un pouvoir tinctorial considérable. Il peut servir pour teindre la soie et la laine en rouge. MM. Guinon, Marnas et Bonnet désignent cette substance sous le nom de *péonine*.

Matière colorante bleue. — La matière colorante rouge, soit stable, soit même instable, est soumise à l'action de l'aniline, 5 parties de péonine (le document d'où le rapporteur prend ces détails ne dit pas si c'est de la péonine sèche ou à l'état de pâte) sont mélangés avec 6 à 8 parties d'aniline et le tout chauffé à la température de l'ébullition (de l'aniline? Le rapporteur).

Le produit est maintenant une matière colorante bleue qu'on purifie en la lavant avec du naphte de goudron chaud et avec des alcalis caustiques. Après avoir été ensuite encore soumise à un traitement par de l'eau acidulée bouillante, la matière colorante, *azuline*, est séchée et se présente alors sous forme de poudre, présentant un lustre doré particulier. Elle est soluble dans les alcools méthylique et éthylique et fournit des solutions qui peuvent être employées directement pour la teinture et pour l'impression.

Nous devons faire remarquer que la première phase du procédé patenté par MM. Guinon, Marnas et Bonnet, c'est-à-dire, le traitement du phénol par un mélange d'acides sulfurique et oxalique, coïncide exactement avec la méthode par laquelle MM. Kolbe et Schmitt (1), en essayant de transformer le phénol en acide salycilique, avaient obtenu avec la créosote une substance particulière, soluble dans l'ammoniaque et dans les alcalis fixes avec une magnique couleur cramoisie, mais qui ne présentait comparativement qu'un faible pouvoir tinctorial. MM. Kolbe et Schmitt emploient 1 partie d'acide oxalique, 1 ¹/₂ partie de créosote et 2 parties d'acide sulfurique, et exposent ce mélange pendant 4 à 5 heures à une température de 140 à 150 centigrades. Si l'on se rappelle que la créosote fabriquée en Allemagne n'est la plupart du temps que du phénol presque pur (voyez plus haut), on ne peut conserver le moindre doute, que le premier produit obtenu par MM. Guinon, Marnas et Bonnet ne soit identique avec la substance obtenue antérieurement par les chimistes allemands.

MM. Kolbe et Schmitt attribuent à la substance rouge qu'ils ont décrite la formule $C^5 H^4 O$, déclarant en même temps qu'il leur a été impossible de contrôler cette formule par l'analyse d'une combinaison. Ils sont d'avis que la substance est intimement liée, sinon identique, avec l'*acide rosolique* de Runge. La composition de cet acide est elle même encore douteuse. Tandis que le docteur Angus Schmitt (*Chem. Gazette*, 1858, p. 20), et M. Jouvin (*Répert. de chim. appliq.*), juin 1851, p. 217), considèrent l'acide rosolique simplement comme un produit d'oxydation du phénol ($C^{12} H^{12} O^3 = 2 C^6 H^6 O + O$), M. le docteur H. Müller (*Journ. chem. Society*, XI, p. 1), qui, de son côté, a également analysé avec soin et examiné cette substance, est arrivé à l'expression moins simple ($C^{23} H^{22} O^4$) dont il pense néanmoins qu'elle mérite confirmation. Il est à remarquer que les résultats en centièmes obtenus par MM. Kolbe et Schmitt et par le docteur H. Müller, en analysant leurs produits respectifs, présente une certaine approximation, mais sont très-éloignés de la formule si simple, admise par MM. Schmitt et Jouvin.

Acide picrique et ses dérivés. — Nous venons de décrire l'azuline comme une matière colorante artificielle réputée dérivée du phénol; mais il existe en outre bien d'autres couleurs dont la dérivation du phénol est parfaitement certaine : l'*acide picrique* ou *trinitrophénylique*, *carbazotique*, *trinitrophénol* est parmi elles de beaucoup la plus importante, et mérite une mention toute spéciale. En fait, c'est l'emploi de l'acide picrique pour teindre la laine et la soie en jaune qui constitue la première application de matières colorantes dérivées du goudron de houille.

L'acide picrique est le produit de l'action de l'acide nitrique sur le phénol, mais on

(1) *Ann. chem. pharm.*, CXIX, p. 169.

l'obtient également d'un nombre considérable de produits organiques parmi lesquels nous citerons une résine australienne provenant du *xanthorea hastilis* (Stenhouse), la salicine, l'indigo, etc.; mais la source la plus avantageuse est sans contredit le phénol impur et même les huiles de goudron qui distillent entre 180 et 200 centigrades (Laurent) (1).

La réaction entre l'acide nitrique et le phénol est très-violente. Il faut pour cette raison prendre bien des précautions, lorsqu'on opère sur des quantités de matières un peu considérables.

Lorsque la première action violente a cessé, on ajoute de nouvelles quantités d'acide nitrique, et l'on chauffe le mélange pour faciliter la réaction. On laisse ensuite refroidir, et après avoir ajouté de l'eau on obtient une masse jaune, très-amère, qu'on lave avec de l'eau froide pour enlever l'excès d'acide nitrique. Cette masse constitue l'acide picrique impur ; en la traitant par de l'eau froide ou bouillante, elle fournit des solutions qui, après filtration peuvent être employées pour les procédés de teinture.

Il est cependant préférable de purifier l'acide et de le préparer à l'état cristallisé.

A cet effet, on peut suivre deux procédés :

L'un consiste à extraire la masse jaune avec de l'eau bouillante acidulée avec assez d'acide sulfurique pour rendre comparativement insolubles les matières résineuses jaunes.

Ces matières jaunes proviennent de la transformation incomplète, en partie de phénol, mais surtout des huiles neutres et autres matières étrangères qui l'accompagnent et qui sont également attaquées par l'acide nitrique.

Par le refroidissement, l'acide picrique cristallise dans la solution, et cela d'autant plus facilement que l'addition d'acide sulfurique favorise la cristallisation; il se dépose sous forme de lames cristallines d'une couleur jaune pâle.

Mais ces cristallisations répétées occasionnent la perte d'une quantité assez notable de matières, et cependant ne parviennent pas à éliminer complétement la matière jaune résineuse.

Pour cette raison, il est préférable de suivre le second procédé, qui consiste à convertir l'acide brut en un sel facile à purifier, et d'où l'on élimine ensuite de nouveau l'acide.

Le picrate de potassium se prête admirablement à ce traitement, puisqu'il est très-peu soluble à froid, et au contraire facilement soluble dans l'eau bouillante.

Mais, en opérant sur une grande échelle, la filtration de grandes quantités de ce sel devient une opération très-difficile, et les liqueurs, quoique maintenues bouillantes et versées dans des appareils filtrants chauffés spécialement, ont une grande tendance à cristalliser sur les filtres, dont les pores sont alors très-rapidement bouchés.

Plusieurs manufacturiers ont adopté par suite une autre marche, qui consiste à saturer la solution bouillante d'acide picrique avec du carbonate de sodium, en ayant soin d'en éviter un excès qui provoquerait la dissolution de la matière résineuse. On filtre, on décante la liqueur bouillante pour éliminer la résine, et l'on y ajoute ensuite seulement un excès de carbonate de sodium. Cet excès détermine la cristallisation de la majeure partie de picrate de sodium, ce sel étant presque insoluble dans des solutions renfermant un excès de carbonate de sodium.

La petite quantité de picrate de sodium encore retenue dans les eaux-mères peut être précipitée par l'addition correspondante d'un sel de potassium.

Le picrate de sodium cristallisé ainsi obtenu est dissous dans de l'eau bouillante et décomposé par l'acide sulfurique ajouté en excès. L'acide picrique mis en liberté, étant très-peu soluble dans les eaux-mères renfermant le sulfate acide de sodium, cristallise presque complétement par le refroidissement; après l'avoir recueilli, laissé drainer et lavé avec un

_____

(1) Laurent, *Ann. chim. phys.*, (3), III, 195.

peu d'eau froide sur le filtre, on le presse et on le fait sécher; il constitue alors de l'acide picrique presque chimiquement pur.

L'acide picrique est employé pour la teinture en jaune de la soie et de la laine. Son pouvoir colorant est très-considérable et il possède une grande affinité pour les substances nitrogénées (c'est-à-dire renfermant de l'azote dans leur composition). La couleur résiste parfaitement à la lumière; mais elle est un peu affectée par les lavages, surtout par des lessivages au savon. Le mordançage préalable de la laine et de la soie avec de l'alun rend la teinture un peu plus stable.

Le coton, le chanvre et le lin ne manifestent aucune affinité pour l'acide picrique; ce dernier peut en conséquence être employé pour distinguer la laine et la soie du coton et du lin. A cet effet, on n'a qu'à plonger le tissu à examiner dans une solution chaude d'acide picrique et de laver ensuite avec de l'eau. ·Les fils de soie et de laine se seront teints en jaune intense, tandis que ceux de coton et de lin seront restés parfaitement incolores.

L'emploi de l'acide picrique dans la teinture a été proposé pour la première fois par M. Guinon, de Lyon, en 1845. L'acide picrique, sous l'influence d'agents réducteurs, est apte à donner naissance à d'autres matières colorantes; traité, par exemple, par un sel ferreux et un alcali, il produit un acide rouge (l'acide nitro-hématique de M. Wœhler) (1). Sous l'influence du cyanure de potassium, il donne naissance à un sel de potassium de couleur pourpre (isopurpurate de potassium de M. Hlasiwetz) (2).

Cet isopurpurate, traité par un sel ammonique, produit une combinaison ammoniacale, qui présente tous les caractères de la murexide (voyez le chapitre *Murexide*) de l'acide urique, qui, en effet, employée comme matière tinctoriale, produit les mêmes nuances. (E. Kopp.)

Sous l'influence du chlorure stanneux, l'acide picrique peut encore donner naissance à des matières colorantes bleues, violettes et rouges (3) ; mais la nature de ces substances est très-peu connue, et pas une d'entre elles n'a encore reçu d'applications réellement pratiques.

Progrès et avenir de l'industrie des couleurs du goudron de houille.

Nous venons de passer rapidement en revue les principales matières colorantes dérivées de substances contenues dans le goudron de houille ; mais le sujet est loin d'être épuisé.

C'est surtout dans le cours de ces deux dernières années que la littérature chimique périodique a enregistré un grand nombre de recherches et d'expériences, dont plusieurs sont très-intéressantes et remarquables, concernant la formation des matières colorantes hydrocarbonées plus ou moins capables d'applications industrielles.

Telles sont, par exemple, les matières colorantes dérivées de la naphtaline, de la nitro-naphtaline et de la naphtylamine (MM. Troost, Scheurer-Kestner, de Wildes) ; ces dernières (rouges et violettes) étant préparées en traitant la naphtylamine exactement de la même manière que l'aniline.

La dinitronaphtaline a également fourni des produits du plus haut intérêt ; traitée par des agents réducteurs (chlorure stanneux et cyanure de potassium), elle donne naissance à des matières colorantes ressemblant jusqu'à un certain point à celles dérivées de l'aniline; mais lorsqu'elle est soumise à l'action de l'acide sulfurique concentré, soit seul, soit accompagné d'agents réducteurs, à une température élevée, elle produit une matière colorante rouge remarquable, la naphtazarine. Cette matière, analogue à l'alizarine, possède la propriété de teindre le coton mordancé; c'est le premier exemple de la production artificielle d'une substance colorante analogue à la garancine (Roussin) (4).

(1) Wœhler, *Pogg. ann. phys.*, XIII, p. 448.

(2) Hlasiwetz, *Ann. chem. pharm.*, CV, p. 289.

(3) Roussin, *Bull. soc. chim.*, 1861, (3), p. 60.

(4) Roussin (F.-Z.), *Comptes-rendus*, LII, p. 1033 et 1177; patentes anglaises n° 1266, 17 mai 1861, et n° 1987, 1er mai 1861.

Malheureusement la naphtazarine ne teint qu'en nuances ternes et n'a pour cette raison reçu aucune application industrielle. Mais le fait de sa formation n'en est pas moins intéressant.

Aussi sa découverte avait-elle produit une certaine sensation, puisque M. Roussin l'avait confondue à tort avec l'alizarine véritable et avait cru pendant quelque temps avoir réussi à produire artificiellement le principe colorant de la garance.

Ce ne serait pas ici la place de relater plus en détail des recherches dont l'intérêt industriel n'est pour le moment encore que purement problématique et seulement en perspective.

Ce ne sont pas seulement l'aniline, la toluïdine, la chinoline, le phénol et la naphtaline qui ont produit des matières colorantes entre les mains des chimistes. La xylidine, la cumidine, et d'autres substances dérivées du goudron de houille ont également fourni des indications chrométiques indubitables ; et maintenant que l'attention des expérimentateurs a été dirigée vers la production des matières colorantes artificielles au moyen des produits du goudron de houille, cet immense champ de recherches, cultivé avec ardeur avec les connaissances préliminaires nécessaires, ne manquera pas de fournir encore de riches moissons et de récompenser amplement les travailleurs.

Déjà à l'heure qu'il est le progrès accompli est immense, comme cela paraîtra évident à quiconque aura visité l'annexe orientale et aura examiné avec attention la splendide série des matières colorantes proprement dites ou des matières capables de fixer les couleurs, soit tout à fait nouvelles ou ayant reçu des applications récentes, que M. R. Rumney, de Manchester (Royaume-Uni, 592-593), a pris la peine de rassembler et d'exposer, pour le bénéfice de ceux qui désirent étudier cette partie de l'Exposition, dans un esprit d'intérêt public digne des plus grands éloges.

On ne peut guère conserver de doute que l'aniline, qui a servi si longtemps uniquement comme sujet de recherches théoriques, deviendra dans peu d'années le type des plus magnifiques progrès et développements industriels et que ses réactions serviront comme modèles pour les futures recherches concernant les matières colorantes.

Et cependant, il y a seulement quatre ans que l'aniline et ses dérivés furent caractérisés dans les termes suivants, par un écrivain distingué : « Les combinaisons de l'aniline se « comptent par centaines ; mais elles ne sont point des sujets de fabrication industrielle ; « elles ne constituent point des articles de commerce ; elles ne sont d'aucune utilité pour « les arts ; elles n'ont reçu aucune application dans l'économie domestique, etc. (1). »

Quelle différence entre cette opinion, nous pourrions presque dire entre cette condamnation de l'aniline, au point de vue des applications pratiques, et ce verdict d'applaudissements enthousiastes et d'admiration prononcé actuellement en sa faveur par des milliers de visiteurs, qui se pressent en foule à l'Exposition pour contempler la beauté radieuse des dérivés si merveilleux de l'aniline.

Oh ! oui, ce n'est pas trop dire que d'affirmer que l'histoire des dérivés colorés de l'aniline, du phénol, de la naphtaline et des autres produits du goudron, est une démonstration splendide et éclatante de la puissance et de l'utilité de la chimie. Mais cette histoire nous enseigne une autre et plus noble leçon, une leçon que le rapporteur ne peut se dispenser de rappeler une fois de plus avant de quitter ce sujet et de clore ce chapitre, car elle n'est que trop exposée à être oubliée et négligée dans un aussi grand pays d'industrie comme l'est l'Angleterre, où la fortune tente toujours à détourner le chimiste du sentier difficile et ardu des recherches purement scientifiques vers les chemins plus faciles et plus riants des applications industrielles lucratives.

Cette leçon, basée sur la découverte du benzol et rappelant le nom illustre de son inventeur, M. Faraday, nous enseigne que, si nous voulons atteindre les hauteurs les plus nobles de la gloire, nous devons chercher la vérité pure; nous devons chercher le vrai, sans préoccupation d'avantages industriels pour nous-mêmes, mais avec la certitude que, le temps voulu, il découlera de nos travaux des bienfaits pratiques, pour le bénéfice de l'humanité en général.

INDUSTRIE DES HYDROCARBURES DISTILLÉS, UTILISABLES POUR L'ÉCLAIRAGE
ET LE GRAISSAGE.

C'est à son ami et collègue du jury, le docteur E. Frankland, que le rapporteur est redevable des renseignements contenus dans ce chapitre ; les connaissances spéciales et approfondies du docteur Frankland sur tous les sujets concernant cette importante industrie, — dont il a hâté considérablement les progrès par ses propres recherches, — le qualifiaient tout naturellement pour la rédaction de ce rapport, et à une époque comparativement déjà un peu avancée, il a eu l'obligeance de se charger de ce travail.

Nous remplissons un devoir vis-à-vis de M. Frankland en mentionnant qu'il n'avait désigné son travail que comme *matériaux pour le rapport*, indiquant ainsi bien clairement, que les faits n'y avaient pas été classés et arrangés dans l'ordre exact qu'il leur aurait assigné, si le temps lui avait permis de mettre le tout au net pour la publication.

Le rapporteur a néanmoins la conviction que l'esquisse chronologique du docteur Frankland, dans laquelle se trouvent intercalées des descriptions de produits et de procédés, et, occasionnellement des observations sur certains articles exposés, constitue un aperçu clair et lumineux du sujet en question. En effet, le rapporteur n'a trouvé que fort peu de choses à modifier et encore moins à ajouter, au travail de son ami, et, abstraction faite de ces changements insignifiants, il le reproduit tel qu'il l'a reçu, — offrant en même temps et en peu de mots l'expression sincère de sa reconnaissance pour la complaisance et la promptitude avec laquelle il lui a été prêté une assistance bien opportune.

Huiles et produits accessoires de la distillation de la houille, des schistes et des bitumes.

Lors de l'Exposition universelle de 1851, on n'avait guère pu prévoir que d'une manière vague et lointaine les vastes et importantes applications à l'éclairage et au graissage, qu'on ferait un jour des produits solides et liquides de la distillation sèche des houilles, lignites et autres matières analogues. A l'exception de l'emploi de l'essence la plus volatile, tirée de la houille cannel, *cannel-coal*, pour la naphtalisation ou carburation du gaz de houille, et pour l'éclairage des rues, on n'avait fait aucune application plus importante de ces produits comme moyens d'éclairage ou de graissage ; sous la forme de bougies, on avait cependant exposé de la paraffine, obtenue par la distillation sèche des schistes et de certaines espèces de houille. Dans le cours de cette même année, M. Young commença à distiller la houille boghead, en la chauffant seulement au rouge sombre, et en produisant par la une grande quantité d'huile contenant de la paraffine. On remarquait des échantillons de bougies de paraffine provenant de cette source, parmi les substances chimiques qui excitèrent comme nouveautés un vif intérêt, à l'Exposition de 1851 ; on exposa également comme une substance lubréfiante précieuse l'huile de paraffine produite comme nous venons de l'indiquer. On accorda la distinction d'une médaille à M. A. Wiseman et Comp., en Prusse, pour des produits de cette catégorie, provenant de la distillation des schistes ; à M. A. Moreau, en France, pour une série de produits dérivés du bitume ; et à M. J. Young, à Manchester, pour de la paraffine et des huiles obtenues de la houille. A cette époque, on employait principalement l'huile de paraffine pour graisser les machines, et, afin de prévenir la diminution de sa valeur pour cet usage, on jugeait convenable de ne pas en extraire la paraffine.

L'Exposition française de 1855 prouva qu'on avait fait de grands progrès dans la fabrication de ces produits. A cette époque, MM. Young et Comp., à Bathgate, près d'Édimbourg, fabriquaient annuellement de grandes quantités d'huiles par la distillation du *cannel-boghead* : on vendait la plus grande partie de cette huile pour le graissage des machines.

Tandis que les produits de la distillation sèche de la houille apparurent ainsi sur le marché, principalement comme substances lubréfiantes, ceux dérivés par un traitement analogue du schiste bitumineux, dont la distillation, en France et en Allemagne, commençait à devenir très-importante, paraissent avoir été appliqués presque exclusivement à l'éclairage. Le rapport du jury français mentionne les substances suivantes comme produits principaux obtenus au moyen de ces schistes :

1° Deux espèces d'huiles pouvant servir à l'éclairage : l'une était une huile lourde, susceptible d'être mélangée avec des huiles de graines, et pouvant alors être brûlée dans des lampes ordinaires ; l'autre était une huile légère, qu'on brûlait dans des lampes construites spécialement pour sa combustion ;

2° Une huile essentielle pouvant remplacer la benzine (*benzol*) dans toutes ses applications ;

3° Du goudron ;

4° Des produits pouvant remplacer les matières grasses pour le graissage des machines et des roues de voiture ;

5° Du noir de fumée (*noir de lampe*) ;

6° Une poudre charbonneuse désinfectante ;

7° Des produits ammoniacaux pouvant être employés soit pour la fabrication des sels ammoniacaux, soit comme engrais ;

8° De la paraffine servant à fabriquer des bougies diaphanes, brûlant avec une flamme blanche et très-brillante ;

9° Un résidu charbonneux employé en agriculture.

Huiles et produits accessoires provenant de la distillation de la tourbe, du lignite, de l'asphalte et de la résine.

On remarquait aussi à l'Exposition de Paris, en 1855, certains produits de la distillation sèche de la tourbe, du lignite, de l'asphalte et de la résine ; la distillation de la résine surtout avait été pratiquée sur une très-grande échelle, pendant les trois ou quatre années précédentes, en France et en Angleterre. Dans le premier de ces pays, une fabrique seule, celle de M. Alphonse Montauriol, à Saint-Ouen, près Paris, avait distillé entre 2,500 et 3,000 tonnes de cette substance. Les produits qu'on obtient de la résine ne contiennent que très-peu de paraffine et de composés homologues fluides capables d'offrir une grande résistance aux agents chimiques : il en résulte qu'on ne peut employer l'huile de résine ni pour produire de la paraffine, ni pour le graissage, puisque les huiles paraffineuses paraissent constituer une condition essentielle pour une bonne huile pyrogénée lubréfiante. En outre, une très-petite quantité seulement de l'huile de résine étant capable de résister à l'action de l'acide sulfurique concentré, il est pratiquement impossible de purifier et de déodoriser (désinfecter) cette huile, de manière à la convertir en substance propre à l'éclairage, quoique sous les autres rapports elle soit parfaitement propre à cet usage. Il résulte de ces obstacles, et en partie aussi du prix de plus en plus élevé de la résine, que les produits huileux de sa distillation paraissent céder le pas graduellement aux huiles obtenues au moyen des hydrocarbures fossiles, qui sont bien meilleur marché et plus faciles à traiter.

PÉTROLE (*Rock-oil*).

Déjà, à cette première période de leur développement, les produits distillés artificiels devaient rencontrer un rival redoutable dans l'huile minérale naturelle, qui, prenant naissance dans des conditions encore imparfaitement connues, jaillit du sein des couches houillères en différents endroits, et est connue depuis longtemps sous les noms de pétrole, huile de naphte, huile de roche (rock-oil), huile minérale, etc.

Ce n'est pas sans raison que ces huiles naturelles, entrant ainsi en scène, ont droit à notre considération sérieuse. C'est l'apparition subite d'une source de pétrole, dans le Derbyshire, qui engagea M. Young (1) à s'occuper de la fabrication des huiles de graissage et d'éclairage.

(1) Young (J.), patente n° 13292, 17 octobre 1850.

C'est la disparition ultérieure de cette même source de pétrole qui peut être considérée comme ayant été l'origine de cette nouvelle branche d'industrie; car elle suggéra à M. Young l'idée d'imiter la production naturelle de l'huile de pétrole par la distillation de houilles fortement bitumineuses à la température la plus basse possible. M. Young prit en 1850 une patente pour ce procédé.

En 1854, M. Warren de la Rue prit un brevet pour la fabrication de la paraffine et des hydrocarbures au moyen du pétrole. Ce dernier, importé principalement de Rangoon, est soumis, d'après la spécification de M de la Rue, à un courant de vapeur dans un alambic spacieux qu'on peut également chauffer à l'extérieur. La partie la plus volatile du pétrole passe à la distillation, et on la sépare ensuite en produits plus ou moins volatils, en la rectifiant dans un appareil semblable. On porte ensuite à un degré plus élevé la température du résidu restant dans l'alambic, et l'on y fait passer de la vapeur surchauffée. Les dernières portions de cette seconde distillation sont très-riches en paraffine, qu'on en sépare autant que possible en faisant cristalliser par refroidissement et en filtrant. On soumet ensuite le résidu à une forte pression, et, finalement, on purifie la paraffine en la mélangeant avec de l'acide sulfurique à 100° C., la lavant ensuite avec une solution de soude caustique, et en la redistillant. Les huiles lourdes, séparées de la paraffine, paraissent pouvoir être facilement employées comme substances lubréfiantes.

Conditions de l'industrie des huiles distillées en 1855. — La situation de cette branche d'industrie, à la clôture de l'Exposition française en 1855, peut se résumer ainsi:

1° On distillait de grandes quantités de houilles boghead uniquement pour obtenir les produits liquides et solides, qu'on vendait facilement pour le graissage, mais aussi, jusqu'à un certain point, pour l'éclairage, et qui remplacèrent rapidement pour cet usage les huiles de spermacéti et de Gallipoli;

2° Les mêmes produits étaient encore fabriqués sur une plus petite échelle au moyen du goudron qu'on obtenait par les procédés ordinaires de fabrication du gaz, là où surtout l'on employait la houille (*boghead cannel*);

3° Les schistes, résines et tourbes bitumineuses étaient exploitées sur une très-vaste échelle; on en obtenait des produits qu'on appliquait principalement à l'éclairage, et qui menaçaient de devenir des rivaux redoutables pour les huiles de spermacéti, de phoque et de colza;

4° En dernier lieu, M. de la Rue avait pratiquement appelé l'attention sur la valeur du goudron natif ou du pétrole pour la fabrication des mêmes produits.

Conditions de la même industrie en 1862. — L'Exposition internationale actuelle prouve d'une manière très-remarquable le développement énorme qu'a pris cette industrie pendant les dernières sept années. Non-seulement ses produits marchands ont été apportés de trois parties du globe, mais le très-grand nombre des exposants, la qualité généralement bonne de leurs produits et l'énorme échelle sur laquelle travaillent beaucoup d'entre eux, tout contribue à prouver que, malgré sa récente origine, la fabrication de ses produits est déjà devenue l'une des branches les plus importantes des manufactures de produits chimiques.

Dans le département britannique, M. Young a exposé (*Royaume-Uni*, 632) un splendide bloc de paraffine incolore, inodore, insipide, admirablement translucide et pesant près d'une demi-tonne: il expose également des échantillons de bougies, de paraffine et d'huiles tirées des houilles de Wemyss, de Torbanehill, de Boghead, de Wigan et de Newcastle, démontrant par là qu'on peut extraire ces substances de toutes les houilles bitumineuses.

Ces huiles sont maintenant généralement répandues dans le Royaume-Uni et employées en grande quantité pour graisser les machines et pour être brûlées dans les lampes. Pour le premier de ces usages elles présentent plus de sécurité que beaucoup des huiles précédemment employées, puisqu'elles n'absorbent pas d'oxygène, et ne sont par conséquent pas sujettes à une combustion spontanée lorsqu'on en enduit les déchets de coton. Elles se

prêtent aussi particulièrement à l'éclairage artificiel, puisqu'elles se composent principalement d'hydrocarbures exempts d'oxygène et produisent en brûlant une flamme riche en
carbone incandescent; il résulte de là qu'avec un afflux d'air convenablement réglé, ces
huiles donnent une lumière plus brillante que celle qu'on obtient par la combustion d'un
équivalent égal d'huiles animales ou végétales, ces dernières contenant une quantité assez
notable d'oxygène. L'énorme extension de l'emploi de l'huile de paraffine pour l'éclairage
ressort d'un rapport digne de foi, fait il y a environ deux ans, relatant qu'un seul fabricant
de lampes avait construit, dans le cours d'une année, 247,431 lampes pour la consommation
exclusive de cette huile, et qu'il en fabriquait environ 1,200 pièces par jour. D'après des
renseignements fournis au rapporteur par M. Young, la production d'huiles paraffineuses
dans le Royaume-Uni a atteint dans la dernière année la quantité énorme de 2,300,000 gallons (10,350,000 litres environ.)

La paraffine pure est maintenant employée presque exclusivement pour la fabrication des
bougies, mais il y a tout lieu de croire que les qualités chimiques et physiques particulières
de cette substance, lui assignant comme elles le font en réalité, dans ses relations avec
d'autres matières organiques, une espèce de noblesse analogue à celle de l'or parmi les métaux, lui procureront ultérieurement d'autres applications importantes. En effet, depuis
l'ouverture de l'Exposition, le docteur Stenhouse a pris un brevet (1) pour l'application de
la paraffine aux tissus de laine; il croit qu'elle augmente leur solidité en même temps qu'elle
les rend imperméables.

M. Young, qu'il faut considérer comme le fondateur de l'industrie de la paraffine, étant
un des jurés de la classe II, n'a pu être honoré par une médaille pour cette magnifique exposition de ses produits. On jugera de l'importance et du développement des fabriques de
MM. Young et Comp., en apprenant qu'ils emploient sept cents ouvriers, et expédient
5 tonnes de paraffine par semaine; ces faits prouvent que les espérances exprimées par
MM. les rapporteurs du jury en 1851, concernant l'avenir de cette nouvelle industrie, ont
été plus que réalisées. Ils s'étaient exprimés à cette époque de la manière suivante :

« M. James Young a envoyé des échantillons paraissant réaliser le grand problème que
« M. Liebig, avec sa rare sagacité, a indiqué il y a déjà dix ans. « On considérerait certaine-
« ment comme une des plus grandes découvertes du siècle, » dit-il, « si quelqu'un réussis-
« sait à condenser le gaz de houille en une substance blanche, sèche, solide, inodore, portative
« et capable d'être placée sur un chandelier ou d'être brûlée dans une lampe. » M. Young
« paraît avoir résolu ce même problème en distillant la houille à une température compa-
« rativement basse, procédé par lequel il obtient au lieu de gaz, qui est le produit d'une
« chaleur intense, un mélange de substances liquides et solides; les premières peuvent être
« brûlées dans des lampes comme l'huile de spermaceti, ou servir pour le graissage des
« machines; les secondes servent à fabriquer de magnifiques bougies moulées aussi fermes
« et aussi blanches qu'aucune de celles préparées avec de la paraffine obtenue d'autres
« sources. Les rapporteurs n'ont pu, jusqu'à présent, se procurer des renseignements plus
« circonstanciés sur les conditions économiques du procédé de M. Young, procédé qui sera
« sans doute examiné dans le rapport d'une autre classe, mais ils espèrent sincèrement que
« cette découverte réellement belle ne rencontrera pas des difficultés semblables à celles qui
« s'opposèrent, il y a plusieurs années, à la mise en pratique d'un plan proposé pour fabri-
« quer des bougies de paraffine au moyen de la tourbe irlandaise. Si l'on obtient actuelle-
« ment la paraffine de houille en quantité suffisante et à un prix modéré, nous pourrons
« être témoins d'une révolution nouvelle dans les méthodes d'éclairage : les brillantes décou-
« vertes de M. Chevreul, tout récemment menacées par la splendeur de la lumière électrique,
« pourraient bien être éclipsées par l'adoption générale de bougies faites avec du gaz de

(1) Stenhouse (J.), patente n° 55, 8 janvier 1862, et n° 150, 21 janvier 1862.

« houille solidifié. » (Rapport sur la classe XXIX, par M. Warren de la Rue et M. le docteur A. W. Hofmann, *Rapports des jurés*, 625.)

Une circonstance très-importante relative à l'huile pour l'éclairage préparée par la houille boghead est qu'elle se trouve presque entièrement exempte de soufre. Peu de houilles, en dehors de celle de boghead, produisent des huiles au même degré de pureté; la plupart, contenant des quantités très-appréciables de soufre, qui se convertit en acide sulfureux pendant la combustion de l'huile, produisent les effets désagréables et bien connus de cet acide dans les appartements qu'on éclaire avec elle. Le révérend W. R. Bowditch (Royaume-Uni 482) propose de désulfurer ces huiles en les distillant à travers de l'hydrate de chaux porté à une certaine température. Il a exposé un échantillon d'huile de houille traitée de cette manière, qu'il considère comme entièrement exempte de soufre. M. Bowditch applique également le même procédé au gaz de houille; chacun sait que ce dernier contient invariablement du soufre dans une certaine combinaison que ne parviennent pas à éliminer les méthodes ordinaires de purification. On a trouvé que l'hydrate de chaux, porté à 200° centigr., décompose une forte proportion de ces composés sulfurés, en convertissant leur carbone en acide carbonique et leur soufre en hydrogène sulfuré. L'hydrate de chaux échauffé n'absorbe pas ces nouveaux composés, mais on peut les enlever facilement en faisant passer subséquemment le gaz à travers de l'hydrate de chaux à la température ordinaire (voyez le chapitre sur le bisulfure de carbone.)

L'impossibilité d'obtenir des détails statistiques concernant l'étendue et le mode d'exploitation de l'industrie de la paraffine de houille, fait éprouver une assez grande déception, et cette lacune est d'autant plus regrettable que les données indiquées plus bas sur les procédés correspondants appliqués à la tourbe, du lignite et du pétrole, auraient rendu assez complète l'histoire de cette branche importante de la fabrication des produits chimiques.

Procédés de distillation et de purification actuellement en usage. — Pour ce qui concerne la partie chimique du procédé, nous dirons que partout où l'on opère la distillation de la houille à une température comparativement basse, d'après le système de M. Young, les opérations fondamentales consistent en un traitement de l'huile ou du goudron distillés, premièrement par un courant de vapeur, qui déplace les hydrocarbures plus volatils appelés naphtes; et secondement par de l'acide sulfurique concentré, au moyen duquel on se débarrasse de la naphtaline et d'un certain nombre d'huiles d'une composition semblable à celle du gaz oléfiant. Avec ces composés disparaissent en grande partie et l'odeur désagréable de l'huile, et sa propriété de brunir par l'exposition à l'air. Après ce traitement, l'huile brute devient opaque et presque noire; mais si maintenant on l'agite vigoureusement avec une forte solution de soude caustique, on voit la matière noire se séparer en une couche distincte formée d'une substance goudronneuse, qui s'interpose entre la soude caustique et l'huile purifiée; on fait écouler cette dernière et on la soumet à la rectification, par laquelle elle se divise en une partie plus volatile qu'on réserve pour l'éclairage, et en une autre partie moins volatile qu'on livre au commerce comme huile lubrifiante; le premier de ces produits correspond à *l'huile solaire* des fabriques du continent.

Ce procédé de purification convient parfaitement à l'huile ou au goudron produits à une température comparativement peu élevée; mais on ne peut traiter ainsi avec le même avantage le goudron obtenu par le procédé ordinaire de la fabrication du gaz, à cause des quantités proportionnellement très-grandes d'acide sulfurique et de soude caustique qu'il faudrait employer, et qui réduisent toujours beaucoup le rendement en produits purifiés. On traite ce goudron avec beaucoup plus de succès, en le rectifiant d'abord et en mélangeant ensuite le produit distillé avec une solution de chlorure de chaux. Il faut agiter fortement ce mélange en y ajoutant graduellement de l'acide hydrochlorique étendu, jusqu'à ce que le chlorure de chaux ne contienne plus aucune trace de chlore. On provoque ainsi une oxydation de la partie la plus altérable et la plus fétide de l'huile; le produit devient noir, mais par l'agitation ultérieure avec une solution de soude caustique, on en sépare de nouveau la matière noire sous la forme d'une couche distincte, de laquelle on peut facilement soutirer l'huile, purifiée et surnageante. Partout où l'on emploie les *cannels* d'Ecosse assez riches, on a réussi, grâce à ce procédé, à transformer sur une grande échelle et avec succès le goudron des fabriques de gaz en produits ordinaires de l'industrie de la paraffine.

Huile d'os, huile animale. — Des produits analogues très-utiles ont été extraits récemment avec succès d'une source en apparence beaucoup moins exploitable. Des échantillons d'huile obtenue par la distillation sèche des os, et pouvant servir également à l'éclairage et au graissage, étaient exposés par M. J. Shand (Royaume-Uni, 597). Le jury a trouvé que ces produits, parfaitement vendables et pouvant être fabriqués industriellement en employant le goudron d'os d'une odeur nauséadonde et presque sans utilité jusqu'à ce jour, étaient d'une impor-tance assez grande pour mériter la distinction d'une médaille.

Sources de pétrole et d'huiles minérales du Canada et des États-Unis d'Amérique. — Parmi les colonies anglaises, le Canada et Victoria seuls ont exposé des produits de ce genre; ceux du Canada surtout offrent un grand intérêt, comme représentants d'une industrie qui, sans doute, atteindra bientôt des proportions colossales. Depuis quelques années l'Amérique du Nord a fourni au commerce des quantités considérables de paraffine et d'huile de paraffine, obtenues principalement d'une houille ayant beaucoup d'analogie avec le *boghead cannel*, au moyen du procédé de M. Young; mais cette production a été éclipsée récemment par la découverte, dans les États-Unis et dans le Canada, de sources de pétrole ou d'huile d'une richesse productive presque incroyable.

Pendant qu'il corrigeait les épreuves de ces pages, le rapporteur trouva dans un des derniers numéros des *Comptes-rendus* (livr. IV, p. 1241) la description des recherches si intéressantes de MM. Pelouze et Cahours sur ces huiles américaines. Ces huiles sont des mélanges d'hydrocarbures, desquels MM. Pelouze et Cahours ont séparé de l'hydrure de hexyle (caproyle) $C^6 H^{14}$. Ce liquide bout d'une manière constante à 68° centigr.; il est attaqué par le chlore, et fournit entre autres produits le chlorure de hexyle (caproyle), $C^6 H^{13} Cl$, au moyen duquel on obtient par des réactions convenables de l'alcool hexylique (caproylique), $C^6 H^{14} O$; du mercaptan hexylique (caproylique), $C^6 H^{14} S$; de l'hexylamine (caproylamine), $C^6 H^{15} N$, et différents autres termes intéressants de la série hexylique : M. Greville Williams avait indiqué déjà précédemment l'existence de plusieurs homologues de l'hydrure de hexyle dans l'huile du *boghead*.

Les principales sources des États-Unis sont situées près d'une station du chemin de fer Atlantique et Great-Western, d'où l'on peut facilement transporter l'huile à New-York. Une de ces sources, appelée la *Source impériale*, fournit plus de 7,000 gallons de pétrole par jour. On a déjà recueilli et vendu plus de 5,000.000 de gallons d'huile, et la surface de la rivière est encore recouverte d'une quantité considérable d'huile qui se perd en s'écoulant.

Les sources d'huile du Canada ne se trouvent pas dans une situation aussi favorable, et à cause des difficultés que présente le transport, les ressources énormes qu'offrent ces sources n'ont reçu jusqu'à présent qu'un développement très-restreint. Néanmoins des centaines d'ouvriers travaillent déjà à plus d'une centaine de puits, dont chacun fournit une moyenne de 600 gallons d'huile par jour. La production annuelle des sources actuellement exploitées ne peut pas être estimée à moins de 20,000,000 de gallons. M. T. Sterry Hunt, F. R. S., le chimiste distingué du service géologique du Canada, affirme que *l'huile de pétrole provient du calcaire carbonifère.*

Ce calcaire affleure à Port-Érié et traverse toute la contrée jusqu'au lac Huron, en passant par Woodstock. Il est recouvert dans quelques parties des territoires de Lambton et Kent par un gisement puissant de schistes du groupe d'Hamilton; à Lambton, près du lac Huron, il y en a d'autres d'une formation supérieure, appelés le groupe de Chemung et Portage, qui constituent la base des gîtes du Michigan, situés à 3,000 ou 4.000 pieds au-dessous de cette houille. Toutes ces formations dans le Canada inclinent de 17 à 25 pieds par mille (5,280 pieds) vers le sud, de manière qu'en avançant dans cette direction il faut creuser de plus en plus profondément pour trouver cette roche de calcaire carbonifère.

Les couches superficielles dans le Kent ont un peu plus de 200 pieds d'épaisseur.

L'huile de pétrole se rassemble probablement dans des cavités ou bassins formés par la dislocation de la roche, et le forage des puits est en conséquence une entreprise un peu chanceuse; mais il ne peut y avoir de doute qu'on rencontrera de l'huile minérale à bien des lieues à la ronde autour des sources actuelles.

D'après une brochure publiée récemment par la Compagnie de l'huile native du Canada (*Canadian Native Oil Company*), il existe trois sources jaillissantes d'huile, c'est-à-dire des sources d'où le pétrole s'élève dans des tubes à une hauteur de plusieurs pieds au-dessus de la surface de la terre. L'une d'elles fournit 500 barils d'huile, la seconde 600 barils par jour. Quant aux autres sources, il est nécessaire de pomper l'huile à la surface. Les produits suivants, obtenus par M. le docteur Muspratt de 100 parties de pétrole, serviront à en indiquer la composition :

Naphte légèrement coloré (densité : 0.794)......	20
Naphte jaune lourd (densité : 0.837)............	50
Huile lubrifiante riche en paraffine............	22
Goudron	5
Charbon	1
	98
Perte................	2
	100

Dans la partie de l'exposition occupée par les produits des Etats Unis d'Amérique, se trouvaient exposés de beaux échantillons d'huiles pour graissage et éclairage, fabriqués tant avec du pétrole qu'avec de la houille. Les procédés employés pour cette fabrication ne sont pas encore connus.

Industrie de la paraffine en France. — Il est remarquable que la France, après avoir fait preuve d'une telle activité chimique dans d'autres directions, n'ait exposé dans la classe II aucun produit appartenant à l'industrie de la paraffine, quoique MM. Galland et Cᵉ (France, 954), et MM. Cogniet, Maréchal et Cᵉ (France, 957), aient exposé dans la classe IV des produits obtenus par la distillation de matières bitumineuses.

Industrie de la paraffine et des produits accessoires en Prusse. — Dans le Zollverein, la Société des lignites de Werschen-Weissenfels (à Weissenfels), royaume de Prusse, province de Saxe (Zollverein, 877), a exposé des échantillons splendides de paraffine et d'autres produits du lignite. La Compagnie a donné la description suivante des matières exposées :

1. Paraffine de première qualité, blanche, transparente, inodore, et à cassure cristalline. Elle fond à 56° C.

2. Des bougies de paraffine, possédant les mêmes propriétés. Par leur pouvoir éclairant et leur combustion économique, elles sont supérieures à toutes les bougies actuellement connues dans le commerce. On fabrique également des qualités inférieures à des prix réduits.

3. De la benzine, huile très-volatile, très-peu dense, employée pour l'éclairage, pour l'enlevage des tâches de graisse, pour le nettoyage de la laine dans les fabriques de tapis, et pour augmenter le pouvoir éclairant du gaz de houille.

4. Du photogène, une huile volatile, qui, dans des lampes construites convenablement donne une lumière égale à celle du gaz, et est d'une combustion très-économique. La première qualité de photogène est limpide comme l'eau et d'une densité de 0.785 à 0.795 ; la

seconde qualité est jaunâtre, et sa densité est de 0.805 ; la troisième qualité (huile solaire) est jaune, d'une densité de 0.835 ; elle sert à l'éclairage des appartements, des rues, des wagons de chemins de fer et des locomotives.

5. De l'huile de paraffine, l'huile épaisse peu fluide, contenant de la paraffine ; elle est jaune, d'une densité de 0.840 à 0.860 ; elle cristallise à 0° C., et pour cette raison, elle ne peut servir à l'éclairage que lorsque la température extérieure est assez élevée. En y ajoutant du suif, elle se prête bien au graissage des machines, et on peut l'employer avantageusement pour la préparation du gaz.

Procédés de fabrication employés en Prusse. — Dans un rapport sur la fabrication de la paraffine et du photogène, adressé au ministre de l'agriculture en Prusse, M. Dullo de Königsberg a donné récemment une description intéressante du procédé employé dans ces manufactures. Les détails suivants sont extraits de ce rapport :

« La distillation du lignite légèrement coloré se fait à Weissenfels, dans des cornues horizontales en fonte, de six à sept pieds de long, deux pieds de large, et un pied de haut. Ces cornues durent d'un an à un an et demi ; on les charge à peu près aux deux tiers avec 85 à 100 kilogr de lignite. On chauffe trois de ces cornues par le même feu, et la distillation s'opère dans environ six heures. Les cornues, alignées sur une longue rangée, sont reliées au moyen d'un tuyau en fonte, muni d'un long récipient (barillet), commun à toutes les cornues, et placé à l'air libre. Ce barillet, qui est en tôle, a deux pieds de diamètre, et la même longueur que l'atelier à cornues. On y condense le goudron, et, afin de faciliter le refroidissement, on fait tomber sans interruption un courant d'eau froide sur la partie extérieure. Le goudron condensé s'échappe de temps en temps par un robinet placé à l'extrémité inférieure du cylindre (qui, pour cette raison, est en pente légère) et coule dans le réservoir à goudron. Les gaz, qu'on ne peut pas condenser, se dégagent du cylindre en passant à travers une cheminée en tôle haute et étroite ; cette dernière produit en même temps un courant tel, qu'un aspirateur pour les cornues est devenu tout à fait inutile. Si l'on trouve que l'appareil réfrigérant ne fonctionne pas d'une manière parfaite, on peut interposer entre le cylindre et la cheminée une série de compartiments condenseurs.

« Du réservoir général de goudron, ce dernier, encore tiède, est pompé dans l'appareil où s'opère la séparation des parties aqueuses. Cet appareil se compose de citernes en tôle, placées dans des caisses plus grandes, la distance entre les parois étant d'environ 10 centimètres. Cet espace est rempli d'eau, qu'on maintient pendant dix heures à une température de 60° C. au moyen d'un jet de vapeur. Au bout de ce temps, l'eau, qui forme environ un tiers de la totalité du goudron brut, est presque entièrement séparée. La faible quantité d'eau, qui reste encore mélangée au goudron, n'exerce aucune influence nuisible sur la marche de la distillation ultérieure. Tous les autres moyens, tels que le sel marin et le chlorure de calcium, qu'on avait employés jusqu'à présent pour rendre cette opération plus facile, ont toujours été trouvés d'un emploi fastidieux et coûteux. Dans le cas présent, le procédé le plus simple est aussi le meilleur, et le résultat de l'expérience auquel on est arrivé dans ces manufactures est, qu'on ne peut jamais employer avec avantage les appareils compliqués, quelque beaux et ingénieux qu'ils puissent être.

« Le goudron, débarrassé de la plus grande partie d'eau, est écoulé dans des alambics, pouvant contenir chacun environ une tonne de liquide. Ces alambics sont généralement construits en fonte, qu'on préfère de beaucoup au fer ; une voûte en maçonnerie les protége contre le contact direct de la flamme du four ; on construit les alambics en deux parties, afin de pouvoir remplacer la partie inférieure lorsqu'elle est brûlée.

« Entre les alambics et les condensateurs se trouve un mur massif, à travers lequel on fait passer les cols des chapiteaux d'alambics ; l'appareil condensateur se compose de serpentins en plomb placés dans de grandes cuves en bois, à travers lesquelles on fait circuler de l'eau froide. Aussitôt que la paraffine commence à distiller, on arrête le courant d'eau froide ; l'eau des réfrigérants s'échauffe et ne permet pas à la paraffine de se solidifier dans le serpentin. On continue la distillation jusqu'à ce qu'il ne reste plus que du charbon dans l'alambic; et afin d'empêcher la grande masse des gaz. qui se dégagent par la décomposition des huiles dans la dernière partie du procédé, de se répandre dans l'atelier des condensateurs, on a imaginé un arrangement qui permet aux produits condensés de couler librement dans le récipient, tandis qu'on oblige les gaz permanents de s'échapper à travers un tube sortant du bâtiment. La quantité de coke, qui est très-dur et de bonne qualité, varie beaucoup, selon la nature de la matière brute employée. Plus la quantité en est petite et plus l'opération est considérée comme bien réussie.

« On renferme tout le produit condensé dans de grands cylindres en fonte, bien clos, et on le met en contact intime avec une solution de soude caustique. Le but de cette opération est de combiner avec la soude les corps acides, tels que l'acide carbolique et autres, qui communiquent aux huiles une odeur désagréable et une couleur foncée. Faut-il chauffer les huiles avant de les soumettre à ce traitement, et combien de temps faut-il les laisser en contact avec la soude caustique? Combien faut-il employer de soude caustique et à quel degré de concentration doit-elle être, afin d'obtenir le résultat désiré avec le moins de temps et de travail possibles? Toutes ces questions dépendent de la nature de la matière brute employée, et l'on ne peut y appliquer aucune règle déterminée.

Quelquefois on arrive au résultat en deux minutes, sans chauffer, avec 5 ou 6 pour 100 de soude; d'autres fois, même en chauffant, il faut au moins deux heures et 20 pour 100 d'alcali. Si la chaleur est nécessaire, on la communique par la vapeur, qui circule dans une chemise enveloppant les cylindres. Dès que la réaction de la soude caustique est terminée, le mélange s'écoule dans des vases en fer, au fond desquels se dépose la solution de phénate de sodium et d'autres composés sodiques; on fait écouler ces derniers et on lave avec de l'eau l'huile surnageante jusqu'à ce que toute réaction alcaline ait disparu. De là on fait passer l'huile dans un cylindre en fonte, pareil à celui que nous venons de décrire, et on la traite avec de l'acide sulfurique en opérant de la même manière qu'avec la soude. Quelquefois ces cylindres sont doublés de plomb; mais on a reconnu l'inutilité de cette précaution, puisque l'acide sulfurique concentré est presque sans action sur la fonte. Le traitement par l'acide sulfurique a pour but l'élimination de toutes les substances basiques, qui communiquent à l'huile brute une couleur et une odeur désagréables.

« Le temps pendant lequel doit durer l'action de l'acide sulfurique, sa concentration et sa qualité; si les huiles doivent être chauffées ou non; tout cela dépend entièrement du caractère de l'huile brute. Quelquefois 5 pour 100 d'acide sulfurique d'une densité de 1.70 suffisent pour produire le résultat en une minute; d'autres fois on n'y arrive qu'en employant 25 pour 100 d'acide sulfurique, dont on fait durer l'action pendant trois heures.

« Ce traitement est d'une grande importance, tant pour la qualité que pour la quantité de l'huile purifiée. Lorsque l'acide sulfurique agit pendant un temps prolongé, il se forme de grandes quantités d'acide sulfureux, et en même temps les huiles deviennent plus lourdes en raison de l'hydrogène qu'on en enlève et qui provoque la réduction de l'acide sulfurique; cette élimination d'hydrogène paraît être limitée en grande partie aux huiles plus légères. qui, plus aisément que les huiles lourdes, peuvent perdre une partie de leur hydrogène et être converties ainsi en produits d'une densité plus grande. Cette décomposition n'est pas tant à craindre pour les produits de la distallation de matières d'une origine plus récente, tels que la tourbe et le lignite, puisqu'ils exigent une proportion moindre d'acide sulfurique, dont l'action n'a pas besoin d'être aussi prolongée. Mais les produits de la distillation de la houille boghead, de la houille « cannel », de la houille de Pelton-Main et de Grove, exigent beaucoup d'acide, et souvent après trois heures de réaction l'effet est à peine obtenu d'une manière satisfaisante.

« Dans ces circonstances, il faut redistiller les huiles et les traiter de nouveau par l'acide sulfurique.

« La réaction de l'acide sulfurique étant achevée, on fait couler de nouveau le mélange dans des citernes en fer, où les composés acides se déposent et sont soutirés. L'huile, qu'on lave d'abord avec de l'eau et puis avec une solution faible de soude caustique, est de nouveau transférée dans de grands alambics pour être rectifiée.

« Le produit acide, que nous venons de mentionner, sert à neutraliser la solution de carbolate ou de phénate de sodium, précédemment obtenue. On obtient ainsi, d'un côté, de l'acide carbolique brut, qu'on peut employer soit pour en imprégner les traverses des chemins de fer, soit pour la préparation de matières colorantes ; de l'autre, on obtient du sulfate de soude qu'on vend aux fabricants d'alcali.

« Pour la rectification de l'huile, on procède exactement de la même manière que pour la distillation du goudron. Selon leur densité, on sépare les huiles rectifiées en photogène et en huile solaire, ou bien on les mélange de manière à produire une huile d'une densité de 0.833, et on les livre au commerce comme *huile solaire*. Quand l'huile, s'écoulant du serpentin, commence à se solidifier par le refroidissement, ou quand elle a atteint une densité de de 0.880 à 0.900, on la recueille à part, et on la dépose dans une cave froide, où la paraffine cristallise peu à peu.

« Les vases, qui servent à ce dernier usage, sont ou des caisses en fer munies d'un robinet à la partie inférieure ; ou bien ils ont la forme d'une pyramide renversée de cinq à six pieds de haut, présentant une surface de trois pieds carrés au sommet, et fermée à la base par un obturateur en bois. La cristallisation étant terminée, c'est-à-dire après deux ou quatre semaines, on fait écouler lentement l'huile qui est encore restée liquide, tandis que les brillantes lames cristallines de paraffine restent attachées aux parois du vase. On conserve cette huile épaisse et on l'expose aux gelées de l'hiver, qui font encore cristalliser de grandes quantités d'hydrocarbures solides ; ces derniers, quoique n'étant pas de la paraffine, peuvent être utilement employés dans les fabriques de stéarine, auxquelles on les vend pour cette raison. L'huile, qui reste après cette seconde cristallisation, sert à différents usages. Si elle n'est que peu dense, on la redistille et on la convertit en huile solaire ; mais si sa densité est plus élevée, comme, par exemple, de 0.925 à 0.940, elle ne fournit pas d'huile solaire, mais une huile épaisse qu'on vend pour le graissage des machines ou des essieux de voitures. La substance, connue dans le commerce sous le nom de *graisse à voiture belge*, est fabriquée avec ces huiles.

« Les cristaux de paraffine brute, obtenus en Angleterre par ce procédé, sont quelquefois purifiés par le producteur même, mais très-souvent aussi ils sont vendus tels quels à d'autres fabricants qui les purifient ; tandis qu'en Allemagne, chaque fabricant purifie sa propre paraffine et généralement complète la fabrication en la convertissant en bougies. La première méthode, qui permet une plus grande division du travail, paraît être la plus rationnelle. On commence la purification de la paraffine en plaçant les cristaux bruts dans des appareils centrifuges, qui expulsent une nouvelle quantité d'huile épaisse. La masse solide ainsi obtenue est moulée en forme de pains et soumise à une pression hydraulique, d'abord à froid, et plus tard à une chaleur douce. Cette dernière opération a pour but d'éliminer tous les hydrocarbures, qui sont fusibles au-dessous de 40° C. Dans ce but on place, dans les presses horizontales entre chaque couple de pains de paraffine, des plaques creuses, à travers lesquelles on fait couler de l'eau à 35° — 40° C. De cette manière on liquéfie et on exprime les hydrocarbures en question. On emploie rarement une pression plus forte que 300,000 kilogrammes, puisque autrement on risquerait de faire crever les étoffes de crin si coûteuses dont on enveloppe la paraffine. On fait ensuite fondre la paraffine pressée et on la chauffe à 150° C., soit à feu nu, soit par la vapeur ; on la mélange avec deux pour 100 d'acide sulfurique concentré, qui carbonise tous les hydro-carbures, qui ne sont pas de la paraffine, tandis que la paraffine pure n'est pas attaquée. On lave soigneusement cette dernière avec de l'eau chaude ; après refroidissement, on la mélange avec le meilleur photogène incolore, on introduit le mélange dans des cylindres à chemises, dans lesquels on peut le maintenir chaud et fluide et le filtrer à travers du charbon animal. On blanchit la paraffine par ce procédé ; en la traitant ensuite par un courant de vapeur légèrement surchauffée, on sépare de nouveau complétement le photogène de la paraffine.

« La paraffine, obtenue de cette manière, est parfaitement incolore et admirablement translucide ; elle est fusible à 60° C., et elle est si dure que les bougies, faites avec elle, ne se recourbent pas, même en les exposant à une température de 30° C. »

Le docteur Bernhard Hübner, manufacture d'huile minérale et de paraffine à Rehmsdorf, près Zeitz (Prusse, 751), a exposé de magnifiques échantillons de paraffine, de bougies de paraffine, de photogène, d'huile solaire et d'huile lubréfiante, le tout fabriqué avec du lignite. L'exposant fournit les données suivantes concernant les articles de sa fabrication :

		Prix par gallon = 4.54 litres.	
	Densité.	Shellings.	Pence.
1. Photogène de salon (huile minérale légère)	0.770	3	4 $^1/_2$
2. Photogène (huile minérale légère)	0.795	2	2 $^1/_2$
3. Huile solaire de salon (huile minérale lourde)	0.840	2	6
4. Huile solaire (huile minérale lourde)	0.830	2	3
5. Huile de paraffine	»	1	7 $^2/_3$
6. Paraffine I, fusible à 61° C. = 137° Fahr. (par quintal de 50 kilogrammes)	»	106	3
7. Paraffine II, fusible à 46° C. = 103°.55 Fahr. (par quintal de 50 kilogrammes)	»	83	9 $^1/_2$
8. Bougies de paraffine (par quintal de 50 kilogrammes)	»	131	0 $^1/_2$

Le docteur B. Hübner paraît avoir établi les appareils dans beaucoup de fabriques de paraffine d'Allemagne.

La *Georghütte*, près Aschersleben, en Prusse (977), le *Anhaltischer Fabrikenverein für Chemische Producte*, dans le duché de Anhalt Dessau-Cœthen (6), et les fabriques de paraffine et d'huile solaire, à Wildschütz, près de Hohenmœlsen, en Prusse (828), ont envoyé également de très-beaux échantillons de paraffine et des produits collatéraux du lignite.

Dans les cours du Zollverein nous trouvons aussi les plus beaux spécimens d'hydrocarbures et de paraffine dérivés de la tourbe. La fabrication lucrative de produits vendables, obtenus au moyen de la tourbe paraît offrir beaucoup plus de difficultés que celle du lignite ou de la houille. L'extrait suivant du rapport de M. Dullo, auquel nous avons fait allusion plus haut, pourra servir à éclaircir les causes de cette difficulté, et à expliquer la raison pour laquelle la fabrication des produits de la tourbe n'a pas encore été pratiquée avec beaucoup de succès dans le Royaume-Uni :

« Pour ce qui concerne la fabrication de ces substances tirées de la tourbe, il n'est pas impossible de la pratiquer avec succès dans certaines conditions : par exemple, si l'on peut obtenir à bon marché un vaste marais tourbeux et si l'on peut exactement en calculer le produit à l'avance. En général, l'expérience nous enseigne que la vieille tourbe noire, dans laquelle la fibre de la plante est presque complétement altérée, fournit plus de goudron que la variété fibreuse plus récente. D'un autre côté, le goudron de la vieille tourbe est plus riche en carbone et fournit ainsi des produits de distillation plus lourds, tandis que le goudron de la tourbe récente est plus hydrogéné et pour cette raison fournit des produits plus légers. On a encore remarqué que les produits de la distillation de la tourbe, tout en ayant une odeur beaucoup plus désagréable que ceux de toute autre matière brute, sont cependant comparativement faciles à purifier. En effet, on peut établir comme règle générale que, plus la matière brute est ancienne, et plus il est difficile et coûteux de séparer le photogène et la paraffine des hydrocarbures nauséabonds; c'est particulièrement le cas pour la houille boghead et cannel. Les données suivantes, constituant des moyens d'expérience pratique, démontrent qu'il faut agir avec la plus grande prudence avant d'établir une fabrique pour l'utilisation de la tourbe.

« Dans les établissements de Bernuthsfelde, près d'Auride, où l'on emploie exclusivement de la tourbe de bonne qualité, on obtient 6 à 8 pour 100 de goudron, et le goudron fournit 20 pour 100 d'huile solaire (densité 0.839), et 3/4 pour 100 de paraffine.

« En Irlande on est arrivé à un résultat analogue; on a trouvé qu'une tonne de tourbe séchée à l'air a fourni 28 livres d'huile d'éclairage et 1 livre de paraffine.

« Le lignite qu'on distille à Weissenfels, et dont la teinte n'est que d'un brun clair, paraît être une substance particulièrement bien adaptée à cette industrie, et les rapports statistiques sur sa distillation sont beaucoup plus favorables que ceux concernant la tourbe; 180 livres de ce lignite fournissent 30 à 35 livres de goudron, duquel on retire 8 à 10 pour 100 de paraffine dure, convenable pour la fabrication de la bougie, et 8 à 10 pour 100 d'une paraffine plus fusible, qu'il faut mélanger avec de la stéarine avant de la transformer en bougies. En outre, on en retire 28 livres de photogène et 23 livres d'huile solaire, 40 livres du poids primitif du goudron étant perdues et constituant le déchet. Par conséquent une tonne de ce lignite peu coloré fournit les produits suivants : — 31.5 livres de paraffine dure, 31.5 livres de paraffine molle, 70 livres de photogène, et 80 livres d'huile solaire.

« De la comparaison de ces nombres avec ceux indiqués plus haut pour la tourbe, il résulte d'une manière évidente que, si même le prix de la tourbe est *nul*, une fabrique employant cette substance ne pourra pas entrer en concurrence avec une autre se servant de lignite, puisque le travail et le déchet sont en réalité les mêmes dans les deux cas. »

M. J.-A.-T. Otto, de Francfort-sur-l'Oder (1218), a exposé deux magnifiques colonnes de paraffine de tourbe très dure et de bonne qualité, et également de beaux échantillons de bougies faites avec la même substance.

Dans les cours autrichiennes, le docteur Breitenlohner (89) expose, de la part de la manufacture archiducale des produits de la tourbe à Chlumetz, en Bohême, un beau bloc de paraffine, du photogène et de l'huile solaire. La paraffine est dite être fusible à 53° C., et, par la chaleur actuellement régnante dans le palais de l'Exposition, elle est un peu molle au toucher. Le photogène est d'une couleur jaune paille clair, et sa densité de 0.815. L'huile solaire a la couleur du vin d'Oporto, et sa densité est de 0.835.

M. Charles Polley, Simmering, près de Vienne (Autriche, 142), expose de l'huile lubréfiante, de l'huile solaire, du photogène et de la paraffine brute, fabriqués avec l'asphalte et le lignite, d'après le brevet de M. Wagenmann. L'huile lubréfiante et le photogène sont de bonne qualité, mais on est loin d'avoir déodorisé suffisamment l'huile solaire.

M. G. Wagenmann, de Vienne (Autriche, 165), expose de bons échantillons d'huile de paraffine pour le graissage, d'huile solaire, et de photogène. Cet exposant a souvent cherché à déterminer le total des produits qu'on peut obtenir par la distillation sèche de la tourbe, du lignite et des schistes bitumineux. Le tableau suivant indique quelques-uns des résultats qu'il obtint avec 100 parties de chaque substance :

	Photogène.	Huile solaire.	Paraffine brute solide.
Tourbe dure, d'un brun foncé, contenant 33.58 pour 100 d'eau et 6.76 pour 100 de cendres.....	0.435	1.10	1.943
Tourbe brune fibreuse contenant 36.23 pour 100 d'eau et 5.49 pour 100 de cendres...........	0.380	1.124	2.389
Lignite dur, d'un brun foncé, se rencontrant en petits fragments, et contenant 45.26 pour 100 d'eau et 9.83 pour 100 de cendres..................	0.810	3.940	3.910
Schiste bitumineux, contenant 19.9 pour 100 et 23.52 pour 100 de cendres.................	8.160	1.590	12.870

Propriétés des produits liquides. — D'après M. Wagenmann, les produits liquides doivent posséder les propriétés suivantes :

« Le photogène doit être très-fluide, puisqu'il est fréquemment obligé de s'élever le long d'une mèche de 6 pouces (16 centimètres) de hauteur. La densité du meilleur photogène varie entre 0.815 et 0.835. Les photogènes dont la densité n'est que de 0.78 sont d'un usage dangereux, puisqu'ils contiennent des huiles dont le point d'ébullition se trouve déjà à 60° C. ; ces dernières forment facilement des mélanges explosifs dans les réservoirs aérés des lampes dans lesquels on les brûle. D'un autre côté, le photogène d'une densité de 0.840 et au-delà est presque sans utilité, puisqu'il ne peut pas s'élever avec assez de facilité le long d'une mèche.

« L'huile solaire ne doit pas contenir des huiles d'une densité moindre de 0.878, ni au-delà de 0.920. Sa densité se trouve généralement entre 0.885 et 0.85. Refroidie à 10° C., elle ne doit pas déposer de paraffine, et, quand on l'agite, les bulles d'air ne doivent pas s'élever plus rapidement à la surface que pour l'huile de colza.

« La densité de l'huile lubréfiante peut varier de 0.920 à 0.950, et l'odeur de cette huile doit être imperceptible. Souvent elle est mélangée avec de l'huile de Gallipolli (huile d'olive). Quoiqu'elle contienne de la paraffine, elle ne doit cependant pas la déposer lorsqu'on la refroidit à 2° centigrades. »

Sources de pétrole de la Russie. — Dans le département de la Russie, on remarque à l'Exposition des échantillons de paraffine brute et de photogène, fabriqués au moyen des célèbres sources de naphte ou de pétrole sur les bords de la mer Caspienne. On commença à les exploiter en 1858 ; elles se trouvent à une distance de neuf et demi milles anglais environ de Bakou. Une grande quantité de gaz combustible sort de terre à cet endroit, et dans la manufacture on l'emploie avec succès comme une source de chaleur. Les gazomètres peuvent contenir 6,956 pieds cubes. Les substances natives qu'on emploie sont du naphte ou pétrole et du *naphtagil*, une espèce d'asphalte ou bitume. Les produits actuellement fabriqués au moyen de ces substances sont : du *photonaphtyl* (photogène), du *pétrolène*, de la paraffine brute et du noir de fumée. Le pétrole est distillé dans trois appareils distillatoires pouvant contenir chacun 9.2 de tonnes (9,200 kilogrammes).

Le naphte employé, n'étant pas toujours de la même qualité, fournit entre 34 et 42 pour 100 de photonaphtyl. On peut faire fonctionner le même appareil deux fois par semaine, et, déduction faite de douze semaines par an pour le refroidissement, le nettoyage et les réparations nécessaires, chaque appareil peut servir quatre-vingt fois par an. Il résulte de là que le produit d'une année devrait s'élever à 925 tonnes, mais actuellement on ne fabrique que 400 tonnes. La densité du naphte natif est de 0.8713, et son point d'ébullition a 250° C. La densité du photogène exposé est de 0.823, et son point d'ébullition est à 158° C. Outre le photogène, le naphte natif fournit 6 pour 100 de pétrolène, qu'on vend comme substitut de la benzine. L'échantillon exposé bout à 110° C., et sa densité est de 0.765.

L'autre matière brute, le *naphtagil*, est distillée dans des cornues en fonte, de 8 pieds de long, 2 pieds de haut et 3 pieds de large. Trente-deux de ces cornues fonctionnent dans ces fabriques. Le naphtagil fournit 40 pour 100 de photonaphtyl et 15 pour 100 de paraffine brute. L'approvisionnement en naphtagil est assez incertain, puisqu'on ne peut l'acheter qu'occasionnellement en Turcomanie et sur la côte orientale de la mer Caspienne : 594 tonnes de cette matière sont actuellement en magasin dans l'usine. La fabrication du photogène au moyen du naphtagil est plus coûteuse que son extraction du naphte ; mais la qualité du premier est un peu supérieure. Sa densité est de 0 790, et il bout à 188° C. On ne purifie pas la paraffine brute, mais on la vend aux fabricants de bougies au prix courant du suif, à 5 1/2 d. par liv. st.

En se servant du naphte pour préparer le photogène par le procédé ci-dessus indiqué, il reste environ 40 pour 100 d'un goudron liquide qu'on peut convertir en huile solaire. Mais comme en Russie il est difficile de placer cette huile dans le commerce, on en fabrique du noir de fumée.

On a commencé une exploitation analogue à l'île de Svatoï, près de la presqu'île d'Aspheron, sur les côtes de la mer Caspienne. Il y a trois ans à peine qu'on a construit la fabrique. La matière brute employée est du *naphtadehyl*, une espèce particulière de bitume sec ressemblant à de la cire de couleur foncée. On en rencontre de grandes quantités dans l'île, et à différents endroits le long des côtes sud-est de lamer Caspienne, occupées par lesPerses et par des tribus de Tartares Trookhmen. On le trouve en gisements ou couches de deux pieds et plus d'épaisseur. On vend à la fabrique des bougies de paraffine à 1 s. 9 d. la liv. st. (3 fr. 75 c. le kilogramme).

Dépôt bitumineux particulier dans le Derbyshire, en Angleterre. — Dans le High Peak du Derbyshire, il existe un dépôt d'une substance bitumineuse élastique, connue dans le pays sous le nom de *Devil's dung* (fumier du diable). Elle constitue une couche mince, incrustée de beaux cristaux de protosulfure de fer ; on la rencontre immédiatement sous le gazon vert qui recouvre le calcaire de la montagne. On a accumulé des quantités considérables de cette matière dans quelques-unes des cavernes du High Peak, dans l'espoir qu'elle pourra un jour devenir un article vendable : jusqu'à présent, cependant, on n'a pas utilisé cette substance, quoique par la distillation elle fournisse un gaz d'un pouvoir éclairant égal à celui qu'on tire de la houille boghead. Le succès de l'exploitation des dépôts naphtaliques des bords de la mer Caspienne suggère la possibilité d'une utilisation semblable de ce dépôt analogue dans le comté de Derby.

Cette esquisse des traits principaux de l'industrie de la paraffine, quelque courte et imparfaite qu'elle soit, n'en servira peut-être pas moins à faire ressortir le développement rapide et les proportions colossales actuelles d'une branche d'industrie dont l'origine remonte à des faits purement chimiques, découverts il y a plus de trente ans dans le laboratoire de M. de Reichenbach ; il est étrange que, pendant plus de vingt ans, l'exploitation industrielle n'ait pas songé à appliquer et à utiliser ces faits.

Suit la liste des exposants qui ont obtenu soit des médailles, soit des mentions honorables. Nous y rencontrons, comme appartenant à la France, le seul nom de M. Robert-Galland et Comp. (954), Paris. Produits obtenus avec la houille boghead. (Médaille.)

AMIDON ET FÉCULE.

Les industries connexes ayant pour objet l'utilisation de l'amidon et de ses dérivés, soit comme aliments, soit pour l'épaississage de mordants, pour la fixation de couleurs, pour l'apprêt des tissus, pour la production de l'alcool, etc., se trouvaient abondamment représentées à l'exposition internationale de 1862; on en trouve la preuve dans le nombre de distinctions honorables décernées par le Jury. Le rapporteur ne peut guère signaler de découvertes récentes d'une importance majeure dans ces branches d'industrie; mais malgré cela elles ne sont nullement restées stationnaires pendant cette dernière décade.

Fabrication de l'amidon au moyen des céréales. — Cette fabrication, dans la grande majorité des cas, est toujours encore pratiquée d'après l'un ou l'autre des deux procédés suivants :

1° Les grains sont trempés dans l'eau froide ; ils s'y gonflent et fournissent, lorsqu'on les écrase ensuite sous des meules, une pulpe laiteuse. Cette pulpe, délayée par de nombreux petits filets d'eau, est passée à travers des toiles métalliques et se rend dans un réservoir où l'amidon se dépose. Sous les meules et sur les toiles métalliques reste du gluten, mélangé avec du son, des débris d'épiderme, etc., retenant une certaine quantité d'amidon, dont on opère la séparation en soumettant le tout à la fermentation lactique. Cette fermentation fluidifie le gluten et le rend soluble, ce qui permet au fabricant d'extraire le reste de l'amidon des matières corticales ;

47

2° Les grains sont concassés et trempés pendant plusieurs semaines dans l'eau sûre des amidonniers. Il en résulte une fermentation lactique qui rend le gluten soluble. Le tout est délayé avec de l'eau et passé à travers des tamis de plus en plus serrés, qui retiennent le son et permettent aux granules d'amidon de passer. La liqueur laiteuse dépose par le repos l'amidon qu'elle tenait en suspension.

Le dépôt est purifié par des lavages répétés et passé finalement à travers des tamis encore plus fins que ceux employés en premier lieu.

Le dernier blanchiment du produit constitue généralement le secret des différents fabricants. Les uns font usage, dans ce but, de solutions alcalines extrêmement faibles, telles que de l'eau de chaux ou une solution étendue de carbonate de sodium ; d'autres emploient des liqueurs légèrement acidulées; d'autres encore lavent l'amidon alternativement avec des liqueurs acides et alcalines, finissant l'opération dans tous les cas par des lavages à l'eau pure.

Procédés perfectionnés. — Ils consistent essentiellement dans l'adoption d'arrangements mécaniques, permettant une fabrication plus rapide et plus économique et dans l'obtention à la fois d'une quantité plus considérable d'amidon et d'amidon mieux purifié des résidus.

Les difficultés qui s'étaient opposées pendant longtemps à l'extraction mécanique de l'amidon, par malaxage et lavage de la pâte de farine, ont été surmontées pour la majeure partie dans ces dernières années. Cette opération a été réalisée industriellement pour la première fois par M. Emile Martin, de Grenelle, qui a ainsi réussi à obtenir l'amidon sans détruire le gluten (1).

Procédé de M. E. Martin. — Comparé aux anciennes méthodes, ce procédé présente deux désavantages. En premier lieu, il nécessite la transformation préalable du grain en farine, et secondement, il n'est point applicable au traitement des grains avariés.

Mais, d'un autre côté, il offre l'avantage d'être beaucoup plus salubre pour les ouvriers, d'augmenter indubitablement le rendement en amidon et de permettre l'utilisation du gluten, soit pour la préparation avec des blés ordinaires d'articles d'alimentation, tels que : vermicelles, macaronis, pâtes d'Italie, etc. (qui précédemment ne pouvaient être fabriqués qu'avec des blés durs, naturellement riches en gluten), soit pour la production de glutine, qu'on peut employer comme un surrogat de l'albumine, comme l'a conseillé récemment M. Walter Crum, en appuyant son conseil sur des données expérimentales. Le procédé de M. Martin est très-simple :

On empâte très-soigneusement la farine avec moitié son poids d'eau. La pâte, ainsi préparée, est ensuite lavée, tout en étant constamment malaxée, dans un appareil appelé *amidonnière*, qui consiste en principe dans une auge demi-cylindrique, dont les parois sont formées en partie par des toiles métalliques, et dans laquelle la pâte est comprimée et travaillée au moyen d'un cylindre cannelé.

L'eau chargée de granules d'amidon passe à travers la toile métallique, et le gluten, qui est constamment aggluliné et soudé sur lui-même, finit par rester seul sous forme d'une masse élastique.

Procédé de M. Walter Crum pour la préparation de la glutine. — Le gluten ainsi obtenu est utilisé par M. Walter Crum (2) pour la préparation de la glutine. A cet effet on abandonne le gluten (qui est hydraté), à une température variant entre 20° et 25° (température ordinaire de l'été), jusqu'à ce qu'il se soit transformé en une masse gommeuse semi-fluide, miscible en toutes proportions avec l'eau.

Après l'avoir réduite de cette manière à un état de ténuité ou de fluidité convenable, on

---

(1) Payen, *Chimie industrielle*, 1859, II, p. 155.

(2) Crum (W.), patentes n° 1263, 23 mai 1859; n° 1319, 28 mai 1859. — *Repert. of patent inv.*, 1860, février p. 152, et mars p. 196.

peut s'en servir pour épaissir les couleurs. Ces dernières imprimées au moyen de cet inter-médiaire se trouvent fixées après le vaporisage.

M. W. Crum a également indiqué le procédé suivant, qui est un peu plus compliqué. Au gluten liquéfié on ajoute une solution de carbonate de sodium, qui, en saturant l'acide formé pendant la liquéfaction spontanée du gluten, le rend de nouveau insoluble et plastique. On le lave dans cet état à plusieurs reprises avec de l'eau froide et on le dissout finalement dans une lessive de soude caustique. On obtient de cette manière une solution mucilagineuse, qu'on peut employer directement pour l'impression des tissus.

Procédés de MM. Hanon, Bodard et Rott. — M. Hanon a donné une méthode de traitement présentant une grande analogie avec le premier procédé de M. Walter Crum.

M. Liès-Bodard dissout le gluten plus ou moins modifié dans du sucrate de chaux. En dernier lieu M. Scheurer-Rott, de Thann (1), fait macérer le gluten dans de l'eau très-légèrement acidulée par de l'acide hydrochlorique. Les proportions employées sont 1500 parties de gluten, 1000 parties d'eau et 1 partie d'acide hydrochlorique. Sous l'influence de ce traitement, le gluten se désagrège graduellement et commence à se dissoudre ; au bout de 12 heures on ajoute environ $^1/_{130}$ de poids du gluten en acide acétique, et en agitant le mélange on obtient finalement un magma homogène facilement soluble dans l'eau. Cette solution est employée pour l'impression des tissus ; par le vaporisage, le gluten modifié devient insoluble et se trouve fixé. Nous devons mentionner que cette nouvelle application du gluten a été surtout proposée en vue de fixer sur le coton les couleurs d'aniline ; mais il paraît, cependant, que jusqu'à ce jour on n'est pas encore parvenu à préparer, au moyen du gluten, une glutine capable de remplacer l'albumine dans la majorité de ses applications.

Perfectionnements moins importants. — Dans la fabrication de la fécule de pommes de terre, de même que dans celle de l'amidon des céréales, l'emploi de plans inclinés a beaucoup facilité le dépôt rapide des granules d'amidon et l'usage d'hydro-extracteurs à force centrifuge a amélioré notablement les procédés de dessiccation.

C'est ici le lieu de mentionner les recherches de MM. Fresenius et Schulze (2), et de M. Stohmann (3) sur la relation entre le poids spécifique des pommes de terre et la proportion de fécule qu'elles renferment.

A l'aide des données communiquées par ces auteurs, le fabricant n'a plus qu'à jeter ses pommes de terre dans une solution aqueuse de sel marin d'une densité connue et à noter, si elles surnagent ou si elles tombent au fond, pour déterminer avec un certain degré de précision tout à fait suffisant, la proportion de fécule qu'il en retirera.

En relation avec notre sujet, nous mentionnerons que les distillateurs, qui emploient la partie féculacée des pommes de terre comme matière première, ont trouvé avantageux de traiter la fécule, avant sa conversion en glucose et la fermentation subséquente, par une faible solution alcaline. On dit que, par ce traitement, on diminue considérablement la formation d'une huile essentielle nauséabonde qui accompagne généralement la production d'alcool provenant de cette source.

Préparation de la fécule amylacée du sagou, du maïs et du riz. — Le progrès de beaucoup le plus important qui ait été accompli dans l'industrie de l'amidon pendant les dernières dix années réside dans la production de plus en plus considérable de fécules amylacées, avec des substances qui, précédemment, n'avaient été employées que dans une proportion assez restreinte.

Dans cette contrée (en Angleterre), la fabrication d'amidon ou de fécule de riz et de sagou

.s'est développée sur une large échelle; en Amérique, on produit de grandes quantités d'amidon au moyen du maïs.

Quoique la proportion de fécule amylacée contenue dans le riz s'élève à 85 pour 100, on ne peut cependant l'en extraire par les anciens procédés, parce que le gluten qui l'y accompagne n'est point susceptible de fermentation.

Fabrication de l'amidon de riz d'après le procédé de M. Orlando Jones. — M. Orlando Jones [1] a fait faire, en 1840, un grand pas à la fabrication de l'amidon, en parvenant à isoler pour la première fois une fécule amylacée pure et de bonne qualité, en soumettant le riz à l'action d'une solution étendue d'alcali caustique. Cette découverte fut récompensée lors de l'Exposition de 1851, et la description du procédé de M. Jones a été insérée dans les rapports du jury de cette année [2].

Fabrication d'amidon du sagou. — Pour préparer l'amidon du sagou, on préfère la variété importée de Bornéo. En effet, le sagou de Bornéo est de la fécule amylacée presque pure. MM. Watherspoon (Glenfield Starch Works, Paisley, Royaume-Uni, 630), lave la farine de sagou à deux reprises avec de l'eau pure filtrée avec soin. Il la fait ensuite macérer pendant 3 à 4 heures dans une solution faible de chlorure de chaux et la lave de nouveau quatre fois avec de l'eau pure. On ajoute alors une petite quantité d'acide sulfurique pour neutraliser la chaux. L'amidon est ensuite de nouveau lavé quatre à six fois avec de l'eau pure, jusqu'à ce que les dernières traces de chaux et d'acide sulfurique aient été entièrement éliminées.

Pendant l'un de ces lavages, on ajoute la quantité requise de bleu de Smalt le plus fin. L'amidon s'étant déposé pour la dernière fois dans la cuve, et l'eau ayant été soutirée, les couches extérieures, tant supérieures qu'inférieures et latérales, sont séparées et mises de côté, soit pour être relavées, soit pour être vendues pour des applications manufacturières, puisque toutes les impuretés encore contenues dans l'amidon se concentrent dans ces couches extérieures. On retire ensuite les couches intérieures, on les passe à travers un tamis et on les étale sur un drap ou sur une toile, pour faire sécher l'amidon dans un séchoir à air chaud. On l'enveloppe et on l'emballe finalement de la manière ordinaire pour le livrer au commerce.

Amidon ou fécule du marronnier d'Inde. Procédé de M. de Callias. — En France, on a fait des efforts répétés, surtout dans des années de disette, pour extraire la fécule des plantes qui ne constituent point, comme le font le blé et les pommes de terre, les bases de l'alimentation des peuples. Déjà, au commencement de ce siècle, on avait proposé d'utiliser de cette manière les marrons d'Inde. M. de Callias [3], qui reprit cette idée il y a quelques années, réussit à établir l'extraction de la fécule de cette matière première sur une échelle industrielle.

Il procède de la manière suivante : On commence à râper les marrons d'Inde, sans décortication préalable, de la même manière qu'on râpe les pommes de terre; on lave le produit sur des tamis pour y retenir les particules ligneuses, qui sont ensuite écrasées entre des cylindres animés de vitesses de rotation différentes, et soumises de nouveau à un lavage supplémentaire. On laisse reposer les liqueurs jusqu'à ce que la fécule se soit déposée.

Le dépôt est lavé avec de l'eau, à laquelle on a ajouté environ 40 à 50 gr. d'alun pour chaque 200 à 300 kilogr. de fécule. On peut aussi opérer les lavages avec de l'eau légèrement acidulée d'acide sulfurique, ou, comme l'a proposé M. Payen, d'acide sulfureux. Le principe amer étant soluble dans l'eau et dans des solutions alcalines, est éliminé par des lavages répétés. On prétend que les marrons d'Inde rendent de 15 à 17 pour 100 de fécule amylacée.

D'après M. Schaeffer [4], la fécule de marron d'Inde se prête parfaitement à l'apprêt des

(1) Jones (O.), patente n° 8488, 30 avril 1840.
(2) *Reports of the juries*, p. 77.
(3) De Callias, *Comptes-rendus*, XLIV, p. 514.
(4) Schaeffer, *Bulletin de la Société industrielle de Mulhouse*, 1860, n° 478.

tissus, mais moins bien à l'épaississage des couleurs. A poids égal, elle fournit un empois *plus consistant* ou plus épais que la fécule ordinaire. Le principal obstacle à l'extension du procédé de M. de Callias réside dans la dispersion des marronniers d'Inde sur une vaste étendue de pays, circonstance qui entraîne des frais de transport qui ne sont point en rapport avec le bas prix du produit.

Fécule extraite de diverses autres plantes. — M. Payen a publié plusieurs mémoires sur les fécules amylacées de diverses plantes. Il a montré qu'on peut extraire 28 pour 100 d'amidon fin du chærophyllum bulbosum (1). Il a également examiné le manioc, d'où l'on obtient le tapioca (2). Cette substance amylacée, tant appréciée comme matière alimentaire, est extraite d'une plante très-délétère, le jatropha manihot ou *manihod utilissima.* D'après M. Boussingault, les plantes avec lesquelles on prépare le tapioca sont appelées *yuca dulce* et *yuca brava;* le poison qu'elles renferment étant l'acide hydrocyanique, on comprend facilement qu'il soit chassé par une dessiccation à 100° centigr. Les plantes fournissent de 20 à 23 pour 100 de tapioca.

Recherches de M. Mège Mouriès et autres chimistes praticiens. — Pour plusieurs de ces travaux, une simple mention sera suffisante. Tels sont, par exemple, les procédés perfectionnés de mouture du blé; les dispositions mécaniques récemment inventées pour la préparation de la pâte; les procédés de fabrication et de cuisson du pain, basés sur les recherches très-élaborées et intéressantes de M. Mège-Mouriès (3); les différents procédés de fabrication du pain aéré (*aërated bread*), au moyen de pâte préparée avec de l'eau chargée d'acide carbonique, proposés successivement par MM. Edlin (4), Henry (5), Danglish (6), Bousfield (7), etc., et finalement la préparation de biscuit, de pâte d'Italie, etc. Ces questions sont plutôt du domaine de la mécanique que de la chimie proprement dite.

Fabrication de dextrine et de glucose au moyen de l'amidon ou de la fécule. — Pour ce qui concerne les procédés de transformation de la fécule amylacée en dextrine et en glucose, le rapporteur ne trouve guère du neuf à signaler. On peut cependant mentionner que MM. Pochin et Wooley (8) et M. Hunt (9), au lieu de faire usage de petites quantités d'acide nitrique ou hydrochlorique, préfèrent mélanger la fécule avec un acide organique (acide lactique) avant de la sécher et de la torréfier à la nuance désirée. Ils prétendent que la dextrine ainsi préparée est préférable comme possédant un pouvoir épaississant plus considérable.

Recherches de M. Musculus. — Il est équitable d'attirer également l'attention sur les recherches de M. Musculus (10), qui a trouvé que la fécule, soumise à l'action de l'eau bouillante acidulée par de petites quantités d'un acide minéral énergique (acide sulfurique ou hydrochlorique), n'est point convertie d'abord en dextrine et ensuite en glucose, comme on l'avait admis généralement, mais qu'au contraire elle se dédouble simultanément en dextrine et en glucose, et que la transformation ultérieure de la dextrine ainsi produite n'est nullement une opération facile.

D'après M. Musculus, il est presque impossible de convertir la fécule complétement en glucose par la simple ébullition à la pression atmosphérique ordinaire, quelque prolongée

(1) Payen, *Comptes-rendus*, XLIII, p. 76.
(2) *Ibid.*, XLIV, p. 407.
(3) Mège-Mouriès, *Wagner's Jahresbericht*, 1857, III, p. 237; 1858, IV, p. 234; 1860, VI, p. 331.
(4) Edlin, *Traité de l'art de faire le pain (Treatise on the art of Breadmaking, p. 56).*
(5) Henry, *Dingl. polyt. Journ.*, XXIII, p. 346.
(6) Dauglish, *London Journ. of arts*, avril 1858, p. 201.
(7) Bousfield, *Repert. of patent inv.*, juillet 1858, p. 3.
(8) Pochin et Wooley, *Repert. of patent inv.*, juillet 1858, p. 59.
(9) Hunt, *Dingl. polyt. Journ.*, CXLIX, p. 170.
(10) Musculus, *Ann. chim. phys.*, LX, octobre 1860, p. 203.

qu'elle soit. Ce résultat ne peut être obtenu que par une digestion à haute pression et à une température élevée.

Cette observation est particulièrement importante pour les distillateurs d'alcool provenant de matières amylacées, puisque la dextrine n'est pas susceptible de fermentation alcoolique. La proportion de fécule amylacée qui reste à l'état de dextrine est par conséquent une cause de perte, laquelle, d'après M. Musculus, est souvent assez considérable et parfaitement appréciable.

VERNIS.

L'importance des vernis est bien démontrée par le grand nombre d'exposants dans cette branche d'industrie et par les nombreuses récompenses, accordées par le jury, en reconnaissance de son état florissant.

Malgré cela, le rapporteur ne pourrait présenter aucune observation de quelque intérêt relative à cette classe de produits.

Si l'adepte d'une science qui, comme la chimie, embrasse un domaine immense, ne peut jamais être blâmé de cultiver certaines parties avec prédilection, il peut aussi réclamer quelque indulgence pour n'avoir fixé son attention que très-secondairement sur d'autres parties. En écrivant l'entête de ce chapitre, le rapporteur n'a d'autre alternative que de plaider son incompétence à l'égard des vernis. Il avoue très-franchement n'avoir jamais senti de prédilection pour leur étude; cet aveu-là sera sans doute pardonné plus facilement par ses confrères en chimie que par les fabricants de vernis.

Ayant la conscience de son ignorance sous ce rapport, il éprouvait naturellement le désir d'acquérir quelques connaissances concernant ces produits, et il fit de grands efforts pour utiliser les occasions que lui présentait l'exposition présente, afin de compléter son instruction et étudier ce qu'il avait toujours négligé précédemment.

Mais il ne peut se vanter de l'avoir fait avec quelque succès; les informations qu'il obtenait n'étaient point celles dont il avait besoin, et celles qu'il désirait, il ne put se les procurer.

Ce résultat ne doit point surprendre. La préparation des vernis est une branche d'industrie dans laquelle l'expression *secrets de fabrication* présente une signification parfaitement intelligible : le succès dépend ordinairement de l'observation minutieuse de certaines précautions qu'une longue expérience peut seule enseigner.

Le manufacturier, qui ordinairement n'a appris les petits détails indispensables qu'à la suite d'écoles souvent très-dispendieuses, peut être excusé jusqu'à un certain point de ne pas les divulguer au profit de ses compétiteurs.

En fait, si le rapporteur, par suite de ses études, avait été initié dans de pareils secrets de fabrication, trouvés au prix de sacrifices réels, il n'aurait guère osé les publier dans le rapport sans une autorisation spéciale; mais, comme il l'a déjà fait observer, la tentation même de le faire lui a été épargnée.

Les progrès principaux que la fabrication des vernis parait avoir réalisés dans ces dernières années consistent :

1° Dans l'utilisation d'une variété beaucoup plus nombreuse de gommes et de résines, et dans la substitution d'espèces nouvelles et moins coûteuses à la place d'autres produits plus dispendieux précédemment employés (1).

2° Dans le remplacement de l'essence de térébenthine (dont le prix a plus que triplé depuis

___

(1) Une résine importée en grande quantité de la Nouvelle-Zélande, sous le nom de *résine Kaurie (Kaurie gum)*, et qui est vendue à des prix variables, mais tous au-dessous de 2 livres sterling (50 francs) par quintal (50 kilogrammes), peut être employée dans quelques cas en remplacement de la résine Animé, dont le prix s'est élevé jusqu'à 16 livres sterling (400 francs) le quintal.

que la guerre civile a éclaté dans les États-Unis d'Amérique) par d'autres dissolvants provenant de sources plus économiques (1).

En Angleterre, la fabrication et en général l'industrie des vernis a été favorisée considérablement par l'usage d'esprit de vin ou d'alcool méthylé (*methylated spirits*), dont l'introduction s'est faite sous les auspices de feu M. John Wood. Cette mesure si utile a déjà exercé
une influence des plus favorables sur bien des branches des arts et manufactures; nous
ajouterons qu'elle assiste journellement et très-efficacement le chimiste scientifique dans la
poursuite de ses recherches.

NOUVEAU PROCÉDÉ POUR SÉPARER DANS LES CHIFFONS MIXTES LES MATIÈRES FIBREUSES ANIMALES DES FIBRES VÉGÉTALES.

Ce titre n'exprime que très-imparfaitement l'objet et la nature de l'invention à laquelle
ce chapitre est consacré. Pour donner une idée plus complète du procédé, il faudrait ajouter,
que la séparation est opérée de manière à ce que chacun des principes constituants soit
obtenu sous une forme acceptable par le commerce — la matière animale à l'état d'engrais
pulvérulent; la matière végétale sous forme fibreuse propre à la préparation de pâte à papier : de plus la désintégration de la matière animale est produite, sans l'aide de préparations
chimiques, simplement par l'action de la vapeur d'eau ; et sa séparation de la fibre végétale,
par voie sèche, au moyen d'un battage mécanique et d'un tamisage.

M. F.-O. Ward (Royaume-Uni, 618), l'exposant de ce procédé, auquel le jury a accordé la
distinction honorable d'une médaille, a placé entre les mains du rapporteur un manuscrit
contenant la description, si claire et si succincte du procédé et des produits, qu'il ne peut
faire mieux que de la communiquer au lecteur en se servant des expressions mêmes de
l'auteur.

On observera que, dans cet essai, M. Ward désigne son ami, le capitaine Wynant, comme
son associé dans l'élaboration de cette invention, et il ajoute, comme étant l'expression de
leur désir mutuel, que toute approbation qui pût être donnée au procédé fût répartie d'une
manière égale entre eux deux.

Pour faire comprendre plus clairement la conception du but atteint par leurs efforts mu-
tuels, l'auteur avait fait précéder son essai sur cette invention d'une préface servant d'introduction, dans laquelle il discutait la catégorie d'inventions dont elle fait partie et qui a
pour objet l'utilisation des matières constituant des résidus.

Le Rapporteur regrette que cette dissertation préliminaire, quelque instructive qu'elle fût,
et quoique appuyée et expliquée par la citation d'une série de faits très-intéressants, soit
trop développée pour pouvoir être insérée ici.

Mais l'explication même que donne M. Ward du procédé est à la fois si explicite et si concise qu'elle n'est guère susceptible d'abréviation. Le Rapporteur, sans autre préface, donne
donc la parole à M. Ward et à son associé, en commençant par cette partie de leur travail
où, après avoir tracé une esquisse rapide de l'utilisation déjà améliorée et néanmoins se
perfectionnant toujours encore, des résidus dans les principales branches d'industrie, ils
arrivent, parmi d'autres faits à l'appui, à citer l'application des chiffons de nature végétale
ou animale aux divers emplois dont ils sont susceptibles ; ils abordent ensuite l'examen d'une
classe particulière de chiffons, différente des deux sortes citées et que leur procédé est destiné
à utiliser tout spécialement.

(1) Le rapporteur a appris que les hydrocarbures très-légers et volatils obtenus au moyen du pétrole
d'Amérique (comparez le chapitre *Sur les produits servant à l'éclairage et au graissage*) sont vendus en
grande quantité sous le nom d'*essence de térébenthine minérale* (*mineral turps*), et employés sur une échelle
assez considérable, tant pour la préparation de vernis que pour d'autres usages pour lesquels on avait coutume d'employer l'essence de térébenthine véritable.

« Il y a, dit M. F. O. Ward, une sorte de chiffons, d'un caractère intermédiaire, constitués
« ni par de la fibre végétale pure, ni par de la matière animale pure ; je veux parler des
« résidus de tissus renfermant ces deux espèces de fibres textiles entrelacées l'une dans
« l'autre.

« Tels sont les chiffons des *tissus mixtes*, en laine et coton ; des soies et alpacas tissés avec
« une chaîne de coton ; des nombreuses variétés de tissus chaîne-coton, mérinos, etc., qui
« sont fabriquées en quantités d'années en années plus considérables. »

Tels sont les chiffons désignés sous les noms de *lisières* (*seams*), c'est-à-dire les pièces
enlevées à l'aide de ciseaux par les trieuses des chiffons de laine destinés à la machine, qui
les déchire et les convertit de nouveau en laine régénérée (*ragwool*). La raison qui fait écarter
les lisières de la machine en question, c'est qu'elles sont traversées tout en long par un fil
de coton ou de lin, ou qu'elles contiennent une bordure en coton ou autre fibre végétale.

Dans les chiffons mixtes, chaque nature de fibre empêche l'usage et diminue la valeur de
l'autre. Le fabricant de papier ne peut avantageusement utiliser le coton qu'ils renferment
à cause de la présence de la laine, qui parsèmerait les feuilles de papier de taches colorées.
Le fabricant de laine régénérée ne peut, de son côté, tirer parti avantageusement de la laine,
à cause de la présence du coton, qui, plus tard, dans les tissus manufacturées avec cette
laine régénérée, ferait ressortir après la teinture des filaments d'une nuance beaucoup plus
pâle.

Pour résoudre la difficulté, deux méthodes ont été proposées dans ces derniers temps.

L'une consiste à désagréger le coton par l'action d'acides étendus, de manière à conserver
la laine ; l'autre se propose de dissoudre la laine au moyen d'alcalis caustiques, en laissant
le coton intact et utilisable.

Chacune de ces méthodes, comme il est aisé de le remarquer, exige le sacrifice de l'un
des principes constituants des chiffons mixtes pour rendre possible l'utilisation de l'autre ;
en outre, dans le premier cas, la laine qu'on obtient a beaucoup perdu de sa force par l'influence des acides, et, dans le second cas, le coton revient cher à cause de la dépense considérable en alcali qu'exige la dissolution de la laine.

Le procédé nouveau que nous allons examiner a été inventé en 1857, en vue du traitement
non-seulement des chiffons mixtes, mais encore de ce résidu de chiffons, qui reste après
qu'on a déjà extrait du tas tout ce qui pouvait être bon et qu'un triage ultérieur ne
payerait plus ses frais. Ce résidu constitue un véritable déchet désigné sous le nom de *Land
rags*. (Chiffons pour l'agriculture.)

Le but du procédé est d'utiliser à la fois les deux matières mélangées, tant végétales
qu'animales. Ce résultat est obtenu sans l'intervention d'aucun des acides ou d'alcalis précédemment employés et simplement à l'aide de l'eau (agent chimique bien peu énergique et
peu coûteux) appliquée sous forme de vapeur à haute pression.

Le procédé est tellement simple, que sa nature et son mode d'application peuvent être
décrits en quelques lignes.

Les chiffons mixtes, ou autres résidus mixtes analogues, sont introduits dans un digesteur autoclave ordinaire et soumis, pendant environ trois heures (tantôt un peu plus,
tantôt un peu moins), à l'influence de la vapeur d'eau maintenue à une pression de 3 à
5 atmosphères.

La pression et la température exactes varient suivant la nature des matériaux en traitement.

La laine exige une température plus élevée que le cuir, par exemple, et moindre que
la soie.

Les matières condensent une certaine proportion de vapeur et en absorbent la chaleur.

Sous l'influence combinée de l'humidité et de la chaleur, la matière animale se convertit
en une substance friable, qui, cependant, conserve la forme et l'aspect primitifs. Il en ré-

suíte que la laine des chiffons mixtes se présente avec la même apparence fibreuse qu'elle possédait avant le traitement; mais, dès qu'on la manipule, elle se réduit en poussière.

On comprend facilement qu'un mécanisme broyeur et batteur ordinaire réduit rapidement ce produit friable, ayant quelque analogie avec de la houille, en poudre et le détache de la matière végétale, qui a conservé toutes ses qualités de fibres textiles.

Le batteur est muni d'un tamis, qui retient la fibre végétale et laisse passer la poussière animale.

Finalement, la fibre végétale est livrée par la machine dans un état propre à la préparation de la pâte à papier; la poussière animale est poussée en avant au moyen d'une vis d'Archimède et reçue par un monte-charge, qui l'amène au-dessus des sacs destinés à la recevoir.

Quant aux détails du procédé, aux arrangements nécessaires pour sécher les chiffons et obtenir leur translation dans les différents ateliers de l'usine, avec le plus d'économie de combustible et de main-d'œuvre possible, il existe certaines particularités n'influant en rien sur le pincipe général du procédé, mais essentielles pour son exécution pratique avantageuse.

Des précautions spéciales de cette nature, n'ayant été apprises que successivement, à la suite d'expériences manufacturières souvent très-dispendieuses, ne peuvent convenablement être divulguées; de pareils détails ne pourraient d'ailleurs intéresser que le lecteur spécialement chargé de diriger de semblables opérations. Je les passe donc sous silence, pour arriver à l'examen rapide des produits.

Le produit fibreux ou la matière première pour la pâte à papier ne présente que peu de particularités dignes de remarque. Il consiste principalement en coton, mais renferme ordinairement quelques pour cent de chanvre et de lin, qui en augmentent la tenacité et la valeur; la plupart du temps la fibre est mise en liberté sous forme de longs fils parallèles, provenant évidemment de la chaîne du tissu; mais souvent elle se présente aussi sous forme de morceaux de chiffons ordinaires, provenant sans doute de pièces de calicot ayant formé la doublure du tissu mixte.

La chaîne de coton des tissus mixtes étant ordinairement teinte en couleurs solides, souvent en noir, et ayant de la tendance à retenir quelques pour cent de la poussière de laine altérée, il est utile de soumettre ce genre de chiffons à une pression et une température un peu plus élevées que celles nécessaires pour des chiffons ordinaires colorés, avec lesquels, sous tous les autres rapports, ils se trouvent sur un pied d'égalité comme matière première de pâte à papier. Avant que la pression convenable de la vapeur ait été déterminée bien exactement, ces chiffons avaient été trouvés difficiles à blanchir complétement. Des mécomptes occasionnés par là, dans les premiers temps, avaient rendu cet article assez impopulaire parmi les fabricants de papier.

Malgré cela, cette matière, traitée convenablement, est capable de produire d'excellents papiers blancs, comme le prouvent les échantillons exposés.

Le produit animal, étant un article tout nouveau, mérite une attention plus particulière. Il sort de la machine à battre sous forme d'une poudre de couleur foncée, entremêlée avec des fragments plus gros de la même matière. Ces fragments, séparés par tamisage, sont pulvérisés ou écrasés à part.

Cette poudre, préparée industriellement, c'est-à-dire contenant toute la poussière et les impuretés des chiffons, renferme en moyenne presque 12 pour 100 d'azote, correspondant à 14.5 pour 100 d'ammoniaque (1). L'azote y existe seulement en petite quantité à l'état

(1) M. Stas (de Bruxelles) avait même trouvé 13.72 pour 100 d'azote correspondant à 16.66 pour 100 d'ammoniaque dans ce produit, sur lequel il avait fait en décembre 1858, en collaboration avec M. Depaire, une série complète d'expériences et un rapport des plus remarquables. La poudre, qui avait présenté une si forte proportion d'azote, provenait d'une préparation de laboratoire faite par M. Stas lui-même, au moyen

d'ammoniaque toute formée, en combinaison avec des acides bruns, ulmique et humique, qui ont pris naissance pendant le traitement. Mais la grande majorité de la proportion d'azote s'y présente non sous forme d'ammoniaque, mais comme partie constituante du produit même dérivé de la laine. Ce produit est une combinaison organique particulière, partiellement soluble, et dont la solubilité augmente avec la quantité d'humidité fournie aux chiffons pendant le traitement par la vapeur surchauffée.

Tel qu'il est fabriqué industriellement, il constitue un engrais d'une grande puissance *ammonifère*, la totalité de l'azote étant mise en liberté à l'état d'ammoniaque sous les influences que le produit rencontre dans le sol.

La rapidité de cette transformation et du développement ammoniacal tient un milieu très-heureux entre l'action fertilisante des chiffons ordinaires, qui sont considérés comme un engrais trop *lent*, et celle du guano, dont les effets sont souvent trop *rapides*.

L'agriculteur désire pour ses plantes un développement à la fois abondant et uniforme de nourriture ammoniacale, parce qu'en la leur administrant d'une manière trop abrupte et en surabondance, on risque, comme ils disent, de « brûler les racines. »

Ces dernières éprouvent plus tard une véritable disette de cette même nourriture, qui primitivement avait été pour le moins gaspillée.

Dans mon opinion, cet engrais peut être considéré, à l'égard des plantes, ce qu'un aliment cuit à point est pour l'organisme animal. Dans les deux cas, la préparation artificielle a été poussée à ce degré où il reste encore pour la nature l'accomplissement d'un travail salutaire. Mais la laine, le cuir, les poils, la soie, etc., n'étant point riches en phosphates, une adjonction de ces sels soit sous forme de poudre d'os, de superphosphates d'os ou de coprolithes, de guano kouria mouria et matières semblables, améliore la qualité de l'engrais. On produit ainsi un mélange (*compost*) fertilisant, qui, pour l'usage général, ne laisse rien à désirer.

Il est évident que pour des terrains privés de principes particuliers quelconques ou pour des récoltes exigeant la présence dans le sol d'une quantité plus grande qu'ordinaire de l'un ou l'autre élément, on fait des additions spéciales à notre engrais, qui devient alors, suivant qu'on le désire, engrais pour turneps, engrais pour céréales, engrais pour haricots, etc. etc.

Pour terminer, nous mentionnerons une dernière propriété de notre engrais, qui lui donne une supériorité marquée sur le guano et en rend l'usage considérablement plus avantageux. Tandis que le guano, lorsqu'il est conservé en magasin, est apte à subir une décomposition spontanée, donnant lieu à une perte d'une grande quantité d'alcali volatil, le nouveau produit dérivé de la laine ne manifeste, au contraire, aucune tendance pareille, mais se maintient parfaitement stable à toutes les températures ordinaires et dans toutes les conditions atmosphériques.

Il est sans doute redevable de cet avantage à la haute température sous l'influence de laquelle il a été préparé. Notre engrais peut donc être emmagasiné impunément pendant un temps quelconque et quelles que soient les vicissitudes climatériques auxquelles il puisse être exposé, soit chez nous, soit dans les régions tropicales. Ce produit est répandu dans le commerce sous le nom d'*ulmate d'ammoniaque*, nom qui n'est pas précisément des plus corrects, mais qui sert à indiquer deux de ses principes constituants les plus importants, l'un acide et l'autre alcalin, dans la combinaison qu'ils forment en réalité.

Voici les résultats de son analyse faite par le professeur Voelcker du Collége royal agricultural de Cirenster :

de chiffons mixtes préalablement bien nettoyés et exempts de poussière. Mes propres résultats de laboratoire se rapprochent extrêmement de ceux obtenus par M. Stas; il en a été de même avec les produits préparés en petit par le capitaine Wynants; mais le produit fabriqué industriellement ne renferme pas en moyenne une proportion d'azote supérieure à celle qui se trouve indiquée dans le texte.   F. O. W.

Humidité	11.59
Matière organique (1)	73.89
Ammoniaque à l'état d'ulmate	2.05
Oxydes de fer, alumine et acide phosphorique	2.52
Carbonate de chaux	2.22
Alcalis et magnésie	1.26
Matières siliceuses insolubles	6.47
	100.00

Les proportions relatives d'engrais et de matière fibreuse résultant de ce nouveau traitement varient évidemment suivant la nature des matières sur lesquelles on opère. Certains chiffons mixtes sont riches en fibre végétale, d'autres en fibre animale. Cependant la moyenne des chiffons présente assez approximativement parties égales de ces fibres textiles ; mais, dans tous les cas, la somme des poids des deux produits, fibreux et pulvérulent, est égale au poids primitif de la matière première mise en opération, de manière qu'il n'y a en réalité aucun déchet dans ce procédé.

Les bénéfices pécuniaires de l'opération sont évidemment susceptibles de variations, suivant le prix d'achat de la matière première, la dépense en main d'œuvre et les prix de vente des produits, lesquels dépendent de l'activité variable du commerce et des périodes de dépression commerciale. Du reste, il suffira, à cet égard, de faire observer qu'un procédé, reposant sur des principes corrects, et fournissant, lorsqu'on l'exécute avec soin, de bons résultats chimiques, doit aussi, en général, avoir du succès comme entreprise commerciale, lorsqu'elle est conduite sagement et en même temps vigoureusement.

Ce nouveau mode de fabrication est mis à exécution dans de grandes usines, établies dans ce but à Grays (Essex) sur la rive gauche de la Tamise; on y a installé des mécanismes appropriés capables de traiter environ 12 tonnes de chiffons par jour.

Une grande fabrique de papier a également été construite sur le côté opposé de la rivière, à Dartford, pour convertir le produit fibreux en papier. L'ulmate d'ammoniaque est vendu en majeure partie à des fabricants d'engrais, qui l'utilisent comme principe azotifère de leurs différents mélanges fertilisants. Il est par conséquent employé par bien des agriculteurs, sans que ces derniers aient connaissance de ce fait.

Pour ce qui concerne l'origine et l'invention du procédé, la possibilité de séparer, par les moyens spéciaux indiqués plus haut, les matières animales des matières végales, fut entrevue pour la première fois par l'exposant et communiquée par lui à son ami, le capitaine Wynants, pendant qu'ils faisaient ensemble des expériences pour la réalisation d'un but différent, consistant dans la réduction totale à l'état d'engrais de certaines formes de déchets.

Le problème modifié, ainsi posé, fut travaillé par eux en collaboration ; et c'est le désir des associés, que tout honneur qu'une indulgente appréciation pourrait attacher à la solution satisfaisante de la question soit, bien entendu, partagé également entre les deux. Leur plus haute ambition concernant ce procédé sera satisfaite si les moyens employés sont considérés comme simples, peu dispendieux et cependant efficaces pour la réalisation du but proposé, ce but consistant dans la transformation des résidus de tissus mixtes, dans des conditions passablement difficiles, en produits d'une utilité incontestable.

M. F.-O. Ward, associé pour ce procédé au capitaine Wynants, de Bruxelles, avait exposé les échantillons suivants, comme illustration du traitement adopté.

1° Matière première (chiffons mixtes) ;

(1)

Renfermant azote	10.24
Correspondant à ammoniaque	12.43
Quantité totale d'azote	11.93
Correspondant à ammoniaque	14.48

2° Les mêmes après vaporisage ;
3° Produit tamisé servant comme engrais ;
4° Produit fibreux brut ;
5° Produit fibreux blanchi ;
6° Engrais en poudre grossière ;
7° Produit accessoire. Ouate (*flock*) ;
8° Papiers préparés avec le produit fibreux blanchi.
Une médaille lui a été décernée.

INDUSTRIE DES ENGRAIS.

Pour la rédaction de ce chapitre, le rapporteur doit de si grandes obligations à son ami, M. F. O. Ward, qu'il ne peut s'empêcher de lui témoigner de nouveau, d'une manière touté spéciale, les sentiments de reconnaissance qu'il lui avait déjà exprimés dans l'introduction à ce rapport, pour d'autres services d'une nature analogue.

Le grand problème des engrais et les graves questions collatérales que soulève sa discussion, s'écartent si considérablement de la sphère d'activité et des études ordinaires du rapporteur, que, dans sa première esquisse de ce chapitre, il s'était contenté d'ajouter simplement au compte-rendu des travaux du Jury, le tribut d'hommage qu'avec un sentiment à la fois de devoir et de plaisir il était heureux de pouvoir offrir au grand fondateur de l'agronomie, M. Justus Liebig.

Mais trouvant que son ami, M. F. O. Ward, avait été amené, par des circonstances particulières, à s'occuper de ce sujet avec une attention toute spéciale, le rapporteur accepta avec empressement l'offre de M. Ward, de rédiger sa manière de voir concernant les points les plus importants de la question.

Ce service fut accepté d'autant plus volontiers par le rapporteur, qu'il savait d'un côté, par expérience, que tout ce qui sortait de la plume de son ami était rédigé de main de maître et avec une grande lucidité, et qu'il sentait de l'autre côté que son rapport, considéré comme une esquisse des progrès chimico-industriels modernes, serait très-incomplet, si l'industrie des engrais et les grands problèmes d'agriculture qui s'y rattachent n'étaient point représentés convenablement dans ces pages. Le travail que lui soumit son ami apparut au rapporteur, qui n'hésite nullement de le proclamer, un des résumés les plus habilement faits et les plus philosophiquement conçus d'un des sujets les plus complexes et les plus difficiles qui aient jamais passé sous ses yeux. Bien plus, sur plusieurs points qui, jusqu'à ce jour, avaient été enveloppés d'obscurité et de difficultés, M. F. O. Ward a donné des explications que le rapporteur considère comme étant aussi satisfaisantes (au moins dans son opinion) qu'elles sont originales. C'est donc avec plaisir qu'il a adopté et pris sous sa propre responsabilité le travail de son collaborateur ; il y a ajouté, en les incorporant dans le texte, un nombre considérable de renseignements précieux et d'une nature spéciale, que MM. Lawes et Gilbert, M. Gruning et autres ont eu l'obligeance de lui communiquer.

Le chapitre complet, provenant de l'association de ces rédactions, après avoir été bien médité et discuté avec soin, fut enfin soumis, tant par le rédacteur que par son collaborateur, à une révision des plus scrupuleuses, afin d'en éliminer toute erreur accidentelle ou provenant d'une conception inexacte.

Certainement on ne peut espérer d'avoir atteint à une exactitude parfaite sur tous les points et particulièrement sur ceux qui sont encore en ce moment les sujets de controverses les plus vives. Le rapporteur n'affectera cependant point de douter que, par-ci par-là, on ne trouve des indications utiles et profitables dans ces pages, qu'on n'y rencontre quelques grandes vérités agronomiques exposées sous de nouveaux aspects, et même quelques nouveaux anneaux de la chaîne qui en agriculture relie les effets aux causes.

Il est possible et même probable que les partisans d'une théorie qui, plus loin, sera assez librement combattue et désavouée, objecteront au rapporteur et à son ami qu'aucun des deux ne peut prétendre connaître par expérience le sujet qu'ils ont entrepris de traiter. Nous admettons ce désavantage; l'objection est très-sérieuse et le lecteur devra en tenir compte en pesant la valeur des opinions exposées dans ces pages. Mais, d'un autre côté, on peut aussi considérer comme un avantage, compensant en partie ce désavantage, qu'au plus fort d'une controverse véhémente, des spectateurs calmes et impartiaux peuvent discerner des vérités qui échappent aux parties disputantes, toujours plus ou moins passionnées.

Quoi qu'il en soit, ces observations préliminaires auront du moins pour effet d'empêcher, ne fût-ce qu'un seul lecteur, d'attacher plus d'importance aux données qui seront exposées, qu'elles n'en possèdent intrinsèquement.

Pour le reste, le rapporteur peut affirmer hardiment que M. F. O. Ward, tout aussi bien que lui-même, n'a reculé devant aucun travail et devant aucune peine pour élucider dans ces pages les grands problèmes d'agriculture, maintenant débattus partout avec tant d'anxiété, et dont les conséquences seront d'une importance si énorme au point de vue social, politique et économique.

Histoire ancienne des engrais. — Depuis des temps immémoriaux les engrais, sous la forme de fumier de bestiaux et de compost de fermes ordinaire, ont été connus et utilisés pour la fertilisation du sol; mais les engrais désignés sous le nom *d'engrais artificiels,* c'est-à-dire qui ont une origine autre que la ferme elle-même et qui sont pour la plupart concentrés et capables de transport, n'ont été appliqués sur une large échelle que dans ces dernières années. Malgré cela, la fabrication de ces engrais artificiels et le commerce auquel ils ont donné lieu ont pris de telles proportions, qu'on peut les ranger déjà actuellement parmi les industries modernes les plus considérables.

Le catalogue des patentes anglaises n'énumère que trois patentes pour engrais, antérieures à 1800, datées respectivement de 1721, 1729 et 1773; ce n'est que cette dernière, prise au nom du baron de Hoove, qui ait été accompagnée d'une spécification convenable. Elle réclamait le privilége pour une composition renfermant du sel ordinaire, du salpêtre, de la chaux et du tartre des bords du Rhin, en déclarant « qu'elle possédait une qualité magnétique, « en vertu de laquelle elle attirait la fertilité et produisait le même effet que l'application « du fumier dans la terre arable, etc. »

Cette spécification curieuse nous donne la mesure approximative de l'état des connaissances et des opinions populaires au sujet des engrais vers la fin du dernier siècle.

La première patente concernant les engrais, prise dans le siècle actuel, date de 1802, au profit d'un sieur Estienne, pour la conversion des excréments humains en engrais. A cet effet, les matières fécales sont recueillies dans des fosses; on en décante la partie liquide, le dépôt solide est desséché au soleil (avec ou sans addition de chaux) en l'accumulant en tas qu'on laisse fermenter, et finalement réduit en poudre C'est là réellement un pas fait en avant dans la bonne direction, quoique nous sachions bien maintenant que le traitement recommandé, en éloignant du compost tous ses ingrédients solubles et volatils, avait détruit les $^{19}/_{20}$ de sa valeur.

En 1806, des écailles d'huîtres et du plâtre pulvérisés furent patentés comme un mélange fertilisant pour un nommé John Fletcher. C'est là également une proposition acceptable; les écailles d'huître renferment quelques phosphates, et l'on sait que le plâtre convient à bien des terres.

Après ces légers efforts, l'invention dans cette direction paraît avoir sommeillé pendant plus d'un quart de siècle, car la patente suivante date de 1835:

Dans cette année, un nommé Pottevin fit breveter un compost de matières fécales avec de la vase de rivière ou d'étangs calcinée ou toute autre terre charbonnée. Ce mélange constitue un grand perfectionnement du procédé d'Estienne; en effet: la vase ou le limon, carbonisé par calcination, et amené ainsi à l'état poreux et absorbant, tend à retenir et particilement à désinfecter les matières fertilisantes qui, d'après le mode d'opérer d'Estienne, sont ou volatilisées ou enlevées par lavages (restant longtemps exposées à l'humidité atmosphérique.)

Il résulte, de ces données historiques, que le premier tiers du siècle actuel a produit autant de perfectionnements en fait d'engrais que tout le siècle précédent, et que les inventions avaient gagné autant sous le rapport du caractère et de la valeur que sous celui de la proportion numérique. Il n'y avait cependant guère lieu de s'en vanter, car une demi-douzaine de propositions, dont deux d'une utilité assez modérée, c'est là ce qui représente notre progrès total dans cette branche d'industrie, il y a environ vingt-cinq ans (du moins autant qu'il est permis d'en juger d'après la liste des patentes).

Développement graduel des recherches scientifiques dans les temps antérieurs. — Entre temps, il s'était accumulé une grande masse de données scientifiques, ayant toutes une tendance plus ou moins directe à l'élucidation de cet important sujet; c'est d'une manière lente, graduelle, et l'on pourrait presque dire silencieuse, que s'étaient entassés les renseignements par suite des travaux successifs d'un grand nombre d'expérimentateurs éminents.

Sans aller plus loin que le siècle dernier, ou même que sa dernière moitié, nous trouvons, concentrés dans cette courte période, une série de découvertes brillantes, ayant toutes un rapport plus ou moins direct avec les questions d'engrais et d'agriculture; ces découvertes sont trop nombreuses pour qu'il soit possible de les relater ici, même de la manière la plus succincte. L'espace nous ferait défaut si nous voulions même nous contenter d'énumérer seulement les noms des célébrités européennes qui illustrent cette époque mémorable; mais si parmi ce nombre nous devions choisir une demi douzaine de noms des plus célèbres, pour représenter l'activité philosophique de cette période, nous citerions d'un côté, parmi les Anglais, Black, Priestley et Cavendish, et de l'autre, parmi les savants du continent, Lavoisier, De Saussure et Berthollet.

Les cinquante années en question furent témoins de la découverte de la nature et de la composition de l'air, de l'eau, de l'acide carbonique et de l'ammoniaque (des quatre principales formes de la nourriture volatile des plantes) ; on en isola les éléments gazeux et on en détermina les proportions.

Deux autres sciences, la géologie et la météorologie se constituèrent et se définirent à cette époque, permettant de s'expliquer l'origine et la nature des sols cultivables, et de connaître les conditions climatériques et la croissance des plantes.

On apprit en même temps à mieux comprendre les lois des forces physiques, spécialement celles de la chaleur et de la lumière, aussi bien dans leurs relations générales que dans leur influence spéciale sur les plantes.

L'introduction de méthodes chimiques plus exactes permit entre temps un examen bien plus approfondi que cela n'avait été possible antérieurement, tant des tissus et des produits des végétaux que des différentes transformations si variées que ces produits subissent durant les différentes phases du développement des plantes.

Les principes physico-chimiques rationnels ainsi établis exercèrent l'influence la plus heureuse sur les recherches physiologiques.

Les organes des végétaux et des animaux furent étudiés d'une manière plus exacte et plus éclairée que précédemment ; les fonctions de respiration, d'assimilation et d'excrétion, avec les relations établies par ces fonctions entre les trois grands règnes de la nature, furent graduellement déterminées et définies.

Parmi le grand nombre d'hommes illustres qui ont coopéré à l'acquisition de ces grands résultats, c'est très-probablement à Lavoisier qu'il faut assigner le premier rang ; ce n'est peut-être point parce qu'il a été l'un de ceux qui ont apporté le plus de vérités nouvelles, quoique ses découvertes aient été nombreuses et brillantes, mais parce que sa vive imagination et cette puissance éminente de généralisation dont il était doué lui avaient permis de coordonner toutes les recherches si disséminées de son époque et de démontrer la subordination d'une multitude de faits isolés à des lois générales ; il a ainsi largement contribué (entre autres choses) à étendre le cercle de nos connaissances concernant l'équilibre cosmique, lequel seul peut servir de base à une exploitation agronomique rationnelle. En fait, tout ce qui est sorti des mains de Lavoisier porte l'empreinte de son génie supérieur. Ce fut lui qui appliqua le premier la balance à l'étude des phénomènes de la vie ; ce fut lui qui démontra le premier que les végétaux dégagent de l'oxygène, tandis que les animaux, au contraire, le consument ; que, chez ces derniers, le carbone est oxydé ou brûlé dans leur corps, exactement de la même manière que de l'huile est brûlée dans une lampe.

L'élévation de la pensée et l'éloquence du langage de Lavoisier impressionnèrent puissamment ses contemporains, et c'est presque uniquement à son influence et à son exemple que nous sommes redevables de la haute portée et de la scrupuleuse précision des admirables recherches de son époque.

Jamais la science n'a éprouvé une perte plus grande que lorsque Lavoisier lui fut si cruellement et si prématurément enlevé.

Mais son esprit, si grand et si éminent, lui a survécu : des recherches ayant pour objet les nobles problèmes dont il aimait tant à s'occuper furent exécutées après sa mort avec une activité, s'il est possible, encore plus énergique.

Les publications scientifiques de l'Europe furent bientôt encombrées par de nouvelles masses de découvertes mal digérées, et, au bout de peu d'années, le besoin d'une autre intelligence semblable à la sienne se faisait sentir, pour aborder et coordonner cette profusion toujours croissante de détails, et, une fois de plus, de créer et d'établir l'ordre au milieu de ce chaos scientifique.

Dès les premières années de ce siècle, l'Angleterre produisit à son tour un génie, celui de l'illustre sir Humphrey Davy, d'une intelligence aussi vaste et d'une conception aussi lumineuse que celles d'aucun de ses devanciers, même des plus grands. Davy était parfaitement l'homme à prendre la succession de Lavoisier et à continuer son gigantesque travail. C'est au génie de Davy que nous devons ce mémorable traité, qualifié avec raison par Liebig d'*immortel*, qui porte pour titre : *Éléments de chimie agricole*.

Dans cet ouvrage impérissable, tous les résultats épars des recherches antérieures dans cette branche de la science furent rassemblés et coordonnés en un système que les recherches originales et magistrales de l'auteur étendirent et enrichirent encore. Parmi ces recherches, nous devons surtout signaler (en n'ayant égard qu'à cette partie scientifique) ses investigations analytiques sur la nature et la composition des terrains (type de tout ce qui a été fait depuis dans cette direction) ; ses excellentes déterminations de la composition et de la transformation des produits végétaux ; ses admirables expériences sur la nutrition des plantes, tant par les feuilles que par la racine.

C'est à l'impulsion puissante et à la bonne direction données, par Lavoisier en France, et par Davy en Angleterre, à des recherches subséquentes d'une nature semblable qu'on peut attribuer en grande partie la poursuite vigoureuse et couronnée de succès de la solution de ces problèmes par des savants naturalistes, nos contemporains.

Évidemment, nous n'en pouvons donner ici une liste encyclopédique ; car, parmi tant de noms également illustres, il serait difficile d'en choisir quelques-uns comme types pour représenter le reste. Il suffira donc de dire que c'est aux travaux de ces hommes si capables que nous devons une forte proportion de ces données expérimentales, sur lesquelles, comme sur une fondation solide, on a élevé, pour ainsi dire pierre par pierre, l'édifice de la science agronomique moderne, physique, chimique et physiologique.

Honneur et reconnaissance à ceux qui ont extrait et taillé patiemment les pierres de la carrière des vérités non encore découvertes.

Mais, de la même manière que la valeur réelle des pierres taillées n'est rendue apparente que par leur juxtaposition judicieuse dans l'édifice, conformément au plan de l'architecte, de même les données expérimentales, accumulées séparément par le labeur de la foule des travailleurs, n'apparaissent avec leur valeur et leur signification véritables que lorsqu'elles sont assemblées, embrassées, coordonnées, et pour ainsi dire fusionnées en un tout harmonieux par le génie supérieur et resplendissant d'une intelligence magistrale.

Tel fut le rôle du génie de Lavoisier dans le dernier siècle ; tel fut le service rendu par Davy à nos pères ; tels ont été pour nous-mêmes l'esprit et les services de Justus Liebig. C'est ainsi que la France, l'Angleterre et l'Allemagne ont produit successivement, dans le cours d'un siècle, les trois grands législateurs de l'agronomie moderne.

Ce fut en 1837 que l'Association britannique pour l'avancement des sciences, s'apercevant de l'immense accumulation des faits, pour la plupart non coordonnés systématiquement, qui s'était opérée en chimie organique et qui y grandissait chaque année, invita Justus Liebig à rédiger un rapport sur l'état de la science à cette époque. L'illustre savant, qui occupait déjà alors une position éminente légitimement due à ses nombreuses recherches dans cette branche de la science, accepta ce mandat si honorable.

En 1840, Liebig s'acquitta de l'engagement qu'il avait contracté, en publiant son livre mémorable : *La chimie organique dans ses applications à l'agriculture et à la physiologie.*

Entre les mains d'hommes ordinaires, un pareil rapport n'eût été très-probablement qu'une compilation plus ou moins volumineuse, de faits déjà connus et des vues théoriques déjà proposées pour leur coordination. Mais le génie si original, essentiellement philosophique et synthétique de Liebig, imprima à son travail un caractère bien différent.

Liebig commença par balayer toutes les idées théoriques fallacieuses, alors en vogue, particulièrement la soi-disant *théorie de l'humus*, et les remplaça par une théorie à lui, d'une portée bien plus haute et bien plus conforme à la vérité. C'est guidé par cette théorie, qui a reçu le nom de *théorie minérale*, que Liebig put s'aventurer dans ce labyrinthe de mélanges de faits et d'erreurs, qui devaient nécessairement résulter d'un si grand nombre de recherches, tant inductives que déductives, auxquelles s'étaient livrés, pendant une si longue série d'années, un si grand nombre de penseurs et d'expérimentateurs, et qui se trouvaient disséminées dans tant de mémoires épars.

Il les pesa, les apprécia et les jugea toutes au moyen du critérium de sa nouvelle loi ou plutôt de son système de lois, qui se dégageaient elles-mêmes pendant le travail d'induction si large auquel se livra Liebig, et se trouvaient établies (en majeure partie) et démontrées à l'aide précisément des mêmes faits qu'elles servaient à élucider et à relier.

Mettant à profit les controverses et les critiques que l'apparition de son ouvrage ne manqua pas de provoquer, Liebig le rendit plus parfait dans les éditions successives ; il le compléta par des volumes additionnels, les uns intitulés modestement *Lettres familières*, les autres promulgués comme des Codes de lois naturelles ; mais formant tous partie d'une série entièrement reliée, et dans lesquels, comme dans un miroir, se trouve consigné le développement progressif des idées de Liebig, illustrées et éclairées par la lumière de ses propres recherches et de celles de ses contemporains,

C'est par ces travaux, poursuivis avec un zèle infatigable pendant plus de vingt années, que Justus Liebig a jeté incontestablement, sur cette question si importante de l'agronomie rationnelle, une masse de lumière, tout aussi considérable et aussi brillante que celle qu'elle reçut successivement à des époques antérieures des génies lumineux de Lavoisier et de Davy.

En effet, Justus Liebig, dans la dédicace de son livre à l'Association britannique, parle lui-même de la filiation de ses travaux avec ceux de ses prédécesseurs immédiats, et s'exprime à cet égard en termes empreints à la fois d'une humilité qui lui fait honneur et d'une fierté parfaitement justifiée.

« Je me suis efforcé, dit-il, de suivre le sentier indiqué par sir Humphry Davy, qui basait

« ses conclusions uniquement sur des données susceptibles d'examen et de démonstration.
« C'est le sentier de la véritable investigation philosophique qui promet de nous conduire à
« la découverte de la vérité — ce but unique et réel de nos recherches. »

Dans les pages suivantes, nous aurons l'occasion de parler des vues de Liebig, et de la révolution rapide et profonde qu'elles provoquèrent dans les idées.

En attendant, nous nous bornerons à signaler que, parmi d'autres conséquences, elles
eurent pour effet de renverser de fond en comble les opinions qu'on professait antérieurement quant à la nature et au mode d'action des engrais.

Histoire moderne des engrais. — L'impulsion donnée à l'industrie des engrais, par le premier ouvrage de M. Liebig, est facilement reconnaissable dans les registres des patentes
anglaises.

Pendant les dix années qui suivirent sa publication, c'est-à-dire entre 1840 et 1850, pas
moins de 36 patentes, concernant des procédés de préparation d'engrais et ces produits
eux mêmes furent enregistrés. En dix années, on a donc pris six fois plus de brevets que
dans toute la série des années précédentes, depuis l'établissement des patentes.

Pendant les cinq années suivantes, cette activité relative aux engrais suivit une marche
accélérée; l'office des patentes n'en a pas enregistré moins de 96, de 1850 à 1855. La réduction des frais de patentes, qui eut lieu dans cet intervalle, contribua certainement à ce
résultat.

Le Rapporteur n'a pas à sa disposition la statistique des patentes depuis 1855 ; mais il peut
cependant affirmer, en termes généraux, que l'ardeur des recherches et des inventions dans
cette branche ne s'est pas calmée dans ces sept dernières années ; les inventions, ayant trait
aux engrais, qui ont été faites en Angleterre depuis 1840, estimées approximativement, ne
peuvent pas être évaluées à moins de 200.

Cette longue série d'inventions comprend des méthodes et des procédés pour rendre utilisables, comme engrais, presque tous les genres de déchets et de résidus de nature animale,
tels que, par exemple, les matières fécales et les ordures des villes; les chiffons de laine et
de soie; les fragments de cuir; les débris des fabriques travaillant la corne, les os, les peaux,
les intestins, les poils, et autres matières organiques et nitrogénées ; le noir d'os ou noir
animal usé des raffineries de sucres et d'autres résidus phosphatés ; les liqueurs ammoniacales des usines à gaz; les eaux de lavages alcalines des savonniers, des teinturiers, des blanchisseurs et de bien d'autres industries ; en un mot, plusieurs centaines d'espèces de résidus
nitrogénés, phosphatés, alcalins, qui auparavant étaient jetés comme tout à fait sans utilité.

Les différentes patentes ont pour objet de soumettre ces matières à différents traitements,
tant mécaniques, physiques, que chimiques : dans le cas de substances liquides, en les concentrant par évaporation, ou en les précipitant au moyen de réactions chimiques ; dans le
cas de résidus solides, en les écrasant, les pulvérisant et les soumettant à d'autres méthodes
de division, ou bien, en les désagrégeant au moyen de dissolvants énergiques, tantôt acides,
tantôt alcalins, suivant les circonstances de chaque cas particulier ; on avait encore recours,
soit à la macération de l'eau, soit à la torréfaction à l'aide de la chaleur; on les faisait
encore digérer, à des pressions variables dans de la vapeur d'eau, tantôt humide, tantôt sèche
et surchauffée.

Plusieurs des patentes comprennent des recettes pour faire des mélanges spéciaux avec les
produits ainsi obtenus ou avec des substances d'origine différente, dans le but de les adapter (au moins dans l'opinion des inventeurs) à des récoltes ou à des terrains particuliers.

Plusieurs des procédés indiqués présentent réellement un certain mérite ; mais ceux qui
témoignent de l'ignorance du patenté sont en bien plus grand nombre, et il y en a quelques-
uns qui malheureusement semblent avoir été mis en avant uniquement pour profiter de
l'ignorance du public en général.

Fabrication du superphosphate de chaux (phosphate acide de chaux). — Parmi les patentes ayant pour objet les engrais, la première en importance et aussi presque la première en date, enregistrée après la publication du livre de M. Liebig, est la patente célèbre de M. J.-B. Lawes (1), pour convertir, au moyen d'acide sulfurique, le phosphate tricalcique en phosphate monocalcique.

L'invention de ce procédé, du moins pour ce qui concerne le traitement d'os frais, n'est point réclamée par M. Lawes, puisque le procédé appartient à M. Justus Liebig, qui l'avait indiqué dans l'ouvrage que nous venons de citer. Cette opération étant devenue la base de l'industrie moderne des engrais, et la question de savoir qui en est l'auteur ayant été le sujet de controverses, le rapporteur croit devoir citer dans une note les propres expressions de M. Liebig concernant ce sujet (2).

Le grand mérite de M. Lawes consiste d'abord d'avoir étendu l'application de l'acide sulfurique aux phosphates d'origine *minérale*, tels que l'apatite, et au phosphate de chaux *fossile*, connu sous le nom de *coprolithe*, et ensuite d'avoir imaginé des procédés et des appareils pour établir la fabrication sur une échelle industrielle.

Ceux auxquels a été dévolue la tâche d'organiser une industrie nouvelle et de vaincre les difficultés imprévues qu'on rencontre à chaque pas et à chaque phase d'une pareille entreprise, sauront apprécier à leur juste valeur les services rendus par M. Lawes dans cette circonstance. En réalité, dans sa double qualité de fabricant d'engrais et d'expérimentateur infatigable de leurs effets, M. Lawes a droit à notre reconnaissance et doit être considéré comme l'un des promoteurs, actuellement encore vivant, les plus actifs des progrès de l'agriculture. Ce n'est que justice de mentionner en même temps la large part des services rendus par le docteur Gilbert, l'habile collaborateur de M. Lawes dans la partie expérimentale et analytique de ces travaux.

M. Lawes paraît avoir fait ses premiers essais de fabrication de superphosphates en 1841-1842, et, encouragé par le succès de ses expériences, d'avoir fondé sa grande manufacture de Deptford en 1843. Un grand nombre d'usines semblables ont été érigées depuis, et la fabrication a pris un développement énorme. M. Lawes seul produit de 18,000 à 20,000 tonnes de superphosphate par an ; et la production annuelle de la Grande-Bretagne dans cet article s'élève, d'après lui, à environ 150,000 à 200,000 tonnes.

M. Lawes a eu l'obligeance de communiquer au rapporteur les détails suivants, sur les perfectionnements les plus récents apportés à la fabrication du superphosphate, en même temps que sa composition moyenne et son prix actuel sur le marché.

« La matière première phosphatique est d'abord réduite en poudre très-fine sous des pierres meulières ; la poudre est enlevée par des élévateurs mécaniques et déversée sans interruption dans de longs cylindres en fer, munis d'agitateurs animés d'un mouvement de rotation très-rapide. Un courant continuel d'acide sulfurique de 1.66 de densité coule dans le cylindre à l'endroit même où la poudre sèche y pénètre, et le mélange s'écoule à l'autre extrémité sous forme de crème épaisse : trois à cinq minutes suffisent pour le passage à

---

(1) Lawes (J.-B.), patente n° 9353, 23 mai 1842.

(2) La forme sous laquelle les os sont restitués au sol ne paraît nullement indifférente, car plus les os sont réduits en poudre fine, plus ils sont intimement mélangés avec la terre, plus aussi ils sont facilement assimilés. Le procédé le plus facile et le plus pratique d'opérer cette division consiste à traiter les os, préalablement pulvérisés par moitié de leur poids d'acide sulfurique délayé dans 3 à 4 parties d'eau, et après un certain temps de digestion, d'ajouter encore 100 parties d'eau et de répandre ce mélange sur les champs immédiatement avant le passage de la charrue. En quelques secondes, l'acide libre se combine avec les bases contenues dans la terre, et il en résulte un sel neutre dans un très-grand état de division. Des expériences instituées sur un terrain dérivé de la Grauwacke, à l'effet de se rendre compte du mode d'action d'un engrais ainsi préparé, ont démontré très-distinctement que ni les céréales ni les plantes potagères ne souffrent le moindre dommage de cette opération, mais qu'au contraire elles se développent avec une grande vigueur. (*Chimie organique appliquée à l'agriculture et à la physiologie*, p. 184 et 185.)

travers la machine. Un malaxateur pareil travaille environ 100 tonnes de matières par jour. La masse semi-fluide coule dans des réservoirs ou bassins couverts, de 10 à 12 pieds de profondeur et d'une capacité suffisante pour contenir le produit d'une journée de travail. La masse acquiert une certaine solidité au bout déjà de quelques heures ; mais elle conserve sa haute température pendant des semaines entières et même pendant des mois, si l'on n'y touche pas.

La composition d'un superphosphate de bonne qualité, préparé en partie avec du phosphate minéral et en partie avec des os ordinaires, doit être approximativement la suivante :

<pre>
          Phosphate soluble........ 22 à 25 pour 100
          Phosphate insoluble......   8 à 10   —
          Eau...................... 10 à 12   —
          Sulfate de chaux......... 35 à 45   —
          Matière organique........ 12 à 15   —
              (Azote de 0.75 à 1.5 pour 100).
</pre>

Si l'on ajoutait assez d'acide sulfurique pour décomposer la totalité du phosphate de chaux, le produit serait trop humide pour pouvoir être emballé dans des sacs, et exigerait ou bien l'adjonction d'une matière étrangère d'une nature sèche et poreuse, ou bien d'être desséché artificiellement.

Le prix de la meilleure qualité de superphosphate varie de 5 liv. st. 15 sh. à 6 liv. st. 10 sh. la tonne (146 fr. à 164 fr. les 1,000 kilogr.), et celui de superphosphate préparé uniquement avec du phosphate minéral s'élève de 4 liv. st. à 5 liv. st. 5 sh. (101 fr. à 132 fr.) la tonne. D'après M. Lawes, la matière première, annuellement transformée en superphosphate dans la Grande-Bretagne, provient, pour la moitié environ, des dépôts de phosphate fossiles, ou coprolithes, découverts dans ces dernières années dans plusieurs parties de l'Angleterre Les os calcinés, principalement importés de l'Amérique du Sud, le charbon animal de l'Allemagne et les os ordinaires de toutes les parties du monde forment environ 40 pour 100 de la matière première ; les 10 pour 100 restants consistent en guano (de l'espèce la moins azotée et la plus riche en phosphates) et d'un peu d'apatite (environ 200 à 500 tonnes par an) provenant de l'Espagne, de la Norwége et de l'Amérique.

Importation d'engrais dans la Grande-Bretagne. — Les données suivantes démontreront que l'industrie des engrais, depuis l'impulsion qu'elle a reçue en 1840, a fourni de l'occupation non-seulement à la partie inventive et manufacturière, mais encore à l'activité commerciale de la nation anglaise. L'origine et le développement du commerce du guano en sont une preuve des plus évidentes.

L'importation de guano n'a guère constitué une branche régulière de commerce en Angleterre avant que M. Liebig ait attiré l'attention sur ce sujet. Les plus grands importateurs anglais de guano, MM. Gibbs et fils, n'ont commencé leurs opérations qu'en 1842, c'est-à-dire deux années après la publication du livre de Liebig, qui y avait fortement fait ressortir la valeur de ces dépôts. En 1841, le guano avait été expérimenté dans plus de soixante fermes anglaises, comme cela ressort d'un rapport publié dans cette année par le comité de la Société royale d'agriculture. Il est probable que quelques essais semblables avaient été faits également dans les deux ou trois années précédentes, puisque plusieurs cargaisons de guano furent importées et vendues (à plus de 20 liv. st. ou 253 fr. la tonne) par un monsieur Myers, avant que MM. Gibbs s'engageassent dans cette affaire. Les statistiques complètes du commerce de guano ne sont point entre les mains du rapporteur ; mais on peut se faire une idée du développement de cette branche de commerce, dans les vingt dernières années, d'après l'expérience de MM. Gibbs et fils. Cette maison importante n'avait importé dans la première année de son commerce, en 1842, que 182 tonnes de guano ; en 1843 leurs importations s'étaient déjà élevées à 4,667 tonnes ; et en 1862, la vingtième année, depuis le commencement de leurs entreprises commerciales, la quantité de guano qu'ils fournissaient à la consommation, tant anglaise qu'étrangère, avait atteint le chiffre énorme de 435,000 tonnes par année. De ce total formidable, $^1/_4$ à $^1/_5$ a été consommé dans le Royaume-Uni.

Il sera peut-être intéressant pour le lecteur agronome de connaître les variations de prix du guano. Au début, il valait 10 liv. st. à 15 liv. st. (250 à 375 fr.) la tonne ; de 1846-1848, où le prix avait subi la plus grande baisse, il se vendait 9 liv. st. (225 fr.) la tonne ; dans les quatre années suivantes, 1849-1853, sa valeur n'augmenta que légèrement à 9 liv. st. 5 sh. (232 fr.) la tonne ; en 1854, s'éleva à 10 liv. st. (250 fr.) ; en 1855, à 11 liv. st. (275 fr.) ; en 1856, à 12 liv. st. (300 fr.), et en 1857 à 13 liv. st. (325 fr.), prix le plus élevé des dernières années. Depuis 1857, le prix a de nouveau diminué légèrement, et se maintient actuellement aux environs de 12 liv. st. (300 fr.) la tonne.

Le succès extraordinaire du guano péruvien fit entreprendre des voyages de découvertes pour trouver des nouveaux dépôts ; on en a trouvé et exploité largement plusieurs sur des îles de la côte occidentale de l'Afrique et dans d'autres localités.

D'ailleurs, les entreprises commerciales ne se sont pas restreintes au guano seul. Le nitrate de sodium, qui, antérieurement, n'avait été recherché que comme un substitut du salpêtre pour la fabrication des acides sulfurique et nitrique, a été employé de plus en plus largement dans ces dernières années comme un puissant fertilisant. Les énormes dépôts de cette substance, découverts successivement dans plusieurs parties de l'Amérique du Sud, sont maintenant exploités sur une plus grande échelle pour l'approvisionnement du marché anglais des engrais.

Quant aux os naturels ou calcinés, on les a importés par milliers de cargaisons, non-seulement des pampas immenses de l'Amérique méridionale, — depuis des temps immémoriaux, les pâturages et les cimetières de troupeaux innombrables, — mais encore des contrées les plus populeuses de l'Europe, dont le sol n'était certainement guère de nature à pouvoir s'en passer si facilement, et dont la fertilité a dû souffrir sérieusement de l'enlèvement de ces matériaux phosphatiques.

Avantages et inconvénients du commerce des engrais. — Le commerce des engrais se présente, en conséquence, sous deux aspects : l'un avantageux, l'autre dommageable aux populations. Rien ne peut être plus avantageux que de recueillir et d'utiliser des résidus fertilisants qui, auparavant, étaient jetés et perdus comme ne possédant aucune valeur.

Les phosphates fossiles extraits du sein de la terre, le guano retiré (par l'intervention successive des plantes marines, des fucus, etc., puis des poissons et des pingouins) des profondeurs des mers, constituent évidemment autant de trésors arrachés loyalement à la nature pour augmenter légitimement la richesse publique. Même l'enlèvement d'os récents ou calcinés des plaines jusqu'ici désertes et inhabitées, excepté par des troupeaux sauvages, pour opérer la fertilisation des champs de céréales de l'ancien continent, si populeux, ne peut être considéré autrement que comme un commerce légitime.

Mais on dépasse les bornes et le commerce d'engrais devient illégitime et anormal, lorsqu'on enlève les os de l'une des contrées bien peuplées pour enrichir les champs épuisés d'un autre pays.

Le dommage ainsi causé n'est point limité à la seule contrée dont le sol est ainsi appauvri. Par suite des conditions si intimement reliées du commerce moderne, l'appauvrissement d'un pays commercial quelconque réagit inévitablement sur la prospérité de tous les autres en diminuant la masse de richesses échangeables dans le monde. Si l'Allemagne, par exemple, récolte moins de blé, sa puissance de faculté d'acheter des produits étrangers, soit français, soit anglais, est diminuée dans la même proportion et le commerce en souffre dans le même rapport. Le bénéfice pour la France et pour l'Angleterre est donc illusoire, si l'une ou l'autre pille le sol cultivable de la nation voisine, pour fertiliser son propre terrain.

Dans un ouvrage qui vient de paraître, le baron Liebig (1) a vivement reproché à l'Angle-

(1) *Einleitung in die Naturgesetze des Feldbaues;* von Justus von Liebig. (Introduction aux lois naturelles de la culture des champs.) Braunschweig, Vieweg und Sohn, 1863.

terre sa trop grande avidité à acheter, sous la forme d'os, la richesse phosphatique des contrées moins puissantes qu'elle-même sous le rapport financier et industriel, et en même temps l'imprévoyance évidente et la négligence avec laquelle elle dilapide ces richessess (mal acquises et mal employées) en les laissant se perdre dans la mer au moyen de ses égouts innombrables.

L'éminent et illustre professeur d'agriculture pousse un cri d'alarme contre le zèle extravagant et surabondant avec lequel le plus actif de ses élèves met en pratique ses leçons : et il montre, de la manière la plus sérieuse, aux autres nations les conséquences ruineuses qu'elles subiront par suite de l'exportation des phosphates enlevés à leur sol pour relever la fertilité des champs épuisés de l'Angleterre.

Son cri d'alarme est poussé en termes qui constituent presque des invectives passionnées :

« L'Angleterre, s'écrie-t-il, vole aux autres contrées les conditions et les éléments de leur fertilité. Déjà, dans son avidité à se procurer des os, elle a bouleversé les champs de bataille de Leipsick, de Waterloo et de la Crimée ; déjà elle a extrait, des catacombes de la Sicile, les squelettes d'un grand nombre de générations successives : chaque année, elle enlève des rivages d'autres contrées, pour l'importer chez elle, l'équivalent en engrais correspondant à la subsistance de trois millions et demi d'hommes ; elle nous prive des moyens de les nourrir et en même temps elle dilapide le contenu de ses égouts dans la mer.

Pareille à un vampire, l'Angleterre est suspendue au cou de l'Europe ou plutôt du monde entier, elle suce le sang vital des nations, sans le moindre sentiment de justice ou d'équité à leur égard et sans qu'il en résulte même l'ombre d'un avantage persistant pour elle-même.

Il est impossible (continue M. Liebig) qu'une pareille interférence, inique avec l'ordre établi par la Divinité dans le monde, puisse échapper à une punition juste et bien méritée : et le châtiment pourra peut-être atteindre l'Angleterre plus tôt encore que les pays qu'elle pille.

Indubitablement, arrivera un temps où toutes les richesses de l'Angleterre en or, fer et houille seront incapables de lui restituer la millième partie des conditions de vie que pendant des siècles elle a eu la folie de dilapider et de laisser perdre. »

L'on ne peut nier que ces reproches, quoique formulés en termes un peu trop vifs et rudes, ne reposent sur un certain fond de vérité. Mais, d'un autre côté, l'on peut aussi objecter qu'ils ne s'appliquent qu'à l'une des branches, d'ailleurs si nombreuses, de l'industrie des engrais en Angleterre, et même pour cette branche, ils ne sont que partiellement mérités.

En effet, depuis qu'on exploite en grand les gisements anglais de coprolithes, ils fournissent les phosphates minéraux à des prix si bas, que ces phosphates ont remplacé dans une forte proportion les importations d'os d'origine récente que l'Angleterre tirait des contrées étrangères pour les besoins de son agriculture. En outre, d'après les lois de l'économie politique et commerciale, il n'est pas permis de douter qu'en créant ainsi artificiellement un déficit injuste, on provoque graduellement une élévation des prix de ces mêmes os, au point d'équivaloir finalement à une prohibition ; de cette manière, le mal porte en lui-même son propre correctif et remède.

Le rapporteur en a reçu la preuve bien opportune au moment où il écrivait ces lignes. En effet, M. Clemm-Lennig, manufacturier à Mannheim, vient de l'informer que les phosphates fossiles de l'Angleterre sont maintenant importés, en grande quantité, en Allemagne et que lui-même (M. Clemm-Lennig) en a reçu des envois considérables venus des ports de l'Angleterre.

La balance du commerce paraît donc devoir arriver, dans cette matière aussi, à un juste équilibre, comme cela arrive, d'ailleurs, toujours lorsqu'on lui permet d'osciller librement et sans entraves.

Événements historiques modernes en relation avec le développement de l'industrie des engrais. —

Mais même si l'Angleterre était un coupable plus signalé qu'elle ne l'est ou qu'elle ne l'a été, à l'égard de ce qu'on pourrait appeler l'*équilibre des engrais* dans le monde, il lui serait permis d'invoquer, pour sa justification, la série d'événements historiques qui ont amené son industrie des engrais à la phase si remarquable qu'elle présente actuellement : phase purement transitoire et qui dénote le point culminant d'une révolution des plus importantes en train de s'accomplir à notre époque.

Les événements auxquels nous faisons allusion, de même que la révolution qui en constitue pour ainsi dire l'apogée, ont pour origine commune l'invention mémorable de la machine à vapeur par Watt.

La nouvelle puissance motrice, placée par le génie de Watt à la disposition de tout le monde, après avoir successivement transformé toutes les autres branches d'industrie humaine, telles que la filature et le tissage, les moyens de locomotion sur terre et sur mer, toutes les différentes formes de manipulations élémentaires ayant pour but d'élever, de façonner, de pomper, de broyer, etc., tous les arts plastiques techniques, depuis l'étirage de masses métalliques les plus gigantesques jusqu'au moulage de la porcelaine la plus fine ; cette nouvelle puissance, après avoir rendu plus faciles toutes les autres sortes de travaux, commence à faire son chemin dans les fermes et à provoquer dans les opérations agricoles une révolution non moins signalée.

Il est important d'observer que les transformations qui ont précédé ce dernier changement final, de beaucoup le plus important, n'ont pas seulement préparé la voie à son égard, mais ont fait de son avénement une nécessité indispensable. Quelques considérations rapides mettront en lumière cette vérité.

Notons en premier lieu que c'est grâce à la vapeur que les *métiers proprement dits*, antérieurement exercés par des familles dispersées dans les villages sur toute la surface du pays, ont été remplacés par des *manufactures*, travaillant dans des usines colossales, déterminant l'agglomération d'une population énorme dans des bourgs et villes présentant un développement des plus rapides et situés généralement (pour la facilité du commerce) sur des fleuves ou rivières se rendant à la mer.

Les matières alimentaires ont tout naturellement suivi les populations : chaque jour des masses de céréales, d'animaux de boucherie, de légumes et de fruits sont transférées en quantités de plus en plus considérables des campagnes dans les villes. Les masses de résidus fertilisants (provenant de la consommation de ces provisions) qui, dans une économie agricole rationnelle, devraient retourner aux champs éloignés d'où elles proviennent, éprouvent évidemment une augmentation proportionnelle ; et le problème de leur transport dans les campagnes a été et est toujours encore d'une solution de plus en plus difficile.

Pendant la première période du développement des manufactures, l'ancien mode de défécation urbaine, consistant en latrines qu'on vidait périodiquement, était généralement usité ; et une notable proportion des matières fécales produites dans des grandes villes industrielles revenait dans les campagnes au sortir de ces fosses stagnantes.

Mais à mesure que les populations des cités manufacturières devenaient plus nombreuses et plus denses, les maladies du genre de celles désignées sous le nom de *zymotiques* s'y développaient de plus en plus ; et quoique les causes particulières des différentes formes de maladies zymotiques ou fiévreuses fussent restées inconnues, il fut cependant démontré graduellement par les investigations médicales qu'elles trouvaient toutes une condition commune favorable à leur développement dans les émanations putrides exhalées par les matières fécales stagnantes.

Aux explorateurs scientifiques, d'ailleurs peu nombreux, qui découvrirent et constatèrent ces effets, il parut évident que le système des fosses fixes ou à demeure était radicalement vicieux et qu'il fallait l'extirper, sans regarder à la dépense que ce changement occasionnerait.

On démontra que les populations urbaines ne pourraient être mises à l'abri des maladies fiévreuses que par l'enlèvement journalier des éjections *avant* qu'elles pussent entrer en putréfaction : ce but paraissant pouvoir être réalisé le plus facilement par un système de conduits et d'égouts, tant des maisons que des rues, constamment balayées par un courant d'eau pure suffisamment abondante.

Dans cette occasion encore, la puissance de la vapeur vint en aide au progrès. La provision d'eau nécessaire aux villes cessa d'être amenée comme anciennement, au moyen de tuyaux en bois, aux fontaines publiques, pour être transportée de là avec des baquets ou des cruches dans les maisons ; mais des pompes à vapeur élevèrent l'eau à des hauteurs considérables, pour la distribuer sous une forte pression dans des tuyaux en fonte qui, émettant latéralement de nombreux embranchements, l'amenaient dans les maisons et jusque dans les étages les plus élevés.

Cette disposition permit l'adoption des *waterclosets* de Bramah (invention capitale) avec leur courant d'eau instantané et rapide, et leur fermeture hydraulique à bascule en place de l'ancien cabinet d'aisance, si pernicieux, dépourvu d'eau et de soupape et en communication directe et incessante avec la fosse en pleine putréfaction, située généralement immédiatement au-dessous du siége.

Le *watercloset* de Bramah constituant une pièce mécanique assez dispendieuse, on imagina bientôt des appareils semblables, beaucoup moins coûteux, mais remplissant cependant le même but, qui permirent au pauvre tout aussi bien qu'au riche de jouir du bienfait inestimable d'une défécation dans des conditions réelles de propreté et de salubrité.

Ces améliorations n'avaient cependant pas attiré beaucoup l'attention, et ne se répandaient que très-graduellement et lentement, lorsqu'en 1836 l'invasion soudaine du choléra asiatique, non-seulement apporta la confirmation la plus terrible de la justesse des vues de ceux qui prêchaient ces améliorations, mais donna aussi à ces dernières une impulsion des plus puissantes.

Nous avons déjà parlé des horreurs de cette peste effroyable (Voyez le chapitre sur les désinfectants). La consternation était universelle ; elle provoqua cette remarquable série de recherches, de conclusions et de réformes pratiques, désignées collectivement sous le nom de *mouvement sanitaire moderne* Sous cette nouvelle impulsion, la substitution d'égouts à circulation continue aux fosses fixes à matières stagnantes se fit avec une activité croissante, malgré les obstacles engendrés par une violente et ardente controverse sur les dimensions les plus appropriées des conduits.

Les uns recommandaient des tuyaux cylindriques en terre cuite, de dimensions restreintes ; d'autres des canaux en briques à fonds plats assez spacieux.

Il se trouva heureusement que le système tubulaire fut reconnu à la fois le plus économique et le meilleur, et ses partisans, après des discussions qui durèrent dix années, finirent par l'emporter.

Des villes entières sont maintenant drainées au moyen de tuyaux de 12 pouces de diamètre (30 centimètres), lesquels auraient été jugés anciennement de dimension très-restreinte pour le drainage d'une seule habitation. L'application du courant de matières excrémentielles et autres, constituant le drainage des villes, à l'irrigation des terres labourables, fut vivement recommandée par les promoteurs de la réforme sanitaire ; mais plusieurs ingénieurs distingués et influents déclarèrent non moins vivement que cette application était pratiquement impossible. C'est leur opinion concernant cette partie de la question qui a prévalu.

Le seconde invasion du choléra asiatique, en 1849, donna une nouvelle impulsion à l'abolition des fosses stagnantes, et l'utilité de leur remplacement par des tuyaux de dimensions restreintes, mais constamment lavés par un courant d'eau rapide fut alors généralement reconnue.

Mais les principaux ingénieurs de l'Angleterre, tout en admettant théoriquement la valeur du liquide des égouts pour la fertilisation de la terre, continuaient à prétendre que les arrangements mécaniques pour sa distribution, proposés par les réformateurs sanitaires, n'étaient ni rationnels ni économiques et par conséquent irréalisables.

Sur une question mécanique, l'opinion publique (comme cela était d'ailleurs naturel) se mit au début du côté des ingénieurs.

Le nouveau système eut donc à combattre une opposition professionnelle d'autant plus formidable qu'elle était complétement de bonne foi.

Il est probable que cette opposition, la controverse qu'elle engendra, et surtout les expériences qu'elle provoqua, constituent une bienfaisante épreuve par laquelle a dû passer le nouveau plan, pour en établir la base rationnelle et pour obtenir la correction des points faibles qu'il pouvait encore présenter.

Mais, en attendant, l'application des déchets et défections des villes à l'économie agricole, sur une large et nous dirons nationale échelle, a été et est encore ajournée.

De là, la condition présente, évidemment transitoire, des grandes cités manufacturières et commerciales de l'Angleterre; de là cette contamination et pollution insupportables de ses fleuves et rivières; de là cette prodigieuse dilapidation des éléments du sang humain, que M. Liebig lui a reproché si amèrement.

Mais la même puissance si grandiose de la vapeur, qui a réalisé la centralisation des populations manufacturières dans les grandes cités, avec tous les maux qu'elle a engendrés et avec les améliorations sanitaires au moyen desquelles ces maux ont été (au moins partiellement) corrigés, intervient encore ici, accompagnée d'autres principes et d'autres événements, exerçant une influence non moins considérable sur le développement de l'industrie des engrais.

Parmi les causes qui sans contestation ont exercé la plus importante influence sur cette grande industrie, nous devons citer la doctrine et la pratique du libre échange.

L'affiliation historique entre le libre échange et la puissance de la vapeur est directe et évidente.

Les millions d'individus agglomérés près des machines à vapeur demandaient à être nourris.

Pour que le nouveau système de manufactures pût fonctionner, le pain à bon marché était aussi nécessaire que la houille à bas prix. La restriction des approvisionnements de pain et par suite l'élévation de son prix, par des moyens artificiels et pour le bénéfice d'une classe privilégiée, devenaient entièrement inadmissibles. La protection, toujours une déception et une erreur, était devenue un anachronisme; et après une lutte formidable, et après une longue série d'expédients transitoires, les ports de l'Angleterre furent ouverts librement et sans entraves à l'arrivée des provisions alimentaires étrangères.

Les cultivateurs des terres septentrionales plus froides furent ainsi exposés à la concurrence de producteurs rivaux, cultivant, sous un soleil plus chaud, les champs de blé plus fertiles et plus prolifiques des pays du Sud.

Les propriétaires territoriaux anglais entamèrent cette lutte inégale contre la concurrence, comme un combat de vie et de mort. Une fumure abondante du sol parut au début leur principale, sinon leur seule ressource : de là le rapide et prodigieux développement (déjà signalé) du commerce de guano; de là cette multiplication de produits fertilisants, préparés avec toutes sortes de déchets, qui se manifesta dans les registres de patentes; de là cette célèbre théorie « des produits azotés » et le système de « culture intensive » auquel il sera fait allusion tout à l'heure; de là, cette recherche si active des os dans toutes les parties du monde, recherche si criminelle aux yeux de M. Liebig.

APPLICATION DE LA VAPEUR A L'AGRICULTURE. — La puissance de la vapeur, qui avait imposé au cultivateur anglais cette lutte pour son existence, lui fournit maintenant aussi les moyens de sortir victorieux de la lutte.

Pourquoi la charrue à vapeur ne passerait et repasserait-elle pas à travers les champs, de la même manière que la navette des métiers à tisser lancée par la vapeur passe et repasse entre les fils de la chaîne ?

Si l'eau pure peut être pompée par des machines à vapeur, avec une dépense presque infiniment petite, dans l'*intérieur* des villes, pourquoi cette même eau, enrichie de toutes les déjections de la population et convertie en engrais puissant, ne pourrait-elle pas être pompée par la vapeur pour être transportée à l'*extérieur* des villes et appliquée au maintien de la fertilité des champs?

En un mot, pourquoi l'agriculture ne pourrait-elle à son tour s'élever du rang d'une industrie *manuelle* à celui d'une *industrie manufacturière*; pourquoi la ferme ne pourrait-elle pas être organisée et exploitée comme une usine; pourquoi la nourriture ne finirait-elle pas, comme tant d'autres articles, soit de luxe, soit de première nécessité, à être produite à *l'aide de la machine à vapeur*?

Ces questions sont actuellement à l'ordre du jour; et la révolution agricole qu'elles soulèvent paraît être en ce moment, chez la nation anglaise, en bonne voie de réalisation.

Déjà, dans plus d'une ferme anglaise, on voit s'élever au-dessus des arbres la cheminée élancée si caractéristique de l'usine; on entend au-dessous la respiration bruyante de la machine à vapeur, et la machine à battre le grain, avec sa roue à révolutions rapides et tapageuses, remplace le fléau si lent et si traînard du laboureur.

Déjà maintenant, quoique plus rarement, la locomobile agricole se voit fumante au milieu des champs, enroulant et déroulant autour de poulies bien ancrées, le câble mince en acier qui entraîne la charrue à travers le sol, le sillonnant trois fois plus vite et deux fois plus profondément que cela ne pouvait se faire auparavant au moyen d'hommes et de chevaux, et procurant ainsi à la plante, d'une manière économique, un approvisionnement, proportionnellement plus abondant, de nourriture atmosphérique.

Finalement, mais plus rarement encore un système de tuyaux souterrains pour la distribution du fumier liquide et l'irrigation des terres se ramifie au-dessous des champs, de la même manière que les tuyaux pour la distribution de l'eau pure se ramifient sous les rues de la ville voisine; dans les deux cas, c'est la vapeur qui constitue la puissance motrice.

Ces innovations, sans aucun doute, ne constituent encore que des expériences faites sur une grande échelle, comme cela arrive pour toutes les innovations; elles sont vantées par les uns avec un zèle prématuré, tandis qu'elles sont décriées par d'autres, avec un scepticisme bien pardonnable, comme étant absolument impraticables. La vérité, pour le moment présent, paraît située entre ces deux extrêmes. La charrue à vapeur, quoique fonctionnant avantageusement dans des champs bien nivelés, d'une grande étendue et formés d'un terrain favorable, demande une adaptation à des conditions de culture moins aisées. Le système d'irrigation tubulaire est sujet à être inondé par l'irruption soudaine de masses d'eau de pluie, chargeant outre mesure et même quelquefois arrêtant le fonctionnement des pompes à vapeur, de manière à troubler très-sérieusement l'économie de l'opération de distribution.

Mais des recherches inventives et des expériences pratiques se multiplient de plus en plus en se complétant les unes les autres, et chaque année, pour ne pas dire chaque mois, voit éclater de nouvelles vérités, et nous montre la réalisation « d'impossibilités antérieures. »

UTILISATION DES ÉJECTIONS COMME ENGRAIS. — Beaucoup de personnes sont intimement persuadées que la solution du problème de l'utilisation des matières des égouts ne peut être réalisée qu'en empêchant l'eau ordinaire de la surface du sol de se mélanger avec les matières fécales; d'après la formule célèbre déjà citée de M. F. O. Ward (voyez le chapitre *sur les sels ammoniacaux* et les *composés du cyanogène*) : — « La pluie à la rivière, le liquide des égouts aux champs. »

D'autres pensent que ce liquide, même délayé par les eaux de pluies, d'orages ou de ruisseaux peut encore être pompé assez économiquement pour pouvoir être distribué sur les terres agricoles. Une troisième opinion est celle de ceux qui croient que la gravitation constitue le seul moyen économique de distribution des matières fécales, et que des fossés à ciel ouvert serpentant suivant les ondulations du sol sont en réalité les seuls canaux appropriés au transport de ces matières.

Le rapporteur, en sa qualité de chimiste, est évidemment incompétent pour se prononcer sur une question mécanique. Mais, comme la dilapidation actuelle des éjections des villes dans la mer, si elle devait continuer sur une échelle aussi formidable, serait évidemment, au bout de quelques générations, la justification des prédictions les plus menaçantes de M. Liebig, le rapporteur est intimement convaincu que la même puissance de la vapeur, qui a amené le mal, est aussi seule capable d'y apporter le remède efficace.

C'est ici peut-être le cas d'intercaler quelques observations et objections respectueuses contre l'appui donné par M. Liebig, dans plusieurs de ses ouvrages, et particulièrement dans sa dernière publication (1) au système des fosses pour la réception des matières fécales. Il a consacré un chapitre entier (le septième) à la description de fosses mobiles ou de tonneaux placés sur roues, employés dans les camps militaires et dans plusieurs villes de garnison du grand-duché de Bade, pour recevoir et emporter au loin la totalité des matières excrémentitielles, tant solides que liquides. Il évalue le prix moyen de ces chariots à fosses mobiles entre 9 liv. st. à 10 liv. st. la pièce (225 à 250 fr.) ; la durée de leur service à environ cinq ans et leurs frais d'entretien à 15 pour 100 à peu près du prix d'achat.

Il ajoute que la vente de l'engrais rassemblé et emmené dans ces chariots, et provenant de différentes garnisons composées en tout de 8,000 hommes, rapporte d'année en année des sommes plus considérables ; les recettes se sont élevées de 285 liv. st., qu'elles étaient en 1852 (7,125 fr.), à 680 liv. st. en 1858 (17,000 fr.), et les prix tendent toujours encore à augmenter.

Le nom illustre et l'autorité éminente de M. Liebig donnent du poids et de l'importance aux éloges qu'il a accordés à ce système. « Des terrains arides et sablonneux, dit-il, situés plus particulièrement dans le voisinage de Rastadt et de Carlsruhe, ont été transformés en champs de blé d'une grande fertilité. »

Il ajoute encore : « On peut établir ainsi une circulation parfaite des conditions de la vie, fournissant année par année le pain à 8,000 hommes, sans affaiblir le moins du monde la force productive des champs sur lesquels le blé a été cultivé. » M. Liebig consacre encore une série de pages, dans un appendice, à un rapport sur l'économie agricole japonaise, adressé par le docteur H. Mason au ministre de l'agriculture à Berlin, et contenant une relation détaillée de la méthode japonaise d'utilisation des défécations urbaines, basée également ment sur un système de fosses mobiles, qu'on extrait et transporte à la main à travers les rues.

Les Japonais, suivant le docteur Mason, font usage de cabinets d'aisance ouverts et construits, non comme cela se pratique en Allemagne, dans quelque coin écarté de la cour, mais dans l'intérieur de l'habitation dont ils constituent une partie essentielle. L'ouverture est au niveau du sol et au-dessous se trouve un baquet ou un pot en terre, qu'on enlève à la main lorsqu'il est rempli. Les coolies employés à cette besogne sont rencontrés le soir, marchant en longues files le long des rues qui mènent hors des villes japonaises, chaque coolie portant deux baquets ou pots remplis de matières fécales qu'il transporte dans les fermes du voisinage. Des caravanes de chevaux de somme, chargés d'une manière semblable, sont

---

(1) *Les lois naturelles de l'exploitation rurale (The natural laws of husbandry)* ; par M. Justus de Liebig. Édité par J. Blyth, M. D., professeur de chimie au Collége de la Reine à Cork. London, Walton et Maberly, 1863.

envoyées, d'après M. Mason, jusqu'à 200 à 300 milles dans l'intérieur des terres, et des bateaux de canal quittent journellement chaque ville aussi régulièrement que la malle-poste, chargés chacun, par des coolies, de baquets empilés sur une hauteur considérable, tous remplis de cette matière précieuse, dont les émanations (ce qui est admis volontiers) transforment la tâche de conduire ces bateaux en une espèce de martyre.

C'est précisément de ce travail dégradant et malfaisant que l'Angleterre cherche de nos jours très-résolument à débarrasser ses ouvriers, tout en restaurant à la terre, aussi conscieusement que les Japonais, les résidus fertilisants de la nourriture de l'homme. C'est précisément contre ce qu'on peut appeler à bon droit « le martyre de la puanteur, » et contre le martyre plus dangereux encore de viciation du sang et de fétidité pestilentielle, engendrées par les matières en putréfaction, que protestent et luttent les réformateurs sanitaires anglais de tout leur pouvoir.

Le rapporteur est convaincu qu'il ne fait qu'interpréter fidèlement leurs vœux sincères, en invitant M. Justus Liebig à prendre leur système de défécation en très-sérieuse considération et à lui accorder son puissant appui, dans le cas où il obtiendrait son approbation.

L'organisation de ce qu'on appelle « le système de circulation tubulaire continu, » au moyen duquel on cherche maintenant à réaliser, à l'aide de la machine à vapeur, l'échange salutaire et incessant d'eau pure et de liquide fertilisant entre la ville et la campagne, paraît destinée à constituer le complément mécanique des grandes vérités chimico-physiologiques proclamées par M. Justus Liebig ; les promoteurs de ce système, pleins de confiance en le génie puissant de l'illustre chimiste, en attendent avec anxiété non-seulement l'adoption de leur système, mais encore l'incorporation dans le grand édifice agricultural, dont il formerait le couronnement et le faîte.

Cependant les avocats même les plus fougueux de ce système ne prétendent point que sa réalisation puisse s'accomplir par une seule et unique génération d'hommes.

Ils admettent, au contraire, que la tubularisation complète de toutes les fermes de l'Europe sera une entreprise qui se réalisera tout aussi graduellement que l'a été le drainage et la distribution des eaux dans les villes et l'extension universelle des chemins de fer et des communications électriques.

Mais, comme la grandeur même d'un pareil projet peut être pour certains esprits une raison déterminante soit pour l'adopter, soit pour le rejeter, le rapporteur extraira d'un discours prononcé par M. F. O. Ward (en 1855) quelques observations ayant trait à ce sujet.

Après avoir exposé les dépenses qu'occasionnerait la pose d'un pareil système de tuyaux, l'orateur continue :

« On voudrait arguër des frais énormes, causés par l'établissement d'un réseau tubulaire sur une aussi vaste surface, à l'impraticabilité d'un pareil plan. Mais je crois qu'un raisonnement semblable équivaut aux arguments invoqués au début contre l'éclairage au gaz. Quoi ! disait-on, dans ces vieux temps de l'éclairage à l'huile, aux innovateurs hardis qui conseillaient l'éclairage au gaz ; est-ce bien sérieusement que vous osez nous proposer de bouleverser et de creuser toutes les rues de nos villes, et d'y déposer des milliers de lieues d'artères souterraines pour faire circuler une vapeur subtile dans ces rues et dans l'intérieur de chaque maison, et dans quel but ? pour obtenir, au prix de millions, ce que nos lampes et nos bougies nous procurent déjà d'une manière suffisamment satisfaisante !

C'est là le langage qu'on entendait : et la proposition de l'éclairage au gaz fut considérée, dans les premiers temps, par la majorité de la population, comme une hallucination des plus extravagantes et des plus illusoires.

Mais lorsqu'un jour la manufacture de Murdoch se trouva éclairée au gaz, le problème entier était virtuellement résolu, et lorsque la première rangée de becs de gaz brûla le long de Pall-Mall, l'éclairage similaire de toutes les villes de l'Europe ne fut plus qu'une question de temps.

Il en a été de même, lorsque la première ferme, arrangée avec des tuyaux d'irrigation pour la distribution de l'engrais liquide, a constitué un succès réalisé. Ce seul fait a enlevé toute force aux arguments basés sur la quantité de tuyaux nécessaire pour cette opération et sur les dépenses qui en résulteraient.

Ce qui nous empêchera encore de cesser de prendre corps à corps le problème des engrais pour arriver à sa solution, c'est la contemplation de l'énorme grandeur des résultats qui en découleraient avec le temps, — peut-être seulement après plusieurs générations, — lorsque le sous-sol tout entier de l'Europe sera probablement couvert d'un réseau de tuyaux pour la distribution de l'engrais liquide, exactement comme la Flandre se trouve déjà actuellement tellement parsemée de réservoirs pour le recueillir et le conserver, qu'elle en présente l'apparence d'un gâteau de miel. »

Sommaire de la question des engrais dans ses relations historiques. — Si les vues qui viennent d'être exposées sont correctes, il en découle que les conditions particulières et provisoires, présentées actuellement par l'industrie des engrais en Angleterre, sont dues à une série de causes reliées les unes aux autres ; leur point de départ commun est l'invention de la machine à vapeur, comprenant le développement, sous son influence, du système moderne des manufactures avec leur agglomération centralisée de population et amenant, d'un autre côté aussi, des invasions réitérées de pestes asiatiques ; ces dernières ont de nouveau eu pour conséquence l'abandon du système des fosses fixes en faveur de certains arrangements tubulaires, ayant pour but l'enlèvement constant et non discontinué et l'utilisation des liquides excrémentitiels, arrangements arrivés de nos jours à mi-chemin de leur organisation définitive.

Une controverse salutaire, la mère de l'expérience, éclaire, tout en la retardant, cette révolution ; et si, dans l'intervalle, comme le prétend M. Liebig, *l'Angleterre aspire, comme un vampire, le sang de l'Europe,* c'est qu'elle-même, pour se servir de la même figure, saigne par mille blessures.

Dès que la guérison de ces blessures s'accomplira progressivement, ce qui est actuellement son désir le plus ardent, l'Angleterre, dans la même proportion, sera exonérée de ce besoin d'approvisionnements *sanguinaires* qu'elle paie en ce moment si chèrement. Pour parler sans métaphore, nous dirons : à mesure que le nouveau mécanisme de circulation pour l'utilisation du liquide des égouts sera progressivement réalisé et mis en activité en Angleterre, dans la même proportion ses importations d'engrais diminueront et même cesseront ; en fin de compte, il se pourrait bien, lorsque la circulation fertilisante sera complète. que le commerce des engrais devînt l'inverse de ce qu'il est maintenant, et que l'Angleterre fût en état de retourner aux continents, qui l'approvisionnent de matières alimentaires, les éléments fertilisants qu'elles renferment ou leur équivalent.

Sans aucun doute, la multiplication de la race humaine, accélérée comme elle le sera certainement par des fournitures plus abondantes de substances alimentaires, tendra jusqu'à un certain point à empêcher ces économies de matières fertilisantes, par l'absorption en quantités croissantes de ce qu'on pourrait appeler le capital flottant de phosphates, c'est-à-dire les phosphates contenus dans les squelettes et dans le sang humain. Mais, heureusement, d'immenses réserves de ces phosphates et de tous les autres matériaux fertilisants restent encore à exploiter dans les domaines, jusqu'à ce jour encore peu utilisés, de la nature, savoir : l'Océan, l'atmosphère et les couches profondes de la terre. C'est à ces sources minérales que le fabricant d'engrais, guidé, sous ce rapport, par les lois générales de l'histoire de l'industrie moderne, s'adressera indubitablement dans des proportions progressivement croissantes. A l'aide de la locomobile, nous sommes en état, comme nous l'avons déjà expliqué, d'extraire de l'air et de fixer dans un sol rapidement et économiquement labouré, des quantités de plus en plus grandes des principes volatils servant de nourriture à la plante.

Le même système nous aidera à exploiter pour l'usage (et non pour les dilapider) les réserves phosphatées et alcalines du sol. Et dans le chapitre sur les composés potassiques, nous avons développé avec détails les nouveaux moyens mis à notre disposition pour extraire ce dernier principe fertilisant soit de l'Océan, soit des rocs primitifs.

Il n'est nullement nécessaire de poursuivre plus loin ces raisonnements, ni de retracer pour un avenir plus éloigné l'influence probable d'événements passés ou contemporains sur la marche de l'industrie des engrais. Le rapporteur aura atteint son but si, par ces remarques succinctes, il parvient à attirer l'attention, tant des gouvernements que des individus des différentes parties du globe, sur la double révolution, à la fois sanitaire et agriculturale, qui est en ce moment en train de s'accomplir en Angleterre, et sur les bénéfices signalés qui. très-probablement, en résulteront, pour la nation anglaise d'abord, et ultérieurement pour la race humaine en général.

Théorie moderne de la nutrition des plantes. — Nature et mode d'action des engrais. — Quittant le côté historique de la question, le rapporteur se propose de présenter actuellement quelques aperçus sur la *nature* et le *mode d'action* des engrais et sur les lois, à la fois si grandes et si simples, qui régissent leurs relations avec le sol et les récoltes.

Pour en faciliter la compréhension, il sera nécessaire de diriger d'abord l'attention sur la nature et les fonctions des plantes, ainsi que sur la théorie moderne de leur nutrition.

Les plantes croissant comme elles le font, en étalant leurs feuilles dans l'air et en ramifiant leurs racines dans la terre, doivent nécessairement tirer de ces milieux les matériaux qui les constituent.

Les sols fertiles étant riches en débris d'une végétation antérieure, telles que souches de racines, feuilles, etc., convertis en *détritus* ou *humus*, et cet humus étant un peu soluble dans l'eau, qui arrive constamment au sol sous forme de pluie ou de rosée, il avait été admis antérieurement et assez naturellement, que la solution aqueuse de matières organiques ainsi formée était absorbée par les racines et amenée par-là aux tissus vivants dont elle constituait la nourriture.

D'après cette théorie, les plantes étaient censées vivre à la manière des animaux, par intususception d'aliments organiques d'une composition chimique plus ou moins analogue à celle des tissus ainsi nourris.

C'était là l'ancienne théorie de la nutrition *organique* ou par *humus* des plantes, théorie que nous avons déjà mentionnée plus haut, comme ayant été attaquée et démolie par l'illustre auteur de la théorie *minérale* maintenant universellement acceptée.

En effet, M. Liebig a prouvé de la manière la plus claire, en partie par des données déjà existantes dans lesquelles il n'avait qu'à choisir, en partie par ses propres recherches incomparables, qu'il n'est pas possible aux plantes d'obtenir leur nourriture sous forme de matière *organique*. Il démontra que le règne végétal est intermédiaire entre le règne minéral et le règne animal, et qu'il a pour fonction spéciale d'élaborer avec le premier les aliments de ce dernier.

C'est ainsi, par exemple, que pour ce qui concerne le carbone, l'élément solide le plus pesant des plantes, M. Liebig prouva qu'il était absolument impossible qu'elles pussent obtenir une quantité suffisante de cet élément sous forme de matière organique dissoute ou d'humus.

Pour cette démonstration, M. Liebig s'appuya sur les données suivantes : 1° la solubilité constatée de l'humus dans l'eau de pluie ; 2° la quantité moyenne de pluie qui tombe annuellement sur un acre de terre ; 3° la quantité de carbone contenue annuellement dans les récoltes moyennes de cet acre de terrain sous forme de foin ou de bois, ou de céréales et de paille.

Avec ces éléments de calcul, M. Liebig démontra victorieusement et d'une manière irréfutable que l'humus, à l'état d'humus, n'est pas assez soluble pour servir d'aliment aux végétaux ; que toute la pluie de l'année, même complétement saturée d'humus et entièrement absorbée par les plantes en croissance, soit céréales, soit herbes, soit arbres, ne suffirait pas pour fournir le quart seulement du carbone enlevé des terrains dans ces récoltes. M. Liebig montra encore que la culture de plantes vivaces (d'arbres, par exemple), loin d'épuiser le sol de son humus, tend, au contraire, à l'y accumuler. La végétation, en un mot, est une condition de formation d'humus, et non l'humus une condition de développement de la végétation.

Sources du carbone pour les végétaux. — Par une série d'arguments, dans lesquels les recherches de De Saussure, Boussingault et maints autres, servirent, par une induction magistrale et lumineuse, à appuyer ses propres vues, M. Liebig établit ce fait, maintenant universellement admis, que le carbone arrive aux végétaux, non sous la forme d'une combinaison *organique* quelconque, mais à l'état d'un gaz *minéral*, formé à l'aide de l'oxygène atmosphérique et nommé acide carbonique.

Nous ne pouvons énumérer ici et suivre pas à pas les recherches par lesquelles M. Liebig établit l'état actuel de nos connaissances sur cette question, au moyen de données soit originales, soit rassemblées ; mais il nous sera permis de résumer en peu de mots sa manière de voir, telle qu'elle a été adoptée : 32 kilogr. d'oxygène atmosphérique peuvent se combiner, sans changement de volume, avec 12 kilogr. de carbone, et donner naissance à du gaz acide carbonique.

Les végétaux, d'un autre côté, possèdent la faculté d'absorber ce gaz par leurs feuilles et leurs racines, et de le décomposer, en vertu de leur force vitale aidée de l'action de la lumière solaire sur les feuilles. Ils assimilent dans leurs organes en voie de développement le carbone qui a repris la forme solide, et ils rendent à l'air l'oxygène mis en liberté.

L'oxygène ainsi libéré par un organisme vivant se combine à une nouvelle quantité de carbone emprunté à des matières organiques altérées, telles que, par exemple, l'humus en décomposition provenant des débris des plantes elles-mêmes, lentement oxydés dans le sol ; le combustible végétal (récent ou fossile) oxydé rapidement par la combustion ; les matières constituant les résidus ordinaires de la vie animale, qui circulent dans le sang et en sont éliminées par oxydation pendant l'acte de la respiration ; et enfin, le résidu final de la vie animale, le cadavre, qui, lui aussi, pendant sa décomposition et sa dissolution, abandonne du carbone en abondance à l'oxygène de l'air. C'est ainsi que, par l'intervention de l'oxygène atmosphérique faisant fonction de porteur, le carbone est transmis sous forme d'acide carbonique des organismes morts aux organismes vivants, l'air recevant constamment des premiers autant de carbone qu'il fournit aux derniers.

Incertitude concernant la permanence de l'équilibre cosmique de l'atmosphère. — Nous ignorons si l'ensemble des réactions toujours actives qui fournissent le carbone à l'air *contre-balance bien exactement* l'ensemble de celles qui tendent perpétuellement à lui enlever ce carbone, de manière à constituer un équilibre cosmique parfait et inaltérable. Cela a été affirmé bien souvent, et des écrivains populaires ont l'habitude de citer et d'exalter cet arrangement présumé comme un admirable fait providentiel de la nature.

Mais en réalité nous sommes dans une ignorance complète à ce sujet; aucune donnée véritablement *digne de confiance* ne nous a été transmise par les siècles antérieurs pouvant servir de point de comparaison pour déterminer si des variations ont eu lieu et sont encore en progrès dans la composition de l'atmosphère.

Le rapporteur ne peut s'empêcher de faire remarquer en passant qu'il serait grandement temps d'instituer des observations systématiques en Europe, pour servir de points de départ et de premiers termes de comparaison, par lesquels nos successeurs, à défaut de nousmêmes, pourront élucider cette question, d'une importance si majeure pour l'humanité en général.

Fonctions véritables de l'humus. — Revenant à l'humus du sol, il nous sera maintenant possible de reconnaître ses *véritables* fonctions, très-distinctes des fonctions imaginaires qu'on lui avait assignées anciennement. Les organismes vivants se nourrissent avec le carbone rendu à l'air par leurs prédécesseurs défunts, et l'humus n'étant que le résidu ou les débris d'une végétation antérieure dans le sol, il en résulte nécessairement que l'acide carbonique engendré par sa décomposition doit contribuer pour sa part à alimenter la récolte en voie de croissance ou de développement. De là la nécessité d'une atmosphère dans l'intérieur du sol pour oxyder l'humus et en ramener le carbone de l'état organique à l'état minéral, de manière à le rendre assimilable pour les plantes.

La nécessité d'une pareille *atmosphère souterraine* est un fait bien établi. En effet, l'air est aussi indispensable à la germination des graines et au développement des plantes que la chaleur et l'humidité. L'un des effets les plus utiles produits par l'action de la charrue consiste dans la désintégration du sol et la multiplication des espaces interstitiels pénétrables à l'air.

L'avantage que procure le drainage du sous-sol d'un terrain marécageux est (au moins sous un point de vue) d'une nature analogue ; les interstices de ce sol reçoivent évidemment de l'air d'en haut aussi rapidement que l'eau stagnante s'écoule par en bas. Enfin, l'un des principaux avantages de la porosité des terrains et de l'*attraction par surface* qui en est la conséquence, consiste dans la propriété qu'ils possèdent de condenser et de retenir dans leurs pores une notable quantité de l'air souterrain.

L'oxygène, mis ainsi en contact avec l'humus, l'attaque et se charge de son carbone, qui, étant retenu dans ses pores à l'état d'acide carbonique, constitue, comme nous venons de l'expliquer, l'aliment carbonifère minéral approprié à la plante.

Le gaz acide carbonique, rencontrant l'humidité également retenue dans l'humus par l'action de la surface de ses pores (cette action appliquée aux liquides porte le nom d'*attraction capillaire*), s'y dissout, et est ainsi présenté aux chevelus des radicelles ramifiées, dans les conditions les plus favorables pour l'absorption (en vertu de l'action appelée *osmotique*) par les spongioles membraneuses et par le pouvoir de succion qui y est développé par suite de l'évaporation de leur sève dans les feuilles. C'est par ce procédé que les corps organiques en décomposition alimentent l'atmosphère, soit au-dessus, soit au-dessous de la surface du sol, avec du carbone gazéiforme. Cette atmosphère à son tour le communique aux végétaux, dont les feuilles paraissent l'inhaler à l'état de gaz, et dont les racines l'absorbent en solution aqueuse.

Le carbone de la plante et le carbone du sol n'ont qu'une seule et unique origine, l'atmosphère.

C'est de cette source que le carbone découle constamment; c'est aussi vers ce réservoir qu'il retourne continuellement. L'humus du sol et les tissus des végétaux ne sont que des points de stationnement successifs pour le carbone dans son cercle d'évolutions.

Il est maintenant facile de comprendre pourquoi les arbres des forêts et d'autres plantes vivaces, qui croissent lentement, mais d'une manière continue, année après année, et possédant comparativement une vaste expansion de feuillage et de racines, peuvent prospérer dans des terrains moins riches en humus en décomposition, et par conséquent aussi en acide carbonique, que n'en exigeraient certaines plantes annuelles, telles que par exemple les céréales, dont la période d'existence est courte, dont le feuillage est peu abondant, dont les racines sont faibles (surtout pendant les premières phases de leur développement), et dont la puissance de végétation est proportionnellement d'une nature assez délicate.

Dans ce dernier cas, il peut devenir très-utile de concentrer, dans des limites plus étroites et de temps et d'espace, la provision de carbone diffusée par la nature sur une surface plus étendue et un terme plus prolongé.

Cette explication justifie, dans le cas des céréales et des récoltes analogues, les fournitures additionnelles, non seulement de carbone, mais encore des autres formes d'aliments des plantes ;

Elle conduit à la considération de la *culture intensive*, avec son but, ses dangers et ses limites normales, — questions qui seront cependant plus convenablement réservées pour une élucidation sommaire postérieure.

Fourniture de l'eau aux végétaux. — Quelques considérations sont dues en attendant à l'aliment des plantes qui, pour le poids, vient immédiatement après le carbone : nous voulons parler de l'hydrogène et de l'oxygène qui sont fournis aux végétaux à l'état de combinaison, c'est-à-dire comme eau. La source de cet aliment est trop connue pour qu'il soit même nécessaire de la mentionner.

Le mécanisme naturel par lequel l'eau est distribuée aux plantes sous forme de pluie ou de rosée est cependant trop admirable et trop beau pour qu'il soit permis de le passer entièrement sous silence.

Shakespeare, qui est constamment arrivé au vrai par la voie du beau, avait été frappé par la diffusion toute pénétrante de la pluie et par l'enrayage admirable de sa chute, grâce à la résistance atmosphérique.

Sa douce tombée sur un feuillage, dont le plus délicat n'en est aucunement froissé, symbolisait pour le poëte la grâce touchante de Mercy et ses perfections naturelles, et il s'écrie :

> ....Elle descendait
> Semblable à la fine et légère pluie qui du ciel
> Descend doucement sur les fleurs de la terre.

Shelley aussi, personnifiant le nuage, chante admirablement :

> Je dérobe à la mer et aux fleuves
> Les ondées rafraîchissantes dont j'étanche la soif des fleurs.

Un volume entier de prose pourrait difficilement exprimer avec plus de précision et d'une manière plus complète que ne le font ces quatre vers, la philosophie de l'alimentation des plantes par leur nourriture humide, si finement divisée, tombant si délicatement et renouvelée si grandement au moyen du service hydraulique si colossal du monde.

En effet pour l'eau de même que pour le carbone, l'atmosphère est pour les végétaux le réservoir immense et la fontaine toujours jaillissante.

En fait, chaque pied cube d'air contient invisiblement dissous entre 2 à 3 grains d'eau ; et aussi vite que cette dernière se condense au-dessus de nous en nuages flottants ou en pluie tombante, aussi rapidement et en quantité précisément égale, elle est remplacée d'année en année par l'évaporation des mers et des cours d'eau.

Cette évolution, comme cela s'observe d'ailleurs pour toutes les grandes opérations de la nature, est cependant sujette à des perturbations dont le redressement convient légitimement à la sphère d'activité de l'art humain.

Dans les climats tempérés, la formation, la distribution et la condensation des nuages de pluie, s'opère en général avec une régularité suffisante pour assurer aux récoltes, dans les circonstances ordinaires, une quantité suffisante de cet aliment. Il en est différemment pour les climats tropicaux.

Là, des déluges surabondants de pluie et des sécheresses longtemps prolongées se succèdent à tour de rôle, au point que l'irrigation artificielle constitue la condition première et essentielle de la culture sous les tropiques.

En effet, dans les climats torrides l'irrigation peut être considérée à juste titre comme la *culture intensive* ; et sous les tropiques l'eau constitue l'engrais le plus précieux. En réalité, l'eau n'est pas seulement le véhicule pour les autres aliments de la plante ; elle est en elle-même un aliment en ce sens qu'elle revêt la forme solide dans les tissus des végétaux, qu'elle entre dans leur constitution chimique et qu'elle contribue largement à augmenter leur poids.

Le bois, par exemple, après avoir été complétement desséché, est toujours encore constitué, pour près de la moitié de son poids, par les éléments de l'eau.

L'eau est, en outre, le principe constituant principal de la sève des plantes : son évaporation rapide à la surface des feuilles produit ce vide interne auquel le végétal est redevable de la puissance de succion si étonnante de ses racines : cette vérité a été démontrée pour la première fois par Hales, par ses expériences magistrales sur ce sujet, publiées en 1717.

Fourniture de l'azote aux plantes. — Parmi les principes constituants volatils des plantes, le dernier dans l'ordre déterminé par la quantité, mais pour cela nullement le dernier en importance, est l'azote.

Il présente un intérêt particulier, comme étant un des éléments fertilisants les plus précieux et les plus recherchés par l'agronome. C'est aussi celui au sujet duquel s'agite de nos jours la principale controverse agriculturale.

L'azote, de même que le carbone et les éléments de l'eau, a sa source dans l'atmosphère, qui en est le réservoir. — Elle le cède aux organismes vivants, et ceux-ci par leur décomposition et dissolution après la mort le lui rendent de nouveau.

C'est en combinaison avec l'hydrogène, à l'état d'ammoniaque, que l'azote se diffuse presque uniquement ; le gaz ammoniac est au plus haut degré diffusible dans l'air, soluble dans l'eau et absorbable par les corps poreux, tels que l'humus végétal.

Il est, par conséquent, facilement enlevé à l'air par la pluie et la rosée, rapidement absorbé par le sol et retenu dans son sein par cette force physico-chimique particulière, que nous avons déjà mentionnée sous le nom d'*action de surface.*

Tous les sols fertiles renferment une abondance d'ammoniaque présentée dans un état favorable à l'absorption par les racines des plantes. Les feuilles des plantes absorbent également l'ammoniaque de l'air, en quantités variables suivant le genre et l'espèce du végétal.

Ce n'est cependant pas seulement sous forme d'ammoniaque que l'azote atmosphérique est fourni aux plantes. L'azote se combine également avec l'oxygène atmosphérique, en quantité toujours appréciable et qui est beaucoup augmentée dans certaines circonstances (telles que, par exemple, les orages accompagnés d'éclairs), pour former de l'acide nitrique. Ce dernier est également délavé de l'air et amené au sol par les pluies et y prend part, soit par son pouvoir dissolvant, mais probablement aussi parce qu'il est lui-même un aliment, à la nutrition des plantes.

L'acide nitrique prend aussi naissance, jusqu'à un certain point, comme produit secondaire de la décomposition des matières organiques azotées ; ces dernières produisent de l'ammoniaque qui, par oxydation, se convertit en acide nitrique et eau. M. Schoenbein a montré récemment qu'un composé nitrogéné, renfermant à la fois de l'hydrogène et de l'oxygène, et qui est le nitrite d'ammonium, prend naissance pendant l'oxydation lente du phosphore ; deux équivalents d'azote atmosphérique se combinent à trois équivalents d'eau pour le produire. Le nitrite d'ammonium est également engendré (d'après MM. Kolbe et Boettger) pendant l'oxydation de l'hydrogène et des hydrocarbures en général. En réalité on a de bonnes raisons pour admettre que la formation de ce sel accompagne toutes les réactions d'oxydation lente au contact de l'air ; telle est, par exemple, l'oxydation de l'humus dans le sol. Tous ces faits présentent le plus haut intérêt.

Si l'universalité supposée de cette réaction naturelle, comme accompagnant toute oxydation lente, venait à être confirmée, une vive lumière se trouverait répandue sur la nature et la source de l'alimentation azotée des plantes.

Ce serait, en effet, une découverte remarquable, comme le fait observer avec raison M. Liebig (qui cite ces faits dans l'ouvrage cité plus haut(1)), si l'on constatait que la même réaction chimique, qui transforme le carbone en une combinaison constituant l'aliment car-

____

(1) *Les lois naturelles,* etc., p. 326-328. Édition anglaise.

boné des plantes, donne en même temps à l'azote atmosphérique une forme qui le rend assimilable par les végétaux.

L'assimilation directe de l'azote atmosphérique *libre*, c'est-à-dire non en combinaison, est un point encore douteux.

M. G. Ville et d'autres l'affirment; M. Boussingault, d'après les résultats d'expériences embrassant une période de plus de vingt années, arrive à une conclusion négative.

MM. Lawes, Gilbert et Pugh, dans un grand mémoire publié récemment (1), relatent les résultats d'une série d'expériences importantes sur ce sujet. Leurs conclusions confirment les vues de M. Boussingault. Cette dernière opinion paraît donc appuyée par des données expérimentales d'une importance prépondérante; circonstance qui rend doublement intéressante et précieuse l'observation de M. Schoenbein et les conclusions qu'il en tire.

Dérivation atmosphérique des végétaux et de l'humus. — Jusqu'ici l'atmosphère, avec l'humidité et les gaz qu'elle contient, a seule fourni à la plante la nourriture qui la fait vivre; le sol n'a rempli que le rôle d'une éponge, servant à mettre en contact avec les racines la proportion de nourriture aérienne qui leur revient.

Même l'humus carbonifère, quoique environnant immédiatement les racines, ne leur sert pas directement d'aliment et ne le devient que par l'intervention de ce que nous avons appelé plus haut l'atmosphère *souterraine*, par laquelle l'humus est brûlé lentement.

Chaque génération successive de végétaux laisse derrière elle ses racines et d'autres débris; fournissant ainsi au sol un nouvel approvisionnement d'humus, dérivé de l'air, destiné à subir à son tour l'*érémacausie*, ou la décomposition lente.

Chaque ondée entraîne de l'azote de l'air, sous la forme acide ou alcaline; et cette même eau, provenant des nuages, fournit aux récoltes leur oxygène et hydrogène.

Il est évident que même des siècles d'une végétation croissant dans de pareilles conditions ne peuvent occasionner aucun épuisement du sol.

Il n'y a certainement pas de conclusion découlant de recherches modernes, qui soit plus apte à remplir l'esprit d'étonnement et d'admiration que ce fait : que les grandes et majestueuses forêts qui couvrent la terre, et les vastes étendues de prairies et de récoltes ondoyantes, et tous les animaux vivants qui s'en nourrissent ou qui se dévorent les uns les autres, y compris l'homme, le maître de tous, sont formés et constitués, au moins pour 19/20 de leur poids, par les gaz et vapeurs invisibles dérivés de l'atmosphère.

C'est dans cet état que les matières premières de tout le règne organique nous entourent invisibles; mises en mouvement par toute bouffée de vent, les combinaisons du carbone et de l'azote, diffusées principalement dans les couches atmosphériques inférieures, permettent aux nuages aquifères suspendus dans les couches supérieures de les entraîner par une espèce de lavage vers la terre; et c'est ainsi que, par un mécanisme de distribution à la fois des plus simples et des plus grandioses, les éléments de toute la nature animée peuvent être portés, comme sur des ailes, dans chaque coin habitable de notre globe.

Il n'y a pas de retraite montagneuse assez inaccessible, pas de solitude assez désolée, pas de roc océanique assez isolé et assez nu, pour qu'ils ne puissent tous voir voler et descendre sur eux les éléments invisibles de vie dissous dans l'air. Le lichen chétif qui se voit à peine sur le rocher creusé par les vagues, n'est point seul dans sa solitude sauvage. Sa nourriture lui est amenée jour par jour; et les mêmes éléments, emportés par les mêmes vents, qui servent à construire le tissu délicat dont il est formé, lui fournissent aussi l'acide oxalique au moyen duquel il creuse la tombe qui contiendra sa poussière après qu'il aura péri.

Cette poussière, souvenons-nous-en, est l'*humus* primitif et la première apparence et forme du *sol* arable. Il dérive donc, de même que le lichen, de l'air; et il confirme la sen-

(1) Lawes, Gilbert, and Pugh, *Philosophical Transactions*, vol. CLI, p. 431, 1861.

tence de M. Liebig, que ce n'est pas l'humus qui engendre les végétaux, mais que ce sont les plantes qui engendrent l'humus.

PRINCIPES DES VÉGÉTAUX CONSTITUANT LES CENDRES OU PRINCIPES CONSTITUANTS CINÉRAIRES (1) DES PLANTES. — — Ce n'est cependant pas *exclusivement* au moyen de carbone, d'azote et des éléments de l'eau que les plantes sont nourries; et ce n'est pas seulement pour la recherche d'aliments, semblables à ceux que les feuilles aussi peuvent assimiler aux dépens de l'air, que les racines étendent leurs ramifications nombreuses au sein de la terre.

C'est M. Liebig qui, le premier, a fait ressortir l'importance particulière des principes fixes des plantes (c'est-à-dire des composés qui constituent des cendres après que les parties volatiles ont été brûlées) et l'intérêt qu'on doit y attacher.

Les principes des cendres forment, comme nous l'avons déjà montré, la nourriture *spéciale* (mais non l'unique) des racines; et ils constituent la *seule* espèce d'aliments qui a sa source primitive et exclusive dans le sol.

Les éléments essentiels des cendres (du moins autant que nous en savons actuellement) sont : deux alcalis fixes, potasse et soude ; deux bases terreuses, chaux et magnésie ; une base métallique proprement dite, l'oxyde de fer; trois acides, phosphorique, sulfurique et silicique, et, enfin, le chlore qui, malgré sa nature gazeuse, est toujours absorbé par les végétaux à l'état de combinaison fixe (telle que, par exemple, le sel marin) et se trouve toujours dans les cendres après incinération.

Quelque faibles que soient les proportions des principes fixes assimilés par les plantes pendant leur croissance, ils sont néanmoins aussi nécessaires au développement du végétal que le carbone et l'eau qui en constituent la masse principale. La même observation s'applique aux différents principes fixes, dont les uns sont requis en plus fortes et d'autres en plus petites proportions, chaque plante présentant sous ce rapport des besoins spéciaux.

Quoique, par exemple, l'un de ces éléments puisse constituer plus de la moitié du poids total des cendres d'une plante, tandis qu'un autre élément n'y entre que pour moins d'un dixième; cependant *tous* sont également essentiels à son développement, et la plante ne fait que languir si elle est privée d'un de ses éléments cinéraires, que ce soit le plus fréquent ou le plus rare.

Des terrains dépourvus absolument de l'un ou l'autre des principes constituant des cendres d'une certaine plante ne peuvent produire cette plante, quelle que soit l'abondance des autres principes soit fixes, soit volatils, qu'ils puissent présenter. La rareté partielle de l'un ou l'autre des ingrédients de la nourriture, soit fixe, soit volatile, d'un végétal, entraîne un déficit proportionnel dans sa récolte ; et il ne servirait à rien du tout d'accumuler sur un pareil terrain des monceaux d'engrais d'une autre nature, tant qu'on n'aurait pas ajouté le principe alimentaire partiellement ou totalement manquant.

(1) Le terme *cinéraire*, dérivé de *cineres* (cendres), sera trouvé très-commode pour désigner, sans périphrases, les principes qui constituent les *cendres* des végétaux, en opposition avec leurs éléments volatils. Quelques auteurs commettent une erreur en employant l'épithète de *minéral* pour désigner un des ingrédients des cendres. Cette erreur de nomenclature provient probablement d'une impression confuse, que les cendres des plantes, à cause de leur dérivation terrestre, présentent un caractère plus *minéral* que les éléments gazeux ou volatils que l'air fournit et que le feu dissipe. L'illustre auteur de la *Théorie minérale* paraît avoir encouragé cette erreur dans plusieurs de ses publications antérieures. Malgré cela, il suffit de la signaler pour la réfuter. Le carbone et l'acide carbonique, l'azote, l'ammoniaque, l'acide nitrique, l'oxygène, l'hydrogène et l'eau, tous appartiennent au règne *minéral* avec autant de droit, sous tous les rapports, que la silice, la potasse, les phosphates, etc.

L'épithète *minéral* appartient donc également à *tous* les éléments, tant volatils que fixes, de la nourriture des plantes. C'est donc pour la désignation spéciale des principes constituants fixes ou des *cendres*, que la dénomination *cinéraire* est proposée. C'est dans ce sens (pour mettre à l'épreuve sa convenance) que ce mot sera employé dans tout le reste de ce chapitre.

Il ne suffit même pas que l'aliment cinéraire requis soit présent dans le sol ; il faut encore qu'il soit *assimilable*. A côté d'une quantité quelconque, même très-considérable, d'un aliment cinéraire, mais qui serait tenu dans un état de séquestration mécanique dans la substance de la pierre ou de la motte de terre, et par-là même inaccessible aux racines, ou qui serait maintenu dans une combinaison chimique trop réfractaire ou trop inattaquable aux agents dissolvants en présence ; à côté de pareilles parties séquestrées ou emprisonnées, qui sont à considérer comme absentes pour toute fonction de nutrition *immédiate*, il faut qu'il y ait une quantité suffisante de principes cinéraires, retenus seulement légèrement, soit par l'action de surface de la terre poreuse et humide, soit (d'après une autre manière de voir) par l'attraction chimique de silicates alumineux et *accessibles*, tant physiquement que chimiquement, aux racines des plantes.

Sans doute, les principes emprisonnés d'une saison peuvent et doivent même, par suite de délitation et par l'effet des labours, de la culture et des travaux qui rendent le sol meubles, devenir les aliments accessibles d'une saison suivante. C'est, en effet, à la décomposition graduelle de pareilles réserves qu'est due la fertilité prolongée de certains sols, aménagés simplement par des labours et par un système de jachère, sans l'emploi d'engrais. Mais pour l'obtention de récoltes *immédiates*, un terrain, quelque riche qu'il puisse être quant aux éléments d'une fertilité *future*, doit être considéré comme épuisé, s'il ne présente pas une quantité convenable des principes constituants des cendres dans un état de diffusion les rendant libres et facilement accessibles.

Culture intensive ; jusqu'à quel point justifiable ; jusqu'à quel point épuisante. — Il est maintenant opportun de reprendre cette question de la *culture intensive* que nous avons réservée dans les pages précédentes pour un examen ultérieur.

La culture intensive, comme nous l'avons déjà indiqué, est justifiable en ce sens qu'elle sert à concentrer, dans des limites adaptées aux pouvoirs et circonstances d'assimilation de plantes annuelles ou bisannuelles, les principes alimentaires que la nature, en vue des moindres exigences d'une végétation vivace, avait disséminés sur un espace et un temps bien plus considérables.

Mais il est en même temps de la plus haute importance de remarquer que des récoltes plus abondantes et l'augmentation *apparente* de fertilité, résultant de la pratique de la culture intensive, ne sont que trop souvent les symptômes précurseurs d'un épuisement accéléré du sol.

L'apparence d'une agronomie prospère ainsi produite est aussi factice et fallacieuse que la magnificence ruineuse du prodigue qui mange son capital, et la culture intensive, même associée à une fumure intense et à l'élève de bestiaux nombreux pour la production de beaucoup de fumier, n'est souvent pour l'agriculteur imprudent qu'une voie fleurie qui le mène à sa perte.

Il faut se rappeler que par l'emploi excessif de chaux, de sel marin, de nitrates et autres engrais dissolvants ou désagrégeants, de même que par des labours, binages, cylindrages et autres procédés mécaniques de division fréquemment répétés, un sol peut être amené à livrer ses réserves sous une forme accessible dans un temps indûment raccourci et avec une rapidité anormalement accélérée. Le même effet peut être produit lorsque les formes volatiles de nourriture des plantes, que la nature ne fournit que dans des proportions annuelles modérées, sont ajoutées en profusion au sol sans avoir bien soin de leur adjoindre des quantités proportionnelles des principes des cendres ou des aliments cinéraires.

La rotation des récoltes souvent épuisante. — Même le système de rotation si vanté, c'est-à-dire la culture alternante de récoltes fourragères et de céréales, ces dernières recevant comme engrais le fumier du bétail nourri avec les premières, n'est que trop souvent pratiquée, de manière à n'être en réalité qu'une opération spoliatrice : une espèce d'artifice servant seulement à déguiser et à retarder la période d'épuisement définitif, et qui, au lieu de le prévenir, ne fait que le rendre plus complet.

En effet, les racines fortes et profondément pénétrantes des plantes fourragères extraient du sous-sol les éléments constituants des cendres : ces derniers, après avoir passé à travers le corps des bestiaux, sont déposés dans leur fumier à la surface du sol, d'où ils descendent dans les couches supérieurs et trouvent ainsi leur chemin vers les fibrilles des racines minces et petites des céréales ; accumulés enfin dans les grains, ils sont finalement exportés avec eux de la ferme.

Système de Lois Weedon ; son caractère spoliateur. — Le système de culture, portant le nom de *Lois Weedon*, donne prise à une objection semblable. Ce système, bien connu, consiste à cultiver des céréales, semées parcimonieusement dans des sillons séparés par de larges intervalles, année après année, dans le même terrain qui n'est jamais fumé. Ces intervalles sont retournés et binés successivement chaque année, pour fournir l'année suivante les sillons de récoltes, et ainsi de suite en alternant chaque année. Ce système d'exploitation agricole, qu'on peut envisager comme la réalisation exagérée de la doctrine de Jethro Tull, doit avoir tiré des champs auxquels on l'appliquait une série de bonnes récoltes pendant bien des années successives.

Ce résultat est extrêmement probable. Cette prospérité apparente pourra facilement être entretenue pendant une série d'années, plus ou moins longue ou plus ou moins courte pour un sol donné, suivant qu'il aura été originairement plus ou moins richement doté par la nature avec une provision de principes cinéraires.

Mais le résultat final de ce système sera également l'épuisement, — épuisement inévitable, fatal ; épuisement dont chaque récolte *prospère* marque une étape plus rapprochée, et dont le chimiste peut mesurer la vitesse avec une précision fatidique en constatant la diminution du poids d'un peu de poussière dans le plateau de sa balance.

A moins que le poids de cette poussière (formée des principes cinéraires accessibles du sol) ne reste, année après année, une *quantité constante*, l'agronome, quelque *prospère* qu'il paraisse être, marche en déclinant et prépare fatalement, soit pour lui-même, soit pour ses descendants, l'appauvrissement et la ruine finale.

Emploi disproportionné des engrais. — Nous irons même plus loin et nous dirons que, si même le poids des cendres constaté par la balance allait annuellement en augmentant par suite d'une fumure excessive du sol, cependant il pourrait y avoir finalement épuisement et ruine.

Il en sera ainsi, si l'un des aliments fixes, l'acide phosphorique, par exemple, est fourni en surabondance au sol, sans être accompagné d'une quantité proportionnée d'autres aliments cinéraires, tels que, par exemple, la silice ou la potasse.

De même, si les engrais, tels que le guano, qui sont à la fois azotés et phosphatiques, mais qui ne présentent point une richesse proportionnelle des autres éléments cinéraires de la nourriture des plantes, sont employés en excès, la culture sera encore plus *intensive*, les récoltes plus luxuriantes, la *prospérité* plus brillante que jamais, et la catastrophe proportionnellement plus rapprochée et plus désastreuse.

L'usage de multiplier l'élève de bestiaux dans une ferme, en les engraissant au moyen de l'huile des tourteaux de graines oléagineuses, afin que les cendres des tourteaux, après avoir traversé l'organisme animal, deviennent utilisables pour l'enrichissement cinéraire du terrain, ne constitue qu'une autre forme, de nos jours très-à la mode, de *culture intensive*.

Mais en l'envisageant à un point de vue plus large, faisant abstraction de l'intérêt individuel pour ne tenir compte que de l'intérêt public, ce système sera trouvé fondé sur une inadvertance et aboutissant à une illusion. Les faits passés inaperçus consistent en cela : que des tourteaux *achetés* doivent évidemment être des tourteaux *vendus ;* que tout tourteau est le produit du sol, et que, par conséquent, dans ce trafic, ce que l'une des fermes gagne, l'autre le perd nécessairement. La cendre des tourteaux, en même temps que la fertilité immédiate ou fictive qu'elle représente, constitue une quantité fixe, que le commerce peut servir à répartir diversement, mais qu'il ne peut nullement augmenter.

L'opération de répartition peut être plus ou moins utile pour modifier, quant à l'espace ou au temps, la quotité de fertilité ; mais le bétail nourri avec des tourteaux n'est point, comme on le suppose fréquemment, une *source* d'engrais cinéraires : la pratique fondée sur une supposition aussi illusoire ne constitue qu'un en plus de ces abus agronomiques à la mode, et peut-être pas le moins dangereux par ses tendances, qui ont été décorés du nom de *culture intensive.*

Si la *culture intensive*, dans l'une ou l'autre de ces formes irrationnelles, devait malheureusement devenir prédominante parmi les nations civilisées, de manière à provoquer l'épuisement de grandes étendues de terrains, et cela à peu près à la même période, par exemple, dans la troisième ou quatrième génération après nous, alors la demande d'engrais cinéraires, émanant simultanément de continents entiers, ne pourrait évidemment plus être satisfaite, excéderait toutes les provenances possibles, et il en résulterait infailliblement une misère incalculable sous forme de famine et de maladies pestilentielles.

L'épuisement du sol par suite d'insuffisance d'engrais a été le sujet de bien des exhortations et conseils ; mais le danger d'une calamité semblable par suite de fumure irrationnelle ou excessive n'a pas encore été suffisamment signalé.

L'espace restreint dont nous pouvons disposer ne nous permet plus d'invoquer qu'un seul exemple d'un pareil danger.

Le développement des céréales, de même que celui du turneps bisannuel, peut être sous-divisé en trois périodes principales :

Dans la première, la plante emploie sa puissance génératrice à développer ses racines et ses feuilles les plus précoces ;

Pendant la seconde, la force vitale s'exerce à augmenter la masse du feuillage et à faire pousser les tiges ;

Durant la troisième, la floraison et la fructification ont lieu, et le grain se remplit de composés nitrogénés et amylacés, ce qui constitue l'objet principal de la culture.

Maintenant, par l'usage irrationnel d'engrais renfermant un excès de combinaisons nitrogénées et des éléments spéciaux de la cendre de la paille, on peut provoquer un tel développement des tiges et des feuilles, et une consommation par ces organes d'une quantité si indue des aliments destinés proprement à la graine, que lorsque cette dernière arrive à son tour à la période de maturation, les conditions de cette évolution présentent un déficit et le résultat en est une magnifique récolte de paille, mais avec des épis seulement à moitié fournis.

Tous ces dangers et désastres disparaissent, toute perplexité cesse, et la voie que doit suivre l'agriculteur devient aisée et sûre, s'il prend pour guide les lois naturelles de l'agronomie, parmi lesquelles est proéminente celle qui enjoint la restitution scrupuleuse au sol de tous les éléments cinéraires enlevés par les récoltes.

Aspect social et politique de la question. — L'ignorance ou la négligence de ces lois a provoqué la ruine de bien des anciennes familles, propriétaires de vastes domaines ; la détresse, ce perturbateur des dynasties, a atteint de grandes nations et a causé la chute de puissants empires.

C'est un fait remarquable et bien digne des méditations d'hommes d'État, que la ligne qui indique, d'année en année, par ses sinuosités, la fluctuation des prix du blé en France, a présenté, pendant la première moitié de ce siècle, à deux périodes distinctes, une élévation rapide et frappante. Ces apogées significatives portent les dates de 1829 et 1847.

Les catastrophes politiques qui ont suivi ces deux saisons de détresse comparative n'ont nullement besoin d'être indiquées.

Le rapporteur ne saurait dire jusqu'à quel point ces détresses précurseuses ont été provoquées, ou par de mauvaises saisons ou par un système agricultural erroné. Mais il est intimement convaincu qu'il n'y a pas d'institutions nouvelles qui puissent s'enraciner profondément dans un pays mal cultivé.

Engrais empiriques. — Il résulte de ces observations sommaires que, pour employer avec succès les engrais, il faut les appliquer avec jugement et modération, et en tenant compte tout aussi bien de la composition et des conditions du sol à améliorer que de la nature spéciale de la récolte qu'on veut obtenir. Des mélanges empiriques, recommandés et prônés comme s'appliquant à des récoltes spéciales (même lorsqu'ils sont composés honnêtement), très-probablement présenteront autant de mécomptes que de succès, parce qu'on les applique ordinairement, avec une confiance aveugle, à toutes les espèces et conditions de terrains. Dans cette matière, un hasard aveugle prévaut encore de nos jours dans un si grand nombre de cas, qu'on voit bien souvent employer, sans profit, des sels et des composts ammoniacaux très-coûteux, dans des champs qui, moyennant un amendement bon marché (par de la chaux ou de la silice), auraient été mis en état de produire de bonnes récoltes.

Il peut même arriver qu'un engrais puisse présenter la chance de se montrer efficace, par l'effet de la matière même employée pour sa sophistication ; cela s'est vu pour du guano falsifié avec du sable, qui agissait par sa richesse en silice.

Engrais de M. Liebig. — L'histoire de l'engrais minéral de M. Liebig est trop remarquable et instructive pour pouvoir être passée ici sous silence. L'illustre naturaliste fit patenter en avril 1845 (1) un mélange des principes constituants de la cendre des plantes, comme résultat pratique de sa théorie, publiée cinq années auparavant. Dans la spécification de la patente il est dit que cet engrais se compose de substances « contenant les principes constituants des cendres de la plante qu'on désire cultiver, » réduites à l'état pulvérulent et « occasionnellement mélangées avec du plâtre, des os calcinés, du silicate de potasse, des phosphates magnésiens et ammoniacaux, et du sel ordinaire. » Évidemment cet engrais paraissait renfermer tous les éléments réparateurs, capables de renouveler, conformément à la théorie, la fertilité de terrains épuisés et manquant des principes cinéraires. Malgré cela, cet engrais, dont on espérait les plus magnifiques résultats et qui fut essayé avec le plus grand empressement sur une foule innombrables de champs, causa un désappointement universel , et fut partout abandonné comme un *non-succès* signalé.

Mais un grand nombre d'agronomes, dans l'excès de leur désappointement, allèrent jusqu'à répudier la *théorie minérale* elle-même et à considérer toute agronomie scientifique comme une dangereuse illusion.

Aujourd'hui, il est facile et en même temps instructif au plus haut degré de tracer cette erreur à son origine, elle provenait de l'état de la science à cette époque. Nous pouvons aussi signaler maintenant la découverte spéciale qui rendra impossible pour l'avenir le renouvellement d'une pareille erreur.

Anciennes opinions concernant l'absorption des éléments cinéraires. — A l'époque de la prise de la patente de M. Liebig, on admettait universellement que les principes constituants des cendres des végétaux étaient fournis aux racines à l'état de solutions aqueuses circulant c'est-à-dire de solutions traversant le sol sans subir d'altération et rencontrant dans leur trajet radicelles après radicelles, de manière que leur chevelu délié qui y baignait pût pour ainsi dire les boire.

D'après cette manière de voir, ce n'étaient pas les racines qui venaient au-devant des principes constituants cinéraires, mais c'étaient ces derniers qui étaient charriés, en solution, vers les racines.

---

(1) Cette patente (n° 10616, 15 avril 1845) a été délivrée à J. Muspratt, comme communication de J. Liebig.

C'est cette croyance qui fit craindre à M. Liebig que les principes alcalins plus solubles de son engrais ne fussent séparés des autres matières par un lavage opéré par les pluies tombant sur le sol. Il prescrivit donc de traiter son mélange de manière *à modifier le caractère des matières alcalines en les rendant moins solubles,* et il indiqua, comme le meilleur mode de traitement pour atteindre ce but, *la fusion des matériaux de son engrais dans un four à réverbère.*

Le danger tant redouté par M. Liebig était, comme nous le savons maintenant, tout à fait illusoire, et le traitement qu'il prescrivit, pour éviter un mal supposé, fut de nature à rendre son mélange comparativement inerte.

C'est à un chimiste anglais, M. John Thomas Way, que fut réservé l'honneur de faire, cinq années plus tard, les recherches qui amenèrent l'abandon de l'opinion indiquée plus haut, du transport vers les racines de solutions chargées des aliments cinéraires des plantes; ces recherches firent adopter des vues toutes nouvelles concernant le mécanisme distributeur du sol.

Pouvoir absorbant du sol. — M. Way trouva, pour condenser le résultat de ses recherches en quelques mots, que les terrains possèdent un pouvoir absorbant, en vertu duquel ils enlèvent aux solutions aqueuses de principes cinéraires qui les traversent, tantôt la combinaison saline tout entière, tantôt la base seule du sel dissous.

Il constata que, dans ce dernier cas, l'acide du sel dont la base a été ainsi enlevée par le sol, filtre à travers le terrain en combinaison avec la chaux. Par une série d'expériences extrêmement variées et admirablement combinées, il détermina ce pouvoir absorbant comparatif de divers terrains, soit naturels, soit artificiellement composés.

Il les essaya, tant dans leur état ordinaire qu'après calcination, de même que dans des conditions ordinaires ou extraordinaires de compression, de division, etc., les faisant réagir sur des solutions d'alcalis ou de terres alcalines, tantôt caustiques, tantôt carbonatés, tantôt en combinaison avec des acides minéraux énergiques.

Par ces expériences, il confirma et étendit les observations partielles de nature semblable consignées depuis bien longtemps par lord Bacon et le docteur Hales, de même qu'un certain nombre de faits analogues déterminés expérimentalement à l'étranger par Berzélius et Matteuci, en Angleterre par M. Huxtable et par M. H. S. Thompson. Pour les détails, nous renvoyons le lecteur aux mémoires originaux de M. Way (1) sur ce sujet. Le rapporteur rappelle seulement que M. Way attribue ce pouvoir absorbant aux propriétés particulières des silicates doubles aluminifères qui, d'après lui, existent en proportion d'autant plus forte dans le terrain, que celui-ci présente un pouvoir absorbant plus considérable.

Cette interprétation des phénomènes observés n'a pas été acceptée universellement; beaucoup d'observateurs, et parmi eux M. Liebig en tête, niant la proportionnalité invoquée par M. Way, ne voient dans le pouvoir absorbant des sols pour les sels dissous dans l'eau, qu'une autre manifestation physico-chimique de cette *action de surface* due à leur porosité, et qui leur communique aussi la propriété d'absorber des gaz et vapeurs de leur diffusion ou *solution* dans l'atmosphère; le rapporteur, pour ce qui le concerne, est assez disposé à adopter cette dernière manière de voir.

Quoi qu'il en soit, les faits observés par M. Way, indépendamment de leurs conditions physiques ou de leurs interprétations théoriques, présentent une importance et un caractère de généralité qui doit les faire ranger parmi les découvertes les plus marquantes de la science agriculturale moderne. Ils prouvent entre autres que les aliments cinéraires absorbés par le sol ne peuvent être transmis qu'aux extrémités des racines en contact immédiat avec eux; il s'ensuit, comme conséquence, que l'alimentation par les radicelles ne peut avoir lieu que sous l'une des deux conditions suivantes : *a.* Lorsque, par suite de leur développement et

(1) *Royal agric. Society's Journ.*, 1850, 1852, 1855.

allongement elles arrivent au contact de nouvelles portions de terre arable; *b.* Lorsque la filtration de la pluie à travers le sol, donnant lieu à la solution de matières salines fraîches, met
de nouveau en jeu l'attraction par surface des pores et regarnit ceux épuisés précédemment
par le contact des radicelles.

Les pluies sont donc dans un double sens *génératrices;* d'abord parce qu'elles mettent en
liberté dans le terrain une nouvelle quantité d'aliments cinéraires capables d'être retenus
par action de surface et utilisables pour les radicelles qui s'en emparent en arrivant au contact; ensuite parce qu'elles favorisent le développement des racines et provoquent la marche
en avant de milliers de radicelles qui se trouvent simultanément en contact avec de nouvelles surfaces garnies de principes alimentaires.

Ces relations admirables entre le sol, la nourriture et les racines, maintenant qu'elles ont
été découvertes, nous apparaissent si indispensables, qu'on est presque tenté de s'étonner
qu'on ne les ait pas trouvées plus tôt par le simple raisonnement *à priori.* En effet, si la richesse du terrain n'avait pas été défendue par le pouvoir absorbant, les pluies tombées depuis
des siècles auraient dû enlever par lavage, depuis bien longtemps déjà, toute trace de sel
soluble. Le drainage du sous-sol, loin de favoriser, comme il le fait, la fertilisation de la
terre, ne ferait qu'exposer ses résidus sablonneux à un procédé de lixiviation plus rapide et
plus épuisant même que celui de la filtration naturelle.

Mécanisme distributif des terrains. — Il ne peut être question dans cette esquisse rapide de
suivre cette propriété nouvellement découverte du sol dans toutes ses conséquences importantes. Le rapporteur signalera cependant comme l'une de ces conséquences les plus frappantes, l'influence distributive admirable du pouvoir absorbant : ce dernier (contrebalançant
sous ce rapport la force de gravitation) tend à retenir et à maintenir les ingrédients nutritifs
là où ils sont le plus nécessaires, c'est-à-dire dans les couches *supérieures* du sol, ne permettant qu'au surplus seulement à se déposer, comme dans un magasin réservoir, dans les couches plus profondes.

En fait, chaque couche, à mesure qu'elle se trouve saturée, laisse passer, sans les modifier, les solutions excédantes, pour qu'elles puissent saturer les couches immédiatement inférieures, et ainsi de suite, toujours progressivement, à travers toute l'épaisseur du sol cultivable.

Revenant, avec cette propriété du sol devant nos yeux, à l'engrais patenté de M. Liebig,
nous distinguons maintenant très-clairement la cause de sa non-réussite.

En cherchant à le perfectionner par l'affaiblissement de sa solubilité, l'illustre inventeur
s'était placé lui-même, sans s'en apercevoir, en opposition avec une loi de la nature.

On verra tout à l'heure avec quelle noblesse et grandeur il a racheté son erreur.

Mécanisme distributif du fumier d'étable. — Il ne faut point perdre de vue qu'une erreur
semblable à celle de M. Liebig peut facilement être commise et infirmer les résultats, lorsqu'on essaye de comparer expérimentalement les effets fertilisants immédiats obtenus par
l'emploi du fumier d'étable en nature ou par l'engrais préparé par son incinération.

L'infériorité de la cendre comparée au fumier lui-même, comme agents fertilisants immédiats, est ordinairement attribuée uniquement à la volatilisation par le feu des principes
gazéifiables du fumier, et surtout de ses combinaisons ammoniacales.

On a fait valoir hautement les résultats de pareilles expériences, comme preuve de l'inefficacité des principes cinéraires appliqués à la culture des céréales.

Parmi les objections à faire à ce mode d'argumentation, on peut invoquer que les différences observées pourraient bien provenir, pour une bonne part, des modifications imprimées aux principes constituants des cendres par l'action même du feu.

Dans le fumier non incinéré, composé en majeure partie par de la paille en décomposition, les principes cinéraires sont diffusés à travers tout l'ensemble des tissus organiques
dans un état de division moléculaire pour ainsi dire infinitésimale.

Par la décomposition et érémacausie de la paille au sein de la terre, les molécules organiques qui séparent les molécules cinéraires sont graduellement converties en acide carbonique et eau, c'est-à-dire en dissolvants par excellence des principes cinéraires.

Ainsi considéré, un brin de paille en décomposition, contenant, par exemple, 5 pour 100 de principes constituants des cendres, constitue le mécanisme *distributif* le plus parfait qu'on puisse imaginer, pour *disséminer* dans le sol les principes cinéraires restaurateurs dont ce dernier a besoin, en même temps qu'il fournit le liquide et le gaz nécessaires pour leur dissolution et leur livraison finale aux racines.

Mais là ne se borne pas son rôle.

La paille fonctionne tout aussi efficacement comme un véhicule distributeur de l'urine dont elle est imprégnée, et des principes cinéraires et volatils dissous dans cette urine, et qui servent d'aliments aux végétaux.

Avant leur putréfaction, les tissus fibreux de la paille représentent une espèce d'éponge, dont la fonction est d'absorber, de retenir, et en même temps d'*éparpiller* la solution nutritive ; et c'est *après* que l'éponge a mis cette solution en contact intime avec une surface très-étendue du sol, qu'elle disparaît elle-même tout silencieusement ; ses tissus solides se dissolvent, leur capillarité, après avoir rempli son but, cesse d'exister ; la capillarité du sol entre en jeu, et ses pores ramassent délicatement l'aliment que la paille, dans l'acte de sa dissolution, avait tout aussi délicatement déposé.

Le romancier allemand Hoffmann, dans l'un de ses contes fantastiques (*Phantasiestücke*), décrit une main mystérieuse, qui, traversant l'air sous forme ou substance palpable, apporte un vase plein d'aliments à l'un des personnages de son récit, et, après l'avoir déposé devant lui, s'évanouit en s'évaporant.

Chaque fragment de paille du fumier se comporte comme une pareille main à l'égard de la terre.

Le véhicule substantiel, palpable, s'évapore en gaz et eau lorsqu'il a accompli sa tâche.

Même l'espace resté vide par sa disparition n'est pas sans utilité spéciale ; il constitue un canal dans lequel peuvent cheminer les radicelles délicates, — canal que l'érémacausie de la paille a simultanément creusé, échauffé et garni de nourriture ; et cette nourriture, comme nous l'avons vu, est à la fois finement divisée, retenue par l'action de surface et munie de son dissolvant le plus approprié.

Tous ces arrangements si délicats, destinés à la réalisation d'un but spécial, sont complétement détruits par le feu ; celui-ci dissipe les composés hydrocarbonés de la paille d'une manière qui permet aux principes cinéraires de se réunir en un amas de poussière, puisqu'ils ont cessé d'être séparés par des molécules interposées.

Sous cette nouvelle forme, ils n'occupent plus même la centième partie de l'espace dans lequel ils étaient auparavant disséminés ; et ils sont, en outre, très-exposés à être contractés plus fortement et rendus plus compactes par une fusion véritable pendant la combustion. Les cendres du fumier de ferme sont particulièrement disposées à la vitrification, puisque la paille renferme simultanément les éléments alcalins et siliceux du verre. La cendre vitreuse ou semi-vitreuse, ainsi produite par incinération, n'est que légèrement soluble. En un mot, les effets de l'incinération du fumier de ferme ressemblent beaucoup à ceux produits sur « l'engrais minéral » de M. Liebig, par le traitement dans le four à calcination qu'il avait conseillé.

On devrait toujours tenir compte très-attentivement de ces considérations, lorsqu'on veut apprécier la valeur des expériences invoquées pour prouver « l'inefficacité » des principes *cinéraires* du fumier de ferme, et pour leur opposer par contre l'efficacité de ses principes *ammoniacaux* (1).

(1) En faisant ressortir les propriétés distributives si précieuses du fumier de ferme, le rapporteur ne peut être soupçonné d'oublier ou de négliger la diffusion encore bien plus complète des matières fertili-

Théorie des principes azotés et doctrine des engrais spécifiques. — Il ne faudrait cependant point tirer des considérations précédentes la conclusion que les principes cinéraires des plantes, tels que l'engrais minéral de M. Liebig ou les cendres de fumier incinéré, même administrés sous une forme parfaitement soluble, pourraient être appliqués sans distinction, et pour ainsi dire au hasard, pour rehausser également le pouvoir producteur *immédiat* de toute espèce de terrain et pour tous les genres de récoltes.

C'est contre cette prétention excessive, qu'on supposait découler de quelques-unes des assertions avancées dans plusieurs des ouvrages déjà plus anciens de M. Liebig, que les partisans et prôneurs de la soi-disant *théorie azotique*, qui sont en même temps les avocats de la *doctrine des engrais spécifiques*, ont élevé originairement leur drapeau.

Il est cependant permis de révoquer en doute, que l'illustre auteur de la *théorie minérale*, même dans les premières et moins élaborées expositions de cette doctrine, ait jamais commis l'erreur qui lui a été imputée par les partisans de la doctrine rivale.

Même, s'il en avait été ainsi, M. Liebig a depuis longtemps abjuré son erreur, ou plutôt elle est tombée, comme une feuille morte, pendant la maturation graduelle des vues et opinions qui ont été le résultat de ses expériences et recherches, poursuivies sans relâche pendant plus de vingt années.

Le rapporteur est d'avis que, dans ce sujet, il n'existe, à l'heure qu'il est, que de petites différences réelles entre les vues des parties disputantes, c'est-à-dire entre l'opinion de ceux qui soutiennent que les cendres enlevées par les récoltes *représentent*, et ceux qui maintiennent qu'elles *ne représentent pas*, ce qu'il faut rendre aux terrains pour entretenir leur fertilité.

Certainement deux opinions ne peuvent sembler de prime abord plus contradictoires, et au début de la controverse la contradiction n'était pas seulement apparente, mais très-réelle. Mais, depuis un certain nombre d'années, les camps opposés se sont graduellement rapprochés l'un de l'autre, en convergeant chacun vers les grandes vérités centrales qui se trouvaient placées entre eux.

En laissant tomber des deux côtés certaines assertions trop exclusives existant plutôt dans l'expression que dans le fond même de la pensée; en ne discutant, d'un commun accord, que des opinions bien élaborées et mûries, plusieurs de ces vérités seront trouvées exprimables en termes acceptables par les deux parties.

Telle est du moins la conviction du rapporteur.

Pour ce qui concerne, par exemple, l'effet des engrais cinéraires, les deux parties admettront certainement que les terrains, qu'ils soient riches ou pauvres, retireront (toutes autres choses égales d'ailleurs) d'une égale augmentation de leur réserve cinéraire, un bénéfice *absolu* égal; ce bénéfice se manifestera, *tôt ou tard*, par une augmentation égale de production.

---

santes obtenue par l'emploi des engrais et fumiers liquides. En effet, ce système a déjà été indiqué comme devant constituer le mécanisme distributeur principal de l'avenir.

Il permettra à l'agriculteur de diriger d'un point central des courants irradiants d'aliments des plantes jusqu'à ses champs les plus éloignés, et, par le simple maniement d'un robinet, de fournir à chaque coin de terre, avec la plus rigoureuse exactitude, la quantité requise d'engrais.

Les frais de charriage et de main-d'œuvre pour l'éparpillement du fumier sur les champs peuvent être ainsi remplacés en majeure partie par ceux de la machine à vapeur et même, dans des conditions favorables, par l'emploi encore meilleur marché, et par conséquent plus avantageux, de la gravitation.

A des terrains demandant un aliment hydrocarboné, tel qu'il est offert par la litière du bétail dans le fumier, cette matière, réduite au besoin en petits fragments, pourrait peut-être économiquement être amenée en suspension dans les courants d'engrais liquides.

Pour l'argile et pour d'autres substances insolubles, mais capables de rester quelque temps en suspension dans l'eau, ce mode de distribution a été trouvé pratique et applicable.

Tout le monde admettra également que des terrains renfermant déjà suffisamment d'aliments cinéraires (dans un état soluble, mais retenus par l'action de surface), pour subvenir aux besoins d'une série de récoltes maximum, ne peuvent rendre *immédiatement* manifeste, et retourner sous forme d'augmentation de produits, la valeur de la quantité additionnelle de principes cinéraires que ces terrains avaient reçus.

On sera aussi d'accord pour n'attendre un pareil retour que de la part de terrains déjà épuisés, et auxquels un ou plusieurs des principes cinéraires font défaut : ce défaut ne sera peut-être pas *absolu*, mais il peut consister dans un manque de principes cinéraires, présentant les conditions de solubilité et d'*impressionnabilité*, qui seules les rendent utilisables pour l'absorption *immédiate* par les plantes.

Même si ces conditions étaient remplies, les deux parties admettront encore que l'assimilation ne peut s'opérer, et qu'il ne pourra, en conséquence, y avoir de retour *immédiat*, que, dans le cas où tous les autres principes et conditions (pondérables ou impondérables) nécessaires au développement du végétal, lui seront fournis, de l'azote entre autres.

En mentionnant l'azote, nous touchons au cœur et au centre véritable de la controverse, l'une des parties invoquant la nature et l'autre l'art, pour fournir à l'agriculture des quantités suffisantes de cet élément sous la forme ammoniacale.

Cependant, des deux côtés, on doit admettre, et l'on admet en effet, que chaque arpent de terre reçoit de la nature, chaque année, une quantité d'ammoniaque plus ou moins grande, suivant que les saisons auront été plus ou moins favorables : une partie de cette ammoniaque est fournie par l'air, de la manière déjà mentionnée ; une autre partie (comme nous sommes autorisé à le présumer) est engendrée, dans le sol lui-même, par quelque réaction analogue à celle obtenue par M. Schoenbein.

Une fois d'accord sur ces points, les deux parties seront probablement disposées à reconnaître comme un sol parfait, pouvant servir de type pour la production d'une rotation quelconque de récoltes maximum, celui qui contiendra un approvisionnement très-proportionné et dans un état utilisable de tous les principes nécessaires pour une pareille rotation, et qui, d'un autre côté, recevra de la nature, pendant la même période, une quantité de substances alimentaires volatiles, nitrogénées, carbonacées et aquatiques, précisément correspondante à l'approvisionnement cinéraire.

Il s'entend de soi-même que les conditions mécaniques et physiques d'un pareil sol sont aussi supposées *typiquement* parfaites. Admettant encore que ce sol soit exploité pendant une série de saisons typiques, il sera maintenant évident qu'il n'exigera qu'un engrais *typique*, c'est-à-dire la restitution exacte, pendant chaque rotation, des principes cinéraires enlevés avec les récoltes.

C'est là une proposition à laquelle personne, à l'heure qu'il est, ne pourra faire d'objections.

Mais, dans la réalité, comme nous le savons tous, cette variété de conditions typiques, tant mécanique, physique, chimique que climatérique, n'est jamais simultanément réalisée. Chaque déviation de l'une ou l'autre de ces conditions entraîne comme conséquence une déviation correspondante dans l'engrais typique. Il en résulte une série de *cas* agriculturaux spéciaux, aussi variés que les modulations changeantes d'une gamme de clochettes.

Une connaissance *exacte* de *chaque* condition, pour chacun d'un nombre quelconque de cas choisis comme exemples comparatifs, est nécessaire pour leur interprétation correcte.

C'est au milieu de ces complications que des inadvertances ont lieu et que des méprises et différences se glissent.

Plusieurs d'entre elles sont tout à fait indépendantes de la nature du sol. Prenons pour exemple deux expériences présentant d'ailleurs (par hypothèse) des conditions identiques, excepté d'être faites dans deux contrées différentes, dont l'une a la chance de jouir, pendant la croissance de la récolte, d'un plus grand nombre d'heures de *plein soleil* que l'autre ;

il est évident que, malgré l'identité sous tous les autres rapports, les résultats *devront* différer plus ou moins, et *pourront* différer très-notablement dans les deux cas.

Supposons encore, comme second exemple et pour compléter notre démonstration, qu'il y ait égalité absolue de toutes les conditions externes nécessaires pour le développement de la plante, mais qu'il y ait une différence dans la *qualité* de la semence employée dans les deux expériences ; il y aura évidemment disparité entre les deux résultats, qui paraîtra inexplicable, ou qui peut-être sera attribuée par les partisans des théories rivales à telle ou telle propriété de l'engrais employé.

Mais il n'est point nécessaire de chercher en dehors du sol lui-même de pareilles déviations du type. Les imperfections du sol se présentent à tous les degrés et à toutes les variétés possibles de pauvreté, jusqu'à la stérilité absolue ; et les caractères et causes d'une fertilité défectueuse diffèrent tout autant que les graduations innombrables de cette dernière.

Tel sol, par exemple, ne renferme qu'un approvisionnement insuffisant et pauvre d'un ou de plusieurs des principes nécessaires à la plante qu'on veut y cultiver, ou même n'en contient pas du tout. Un autre sol, bien fourni de principes cinéraires dans les proportions convenables pour alimenter la rotation désirée de récoltes, pourra manquer de matières carbonifères, ou sera incapable de retenir l'humidité, ou bien ne sera pas assez poreux pour renfermer une quantité suffisante d'air.

Un troisième terrain, parfait peut-être sous ces rapports, ne possédera pas ces propriétés physico-chimiques spéciales, nécessaires pour l'absorption, la rétention ou la génération des approvisionnements ammoniacaux en quantités convenablement proportionnelles à l'air, au carbone, à l'eau ou aux principes cinéraires.

Les parties adverses seront certainement obligées d'admettre, à l'égard de pareils terrains, que leur pauvreté *naturelle*, soit cinéraire, soit ammoniacale, soit atmosphérique, soit hygroscopique, soit carbonacée, pourra être corrigée ou modifiée *artificiellement* avec avantage, — si un pareil amendement est économiquement possible ; et, dans un cas semblable, une espèce particulière d'engrais sera trouvée *spécialement* avantageuse pour l'obtention de bonnes récoltes.

C'est ce qui sera certainement concédé par ceux qui, avec M. le baron de Liebig, sont le plus opiniâtrément opposés à la docrine des engrais *spécifiques*.

C'est ainsi, par exemple, que, dans quelques cas, l'engrais azoté sera *spécifique* pour des céréales; quoique, seulement dans le même sens et au même degré, dans d'autres cas la chaux pourra être *spécifiquement* avantageuse pour cette même récolte.

On observera de même que les plantes légumineuses douées d'un feuillage exubérant et largement développé pourront rapidement assimiler l'ammoniaque atmosphérique, tandis que les céréales, avec leurs feuilles rares et étroites, sont, au contraire, bien plus dépendantes de leurs racines pour leur alimentation ammoniacale : ce sont là des faits que personne ne peut révoquer en doute.

Tout le monde admettra certainement aussi qu'il est utile de faire usage de cultures fourragères et d'élever du bétail, comme moyen d'accumuler et de concentrer artificiellement les approvisionnements ammoniacaux naturellement diffusés dans toute une période de rotation, et de reporter ainsi cette provision concentrée sur les céréales, qui sans cela ne pourraient pas absorber l'ammoniaque assez rapidement pour mener de front l'alimentation azotée avec l'alimentation cinéraire, carbonacée et aqueuse. Cet agencement d'accumulation et de distribution dans une rotation normale de récoltes, cultivées (par hypothèse) sur un terrain typique, représente d'une manière frappante, dans ce qu'on pourrait appeler le mécanisme physiologique de l'agriculture, les fonctions régulatrices exercées dans un mécanisme par un volant ; ce dernier emmagasine d'une manière tout à fait semblable la force vive gagnée dans la période d'impulsion maximum, pour la rendre à l'état de travail pendant la période de résistance maximum.

Tout cela étant admis par tout le monde dans la supposition d'un terrain typique, il ne nous reste plus à considérer que le cas de terrains s'écartant assez de la perfection hypothétique, sous le rapport de leur dotation naturelle ammonifère, pour que l'approvisionnement de cette dernière, en y comprenant celle accumulée par les légumineuses, ne soit pas suffisante pour satisfaire les exigences des céréales.

Dans de pareils cas, l'utilité d'engrais azotés et l'intervention rationnelle de l'agriculteur pour remédier artificiellememcnt à la rareté et insuffisance naturelle de l'approvisionnement ammoniacal, ne sera contestée par personne.

C'est ainsi que, de point en point, la raison principale du désaccord entre les deux systèmes (la *prépondérance* attribuée aux engrais azotés) paraît pouvoir être ramenée à une simple question de stat'stique : Combien y a-t-il de champs de céréales en Europe qui sont relativement pauvres en tel ou tel principe cinéraire? combien renferment trop peu d'humus, d'eau ou d'air? combien ne possèdent pas suffisamment de substances ammonifères naturelles?

Quel que soit l'élément, fixe ou volatil, dont cette espèce d'enquête constaterait l'insuffisance dans le plus grand nombre de cas, on pourra le considérer comme l'élément d'influence *prépondérante*, sans faire violence aux opinions d'aucune des parties.

Cette méthode de mettre fin à la grande controverse *nitrogénée* laisse cependant encore ouverte pour la discussion une grave question concernant ce principe alimentaire des plantes : les forces intellectuelles jusqu'ici inutilement dépensées dans la controverse, seront bien plus profitablement employées et combinées pour la solution de cette question. Elle consiste à déterminer *combien*, dans l'état actuel de nos ressources industrielles, il est possible de fournir d'ammoniaque aux terrains qui naturellement n'en renferment pas une quantité suffisante.

Si la *culture intensive* devait se généraliser et être poussée, sur des terrains de seconde et troisième classe, à un degré aussi élevé au dessus des approvisionnements ammonifères naturels que cela se pratique ou du moins est tenté dans un certain nombre de fermes anglaises, il est à craindre que la demande pour l'ammoniaque pourrait bien excéder tous les moyens à notre disposition pour la satisfaire.

Lorsqu'on sera parvenu à l'utilisation complète des déjections urbaines, et lorsqu'il s'en suivra le retour au sol d'énormes masses de principes cinéraires actuellement dilapidées et perdues, il est probable que la demande des substances ammonifères en sera relativement beaucoup augmentée ; d'autant plus que ce seront surtout des terrains stériles, c'est-à-dire peu fournis en principes ammoniacaux, qui seront probablement choisis (autant que les circonstances le permettront) pour recevoir par irrigation le liquide des égouts des villes.

En effet quoique ce liquide soit riche tout aussi bien en principes azotés que cinéraires provenant des aliments consommés dans les villes, il ne contient cependant point *proportionnellement* autant des premiers que des derniers ; la raison en est qu'une partie de l'ammoniaque des aliments est dissipée pendant les réactions et transformations de la vie animale (1), tandis que les principes cinéraires fixes introduits avec les aliments dans l'économie des adultes réapparaissent intégralement dans leurs déjections.

En outre, il n'existe point de cause de perte nécessaire dans le transport des principes cinéraires en dissolution ou en suspension, au moyen de canaux souterrains qui les amènent depuis les maisons où ils sont déposés jusqu'aux champs qui doivent les utiliser; le contraire a lieu pour l'ammoniaque du liquide des égouts, qui, dans une proportion notable, peut se perdre pendant le transport des villes à la campagne dans les tuyaux de conduite ordi-

(1) Cette question a été le sujet d'expériences directes faites par MM. Boussingault, Barral, Regnault, Reiset et Lawes, et l'on peut estimer qu'en moyenne ce ne sont que les quatre cinquièmes de l'azote des aliments qui se retrouvent dans les déjections.

naires. C'est sur cette dernière circonstance que M. F.-O. Ward base son opinion (mentionnée ici en passant) de l'économie qui résulterait de dispositions réalisant la séparation des déjections urinaires et fécales, par suite des progrès futurs de l'organisation urbaine. Par ce perfectionnement, on imiterait davantage, dans l'organisme ou mécanisme collecteur, ce qui s'observe pour l'organisme individuel.

La probabilité de la réalisation de ce dernier perfectionnement sera peut-être admise plus facilement si l'on considère que les urines représentent les trois quarts et même plus de la valeur des déjections humaines, et que ce n'est que la fraction restante qui se trouve dans les matières fécales.

Mais, comme dans le moment actuel la séparation des déjections et des eaux de pluie n'est pas encore officiellement admise, ce serait prêcher dans le désert et tout à fait prématuré de vouloir insister sur ce complément d'organisation.

Cela arrivera néanmoins à son heure, lorsque les résidus des villes, considérés aujourd'hui officiellement comme *une nuisance dont il faut se débarrasser*, seront envisagés dans leur vrai jour « *comme une valeur et une propriété à administrer*; nous irons même plus loin et dirons: comme *la propriété* dont l'administration rationnelle sera avant tout la condition la plus essentielle de la prospérité *durable* des nations.

Revenant à la question *de l'azote*, s'il était constaté qu'il y ait un dégagement et, par suite, une dissipation d'ammoniaque pendant la croissance des céréales, comme le soutiennent quelques expérimentateurs ; et si, d'un autre côté, cette perte excédait le pouvoir condensateur des légumineuses pour l'ammoniaque, dans leur rotation avec les céréales ; si ces deux circonstances (jusqu'ici hypothétiques) existaient en réalité, sans aucun doute l'absorption d'ammoniaque par les récoltes excéderait l'approvisionnement naturel dans un bien plus grand nombre de cas et obligerait d'avoir recours à des engrais ammoniacaux.

Les vues de M. Liebig sur l'abondance suffisante d'approvisionnements ammoniacaux naturels, même pour la *culture intensive*, lorsque cette dernière est pratiquée rationnellement et d'une manière intelligente sur des terrains appropriés, ne sont point incompatibles avec l'opinion que des fournitures artificielles de principes ammoniacaux pourraient bien devenir pour le cultivateur une nécessité de plus en plus impérieuse, surtout dans les conditions agriculturales modifiées que nous avons rapidement développées plus haut.

C'est une question bien sérieuse de savoir jusqu'à quel point il peut être sage d'encourager l'extension de la *culture intensive*.

Car, dans ces conditions, l'épuisement des dépôts de guano (qui, au bout du compte, ne représentent qu'une quantité limitée) devra entraîner des désastres ruineux si, jusque-là, on ne parvient pas à découvrir une nouvelle source d'ammoniaque à bon marché. L'écroulement de la fondation causera nécessairement la ruine de l'édifice entier qu'on y avait élevé ; des populations denses et nombreuses, appelées à l'existence par ces moyens artificiels, se trouveront privées plus ou moins brusquement de leurs fournitures alimentaires accoutumées.

Considérée à ce point de vue, la grande *question de l'azote* mérite d'être prise en très-sérieuse considération non-seulement par les agriculteurs, mais encore par les statisticiens et les hommes politiques. Jusqu'à ce point, les questions controversées paraissent susceptibles de solutions en termes admissibles par les deux parties disputantes ; mais il en est d'autres qui comprennent certains points, ou plutôt, peut-être, qui sont présentées sous une forme où les différences d'opinion paraissent trop grandes pour qu'on puisse espérer de les concilier.

C'est ainsi, par exemple, qu'on affirme d'un côté et qu'on dénie absolument de l'autre que la potasse agit *spécifiquement* (c'est-à-dire en dehors de la loi de M. Liebig), pour favoriser le développement des plantes légumineuses telles que les haricots et les pois.

Ceux qui affirment la spécificité allèguent comme raison que les légumineuses, quoique caractérisées par leur richesse en azote, exigent des engrais potassiques, et *nullement* des engrais ammoniacaux.

La fausseté de ce raisonnement devient apparente lorsqu'on considère :

1° Que les légumineuses, pouvant absorber de l'ammoniaque en abondance au moyen de leur feuillage si développé, peuvent se dispenser d'en puiser dans le sol à l'aide de leurs racines ;

2° Que, de tous les principes cinéraires des cendres des légumineuses, la potasse et la chaux sont les plus importants ; de manière que pour des terrains riches en calcaire (comme le sont la plupart du temps les terrains cultivés), la potasse est en réalité, *conformément à la loi de M. Liebig*, l'engrais caractéristique pour les légumineuses.

Les récoltes à racines, et particulièrement les turneps, sont encore invoquées comme contredisant la loi de M. Liebig et confirmant la théorie des engrais *spécifiques*, par la raison que, malgré la proportion plus forte de potasse que d'acide phosphorique dans la cendre des turneps, cette plante prospère beaucoup mieux lorsqu'on lui fournit artificiellement de l'acide phosphorique que de la potasse.

« Il faut admettre (dit le principal champion de la doctrine spécifique) que l'effet extraordinaire du superphosphate de chaux ne peut être expliqué par l'idée qu'on fournit simplement avec lui un des principes constituants véritables de la récolte, mais qu'il est dû (l'effet) à *quelque influence spéciale favorisant et développant le pouvoir d'assimilation de la plante* (1). »

Il ajoute plus loin : « Il est certain, dans tous les cas, que l'acide phosphorique, quoique ne constituant qu'une faible fraction de la cendre de turneps, produit un effet des plus frappants sur le développement de cette plante, lorsqu'on le lui applique à l'état d'engrais. »

Nous ferons d'abord remarquer, quant à ces assertions, que les résultats des expériences leur servant de bases et qui furent obtenus à Rothamstead sont en opposition avec ceux enregistrés sur d'autres terrains par des observateurs dignes d'une égale confiance.

D'après les meilleures analyses des cendres de turneps (navet de Suède), on peut admettre qu'elles renferment environ 1 pour 100 d'acide phosphorique. D'un autre côté, le superphosphate de chaux ordinaire contient à peu près 16 pour 100 de ce principe sous forme de combinaison *soluble* ; de manière que 3 cwt. (150 kilogr.) de cet engrais représentent entre 53 à 54 lbs. (25 à 26 kilogr.) d'acide phosphorique immédiatement utilisable.

M. J. Russel (2) sous-divisa un champ de turneps en plates-bandes ; sur l'une, il appliqua 3 cwt. de superphosphate ; sur deux autres, 5 cwt. à chacune ; sur une autre, 7 cwt. ; sur une dernière, 10 cwt. de superphosphate. En comparant les récoltes obtenues sur les deux plates-bandes ayant reçu chacune 5 cwt., une différence de 38 cwt. fut constatée entre les poids de ces deux récoltes. Ce nombre fixe la limite de variation qu'on est en droit d'attribuer, dans ce cas, à d'autres causes différentes de la quantité d'engrais employée.

La bande fumée avec 3 cwt. de superphosphate fournit à M. Russell 480 cwt. de turneps. Ceux-ci, en partant de la proportion de 1 pour 100 citée plus haut, contenaient dans leurs cendres exactement 53.76 lbs. d'acide phosphorique ; résultat intéressant à cause de la coïncidence presque exacte avec la proportion d'acide phosphorique soluble renfermée dans le superphosphate employé.

Le poids moyen des récoltes sur les bandes fumées chacune avec 5 cwt. de superphosphate ne différait pas autant du poids de la récolte de la bande fumée avec seulement 3 cwt. que les produits respectifs des deux bandes différaient l'un de l'autre.

Il en résulte que l'addition au terrain d'une plus forte proportion d'acide phosphorique soluble que les turneps pouvaient assimiler n'avait aucune influence *spécifique* pour favoriser dans ce cas leur développement.

(1) *Chimie agricole, en vue surtout de la théorie minérale*, du baron Liebig. (*Journ. of the Roy. Agr. Soc. of England*, vol. XII, p. 1, 1851.

(2) *Journ. Royal Agr. Soc.*, vol. XXII, p. 86.

Quant à la récolte obtenue sur la bande fumée avec 7 cwt. de superphosphate, non-seulement son poids ne dépassait pas, mais était même inférieur de quelques cwt. au poids moyen des récoltes fournies par les bandes fumées chacune avec 5 cwt. La récolte de la bande fumée avec 10 cwt. de superphosphate présenta un nouveau déficit de quelques cwt.

Mais ces derniers déficits étaient malgré cela *moindres* que la différence de rendement constatée entre les deux bandes également fumées.

Il en résulte que, dans le cas présent, le rendement de la bande qui avait reçu dans l'engrais la quantité exacte d'acide phosphorique enlevé dans la récolte avait été (dans les limites d'erreurs expérimentales) égal au rendement des autres bandes ayant reçu respectivement des quantités d'engrais 66 pour 100, 133 pour 100 et 233 pour 100 plus fortes.

Deux bandes, qui, à cette occasion et pour avoir des termes de comparaison, n'avaient point reçu d'engrais superphosphaté, avaient fourni des récoltes donnant une moyenne de seulement 330 cwt. de turneps par acre, quantité inférieure d'un tiers au rendement des bandes fumées.

Il résulterait de là que les turneps bénéficient d'un approvisionnement artificiel de superphosphate jusqu'à, mais pas au-delà, la limite de leur pouvoir assimilant. Et si l'on admet que les phosphates du sol se trouvent dans une condition moins soluble que le superphosphate (supposition qui est presque une certitude), ces expériences démontreraient que les racines des turneps, lorsqu'on leur présente simultanément différentes formes d'éléments phosphatiques, solubles à des degrés différents, donnent la préférence au plus soluble et l'absorbent en premier lieu.

Ces résultats, dans l'opinion du rapporteur, sont en forte opposition avec ceux obtenus à Rothamstead, et tendent à renverser l'opinion que l'acide phosphorique soit avantageux aux turneps par suite d'une *action spécifique* autre que celle qui lui revient légitimement comme l'un des principes constituants de leur cendre.

Les avocats de la doctrine *spécifique* se placent néanmoins encore sur un autre terrain.

C'est un fait universellement admis par les cultivateurs, disent-ils, que dans la pratique agronomique ordinaire, le superphosphate — et non la potasse — constitue l'engrais des turneps, quoique la potasse soit plus abondante dans les cendres que l'acide phosphorique.

Nous citerons leurs propres paroles sur ce point, telles qu'elles se trouvent dans le mémoire déjà cité : « La pratique usuelle s'est prononcée définitivement plutôt en faveur de l'acide phosphorique que des alcalis, comme engrais *spécial* à fournir aux turneps, et provenant de sources indépendantes de la ferme elle-même. »

Admettons que ce soit là le cas le plus fréquent (il n'est certainement pas *universel*), le rapporteur pense néanmoins qu'on peut en donner une explication qui, très-simplement et très-naturellement, s'accorde avec la loi de M. Liebig.

Dans le système ordinaire de rotation, les récoltes de racines et de céréales se suivent l'une l'autre et se développent alternativement aux dépens du sol. Mais les céréales, comme tout le monde le sait, sont des consommateurs avides de silice, employée en partie pour entrer dans la pellicule du grain, mais en majorité pour se déposer dans la paille. Les céréales s'assimilent aussi de l'acide phosphorique et le distribuent semblablement entre la paille et le grain, seulement cette fois-ci c'est le grain qui en emploie la plus forte quantité.

La silice et l'acide phosphorique des grains, il ne faut point le perdre de vue, sont définitivement exportés avec eux hors du terrain.

Les céréales sont bien moins avides de potasse que d'acide phosphorique ; d'ailleurs la potasse qu'elles assimilent est déposée dans la plus forte proportion dans la paille et retourne au sol avec le fumier d'étable.

Tenant compte de ces faits et considérant en même temps la composition primitive d'un sol arable de qualité satisfaisante qui renferme des proportions ordinaires de silicates potassiques en voie de délilation graduelle, il semble au rapporteur que les céréales ont une tendance à s'emparer du principe acide de ces silicates, laissant en arrière dans le sol les bases alcalines comme une espèce de legs pour la génération suivante de végétaux.

Il s'ensuit que, lorsque les plantes à racines prennent possession du champ, elles y rencontrent un terrain récemment privé des phosphates immédiatement abordables et utilisables, mais nullement épuisé de principe potassique.

Qu'y a-t il donc de plus naturel dans ces circonstances, — quoi de plus strictement conforme avec la loi de M. Liebig, — que de constater que ce sont les phophates solubles, et non la potasse, qui doivent être l'aliment cinéraire en réquisition ?

En résumé, le rapporteur ne peut s'empêcher de conclure que l'acide phosphorique n'est pas plus un *spécifique* (dans le sens particulier ou mystérieux du mot) pour les récoltes à racines, que la potasse ne l'est pour les pois et haricots et l'azote pour le blé.

En effet, plus on examine les faits attentivement, plus ils paraissent confirmer énergiquement la loi si grande et si simple énoncée par M. Justus Liebig, comme la condition première d'un succès réel et *durable* en agriculture.

Restitution exacte au sol des principes constituants des cendres enlevées dans les récoltes. — Il y a douze ans, les chefs de l'école de l'*azote* avaient poussé les conséquences de leur doctrine au point de déclarer que l'ammoniaque est un « *substitut* » suffisant pour les engrais cinéraires.

Ils ont imprimé et publié en 1856 : « Supposant même qu'un engrais minéral, basé sur la connaissance de la composition des cendres des plantes, soit toujours encore le grand désidératum, l'agriculteur pourra en attendant se féliciter et être content de posséder dans l'*ammoniaque* qui lui est fournie par le guano du Pérou, par les sels ammoniacaux et par d'autres sources, *un substitut qui vaut bien l'engrais minéral* (1).

Le rapporteur n'hésite pas à condamner la doctrine énoncée dans ce passage, comme une doctrine de spoliation injustifiable.

Neuf années plus tard (en 1861) (2), les mêmes auteurs racontent aux cultivateurs qu'un terrain ordinaire cultivé pour céréales, en en prenant seulement une couche de 1 pied de profondeur ou d'épaisseur, labouré à la manière généralement usitée, et exportant le produit total en blé et viande, *sans aucune restitution des principes cinéraires*, contient assez d'acide phosphorique pour supporter un pareil drainage pendant mille ans, assez de potasse pour satisfaire à la demande pendant deux mille ans et assez de silice pour subvenir aux besoins pendant pas moins de six mille ans !

La tendance évidente de ces nombres stupéfiants est de produire l'impression qu'une *restitution* à un réservoir aussi énorme serait tout simplement une absurdité.

Si les trésors cinéraires déposés sous nos pieds dans une couche de seulement 12 pouces d'épaisseur étaient réellement conformes à cette description si éblouissante, évidemment une fourniture proportionnée d'ammoniaque, pour les mobiliser le plus vite possible et les mettre en activité, serait légitimement mise en avant et requise comme la première et principale nécessité agronomique.

Nous sommes ainsi ramenés à la question de l'azote, qui, illuminée par le flambeau de cette doctrine d'*inépuisabilité*, acquiert une importance nouvelle et incommensurable.

Car si nous parvenons à unir à nos principes cinéraires *inépuisables* une provision semblable ou proportionnée d'ammoniaque, la lampe d'Aladin (pour nous servir d'une métaphore) est à la disposition de tout le monde et le langage de Scheherezade est à peine assez éloquent et magnifique pour dépeindre l'avenir doré de notre race bienheureuse.

A la question si grave et si solennelle ainsi posée, les prophètes de l'exubérance ciné-

----

(1) *On agricultural chemistry*, etc. (*Journ. of the Royal Agr. Soc. of England*, vol. XII, part. i, 1851.

(2) *Sur quelques points en relation avec l'épuisement du sol. (Report of the Brit. Assoc. for the advancement of science*, fév. 1861.)

raire nous fournissent, par leur nouveau mode d'évaluation, les moyens de formuler une réponse des plus satisfaisantes.

Nous savons, d'après les résultats d'analyses innombrables de terrains, qu'en plongeant la bêche quelque part que ce soit à 10 pouces de profondeur dans un sol tant soit peu arable, elle traverse une couche d'aliments azotés des plantes, au moins aussi *utilisable et abordable* que peuvent l'être les réserves cinéraires, et en quantité suffisante pour nourrir de bonnes récoltes de céréales, d'année en année, pour *plus de sept siècles*.

A cette magnifique réserve azotée, la nature si généreuse a ajouté libéralement dans ses réserves atmosphériques si riches, au moins les deux tiers de la quantité de substances azotées annuellement requises, même en la calculant d'après un mode de culture des plus productifs; il en résulte qu'il faudra au moins deux mille cent ans pour épuiser les approvisionnements souterrains de matières azotées.

Si donc, comme on l'assure, on possède des phosphates pour mille ans, la richesse ammoniacale du sol (évaluée d'après la même méthode) est amplement deux fois plus considérable ; et ces chiffres, qu'on l'observe bien, ne font entrer en ligne de compte (de chaque côté) qu'un tiers environ de la profondeur du terrain réellement exploré par les racines absorbantes.

Mais s'il en est ainsi, pourquoi donc les cultures annuelles de céréales refusent-elles de croître ? Avec toute cette quantité d'ammoniaque disséminée autour de leurs racines, avec des approvisionnements cinéraires en profusion semblable, pourquoi les céréales (pour employer une métaphore de cultivateurs) sont-elles si *prudes ou réservées* ?

Nous nous adressons naturellement aux prôneurs de la théorie de l'*inépuisabilité* pour une explication.

Hélas ! nous trouvons qu'ils évitent soigneusement de faire valoir la partie ammoniacale de leur raisonnement. Ils placent à notre disposition des phosphates pour mille ans, de la potasse pour vingt siècles, de la silice pour une période même triple : mais pour l'ammoniaque, également abondant d'après la même manière de calculer, ils ne veulent pas nous accorder la provision pour un simple et timide siècle, pas même *pour une seule pauvre année*.

Au lieu de cela, ils nous avancent ce fait curieux qu'un engrais salin artificiel calculé pour fournir à un champ de blé 100 livres (45 à 46 kilogr.) d'ammoniaque par acre, et qui n'augmente la proportion d'ammoniaque du sol que de 0.007 pour 1000 — addition chimiquement inappréciable, — fournira une *récolte au moins double de celle produite par la terre qui n'aurait pas reçu cet engrais*.

Donc, avec de l'ammoniaque accumulé pour des siècles dans une même couche de terrain situé sous nos pieds, nous sommes cependant obligés de nous rendre avec l'argent en main, année après année, auprès des usines à gaz ou des dépôts de guano, pour y acheter l'approvisionnement ammoniacal indispensable pour chaque récolte successive.

Il nous reste une consolation. Quoique l'ammoniaque, cet *excellent substitut* des principes cinéraires, soit mis de côté, et que l'application de la théorie de l'*inépuisabilité* à cette substance alimentaire *la plus précieuse* des plantes, soit défendue, nous avons toujours notre concession de trésors cinéraires sur lesquels nous pourrons nous rejeter.

C'est au moins à ces trésors que la théorie de l'*inépuisabilité* devra s'appliquer ! N'avons-nous pas sous nos yeux ses conclusions magnifiques, exprimées en chiffres par les auteurs de cette théorie ?

C'est là au moins une grande consolation ! Car la nature nous fournit, après tout, la majeure partie de l'ammoniaque dont nous avons besoin, tandis que pour les principes cinéraires, chaque once qui en est exportée des terres par l'homme, devra leur être restaurée par l'homme à ses propres dépens.

Mais même cette consolation nous est enlevée ! Notre richesse cinéraire si gravement démontrée, notre trésor *inépuisable* en silice, potasse et phosphate, se trouve être aussi impalpable que l'ammoniaque elle-même. Semblable à la monnaie enchantée, ce trésor s'évanouit et disparaît de nos mains, pendant que nous essayons de le compter.

Mais qui donc nous prive de cette moitié restante de notre fortune agriculturale? Se pourrait-il que les théoriciens qui nous l'ont concédée seraient eux-mêmes les premiers à nous l'enlever?

Il en est ainsi en réalité. Les promulgateurs de la grande doctrine de la surabondance des principes cinéraires nous avertissent *de ne pas trop y compter!*

Ils nous apprennent qu'ils ne l'adoptent pas *en pratique* pour leur propre ligne de conduite! et nous apprenons avec un chagrin réel, par la lecture du Mémoire déjà cité, les résultats désastreux d'un essai, continué pendant dix-huit années, de réalisation pratique de leur doctrine.

« Les auteurs du Mémoire avaient cultivé des céréales pendant dix-huit années consécutives sur le même terrain, respectivement, sans engrais, avec de l'engrais de ferme et avec différens principes constituants de l'engrais ; et ils avaient déterminé la quantité des différents principes minéraux enlevés dans les récoltes obtenues sur les différentes parties respectives du terrain.

« On exposa de nombreux tableaux indiquant ces résultats, etc... »

Ils ajoutent encore : « Considérant la portée de ces résultats relativement au sujet principal de ces recherches, il en ressortait qu'en employant uniquement des sels ammoniacaux, pendant une série d'années, et sur le même terrain, que le blé et la paille indiquent tous les deux *une diminution appréciable dans la proportion d'acide phosphorique*, et la paille *une réduction considérable dans sa teneur en silice*. »

On trouve plus loin dans ce même Mémoire le conseil suivant donné aux fermiers par les expérimentateurs : « Une pratique aussi épuisante comme celle décrite dans les expériences « n'est nullement à recommander. »

Dix années auparavant (en 1851), la théorie de l'*inépuisabilité* était dans une phase d'existence beaucoup plus vigoureuse et florissante. *A cette époque*, les réserves colossales n'étaient considérées comme sujettes à être épuisées que dans la prévision de l'accomplissement simultané des deux événements suivants : 1º la découverte (non encore faite) d'une source très-*économique* de l'ammoniaque ; 2º l'emploi *excessif* de ces fournitures azotées nouvellement trouvées. Dans ce cas, disaient les théoriciens, *les principes minéraux ou cinéraires utilisables, pourraient à leur tour être sujets à épuisement.* (Loc. cital.)

Empruntons encore une dernière citation au Mémoire de 1861. Nous y trouvons que la doctrine de l'azote, comme *spécifique* pour les céréales et comme *excellent substitut* pour les éléments cinéraires, y est abandonnée par ses auteurs mêmes, en termes passablement explicites ; en effet, en se reportant aux récoltes comparatives obtenues par eux, a) au moyen de *sels ammoniacaux*, seuls et b) au moyen de principes *cinéraires* ou *minéraux* seuls, ils apprécient leurs expériences en disant :

« Mais dans aucun de ces deux cas, les quantités de principes minéraux obtenus dans les récoltes ne pouvaient être comparées à celles présentées par les récoltes, lorsqu'on employait simultanément les sels ammoniacaux et les engrais minéraux ou bien le fumier d'étable. »

Pour résumer la matière en termes clairs et précis, l'*excellent substitut* pour les cinéraires, mis en avant en 1851, avait été essayé largement et n'avait pas abouti.

L'ammoniaque, jugée par les expériences de ses propres partisans (et par de nombreux autres essais), avait été reconnue ne pas être, ce qu'on en disait, un engrais *spécifique* pour les céréales. La valeur *spécifique* de la potasse et des phosphates, pour les légumineuses et pour les cultures des racines, fut également reconnue controuvée.

Le blé et la viande ne peuvent pas être exportés, d'une manière discontinue, des terrains, pendant six mille, deux mille, ou mille ans, sans restitution (respective) de la silice, de la potasse et des phosphates enlevés des terres dans leurs tissus.

Ces points de vue illusoires, que leurs partisans (il faut leur rendre cette justice) ont déjà honorablement répudiés en grande partie, doivent être définitivement abandonnés. La célèbre *théorie nitrogénée* est expirante : et avec elle tombe aussi la doctrine des *engrais spécifiques*.

Nous savons donc que la grande loi de *restitution* s'applique également aux principes fixes et volatils, de même qu'aux éléments rares ou abondants de la nourriture des plantes : quoique la réalisation des préceptes de cette loi soit dévolue inégalement aux hommes et à la nature dans chaque cas différent.

Nous savons que la prospérité de la récolte, qui représente le *dividende*, n'est qu'une preuve fallacieuse de fertilité, si elle n'est pas accompagnée de la prospérité du sol, qui représente le *capital*.

Tout excès, tant du côté de la dépense que de celui de la capitalisation, que ce soit par l'exagération des récoltes ou par l'augmentation indue des réserves du sol, est également un abandon de l'obligation et du devoir agronomique et également répréhensible comme un mode de dilapidation.

Car, si d'un côté une dépense disproportionnée dilapide la substance de la richesse sous le rapport de l'espace, une capitalisation disproportionnée (le vice de l'avare) dissipe l'usufruit sous le rapport du temps. C'est donc notre devoir de provoquer et de consommer les plus fortes récoltes possibles; mais toujours sous la condition de ne pas entamer les réserves du sol.

Si, par indolence, nous négligeons de produire la plus grande somme de nourriture possible pour la consommation de la génération actuelle, nous retardons *autant et en proportion* la multiplication de notre race et nous ne remplissons pas notre devoir envers ceux qui ne sont pas encore nés.

Si, au contraire, l'avidité pour un gain immédiat nous fait succomber à la tentation de diminuer la balance des principes minéraux dans la terre (dont, il ne faut pas l'oublier, nous ne sommes pas les *propriétaires*, mais seulement les *usufruitiers*), nous nous rendons coupables envers la génération future, dont nous dévorons l'héritage.

Nous avons reçu de nos pères, et nous sommes tenus de les transmettre à nos enfants qui sont aussi les leurs, un double legs : la vie et les moyens de l'entretenir.

Une race généreuse évitera avec autant de soin de transmettre à la postérité un sol appauvri, qu'un sang dégénéré. La théorie nitrogénée n'avait pas sauvegardé ces principes : c'est là la cause de sa chute.

Engrais des égouts. — Expériences faites à Rugby. — Si, du point de vue actuellement atteint, on dirige son attention sur la série d'expériences récemment instituées et toujours encore poursuivies à Rugby, pour déterminer la valeur de l'engrais des égouts, on reconnaît facilement que ces expériences reposent sur des notions erronées, tant du problème à résoudre que de la méthode expérimentale qui seule est capable de conduire à une solution concluante.

La nature de cette double conception erronée est suffisamment manifeste par les épreuves et données auxquelles on eut exclusivement recours dans ces expériences, pour la détermination de la valeur de cet engrais.

Ces données sont, d'un côté la quantité, de l'autre la qualité des récoltes obtenues sur des superficies déterminées de terrains, sous l'influence de volumes différents de liquide des égouts, comparées avec les rendements d'une surface égale d'un terrain semblable resté sans engrais.

Il y a quelques années, cette méthode aurait reçu l'approbation et le consentement général. Mais, dans l'état actuel des connaissances agronomiques, son insuffisance et son caractère captieux sont faciles à apercevoir.

Nous savons maintenant que la valeur d'un engrais ne présente pas une relation aussi fixe et aussi exclusive que le suppose la méthode en question, avec l'influence immédiate qu'il peut exercer sur la récolte.

Le lecteur qui aura suivi le rapporteur à travers la série de raisonnements exposés dans les pages précédentes de ce chapitre, sera préparé à reconnaître que dans des circonstances et conditions qui se présentent encore assez fréquemment, une récolte luxuriante obtenue par suite de l'emploi d'un engrais artificiel, loin d'être l'indice d'une augmentation de fertilité, peut, au contraire, servir de signal et de mesure d'un épuisement accéléré.

Il comprendra de même qu'un pareil engrais pourra ne pas avoir ajouté une seule feuille à la récolte, pas un brin d'herbe au foin, et peut cependant avoir résolu le grand problème de l'agriculture en opérant la balance exacte entre les principes enlevés au sol par la récolte et ceux qu'il lui apporte.

Une fourniture illimitée d'engrais des égouts pourrait devenir une malédiction positive pour une nation, si elle provoquait la tentative d'épuiser induement le sol : au contraire, le don gratuit de cet engrais, mais avec *adaption* rationnelle et proportionnelle à la nature de chaque champ, constituerait la faveur la plus insigne qu'un peuple pourrait recevoir, parce qu'il placerait son agriculture dans ,es conditions d'une prospérité durable et inébranlable. A la vérité, on pourra alléguer que les expériences de Rugby ont simplement pour objet de déterminer la valeur intrinsèque de l'engrais des égouts de cette ville, c'est-à-dire, leur degré de richesse en matières nutritives utilisables de toutes espèces, pour le développement de la végétation. L'on pourrait même soutenir que l'épreuve directe à laquelle on soumet sous ce rapport le liquide des égouts de Rugby (et à laquelle on pourrait appliquer le terme abrégé d'*épreuves pour récoltes*) paraît assez convenablement adaptée à l'élucidation de notre question.

Mais un examen rapide de cette matière, au point de vue des principes établis plus haut, suffira pour démontrer que tous ces raisonnements sont illusoires et que l'épreuve par récoltes, en elle-même, ne peut fournir aucune donnée certaine et concluante, quant au pouvoir d'augmenter les récoltes, que peut présenter le liquide des égouts.

En effet, le bénéfice résultant pour une récolte quelconque, de l'emploi d'un engrais quelconque, pourra varier depuis le *zéro* absolu jusqu'au maximum d'effet réalisable, suivant que le terrain sera de telle ou telle nature et composition.

Plus le sol des champs affectés à l'expérimentation sera en lui même riche et fécond, moins le liquide des égouts de Rugby pourra produire d'effet, parce que, quelque riche que puisse être cet engrais, l'augmentation de récolte qu'il peut déterminer ne dépend pas seulement de la richesse qu'il apporte, mais aussi du déficit qu'il pourra combler.

Les sables mouvants de Craigentinny, fumés avec le produit des égouts d'Edimbourg, sont dépourvus de toute espèce de substance alimentaire des plantes, à l'exception de la silice, et encore cette dernière n'y existe-t-elle que sous la forme ou variété insoluble. Aussi est-ce dans ces sables qu'on a réalisé la plus riche augmentation de récoltes qui ait jamais été obtenue au moyen du liquide des égouts. Il serait impossible de conclure et déduire de cette augmentation, l'effet que produiraient les mêmes engrais d'Édimbourg sur les récoltes de foin des prairies de Rugby ou sur toute autre récolte partout ailleurs.

Encore moins pourrait-on inférer des récoltes obtenues à Craigentinny ou à Rugby, la moindre indication relativement à la *surface* à laquelle il faudrait appliquer les déjections de la population de la Grande-Bretagne.

Il n'est point nécessaire, et cela paraîtrait même oiseux, de pousser plus loin ces raisonnements ou de relever avec plus de détails les conditions erronées qui font révoquer en doute et rendent incertaines les conclusions des expériences poursuivies à Rugby.

Ces expériences sont suivies par une commission d'hommes très-capables, qui certainement les amélioreront et les perfectionneront à mesure qu'ils avanceront.

Le rapporteur, en quittant ce sujet, tient cependant à exprimer sa conviction qu'aucune expérience avec l'engrais des égouts ne peut déterminer sa valeur ou résoudre le problème de son utilisation, à moins qu'on ne combine la mesure de son influence sur les *récoltes* avec celle de son effet sur le *sol*; à moins que, en d'autres termes, on ne fixe son attention autant sur le maintien du capital que sur l'augmentation du produit; à moins que, pour résumer le tout, l'on n'aborde cette question, pas seulement dans l'espoir d'un avantage immédiat pour nous-mêmes, mais encore avec un sentiment profond de nos devoirs à l'égard de la postérité.

Tribut dû à MM. Lawes et Gilbert. — Ayant parlé en termes de réprobation de la *Théorie de l'azote et de la doctrine des engrais spécifiques*, et ayant déclaré, en âme et conscience, que ces théories devaient être considérées comme nulles et non avenues, le rapporteur tient d'un autre côté à leur rendre justice en ajoutant que leur carrière, si elle a été de peu de durée, n'en a pas moins été brillante; que ces théories ont été soutenues courageusement et consciencieusement dans le seul but d'arriver à la vérité, et que les expériences réellement princières, instituées pour les soutenir, si elles ont échoué dans la tentative d'établir et de démontrer des propositions insoutenables, n'en ont pas moins mis en relief et fait connaître des résultats collatéraux et incidents, présentant le plus vif intérêt et une haute importance. Vingt années de labeur infatigable dans un champ de recherches des plus difficiles donnent droit à MM. Lawes et Gilbert à une large rétribution en fait de reconnaissance publique.

Il est impossible d'admettre que des savants d'une intelligence si pénétrante et des expérimentateurs aussi persévérants puissent continuer à maintenir les derniers restes d'une doctrine si manifestement opposée aux lois de la nature. Sous ce rapport, leur éminent antagoniste, qui, en 1845, s'était trouvé lui-même dans une fausse position tout à fait semblable, c'est-à-dire à son insu en opposition avec une loi de la nature (comme nous l'avons expliqué plus haut), a donné un bien noble exemple.

Hommage à M. Justus Liebig. — M. Liebig a franchement, ouvertement et sans hésitation accepté le redressement de son erreur par M. Way. Son génie a immédiatement apprécié la valeur de l'observation du chimiste anglais, et il a de suite contribué à la mettre si fortement en lumière, qu'on peut presque dire qu'il en a doublé l'importance. M. Liebig, en fait, a étudié la nouvelle vérité dans toutes ses conséquences; il lui a donné l'interprétation la plus généralement acceptée, il en a fait ressortir l'immense portée, il l'a élevée au rang d'une loi de la nature et il a incorporé cette loi comme une clef de voûte dans son grand édifice.

Probablement, dans toute la carrière si illustre de M. Liebig, il n'y a pas d'incident qui proclame plus hautement la vigueur et la fécondité de son intelligence, sa candeur inflexible et sa sollicitude désintéressée pour la seule recherche, en toutes occasions, de la vérité, et de la vérité pure et unique.

L'auteur serait en réalité doublement infidèle, d'un côté, à ses fonctions et devoirs comme rapporteur, et, de l'autre, à ses sentiments comme compatriote et ancien élève de M. Liebig, si, à cette occasion, il négligeait de proclamer en quelques mots, partis du cœur, la dette contractée non-seulement par l'Europe, mais par l'humanité en général, envers l'illustre régénérateur de la science agronomique.

Continuateur de l'œuvre de ses révérés prédécesseurs, Lavoisier et sir Humphry Davy, M. Liebig a poursuivi noblement le sentier ardu qu'ils ont eu la gloire de tracer.

Et aussi longtemps que l'agriculture existera, on verra briller avec une splendeur égale ces trois noms juxtaposés de : Antoine Lavoisier, Humphry Davy et Justus Liebig.

A Lavoisier revient la noble initiative de l'œuvre; à Davy, sa splendide poursuite; à Liebig, son glorieux achèvement. Embrassant dans son induction magistrale les résultats de toutes les recherches antérieures et contemporaines, et suppléant aux omissions nombreuses qu'elles présentaient, par ses propres et incomparables investigations, M. Liebig a établi sur des fondations impérissables, comme un tout bien harmonisé, le Code des lois générales si simples et en même temps si grandioses, à l'heure qu'il est et pour tout l'avenir, qui régit et gouverne l'agriculture régénérée.

En parlant en ces termes de son illustre compatriote et de son révéré maître, le rapporteur ne craint pas d'être mal compris. Aucun esprit étroit de patriotisme ne lui a dicté ses paroles. Le génie, dans ses manifestations les plus élevées. dépasse les frontières des nations ; les royaumes sont trop étroits pour lui assigner son lieu de naissance ; et dans l'hommage qu'il reçoit, ce n'est ni tel ou tel pays, ni tel ou tel continent ou hémisphère, mais l'humanité tout entière qui est exaltée.

Tendance de ce chapitre. — Les réflexions précédentes ne forment qu'une faible partie de celles qui sont soulevées par ce sujet si hautement important, mais le temps et l'espace ne permettent pas d'en aborder davantage. Quelques lecteurs trouveront même peut-être qu'elles ont été déjà trop prolongées et détaillées.

S'il en était ainsi en réalité, le rapporteur ne peut invoquer comme excuse que son désir ardent de rendre son rapport aussi peu indigne que possible de la grande occasion internationale qui les a provoquées.

Dans ce chapitre, de même que dans les précédents, il s'est efforcé (comme cela a déjà été expliqué dans l'introduction du rapport) :

1° De retracer les premiers pas et le développement successif des diverses industries soumises à son examen ;

2° De décrire les principaux produits et procédés, avec les perfectionnements les plus saillants accomplis pendant la dernière décade ;

3° D'indiquer les défauts encore existants et la perspective de futures améliorations basée sur l'état de la science, de manière à assister les inventeurs dans leurs futurs efforts, en leur montrant la direction dans laquelle les recherches pourront le plus facilement arriver à des résultats avantageux.

S'adressant en réalité, dans ces pages, non-seulement aux nations qui occupent un des premiers rangs dans le monde industriel, mais encore à celles qui sont moins avancées dans les arts et manufactures, il s'est quelquefois appesanti sur des points d'une importance fondamentale (comme, par exemple, sur les grandes vérités de l'agronomie scientifique moderne) plus longuement que cela n'eût été nécessaire pour une grande partie de ses lecteurs.

Et finalement, même en admettant qu'il ait bien compris la nature du devoir qu'il avait à remplir, il est sans doute resté trop souvent au-dessous de sa tâche et a commis des erreurs dans son accomplissement, quelquefois dépassant à son insu les limites mêmes qu'il s'était imposées ; plus souvent, peut-être, mais tout aussi involontairement, en ne les atteignant même pas.

Manière de procéder du jury relativement aux engrais. — Les difficultés inhérentes aux questions traitées dans ce chapitre n'ont pas simplement pesé sur le rapporteur, mais elles avaient également été senties auparavant par le jury. En effet. les questions comprises, dans ce qu'on pourrait appeler le *problème des engrais*, sont si nombreuses et si complexes, que le jury se trouva déçu dans ses tentatives de déterminer les mérites relatifs des différents engrais soumis à son jugement par les exposants.

L'inspection de ces produits pulvérulents ne pouvait évidemment fournir le moindre indice de leur nature ou de leur valeur intrinsèque ; même les résultats de l'analyse chimique, si le temps et les circonstances avaient permis d'appliquer un pareil *critérium* aux petits échantillons exposés, n'auraient pu fournir des indications certaines, à moins d'être contrôlés par les résultats d'expériences faites sur des sols d'une composition connue et poursuivies pendant plusieurs saisons.

D'un autre côté, les prix et les provenances des matières contenues dans les divers engrais auraient aussi soulevé une série de questions très-complexes, ayant rapport à la réalisation véritable et à la valeur pratique des différents projets et procédés respectifs. Ces difficultés, auxquelles venaient encore quelques autres secondaires et collatérales, ont si fortement impressionné le jury, qu'il décida à la fin, quoiqu'à regret, qu'on n'accorderait point de récompenses honorifiques aux engrais.

Nous devons cependant mentionner qu'avant d'arriver à cette conclusion le jury désigna dans son sein une commission spéciale pour essayer d'arriver à un examen comparatif des échantillons d'engrais : il nomma, en outre, comme juré associé, pour assister la commission, un chimiste particulièrement versé dans cette branche d'industrie. Il eut la bonne fortune de s'assurer, en cette qualité, les excellents services du docteur Thomas Anderson, professeur de chimie à l'Université de Glasgow et chimiste de la Société d'agriculture des contrées montagneuses d'Ecosse, qui avait une longue et approfondie expérience dans l'analyse des engrais.

Le rapport de la commission, que nous ajoutons ici *in extenso*, à cause de l'importance du sujet, confirma l'opinion du jury, que, dans ce cas spécial, il y aurait trop de risques d'erreur et d'injustice pour qu'il fût possible de décerner des récompenses honorifiques.

Le rapport, auquel le juré associé donna l'appui et l'autorité de son concours plein et entier, était rédigé dans les termes suivants :

Rapport de la sous-commission des engrais. — « Après mûre considération de toutes les circonstances spéciales à ce cas, nous sommes d'opinion qu'il n'est pas possible au jury de décerner des récompenses aux engrais exposés dans la classe IIe, avec satisfaction, soit pour lui-même, soit pour les exposants. Nous fondons notre opinion principalement sur ce fait qu'il est impossible d'apprécier par l'inspection seule le mérite d'un engrais. On pourrait, à la vérité, tenir compte du soin apporté aux procédés mécaniques par lesquels on lui a donné des qualités marchandes; mais on ne saurait apprécier autrement que par l'analyse chimique les proportions et l'état de combinaison des différents principes fertilisants qu'un engrais peut contenir, ce qui cependant constituent le point le plus important.

« Or, il est à peine nécessaire de faire remarquer que l'examen chimique des échantillons serait une œuvre beaucoup trop longue et trop ardue pour pouvoir être entreprise par le jury; et même si cette information pouvait être obtenue, la nature des matières premières employées devrait également être prise en considération ; d'autres questions très-délicates seraient encore soulevées, sur lesquelles il serait bien difficile de porter un jugement satisfaisant.

« A défaut des indications fournies par l'analyse, le seul critérium qui pourrait guider le jury serait l'extension de la production et la réputation générale des différents fabricants d'engrais. Mais des conclusions fondées sur des considérations de cette nature seraient très-peu satisfaisantes, parce que le succès manufacturier dépend souvent bien plus de circonstances locales ou de l'énergie et du tact avec lesquels on poursuit les affaires, que de la supériorité des procédés employés.

« En formulant un jugement basé sur de pareilles considérations, le jury pourrait facilement se rendre coupable d'injustice et placer un grand manufacturier au-dessus d'un petit fabricant, quoique ce dernier ait pu produire un engrais également bon, sinon supérieur.

« Si l'on pouvait se décider à accorder des récompenses pour des engrais, en se fondant sur des considérations générales, nous craignons que le résultat n'obtiendrait l'approbation de personne, et nous sommes convaincus que les manufacturiers eux-mêmes préféreront de ne point voir accorder de récompenses, que de s'exposer à ce que quelques-uns d'entre eux soient distingués des autres par une espèce de hasard, et sans que la distinction ressorte des investigations et des recherches complètes et assez approfondies qui seraient nécessaires pour donner de la valeur à la décision du jury. »

Le jury n'ayant pu, par les raisons citées, choisir, parmi les exposants d'engrais, ceux qui auraient mérité une distinction, le rapporteur pense devoir donner la liste complète des manufacturiers qui ont exposé des produits de cette classe à l'Exposition internationale.

OBJETS D'INTÉRÊT SCIENTIFIQUE.

Dans plusieurs des chapitres précédents, on a cherché à attirer l'attention sur des procédés et des produits qui, lors de la première Exposition internationale, ne constituaient guère que des curiosités de laboratoire et qui, depuis, sont devenus d'un usage très-fréquent et ont donné naissance à des industries importantes. Des exemples de cette nature abondent dans les chapitres traitant de la distillation sèche des hydrocarbures fossiles et des nombreuses matières colorantes, lubréfiantes et éclairantes qui en dérivent.

Dans d'autres chapitres, on a parlé d'industries se trouvant pour ainsi dire dans la période d'adolescence de leur existence : elles ont quitté le laboratoire (leur pépinière) : elles sont à peine arrivées à la manufacture (qui sera leur résidence définitive).

Parmi elles, nous pouvons citer le procédé calcifluorique de M. Ward, pour l'extraction de la potasse des roches primitives. Des procédés et des produits dans un état d'enfance encore plus caractérisé (pour poursuivre notre métaphore) ont été également signalés fréquemment dans les pages précédentes ; parmi eux, nous pouvons citer comme excellent exemple les expériences de MM. Woehler et Deville sur la préparation du bore pur en cristaux durs semblables au diamant, au moyen de l'action désoxydante de l'aluminium sur l'acide borique, procédé qui, on peut à peine en douter, aura trouvé sa place et son application industrielles avant qu'une autre exposition décennale soit arrivée.

Dans le présent chapitre, avec lequel le rapporteur finira son travail, un coup d'œil sera jeté sur certaines recherches et découvertes pour lesquelles on ne peut encore réclamer aucune importance ni valeur industrielle, tant présente que future, et dont l'intérêt n'est donc, pour le moment, que purement scientifique. La nouvelle méthode d'analyse spectrale, avec les trois nouveaux éléments métalliques dont la découverte lui est due, doit occuper le premier rang dans cette revue ; sa description impose au rapporteur le devoir bien agréable de mentionner en termes du plus profond respect et de la plus haute admiration, au nom du jury entier, les noms si célèbres de MM. Bunsen et Kirchhoff, dont les recherches ont principalement doté la science de cette méthode d'investigation si raffinée et si délicate.

Pour l'application heureuse et couronnée de succès de cette nouvelle méthode, le rapporteur est également chargé par le jury de proclamer avec tous les honneurs qui leur sont dus les noms de M. Crookes et de M. Lamy. Notre attention sera ensuite réclamée par quelques découvertes récentes en chimie organique ayant, au point de vue scientifique, une valeur particulière, en étendant largement le domaine, jusqu'à ce jour si restreint, de la synthèse chimique, c'est-à-dire de la construction artificielle directe des molécules composées.

En relation avec ces découvertes, le rapporteur s'acquitte du devoir bien agréable de signaler avec les éloges qu'ils méritent en premier lieu les procédés synthétiques admirables imaginés par M. Berthelot ; en second lieu leurs réalisations illustrées par les produits remarquables exposés par M. Ménier. En dernier lieu, le rapporteur exprimera en quelques mots les éloges bien mérités dus à la splendide collection de produits organiques exposée par le docteur Stenhouse.

En entrant dans le domaine purement scientifique, le rapporteur se retrouve avec des matières bien plus conformes à ses études habituelles et, il l'avoue franchement, bien plus en rapport avec les prédilections de sa vie entière que les sujets presque exclusivement industriels qu'il avait eu à traiter jusqu'ici dans ces pages.

Il s'empresse cependant de déclarer combien la rédaction de ce rapport lui a fait modifier ses vues antérieures relativement au rang que la chimie *appliquée* occupe vis-à-vis de la chimie *scientifique*.

Accoutumé jusque dans ces derniers temps à ne travailler que cette dernière branche, il avait partagé l'opinion (assez généralement accréditée, suivant lui, parmi ses confrères en chimie) qui assigne à la chimie industrielle une infériorité signalée et marquée dans l'échelle des poursuites intellectuelles. Mais l'examen à la fois très-étendu et (dans beaucoup de cas) très-minutieux qu'il a eu l'occasion de faire de la chimie appliquée ou industrielle a vivement impressionné son esprit, en lui démontrant quels buts larges et élevés ce grand champ de recherches offre pour l'exercice des facultés les plus puissantes et des connaissances les plus profondes du chimiste scientifique. Dans le cours de cette revue, il s'est trouvé de plus en plus disposé à assigner à la poursuite de la chimie industrielle, lorsqu'elle est conçue et pratiquée avec noblesse et dignité, un rang égal à celui des professions savantes les plus hautes et les plus distinguées, et spécialement de la placer sur la même ligne avec la poursuite de recherches purement scientifiques de toute nature.

Cette remarque ne sera peut-être pas inopportune à une période où les théories scientifiques et les applications industrielles se rapprochent et s'élucident les unes les autres sur un nombre de points de jour en jour plus nombreux, et lorsqu'un certain nombre de nos savants contemporains les plus éminents par leurs découvertes ont cultivé avec un succès égal les deux domaines collatéraux de recherches, l'un plus abstrait, et l'autre plus concret.

Chacun de ces grands champs d'investigations, le théorique comme le pratique, présente ses difficultés spéciales, mettant en réquisition pour leur conquête des pouvoirs et des efforts d'intelligence spéciaux et, nous pouvons ajouter, exigeant des énergies de tempérament et de caractères particulières.

L'homme qui arrive à la distinction dans *l'une ou l'autre* des deux carrières doit être richement doué ; mais celui qui obtient des succès *à la fois dans les deux* doit posséder des facultés encore bien plus grandes et éminentes.

Pour ce qui le concerne lui-même, le rapporteur croit de son devoir de déclarer que, tout en conservant une prédilection personnelle pour les recherches de science pure, cependant l'expérience qu'il a acquise, — et il peut ajouter : les excellentes relations qu'il a pu former, — dans la présente occasion, lui ont inspiré une appréciation bien plus haute qu'il n'avait conçu auparavant, et une estime plus grande à la fois pour les recherches d'un caractère directement utilitaire et pour les hommes capables et instruits adonnés à leur poursuite.

Il désire exprimer sa ferme persuasion que les sciences pures et appliquées marcheront dans l'avenir de plus en plus de front, en s'entr'aidant les unes les autres, et que leurs professeurs respectifs, plus ils apprendront à se connaître mutuellement, plus ils auront l'occasion de se rencontrer, acquéront ainsi de plus en plus la conviction combien ils peuvent profiter les uns et les autres de leurs recherches respectives, et combien sont égales en valeur et en dignité toutes les professions, pourvu que leur poursuite soit inspirée par le même motif : le désir d'arriver au vrai dans l'espoir d'en faire bénéficier l'humanité.

Après ces observations succinctes, suggérées par la transition de l'industrie à la science, le rapporteur s'empresse d'aborder l'examen direct des sujets énumérés plus haut, en commençant par la nouvelle méthode analytique de MM. Bunsen et Kirchhoff.

Analyse spectrale.

Cette méthode pour découvrir la composition chimique des substances est incontestablement la plus délicate de toutes celles connues.

Pour la rendre plus facilement intelligible, il est nécessaire de rappeler d'abord au lecteur les phénomènes principaux du spectre solaire et les moyens employés pour sa production.

C'est un fait bien connu, qu'un rayon de lumière qui passe d'un milieu dans un autre d'une densité différente, peut éprouver une *déviation*.

Si, par exemple, un rayon solaire traversant un milieu moins dense, comme l'air, rencontre un milieu plus dense, tel qu'une plaque de verre ayant des surfaces parallèles, et si ces surfaces sont *normales*, c'est-à-dire perpendiculaires à la direction du rayon, celui-ci traverse la plaque sans changer de direction.

Si, au contraire, le rayon tombe obliquement sur la plaque, il éprouve une déviation au point où il quitte un milieu pour entrer dans l'autre, et cette déviation est d'autant plus grande que la différence de densité des deux milieux est plus considérable.

En ressortant à la face opposée de la plaque et passant ainsi d'un milieu plus dense dans un milieu moins dense (par exemple du verre dans l'air) le rayon éprouve une nouvelle déviation, exactement comme la première fois, mais cette fois-ci, comme on pouvait le prévoir, en sens inverse ; de manière qu'en définitive le rayon émergent est parallèle au rayon incident.

Si les deux surfaces de la plaque interposée, au lieu d'être parallèles, sont inclinées sous un certain angle, de manière à constituer un prisme, le parallélisme des rayons incident et émergent ne se produit plus ; la seconde déviation se fait dans le même sens que la première, de telle manière qu'on peut obliger un rayon, au moyen d'une série de prismes, d'accomplir une espèce de rotation, par suite d'une succession de déviations angulaires constituant un polygone plus ou moins régulier.

Newton découvrit en 1701 qu'un rayon ordinaire de lumière blanche, admis à travers un trou d'épingle dans une chambre noire et dévié deux fois, ou, pour adopter le langage scientifique, *réfracté* au moyen d'un prisme, se trouve décomposé. Toutes les parties qui le composent ne sont point également réfractées, et, comme conséquence, l'image reçue sur un écran placé du côté opposé du prisme prend une forme allongée. Cette image allongée, qu'on appelle le *spectre*, présente des couleurs diverses d'une extrémité à l'autre ; les parties les plus réfractées sont violettes ; celles le moins réfractées sont rouges ; les parties intermédiaires se succèdent dans un ordre tel que la série prismatique se trouve constituée comme suit : violet, indigo, bleu, vert, jaune, orange, rouge. Les teintes se fondent les unes dans les autres par des gradations insensibles d'un bout du spectre à l'autre, de manière à présenter une série infinie de nuances intermédiaires.

Nous n'avons pas à nous occuper ici d'un certain nombre de propriétés intéressantes du spectre solaire, telles que, par exemple, les rayons calorifiques et chimiques, les intensités variables avec lesquelles ils agissent tant dans les parties visibles que dans les parties invisibles du spectre. Les laissant de côté nous arrivons à un fait singulier découvert par Wollaston (1) en 1802. Ce fait, qui constitue le point de départ du nouveau mode d'analyse, consiste en cela, que le spectre prismatique d'un rayon solaire, passant à travers une fente étroite, ne présente plus de continuité, mais, examiné à travers un système de lentilles, montre une série de bandes ou d'espaces brillants séparés les uns des autres par des lignes ou raies noires, qui les coupent en travers dans une direction parallèle aux côtés du prisme. Ce phénomène curieux excita une attention considérable ; mais ce ne fut qu'en 1815 que Frauenhofer, de Munich, l'étudia d'une manière exacte et approfondie. Il ne compta pas moins de 600 lignes ou raies obscures, dont il désigne les plus remarquables par les lettres de l'alphabet. Ces désignations ont été conservées jusqu'à nos jours, et le nom de Frauenhofer resta associé à ces lignes, qui sont connues depuis longtemps sous le nom de *lignes de Frauenhofer*. Essayons d'exposer brièvement l'état actuel de nos connaissances à leur égard.

Ces lignes sont disséminées sur toutes les parties du spectre, mais d'une manière très-inégale : les unes sont comme agglomérées dans un petit espace, tandis que d'autres sont séparées par des intervalles relativement considérables.

En outre, elles présentent des intensités très-différentes, les unes étant parfaitement bien tranchées, tandis que d'autres sont peu distinctes.

La position de chacune de ces nombreuses lignes, qu'elles soient peu distinctes ou bien très-marquées, est parfaitement déterminée et ne varie jamais. Que le spectre solaire soit produit par des rayons provenant directement du soleil, ou par des rayons réfléchis par l'une

____

(1) Wollaston, *Philosophical Transact.*, 1802, p. 378.

des planètes qu'il illumine (Vénus, par exemple), les lignes qui le coupent sont toujours les mêmes ; la seule différence que présente le spectre plus pâle des planètes, c'est que les lignes les plus faibles ne peuvent plus être aperçues. Mais tant qu'elles restent visibles elles sont identiques.

Mais lorsque le spectre est produit par des rayons lumineux émanant de soleils appartenant à d'autres systèmes, de Sirius, par exemple, quoiqu'on observe encore des raies noires, elles n'occupent plus la même position.

De même, les spectres produits par des sources de lumière artificielle présentent des différences très-frappantes et très-caractéristiques sous le rapport des raies ; et en signalant ces différences, nous nous approchons beaucoup du sujet dont nous nous occupons spécialement. La première grande distinction à faire, et elle est capitale, est celle entre les sources de lumière qui contiennent ou ne renferment pas des *principes volatils*. La lumière du platine incandescent peut servir de type pour cette dernière classe ; cette lumière produit par réfraction un spectre parfaitement continu et non interrompu par aucune ligne ou bande obscure quelconque.

La lumière produite par un courant électrique, passant entre les deux pointes d'un conducteur métallique interrompu, présente un bon exemple de lumière renfermant des matières volatiles. M. le professeur Wheatstone (1) a découvert, en 1835, que cette lumière contient invariablement de minimes quantités du métal formant la substance du conducteur : il montra en même temps que le spectre prismatique engendré par la réfraction d'une pareille lumière présente toujours une bande brillante caractérisant par sa position, sa couleur et son intensité, chaque métal particulier ainsi volatilisé.

Il est bien évident que dans ce fait reposait en germe et attendant son évolution, de la même manière que l'arbre est contenu dans la semence, une nouvelle méthode pour distinguer les substances les unes des autres. Cette nouvelle route de recherches, ainsi ouverte par M. Wheatstone, ayant trait aux lignes brillantes produites par les décharges électriques, fut poursuivie dans des directions variées par plusieurs observateurs.

MM. Foucault (1849) (2), Masson (1851-1855) (3), Angstrœm (1853) (4), Alter (1854-1855) (5), Secchi (1855) et Plücker (1858-1859) (6), s'occupèrent successivement de ces recherches.

Le rapporteur ne peut suivre ici pas à pas et avec tous les détails le développement successif de ce sujet si intéressant (7) ; mais il ne peut s'empêcher de s'arrêter un instant devant la série remarquable de recherches dont la science est redevable à M. le professseur Plücker, de Bonn ; d'autant plus que ces recherches ont précédé immédiatement et, grâce à l'attention générale qu'elles ont excitée, ont pour ainsi dire préparé dans une certaine mesure les découvertes importantes de MM. Bunsen et Kirchhoff (1860).

La méthode de M. Plücker, qui constitue le point de départ du développement moderne de cette branche de la physique appliquée à la chimie, consistait à étudier les spectres présentés par les gaz et vapeurs très-fortement raréfiés, tels que ceux d'oxygène, d'hydrogène, d'azote, de chlore, de brome, d'iode, rendus incandescents par les décharges d'une bobine de Ruhmkorff.

(1) Wheatstone, *Sur la décomposition prismatique des étincelles électrique, voltaïque et électro-magnétique*, mémoire lu à la réunion de l'Association britannique à Dublin en 1835.

(2) Foucault, *Annales de chimie et de physique* (3), XXVIII, 476.

(3) Masson, *Annales de chimie et de physique* (3), XXX, 295; XLV, 387.

(4) Angstrœm, *Philosophical Magazine*, 1855, 329.

(5) Alter, *Sillim. Amer. Journ.*, XVIII (55), XIX, 213.

(6) Plücker, *Poggdf. Ann.*, CIII, 88, 151; CIV, 113, 622; CV, 87; CVII, 77, 498.

(7) L'histoire chronologique de ces recherches est relatée très-exactement dans une excellente leçon sur *l'analyse spectrale*, faite par M. le professeur Miller devant les membres de la Société pharmaceutique de la Grande-Bretagne.   (*Pharmac. Journ.*, feb. 1862.)

Les gaz raréfiés étaient enfermés dans des tubes scellés, étirés vers le milieu en un tube capillaire et ayant des électrodes de platine scellés et traversant le verre aux deux extrémités opposées. M. Plücker trouva que les spectres ainsi obtenus étaient caractérisés par des raies brillantes ressortant sur un fond obscur et variant considérablement en intensité, couleur et position, suivant la nature du gaz soumis à l'expérience.

Au moyen de la lumière engendrée par un mélange de deux gaz, il obtint un spectre présentant simultanément les apparences appartenant à chacun des deux gaz en particulier, et, de la même manière, la lumière engendrée par un gaz composé, mais décomposable par le courant de la batterie, tel que le gaz ammoniac, par exemple, lui procura un spectre présentant simultanément les différents phénomènes caractéristiques de chacun des principes constituants isolés de ce gaz composé.

Pendant ce temps, et presque indépendamment des observateurs mentionnés plus haut, l'enquête ouverte par les recherches de Frauenhofer avait été poursuivie dans une autre direction. Quarante ans avant l'époque actuelle, et treize années avant que M. Wheatstone eût exécuté ses expériences magistrales sur la décomposition prismatique de la lumière électrique, le spectre des flammes colorées avait été examiné par plusieurs physiciens distingués. Déjà en 1822, sir David Brewster 1) avait scruté les flammes colorées au moyen de leurs spectres. Dans la même année, sir John Herschell (2) publia une courte notice sur les spectres produits par des flammes colorées au moyen de chlorures de calcium et de strontium, de chlorure et de nitrate de cuivre, et d'acide borique. Plus tard, dans son article sur la lumière, publié dans l'*Encyclopédie métropolitaine*, sir John Herschel (3), après avoir traité des spectres, ajoute : « Les couleurs communiquées de cette manière par les différentes bases à la flamme nous offrent, dans bien des cas, un moyen facile et élégant pour en déterminer de très-minimes quantités. » M. Fox Talbot, dont les premières expériences sur ce sujet datent de 1826 (4), montra en 1834 que, malgré la similitude de coloration des flammes sous l'influence de la lithine et de la strontiane, on parvenait cependant à les distinguer immédiatement au moyen du prisme (5), et il n'hésite pas un instant pour recommander l'analyse optique comme un moyen de caractérisation de minimes quantités de ces bases au moins aussi certain, sinon même plus, que toute autre méthode connue.

L'examen des flammes colorées reçut une extension ultérieure de la part du professeur W. A. Miller (6), qui, en 1845, lut un Mémoire sur ce sujet devant la section chimique de l'Association britannique, à Cambridge. Le professeur Miller examina les spectres d'un nombre très-considérable de sels, dont il donne des descriptions très-exactes, illustrées au moyen de lithographies coloriées. Ces images polychromiques méritent une mention spéciale, parce qu'elles furent les premiers essais de ce genre et que, malgré cela, elles peuvent soutenir la comparaison, sinon sous le rapport du fini et de la supériorité de l'exécution, du moins sous celui de l'exactitude rigoureuse, avec un grand nombre de productions postérieures du même genre.

Nous devons enfin encore mentionner les recherches de M. Swan (7), qui, en 1857, signala la sensibilité extraordinaire de la réaction optique pour le sodium ; la raie jaune brillante caractérisant ce métal se produit, d'après ses expériences, avec une solution ne renfermant que 1/2 500,000ᶜ de grain de sel de cuisine ordinaire.

(1) Brewster, *Philosophical Transact.* Edinburgh, 1822.
(2) Herschel, *Philosophical Transact.* Edinburgh, 1822, p. 455.
(3) Herschel, *Encyclop. Metropol.* 1827, p. 438.
(4) Fox Talbot, *Brewster's Journal of science.* 1826.
(5) Fox Talbot, *Philosophical Magazine.* 1834, IV, p. 114.
(6) W. A. Miller, *Philosophical Magazine*, XXVII, p. 81.
(7) Swan, *Philosophical Transact.*, Edinburgh, XXI, p. 411.

Il résulte de ce qui précède que, par suite des travaux de ces physiciens et chimistes éminents, il s'était accumulé une masse de données de la plus haute valeur, concernant l'influence
des principes volatils de sources lumineuses sur les raies de leurs spectres, depuis le premier
examen des lignes spectrales fait par Frauenhofer. Ce fut sur cette large base, ainsi graduellement établie et étendue encore par leurs propres expériences, que MM. Bunsen et Kirchhoff fondèrent leur méthode d'analyse spectrale.

L'appareil nécessaire pour cette analyse sera maintenant facilement compris. Une petite
flamme, aussi peu lumineuse que possible quoique très-chaude, de manière à pouvoir volatiliser aisément les substances à examiner, est ce qu'il faut en premier lieu. La flamme
produite par un bec à gaz de Bunsen, de petite dimension, brûlant de la manière bien connue un mélange d'air et de gaz de l'éclairage, remplit parfaitement ce but.

Une anse d'un fil de platine sert à introduire dans la flamme une minime quantité du
corps à examiner. Une chambre noire, avec une fente pour laisser passer et un prisme pour
réfracter un filet mince de cette lumière, est en outre munie d'un appareil grossissant consistant en un arrangement de lentilles, placé vis-à-vis du prisme de manière à recevoir le
spectre ; mais ce n'est qu'une faible portion de ce dernier qui peut arriver à la fois dans le
champ de vision de la lunette.

Pour y remédier, le prisme est disposé pour tourner autour de son axe longitudinal, de
manière que l'observateur, en lui imprimant le mouvement de rotation, peut examiner et
scruter à travers la lunette le spectre d'un bout à l'autre.

Cet instrument porte le nom de *spectroscope*.

Le rapporteur dépasserait les limites de cette esquisse s'il voulait décrire en détail les
phénomènes présentés par les spectres des métaux connus, ou s'appesantir sur les quantités infiniment petites des substances capables de produire leur effet.

L'extrême sensibilité de la nouvelle méthode d'analyse est maintenant universellement
reconnue ; et l'on sait également qu'en faisant usage de ce procédé, la présence d'un des
métaux n'empêche guère les phénomènes dus à un autre métal.

Il serait également déplacé d'aller au-delà des limites d'une simple mention des applications astronomiques de l'analyse spectrale ; telles sont, par exemple, la détermination, par
cette méthode, de la composition de l'atmosphère solaire, dans laquelle M. Kirchhoff (1) a
démontré, avec un degré de probabilité extrêmement rapproché de la certitude, la présence
de plusieurs métaux bien connus appartenant à notre terre, entre autres, de potassium, sodium, calcium, fer, nickel, chrome, etc. ; le fait qui doit ici attirer de préférence notre attention, c'est que l'observation de raies brillantes qu'on ne pouvait attribuer à aucun des corps
déjà connus, a conduit à la découverte de nouveaux éléments ou corps simples.

Cæsium et rubidium.

M. Bunsen, en examinant des alcalis de la source minérale de Dürkheim, dans le Palatinat,
remarqua l'apparition de plusieurs raies brillantes qu'il n'avait jamais observées antérieurement dans des recherches d'une nature semblable ; ayant éliminé d'après des procédés chimiques bien connus tous les autres métaux non alcalins, il en conclut que ces raies devaient
être produites par la présence de quelque nouveau métal alcalin.

Quoiqu'il n'eût obtenu que 1/15,000ᵉ de gramme de la nouvelle substance, il ne mit pas un
instant en doute la justesse de sa conclusion, tant sont sensibles et certaines les indications
du spectroscope. Il résolut donc immédiatement de se procurer, pour un examen plus approfondi, une quantité plus considérable du nouveau corps présumé, et c'est dans cette intention qu'il fit de suite évaporer 40 tonnes d'eau minérale. Il devint alors évident qu'il

(1) Voyez le Mémoire du professeur Kirchhoff, traduit en anglais par le docteur H. E. Roscoe. Cambridge, 1862.

y avait *deux* nouveaux métaux alcalins en présence, et du résidu de l'évaporation des 40 tonnes d'eau minérale M. Bunsen réussit à isoler 7 grammes de chlorure de l'un des alcalis, et 9 grammes de chlorure de l'autre. Au premier de ces métaux il assigna le nom de *cæsium*, au second celui de *rubidium*.

Il choisit le nom de cæsium (de *cæsius*, bleu-gris), parce que son spectre est caractérisé par deux raies brillantes bleues, et celui de rubidium (de *rubidus*, rouge foncé), à cause de l'existence dans son spectre de deux raies rouges.

Le cæsium et le rubidium, par leur principales réactions chimiques, ressemblent beaucoup au potassium. Ils s'en rapprochent même au point que leur existence serait très-probablement restée ignorée sans les particularités présentées par leurs spectres.

Pour opérer la séparation du cæsium et du rubidium des composés de potassium et de sodium, M. Bunsen tira avantage de ce fait : que les chlorures de cæsium et de rubidium forment avec le chlorure de platine des sels doubles encore moins solubles dans l'eau que le chlorure platinico-potassique.

En lavant bien le précipité contenant les chlorures doubles de platine avec le rubidium, le cæsium et le potassium, ce dernier sel est assez facilement éliminé.

La disposition de la raie bien connue caractéristique du potassium sert à constater la pureté absolue des nouveaux métaux. Mais alors on éprouve de bien plus grandes difficultés à séparer le cæsium du rubidium, tant ces deux métaux se ressemblent par leurs propriétés. M. Bunsen trouva cependant que le carbonate de cæsium est soluble dans l'alcool, tandis que le carbonate de rubidium, ressemblant sous ce rapport aux autres carbonates alcalins, y est insoluble ; les métaux, ainsi isolés, furent étudiés avec soin par M. Bunsen, et, quelque petites qu'en fussent les quantités à sa disposition, il réussit bientôt à déterminer la composition, la forme cristalline et les propriétés générales d'un assez grand nombre de leurs sels ; il constata en même temps leurs équivalents numériques.

Les deux métaux forment des sels exactement isomorphes avec ceux du potassium. L'équivalent du rubidium, Rb = 85.36 ; celui du cæsium, Cs = 133.

Depuis la publication de son Mémoire sur les deux nouveaux métaux alcalins, M. Bunsen a examiné l'eau d'un grand nombre de sources minérales de l'Allemagne, et dans presque toutes il a pu constater la présence de quantités plus ou moins minimes de cæsium et de rubidium. Le rubidium se trouve plus abondamment dans les matières premières solides (roches et minéraux), et certaines variétés de lépidolite, entre autres, en renferment des proportions notables. Au moyen de ce minerai on peut maintenant s'en procurer par kilogrammes. Le docteur Struve, le fabricant bien connu d'eaux minérales artificielles, vend aujourd'hui (à 6 thalers, ou 22 fr. 50 c. le kilogr.) les résidus de la préparation de la lithine, résidus qui contiennent environ 15 pour 100 de chlorure de rubidium. M. Grandeau, de Paris, a essayé un certain nombre d'eaux minérales de France, pour y constater la présence des nouveaux métaux, et, dans bien des cas, avec succès.

Les eaux de Bourbonnes-les-Bains, entre autres, ont été trouvées riches en rubidium et en cæsium : 10 litres de ces eaux ont fourni à M. Grandeau pas moins de 2 grammes de chlorures doubles de platine des deux nouveaux métaux.

M. Grandeau a également constaté que le rubidium se rencontre dans les eaux-mères formant le résidu de l'extraction des alcalis des vinasses de betteraves. (Voyez le chapitre sur les *Composés potassiques*.) D'un kilogramme de ces eaux-mères M. Grandeau n'a pas obtenu moins de 4 grammes 7 de chlorure de rubidium, c'est-à-dire 0 47 pour 100.

Il paraîtrait d'après cela que le rubidium est en réalité un principe constituant assez notable du sol ; ce fait soulève la question si les nouveaux alcalis participent, comme la potasse et la soude, à la nutrition des plantes, et, dans ce cas, s'ils ne sont que des principes accidentels ou de substitution dans les cendres végétales, ou bien si, dans des cas spéciaux, ils en constituent des principes essentiels.

Jusqu'ici, le rapporteur a parlé d'analyse spectrale et de ses résultats sans avoir mentionné aucun des produits étalés à l'Exposition internationale et qui, cependant, ont droit à être signalés avant tout dans cette notice. La section chimique présentait en effet de magnifiques échantillons de combinaisons des nouveaux métaux découverts par MM. Bunsen et Kirchhoff. M. Wagenmann, Seybel et Comp., de Liesing, près Vienne (Autriche, 166), avaient exposé une belle collection de produits chimiques, parmi lesquels des sels de rubidium et de cæsium occupaient une place proéminente.

M. Lefebvre, de Corbehem (France, 438), de son côté, exposait des échantillons de sels de rubidium extraits des eaux-mères des *salins de betterave*.

Quelque précieux que puisse être l'emploi de l'analyse spectrale pour la constatation de proportions minimes de substances volatiles, ses indications sont souvent *trop sensibles* pour l'usage ordinaire dans les laboratoires. La raie du sodium, par exemple, apparaîtra exactement de la même manière, que la matière à analyser renferme 10 à 20 pour 100 de sel ordinaire ou simplement la quantité minime communiquée à la matière par l'attouchement avec un doigt en transpiration. Mais, pour mettre sur la voie de la présence de corps jusqu'à ce jour inconnus, et pour nous aider à compléter la liste des éléments, cette méthode analytique est inestimable. Elle nous ouvre les portes d'un monde plus infinitésimal même que celui révélé par le microscope, et, sans aucun doute, pendant une série d'années encore, elle continuera à enrichir la science, et par la science, après un certain temps aussi, l'industrie, avec de nouvelles substances.

Déjà maintenant, pendant la période, pour ainsi dire, d'enfance de l'analyse spectrale, le jury avait à prendre en considération un autre résultat intéressant obtenu par son emploi : la découverte d'un nouvel élément ou corps simple, qui a reçu le nom de *thallium*.

C'est en raison de la découverte de ce nouvel élément que le jury a décerné deux médailles, l'une à M. Crookes (Royaume-Uni, non numéroté); l'autre à M. Lamy (France, non numéroté).

Thallium. — L'existence de ce nouveau corps simple, dans les dépôts des chambres de plomb d'une fabrique d'acide sulfurique, fut signalée par M. W. Crookes déjà le 30 mars 1861. M. Crookes (1) annonça sa découverte dans les termes suivants :

« En 1850, une quantité d'un peu plus de 10 livres (5 kilogr.) d'un dépôt sélénifère de la manufacture d'acide sulfurique à Tilkerode, dans le Hartz, fut mise à ma disposition pour en extraire le sélénium. Ce corps fut employé plus tard à des recherches sur les séléniocyanures ()2.

Des résidus provenant de la purification du sélénium brut et qui, d'après leurs réactions paraissaient renfermer du tellure, furent rassemblés et mis de côté pour être examinés lorsqu'une occasion plus opportune s'en présenterait.

Ils restèrent abandonnés jusqu'au commencement de l'année actuelle, où, ayant besoin de tellure pour quelques expériences, j'essayai de l'extraire de ces résidus.

Sachant que les spectres des vapeurs incandescentes, tant de tellure que de sélénium, étaient exempts de toute raie fortement marquée qui pût servir à identifier l'un ou l'autre de ces éléments, ce ne fut qu'après avoir essayé en vain de méthodes chimiques assez nombreuses, pour isoler le tellure, supposé présent dans ces résidus, que j'eus enfin recours à la méthode de l'analyse spectrale. Une portion de résidu, introduite dans la flamme bleue du gaz, démontra abondamment la présence du sélénium ; mais à mesure que les raies alternativement claires et obscures dues à cet élément devinrent plus pâles, et au moment où je

---

(1) Crookes (W.), *Sur l'existence d'un nouvel élément appartenant probablement au groupe du soufre* (*Chem. News*, III, p. 193), publié le 30 mars 1861. (*Philos. Magaz.* (4), XXI, p. 193.)

(2) Crookes, *Chem. Soc. Quart. Journ.*, IV, 12.

m'attendais à voir paraître les raies assez semblables, mais plus rapprochées, du tellure, soudainement apparut une *raie verte brillante* qui disparut tout aussi rapidement.

Une raie verte isolée dans cette partie du spectre était une nouveauté pour moi.

J'avais acquis une connaissance assez intime des apparences de la plupart des spectres artificiels, par suite de recherches continuées pendant plusieurs années, et jamais auparavant je n'avais observé une raie verte semblable ; le traitement chimique auquel ces résidus avaient été soumis ayant eu pour effet de limiter à un très-petit nombre la série des corps simples qui pouvaient être présents, il devenait très-intéressant de déterminer ou de découvrir auquel de ces corps simples il fallait attribuer cette raie verte.

Après des expériences nombreuses, j'arrivai à la conclusion qu'elle était due à la présence d'un élément nouveau appartenant au groupe du soufre ; mais malheureusement la quantité de matière avec laquelle j'avais pu expérimenter était si petite, que j'hésite à affirmer cette découverte d'une manière tout à fait positive.

En ce moment, j'ai en traitement une certaine quantité du dépôt sélénifère et j'espère bien pouvoir sous peu m'exprimer avec plus d'assurance, tant sur ce point que sur les propriétés du corps en question.

« La substance, préparée dans l'état le plus pur qu'il m'ait été jusqu'ici possible d'atteindre, communique à la flamme une réaction aussi bien définie que l'est celle du sodium. Les moindres traces introduites dans la flamme de l'appareil spectral donnent naissance à une raie verte brillante, parfaitement nette et bien définie sur un fond noir, et pouvant presque rivaliser quant à l'éclat et au brillant avec celui de la raie *Na*. Mais elle n'est guère persistante, à cause de sa volatilité, qui est presque aussi grande que celle du sélénium ; un fragment de la substance, introduit d'un coup dans la flamme, fait apparaître la raie verte comme un éclair brillant, ne persistant qu'une fraction de seconde ; mais si la substance n'est introduite que graduellement dans la flamme, la raie persiste pendant un temps beaucoup plus prolongé.

« Les propriétés de la substance, tant en solution qu'à l'état sec, du moins autant que j'ai pu les déterminer avec la minime quantité de matière à ma disposition, sont les suivantes :

« 1° Elle est entièrement volatilisable au-dessus du rouge, qu'elle soit libre et isolée ou en combinaison (excepté toutefois lorsqu'elle est combinée avec un des métaux lourds et fixes).

« 2° Le zinc métallique la précipite facilement de sa solution chlorhydrique sous forme de poudre noire lourde, insoluble dans le liquide acide.

« L'ammoniaque, ajoutée graduellement jusqu'à léger excès à la solution acide, ne produit ni coloration, ni précipité : ni l'une ni l'autre n'apparaissent non plus par l'addition de carbonate ou d'oxalate ammoniques à la solution alcaline.

« 4° Le chlore sec passant sur la substance au rouge obscur s'y combine en donnant naissance à un chlorure facilement volatilisable et soluble dans l'eau.

« 5° L'hydrogène sulfuré passé à travers sa solution chlorhydrique ne la précipite qu'incomplétement, à moins qu'il n'y ait qu'une trace d'acide libre en présence : mais dans une solution alcaline, il y a précipitation immédiate d'une poudre noire et pesante.

« 6° Fondue avec un mélange de carbonate de soude et de nitre, la substance devient soluble dans l'eau ; l'acide chlorhydrique, ajouté en excès à cette solution, constitue un liquide qui répond aux réactions indiquées n°ˢ 2, 3 et 5.

« La discussion de ces réactions démontre qu'il n'y a que bien peu de corps simples pour lesquels on pourrait conserver la possibilité, bien peu probable, d'avoir été méconnus dans cette substance. »

M. Crookes continue ensuite en montrant que les réactions décrites excluent tous les corps simples déjà connus, à l'exception de l'antimoine, de l'arsenic, de l'osmium, du sélénium et du tellure ; et après avoir constaté par des expériences faites avec beaucoup de soins qu'aucun de ces éléments ne produit la ligne ou raie spectrale verte qu'il a observée, il arrive nécessairement à la conclusion qu'elle ne peut être due qu'à un corps simple dont l'existence n'avait antérieurement pas encore été constatée.

La méthode par élimination adoptée par M. Crookes, pour prouver le caractère élémentaire de la substance qui produit la raie verte dans le spectre, était la seule dont il pût faire usage par suite de la minime quantité de matières à sa disposition.

La manière dont il appliqua cette méthode à la solution de son problème démontre que M. Crookes unit à l'habileté de l'analyste la sagacité de l'inventeur

Quelques semaines plus tard, il revient de nouveau sur ce sujet (1). Il annonce qu'il n'a pu découvrir traces du nouveau corps simple dans quelques échantillons de minerais de sélénium et de tellure, qu'il avait examinés sous ce rapport, mais que, par contre, il l'avait rencontré dans deux ou trois spécimens de soufre natif et surtout dans des échantillons provenant des îles Lipariennes ; la proportion contenue dans ces derniers était, d'après lui, probablement suffisante pour pouvoir constituer le soufre liparien une matière première et une source convenable pour la préparation de la substance sur une plus grande échelle. Il annonça en outre la présence de traces de la substance dans quelques échantillons de pyrites d'Espagne. A cette occasion, M. Crookes propose pour le nouveau corps simple le nom de *thallium* (dérivé de θαλλος, branche verdoyante ou bourgeonnante) et décrit un procédé au moyen duquel le thallium peut être isolé ou dans tous les cas concentré. Ce procédé consiste à soumettre la matière première (thallifère) à une succession d'opérations se terminant par la production d'une solution alcaline de laquelle l'hydrogène sulfuré précipite une poudre noire, possédant au plus haut degré le pouvoir de produire la raie brillante verte, qui avait conduit à la reconnaissance première du nouvel élément.

« La pureté du phénomène spectral, ajoute M. Crookes, me porte à penser que le précipité est le thallium même, non combiné à d'autres corps et qui a été réduit de l'état d'oxyde à celui de corps simple par l'action de l'hydrogène sulfuré. Ce n'est là toutefois qu'une supposition. »

Dans les notions que nous venons de signaler, M. Crookes, prenant évidemment en considération l'origine et la source du thallium, se déclare disposé à classer ce corps parmi les éléments constituant le groupe du soufre : mais il n'avance cette opinion qu'avec la réserve imposée par l'exiguïté des matériaux sur lesquels il était obligé d'opérer.

Toutefois, à mesure que ses recherches progressaient, M. Crookes paraît avoir modifié son opinion, autant du moins qu'on peut en juger d'après la description qui accompagnait la série d'échantillons exposés par lui un an environ plus tard (1er mai 1862) dans le local de l'Exposition internationale.

Ces échantillons comprennent :

1° Une petite quantité d'une poudre noire étiquetée :

« *Thallium, nouveau corps simple métallique,* »

découvert à l'aide de l'analyse spectrale.

2° Sulfure de thallium (également une poudre noire).

3° Oxyde de thallium (une poudre grisâtre).

Outre ces échantillons, la vitrine renfermait des spécimens des sources du thallium, savoir :
e dépôt sélénifère au moyen duquel M. Crookes en constata pour la première fois l'existence, et des pyrites d'Espagne dans lesquelles il le retrouve plus tard.

Sur la carte formant l'étiquette qui accompagnait cette série d'échantillons, le thallium se trouvait décrit comme suit :

---

(1) Crookes (W.), *Nouvelles observations concernant le nouveau métalloïde supposé.* (*Chem. News*, III, 303, publiées le 18 mai 1861.)

« Le thallium paraît posséder les caractères d'un métal lourd, formant des combinaisons volatiles au-dessous de la chaleur rouge. Le zinc le réduit de sa solution dans les acides sous la forme d'une poudre dense, noire, difficilemeut soluble dans l'acide chlorhydrique, facilement soluble dans l'acide nitrique. »

Les opinions exprimées en premier et en dernier lieu par M. Crookes n'apparaissent nullement irréconciliables et contradictoires, si l'on tient compte de la tendance que possèdent les derniers termes de chacun des groupes des éléments électropositifs, de revêtir le caractère métallique ; c'est ce qui s'observe, en effet, pour l'iode dans le groupe du chlore, pour le tellure dans le groupe de l'oxygène, pour l'arsenic et l'antimoine dans celui de l'azote, et finalement pour l'étain dans le groupe du carbone.

Pendant que M. Crookes, à l'aide d'une subvention généreuse qui lui avait été accordée par la Royal Society, et qui avait été prise sur les fonds gouvernementaux destinés à provoquer et faciliter les recherches scientifiques, continuait en Angleterre ses investigations sur le thallium, ce nouvel élément était également devenu en France le sujet de recherches expérimentales : le 16 mai 1862, M. Lamy, professeur de physique à la Faculté des sciences de Lille, fit connaître le résultat de ses recherches et expériences sur ce sujet, par un travail présenté à la Société impériale d'agriculture, des sciences et des arts de la même ville.

Les expériences de M. Lamy ont jeté beaucoup de lumière très-précieuse sur cette matière, et c'est sur les résultats importants qu'il a obtenus que nous devons maintenant diriger notre attention.

Dans un des chapitres antérieurs de ce Rapport (Voyez le chapitre concernant l'acide sulfurique), nous avons fait mention des petites chambres isolées en plomb, à travers lesquelles M. Kuhlmann, de Lille, fait passer le gaz acide sulfureux provenant des fours à pyrite, avant de le laisser entrer dans les grandes chambres. L'objet de cette disposition est de séparer l'arsenic, qui est dégagé sous forme d'acide arsénieux par la combustion des pyrites et que les petites chambres ont pour mission d'arrêter au passage en même temps que la poussière de peroxyde de fer et les combinaisons séléniées.

C'est du dépôt ainsi formé, après que les chambres eussent été alimentées pendant un temps assez considérable au moyen d'acide sulfureux produit par la combustion de pyrites belges, provenant des mines de Saint-Oneux, près Spa, que M. Frédéric Kuhlmann, junior, avait extrait plusieurs spécimens de sélénium, dont l'un fut mis à la dispostion de M. Lamy. En soumettant cet échantillon à l'analyse spectrale, M. Lamy observa (au commencement de 1862) la même raie verte brillante qui avait été le point de départ des recherches de M. Crookes. Nous devons mentionner ici l'assertion de M. Lamy, que lorsqu'il commença ses recherches, il n'avait aucune connaissance des résultats déjà obtenus par M. Crookes. Il paraît, d'après cela, que M. Lamy fut conduit par ses propres observations, indépendantes de toutes autres, à la découverte du corps engendrant la raie verte, mais observé déjà avant lui par M. Crookes.

M. Lamy, ayant eu la bonne fortune d'avoir une quantité considérable de dépôt thallifère à sa disposition, fut ainsi mis en état de continuer ses recherches sur une échelle proportionnellement assez grande.

Il commença une série d'expériences en vue de l'isolement du nouvel élément, et il réussit bientôt à séparer une quantité assez notable de ce nouveau corps simple sous forme d'un lingot métallique.

Le lingot fut soumis par M. Lamy à l'appréciation du Jury lors de la réunion de ce dernier, le 8 juin 1862.

Il consistait en une petite barre de thallium métallique incontestable, pesant plus de 6 grammes.

M. Lamy exposa également un échantillon de chlorure cristallisé du nouveau métal.

Les résultats de M. Lamy furent considérés par le Jury comme constituant un point très-important pour l'histoire de la découverte du thallium, définissant et établissant de la manière la moins équivoque la nature élémentaire du corps et fixant pour la première fois, d'une manière suffisamment définie, sa position parmi les corps simples.

Le Jury jugea en conséquence digne d'intérêt de déterminer d'une manière exacte la date des observations de M. Lamy sur ce sujet. Les premières expériences de ce physicien ne paraissent avoir reçu qu'une publicité assez restreinte, ses observations n'ayant été communiquées que verbalement à la Société impériale des sciences, de l'agriculture et des arts de Lille.

Les comptes-rendus des séances de la Société ne sont imprimés qu'à la fin de chaque année, mais le secrétaire de la Société a communiqué au rapporteur une copie authentique du procès-verbal de la séance du 16 mai 1862, pièce que le rapporteur croit devoir reproduire ici textuellement et *in-extenso*.

« *Extrait du registre des procès-verbaux de la Société impériale des sciences, de l'agriculture et des arts de Lille.* — Séance du 16 mai 1862. — M. Lamy annonce à la Société qu'il est parvenu à isoler le thallium en décomposant par la pile électrique le composé jaune cristallisé dont il lui avait parlé à la séance du 2 mai. Il résulte des notes publiées dans les *Chemical News* en mars et en mai 1861, que la minime quantité de poudre noire obtenue par M. W. Crookes et que ce savant regardait comme du thallium n'est autre chose qu'un composé de ce corps et de soufre. Le thallium isolé par M. Lamy offre les caractères d'un métal, et, par ses propriétés physiques, se rapproche beaucoup du plomb. Il est blanc jaunâtre, doué d'un vif éclat métallique dans une coupure fraîche, très-mou et très-malléable ; il se coupe facilement au couteau, est rayé par l'ongle et laisse sur le papier des traces à reflet jaune.

« Le thallium est un peu plus lourd que le plomb ; sa densité est représentée par 12 environ ; il fond à une température peu éloignée de la fusion du plomb ; il est volatil au-dessus du rouge. Le thallium se ternit lentement à l'air, en se recouvrant d'une pellicule d'oxyde extrêmement mince qui préserve d'altération le reste du métal. Il est attaqué et dissous par les acides, particulièrement par l'acide azotique, et donne naissance à des composés salins généralement solubles dans l'eau et dont l'un cristallise facilement en belles paillettes jaune d'or.

« M. Lamy fait passer sous les yeux de la Société un échantillon de 1ᵉʳ.5 environ du thallium, et un autre de quelques grammes de chlorure jaune cristallisé et pur.

« Enfin, pour montrer la propriété caractéristique du thallium et de ses composés volatils au point de vue lumineux, M. Lamy introduit, à l'aide d'un fil de platine, quelques minces parcelles de ces substances dans la flamme peu éclatante de la petite lampe de Bunsen, et communique à cette flamme une coloration verte des plus riches et des plus intenses.

« Pour extrait conforme au registre des délibérations de la Société,

<table>
<tr><td>« Le Secrétaire,</td><td>Le Vice-Président,</td></tr>
<tr><td>« T_{ANCREZ}.</td><td>C_{HON}. »</td></tr>
</table>

Depuis l'époque où le Jury chimique de l'Exposition internationale a cessé d'exister, l'étude du métal thallium a fait des progrès considérables ; plusieurs mémoires intéressants sur ce sujet ont été publiés en France et en Angleterre.

Mais le rapporteur ne jouit point du privilége de pouvoir développer l'histoire de cet élément intéressant au-delà du point qu'elle avait atteint lorsque ce corps simple fut signalé à l'attention du Jury.

Le rapporteur ne peut néanmoins quitter le sujet de l'analyse spectrale sans faire une allusion succincte et rapide à quelques résultats intéressants obtenus récemment par le professeur Roscoe (1), en étudiant le spectre produit par la flamme dégagée dans la fabrication de la cier fondu, d'après le procédé Bessemer.

---

(1) Roscoe, *Proceedings of the Lit. and Philos. Society of Manchester*, session 1862-1863, p. 57.

Le spectre de cette flamme, extrêmement lumineuse et remarquable, présente, pendant une certaine phase de son existence, une série compliquée, mais caractéristique, de lignes brillantes et de raies obscures. Parmi les premières, les lignes du sodium, du lithium et du potassium sont les plus apparentes; mais elles sont accompagnées d'un certain nombre d'autres lignes brillantes non encore définies jusqu'à présent. Parmi les raies obscures, celles formées par la vapeur de sodium et par l'oxyde de carbone peuvent être facilement distinguées. Le professeur Roscoe pense que l'analyse spectrale acquerra une grande importance pour la fabrication de l'acier fondu d'après le procédé Bessemer; les différentes phases que présente ce procédé seront probablement constatées avec plus de facilité par l'observation des apparences spectrales de la flamme que par toute autre méthode.

PRODUITS ORGANIQUES.

Parmi les nombreuses découvertes scientifiques faites pendant les dernières dix années (époque exceptionnellement riche en résultats brillants accomplis en chimie organique), il n'y en a comparativement qu'un petit nombre qui ont été illustrées et mises en relief dans les collections de produits chimiques étalées à l'Exposition internationale de 1862. Les couleurs dérivées du goudron ont, à la vérité, été exposées en grande quantité; mais nous leur avons déjà consacré un long chapitre.

Plusieurs belles collections d'échantillons, illustrant plusieurs des triomphes modernes de la chimie organique, justifieront le rapporteur de leur avoir consacré les dernières pages de son travail.

Collection de M. Ménier. — On sait bien que les premiers progrès de la chimie organique ont été accomplis presque exclusivement par des recherches présentant le caractère analytique ou *destructif*; ce n'est que dans les dernières décades que les travailleurs dans ce champ de la chimie ont appris à connaître la puissance synthétique ou *constructive* de leur science.

La première synthèse d'une combinaison organique, celle de l'*urée*, fut exécutée il y a plus d'un quart de siècle par l'illustre Woehler. Elle restera toujours le modèle des procédés synthétiques par la simplicité et l'élégance des réactions successives mises en jeu.

La méthode par laquelle Kolbe réussit, à une époque bien postérieure, à établir de toutes pièces la molécule d'acide acétique (bisulfure de carbone, tétrachlorure de carbone, sesquichlorure de carbone, acide chloracétique, acide acétique) fut bien moins simple; mais à cause de la rareté des réactions constructives, à cette époque, elle excita une attention assez générale. Pendant les dernières années, les opérations synthétiques en chimie organique ont été pour ainsi dire à l'ordre du jour, et personne n'a cultivé ce champ d'investigations avec plus d'ardeur et de succès qu'un chimiste français distingué, M. Berthelot, dont les procédés sont représentés, dans la collection de produits chimiques exposée par M. Ménier (France, 204), par plusieurs illustrations splendides.

Parmi ces produits figurent des échantillons assez importants d'alcool ordinaire, d'alcool propylique, d'huile essentielle de moutarde, d'acide formique, tous préparés par voie synthétique.

La construction de l'acide formique, par M. Berthelot, au moyen d'oxyde de carbone et d'eau (sous l'influence de l'hydrate de potasse) $CO + H_2O = CH_2O_2$, est certainement un des exemples les plus élégants de chimie synthétique.

La synthèse de l'alcool au moyen d'éthylène (gaz oléfiant) et d'eau (sous l'influence de l'acide sulfurique) $C_2H_4 + H_2O = C_2H_6O$ est également élégante et a peut-être attiré une attention plus grande encore, non-seulement dans le monde scientifique, comme le prouvent les dernières recherches si importantes de M. Wurtz, mais encore parmi les spéculateurs industriels, ce qu'ont démontré les annonces et réclames de la *Compagnie d'alcool hydrocarboné*, de M. Cotelle, qui remplissaient, il y a peu de temps, les colonnes de la presse périodique parisienne. La synthèse de l'alcool, au moyen d'éthylène et d'eau, présente quelques points historiques curieux, qui démontrent comment chaque phase séparée d'un procédé peut être prévue par anticipation et sa complétion actuelle devenir cependant le triomphe d'un expérimentateur postérieur.

Bien des années avant la publication du mémoire important de M. Berthelot (1) sur la synthèse de l'alcool, M. Faraday (2) avait déjà accompli la combinaison du gaz oléfiant avec l'acide sulfurique monohydraté; feu M. Hennel (3) avait démontré que la combinaison ainsi produite par Faraday était l'acide sulfovinique, et M. Gmelin (4) avait fait ressortir que la science avait été mise par là en possession des moyens de préparer synthétiquement l'alcool et l'éther. Ces résultats antérieurs, tant déductifs qu'inductifs, furent confirmés et coordonnés en une démonstration expérimentalement unique par M. Berthelot, et ce ne fut que par cette démonstration que les résultats de ses prédécesseurs furent appelés à réagir sur les progrès de la chimie organique.

Collection du docteur Stenhouse. — Dans plus d'un chapitre précédent, le rapporteur avait dû mentionner le nom du docteur Stenhouse, comme associé aux progrès de la chimie appliquée. Le docteur Stenhouse est bien connu pour cultiver avec prédilection le domaine de la chimie organique; aussi est-ce presque uniquement à cette branche de la science qu'appartiennent les produits remarquables qu'il a communiqués à l'Exposition. La magnifique vitrine du docteur Stenhouse (Royaume-Uni, 608), qui orne l'annexe orientale, a été un centre d'attraction pour ses confrères chimistes. Les échantillons de produits cristallisés sont particulièrement remarquables pour leur beauté et leurs dimensions considérables.

Ils présentent en outre cet intérêt additionnel d'avoir été tous préparés dans le laboratoire du docteur Stenhouse, et la plupart de ses propres mains. Parmi les produits les plus remarquables de cette collection, nous devons mentionner spécialement la série des composés dérivant des lichens.

Un grand nombre de ces substances furent découvertes par le docteur Stenhouse ou ont été illustrées par ses recherches.

Il en résulte que la vitrine présente un tableau à la fois caractéristique et instructif des travaux persévérants et couronnés de succès de ce chimiste éminent.

Le Jury a ressenti un grand plaisir à pouvoir proclamer les services rendus à la science et à l'industrie par le docteur Stenhouse, en lui décernant la distinction honorable la plus haute, qu'il était en son pouvoir de conférer.

Quelques autres chimistes, en petit nombre, ont également exposé des échantillons de produits de laboratoire ou des collections illustrant leurs propres recherches originales.

Nous espérons que les futures expositions présenteront de plus nombreuses contributions semblables, qui sont au plus haut degré instructives et intéressantes.

La seule collection (en dehors de celle du docteur Stenhouse) qui mérite d'être signalée dans la présente occasion est celle exposée par un jeune chimiste anglais, M. A.-H. Church, de Londres (Royaume-Uni, 497), et illustrant ses propres recherches.

Cette collection, quoique peu nombreuse, renferme quelques spécimens remarquables de produits essentiellement organiques : le Jury en a reconnu le caractère méritoire en décernant une mention honorable à M. Church.

---

(1) Berthelot, *Sur la formation de l'alcool au moyen du bicarbure d'hydrogène.* (*Ann. chim. phys.* (3), XLIII, 1855, p. 385.)

(2) Faraday, *Sur quelques nouveaux composés du carbone et de l'hydrogène, et sur certains autres produits dérivant de la décomposition des huiles par la chaleur.* (*Philos. Transact.*, 1825, p. 448.)

(3) Hennel, *Sur l'action réciproque de l'acide sulfurique et de l'alcool, avec observations sur la composition et les propriétés des combinaisons qui en résultent.* (*Philos. Transact.*, 1826, p. 248.)

(4) Gmelin, *Traité de chimie*, vol. IV, p. 526 de l'édition allemande, publiée en 1848, et vol. VIII, p. 168 de l'édition anglaise, publiée en 1853.

Suit la liste des exposants d'objets d'intérêt scientifique, auxquels le Jury a accordé des distinctions. Ici encore, le rapporteur croit de son devoir de placer à la tête de la liste le nom de M. E. Ménier, qui, en sa qualité de Juré associé de la classe II, était hors de concours pour les distinctions honorifiques.

CONCLUSIONS.

Le rapporteur est arrivé au bout de sa tâche officielle. Mais, comme il l'a fait dans sa préface, il terminera par quelques observations sur la nature de son travail et sur la part de responsabilité qu'il a encouru dans son exécution; sur ces points, le développement successif de ce rapport a modifié et mûri (au moins dans son opinion) sa manière de voir.

Quoiqu'il ait senti dès le début le poids de la responsabilité qui pesait sur lui, ce sentiment est devenu, si possible, encore plus profond et plus intense à mesure que les vastes proportions du champ qu'il avait à parcourir se développaient plus clairement à ses yeux. Tandis qu'il ne s'était proposé, en acceptant la tâche maintenant accomplie, que de se charger de sa part de responsabilité essentiellement collective, il s'est vu obligé, pendant l'exécution de sa mission, d'assumer plus souvent qu'il ne le désirait une responsabilité purement individuelle.

En effet, il était impossible de rédiger ce rapport pendant la période si limitée de la session du jury, le temps dont on pouvait disposer étant entièrement absorbé par l'examen des nombreux produits et procédés qui se pressaient simultanément pour obtenir une appréciation et un jugement. Le rapporteur, comme membre du jury, était tenu d'assister et de prendre part aux délibérations qui précédèrent la décision finale concernant les distinctions honorifiques, et il en résulta qu'avant même qu'il pût commencer son rapport officiel exprimant les opinions et manières de voir du jury, ce dernier, comme corps, avait cessé d'exister.

Le rapporteur ne pouvait donc plus consulter officiellement ses collègues à fur et à mesure qu'il rédigeait son travail : et quant aux faits postérieurs qui se présentèrent à lui (et ils ne furent pas peu nombreux) à mesure qu'il avançait dans l'accomplissement de sa tâche, il ne pouvait plus faire autre chose que de les apprécier d'une manière qu'en âme et conscience il jugeait conforme à l'appréciation du jury lui-même, s'il avait encore existé.

Même en s'efforçant de relater le plus exactement possible les opinions et vues du jury, telles qu'elles avaient été manifestées pendant les délibérations, le rapporteur se trouva obligé, plus souvent qu'il ne l'avait pensé, de suppléer à des omissions inévitables dans les discussions, de développer et d'élucider de simples indications et suggestions émises dans le cours d'une improvisation, et de compléter les contours rapides de points de vue esquissés de vive voix.

Il a toujours cherché avec le soin le plus scrupuleux à être l'interprète fidèle des impressions ainsi confiées à sa plume pour être reproduites dans le rapport; le but de son ambition a toujours été de conserver intact le caractère d'impersonnalité idéale du rapporteur, et de produire un document tel que le jury, s'il était encore constitué, pût avouer pour tous les points essentiels comme son œuvre à lui.

Quelques occasions (qu'il aurait bien désiré avoir été plus fréquentes) se sont présentées, où le rapporteur a pu consulter individuellement des collègues du jury sur des points douteux, et elles lui ont procuré un secours et un appui des plus bienvenus.

Malgré cela, le rapporteur croit devoir déclarer ici, par égard tant pour le public que pour le jury, que la seule partie de ce rapport sur laquelle le jury, constitué en corps, a exercé un contrôle absolu, c'est la liste des récompenses insérées dans le rapport.

Le rapport lui-même est livré à la publicité sous une responsabilité mixte, partagée, de la manière et par les raisons qui viennent d'être expliquées, entre le jury et le rapporteur.

Cette position mixte du rapporteur, partiellement représentative et partiellement individuelle, a naturellement réagi sur le caractère et la nature de ce rapport; et son influence s'est surtout fait ressentir dans les réticences imposées à l'auteur, lorsqu'il éprouvait la tentation de discuter les mérites comparatifs des exposants auxquels des récompenses avaient été décernées. Sentant parfaitement qu'une pareille appréciation ne pouvait avoir de valeur qu'en émanant directement du jury entier, et comprenant quelle importance pouvait acquérir, dans une matière aussi délicate, la moindre variation d'expression, le rapporteur a été très-sobre de remarques concernant les personnes et n'a dirigé son attention presque exclusivement que sur les faits. Il ne s'est départi de cette ligne de conduite que lorsque des souvenirs très-vivaces et très-exacts des transactions du jury lui donnaient la certitude qu'en énonçant des éloges spéciaux, il n'était que l'interprète d'un sentiment chaleureux et unanime.

Si des éloges et encouragements bien mérités ont été ainsi omis dans quelques cas, du moins ceux qui se trouvent relatés dans ces pages peuvent être considérés comme exempts des moindres vestiges de partialité individuelle; en outre, la place gagnée par cette omission des tributs honorifiques dus au mérite individuel a été consacrée à la discussion de sujets d'intérêt général, et spécialement à la relation historique des progrès des industries chimiques, pendant les dix dernières années, et à la description des nombreuses transformations remarquables qu'elles ont présentées dans cette période.

En connexion intime avec le caractère du rapport est celui des travaux du jury qui lui servent de base, et l'organisation même, ainsi que le fonctionnement de ces nouveaux tribunaux industriels.

Le système adopté lors de la première Exposition internationale fut trouvé si défectueux, lorsqu'on le vit à l'œuvre, que les modifications profondes qu'on lui a fait subir dans la présente occasion se trouvent amplement justifiées, — et ces modifications, par des raisons analogues, sont sans doute destinées à leur tour à être remplacées par des organisations plus perfectionnées encore.

C'est là une question d'un intérêt majeur, mais elle est trop vaste et trop difficile pour qu'il soit possible de la discuter tant soit peu convenablement dans les quelques lignes dont nous pouvons disposer ; on s'occupe d'ailleurs de rassembler et de coordonner les opinions des hommes les plus capables d'élucider ce sujet.

Le rapporteur se contentera donc de faire observer que, quelle que soit l'organisation du tribunal et le mode de récompenses (si toutefois ces dernières sont conservées) qu'on puisse adopter plus tard, il lui paraît essentiel d'accorder un temps plus prolongé pour les délibérations des jurés ou arbitres et pour la préparation de leurs rapports.

Le rapporteur ressent profondément l'insuffisance absolue du temps accordé pour l'investigation et l'appréciation de collections si vastes et si variées, si riches en objets d'un profond intérêt, comme celles que l'Exposition de 1862 avait fait affluer de toutes les parties du monde. Pour ce qui le concerne lui-même, il désire avouer, — et il le fait sans crainte d'une fausse interprétation, — que les quelques semaines qu'il a pu encore consacrer plus tard à l'étude de l'Exposition, en vue de la préparation de son rapport, ont modifié plusieurs de ses impressions antérieures.

Des procédés qui, à première vue, avaient paru parfaits, ont été reconnus entachés de défauts, et dans d'autres, qui au commencement n'avaient pas été assez appréciés, on a découvert des mérites d'un ordre supérieur.

Il est bien possible qu'à l'une des expositions futures, l'on renonce entièrement à la nomination de jurys chargés de décerner les distinctions honorifiques individuelles et qu'on les remplace par l'organisation de commissions compétentes ayant pour mission de rédiger un rapport sur les progrès des arts et manufactures pendant une période déterminée. L'idée d'un pareil rapport unitaire a surgi dans l'esprit du rapporteur pendant qu'il rassemblait les matériaux nécessaires pour les esquisses imparfaites tracées dans ces pages.

Il aurait été heureux de pouvoir rassembler dans un seul cadre la relation complète du mouvement chimico-industriel des dix dernières années, de manière à faire de son rapport l'histoire chimico-industrielle d'une période, remarquable par une série de succès brillants intéressant tous les intérêts matériels de la société.

Mais l'accomplissement d'une pareille tâche eût excédé ses forces. Incapable d'embrasser et de dominer le domaine immense que la chimie, semblable à un fleuve puissant, irrigue et fertilise, il s'est laissé entraîner par le torrent, épuisé par la longueur de la course, stupéfié par la rapidité du courant, égaré par la quantité innombrable de ses ramifications. Son rapport, il en a la conscience, n'est guère plus qu'un assemblage de matériaux, capables peut-être de recevoir, par des mains plus habiles, une forme et une disposition utile et avantageuse qu'il n'est pas parvenu à leur donner.

Tel qu'il est, il constitue plutôt la preuve des fonctions et devoirs difficiles qui incombent à un rapporteur chimique, qu'un exemple de la manière dont il faut s'acquitter de pareils devoirs et fonctions.

Cependant, quelque incomplet que soit ce rapport et malgré les erreurs, lacunes et défauts nombreux qu'il ne peut manquer de présenter, l'œuvre du rapporteur n'aura pas été sans quelque utilité, si, en indiquant le terrain, dont il espère qu'il sera plus tard plus dignement cultivé, son essai imparfait pouvait provoquer, pour des expositions ultérieures, une élaboration plus méthodique de son idée par un nombre de travailleurs compétents guidés par les mêmes principes et dirigeant leurs efforts vers un but commun.

La tâche de promulguer ces principes servant de guide, de désigner le but commun à atteindre et d'organiser les moyens pour les faire adopter progressivement et pour en assurer l'exécution, sera le plus convenablement et judicieusement dévolue à l'honorable Société, dont feu l'illustre président, le prince Albert, a conçu le premier la magnifique et grande idée d'une Exposition internationale, et dont la commission exécutive a eu l'honneur et la gloire d'avoir transformé l'idée en un fait accompli.

Le fait ne paraît avoir été considéré, au début, que comme le renouvellement ou la renaissance, sous une forme moderne, des jeux olympiques de l'antiquité.

Mais actuellement il se présente, aux esprits prévoyants, comme le germe d'une institution bien plus grandiose, d'une institution qui appelle dans la lice et aux concours, non-seulement les individus, mais les nations et les races humaines, d'une institution qui, ayant survécu aux dangers de sa naissance et ayant traversé heureusement la période scabreuse et périlleuse de l'enfance, se trouve actuellement établie d'une manière ferme et permanente dans le monde, destinée à croître et à se développer proportionnellement à la croissance et au développement de l'humanité elle-même.

Nous serons le mieux à même de prévoir et de prédire son futur développement, en signalant les traits caractéristiques de l'expansion qu'elle a déjà acquise.

L'Exposition internationale de 1851 sera à jamais mémorable, comme le premier exemple de la comparaison directe et volontaire de la puissance industrielle de toutes les nations, opérée à un moment donné au moyen de leurs produits respectifs.

L'Exposition internationale de 1862 aura sa place marquée dans l'histoire, comme ayant rendu possible, pour la première fois, une comparaison entre les forces et puissances productives de chaque nation et du monde entier à deux périodes successives.

.L'Exposition internationale de 1872 occupera une position également distinguée, si, par un choix plus encyclopédique et moins arbitraire de son contenu, par un ordre plus rationnel, plus lucide et plus philosophique dans ses arrangements, par une organisation perfectionnée des tribunaux ou jurys et par une coordination et rédaction plus unitaire de ses rapports, elle aura conféré à des comparaisons, jusqu'ici un peu vagues et incertaines, les conditions élémentaires de précision scientifique.

Évidemment, la perfection absolue ne pourra être atteinte, dans ce cas, puisqu'elle ne peut être réalisée partout ailleurs. Mais, sans aucun doute, ces congrès internationaux, de même que la civilisation qui les a produits, ne cesseront de graviter pendant des siècles vers le type de perfection idéale : à chaque assemblée générale et périodique de toutes les nations, l'état relatif de leur bien-être matériel et moral, la rapidité et la valeur de leurs progrès respectifs, tant *statiques* que *dynamiques*, seront indubitablement déterminés de plus en plus exactement par des comparaisons philosophiques; les premiers (les progrès statiques) détermineront l'équilibre résultant entre les diverses forces opérant simultanément à un moment donné; les seconds (les progrès dynamiques) révéleront le mouvement, plus ou moins progressif, qui tendra à modifier cet équilibre pendant l'intervalle écoulé entre deux époques successives.

C'est par de pareilles comparaisons, périodiquement renouvelées, que des vérités d'une haute valeur et des leçons extrêmement profitables ne peuvent manquer d'être élucidées et proclamées.

C'est ainsi que la comparaison *statique* des nations rivales, en faisant connaître les différences des procédés industriels employés simultanément parmi elles, sous l'influence des conditions industrielles respectives qu'elles présentent, ne peut manquer de suggérer des procédés *éclectiques*, combinant les avantages et évitant les défauts des différents procédés moins universellement adoptés.

De même, la comparaison *dynamique* des nations en concurrence quant aux progrès accomplis parmi elles durant la même période décennale, ces progrès étant constatés par leurs contributions respectives, ne peut manquer de faire reconnaître les conditions réelles et véritables de leur développement national et de mettre en relief, tant les circonstances qui tendent à empêcher ou à fausser ce développement, que celles qui, agissant d'une manière diamétralement opposée, ont pour effet d'abréger la voie et d'accélérer la vitesse de ce progrès national.

Telles sont, si le rapporteur ne se fait pas de trop grandes illusions, les hautes destinées réservées à cette noble et grande institution des Expositions internationales, qui vient seulement d'émerger des limbes de l'enfance; et tels seront quelques-uns des bénéfices signalés que leur développement futur promet d'apporter à l'humanité. Et lorsque, décade après décade, les termes de cette magnifique série se multiplieront, chaque siècle ajoutant dix anneaux à cette splendide chaîne, les rapports qui les rappelleront constitueront pour la postérité les pages lumineuses et resplendissantes d'une grande histoire de l'industrie, riches en faits rappelant un passé glorieux et riches en leçons servant de guide vers un avenir prospère.

Osons exprimer encore une espérance, encore une dernière aspiration avant de terminer. On ne peut nier que, jusqu'à ce jour, la rivalité commerciale et le désir de gains individuels aient été les motifs prédominants qui ont amené les champions dans la lice de ces tournois industriels.

Est-ce être trop optimiste que d'espérer que ces mobiles d'un ordre inférieur seront graduellement tempérés et finalement remplacés par des mobiles plus élevés et plus nobles?

N'est-il pas possible que plus tard le sentiment de l'accomplissement d'un devoir vienne se substituer aux appréciations purement commerciales des premiers exposants internationaux?

Ne sauraient-ils être animés, en nombre de plus en plus considérable, par le désir, que j'oserais presque appeler *religieux*, de prendre part à une entreprise qui tend si manifestement à augmenter les conditions générales de bien-être dans l'humanité?

Si de pareils principes et sentiments viennent à dominer, il n'y a pas de limites de grandeur, tant morale que matérielle, que les futures Expositions internationales ne puissent atteindre. Mais tant que des mobiles inférieurs seront, comme jusqu'à ce jour, presque exclusivement prépondérants, quelles que soient la grandeur et la splendeur des matériaux qui auront contribué aux Expositions, il manquera toujours à ces dernières les conditions morales du beau et du sublime : et au lieu de s'y assembler, avec des cœurs émus, comme dans un temple consacré à l'industrie, aux sciences et aux arts, les hommes ne s'y promèneront qu'avec indifférence, comme dans les boutiques d'un énorme bazar envahi par la foule.

C'est en vain que l'architecte surélèvera la nef et agrandira le dôme, si l'âme humaine, par ses émotions, ne contribue à son tour à les rendre grands et imposants. S'ils ne sont pas consacrés par des principes religieux et ennoblis par un but moral, les arts et la philosophie ne sont que de vains noms et l'industrie qu'une servitude esclavagiste.

La véritable grandeur des Expositions internationales, de même que la véritable dignité de la vie humaine, ne peut consister après tout que dans la recherche désintéressée de la vérité, et dans le dévouement au service de l'humanité.

Aug.-Wilh. HOFMANN, *rapporteur.*

LISTE DES RÉCOMPENSES ACCORDÉES DANS LA CLASSE II, SECTION A.

NOMS DES EXPOSANTS AYANT OBTENU DES MÉDAILLES (1).

France.

196. Armet de Lisle (J.). — Pour outremer de bonne qualité.

212. Bezançon frères. — Pour céruse préparée sur une grande échelle, et pour l'introduction dans le commerce de la céruse broyée à l'huile, en vue de préserver la santé des ouvriers.

135. Bouxwiller (Compagnie minière de). — Pour l'excellence de ses produits préparés sur une très-grande échelle.

181. Boyer et Comp. — Pour distillation sèche du bois dans les forêts, et pour la bonne qualité des produits ainsi obtenus.

173. Brunier fils et Comp. — Pour la belle qualité de leurs produits préparés en grand.

164. Bruzon (J.) et Comp.—Perfectionnements apportés à la fabrication de la céruse, d'après le procédé Thénard, et obtention de blanc de zinc dense et couvrant bien.

119. Camus (C.) et Comp. — Bonne qualité de produits résultant de la distillation du bois.

142. Cazalis (H.) et Comp. — Alun potassique préparé avec des sels de mer, et developpement de la préparation de l'acide tartrique, d'après le procédé de M. Carry, qui consiste dans l'utilisation du tartrate de chaux, précédemment perdu dans la fabrication de la crème de tartre.

98. Charvin (F.). — Pour avoir réussi à extraire du *rhamnus catharticus* une matière colorante verte, probablement identique avec le lakao des Chinois.

205. Coëz (E.) et Comp. — Pour bonne qualité de leurs extraits de bois colorants, et pour l'introduction de l'emploi de laques dans la teinture.

<hr>

(1) Les chiffres qui précèdent les noms sont les numéros d'ordre sous lesquels les exposants étaient inscrits dans le catalogue officiel, publié par ordre de la commission impériale. Paris, Imprimerie impériale, 1862.

178. Coignet fils et Comp. et Coignet frères et Comp. — Pour l'extension de leur fabrication, et surtout pour l'emploi du phosphore amorphe dans la préparation d'allumettes produites sur une échelle plus ou moins considérable.

203. Collas (C.) et Comp. — Pour avoir popularisé les propriétés détersives des huiles légères de goudron de houille, et en préparant la nitrobenzine en grand, pour avoir contribué indirectement au développement de l'industrie de l'aniline.

148. Courneric fils et Comp. — Pour bonne qualité de leurs produits et pour un procédé perfectionné de purification des sels de varechs.

201. Defay (J.-B) et Comp.—Préparation d'albumine du sérum du sang comme substitut de l'albumine du blanc d'œufs.

130. Dehaynin (M.-G.) et Comp. — Bonne qualité des produits, importance de la fabrication. appareil perfectionné pour la préparation de benzine de qualité supérieure.

193. Deiss (E.). — Fabrication en grand du bisulfure de carbone et son emploi, dans un appareil spécial, pour l'extraction des matières grasses, antérieurement perdues dans des résidus.

151. Delacretaz et Clouet. — Excellence de leurs produits, surtout du bichromate de potasse.

160. Deschamps frères. — Outremer bleu d'une grande beauté, employé pour teinter le papier et colorer du fil de coton.

124. Desespringalle (A.).— Bonne qualité de produits préparés sur une grande échelle.

127. Dorneman (G.-W.). — Bonne qualité de ses produits et perfectionnements dans la construction des fours.

123. Drion-Quérité, Patoux et Drion (A.). — Bonne qualité des produits préparés en grand.

190. Duret aîné et Bourgeois. — Bonne qualité et bon marché de leurs couleurs exemples de substances vénéneuses.

171. Fayolle et Comp. — Belle qualité de leurs couleurs d'aniline préparées très en grand.

183. Fourcade (A.) et Comp. — Pour avoir remonté et agrandi les usines de Javelle et avoir augmenté la production et la bonne qualité de leurs produits commerciaux.

159. Fournier, Laigny et Comp. — Bonne qualité des produits et emploi de cornues fermées dans la carbonisation du bois sur les lieux.

132. Gautier-Bouchard (L.-J.).— Importance et variété de la production, et préparation, sur une large échelle et avec succès, du bleu de Prusse avec les résidus provenant des épurateurs des usines à gaz.

198. Gélis (A.). — Bonne qualité de ses produits, invention d'un procédé rationnel et nouveau pour fabriquer le prussiate jaune de potasse, et pour produits obtenus d'après ce procédé.

169. Gillet et Pierron. — Belle qualité de leur teinture noire et emploi d'un nouveau principe astringent.

176. Guimet (J.-B.). — Création de l'industrie de l'outremer ; excellence des produits qu'il continue de fabriquer.

167. Guiuon, Marnas et Bonnet. = Découverte d'une couleur d'orseille résistant aux acides et préparation d'une couleur bleue dérivée de l'acide phénique.

150. Huillard et Grison. — Belle qualité de leurs extraits colorés et procédés perfectionnés pour prévenir la détérioration des matières colorantes pendant l'extraction des bois de teinture.

186. Jacques-Sauce. — Belle qualité de ses couleurs en pâte, et éclat magnifique du rouge de cochenille qu'il a exposé.

136. Kestner (Ch.). — Excellence de ses produits chimiques ; fabrication d'un nouveau vert de chrome, le *vert de Guignet*.

268. Knapp. — Bonne qualité de produits préparés en grand.

122. Kuhlmann et Comp. — Extension de sa fabrication et excellence de ses produits; grands services rendus à l'industrie par M. Kuhlmann en développant la fabrication des silicates alcalins pour de nouvelles applications, et utilisation des résidus de la préparation du chlore pour la transformation du sulfate de baryte en chlorure de baryum.

106. Lalouël (de Sourdeval) et Margueritte. — Extraction de l'ammoniaque des eaux vannes au moyen d'appareils perfectionnés, et fabrication de sels ammoniacaux.

— Lamy. — Découverte d'une source nouvelle et abondante de thallium.

180. Lange-Desmoulin (J.-B.-C.). — Bonne qualité de couleurs.

197. Laroque (A.). — Pour avoir le premier introduit en France la fabrication de la nitrobenzine, qu'il produit maintenant en quantités considérables, et pour s'être efforcé d'extraire des produits utiles des résidus de la préparation du cidre.

216. Latry (A.) et Comp. — Bonne qualité de produits, extension de fabrication et procédés perfectionnés.

206. Laurent (F.) et Casthélaz.—Bonnes qualités de couleurs d'aniline préparées en grand ; procédé direct de transformation de la nitrobenzine en matière colorante rouge.

438. Lefebvre. — Production de potasse en grand des salines de betteraves, et préparation de sels de rubidium.

108. Lefranc et Comp. — Collection de couleurs variées et de bonne qualité.

117. Mallet (A.-A.-P.). —Procédé pour purifier le gaz de l'éclairage, et utilisation de l'ammoniaque qu'il contient.

149. Maumené et Rogelet. — Utilisation d'une nouvelle source de potasse, consistant dans l'extraction de cet alcali du suint de la laine des moutons.

139. Merle (H.). et Comp. — Procédé perfectionné d'extraction de sulfate de soude et de chlorure de potassium des eaux-mères des marais salants par l'application du froid artificiel, et introduction dans leurs usines (établies pour la production des dérivés du sel ordinaire, qu'ils préparent de qualité supérieure), de la fabrication de l'aluminium et de l'aluminate de soude.

179. Messier. — Belles laques employées pour les papiers peints.

118. Paris, Compagnie parisienne d'éclairage et de chauffage au gaz. — Bonne qualité de leurs produits dérivés du goudron; importance de leur fabrication, et transformation partielle des huiles lourdes de goudron en benzine.

116. Pétersen (F.) et Sichler. — Fabrication commerciale de murexide, et bonne qualité de leurs couleurs d'aniline.

155. Picard et Comp. — Bonne qualité de leurs produits fabriqués en grand, et spécialement emploi direct des eaux-mères des sels de varechs pour la préparation de salpêtre.

115. Poirrier et Chappat fils. — Belle qualité de couleurs d'aniline préparées en grand.

188. Pommier et Comp. — Belle qualité et variété de produits chimiques fabriqués en grand.

207. Poulenc-Wittmann (E.-J.). — Bonne qualité de produits fabriqués en grand.

175. Renard frères et Franc. — Pour avoir été les premiers à fabriquer le rouge d'aniline en grand ; pour avoir développé cette nouvelle industrie dans des proportions colossales; pour une exposition splendide de fuchsine et autres couleurs dérivées de l'aniline.

126. Richter (B. et F.). — Bonne qualité d'outremer fabriqué en grand.

954. Robert-Galland et Comp. — Bonne qualité de produits préparés en grand.

114. Roques et Bourgeois. — Bonne qualité des produits, et spécialement introduction du procédé de M. Melsens pour la préparation de l'acide acétique sur une large échelle.

134. Sambre-et-Meuse, Compagnie minière anonyme.— Bonne qualité de produits fabriqués en grand.

137. Schaaff et Lauth. — Application industrielle du procédé de M. E. Kopp pour l'extraction des principes colorants de la garance.

131. Serbat (L.). — Bonne qualité des produits (huiles, mastics et graisses, etc.) largement employés.

129. Serret, Hamoir, Duquesne et Comp. — Extraction et purification des sels de potasse, des salins de betteraves.

156. Saint-Gobain, Chauny et Circy, Compagnie anonyme pour la fabrication de verres, de glaces et de produits chimiques. — Importance de la fabrication et qualité supérieure des produits.

154. Tissier aîné. — Importance de la fabrication et bonne qualité des produits extraits des varechs.

Autriche.

89. Breitenlohner (Dr). — Introduction de l'industrie de la paraffine en Bohême.

83. Compagnie autrichienne pour la manufacture de produits chimiques et métallurgiques. — Produits sodiques d'excellente qualité fabriqués très en grand, et hyposulfite de soude obtenu par un nouveau procédé.

93. Diez (C.). — Excellence de céruse fabriquée d'après le procédé hollandais.

94. Engelmann (S.). — Excellence et bon marché d'albumine et de dextrine.

95. Fichtner (J.) et fils. — Bonne qualité de produits chimiques.

99. Fürt (Bernhard). — Grande variété, excellente qualité et bon marché d'allumettes phosphorées.

102. Gosleth (chevalier F. de). — Excellents produits chimiques préparés en grand ; introduction de l'industrie du chrome en Autriche.

106. Herbert (baron F.-P.). — Extension et excellence de la fabrication de céruse.

20. Idria, manufacture minière impériale et royale. — Cinabre de bonne qualité.

23. Joachimsthal, manufacture minière impériale et royale. — Préparations d'urane et de vanadium.

110. Kaiser (J.-E.). — Grande variété et bonne qualité de couleurs et d'amidons.

119. Lamatsch (Dr J.). — Variété et excellence de préparations chimiques (photographiques).

122. Lehrer (A.). — Excellence et bon marché remarquable d'outremer résistant à l'action de l'alun.

127. Miller et Hochstaedter. — Bon marché de produits chimiques (sels de soude, etc.) préparés en grand.

128. Noll (A.). — Produits chimiques (photographiques) de qualité supérieure.

130. Nackh (J.) et fils. — Bonne qualité et bon marché de produits chimiques

133. Nowack (J.). — Excellence de couleurs en pâte, perfectionnement de leurs applications et découverte d'un nouveau substitut pour l'albumine.

57. Pirano (Salines de). — Sel de mer de bonne qualité.

140. Pollack (A.-M.). — Grande fabrication d'excellentes allumettes et bougies chimiques.

142. Polley (C.). — Variété et applications de produits dérivés du goudron fabriqués en grand.

150. Richter et Clar frères. — Excellence et bon marché de couleurs d'orseille, d'indigo et de carmin.

154. Setzer (J.). — Introduction de l'industrie d'outremer en Autriche et excellence des produits exposés.

160. Strobentz frères. — Bonne qualité de matières colorante, amidons et gluten fabriqués en grand.

162. Tscheligi (R.). — Bonne qualité et grande fabrication de litharge.

58. Venise (Salines de). — Sel de mer d'excellente qualité.

166. Wagenmann, Seybel et Comp. — Excellente qualité de leurs produuits chimiques préparés très en grand.

Bade (Grand-duché de).

28. Benckiser (Joh.-Ad.). — Grande fabrication d'acide tartrique très-pur.
33. Heidelberg (Manufacture d'outremer de). — Qualité supérieure d'outremer.

Bavière.

148. Adam (J.-M.). — Pureté remarquable de prussiate de potasse et d'outremer fabriqués en grand.
149 *bis*. Grossberger et Kurz. — Levûre de bière séchée de bonne qualité.
150. Heufeld (Compagnie anonyme de). — Bonne qualité de produits chimiques.
151. Hoffmann (G.). — Bonne qualité de couleurs.
152. Kaiserslautern (Manufacture d'outremer de). — Bonne qualité d'outremer fabriqué en grand.
153. Lichtenberger (C.). — Qualité remarquable d'éther œnanthique préparé en grand d'après des principes chimiques.
166. Neubauer (J.). — Excellente qualité d'amidon fabriqué en grand.
157. Sattler (W.). — Excellence de couleurs préparées en grand.

Belgique.

39. Brasseur (E.). — Céruse et outremer d'excellente qualité et bon marché.
40. Bruneel (J.-J.) et Comp. — Produits de la distillation du bois préparés d'après des méthodes perfectionnées.
41. Cappelemans (J.-B.) aîné. — Produits sodiques de bonne qualité préparés en grand d'après des procédés perfectionnés.
44. Delmotte-Hooreman (Ch.). — Beauté de sa céruse préparée avec économie et d'une manière perfectionnée.
13. Dewyndt et Comp. — Soufre en bâtons et en fleurs ; introduction de l'industrie du soufre en Belgique et perfectionnements des appareils au point de vue sanitaire.
103. Heidt-Cuitis (J.). — Amidons d'une blancheur et pureté remarquables.
50. Mertens (Balthasar) et Comp. — Allumettes phosphorées et introduction de l'industrie des allumettes en Belgique.
51. Mertens (G.). — Allumettes chimiques phosphorées très-bon marché.
114. Remy (E.) et Comp. — Amidon de riz et introduction de cette industrie en Belgique.
55. Van-der-Elst (P.-D.). — Excellence et variété de produits chimiques (acides minéraux, etc.); perfectionnements de la fabrication au point de vue sanitaire.
128. Van Geeteruyen-Everaert. — Excellent amidon.

Brésil.

28. Faro (J.-P.-D. et J.-D. de). — Bonne qualité d'amidon.
18. Santos (M.-E.-C.), Dos et fils. — Belle collection de produits chimiques minéraux et organiques.

Danemark.

3. Weber (Th.) et Comp. — Produits dérivés de la cryolite, de bonne qualité.

Espagne.

— Acena (Pedro-Garcia). — Amidon de bonne qualité.
— Alfonso (Raphael). — Amidon de bonne qualité.
158. Berrens (H.). — Belle collection de couleurs, surtout de laques.
165. Cros (J.-V.). — Acide sulfurique et ses dérivés préparés en grand.

803. Gallardo (L.). — Bonne qualité d'amidon.
— Lacambra (J.).—   —   —
— Mengibar y Maëz (J.). — Salpêtre de bonne qualité.

États-Unis d'Amérique.

14. Glencove, Compagnie amidonnière. — Excellent amidon.
— Hotchkiss (H.-G.). — Excellente essence de Wintergreen.
— Kingsford. — Excellent amidon.
5. Peese (S.-F.). — Pétrole, benzine de pétrole et huile de goudron pour éclairage et graissage.

Hanovre.

354. Schachtrupp et Comp. — Céruse et acétate de plomb de bonne qualité.

Hesse (Grand-duché de).

464. Buechner (W.). — Excellent outremer.
463. Marienberg (Manufacture de). — Excellent outremer fabriqué très en grand.
471. Mellinger (C.). — Bonne qualité de produits chimiques et surtout gomme laque d'une beauté remarquable.
466. Oehler (C.). — Bonne qualité de produits dérivés du goudron.
472. Schramm (C.). — Bonne qualité de vernis et de noir d'ivoire par impression, préparés en grand.

Hollande.

44. Duyvis (J.). — Excellent amidon fabriqué très en grand.
10. Manufacture de garancine et garance, à Tiel. — Bonne qualité des produits et préparation d'alcool avec le sucre de la garance.
17. Mendel, Bour et Comp. — Bonne qualité de garancine et pureté de l'alcool de garance.
20. Noortveen et Comp. — Grande production de couleurs de chrôme.
21. Ochtman, Van der Vliet et Comp. — Grande fabrication de garance et garancine.
114. Smits (P.) veuve et fils. — Noir d'os, acides sulfurique et nitrique, et sulfate de fer de bonne qualité.
5. Van der Elst et Matthes. — Bonne qualité de sels ammoniacaux préparés en grand avec les liqueurs ammoniacales des usines à gaz.

Italie.

— Compagnie des salins de l'île de Sardaigne. — Bonne qualité et production abondante du sel de mer.
158. De Lardarel (Héritiers du comte de). — Extension de la fabrication de l'acide borique, fondée par le comte Lardarel.
35. Dol, Baldassare, fermiers des salines royales de Comacchio. — Bonne qualité de sel de mer produit très en grand.
186. Durval (Henri). — Bon acide borique, et spécialement établissement de suffioni artificiels d'acide borique par puits artésiens, près Monterotondo.
170. Miralta frères. — Excellente qualité d'acide tartrique produit sur une large échelle.
155. Padri Serviti. — Carbonates alcalins de bonne qualité, et pour avoir trouvé des applications utiles pour des substances antérieurement sans valeur.
175. Sclopis frères. — Production en grand d'acide sulfurique au moyen de pyrites.

Norwège.

24. Manufacture de composés du chrome de Leeren. — Très-beau chromate de potasse.

Portugal et ses colonies.

72. Société générale de fabrication de produits chimiques. — Pour son importance locale et la bonne qualité de ses produits.

51. Novaës (M.-J.-V.). — Bonne qualité de sel de mer préparé en grand.
71. Administration générale portugaise des forêts. — Pour la bonne qualité de ses produits (térébenthine, acides, essences, résines, charbon de bois, etc.) obtenus sur une large échelle.
— Conselho Ultramarino, de Portugal. — Pour la variété et la richesse de sa collection de produits chimiques.

Prusse.

954. Beringer (A.). — Beauté et variété de couleurs arsenicales.
1419. Beyrich (F.). — Pureté et beauté de préparations chimiques photographiques.
963. Curtius (J.). — Variété et excellence d'outremer.
977. Georg-Hütte (Usine de Georges). — Belle paraffine préparée en grand.
983. Hermann (O.). — Grande variété et pureté de produits chimiques.
985. Heyl (R.) et Comp. — Variété de produits chimiques commerciaux et belle couleur verte arsenicale.
751. Hübner (Dr Bernhard). — Beauté de sa paraffine et de ses huiles paraffineuses et pour le développement de cette industrie en Allemagne.
992. Jaeger (C.). — Beauté de ses préparations d'aniline.
1106. Kruse (A.-T.). — Excellent amidon préparé en grand.
996. Küderling (H.-F.). — Pureté de produits commerciaux et beauté de son prussiate de potasse.
1108. Lander et Krugmann. — Excellent amidon produit en grand.
1000. Leverkus (Dr C.). — Très-bel outremer.
1008. Matthes et Weber. — Excellence de produits chimiques et spécialement de sels de soude fabriqués très en grand.
1019. Runge (Prof. et Dr A.). — Pour l'influence que ses recherches ont exercé sur le développement de l'industrie du goudron.
831. Société par actions saxo-thuringienne. — Beauté de la paraffine et des huiles paraffineuses et pour le développement de cette branche de manufacture chimique en Allemagne.
1232. Sarre (H.). — Applications importantes des résidus de matières grasses provenant du lavage des laines, etc.
1433. Schering (E.). — Belle collection de préparations photographiques, spécialement pour des échantillons superbes d'acide pyrogallique.
1035. Weiss (J.-H.) et Comp. — Beauté et pureté des couleurs à base de garance.
877. Société par actions de Werschen-Weissenfels. — Paraffine et huiles paraffineuses très-belles, et pour le développement de cette branche d'industrie chimique en Allemagne.

Rome.

10. Manufacture gouvernementale d'alun à Tolfa. — Alun extrait de la pierre alumineuse, d'une supériorité bien connue.

Royaume-Uni (Angleterre, Écosse, Irlande et colonies anglaises).

460. Albright et Wilson. — Production de phosphore amorphe commercial et de phosphore ordinaire, excellent et très-bon marché.
461. Allhusen (C.) et fils. — Beaux échantillons illustrant la fabrication de la soude.
459. Allen (F.). — Production d'aniline en grand.
464. Bailey (J.). — Belle et riche collection de couleurs pour porcelaines et cristaux.
465. Bailey (W.) et fils. — Beaux échantillons de produits chimiques.
473. Bell (J.-L.). — Collection de matières premières pour la production d'aluminium et d'aluminate de soude; beaux échantillons de sodium, aluminium et oxychlorure de plomb.

474. Berger (S.) et Comp. — Amidon de riz excellent, largement produit.

478. Blundell, Spence et Comp. — Belle collection de couleurs pour peintres, d'huiles et de vernis, préparés en grand.

482. Bowditch (Rev.-W.-R.). — Nouvelle invention pour enlever le bisulfure de carbone du gaz de l'éclairage.

484. Bramwell et Comp. — Beaux prussiates de potasse, jaune et rouge.

486. Brodie (B.-C.). — Nouveau mode de désagrégation et purification de graphite.

487. Broomhall (J.). — Grande production d'amidons excellents extraits de diverses matières végétales.

488. Bryant et May. — Allumettes sans phosphore.

495. Chance frères et Comp. — Beaux échantillons de produits sodiques et surtout de sel ammoniac.

499. Colman (I. et J.). — Grande production d'amidon de qualité supérieure.

500. Condy (H.-B.). — Fabrication en grand de manganates et hypermanganates.

502. Cox et Gould. — Variété et excellence de produits dérivés surtout de la distillation du bois.

567. Croll (A. et A.), propriétaires des usines métropolitaines d'alun. — Production d'alun ammoniacal dans la fabrication du gaz.

— Crookes (W.). — Découverte du thallium.

509. Dunel (R.-G.). — Magnifique collection de couleurs pour artistes, et autres couleurs.

518. Foot (C.) et Comp. — Acides acétique, nitrique, etc., purs, et albumine, fabriqués en grand.

520. Gaskell, Deacon et Comp. — Série complète de composés sodiques, comprenant la soude caustique.

525. Hallett (G.) et Comp. — Préparation de blanc d'antimoine, comme substitut de la céruse dans la peinture.

526. Hare (J.) et Comp. — Beaux échantillons de couleurs pures.

529. Holliday (R.). — Collection de dérivés de la benzine et autres produits du goudron.

530. Hopkin et Williams. — Excellents produits chimiques.

535. Hurlet et Campsie (Compagnie d'alun de). — Échantillons illustrant la fabrication de l'alun au moyen de schistes alumineux, et surtout prussiates de potasse jaune et rouge de belle qualité.

537. Hutchinson et Earle. — Échantillons et matières premières servant à la fabrication de la soude, et produits de bonne qualité.

539. James (E.). — Excellent amidon de riz, et plombagine pour usages domestiques.

540. Jarrow (Usines chimiques de). — Beaux échantillons illustrant la fabrication de la soude.

541. Johnson et fils. — Variété et excellence de caustiques lunaires, et autres produits chimiques.

542. Johnson (W.-W. et R.) et fils. — Beaux spécimens illustrant les phases de la fabrication de la céruse d'après le procédé hollandais.

545. Jones (O.) et Comp. — Grande production d'excellent amidon de riz.

548. Kane (W.-J.). — Qualité supérieure de produits chimiques.

563. Marshall (J.) fils et Comp. — Belle collection illustrant la fabrication d'extraits colorants d'orseille.

566. Melincrythan. Compagnie chimique. — Collection d'acétates et autres produits dérivés de la distillation du bois.

568. Miller (G.) et Comp. — Variété et excellence de produits dérivés de la distillation de la houille.

571. Muspratt frères et Huntley. — Très-beaux produits illustrant la fabrication de la soude.

571. Muspratt (James) et fils. — Très-beaux produits illustrant la fabrication de la soude.
— Muspratt (Fréd.).

573. Newmann (J.). — Magnifiques échantillons de couleurs d'artistes, avec les matières servant à leur préparation.

578. Compagnie des creusets en plombagine brevetés. — Variété et excellence de productions.

581. Perkin et fils. — Première application de l'aniline à la teinture, et magnifiques échantillons illustrant la fabrication et les applications du pourpre d'aniline.

582. Pincoff et Comp. — Nouveau procédé de préparation de matière colorante avec les racines de garance.

584. Rea (J.). — Beaux échantillons de vernis, etc., et de résines servant à leur préparation.

585. Reckitt (J.) et fils. — Amidon supérieur provenant d'une variété de grains.

586. Reeves et fils. — Exhibition splendide de couleurs d'artistes.

588. Roberts, Dale et Comp. — Nouveau procédé pour la fabrication de l'acide oxalique, et perfectionnements dans la production de soude caustique ; pigments très-fins pour teinter les papiers ; échantillons de pourpre d'aniline préparée d'après un nouveau procédé.

591. Rowney et Comp. — Exposition magnifique de couleurs d'artistes.

597. Shand (G.). — Huile d'os pour l'éclairage.

598. Shanks (J.). — Échantillons illustrant un nouveau procédé de préparation du chlore.

600. Simpson, Maule et Nicholson. — Développement énorme de la fabrication de l'aniline ; exposition magnifique d'échantillons de toute beauté de rosaniline, de chrysaniline et de leurs sels ; exhibition de tous les composés constituant la transformation en couleurs d'aniline.

601. Smith (B.) et fils. — Beaux échantillons d'orseille et *cudbear*, avec les lichens servant à leur fabrication.

2963. Smith (E.). — Perfectionnement d'appareils pour absorber l'acide carbonique de l'air exhalé des poumons.

605. Spence (P.). — Fabrication bien réussie de l'alun avec les schistes de houille ordinaires et antérieurement jetés, en dissolvant l'alumine avec de l'acide sulfurique.

607. Stanford (E.-C.-C.). — Nouveaux produits dérivés des varechs.

608. Stenhouse (J.). — Magnifique exposition de substances organiques très-intéressantes au point de vue scientifique, ou applicables aux arts et manufactures.

609. Stiff et Fry. — Large production d'amidons de riz et de blé.

612. Tudor (S. et W.). — Beaux échantillons illustrant la fabrication de la céruse d'après la méthode hollandaise.

613. Versmann (F.). — Application du tungstate de soude pour rendre les tissus non inflammables, et couleurs de tungstène.

614. Vincent (C.-W.). — Vernis d'une nouvelle composition employés avec des encres colorées, pour impressions à la machine et pour chromo-lithographie.

615. Walkers' Alcali-Compagnie. — Beaux échantillons illustrant la fabrication de carbonate et d'hyposulfite de soude.

616. Wallis (G. et T.). — Variété et beauté d'échantillons de résines, huiles, vernis, etc.

619. Ward (J.) et Comp. — Belles illustrations de la fabrication de l'iode et de différents sels au moyen des varechs.

618. Ward (F.-O.). — Procédé ingénieux, déjà mis en pratique en grand, pour séparer les principes végétaux et animaux des résidus fibreux, établi en association avec le capitaine Wynants.

620. Whaite (H.). — Application d'un véhicule élastique contenant du caoutchouc pour teinter ou imprimer les tissus employés pour drapeaux.

621. White (J. et J.). — Excellents échantillons de bichromate de potasse.
623. Wilkinson, Heywood et Clark. — Couleurs et vernis de qualité supérieure ; huile oxydée.
626. Wilson (J.) et fils. — Beaux spécimens illustrant la fabrication d'alun avec les schistes alumineux.
627. Winsor et Newton. — Magnifique exposition de couleurs d'artistes. Efforts pour substituer des couleurs permanentes aux pigments d'une nature plus fugitive employés par les artistes.
629. Wood et Bedford. — Beaux échantillons illustrant la fabrication d'orseille au moyen des lichens.
630. Wotherspoon (W.). — Amidon supérieur extrait de la farine de sagou.

Colonies anglaises. — Bermudes.

630. Browne Peniston (Dr W.). — Variété d'amidons d'excellente qualité.

Canada.

161. Benson et Aspden. — Excellents échantillons d'amidon de blé indien.
23. Manufactures d'huile du Canada. Riche exposition des dérivés du pétrole.
162. Mc Naughten (E.-A.). — Excellent amidon.
— Parson frères. — Exposition complète des dérivés du pétrole.

Dominica.

162. Commission dominicaine. — Variété d'amidons de bonne qualité.

Guyane anglaise.

162. Foreman. — Variété d'échantillons d'excellent arrowroot.
— Rose (Mme). — Variété d'échantillons de bon amidon de Cassava.

Iles de la Manche.

1. Arnold (A.). — Collection instructive illustrant l'extraction de l'iode.

Inde.

1. Fischer et Comp. — Excellente qualité de salpêtre.
43. Gouvernement de l'Inde. — Collection de produits chimiques fabriqués dans l'Inde.

Jamaïque.

9. Société royale des arts. — Variété d'amidons de bonne qualité.

Trinidad.

9. Comité correspondant de la Société des arts. — Amidons de bonne qualité.

Victoria.

124. Praagst. — Variété de produits secondaires obtenus dans la fabrication du gaz de l'éclairage au bois.

Russie.

36. Epstein (A.) et Lévy. — Variété de bons produits (vitriol vert, céruse, sel de Glauber et salpêtre).
659. Hesen (A.-C.). — Allumettes sans phosphore.
660. Pitancier (G.) et Comp. — Bons produits chimiques.
43. Reichel (A.) — Bons produits (huile d'écorce de bouleau, et térébenthine).
44. Sanin (V.-J.). — Produits chimiques de bonne qualité.
46. Shipof (A.). —
48. Tornau, Baron et Comp. — Nouveaux matériaux pour l'éclairage.

Saxe.

2304. Duvernay, Peters et Comp. — Collection de couleurs d'aniline et d'orseille, et autres produits chimiques de bonne qualité.

2312. Wurtz (T.). Excellentes couleurs d'aniline.

Suède.

81. Fondeurs de cuivre associés de Falhun. — Beaux spécimens d'oxyde et de sulfate de cuivre et de soufre.

84. Friestedt (A. W.). — Charbon animal de bonne qualité produit sur une très-vaste échelle.

89. Hjerta (L.-J.) et Michaelsson (J.). — Acide sulfurique fabriqué sur une très-grande échelle.

90. Jœnkœping (Compagnie des allumettes de). — Pour allumettes fabriquées avec le phosphore amorphe.

93. Lewenhaupt (comte C.-M.). — Excellente qualité de térébenthine, huile de pin, résine et noir de fumée fabriqués très en grand.

Suisse.

16. Müller (J.-J.) et Comp. — Beauté et variété de couleurs dérivées de la garance et de l'aniline, fabriquées sur une large échelle.

Wurtemberg.

2687. Knosp (R.). — Excellente qualité de couleurs d'indigo, de carmin, d'orseille et d'aniline fabriqués en grand.

2704. Renner (J.-A.). — Grande fabrication d'amidon d'excellente qualité.

2705. Schœllkopff (Joh.). — Fabrication considérable de bon amidon.

2691. Siegle. (H.). — Excellence et variété de couleurs exemptes de poisons et fabriquées en grand.

MENTIONS HONORABLES.

—

France.

161. Barthe, Durrschmidt, Porlier et Comp. — Pour avoir ouvert une nouvelle source d'alun potassique et de sulfate d'alumine, en établissant des usines pour le traitement de la roche alumineuse du Mont-d'Or.

165. Bertrand et Comp. — Bel outremer.

147. Carof (A.) et Comp. — Produits chimiques retirés des varechs.

128. Chapus (A.). — Bel outremer.

182. Chevé (L.-J.) jeune. Produits chimiques de bonne qualité.

213. Ferrand (M.). — Bonnes couleurs pour artistes.

184. Javal (J.). — Perfectionnement du brillant des couleurs d'aniline par un procédé original, non encore complétement mis en pratique.

163. Lutton (A.), Lolliot et Comp. — Emploi de vases clos pour la distillation du bois dans les forêts, en place du mode ordinaire de carbonisation.

185. Matthieu-Plessy (E.). — Fabrication d'un vert minéral inoffensif, destiné à remplacer le vert arsenical ; bonne qualité de ses produits.

146. Parquin, Legueux, Zagorowski, Sonnet et Lechiche. — Bonne qualité de leurs ocres bruts et raffinés.

191. **Perra (B.).** — Préparation de bel acide carbazotique, en employant exclusivement de l'acide phénique pur.
125. **Pérus (J.) et Comp.** — Beaux produits et efforts faits pour préserver les ouvriers contre l'inhalation de la poussière de céruse.
120. **Piver et Rondeau (A.).** — Fabrication de beaux vernis au copal.
172. **Platel (L.-J.) et Bonnard (J.).** — Préparation d'un extrait de bois de châtaignier comme remplaçant l'extrait de noix de galles, et diminution par là du prix de revient des teintures en noir.
157. **Roques et Comp.** — Produits chimiques de bonne qualité.
104. **Roscleur (A,).** — Beaux produits et construction d'une balance pour déterminer le poids du métal déposé dans les opérations électro-galvaniques.
214. **Strauss, Javal et Comp.** — Bonne qualité des extraits de bois de teinture.
113. **Usèbe (J.-C.).** — Belle qualité de matières colorantes. Carthamine.

Autriche.

 82. **Achleitner (L.).** — Allumettes de bonne qualité.
1229. **Bode (F.-M.).** — Briquets chimiques pour les fumeurs.
125. **Fiume (Manufacture chimique de).** — Grande fabrication de produits chimiques de bonne qualité.
107. **Hermann et Gabriel.** — Belles allumettes.
109. **Jaeckle (G.).** — Bonne qualité de tartre.
111. **Keil (A).** — Variété, bon marché et excellente qualité de ses vernis spiritueux.
113. **Kühn (E, et C.).** — Découverte d'un procédé pour utiliser les déchets de fer-blanc en les convertissant en étain et fer malléable, avec bleu de Prusse et sels ammoniacaux comme produits secondaires.
115. **Kurzweil (F.).** — Variété et bonne qualité de matières colorantes.
117. **Kutzer (J.).** — Outremer de bonne qualité.
120. **Larisch-Monnich (Comte).** — Belle qualité de ses produits sodiques.
121. **Lehner (E.).** — Introduction de l'industrie anilique en Autriche. Bonne qualité et prix modérés des produits.
123. **Lewinsky frères.** — Acide acétique et acétates de belle qualité.
126. **Maraspin frères.** — Grande fabrication de bons produits chimiques (salpêtre, soude et alun).
139. **Piering (C.-F.).** — Grande fabrication de bel acétate de plomb.
141. **Pollak (B.) jeune.** — Fabrication très-étendue de bonne potasse.
147. **Punschhart (F.) et Rauscher.** — Bonne qualité et production économique de céruse.
152. **Sapieha, Prince (Adam).** — Développement de l'industrie de l'essence de térébenthine en Gallicie.
167. **Wagner (D' D.).** — Bons produits chimiques.
168. **Wilhelm (F.) et Comp.** — Variété et bonne qualité des produits chimiques.
169. **Zarzetsky (J.).** — Introduction de l'industrie des allumettes en Hongrie.

Bade (Grand-Duché de).

 29. **Clemm-Lennig.** — Beaux produits chimiques.
 32. **Roether (H.).** — « Peinture diamantine » pour protéger le bois, le fer et la maçonnerie.

Bavière.

149. **Graf et Comp.** — Large production et bonne qualité des produits dérivés du goudron de houille.
154. **Meyer (H.) (Mittler [F.]).** — Fabrication d'une couleur verte non arsenicale, recherchée dans le commerce.

159. Toussaint (G.-F.). — Pureté et blancheur remarquable de son cyanure de potassium.

Belgique.

37. Barbanson (F.). — Bonne fabrication de noir d'os.
43. De Cartier (A.). — Grande production de bon « minium de fer d'Auderhem », peinture préservatrice pour le fer et le bois.
42. Coosemans et Comp. — Bons produits dérivés du goudron.
45. Deltenre-Walker (L.). — Grande variété de beaux vernis.
102. Hanssens (B.) et fils. — Grande variété d'amidon et dextrine.
49. Mathys (M.). — Vernis de bonne qualité.
54. Seghers (B.). — Grande et bonne production de noirs d'os et d'ivoire.
56. Vansetter, Coninckx et Comp. — Térébenthine et noir animal de belle qualité.
57. Verstraeten (E.). — Grande fabrication de bon noir animal.

Brésil.

21. Castro (M.-M.) et Mendes. — Bonne collection de produits chimiques.
20. Gary (M.-M.), Alexio et Comp. — Belle collection de produits chimiques, inorganiques et organiques.

Danemark.

6. Heymann et Ronning. — Produits chimiques et couleurs de bonne qualité.
8. Mier (F.-C.-S.). — Bons vernis.
10. Nissen et Volkens. — Asphalte, et produits collatéraux.

Espagne.

172. Royo (M.). — Bonne qualité de céruse et de minium.

Hambourg.

5. Flügger (J.-D.). — Bon vernis.
7. Hasperg et Schaefer. — Bon sulfate d'alumine.

Hanovre.

349. Heins (E.) et Nöllner. — Sel d'étain d'une beauté remarquable, préparé d'après un nouveau procédé.
350. Heuer (A.) et Comp. — Céruse, litharge, etc., de bonne qualité.

Hesse-Cassel.

431. Habich (G.-C.) et fils. — Belles couleurs.

Hesse (Grand-Duché de).

468. Albrecht (J.). — Belle gomme laque colorée et incolore.
582. Heumann (O.). — Bonne huile siccative.
469. Mayer (F.-H.). — Belle gomme laque blanchie.
470. Mehl et Moskopp. — Belle gomme laque blanchie.
467. Petersen et Comp. — Bonne qualité de produits dérivés de la distillation du goudron de houille.

Hollande.

12. Groote et Romeny. — Bonne qualité de produits chimiques photographiques.
11. Grootes frères (D. et M.). — Forte production de bons produits chimiques.
108. Krol (G.-J.) et Comp. — Bon noir d'os.
16. Lensing, Collard (H.). — Procédé pour restaurer de vieux tableaux.
22. Renterghem (C.-A. Van) et Comp. — Belles garance, garancine, fleur de garance et alizarine.
115. Société pour la fabrication de vernis, couleurs, etc. (Molyn et Comp.). — Vernis de bonne qualité.

24. Taconis (P.). — Bonnes couleurs.
26. Verhagen et Comp. — Bons produits dérivés de la garance.
28. Vriesandorp (C.-A.) et fils. — Vernis de bonne qualité.

Italie.

189. Léoni (Antonio). — Bonne céruse d'après le procédé hollandais.
2110. Lofaro (B.). — Grande production d'essences, spécialement de bergamote.
2111. Melissari (F.-S.). — Large production de bonnes essences de bergamote, limons, oranges et amandes amères.

Nassau.

624. Dietze (H.) et Comp. — Bonne qualité de vert-de-gris et de créosote préparés avec le bois de hêtre.

Norwège.

23. Buchner. — Belle essence de térébenthine.

Portugal.

5. Ferreira (A.-J.). — Bonne qualité de sel de mer.
39. Gouveia (J.-M.-S.).   *Idem.*   *Idem.*
56. Pires (V.-B.).   *Idem.*   *Idem.*

Prusse.

952. Andrae et Grüneberg. — Beaux salpêtre et chlorure de potassium.
1043. Barre (E.). — Bon amidon de blé.
953. Behrend (G.) — Grande production de bons produits chimiques.
1163. Benneke et Herold. — Vernis et laques de bonne qualité.
2182. Braune (B.). — Belle collection d'ambres et de succinates.
957. Bredt (O.). — Bonnes couleurs d'aniline.
1056. Crespel et fils. — Bon amidon.
1063. Engelbrecht et Veerhof. — Bon amidon et dextrine.
990. Huguenel (C.). — Garancine de bonne qualité.
998. Kulmitz (C.). — Bons produits chimiques.
1004. Lucas (M.). — Beau cinabre.
1013. Oster (J.-B.). — Bel acide succinique.
1015. Pommerensdorf (Société par actions de). — Variété de préparations chimiques fabriquées en grand.
1019. Ruffer et Comp. — Forte production de bon blanc de zinc.
828. Ruge. — Paraffine et huiles paraffineuses très-belles. Développement de cette branche d'industrie chimique en Allemagne.
1023 *bis.* Schultze (J.-C.). — Bons vernis.
1024. Schuster et Kaehler. — Beaux succinates.
1034. Vorster et Grüneberg. — Belles préparations potassiques, spécialement salpêtre et potasse.

Royaume-Uni (Angleterre et colonies.)

467. Baker (F.-B.). — Beaux cristaux de divers sels.
468. Balkwill et Comp. — Bons échantillons d'arsenic métallique et blanc.
469. Barnes (J.-B.). — Beaux spécimens d'acides organiques et d'éthers.
471. Bartlett frères et Comp. — Durcissement de pierres au moyen de silicate d'alumine.
472. Bell et Black. — Allumettes chimiques.
479. Bolton et Barnitt. — Bons échantillons de produits chimiques.
481. Bouck (J.-T.) et Comp. — Beaux sulfate de cuivre et nitrate de plomb.

485. Bray et Thompson. — Bel échantillon d'alun.

489. Buckley (J.) (les gérants de feu). — Bel échantillon de sulfate de fer.

490. Bush (J.-W.). — Bons spécimens d'essences et d'huiles essentielles.

494. Cattell (D'). — Vernis préparés avec de l'alcool méthylé préalablement saturé d'hydro carbures.

496. Chick (A.-B.). — Beaux échantillons de graphite et de bleu minéral.

497. Church (A.-H.). — Spécimens intéressants de produits chimiques rares.

501. Cowan et fils. — Charbon animal.

650. Darby et Gosden. — Beaux échantillons de différents sucres.

506. Dawson (D.). — Échantillons illustrant la fabrication de l'aniline.

508. Doubleday (H.). — Dextrine très-blanche.

510. Dunn (A.). — Arrangement ingénieux pour l'application du nitrate d'argent sous forme de crayons solides à marquer le linge et d'autres tissus.

511. Dunn, Heathfield et Comp. — Bons échantillons de produits chimiques.

512. Émery (F.) et fils. — Belle collection de couleurs pour porcelaines, verres et poteries.

513. Eschwege (H.). — Esprit de bois pur.

523. Grimwade, Ridley et Comp. — Peinture économique à base de silice pour constructions extérieures.

524. Haas et Comp. — Préparation d'indigo pour les impressions sur calicot.

527. Haworth et Brooke. — Oxyde d'étain et couleurs pour impressions des tissus.

528. Hirst, Brooke et Tomlinson. — Préparations chimiques, vernis, etc.

538. Hynam (J.). — Allumettes chimiques.

550. Klaber (H.). — Allumettes.

553. Langdale (E.-F.) — Variété d'essences artificielles de fruits.

556. Letchford et Comp. — Allumettes chimiques.

560. Lucas (G.). — Composition minérale pour remplir les lettres en creux dans des plaques métalliques.

562. Mander frères. — Beaux vernis et spécimens des résines employées pour leur préparation.

572. Naylor (W.). — Beaux vernis.

587. Richardson frères et Comp. — Beaux cristaux de salpêtre.

589. Rooth (J.-S.). — Produits dérivés de la distillation du bois.

590. Rose (W.-A.). — Couleurs et substances lubréfiantes.

602. Smith (T.-L.) et Comp. — Amidon très-blanc du sagou.

603. Smith (T.-W. — Couleurs de bonne qualité.

606. Springfield (Compagnie amidonnière). — Amidons et fécules de diverses préparations.

611. Symons (T.). — Production d'acide sulfurique et d'oxyde de fer avec les pyrites de la houille.

624. Wilshere et Rabbeth. — Beaux vernis et couleurs pour peintres, de bonne qualité.

625. Wilson et Fletcher. — Beaux échantillons de vert émeraude, jaune de chrome, vert de Brunswick, bleu de Prusse, et de couleurs d'aniline.

628. Wood (E.). — Échantillons de borax et illustrations de ses applications.

Bermudes.

628. Keane (C.-C.). — Citrate de chaux de bonne qualité.

Nouveau Brunswick.

16. Spurr, Wolfe (D'). — Produits dérivés de la distillation de la houille.

Victoria.

117. Holdsworth. — Échantillons d'esprit ou d'alcool pyroxylique (esprit de bois).

Russie.

41. Lepechkine frères. — Bonne qualité de garancine.

Saxe.

2307. Pommier et Comp. — Bonne qualité de leurs préparations d'orseille et de cochenille, acide picrique, sels d'alumine, etc.
2310. Schütz (A.). — Bonne qualité de poussière de laine teinte pour papier de tenture.
2311. Theunert et fils. — Bel outremer.

Saxe-Cobourg.

2621. Holtzapfel (C.-F. et S.-F.). — Beaux produits chimiques (prussiate de potasse, etc.).

Suède.

82. Djuræ (Manufacture technologique). — Beau sulfate de cuivre.
102. Dylta (Usines à soufre). — Bonne qualité de produits (soufre, vitriol vert, ocre rouge et rouge à polir).
86. Hamilton (Comte H.-D.). — Alun, sulfate de fer, ocre rouge de bonne qualité.
103. Hazelius (A.-K.). — Grande production de bon sulfate d'ammoniaque pour l'agriculture.
94. Lofvers. (Usines d'alun.) — Bel alun.
96. Piper (Comte C.-E.). — Bon alun, sulfate de fer, ocre rouge, etc.
97. Stora Kopparberg. (Compagnie minière.) — Beaux échantillons de pyrites et d'ocre rouge.

Wurtemberg.

2694. Ziegler (E.). — Substitut de noir d'os, très-estimé dans le commerce.

E. Kopp.

51138   PARIS. — Typographie de RENOU et MAULDE, rue de Rivoli, 144.

www.ingramcontent.com/pod-product-compliance
Lightning Source LLC
LaVergne TN
LVHW020247060726
842525LV00001B/158